电网工程造价工程师手册

中国电力规划设计协会
中国电力工程顾问集团西南电力设计院有限公司　主编

中国建筑工业出版社

图书在版编目（CIP）数据

电网工程造价工程师手册/中国电力规划设计协会，
中国电力工程顾问集团西南电力设计院有限公司主
编. —北京：中国建筑工业出版社，2016.12
　ISBN 978-7-112-20158-7

Ⅰ.①电… Ⅱ.①中… ②中… Ⅲ.①电网-电力工
程-工程造价-技术手册 Ⅳ.①TM7-62

中国版本图书馆 CIP 数据核字（2016）第 301330 号

　　本书是根据国家实施电网建设工程造价控制以来发布的文件、标准、规范，结合电网建设建设项目建设过程而编写。全书包括了电网造价工程师和技经人员在电网工程造价方面应该了解和必需的内容。

　　本书系统地阐述了电网工程造价的发展、电网工程设计专业基本知识、电网工程造价计价、电网工程造价控制和造价管理的必备知识，使读者在此基础上能够掌握电网工程建设预算费用构成及计算标准，掌握电网工程建设预算费用性质划分和建设预算项目划分，掌握电网工程建设预算的编制方法、会正确使用电网建设工程概、预算定额。本书还介绍了电网建设工程相关知识，包括：电网工程招投标和施工合同管理、工程索赔与工程结算、建设项目经济评价及后评价、电网工程建设预算审查、电网工程主要施工方法等内容。

　　全书取材丰富、内容翔实，实用性强，是电网建设工程造价从业人员工作和考试的工具书。本书也可以作为电网建设单位、设计、施工、监理、造价咨询单位等部门从事电网建设工程概预算、经济核算、招投标、经济评价等工作人员的工具书和参考书。

　　责任编辑：赵梦梅　刘婷婷
　　责任设计：李志立
　　责任校对：焦　乐　李美娜

电网工程造价工程师手册

中国电力规划设计协会
中国电力工程顾问集团西南电力设计院有限公司 主编

*

中国建筑工业出版社出版、发行（北京海淀三里河路9号）
各地新华书店、建筑书店经销
霸州市顺浩图文科技发展有限公司制版
北京建筑工业印刷厂印刷

*

开本：787×1092毫米　1/16　印张：47　字数：1168千字
2017年7月第一版　2017年7月第一次印刷
定价：**120.00**元
ISBN 978-7-112-20158-7
（29615）

前　言

　　随着国家对电网建设项目投资控制力度的进一步加大，当前国内还没有一套较为系统完整的电网造价工程师手册，针对目前电网技术经济人员专业技术知识欠缺、对施工过程概念不清的现状，作为一名合格的造价工程师不仅要掌握电网工程造价管理基本知识、电网工程建设预算费用构成及计算标准，工程量、材料费计算、概预算编制、经济评价等，还应熟悉、了解及掌握电网各专业设计、施工知识、工程竣工验收、决算与建设项目后评价等技能及概率、统计在技经分析中的应用等知识。为此，中国电力规划设计协会组织中国电力工程顾问集团西南电力设计院有限公司、四川电力设计咨询有限责任公司、国网四川省电力公司建设管理中心、中国能源建设集团广西电力设计研究院有限公司、上海电力设计院有限公司、四川电力送变电建设公司、国网四川电力建设定额站等单位专家、教授编写了这本《电网工程造价工程师手册》，以适应电网建设项目的特殊性，满足广大电网造价工程师工作和学习的需要。

　　本手册主编单位为中国电力规划设计协会和中国电力工程顾问集团西南电力设计院有限公司，参编单位有四川电力设计咨询有限责任公司、国网四川省电力公司建设管理中心、中国能源建设集团广西电力设计研究院有限公司、上海电力设计院有限公司、国网四川电力建设定额站。

　　本手册共分为七章，包括了工程造价在电网建设项目所涉及的内容。第一章为综述，由中国电力规划设计协会的郭亚利、安旭东，西南电力设计院有限公司的柴蓉、陶勤、袁泉及国网四川电力建设定额站的孙江蓉、赵奎运、胡林编写；第二章为电网建设项目设计专业基本知识，由西南电力设计院有限公司的王劲、李力、唐晓辉、肖洪伟、黄晓明、伍文城、刘汉伟、廖劲波、蒲皓、魏德军、曲彦文、曹和平及上海电力设计院有限公司的方浩、鲁斌、吕鸿康编写；第三章为电网工程建设预算编制与审查，由西南电力设计院有限公司的袁泉、杨磊、游健、王寒梅、任鸿和四川电力设计咨询有限责任公司的王刚、杨真耿、孟珊、陈华龙、黄洋、卿德华、余霞、王雅雯及上海电力设计院有限公司胡斌、张仁全编写；第四章为电网工程实施阶段造价控制，由国网四川省电力公司建设管理中心的邱文俊、赵建忠、钟瑛、吕智敏、柳婷婷、唐文轶编写；第五章为电网建设项目经济评价，由西南电力设计院有限公司的任鸿、袁泉编写；第六章为电网建设项目后评价，由中国能源建设集团广西电力设计研究院有限公司的罗广义、黄伟、吴郁生，唐顺华，杨有能，杨丽莉编写；第七章为电网工程主要施工方法，由四川电力送变电建设公司的梁小平、杨柳凤、杨小斌、代磊、邹广武及上海电力设计院有限公司的方浩、鲁斌、吕鸿康编写；附录为1998～2013年电网造价趋势。

　　本手册编写过程中，我们参考了大量的文献资料和电力勘察设计院的造价文件，对此特向文献资料、造价文件的作者和单位表示衷心的感谢。

　　由于编写水平有限及编写人员地域和工作单位的局限性，书中难免有所遗漏和不足，甚至可能出现错误，恳请广大读者批评指正。

编　者

目　　录

第 1 章　综　　述

1.1　工程造价管理发展概述

1.1.1　国外工程造价管理发展历程

从发展过程来看，国外发达国家工程造价管理的发展经历了 6 个阶段：

1. 16 世纪开始，在英国出现了工程项目管理专业分工的细化，这种项目专业管理的需求使得工料测量师（Quantity Surveyor，QS）这一从事工程项目造价确定与控制的专门职业诞生了。到 19 世纪，以英国为首的资本主义国家在工程建设中开始推行项目的招投标制度，正式的工程预算专业诞生了。1868 年，英国成立了"皇家特许测量师协会（Royal Institute of Charted Surveyor，RICS）"，其中最大的一个分会是工料测量师分会。这一工程造价管理专业协会的创立，标志着现代工程造价管理专业的正式诞生。RICS 的成立可以看作是工程造价管理的第一次飞跃。

2. 20 世纪 30～50 年代，由于资本主义经济学的发展，开始将许多经济学原理应用到工程造价管理领域。工程造价管理从一般的工程造价确定和简单的工程造价控制的初始阶段，开始向重视投资效益的评估、重视工程项目的经济与财务分析等方向发展，一个"投资计划和控制制度"就在英国等经济发达国家应运而生，从而完成了工程造价管理的第二次飞跃。

3. 20 世纪 50～70 年代，是工程造价管理从对理论与方法的研究到对专业人才的培养和管理实践推广等各方面都有很大发展的时期。1951 年，澳大利亚工料测量师协会（Australian Institute of Quantity Surveyor，AIQS）宣布成立。1956 年，美国造价工程师协会（American Association of Cost Engineers，AACE）正式成立。1959 年，加拿大工料测量师协会（Canadian Institute of Quantity Surveyor，CIQS）也宣布正式成立。在这一时期前后，其他一些发达国家的工程造价管理协会也相继成立。这些工程造价管理协会成立后，积极组织本协会的专业人员，对工程造价管理中的工程造价确定、工程造价控制、工程造价风险管理等许多方面的理论与方法开展了全面的研究。

4. 20 世纪 70～80 年代，是工程造价管理在理论、方法与实践等各个方面全面发展的阶段。各国的造价工程师协会先后开始了自己的在造价工程师执业资格的认证工作，各国的造价工程师协会纷纷推出了自己的造价工程师或工料测量师资质认证所必须完成的专业课教育以及实践经验和培训的基本要求。这些对于工程造价管理学科的发展起了很大的推动作用。

5. 20 世纪 80 年代末～90 年代初，各国对工程造价管理理论与实际的研究进入了综合与集成阶段。在这一阶段，以英国工程造价管理学界为主，提出了"全寿命周期造价管理（Life Cycle Costing，LCC）"的工程项目投资评估与造价管理的理论与方法。然后，以美国工程造价管理学界为主，提出了"全面造价管理（Total Cost Management，

TCM)"这一涉及工程项目战略资产管理、工程项目造价管理的概念和理论。美国造价工程师协会为推动全面造价管理理论与方法的发展，于 1992 年更名为"国际全面造价管理促进协会（The Association for the Advancement of Cost Engineering International through Total Cost Management，AACEI)"。从此，国际上的工程造价管理研究与实践进入了一个全新的阶段，而这一阶段的主要标志之一就是对于工程项目全面造价管理理论与方法的研究。

6. 20 世纪 90 年代末以来，随着高科技飞速发展，信息产业突飞猛进，进一步促进了工程造价管理信息化的新发展。管理体制、价格形成机制、造价管理手段等都发生了重大的变革。西方发达国家已经在工程造价管理中运用计算机网络技术，通过网上招投标，开始实现了工程造价管理网络化、虚拟化。国外利用高新技术尤其是信息网络技术在工程造价领域的应用更使其产生了更高的效益和拥有更低的成本。工程造价管理信息化作为建设领域信息化的一个重在组成部分，在工程造价管理活动中将发挥重要作用，成为工程造价管理活动的一个重要支撑。

1.1.2　我国工程造价管理发展历程

新中国成立后，我国建设工程造价管理体制的产生和发展过程大体可分为以下几个阶段：

1. 工程造价管理机构与概预算定额体系的建立阶段。1950 年～1966 年，我国引进和吸收了苏联工程建设的经验，形成了套标准设计和定额管理制度，相继颁布了许多规章制度和定额，规定了不同建设阶段需编制的概算和预算，初步建立了我国工程建设领域的概、预算制度，同时对概、预算的编制原则、内容、方法和审批、修正方法、程序等做出了明确规定。这一阶段，我国的工程造价管理机构体系也得到了逐步建立与完善。

2. 工程造价管理机构的恢复和工程造价管理制度的建立阶段。20 世纪 70 年代末期，我国首先恢得了工程造价管理机构，并进一步组织制定了工程建设概、预算定额、费用标准等。1988 年在建设部增设了标准定额司，各省（直辖市、自治区）、国务院有关部委相继建立了定额管理站，并在全国颁布了一系列推动工程概、预算管理和定额管理发展的文件。1990 年经过建设部同意成立了第一个也是唯一代表我国工程造价管理行业的行业协会—中国建设工程造价管理协会（简称中价协）。在此期间，提出了全过程、全方位进行工程造价控制和动态管理的思路，这标志着我国工程造价的管理由单一的概、预算管理向工程造价全过程管理的转变。

3. 我国工程造价管理制度的完善与发展阶段。经过 30 年来的不断深化改革，国务院建设主管部门及其他各有关部门、各地区对建立健全建设工程管理制度、改进建设工程计价依据做了大量工作。20 世纪 90 年代初期，除了继续按照全过程控制和动态管理的思路对工程造价管理进行改革外，在计价依据方面，首次提出了"量"、"价"分离的新思想，改变了国家对定额管理的方式，同时，提出了"控制量"、"指导价"、"竞争费"的改革设想。初步建立了"在国家宏观控制下，以市场形成造价为主的价格机制，项目法人对建设项目的全过程负责，充分发挥协会和其他中介组织作用"的具有中国特色的工程造价管理体制。

4. 我国市场经济体制下工程管理与计价体制的发展阶段。2003 年，建设部推出了《建设工程工程量清单计价规范》GB 50500—2003，这是建设工程计价第一次以国家强制性标准的形式出现，初步实现了从传统的定额计价模式到工程量清单计价模式的转变，同时也进一步确立了建设工程计价依据的法律地位，这标志着一个崭新阶段的开始。

建设部在总结经验的基础上，通过进一步完善和补充，于 2008 年和 2012 年又发布了《建设工程工程量清单计价规范》GB 50500—2008 和《建设工程工程量清单计价规范》GB 50500—2013。

为了规范电力工程建设市场，中国电力企业联合会技经中心根据《国家发展和改革委办公厅关于下达 2004 年行业标准项目计划的通知》（发改办工业〔2004〕872 号）的要求，在总结其他行业工程量清单报价经验的基础上，结合电力工程建设的特点，组织有关单位编制了《电力建设工程工程量清单计价规范》（报批稿）。由中华人民共和国国家发展和改革委员会于 2005 年～2007 年间发布的关于工程量清单计价的电力行业标准有：《电力建设工程量清单计价规范送电线路工程》DL/T 5205—2005；《电力建设工程量清单计价规范变电工程》DL/T 5341—2006；《电力建设工程量清单计价规范火力发电厂工程》DL/T 5369—2007。这套《电力建设工程工程量清单计价规范》发布后，在工程实际中并没有完全执行。2009 年电力行业工程量清单计价试点工作启动，2010 年中国电力企业联合会组织对《电力建设工程量清单计价规范》DL/T 5205—2005、DL/T 5341—2006、DL/T 5369—2007 进行修编，2011 年版《电力建设工程工程量清单计价规范》于 2011 年 2 月发布；2011 年 11 月 1 日实施，之后在电力行业企业内正式宣贯，2012 年电力行业工程招投标中已全面采用工程量清单计价。2011 版《电力建设工程量清单计价规范》的启用，是电力行业深化工程造价管理改革的重要举措；是推进电力建设工程市场化的重要途径；也是规范电力建设市场秩序的重要环节，具有重大的现实意义。

1.1.3 工程造价管理的发展是市场经济下科学管理的需要

随着生产力的不断进步，推进了市场经济的发展，现代科学管理的需要催生了工程造价管理的专业化。从工程造价管理发展和改革简史可看出，经过漫长的历史演绎工程造价管理主要经历了以下几个时期：

1. 从工程完工后算账发展到工程开工前先算账。从最初只是计算已完成项目的工程量和价的"实报实销"阶段，逐步发展到在开工前进行工程量的估算，做到事先心中有"数"，科学管理进一步发展到在初步设计时编概算，进行限额设计。这样不仅使出资人在投资决策前有依据，还可以避免工程完成后的严重超支情况出现。

2. 从工程建设中被动的"算账人"变成协助出资人控制项目设计施工造价的工程师。最初负责施工阶段工程造价的确定和结算，以后逐步发展到在设计阶段、投资决策阶段对工程造价做出预测，并对设计和施工过程投资的支出进行监督和控制，进行工程建设全过程的造价控制和管理。

3. 从最初的依附于施工者或建筑师的个体，逐步发展壮大成一个独立的专业。有专业学会，有统一的业务职称评定和职业守则。不少高等院校也陆续开设了工程造价管理专业，为满足社会的需要培养专业人才。

1.2 我国工程造价管理的基本内容

1.2.1 工程造价管理的目标和任务

1. 工程造价管理的目标

工程造价管理的目标是按照经济规律的要求，根据社会主义市场经济的发展形势，利用科学管理方法和先进管理手段，合理地确定造价和有效地控制造价，以提高投资效益和建筑安装企业经营效果。

2. 工程造价管理的任务

工程造价管理的任务是：加强工程造价的全过程动态管理，强化工程造价的约束机制，维护有关各方的经济利益，规范价格行为，促进微观效益和宏观效益的统一。

1.2.2　工程造价的合理确定

所谓工程造价的合理确定，就是在建设程序的各个阶段，合理确定投资估算、设计概算、施工图预算、投标报价、合同价、结算价、竣工决算价。

1. 在项目建议书阶段，按照有关规定，应编制投资估算。经有关部门批准，作为拟建项目列入国家中长期计划和开展前期工作的控制造价。

2. 在可行性研究阶段，按照有关规定编制的投资估算，经有关部门批准，即为该项目控制造价。

3. 在初步设计阶段，按照有关规定编制的初步设计总概算，经主管部门批准，即作为拟建项目工程造价的限额。对初步设计阶段，实行建设项目招标承包制签订承包合同协议的，其合同价也应在最高限价（总概算）相应的范围以内。

4. 在施工图设计阶段，按规定编制施工图预算，用以核实施工图阶段预算造价是否超过批准的初步设计概算。

5. 对施工图预算为基础招标投标的工程，承包合同价也是以经济合同形式确定的建筑安装工程造价。

6. 在工程实施阶段要按照承包方实际完成的工程量，以合同价为基础，同时考虑因物价上涨所引起的造价提高，考虑到设计中难以预计的而在实施阶段实际发生的工程和费用，合理确定结算价。

7. 在竣工验收阶段，全面汇集在工程建设过程中实际花费的全部费用，编制竣工决算，如实体现该建设工程的实际造价。

1.2.3　工程造价的有效控制

所谓工程造价的有效控制，就是在优化建设方案、设计方案的基础上，在建设程序的各个阶段。采用一定的方法和措施把工程造价控制在合理的范围和核定的造价限额以内。具体说，要用投资估算控制设计方案的选择和初步设计概算；用概算控制技术设计和修正概算；用概算或修正概算控制施工图设计和预算。以求合理使用人力、物力和财力，取得较好的投资效益。控制造价在这里强调的是控制项目投资。

有效控制工程造价应体现以下三项原则：

1. 以设计阶段为重点的建设全过程造价控制。工程造价控制贯穿于项目建设全过程，但是必须重点突出。很显然，工程造价控制的关键在于施工前的投资决策和设计阶段，而在项目做出投资决策后，控制工程造价的关键就在于设计。建设工程全寿命费用包括工程造价和工程交付使用后的经常开支费用（含经营费用、日常维护修理费用、使用期内大修理和局部更新费用），以及该项目使用期满后的报废拆除费用等。据西方一些国家分析，设计费一般只相当于建设工程全寿命费用的1%以下，但正是这少于1%的费用对工程造价的影响度占75%以上。由此可见，设计质量对整个工程建设的效益是至关重要的。

长期以来，我国普遍忽视工程建设项目前期工作阶段的造价控制，而往往把控制工程造价的主要精力放在施工阶段—审核施工图预算、结算建安工程价款、算细账。这样做尽管也有效果，但毕竟是"亡羊补牢"，事倍功半。要有效地控制建设工程造价，就要坚决地把控制重点转到建设前期阶段上来，当前尤其应抓住设计这个关键阶段，以取得事半功倍的效果。

2. 主动控制，以取得令人满意的结果。传统决策理论是建立在绝对的逻辑基础上的一种封闭式决策模型，它把人看作具有绝对理性的"理性的人"或"经济人"，在决策时，会本能地遵循最优化原则（即取影响目标的各种因素的最有利的值）来选择实施方案。而以美国经济学家西蒙首创的现代决策理论的核心则是"令人满意"准则。他认为，由于人的头脑能够思考和解答问题的容量同问题本身规模相比是渺小的，因此在现实世界里，要采取客观合理的举动，哪怕接近客观合理性，也是很困难的。因此，对决策人来说，最优化决策几乎是不可能的。西蒙提出了用"令人满意"这个词来代替"最优化"，他认为决策人在决策时，可先对各种客观因素、执行人据以采取的可能行动以及这些行动的可能后果加以综合研究，并确定一套切合实际的衡量准则。如某一可行方案符合这种衡量准则，并能达到预期的目标，则这一方案便是满意的方案，可以采纳；否则应对原衡量准则做适当的修改，继续挑选。

一般说来，造价工程师的基本任务是合理确定并采取有效措施控制建设工程造价，为此，应根据业主的要求及建设的客观条件进行综合研究，实事求是地确定一套切合实际的衡量准则。只要造价控制的方案符合这套衡量准则，取得令人满意的结果，则应该说造价控制达到了预期的目标。

长时期以来，人们一直把控制理解为目标值与实际值的比较，以及当实际值偏离目标值时，分析其产生偏差的原因，并确定下一步的对策。在工程项目建设全过程进行这样的工程造价控制当然是有意义的。但问题在于，这种立足于调查—分析—决策基础之上的偏离—纠偏—再偏离—再纠偏的控制方法，只能发现偏离，不能使已产生的偏离消失，不能预防可能发生的偏离，因而只能说是被动控制。自 20 世纪 70 年代初开始，人们将系统论和控制论研究成果用于项目管理后，将"控制"立足于事先主动地采取决策措施，以尽可能地减少以至避免目标值与实际值的偏离，这是主动的、积极的控制方法，因此被称为主动控制。也就是说，我们的工程造价控制，不仅要反映投资决策，反映设计、发包和施工，被动地控制工程造价，更要能动地影响投资决策，影响设计、发包和施工，主动地控制工程造价。

3. 技术与经济相结合是控制工程造价最有效的手段。要有效地控制工程造价，应从组织、技术、经济等多方面采取措施。从组织上采取的措施，包括明确项目组织结构，明确造价控制者及其任务，明确管理职能分工；从技术上采取措施，包括重视设计多方案选择，严格审查监督初步设计、技术设计、施工图设计、施工组织设计，深入技术领域研究节约投资的可能；从经济上采取措施，包括动态地比较造价的计划值和实际值，严格审核各项费用支出，采取对节约投资的有力奖励措施等。

应该看到，技术与经济相结合是控制工程造价最有效的手段。长期以来，在我国工程建设领域，技术与经济相分离。许多国外专家指出，中国工程技术人员的技术水平、工作能力、知识面，跟外国同行相比几乎不分上下，但他们缺乏经济观念，设计思想保守，设计规范、施工规范落后。国外的技术人员时刻考虑如何降低工程造价，而中国技术人员则把它看成与已无关的财会人员的职责。而财会、概预算人员的主要责任是根据财务制度办事，他们往往不熟悉工程知识，也较少了解工程进展中的各种关系和问题，往往单纯地从财务制度角度审核费用开支，难以有效地控制工程造价。为此，迫切需要解决以提高工程造价效益为目的，在工程建设过程中把技术与经济有机结合，通过技术比较、经济分析和效果评价，正确处理技术先进与经济合理两者之间的对立统一关系，力求在技术先进条件下的经济合理，在经济合理基础上的技术先进，把控制工程造价观念渗透到各项设计和施工技术措施之中。

1.2.4　工程造价管理的工作要素

工程造价管理围绕合理确定和有效控制工程造价这个基本内容，采取全过程、全方位管理，其具体的工作要素大致归纳为以下几点：

1. 可行性研究阶段对建设方案认真优选，编好、定好投资估算，考虑风险，估足投资。

2. 从优选择建设项目的承建单位、咨询（监理）单位、设计单位，搞好相应的招标。

3. 合理选定工程的建设标准、设计标准，贯彻国家的建设方针。

4. 按估算对初步设计（含应有的施工组织设计）推行量财设计，积极、合理地采用新技术、新工艺、新材料，优化设计方案，编好、定好概算，估足投资。

5. 对设备、主材进行择优采购，抓好相应的招标工作。

6. 择优选定建筑安装施工单位、调试单位，抓好相应的招标工作。

7. 认真控制施工图设计，推行"限额设计"。

8. 协调好与各有关方面的关系，合理处理配套工作（包括征地、拆迁、城建等）中的经济关系。

9. 严格按概算对工程造价实行静态控制、动态管理。

10. 用好、管好建设资金，保证资金合理、有效地使用，减少资金利息支出和损失。

11. 严格合同管理，做好工程索赔价款结算。

12. 强化项目法人责任制，落实项目法人对工程造价管理的主体地位，在法人组织内建立与造价紧密结合的经济责任制。

13. 社会咨询（监理）机构要为项目法人积极开展工程造价提供全过程、全方位的咨询服务，遵守职业道德，确保服务质量。

14. 各造价管理部门要强化服务意识，强化基础工作（定额、指标、价格、工程量、造价等信息资料）的建设，为建设工程造价的合理确定提供动态的可靠依据。

15. 各单位、各部门要组织造价工程师的选拔、培养、培训工作，促进人员素质和工作水平的提高。

1.2.5　工程造价管理的组织

工程造价管理的组织，是指为了实现工程造价管理目标而进行的有效组织活动，以及与造价管理功能相关的有机群体。它是工程造价动态的组织活动过程和相对静态的造价管理部门的统一。具体来说，主要是指国家、地方、部门和企业之间管理权限和职责范围的划分。

工程造价管理组织有三个系统。

1. 政府行政管理系统

政府在工程造价管理中既是宏观管理主体，也是政府投资项目的微观管理主体。从宏观管理的角度，政府对工程造价管理有一个严密的组织系统，设置了多层管理机构，规定了管理权限和职责范围。国家建设行政主管部门的造价管理机构在全国范围内行使管理职能，它在工程造价管理工作方面承担的主要职责是：

(1) 组织制定工程造价管理有关法规、制度并组织贯彻实施。

(2) 组织制定全国统一经济定额和部管行业经济定额的制订、修订计划。

(3) 组织制定全国统一经济定额和部管行业经济定额。

(4) 监督指导全国统一经济定额和部管行业经济定额的实施。

(5) 制定工程造价咨询单位的资质标准并监督执行，提出工程造价专业技术人员执业资格标准。

(6) 管理全国工程造价咨询单位资质工作，负责全国甲级工程造价咨询单位的资质审定。

省、自治区、直辖市和行业主管部的造价管理机构，是在其管辖范围内行使管理职能；省辖市和地区的造价管理部门在所辖地区内行使管理职能。其职责大体和国家住建部的工程造价管理机构相对应。

2. 企、事业机构管理系统

企、事业机构对工程造价的管理，属微观管理的范畴。设计机构和工程造价咨询机构，按照业主或委托方的意图，在可行性研究和规范设计阶段合理确定和有效控制建设项目的工程造价，通过限额设计等手段实现设定的造价管理目标；在招投标工作中编制标底，参加评标、议标；在项目实施阶段，通过对设计变更、工期、索赔和结算等项管理进行造价控制。设计机构和造价咨询机构，通过在全过程造价管理中的业绩，赢得自己的信誉，提高市场竞争力。承包企业的工程造价管理是企业管理中的重要组成，设有专门的职能机构参与企业的投标决策，并通过对市场的调查研究，利用过去积累的经验，研究报价策略，提出报价；在施工过程中，进行工程造价的动态管理，注意各种调价因素的发生和工程价款的结算，避免收益的流失，以促进企业盈利目标的实现。当然，承包企业在加强工程造价管理的同时，还要加强企业内部的各项管理，特别要加强成本控制，才能切实保证企业有较高的利润水平。

3. 行业协会管理系统

在全国各省、自治区、直辖市及一些大中城市，先后成立了工程造价管理协会，对工程造价咨询工作和造价工程师实行行业管理。

中国建设工程造价管理协会是我国建设工程造价管理的行业协会。中国建设工程造价管理协会成立于1990年7月，它的前身是1985年成立的"中国工程建设概预算委员会"。党的十一届三中全会后，随着我国经济建设的发展，投资规模的扩大，使工程造价管理成为投资管理的重要内容，合理、有效地使用投资资金也成为国家发展经济的迫切要求。社会主义商品经济的发展和市场经济体制的确立，改革、开放的深入，要求工程造价管理理论和方法都要有所突破。广大概预算工作者也迫切要求相互之间能就专业中的问题，尤其是能对新形势下出现的新问题，进行切磋和交流；进行上下沟通。所有这些，都要求成立一个协会来协助主管部门进行工程造价管理。

协会的宗旨是：坚持党的基本路线，遵守国家宪法、法律、法规和国家政策，遵守社会道德风尚，遵循国际惯例，按照社会主义市场经济的要求，组织研究工程造价行业发展和管理体制改革的理论和实际问题，不断提高工程造价专业人员的素质和工程造价的业务水平，为维护各方的合法权益，遵守职业道德，合理确定工程造价，提高投资效益，以及促进国际间工程造价机构的交流与合作服务。

协会的性质是：由从事工程造价管理与工程造价咨询服务的单位及具有造价工程师注册资格和资深的专家、学者自愿组成的具有社会团体法人资格的全国性社会团体，是对外代表造价工程师和工程造价咨询服务机构的行业性组织。经住建部同意，民政部核准登记，该协会属非营利性社会组织。

协会的业务范围包括：

（1）研究工程造价管理体制的改革，行业发展、行业政策、市场准入制度及行为规范等理论与实践问题。

（2）探讨提高政府和业主项目投资效益，科学预测和控制工程造价，促进现代化管理技术在工程造价咨询行业的运用，向国家行政部门提供建议。

（3）接受国家行政主管部门委托，承担工程造价咨询行业和造价工程师执业资格及职业教育等具体工作，研究提出与工程造价有关的规章制度及工程造价咨询行业的资质标准、合同范本、职业道德规范等行业标准，并推动实施。

（4）对外代表我国造价工程师组织和工程造价咨询行业与国际组织及各国同行组织建立联系与交往，签订有关协议，为会员开展国际交流与合作等对外业务服务。

（5）建立工程造价信息服务系统，编辑、出版有关工程造价方面的刊物和参考资料，组织交流和推广先进工程造价咨询经验，举办有关职业培训和国际工程造价咨询业务研讨活动。

（6）在国内外工程造价咨询活动中，维护和增进会员的合法权益，协调解决会员和行业间的有关问题，受理关于工程造价咨询执业违规的投诉，配合行政主管部门进行处理，并向政府部门和有关方面反映会员单位和工程造价咨询人员的建议和意见。

（7）指导各专业委员会和地方造价协会的业务工作。

（8）组织完成政府有关部门和社会各界委托的其他业务。

1.3　工程造价计价与控制的基本原理和方法

1.3.1　工程造价计价理论

1. 工程造价

工程造价是建设工程造价的简称，其含义有狭义与广义之分。广义上讲，是指完成一个建设项目从筹建到竣工验收、交付使用全过程的全部建设费用，可以指预期费用也可以指实际费用。它是该项目有计划地进行固定资产再生产和形成相应的无形资产和铺底流动资金的一次性费用总和，所以也称为总投资。它包括建筑工程、设备安装工程、设备与工器具购置、其他工程和费用等。狭义上讲，建设项目各组成部分的造价，均可用工程造价一词，如某单位工程的造价，某分包工程造价（合同价）等。这样，在整个基本建设程序中，确定工程造价的工作与文件就有投资估算、设计概算、修正概算、施工图预算、施工预算、工程结算、竣工决算、标底与投标报价、承发包合同价的确定等。

此外，进行工程造价工作还会涉及静态投资与动态投资等几个概念。

所谓静态投资是指在不考虑资金的时间价值的条件下，寄希望于不确定的未来收益，而将货币或其他形式的资产投入经济活动的一种经济行为。建设项目的静态投资也就是指在编制估算、概算、预算等预期造价时以某一基准年份的物价水平为依据，不考虑资金时间价值因素而确定出的造价，一般由建筑工程费用、设备与工器具购置费用、设备安装工程费用、其他工程与费用，以及基本预备费所构成。

由于静态投资没有考虑资金的时间价值因素，较难反映项目的实际情况。所以引入动态投资的概念，将资金价值随时间变化的因素考虑进去。所以一个项目的动态投资是指完成这个项目所需投资的总和，包括静态投资、价格上涨等风险因素所需增加的投资，以及预计所需的利息支出。

2. 工程造价的理论构成

按照马克思主义的价格理论，价格是价值规律的表现，价值是价格的规律，即价格现象的概括表现。因此，建设工程造价的理论构成可分为以下三个部分。

（1）物质消耗支出，即转移价值的货币表现。

（2）劳动报酬，即劳动者为自己劳动所创造价值的货币表现。

（3）盈利，即劳动者为社会劳动所创造价值的货币表现。

3. 工程造价的特点

由于工程建设有别于一般工业产品的生产与流通环节的一些特性，使得工程造价具有与一般工业产品价格不同的特点，主要表现在如下方面：

（1）通常工业产品需要通过流通过程才能进入消费领域，因此价格中包含商品在流通过程中支出的各种费用，包括纯粹流通费用和生产流通费用；而建设工程一般竣工后直接移交用户，立即进入生产消费或生活消费，因而价格构成中不包含商品使用价值运动引起的生产流通费用。

（2）建设工程建造地点的固定性，地段的位置直接影响其价格，使得其价格中包含土地价格。

（3）一般工业产品的生产者是指生产厂家，而建设项目的生产者则是指参加项目筹划、建设的所有单位，包括建设单位、勘察设计单位、建筑安装企业、咨询公司、开发公司等。因此在工程造价中所包含的劳动报酬和盈利是指上述总体劳动者的劳动报酬和盈利。

4. 工程造价的计价特点

由于建筑产品及其生产具有单件性、体形庞大、生产周期长等特点，因此其工程造价的计价也具有单件性计价、多次性计价和按构成的分部计价等特点。

（1）单件性计价。它是指建设工程不能像一般的工业产品那样由国家或企业按品种、规格、质量等成批地规定统一的价格，而必须通过特殊的程序，如编制概算、预算，来单独确定每一个项目的造价。

（2）多次性计价。它是指为了适应基本建设各阶段管理的需要，在基本建设程序的不同阶段，多次进行工程造价的确定工作。如可行性研究阶段通过编制投资估算确定工程造价，初步设计阶段编制设计概算、技术设计阶段编制修正概算、施工图阶段编制施工图预算、工程招投标阶段编制标底和报价、施工阶段进行工程结算，竣工时编制竣工决算来多次确定工程造价。

（3）按工程构成的分部组合计价。它是指工程造价的确定是按构成建设项目的单位工程、单项工程分别确定造价最后汇总而成的，而不能不进行分解一下子计算出来。

5. 影响工程造价运动的经济规律

建筑产品既然是商品，其工程造价当然具有商品价格的共性，它的运动受到价值规律、货币流通规律和商品供求规律的支配。

（1）价值规律

价值规律是商品生产的经济规律，即社会必要劳动时间决定商品的价值量，商品的价格以价值为基础，商品交换也要以等量价值为基础进行。但商品的价格以价值为基础，并不是说价格一定等于价值，而是价格围绕价值上下波动，从总量和趋势上看，商品的价格符合其价值具有必然性；从个别量和表现上看，商品的价格完全符合其价值又具有偶然性。

（2）货币流通规律

价格是商品价值的货币表现，价格与商品价值成正比，与单位货币所代表的价值量成反比。

在商品流通量固定的条件下，如果每一货币单位代表的价值量越大，则商品价格总额越小，货币流通量越少；反之，如果每一货币单位所代表的价值量越小，则商品价格总额越大，流通货币必要量越多。一旦流通中的纸币数量超过了客观需要量，由于它不会自动退出流通，则必然造成贬值，商品价格上涨，即通货膨胀。

综上所述，货币流通规律可以用公式（1-1）、公式（1-2）表示为：

$$\frac{流通中货币所}{代表的价值量}=\frac{流通中货}{币必要量}=\frac{商品价格总额}{货币流通速度} \tag{1-1}$$

$$\frac{单位货币所}{代表的价值量}=\frac{流通中货币必要量}{纸币发行总量} \tag{1-2}$$

（3）商品供求规律

商品的供求关系直接影响商品的价格。从短期看，供求决定价格；从长期看，价格决定供求，价格调节供求平衡。

价格决定供求，体现在有支付能力的需求不变的情况下，如果价格发生变动，需求就会向价格变动的反方向变动。也就是说价格上升，需求减少；价格降低，需求增加。当然，对于不同商品，一定幅度的价格变动所引起的需求变动幅度并不一致。

供求决定价格，体现在市场商品供不应求时，价格就会上涨，当供大于求时，价格就会下跌。这样价格的变动，又反过来作用于供求关系，当商品价格高于价值时，刺激生产者扩大生产，其他部门的资金也转移到该部门来，供给就会增加，而当价格低于价值时，生产者就会缩减生产，资金向其他部门转移，供给就会减少。因此商品的价格与供求是相互影响、相互制约的关系。

1.3.2 工程造价的计价与控制

工程造价的计价与控制是以建设项目、单项工程、单位工程为对象，研究其在建设前期、工程实施和工程竣工的全过程中计算和控制工程造价的理论、方法，以及工程造价的运动规律的学科。计算和控制工程造价是工程项目建设中的一项重要的技术与经济活动，是工程管理工作中的一个独特的、相对独立的领域。

工程造价的计价与控制是随着现代管理科学的发展而发展起来的，到 20 世纪 70 年代末又有新的突破。世界各国纷纷在改进现有工程造价确定与控制理论和方法的基础上，借助其他管理领域在理论与方法上的最新的发展，开始了对工程造价计价与控制更为深入和全面的研究。这一时期，英国提出了"全生命周期造价管理（Life Cycle Cost Management—LCCM）"的工程项目投资评估与造价管理的理论与方法。稍后，美国推出了"全面造价管理（Total Cost Management—TCM）"这一涉及工程项目战略资产管理、工程项目造价管理的概念和理论。从此，国际上的工程造价管理研究与实践进入一个全新发展阶段。我国在 20 世纪 80 年代末和 90 年代初提出了全过程造价管理（Whole Process Cost Management—WPCM）的思想和观念：要求工程造价的计算与控制必须从立项就开始全过程的管理活动，从前期工作开始抓起，直到工程竣工为止。

工程造价的计算过程与工程造价的控制过程是工程造价管理中两个并行的、各有侧重又相互联系、相互重叠的工作过程。工程造价的计算主要是指计算和确定工程造价和投资费用。工程造价的控制就是按照既定的造价目标，对造价形成过程的一切费用（受控系统）进行严格的计算、调节和监督（施控系统），揭示偏差，及时纠正，保证造价目标的实现。

1. 工程造价计价的基本原理与方法

（1）工程造价的计价基本原理—工程项目分解与组合

工程计价即是对投资项目造价（或价格）的计算，也称之为工程估价。由于工程项目的技术经济特点如单件性、体积大、生产周期长、价值高以及交易在先、生产在后等，使得工程项目造价形成过程与机制和其他商品不同。

1）工程项目是单件性与多样性组成的集合体。每一个工程项目的建设都需要按业主的特定需要单独设计、单独施工，不能批量生产和按整个工程项目确定价格，只能以特殊的计价程序和计价方法，即要将整个项目进行分解，划分为可以按定额等技术经济参数测算价格的基本单元子项或称分部、分项工程。这是既能够用较为简单的施工过程生产出来，又可以用适当的计量单位计算并便于测定或计算出来工程的基本构造要素，也可称为假定的建筑安装产品。工程计价的主要特点就是按工程分解结构进行，将这个工程分解至基本项就很容易地计算出基本子项的费用。一般来说，分解结构层次越多，基本子项也越细，计算也更精确。

2）任何一个建设项目可以分解为一个或几个单项工程。单项工程是具有独立意义的，能够发挥功能要求的完整的建筑安装产品。任何一个单项工程都是由一个或几个单位工程所组成，作为单位工程的各类建筑工程和安装工程仍然是一个比较复杂的综合实体，还需要进一步分解。就建筑工程来说，包括的单位工程有：一般土建工程、给排水工程、暖卫工程、电气照明工程、室外环境、道路工程以及单独承包的建筑装饰工程等。单位工程若是细分，又是由许多结构构件、部件、成品与半成品等所组成。以单位工程中的一般土建工程来说，通常是指房屋建筑的结构工程和装修工程，按其结构组成部分可以分为基础、墙体、楼地面、门窗、楼梯、屋面、内外装修等。这些组成部分是由不同的建筑安装工人，利用不同工具和使用不同材料完成的。从这个意义上来说，单位工程又可以按照施工顺序细分为土石方工程、砖石工程、混凝土及钢筋土工程、水结构工程、楼地面工程等分部工程。

3）对于上述房屋建筑的一般土建工程分解成分部工程后，虽然每一部分都包括不同的结构和装修内容，但是从建筑工程估价的角度来看，还需要把分部工程按照不同的施工方法、不同的构造及不同的规格，加以更为细致的分解，划分为更为简单细小的部分。经过这样逐步分解到分项工程后，就可以得到基本构造要素了。找到了适当的计量单位，就可以采取一定的估价方法，进行分部组合汇总，计算出某工程的全部造价。

4）工程造价的计算从分解到组合的特征是和建设项目的组合性有关。一个建设项目是一个工程综合体。这个综合体可以分解为许多有内在联系的独立和不能独立的工程，那么建设项目的工程计价过程就是一个逐步组合的过程。

（2）工程造价计价的基本方法

工程计价的形式和方法有多种，各不相同，但工程计价的基本过程和原理是相同的。如果仅从工程费用计算角度分析，工程计价的顺序是：分部分项工程单价—单位工程造价—单项工程造价—建设项目总造价。影响工程造价的主要因素是两个，即基本构造要素的单位价格和基本构造要素的实物工程数量，可用下列基本计算式表达：

$$工程造价 = \sum_{i=1}^{n} (工程实物量 \times 单位价格) \tag{1-3}$$

式中

i——第 i 个基本子项；

n——工程结构分解得到的基本子项数目。

基本子项的单位价格高，工程造价就高；基本子项的实物工程数量大，工程造价也就大。

在进行工程计价时，实物工程量的计量单位是由单位价格的计量单位决定的。如果单位价格计量单位的对象取得较大，得到的工程估算就较粗，反之工程估算则较细较准确。基本子项的工程实物量可以通过工程量计算规则和设计图纸计算而得，它可以直接反映工程项目的规模和内容。

对基本子项的单位价格分析，可以有两种形式：①直接费单价。如果分部分项工程单位价格仅仅考虑人工、材料、机械资源要素的消耗量和价格形成，即单位价格＝∑（分部分项工程的资源要素消耗量×资源要素的价格），该单位价格是直接费单价。资源要素消耗量的数据经过长期的收集、整理和积累形成了工程建设定额，它是工程计价的重要依据。它与劳动生产率、社会生产力水平、技术和管理水平密切相关。业主方工程计价的定额反映的是社会平均生产力水平；而工程项目承包方进行计价的定额反映的是该企业技术与管理水平的企业定额。资源要素的价格是影响工程造价的关键因素。在市场经济体制下，工程计价时采用的资源要素的价格应该是市场价格。②综合单价。如果在单位价格中还考虑直接费以外的其他一切费用，则构成的是综合单价。不同的单价形式形成不同的计价方式。

1）直接费单价—定额计价方法。直接费单价只包括人工费、材料费和机械台班使用费，它是分部分项工程的不完全价格。我国现行有两种计价方式，一种是单位估价法。它是运用定额单价计算的，即，首先计算工程量，然后查定额单价（基价），与相对应的分项工程量相乘，得出各分项工程的人工费、材料费、机械费，再将各分项工程的上述费用相加，得出分部分项工程的直接费；另一种是实物估价法，它首先计算工程量，然后套基础定额，计算人工、材料和机械台班消耗量，将所有分部分项工程资源消耗量进行归类汇总，再根据当时、当地的人工、材料、机械单价，计算并汇总人工费、材料费、机械使用费，得出分部分项工程直接工程费，并在此基础上计算出措施费，得到直接费。并再计算间接费、利润、编制基准期价差和税金，将直接费与上述费用相加，即可得出单位工程造价（价格）。

单位工程定额计价程序示意图如图 1-1 所示。

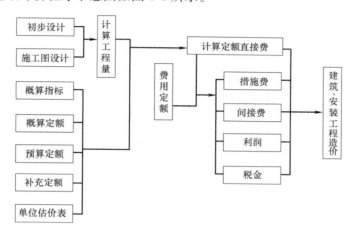

图 1-1　单位工程定额计价程序示意图

2）综合单价—工程量清单计价方法。综合单价法指综合单价法的分部分项工程单价为全费用单价，全费用单价经综合计算后生成，其内容包括直接费，间接费，利润和税金。也包括合同约定的所有工料价格变化风险等一切费用，它是一种完全价格形式。工程量清单计价法是一种国际上通行的计价方式，所采用的就是分部分项工程的完全单价。我国按照《建筑工程施工发包与承包计价管理办法》（建设部第 107 号令）的规定，综合单价是由分部分项工程的直接费、其他直接费、现场经费、间接费、利润或包括税金组成的，而直接费是以人工、材料、机械的消耗量及相应价格确定的。

综合单价的产生是使用工程量清单计价方法的关键。投标报价中使用的综合单价应由企业编制的企业定额产生。由于在每个分项工程上确定利润和税金比较困难，故可以编制含有直接费和间接费的综合单价，在求出单位工程总的直接费和间接费后，再统一计算单位工程的利润和税金，汇总得出单位工程的造价。

利用有限的工程造价信息准确估算所需要的工程造价信息，是造价管理的一项重要的工作。

2. 工程造价控制的基本原理和方法

（1）工程造价控制的基本原理—全过程动态控制

首先，工程造价控制是全过程的，即是指建设项目从可行性研究阶段工程造价的预测开始，到工程实际造价的确定和经济后评价为止的整个建设期间的工程造价控制管理。如图 1-2 所示：

在工程造价全过程的控制中，要以设计阶段为重点，在优化建设方案、设计方案的基

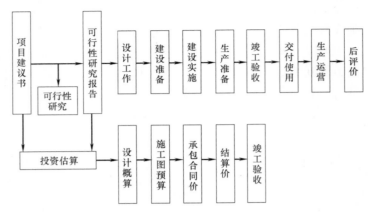

图 1-2　工程造价全过程控制示意图

础上，在建设程序的各个阶段，采用一定的方法和措施把工程造价的发生控制在合理的范围和核定的造价限额内。具体说，要用投资估算价控制设计方案的选择和初步设计概算造价；用概算造价控制技术设计和修正概算造价；用概算造价或修正概算造价控制施工图设计和预算造价。以求合理使用人力、物力和财力，取得较好的投资效益。

其次，工程造价控制是动态的。一方面，工程造价具有动态性。任何一个工程从决策到竣工交付使用，都有一个较长的建设周期，在预计工期内，许多影响工程造价的动态因素会发生变化，这种变化使得工程造价在整个建设期中处于不确定状态，直至竣工决算后才能最终确定工程的实际造价。另一方面，在工程项目建设中，项目的造价控制紧紧围绕着三大目标：投资控制、质量控制和进度控制。这种目标控制是动态的，并且贯穿于项目实施的始终。在这一动态控制过程中，应着重做好以下几项工作：

1）对计划目标值的论证和分析。实践证明，由于各种主观和客观因素的制约，项目规划中的计划目标有可能是难以实现或不尽合理的，需要在项目实施过程中，或合理调整，或细化和精确计算。只有项目目标是正确合理的，项目控制才能有效。

2）及时对项目进展做出评估，即搜集实际数据。没有实际数据的收集，就无法清楚工程的实际进展情况，更不能判断是否存在偏差。因此，数据的及时、完整和正确是确定偏差的基础。

3）进行计划值与实际值的比较，以判断是否存在偏差。这种比较同时也要求在项目规划阶段就应对数据体系进行统一的设计，以保证比较工作的效率和有效性。

4）采取控制措施以确保项目目标的实现。

（2）工程造价控制的基本方法

在工程项目建设的全过程中，工程造价控制贯穿各个阶段。要有效地控制工程造价，应该从组织、技术、经济、合同与信息管理等多方面采取措施。其中技术与经济相结合是控制工程造价最有效的手段。以下几方面是工程建设全过程各个阶段工程造价控制的主要方法：

1）可行性研究。可行性研究是运用多学科手段综合论证一个工程项目在技术上是否现实、实用和可靠，在财务上是否盈利；做出环境影响、社会效益和经济效益的分析和评价，及工程项目抗风险能力等的结论，为投资决策提供科学依据。可行性研究还能为银行贷款、合作者签约、工程设计等提供依据和基础资料，它是决策科学化的必要步骤和手段。

2）限额设计。在工程项目建设中采用限额设计是我国工程建设领域控制投资支出、有效使用建设资金的有力措施。所谓限额设计，就是要按照批准的设计任务书及投资估算控制初步设计，按照批准的初步设计总概算控制施工图设计。将上阶段设计审定的投资额和工程量先分解到各专业，然后再分解到各单位工程和分部工程。各专业在保证使用功能的前提下，按分配的投资限额控制设计，严格控制技术设计和施工图设计得不合理变更，以保证总投资额不被突破。限额设计并不是一味考虑节约，它可以处理好技术与经济对立的关系，提高设计质量，扭转投资失控的现象。

3）价值工程。价值工程是通过各相关领域的协作，对所研究对象的功能与费用进行系统分析，不断创新，旨在提高研究对象价值的思想方法和管理技术。价值工程活动的目的是以研究对象的最低寿命周期成本可靠地实现使用者的所需功能，以获得最佳的综合效益。价值工程是一种以提高价值为目标，以功能分析为核心，以创新为支柱的技术分析与经济分析相结合，能有效控制工程成本与功能协调的方法。在工程设计中应用价值工程的原理，在保证建筑产品功能不变或提高的前提下，可以设计出更加符合用户要求的产品，还可以降低成本 25%～40%。价值工程运用面很广，可以运用于施工组织设计、工程选材、结构选型、设备选型以及造价审查等方面。

4）招标投标。实行工程项目招投标制度是我国建设领域的一项重大体制改革，是由计划配置资源向通过市场机制来配置工程资源的转变。工程招标投标制度，是业主在建设市场上择优购买活动的总称。建设工程招标投标制度既然是建筑市场上建筑产品的交易方式，因此它必然会成为建筑业经济和投资经济的微观运行活动在建筑市场上的交汇。从经济学角度看，工程招标投标作为一种交易方式具有两大功能：一是解决业主和承包商之间信息不对称问题，即通过招标投标的方式使业主和承包商获得相互的信息；二是能够解决资源优化配置问题，即为业主和承包商相互选择创造条件，使业主和承包商获得双赢。这些功能使得招标制度在经济学上具有特殊意义，对建筑产品价格由市场竞争形成有着重要作用。总之，采取工程招投标这一经济手段，通过投标竞争来择优选定承包商，不仅有利于确保工程质量和缩短工期，更有利于降低工程造价，是造价控制的一个重要手段。

5）合同管理。在工程项目的全过程造价管理中，合同在现代建筑工程中具有独特的地位：①合同确定了工程实施和工程管理的主要目标，是合同双方在工程进行中各种经济活动的依据。②合同一经签订，工程建设各方的关系都转化为一定的经济关系，合同是调节这种经济关系的主要手段。③合同是工程过程中双方的最高行为准则。④业主通过合同分解和委托项目任务，实施对项目的控制。⑤合同是工程过程中双方解决争执的依据。合同确定工程项目的价格（成本）：工期和质量（功能）等目标，规定着合同双方责权利关系，所以合同管理必然是工程项目管理的核心。由于工程合同周期长，工程价值量大，工程变更、干扰事件多，合同管理是工程项目全过程造价管理的核心和提高管理水平、经济效益的关键。工程合同管理工作贯穿于工程实施的全过程和各个方面，合同必须遵守公平合理的原则，风险的分担也应该公平合理。所以在合同的签、订和实施过程中必须兼顾双方的利益，公平合理，从而实现合同管理的目标。合同是在双方诚实信用的基础上签订的，合同目标的实现必须依靠合同各方的真诚合作，如果双方缺乏诚实信用，或在合同的签订与实施中出现"信任危机"和"信用危机",则合同不可能顺利实施。在市场经济中,诚实信用原则需要用经济的、法律的形式来给予保障。如银行保函、保证金和担保措施,以及违约责任赔偿、索赔、直至仲裁、诉讼等。

值得注意的是,在工程建设全过程中,造价工程师是直接为确定和控制工程造价提供工程造价咨询的专业人员。造价工程师是服务于建筑市场的工程咨询业主体,提供的服务是工程建设全过程的工程造价确定与控制。造价工程师不仅提供价格鉴证文件成果(包括工程量清单 BQ),也要提供诸如协助招标、合同管理、索赔管理、支付管理、结算管理等的相关材料,这些工作深入到工程管理的各个方面。

1.3.3 工程造价计价依据

1. 工程造价计价依据的内容

工程造价计价依据是指项目建设期不同阶段确定工程造价所依据的政策、法规、定额、费用标准等基础资料。

工程造价的计价依据有:工程建设定额、费用定额、工期定额、预算价格与市场价格信息、工程造价指数、与工程造价有关的政策与法规。

(1)工程建设定额

工程建设定额包括施工定额、基础定额、预算定额、概算定额、概算指标、投资估算指标等,他们适用于不同建设阶段,各自有其特定的用途,是确定工程造价必不可少的依据。

(2)费用定额

费用定额包括建筑安装工程费用定额、设备投资费用定额、工程建设其他费用定额等。在费用定额中规定了费用构成、费用计算程序、费用计算方法、取费率等内容,是确定工程造价,进行费用计算的主要依据。

(3)工期定额

工期定额是为各类工程规定的施工期限的定额天数,包括建设工期定额与施工工期定额。由于造价与工期、质量密切相关,因此工期定额亦是确定工程造价的依据之一。

(4)预算价格与市场价格信息

预算价格与市场价格信息均包括劳动力、材料、机械台班和设备费几个方面的信息。这些信息是社会主义市场经济体制下确定工程造价至关重要的依据。

(5)工程造价指数

工程造价指数是说明不同时期工程造价的相对变化趋势和程度的指标。它是工程造价动态结算的重要依据。

(6)与工程造价有关的政策与法规

与工程造价有关的政策与法规有很多,如关于建筑安装工程营业税、城市建设维护税、教育费附加、增值税、进口关税的规定,材料调差的规定,招投标的规定等,它们都是工程造价的计价依据。

2. 工程造价计价依据的特点

(1)科学性与真实性

工程造价计价依据的科学性与真实性主要体现在两个方面:一是工程造价计价依据必须与生产力发展水平相适应,客观反映人、材、机的消耗水平和价格水平;二是工程造计价依据的编制与管理是采用科学的原理、科学的方法与手段进行的。

（2）系统性与统一性

工程造价计价依据是由多种计价依据结合而成的有机整体，有鲜明的层次和明确的目标。在工程建设的不同阶段、在不同的建设地点均可以采用相应的造价计价依据确定工程造价，工程造价的计价依据形成一个相对独立的系统。

工程造价计价依据的统一性主要体现在一定范围内定额的制定、颁布和贯彻使用有统一的程序、统一的原则、统一的要求和统一的用途。如全国统一定额、地方统一定额和部门统一定额等。

（3）相对稳定性与时效性

工程造价计价依据的相对稳定性是指造价依据在一段时期内表现出较稳定的状态。各种造价依据的稳定时间是不同的，如工程量计算规则、工料机定额消耗量较稳定，而价格信息则稳定性差。

造价依据的时效性是指从工程造价依据信息源发送的造价依据信息，经过接收、加工、传递、利用的时间间隔期及效率。一般来说，价格信息时效性最强。

（4）指令性与指导性

造价依据的指令性也称强制性、法令性，如工程量计算规则和定额工料机消耗量，使用者必须按规定执行，不得改变。造价依据的指导性是指使用者在使用造价依据时可以在一定的变化幅度内参照执行。造价依据的指令性与指导性也常被称为权威性。

1.4　工程造价信息及其管理

1.4.1　工程造价信息

1. 信息

信息是现代社会使用最多、最广、最频繁的一个词汇，不仅在人类社会生活的各个方面和各个领域被广泛使用，而且在自然界的生命现象与非生命现象研究中也被广泛采用。按狭义理解，信息是一种消息、信号、数据或资料；按广义理解，信息被认为是物质的一种属性，是物质存在方式和运动规律与特点的表现形式。进入现代社会以后，信息逐渐被人们认识，其内涵越来越丰富，外延越来越广阔。

信息作为一种资源，通常包括下述几个部分：

（1）人类社会经济活动中经过加工处理有序化并大量积累后的有用信息的集合。

（2）为某种目的而生产有用信息的信息生产者的集合。

（3）加工、处理和传递有用信息的信息技术的集合。

（4）其他信息活动要素（如信息设备、信息活动经费等）的集合。

2. 工程造价信息的特点和分类

工程造价信息是一切有关工程造价的特征、状态及其变动的消息的组合。在工程承发包市场和工程建设过程中，工程造价总是在不停地运动着、变化着，并呈现出种种不同特征。在工程承发包市场和工程建设中，工程造价是最灵敏的调节器和指示器，无论是政府工程造价主管部门还是工程承发包者，都要通过接收工程造价信息来了解工程建设市场动态，预测工程造价发展，决定政府的工程造价政策和工程承发包价。因此，工程造价主管部门和工程承发包者都要接收、加工、传递和利用工程造价信息，工程造价信息作为一种社会资源在工程建设中的地位日趋明显，特别是随着我国逐步开始推行工程量清单计价制度，工程价格从政府计划的指令性价格向市场定价转化，而在市场定价的过程中，信息起着举足轻重的作用。

（1）工程造价信息的特点

1）区域性。建筑材料大多重量大、体积大、产地远离消费地点，因而运输量大，费用也较高。尤其不少建筑材料本身的价值或生产价格并不高，但所需要的运输费用却很高，这都在客观上要求尽可能就近使用建筑材料。因此，这类工程造价信息的交换和流通往往限制在一定的区域内。

2）多样性。我国社会主义市场经济体制正处在探索发展阶段，各种市场均未达到规范化要求，要使工程造价管理的信息资料满足这一发展阶段的需求，在信息的内容和形式上应具有多样化的特点。

3）专业性。工程造价信息的专业性集中反映在建设工程的专业化上，例如水利、电力、铁道、邮电、建筑安装工程等，所需的信息有它的专业特殊性。

4）系统性。工程造价信息是由若干具有特定内容和同类性质的、在一定时间和空间内形成的一连串信息。一切工程造价的管理活动和变化总是在一定条件下受各种因素的制约和影响。工程造价管理工作也同样是多种因素相互作用的结果，并且从多方面被反映出来，因而，从工程造价信息源发出来的信息都不是孤立、紊乱的，而是大量的、有系统的。

5）动态性。工程造价信息也和其他信息一样要保持新鲜度。为此，需要经常不断地收集和补充新的工程造价信息，进行信息更新，真实反映工程造价的动态变化。

6）季节性。由于建筑生产受自然条件影响大，施工内容的安排必须充分考虑季节因素，但工程造价的信息也不能完全避免季节性的影响。

（2）工程造价信息的分类原则

1）稳定性。信息分类应选择分类对象最稳定的本质属性或特征作为信息分类的基础和标准。信息分类体系应建立在对基本概念和划分对象的透彻理解基础上。

2）兼容性。信息分类体系必须考虑到项目各参与方所应用的编码体系的情况，项目信息的分类体系应能满足不同项目参与方高效信息交换的需要。同时，与有关国际、国内标准的一致性也是兼容性应考虑的内容。

3）可扩展性。信息分类体系应具备较强的灵活性，可以在使用过程中进行方便的扩展。以保证增加新的信息类型时，不至于打乱已建立的分类体系，同时一个通用的信息分类体系还应为具体环境中信息分类体系的拓展和细化创造条件。

4）综合实用性。信息分类应从系统工程的角度出发，放在具体的应用环境中进行整体考虑。这体现在信息分类的标准与方法的选择上，应综合考虑项目的实施环境和信息技术工具。

（3）工程造价信息的具体分类

1）从管理组织的角度划分，可以分为系统化工程造价信息和非系统化工程造价信息。

2）从形式上划分，可以分为文件式工程造价信息和非文件式工程造价信息。

3）按传递方向划分，可以分为横向传递的工程造价信息和纵向传递的工程造价信息。

4）按反映而划分，分为宏观工程造价信息和微观工程造价信息。

5）从时态上划分，可分为过去的工程造价信息，现在的工程造价信息和未来工程造价信息。

6）按稳定程度划分，可以分为固定工程造价信息和流动工程造价信息。

3. 工程造价信息的内容

工程造价信息的主要内容，如图1-3所示。

工程造价信息 {
价格信息：包括各种建筑材料、装修材料、安装材料、人工工资、施工机械等的最新市场价格，一般是没有经过系统加工处理的初级数据
指数：根据各种原始价格信息加工整理得到的各种工程造价指数
已完工程信息：是指已完或在建工程的各种造价信息，也可称为工程造价资料
}

图1-3 工程造价信息的主要内容

1.4.2 工程造价资料

1. 工程造价资料及其分类

工程造价资料是指已建成竣工和在建的有使用价值和有代表性的工程设计概算、施工预算、工程竣工结算、竣工决算、单位工程施工成本以及新材料、新结构、新设备、新施工工艺等建筑安装工程分部分项的单价分析等资料。

工程造价资料可以分为以下几种类别：

（1）工程造价资料按照其不同工程类型（如厂房、铁路、住宅、公建、市政工程等）进行划分，并分别列出其包含的单项工程和单位工程。

（2）工程造价资料按照其不同阶段，一般分为项目可行性研究、投资估算、设计概算、施工图预算、竣工结算、竣工决算等。

（3）工程造价资料按照其组成特点，一般分为建设项目、单项工程和单位工程造价资料，同时也包括有关新材料、新工艺、新设备、新技术的分部分项工程造价资料。

2. 工程造价资料的积累

工程造价资料的积累应包括"量"（如主要工程量、材料量、设备量等）和"价"，还要包括对造价确定有重要影响的技术经济条件，如工程的概况、建设条件等。

（1）建设项目和单项工程造价资料。主要包括：

1）对造价有主要影响的技术经济条件。如项目建设标准、建设工期、建设地点等。

2）主要的工程量、主要的材料量和主要设备的名称：型号、规格、数量等。

3）投资估算、概算、预算、竣工决算及造价指数等。

（2）单位工程造价资料。单位工程造价资料包括工程的内容、建筑结构特征、主要工程量、主要材料的用量和单价、人工工日和人工费以及相应的造价。

（3）其他。主要包括有关新材料、新工艺、新设备、新技术分部分项工程的人工工日，主要材料用量，机械台班用量。

3. 工程造价资料的管理

（1）建立造价资料积累制度

1991 年 11 月，建设部印发了关于《建立工程造价资料积累制度的几点意见》的文件，标志着我国的工程造价资料积累制度正式建立起来，工程造价资料积累工作正式开展。建立工程造价资料积累制度是工程造价计价依据极其重要的基础性工作。据了解，国外不同阶段的投资估算，以及编制标底、投标报价的主要依据是单位和个人所经常积累的工程造价资料。全面、系统地积累和利用工程造价资料，建立稳定的造价资料积累制度，对于我国加强工程造价管理，合理确定和有效控制工程造价具有十分重要的意义。

工程造价资料积累的工作量非常大，牵涉面也非常广，主要依靠国务院各有关部门和各省、自治区、直辖市建委（建设厅、计委）组织。

（2）资料数据库的建立及其作用

积极推广使用计算机建立工程造价资料的资料数据库，开发通用的工程造价资料管理程序，可以提高工程造价资料的适用性和可靠性。要建立造价资料数据库，首要的问题是工程的分类与编码。由于不同的工程在技术参数和工程造价组成方面有较大的差异，必须把同类型工程合并在一个数据库文件中，而把另一类型工程合并到另一数据库文件中去。为了便于进行数据的统一管理和信息交流，必须设计出一套科学、系统的编码体系。

有了统一的工程分类与相应的编码之后，就可进行数据的搜集、整理和输入工作，从而得到不同层次的造价资料数据库。数据库必须严格遵守统一的标准和规范。按规定格式积累工程造价资料，建立工程造价资料数据库，其主要作用是：

1）编制概算指标、投资估算指标的重要基础资料。

2）编制投资估算、设计概算的类似工程设计资料。

3）审查施工图预算的基础资料。

4）研究分析工程造价变化规律的基础。

5）编制固定资产投资计划的参考。

6）编制标底和投标报价的参考。

7）编制预算定额、概算定额的基础资料。

（3）工程造价资料数据库网络化管理的优越性

1）便于对价格进行宏观上的科学管理，减少各地重复搜集同样的造价资料的工作。

2）便于对不同地区的造价水平进行比较，从而为投资决策提供必要的信息。

3）使各地定额站的相互协作，信息资料的相互交流。

4）便于原始价格数据的搜集。这项工作涉及许多部门、单位、建立一个可行的造价资料信息网，则可以大大减少工作量。

5）便于对价格的变化进行预测，使建设、设计、施工单位都可以通过网络尽早了解工程造价的变化趋势。

4. 工程造价资料的运用

（1）作为编制固定资产投资计划的参考，用作建设成本分析

由于基建支出不是一次性投入，而是分年逐次投入，可以采用下面的公式把各年发生的建设成本折合为现值：

$$z = \sum_{k=1}^{n} T_k (1+i)^{-k} \tag{1-4}$$

式中：

z——建设成本现值；

T_k——建设期间第 k 年投入的建设成本；

k——实际建设工期年限；

i——社会折现率。

在这个基础上，还可以用以下公式计算出建设成本节约额和建设成本降低率（当二者为负数时，表明的是成本超支的情况）：

$$建设成本节约额＝批准概算现值－建设成本现值 \tag{1-5}$$

$$建设成本降低率＝\frac{建设成本节约额}{批准概算}\times100\% \tag{1-6}$$

还可以按建发成本构成把实际数与概算数加以对比。对建筑安装工程投资，要分别从实物工程量定额和价格两方面对实际数与概算数进行对比。对设备工器具投资，则要从设备规格数量、设备实际价格等方面与概算进行对比。各种比较的结果综合在一起，可以比较全面地描述项目投入实施的情况。

（2）进行单位生产能力投资分析

单位生产能力投资的计算公式是：

$$单位生产能力投资＝\frac{全部投资完成额（现值）}{全部新增生产能力（使用能力）} \tag{1-7}$$

在其他条件相同的情况下，单位生产能力投资越小则投资效益越好。计算的结果可与类似的工程进行比较，从而评价该建设工程的效益。

（3）用作编制投资估算的重要依据

设计单位的设计人员在编制估算时一般采用类比的方法，因此，需要选择若干个类似的典型工程加以分解、换算和合并，并考虑到当前的设备与材料价格情况，最后得出工程的投资估算额。有了工程造价资料数据库，设计人员就可以从中挑选出所需要的典型工程，运用计算机进行适当的分解与换算，再添加上设计人员的判断经验，最后得出较为可靠的工程投资估算额。

（4）用作编制初步设计概算和审查施工图预算的重要依据

在编制初步设计概算时，有时要用类比的方式进行编制。这种类比法比估算要细致深入，可以具体到单位工程甚至分部工程的水平上。在限额设计和优化设计方案的过程中，设计人员可能要反复修改设计方案，每次修改都希望能得到相应的概算。具有较多的典型工程资料是十分有益的。多种工程组合的比较不仅有助于设计人员探索造价分配的合理方式，还为设计人员指出修改设计方案的可行途径。

施工图预算编制完成之后，需要有经验的造价管理人员来审查，以确定其正确性。可以通过造价资料的运用来得到帮助。可从造价资料中选取类似资料，将其造价与施工图预算进行比较，从中发现施工图预算是否有偏差和遗漏。由于设计变更、材料调价等因素所带来的造价变化，在施工图预算阶段往往无法事先估计到，此时参考以往类似工程的数据，有助于预见到这些因素发生的可能性。

（5）用作确定标底和投标报价的参考资料

在为建设单位制定标底或施工单位投标报价的工作中，无论是用工程量清单计价还是用定额计价法，尤其是工程量清单计价，工程造价资料都可以发挥重要作用。它可以向甲、乙双方指明类似工程的实际造价及其变化规律，使得甲、乙双方都可以对未来将发生的造价进行预测和准备，从而避免标底和报价的盲目性。

（6）用作技术经济分析的基础资料

由于不断地搜集和积累工程在建期间的造价资料，所以到结算和决算时能简单容易地得出结果。由于造价信息的及时反馈，使得建设单位和施工单位都可以尽早地发现问题，并及时予以解决。这也正是使对造价的控制由静态转入动态的关键所在。

（7）用作编制各类定额的基础资料

通过分析不同种类分部分项工程造价，了解各分部分项工程中各类实物量消耗，掌握各分部分项工程预算和结算的对比结果，定额管理部门就可以发现原有定额是否符合实际情况，从而提出修改的方案。对于新工艺和新材料，也可以从积累的资料中获得编制新增定额的有用信息。概算定额和估算指标的编制与修订，也可以从造价资料中得到参考依据。

（8）用以测定调价系数，编制造价指数

为了计算各种工程造价指数（如材料费价格指数、人工费指数、直接费价格指数、建筑安装工程价格指数、设备及工器具价格指数、工程造价指数、投资总量指数等），必须选取若干个典型工程的数据进行分析与综合，在此过程中，已经积累起来的造价资料可以充分发挥作用。

（9）用以研究同类工程造价的变化规律

定额管理部门可以在拥有较多的同类工程造价资料的基础上，研究出各类工程造价的变化规律。

1.4.3　价格信息的收集、传递和管理

1. 全过程的工程造价信息管理活动

建筑业价格信息系统，其功能就是通过对建设工程各类价格的收集、分类、整理和发布，为企业的产前调定价格提供前期调研和可行性论证，为企业经营决策提供服务。

价格信息的收集、传递和管理是一个有计划、有组织的工程造价管理系统工程。对工程造价信息的收集、传递和管理应成立专门的组织机构，有专门的人员负责价格信息工程的各项工作，以保证工程造价信息的有效传递和交流，确保企业能在工程造价管理活动中，每时每刻都能运用新掌握的信息来解决碰到的实际问题。

全过程的工程造价信息管理活动其实是一个工程造价信息流，很大程度上取决于获得和利用工程造价信息资源，即实现工程造价管理信息化。要实现工程造价管理信息化，就必须在开发利用工程造价信息资源的同时，必须掌握先进的计算机技术、信息技术和网络技术等工具，但更重要的是掌握工程造价信息的理论和方法。

对整个建设行业来讲，工程造价信息资源的管理应成为工程造价管理工作的重心，围绕着网络技术，工程造价信息活动应呈现多层次、多角度、多侧面的形态。各个工程造价管理部门之间，以及各个工程造价管理团体之间达到工程造价信息共享，各地域、各专业、各企业之间也需要进行各种各样的工程造价信息交流。同样，每个企业，不仅需要与工程造价管理部门，以及其他企业之间进行各种各样的工程造价信息交流，而且，企业内部各职能部门、单位、施工项目，以及施工队之间也要信息共享，使企业的工程造价信息

活动呈现多元化的态势。

价格信息的收集、传递和管理工作，包括工程造价信息资源的开发与利用、工程造价信息资源的收集、加工处理、存储、检索、交流、分析、预测以及更新。价格信息的收集、传递和管理工作的基础是价格信息的收集整理。

2. 收集价格信息的方法或途径

收集价格信息的方法或途径很多，概括讲一般要经过下列主要方法和途径。

（1）通过网络系统进行查询

随着计算机与通信技术的飞速发展，互联网不断扩展和普及，使人们很容易从互联网上查询到各种各样的信息。许多生产厂家、供货商都通过互联网发布各自产品的价格信息；这些单位直接面对市场，最了解市场的动态，可以提供大量的市场信息。工程造价管理部门、工程造价咨询机构可以通过建立自己的网站，向社会发布各种包括产品价格信息、工程造价指数信息，以及工程造价文件等信息，也可以通过网站收集各类价格信息资料。不同的信息使用者都可以根据自己不同的需求，通过互联网络选用不同的信息资料。

（2）通过各地区、各造价管理部门颁布的建设工程信息刊物查询

为了加强建筑市场管理，对建筑市场不同主体单位进行有效服务，各地区、各行业工程造价管理部门以及工程造价咨询机构都通过自己的信息刊物，向社会发布各类工程造价信息及国家的有关建设工程管理的法令法规等文件，需求者（包括工程造价管理部门以及工程造价咨询机构之间）可以通过订购各类建设工程信息刊物，作为信息资料的来源。这样，可以促进各部门、团体单位、企业之间的信息的流动。

（3）通过针对性的市场调查取得

根据自身的需要，有针对性地对不同地区、不同生产厂家、不同的供货商的各种设备、材料的价格信息进行调查。调查方法包括电话查询、传真查询，以及建立企业建设工程设备、材料导购信息网络系统查询。

（4）对企业各种信息资料的收集

施工企业是工程造价资料使用最频繁、最直接的单位，他们的经营活动依赖于各类工程造价信息，同时，通过自身的生产经营活动，在实践中积累了大量的工程建设资料。他们是工程资料搜集的主要对象。工程造价管理部门通过工程造价信息网站，把收集统计的各种造价指标信息、价格信息、管理信息及时传递给所有有关专业人员及机构，创造为建设行业提供信息服务的手段；与建设工程有关的机构及专业人员，包括招标代理机构、造价中介机构、设计部门、业主、施工承包企业、工程监理公司等，通过上述系统提供的功能及信息支持，完成各自的业务，形成各种造价信息产生、收集、使用、更新的良性循环。

工程造价信息资料并不是越多越好，因为拥有工程造价信息并不是最终目的，其目的是利用掌握的工程造价信息解决工程造价管理中的实际问题。所以，收集工程造价信息要本着信息有用、适用、有效的原则，信息资料的量和质都必须与工程造价管理活动的目标一致才有价值，才能为企业提供切实的信息服务，增强企业的市场竞争力，才可以为企业增收创值。

3. 价格信息的加工处理、存储和更新

价格信息的搜集整理工作结束后，就应当对取得的各类信息资料进行加工处理、存储

和更新。首先，对信息资料进行筛选，剔除那些陈旧过时的、不适用的信息资料，并对资料中的缺失及错误之处进行复核纠正。

其次根据不同标准对信息资料进行分类。对造价信息资料的分类一般按照如下层次划分：

（1）按信息资料的性质和用途分类：人工价格信息、建设工程设备价格信息、建设工程材料价格信息、机械台班租赁价格信息、工程造价指数信息、工程造价管理文件信息等。

（2）按信息的时间特征、地域特征、系统特征及专业特征分类。

（3）按信息的来源渠道分类，如根据生产厂商和供货商的不同，对建设工程设备价格信息、建设工程材料价格信息进行分类。

（4）根据种类和规格型号等特性等，对建设工程设备价格信息、建设工程材料价格信息进行分类。

然后，对信息资料库进行更新，在更新信息资料库时，应注意材料的可比性，以利于其后计算各类指标指数。

最后，建立信息材料的检索程序，材料检索程序的建立是为了方便查找信息，为信息资料的利用创造条件。信息资料的检索程序应根据信息资料的分类特征设置，信息资料有多少分类特征，就应建立多少索引。如对建设工程材料价格信息，可以根据材料信息的时间特征、地域特征、系统特征及专业特征建立索引，还可以根据生产厂商和供货商的不同建立索引，当然更应根据材料的种类和规格型号特性建立索引。

信息的分析、预测就是对收集整理的各类价格信息进行分析，计算各类经济指标和指数，以反映价格变动的趋势和幅度，预测价格的走向，为企业的经营决策服务。指标的计算要根据行业的特点和实际的需要设置。如，在计算人工价格指数指标时，要根据服务的主体，选择计算分工种的人工价格指数。

信息的交流实际就是信息共享，即信息在需求者之间相互流通。任何信息都具有流动性，孤立、静止的信息没有任何价值可言，信息总是从信息的传播者向信息的使用者传递，这是由信息的本质决定的，也是信息赖以生存的前提。收集整理信息是为了使用信息，收集者通过收集、整理和编辑信息，然后向不同的使用者、部门传送，进行信息交流，达到信息共享，以发挥信息的最大效益。

4. 工程量清单下的价格信息和费用信息

工程量清单计价模式改变了政府直接干预企业定价的定额计价模式，将企业置身于市场的竞争和风险之中。使企业在经营决策当中不得不考虑两个问题：其一是如何利用市场的机遇，最大限度地收取效益；其二是如何回避市场的风险，最小限度地蒙受损失。一句话，企业如何利用市场、驾驭市场，在激烈的市场竞争中永远立于不败之地呢？答案只有一个："信息"。信息是一把利刃，它可以扫清企业前进路上的重重阻碍，它又像一座灯塔，拨开重重迷雾，为企业引航领路。所以现代化的工程造价信息价格系统的建设是势在必行的。

（1）人工价格信息系统的建立

建立人工价格信息系统的目的是通过了解市场人工成本费用行情，以及人工价格的变动，为企业人工单价的科学定位提供依据。在企业的竞标过程中，人工费用成本的竞争，在所有竞争手段中都是至关重要的一个。如果企业能够预测到竞争对手的人工价格水平，通过科学的论证，合理地确定自己的人工价格水平，就有可能击败竞争对手，并使自己能够获得较大的收益。

人工价格信息系统的建立，其基础是收集不同地区建筑业企业各工种人工价格水平和劳务价格水平，为企业的经营决策提供服务。

（2）工程材料、设备价格信息库的建立

建设工程材料、设备价格是建筑市场最活跃的因素，建设工程材料、设备的品种繁杂，生产厂商和经销商众多，信息量巨大。如何对市场的材料、设备的价格信息进行采集和编辑，关系到工程造价信息系统建设的成败。在进行价格信息采集和编辑时，关键的问题是解决战略定位问题。对工作造价管理部门和工程造价咨询机构来讲，要解决的问题是服务的主体；对企业来讲，要解决的是本企业发展战略问题，主要是地域战略和行业战略，如：企业根据自身的实力和市场状况，确定今后发展的重点，向哪些地区扩展业务；企业将主要从事何种行业的工程建设。根据发展战略，有选择地采集资料。在采集资料时，应做到以下几点：

1）在采集生产厂商价格信息时，应对该地区内各生产厂商的分布情况，就其产品出厂价、挂牌价及上下浮动的幅度，按生产规模及市场占有份额进行立项测算和汇总。

2）在汇总市场价格信息时，应根据材料经销商在该地区范围内分布的情况、市场占有率及其经销量所占比例加权测算汇总。

3）通过网站查询的价格，由厂家提供的一般为出厂价格，供货商或经销商提供的一般为销售价格（批发价），由造价部门提供的信息价格一般为经过市场调查综合取定的综合价格；在收集、编辑和使用时，应充分注意价格的特征。

4）对一些知名的厂商或供货商，在进行材料、设备价格调查时，还应调查其一次性供货能力。

5）在建立了材料、设备价格信息库之后，还要计算各类指标、指数，以及对价格的变化趋势和幅度进行分析预测。

（3）工程机械租赁价格信息库的建立

机械租赁价格信息的收集方式与材料价格信息的方式基本相同，主要是对地区内有影响力、信誉好的机械设备租赁公司的租赁价格进行调查。对企业来讲，还要对企业内部的机械台班费用价格进行调查，建立价格信息库，并做对比分析。在调查价格信息的同时，可以同时就机械设备的品质、运行状况，以及机械设备的调遣费用展开调查，以为企业的经营决策提供依据。

（4）工程造价文件信息库的建立

工程造价文件是指政府及工程造价管理部门颁布的有关各种造价控制与管理方面的政策性文件、法令、法规，以及各类费用、费率等的调整文件。其中有指令性的，也有指导性的。工程造价文件对企业进行工程造价控制与管理具有重要的指导意义。

在收集编辑建立工程造价文件信息库时，要根据文件的颁发部门、时间，以及文件的效力和性质等进行分类，并对有关文件做出简洁说明，淘汰过时的或已被废止的文件，建立便捷的查询系统。

（5）工程造价指数信息库的建设

工程造价指数的种类很多，可以根据取得资料的不同和目的不同设置指数体系。指数的确定一般按地区或行业划分，一般常用的价格指数有以下几种：人工价格指数；人工综合价格指数；材料、设备价格指数；材料、设备综合价格指数；工程造价指数等。

1.4.4 工程造价信息的管理

1. 工程造价信息管理的基本原则

工程造价的信息管理是指对信息的收集、加工整理储存、传递与应用等一系列工作的总称。其目的就是通过有组织的信息流通，使决策者能及时、准确地获得相应的信息。为了达到工程造价信息管理的目的，在工程造价信息管理中应遵循以下基本原则。

（1）标准化原则。要求在项目的实施过程中对有关信息的分类进行统一，对信息流程进行规范，力求做到格式化和标准化，从组织上保证信息生产过程的效率。

（2）有效性原则。工程造价信息应针对不同层次管理者的要求进行适当加工，针对不同管理层提供不同要求和浓缩程度的信息。这一原则是为了保证信息产品对于决策支持的有效性。

（3）定量化原则。工程造价信息不应是项目实施过程中产生数据的简单记录，应该是经过信息处理人员的比较与分析。采用定量工具对有关数据进行分析和比较是十分必要的。

（4）时效性原则。考虑到工程造价计价与控制过程的时效性，工程造价信息也应具有相应的时效性，以保证信息产品能够及时服务于决策。

（5）高效处理原则。通过采用高性能的信息处理工具（如工程造价信息管理系统），尽量缩短信息在处理过程中的延迟。

2. 目前工程造价信息管理存在的问题

（1）对信息的采集、加工和传播缺乏统一规划、统一编码、系统分类，信息系统开发与资源拥有之间处于相互封闭、各自为战状态。其结果是无法达到信息资源共享的优势，更多的管理者满足于目前的表面信息，忽略信息深加工。

（2）采集技术落后，信息分类标准不统一，数据格式和存取方式不一致，使得对信息资源的远程传递、加工处理变得非常困难，信息资源的内在质量很难提高，信息维护更新速度慢，不能满足信息市场的需要。

（3）信息网建设有待完善。现有工程造价网多为定额站或咨询公司所建，网站内容主要为定额颁布、价格信息、相关文件转发、招投标信息发布、企业或公司介绍等；网站只是将已有的造价信息在网站上显示出来，缺乏对这些信息的整理与分析。

1.4.5 工程造价管理信息系统

1. 价格信息与工程造价信息资源共享

信息作为一种推动社会生产力发展的新动力，越来越受到人们的重视，成为与能源和材料并重的人类社会三大支柱之一。首先，从世界经济全球化、信息化的大背景来看，信息社会的迅速发展，在激烈的国际竞争中，信息资源已成为人们争夺的对象，谁能更多更快的占有信息资源，并能有效地开发和充分利用，谁就能做出正确的决策，取得国际竞争的优势，创造经济腾飞的奇迹。其次，从我国的国情来看，由于我国还处在由计划经济向市场经济转型的阶段，市场经济功能还不完善，人们的观念也有待于改变，政府干预企业经营、干预企业定价的现象还很严重，这些都不利于我国经济的发展，所以，市场迫切要求政府改变职能，由过去的政府直接办企业，转变到政府为企业创造良好的经营氛围，让企业真正地成为独立的法人实体。所有这些，都离不开信息系统的建设。只有完善的信息系统，才有可能为企业的经营生产活动提供正确的引导。最后，从我国企业来看，由于我国大多数国有企业长期以来实际是政府各部门的附庸，企业不了解市场，不参与市场竞争，不按市场规律办事，企业效益低下，竞争无力；而其他所有制企业也在扭曲的环境中苟延残喘，要改变我国企业的现状，打破"政府办企业、企业办社会"的局面，就必须通过市场竞争，引进竞争机制，让企业了解市场、了解市场规律、了解市场行情、了解市场的各种变化，而要做到这一点，最佳的途径是借助完善的信息系统。

目前。就我国建筑行业的信息系统来说，各级工程造价管理机构收集、整理和发布的各类工程价格信息，严重滞后于国内国际两个大市场，其手段和管理方法也不适应于科学化、信息化要求，并且也不适应于"入世"要求，必须加快建立从基层到各级造价管理机构或造价咨询机构，乃至全国性建设工程造价机构的信息网络系统，配合工程招投标、合同管理、资质管理等手段，收集建设工程劳务、材料、设备价格信息体系；同时将建设工程造价指标信息、建设工程政策、造价工程师和工程造价咨询机构等信息的网络发布系统，为政府和社会投资（包括外资）者，或参与建设项目的各方（包括外商）提供信息服务，同时也为我国建设工程逐步实现"工程量清单招投标，由企业自主报价，由市场形成价格"创造条件。

我国目前要建立完整的工程造价信息系统，适应国际国内大市场的要求，必须建立由地（县）市级造价信息网、省级总网、全国性总网构成的全国性工程造价管理信息系统网络。由专业网络公司提供网络的技术支持，各地造价管理部门通过信息发布系统平台实现工程造价信息收集、处理、发布等网站日常信息处理业务，最终实现全省乃至全国的工程造价信息资源共享。

2. 工程造价管理信息系统的作用和组成

（1）工程造价管理信息系统的作用

工程造价管理信息系统，立足于工程造价管理主要事务，贯穿于工程建设的各个阶段，对工程投资决策、勘察设计、工程承发包，以及工程施工的全过程进行合理确定与有效控制。在工程造价的日常管理，以及工程造价信息系统建设的工作中，工程造价管理部门、行业协会，以及工程造价咨询机构起着极其重要的作用。它们通过以建立互联网站或颁发信息刊物的方式，收集及发布工程量清单计价规则、材料价格信息、综合价格信息、消耗量指标信息、造价管理信息，作为确定和控制工程造价的重要基础资料，向社会提供有偿造价信息服务，指导社会工程造价水平。

工程造价管理信息系统要为社会不同的使用者提供不同的服务。就建筑行业来讲，近年来，我国工程造价信息管理系统建设已初具规模。我国的工程造价管理部门、行业协会，以及工程造价咨询机构和部分企业，根据自身的特点和目的不同，相继组建了一些工程造价信息网站，这些网站虽然还处在初级阶段，其功能还不十分强大，离市场的要求还相距尚远，但在国民经济建设中已发挥了重要作用。

（2）工程造价管理信息系统的组成

工程造价管理信息系统包括工程造价管理信息系统、工程造价信息网站、信息发布系统等多个系统，它通过不断收集工程招标投标市场中的各种综合单价、材料设备价格信息、管理费率及风险费率等，并通过系统功能对数据进行统计分析，测算出各类指标数值，同时通过工程造价信息网站予以发布，及时地服务于社会，其功能涉及建设工程全过程的工程造价的控制和管理。其信息库系统一般由包括：人工（劳务）价格信息库、建设工程材料价格信息库、建设工程设备价格信息库、机械设备租赁价格信息库、造价文件信息库以及工程造价指数信息库等信息系统库组成。

人工（劳务）价格信息库主要是收集不同时期、不同地域、不同工种的人工或劳务单价。

建设工程材料价格信息库和建设工程设备价格信息库，主要是收集不同时期、不同地域、不同供货商或生产厂家、不同工程的建筑安装材料、设备的价格信息，并按一定的分类原则进行划分，分别建立材料、设备价格信息库。

机械设备租赁价格信息库，主要收集不同时期、不同地域的机械台班租赁价格。

造价文件系统搜集的是各个时期各级政府造价管理部门颁布的现行的有关工程造价管理方面的文件和条例，以及出台的各类定额的解释文件。

工程造价指数系统是对不同时期的各类工程的工程造价进行分析，计算各类工程造价指数。

3. 工程造价信息管理系统的建设原则

为了加快我国建筑业工程造价信息管理系统的建设，为了使工程造价管理信息系统能真正实现为政府和参与工程建设的各方提供直接、快捷、高效、准确的信息服务，发挥工程造价管理信息网的作用，工程造价管理信息系统建设应本着以下原则进行建设。

（1）安全性。安全性是指信息系统自身的安全。当今社会，随着信息技术的发展，计算机和网络逐步成为信息搜集、整理和发布的主要途径和手段。计算机和网络运用不可忽视的一个问题就是安全。只有保证信息系统向身的安全，才能发挥信息系统的功能，为参与工程建设各方的经营决策服务。

（2）及时性。信息系统所提供的各类信息一定要及时，能满足企业不同时期的经营决策需要。在建筑市场的商战中，谁能把握市场的第一手信息，及时作出应对策略，谁就能在商战中取得主动权。信息系统的建立，其中一项重要的目的就是为了能够让企业及时获得市场的各类信息。

（3）准确性。准确的信息，是企业作出正确抉择的前提，如果信息系统提供的信息不正确，将会误导企业的决策，使企业在商战中败下阵来。所以，信息的准确性，是对信息系统最主要的要求。要保证信息的准确性，必须保证信息来源单一。这里的来源单一并不是指由单一渠道和模式收集信息，而是指由各种渠道收集来的信息最终汇总到单一入口，由指定人员保证信息来源的可靠性，有同定职位对信息进行加工和输入。也就是说，对信息的来源、收集、输入、加工、处理都应该有专人负责，以保证信息的真实性、准确性和质量。

（4）全面性。全面性要求信息系统提供的信息资料要全面，能满足企业不同方面的需要，不要有所偏颇。全面的信息资料对保证企业经营决策的准确是非常重要的。

（5）时效性。市场是不断变化发展的，市场价格也是不断变化的。价格的变化决定了价格信息的动态性，价格信息必须随时间的推移不断更新。只有保证信息的时效性，才能确保信息的准确性。

（6）预测性。信息系统有一项重要的功能就是对市场各种资源的价格变动趋势和变动幅度进行预测，为企业的经营决策提供服务。信息系统的预测性主要是通过编制各种指数进行对比分析来实现的。

（7）企业内部和外部信息资源共享。一个成功的管理信息系统带给企业最大的好处往往是促进企业内部管理流程的优化，在改进企业组织结构和运作流程的基础上，建立高效迅捷的信息传递通道，理顺企业内部各职能部门、项目以及施工队之间的关系，最终实现企业及其与业主（或承包商）、供货商，以及中介组织和工程造价管理部门之间的最优组合。

4. 信息技术在工程造价管理中的应用

（1）信息技术在工程造价管理中的应用现状

为了提高工作效率，降低劳动强度，提升管理质量，使用信息技术来参与工程造价的计算和工程造价的管理工作就成为我国造价行业和相关信息技术行业一个不断追求的目标。

早在微机技术还处在 286 时代，我国就诞生了第一批探索性质的计算造价的软件工具。但当时的软件功能十分简单，起到的作用也就是简单的运算和表格打印，而且受到早期硬件设备的能力和硬件普及范围的制约。早期软件基本都是非商业性质的个人开发产品，或者是单独为某个小范围应用而研制的软件工具，没有能形成有效的大规模推广应用。

随着计算机应用技术和信息技术的飞速发展，以及计算机硬件设备性能的迅速提升和快速普及，进入 20 世纪 90 年代以后，我国工程造价行业进行大规模信息技术应用的硬件环境已经成熟。而且，随着我国经济的飞速发展，我们工程造价行业的业务规模和业务需求也快速扩大，提升效率，降低错误率，提升管理质量，加强信息的管理和利用等需求量不断增加，从需求上也为工程造价管理的信息技术应用创造了条件，所以，在这个时期，我国工程造价管理的信息技术应用进入了快速发展期。主要表现在以下几个方面：

首先，以计算工程造价为核心目的的软件飞速发展起来，并迅速在全国范围获得推广和深入的应用。推广和应用最广泛的就是辅助计算工程量和辅助计算造价的工具级软件。

其次，软件的计算机技术含量不断提高，语言从最早的 FoxPro 等比较初级的语言，到现在的 Delphi、C++、BUILDER 等，软件结构也从单机版，逐步过渡到局域网网络版（C/S 结构：客户端/服务器结构），近年更向 Internet 网络应用逐步发展（B/S 结构：浏览器/服务器结构）。

近期，随着互联网技术的不断发展，我国也出现了为工程造价及其相关管理活动提供信息和服务的网站。同时，随着用户业务需求的扩展，我国部分地区也出现了为行业用户提供的整体解决方案的系列产品，但都还处在初级阶段。

综上所述可以看出，虽然从信息技术的应用角度来讲，我国取得了长足的进展，应用技术也比较先进，但是从工程造价管理的专业应用深度来讲，信息技术应用的进展并不大，各种 IT 应用工具的关联性都不强，基本上都局限于各自狭小的功能范围，缺乏连贯性和整体关联应用，解决的问题比较单一。对互联网技术的应用也显得比较静态和表面，对各种信息的网络搜集、分析、发布还不完善，无法为行业用户提供核心应用服务。

这一点，同一些信息技术比较发达的国家，例如美国、英国相比，我国的工程造价管理的信息技术应用还有一定的差距，这些信息化应用水平比较高的国家的显著特点就是：

1）面向应用者的实际情况实现了不同工具软件之间的关联应用，行业用户对工程造价管理的信息技术应用已经上升到解决方案级。并且，利用网络技术可以实现远程应用，从而可以对有效数据进行动态分析和多次利用，极大地提升了应用者的效率和竞争力。

2）充分利用互联网技术的便利条件，实现了行业相关信息的发布、获取、收集、分析的网络化，可以为行业用户提供深入的核心应用，以及频繁的电子商务活动。

从以上两点看出，我国工程造价管理的信息技术应用虽然已经获得了长足的进步，但与国外先进同行来比，还有一定的差距，这也正是我国工程造价管理信息技术应用需要快速提升的地方。

（2）实行工程量清单计价给企业造价管理带来挑战

《建设工程工程量清单计价规范》2003年2月17日发布，于2003年7月1日起在全国范围内实施。这就是说工程量计价要由定额模式向完全清单模式过渡，是国家在工程量计价模式上的一次革命，要由计划经济向市场经济过渡中提出的法定量、指导价、竞争费完全要变成清单下的"政府宏观调控、企业自由组价、市场竞争形成价格"的体系。这次国家把《建设工程工程量清单计价规范》定为国家强制标准，并把部分条款定为强制条款，这说明此规范必须强制执行。《建设工程工程量清单计价规范》实施后企业会出现的问题就是如何体现个别成本。规范规定企业必须根据自己的施工工艺方案、技术水平、企业定额，以体现企业个别成本的价格进行自由组价，没有企业定额的可以参照政府能反映社会平均水平的消耗量定额。企业要适应清单下的计价必须要对本企业的基础数据进行积累，形成反映企业施工工艺水平，用以快速报价的企业定额、材料预算价格库，对每次报价能很好进行判断分析，并能快速测算出企业的零利润成本。也就是说，要在最短的时间内测算出本企业对于某一工程多少钱干不会发生亏损（不包括风险因素的亏损），必须在投标阶段很好地控制工程的可控预算成本，就是在不考虑风险的情况下，利润为零的成本。每个企业如何知道自己的个别成本，是所有企业的在实行清单计价后的一大难点，也是最关注的焦点。

（3）工程量清单计价后计算机应用前景

在实行工程量清单计价后，企业如果不形成反映自身施工工艺水平的企业定额，不进行人工、材料、机械台班含量及价格信息的积累，完全依靠政府定额是无法竞争的。一提到积累，在建筑工程中需要积累的东西项目实在太多了，如施工方案、企业报价、历史结算资料、企业真实成本消耗资料、价格信息及合格供应商信息、竞争对手资料等。对于造价从业人员要有积累分析工程指标经验数据、应对多种报价方式的技能和素质、要有企业定额和行业指标库的积累、灵通的市场信息和充分利用现代软件工具及通晓多种能够快速准确的估价、报价的市场渠道—环境关系、厂家联络及网站信息。这一切对计算机的应用提供了绝好的环境及机遇。现在已是21世纪，是科技信息的时代，计算机的发展日新月异，信息化已经进入到企业的管理层面。只有靠计算机的强大储存、自动处理和信息传递，才能提高企业的管理水平。企业只有选择满足要求的管理软件和管理人才，才能在激烈的竞争中立于不败之地。

无论传统的定额计价模式还是工程量清单计价模式，"量"是核心，各方在招投标结算过程中，往往围绕"量"上作文章，国内造价人员的核心能力和竞争能力也更多体现在

"量"的计算上，而计算"量"是最为枯燥、繁琐的。

图形自动算量软件及钢筋抽样软件内置了全统工程量清单计算规则，主要是通过计算机对图形自动处理，实现建筑工程工程量自动计算。清单计价模式完全实现了量价分离，招标人可以直接计算出十二位编码的工程量。规范规定编制分部分项工程量清单时除了需要输入项目工程量之外，还应该全面、准确地描述清单项目。项目名称应按附录中的项目名称与项目特征并结合拟建工程的实际来确定。所以完整的清单项目描述应由清单项目名称、项目特征组成。工程量清单计价软件提供了详细描述工程量清单项目的功能，能把图形自动算量软件中的清单项无缝连接，对图形起一个辅助计算及完善清单的作用，还可以对项目名称及项目特征进行自由编辑及自动选择生成，并对图形代码做二次计算。能按自由组合的工程量清单名称进行工程量分解，达到更详细更精确地描述清单项目及计算工程量的目的。这样不仅符合了计价规范的要求，而且充分地体现了工程量清单计价理念。

措施项目是为完成工程项目施工，发生于该工程施工前和施工过程中的技术、方案、环境、安全等方面的非工程实体项目。其他项目清单是指分部分项工程和措施项目以外，为完成该工程项目施工可能发生的其他费用清单。软件可以自动按规范格式列出《措施项目一览表》的列项，还可以修改、增加、删除，使《措施项目一览表》既能符合计价规范的规定，又能充分满足拟建工程的具体需要。

在工程量清单编制完成后，软件可以实现表格打印，也可以生成导出"电子招标文件"。招标文件包括工程量清单、招标须知、合同条款及评标办法。招标文件以电子文件的形式发放给投标单位，可使投标单位编制投标文件时，不需要重新编制工程量清单，不但节省了大量的时间，而且可以防止了投标单位编制投标文件时，可能出现不符合招标文件格式要求等而造成的不必要损失。

（4）今后工程造价信息化的发展原则

1）适应建设市场的新形势，着眼于为建设市场服务，为工程造价管理服务。工程建设在国民经济中占有较大的份额，但存在着科技水平不高、现代化管理滞后、竞争能力较弱的问题。我国加入世界贸易组织后，建设管理部门、建设企业都面临着与国际市场接轨、参与国际竞争的严峻挑战。信息技术的运用，可以促进管理部门依法行政，提高管理工作的公开、公平、公正和透明度。可以促进企业提高产品质量、服务水平和企业效率，达到提高企业自身竞争能力的目的。针对我国目前正在大力推广的工程量清单计价制度，工程造价信息化应该围绕为工程建设市场服务，为工程造价管理改革服务这条主线，组织技术攻关，开展信息化建设。

2）我国有关工程造价方面的软件和网络发展很快，为加大信息化建设的力度，全国工程造价信息网正在与各省信息网联网，这样全国造价信息网联成一体，用户可以很容易地查阅到全国、各省、各市的数据，从而大大提高各地造价信息网的使用效率。同时把与工程造价信息化有关的企业组织起来，加强交流、协作，避免低层次、低水平的重复开发、鼓励技术创新，淘汰落后，不断提高信息化技术在工程造价中的应用水平。

3）发展工程造价信息化，要建立有关的规章制度，促进工程技术健康有序地向前发展。为了加强建设信息标准化、规范化，建设系统信息标准体系正在建立，制定信息通用标准和专用标准，建立建设信息安全保障技术规范和网络设计技术规范。加强全国建设工程造价信息系统的信息标准化工作，包括组织编制建设工程人工、材料、机械、设备的分类及标准代码，工程项目分类标准代码，各类信息采集及传输标准格式等工作，为全国工程造价信息化的发展奠定基础。

1.5　电力工程造价专业资格认证与从业管理

1.5.1　电力工程造价专业资格认证与从业管理机关

中国电力企业联合会负责全国电力行业的电力工程造价专业资格考试、资格认证的管理与协调工作，并对电力工程造价专业人员的从业行为进行监督和管理。

中国电力企业联合会电力工程造价与定额管理总站（简称"电力定额总站"）是电力部撤销后，国家电力公司解体后，现行体制下我国电力行业的工程造价与定额管理机构，同时还肩负着积极推进电力工程造价管理领域与国际组织交流合作的使命。引进和推广国外先进适用的工程造价管理理论与经验，促进中国电力工程造价领域与世界各国工程造价管理组织的双边及多边合作，注重国际化合作交流平台的建设。

中国电力企业联合会电力建设技术经济咨询中心是为了加强电力建设工程的造价、定额、技术经济工作的管理，在合并电力工业部电力建设定额站的基础上于1993年9月成立，原名为电力工业部电力建设技术经济咨询中心；随着国家电力工业的发展和电力体制改革的深化，更名为中国电力企业联合会电力建设技术经济咨询中心（简称中电联技经中心），中电联技经中心是经中央机构编制办公室批准成立的中央级事业单位（事业单位法人证书为事证号110000001421），具有独立法人地位。中电联技经中心主要负责电力行业建设定额的编制与颁发、工程造价管理等工作，并按照国家事业单位登记管理局和国家发展和改革委员会核准工程咨询服务范围开展工程咨询服务。

为适应电力建设市场的发展，维护国家、企业和社会公共利益，规范电力工程造价文件编制、评审及管理人员的从业行为，不断提高电力工程造价专业人员的工作水平，根据《电力工程建设定额工作管理暂行办法》（国经贸电力［2001］712号）和国家有关的从业资格制度的规定，中国电力企业联合会与中国建设工程造价管理协会共同制订了《电力工程造价专业资格认证与从业管理办法》，以中电联技经［2004］162号文于2004年12月21日发布，自2005年1月1日起施行。对该办法在各单位执行情况的日常监督、检查，各认证管理机构可结合工程造价单位资质年检、工程审计同时进行，也可单独进行抽检。

1.5.2　电力工程造价专业资格认证申请与资格审核

1. 电力工程造价专业人员实行持证上岗

（1）电力行业从事电力工程造价专业的人员实行持证上岗制度。凡从事电力工程造价工作的人员必须持有《电力工程造价专业资格证书》。无相应资格证书者，不得从事电力工程造价专业工作。

（2）《电力工程造价专业资格证书》由中国电力企业联合会和中国建设工程造价管理协会联合印制、颁发。中国电力企业联合会负责全国电力工程造价专业资格认证的管理与协调工作，并对电力工程造价专业人员的从业行为进行监督和管理。

（3）中国电力企业联合会电力工程造价与定额管理总站（简称"中电联电力定额总站"）负责全国电力工程造价专业资格认证考试，教育培训，证章的制作、发放，以及日常监督管理工作。

（4）各发电、电网集团电力建设定额站及其他初审机构负责所辖行政区域内电力工程造价专业资格认证的考试报名、资格审查、考前培训，以及从业人员的继续教育和日常监管工作。

（5）持有本资格证书的人员，如需要从事电力行业以外的一般工业与民用建筑工程造价工作时，应由各认证机构统一组织到各省、自治区、直辖市建设工程造价（定额）管理机构备案。

国家电网公司电力建设定额站、中国南方电网公司电力建设定额站、内蒙古电力建设定额站、各发电集团公司电力建设定额站、中国能源建设集团、中国电力建设集团及其他初审机构合称为"各认证机构"。

（6）中国建设工程造价管理协会负责对持有《电力工程造价专业资格证书》的人员在各省、自治区、直辖市从事电力行业以外的一般工业与民用建筑工程造价工作的从业行为进行监督和检查。

2. 报考条件和资格审查

（1）各认证机构根据统一的资格认证考试计划，负责本地区（集团）资格认证的报名工作。

（2）各等级电力工程造价专业资格考试的申请报名条件如下：

1）三级电力工程造价员资格考试

具有大专及以上学历，从事电力工程造价专业工作满一年及以上。

2）二级电力工程造价员资格考试

取得三级电力工程造价员资格证书并验证合格，连续从事电力工程造价专业工作满三年及以上。

3）一级电力工程造价员资格考试

取得二级电力工程造价员资格证书并验证合格，连续从事电力工程造价专业工作满五年及以上。

（3）已取得一个或一个以上资格证书的电力工程造价员，可根据本办法相关规定报考其他专业考试；但只能根据已取得资格证书专业申报同专业的升级考试。

具有两个及以上专业资格的造价人员，可同时持有两个及以上相应专业的专用章，需在资格证书"增项专业登记栏"中注明增项专业的名称。

（4）有下列情形之一的，不予报名：

1）不具有完全民事行为能力的；

2）申请在两个或以上单位从业的；

3）受刑事处罚未执行完毕的；

4）被注销认证资格的。

（5）申请报考《电力工程造价专业资格证书》的人员必须如实填写《电力工程造价专业资格认证申请表》，经所在单位同意后报送各认证机构审核。

（6）各认证机构负责对所属单位申请报名人员的资格进行初审，并汇总上报定额总站审核，审核合格者方可参加认证考试。人员名单须报中电联电力定额总站核备。

1.5.3 电力工程造价专业资格认证考试

1. 考试内容和考试形式

（1）电力工程造价专业资格认证的考试实行全行业统一教材，统一考试大纲，统一命题的考试制度。考试采取书面闭卷考试形式。

（2）电力工程造价专业资格认证考试的内容为电力工程造价管理综合知识和相应的专业知识；电力工程造价综合知识为各专业必考科目，专业知识由报考人员在发电建筑、电气和机务专业，电网建筑、电气和送电线路专业，配电网专业中任选一科。各专业分一、二、三共三个等级，一级为最高级别。

2.考试时间与考试组织

（1）电力工程造价专业资格认证的考试每两年举办一次，考试时间原则上安排在偶数年份的第二季度。由定额总站负责制定认证考试计划，并在考试当年一月份将考试计划通报各认证机构。

（2）电力定额总站负责组织、编制资格认证考试的培训教材，拟定考试大纲，负责建立并管理考试试题库。

（3）电力定额总站负责考试试卷的命题、考试、阅卷和评分工作，并对考前培训进行监督检查。

（4）各认证机构负责本地区认证考试的组织及考前培训工作，并将培训计划及考试安排在考试前一个月报送电力定额总站。

1.5.4　电力工程造价专业资格证书及专用章

1.资格证书与专用章的颁发机关

电力工程造价专业资格考试合格者取得《电力工程造价专业资格证书》、《全国建设工程造价员资格证书》和"电力工程造价专用章"。资格证书和专用章由电力定额总站统一制作，各认证机构统一领取、发放。"电力工程造价专用章"（简称"专用章"）作为持证人员的工作专用章，与《电力工程造价专业资格证书》配套使用。

2.资格证书和专用章的正确使用规定

（1）《电力工程造价专业资格证书》及专用章只限本人使用，不得出借和转让，不得挪作他用，不得涂改、伪造或转让。如果证书遗失，应及时向电力定额总站挂失并申请补发。

（2）资格证书必须由持证人签名后方可正式使用，没有本人签名的证书应视为无效证书。

（3）在正式的估算、项目经济评价、概算、预算、招标控制价、投标报价、工程结算及项目后评价等工程造价文件中，编制及评审人员必须亲笔签名，并在签名处加盖本人的"电力工程造价专用章"。

（4）资格证书和专用章的有效期为六年。证书有效期满前，持证人应向各认证机构申请更换新的资格证书和专用章。在证书有效期内，持证人应自觉接受注册考核机关的日常资格检查，并参加继续教育。未通过资格检查的证书为无效证书。

3.资格证书和专用章的更换

（1）资格证书和专用章的有效期为六年。证书有效期满前，持证人应向各认证机构申请更换新的资格证书和专用章。

（2）申请更换证书和资格专用章的人员应如实填写《电力工程造价专业换证申请表》，经各认证机构考核合格后，统一到发证机关办理。

1.5.5 继续教育与资格验证

1. 继续教育与资格验证考核机构

《电力工程造价专业资格证书》的继续教育与资格验证考核机构为各认证机构。

2. 资格验证

（1）凡取得资格证书的人员必须接受各认证机构的验证审核。资格证书的验证周期为二年，自取得资格证书之日起计算。认证机构应采取造价成果文件抽检方式，资格验证的具体时间与内容由电力定额总站统一确定。造价成果文件是指持证人主编或参加编制的正式生效的电力工程造价文件，包括项目评审文件和工程造价管理文件。

（2）成果文件抽检合格者，由所在地区（集团）认证机构在资格证书上加盖监管合格章。

（3）有下列情形之一者，电力工程造价员资格验证不合格：

1）脱离电力工程造价专业工作两年及以上的；

2）连续四年未参加继续教育或参加继续教育考试不合格的。

（4）有下列行为之一者，由各认证机构上报电力定额总站核准注销资格证书并收回专用章：

1）触犯国家法律、法规并受到刑事处罚的；

2）以不正当手段取得造价专业人员资格证书和专用章的；

3）允许他人以本人名义从事工程造价专业活动的；

4）违反职业道德，在工程造价业务活动中造成重大损失，并受到行政处罚的；

5）资格验证不合格者或无故不参加验证的。

3. 继续教育

（1）取得资格证书的人员，应按规定要求接受专业知识继续教育，不断提高专业理论和从业水平。每两年参加继续教育的时间累计不得少于 40 学时。

（2）各认证机构具体负责电力工程造价员的继续教育培训及资格验证工作。继续教育和资格验证的具体时间与内容由电力定额总站统一确定。

（3）继续教育采取集中面授的形式，由各认证机构组织实施；不能自行组织继续教育的单位，可由电力定额总站组织集中面授学习。

各认证机构组织完成继续教育后，需向电力定额总站提交参加继续教育人员名册汇总表、培训课程及授课老师简历，统一备案。

1.5.6 取得电力工程造价专业资格证书人员的从业

1. 电力工程造价专业人员的从业范围

电力工程造价专业人员应从事与本人取得的资格证书专业、级别相符合的工程造价专业工作。不同级别电力工程造价员的从业范围：

（1）造价工程师和一级造价员可从事工程造价专业文件的编制、校对、审核、审定等工作。

（2）二级造价员可从事工程造价专业文件的编制、校对、审核等工作。

（3）三级造价员可从事工程造价专业文件的编制、校对工作。

工程造价专业文件主要指电力工程估算、项目经济评价、概算、预算、招标控制价、投标报价、工程结算及项目后评价等。

2.从业规定

（1）取得资格证书的人员只能在一个单位从业。在证书有效期内变更工作单位的，应当在变更工作单位后一个月内到各认证机构申请变更，认证机构上报电力定额总站办理。

（2）电力工程造价成果文件，必须由取得资格证书的人员签字，并加盖资格专用章方为有效。没有取得资格证书的人员不得作为主要人员编制工程造价文件，不得参加工程造价文件的审核及审查。

1.5.7　取得电力工程造价专业资格证书人员的权利和义务

1.取得《电力工程造价专业资格证书》的人员享有的权利

（1）依法从事电力工程造价活动。

（2）在工程造价成果文件上签字、加盖专用章。

（3）保管和使用本人的资格证书和专用章。

（4）参加继续教育，提高从业水平。

2.取得《电力工程造价专业资格证书》者应履行的义务

（1）遵守法律、法规和有关管理规定，恪守职业道德。

（2）对承担的工程造价成果质量负责。

（3）保守从业中知悉的国家秘密和他人的商业、技术秘密。

（4）不得允许他人以本人名义从业。

（5）自觉接受各认证机构的日常管理和检查。

3.互相出示其资格证书的义务

在工程审查、工程招投标和工程结算中，如双方对编制或审查人员的资格及签名提出异议时，可要求对方出示其资格证书，各方均有义务履行。

1.5.8　法律责任

（1）取得资格证书的人员，在申请证书和日常管理过程中，隐瞒真实情况、弄虚作假的，由发证机关注销资格证书并收回资格专用章。

（2）资格证书不得挪作他用，不得涂改、伪造或转让，一经发现，将视其情节予以处罚直至取消资格。

（3）未通过资格检查的持证人员，仍使用资格证书及专用章从事电力工程造价活动的，所编制或签署的造价文件无效，由各认证机构在行业内通报，并可处以相应的经济处罚；造成损失的，应当承担赔偿责任。

（4）取得资格证书的人员同时在两个及以上单位从业的，由发证机关注销其资格证书并收回资格专用章。

（5）在工程造价工作中，如因持证人的责任造成严重工作失误的，经各认证机构确定后由发证机关取消其专业资格。

（6）在工程造价工作中，持证人恶意编制或签署工程造价文件，性质恶劣的，经各认证机构调查核实后由发证机关注销其资格证书。

（7）被取消资格的人员，自被注销之日起三年内不得再次申请领取资格证书。

（8）资格证书注册管理机构的工作人员，在电力工程造价专业资格管理工作中玩忽职守、滥用职权的，由有关机关给予行政处分；构成犯罪的，依法追究刑事责任。

第2章 电网建设项目设计专业基本知识

2.1 电 力 系 统

I 电力系统（电网规划及可行性研究）

2.1.1 电力系统的基本认识

电力系统是现代社会中最重要、最庞杂的工程系统之一，由发电厂的发电机、升压及降压变电设备、电力网及电能用户（用电设备）组成。

其中，电力网络是由变压器、电力线路等变换、输送、分配电能设备所组成。各部分的主要作用为：

1. 发电厂：生产电能。

2. 电力网：变换电压、传送电能。由变电站和电力线路组成。

3. 配电系统：将系统的电能传输给电力用户。

4. 电力用户：高压用户额定电压在 1kV 以上，低压用户额定电压在 1kV 以下。按对供电可靠性的要求将负荷分为三级：

（1）一级负荷：对一级负荷中断供电，将造成人身事故，经济严重损失，人民生活发生混乱。

（2）二级负荷：对二级负荷中断供电，将造成大量减产，人民生活受影响。

（3）三级负荷：所有不属于一、二级的负荷。

5. 用电设备：消耗电能。

电力系统的特点主要有以下三项：

（1）电能不能储存。电能的生产、输送、分配和使用同时完成。

（2）暂态过程非常迅速。电能以电磁波的形式传播，传播速度为 300km/ms。

（3）和国民经济各部门间的关系密切。

社会对电力系统的主要要求有：保证供电可靠性、保证电能质量、提高电力系统运行的经济性、保护环境。

2.1.2 我国电力系统发展历程及发展趋势

我国电力系统是随着我国电力工业的发展而逐步形成的，1949 年～1978 年，在不到 30 年的时间里，全国发电装机容量达到 5712 万 kW，发电量达到 2566 亿 kW·h，分别比 1949 年增长了 29.9 倍和 58.7 倍，装机容量的发电量分别跃居世界第 8 位和第 7 位，电网也初具规模，建成 330kV 和 220kV 输电线路 533km 和 22672km，变电设备 49 万 kVA 和 2479 万 kVA。1987 年，全国发电装机容量实现了历史性的突破，达到了 1 亿 kW。1996 年我国大陆部分的发电装机容量达 2.5 亿 kW，年发电量为 11350 亿 kW·h，开始稳居世界第 2 位。1995 年后又仅用 5 年的时间，2000 年全国发电装机量又跨上 3 亿

kW 的台阶。到 2011 年，全国发电设备容量达到了 10.6 亿 kW，跃居世界第一位。至 2015 年 2 月，全国发电设备容量达到了 13.6 亿 kW，人均发电装机历史性突破 1 千瓦。

目前，中国大陆除西藏自治区外已形成六大跨省电网，即东北、华北、华东、华中、西北和南方电网。西藏电网与西北电网也已通过青藏直流进行联网。

我国电网在经过第一代电网的小机组、小电网，第二代电网的大机组、大电网的发展模式后，以大规模利用可再生能源利用和智能化为特征的第三代电网发展和建设拉开序幕。而面向 21 世纪的第三代电网新技术，包括新材料、新元件器件、新型输电技术、大规模可再生能源电力接入技术、智能化调度和运行控制技术、智能化的配用电系统技术等的创新和发展将为新一代电网发展奠定技术基础。

2.1.3　电力系统规划的重要性及基本要求

1. 电力系统规划的重要性体现在以下几个方面：

（1）电力是国民经济的关键基础设施；

（2）电力系统规划是电力建设前期工作的重要组成部分；

（3）电力发展速度及合理性影响能源利用及投资的经济效益和社会效益；对国民经济发展影响巨大；

（4）正确合理的电力系统规划可以节约投资、提高经济效益和社会效益、节省能源、发展低碳经济、促进国民经济健康可持续发展。

2. 电力系统规划基本要求有以下几点：

（1）输变配电比例适当，容量充裕；

（2）电压支撑点充足；

（3）保证用户供电的可靠性；

（4）保证系统运行的灵活性，运行方式调整或检修时操作简便、安全，对通信线路影响小等；

（5）保证系统运行的经济性；

（6）保证系统运行的安全性。

2.1.4　电力系统规划的任务及内容

1. 电力系统规划设计阶段的划分

电力发展规划（简称规划）一般分五年电力发展规划（简称五年规划）、电力发展中期规划（简称中期规划，时间为 5～15 年）和电力发展长期规划（简称长期规划，时间为 15 年以上）。

其中"五年规划"指与国民经济发展相对应的五年计划，包括两个阶段：在规划未开始实施前为五年规划，在开始实施后则为五年计划。

电力发展规划必须实行动态管理。五年规划应每年修订一次，中期规划应每三年修订一次，长期规划应每五年修订一次，有重大变化时应及时修改、调整。

2. 电力系统长期发展规划

电力系统长期发展规划研究 15 年以上的电力系统发展的规划，主要是研究电力发展的战略性问题，其任务是根据规划地区的国民经济和社会发展长期规划、经济布局和能源资源开发与分布情况，宏观分析电力市场需求，进行煤、水、电、运和环境等综合分析，提出电力可持续发展的基本原则和方向，电源的总体规模、基本布局、基本结构，电网主框架，能源多样化等，必要时提出更高一级电压的选择意见、电力设备制造能力开发要求以及电力科学技术方向等。

电力系统长期发展规划的主要内容有：①电力需求预测；②动力资源开发；③电源发展规划；④电力网发展规划；⑤环境及社会影响分析；⑥为了实现长期发展规划，也要研究资金筹措（包括电价）、设备供应、人员培训等问题，并提出相应的原则措施。

3. 电力系统中期发展规划

电力系统中期发展规划研究 5～15 年内的电力系统发展和建设方案，其任务是根据规划地区的国民经济及社会发展目标、电力需求水平及负荷特性、电力流向、发电能源资源开发条件、节能分析、环境及社会影响等，提出规划水平年电源和电网布局、结构和建设项目，宜对建设资金、电价水平、设备、燃料及运输等进行测算和分析。

中期规划是电力项目开展初步可行性研究工作的依据，其内容包括有：电力需求预测，动力资源开发，电源发展规划，电力网发展规划，环境及社会影响分析以及对建设资金、电价水平进行测算和分析等。

4. 五年规划的任务和内容

五年规划的任务：五年规划应根据规划地区国民经济和社会发展五年规划安排，研究国民经济和社会发展五年规划及经济结构调整方案对电力工业发展的要求，找出电力工业与国民经济发展中不相适应的主要问题，按照中期规划所推荐的规划方案，深入研究电力需求水平及负荷特性、电力电量平衡、环境及社会影响等，提出五年内电源、电网结构调整和建设原则，需调整和建设的项目、进度及顺序，进行逐年投融资、设备、燃料及运输平衡，测算逐年电价、环境指标等，开展相应的二次系统规划工作。五年规划是编制、报批项目建议书、项目可行性研究报告书的依据，是电力发展规划工作的重点，内容包括：①大区电力系统设计；②省或地区系统设计；③电厂接入系统设计；④本体工程设计的系统专业配合；⑤电力系统专题设计。

2.1.5 电力系统规划设计的程序

电力系统规划设计的流程为：规划设计→初步可行性研究→项目建议书→可行性研究→申报国家建设计划→初步设计→施工图设计。

规划设计包括电力系统发展规划，水、火电厂及联网工程的初步可行性研究，主要目的是为编报项目建议书提供依据。

项目建议书审批立项后可开展可行性研究，编写可行性研究报告，可行性研究批准后项目即可申请列入国家建设计划。可行性研究工作的同时需开展电厂接入系统设计、系统专题设计以配合可研报告审批或核准；初步设计阶段，电力系统专业主要负责提供设计的电力系统技术条件和参数要求。在施工图阶段，需根据发展变化了的系统条件对设备运行的系统参数进行复核。

需要说明的是，电力系统发展规划编制完成之后还应进行系统发展设计，但其任务是面向全网的，并不能代替具体电厂的接入系统设计。

2.1.6 电力系统规划设计的基本知识

1. 电力系统负荷预测

（1）电力负荷的分类

从不同角度出发可以有不同分类，具体内容如下。

1) 按物理性能分类。分为有功负荷和无功负荷。在系统规划设计中，需同时满足有功负荷和无功负荷的要求。

2) 按电能的生产、供给和销售过程分类。分为发电负荷、供电负荷和用电负荷。发电负荷减去各发电厂厂用负荷后，就是系统的供电负荷。供电负荷减去电力网中线路和变压器中的损耗后，就是系统的用电负荷，也就是系统内各个用户在某一时刻所耗用电力的总和。

3) 按所属行业分类。可分为国民经济行业用电和城乡居民生活用电。也可分为第一产业、第二产业、第三产业和居民生活用电。与国家现行标准（国民经济行业分类方法和代码）相一致，其中国民经济行业用电中的农、林、牧、渔、水利业属第一产业，工业和建筑业属第二产业，其他剩余部分属第三产业，居民生活用电指住宅用电。

4) 按负荷在电力系统中的分布分类。可分为变电站负荷、分区负荷及全系统负荷。

5) 按时间分类。可分为年、月、周、日负荷，分别表示每年、每月、每周、每日的最大负荷。

6) 按负荷的重要性分类。根据对供电可靠性的要求及中断供电在政治经济上所造成损失或影响的程度分级，分为一级负荷、二级负荷和三级负荷。

（2）电力负荷预测方法

负荷预测包括电量需求预测和最大负荷预测，包括以下内容：

1) 电量需求预测。预测内容包括各年（或水平年）需电量、各年（或水平年）一、二、三产业和居民生活需电量、各年（或水平年）分部门分和分行业需电量、各年（或水平年）按经济区域或行政区域或供电区需电量；

2) 电力负荷预测，包括各年（或水平年）最大负荷预测，各年（或水平年）代表月份的日负荷曲线、周负荷曲线预测；

日负荷曲线是指一天内每小时（整点时刻）负荷的变化情况，以日最大负荷为基准值的标幺值表示。如图 2-1 所示。

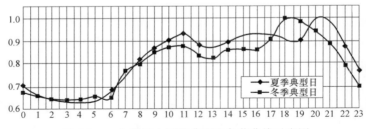

图 2-1　一个省级电网的典型日负荷曲线示意图

周负荷曲线是指一周内每天最大负荷的变化情况，以周最大负荷为基准值的标幺值表示，如图 2-2 所示。

3) 各年（或水平年）年持续负荷曲线、年负荷曲线。年持续负荷曲线指的是将全年（8760）每小时负荷按大小排队作出的曲线。年负荷曲线指的是每年每个月最大负荷变化情况，以年最大负荷为基准值的标幺值表示。年持续负荷曲线、年负荷曲线分别如图2-3、图2-4 所示。

4) 各年（或水平年）的负荷特性和参数，如平均负荷率、最小负荷率、最大峰谷差、最大负荷利用小时数等。

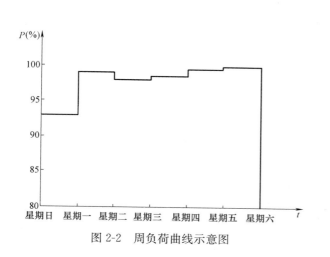

图 2-2 周负荷曲线示意图

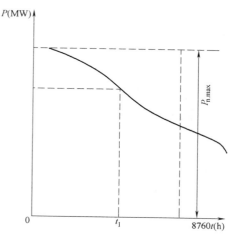

图 2-3 年持续负荷曲线示意图

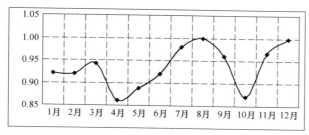

图 2-4 年负荷曲线示意图

5）对负荷增长因素和规律的总结分析。包括能源变化的情况与电力负荷的关系，国民生产总值增长率与电力负荷增长率的关系，工业生产发展速度与电力负荷增长速度的关系，设备投资、人口增长与电力负荷增长的关系，电力负荷的时间序列发展过程。

此外，尚需研究经济政策、经济发展水平、人均收入变化、产业政策变化、产业结构调整、科技进步、节能措施、需求侧管理、电价、各类相关能源与电力的可转换性及其价格、气候等因素与电力需求水平和特性之间的影响，需分析研究电网的扩展和加强、城市电网改造、供电条件改善、农村电气化等对电力需求的影响。

6）除上述内容外，根据电力系统设计内容深度规定应对以下内容进行分析：

① 分地区电力电量消费水平及其构成；

② 地区总的电力电量消费与工农业产值的比例关系；

③ 过去 5～10 年电力电量增长速度；

④ 对负荷特性、缺电情况做必要的分析和描述。

7）对电力系统规划确定的负荷水平，特别是设计水平年的负荷水平还应进行以下分析和核算并报有关单位认可后，方可作为本设计的负荷水平。

① 与本地区过去的电力电量增长率进行对比；

② 与国家计委和主管部门对全国或对本地区的装机和发电量预测和控制数进行分析对比；

③ 说明与地区电力部门的预测负荷和电量是否一致；

④ 对负荷的主要组成、分布情况和发展趋势做必要的描述；

⑤ 必要时还应根据关键性用户建设计划及其主要产品产量对预测负荷进行分析评价。

（3）需电量的预测方法

需电量传统的预测方法主要有用电单耗法、电力弹性系数法、回归分析法、时间序列法、综合用电水平法、负荷密度法等，可作为预测全社会和"网内"的电力需求，提出两至三个预测水平，并推荐其中一个基本方案。

（4）最大负荷值预测方法

当已知规划期的负荷需用电量后，一般可用最大负荷利用小时数法、同时率法预测最大负荷值。

1）最大负荷利用小时数法

可用下式来预测规划期的最大负荷，即

$$P_{\max} = E / T_{\max}$$

其中，$P_{\max}$ 为预测期最大负荷；E 为预测期需用电量；$T_{\max}$ 为年最大负荷利用小时数，和用电结构有关。

2）同时率法。

用所求各供电地区的最大负荷之和乘以同时率 K，得到整个系统的综合用电最高负荷，再加上整个系统的线损和厂用电后，就可以求得整个系统的最大发电负荷。

这是因为各用户的最大值不可能在同一时刻出现，一般同时率的大小与电力用户的多少、各用户的用电特点等有关。每个系统应根据实际统计资料确定。

2. 电力电量平衡计算

电力电量平衡计算是研究电力供求关系、电能消纳方案、进行电源优化和安排开机方式的重要工具，电力系统设计应编制目前到设计水平年的逐年电力电量平衡及远景水平年全系统和分地区的电力电量平衡，必要时还应列出分地区低谷负荷时的电力平衡。

电力电量平衡主要分析和研究以下问题：

（1）确定电力系统需要的发电设备容量，确定规划设计年度内逐年新增的装机容量和退役机组容量。

（2）确定系统需要的备用容量，研究在水、火电厂之间的分配。

（3）确定系统需要的调峰容量，使之能满足设计年不同季节的系统调峰需要。

（4）合理安排水、火电厂的运行方式，充分利用水电，使燃料消耗最经济，并计算系统需要的燃料消耗量。

（5）确定各代表水文年各类型电厂的发电设备利用小时数，检验电量平衡。

（6）确定水电厂电量的利用程度，以论证水电装机容量的合理性。

（7）分析系统与系统之间、地区与地区之间的电力电量交换，为论证扩大联网及拟定网络方案提供依据。

3. 电力系统安全稳定运行的基本要求与措施

保证电力系统安全稳定运行的基本要求

为保证电力系统的安全稳定运行，维持电网频率、电压的正常水平，系统应留有足够的静态稳定储备和有功、无功备用容量。备用容量应分配合理，并有必要的调节手段。在正常负荷波动和调整有功、无功潮流时，均不应发生自发振荡。

　　合理的电网结构是电力系统安全稳定运行的基础。合理的电网结构主要要求包括加强受端系统建设、电厂分层分区接入、电源分散接入受端系统等。

　　合理的电网结构应能满足：电网正常运行方式（包括计划检修方式）的需要，具有一定的灵活性；具有抗大扰动的能力，任一原件无故障或发生单一故障断开时，不应导致主系统非同步运行，即满足（N-1）可靠性准则；在事故后经调整的运行方式下，电力系统仍应有规定的静态稳定储备，并满足再次发生单一元件故障后的暂态稳定和其他元件不超过规定事故过负荷能力的要求；电力系统发生稳定破坏时，必须有预定的措施，以防止事故范围扩大。低一级电压电网中的任何元件（包括线路、母线、变压器等）发生各种类型的单一故障，均不得影响高一级电压电网的稳定运行；可以合理控制系统的短路电流水平，并能适应系统发展的要求。

　　提高电力系统稳定水平的根本措施是加强网络结构，如选择合理的输电电压，形成坚强的网架，建立紧密的受端系统等。必要时，可取以下一种或几种提高稳定的措施：

　　1）提高输电线的电压等级、采用串联电容补偿、采用新的线路结构等措施，该类措施涉及范围广，投资往往相对较大，需要经过详细的技术经济论证，并充分考虑系统的发展。

　　2）装设发电机励磁系统（包括 PSS）、快关汽门、自动重合闸装置，该类措施投资小，对提高系统暂态稳定及可靠性有明显效果，一般都应考虑采用。

　　3）电气制动主要用在受端系统容量大、送端系统容量小的情况，对线路瞬时性故障效果较好，对永久性故障效果较差。

　　4）切机措施适用于受端系统容量大、送端系统容量小的情况，对线路永久性故障有较好效果。切机措施对火电厂实施比较复杂，同时切机将使系统容量减少，可能使系统频率下降。

　　5）系统中装设解列装置，防止系统发生严重故障时系统瓦解的有效措施。

2.1.7 电网规划设计

1. 设计的一般技术原则

（1）电网设计的任务和内容

电网设计的任务是根据设计期内的负荷需求及电源建设方案，确定相应的电网接线，以满足可靠、经济地输送电力的要求。电网设计主要内容包括确定输电方式、选择电网电压、确定网络结构、确定变电站布局和规模等。

电网设计研究课题可大致为以下五类：

1）大型水、火电厂（群）及核电厂接入系统设计，因为这类电厂出线较多，距离也长，如何与电网连接的问题比较复杂，一般需要做专题研究；

2）各大区电网或省级电网的受端主干电网设计；

3）大区之间或省级电网之间联网设计；

4）城市电网设计；

5）大型工矿企业的供电网络设计。

（2）电网设计的一般技术原则

电网设计应从全网出发，合理布局，加强受端主干网络，增强抗事故干扰能力，简化网络结构，降低网损，遵循的技术原则包括：

1）电网规划必须满足电力市场发展的需要并适当超前。

2）电网规划必须坚持统一规划，以安全可靠为基础，突出整体经济效益，满足环境保护要求，加强电网结构，提出合理的电网方案。

3）电网规划应重点研究目标网架，论证目标网架的最高电压、输电方式、供电规模、优化结构，进行稳定评价，目标网架应达到如下要求：

① 安全可靠、运行灵活、经济合理，具有一定的应变能力；

② 潮流流向合理，避免网内环流；

③ 网络结构简单，层次清晰，贯彻"分层分区"的原则；

④ 适应大型电厂接入电网。

4）应重视受端网络规划，建成坚强的受端网架。

5）送端网络规划应根据送端电源所能达到的最终规模，远近结合统筹考虑。对于大型电源基地，路口、港口电厂集中的地区应做出战略性安排。

2. 电网电压等级的选择

我国采用的电网电压等级标准包括 220V、380V、3kV、6kV、10kV、35kV、66kV、110kV、220kV、330kV、±400kV、500kV、±500kV、750kV、±800kV、1000kV、±1100kV。

我国现有输电网的电压等级配置大致分为两类，即 110/220/500kV（全国绝大部分电网）及 110/330/750kV（西北电网）。220kV 以下配置则有 10/66/220kV（东北电网）、10（6）/35/110/220kV（全国绝大部分电网）两种系列。在确定电压系列时应考虑到与主系统及地区系统联网的可能性，故电压等级应服从于主系统及地区系统。如果照顾地区特点不可能采用同一种电压系列，应研究不同系统互联的可能措施。

输电电压的选择是一个涉及面很广的综合性问题，应根据网络现状，今后 10～15 年的输电容量、输电距离的发展拟定多个方案进行全面的技术经济比较，各方案应既能满足远景发展的需要，又能适应近期过渡的可能性。

3. 电网结构设计的一般方法

（1）电网结构设计的基本原则

合理的电网结构是电力系统安全稳定运行的基础，它应满足如下基本要求。

1）能满足各种方式下潮流变化的需要，有一定灵活性，能适应系统发展的要求。

2）任一元件无故障断开，应能保持系统稳定运行，且不致使其他元件超过规定的事故过负荷和电压允许偏差的要求。

3）应有较大的抗扰动能力满足稳定导则标准。

4）满足分层和分区原则。

5）合理控制系统短路电流。

（2）电网结构设计的一般方法

网络设计一般有常规设计方法（传统方法）和优化设计方法。由于优化设计方法尚处于发展阶段，在工程上只能作为辅助手段。目前电网设计实际采用的是常规设计方法。

常规设计方法一般分为方案形成和方案检验两个阶段。

1）方案形成。方案形成阶段的任务是根据输电容量和输电距离，拟订几个可比的网络方案。送电距离的确定，一般是在有关的地图上量得长度，再乘以曲折系数1.1～1.15。

　　送电容量的确定，是应用前述的电力电量平衡方法，将一个待设计的电网分成若干个区域（行政区或供电区），在每个区域内根据其负荷与装机容量进行电力（或电量）平衡，就可以确定各地区间的送电容量。待设计电网的送电距离和送电容量确定后，即可拟出几个待选的网络连接方式。在设计电网方案时，可分为静态电网设计法和动态电网设计法。静态电网设计法只对未来一个水平年的电网接线方案进行研究，因而又称水平年规划法。动态电网设计法将设计期分为几个年度并考虑其过渡问题。

　　2）方案检验。方案检验阶段的任务是对已形成的方案进行技术经济比较，其中包括电力系统潮流、调相、调压计算，暂态稳定、短路电流、工频过电压、潜供电流计算及技术经济比较等。

　　在进行网络方案检验的同时，还可以根据检验得到的信息，增加或修改原有的网络方案。

　　① 潮流计算：主要是观察各方案是否满足正常与事故运行方式下送电能力的需要。在正常运行方式下，各线路潮流一般应接近线路的经济输送容量，各主变压器（联络变压器）的潮流应小于额定容量。在 $n-1$ 的事故（包括计划检修的情况）下，线路潮流不应超过持续允许的发热容量，变压器应没有长时期过负荷现象。

　　② 暂态稳定计算：检验各方案是否满足《电力系统设计技术规程》所规定的关于电网结构设计所规定的稳定标准，电力系统能否保持稳定。当系统稳定水平较低时，应采取提高稳定的措施，如设置中间开关站、串联电容补偿、调相机、静止无功补偿器以及电气制动，送端切机，汽轮机快关和受端切负荷等。系统设计可根据电网具体情况初步分析并推荐一种或几种措施，为下阶段进行专题研究提供依据。

　　③ 短路电流计算：短路电流计算的主要目的是选择新增断路器的额定断流容量，提出今后发展新型断路器的额定断流容量，以及研究限制系统短路电流水平的措施（包括提高变压器中性点绝缘水平）。

　　④ 调相、调压计算：无功补偿应满足系统各种正常及事故运行方式下电压水平的需要，达到经济运行的效果，原则上应使无功就地分层分区基本平衡，调相、调压计算与潮流计算同时进行。

　　⑤ 工频过电压计算：330～750kV 网络的工频过电压水平，线路断路器的变电站侧及线路侧应分别不超过网络最高相电压（有效值，kV）的 1.3 及 1.4 倍。工频过电压计算应以正常运行方式为基础，加上一重非正常运行方式及一重故障形式。

　　⑥ 潜供电流计算：潜供电流的允许值取决于潜供电弧自灭时间的要求，潜供电流的自灭时间等于单相自动重合闸无电流间隙时间减去弧道去游离时间，单相自动重合闸无电流间隙时间要结合系统稳定计算决定，弧道去游离时间可取 0.1～0.15s，并考虑一定裕度。计算潜供电流及恢复电压应考虑系统暂态过程中两相运行期间系统摇摆情况，并以摇摆期间潜供电流最大值作为设计依据。

　　3）经济比较。进行经济比较时，静态电网设计法只对未来一个水平年的电网接线进行经济比较，在进行费用比较时，可以不考虑资金的贴现；动态电网设计法进行费用比较时，要计及资金的时间价值。

　　上述技术经济比较是选择电网方案的重要因素，但不是唯一的决定因素。选择方案时，还应经综合分析，提出推荐方案。

4. 发电厂接入系统设计

发电厂接入系统设计的目的是研究所设计的电厂与电力系统的关系，分析该发电厂在电力系统中的地位及作用，确定发电厂的送电范围、出线电压等级及回路数、与电力网的连接方案等，并对发电厂电气主接线、与电力网有关的电气设备参数、发电厂运行方式等提出技术要求，其目的是为编制发电厂送出工程设计任务书提供论据，为发电厂初步设计准备条件。发电厂接入系统设计涉及的地域范围及设计重点要依据发电厂的特点而定，如为系统主力发电厂则重点研究与系统主网架有关的问题；大型水电厂则应研究扩大电力系统以充分发挥水电效益的问题；地区中小型发电厂则研究与地区电力网的关系问题。接入系统设计的重点是电能消纳方案、接入系统方案论证及有关的电气计算。

发电厂接入系统设计内容包括电力市场需求预测、电力电量平衡及电能消纳方案、接入系统方案论证、提出系统对电厂电气主接线及电气设备参数的要求、进行送出工程的财务评价等。

发电厂接入系统设计还包括对电厂机组容量的选择。发电厂机组容量，应根据系统内总装机容量和备用容量、负荷增长速度、电网结构和制造厂供货情况等因素进行选择。一般最大机组容量不超过系统总容量的 8%～10%。若负荷增长迅速也可根据具体情况进行技术经济论证。

发电厂的接入系统方式，出线电压等级及回路数的选定，一般应根据以下因素确定：

1）发电厂的规划容量，单机容量，输电方向，容量和距离，及其在系统中的地位及作用。

2）简化网络结构及电厂主接线，减少电压等级及出线回路数，降低网损，调度运行及事故处理灵活。

3）断路器的断流容量，对限制系统短路水平的要求。

4）对系统安全稳定水平的影响。

5）对各种因素变化的适应性。

5. 系统联络线的设计

系统间联络线的传输能力，包括输电方式、电压等级及回路数，应结合电网的具体条件，按规划确定的性质和作用进行考虑。系统间建设联络线要进行可行性研究，确定其性质与作用。

联网规划设计，一般分可行性研究与联网工程系统设计两阶段。在可行性研究中，要论证联网的必要性、联网的作用和联网效益，推荐联网输电方式（交流、直流或混合输电）、联网方案、联络线的经济输送容量、电压等级和回路数。对推荐方案做出全面技术经济分析，提出包括系统继电保护、调度控制和通信在内的工程投资估算和经济效益评价。在联网工程系统设计中，要对全电力系统进行潮流、调相调压、稳定、过电压及短路计算，提出防止在正常运行方式下联络线上功率波动和低频振荡的措施，防止在故障后由于连锁反应造成的系统失步、电压崩溃和联络线过负荷的措施，确定联网工程主设备参数，对继电保护、安全自动装置、调度自动化、远动和通信方式，以及联络线的频率和负荷控制提出技术要求。

系统互联的技术经济效益有错峰效益、调峰效益、补偿效益、备用效益、规模经济效益、能源调剂效益等。

系统之间是否联网，应进行技术经济比较，即将联网后所获的经济效益与互联引起的联络线建设和现有网络改造所需的输变电工程以及有关设施（如通信、调度自动化和继电保护等）的投资和年运行费用进行比较后，予以取舍。经济评价方法按《电网建设项目经济评价暂行办法》进行。

2.1.8 配电网规划

配电网一般指的是 110kV 及以下电压等级电网，其中 35～110kV 电网为高压配电网，10kV、20kV 电网为中压配电网，0.38/0.22kV 为低压配电网。配电网规划接线模式多样、电源供应不确定性大、外部环境对配电网络要求严格、易受政策法规影响等特点。

配电网规划是送变配电设施建设规划的一个组成部分。配电网规划的期限一般较短。一方面它与用户的实际分布有关，另一方面配电规划的实施期也较短。一般以 5～15 年的中、短期规划为主。配电规划的另一个特点是配电设施面广、点多，每个设施单位较小、数量很多，配电场所与居民、用户有直接接触等。

配电网络规划的内容主要有负荷预测、选择接线模式、效益评估等。负荷预测、效益评估方法与一般主网架规划类似，以下只对配电网的接线模式进行介绍。

1. 配电网的接线模式

高压配电网常用的接线模式主要有单侧电源 3T 接线、具有中介点的放射状接线、三回路全放射状接线、单环形接线、4×6 网络接线、双侧电源单断路器手拉手接线，分别见图 2-5～2-10。

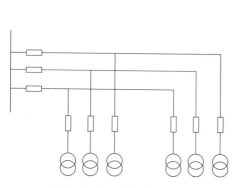

图 2-5　单侧电源 3T 接线

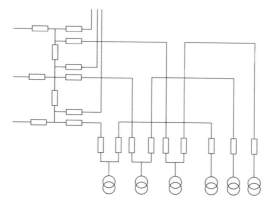

图 2-6　具有中介点的放射状接线

（1）单侧电源 3T 接线主要优点是简单、投资省，有较高的可靠性。设备利用率比较高，变电站可用容量为 67％。变压器高压侧为线路变压器组接线，架空线和电缆线均适用。

（2）具有中介点的放射状接线该接线使离电源点比较远的变电站可以通过中介点获得电源，减少了电源的出线仓位。

（3）三回路全放射状接线因为采用了三回电源对某一个变电站供电，考虑到现在的电器设备本身可靠性较高，因此该接线模式的可靠性可以满足城市供电。

（4）单环形接线，该接线通过联络开关，将不同电源点及变电站连接起来，形成一个环状。任何一个区段故障时，合联络开关，可将负荷转移到相邻馈线，完成转供。该接线的供电可靠性满足 $N-1$ 原则，设备利用率为 50％。

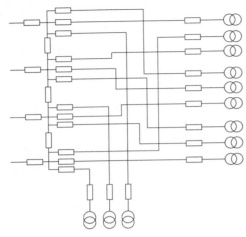

图 2-7　三回路全放射状接线

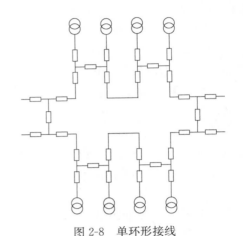

图 2-8　单环形接线

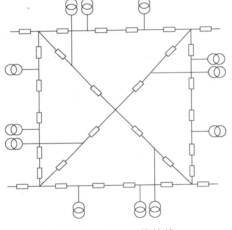

图 2-9　4×6 网络接线

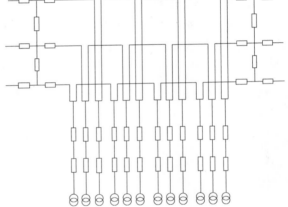

图 2-10　双侧电源单断路器手拉手接线

（5）4×6 网络接线由 4 个电源点，6 条手拉手线路组成，任何两个电源点间都存在联络或转供通道。任一个电源故障时，受其影响的 3 段负荷，可自动闭合线路中间断路器，转由其余 3 个正常电源供电。此时，每个正常电源的增加容量为故障电源容量的 1/3，为全网电源变压器容量的 1/12，电源变压器可用率很高，大大减少了系统设备备用容量。4×6 网络接线由于在网络设计上的对称性和联络上的完备性，使其在节省投资、提高可靠性、降低短路容量和网损、均衡负载和提高电能质量等方面具有优越性。该接线模式也适用于中压配电网中。

（6）双侧电源单断路器手拉手接线将来自不同电源点的两条馈线通过一台断路器进入变电站。任何一个区段故障时，合联络开关，可将负荷转供到相邻馈线，完成转供。该接线的供电可靠性满足 $N-1$ 原则，设备利用率为 50%。

2. 中压配电网接线模式

中压配电网络接线模式包括单电源辐射状接线、单侧电源双 T 接线、不同母线电源连接开关站接线、双电源手拉手环网接线、双电源手拉手双环网接线、"3－1"主备接线，各接线模式分别见图 2-11～图 2-16。

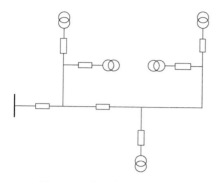

图 2-11　单电源辐射状接线

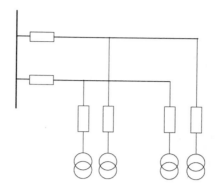

图 2-12　单侧电源双 T 接线

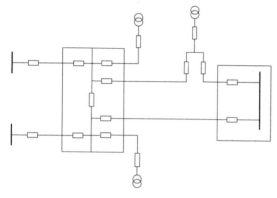

图 2-13　不同母线电源连接开关站接线

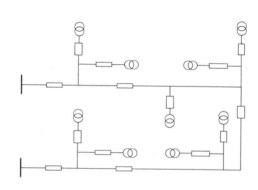

图 2-14　双电源手拉手环网接线

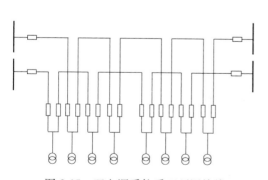

图 2-15　双电源手拉手双环网接线

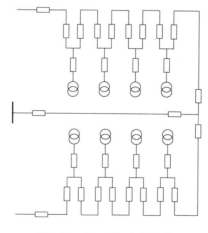

图 2-16　"3－1"主备接线

　　单电源辐射状接线适用于城市非重要负荷架空线和郊区季节性用户，干线可以分段。其优点是比较经济，配电线路和高压开关柜数量相对较少，新增负荷也比较方便；缺点主要是故障影响范围较大，供电可靠性较差。当线路故障时，部分线路段或全线将停电；当电源故障时，将导致整条线路停电。

（1）单侧电源双 T 接线中两回线路分别接白不同分段的母线，线路沿道路并行敷设，而每一个配电站可以从两回电缆上取得电源。

（2）不同母线出线连接开关站接线中每个开关站具有两回进线，开关站出线采用辐射状接线方式供电；也可以在开关站出线间形成小环网，进一步提高可靠性。如果开关站附近有低压负荷，则可以使用带配电变压器的开关站。

（3）双电源手拉手环网接线是通过一联络开关，将来自不同变电站（对应手拉于）或相同变电站（对应环网）不同母线的两条馈线连接起来。任何一个区段故障时，合联络开关，可将负荷转供到相邻馈线，完成转供。该接线供电可靠性满足 $N-1$ 原则，设备利用率为 50%，适用于三类用户和供电容量不大的二类用户。

（4）双电源手拉于双环网接线模式，环网电源可以是变电站也可以是开关站。如果是开关站，根据开关站的电源情况，其环网的可靠性也会有差异，如两座开关站的电源来自同一座 110kV 变电站，比电源来自两座不同的变电站的可靠性要低。该接线模式适用于可靠性要求比较高的一类负荷用户。

（5）"N 供 1 备"接线最早起源于法国的 EDF 公司，并在我国的深圳和广州取得广泛应用。该接线的特点是：N 条电缆线路联成电缆环网，1 条线路作为公共备用线路，正常时空载运行；非备用线路理论上可以满载运行，1 条运行线路出现故障时，可通过线路切换把备用线路投八运行。一般采用"3－1"、"4－1"比较理想，总的线路利用率分别为 67% 和 75%，该模式供电可靠性较高，线路的理论利用率也较高，其中 3 供 1 备接线如图 2-16 所示。这种接线模式非常适合在城市核心区、繁华区和住宅小区采用。在实施中，先形成单环网，随负荷水平的不断提高，再按照规划逐步形成 N 供 1 备接线网络，满足供电要求。

2.1.9　无功补偿形式选择及容量配置

1. 交流系统无功补偿的基本要求和设计原则

电力系统无功功率平衡及补偿就是：从满足电力系统电压允许偏差值的要求，保持系统在高峰或低峰时无功功率平衡，保证在失去一台大机或一条线路后的电压稳定和正常运行，有一定的无功电力备用，以及改善电力系统动态过程中电气特性的基本要求出发，来研究并确定无功补偿装置的容量、类型和配置。电力网无功补偿装置的配置与电力网结构、网络参数、地区无功功率缺额和用户对电压的要求等具体情况有关。因此，要根据电力系统在各种运行方式下的调相调压计算、稳定计算、谐波计算、工频过电压和潜供电流计算的结果，并通过对这些结果进行技术分析和方案经济比较，综合地加以确定。

（1）无功补偿的设计原则

1）无功补偿分层、分区就地平衡的原则。电力系统的无功电源与无功负荷，在高峰或低谷时都应采用分（电压）层和分（供电）区基本平衡的原则进行配置和运行，就地补偿便于调整电压，并应具有灵活的无功电力调节能力与检修备用，以保证系统各枢纽点的电压在正常和事故后均能满足规定的要求。

2）无功备用安排的原则。电力系统应有事故无功电力备用，以保证负荷集中地区在下列运行方式下，保持电压稳定和正常供电，而不致出现电压崩溃。无功备用必须满足：

① 正常运行方式下，突然失去一回线路，或一台最大容量无功补偿设备，或本地区一台最大容量发电机（包括发电机失磁）；

② 在正常检修方式下，上一项所述事故，允许采取必要的措施，如切负荷、切并联电抗器等。

3）无功补偿设备选择的原则。无功补偿设备的配置与设备类型选择，应进行技术经济比较。无功补偿装置应首先考虑采用投资省、损耗小；分组投切的并联电容器组和低压并联电抗器组。并联电容器组和低压并联电抗器组的补偿容量，宜分别为主变压器容量的30%以下。

面对大容量中枢变电站和有特殊技术要求的变电站，例如要求兼顾提高电力系统稳定水平，抑制电压闪变，限制动态过电压和平息系统振荡等，则可考虑采用调相机、静止补偿装置或静止调相机。

当220～500kV电网受端系统短路容量不足和长距离送电线路中途缺乏电压支持时，提高输送容量和稳定水平，经技术经济比较合理时，可采用调相机。

4）330～500kV线路充电功率的补偿原则：

330～500kV电网的感性无功配置，应按无功电力分层就地平衡的基本要求配置高低压并联电抗器，以补偿超高压线路的充电功率。一般情况，高、低压并联电抗器的总容量宜按基本平衡掉线路充电功率考虑，高、低压并联电抗器的容量分配应按系统的条件和各自的特点全面研究决定。

330～500kV电网的受端系统，其容性无功配置容量配置（kVar），宜按330～500kV电网受入的有功容量（kW）的40%～50%计算，安装在由其供电的220kV及以下变电站。

（2）无功备用

无功电源中的事故备用容量，应主要储备于运行中的发电机、调相机和静止型动态无功补偿装置中，以便在电网发生因无功不足可能导致电压崩溃事故时，能快速增加无功电源容量，保持电力系统的稳定运行。

2. 无功负荷、无功电源及其运行特性

（1）无功负荷

电力系统无功负荷主要有异步电动机、变压器和线路无功损耗以及串并联电抗器等。

1）无功负荷的静态特性。电力系统电压（频率）缓慢变化引起用户或电力系统无功负荷相应变化的关系，称为无功负荷电压（频率）静态特性。

2）无功负荷的确定。无功负荷通常是借助于无功负荷对有功负荷的比值，即自然无功负荷系数 K 来确定。K 值大小与负荷构成、电网结构、运行电压水平有关。根据我国各电力系统分析资料，在电力系统电压正常的情况下，K 值最大可取 1.3～1.4。地区电力系统的 K 值，受负荷构成的影响较大，一般为 1～1.3。

（2）无功电源

无功电源包括发电机，线路充电功率（一般只计 110kV 及以上的架空线路和 35kV 及以上的电缆线路），电业部门和用户的无功补偿设备的容性可用容量。

1）同步发电机。发电机是主要无功电源之一，在向系统送出有功电力的同时也送出无功电力。

50MW 及以下发电机组一般接入 6～110kV 电网，距负荷的电气距离近，功率因数为 0.8。100MW 及以上发电机组一般接入 220kV 及以上电网，送电距离和电气距离距负荷均较远，电力需降压 2～4 级才能送给负荷。100～500MW 机组功率因数一般为 0.85，600MW 及以上机组功率因数一般为 0.9。水轮发电机组为非定型产品，额定容量和功率因数根据水电厂的具体情况确定。

2）调相机。调相机在过励磁运行工况时为无功电源，向系统供出无功（容性运行）；在欠励磁运行工况时，相当于电抗器，消耗系统无功（感性运行）。调相机感性运行的最大运行范围为：当调相机端电压在额定电压的 95%～105% 范围内时，调相机可供出额定容量；系统故障时，投入强行励磁增加容性无功出力，有助于提高母线的故障电压。调相机容量有：30、60、75、100、160Mvar。

3）线路充电功率。运行中的送电线路，既是无功负荷也是无功电源，其产生的无功电力与运行电压的平方成正比，其消耗的无功电力与其导线通过电流的平方成正比。送电线路单位长度的充电功率（Mvar/km）为：110kV：0.034；220kV：0.14（单根）；0.19（双分裂）；330kV：0.41（双分裂）；500kV：1.03（三分裂）；1.18（4 分裂）；750kV：2.4（4 分裂）。

4）并联电容器。并联电容器是电力系统中主要的无功电源，其出力与端子的运行电压平方成正比。电容器长期允许稳定过电流为额定电流的 1.3 倍，允许承受的稳态过电压不应超过额定电压的 1.1 倍。电容器有功损耗不大于额定容量的 0.06%。

5）静止无功补偿器（SVC）。静止无功补偿器是由电容器和电抗器组合而成的补偿设备，其中电容器部分一般分为数组，投切方式分为断路器投切电容器组（MSC）或晶闸管投切电容器组（TSC）。由于静止无功补偿器中的晶闸管控制设备和电抗器装置在运行中会产生高次谐波，因此，需把部分电容器构成高次谐波滤波器，主要是 5 次和 7 次滤波器。滤波器在泄漏高次谐波电流的同时，也向系统供出无功电力。静止无功补偿器中的电抗器形式有晶闸管控制电抗器（TCR）、直流励磁饱和电抗器及自饱和电抗器（SR）和开关投切电抗器（MSR）。

根据我国实际情况，电力系统采用的静止无功补偿器的组合形式主要有以下两种：

- TCR ＋ MSC＋FC 或 TCR＋MSC＋FC＋MSR；
- TCR＋TSC＋FC。

两种组合形式的主要差别，在于对电容器组的控制方式。MSC 投资省（一般比 TSC 节省 20%），运行经验多，在采用快速开关时，投入时间约为 40～50ms；TSC 可分相调节，投入时间约为 10ms，且无冲击电流。

在无特殊需要的情况下，应首先采用含 MSC 的组合形式。

3. 无功补偿设备形式选择和容量配置

（1）无功补偿设备选型

1）调相机、静止无功补偿器、电容器电抗器组的选型。按综合性能基本一致考虑，并联无功补偿设备分为三大类，即并联电容器电抗器组合、调相机、静止无功补偿器。

低压并联电容器、并联电抗器组具有投资省、电能损耗小、维护简单、建设工期短等优点，在一般情况下，应首先采用低压电容器组、电抗器组作为无功补偿设备。

由于调相机在系统事故时，快速反应能加大无功出力，提高故障点电压，对系统稳定有利。因而曾得到相当的应用，但是，调相机又是具有机械惯性的移动设备，与相同容量的汽轮发电机组相比，转子较轻，转动惯量小，系统事故时，其行为对输电系统稳定的利弊与电网结构有关。当电网结构较强且受端系统容量大时，调相机对系统稳定有利；在电网结构单薄（如大系统单回线长距离向一地区系统送电）时，受端系统中调相机的摆动对地区系统的稳定会有不利影响。调相机因其在经济、安装、运行等方面的缺点，安装容量受到了抑制。所以，在工程设计中采用调相机进行补偿时，需做具体计算分析。

静止无功补偿器是既具有调相机的特性，又有电容器补偿装置优点的无功补偿设备，单位造价与调相机相当，目前已广泛应用于输配电网、电气化铁道供电以及冶金、钢铁等行业用。电力系统中装设静止无功补偿器的目的是：提高电网电压稳定性；提高送电线路输送能力和暂态稳定；提高电网动态稳定和抑制功率振荡；削弱电气化铁道引起的负序电流的影响。

静止无功补偿器和调相机快速补充无功容量、维持系统故障电压的特性，提高了系统暂态稳定，但与投入电容器组相比，其提高幅度不大，一般在30%以下。因此，如果考虑用调相机或静止无功补偿器作为提高暂态稳定的措施，需做具体经济技术分析。

在技术需要、经济合理的情况下，也可采用调相机或静止无功补偿器，如以下四种情况：

① 长距离送电线路，中间需电压支持，以提高系统稳定时；
② 母线电压受负荷影响而变化频繁，幅值虽不大，但影响其他用户供电质量时；
③ 带有冲击负荷（如轧钢负荷）的母线，无功负荷变化幅值、速率高，需保持供电电压时；
④ 受端系统稳定需要时。

2）高压电抗器和低压电抗器选型。500（330）kV电网的无功感性补偿设备为高压电抗器和低压电抗器。低压电抗器单位投资小，运行中可根据系统无功平衡情况灵活投切分组设备。在一般情况下应首先采用低压电抗器，在下列情况时应考虑装设高压电抗器。

① 在正常、一重非正常运行方式和一重故障形式下，线路断路器变电站侧和线路侧的工频过电压分别超过网络最高相电压的1.3和1.4倍时；
② 线路发生瞬间接地故障时潜供电流较大，而系统又需采用快速单相重合闸保持稳定时；
③ 系统同期并列操作需要时；
④ 防止发电机自励磁需要时；
⑤ 发电厂因无功平衡需要，而又不便装设低压电抗器时。

（2）无功补偿容量配置

无功补偿容量的配置，首先要规划电力系统进行无功平衡计算，得出所需要的无功补偿总容量及年度补偿新容量，其次将其配置到用户和各级变电站中去，配置方式按有关原则要求，并考虑到适当集中补偿容量，以利于节省投资和无功控制。进行无功平衡时，按照分层分区无功平衡的原则，要控制550（330）kV电网层无功少流和不流向低电压网，需对充电功率进行平衡，以确定变电站和发电厂内高、低压电抗器的补偿容量。

2.1.10 电网规划设计的发展趋势及新技术

世界范围内正以发展清洁能源和智能电网为契机，推动新一轮电网技术变革，现代电网发展呈现出规模化、结构多元化、消费电气化、技术智能化的重要特征。

展望我国未来电力能源环境状况，我国未来大电网的形态将呈现三大特点，一是为提高我国现有电网的输电能力，超远距离的输电工程将得到进一步发展，需要克服输电走廊资源紧张问题、解决高海拔等复杂自然条件下外绝缘与电磁环境问题；二是我国大容量接续式交直流混合输电系统体现出电源基地巨型化、直流多落点、跨区域接续送电和运行方式多变等特征；三是我国新能源发电整体呈现规模化集中开发、远距离外送特点，该特点是中国特有的。

为适应未来负荷的发展需求，电网规划将更加注重以下方面的内容：

（1）采用新型输变电技术方案和手段，在提升输电可靠性的基础上，进一步增强电网的输电能力、降低传输损耗，提高电力传输的经济性；交流输变电系统重点采用1000kV特高压交流输变电技术、基于新型相导线和杆塔结构的输电线路紧凑化技术、基于大功率电力电子装置（串补、可控串补、静止同步补偿器等）的柔性输电技术，以及基于新材料的新型导线技术；直流输变电系统的重点是±800kV及以上特高压直流输变电技术和轻型直流输变电技术的研究与应用。

（2）持续增强电网主网对集中式大规模新能源发电的接纳能力，在配网端支持风电、太阳能等分布式新能源快速灵活的接入；加强新能源发展对系统运行、经营模式影响的分析；注重改应用储能技术，平抑新能源功率波动；注重发展跟踪型负荷，以负荷匹配新能源；注重开发电网友好型新能源发电技术，提高支撑电网能力。

（3）应对电网输送容量不断增大、网架结构日趋复杂、规模更加庞大的发展趋势，采用各种新的技术手段，包括广域测量、广域保护等，进一步提高对大型现代电网的观测能力和控制能力，增强系统安全防御能力，包括日常的安全稳定运行水平，以及灾害、事故条件下的应急响应能力进一步提高配网的自动化水平和运营管理水平，提升供电服务可靠性和质量。

（4）进一步提高大型现代电网优化资源配置的能力，深入开展经济节能调度等措施，优先安排清洁能源、新能源并网发电，促进发展洁净煤发电等大容量、高效率、低排放的火电项目发展，最大限度地优化配置广域电网的各种资源，有效提高能源综合利用效率，注重提高电网的"绿色"、"低碳"程度。

（5）电网的全面智能化，即通过加强电网技术与信息、通信技术的融合，全面提升电网的智能化水平，进一步加强用户与电网之间信息与电能的双向交互，加强需求侧管理，构建智能化的新型现代电网——"智能电网"。

总体而言，新型现代电网的建设，电网规划在输电、变电、配电等各个领域，充分利用高新技术对电网进行改造，提高电网的安全稳定运行水平和供电可靠性；提高电网优化资源配置的能力，推进新能源的开发利用，提高节能减排水平，实现电网效益和社会效益最大化。

Ⅱ 系统继电保护及安全自动装置

2.1.11 设计内容及流程

系统继电保护设计内容主要包括：系统继电保护和安全自动装置两个部分。

　　电力系统继电保护是指在电力系统中的电力元件（如发电机、变压器、线路等）或电力系统本身发生了故障或危及其安全运行的事件时向运行值班人员及时发出告警信号，或者直接向所控制的断路器发出跳闸命令，以终止事件发展的自动化措施和设备。实现这种自动化措施，用于保护电力元件的设备，一般统称为继电保护装置；而用于保护电力系统设备及电网安全与稳定运行的起控制作用的自动装置则统称为电力系统安全自动装置。

　　系统继电保护是继电保护中的一部分，它主要包括：母线保护、线路保护、断路器保护、故障录波器、行波测距、短引线保护、T区保护、继电保护及故障录波信息管理子站等。

　　安全自动装置主要包括：稳定控制装置、失步解列装置、低频减负荷装置、低压减负荷装置、过频切机装置、备用电源自投装置等。

　　电力系统继电保护及安全自动装置的设计主要包括：规划设计、接入系统设计、可行性研究（包括单项的专题研究）、初步设计、施工图设计和竣工图设计等。其设计流程为：规划设计—系统设计（接入系统设计）—可行性研究—初步设计—施工图设计—竣工图设计。

　　规划设计：结合电力系统一次规划设计进行系统继电保护及安全自动装置设计，一般3～5年进行一次，并根据电网一次系统规划设计的变化和调整进行滚动。系统继电保护规划设计主要确定系统继电保护的发展规划、系统继电保护的主要配置原则及设备选型要求等；安全自动装置规划设计主要确定电网稳控系统的总体框架和投资规模。规划设计应就电网的特殊问题，列出下阶段需开展的专题研究项目，如系统振荡中心的研究、低频低压减负荷配置方案研究等。

　　接入系统设计：在电源和输变电项目接入系统方案论证时，依据接入系统推荐方案的一次网架，提出系统继电保护的配置原则、配置方案及技术要求，对电网进行初步的稳定计算分析，确定电网可能存在的安全稳定问题，落实是否需要进一步开展电网安全稳定专题方案研究。

　　可行性研究：一般针对特定变电站或电网单项工程进行的可行性研究设计，主要包括变电站系统继电保护的设计和安全自动装置单项工程设计。

　　系统继电保护可行性研究主要内容有工程概况及一次系统方案、系统继电保护配置原则及配置方案、对系统继电保护装置的主要技术要求、对电气二次及系统通信等外部接口的相关要求等，并由系统继电保护专业人员给技经专业人员提供系统继电保护设备的投资估算。

　　安全自动装置可行性研究包括：稳控系统方案研究和根据需要开展的特殊单项研究。

　　稳控系统方案研究是在基本确定的一次网架基础上，进行详细的稳定计算分析，找出电网存在的安全稳定问题和薄弱环节，结合电网稳控系统的现况，确定该时期电网稳控系统详细的配置方案、功能要求和项目投资。稳控系统专题方案研究一般按发输变电项目或项目建设年度开展工作，并根据电网一次系统网架的变化和调整进行滚动研究。

　　安全自动装置特殊单项研究是结合电网实际运行情况，就振荡中心、低频低压减载方案、动稳情况等特殊问题进行专题研究，校核原有系统方案能否适应电网运行需要，是否需要增加配置，对运行提出建议。

　　初步设计：一般针对特定变电站或安全自动装置单项工程进行的初步设计，主要包括系统继电保护的设计或安全自动装置单项工程设计。

系统继电保护初步设计主要内容有工程概况及一次系统方案、系统继电保护配置方案及对系统继电保护装置的主要技术要求、对电气二次及系统通信等外部接口的相关要求等，并由系统继电保护专业人员给技经专业人员提供系统继电保护设备的投资。

安全自动装置初步设计主要内容有工程概况及一次系统方案、安全稳定控制系统或安全自动装置配置方案和组屏方案、对安全自动装置的主要技术要求、对电气二次及系统通信等外部接口的相关要求等，并由系统继电保护专业人员给技经专业人员提供安全自动装置的设备投资和安装工程等相关投资，由技经专业人员编制安全自动装置的初步设计概算。

施工图设计：一般针对特定变电站的施工图设计，主要包括站内系统继电保护的设计或安全自动装置工程设计，主要内容为设备布置、安装、缆线布放施工安装图等，根据合同要求确定是否完成施工图预算。

竣工图设计：一般针对特定变电站进行的竣工图设计，主要反映施工过程中与原施工图设计有改动的地方或应建设方要求进行修改的部分内容。

2.1.12 系统继电保护

1. 系统继电保护基本知识

系统继电保护装置是保障电力系统安全、稳定运行不可或缺的重要设备。

系统继电保护装置的配置要满足电网结构和变电站主接线的要求，并考虑电网和变电站运行方式的灵活性。

系统继电保护装置的配置和选型应优先选用具有成熟运行经验的数字式装置。

应根据审定的电力系统设计或审定的系统接线图及要求，进行系统继电保护装置的设计。系统继电保护设计中，除新建部分外，还应包括对原有系统继电保护不符合要求部分的改造设计。

同一电网或同一变电站内的系统继电保护的形式、品种不宜过多。

系统继电保护应有主保护和后备保护，必要时可增设辅助保护。

主保护是满足系统稳定和设备安全要求，能以最快速度有选择地切除被保护设备故障的保护。

后备保护是主保护或断路器拒动时，用以切除故障的保护。后备保护分为远后备和近后备两种方式。

辅助保护是为补充主保护和后备保护的性能或当主保护和后备保护退出运行而增设的简单保护。

继电保护装置应满足可靠性、选择性、灵敏性和速动性的要求。

系统继电保护主要包括：线路保护、断路器保护、短引线及 T 区保护、母线保护、故障录波器、行波测距、继电保护及故障录波信息管理子站等。

2. 线路保护

(1) 110kV 线路应装设一套线路保护。有必要时 110kV 双侧电源线路，应装设一套全线速动主保护。重要的 110kV 输电线路可装设双重化的全线速动主保护。

(2) 对 220kV 及以上电压等级的线路，线路保护应按双重化的原则配置，配置两套完全独立的全线速动主保护。同时还应配置后备保护。双重化的每套主保护装置都具有完善的后备保护时，可不再另设后备保护。只要其中一套主保护装置不具有后备保护时，则必须再设一套完整、独立的后备保护。两套主保护应安装在不同的保护柜中，线路两侧保护设备的选型必须相同。供给两套主保护的交流电流、交流电压和直流电源应彼此独立，并且断路器的跳闸线圈等二次回路也各自独立。

（3）在旁路断路器和兼作旁路的母联断路器或分段断路器上，应装设可代替线路保护的旁路保护装置。在旁路断路器代替线路断路器期间，如必须保持线路主保护运行，可采用保护切换或者采取其他措施，使旁路断路器仍有线路主保护在运行。

（4）根据系统一次过电压要求配置过电压保护，应为互相独立的双重化配置。

3. 断路器保护

（1）对一个半断路器接线方式，每台断路器均配置 1 面断路器保护柜。断路器保护柜包括失灵保护、死区保护、三相不一致保护、重合闸装置及分相操作箱。

（2）断路器失灵保护动作后应起动远方跳闸回路，并通过远方跳闸通道远跳线路对侧的相关断路器。对智能变电站，断路器保护跳本断路器采用点对点直接跳闸；本断路器失灵时，经 GOOSE 网络通过相邻断路器保护或母线保护跳相邻断路器。

4. 短引线及 T 区保护

对各类双断路器接线方式，当双断路器所连接的线路或元件退出运行而双断路器之间仍连接运行时，应装设短引线及 T 区保护以保护双断路器之间的连接线故障。

按照近后备方式，短引线保护应为互相独立的双重化配置。

5. 母线保护

对 110kV 及以上电压等级的母线，应装设快速有选择切除故障的母线保护。

（1）对 110kV 电压的母线，装设一套母线保护。

（2）对一个半断路器接线，每组母线应装设两套母线保护。

（3）对双母线、双母线分段等接线，为防止母线保护因检修退出失去保护，母线发生故障会危及系统稳定和使事故扩大时，宜装设两套母线保护。

6. 故障录波器

对 110kV 及以上电压等级的变电站应根据变电站的规模配置相应数量的故障录波器。

7. 行波测距装置

对 220kV 及以上电压等级的变电站（包括特殊地区 110kV 电压等级的变电站）应根据线路长度和线路地形的复杂程度及出线数量配置专用的行波测距装置。

8. 保护及故障信息管理系统子站

对 220kV 及以上电压等级的变电站（包括特殊地区 110kV 电压等级的变电站）应配置一套保护及故障录波信息管理子站。

保护及故障录波信息管理子站采集系统继电保护的信息，并上传至调度端。

2.1.13 系统继电保护类型及对造价的影响

1. 线路保护

线路保护对工程造价影响的主要因素是变电站出线的数量和电压等级，其次是工程中线路保护的通道条件及对线路保护性能参数的要求。

变电站出线的数量和线路的电压等级决定了需要配置的线路保护设备的数量。

不同的通道条件决定了线路保护通信接口设备的配置数量及组屏方案，如载波通道、复用光纤通道、专用光纤通道等。

工程对线路保护性能参数的不同要求也决定了线路保护的设备单价，如有串补的线路、要求具有按相重合闸的同塔双回线路等。

2. 断路器保护

与线路保护相同，断路器保护对工程造价影响的主要因素是变电站主接线方式及断路器的数量和电压等级，其次是工程对断路器保护性能参数的要求。

3. 短引线保护、T区保护

短引线保护、T区保护对工程造价影响的主要因素是变电站主接线方式及断路器的数量和电压等级。

4. 母线保护

母线保护对工程造价影响的主要因素是变电站主接线方式、母线数量及接入母线的元件数量和电压等级。

5. 故障录波器

故障录波器对工程造价影响的主要因素是变电站规模、继电器小室数量、主接线方式、电压等级的数量和电压等级，其次是工程对故障录波设备性能参数的要求。

6. 行波测距装置

行波测距装置对工程造价影响的主要因素是变电站出线数量和继电器小室数量，其次是工程对行波测距装置设备性能参数的要求。

7. 继电保护及故障录波管理子站

继电保护及故障录波管理子站对工程造价影响的主要因素是变电站规模、继电器小室数量，其次是工程对继电保护及故障录波管理子站设备性能参数的要求。

2.1.14 安全自动装置

1. 安全自动装置基本知识

安全稳定控制是为防止电力系统由于扰动而发生稳定破坏、运行参数严重超出规定范围以及事故进一步扩大引起大范围停电而进行的紧急控制。安全稳定控制分为暂态稳定控制、动态稳定控制、电压稳定控制、频率稳定控制、过负荷控制。

安全自动装置是用于防止电力系统稳定破坏、防止电力系统事故扩大、防止电网崩溃及大面积停电以及恢复电力系统正常运行的各种自动装置的总称。如稳控装置、失步解列装置、低频减负荷装置、低压减负荷装置、过频切机装置等。

（1）安全稳定控制装置（简称稳控装置）是为保证电力系统在遇到大扰动时的稳定性而在电厂或变电站内装设的控制设备，实现切机、切负荷、快速减出力、直流功率紧急提升或回降等功能，是保持电力系统安全稳定运行的第二道防线的重要设施。

电力系统稳定控制装置的控制方式分为分散式和集中式两种，分散式采用当地有关信息进行处理和判断，或再辅以通过通道传送命令信息，实现就地或远方控制；集中式除采取当地有关信息外，还需通过信息通道收集系统中其他站点的有关信息，进行综合处理与判断，就地或通过信息通道向其他站点发出控制命令。

由两个及以上厂站的安全稳定控制装置通过通信设备联络构成的系统称之为安全稳定控制系统（简称稳控系统）。稳控系统是为了实现区域或更大范围的电力系统的稳定控制。

（2）失步解列装置是针对电力系统失步振荡时，在预先安排的地点有计划地自动将电力系统解开。或将电厂与连带的适当负荷自动与主系统断开，以平息电力系统失步振荡的自动装置。

（3）低频减负荷装置是在电力系统发生事故出现功率缺额引起频率急剧大幅度下降时，自动切除部分用电负荷使频率迅速恢复到允许范围内，以避免频率崩溃的自动装置，又称自动低频减载装置。

（4）低压减负荷装置是为防止事故后或负荷上涨超过预测值，因无功补偿不足引发电压崩溃事故，自动切除部分负荷，使运行电压恢复到允许范围内的自动装置。

2.1.15 安全自动装置类型及对造价的影响

1. 稳控装置和稳控系统

对工程造价影响的最大因素是稳控系统的配置方案，配置方案涉及采用的控制方式及稳控系统的规模大小等因素。

控制方式可采用单一的就地控制、多点的分散就地控制、分层分区的多点区域性集中控制、多点的大规模集中控制等多种控制方式，不同的控制方式其控制能力、控制准确度、可靠性、灵活性等许多方面均相差很大，工程造价相差也很大。

通信方式确定后，系统的网络结构、系统的规模大小直接影响工程造价。系统的整体组成、站点数量、站址设置、系统容量、带宽要求、光缆路由及纤芯数量、设备的规格及配置，都会对工程造价产生相应的影响。

2. 失步解列、低频减负荷、低压减负荷等

失步解列、低频减负荷、低压减负荷等安全自动装置均属于电力系统第三道防线的安全稳定控制设备，其对工程造价影响的主要因素主要取决于电力系统中该类失步所需配置的数量，其他因素对工程造价影响很小。

2.1.16 安全自动装置的新技术发展

1. 基于在线计算分析的电网在线安全分析与决策系统是电网安全稳定计算分析发展的趋势和目标。

在调度中心建立在线分析与决策系统后，由该系统的服务器根据当前电网的实时运行状态，对可能发生的预想故障集进行稳定分析计算，形成当前方式下电网的控制策略表；经过光纤通道将新的控制策略表下装到各有关厂站的稳控装置内；事故时稳控装置根据判出的故障元件、故障类型，查找存放在装置内最新策略表，采取相应的控制对策。

在线安全分析与决策是稳定控制在线预决策系统的基础，稳定控制在线预决策系统初期以预防性控制为主，最终实现在线预决策控制。区域稳定控制系统的发展目标是实现稳定控制在线预决策。在线安全分析与决策系统应与 EMS 系统协调配合，采取一体化设计，可做到少维护或免维护。

网级和省级运行部门的在线安全评估系统应尽量基于统一的数据平台，以减少数据维护，保证计算准确性。在线计算采用的模型、稳定判据、故障切机时间等应与相应调度机构离线计算方式一致。

在线分析决策技术目前已趋于成熟，国内的在线决策系统已有成功的范例，是今后发展的方向，存在的主要问题是在线数据的可靠性和软件的实用性。

2. 电网智能安全控制终端

将安全自动装置的主要功能集成于一套装置内，即低频低压减负荷、备自投、元件过

负荷及切机切负荷执行站的功能集成在一起，实现装置功能的标准化和对外通信接口的标准化，各项功能可各自独立、也可互相协调。有了这样的标准设备，在工程建设时就可同时配置智能安全控制终端标准设备，并根据具体需要随时选择需要的功能，在多站联系时装置还可实现后备保护功能，解决目前后备保护的一些问题。

智能安全终端就像保护装置那样成为厂站的标配，而不需要随着稳控的工程而进行专门设计和招标，智能安全终端必将成为智能电网的重要组成部分。

Ⅲ　调度自动化

2.1.17　调度自动化基本知识

1. 电网调度管理

电网调度管理是指电网调度机构为保障电网的安全、优质、经济运行，对电网运行进行的组织、指挥、指导和协调。

电网运行实行统一调度、分级管理的原则。

电网调度机构是电网运行的组织、指挥、指导和协调机构，电网调度机构分为五级，依次为：国家电网调度机构（即国家电力调度通信中心，简称国调），跨省、自治区、直辖市电网调度机构（简称网调），省、自治区、直辖市级电网调度机构（简称省调），省辖市级电网调度机构（简称地调），县级电网调度机构（简称县调）。各级调度机构在电网调度业务活动中是上下级关系，下级调度机构必须服从上级调度机构的调度。

各级调度机构的调度管辖范围是不相同的，具体调度管辖范围在各电网的调度管理规程中有明确规定。

2. 调度自动化系统的基本组成

电网调度自动化系统是确保电网安全、优质、经济运行和电力市场运营的基础设施，是提高电力系统运行现代化水平的重要手段。

电网调度自动化系统由调度端主站、厂站端子站和数据传输通道组成。

（1）调度端主站主要设备

1）数据采集与监控（SCADA）系统/能量管理系统（EMS）主站；

2）电力调度数据网络和二次系统安全防护相关系统；

3）电能量计量系统主站；

4）电力市场运营系统主站；

5）水调自动化系统主站；

6）调度生产管理信息系统（DMIS）；

7）配网自动化系统主站；

8）广域相量测量系统（WMAS）主站；

9）主站相关辅助系统（调度模拟屏、大屏幕设备、GPS卫星时钟、电网频率采集装置、运行值班报警系统、机房环境监控系统、远动通道检测和配线柜、专用的UPS电源及配电柜）；

10）无人值守变电站集控中心主站。

（2）厂站端子站主要设备

1) 远动装置（RTU）、厂站计算机监控系统相关设备；

2) 与远动信息采集有关的变送器及屏柜、交流采样测控单元；

3) 电能量采集装置；

4) 与电能量信息采集有关的电能表及屏柜；

5) 电力调度数据网络接入设备和二次系统安全防护设备；

6) 相量测量装置（PMU）；

7) 发电侧报价终端；

8) 水调自动化系统与水情测报系统相关接口设备；

9) 向子站自动化设备供电的专用电源设备及其连接电缆；

10) 专用的时间同步装置；

11) 远动通道专用测试设备及通道防雷保护器；

12) 与安全自动装置、保护设备、变电站计算机监控系统、电厂监控或分散控制系统（DCS）、通信系统等的接口设备；

13) 子站设备间及其通信设备线架端子间的专用连接电缆；

14) 当地功能实时监控系统及工作站；

15) 配电子站及其相关馈线自动化设备。

3. 远动技术

电力系统的远动技术应用了通信技术和计算机技术对电力系统实时数据和信息进行采集，实现对电力系统的运行进行监视与控制。远动技术是经通道对被调度对象实行遥信、遥测、遥控、遥调的一种技术。遥信是对厂站端的主要设备及线路的断路器、反映运行方式的隔离开关等位置信号及保护动作信号进行采集，并传送到调度端。遥测是将被监控的厂站的实时运行数据进行采集，并传送给调度端。遥控是调度端值班人员或集控运行人员通过远动装置对厂站的断路器、隔离开关等设备进行控制。遥调是在调度端远方调节发电厂的有功或无功出力，也可用于远方调节带负荷调压变压器的分节头等。

4. 电能量计量

电能量计量系统是对电能量计量数据进行自动采集、远传和存储、预处理的系统。

电能量计量系统由电能量计量表计、电能量远方终端（或传送装置）、信息通道以及主站端计算机信息处理系统组成。

关口电能量计量点是指发电企业、电网经营企业及用电企业之间进行电能结算的计量点（简称关口计量点）。

主要关口计量点设置原则：

(1) 发电企业上网线路的出线侧。

(2) 跨国、跨大区、跨省以及电网经营企业间联络线和输电线电源侧。

(3) 直流输电线路交流电源侧。

(4) 发电厂的起动/备用变压器高压侧和变电站站用电引入线高压侧。

(5) 省级电网经营企业与其供电企业的供电关口，即降压变电站主变压器的高、中、低压侧。

5. 实时动态监测

为了保证电网的安全稳定运行，需对电网的功角和相对相角进行实时监测。交流电网各母线电压间的相对相角及发电机功角是电网运行的重要状态变量。功角和相对相角的大小反映了电网的稳定裕度，功角和相对相角的周期变化反映了电网的振荡频率。同步相量测量装置（PMU）能够实时监测功角和相对相角，从而为了解电网动态特性、维持电网稳定运行提供重要技术支持手段。

同步相量测量装置（PMU）将测量值送到数据集中器中。数据集中器根据这些绝对时标下的广域测量值折算到某参考点的坐标下，就可以迅速得到电网的同步相量。电网各点的数据集中器将同步相量值上传到实时动态监测系统（WAMS）主站。WAMS 主站在接收到来自子站的相量数据后，对这些数据进行分析、处理、存储、归档，利用这些数据开展电力系统稳态分析、全网动态过程记录和事后分析、电力系统动态模型辨识和校正、暂态稳定预测及控制、电压和频率稳定监视及控制、低频振荡分析及抑制、故障定位及线路参数测量等方面的研究和应用。

各电网 PMU 布点原则不尽相同，通常为：

（1）500kV 及以上电压等级发电厂和变电站；

（2）重要 220kV 枢纽变电站；

（3）总装机在 300MW 以上的发电厂；

（4）电网稳定薄弱地区厂站。

500kV 变电站相量测量信息：

1）实测量

• 500kV 线路三相电流、三相电压；

• 220kV 线路三相电流；

• 220kV 母线三相电压；

• 主变 500kV、220kV 侧三相电流、三相电压；

• PMU 装置异常告警信号。

2）计算量

• 500kV 线路电压正序相量、电流正序相量、频率偏移量、频率变化率、有功功率、无功功率；

• 220kV 线路电流正序相量、有功功率、无功功率；

• 220kV 母线电压正序相量、频率偏移量、频率变化率；

• 主变 500kV 和 220kV 侧电压正序相量、电流正序相量、有功功率、无功功率。

220kV 变电站相量测量信息：

1）实测量：

• 220kV 线路三相电流；

• 220kV 母线三相电压；

• 主变 220kV 侧三相电流、三相电压；

• 告警信号。

2）计算量：

• 220kV 线路电流正序相量、有功功率、无功功率；

• 220kV 母线电压正序相量、频率偏移量、频率变化率；

• 主变 220kV 侧电压正序相量、电流正序相量、有功功率、无功功率。

6. 调度数据网

（1）技术体制

调度数据网以通信传输网络为基础，采用 IP over SDH 的技术体制，实现调度数据网建设及网内的互联互通；按照《电力二次系统安全防护总体方案》要求，调度数据网作为专用网络，与管理信息网络实现物理隔离；按照《电力二次系统安全防护总体方案》要求，全网部署 MPLS/VPN，各相关业务按安全分区原则接入相应 VPN。

（2）MPLS/VPN 部署

根据 IP 技术发展的趋势和电力调度数据网业务的需求，根据《全国电力二次系统安全防护总体方案》的要求，采用基于 BGP/MPLS VPN 的技术在电力调度数据网内划分两个 VPN：实时控制 VPN、非控制生产 VPN，分别供安全区Ⅰ（实时控制区）、安全区Ⅱ（非控制生产区）广域数据传输用。

（3）业务系统接入原则

1）变电站应用系统接入相应接入网，调度端访问变电站业务系统采用跨域 MP—EB-GP 方式互联，保证仅跨越一个域。

2）对于不支持网络方式的应用系统，可选用串口方式进行过渡。

3）按电力二次系统安全防护要求，应用系统应配置安全防护设施。

7. 电力二次系统安全防护

电力二次系统安全防护是电力系统安全稳定运行的重要保障之一。电监会 2004 第 5 号令《电力二次系统安全防护规定》对建设电力二次系统安全防护体系做了明确规定，并提出"安全分区、网络专用、纵向认证、横向隔离"的基本原则，其目的是防范黑客及恶意代码等对电力二次系统的攻击侵害及由此引发电力系统事故，保障电力监控系统和电力调度数据网络的安全。

电监安全［2006］34 号文附件 1～6（《电力二次系统安全防护总体方案》、《省级以上调度中心二次系统安全防护方案》、《地、县级调度中心二次系统安全防护方案》、《变电站二次系统安全防护方案》、《发电厂二次系统安全防护方案》、《配电二次系统安全防护方案》）有针对性的细化了电力二次系统安全防护相关技术及管理原则，制定了规范性的防护体系框架。在上述规定和方案中，电力二次系统的含义从传统的生产控制系统扩展到了生产和管理信息系统，这也符合电力系统标准化、网络化、信息化的趋势。方案明确提出，电力二次系统安全防护的重点是网络系统和基于网络的电力生产控制系统，重点强化边界防护，提高内部安全防护能力，保证电力生产控制系统及重要数据的安全。

电力二次系统和信息安全防护技术发展迅速的特点决定了二次系统安全防护体系建设是一个长期动态的过程，其具体实施方案应在符合上述规定和方案的基础上，结合电网最新的规定或指导意见进行调整和完善。

2.1.18 调度自动化设计内容及流程

调度自动化设计内容主要是与电力系统调度自动化相关的厂站端系统和单项工程（主站端）系统规划和设计，规划和设计的主要内容包括：系统功能、系统方案、技术要求及系统设备配置等。

主要设计阶段包括规划、可行性研究（接入系统设计）、初步设计、施工图及竣工图设计。

电网变电站工程中调度自动化系统主要包括远动系统、电能量计量厂站系统、相量测量装置（PMU）、电力调度数据网接入设备、二次系统安全防护设备等。

2.1.19　调度自动化设备及对造价的影响

1. 远动系统

在变电站工程中，远动系统与变电站计算机监控系统统一考虑，远动功能由变电站计算机监控系统完成。远动系统设备包括远程工作站。220kV 及以上变电站远动系统设备配置差别不大，对造价的影响很小。

2. 电能量计量厂站系统

在变电站工程中，电能量计量厂站系统由 1 套电能量采集装置和若干电能表组成，其中计量关口点按双表 0.2s 级配置电能表，计量考核点按单表 0.5s 级配置电能表。220kV 及以上变电站电能量计量厂站系统（主要是电能表）应根据变电站规模进行配置，不同规模的变电站，电能量计量厂站系统的造价不同。

3. 相量测量装置（PMU）

在变电站工程中，变电站内配置一套相量测量装置（PMU），该装置一般由两大部分组成：一面同步相量测量及集中处理屏和若干同步相量采集屏。

当变电站内电气二次设备屏为集中布置时，根据变电站规模，可只配置一面同步相量测量及集中处理屏，或者配置一面同步相量测量及集中处理屏和若干面同步相量采集屏，同步相量采集屏采集的同步相量信息经光缆/网线接入同步相量测量及集中处理屏。

当变电站内电气二次设备屏为分散布置时，根据变电站规模，在某一继电器室内配置一面同步相量测量及集中处理屏，完成本小室同步相量信息的采集，并汇集各同步相量采集屏传来的同步相量信息；其余每个继电器室内一面（或多面）同步相量采集屏，完成本小室同步相量信息的采集，同步相量采集屏采集的同步相量信息经光缆接入同步相量测量及集中处理屏。

220kV 及以上变电站相量测量装置（PMU）应根据变电站规模进行配置，不同规模的变电站，相量测量装置（PMU）的造价不同。

4. 调度数据网接入设备

在变电站工程中，变电站应按双平面配置 2 套调度数据网接入设备，并以 N×2Mbps 通道分别接入 2 个调度数据网接入网，以实现变电站通过双网传输调度自动化信息的需要。220kV 及以上变电站调度数据网接入设备配置差别不大，对造价的影响很小。

5. 电力二次系统纵向安全防护设备

电力专用纵向加密认证装置、防火墙、正/反向物理隔离装置、拨号加密认证装置等边界防护设备以及入侵检测系统、网络防病毒系统、主机加固系统、内网安全管理系统、安全审计系统、安全综合监控管理平台等组成了电力二次系统安全防护体系的硬件设施。在不同的场所，具体的硬件配置和部署方案有所不同。其中部署在调度数据网边界的电力专用纵向加密认证装置和防火墙专门用于提高厂站与调度中心间、上下级调度中心间调度数据网通信的安全性，是必须配置的安全防护设备。按照《电力二次系统安全防护规定》要求，电力调度数据网被划分为实时 VPN（Virtual Private Network，虚拟专用网）和非实时 VPN，分别用于控制区和非控制区的纵向通信。实时 VPN 的两端必须采用电力专用纵向加密认证装置（安装调度中心下发的数字证书）对数据传输进行加/解密和身份认证。

非实时 VPN 的防护措施在不同地区有所差异，一般情况下采用国产硬件防火墙进行访问控制，也有的地区采取和实时 VPN 相同的防护措施。

电力专用纵向加密认证装置在型号上有普通型和增强型的区分。一般情况下，普通型装置用在厂站侧，增强型装置用在调度中心侧。现在也有厂家推出了用于 110kV 及以下电压等级的更低端的装置。

防火墙的型号种类繁多，用于纵向安全防护的主要是百兆级的装置，通常分为低端型和高端型。在具体工程中对装置型号的选择应严格执行电网调度中心的相关规定。

电力专用纵向加密认证装置和纵向防护防火墙的配置数量要根据调度数据网设备的配置方案确定。如果调度数据网设备采用冗余配置，纵向安全防护设备也必须按冗余配置。

在变电站工程中，变电站应按双平面配置 2 套二次系统纵向安全防护设备。220kV 及以上变电站二次系统纵向安全防护设备配置差别不大，对造价的影响很小。

2.1.20 调度自动化专业发展趋势及新技术

随着智能电网建设的不断推进，以及通信技术、计算机技术和控制技术的不断发展，调度自动化技术将向平台标准化、功能集成化和应用智能化方向发展，主要包括：以实时动态监测、综合可视化展现、海量数据处理为基础的智能电网调度技术支持系统、智能电网调度控制一体化系统、智能变电站中的数字化电能表、数字式相量测量装置（PMU）、信息传输网络双重化等调度自动化新技术。调度自动化技术的发展是适应全面提升调度系统驾驭大电网和进行资源优化配置的能力、纵深风险防御能力、科学决策管理能力、灵活高效调控能力和公平友好市场调配能力的必然要求，是提高电网调度运行管理水平的迫切需要。

2.2 变电站部分（包括换流站、接地极）

Ⅰ 电气一次设计

2.2.1 设计简介

变电站的主要功能是变换电压、接受和分配电能、控制电力的流向和调整电压。变电站起变换电压作用的设备是变压器，通过变压器将各级电压的电网联系起来。变电站内除变压器外，还有各级配电装置、继电保护装置、调度通信装置、防雷保护装置和各类建构筑物等。

1. 电气设计的内容和深度

（1）初步可行性研究

本阶段的主要任务是地区性的规划选站。设计单位提交的设计成品主要是一份"初步可行性研究报告"。

电气专业在本阶段工作量较少，主要是配合系统专业就出线条件和总体布置设想等提供意见。

（2）可行性研究

本阶段的主要任务是定点选站、落实外部条件、投资估算。设计单位提交的设计成品主要是一份可行性研究报告和必要的论证计算以及取得必需的外部协议。

电气专业主要参与工程设想的编写,说明主接线方案的比选,各级电压出线回路数和方向,主设备选择和布置,外接电源的考虑等。在节能减排和经济效益分析一节中,提供必要的素材和技术经济指标。提供图纸一般包括电气主接线图,配合总图完成总平面布置图,根据工程需要提供电气总平面布置图。

（3）初步设计

本阶段的主要任务是确定设计原则和建设标准。设计单位提交的设计成品主要包括说明书、图纸、概算、主要设备材料清册,根据工程需要提供专题研究报告等。

电气设计说明书内容一般包括:设计原则、设计方案比选和设计方案描述,采用新技术、新设备、新工艺,套用典型设计、节能减排等情况。

电气专业提供图纸一般包括:

1）电气主接线及方案比较图（包括远景接线图）;

2）电气总平面布置图及方案比较图（包括远景布置图）;

3）短路电流计算接线及等效阻抗图;

4）主要设备及导体选择结果表;

5）站用电原则接线图;

6）各级电压配电装置平断面图;

7）主控制楼各层平面布置图;

8）主变压器继电保护配置图。

设计深度应满足以下要求:设计方案的比较选择和确定;主要设备材料订货;土地征用;基建投资的控制;施工图设计的编制;施工组织设计的编制;施工准备和生产准备等。

（4）施工图设计

本阶段的主要任务是按照初步设计审定的原则,准确无误表达设计意图,按期提出符合质量和深度要求的设计图纸和说明书,以满足设备订货所需,并保证施工的顺利进行。

电气设计主要内容包括:图纸、说明书、计算书（仅存档）和设备材料清册,设备、材料采购招标文件技术部分编写及签订技术协议。

（5）竣工图设计

本阶段的主要任务是根据施工过程中对原施工图设计意图的变动情况修改施工图设计图纸,准确无误表达工程竣工后的实际状况。

2.2.2　电气主接线

变电站电气主接线包括变压器接线型式和各级主要配电装置电气接线,配电装置由开关设备、母线、保护电器、测量仪表和其他附件等组成。

电气主接线是变电站电气设计的核心内容,与电力系统及变电站本身运行的可靠性、灵活性和经济性密切相关,对电气设备选择、配电装置布置、继电保护和控制方式的拟定有较大影响。

1. 设计依据

（1）变电站在电力系统中的地位和作用。

（2）变电站最终和分期建设规模。

（3）负荷大小和重要性。

（4）系统备用容量的大小。

（5）系统专业对电气主接线提供的具体资料和要求。

2. 设计的基本要求

主接线应满足可靠性、灵活性和经济性三项基本要求。

（1）可靠性的具体要求：断路器检修时，不宜影响对系统的供电；断路器或母线故障以及母线检修时，尽量减少停运的回路数和停运时间，并保证对一级负荷及全部或大部分二级负荷的供电；尽量避免全站停运的可能性。

主接线的可靠性在很大程度上取决于设备的可靠程度，采用可靠性高的电气设备可以简化接线。

（2）灵活性包括调度灵活性、检修灵活性和扩建灵活性。

1）调度灵活性：可以灵活地投入和切除变压器和线路。

2）检修灵活性：可以方便地将断路器、母线及保护装置退出运行，进行安全检修而不影响电力系统运行和用户的供电。

3）扩建灵活性：可以容易从初期接线过渡到最终接线。

（3）经济性

1）投资省：接线简单，节省一次设备；继电保护和二次回路不过于复杂，节省二次设备和控制电缆；限制短路电流，选择价格合理的电气设备。

2）占地面积少：为尽可能减少配电装置布置占地面积创造条件。

3）电能损失少：经济合理选择主变压器的形式、容量、台数。

3. 常用的电气主接线及适用范围

电气主接线大致可分为两类：无汇流母线的接线和有汇流母线的接线。

无汇流母线的接线包括变压器-线路组单元接线、桥形接线（分内桥和外桥形接线）、三角形接线等（图 2-17～图 2-20）。主要优点是接线简单，投资省。主要用于小容量、非枢纽变电站。

图 2-17 变压器-线路组单元接线

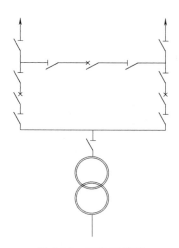

图 2-18 三角形接线

有汇流母线的接线包括单母线（分断）接线、双母线（分断）接线、一台半（也称为 3/2）断路器接线、三分之四断路器接线、变压器-母线接线、增设旁路母线的接线等（图

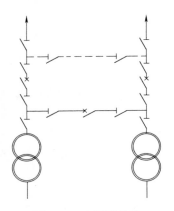

图 2-19　内桥形接线

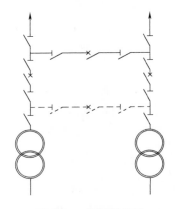

图 2-20　外桥形接线

2-21～图 2-24）。主要优点是可靠性高。常用电气主接线范围见表 2-1。

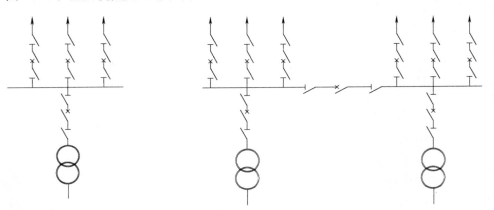

图 2-21　单母线接线　　　　　　　　　　图 2-22　单母线分段接线

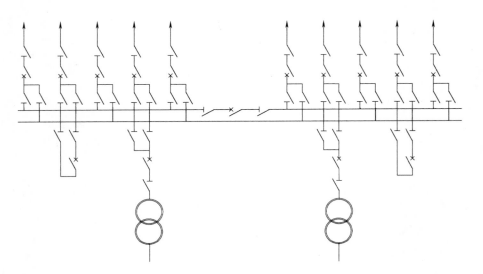

图 2-23　双母线单分段接线

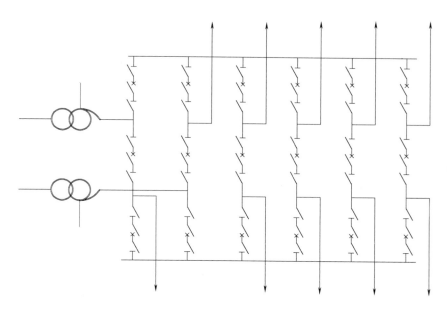

图 2-24 一台半断路器接线

常用电气主接线适用范围   表 2-1

接线名称	适 用 范 围
变压器—线路组单元接线	只有一台变压器和一回线路时
三角形接线	最终进出线回路数只有三回的 110kV 及以上配电装置
桥形接线	最终只有两台变压器和两回出线的小容量变电站,多用于最终站。分内桥和外桥两种接线。 内桥接线:变压器不经常切换或线路较长,故障率较高情况。 外桥接线:变压器的切换较频繁或线路较短,故障率较少的情况,或线路有穿越功率时
单母线接线	只一台变压器,出线回路数不超过以下数量:6～10kV 5 回,35～66kV 3 回,110～220kV 2 回。无功补偿装置馈线数可适当增加
单母线分段接线	两台变压器,出线回路数不超过以下数量:6～10kV 6 回,35～66kV 4～8 回,110～220kV 3～4 回
双母线接线	出线回路数和电源较多,输送和穿越功率较大
双母线分段接线	220kV 进出线回路数甚多时,需要分段。10～14 回需单分段;15 回及以上需双分段
一台半(3/2)断路器接线	330kV 及以上电压等级,进出线回路数较多、可靠性要求较高时

4．电气主接线中的设备配置

（1）断路器的配置

断路器既是操作电器又是保护电器。配置与接线方式有关。

（2）隔离开关的配置

隔离开关是为了保证元件检修时的安全,将其与带电回路隔离的电器。因此,在线路两侧、变压器电源侧、断路器两侧、母线设备和变压器中性点设备的电源侧均装设隔离开关。

（3）接地开关的配置

接地开关是为了保证元件检修时的安全，将其接地的电器。因此，在需要检修的元件侧均装设接地开关。对低电压等级也有不设接地开关（如户内 35kV 及以下配电装置），可采用挂接地线方式。

（4）电流互感器的配置

凡装有断路器的回路均应装设电流互感器，在变压器中性点、桥形接线的跨条上等也应装设电流互感器。其数量应满足继电保护、计量和自动装置的要求。

对直接接地系统，一般按三相配置，对非直接接地系统，可按两相或三相配置。

（5）电压互感器的配置

电压互感器的数量和配置与主接线方式有关，并应满足继电保护、计量和自动装置的要求，保证在运行方式改变时，保护装置不得失压，同期点两侧都能提取到电压。

（6）避雷器的配置

避雷器的作用是在过电压的情况下，避雷器阀片击穿放电，将电压钳制在一定范围，以避免设备遭受过电压而损坏。避雷器应尽量靠近要保护的设备装设。对 330kV 及以上线路侧、变压器处必须装设避雷器，母线和并联电抗器处是否装设避雷器应根据过电压计算确定；对自耦变压器的两个自耦合的绕组出线上必须装设避雷器；对非死接地的变压器中性点应装设避雷器；对 110～220kV 除多雷区或采用 GIS 设备，在线路侧装设避雷器外，一般在每组母线上装设避雷器，但避雷器与设备距离不应超过允许值。

（7）补偿装置、阻波器和耦合电容器，根据系统和通信的要求配置。

2.2.3　主要电气设备选择

1. 主设备选择原则

（1）总体原则：符合国家经济技术政策；与整个工程的建设标准协调一致；选择的电气设备规格品种不宜太多；积极慎重的采用通过试验并经过工业试运行考验的新技术、新设备；按当地使用环境条件校核等。

（2）设备选择条件

设备应按环境条件和要求的技术条件选择。

1）设备选择技术条件

高压电器一般按额定电压、额定电流（并联设备除外）、机械荷载、绝缘水平、热稳定和动稳定（并联设备、熔断器和消弧线圈除外）、额定开断电流（仅开关类设备）等条件选择。

电气设备在运行过程中应耐受工频、操作、雷电过电压。一般情况，220kV 及以下系统可按过电压规程设置避雷器作为过电压保护措施。330kV 及以上系统原则上应进行专门的过电压绝缘配合研究，设计时应对工频过电压和操作过电压采取限制措施，如装设高抗、断路器装设合闸电阻等，将过电压限制在预订水平作为主保护，避雷器既作为雷电过电压保护也作为操作和工频过电压的后备保护。

2）设备选择的环境条件

选择电器时，应按当地环境条件校核，当环境条件超出表 2-2 所示一般电器的基本使用条件时，应向制造部门提出补充要求，要求其提供符合当地环境条件的产品，或在设计或运行中采取相应的防护措施，如采用屋内配电装置、减震器等。

一般电器的基本使用条件　　　　　　　表 2-2

环 境 因 素	额 定 值
海拔	1000m
污秽	Ⅲ级
地震	7度
环境温度	+40℃，-30℃
风速（10m高，50/30年一遇10min平均最大）	35m/s
日照（风速：0.5m/s）	0.1W/cm²
相对湿度（最高月份的平均）（+20℃）	90%（电流互感器85%）
最大覆冰厚度	10mm

对屋外使用的设备应考虑太阳辐射、雨、雾、污秽等因素，如对长江以南和沿海地区，地区湿度较大，应选用湿热带型高压电器，产品后面一般都标有"TH"字样。对沿海地区，盐雾较重，户外设备应加强防污秽能力的措施。对高海拔地区设备应对外绝缘进行修正。对地震烈度高的地区，宜选择重心低抗震能力强的设备，如罐式断路器、HGIS或GIS。

2. 主要电气设备结构

（1）变压器

变电站中变压器按用途分为主变压器、站用变压器和联络变压器等。

66kV及以上电压等级的变压器一般为油浸式，35kV及以下电压等级的变压器有油浸式也有干式。

在可能的条件下，应优先选用三相变、自耦变、低损耗变、无激磁调压变。变压器采用三相还是单相，主要考虑制造条件、运输条件和可靠性要求等因素。对大型变压器，尤其需要考查其运输可能性。220kV及以下电压等级一般采用三相变，500kV电压等级根据运输条件可采用三相、单相、三相分体运输现场组装（ASA）变压器，750kV及以上电压等级一般采用单相变。

（2）电抗器

高压电抗器一般为油浸式，中低压等级电抗器有油浸式也有干式。除中低压油浸式电抗器采用三相外，高压电抗器及干式电抗器一般都采用单相。

（3）电容器

电容器主要有组架式和集合式两种，目前采用组架式比较多。

（4）开关设备和成套电器

根据环境条件，高压设备可选择敞开式（AIS）、半封闭组合电器（也叫混合式，HGIS）和全封闭组合电器（GIS），其适应条件和主要特点见表 2-3。

开关设备和成套电器适用条件和主要特点　　　　表 2-3

比较项目	AIS	HGIS	GIS
设备特点	断路器、隔离开关、CT、母线等是独立的，相互间根据接线用导线连接	断路器、隔离开关、CT等按单元封闭，内部采用SF₆气体绝缘	断路器、隔离开关、CT、主母线等全部设备、母线封闭在一起，内部采用SF₆气体绝缘

续表

比较项目	AIS	HGIS	GIS
适用条件	场地大、环境条件较好	场地受限,污秽严重,地震烈度高	场地受限,污秽严重,地震烈度高
主要优点	投资省,扩建方便	扩建方便	可靠性高,占地小
主要缺点	占地大	占地和投资介于 AIS 和 GIS 间	投资高,扩建难度大

敞开式（AIS）断路器又分为瓷柱式和罐式，罐式就是断路器和电流互感器（简称 CT）组合在一起，主要用于地震烈度相对较高的地区。隔离开关常用的形式有单柱式垂直断口、双柱式、三柱式或三柱共静触头式水平断口，电流互感器、电压互感器、避雷器常用单相立柱式。详见表 2-4。

变电站中常用的开关设备形式　　　　　　　　　　　　　　表 2-4

电 压 等 级	开关设备形式
1kV 及以下	开关柜(也称配电盘)。柜内装设空气开关或塑壳开关
6～35kV	开关柜。柜内一般装设空气开关,无功补偿回路可选用 SF_6 开关
66kV	瓷柱式或罐式断路器
110～500kV	瓷柱式、罐式断路器,HGIS,GIS
750kV	罐式断路器,HGIS,GIS
1000kV	GIS,HGIS

2.2.4　导体及电缆选择

1. 导体选择

（1）导体选择原则

导体选择总体原则与电气设备选择相同。

导体一般按长期允许电流、经济电流密度（仅针对负荷利用小时大且较长导体）、热稳定、动稳定或机械强度、允许电压降、电晕和无线电干扰（仅针对 110kV 及以上）等技术条件选择。

导体尚应按下列使用环境条件校验：

1）环境温度；

2）日照；

3）风速；

4）污秽条件；

5）海拔高度。

当在屋内使用时可不校验（日照、风速、污秽条件）。

长期允许电流不仅应按当地环境条件进行修正，采用多导体结构时，还应考虑临近效应和热屏蔽对载流量的影响。

对管形导体还要考虑饶度（一般不大于 $0.5～1D$）、端部效应（延长导体、加终端球）和微风振动。对有可能发生不同沉陷和振动的场所，硬导体以及与设备连接处，应装设伸缩接头以防不均匀沉降和采取防振措施。

对工作电流较大的裸导体的邻近钢构，应避免构成闭合磁路。如换流变穿墙套管处、SVC 相控电抗器附近等。

（2）常用导体

载流导体一般选用铝、铝合金或铜材料；对持续工作电流较大或污秽对铝有严重腐蚀的场所宜选铜导体；钢导体只在额定电流小而电路点动力大或不重要的场合使用。

变电站中使用较多的导体有软导线和硬导体。

1）软导线

主要用于架空导线和设备间连线。使用最多的是钢芯铝绞线；对电流较大的回路，宜选用耐热铝合金导线；由于电晕和无线电干扰对导线最小截面的要求，330kV 及以上电压等级，电流不大时，宜选用扩径钢芯铝绞线。详见表 2-5。

变电站中常用软导线   表 2-5

电压等级	导线名称	导线规格
110kV 及以下	钢芯铝绞线	LGJ－50～800
220kV	钢芯铝绞线	LGJ－300～800
330kV	特轻型钢芯铝绞线 扩径钢芯铝绞线	LGJQT－1400 LGJK－1000
500kV	特轻型钢芯铝绞线 耐热钢芯铝绞线 扩径钢芯铝绞线	2×LGJQT－1400 2×NRLH58GJ－1440 2×LGKK－600
750kV	耐热钢芯铝绞线	2×JLHN58K－1600
1000kV	耐热钢芯铝绞线	4×JLHN58K－1600

2）硬导体

变电站中常用的硬导体型式有矩形和圆管形。

20kV 及以下回路的正常工作电流在 4000A 及以下时，宜选用矩形铝导体或矩形铜导体。当工作电流≤2000A 时，宜选用单片矩形导体，当电流＞2000A 时可采用 2～4 片矩形导体，导体片间应设置间隔垫。35kV 及以下回路的正常工作电流大于 4000A 时，宜选用铜管母线，根据布置情况，可选用绝缘铜管母线也可选用半绝缘铜管母线。

35kV 及以上配电装置，当主母线采用硬导体时宜选用铝合金管形导体。铝合金导体有铝锰合金和铝镁合金，铝锰合金载流量大，但强度差，铝镁合金机械强度大，载流量稍小，焊接困难，随着制造工艺提高，近几年铝镁合金管形母线应用较多（表 2-6）。

变电站中常用铝镁合金管形母线   表 2-6

电压等级	导体名称	导体规格
35kV～330kV	铝镁合金管形母线	6063－φ110～φ250
500kV 及以上	铝镁合金管形母线	6063－φ250

2. 电缆选择

（1）选择原则

电力电缆应按额定电压、工作电流、热稳定电流、系统频率、绝缘水平、系统接地方式、电缆线路压降、护层接地方式、经济电流密度（仅针对负荷利用小时大且较长电缆）、敷设方式及路径等条件选择。

电力电缆尚应按下列环境条件校验：

1）环境温度；

2）海拔高度；

3）日照。

当在屋内或地下使用时可不校验日照。

（2）电缆型号标记和常用电缆

1）电缆型号标记

电缆型号由拼音及数字组成，拼音表示电缆用途及绝缘、缆芯材料，数字表示铠装及外护层材料（表 2-7）。标记如下：

形式　ZR—⊕　⊕　⊕　⊕　⊕　⊕　⊕　…⊕

位数　　1　2　3　4　5　6　7　8

其中：

ZR 表示阻燃电缆。

第 1 位：用途。电力电缆不表示，控制电缆为 K，型号电缆为 P。

第 2 位：绝缘。纸绝缘为 Z，聚氯乙烯为 V，聚乙烯为 Y，交联聚乙烯为 YJ，橡皮为 X。

第 3 位：缆芯材质。铜芯不标书，铝芯为 L。

第 4 位：内护层。铝为 Q，聚氯乙烯为 V，聚乙烯为 Y。

第 5 位：特征。不滴流为 D，屏蔽为 P，无特征不表示。

第 6 位：铠装层。分五种，以 0～4 标记，见表 2-7。

第 7 位：外护层。分五种，以 0～4 标记，见表 2-7。

第 8 位：电压。以数字表示，单位为 kV。

铠装层和外护层标记

表 2-7

标　记	铠　装　层	外　护　层
0	无	无
1		纤维绕包
2	双钢带	聚氯乙烯护套
3	细圆钢丝	聚乙烯护套
4	粗圆钢丝	

2）常用电力电缆

变电站中常用的电力电缆有聚氯乙烯绝缘和交联聚氯乙烯绝缘电缆（表 2-8）。

变电站中常用电力电缆

表 2-8

电压等级	电缆名称	电缆规格
1kV 及以下	聚氯乙烯绝缘聚氯乙烯护套双钢带铠装（阻燃）铜芯(铝芯)电力电缆 交联聚乙烯绝缘聚氯乙烯护套双钢带铠装（阻燃)铜芯(铝芯)电力电缆	(ZR—)V(L)V22—0.6/1—电缆规格 (ZR—)YJ(L)V22—0.6/1—电缆规格

续表

电压等级	电缆名称	电缆规格
1kV以上	交联聚乙烯绝缘聚氯乙烯护套双钢带铠装（阻燃）铜芯（铝芯）电力电缆	(ZR—)YJ(L)V22—电压—电缆规格

注：电缆规格有单芯、二芯、三芯、四芯、五芯。如：相线为 4mm² 截面的三芯电缆表示为 3×4；相线为 185mm² 截面，芯线为 95mm² 截面的四芯电缆表示为 3×185＋1×95。

对交流单芯电缆应选择不带铠装或非磁性材料铠装。

3. 电缆敷设方式及电缆防火

变电站中常用的电缆敷设方式有直埋、穿管、浅槽、电缆沟、电缆隧道、竖井、电缆夹层、架空等敷设方式。电缆敷设方式的选择，应视工程条件、环境特点和电缆类型、数量等因素，按满足运行可靠、便于维护的要求和技术经济合理的原则来选择。

电缆从室外进入室内的入口处、电缆竖井的出入口处、电缆接头处、主控制室与电缆夹层之间以及长度超过 100m 的电缆沟或电缆隧道等，均应采取防止电缆火灾蔓延的阻燃或分隔措施。对屏盘和箱柜电缆孔洞以及预留孔洞、电缆穿管孔洞等，在施工后，均应采用防火阻燃材料封堵。

2.2.5 电气布置

1. 电气布置设计思路和原则

电气布置设计遵循如下思路和原则：

（1）根据系统规模、进出线回路数和出线方位、主接线形式，确定各级配电装置布置方位。充分考虑进出线方便，以相同电压等级线路不交叉、不同电压等级线路减少交叉为原则。减少站内导线交叉、转角。

（2）根据地形条件，初选适合地形的布置格局和配电装置型式。满足地质安全，尽量降低土建设计和建设的安全隐患和复杂性。

（3）总平面布置要工艺流畅、分区明确、整齐、主要建筑物有较好的朝向、进站道路引接方便等，方便运行、维护、施工、消防的要求。

（4）缩短各电压等级引线长度、电缆长度和道路长度等，节省投资。

因此，在总平面布置设计前，首先根据系统近远期规划，充分与送电电气专业和土建各专业配合，结合设备选型统筹考虑。

2. 高压配电装置与电气设备布置

配电装置的布置应结合电气主接线、设备选择形式及总平面布置综合考虑（表 2-9）。

对敞开式设备配电装置（AIS）和半封闭组合电器配电装置（HGIS），主要采用户外布置。AIS 布置形式有普通中型、分相中型、半高型、高型，为运行安全和巡视、检修、安装方便，现在大多采用普通中型和分相中型；HGIS 均采用普通中型布置。当电气主接线采用一台半断路器接线时，大多采用断路器三列式布置方式；当采用双母线和单母线接线时，大多采用断路器单列式或双列式布置方式。

对全封闭组合电器配电装置（GIS），根据环境条件可选户外布置也可选户内布置，对重污秽、低温等环境条件比较特殊地区，宜采用户内布置。无论采用何种主接线，大多采用断路器单列式布置方式，对一台半断路器接线，有一列式和"Z"字形布置方式两种。

常规变电站占地面积　　　　　　　　　　表 2-9

比较项目	AIS	HGIS	GIS
500kV 站围墙内占地	5.5～7.0hm²	3.5～4.5hm²	2.5～4hm²
750kV 站围墙内占地	10～17hm²	/	8～10hm²
1000kV 站围墙内占地	/	12～24hm²	8～17hm²

图 2-25　某 220kV 变电站
（AIS 支持管母）鸟瞰图

3. 屋外配电装置主母线形式选择

变电站屋外配电装置常用主母线有支持管母、悬吊管母及软母线几种形式（图 2-25～图 2-28），其主要适用条件如下：

（1）支持管母：7 度及以下地区、220kV 及以下电压等级、短路电流在 50kA 及以下。

（2）悬吊管母：220kV 及以上电压等级。特别适用于地震烈度高，母线穿越功率较大并有发展需求。目前变电站使用最大管母直径一般为 φ250，φ300 铝管母线已在换流站中使用。

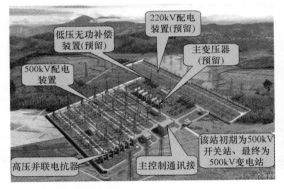

图 2-26　某 500kV 变电站
（AIS）鸟瞰图

图 2-27　某 500kV 变电站
（GIS 紧凑型布置）鸟瞰图

（3）软母线：现在主要用在 8 度及以上地区，与水平断口母线隔离开关配合使用。

4. 屋外配电装置对环境的影响

（1）噪声：变压器、电抗器及电晕放电是主要噪声源。对外界居民区一般要求小于 45dB，站内尽量减小对主控楼、通信楼及办公室人员的影响。

（2）静电感应场强：站内不宜超过 10kV/m，围墙外 1.5m 高空间场强不宜大于 5kV/m。

（3）无线电干扰：围墙外 20m 处，对 1MHz 的无线电干扰值不宜大于 50dB。对 110kV 及以上电压等级要求户外晴天无线电干扰电压不宜大于 500μV，并且在晴天夜晚无可见电晕。

图 2-28 某 1000kV GIS 变电站鸟瞰图

2.2.6 防雷接地

1. 防雷保护

变电站电力设备及建构筑物应采取雷电保护措施。雷电分为直击雷、感应雷和雷电侵入波。常用的雷电保护措施见表 2-10。

变电站常用的雷电保护措施　　　　　　　　　　　　　　表 2-10

	直击雷	感应雷	雷电侵入波
保护措施	避雷针、避雷线、屋顶避雷带	避雷器、接地	线路架设避雷线、站内装设避雷器

避雷针可以是独立避雷针、构架避雷针，还可在建筑屋顶上装设避雷针，但变压器构架以及 110kV 以下电压等级配电装置构架不宜装设避雷针。

为限制变电站内雷电侵入波过电压，一般情况下，220kV 及以下电压等级可按规程中规定设置避雷器；对 330kV 及以上电压等级原则上均需要进行雷过电压计算。

对一般雷电活动地区，避雷器设置原则如下：

（1）220kV 及以下电压等级，采用双母线接线的敞开式或 HGIS 设备配电装置宜在每组主母线各装设 1 组避雷器，采用 GIS 设备时宜在每回进出线回路入口各装设 1 组避雷器。

（2）330kV 及以上电压等级，宜在每回进出线回路入口各装设 1 组避雷器，母线和高抗回路是否装设避雷器通过雷电过电压计算决定。

（3）自耦变压器各侧均需要装设避雷器；不直接接地的变压器中性点应装设避雷器。

2. 接地

（1）接地装置的分类

1）工作（系统）接地；

2）保护接地；

3）雷电保护接地；

4）防静电感应接地。

（2）接地设计

1）接地网设计：一般采用不等间距网格；主接地材料一般选择扁钢，对土壤有腐蚀性的宜采用铜绞线或扁铜，也可选用铜包钢材料。特高压 GIS 站基本都采用铜材。

2）采取措施尽量降低接地电阻：对不同用途和设施，应符合最小值要求。

3）接触电位差和跨步电位差校验：入地电流与线路参数、杆塔型式及其接地电阻有关。一般需要满足跨步电位差，接触电位差可采取敷设碎石等措施后满足。

（3）高土壤电阻率地区接地设计常用措施

1）降低接地电阻的措施：打深井（或斜井）、降阻剂、外引接地线等。

2）铺设绝缘地坪，以提高接触电位差和跨步电势。

3）站内外低压电源、水管等的隔离。

4）主接地网采用铜材，降低接地网的压差。

2.2.7　站用电及照明检修系统

1. 站用电系统

220kV 及以下电压等级变电站一般设置 2 个工作电源，330kV 及以上电压等级变电站还应从站外引入 1 回可靠的备用电源，当无可靠的站外电源时，可设一台自起动的柴油发电机组作为备用电源。主变压器为 2 台及以上时，可以将 2 台工作变接在其中 2 台主变压器的低压侧。2 台工作变和备用变容量均按带全站负荷考虑。

对 750kV 及以下变电站当建设初期只有一台主变压器或为开关站时，可只设 2 路站用电源。

变电站 380/220V 站用电接线应采用单母线分段接线，正常工作时两台工作变分列运行。

低压站用变可选择油浸式也可选择干式，低压站用电屏宜选用抽屉式或固定分隔式。为节省能源，应选用低损耗变压器。

2. 照明检修系统

变电站中照明系统包括正常照明和事故照明。

在控制室、GIS、通信机房、继电器室、配电室等重要场所设有直流事故照明或应急照明（自带蓄电池放电时间 2h），正常时由交流供电，事故时自动切换至直流供电。

在各级配电装置均设有供连接电焊机及小型电动工具的检修电源箱。

为节约能源、方便运行维护，户外照明宜采用分区分层控制，照明灯具尽量采用节能型灯具。

2.2.8　高压直流输电概述（换流站）

1. 高压直流输电技术的发展

高压直流输电技术首先被应用于海底电缆输电，早期的工程有瑞典哥特兰岛（Gotland，1954 年）输电工程和意大利撒丁岛（Sardinia，1967）输电工程；然后被应用于长距离输电，相应的工程有美国太平洋岸南北联络线（1970 年）工程和加拿大纳尔逊河直流输电工程（1973 年），这个时期直流输电的换流器件是汞弧阀。

直流输电技术进步的一个重大里程碑出现在 1972 年，伊尔河背靠背（BB）直流输电工程，首次采用了晶闸管阀。

国外已建直流工程 70 余项，电压等级最高的是巴西伊泰普直流工程—两回 ±600kV、单回输送容量 3150MW。

我国已建直流工程 10 余项，第一条高压直流输电工程是 1987 年投产的舟山直流（100kV，50MW，全国产化，架空线和海底电缆交替分段混合型）和 1989 年投产的葛洲坝—南桥的直流输电工程（±500kV，1200MW）。

目前世界上已建电压等级最高、输送容量最大的直流工程是我国的云广直流（±800kV，5000MW）和向上直流（±800kV，6400MW），以及正在建设的糯扎渡—广东直流（±800kV，5000MW）、苏南—锦屏直流（±800kV，7200MW）和哈密—郑州直流（±800kV，8000MW）工程。正在对±1100kV直流输电技术进行研究。

2. 交直流输电的技术比较（表 2-11）

交直流输电的技术比较 表 2-11

	交 流 输 电	直 流 输 电
主要优点	1)可利用变压器灵活变压； 2)联网能力强，系统可靠性高； 3)设备损耗低； 4)交流电机简单、经济； 5)供电范围大	1)线路造价低、损耗低,节省线路走廊； 2)直流电缆输送容量大、造价低、损耗小,不易老化,寿命长,且输送距离不受限制； 3)快速可控,输送功率不受类似交流系统中的稳定极限的限制和输送距离的影响； 4)可实现电网间的非同步互联； 5)利用 HVDC 快速多目标控制能力,在交流电网中采用嵌入式 HVDC 输电可改善交流系统的运行性能； 6)可以大地和海水作为回路运行,通常作为备用,提高了运行可靠性,损耗低
主要缺点	1)存在大的功率振荡而导致联络线频繁跳闸； 2)短路电流水平上升； 3)扰动从一个系统传递到另一个系统； 4)两个非同步交流系统不能实现联网； 5)对长距离交流输电,线路需要进行无功补偿； 6)输送能力受稳定极限制,受输送距离的影响	1)换流设备成本高、损耗高,维护工作量大； 2)无法用变压器来改变电压水平； 3)产生谐波,换流站需装设交直流滤波器； 4)换流期换流时需消耗大量无功,换流站需要装设无功补偿设备,一般为有功功率的 40%～60%； 5)控制复杂； 6)联网能力差,供电范围小； 7)当换流站附近的交流系统发生短路故障导致电压大幅下降时,HVDC 输电系统会受到严重影响,甚至不能正常工作(换相失败)； 8)以大地作为回路的直流系统,运行时会对沿途的金属构件和管道有腐蚀,以海水作为回路时,会对航海导航仪表产生影响； 9)由于直流没有过零点可利用,直流断路器灭弧问题难以解决
输电成本(等价距离)	1)架空线输电:大约在 600～1000km； 2)电缆输电:大约在 20～60km。 注:1 回直流线路与 1 回交流线路的输送容量(相同线路走廊)比:架空线大约为:1.5～2.5 倍,电缆大约为:3～5 倍。	

3. 直流输电的应用范围

（1）地下和水下电缆；

（2）远距离大容量输电；

（3）交流系统的非同步联网；

（4）在互联电力系统中控制潮流。

由于直流系统控制和保护复杂，且直流网络中无法进行电压变换，导致经济性下降，直流输电仅仅在非常特殊场合应用才是合理的。随着直流技术的进步和多端直流输电的引入，有望扩大直流输电的应用领域。

4. 高压直流输电系统的结构

直流输电工程按系统结构可分为两端直流输电系统和多端直流输电系统两大类（图2-29）。目前世界上投运的大多是两端直流输电，即一个直流输电工程由直流输电线路将两端换流站连接起来。

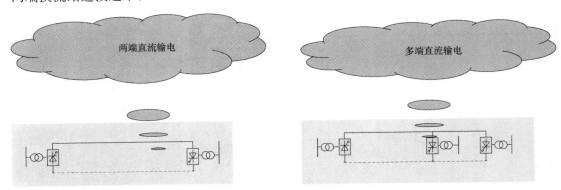

图 2-29　高压直流输电系统结构

换流站是直流输电系统的一部分，其主要功能是变换电压和交直流转换。交流转换为直流后采用直流输电的换流站称为整流站（俗称送端），将直流转换为交流的换流站称为逆变站（俗称受端）。

5. 轻型高压直流输电

70年代晶闸管阀代替汞弧阀是HVDC输电技术进步的一个重大突破，轻型高压直流输电（HVDC Light）技术是HVDC发展史上又一次重大技术突破。关键点是用基于可关断晶闸管（GTO）、绝缘栅双极晶体管（IGBT）、集成门极换相晶闸管（IGCT）取代传统的晶闸管。目前主要采用脉宽调制（PWM）技术，应用IGBT组成的电压源换流器进行换流。由于换流器功能强、体积小，可减少换流站设备，简化换流站结构，从而称为轻型直流。

HVDC Light的主要优点：1）可减少甚至省略换流变；2）可减少滤波器设备，省略交流侧无功补偿设备；3）可完成无源逆变，能向无源负荷供电；4）不提供短路电流；5）换流站结构紧凑、占地少。

目前IGBT的电压和容量远不及晶闸管，加上损耗大，因此目前只能完成中小型直流输电，特别是一些特殊场合，如向孤岛供电、远方小规模发电设备（如小型风电、光伏发电厂）与主干网的连接以及城市配电系统。

随着门极换相晶闸管（IGCT）和碳化硅等新型半导体器件的开发，HVDC Light的发展尚有广阔的前景。

目前，ABB是主要的HVDC Light制造商，项目主要分布在瑞典、丹麦、美国和澳大利亚等国家，最高运行电压为±150kV，最大的容量为350MW。我国只有中国电力工程顾问集团中南电力设计院有限公司在海南联网前期方案论证中做过轻型直流方案。

2.2.9 换流站设计简介

1. 换流站电气设计关键技术

换流站设计原则及要求与变电站基本相同，但由于换流站需要交直流变换，因此与变电站设计相比较有其特殊性。常规换流站电气设计中需要对如下关键技术进行研究：

（1）电气主接线。

（2）过电压及绝缘配合。

（3）主回路参数。

（4）主设备选择。

（5）谐波分析及交直流滤波器选择。

（6）污秽预测及直流开关场选型。

（7）空气净距。

（8）阀厅及总平面布置。

（9）噪音治理。

（10）大件运输。

（11）控制策略。

2. 电气主接线

换流站电气主接线设计依据和基本要求与变电站相同。

换流站电气主接线包括换流阀组接线、直流开关场接线、交流开关场接线、交流滤波器组接线。

（1）换流阀组接线

换流阀组接线应根据设备制造水平、设备运输等条件选择。常用接线有每极采用1个基本换流单元接线、2个换流单元串联接线、2个换流单元并联接线。

换流器通常采用三相桥式整流电路，基本换流单元有6脉动换流单元和12脉动换流单元两种类型。

为了减少谐波，绝大多数都采用12脉动换流单元。交流侧产生的特征谐波为$12k\pm1$次，直流侧产生的特征谐波为$12n$次。

超高压直流一般都采用每极1个12脉动换流单元接线，特高压直流目前采用每极2个12脉动换流单元接线，青藏直流采用最终每极2个12脉动阀组并联接线，初期每极1个12脉动换流单元接线。

（2）直流开关场接线

对两端直流输电工程，直流开关场接线比较简单，基本都采用送受端正极、负极和中性线直接相连的典型接线方式。

（3）交流开关场和交流滤波器组接线

交流开关场接线设计原则与交流变电站相同，每一回交流出线、每一换流阀组回路、每一大组交流滤波器回路均作为一个元件接入交流配电装置。

高压直流（HVDC）换流站中，一般交流滤波器分3～5大组，每大组交流滤波器采用单母线接线，接有3～5小组交流滤波器。为提高可靠性，不同类型滤波器应接入不同大组中。

3. 换流站主要设备及功能

换流站中的主要设备或设施包括：换流阀、换流变压器、平波电抗器、交流滤波器及无功补偿装置、直流滤波器、交直流开关设备、防雷保护装置、控制与保护装置及远程通信系统等（表 2-12）。

换流站的主要设备一般被分别布置在交流开关场区域、换流变压器及阀厅控制楼区域和直流开关场区域。

换流站主要设备及功能特点 表 2-12

设备名称	主要功能及特点
换流变	变换电压，与换流阀一起实现交直流转换，是换流站的核心设备，占设备投资约 40%。 多数采用单相双绕组变压器(主要受制于大件运输)，当容量较小，设备制造和运输条件允许时可采用单相三绕组变压器(如青藏直流)。 由于受直流偏磁、谐波影响，加之调压范围大，制造难度远远大于交流变
换流阀	将交流变换为直流，或把直流逆变为交流，是换流站的核心设备。阀触发方式主要有 ETT 和 LTT 两种，ABB 主推 ETT，Siemens 主推 LTT。常用的有 5 英寸晶闸管(云广及其他大多数500kV 直流)、6 英寸(向上、锦苏)、4 英寸(青藏)，占设备投资 20%～25%。 大多数采用常规可控硅阀，悬吊安装在户内，1 个 12 脉动阀组共 6 个(双重阀)或 3 个阀塔(四重阀，如青藏直流)阀布置在 1 个房间
平波电抗器	抑制直流电流变化，减少直流中的谐波分量，防止陡波冲击波进入阀厅。占设备投资 1.3%～3%。有干式和油浸式两种。早期油浸式应用较多，由于干式造价低，随着生产工艺提高，干式平抗应用越来越多，如几个特高压直流工程均采用干式平抗
交流滤波器及交流无功补偿装置	滤除换流站产生的谐波电流和向换流器提高部分基波无功。占设备投资约 5%。 由电容器、电抗器、电阻、避雷器等组成。有无源、有源和连续可调几种形式，大多采用无源滤波器。工程中大多装设双调谐滤波器、HP3 次 C 型滤波器以及带阻尼电抗的并联电容器
直流滤波器	滤除直流侧的谐波。一般在每极中性母线上装设 1 台中性点电容器，在每极极母线和中性母线间并联 1～2 组双调谐或三调谐无源直流滤波器
避雷器	作用与变电站相同。直流避雷器要求具有较好的伏安特性、灭弧能力强、通流容量大等，因此，制造难度更大
交直流开关设备	为了故障的保护切除、运行方式的转换以及检修的隔离等。投切换流变和交流滤波器的开关要求更高，一般装设同步/选相合闸装置。直流中性母线快速开关需要切换直流电流，需要配置振荡装置

4. 换流站电气布置

换流站电气布置原则与变电站相同。

（1）电气总平面布置

换流站总体布局基本呈现交流开关场－换流变－阀厅及控制楼－直流开关场线性布局。换流变压器、阀厅及控制楼布置在站区的中间，交流滤波器区域根据需要布置在站区的一侧或两侧，生产辅助区原则上布置在站前区。

交流开关场根据设备选型（敞开式设备和 GIS），对 GIS 有户内布置和户外布置。

直流开关场根据污秽情况可选择户外或户内布置。我国直流工程中大多数都是采用户外布置。

（2）阀厅及换流变布置

阀厅及换流变区域是换流站的核心区域。大多数采用换流变紧靠阀厅布置，换流变阀侧套管直接插入阀厅，节省穿墙套管，减少套管污闪。控制楼都是紧靠阀厅布置，以节省电/光缆。

每一个12脉动换流单元的换流变—阀厅为一组的话，每2组之间可采用"一字形"布置和"面对面"布置（图2-30～图2-34）。国内±500kV直流工程基本都

图 2-30　某±500kV 换流站（"一字形"，交流 AIS 布置）鸟瞰图

采用"一字形"布置，已建特高压直流工程中除楚雄换流站双极 4 组换流变—阀厅采用"一字形"布置，控制楼布置在 2 个阀厅之间外其余换流站均采用每极 2 组换流变—阀厅"面对面"布置，控制楼布置在阀厅端部。

图 2-31　某双回±500kV 换流站（"面对面"，交流 GIS 布置）鸟瞰图

图 2-32　某±800kV 换流站（"面对面"，交流 GIS 布置）鸟瞰图

图 2-33　某±800kV 换流站（"一字形"，交流 AIS 布置）鸟瞰图

图 2-34　某±800kV 换流站（"面对面"，交流 AIS 布置）鸟瞰图

Ⅱ　电气二次设计

2.2.10　变电站自动化系统

变电站计算机监控系统应能实现对站内电气设备的监视、测量、控制，并具备遥测、遥信、遥调、遥控全部的远动功能，具有与调度通信中心交换信息的能力。

计算机监控系统采用开放式分层分布式网络结构，由站控层、间隔层以及网络设备构成。站控层硬件设备按变电站远景规模配置，由主机、操作员站、工程师站、远动通信设备、智能设备接口及打印机等组成。间隔层设备宜按各期工程规模配置 I/O 测控装置。网络设备包括网络交换机、光/电转换器、接口设备和网络连接线、电缆、光缆及网络安全设备等。

2.2.11　元件保护及自动装置

1. 主变压器保护

110kV 及以下的主变压器保护按单套配置，推荐采用一套主、后备保护分箱设置的电气量微机型保护和一套非电量微机型保护。220kV 及以上的主变压器配置双重化的主、后备保护一体变压器电气量微机型保护和一套非电量微机型保护。保护应能反映被保护设备的各种故障及异常状态。

主变压器应装设独立的差动保护作为主保护，以保护变压器绕组、匝间及其引出线的短路故障。对由外部相间短路引起的变压器过电流，应按规定装设相应的后备保护。

2. 高压电抗器保护

220kV 及以上高压电抗器的配置双重化的主、后备保护一体电抗器电气量微机型保护和一套非电量微机型保护。保护应能反映被保护设备的各种故障及异常状态。

主保护包括：主电抗器差动保护、零序差动保护、匝间保护。主电抗器后备保护包括：过电流保护、零序过流保护、过负荷保护。小电抗器后备保护包括：过电流保护、过负荷保护。

对于母线电抗器，无小电抗器后备保护。

3. 站用变压器保护

站用变压器保护采用微机型测控保护一体化装置。站用变压器保护由电流速断保护、零序电流保护、过电流保护及其本体保护组成，保护站用变压器的内部短路和接地故障。

4. 电容器保护配置

电容器保护采用微机型测控保护一体化装置。由电流速断保护、过电流保护、过电压保护、母线过电压、母线失压及电容器不平衡（适合于双 Y 型电容器组）或电压差动等保护组成，保护并联电容器的内部短路和接地故障。

5. 电抗器保护配置

电抗器保护采用微机型测控保护一体化装置。由电流速断保护、过电流保护及其本体保护组成，保护并联电抗器的内部短路和接地故障。

6. 35（66）kV 母线保护

35（66）kV 母线一般不宜配置母线差动保护，当主变压器低压侧速断保护不能满足灵敏度要求时，每段母线可配置一套微机型电流差动母线保护。

7. 380V 站用电备自投

380V 站用电源备自投功能可由一体化装置完成，也可由 ATS 完成。

8. 低压无功自动投切

低压无功自动投切功能宜由监控系统实现，如不能满足系统要求，可装设一套低压无功自动投切装置。

2.2.12 直流及交流不停电电源系统

1. 直流系统

全站直流、交流、UPS（逆变）、通信等电源宜采用一体化设计、一体化配置、一体化监控，其运行工况和信息数据能通过一体化监控单元展示并通过 DL/T 860 标准数据格式接入自动化系统；通信电源也可单独设置。

变电站操作电源直流系统采用 220V 或 110V 电压，通信电源－48V 电压。220kV 及以上变电站直流系统应装设 2 组蓄电池，110kV 及以下变电站直流系统宜装设 1 组蓄电池，形式宜采用阀控式密封铅酸蓄电池。每套蓄电池配置一套蓄电池巡检仪。直流系统宜采用高频开关充电装置，可采用模块备份或整套备份。每套充电装置配置一套微机监控单元。每组蓄电池及其充电装置应分别接入不同直流母线段。直流系统采用主分屏两级方式，辐射型供电。根据直流负荷分布情况，在负荷集中区设置直流分屏（柜）。在直流主馈屏（柜）和分屏（柜）上装设直流绝缘监察装置。

2. 交流不停电电源系统

变电站宜配置一套交流不停电电源系统（UPS），可采用主机冗余配置方式，也可采用模块化 N＋1 冗余配置。

UPS 应为静态整流、逆变装置。UPS 宜为单相输出，输出的配电屏（柜）馈线应采用辐射状供电方式。

3. 直流变换电源装置

当采用一体化电源，不设置独立的通信蓄电池组时，通信电源应采用直流变换电源（DC/DC）装置。变电站宜配置两套直流变换电源装置，采用高频开关模块型，N＋1 冗余配置。

4. 一体化电源监控部分

一体化监控装置通过总线方式与各子电源监控单元通信，各子电源监控单元与成套装置中各监控模块通信，一体化监控装置以 DL/T 860 标准协议接入计算机监控系统，实现对一体化电源系统的数据采集和集中管理。

2.2.13 其他二次系统

1. 全站时间同步系统

变电站宜配置一套公用的时钟同步系统，主时钟应双重化配置，另配置扩展装置实现站内所有对时设备的软、硬对时。支持北斗系统和 GPS 系统单向标准授时信号，优先采用北斗系统，时钟同步精度和守时精度满足站内所有设备的对时精度要求。

2. 智能辅助控制系统

全站配置一套智能辅助控制系统实现视频安全监视、火灾报警、消防、灯光和通风等系统的智能联动控制。智能辅助控制系统包括视频智能辅助系统综合监控平台、图像监视及安全警卫子系统、火灾自动报警及消防子系统、环境监视子系统等。

（1）图像监视及安全警卫子系统

为保证变电站安全运行，便于运行维护管理，在变电站内设置一套图像监视及安全警卫系统。

图像监视及安全警卫系统设备包括视频服务器、多画面分割器、录像设备、摄像机、编码器及沿变电站围墙四周设置的电子栅栏等。其中视频服务器等后台设备按全站最终规模配置，并留有远方监视的接口。就地摄像头按本期建设规模配置。

（2）火灾自动报警子系统

变电站应设置一套火灾自动报警系统，火灾自动报警系统设备包括火灾报警控制器、探测器、控制模块、信号模块、手动报警按钮等。火灾自动报警系统应取得当地消防部门认证。火灾探测区域应按独立房（套）间划分。变电站火灾探测区域有：主控制室、计算机室、继电保护小室、通信机房、直流屏（柜）室、蓄电池室可燃介质电容器室、各级电压等级配电装置室、油浸变压器及电缆竖井等。

（3）环境信息采集设备

环境信息采集设备包括环境数据处理单元、温度传感器、湿度传感器、风速传感器（可选）、水浸探头（可选）、SF_6 探测器等。

（4）智能辅助系统综合平台

辅助系统综合监控平台以网络通信（DL/T 860 协议）为核心，完成站端视频、环境数据、安全警卫信息、人员出入信息、火灾报警信息的采集和监控，并将以上信息远传到监控中心或调度中心。

辅助系统综合监控平台应预留和火灾自动报警系统、消防子系统的通信接口，通过和其他辅助子系统的通讯，应能实现用户自定义的设备联动，包括火灾消防、SF6 监测、环境监测、报警等相关设备联动。

3. 设备状态监测后台系统

全站设置统一的状态监测系统分析后台，配置独立的状态监测软件及系统服务器。系统后台控制和管理各个监测单元，并负责采集、存储状态监测数据，对站内各电力功能元件的运行状况进行诊断和分析，并对相关数据进行融合，建立运行与检修管理数据库。采用 DL/T 860 标准协议与自动化系统后台通信，向运行人员提供各电力功能元件状态信息和对可能的故障进行预警。

2.2.14　二次设备布置

二次设备布置主要指主控室、计算机室、继电器小室、直流电源室等的具体布置，遵循的主要原则如下：

1. 应按工程远景规模规划并布置二次设备。

2. 主控室面积宜控制在 $60m^2$ 左右，计算机室宜按布置 16～18 面屏（柜）考虑。

3. 直流电源室原则上靠近负荷中心布置，当二次设备采用下放布置时，直流电源室与站用电室毗邻布置；当二次设备采用集中布置时，直流屏（柜）可布置于继电器室。蓄电池组架布置，设置独立蓄电池室，并毗邻于直流电源室布置。

4. 二次设备屏（柜）位采用集中布置时，备用屏（柜）数宜按屏（柜）总数的 10% 考虑，采用下放布置时，备用屏（柜）数宜按屏（柜）总数 15% 考虑。

5. 当变电站采用敞开式设备，站区面积较大时，继电器室宜就地下放布置，小室数量应根据变电站规模来确定，一般不宜设置太多。

6. 当变电站采用 GIS 紧凑型设备，站区面积较小时，考虑到运行维护方便，继电器室宜集中布置于主控通信楼。

2.2.15　SCADA 系统（换流站）

换流站内交、直流系统统一设置一套 SCADA 系统，实现站内直流系统的起停控制、状态控制以及所有断路器、隔离开关等设备的控制、监视、测量、报警、记录、远传以及参数/定值的设定等。

SCADA 系统采用分层分布式结构，由运行人员控制层、控制层、就地层组成，并通过冗余的计算机网络将不同控制层的控制保护设备统一连接起来。运行人员控制层工作站接入到 SCADA LAN 网，控制层设备接入控制 LAN 网（或总线），控制层设备与就地层设备之间通过现场总线连接。

运行人员控制层为全站设备监视、测量、控制、管理的中心，布置在主控楼控制室、系统分析维护及培训室内。其设备包括冗余的数据库服务器、冗余的运行工作站、工程师工作站、站长工作站、SER 工作站、谐波监视工作站、通信接口系统及带有系统仿真软件的运行人员离线培训系统、文档管理系统、打印机等。

控制层本着交、直流独立工作、互不影响的原则划分为两大部分，按照不同的工作类型和电气间隔单元，以相对独立的方式分散在各个工作场所。

就地层按间隔设置冗余的就地 I/O 单元，其功能为采集电气设备的相关信息并上传至控制层，同时执行其控制层的指令，完成对应设备的操作控制。

2.2.16 高压直流控制系统

高压直流控制系统除了实现各种运行方式的基本控制模式外，还包括各种基本的控制器和限制器等。直流控制系统能将直流功率、直流电流、直流电压及换流器点火角等被控信号保持在直流一次回路设备稳态极限之内，还能将暂态过电流及过电压都限制在设备极限范围内，并保证交流或直流系统故障后，在规定的响应时间内平稳地恢复送电。

直流控制系统全站统一设计，采用分层结构，由双极控制层、极控制层、换流单元控制层组成。

直流控制系统采用完全双重化冗余配置。双重化的范围从测量二次线圈开始包括完整的测量回路、信号输入输出回路、通信回路、主机，以及所有相关的控制装置。

2.2.17 高压直流系统保护

1. 保护配置原则

直流保护系统的设计需保证高压直流系统所有设备在各种工况下均受到全面的保护而免受过应力，并对系统及其他设备造成的扰动最小。

直流保护系统按保护区域分区配置，根据被保护的对象，和运行维护以及确认故障范围的需要，任一回直流系统的保护分区可分为：换流器保护区、直流极母线保护区、极中性母线保护区、直流线路保护区、双极保护区、接地极线路保护区、直流滤波器保护区、换流变压器保护区、交流滤波器保护区等不同的保护区。

每一个设备或保护区的保护采用完全双重化或多重化冗余配置。每重保护尽量采用不同原理、测量器件、通道及电源的配置原则，其保护电路在物理上和电气上都应分开，使得一套保护在检修时，不影响其他各套保护正确动作且不失去灵敏度。

直流保护系统按极设置，每极的直流保护应是完全独立的。

2. 保护配置描述

（1）换流器保护主要包括：阀短路保护、换相失败保护、直流电压异常保护、阀误触发保护、可控硅监视保护、直流过流保护、基频保护、差动保护（包括阀组差动保护、直流差动保护）等。

（2）极保护主要包括：极高压母线、极中性母线、直流线路区域的保护。

（3）双极保护主要包括：双极连接区、接地极线路、金属回线区域的保护。

（4）直流滤波器保护配置有：直流滤波器差动保护、过负荷保护、电容器不平衡保护、滤波器失谐状态监视等。直流滤波器保护单独组屏，双重化配置。直流滤波器保护动作后，打开直流滤波器的隔离开关；依然动作极 ESOF；打开 HSNBS 和直流线路隔刀；跳交流开关。

（5）换流变保护主要配置有：差动保护（连线差动保护、换流变差动保护、连线及换流变大差保护，绕组差动保护）、阻抗保护、中性点偏移保护、过励磁保护、饱和保护、过流保护、零序电流保护、过负荷保护、限制接地故障保护、过电压保护、本体保护，同时还考虑配置单断路器保护功能。换流变保护动作于跳开换流变进线的交流断路器，启动该阀组的高速旁路回路，同时闭锁阀组。

（6）交流滤波器（包括并联电容器）保护配置有：差动保护、过流保护及过负荷保护、零序过流保护、多调谐滤波器内电抗器/电阻器过负荷保护、电容器不平衡保护以及失谐监视、断路器失灵等。对于每个滤波器大组配置有：滤波器连线差动保护、过流保护、过电压保护等。

2.2.18　暂态故障录波系统及直流线路故障定位系统

1. 暂态故障录波系统

换流站故障录波系统为独立系统，包括直流暂态故障录波器和交流暂态故障录波器，以记录高压直流系统和交流系统各回路的信号。

直流故障录波装置应能接入双重化直流保护的模拟量；暂态故障录波装置的接入信号应至少包括交流线路、交流滤波器、换流变压器、直流功率、直流电压、直流电流、直流系统运行参数和故障信号，以便分析换流站交流系统和直流系统的故障情况以及交流保护设备和直流控制保护系统的性能。

直流暂态故障录波系统按极配置，交流滤波器的故障录波按大组配置，其他交流场故障录波器的配置与变电站类似。

2. 直流线路故障定位系统

当高压直流线路故障时，为了准确地确定直流线路的故障点，缩短系统恢复时间，拟配置直流线路故障定位系统。该系统由 3 个部分组成：行波数据采集与处理系统，通信网络，和综合分析系统。两站收集的行波数据通过通信网络传到综合分析系统，自动实现故障的双端定位分析。同时可以实现本端数据的自动对端远传和主站上传，能够实现直观的波形分析。

2.2.19　全站时钟同步系统

换流站宜配置一套公用的时钟同步系统，主时钟应双重化配置，另配置扩展装置实现站内所有对时设备的软、硬对时。支持北斗系统和 GPS 系统单向标准授时信号，优先采用北斗系统，时钟同步精度和守时精度满足站内所有设备的对时精度要求。

2.2.20　火灾报警系统、安全监视系统、换流变绝缘油在线监测及分析系统

1. 换流站火灾报警与消防联动

全站设置一套火灾报警系统，用于实现对站内各重要设备及设施进行火灾探测、监视

及报警，并能自动或手动起动消防系统的相关设备，确保运行人员能及时了解火灾情况，迅速采取消防、灭火措施，有效地减小火灾影响范围。

在主控楼内设置中央火灾报警屏实现监视、报警、消防联动控制等功能，并与控制保护系统及 SCADA 系统进行通讯和接口。运行人员可在 SCADA 系统上监视火灾报警信息。

在主辅控制楼、就地继电器室、阀厅、换流变压器等处均设有各种火灾探测器、手动报警装置以及灭火控制器等，并分区设置区域火灾控制显示器。其中火灾探测器根据不同的场地环境选择，灭火控制器可根据火灾报警信号或控制器传来的控制信号自动启动消防联动控制设备进行灭火。

2. 图像监视及安全警卫系统

为了保证换流站安全运行，便于运行维护管理，设置一套图像监视及安全警卫系统。运行人员可通过安装在控制室内的图像监视器对全站各重要区域及入口进行实时监视，并能通过监视控制器把多台监视器分别设定为定点监视、自动巡视、报警联动监视等方式。

图像监视系统包括：多台现场摄像机及附件、监视控制器、图像监视器以及配套软件和电缆等全套设备。监视区域包括：阀厅、换流变压器、交流滤波器、交流开关场、直流开关场、站用变、主辅控制楼各层、各就地继电器室、水泵房、换流站大门及围墙、备品库以及站外补给水系统各级加压泵站等处。

智能型安全警卫系统主要通过装设在大门、围墙上的红外对射装置来保证整个换流站的安全管理，并可与图像监视系统一起实现警视联动。

3. 换流变绝缘油在线监测及分析系统

全站设置统一的换流变绝缘油在线监测及分析系统，用于对换流变的绝缘油进行监测和分析、诊断。全站统一配置 1 套后台装置，对每一台换流变装设绝缘油在线监测及分析系统的前置采集分析装置。

4. 全站水处理集中控制系统

本工程全站的水处理系统采用 PLC＋网络＋上位机为中心的集中控制方式。水处理控制系统采用 PLC 和上位机的两级控制结构方式，利用 PLC 对站内水处理及站外升压泵站各设备进行数据采集和控制，而通过上位机的人机接口对系统设备发出控制命令，同时系统中各设备的运行状态信息在上位机的液晶显示屏上直观、动态地显示出来。

2.2.21 控制保护设备布置方案

直流控制保护设备按极分别布置在主控楼和辅控楼不同的控制保护室内。交流场及交流滤波器有关的控制保护设备按总平面布置就近布置在就地继电器室内。

其他布置原则与变电站相同。

Ⅲ　土　建　设　计

2.2.22 总平面

1. 总平面布置

（1）总平面功能分区

变电站总平面功能分区：变电站总平面可划分为高压配电装置区、中压配电装置区、主变及低压（无功补偿）配电装置区、站前区。

换流站总平面功能分区：换流站可划分为交流配电装置区、直流配电装置区、阀厅及换流变压器区、交直流滤波器区、低压（无功补偿）配电装置区及站前区。

（2）总平面布置原则

总平面布置根据电气工艺流程要求，对变电站（换流站）各功能分区进行有机地组合。总平面布置遵循的主要原则：

1）充分贯彻国家环境保护、水土保持、国土资源及水资源有关政策，并满足地方行政规划的要求；

2）合理规划，远近结合，一般情况下不堵死扩建的可能，并考虑扩建的方便；

3）结合生产工艺流程，突出技术先进、运行可靠、经济指标优的特点，做到节约用地；

4）尽可能利用坡地、荒地，少占农田；

5）对复杂的地形应做到扬长避短，合理利用地形确定站区定位，尽量避免大挖大填及在站区边界形成高边坡、高挡墙；

6）满足运行、施工、检修、消防的要求；

7）充分考虑进出线方便，应尽量适应各电压等级线路走廊要求，减少线路的迂回交叉；

8）进站道路引接方便、顺畅；

9）尽量不占、堵天然排水通道，不改变原有的排水路径；

10）减少拆迁民房及水利、电力、通讯等设施，尽量避免改建现有交通设施；

11）站区内主体核心建（构）筑物或荷重大的建构筑物，布置在站区内地质条件较好的位置；

12）主要建筑物有较好的朝向。

（3）建构筑物防火间距

根据变电站建构筑物火灾危险性分类及耐火等级，采用相应的防火间距。

2. 竖向布置

（1）竖向布置设计原则

1）站址标高应高于频率为 1% 的洪水位，或最高内涝水位（220kV 以下变电站应高于频率为 2% 的洪水位，或最高内涝水位）；

2）站区竖向布置应合理利用地形，根据工艺要求、交通运输、土方平衡综合考虑，因地制宜地采用竖向布置形式，采用合适的场地设计标高，减少土石方工程量、边坡支挡及地基处理工程量；

3）场地排水顺畅，合理确定建构筑物设计标高。

（2）竖向布置型式及特点

总平面竖向设计有平坡式及阶梯式两种布置方式。

总平面竖向平坡式布置的适用条件：场地地形平坦，或虽场地高差较大，但地形零乱，配电装置区不平行地形等高线。

总平面竖向平坡式布置的特点：站内运行条件较好，运行巡视检修方便。与阶梯式布置（有条件采用时）相比，场地边界高差较大，形成高边坡，土石方及地基处理工程量大，投资大，工期长。

总平面竖向阶梯式布置的适用条件：场地地形坡度较大（如大于 5%），一般情况下，配电装置区需平行于地形等高线。

总平面竖向阶梯式布置的特点：将站内各配电装置区或站前区分别设在二个或多个台梯上，各阶梯高差 2～6m 不等。可适应山区地形特征、减小场地边界边坡高度，减少土石方工程量及地基处理工程量，节省工程投资。但站内运行条件比平坡式要差，运行巡视检修不方便。

（3）土石方平衡原则

考虑站区及进站道路挖、填方并计及建构筑物、管沟道及道路等的基槽余方进行土方综合平衡。土石方计算采用方格网，按四棱柱体积计算挖填方量。

3. 站区地下设施布置

（1）站区地下设施

变电站内地下设施主要有电缆沟、供水管道、雨水管道、污水管道、事故排油管道、消防给水管道。对换流站除上述管沟外，还有阀冷却系统工业给水管道。

（2）站区地下设施规划布置原则

地下管、沟道布置应按变电站的最终规模统筹规划，管、沟道之间及其与建、构筑物之间在平面与竖向上相互协调，近远期结合，合理布置，便于扩建。

（3）地下管、沟道布置要求

满足工艺要求，管、沟道路径短捷，便于施工和检修；在满足工艺和使用要求的前提下应尽量浅埋，尽量与站区竖向设计坡向一致，避免倒坡；地下管、沟道发生故障时，不应危及建、构筑物安全和造成饮用水源及环境污染；管、沟道设计应考虑防化学腐蚀和机械损伤的措施，在寒冷及严寒地区应采取防冻害措施。

（4）在地下管、沟道布置过程中发生矛盾时的处理原则

管径小的让管径大的；有压力的让自流的；柔性的让刚性的；工程量小的让工程量大的；新建的让现有的；临时的让永久的。

4. 道路

站区道路有郊区型和城市型两种形式，现在一般采用郊区型路面，路面材料可采用水泥混凝土和沥青混凝土。

站内消防环形道路的宽度不小于 4m。

站区大门至主变压器区的道路宽度：110kV 变电站 4m，220kV 变电站 4.5m，500kV 及以上变电站 5.5m。

站内道路纵坡一般不大于 6%。

变电站进站专用道路：330kV 及以下电压等级变电站路面宽度 4.5m；500kV 及以上电压等级变电站路面宽度一般情况下为 5.5m，当进站专用道路很长时，为节省投资，可采用 4.5m，道路纵坡一般不大于 10%。

5. 总平面设计影响投资的主要因素

自然地形地貌及地质条件、变电站占地面积（取决于变电站或换流站的规模、配电装置布置型式、地形高差、进站道路引接长度等）、进站道路长度、换流站补给水管线长度、防排洪设施的设置等因素对变电站总体投资具有较大的影响。

2.2.23 建筑物

1. 变电站（换流站）建筑物设计的总体要求

站内建筑物的功能应满足运行的工艺要求及规划、环境、噪声、景观、节能等方面的要求，符合现行国家标准《民用建筑设计通则》的规定。变电站建筑物内外装修应简洁适用，采用节能环保材料，建筑外观应与周边环境协调。

合理对站区建筑物进行规划，有效控制建筑面积，提高建筑面积利用系数，尽量采用联合建筑，节省建筑占地。

选择合理的建筑结构型式，确保建筑物在使用期内的安全可靠性、耐久性，并方便施工建设，技术经济指标良好。变电站内建筑宜根据建筑物的重要性、安全等级采用不同的结构型式，地震烈度在 7 度及以上地区的 750kV、500kV 变电站的主控通信综合楼以及地震烈度在 8 度及以上地区的 220kV、330kV 变电站的主控通信综合楼，宜采用框架结构。建筑物采用混合结构时，应根据建筑抗震设计规范设置构造柱、圈梁。

2. 站内主要建筑物概述

（1）站内主要建筑物设置

1）变电站内建筑物

目前变电站大多采用保护下放的方案，站内建筑物大大简化。当站内不采用户内配电装置时，主要建筑物为各电压等级继电器室、主控综合楼。全站总建筑面积一般在 1300m² 以内。

继电器室一般为单层建筑物，其主要功能是放置变电站继电保护屏柜，房屋净高 3m 左右。室内电缆采用架空活动地板、电缆沟或地下半地下电缆夹层敷设。视抗震设防烈度采用砌体结构、钢筋混凝土框架结构，或采用轻钢结构。

主控综合楼一般为 2~3 层建筑物，大多为 2 层建筑物。其功能集生产、办公、休息、生活于一体。层高 3.6~3.9m，建筑面积一般在 700m² 以内。设置有主控室、计算机室、通信机房、蓄电池室、电源室、安全工器具间、检修备品间、资料室、办公室、会议室、警传室、值休室、厨房、餐厅、浴厕等生产、办公、休息生活房间。视抗震设防烈度采用砌体结构、钢筋混凝土框架结构。目前一般均采用钢筋混凝土框架结构。

2）换流站内建筑物

换流站建筑物分为两大部分：一是换流设备建筑物，二是继电器室和站前区建筑物。换流设备建筑物是换流站核心建筑物，包括阀厅、主（辅）控制楼，多采用"一"字形或"面对面"布置在站区中部（图 2-35~图 2-38）。站前区建筑物包括综合楼、备品备件库、综合水泵房、消防泵房、工业补水设备间等建筑物。

阀厅为单层工业厂房，一般为钢结构或钢—钢筋混凝土混合结构。阀厅与换流变压器间的防火墙采用现浇钢筋混凝土防火墙或钢筋混凝土框架填充砌体防火墙。阀厅建筑空间需满足屏蔽、密封、洁净、微正压的要求。围护结构采用压型钢板，为防电磁干扰，阀厅采用六面墙体屏蔽，形成一个封闭不透气的"内胆"，通过人工通风、空调措施维持阀厅内的微正压。

主（辅）控制楼为二层或三层建筑物，布置主辅控制室、阀冷却设备室、辅助设备室、中低压配电室、蓄电池室、极控制保护设备室、通信设备室、会议室、办公室等。主（辅）控制楼一般采用钢筋混凝土结构。

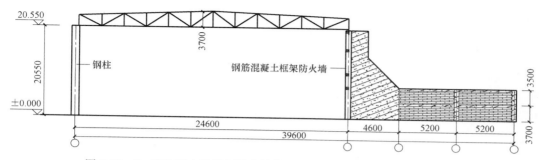

图 2-35 "一字"形布置阀厅横向结构示意图（钢筋混凝土框架防火墙）

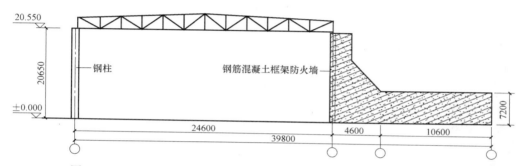

图 2-36 "一字"形布置阀厅横向结构示意图（钢筋混凝土剪力墙防火墙）

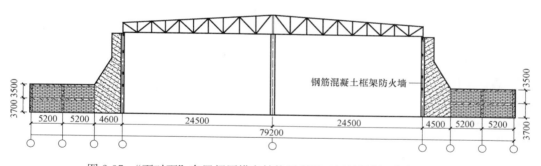

图 2-37 "面对面"布置阀厅横向结构示意图（钢筋混凝土框架防火墙）

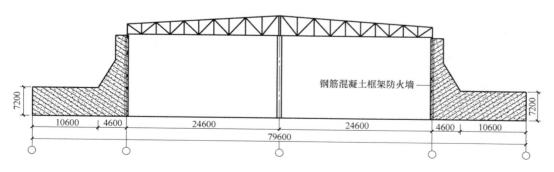

图 2-38 "面对面"布置阀厅横向结构示意图（钢筋混凝土剪力墙防火墙）

（2）建筑门窗及装修标准

随着国民经济的发展和新型建筑材料的出现，建筑装修标准、建筑材料也在不断发展变化。20 世纪 70 年代，除钢制防火门、白页窗外，大多采用木门、木窗；内墙及天棚常用砂浆基层，面抹石膏大白浆；一般房间采用水泥豆石地面，主控通信室采用水磨石地面；外墙装修一般采用混合水泥砂浆抹面等简单装饰。20 世纪 80 年代，内、外墙装修采用涂料、面砖等新型材料；钢和铝合金门窗及塑钢门窗等；控制室、继电器室的地坪采用地面砖。20 世纪 90 年代末期，由地面砖改用防静电地板；阀厅的地平面层采用环氧树脂自流平工业地坪涂料；门厅、办公室、会谈室采用地面砖及其他装修。值班员休息室设有卫生沐浴设施等。

2.2.24　构支架

1. 变电构架的特点

变电构架主要承受水平荷载：导地线拉力、风荷载、地震荷载（地震荷载一般不起控制作用）。导线拉力的大小与导线的档距、弧垂、导线自重、覆冰厚度、引下线重量、安装检修上人、气象条件等因素有关。构架的特点是柱高而断面细小，为大柔度结构。

2. 变电架构的结构形式

变电构架结构，按材料分：钢结构、钢筋混凝土结构、钢和钢筋混凝土混合结构；按结构形式分：对柱有格构式、A 字柱、打拉线等形式；对梁有格构式、实腹式。变电构架常用梁柱结构形式组合如表 2-13 所示。

变电构架常用梁柱结构形式组合表　　　　　　　　　　　　　　表 2-13

梁结构 柱结构	格构式钢结构	高强钢管结构	型钢结构	钢筋混凝土结构
焊接普通钢管结构	√			
格构式钢结构	√			
高强钢管结构	√	√		
薄壁离心钢管混凝土结构	√			
钢管混凝土结构	√			
钢筋混凝土环形杆结构	√			√
预应力钢筋混凝土环形杆结构	√			√
型钢结构	√		√	
钢筋混凝土结构				√
打拉线结构	√		√	

3. 各种变电构架结构形式特点简述

（1）焊接普通钢管柱、格构式钢梁构架结构：为目前国内应用最广泛的 500kV 构架结构形式。该结构通常由焊接普通钢管人字柱和三角形断面格构式钢梁组成。人字柱在水平荷载作用下，一侧杆件受拉，另一侧杆件受压，柱高三分之一区段内设置的刚性横杆可约束压杆在平面外的失稳，提高构架柱在人字柱平面外的稳定承载力；水平拉力是构架梁上的主要荷载，三角形断面钢梁能很好地发挥弦杆的承载能力。这种结构型式受力性能及经济指标良好，加工工艺成熟，生产厂家较多，施工方便，外形美观。如图 2-39 所示。

（2）格构式角钢（钢管）塔架结构：由矩形断面格构式钢柱和矩形断面格构式钢梁组成。该种结构型式的特点是：杆件多，杆件小，制作、安装、运输方便，但加工工作量较大；梁柱连接可刚接、铰接，采用刚接可减少梁的变形；间隔宽度较人字柱大，由于不需要设置端撑，总体上看占地面积稍有增加；这种结构型式在早期（主要是东北地区）的500kV变电站中应用过，1000kV特高压变电站多采用这种结构型式。如图2-40～图2-42所示。

图2-39　焊接普通钢管结构实景照片

图2-40　格构式直立角钢塔架结构实景照片

图2-41　格构式直立钢管塔架结构实景照片

（3）高强钢管梁柱结构：采用高强度钢管作为构架梁和柱。充分发挥钢材强度，减少钢材用量。构架结构显得很轻巧、美观。但当构架梁跨度较大时，由变形控制设计时，用钢量减少不明显或增加用钢量。目前国内有少量的500kV变电站采用维蒙特高强钢管梁柱结构，由于其总体造价较常规焊接普通钢管柱人字柱高，未能得到大面积推广。如图2-43所示。

图2-42　格构式人字柱角钢塔架结构实景照片

图2-43　高强度钢管梁柱结构实景照片

图 2-44 型钢结构实景照片

（4）型钢结构构架：由工字钢、槽钢等组成的钢结构构架。其特点是：材料易于采购，结构简单，加工制造容易，腐蚀情况较钢管易于察觉。但用钢量较大，国外低电压等级的变电站工程采用较多。如图 2-44 所示。

（5）薄壁离心钢管混凝土结构：钢—混凝土组合结构，钢管内壁由离心成型的混凝土可以提高杆件的抗压承载能力，同时还可提高管壁的稳定及内壁防锈能力，其用钢量较全钢结构省，但结构自重较大，运输、吊装费用增加，节点构造繁琐，接头连接要求较高，离心混凝土质量不易控制，施工安装周期较长，生产厂家较少。到目前为止，薄壁离心钢管混凝土结构在 500kV 变电站中运用较少。

（6）钢管混凝土结构：钢—混凝土组合结构。在钢管内灌注混凝土，由于钢管对混凝土的套箍作用，使混凝土处于三向受力状态，从而提高构件的抗压能力和增强钢管的稳定性，同时可提高钢管的防腐能力，其用钢量较全钢结构省。由于混凝土在现场浇注，现场混凝土工作量大，混凝土质量不易保证，施工周期长。华东地区中国电力工程顾问集团华东电力设计院有限公司设计使用了少量的钢管混凝土构架。

（7）钢筋混凝土环形杆结构：采用钢筋混凝土环形杆作为构架柱。该种结构型式以前广泛运用于 330kV、220kV 及以下电压等级变电站中和 500kV 变电站中的中、低压配电装置。其特点是：承受的拉力荷载较小，造价较低，投资省。但气候干燥且温差大、寒冷和严寒地区、环形杆养护条件差时，环形杆易产生纵向和环向裂纹，影响结构使用的耐久性。目前随着我国经济水平的提高，很多地区已逐步由钢结构替代钢筋混凝土环形杆结构。如图 2-45、图 2-46 所示。

图 2-45 混凝土环形杆柱钢梁结构实景照片

图 2-46 混凝土环形杆柱钢筋混凝土梁结构实景照片

（8）预应力钢筋混凝土环形杆结构：采用预应力钢筋混凝土环形杆作为构架柱。与钢筋混凝土环形杆结构类似，该种结构型式以前广泛运用于 330kV、220kV 及以下电压等级变电站中和 500kV 变电站中的中、低压配电装置。其特点是：承受的拉力荷载较小，造价较低，投资省，耐久性较差。由于预应力钢筋混凝土环形杆比普通钢筋混凝土环形杆结构加工工艺复杂，节省造价不明显，在 20 世纪 90 年代后期使用逐步减少，目前使用预应力钢筋混凝土环形杆的地区已经很少了。

（9）打拉线结构：利用拉线钢材较好的抗拉强度，节省材料，降低造价。在 20 世纪 80 年代以前的低电压等级变电站和输电线路中运用较多。其特点是：省材，价低，但占地较大。目前已很少采用。如图 2-47、图 2-48 所示。

图 2-47 打拉线结构实景照片

图 2-48 打拉线结构实景照片

4. 屋外配电装置构架布置型式

早期的 500kV 变电站工程，屋外配电装置构架布置型式为：进出线构架、母线构架、中央门型构架各自独立，其特点是受力简单、明确，计算简化（图 2-49）。后来随着计算机的普及及计算技术的发展，特别是三维空间计算分析软件的引进，将进出线构架、中央门型构架和母线构架原本各自独立的构架连成一体，形成具有空间受力体系的联合构架（图 2-50、图 2-51）。其特点是充分发挥结构体系的空间作用，减少结构断面尺寸，可节省钢材约 7%～10%，节省基础工程量约 30%～40%，经济效益显著。

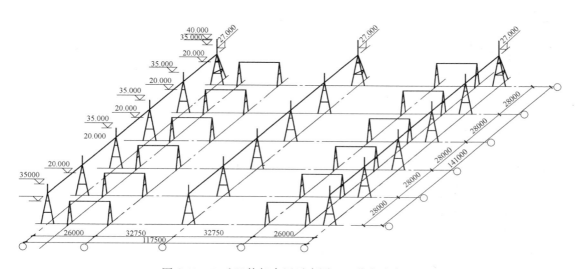

图 2-49 500kV 构架布置示意图一（分离式布置）

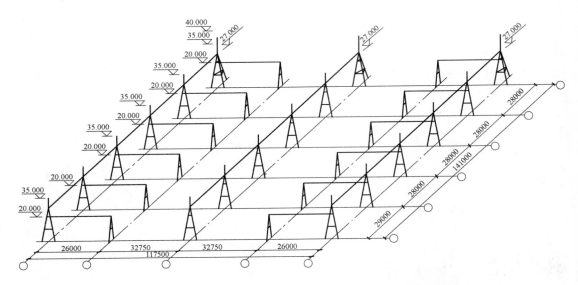

图 2-50　500kV 构架布置示意图二（母线架构与出线构架联合）

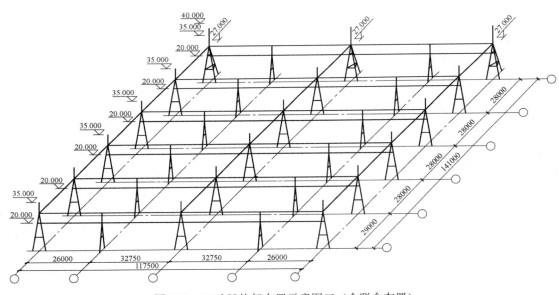

图 2-51　500kV 构架布置示意图三（全联合布置）

5. 设备支架结构型式

设备支架结构比较简单，其功能主要为支承电气设备，一般为悬臂构件。承受设备重量、设备端子引线拉力、风荷载及地震荷载（地震荷载一般不起控制作用）。

设备支架采用的结构型式按材料分：钢结构、钢筋混凝土结构、钢和钢筋混凝土混合结构。低电压等级变电站及 500kV 变电站中低电压等级配电装置的设备支架大多采用钢筋混凝土环形杆，500kV 设备支架基本上采用钢管结构（早期 500kV 变电站中采用格构式支架），特高压变电站（换流站）中的高大设备的设备支架采用格构式支架。国内少量变电站中的设备支架采用薄壁离心钢管混凝土或钢管混凝土组合结构。

特高压换流站直流场设备支架大多采用格构式支架。

6. 构支架基础

对于非特别软弱地基，变电站构支架基础一般由稳定控制设计，即由抗倾覆和抗拔控制。由于构架基础所受倾覆弯矩或上拔力较大，基础埋深一般在 $2\sim3.5m$，设备支架基础埋深一般在 $1\sim1.8m$。基础一般采用混凝土刚性基础。

7. 构支架柱与基础的连接型式

常用的连接型式有：混凝土基础杯口插入式和在混凝土基础顶面预埋地脚螺栓连接两种型式。插入式连接安装简单，耗钢量稍大，但需采取临时固定措施，预埋地脚螺栓连接型式，对构架加工及预埋地脚螺栓的精度要求较高，耗钢量稍小。

8. 构支架钢结构防腐处理

变电站构支架钢结构防腐处理有其特殊性，由于其上的设备及导线带有高电压，维修困难，为了延长钢结构的维护周期，减少因停电带来的损失，往往采用较为可靠的防腐处理方式。如热浸镀锌、喷涂锌、镀铝、喷涂铝等，在腐蚀比较严重的地方，尚应在其表面增加封闭防腐涂料。

镀件厚度小于 5mm 时，锌附着量应不低于 $460g/m^2$，即厚度不低于 $65\mu m$；镀件厚度大于 5mm 时，锌附着量应不低于 $610g/m^2$，即厚度不低于 $86\mu m$。

2.2.25 边坡支挡结构及基坑支护

1. 支挡结构分类

支挡结构类型的划分方法较多，可按结构型式、建筑材料、施工方法及所处环境条件等进行划分。

按断面的几何形状及其受力特点，常见的支挡型式可分为：重力式挡墙、半重力式挡墙、衡重式挡墙、悬臂式挡墙、扶壁式挡墙、锚杆式挡墙、锚定板式挡墙、加筋土挡墙、桩板式挡墙及地下连续墙等；按材料分：砖、石、混凝土、钢筋混凝土挡土墙；按所处环境条件分：一般地区、浸水地区、地震地区挡土墙。

2. 各种支挡结构的特点及适用范围

（1）重力式挡墙

依靠墙身自重承受土压力，保持平衡（图 2-52）；

一般用浆砌片石（条石）砌筑，缺乏石料地区可以用毛石混凝土浇筑；形式简单，取材容易，施工简便；

当地基承载能力较低时，可在墙底设置钢筋混凝土板，以减薄墙身，减少开挖；

适用于低墙（一般在 8m 以内），地质情况较好，有石料的地区的挡墙；不适用于软弱地基，挡墙太高时，耗材多，不经济。

图 2-52 几种常见重力式挡墙示意图

（2）半重力式挡墙

用混凝土浇筑，墙身和底板可根据需要配置适量钢筋（图2-53）；

墙趾展宽，或基底设凸榫，以减薄墙身，节省圬工；

可充分利用混凝土的抗拉强度，体积较重力式挡墙减少40%～50%；

适用于地基承载力低，缺乏石料的地区。

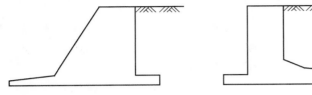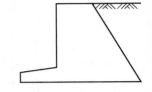

图2-53　半重力式挡墙示意图

（3）悬臂式挡墙

采用钢筋混凝土，由立臂、墙趾板、墙踵板组成，断面尺寸小（图2-54）；

墙过高时，下部弯矩大，钢筋用量大；

适用于石料缺乏，地基承载力低的地区，墙高6m左右。

（4）扶壁式挡墙

由墙面板、墙趾板、墙踵板、扶壁组成（图2-55）；

采用钢筋混凝土；

适用于石料缺乏，挡墙高度大于6m，较悬臂式挡墙经济。

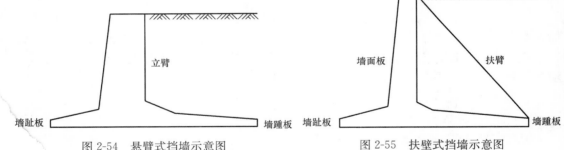

图2-54　悬臂式挡墙示意图　　　　　　　图2-55　扶壁式挡墙示意图

（5）锚杆式挡墙

由肋柱、挡土板、锚杆组成，靠锚杆的拉力维持挡土墙的平衡（图2-56）；

采用钢筋混凝土；

适用于挡土墙高大于12m，为减少开挖量的挖方区、石料缺乏地区。

（6）锚定板式挡墙

结构特点与锚杆式挡墙相似，只是拉杆的端部用锚定板固定于稳定区（图2-57）；

填土压实时，钢拉杆易弯，产生次应力；

适用于缺乏石料的大型填方工程。

（7）加筋土挡墙

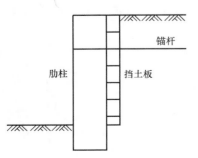

图2-56　锚杆挡墙示意图

由墙面板、拉条及填土组成，依靠填料与拉筋之间的摩擦力来平衡挡墙所承受的水平土压力（加筋土挡墙内部稳定），并以拉筋、填料的复合结构抵抗拉筋尾部填料所产生的土压力（加筋土挡墙外部稳定），结构简单，施工方便（图2-58～图2-60）；对地基的承载力要求较低；施工速度快，造价低；适用于大型填方工程。

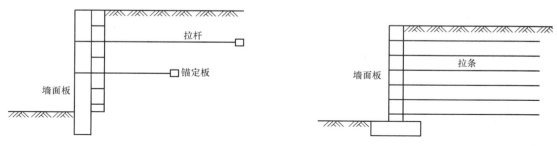

图 2-57　锚定板挡墙示意图　　　　　　　　　图 2-58　加筋土挡墙示意图

图 2-59　模板加筋土挡墙实景照片

图 2-60　整体式自防护生态加筋土边坡实景照片

（8）桩板式挡墙

深埋的桩柱间用挡土板拦挡土体（图2-61）；

桩可采用钢筋混凝土桩、钢板桩、低墙或临时支撑可用木板桩；

桩上端可自由也可锚定；

适用于土压力大，要求基础深埋，一般挡墙无法满足时的高挡墙，边坡有滑动面或潜在的滑动面，地基密实，能有效地嵌固桩体。

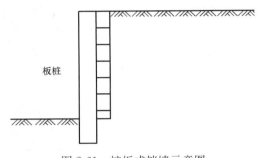

图 2-61　桩板式挡墙示意图

对地质条件及施工的适应性要求较高；

槽壁塌落修复困难；

造价高；

适用于大型地下开挖工程，开挖深度大，紧邻基坑周边有建筑群。如上海大型城市地下变电站较多地区采用了地下连续墙结构。

3. 基坑支护

地下变电站土建结构设计的主要难点是基坑支护，对于地基土质条件越差的地区，基坑支护问题越突出。常用的基坑支护型式有地下连续墙或地下连续墙加支撑系统、支挡桩或支挡桩加支撑系统。

2.2.26　地基处理

1. 地基问题概述

概括地讲，地基问题主要包括下述三个方面：

（9）地下连续墙

在地下挖狭长深槽，泥浆护壁，浇筑水下钢筋混凝土墙（图 2-62）；

由地下墙段组成地下连续墙，靠墙自身强度或横撑保证地下连续墙的稳定；

施工时振动小，噪声低，可昼夜施工；

墙体刚度大，能承受较大土压力；防渗性能好；

对周边地基无扰动；

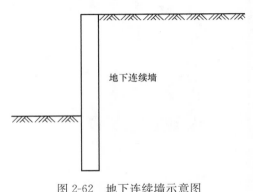

图 2-62　地下连续墙示意图

（1）地基承载力和稳定问题

在建构筑物荷载作用下，地基承载力不能满足要求时，地基会产生局部或整体剪切破坏，影响建构筑物正常使用，甚至引起建构筑物破坏。边坡问题也归属于这一类问题。

（2）沉降、水平位移及不均匀沉降问题

在荷载作用下，地基会产生变形。当建构筑物沉降、水平位移或不均匀沉降超过相应的允许值时，将会影响建构筑物的正常使用，甚至可能引起破坏。建构筑物沉降量过大时，不均匀沉降往往也较大。不均匀沉降对建构筑物的危害较大。湿陷性黄土遇水发生剧烈的变形，膨胀土遇水膨胀、失水收缩等也包括在这一类地基问题中。

（3）渗流问题

地基的渗流量或水力比降超过其允许值时，会发生较大水量损失，或因潜蚀和管涌使地基失稳而导致建构筑物破坏造成工程事故。

2. 软弱地基或不良地基的概念

将不能满足建构筑物对地基要求的天然地基称为软弱地基或不良地基。天然地基是否属于软弱地基或不良地基是相对的。天然地基是否需要进行处理取决于地基能否满足建构筑物对地基的要求。常见的软弱土和不良土主要包括：软黏土、杂填土、充填土、饱和粉细砂、湿陷性黄土、泥炭土、膨胀土、多年冻土、盐渍土、岩溶、土洞、山区地基以及垃圾掩埋土地基等。

3. 地基处理方法分类及其适用范围

地基处理方法可分为人工桩基、复合地基两大类。

（1）人工桩基：深入土层的柱形构件，桩与连接桩顶的承台组成基础将上部结构的荷载，通过较弱地层或水传递到深部较坚硬的、压缩性小的土层或岩层。桩以承受垂直荷载为主，也可承受水平荷载（风荷载、波浪力、土压力、地震力等）。桩基通过作用于桩尖（桩底或桩端）的地层阻力和桩周土层摩擦力来支承竖向力（垂直荷载），依靠桩侧土层的侧向阻力支承水平荷载。按成桩方法对土层的影响分为：挤土桩、部分挤土桩和非挤土桩；按桩材料分为：木桩、钢筋混凝土桩、钢桩、组合桩；按桩的功能分为：抗轴向压力桩、抗侧压力桩、抗拔桩；按成桩方法分为：打入桩、灌注桩、静压桩等。

1）预制桩的类型、特点及适用条件

① 类型：木桩、钢筋混凝土桩、预应力钢筋混凝土桩、钢桩。

② 钢筋混凝土和预应力钢筋混凝土桩特点：具有下述优点：桩的单位面积承载力较高；桩身质量易于保证和检查；易于在水上施工；桩身混凝土密度较大，抗腐蚀能力较强；施工工效高。缺点：单价较灌注桩高；施工噪声大，影响环境；群桩施工可能引起周围地面隆起，桩距设计不当，可能使相邻已就位的桩上浮；受起吊设备能力的限制，单节桩长不能太长，常需接桩，桩接头常形成桩身的薄弱环节，接桩后如不能保证全桩长的垂直度，将降低桩的承载力，甚至在打入时断桩；不宜穿透较厚的坚硬土层；打入后桩长超过要求时，截桩困难。

③ 钢筋混凝土和预应力钢筋混凝土桩的适用范围：不需考虑噪音污染和振动影响的环境；持力层上覆盖为松软地层，无坚硬夹层；持力层顶面起伏变化不大的地层；水下桩基工程；大面积打桩工程。

2）灌注桩的类型、特点及适用条件

① 灌注桩的分类：灌注桩按成孔方式可分为机械成孔灌注桩和人工成孔灌注桩（挖孔桩）。

② 灌注桩的特点：优点：可适用于多种地层；桩长可适应持力层起伏的状况，不需截桩和接桩；仅承受轴向压力时，不用配置钢筋，可节约用钢量；采用大直径机械成孔或人工挖孔灌注桩，单桩承载力较大；一般情况下，比预制桩经济。缺点：桩的质量不易控制和保证，容易在灌注混凝土过程中出现断桩、缩径、露筋和泥夹层的现象；桩孔底沉积物不易清除干净，影响桩的承载力；大直径灌注桩做载荷试验费用较贵。

③ 适用条件

沉管灌注桩适用于：桩径要求较小（600mm 以下），桩长不长（10 多米以内），对环境噪音、震动要求不高，不需穿过坚硬土层（或透镜体），地层中无大块石或漂石、孤石。

钻孔灌注桩适用于：各种桩径、桩长要求，对环境噪音、震动要求高，地层中无大块石或漂石、孤石。

冲击成孔（冲抓）灌注桩：桩径要求较大（600mm 以上），桩长范围要求较大，对环境噪音、震动要求不高，需穿过坚硬土层（或透镜体），地层中有大块石或漂石、孤石。

人工挖孔灌注桩：桩径要求较大（800mm 以上），桩长一般不超过 20m，地下水位及土层透水性不高，对环境噪音、震动要求高，周边环境限制施工机具进出。

3）钢桩的类型、特点及适用条件

严格地说，钢桩应属于打入式预制桩的范畴。

类型：板桩、型钢桩、钢管桩。

特点：承载力高，易打入各种土层，对地层的扰动小，但造价高，抗腐蚀能力弱。

适用条件：对钢材腐蚀性低的土层；钢板桩常用于临时工程或地下工程基坑支护；对承载力要求较高的工程；持力层顶面起伏变化不大的地层；地层中无大块石或漂石、孤石。

（2）复合地基：按照各种复合地基处理方法加固地基的原理进行分类有置换、排水固结、灌入固化物、振密或挤密、加筋、冷热处理、托换、纠倾共八大类。也可分为物理的地基处理方法、化学的地基处理方法和生物的地基处理方法三大类。还可按地基处理部位分为浅层地基处理方法、深层地基处理方法和斜坡面土层处理方法三大类。

1）置换：用物理力学性质较好的岩土材料置换天然地基中的部分或全部软弱土或不良土，形成双层地基或复合地基，以达到地基处理的目的。它主要包括换土垫层法、挤淤置换法、褥垫法、振冲置换法（或称振冲碎石桩法）、强夯置换法、砂石桩（置换）法、石灰桩法和EPS超轻质料填土法等。

2）排水固结：是通过土体在一定荷载作用下固结，土体强度提高，孔隙比减少来达到地基处理的目的。当天然地基土渗透系数较小时，需设置竖向排水通道，以加速土体固结。常用竖向排水通道有普通砂井、袋装砂井和塑料排水带等。按加载形式分类它主要包括加载预压法、超载预压法、真空预压法、真空预压与堆载预压联合作用法，以及降低地下水位法等，电渗法也可属于排水固结。

3）灌入固化物是向土体中灌入或拌入水泥、石灰，或其他化学固化浆材在地基中形成增强体，以达到地基处理的目的。它主要包括深层搅拌法、高压喷射注浆法、渗入性灌浆法、劈裂灌浆法、压密灌浆法和电动化学灌浆法等，夯实水泥土桩法也可以认为是灌入固化物的一种。深层搅拌法又可分为浆液喷射深层搅拌法和粉体喷射深层搅拌法两种，后者又称为粉喷法。

4）振密、挤密：采用振动或挤密的方法使未饱和土密实以达到地基处理的目的。它主要包括表层原位压实法、强夯法、振冲密实法、挤密砂石桩法、爆破挤密法、土桩、灰土桩法、柱锤冲孔成桩法、夯实水泥土桩法以及近年发展的一些孔内夯扩桩法等。

5）加筋：在地基中设置强度高、模量大的筋材以达到地基处理的目的。它主要包括加筋土法、锚固法、树根桩法、低强度混凝土桩复合地基法和钢筋混凝土桩复合地基法等。

6）冷热处理：通过冻结土体或焙烧、加热地基土体改变土体物理力学性质以达到地基处理的目的。它主要包括冻结法和烧结法两种。

7）托换：对原有建筑物地基和基础进行处理、加固或改建。它主要包括基础加宽托换法、墩式托换法、桩式托换法、地基加固法（包括灌浆托换和其他托换）以及综合托换法等。桩式托换包括静压桩法、树根桩法，以及其他桩式托换法。静压桩法又可分锚杆静压桩法和坑式静压桩法等。

8）纠倾：对由沉降不均匀造成倾斜的建筑物进行矫正的手段。主要包括加载迫降法、掏土迫降法、黄土浸水迫降法、顶升纠倾法、综合纠倾法等。

9）地基处理需用的材料与机械：常用地基处理方法需用主要材料和机械设备见表 2-14。

常用地基处理方法需用主要材料和机械设备一览表 表 2-14

地基处理方法	主要材料	主要机械设备
换填法	砂、砾石、石渣、粉煤灰、矿渣等	人工挖土或机械挖土、垫层材料运输、压实或夯实机械
重锤夯实法		夯锤、起重设备
振冲置换法	碎石，砾石	振冲器、起重机或施工专用平台和水泵
强夯置换法	碎石，矿渣等	夯锤、起重设备、脱钩装置及运输装卸机械
砂石桩（置换）法	砂或碎石、砾石	打桩机
石灰桩法	生石灰	打桩机或洛阳铲成孔
堆载预压法	堆载用料：可用土石方或其他材料；垫层材料：渗透系数＞$1/10^3$cm/s，含泥量＜3%，级配较好的中粗砂；竖向排水通道用：砂井法需用同垫层材料要求相同的砂，袋装砂井法还需聚丙烯机织土工织物，塑料排水带法需塑料排水带。	堆载用料的运输、装卸机械，也可用人工运输；静压沉管机械，锤击沉管机械，动力螺旋钻机；袋装砂井专用打设机，塑料排水带插板机
超载预压法	堆载用料：可用土石方或其他材料；垫层材料：渗透系数＞$1/10^3$cm/s，含泥量＜3%，级配较好的中粗砂；竖向排水通道用：砂井法需用同垫层材料要求相同的砂，袋装砂井法还需聚丙烯机织土工织物，塑料排水带法需塑料排水带。	堆载用料的运输、装卸机械，也可用人工运输；静压沉管机械，锤击沉管机械，动力螺旋钻机；袋装砂井专用打设机，塑料排水带插板机
真空预压法	垫层材料和竖向排水通道材料同堆载预压法，不透气密封膜材料：聚氯乙烯薄膜或线性聚乙烯薄膜	设置竖向排水通道机械同堆载预压法，另外还需真空泵、滤水管、集水管等
深层搅拌法	水泥	深层搅拌机，按搅拌轴分有单轴和双轴两种，按喷射形式可分为浆液喷射和粉体喷射两种。配套设备：浆液喷射主要有灰浆搅拌机，灰浆泵，粉体喷射主要有粉体发送器，空气压缩机以及计量器等
高压喷射注浆法	水泥	钻机、高压泵、泥浆泵、空气压缩机、注浆管、喷嘴、流量计、输浆管、制浆机等
渗入性灌浆法	水泥基材料和化学灌料浆材	中、低压灌浆泵
劈裂灌浆法	水泥基材料	高、中压灌浆泵
挤密灌浆法	水泥基材料	高、中压灌浆泵
电动化学灌浆法	化学灌浆材料	低压灌浆泵和直流电机
强夯法		夯锤、起重设备、脱钩装置
振冲密实法	若加回填料，则需砂或碎石	振冲器、起重机，或施工专用平台，水泵
挤密砂石桩法	砂或碎石、砾石	打桩机
土桩和灰土桩法	土、石灰、粉煤灰	柴油打桩机、履带式起重机和夯实机
加筋法	各种筋材，如土工格栅、土工织物	
锚固法	钢拉杆（粗钢筋、钢丝束、钢绞线）、砂浆	钻机

2.2.27　给排水及消防

1. 水源条件

（1）变电站水源

变电站可供选择的水源有城镇自来水、地下水和地表水（水库及天然河流），站用水源的选择应经技术经济分析比较后确定，有条件时宜优先选用站址附近的自来水或地下水，一般情况下，尽量避免采用地表水，地下变电站水源应取自市政给水官网。供水水源的保证率为 90% 以上，并应取得水资源管理部门同意用水的正式文件。

（2）换流站水源

换流站阀外冷若采用水冷却方式，则对水源的可靠性要求极高，一般宜提供两路可靠的水源，供水保证率均需达到 97% 以上。当仅有一路水源时，需在站内设置容积不小于 3 天用水量的工业水池。

2. 给水系统

（1）补给水系统取水设施

1）自来水水源：若水压满足要求，自来水可自流至站区，否则需设置升压泵站。

2）地下水水源：根据水文地质报告确定取水位置，开采地下水的方法及取水构筑物的类型较多，西南地区变电站常用管井取水方式，地下水水质需进行检测以确定是否设置净水处理装置。

3）地表水水源：地表水取水构筑物位置的选择应满足相关规范要求，为保证取水安全可靠，在江河取水时还需通过水工模型试验来优选取水位置。取水构筑物的型式分为固定式取水构筑物及活动式取水构筑物，由于固定式取水方式土建工程量大、施工难度大、建设工期较长、初期投资高，站用水量较小，故常选用泵船或缆车等活动式取水方式。地表水水源需设置净水处理装置进行净化处理。

（2）补给水管：补给水管管径经计算确定，为保证补给水管道的安全可靠运行，防止水锤危害，在补给水管道沿线的高点处需设排气阀。

（3）站区给水系统：变电站站区一般设有生活、消防两个独立的给水系统，若站内建筑物满足耐火等级不低于二级，火灾危险性为戊类，且体积不大于 3000m³ 时，站区可不设消防给水。换流站的阀外冷却系统若采用水冷却方式，还应设计阀冷却工业给水系统。生活、消防及工业水泵均布置在综合水泵房内，为检修方便，泵房内需安装起重机。

（4）生活给水系统：主要供给站内生活用水及站区绿地浇洒等用水。系统常由生活水箱、生活水泵、消毒设施（若需要）及生活水管网等组成，并配有变频装置，根据生活水用水量的变化，自动控制水泵的变速运行，实现变量恒压供水。

（5）消防给水系统：系统由消防水池、消防水泵、消防稳压装置及消防水管网等组成。消防水泵的流量和水压应能满足全站区各部位最不利点的用水要求。采用水喷雾灭火系统时，换流站宜设置 2 台 50% 的电动消防泵，1 台 100% 的柴油消防水泵作备用泵；变电站宜设置 3 台 50% 的电动消防泵。消防水泵的启动与压力连锁，在正常情况下，消防系统以稳压装置维持消防管网的水压，一旦火灾发生，消防水管网水压下降，消防水泵自动投入运行。消防水泵只能就地手动停泵。消防水泵出水管上应设置泄压装置。

（6）工业给水系统：向换流阀冷却水系统提供补充水，系统由工业水池、工业水泵及工业水管网等组成。工业水泵的启停与阀外冷却系统的喷淋水池的水位连锁或与系统的压力连锁。

（7）给水净化系统：当供水水源为地下水或地表水，水质不满足生活饮用水标准时，应设置净水处理系统。针对不同的水源水质，需选择恰当的净水处理工艺。由于变电站或换流站的运行维护人员少，净水处理工艺要求系统流程简单，自动化程度高。

（8）阀冷却系统：换流阀冷却采用闭式循环冷却水系统，由内冷却和外冷却二套系统组成，外冷却方式可采用水冷却或空气冷却，冷却方式应经技术经济分析比较后确定。对于缺水地区，站址夏季气象条件较好时，可选用空气冷却。

（9）阀内冷却循环水系统：

换流阀内冷却循环水系统主要是为晶闸管换流阀提供冷却水，主要由主循环冷却回路、副循环去离子水处理回路、稳压补水系统等组成。系统设有离子交换器、过滤器、循环水泵、稳压补水装置、阀门、仪表、管道及监测、控制设施等，其主要设备均布置在阀冷却设备间。换流阀冷却系统的冷却能力、冷却水量、进/出水温度和温差、工作压力等参数由换流阀厂商提供，根据上述参数选择主循环水泵及水管管径等。主要设备及控制系统应考虑100%冗余。

（10）阀外冷却系统

1）水冷却方式：水冷却系统常用换热设备主要为密闭式蒸发型冷却塔。系统由密闭式蒸发型冷却塔、喷淋循环水泵、缓冲水池、喷淋水水处理装置、管道、阀门及控制设施等组成。由于喷淋水的蒸发将造成喷淋水的含盐量逐渐增加，为了控制盐类浓度，防止喷淋水在冷却塔换热盘管外壁结垢，喷淋水系统须连续排污，且同时需连续补水，补充水量为冷却塔的蒸发损失、飘逸损失及排污损失之和。系统的补水应结合水质情况选择合适的水软化处理措施。密闭式蒸发型冷却塔的冗余度不应小于50%，系统的设计应满足极端湿球温度条件下换流阀的满负荷出力。

2）空气冷却方式：空气冷却系统常用换热设备主要为空气冷却器。主要设备包括空气冷却器（带可调速低噪声轴流式风机和百叶窗）、支架、管道、阀门及控制设施等。空气冷却器的冗余度不应小于30%，系统的设计应满足极端干球温度条件下换流阀的满负荷出力。

3.排水系统

（1）雨水排水系统：站区雨水及经过处理达标后的其他排水由雨水下水道汇集后排至站外天然冲沟、溶洞或河流中。雨水排水量及排水管径需经计算确定，变电站的设计重现期一般为1~3年，暴雨强度公式由水文专业提供。

（2）生活污水排水系统：站内设地埋式污水处理装置，建筑物内生活污水由室内排水系统收集后，经站区生活污水下水道自流至生活污水处理站内的调节池，由污水泵提升后进入污水处理装置进行处理，达到排放标准后，视环保要求或回用于站区绿化，或排入雨水排水管道。地下变地下层的集水通过污水泵提升后排至市政污水管网，地下卫生间的污水也可经自循环生物处理装置处理后回用冲洗。

（3）事故排油系统：站内设事故排油系统，变压器事故时，其绝缘油可经事故排油管排入事故油池中，油池具有油水分离功能。事故油池的容积按站内最大一台变压器或换流变油量的60%设计，地下变事故油池的容积宜按最大一台变压器油量的100%设计。

4.站外排洪：根据水文及总图规划布置资料，分析站址是否受山洪影响，受山洪影响时，应设置防排洪措施，排洪路径由总图专业规划，供水专业根据水文专业提供的1％、2％山洪流量，确定排洪沟的尺寸及坡度。

5. 消防系统：当单台主变容量为 125MV·A 及以上时，需设置固定消防灭火设施；地下油浸变压器室也需设置固定消防灭火设施。常规变电站一般可选用水喷雾灭火系统、泡沫喷雾灭火系统、排油注氮灭火装置等方式。地下变固定灭火系统可选用水喷雾灭火系统、气体灭火系统、细水雾灭火系统等方式。固定消防灭火方式可根据站址的水源条件经技术经济分析比较后确定。

站内各建筑物内应配置移动式灭火器。

主变、高抗、换流变及平抗附近应设置消防小间，放置移动式灭火器、消防铲、消防斧、消防铅桶等公用消防设施，并设置砂池。

2.2.28　暖通

1. 变电站（换流站）暖通设计总体要求

变电站（换流站）的暖通功能应满足运行工艺设备对室内环境的温湿度、室内气压、有害气体浓度要求及工作人员对室内温湿度要求和卫生要求。

暖通设计在遵守国家标准、行业规定外，还应采用节能环保的设备和材料；努力保证与建筑外观、周边环境和建筑内装修相协调；对废水废气合理排放，避免造成二次污染；设备合理布置选型，减少震动和噪声；方便运行人员的维护检修。

2. 变电站暖通设计概述

变电站的空调设计包括主控通信楼、继电器小室和警卫室等建筑的分体空调设计（两型一化要求），当通信电源室和蓄电池室等房间要求设置空调时，考虑设置防爆型空调。

变电站的通风设计包括主控通信楼、继电器小室、站用电室、GIS 室和警卫室等建筑的通风设计。GIS 室的通风需要考虑设置上、下部通风；通信电源室和蓄电池室考虑设置防爆型通风设备。

变电站的采暖设计包括主控通信楼、继电器小室、泵房和警卫室等建筑的采暖设计，采暖采用电热采暖方案。

3. 换流站暖通设计概述

（1）阀厅通风空调系统

每个阀厅单独设置 1 套风冷冷水机组＋空气处理机组＋送回风道组成的全空气集中空调系统。阀厅将设置空调系统使阀厅全年维持如下标准：温度：10～50℃，相对湿度：25％～60％，室内微正压值：5～30Pa。冷水机组和空气处理机组均考虑备用。

夏季由冷水机组送来的冷水通过组合式空气处理机的表冷器对空气进行降温和除湿处理；冬季则用冷水机组送来的热水通过组合式空气处理机的加热器对空气进行加热；组合式空气处理机组设置电加热段作为冷水机组热泵的补充。各阀厅空调系统的冷（热）水系统均采用定压装置定压。

（2）控制楼空调系统

1）集中空调系统

主控楼空调系统采用 1 套由风冷冷（热）水机组＋空气处理机组＋风机盘管＋送回风道组成的空调系统，系统设置两台风冷冷（热）水机组（1 用 1 备）、两台组合式空气处理机组（1 用 1 备）、两台冷冻水泵（1 用 1 备）和若干个风机盘管。该空调系统可分为风冷冷（热）水机组＋空气处理机组构成的全空气空调系统和风冷冷（热）水机盘管构成的气—水空调系统两个空调子系统，两个子系统合用冷水机组。

该系统除冬、夏季新风量按总送风量的10％取值外，还具有变化新回风比的功能，可在春秋过渡季节大量使用室外的新鲜空气以节约能源和降低运行费用。

主控楼采用集中空调系统时，排烟可利用空调系统的全新风模式完成，不用单独设置排烟系统。

2）多联机空调系统

主控楼内设置多联机空调系统，其中辅助用房和工艺房间的空调系统分开设置。工艺房间中所有控制类房间的多联机空调系统考虑1用1备，两套多联机空调系统互为备用，交替运行；辅助用房的空调系统不考虑设置备用。为满足工作人员的新风卫生需要和工艺房间的检修换气要求，主控楼应设置新风系统，新风系统可采用新风处理机或全热交换器。

主控楼采用多联机空调系统时，排烟需要单独设置排烟系统。

3）控制楼通风系统：低压配电室采用机械进风、机械排风的正压通风方式。

阀冷设备间由于管道发热量大，通常要求设置空调系统，该室通常还设置通风系统满足气温合适情况下的通风。

各蓄电池室和通信电源室设置机械排风的通风方式，通风设备采用防爆设备。根据室外气象条件考虑是否设置防爆空调设备。

（3）户内直流场通风空调系统：户内直流场室内温度需控制在10～40℃，相对湿度不高于60％，室内微正压值：5～30Pa。每极户内直流场分别设置一套空调系统，空调设备的容量按2×100％设计。户内直流场空调系统从系统型式及工作原理到空调设备的结构均与阀厅空调系统相似，包括自动控制及防火排烟系统。

（4）阀厅和控制楼通风空调自控系统：阀厅空调系统和主控楼空调（集中空调和多联机空调均可）的自动控制系统考虑设置一个集中管理站，集中管理站布置在主控楼内的主控室。阀厅和主控楼空调设备能在集中管理站的计算机和就地控制盘上进行控制和调节，对设备故障报警，显示运行模式。该控制系统具有集中操作、管理和分散控制功能，控制系统通过通信接口上传数据至全站的SCADA系统。

主控楼的通风系统可根据业主要求纳入自动控制系统。

（5）换流变现场安装房通风空调系统：换流变现场安装房空调系统采用直接蒸发联合除湿组合空气处理机＋风管送回风的系统形式。空气处理机组不设备用。空气处理机组利用转轮除湿器对空气进行除湿处理；利用制冷剂在表冷器内的蒸发或冷凝对空气进行冷却或加热处理，使送风能满足室内环境需要。

换流变现场安装房通常设置排烟风机排烟。换流变现场安装房空调系统设有分布智能控制系统。

（6）换流站采暖系统

1）集中采暖系统：换流站内设置电锅炉为全站所有建筑物提供集中采暖的热水。锅炉按2×75％容量选择，热水供、回水温度为95～70℃。阀厅、主控楼和户内直流场可利用来自电锅炉的热水将接入空调机组内的热水加热盘管，通过空调系统向室内送热风的以维持所需的温湿度。其他建筑在冬季则利用来自电锅炉的热水设置铝合金暖气片采暖。

2）电热分散采暖系统：各建筑利用铝合金电暖器进行分散采暖。铝合金电暖器采用整体铝翅片发热体，坚固静音；具有温度过热保护。每个房间设置1个温控器，各房间内的电暖器统一根据温控器设定温度自动调节电暖器的出力。

4. 地下变电站暖通设计概述

地下变电站的空调设计包括地下配电装置楼内主控室、继电器室、办公室、值班休息室的空调设计，当通信电源室和蓄电池室等房间要求设置空调时，考虑设置防爆型空调。配电室可根据当地的气象条件配置空调设备。地下变电站的空调原则上考虑采用分体空调设备（两型一化要求），当地下变电站空调房间离地面距离较大时，可考虑采用多联机空调设备。

地下变电站的通风设计包括主变、电抗器室、电容器室、配电室、电缆夹层、消防钢瓶间和水泵房等房间的通风。GIS室的通风需要考虑设置上、下部通风；通信电源室和蓄电池室考虑设置防爆型通风设备。地下变电站的通风采用自然进风、机械排风，通风设置进风竖井和排风竖井。通风系统需设置隔声降噪措施。

变电站的采暖设计包括主控室、继电器室、水泵房和、办公室、值班休息室等建筑的采暖设计，采暖采用电热采暖方案。通信电源室和蓄电池室等房间设置防爆型电暖器。

地下变排烟在走道上设置排烟措施以保证人员疏散，火灾过程中不对各电气房间排烟。当电气房间内的设备着火后，应关闭电气房间的所有进风口和排风口和不排烟区域的排风机；当消防人员确认火灾扑灭后，再人工开启防火卷帘、防火阀和排风机排除电气设备房间的烟气。

地下变电站防烟楼梯间是火灾时工作人员的主要疏散通道，该通道设置机械加压送风系统以确保人员安全疏散。

Ⅳ　直流接地极设计

2.2.29　直流接地极

1. 接地极的作用及组成

（1）接地极的作用

目前，世界上已投入运行的高压直流输电系统，几乎都是两端直流输电系统，一端为整流站，另一端为逆变站。其主要接线方式有：①单极大地回线方式，②单极金属回线方式，③双极两端不接地方式，④双极两端接地方式，⑤双极一端接地方式。

其中接线方式②、③、⑤，由于只是单点接地或不接地，因而地中无电流，接地极只是起钳制中性点电位的作用；接线方式①、④中的接地极，不但起着钳制中性点电位的作用，而且还为直流电流提供通路。因此，接线方式①、④对接地极设计有着特殊要求，以下对这两种接线予以特别说明。

1）单极大地回线方式

单极大地回线方式大多用于直流海底电缆输电系统，它用一个直流高压极线与大地构成回路，只能以大地返回方式运行。在这种接线方式下，流过接地极的电流等于线路上的运行电流。

2）双极两端接地方式

双极两端接地方式可选择的运行方式较多，如单极大地回线运行方式、双极对称与不对称运行方式、同极并联大地回线运行方式等。对接地极设计有特殊要求的有如下几种运行方式。

① 单极大地回线运行方式

双极两端接地系统在建设初期，为了尽快地发挥经济效益，有时要将先建起来的一极投入运行；在双极运行后，当一极故障退出运行，为了稳定系统，提高系统供电可靠性和可用率，健全极将继续运行。此时，直流系统可处于单极大地回线方式运行，流过接地极的电流等于线路上的运行电流。

② 双极对称运行方式

对于双极两端中性点接地系统，当双极对称运行时，在理想的情况下。正负两极的电流大小相等、方向相反，无电流流过接地极。然而在实际运行中，由于换流变压器阻抗和触发角等偏差，两极的电流不是绝对相等的，有不平衡电流流过接地极。这种不平衡电流通常可由控制系统来自动调节，并使其小于额定直流电流的1%。

当任意一极输电线路或换流阀发生故障时，大地回路中的故障电流与故障极上的电流相同。

③ 双极不对称运行方式

双极电流不对称运行方式，正负两极中的电流不相等，流经接地极中的电流为两极电流之差值，并且当两极中的电流大小关系发生变化时，接地极中电流的方向则随之而变。

双极电压不对称方式，如果保持两极电流相等（此时两极输送功率不等），则仍可保持接地极中的电流小于直流额定电流的1%。

④ 同极并联大地回线运行方式

同极并联运行是将两个或更多的同极性电极并联，以大地为回线运行方式。显然该系统流过接地极的电流等于流过线路上电流的总和。同极并联运行的优点是节省电能，减少线路损耗。但流过接地极的电流大，对接地极的要求相应变高。

（2）接地极的组成

接地极主要包括馈电元件、导流系统、辅助设施等部分。其中，馈电元件一般包括馈电棒、填充物，导流系统有架空线和埋地电缆两种方式之分；辅助设施一般有引流井、检测井、渗水井等。

另外，有的接地极还设置有"故障定位装置"，故障定位装置通常包括电抗器、电容器、汇流母线、隔离开关等。

2. 接地极型式及布置

目前世界上已投入运行的直流接地极可分为两类：一类是陆地电极，另一类是海洋电极。陆地电极和海洋电极由于它们所处的极址条件不同，其电极布置方式也是不同。

（1）陆地电极

陆地接地极主要是以土壤中电解液作为导电媒质，其敷设方式分为两种型式：一种是浅埋沟型，一般为水平埋设；另一种是垂直型，又称井型电极，它是由若干根垂直于地面布置的子电极组成。陆地电极馈电棒一般采用导电性能良好、耐腐蚀、连接容易、无污染的金属或石墨材料，并且周围填充石油焦炭。

浅埋沟型接地极电极埋设深度一般为数米，充分利用表层土壤电阻率较低的有利条件。浅埋沟型接地极的极环形式主要有环形（包括单环或双环、甚至三环圆形、椭圆形、异形等）、线型、星型、树枝型等。浅埋沟型接地极具有施工运行方便、造价低等优点，适用于极址表层土壤电阻率低，场地宽阔且地形较平坦的地区。

垂直型接地极底端埋深一般为数十米，少数达数百米。垂直型电极最大的优点是占地面积较小，且由于这种电极可直接将电流导入地层深处，因而对环境的影响较小。垂直型接地极一般适用于表层土壤电阻率高而深层较低的极址或极址场地受到限制的地方。这种形式的接地极存在施工难度大，运行时端部溢流密度高和产生的气体不易排出等问题。此外，由于子电极之间是相对独立的，若将这些子电极连接起来，则会增加导流系统接线的难度。

（2）海洋电极

海洋电极主要是以海水作为导电媒质。海水是一种导电性能比陆地更好的回流电路，海水电阻率约为 $0.2\Omega \cdot m$，而陆地则为 $10\sim1000\Omega \cdot m$，甚至更高。海洋电极在布置方式上又分为海岸电极和海水电极两种。

海岸电极的导电元件必须有支持物，并设有牢固的围栏式保护设施，以防止受波浪、冰块的冲击而损害。在这些保护设施上设有很多孔洞，保证电极周围的海水能够不断循环地流散，以便电极散热和排放阳极周围所产生的氯气与氧气。海岸电极多数采用沿海岸直线形布置，以获得最小的接地电阻值。

海水电极的导电元件放置在海水中，并采用专门支撑设施和保护设施，使导电元件保持相对固定和免受海浪或冰块的冲击。如果仅作为阴极运行，采用海水电极是比较经济的。如果运行中因潮流反转需要变更极性，则每个接地极均应按阳极要求设计，并应考虑因鱼类有向阳极聚集的习性而受到伤害的预防措施。

由于海洋电极比陆地电极有较小的接地电阻和电场强度，因而在有条件的地方，海洋电极得到了广泛的采用。在设计时，应考虑阳极附近生成氯气对电极的腐蚀作用，应选择耐氯气腐蚀的材料作为电极材料。

3. 接地极运行特性

我国建设的高压（特高压）直流输电工程均为双极两端接地系统，在单极大地回路运行方式情况下，流过接地极的电流为工作电流，该运行方式下流过接地极的电流大，但时间较短；在双极运行方式情况下，流过接地极的电流为不平衡电流，该运行方式下流过接地极的电流小。可见，直流接地极具有短时工作电流大而绝大部分时间工作电流小的特点。另外，由于流过接地极的电流为直流，因此，直流接地极不是处于阴极状态，就是处于阳极状态。

直流接地极的运行特性确定了它所表现出的效应可分为电磁效应、热力效应和电化效应三类。

（1）电磁效应

当极大的直流电流经接地极注入大地时，在极址土壤中形成一个恒定的直流电流场，并伴随着出现大地电位升高、地面跨步电压和接触电势等。因此，这种电磁效应可能会带来以下影响。

1）直流电流场会改变接地极附近大地磁场，可能使得依靠大地磁场工作的设施（如指南针、地磁台等）在极址附近受到影响。

2）大地电位升高，可能会对极址附近地下金属管道、铠装电缆、具有接地系统的电气设施（尤其是电力系统）等产生负面影响。因为这些设施往往能给接地极入地电流提供比土壤更好的泄流通道。

3）极址附近地面出现跨步电压和接触电势，可能会影响到人畜安全。因此，为了确保人畜的安全，必须将跨步电压和接触电势控制在安全范围之内。

（2）热力效应

由于不同土壤电阻率的接地极呈现出不同的电阻率值，在直流电流的作用下，电极温度将升高。当温度升高到一定程度时，土壤中的部分水分将被蒸发，土壤的导电性能将会变差，电极将出现热不稳定，严重时将可使土壤烧结成几乎不导电的玻璃状体，电极将丧失运行功能。影响电极温升的主要土壤参数有土壤电阻率、热导率、热容率和湿度等。

因此，对于陆地（含海岸）电极，希望极址土壤有良好的导电和导热性能，有较大的热容系数和足够的湿度，这样才能保证接地极在运行中有良好的热稳定性能。

（3）电化效应

众所周知，当直流电流通过电解液时，在电极上便产生氧化还原反应；电解液中的正离子移向阴极，在阴极和电子结合而进行还原反应；负离子移向阳极，在阳极给出电子而进行氧化反应。大地中的水和盐类物质相当于电解液，当直流电流通过大地返回时，在阳极上产生氧化反应，使电极发生电腐蚀。电腐蚀不仅仅发生在电极上，也同样发生在埋在极址附近的地下金属设施的一端和电力系统接地网上。

此外，在电场的作用下，靠近电极附近土壤中的盐类物质可能被电解，形成自由离子。如在沿海地区，土壤中含有丰富的钠盐（11TaCl），可电解成钠离子和氯离子。这些自由离子在一定的程度上将影响到电极的运行性能。

4．对接地极的技术要求

（1）一般要求

根据接地极运行时所表现的特性，并考虑到接地极运行特性和地中电流分布情况，极址一般应具备以下条件。

1）距离换流站要有一定距离，但不宜过远，通常在 10～50km 之间。如果距离过近，则换流站接地网易拾起较多的地电流，影响电网设备的安全运行和腐蚀接地网；如果距离过远，则会增大线路投资和造成换流站中性点电位过高。

2）有宽阔而又导电性能良好（土壤电阻率低）的大地散流区，特别是在极址附近范围内，土壤电阻率宜在 $100\Omega \cdot m$ 以下。这对于降低接地极造价，减少地面跨步电压和保证接地极安全稳定运行起着极其重要的作用。

3）土壤应有足够的水分，即使在大电流长时间运行的情况下，土壤也应保持潮湿。表层（靠近电极）的土壤应有较好的热特性（热导率和热容率高）。接地极尺寸大小往往受到发热控制，因此土壤具有好的热特性，对于减少接地电极的尺寸是很有意义的。

4）附近无复杂和重要的地下金属设施，与具有接地系统的交流变电站、电力线路、地下金属管道、油库、气田、气井、铠装埋地光（电）缆、铁路及其他大型地下设施等保持足够距离。以免造成地下金属设施被腐蚀或增加防腐蚀措施的难度，避免或减小对接地电气设备系统带来的不良影响。

5）接地极埋设处的地面应尽量平坦、稳定，不被洪水冲刷，这不但能给施工和运行带来方便，而且对接地极运行性能也带来好处。

6）接地极线路尽量短并走线方便，造价低廉。

（2）系统条件的要求

直流接地极必须满足持续额定电流、短时最大过负荷电流、最大短时电流（暂态电流）、长期不平衡电流等各种系统条件的要求，确保在整个使用寿命期内能安全、可靠运行。

1）直流系统接线方式和运行方式

在直流系统单极大地回路方式运行时，接地极的极性一般是一极为正（阳）极，另一极为负（阴）极。对于单极直流输电工程，这种极性往往是固定不变的。对于双极直流输电工程，一般由于允许一极先建成投运，极性也是固定的；待双极建成投产后，极性通常不固定，极性随系统运行需要而变化，它取决于地中电流方向，即两极电流之差的方向。对于双极直流输电工程在单极大地回路方式运行时，其接地极的极性取决于运行极的极性：在正极运行时，送端换流站接地极为负（阴）极，受端换流站接地极为正（阳）极；在负极运行时情况正好相反。

2）工作时间

接地极工作时间包括以下四种工况：

① 运行寿命。接地极运行寿命可以根据条件分为可更换和不更换（一次性）两种型式，大多数工程按不更换设计安装，其运行寿命与直流系统相同。

② 正常额定电流持续运行时间。对于单极大地回路直流工程，其时间与直流系统运行时间相同；对于双极直流工程，一般系指建设初期单极大地回路运行的时间，有时还需要考虑双极不平衡运行方式的时间。

③ 最大过负荷电流持续运行时间。一般为几小时。

最大短时电流持续时间。一般为 3～10s。

3）入地电流

直流系统入地电流一般分为额定电流、最大过负荷电流、最大短时电流和不平衡电流。

① 额定电流。额定电流系指直流系统以大地回线方式运行时，流过接地极的最大正常工作电流。

② 最大过负荷电流。最大过负荷电流系指直流输电系统在最高环境温度时，能在一定时间内可输送的最大负荷电流。最大过负荷电流一般为额定电流的 1.1 倍。

③ 最大短时电流。最大短时电流系指当直流系统发生故障时，流过接地极的暂态过电流。最大短时过电流一般为额定电流的 1.2～15 倍，持续时间为数秒。在设计接地极时，该电流主要是用于控制计算地面最大跨步电压。

④ 不平衡电流。不平衡电流系指两极电流之差。对于双极对称运行方式，在理想情况下，没有电流流过接地极。但实际上，由于触发角和设备参数的差异，也有不平衡电流流过，其值大小可由控制系统自动控制在额定电流的 1% 之内。当双极电流不对称运行时，流过接地极的电流为两极运行电流之差。

（3）使用寿命的要求

直流接地极必须满足其使用寿命的要求。影响接地极使用寿命的主要因素是馈电材料溶解（即电腐蚀）。当直流电流通过电解液时，在电极上将产生氧化还原反应，电解液中的正离子移向阴极，在阴极和电子结合而进行还原反应；负离子移向阳极，在阳极给出电子而进行氧化反应。大地（如土壤、水等）相当于电解液，因此当直流电流通过大地返回时，在阳极产生氧化反应，即产生电腐蚀。根据法拉第（Faraday）电解作用定律，阳极电腐蚀量不但与材料有关，而且与电流和作用时间之乘积成正比。因此，电极设计寿命采用以阳极运行的电流与时间之乘积（安培·小时或安培·年）来表示。计算电极设计寿命一般应考虑单极运行、一极强迫停运、一极计划停运和不平衡电流等运行方式下的电流和时间。

（4）跨步电压和温升等要求

1）跨步电压的要求

由于大地（土壤）并非是良导体，因此在电流自接地极经周围土壤流散时，极址电位将会上升，土壤中有压降。当人在接地极附近行走或作业时，人的两脚将处于大地表面的不同电位点上，其电位差通称为跨步电压，它表示人两只脚接触该地面上水平距离为 1m 的任意两点间的电压。最大跨步电压是指当接地极流过最大电流时，人两脚水平距离为 1m 所能接触到的最大电压。显然，当最大跨步电压超过某一安全数值时，可能会对人和动物的安全产生影响，为此必须对接地极最大跨步电压加以限制，或采用相应的安全措施来保证人身和动物的安全。

最大允许跨步电压是设计接地极中重要的控制条件，对造价的影响非常敏感，特别是对于那些表层土壤电阻率较高的极址，往往起着控制作用。因此，合理地确定最大允许跨步电压，对于保证人畜安全和降低工程造价有着重要的意义。

2）最高允许温度

当电流持续地通过接地极注入大地时，极址土壤的温度将缓慢上升，紧靠接地极表面的土壤温度将上升最快。

根据《高压直流输电大地返回运行系统设计技术规定》DL/T 5224—2005 规定，在任何情况下，接地极任意点的最高温度必须低于水的沸点。为安全起见，通常最高允许温度取 90℃，并应根据海拔高度进行修正。

5. 主要材料

接地极材料主要指接地极散流（馈电）材料和活性填充材料，前者的作用就是将电流导入大地；后者的主要作用是保护馈电材料，提高接地极使用寿命，改善接地极发热特性。活性填充材料一般仅用于陆地接地极和海岸接地极。

（1）馈电材料

1）对馈电材料的一般要求

直流输电系统利用大地作为电流通道时，电流在土壤或海水中的流动主要是靠土壤或海水中电解质来完成的，由于这一方式如同正负电极置于电解槽中，因此对接地极材料的耐电腐蚀性能有特殊要求。当金属在电解质中时，阳极金属材料将失去电子，被电解成离子状态从阳极进入介质，使阳极金属逐渐消耗；在阴极发生还原反应，使电极表面包上一层氢气，对阴极金属不会有腐蚀作用。

为确保接地极安全、正常运行并施工方便，要求馈电材料具有很强的耐电腐蚀性能和良好的导电性能，加工（焊接）方便，来源广泛，综合经济性能好，运行时无毒、污染小。

2）常用馈电材料的腐蚀特性

迄今为止，成功地用于直流输电接地极中的馈电材料有铁（钢）、石墨、高硅铸铁、高硅铬铁、铁氧体和铜等。

① 铁（钢）材料的导电性能较好，虽然电腐蚀量较大，但结构简单，加工（焊接）方便，来源广泛，综合经济性能好。在一般陆地接地极中应用较广。

② 石墨是惰性材料，其导电和导热性能更接近金属，电解速率很小，适合作直流阳极。在早期直流输电工程的海岸和海水接地极中广泛应用。但由于石墨具有非常松散的层状结构，有明显的多孔性，气体容易渗入石墨的层状结构内，破坏层间较弱的结合使石墨变成疏松的粉状物质而溶解，从而影响其使用寿命。

③ 高硅铸铁和高硅铬铁

高硅铸铁是一种含硅量很高的铁硅合金，作为一种抗腐蚀材料在阴极保护业中作辅助阳极材料而广泛地加以应用。由于高硅铸铁具有较强的抗腐蚀性，自 1980 年以来，高硅铸铁在直流接地极工程中获得了越来越多的应用。但在有氯气的环境中应用时，由于氯气的腐蚀性很强，会加速高硅铸铁电极的腐蚀且不均匀，这阻碍了它在海水中或其他一些场合的应用。

为了改善高硅铸铁在海水中的耐腐蚀性能，可在原高硅铸铁成分的基础上，添加了 4.5% 左右的铬。铬与硅能形成一个更加钝化和稳定的金属氧化物薄膜，该薄膜不仅能阻止进一步电解腐蚀，也能抵抗氧气的侵蚀。其电解速率在淡水中与高硅铸铁的相似，在海水中高硅铸铁略低。

高硅铸铁和高硅铬铁电极虽然价格较高、导流系统较复杂，但由于其耐腐蚀性能较好，目前在国内直流输电工程中已逐渐得到了应用。

④ 铁氧体电极

国外近几年研制了新一代电极材料—铁氧体电极，并在阴极保护业中得到了推广应用。铁氧体电极基本属于不溶性材料，由于电解损耗小，所以电极产品尺寸相对较小，但其体积电阻率比高硅铸铁大，所以陆地电极回填料仍按原尺寸，在海水中则不受限制。

铁氧体电极的腐蚀特性要优于高硅类电极，是电极材料新一代抗腐蚀材料，并在国外的一些阴极保护工业中得到了应用。国内也有很多研究机构在研制铁氧体电极，并已成功地研制出适合作为电极的铁氧体材料，但由于工艺的限制，至今国内还没有应用成品。

⑤ 铜

铜虽然在自然腐蚀协况下比钢铁的抗腐蚀特性优越，但其电解速率比铁大，铜进入土壤后会污染地下水，且铜的价格高，所以，铜不宜作接地极阳极使用。但是，铜对海水的电化学腐蚀有很好的钝化作用，裸铜作接地阴极是可以的。

⑥ 活性填充材料

理论和实践证明，地电流从接地极馈电元件至回填料的外表导电主要是电子导电，所以在使用了活性填充材料后，对馈电元件的电腐蚀作用会大大降低。另外，由于活性填充材料提供的附加体积，降低了接地极和土壤交界面处的电流密度，从而起到了限制土壤电渗透和降低发热等作用。因而迄今为止，除了海水电极以外所有陆地和海岸的接地极都使用了导电的活性填充材料。

目前，石油焦炭碎屑是成功地用于接地极的填充材料，它是在精炼石油的裂化过程中留下来的固体残留物，并须经过煅烧。

（2）活性填充材料

理论和实践证明，地电流从接地极馈电元件至回填料的外表导电主要是电子导电，所以在使用了活性填充材料后，对馈电元件的电腐蚀作用会大大降低。另外，由于活性填充材料提供的附加体积，降低了接地极和土壤交界面处的电流密度，从而起到了限制土壤电渗透和降低发热等作用。因而迄今为止，除了海水电极以外所有陆地和海岸的接地极都使用了导电的活性填充材料。

目前，石油焦炭碎屑是成功地用于接地极的填充材料，它是在精炼石油的裂化过程中留下来的固体残留物，并须经过煅烧。

6. 接地极对邻近设施的影响

当直流电流经接地极注入大地时，在极址土壤中形成一个恒定的直流电流场。如果极址附近有变压器中性点接地的变电站、地下金属管道或铠装电缆等金属设施，由于这些设施可能给地电流提供了比大地土壤更为良好的导电通道，因此一部分电流将沿着并通过这些设施流向远方，从而可能给这些设施带来不良影响。

（1）对电力系统的影响及防护

在我国，110kV 及以上电压等级的变压器中性点几乎都采用直接接地的。假如变电站位于接地极电流场范围内，那么在场内变电站间会产生电位差，直流电流将会通过大地、交流输电线路，由一个变电站（变压器中性点）流入，在另一个变电站（变压器中性点）流出。如果流过变压器绕组的直流电流较大，则可能给电力系统带来以下不良影响。

1）引起变压器铁芯磁饱和。变压器铁芯磁饱和可导致变压器噪音增加、损耗增大和温升增高。

2）对电磁感应式电压互感器的影响。这种互感器可能通过直流电流，从而可能导致与其有关的继电保护装置的误动作，但在一般情况下，此问题不突出。

3）电腐蚀。从理论上讲，当直流地电流流过电力系统接地网时，可能会对接地网材料产生电腐蚀，但由于窜入接地网的直流电流通常相对较小，因此直流电流产生的腐蚀也是很小的，可以忽略。

4）当接地极入地电流对电力变压器存在影响时，最好的办法是尽可能地使接地极远离变电站。但如果受到客观条件的限制，则可以根据情况选择采取以下缓解措施。

① 对 110kV 变压器并且不是每个变电站都需要接地的系统，可以调整变电站接地位置（让受影响变电站不接地）。

② 对新制造的电力变压器，要求制造厂家满足直流偏磁方面的技术要求。

③ 对已投运的变压器，当计算得到的流过变压器绕组的直流电流值大于允许值时，可以在受影响变压器的中性点加装电阻或电容器隔直装置，减少或隔断直流电流。

④ 尽可能减少甚至取消直流系统的单极大地回路运行方式。

（2）对地下金属构件的影响及防护

1）电腐蚀特性

接地极地电流可能使埋在极址附近的金属构件产生电腐蚀，这是由于这些金属设施为地电流传导提供了比周围土壤导电能力更强的导电特性，致使在构件的一部分（段）汇集地中电流，又在构件的另一部分（段）将电流释放到土壤中去的结果。

直流地电流对金属构件的电腐蚀程度除了和接地极与地下金属构件的距离、走向等因素有关外，还与地下金属构件几何长度、土壤电阻率等因素密切相关。接地极地电流主要对地下金属管道、恺装电缆、电力线路杆塔基础等大跨度的埋地设施的金属构件产生电腐蚀。

2）处理措施

当接地极对地下金属构件存在较大电腐蚀影响时，对金属管道、铠装电缆等设施，可采取分段绝缘、对地绝缘、加装阴极保护、改进接地装置、更换材质、改变路径等措施进行处理。对铁塔基础，对地线与杆塔不绝缘的线路，可将地线与杆塔绝缘起来；对紧靠极址的杆塔，可采用沥青或其他绝缘材料将基础与地绝缘，并用玻璃钢板垫在塔脚处，使塔与基础绝缘；如果使用拉线塔，可在拉线中串入一片绝缘子；对基础加装阴极保护等。对铁塔接地装置，可采取增大接地装置末端钢筋断面、加装阴极保护、敷设石油焦炭等措施。

V　影响造价的主要因素

2.2.30　环境条件

环境条件是电气设计的主要依据之一，影响设备选型、接线及布置等，从而影响造价。电气设计中影响造价的主要环境条件包括：海拔高度、地震烈度、污秽情况、环境温度、湿度、风速、日照或紫外线强度、覆冰以及允许的占地面积、出线条件、水源条件、电源条件、周边对变电站的环境影响（如噪音、民族风俗）要求等。

如：对重要负荷宜选择可靠性高的接线方式，对高地震烈度地区宜选择重心低的设备，对污秽严重、极端温度或紫外线强度大地区宜选择户内布置，对湿热地区应选择湿热型设备，对场地狭窄地区宜采用紧凑型设备，对水源缺乏地区宜选用空气冷却设备。

2.2.31　设备选型和配电装置型式

设备选型和配电装置型式，是影响造价最直接的因素。设备型式和配电装置型式投资与设备参数要求、制造技术、批量化使用程度、环境要求等有关，随着条件变化，各种设备和配电装置型式投资比例也会发生变化。一般情况，紧凑型设备投资大于敞开式设备，集成化程度越高，投资也越高。以220kV和500kV AIS、HGIS、GIS设备为例说明其投资差别（见表2-15）。

开关设备和成套电器投资比较　　　　　　　　　　　　表2-15

比较项目	AIS	HGIS	GIS
设备投资(500kV,一台半CB接线,串)	瓷柱CB:1000万元左右 罐式CB:1500万元左右	2000万元左右	2500万元左右
设备投资(220kV,双母线接线,间隔)	瓷柱CB:110万元左右 罐式CB:150万元左右	130万元左右	200万元左右

注：表中"CB"为断路器简称。

VI　新技术和新材料

2.2.32　柔性交流输电和串补技术简介

1. 柔性交流输电系统概述

（1）现代电力系统的主要特点

经过100多年的发展，现代电力系统具有如下特点：

1）多种一次能源发电。

2）机组容量增大。

3）高电压、远距离和大规模互联电网输电。

4）更重视电能质量。

5）自动化水平大大提高。

6）电力工业引入市场化机制。

7）电力工业面对新的外部环境制约，如受环境的制约。

8）大停电事故将带来灾难性后果。

现代电网通过互联，提高了供电可靠性，为能源的远距离传输奠定了基础，可实现大范围的能源资源优化配置和规模经济效益等。为了保护环境，提高经济性，有效利用电力传输设备，需尽量提高电网的传输容量。限制电网传输容量的主要因素包括热稳定极限、设备绝缘限制和电力系统稳定性限制等。一般说来，系统稳定性限制决定的传输容量极限小于其他因素，而电力系统的稳定性更多的是一种动态稳定。为解决系统的动态稳定，系统均留有较大的稳定储备。因此，提高系统稳定性是提高电网传输容量的首要内容。

一个稳定性好的电网，首先需要在规划阶段合理安排电源和网络，但对于一个主体已经确定的电网，主要是通过在运行过程采用各种控制手段来提高其稳定性，包括增设一些新的控制设备。

电力系统稳定性的本质是功率的平衡，而通过潮流控制可达到提高稳定性的目的。但传统的机械式控制方法，如开关投切的固定式并联补偿电容器，由于速度慢，只能在静态下控制系统潮流，对动态稳定的控制缺乏足够的能力。柔性交流输电技术关注的核心即是通过快速潮流控制达到提高稳定性以提高传输容量。

（2）柔性交流输电系统的基本概念

柔性/灵活交流输电系统（Flexible AC Transmission System，FACTS）是指基于电力电子技术的或其他静态的控制器以提高可控性和传输容量的交流输电系统，包括移相器、静止无功补偿器（SVC）、可控串联电容器、故障电流限制器等。FACTS 的核心是 FACTS 控制器。

（3）FACTS 控制器的分类

1）串联型 FACTS 控制器：与线路串联。产生一个与线路串联的电压源，通过调节该电压源的幅值和相位，即可改变其输出无功甚至有功功率的大小，起到直接改变线路等效参数（阻抗）的目的，从而直接影响电网中电流和功率的分布以及电压降。包括晶闸管控制串联电容器（TCSC）、晶闸管控制串联电抗器（TCSR）、次同步谐振阻尼器、静止同步串联补偿器（SSSC）等。

我国电力系统常用的串补为固定串联补偿，不属于 FACTS 范畴。

2）并联型 FACTS 控制器：与线路串联。相当于一个在连接点处向系统注入的电流源，通过改变该电流源输出电流的幅值和相位，即可改变其注入系统的无功甚至有功功率的大小，起到调节节点功率和电压的作用，进而达到间接调节电网潮流的目的。因此，它在潮流控制方面的效果不如串联型 FACTS 控制器明显，但在维持母线电压方面更具性价比。包括静止无功补偿器（SVC）、静止同步补偿器（SSC）、静止同步发电机（SSG）、静止无功补偿系统（SVC）等。

3）串联—串联组合型 FACTS 控制器：在多回路输电系统中，可以将多个独立的串联型 FACTS 控制器组合起来，通过一定的协同控制方法使其协调工作，构成组合型 FACTS 控制器。也可以将两个或多个串联在不同回路上的变换器的直流侧连接在一起，构成串联—串联统一型 FACTS 控制器。

（4）串联—并联组合型 FACTS 控制器：与串联—串联组合型 FACTS 控制器类似。

2. 静止无功补偿（SVC）

（1）常用 SVC 的结构

SVC：Static Var Compensator

目前我国电力系统常用的 SVC 包括：固定电容和晶闸管控制型电抗器，也叫 FC—TCR 型 SVC。如图 2-63、2-64。

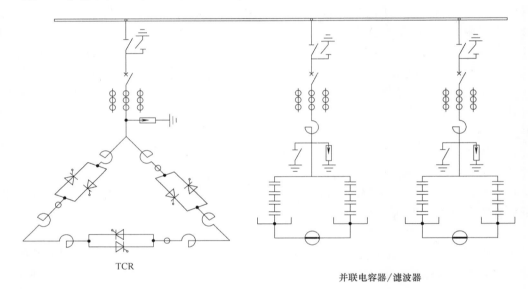

TCR

并联电容器/滤波器

图 2-63　某变电站 35kV SVC 电气主接线图

图 2-64　某变电站 35kV SVC 装置现场照片

（2）常用 SVC 的作用

1）向电网提供或从电网吸收无功。

2）改变电网的阻抗特性。

3）提高电力系统的静态稳定性。

4）改善电力系统的动态特性。

5）维持或控制节点电压。

6）通过控制潮流变化阻尼系统震荡。

7）提高电力系统的暂态稳定性。

8）负荷补偿，提高电能质量。

（3）常用 SVC 的基本原理

SVC 是在系统故障时，利用快速改变电纳来控制向系统注入（或吸收）无功功率以维持母线电压，达到间接对有功功率的不平衡补偿，从而实现对功率振荡的抑制。因此，在提高系统暂态稳定性方面的作用是间接实现的。

FC—TCR 型 SVC 总的无功输出为 TCR 支路和 FC 支路的无功之和。通过调节 TCR 晶闸管触发角 a，实现无功功率输出的平滑调节。$a=90°$ 时容性无功最大，$a=0°$ 时感性无功最大。

控制包括四个模块：

1）TCR 基波电流参考值计算：根据装置的无功功率需求，计算其中的 TCR 基波电流参考值。

2）触发角计算：根据 TCR 的无功电流或电抗的参考值变换得到晶闸管的触发延时角。

3）同步定时：向脉冲控制提供同步用的基准信号。

4）触发脉冲发生：根据模块产生的触发角，形成晶闸管门极触发脉冲，在适当时机导通晶闸管，使 TCR 工作。

（4）SVC 的优缺点和应用

1）SVC 的主要优点

① 可以快速调节补偿的无功功率（响应时间在几十 ms）。

② TCR 可以平滑调节输出。

③ 没有旋转部件，维护简单，成本较低。

2）SVC 的主要缺点

① 会产生较大谐波。

② 会改变系统的阻抗特性，过多安装可能出现震荡。

3）SVC 的应用

SVC 自 20 世纪 60 年代诞生至今已有 40 多年历史，是目前电力系统中应用最广的 FACTS，全世界已经投运的 SVC 工程已有上千个，总容量超过 100Gvar。基本取代了同步调相机。

主要供货商：国外—ABB 和 SIEMENS；国内—电科院和荣信。

电压等级：国外 1kV～735kV；国内 66kV 及以下，电力系统主要为 35kV。

3. 串联补偿

（1）基本概念

狭义上的串联补偿（SC）是指在固定串联电容器（FSC）和电感基础发展起来的补偿设备，目前主要是串联无功补偿。SC—Series Capacitor，FSC—Fixed Series Capacitor。

串联补偿装置可分为三类：

第一类：固定串补。采用机械投切的阻抗型串补装置。

第二类：变阻抗型静止串联补偿，如 TSSC、GCSC、TCSC。采用电力电子器件控制，可实现动态调节串联阻抗的目的。

第三类：基于变换器的可控型有源补偿装置，如 SSSC。

（2）串联补偿的基本原理和作用

基本原理是通过串联接入电容器，抵消部分线路电感，相当于减少了线路的等效电感，在效果上相当于提供了一个正向的补偿电压源，从而增大线路中的电流，提高线路的输送能力。

串补对电压和潮流控制能力强，同样容量的串补设备比并联补偿设备更有效。

有如下作用：

1）改变系统的阻抗特性。

2）进行潮流控制，优化潮流分布，减少网损。

3）提高电力系统的静态稳定性。

4）改善电力系统的动态特性。

5）加强电网互联，提高电网的传输能力。

6）控制节点电压和改善无功平衡条件。

7）调节并联线路的潮流分配，使之更合理。

8）通过控制潮流变化，阻尼系统震荡。

9）可控串补：可提高电力系统的暂态稳定性；能提高线路补偿度，抑制次同步振荡；可减小短路电流。

10）负荷补偿，提高电能质量。

（3）固定串补的结构

固定串补主设备元件包括：电容器组、MOV、火花间隙、阻尼电抗器和电阻器、旁路断路器、旁路隔离开关、串联隔离开关等（如图 2-65～图 2-69）。

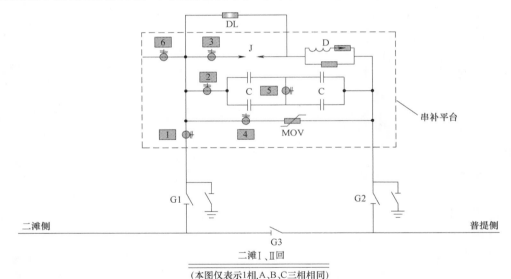

图 2-65　某 500kV 串补接线图

图 2-66　某 500kV 串补鸟瞰图

图 2-67　某 500kV 串补现场照片

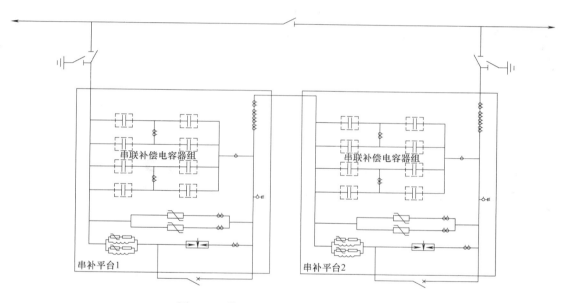

图 2-68　某 1000kV 双平台串补接线图

图 2-69　某 1000kV 双平台串补鸟瞰图

（4）串联电容补偿设备的应用

串补主要用于 220kV 及以上电压等级。

自 20 世纪 20 年代诞生至今，串联电容补偿成为远距离输电中增大传输容量和提高稳定性的重要手段而得到大力发展和广泛应用。20 世纪 90 年代，发展出可控串补（TCSC）技术。

我国最早在 1966 年和 1972 年先后于华东电网和西北电网投入了第一套 220kV 和 330kV 串补，后来由于电网运行方式改变和装置质量问题，相继退出运行。

2000 年在阳城—三堡 500kV 输电系统投运了两套固定串补，容量为 500Mvar，补偿度为 40%。2003 年投运的贵州青岩与广西河池 500kV 线路固定串补容量为 762Mvar，补偿度为 50%。

我国第一个可控串补工程是 2003 年投运的天—广 500kV 线路串补，35% 的固定补偿＋5% 的 TCSC。2005 年电科院主研的第一套国产 TCSC 在甘肃省壁口—成线 220kV 电网投运，补偿度 50%。

我国已投运的晋东南—南阳 1000kV 线路串补容量为 2（1382Mvar，补偿度为 20%）；南阳—荆门 1000kV 线路串补容量 2160Mvar，补偿度为 40%，采用双平台布置；正在设计的锡林郭勒盟—北京东 1000kV 线路串补（即承德串补站）容量 3917Mvar，补偿度为 40%，采用双平台布置。

目前串补主要供货商有我国的中国电力科学研究院，国外主要有 GE、SIEMENS、ABB 和 NOKIAN。

4. 可控高抗

（1）基本概念

可控高抗也叫可控并联电抗器，简单解释就是带有可调感抗的静态补偿装置。

它能随着线路传输功率的变化而自动调节自身容量。当线路传输自然功率时，它的电抗达到最大值，容量最小；当线路传输功率很小时，它的电抗值达到最小值，容量达到额定值。

随着线路长度和电网电压等级的提高，线路分布电容产生的容性无功也逐渐增加，线路充电无功的增加，带来了一系列问题：如小方式下的电压超限、操作过电压超限、恢复电压高、潜供电流大等，这些问题严重威胁了电网的安全运行。固定高抗虽然可以解决过电压和潜供电流的问题，但会造成大方式下的运行电压偏低，线路输送能力大大下降。

（2）主要作用

1）限制过电压，减小线路单相接地跳闸后的潜供电流，有效地促使电弧熄灭，提高单相重合闸成功率，从而提高输电系统的可靠性。

2）可按其最大的调节范围实现动态无功补偿，提高系统的电压稳定性，降低系统电压波动，提高电网输送能力。

3）对系统在各种扰动下出现的电压振荡或功率振荡起一定的抑制作用，提高系统的动态稳定性。

4）进行潮流控制，优化潮流分布，减少网损。

5）在特殊约定情况下用于调节无功功率，控制节点电压和改善无功平衡条件。

（3）基本原理及结构

目前，可控并联电抗器技术较为成熟的有两种类型：磁控式和分级式可控并联电抗器（如图 2-70～图 2-71）。

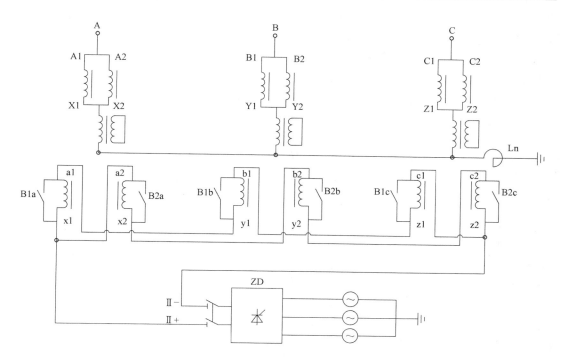

图 2-70 某 500kV 磁控式可控电抗器接线原理图

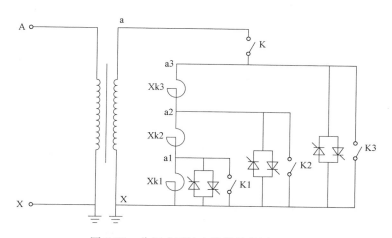

图 2-71 分级式可控电抗器接线原理图

1）磁控式可控电抗器

磁控式可控电抗器基本原理是利用铁磁材料磁化曲线的非线性关系，通过改变铁磁材料的饱和度，调节电抗器的电感值和容量。随着铁心饱和度的增加，磁导率 μ 减少，可控电抗器的电感 L 减小，电抗 $XL=\omega L$ 减小，容量 S 增加。因此，通过调节可控电抗器二次线圈中的直流励磁电流，以改变铁心的饱和度，从而改变一次线圈的电感和电抗，达到平滑调节可控电抗器容量的目的。

磁控式可控电抗器包括以下几个部分：

① 电抗器本体：由三台单相磁控式电抗器组成。三相组一次侧采用星型接线，二次

侧采用双开口三角接线，直流励磁电流从双开口三角接线引入控制绕组。通过改变直流励磁电流，电抗器的输出容量连续可控。

② 整流系统：包括整流变压器、晶闸管整流器及滤波装置。为电抗器二次绕组提供可控的直流励磁电流。

③ 中性点电抗器：与高抗本体配合用于限制潜供电流、恢复电压等。

④ 旁路开关：实现快速抑制系统工频过电压，提高装置响应速度。

⑤ 系统参数测量、控制及二次保护系统。

2）分级式可控高抗

分级式可控高抗是通过复合快速切换开关、改变接入副边绕组的电抗器大小，实现可控电抗器容量的分级调节。额定工作状态下低压侧绕组的短路阻抗为100%。

分级式可控电抗器包括以下几个部分：

① 电抗器本体：由三台高阻抗变压器型电抗器组成。三相组一次侧和二次侧均采用星型接线，直接接地。通过投入二次侧不同组合的串联电抗器来实现电感的可调节特性。

② 分级短路控制系统：采用晶闸管阀及旁路断路器并联组合。晶闸管阀采用全开通和关断两种运行状态的控制方式，只起电子开关的作用，不产生谐波。因此，不需要增设滤波装置。

③ 隔离开关：分级短路控制晶闸管阀及断路器组在线端及中性点端加装隔离开关，每组短路控制系统检修或退出运行，不影响其他组运行。

④ 系统参数测量、控制及二次保护系统。

通过投入不同组合的串联电抗器 Xk1、Xk2、Xk3 来实现电感的可调节特性。

（4）应用情况

截止到2006年，国外正在运行的可控电抗器共有7组，其中磁控式并联电抗器6组。其中4组25Mvar/110kV、1组100Mvar/220kV、1组180Mvar/330kV，全部安装在苏联国家。此外，在印度安装有1组50Mvar/420kV分级式可控并联电抗器。

2005年初国家电网公司设立500kV可控电抗器关键技术研究及挂网试运行项目，该项目是为我国特高压电网建设而做的前期科研准备和知识储备项目，项目要求启用磁控式和高阻抗式两种可控高抗技术方案分别进行研究试制。两项目皆由中国电力科学院为项目技术总负责。

磁控式可控高抗由沈变作为工程总承包商，并负责本体关键设备的研究和制造，工程选址为湖北荆州换流站，安装在峡江Ⅱ线，容量3×40Mvar，输出容量在5%～100%范围内可控。于2007年10月成功挂网并进入实际商业运行阶段。

分级式可控高抗由西电集团西变公司作为工程总承包商，并负责本体关键设备的研究和制造，工程选址为山西忻州开关站，安装在主母线，容量为3×50Mvar，分4级：即25%、50%、75%、100%。于2006年10月成功挂网并进入实际商业运行阶段。

1000kV可控高抗正在研究中，在1000kV特高压工程中，几乎所有1000kV线路固定高抗均按预留更换为可控高抗的条件考虑。

2.2.33　智能变电站

智能变电站是采用先进、可靠、集成、低碳、环保的智能设备，以全站信息数字化、通信平台网络化、信息共享标准化为基本要求，自动完成信息采集、测量、控制、保护、计量和监测等基本功能，并可根据需要支持电网实时自动控制、智能调节、在线分析决策、协同互动等高级功能的变电站。

1. 智能变电站体系结构

智能变电站分为过程层、间隔层、站控层。

过程层包含由一次设备和智能组件构成的智能设备、合并单元和智能终端，完成变电站电能分配、变换、传输及其测量、控制、保护、计量、状态监测等相关功能。

间隔层设备一般指继电保护装置、测控装置等二次设备，实现使用一个间隔的数据并且作用于该间隔一次设备的功能，即与各种远方输入/输出、智能传感器和控制器通信。

站控层包含自动化系统、站域控制、通信系统、对时系统等子系统，实现面向全站或一个以上一次设备的测量和控制的功能，完成数据采集和监视控制（SCADA）、操作闭锁以及同步相量采集、电能量采集、保护信息管理等相关功能。

2. 智能变电站实施方案

（1）智能一次设备

智能变电站在安全可靠的基础上，宜采用智能设备。

智能设备是一次设备和智能组件的有机结合体，具有测量数字化、控制网络化、状态可视化、功能一体化和信息互动化特征的高压设备，是高压设备智能化的简称。智能设备的实现宜采用"一次设备本体＋传感器＋智能组件"的形式。现阶段一次设备智能组件一般包括：智能终端、合并单元、状态监测 IED 等。

智能终端配置原则：

1）220～750kV 除母线外智能终端宜冗余配置；

2）110 除主变外，智能终端宜单套配置；

3）66kV（35kV）及以下配电装置采用户内开关柜布置时宜不配置智能终端；采用户外敞开式布置时宜配置单套智能终端；

4）220～750kV 主变压器各侧智能终端宜冗余配置；110kV（66kV）主变压器各侧智能终端宜单套配置；主变压器本体智能终端宜单套配置；

5）每段母线智能终端宜单套配置；

6）智能终端宜分散布置于配电装置场地智能组件柜内。

（2）互感器

智能变电站在技术先进、运行可靠的前提下，可采用电子式互感器。电子式互感器通常由传感模块和合并单元两部分构成，传感模块又称远端模块，安装在高压一次侧，负责采集、调理一次侧电压电流并转换成数字信号。合并单元安装在二次侧，负责对各相远端模块传来的信号做同步合并处理。

电子式电流互感器主要采用 Rogowski 线圈、光学装置或传统电流互感器等方式实现一次电流信号的转换；电子式电压互感器主要采用电阻分压器、电容分压器、串联感应分压器或光学原理等方式实现一次电压信号的转换。

根据一次传感器部分是否需要提供电源，电子式互感器可分为有源式和无源式两类。国内目前建设的智能变电站使用的互感器绝大部分均为有源电子式互感器，有源电子式互感器的技术相对较为成熟，其技术性能已基本可以满足实用化要求。

互感器的配置应兼顾技术先进性与经济性，现阶段的智能变电站大多采用常规互感器＋合并单元的方案：

合并单元的配置原则：

1）220kV 及以上电压等级各间隔合并单元宜冗余配置；

2）110kV 及以下电压各间隔合并单元宜单套配置；

3）对于保护双重化配置的主变压器，主变压器各侧、中性点（或公共绕组）合并单元宜冗余配置；

4）各电压等级母线电压互感器合并单元宜冗余配置。

（3）高压设备状态监测系统

高压设备智能化是智能电网的重要组成部分，也是区别传统电网的主要标志之一。利用传感器对关键设备的运行状况进行实时监控，进而实现电网设备可观测、可控制和自动化是智能设备的核心和目标。

变电站设备状态监测的范围和参量：

1）监测范围：220kV 及以上电压等级变压器、高压并联电抗器、高压组合电器（GIS/HGIS）、避雷器；110kV 主变压器一般情况下不设置状态监测，在特殊情况下也可配置绝缘油在线监测。

2）监测参量：主变压器—油中溶解气体分析、铁芯接地电流；高压并联电抗器—油中溶解气体分析；高压组合电器—SF_6 气体密度；避雷器—泄漏电流、动作次数。主变压器、高压组合电器宜预留供日常局部放电检测使用的超高频传感器及测试接口。

全站设置统一的状态监测系统分析后台，配置独立的状态监测软件及系统服务器。系统后台控制和管理各个监测单元，并负责采集、存储状态监测数据，对站内各电力功能元件的运行状况进行诊断和分析，并对相关数据进行融合，建立运行与检修管理数据库。采用 DL/T 860 标准协议与自动化系统后台通信，向运行人员提供各电力功能元件状态信息和对可能的故障进行预警。

3. 变电站自动化系统

（1）系统构成

变电站自动化系统在功能逻辑上宜由站控层、间隔层、过程层组成。

1）站控层由主机、操作员站、远程通信装置、保护故障信息系统和其他各种功能站构成，提供所内运行的人机联系界面，实现管理控制间隔层、过程层设备等功能，形成全站监控、管理中心，并远方监控/调度中心通信。

2）间隔层由若干个二次子系统组成，在站控层及网络失效的情况下，仍能独立完成间隔层设备的就地监控功能。

3）过程层是由电子式互感器、合并单元、智能终端等构成，完成与一次设备相关的功能，完成实时运行电气量的采集、设备运行状态的监测、控制命令的执行等。

（2）网络结构

全站网络宜采用高速以太网组成，通信规约宜采用 DL/T 860 标准，传输速率不低于100Mbps。过程层网络与站控层、间隔层网络完全独立。

1）站控层网络

通过相关网络设备与站控层其他设备通信，与间隔层网络通信，传输 MMS 报文和GOOSE 报文。

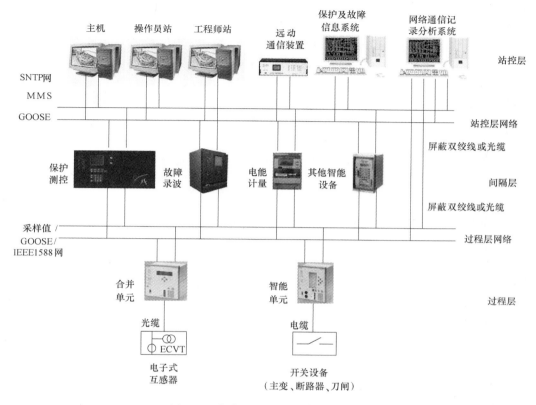

图 2-72　智能变电站自动化系统构成图

220kV 及以上电压等级变电站站控层网络宜采用双星形以太网络，110kV 及以下电压等级变电站站控层网络宜采用单星形以太网络。

2）间隔层网络

通过相关网络设备与本间隔其他设备通信、与其他间隔设备通信、与站控层设备通信，可传输 MMS 报文和 GOOSE 报文。间隔层网络支持与过程层数据交换接口，可传输 SV 和 GOOSE 报文。

220kV 及以上电压等级变电站间隔层网络宜采用双星形以太网络，110kV 及以下电压等级变电站间隔层网络宜采用单星形以太网络。

3）过程层网络

通过相关网络设备与过程层设备、间隔层设备之间以及过程层设备之间通信，可传输 SV 和 GOOSE 报文。

220kV 及以上电压等级变电站中、高压侧宜按电压等级配置 GOOSE 和 SV 网络，网络宜采用星形双网结构，低压侧不宜配置独立的过程层网络，GOOSE 报文通过站控层网络传输；110kV 变电站高压侧过程层宜设置单星形以太网络，GOOS 网和 SV 网共网设置，中、低压侧不宜配置独立的过程层网络，GOOSE 报文通过站控层网络传输。

（3）设备配置

站控层设备包括主机、操作员工作站、工程师站、远程通信装置、保护及故障信息子站、网络通信记录分析系统以及其他智能接口设备等。无人值班变电站中主机可兼操作员工作站和工程师站。

间隔层设备包括测控装置、保护装置、故障录波装置、电能计量装置及其他智能接口设备等。

过程层设备包括电子式互感器和合并单元、智能终端。

（4）网络通信设备

网络通信设备包括网络交换机、光/电转换器、接口设备和网络连接线、电缆机网络安全设备等。交换机应选用满足现场运行环境要求的工业交换机，并通过电力工业自动化检测机构的测试，满足 DL/T 860 标准。

变电站交换机配置原则：

1）站控层网络交换机：220kV 及以上电压等级变电站站控层宜冗余配置 2 台中心交换机，110kV 及以下电压等级变电站站控层宜配置 1 台中心交换机。

2）间隔层网络交换机：宜按照设备室或按电压等级配置。

3）过程层网络交换机：3/2 接线过程层网交换机应按串配置；220kV 过程层网交换机宜按每间隔配置；110kV 过程层网交换机宜按每 2 个间隔配置。

（5）交直流一体化电源系统

全站直流、交流、UPS（逆变）、通信等电源宜采用一体化设计、一体化配置、一体化监控，其运行工况和信息数据能通过一体化监控单元展示并通过 DL/T 860 标准数据格式接入自动化系统；通信电源也可单独设置。

智能变电站直流供电范围包括全站站控层、间隔层和过程层设备，蓄电池容量较常规变电站有所增加。

（6）全站时间同步系统

全站配置一套公用的时钟同步系统，主时钟应双重化配置，另配置扩展装置实现站内所有对时设备的软、硬对时。站控层设备宜采用 SNTP 对时方式，间隔层和过程层设备宜采用 IRIG—B、1pps 对时方式，条件具备时也可采用 IEC 61588 网络对时。

（7）智能辅助控制系统

变电站辅助设备包括火灾报警系统、照明系统、消防系统、视频监视系统、门禁系统、水工设备控制系统、暖通设备控制系统等设备，通过网络通信、设计优化、系统联动方法，将变电站辅助设备进行统一布局、设计、安装、监控、调试、服务，从而实现站用辅助设备系统的智能化。

（8）一体化信息平台和高级应用

一体化信息平台宜从站控层网络直接采集 SCADA 数据、保护信息等数据，宜直接采集电能量、故障录波、设备状态监测等各类数据，作为变电站统一数据基础平台，为各种智能应用提供统一高效的信息访问接口，逐步实现各种高级功能，包括：顺序控制、继电保护故障信息管理功能、智能告警及故障信息综合分析决策；设备状态可视化；支撑经济运行与优化控制、源端维护。

（9）光缆/网线选择

智能变电站以全站信息数字化、通信平台网络化、信息共享标准化为基本要求，直观的表象特征就是站内大量的控制电缆被通信用光缆/网线代替了。

变电站室外的网络连接应采用光缆，室内通信联系宜采用超五类屏蔽双绞线。室外光缆可根据敷设方式采用无金属、阻燃、加强芯光缆或铠装光缆，缆芯一般采用紧套光纤，室内光缆可采用尾缆连接。

Ⅶ　节　能　措　施

2.2.34　变电节能措施

1. 优化设计降低能源消耗

变电站设计方案应在遵循标准化设计原则的基础上，根据工程实际情况进行优化。节约土地资源，保护生态环境，选择技术成熟、经济合理的设备。

变电站监控、保护系统需使用大量电缆，有色金属消耗量大，设计应尽量将监控、保护设备布置在负荷中心，减少电缆用量，并通过优化二次设计、合理选择电缆截面来降低高耗能电解铜的消耗。

建筑、安装工程在考虑安全、施工、维护方便的基础上注意节约用材，避免浪费。选用制造能耗低的材料，精心计算材料规格，避免大材小用。

2. 选择低损耗主变压器

主变压器是变电站主要耗能设备，变压器的负载损耗与变压器荷载率成平方比例关系，满载时约占变压器总损耗的 $65\% \sim 80\%$，降低变压器的负载损耗对提高变压器运行效率具有重要意义，在系统条件允许的情况下，应优先选用短路阻抗低的变压器，同时在主变压器选型时还应对空载损耗提出严格要求。

3. 合理配置站用电的容量、选择低损耗站用变压器

在站用电的设计上，应严格按照变电站的实际用电负荷及同时率计算站用电负荷，选取合适容量的变压器。

一般变压器经常性负荷配置在接近 35% 额定容量时，变压器能获得较高的运行效率。站用变压器在正常运行状态时多处于低负荷运行状态。为节省不必要的能源浪费，在站用变压器的选择上，也应尽可能选低损耗站用变压器。

4. 降低站用电的耗能指标

变电站中用电量较大的经常性负荷主要有各保护小室、控制室空调用电，户外端子箱及设备操作机构中的防露干燥加热，夜间照明用电等。

保护小室、控制室空调除满足运行人员工作条件外，主要为大量微电子设备提供适合的工作环境。考虑目前电子设备技术日益成熟，对环境温度要求基本能适应大多自然温度条件，暖通专业将根据设备要求，综合考虑室内环境温度控制和因环境温度变化引起相对湿度变化对设备的影响，合理配置空调和采暖器的容量。从节约能源角度，提高设备环境适应能力要求是首先需考虑的。

户内电气设备在常规运行条件下一般采用自然对流通风散热，尽可能减少机械通风，即有利于节能，也能减少维护工作量和噪声污染。

对于户外端子箱及设备操作机构中的防露干燥加热，设计考虑采用温、湿自动控制以降低经常性能耗。

照明采用高光效光源和高效率灯具以降低能耗。户外照明尽可能采用分区分层控制，

视运维需求开启灯具。

合理选择供电回路的电缆截面，以降低线损和节约有色金属。

2.3　架空输电线路

Ⅰ　电　气　设　计

电力系统由发电厂、变电站、输电线路和用户组成。输电线路的作用就是将发电厂、变电站和用户联接起来，组成电力网，为供电需要服务。所以，电网在系统中占有特别重要的地位。输电线路是电力传输的通道，是连接发电厂和用户之间的桥梁和纽带。

输电线路一般分为建设于地面的架空线路和敷设于地面以下的电力电缆线路。

2.3.1　架空输电线路简介

架空输电线路是指用绝缘材料和杆塔将导线架离地面上以连接电力网、发电厂、变电站，实现输送电力的电力线路。与电力电缆线路相比，架空输电线路造价较低，具有建设速度快，运行维护方便的特点，但同时也因为建设于地面，与其他设施之间也存在一定的矛盾。目前，除城区输电线路外，一般均采用架空输电线路。

1. 架空输电线路的作用

输电线路的作用主要有：连接电源和负荷中心，实现电力输送；保证电力系统的稳定，保证供电安全可靠。

2. 架空输电线路的分类

按电流分：直流线路、交流线路

按架设形式分：单回、同塔双回、同塔多回。

按照导线布置形式分：一般架空线路、紧凑型

按电压等级分：配电线路：35kV 以下

送电线路：35kV 及以上。又分高压（35～220kV）、超高压（330～750kV，±500～±660kV）和特高压（直流±800kV、交流 1000kV 及以上）

3. 输电线路的构成

架空输电线路主要由导线、地线、绝缘子和金具、杆塔、基础、接地装置等部分。

导线：导线是指一种用于传输电流的材料，由单股或多股非绝缘单线绞合在一起制成。主要用于输送电能，一般有铝绞线、铝合金绞线、钢芯铝绞线、钢芯铝合金绞线、铝合金芯铝绞线、铝包钢芯铝绞线、铝包钢芯铝合金绞线、铝包钢绞线等，随着导线研发技术的发展，各种新型导线（大截面导线、铝合金芯铝绞线、A、Z 型导线、扩径导线、耐热铝合金导线、殷钢芯导线、陶瓷纤维芯、碳纤维芯导线等）在国内研制成功，并在工程得到利用。

用于输电线路的导线主要为圆线同心绞导线，也有部分工程开始使用型线同心绞导线。

地线：在某些杆塔或所有杆塔上接地的导线，通常架设在导线上方，对导线构成一保护角，用以防止雷电直击导线。地线大多采用非良导体地线（钢绞线），根据需要，地线

也可采用良导体地线（钢芯铝绞线、铝合金绞线、铝包钢绞线）以及复合光缆架空地线（Composite Fiber Optic Overhead Ground Wire，简称 OPGW）。在雷电活动比较少的地区，有些架空输电线路可以不架设地线或地线对导线的保护角可以取较大值。

绝缘子：用于支持或悬吊导线，并在杆塔与导线之间形成电气绝缘的组件，保证导线带电部分与杆塔联接时提供安全绝缘距离。

绝缘子按材质分有瓷、钢化玻璃和合成（硅橡胶）、复合绝缘子等。按形状分有盘式绝缘子和棒式绝缘子。

金具：用于连接导、地线、绝缘子串与杆塔之间的金属零件。金具的种类很多，主要包括线夹（耐张线夹、悬垂线夹）、连接金具（U 型环、球头挂环、延长环、碗头挂板等）、接续金具（接续管、补修管、并沟线夹等）、保护金具（预绞丝护线条、防振锤、均压屏蔽环、间隔棒等）和拉线金具（楔形线夹、UT 形线夹等）等。金具必须要满足相应的机械性能和电气性能。

杆塔：用于支持导线和地线，使其对地保持一定的安全距离的装置。

杆塔按其受力性质，分为悬垂型、耐张型杆塔。悬垂型杆塔分为悬垂直线和悬垂转角杆塔；耐张型杆塔分为耐张直线、耐张转角和终端杆塔。

杆塔按其回路数，分为单回路、双回路和多回路杆塔。单回路导线既可水平排列，也可三角排列或垂直排列，水平排列方式可降低杆塔高度，三角排列方式可减小线路走廊宽度；双回路和多回路杆塔导线可按垂直排列，必要时可考虑水平和垂直组合方式排列。

杆塔按材料可分为钢筋混凝土、角钢和钢管。

基础：指埋设于地下的一种结构，与杆塔底部连接，稳定承受的所作用的荷载。主要有现浇钢筋混凝土基础和预制式基础等。

接地装置：埋置于土壤中并与杆塔相连接的导体或导体系统。用于将直击于塔顶及架空地线的雷电流引入大地，以提高线路的耐雷水平，减少线路雷击事故。主要有水平、垂直敷设接地体，一般采用圆钢（水平敷设）和角钢（垂直敷设），在土壤电阻率高的地区，也采用使用降阻材料（包括降阻剂和接地模块）等。

2.3.2 路径方案

输电线路设计中，路径方案的选择和确定是最为重要的工作之一，路径方案也是影响工程造价的主要因素之一。

输电线路路径方案选择即是在线路起讫点之间选择、确定一条技术上安全可靠、经济上合理、满足地方规划要求的路径。

为了给线路施工和运行维护创造较好的条件，在线路选线时，要考虑沿线气象、水文、地质、地形等自然环境以及交通运输、居民点等因素，还要妥善处理线路附近其他设施、城乡建设、文物保护、资源开发和环境保护等方面的关系。按照国家现行法令、政策，进行综合论证比较，选出最佳的路径方案。路径选择不当，将导致线路建设发生困难，增加工程投资不利长期安全运行，甚至对周围其他设施和生态环境产生不良影响。所以路径选线是输电线路建设中涉及技术经济和社会公共关系的一项重要工作。

1. 决定路径方案的主要因素

（1）系统规划（系统规划和路径、站址方案相互影响和制约）；

（2）自然条件（交通、冰、风、地形、地质、林区、森林公园、保护区、风景名胜区、矿藏、文物等）；

（3）规划、设施（城镇规划、军事设施、大型工矿企业、机场及重要设施等）；

（4）与无法避让的大跨越的相互协调。

2. 输电线路路径方案的选择和确定的主要原则为：

（1）根据电力系统规划要求，综合考虑施工、运行、交通条件和线路长度等因素，进行多方案比较，使线路路径长度短、走向安全可靠，经济合理。

（2）处理好输电线路与有关障碍物的关系与城乡规划、通信、航空、铁道及航运等部门取得协议。

（3）避让军事设施，大型厂矿企业及重要通信设施。

（4）尽可能靠近现有国道、省道、县道及乡村公路，改善线路交通条件。

（5）尽可能避让险恶地形及不良地质地段，避开森林区，减少森林砍伐，保护自然生态环境；尽量避让严重覆冰地段，提高线路可靠性。

（6）综合协调本线路路径与沿线已建线路及其他设施的矛盾。

（7）若线路路径中无法避开大跨越，路径的选择应结合大跨越位置综合比较后确定。

（8）尽量减少线路建设对居民生活的影响，减少房屋拆迁。

3. 输电线路路径方案选择时比较的主要内容

（1）线路长度

按照最新版《电网工程限额设计控制指标》，不同电压等级的输电线路造价因条件不同而有一定差异，但对于 220kV（单回路、2×LGJ—300/40、23.5m/s、10mm）山区线路而言，其本体工程造价约 53 万元/km，综合造价约 82 万元/km；500kV（单回路、4×LGJ-630/45、27m/s、10mm）山区线路，其本体工程造价约 135 万元/km、综合造价约 195 万元/km，可见线路长度对于工程造价的影响十分明显的。因此，当线路起止点位置确定后，就需要对线路路径进行选择、优化，使线路在满足选择原则的前提下，曲折系数（线路路径实际长度与起止点航空距离的比值）尽量减小，以达到节省投资的目的。

（2）气象条件

输电线路的设计气象条件主要有基本风速和设计冰厚。这两项气象基本参数，影响到铁塔塔头布置、铁塔横向荷载（风荷载）、垂直荷载（自重荷载和冰荷载）、纵向荷载以及荷载系数取值、荷载组合方式，从而直接影响铁塔耗钢量，进而影响基础选型、工程造价。

轻冰区包括无冰、5mm 或 10mm 覆冰；中冰区有 15mm、20mm 两类；重冰区有 20mm、30mm、40mm、50mm 等。随着冰区的加重，其铁塔荷载取值越大，荷载组合条件更加严格，因此，铁塔单基重量越大，线路耗钢量越高，工程造价加大。

据统计，在轻冰区，基本风速增加 10%，导线纵向张力增加 10%，其耐张铁塔单基重量将增加 5% 左右。对于设计覆冰厚度，据统计，500kV 线路工程 20mm、30mm、50mm 冰区单位本体投资分别是 10mm 轻冰区的 1.58 倍、3.23 倍、4.8 倍，可见，随着覆冰厚度的增加，线路单位本体投资快速增加。此外，重覆冰线路往往交通条件差，运行困难，也是在路径方案选择时必须考虑的问题。

因此，在输电线路路径方案比选中，应特别注意重冰区线路的长度，线路不得不通过重冰区段时，应按照"避冰、抗冰、融冰、防冰"的原则进行设计和建设。

（3）交通条件

输电线路的建设，需要将大量的建设材料运送到铁塔位置，交通条件不仅直接影响工程建设时的材料运输，影响工程造价，其次还影响着线路投运后的运行维护和事故抢修，线路路径的选择比较中，交通运输条件是重要因素之一。

（4）地形条件

地形条件主要是指线路经过地区沿线地形分类。不同的地形条件对线路的影响主要表现在铁塔的经济档距和经济塔高、铁塔设计和使用条件、铁塔塔高、附件耗量、接地装置、小运距离等。目前线路地形分类主要有平地、丘陵、河网泥沼、山地、高山和峻岭，一般其本体工程造价由低到高。

（5）地质条件（地质分类）

不同的地质条件对输电线路杆塔基础的设计影响较大，基础造价在线路工程造价中占有较大比例。在线路工程中，常见的地质条件有灰岩、泥岩、黏土等，其承载力逐渐降低，对于同样的铁塔负荷而言，其基础耗量逐渐增加。

（6）林区长度

为进一步目前保护有限的森林资源，目前在线路工程建设中，均要求线路通过集中林区时，在轻冰区采用高跨设计，在重冰区采用砍跨结合，尽量减少砍伐量的设计原则，此举将大大增加线路铁塔高度或线路档距的缩小，从而增加工程投资。如在平地，对500kV 线路工程跨越 15m 高林区时，平均呼称高将增加约 11m；对 220kV 线路，其平均呼称高将增加约 12m。

（7）规划设施、大型厂矿、部队设施、保护区等

一般来讲，线路路径选择时应该避让规划设施、大型厂矿、部队设施和各类保护区等，以尽量减小因为输电线路的建设给地方经济建设带来的负面影响。受沿线各类设施的影响，路径的选择往往更加困难，造成转角增多、档距缩小等，造成工程造价的增加。

（8）房屋拆迁量

按照规程规定"输电线路不应跨越屋顶为可燃材料做成的建筑物。对耐火屋顶的建筑物，如需跨越时应与有关方面协商同意，500kV 及以上输电线路不应跨越长期住人的建筑物。"

然而，一条输电线路的建设，往往难以避让所有的建筑物，民房拆迁是线路设计和建设中政策性很强且影响工程造价的重要因素之一，因此，在输电线路路径方案的选择和确定时，必须避开民房集中的区域，尽量减少房屋拆迁量，无法避让而必须拆迁时，则应按照政策计列拆迁费用。

（9）协议情况

路径协议是指由线路的建设单位（或受委托的设计单位）与沿线经过地区的地方政府、政府部门、相关企事业单位、部队等对路径方案的确认协议。设计单位通过对相关政府、政府部门、企事业单位收资调查和现场踏勘调查后，提出比选或推荐路径方案，由相关部门进行确认，以取得线路建设的合规性。由于线路对途经地区的经济发展没有直接的效益，因此在取得协议的过程中要充分解释工程建设的必要性和线路方案的技术经济合理性，以取得地方政府的支持。如果地方政府或部门不允许线路通过或对路径方案提出意见，则必须对方案进行调整，以避免工程建设受阻或线路造价的增加。

4. 线路路径方案的确定

综上，一个输电线路路径方案的可行，至少要满足两个方面的要求，即所选取的路径方案在技术上可行，线路建成投运后可以保证线路安全、可靠的运行；路径方案得到沿线政府及有关部门的批准，即确定了相关的路径协议。此外，对于可行的路径方案，应进行进一步的技术经济比较，以确定最终的路径和技术方案。

2.3.3 气象条件

输电线路的气象条件，主要是指对处于自然环境中的输电线路在运行中必须经历、承受的冰、风等组合条件，设计气象条件的选择和确定，必须确保线路在一定的设定条件下能够可靠、安全地运行。

1. 设计气象条件的确定，应保证输电线路具有如下性能：

（1）线路在大风、覆冰及低温时能安全运行；

（2）线路在断线及不平衡张力情况下，不使事故范围扩大；

（3）安装过程中不致发生人身和设备事故；

（4）重冰区等稀有气象条件下，不发生倒塔、断线事故；

（5）正常情况下，保证对地和对交叉跨越物的距离；

（6）长期运行中，保证抗震性能。

（7）其他如运行中的防舞动等性能。

2. 气象资料内容及用途

（1）最高气温：用于计算架空线嫩大弧垂；

（2）最低气温：用于计算架空线应力、检查绝缘子串是否倒拔上扬；

（3）年平均气温：平均气温时的应力用于架空线防振设计；

（4）最大基本风速及最大基本风速月的平均气温：用于计算架空线及杆塔强度时的风荷载；

（5）覆冰厚度：用于计算覆冰时架空线的应力、弧垂以及杆塔的荷载；

（6）地区最多风向及其出现频率：用于防污设计；

（7）雷电日数：用于防雷设计；

（8）雨、雪及雾凇的持续小时数：用于计算线路电晕损失；

（9）土壤冻结深度：用于杆塔基础。

3. 设计气象条件的确定

在收集到沿线的气象资料后，根据输电线路的电压等级以及相应的安全可靠性要求，用数理统计法结果及附近已有线路的运行经验确定。

《110kV～750kV 架空输电线路设计规范》GB 50545—2010、《1000kV 架空输电线路设计规范》GB 50665—2011、《±800kV 直流架空输电线路设计规范》GB 50790—2013 分别规定了各电压等级线路基本风速、设计冰厚重现期为：

1000kV 架空输电线路：100 年

±800kV 直流架空输电线路：100 年

750kV、500kV 输电线路及其大跨越：50 年

110～330kV 输电线路及其大跨越：30 年

1000kV、±800kV、750kV、500kV、±500kV 输电线路，基本风速不宜低于 27m/s；

330～110kV 输电线路基本风速不宜低于 23.5m/s。

即随着电压等级的升高和线路重要性要求，其重现期逐渐增加。

气象条件中对线路设计影响最大的是基本风速和覆冰厚度两个要素：

基本风速应按照当地气象台、站 10min 时距平均的年最大风速为样本，并采用极值Ⅰ型分布作为概率模型。一般线路统计风速的高度取离地面 10m，大跨越线路统计风速高度取离历年大风季节平均最低水位 10m。

设计覆冰厚度是指通过现场调查、结合已建线路运行经验所确定的导线覆冰厚度。

4. 设计气象条件组合

设计气象条件组合用于铁塔荷载计算、设计和校核塔头间隙、线间距离。

对于铁塔荷载，则主要是针对线路建设、运行中线路可能出现的控制工况进行取值，主要有大风、覆冰、年平均、低温工况。

而对于设计和校核塔头间隙和线间距离，则主要有雷电过电压、操作过电压、带电作业等工况。

雷电过电压工况的气温宜采用 15℃，当基本风速折算到导线平均高度处其值大于等于 35m/s 时雷电过电压工况的风速取 15m/s，否则取 10m/s；校验导线与地线之间的距离时，风速应采用无风，且无冰。

操作过电压工况的气温可采用年平均气温，风速取基本风速折算到导线平均高度处值的 50%，但不宜低于 15m/s，且无冰。

带电作业工况的风速可采用 10m/s，气温可采用 15℃，且无冰。

高温工况主要用于计算弧垂，一般 10mm 冰区，高温时弧垂最大。

2.3.4 导、地线截面和选择

1. 导线

导线是输电线路的重要设备之一，其截面和结构型式的原则主要是由系统输送容量和所处的自然环境（海拔、冰区、地形等）确定的。

输电线路的导线截面，宜根据系统需要按照经济电流密度选择，也可根据系统输送容量，并结合不同导线的材料的特性、结构进行电气和机械特性等比选，通过年费用最小法进行综合技术经济比较后确定。年费用比较包括初始投资、年运行维护费、电能损耗费及故障损失费等。

线路设计中，线路的导线总截面一般由系统提供，而导线结构型式则由送电电气人员选择确定。导线截面和分裂型式应满足各项机电性能，如机械强度，电晕、无线电干扰、可听噪声等的要求。

大跨越的导线截面宜按允许载流量选择，其允许最大输送电流与陆上线路相配合，并通过综合技术经济比较确定。

交流输电线路无线电干扰限值为：海拔不超过 1000m 时（1000kV 线路不大于 500m 时），距输电线路边相导线投影外 20m 处且离地高 2m 且频率为 0.5MHz 时的无线电干扰限值应符合表 2-16 的规定。

无线电干扰限值　　　　　　　　　　　　　　　　　　表 2-16

标称电压 kV	110	220～330	500	750	1000
限值 dB(μv/m)	46	53	55	55	58

直流输电线路无线电干扰限值应满足如下要求：

海拔 1000m 及以下地区，距直流架空输电线路正极性导线对地投影外 20m 处，80％时间，80％置信度，频率 0.5MHz 时的无线电干扰限值不超过 58 dB（mV/m）；晴天时频率 0.5MHz 时的无线电干扰限值为 55dB（μv/m）。

交流输电线路可听噪声限值为：海拔不超过 1000m 时（1000kV 线路不大于 500m 时），距输电线路边相导线投影外 20m 处，湿导线条件下的可听噪声值应符合表 2-17 的规定。

交流输电线路可听噪声限值　　　　　　　　　　　　表 2-17

标称电压 kV	110～750	1000
限值 dB(A)	55	55

直流输电线路可听噪声限值应满足如下要求：

海拔 1000m 及以下地区，距直流架空输电线路正极性导线对地投影外 20m 处由电晕产生的可听噪声限值（L50）不超过 45dB（A）；海拔高度大于 1000m 且线路经过人烟稀少地区时，控制在 50dB（A）以下。

直流线路当晴天时，直流线路下地面合成场强和离子流密度限值不应超过表 2-18 的规定。

直流线路地面合成场强和离子流密度限值　　　　　表 2-18

	合成场强(kV/m)	离子流密度(nA/m²)
居民区	25	80
一般非居民区(如跨越农田)	30	100

验算导线允许载流量时，导线的允许温度：钢芯铝绞线和钢芯铝合金绞线宜采用 70℃，必要时可采用 80℃；大跨越宜采用 90℃；钢芯铝包钢绞线（包括铝包钢绞线）可采用 80℃，大跨越可采用＋100℃，或经试验决定；镀锌钢绞线可采用 125℃。

对导线机械强度的要求：在弧垂最低点的设计安全系数不应小于 2.5，悬挂点的设计安全系数不应小于 2.25。地线的设计安全系数不应小于导线的设计安全系数。

导（地）线在弧垂最低点的最大张力，应按下式计算：

$$T_{\max} \leqslant \frac{T_{\mathrm{p}}}{K_{\mathrm{c}}} \tag{2-1}$$

式中：

$T_{\max}$——导（地）线在弧垂最低点的最大张力（N）；

T_p——导（地）线的额定抗拉力（N）；

K_c——导（地）线的设计安全系数。

目前，国内架空输电线路上常用的导线主要为钢芯铝绞线，在 30mm 及以上重冰区则普遍采用钢芯铝合金绞线，这两类导线在国内有成熟的制造、施工、运行经验。

随着导线制造技术的发展和工程建设的需要，目前在部分工程中已有采用铝包钢芯铝绞线、全铝合金绞线、铝合金芯铝绞线、殷钢芯、铝基陶瓷纤维芯、碳纤维芯铝绞线；同时，型线（Z 型导线、T 型导线等）、OPCC 导线、扩径导线也在工程中有应用。

2. 地线

地线是指保护架空输电线路免遭雷闪袭击的装置。又称避雷线，简称地线。

输电线路跨越广阔的地域，在雷雨季节容易遭受雷击而引起送电中断，成为电力系统中发生停电事故的主要原因之一。安装架空地线可以减少雷害事故，提高线路运行的安全性。架空地线是高压输电线路结构的重要组成部分。

架空地线都是架设在被保护的导线上方。在线路上方出现雷云对地面放电时，雷闪通道容易首先击中架空地线，使雷电流进入大地，以保护导线正常送电。同时，架空地线还有电磁屏蔽作用，当线路附近雷云对地面放电时，可以降低在导线上引起的雷电感应过电压。架空地线必须与杆塔接地装置牢固相连，以保证遭受雷击后能将雷电流可靠地导入大地，并且避免雷击点电位突然升高而造成反击。

架空地线由于不负担输送电流的功能，所以不要求具有与导线相同的导电率和导线截面，通常多采用钢绞线组成。线路正常送电时，架空地线中会受到三相电流的电磁感应而出现电流，因而增加线路功率损耗并且影响输电性能，所以目前有的线路中，采用地线单点接地的运行方式，不使地线形成电流回路，从而降低线路电能损耗。

地线选择原则：

（1）线路发生单相接地时，地线上要通过返回电流，地线应能满足热稳定要求。

（2）镀锌钢绞线的腐蚀问题已引起各方面的重视，尤其是在腐蚀严重地区应选择防腐性能良好的地线。

（3）机械强度要求：根据规程规定，地线的设计安全系数应大于导线的安全系数。

（4）结合工程系统通信要求，可采用 OPGW 复合光纤地线（应具备架空地线和光纤通信两个功能）。此时，另一根地线除满足常规电气和机械性能外，还需具有足够的分流能力。

2.3.5 绝缘配合及防雷、接地

1. 污秽等级及污区划分

线路绝缘配置必须考虑线路所处地区的自然环境，应以审定的污区分布图为基础，结合线路附近的污秽调查，综合考虑环境污秽变化，选择适当的绝缘子型式和片数，以保证线路的安全运行。

污秽等级以绝缘子表面污秽的等值附盐密度（mg/cm²）来表示，其值越大，表面该区域内污秽越严重。

表 2-19 为交流架空线路污秽分级标准及不同电压等级线路需要达到的最小爬电比距（cm/kV）。

高压交流架空线路污秽分级标准

表 2-19

污秽等级	污湿特征	盐密 (mg/cm^2)	线路爬电比距(cm/kV)	
			220kV 及以下	330kV 及以上
I	大气清洁地区及离海岸盐场 50km 以上无明显污染地区	≤0.03	1.39 (1.60)	1.45 (1.60)
II	大气轻度污染地区,工业区和人口低密集区,离海岸盐场 10～50km 地区。在污闪季节中干燥少雾(含毛毛雨)或雨量较多时	>0.03～0.06	1.39～1.74 (1.60～2.00)	1.45～1.82 (1.60～2.00)
III	大气中等污染地区,轻盐碱和炉烟污秽地区,离海岸盐场 3～10km 地区,在污闪季节中潮湿多雾(含毛毛雨)但雨量较少时	>0.06～0.10	1.74～2.17 (2.00～2.50)	1.82～2.27 (2.00～2.50)
IV	大气污染较严重地区,重雾和重盐碱地区,近海岸盐场 1～3km 地区,工业与人口密度较大地区,离化学污源和炉烟污秽 300～1500m 的较严重污秽地区	>0.10～0.25	2.17～2.78 (2.50～3.20)	2.27～2.91 (2.50～3.20)
V	大气特别严重污染地区,离海岸盐场 1km 以内,离化学污源和炉烟污秽 300m 以内的地区	>0.25～0.35	2.78～3.30 (3.20～3.80)	2.91～3.45 (3.20～3.80)

注：爬电比距计算时可取系统最高工作电压。上表（）内数字为按标称电压计算的值。

2. 绝缘配合

输电线路的绝缘配合目的，是使输电线路在正常运行电压（工频电压）、内过电压（操作过电压）、外过电压（雷电过电压）等各种条件下安全可靠地运行。

架空送电线路的绝缘配合是指：考虑所采用的过电压保护措施后，根据可能作用的过电压、设备的绝缘特性及可能影响绝缘特性的因素，合理选择设备绝缘水平的方法。

输电线路的绝缘水平就是指输电线路能够耐受（不发生闪络、放电或其他电气损坏）的试验电压值。

输电线路的绝缘配合设计就是要解决杆塔上和档距中各种可能的放电途经（包括导线对杆塔、导线对地线、导线对地、不同相导线间）的绝缘选择和相互配合的问题，包括：

（1）杆塔上的绝缘配合设计：就是按照正常运行电压（工频电压）、内过电压（操作过电压）、外过电压（雷电过电压）确定绝缘子型式及片数以及在相应风速条件下导线（带电体）对杆塔的空气间隙距离。

（2）档距中央导线及地线间的绝缘配合设计：按照外过电压确定档距中央导线与地线间的空气间隙距离。

（3）档距中央导线对地及对交叉跨越物的绝缘配合设计：即根据内过电压（操作过电压）、外过电压（雷电过电压）的要求，确定导线对地及对交叉跨越物的距离。对超高压线路，除按绝缘水平考虑对地最小允许间隙距离外，尚应满足地面静电场场强影响的对地最小距离的要求。

（4）档距中央不同相导线间的绝缘配合设计：即按照正常运行（工频）电压并考虑导线振荡的情况，确定不同相导线间的最小距离。

试验表明，输电线路的绝缘绝缘水平，随海拔高度的升高而下降，因此，在高海拔地区，输电线路的绝缘水平必须要进行修正，即对增加绝缘子串长度、空气间隙等，以使高海拔地区的绝缘子保持相应的绝缘水平，保证线路的安全运行。而这将增大塔头尺寸，增加工程耗钢量。

3. 防雷、接地

输电线路的防雷设计，应根据线路电压、负荷性质和系统运行方式，结合当地已有线路的运行经验，地区雷电活动的强弱、地形地貌特点及土壤电阻率高低等情况，在计算耐雷水平后，通过技术经济比较，采用合理的防雷方式，并应符合下列规定：

（1）110kV 输电线路宜沿全线架设地线，在年平均雷暴日数不超过 15 或运行经验证明雷电活动轻微的地区，可不架设地线。无地线的输电线路，宜在变电站或发电厂的进线段架设 1～2km 地线。

（2）220～330kV 输电线路应沿全线架设地线，年平均雷暴日数不超过 15 的地区或运行经验证明雷电活动轻微的地区，可架设单地线，山区宜架设双地线。

（3）500～1000kV 输电线路应沿全线架设双地线。

（4）杆塔上地线对边导线的保护角，应符合下列要求：

1）对于单回路，330kV 及以下线路的保护角不宜大于 15°；500～750kV 线路的保护角不宜大于 10°；1000kV 线路在平原、丘陵地区不宜大于 6°，在山区不宜大于－4°。

2）对于同塔双回或多回路，110kV 线路的保护角不宜大于 10°；220～750kV 线路的保护角均不宜大于 0°；1000kV 线路在平原丘陵地区不宜大于－3°，在山区不宜大－5°。

3）单地线线路不宜大于 25°。

4）对重覆冰线路的保护角可适当加大。

减小地线对导线的保护角，是减少绕击的最有效方法之一。

（5）杆塔上两根地线之间的距离，不应超过地线与导线间垂直距离的 5 倍。在一般档距的档距中央，导线与地线间的距离，应按下式计算：

$$S \geqslant 0.012L + 1$$

式中：

S——导线与地线间的距离（m）；

L——档距（m）。

注：计算条件为：气温＋15℃，无风、无冰。

（6）有地线的杆塔应接地。在雷季干燥时，每基杆塔不连地线的工频接地电阻，不宜大于表 2-20 规定的数值。土壤电阻率较低的地区，当杆塔的自然接地电阻不大于表 2-20 所列数值时，可不装设人工接地体。

有地线的线路杆塔不连地线的工频接地电阻 表 2-20

土壤电阻率（Ω·m）	100 及以下	100 以上至 500	500 以上至 1000	1000 以上至 2000	2000 以上
工频接地电阻（Ω）	10	15	20	25	30（注）

注：如土壤电阻率超过 2000Ω·m，接地电阻很难降到 30Ω 时，可采用 6～8 根总长不超过 500m 的放射形接地体或连续伸长接地体，其接地电阻不受限制。

计算表明，降低杆塔接地电阻是减少线路雷击跳闸率的有效方法之一，在岩石等高土壤电阻率地区，目前常采用接地模块或降阻剂等物理降阻措施，同时，外引集中接地装置也是降低接地电阻的有效方法。

2.3.6　绝缘子、金具及绝缘子金具串

1. 绝缘子

目前，常用的绝缘子按材质区分有瓷、玻璃和合成材料等三大类。按照形状分有盘形（瓷、玻璃、瓷复合、玻璃复合绝缘子）、棒式绝缘子（合成、瓷）。

瓷绝缘子具有较长的生产和运行经验，瓷具有良好的电稳定性，长期运行情况良好，但零值检测困难。

钢化玻璃绝缘子生产和使用时间较瓷绝缘子晚，但其与瓷绝缘子相比具有如下特点：积污状况易于观测；零值自暴，便于发现事故隐患，不需登杆检测不良绝缘子；裙件自暴后仍具有足够的机械强度，不会发生掉串。其缺点是在遇外力破坏时裙件易裂，较瓷绝缘损坏率高，不宜在农田等耕作区采用。

合成绝缘子与瓷质、玻璃绝缘子相比，具有优良的电气性能，具有重量轻、强度高、耐污闪能力强、无零值、价格便宜、运行维护方便等特点，近年来已在世界范围内各种电压等级的送电线路上广泛使用。但合成绝缘子随着时间的增长，其憎水性及机电强度逐渐下降，护套老化等问题，使其平均使用年限低于盘型悬式绝缘子。

长棒型瓷质绝缘子是在总结盘型悬式绝缘子优缺点基础上，由双层伞实心绝缘子发展而来，它继承了瓷的电稳定性，同时也改变了头部应力复杂的帽脚式结构。长棒型绝缘子有良好的耐污和自清洁性能，在同等长度和污秽条件下，其电气强度较瓷质盘式绝缘子高。长棒型瓷质绝缘子是一种不可击穿结构，避免了瓷质绝缘子发生钢帽炸裂而出现的掉串事故。长棒型绝缘子使无线电干扰水平改善，不存在零值或低值绝缘子问题，从而省去了对绝缘子的检测、维护和更换工作，但其单件重量大，山区运输困难等，目前在我国华东地区的 500kV 线路上已有运行。

一般来讲，对于输电线路建设，盘型瓷或玻璃绝缘子造价较高，而合成绝缘子造价较低。

线路绝缘子型式应根据线路经过地区的污秽程度、可靠性要求、运行条件等选择。轻冰区线路可选择合成、瓷或玻璃盘型绝缘子。

重冰区线路中，目前普遍采用盘形绝缘子，合成绝缘子在重冰区线路中的实用性，尚在进一步的研究中。

各型绝缘子在线路主要故障中的性能、特点　　　　　　　　　　表 2-21

常见故障	盘形瓷绝缘子	盘形玻璃绝缘子	棒形瓷绝缘子	棒形复合绝缘子
雷击	闪络电压高,可能出现"零",概率决定于生产商,无招弧装置可能发生元件破损	闪络电压高,无招弧装置可能造成元件爆裂,概率决定于生产商	因装招弧角,闪络电压低,不会发生元件损坏与击穿	闪络电压略低,装均压环一般可使绝缘子免受电弧灼伤
污秽	耐污差,双伞形可改善自清洗功能,调爬方便	耐污差,防雾型可提高耐盐雾性能,调爬方便	自清洗良好,耐盐雾性能差,不能调爬	表面憎水性,耐污闪性能好,一般不需调爬
鸟害	需采用防护措施	需采用防护措施	需采用防护措施	需采用防护措施

续表

常见故障	盘形瓷绝缘子	盘形玻璃绝缘子	棒形瓷绝缘子	棒形复合绝缘子
风偏	"柔性"好,风偏小	"柔性"好,风偏小	"柔性"较好,风偏小	"柔性"较好,风偏大
断串	概率大小决定于生产商	概率极小	概率小	概率大小决定于生产商
劣化	劣化速率决定于生产商	基本不存在劣化	不存在劣化	硅橡胶老化速率和芯棒"蠕变"决定于生产商和使用条件
外力	易损坏,残垂强度大	易损坏,垂强度较大	易损坏,可能导致棒断裂	不易损坏
运输	单件尺寸小、易于山区运输	单件尺寸小、易于山区运输	单件重量大,山区运输困难	单串重量小,运输方便
现场维护检测	维护工作量大,双伞形易人工清,检"零"麻烦	清扫周期短、工作量大	清扫周期长,但人工清扫困难,伞裙破损需立即更换	维护简便,缺陷检测困难

2. 金具

金具是指输电线路上用于连接导、地线、绝缘子串与杆塔之间的金属零件。

线路上主要金具包括联塔金具、线夹、联板、间隔棒、均压环等。金具是关系到线路安全运行的重要部件,由于金具的失效和损坏,将导致线路的破坏和断电,因此,要求金具必须具有很高的可靠性。线路金具虽然在线路建设中所占成本很小,但作用很大,对线路建设、运行起到至关重要作用。

线路金具应满足现行的国家标准、行业标准和相关规范。在设计中还应该兼顾金具的运输、安装、检修、更换的方便性。金具应具有以下几个特性:

(1) 可靠性高,满足输电线路的安全稳定运行要求;

(2) 结构合理,包括金具与绝缘子、导线或金具连接结构,以及金具自身的结构都应进行最优设计;

(3) 对于材料的选择应该充分考虑(1)和(2)项的要求,从材料的强度、成本、可加工性等方面综合考虑最优选择;

(4) 超高压、高海拔输电线路金具,必须满足在线路工作电压下不产生可见电晕的基本要求,从结构上应进行特殊设计;

(5) 金具的互换性要强,便于线路的维护;

(6) 金具在最大使用荷载情况不应小于 2.5;在断线、断联、验算情况不应小于 1.5;

(7) 与横担连接的第一个金具应转动灵活且受力合理,其强度应高于串内其他金具强度。

金具生产主要有锻制、铸造等方法。其中锻制工艺较复杂,成本更高。

金具的材质主要有铸铁、钢、铝、铝合金等,其价格由低到高。

3. 绝缘子金具串

绝缘子金具串是指由绝缘子和金具组成,用于连接导、地线和杆塔中间的线路设备。按照其使用类型,分为导线用悬垂绝缘子串(单、双联和多联串)、耐张绝缘子串(单、

双联和多联串）、跳线绝缘子串；地线绝缘子金具串（有或无绝缘子）。导线悬垂绝缘子串
又有"I"形串、"V"形串、"L"形串 、"八"字形串及"Y"形串等，并依不同的使用
条件进行选用。

2.3.7　对地及对交叉跨越物的距离

高压输电线路的对地及交叉跨越距离，可按电场场强允许值要求确定的交叉跨越距离
控制（即：人在线路下产生不适感觉的程度）和电气绝缘强度要求确定的交叉跨越距离及
其他因素、规定决定的距离分为三大类。其中地面场强控制的地区，是考虑公众容易到达
的地方，并根据公众及机械活动的频繁程度，公众的活动方式、持续时间，可能到达的机
械类型，确定不同的地面场强标准及线路对交叉跨越物的距离；按电气放电间隙确定线路
对交叉跨越物的距离，主要是考虑操作过电压、大气过电压和工作电压间隙等。其他规定
因素是指非架空输电线路本身的要求，而是由其他相关法律或部门规定要求的与输电线路
的距离，如公路法、铁路法、石油天然气管道保护法、保护条例等。

1. 电场强度控制的交叉距离包括：
（1）居民区的导线对地距离；
（2）非居民区的导线对地距离；
（3）导线至公路路面的垂直距离；
（4）邻近或跨越住人建筑物的场强限值；
（5）导线至电气化铁路承力索或接触线杆塔顶的垂直距离；
（6）对城际轨道交通的最小距离；
（7）导线对弱电线的最小垂直距离；
（8）导线对电力线杆塔顶的垂直距离；
（9）导线与林区树木之间的垂直距离；
（10）导线与果树、经济作物、城市绿化灌木及街道树之间的垂直距离。

2. 电气绝缘强度要求确定的交叉跨越距离
（1）导线对步行可达山坡的最小净空距离；
（2）导线对步行不可达山坡、峭壁、岩石的最小净空距离；
（3）导线在最大计算风偏时对建筑物的最小净空距离；
（4）导线最大风偏时与公园、绿化区、防护林带树木之间的净空距离；
（5）导线至电气化铁路承力索或接触线的最小垂直距离；
（6）跨越不通航河至百年一遇洪水位的最小垂直距离；
（7）跨越通航河流至最高航行水位桅杆顶的最小垂直距离；
（8）对电力线路导（地）线的最小垂直距离。

3. 其他因素决定的距离
（1）交叉铁路的最小水平距离；
（2）与铁路平行的水平距离；
（3）交叉公路的最小水平距离；
（4）与公路平行的水平距离；
（5）与河流平行的水平距离；
（6）在开阔地区与各种架空线、管道、索道平行的水平距离；

（7）边导线与不在规划范围内城市建筑物之间的水平距离。

输电线路在设计中，必须满足相关规程对地及对交叉跨越物距离的规定，如交叉跨越物多，则相应的路径选择、塔位确定就会受到限制，从而造成铁塔数量及铁塔高度增加，绝缘子及金具数量增加等，使工程造价增加。

2.3.8 走廊设计（清理）

架空输电线路的设计，其路径选择和确定已成为工程建设的关键。输电线路的路径选择，涉及军事设施、大型工矿企业、矿藏及重要设施；城镇规划、原始森林、自然保护区和风景名胜区等。应考虑与邻近设施如电台、机场、弱电线路等的相互影响。要考虑交通运输和运行条件，尽量避开不良地质地带和采动影响区等。

输电线路路径方案除了要满足电力设计、建设和运行的有关规程、规定外，还必须要满足国家和地方的其他相关法律、法规和规定的要求，对有相互影响的设施，还需满足相关行业的规定或协商处理，线路路径方案必须取得地方政府相关部门的同意并备案。

输电线路必须要进行环境影响、水土保持、地质灾害、压覆矿产、地震安全性、文物调查等六项评估。六项评估应由有相应资质的单位进行，并由行政主管部门进行审查、批准。

由于走廊影响因素众多，因此，我们将线路走廊的处理称之为走廊设计，与本体设计同等对待，甚至比本体设计更加重要。走廊设计在输电线路设计中占有十分重要的位置。

输电线路的走廊设计（清理）主要指输电线路影响范围内各种设施的处理方案设计。

重要设施在线路路径选择中就要考虑避让，包括军事、规划、自然保护区、森林公园、Ⅰ级林地、矿区、台站（炸药库、油库、通信基站、发射接收台站、地震监测台、气象台站）、文物保护区、居住集中区、重要管线（输油、输气管线、电力线）等。

对于输电线路建设中不可避免要遇到的零星民房、林木、青苗等，则应按照相关规程、规范的要求，进行相关的处理措施设计。

1. 房屋

设计规范规定：交流输电线路不应跨越屋顶为可燃材料做成的建筑物。对耐火屋顶的建筑物，如需跨越时应与有关方面协商同意，500kV 及以上电压的输电线路不应跨越长期住人的建筑物。

导线与建筑物之间的垂直距离，在最大计算弧垂情况下，应符合表 2-22 规定的数值。

导线与建筑物之间的最小垂直距离　　　　　　　　　表 2-22

标称电压(kV)	110	220	330	500	±500	750	±660	1000	±800
垂直距离(m)	5.0	6.0	7.0	9.0	9.0	11.5	14.0	15.5	16.0

在最大计算风偏情况下，边导线与建筑物之间的最小净空距离，应符合表 2-23 规定的数值。

边导线与建筑物之间的最小距离　　　　　　　　　表 2-23

标称电压(kV)	110	220	330	500	±500	750	±660	1000	±800
距离(m)	4.0	5.0	6.0	8.5	8.5	11.0	13.5	15.0	15.5

在无风情况下，边导线与建筑物之间的水平距离，应符合表 2-24 规定的数值。

边导线与建筑物之间的水平距离　　　　　　　　　表 2-24

标称电压(kV)	110	220	330	500	±500	750	±660	1000	±800
距离(m)	2.0	2.5	3.0	5.0	5.0	6.0	6.5	7.0	7.0

500kV 及以上交流输电线路跨越非长期住人的建筑物或邻近民房时，房屋所在位置离地面 1.5m 处的未畸变电场不得超过 4kV/m。

2. 林木

设计规范规定：输电线路经过经济林木或树木密集的林区时，宜采用加高塔跨越林木不砍通道的方案。当高跨时，导线与树木（考虑自然生长高度）之间的垂直距离不小于表 2-25 的所列数值。需要砍伐通道时，通道净宽度不应小于线路宽度加通道附近主要树种自然生长高度的 2 倍。通道附近超过主要树种自然生长高度的非主要树种树木应砍伐。

导线与树木之间的垂直距离　　　　　　　　　表 2-25

标称电压(kV)	110	220	330	500	±500	750	±660	1000	±800
垂直距离(m)	4.0	4.5	5.5	7.0	7.0	8.5	10.5	13	13.5

输电线路通过公园、绿化区或防护林带，导线与树木之间的净空距离，在最大计算风偏情况下，不小于表 2-26。

导线与树木之间的净空距离　　　　　　　　　表 2-26

标称电压(kV)	110	220	330	500	±500	750	±660	1000	±800
距离(m)	3.5	4.0	5.0	7.0	7.0	8.5	10.5	10.0	10.5

输电线路通过果树、经济作物林或城市灌木林不应砍伐出通道。导线与果树、经济作物、城市绿化灌木以及街道行道树之间的垂直距离，不应小于表 2-27 所列数值。

导线与果树、经济作物、城市绿化灌木及街道树之间的最小垂直距离　表 2-27

标称电压(kV)	110	220	330	500	±500	750	±660	1000	±800
垂直距离(m)	3.0	3.5	4.5	7.0	8.5	8.5	12.0	16.0(15.0)	15.0

注：括弧内数值用于同塔双回路。

输电线路建设中，走廊清理费用已占到工程本体造价的 30% 以上，因此减少走廊清理费用已成为减少线路建设投资主要手段之一。而减少线间距离，缩小塔头尺寸也成为减小走廊宽度、降低走廊清理费用的最有效、最直接的方法之一。

Ⅱ　结 构 设 计

2.3.9　铁塔

1. 杆塔型式

在输电线路中，杆塔的型式多种多样，按受力特征可分为悬垂直线塔、悬垂转角塔、耐张转角塔；按支撑方式可分为拉线塔、自立塔；按材料来分，又可以分为水泥杆、钢管杆、角钢塔、钢管塔、钢筋混凝土塔。铁塔型式的选择不仅与工程电压等级、地质地形条件、荷载条件有关，而且与线路走廊宽度、环境保护、线路电气参数及防雷特性等有着密不可分的关系。在考虑上述因素的前提下，综合技术经济比较，择优选择规划好塔型，从而实现安全可靠、经济合理、运行维护方便。

（1）杆塔型式选择原则

杆塔选型应从安全可靠、维护方便并结合施工、制造、地形、地质和基础形式等条件综合技术经济比较。任何一条线路工程的杆塔型式主要取决于线路的电压等级、外荷载大小、沿线的地形、交通运输以及经济发展状况。

1）电压等级越高，其电气间隙、绝缘要求、对地距离等就越大，则塔头尺寸就越大，铁塔高度也越高；且电压等级越高，输送容量就越大，要求的导线截面也越大，导线截面增大则意味着杆塔所承受的外荷载也越大。同时，外荷载的大小还受气象条件的影响，如风速、覆冰厚度等。

2）杆塔型式还取决于线路所经地区的地形情况，地形越差，杆塔的刚度要求则越高，根据以往工程经验，对于平原地区多用扁塔，而对于山区地形，为了加强杆塔的纵向刚度，多用方塔。

3）沿线的交通运输状况决定了杆塔的型式和材料要求，如交通运输不方便的山区线路，采用钢管塔和混凝土塔的运输及施工费用往往是角钢塔的数倍甚至数十倍。单件过重，运输将十分困难。

4）沿线的经济发展状况同样影响到杆塔型式的选择。经济发达地区，征地费用是影响投资的主要因素，因此，拉线塔则不如自立式塔；同时，沿线的经济状况也影响到导线的排列方式，经济越发达的地区由于走廊紧张，铁塔型式的选择上则要求尽可能缩小线路走廊宽度，如采用垂直排列经济性明显优于水平排列的铁塔型式。因此，在走廊清理费用比较高及走廊较狭窄的地带，宜采用导线三角排列的杆塔、双回路及多回路的杆塔。

5）带转动横担或变形横担的杆塔不应用于居民区、检修困难的山区、重冰区、交叉跨越点以及两侧档距或者高差较大容易发生误动作的塔位。

（2）输电线路的常用塔型

国外电力发达国家所使用的杆塔类型比国内的要多，而且有些形式在国内几乎没有使用过。当然，这与国内电压等级发展水平有关，也与杆塔的设计、加工和施工水平有关，甚至也与国内钢铁产业有关。譬如，20世纪60年代，在美国、加拿大和苏联就已经出现了750kV及以上的直流和交流电压等级，而国内此时仅刚刚开始330kV电压等级的研究。又如，日本早在20世纪60年代就推出了SS55高强钢（类似于我国目前的Q420），但国内目前仍然对此类钢材没有进行大批量的生产，而且质量也甚不稳定，这使得我们自己设计和制造的超高压等级线路铁塔耗钢指标大大增加。

国内输电线路使用的杆塔主要型式如下：

1）拉线塔：拉V塔，拉门塔，拉锚塔，内拉门塔。

2）自立式塔。

① 单回路

交流线路有：上字型、酒杯型、猫头型、E字型、紧凑型等。

直流线路有：羊角型（或称干字型）、F型塔等。

② 双回路：垂直排列的鼓型、伞型、蝶型、双曲线型塔。

（3）塔型比较

输电线路工程单就杆塔型式的选择而言，没有绝对意义上的优劣或经济与否。譬如，酒杯塔和猫头塔，一般说来，在同等使用条件下，猫头塔要比酒杯塔为重，单从重量指标方面看，酒杯塔要比猫头塔经济。但由于猫头塔的水平线间距要比酒杯塔小，也就是说其所占线路走廊要窄，故而，一旦沿线的房屋拆迁比较多、拆迁费用比较高时，猫头塔就显得比较经济了；同等呼高的猫头塔和酒杯塔，在一般情况下地面电场强度，猫头塔要比酒杯塔小。

1）水泥杆

水泥杆在低等级的农网、城镇使用较多，在 500kV 等级及以上的线路上没有使用。近几年来，随着经济水平和钢管杆加工水平的提高，在城网工程中，为了城市市容的美观，钢管杆逐渐替代水泥杆而大量使用。在 500kV 及以上输电线路的杆塔都采用角钢塔和钢管塔。对于钢筋混凝土塔，在早期的大跨越工程中使用过，但由于钢筋混凝土塔自重大、施工工期长、时间长后会出现裂缝等不利因素，在近些年被角钢塔、钢管塔所代替。

2）拉线塔

在以往国内 500 千伏线路中，使用较多的拉线塔型式主要有拉门塔、拉 V 塔两种，拉门塔有主柱垂直的拉门塔及主柱叉开倾斜的拉八塔，这三种拉线塔已有较丰富的设计施工及运行经验，各有优缺点。

3）自立式塔

① 悬垂直线塔

自立式悬垂直线塔可供选择的型式有很多种，主要根据沿线的地形、林区、房屋、走廊等综合情况决定的导线排列方式来选择塔型，如单回交流有水平排列的酒杯塔、三角排列的鸟骨型、上字型和猫头塔、干字型以及垂直排列的 E 型塔；双回交流有水平排列（也称三角排列）的蝶形塔、垂直排列的鼓型、伞型、腰型（也称双曲线型）等。

对于水平排列和垂直排列方式，各有优缺点。一般来说水平排列的塔较垂直排列的塔矮，塔重较轻，防雷效果较好，但线间距离较大、占用线路走廊较宽，因此工程中应根据具体情况来综合分析和比较。

从线路走廊宽度来说：水平排列的线距较垂直排列大得多，垂直排列较水平排列有利于节约线路走廊资源。

从塔高来说：垂直排列的塔高较水平排列高得多，因此防雷效果上垂直排列则最不利，但水平排列由于线距太大，存在绕击的可能性，工程实施中为提高防雷效果可能按三地线考虑。

从塔重上来比较，垂直排列的塔由于横担短，在覆冰断线或不均匀冰时对铁塔所产生的扭力较水平排列小得多，因此可能控制塔身斜材；但垂直排列较水平排列的塔高要高，对塔身主材影响较大；一般情况对于轻冰区塔，水平排列较垂直排列的塔要轻 10% 左右，而对于重冰区由于断线张力及不均匀覆冰（大推磨情况）对铁塔所产生的扭力较轻冰区大得多，直接影响到塔身斜材，因此线距越大的水平排列塔对塔身斜材的影响要远大于线距小的垂直排列塔，由此可能会出现垂直排列较水平排列塔轻的现象。两者孰优孰劣需要根据工程情况（导地线型号、气象条件）来具体分析。

从变形上讲，由于水平排列的横担太长，铁塔抗扭能力最差，变形也最大，而垂直排列由于横担段，变形则最小。

从工程实施角度上来说，横担越长由于受边线和风偏的影响越不利于山区走线。即要满足相同的对地距离，地形坡度越大，则横担越长的水平排列塔所需塔呼高则越高。

同时，每种塔型可采用不同的挂线方式（V串、I串、Y串等）；V串可有效约束导线的摆动、紧缩线距、减小塔头，但多耗绝缘子和金具，具体采用哪种方式也需进行综合投资比较。

② 耐张转角塔

耐张塔的型式主要依据悬垂直线塔的导线排列方式来选择耐张转角塔的型式。常用的单回耐张塔型式主要有水平排列的酒杯塔、三角排列的干字型以及垂直排列的 E 型塔；双回耐张塔型式一般与直线塔型式相同。

③ 悬垂转角塔

在输电线路的设计中，延长耐张段长度，减少耐张塔的使用数量是国际国内的一个发展趋势。悬垂转角塔同耐张转角塔相比，基础混凝土及铁塔钢材用量小，具有较大的优越性。特别是在房屋密集、塔位较差、避让重要设施等需用小角度改变线路走向的塔位，采用直线转角塔不仅使线路路径走线灵活，同时可延长耐张段长度，从而降低工程的造价，优化线路路径，提高施工效率。

同悬垂直线塔的挂线方式一样，悬垂转角塔也有 I 串和 V（L）串两种挂线方式，当悬垂转角度数较大时，I 串挂线方式会造成塔头尺寸的大幅度增加，特别是线间距的增加，从而导致不经济。另外，I 串与 V（L）串，前者为了适应不同转角的间隙，需设置多种挂架，加工、施工不方便。由此说明，在同等经济性的前提下，采用 V（L）串可以增大悬垂转角塔的转角度数，提高悬垂转角塔的运用范围。悬垂转角塔与耐张转角比较，具有经济性好、施工运行方便、安全可靠性更高等优势。

2. 杆塔荷载

（1）荷载分类

输电线路杆塔荷载包括两大类：

1）永久荷载：导线及地线、绝缘子及其附件、杆塔结构、各种固定设备、基础以及土石方等的重力荷载；拉线或纤绳的初始张力，土压力及预应力等荷载。

2）可变荷载：风和冰（雪）荷载；导线、地线及拉线的张力；安装检修的各种附加荷载；结构变形引起的次生荷载以及各种振动动力荷载。

（2）荷载作用方向

输电线路杆塔的作用荷载一般分解为：横向荷载、纵向荷载和垂直荷载。荷载在杆塔结构设计时，要求以塔的横担为基准线，按空间坐标进行分解，并将沿横担方向的分力称为横向荷载，以垂直横担方向的水平荷载称为纵向荷载，以垂直地面方向的荷载称为垂直荷载，是为了计算分析的方便和统一。

（3）荷载组合

从我国规范、ASCE、IEC 标准来看，各国对杆塔的基本荷载组合均分为三类，按我国的习惯表示方法，即为正常运行情况、安装情况和事故情况，区别在于我国规范根据2005 年、2008 年线路冰灾调查分析，增加了不均匀覆冰情况。

2.3.10 基础

基础工程是输电线路工程体系的重要组成部分，它的造价、工期和工日量在整个工程中比重很大，基础设计的优劣关系到整条线路的安全，对电网安全运行起至关重要的作用。对输电线路而言，各个塔位的地形、地质条件复杂，各种基础型式对环境的影响差异很大，基础设计需综合考虑基础负荷、塔位地形和地质条件、周边环境等因素，因地制宜选择基础型式，充分发挥各种基础的优点，以达到减少土石方、防止水土流失及保持植被的目的，使线路建设对环境的影响降至最低。因此，结合基础作用力和线路的地质、地形条件因地制宜地开展基础选型及优化工作，不仅能降低工程成本，更能对线路的安全运行提供有力的保障。

1. 输电线路基础设计特点

（1）输电线路基础在设计、施工与检测等方面具有明显的行业特点：

1）输电线路距离长、跨越区域广、沿途地形与地质条件复杂、地基土物理力学性质差异性大，设计和施工中需要考虑的边界条件较多。

2）输电线路基础所承受的荷载特性复杂，基础在承受拉/压交变荷载作用的同时，也承受着较大的水平荷载作用。荷载特性，如荷载的大小、分布、偏心程度以及出现频率等都决定着基础的受力特征，而荷载分布、地基土或岩土的工程特性、基础材料特性等决定了基础的工作特性，如破坏面与滑移变形等。通常情况下，基础抗拔和抗倾覆稳定性是其设计控制条件，而建筑等其他行业基础下压稳定性才是其设计控制条件，与输电线路基础差异较大，因而可供输电线路基础直接借鉴与应用的其他行业在地基基础方面的研究成果和资料较少。

（2）输电线路对基础设计必须做出一定简化

地基土或岩土的复杂工程特性决定了对输电线路基础设计必须做出一定简化，目前，常规输电线路基础设计都是将地基、基础和上部结构三者作为彼此独立结构单元进行分析：

1）假定基础为绝对刚性（即基础不存在差异沉降），将上部结构分离出来，根据给定荷载采用结构力学或弹性力学方法进行结构设计；

2）将上部结构分析得到的支座反力反作用于基础上，并假定地基反力按某一种规定方式分布，求得基础各截面的内力和变形；

3）根据地基反力分布特征，用土力学方法计算出地基各点的位移。

实际工程实践中，地基—基础—上部结构是一个相互作用共同承载的统一整体，应满足变形协调条件。地基特性、基础刚度和上部结构都会影响地基反力分布，而且地基的不均匀沉降必然会引起上部结构内力重分布。综合考虑三者间的相互作用规律是工程设计中迫切需要解决的问题，但却是目前常规设计所难以解决的。

输电线路基础设计中需要考虑许多因素，但其中最富变化和最难于定量分析的是地基问题，地基条件将直接影响着杆塔定位和杆塔结构，并决定着基础选型与设计。

地基特性参数是基础设计的重要依据，但它与取样过程、试验的准确性和随机性有关。输电线路基础分布"点多面广"，在地质资料勘测方面表现为测点多而分散，造成沿线地基勘测资料比较粗浅，精度和详细程度都难以做到像建筑物地基那样精确可靠。此外，同一条线路上可以使用许多基本相同的杆塔类型，而这些杆塔基础的工作特性却因土质条件的不同而存在差异。因此，不得不对线路基础设计方法做出一定的简化。

（3）基础施工和检测水平在一定程度上落后于其他行业

由于输电线路基础特殊性和施工现场的分散性，又受多变的地形、地质、运输条件的限制和影响，一般大型施工机具难以进入现场，钢筋、混凝土等基础原材料运输困难。目前，在研制轻巧、高效的施工机具方面尚存在一些难题，尚难以完全摆脱笨重的体力劳动，使得基础施工成为整个输电线路施工的薄弱环节，施工质量尚难以保障。此外，由于输电线路基础所处位置的地形地貌情况复杂，传统建筑地基基础的检测方法与手段的应用会受到不同程度限制，导致输电线路地基基础检测技术水平在一定程度上落后于其他行业。

2. 输电线路基础设计的基本要求和基本内容

（1）基础设计的基本要求

输电线路的各种基础都必须满足以下基本要求，并在一定的经济条件下，赋予基础结构必要的可靠性：

1）基础必须是稳定的，而且具有适当的安全系数，即使在异常情况下也应具有一定的可靠性水平；

2）外荷载作用下，基础不能产生太大的、可能造成杆塔承载力严重下降的变形或不均匀沉降；

3）基础造价必须是经济的，或者对某些基础来说至少造价是低的。

（2）基础设计的基本内容

输电线路基础主要设计荷载包括竖向力（即上拔力和下压力）、横向水平力及纵向水平力以及由此产生的弯矩等，一般情况下基础设计内容包括上拔稳定、下压稳定、倾覆稳定和基础自身强度。

1）上拔稳定性

基础上拔稳定性就是计算基础抵抗上拔荷载的能力。工程上多采用两种方法：土重法和剪切法。土重法主要依靠基础及基础底板上方土体的自重来抵抗上拔力的作用，其原理简单，计算简便，在设计中得到了广泛的采用。而剪切法不但考虑了土体和基础的自重，而且充分利用了土体自身的抗拔作用，在理论分析上较土重法合理，但由于土体本身抗拔机理的复杂性，至今尚未完整地从理论上对这一方法加以解决。

2）下压稳定性

基础下压稳定性就是计算基础承受下压荷载能力。基础承受最大下压设计荷载作用时，要求基础底板下的地基应力不超过允许承载力，限制地基应力可保证地基土不会发生剪切破坏而失去稳定。计算松软地基在下压荷载作用范围内的地基应力，并据此计算出地基的变形值，从而鉴定是否影响上部杆塔的正常使用，以及是否需要改变基础的类型。

3）倾覆稳定性

基础倾覆稳定性就是计算基础抵抗倾覆荷载作用能力。受水平荷载作用时，在地基受影响范围内，要求基础两侧的被动土抗力产生的平衡力矩能够保持基础的倾覆稳定，并达到规定的抗倾覆稳定安全系数。

4）基础本体强度计算

基础本体强度是保证外荷载通过基础传递至地基的必要条件。基础本体各个截面和部位以及与杆塔的连接强度都必须可靠。计算基础本体强度是以基础本身作为结构件进行的，它和一般构筑物（如钢结构、钢筋混凝土结构）的计算类似，一般均可参照建筑结构规范进行，并保证达到规定的安全系数。

3. 影响输电线路基础设计的因素

输电线路基础设计是在已知地质及荷载等条件下通过一系列计算来选择合适的基础类型，确定基础最佳尺寸的全过程。经济性、环境保护和施工难易程度都是输电线路基础设计中需要自始至终加以考虑的因素，在此基础上，还要考虑到下列因素。

（1）地质条件

这是输电线路基础设计的出发点，地质条件主要包括塔位的地质情况、土（岩）种类、原状土层分布和应力状态、地下水位情况以及施工过程地基土（岩）的变化特性等，地基土（岩）的工程评价是正确进行杆塔基础设计的关键。

（2）荷载特性

基础设计时主要的变量不仅是各荷载的大小、加载的快慢和出现的频率，还要考虑荷载的分布和偏心程度等，设计中不同的荷载应采用不同的安全系数或可靠性。

（3）地基承载特性

地基土（岩）的承载特性直接取决于它们在不同载荷条件（如持续、短时、周期）作用下的强度和变形特性。通常情况下，地基对持续荷载和短时荷载（包括施工荷载和检修荷载）的反应不同，例如：黏土在持续荷载作用下，将处于排水状态，而在短时荷载作用下则处于不排水状态。地基土（岩）的承载特性需要根据地基参数加以确定。

（4）基础承载特性

地基和基础是相互作用的共同承载体，设计中需要根据地基承载特性考虑地基中是否有可能出现潜在的破坏面，以及这个破坏面随基础埋置深度的不同而变化的规律。破坏面不同，基础通过地基土（岩）抗力和端面支承力向地基传递荷载的方式也不同。实际荷载特性、地基土或岩承载特性、基础材料决定了基础受力后的承载特性。

（5）基础不均匀变形对杆塔承载力的影响

输电线路基础—地基—杆塔结构是一个相互作用、共同承载的统一整体，基础不均匀沉降必然会导致上部结构内力重分布，从而使杆塔结构产生导致明显的附加作用力。

（6）施工和检测方法

施工和检测方法也是输电线路基础设中需要考虑的一个重要因素，它直接影响基础系统的极限承载能力。施工和检测方法的改善可以明显地改变基础的承载能力，相反，如果施工和检测质量达不到要求则基础承载力明显降低。

4. 基础规划型原则

在规划基础型式时，遵循下面的原则：

（1）结合工程地形、地质特点及运输条件，综合分析比较，选择适宜的基础型式；

（2）在安全、可靠的前提下，尽量做到经济、环保，减少施工对环境的破坏；

（3）充分发挥每种基础型式的特点，针对不同的地形、地质，选择不同的基础型式；

（4）对不良地基，提出特殊的基础型式和处理措施。

5. 基础规划型式的要求

根据我国目前超高压输电线路杆塔基础工程的设计和施工现状，并结合输电线路基础的工程特性和各种基础的可靠性分析，在基础规划时应考虑以下几方面：

（1）应尽可能采取合理的结构型式，减小基础所受的水平力和弯矩，改善基础受力状态；

（2）应尽可能充分利用原状土地基承载力高、变形小的良好力学性能，因地制宜采用原状土基础；

（3）应注重环境保护和可持续发展战略；

（4）应注重施工的可操作性和质量的可控制性。

6. 国内输电线路基础设计现状

目前，架空输电线路杆塔常用的基础型式大体可分为两大类：大开挖基础和原状土基础。

（1）大开挖基础

主要包括现浇钢筋混凝土斜柱基础、阶梯式刚性基础、大板基础、装配式基础等，该类基础适用于线路一般地质情况较差的塔位，施工难度较小。对于斜柱基础，其混凝土方量较小，施工容易；而对于阶梯式刚性基础、大板基础其混凝土方量较大，但埋深浅，施工相对简单。

（2）原状土基础

主要包括掏挖基础（直掏挖、斜掏挖）、人工挖孔桩、岩石基础。掏挖基础及岩石基础适用于地质情况较好（能成型开挖）、对环境要求高、基础负荷不太大的塔位，当基础埋深较深时，施工时往往需要护壁。

（3）其他类型基础

根据工程特性和地基特点，输电线路基础还有一些其他的型式，如在大荷载、地基承载能力差的条件下采用的联合基础以及在施工难度大的流砂和软弱地层中采用的灌注桩基础、复合式沉井基础等。

7. 各型基础的可靠性

基础设计的先决条件比铁塔要差，同一基铁塔的分裂基础之间土壤的变化亦会有差异，土壤的承载力没有杆塔材质均匀，地质钻探反映经常与实际特性不完全相同，基础与土壤在上拔荷载中的相互作用亦不能像杆塔设计一样精确地判断，基础强度具有很大的分散性，国外常用试验来验证基础设计，通过基础的统计特性来判断基础的可靠性，基础强度的特性统计则至少试验5％的试样，而我国通常不会做这种大规模的试验。

按照IEC和西德有关文件的基础统计特性，以基础强度的变异系数来判断，各型基础的可靠性由高到低以此为重力式基础—钻孔、掏挖、岩石基础—密实的回填基础—较密实的回填基础—桩基础—不密实的回填基础。

8. 塔基环保和水土保持

输电线路的输送距离长、跨越区域广、沿途地形与地质条件复杂多变，应合理设计塔位施工基面，做到少开塔位施工基面，以减少弃土和边坡的防护，降低工程造价，加强环境保护，实现国家经济建设的可持续发展：

（1）铁塔全方位长短腿与不等高基础设计配合使用

为了减少开方量、节省投资、少破坏山区植被，铁塔全方位长短腿设计是山区线路工程首选方案，配合不等高基础设计可做到少开或不开基面，达到近乎完美的最佳效果。

（2）生态植被护坡

输电线路工程传统的护坡多考虑护坡的强度和稳定功能而采用浆砌块石护坡挡土墙，由于坡面采用浆砌块石护坡后，原有被破坏的植被和水土并未被保护，底部的土体容易受到雨水冲刷，导致边坡土体的自重压力增大，如果边坡底部未放在原状土中，容易引起不均匀沉降，造成开裂，护坡挡土墙也容易被破坏，从而影响线路的安全稳定。同时，这些护坡耗用大量的材料，造价很高。生态植被护坡则利用植被涵水固土的原理稳定岩土边坡，除了护坡功能之外，还具有美化与改善环境的功能。

（3）施工弃土处理

施工弃土向塔位下边坡倾倒不仅使坡体重力增加发生堆载诱发型滑坡，而且易发生弃土牵引式滑坡，施工弃土应远离塔位。

（4）加强排水措施

塔位基面应向下坡方向倾斜，利于基面散水外流，保证塔基排水畅通。对汇水面较大的塔位，应在塔位上方修建永久型排水沟，将上方汇水引向塔位较远的的下边坡。若塔位上方为水田，应将其该为旱地，以减少灌溉水的渗流影响。

（5）农田复耕与施工道路修建

输电线路工程施工特点是一次性建成投产，在施工过程中占用了场地，施工完毕后即应恢复，以确保农田复耕；施工期间需要修建道路，原则上利用现有道路或在原有路基上拓宽。

Ⅲ　新技术及新材料

随着输电线路新技术不断进步，新材料、新工艺的不断出现，同塔多回，紧凑型、直流输电、特高压输电等提高单位输电走廊传输功率的新技术已成功投运，提供了更加高效、节能的远距离电力输送方法。

此外，新型导线如钢芯铝合金导线、全铝合金导线、铝合金芯铝绞线、殷钢芯、铝基陶瓷纤维芯、碳纤维芯铝绞线、OPCC导线、扩径导线、型线（异型导线）等也在工程中应用，使导线的选型更加灵活。

2.3.11　同塔多回输电技术

指为节约线路走廊资源，进一步减少线路建设对地方经济发展的影响，而将两回以上的线路建设于同一杆塔的输电线路，目前已建的同塔多回线路有同塔双回、三回、同塔四回、同塔六回等。这些架设于同一铁塔之上的输电线路，既有相同电压等级的线路，也有不同电压等级的线路；既有交流线路，也有直流线路。

采用同塔多回输电方式，主要是节约走廊，减少线路走廊清理费用，但同时，由于多条线路架设于同一铁塔之上，可靠性要求更严格、铁塔高度更高、防雷接地要求也更高，其本体造价一般大于单回线路的和。

2.3.12　紧凑型输电技术

紧凑型输电线路是指通过对导线的优化排列，将三相导线置于同一塔窗内，三相导线间无接地构件，达到提高自然输送功率，压缩线路走廊宽度，提高单位走廊输电容量的架空送电线路。

与常规输电线路相比，紧凑型输电线路具有自然传输功率高、三相不平衡度低、线路走廊宽度小、地面电场强度低等优点，能较好地解决线路走廊紧张、传输容量需求大的矛盾。线路的特点是导线分裂根数多（500kV为6分裂），杆塔无相间立柱，三项导线均布置在塔窗内、导线采用倒三角形布置、绝缘子串为"V"形串,可限制导线风偏摇摆、从而缩小相间距离。当档距较大时,需采用相间间隔棒,以保证相间距离。

我国紧凑型线路最早在华北地区建成投运,其后在西南地区,500kV 紧凑型线路相继建成投运,已取得较丰富的运行经验。750kV 紧凑型输电技术也在进一步研究中。

2.3.13 紧缩型输电技术

紧缩型输电线路是指通过采用对线路导线的优化排列、并采取一定的技术措施,限制导线的摆动,保证线路绝缘水平,缩小线路走廊宽度的输电技术。

紧缩型线路类似于一般常规输电线路,但其线间距离更小,并采取相间间隔棒来保证电气距离。

2.3.14 大截面导线输电技术

大截面导线输电技术是指在导线截面选择中,选择超过经济电流密度控制的常规的最小截面,而采用较大截面的导线,以提高线路输送能力,减少线路输电损耗的技术。计算表明在同等条件(电压、分裂数、导线材料)下,导线截面增加 1 倍,按经济电流密度计算,导线输送容量可以增加 90% 左右,按导线发热计算,输电容量可提升 50% 左右,并缩小线路走廊。

一般线路导线截面,往往按照其经济电流密度选择。采用大截面导线不仅能大大提高线路的输送功率,减少线路建设数量,同时由于截面增大,可大大减小线路的电阻损耗和电晕损耗,并且对于超高压和特高压线路,可以进一步改善线路的电磁环境。当然,增大导线截面,也相应增加了线路的导线、塔材、基础等耗量,也即增加了工程造价,因此,对于线路截面的增大,必须结合线路的输送功率和系统条件,按照全寿命周期的理念来进行选择。

2.3.15 耐热导线输电技术

耐热导线输电技术是指在输电线路的建设中,采用耐热导线,提高导线允许温度,增加导线输送电流,从而提高线路输送容量的一种输电技术。

耐热导线输电技术的特点是将普通线路导线(如常用的钢芯铝绞线)换为耐热导线(如耐热铝合金导线、碳纤维导线等),除杆塔高度需进行校核外,而其他条件(铁塔荷载、绝缘子)基本不变,通过提高导线的运行温度,达到增加导线输送容量的目的。采用耐热导线,在提高输送容量的同时,其线路损耗也随之增加,因此一般用于改造线路中。近年来,耐热导线在新建线路中的应用也在研究中。

2.3.16 在线监测

输电线路在线监测是实现输电线路智能化的基础,是建设智能输电线路有效手段。输电线路在线监测系统主要由数据采集单元、数据传输单元和数据处理单元组成。

通过输电线路在线监测系统,可对输电线路运行过程中的状况、环境条件等进行监测,并及时反馈,为线路运行维护提供第一手资料,提高线路的运行水平。

1. 一般地,线路的在线监测主要有以下方面。

(1) 气象条件监测:监测风速、风向、温度、湿度、气压、光辐射、雨量等参数,采用风速风向仪、温度传感器、湿度传感器、气压计、光辐射传感器、雨量测量装置等进行监测。

(2) 导地线张力监测:监测导、地线应力。采用张力传感器进行监测。

（3）导线及绝缘子风偏监测：监测导线及绝缘子倾斜角。采用角度传感器。

（4）交叉跨越距离监测：通过光学测量或视频监控，可以监测线路交叉跨越空气间隙是否满足要求，同时能够实现线路的短时过载和动态增容。

（5）微风振动监测：可以对振动幅度和频率进行监测，反映导线受损的可能性。

（6）舞动监测：在易舞区域的线路上装设加速度、角度传感器及视频监测，监测舞动幅度、舞动频率、舞动半波数、风速等。

（7）导线及金具温度监测：监测导线温度可以实现对载流量的掌握，并充分利用导线输送能力。

（8）导线外部损伤、断股、散股以及金具断裂监测：可以通过监测局部放电进行。

（9）绝缘子表面污秽监测：对污秽程度的监测可以有效降低污闪概率。

（10）雷电活动监测：采用电磁感应装置可以对雷电活动进行监测，以实现对雷击事故的提前预警。

（11）绝缘闪络及接地故障监测：可以及时对故障定位并制定抢修方案。

（12）塔身应力监测：应力传感器可以监测塔身危险点。

（13）杆塔变形及倾斜监测：可以通过视频、倾斜传感器进行监测。杆塔变形及倾斜监测可以有效反映杆塔结构受损及基础沉降、变形等问题。

（14）防盗监测：采用应力感应、视频、红外成像、雷达和触碰监测可以实现线路部件的防盗报警。

（15）视屏监测：可以监测线路的多种故障和安全威胁，是一种基本的、适用多种目的的监测方式，结合需要可以在线路的危险点安装。

2.3.17　新材料

输电线路的新材料主要包括新型导线、新型金具等。

1. 新型导线

新型导线的新，主要是指其在导电材料、芯以及结构型式方面的不同。

（1）导电材料

1）电工铝（LY9）（61%IACS）。

2）高强度铝合金（6201）（52.5%IACS）。

3）普通耐热铝合金（TAL）。

4）高强度耐热铝合金（KTAL）。

5）超耐热铝合金（ZTAL、UTAL）。

（2）芯

1）镀锌钢芯。

2）铝包钢芯。

3）（铝包）殷钢芯。

4）碳纤维复合芯。

5）铝基陶瓷纤维芯。

（3）导线结构型式

1）圆线同心绞。

2）型线同心绞。

3）扩径导线。

4）OPCC 电力光缆。

（4）导线的选型

必须根据不同的使用环境、使用条件和技术要求确定。表 2-28 列出了目前国内外主要形式的导线及其用途。

国内外导线的品种及应用场合 表 2-28

序号	产品名称	用途	备注
1	普通导线及钢芯铝绞线	基建	
2	铝包钢芯铝绞线	基建	
3	钢芯(铝包钢芯)LHA 型高强度铝合金绞线	基建、改造	(跨越、冰区)
4	钢芯(铝包钢芯)60%IACS 耐热铝合金绞线	基建、改造	
5	钢芯(铝包钢芯)高强度耐热铝合金绞线	基建、改造	
6	倍容量(殷钢或铝包殷钢)超耐热铝合金绞线	改造	
7	松套型(间隙型)导线	改造	
8	铝基陶瓷纤维芯铝绞线	改造	
9	低弧垂软铝绞线(钢芯软铝绞线)	基建、改造	
10	合成碳纤维芯铝绞线(高导电率铝合金绞线)	改造	
11	扩径导线(抽芯式、铝管式、Z 型、瓦型)	基建	(人口密集、西北地区)
12	OPCC 电力光缆	基建	

2. 新型金具

主要是指随着输电线路建设技术的发展要求而研制和改进的金具。

新型金具主要是从结构和材料方面进行的改进。

悬垂线夹：提包式悬垂线夹、中心回转式悬垂线夹、预绞式悬垂线夹。

耐张线夹：液压型耐张线夹、双预绞式的耐张线夹。

间隔棒：预绞丝线夹间隔棒、弹簧间隔棒、防舞动间隔棒。

防振锤：大小锤头、多频率响应、预绞丝式夹头。

Ⅳ 影响输电线路设计和造价的主要因素

2.3.18 影响输电线路设计和造价的主要因素

影响线路工程造价的因素有很多，包括外部因素和线路主要技术条件，其中外部因素包括线路路径中的各种自然条件（如路径方案中的地形、地质条件、交通运输条件、林区分布情况、线路海拔高程、基本风速、设计覆冰等）；而线路设计的主要技术条件则包括输送容量、导地线型号、绝缘配合、绝缘子型式、防雷接地、铁塔选型、基础形式、对地距离和走廊清理等，这些均是影响工程造价的主要因素之一，因此，在进行线路造价分析和确定设计方案和原则时，必须综合考虑这些因素。

1. 曲折系数越大，路径越长，则线路造价越高。

2. 设计基本风速和设计覆冰厚度这两项气象基本参数，影响到铁塔塔头布置、铁塔横向荷载（风荷载）、垂直荷载（自重荷载和冰荷载）、纵向荷载以及荷载系数取值、荷载组合方式，从而直接影响铁塔耗钢量，进而影响基础选型、工程造价。线路设计基本风速越大、覆冰越厚，则线路造价越高。

3. 地形条件越差，运行条件越差，则线路造价越高。地形条件主要是指线路经过地区沿线地形分类。不同的地形条件对线路的影响主要表现在铁塔的经济档距和经济塔高、铁塔设计和使用条件、铁塔塔高、附件耗量、接地装置、小运距离等。目前线路地形分类主要有平地、丘陵、河网泥沼、山地、高山和峻岭，一般其本体工程造价由低到高。

4. 交通运输条件越差，则线路造价越高。输电线路的建设，需要将大量的建设材料运送到铁塔位置，交通条件不仅直接影响工程建设时的材料运输，影响工程造价，其次还影响着线路投运后的运行维护和事故抢修，线路路径的选择比较中，交通运输条件是重要因素之一。

5. 不同的地质条件对输电线路杆塔基础的设计影响较大，基础造价在线路工程造价中占有较大比例。在线路工程中，常见的地质条件有灰岩、泥岩、黏土等，其承载力逐渐降低。

地质条件越差，基础耗量越大，则线路造价越高。

6. 线路海拔越高，其绝缘配合要进行修正，绝缘子片数和间隙均相应增加，将引起铁塔塔头增大，使铁塔耗钢量增加，进而影响工程造价增加。

7. 导线选择：导线截面与线路输送容量密切相关，导线分裂数确定后，截面越大，其输送容量亦大，同时其导线耗量增加，作用于杆塔上荷载也越大，相应的绝缘子、金具等附件的机械强度要求更高，使得线路工程的造价也随之增加。

8. 铁塔塔型：不同的铁塔型式适用于不同的自然条件，如对单回路 500kV 线路而言，导线水平排列的特性防雷特性好，但走廊资源富裕、雷电活动强烈的地区；而三角形排列"猫"头型铁塔，则占用走廊宽度更窄，适用于走廊资源紧张、房屋拆迁量大的工程。因此，在工程设计中，必须根据工程所处的自然环境，选择适合的铁塔塔型，以保证线路的可靠性和经济性。

9. 线路通过林区长度和林木高度：输电线路通过集中林区时要按照高跨设计，此将大大增加线路铁塔高度或使线路档距缩小，增加铁塔数量，从而增加工程投资。

10. 规划设施、大型厂矿、部队设施、保护区等。

一般来讲，线路路径选择应该避让规划设施、大型厂矿、部队设施和各类保护区等，以尽量减小因为输电线路的建设给地方经济建设带来的负面影响。受相关设施的影响，路径的选择往往更加困难，造成转角增多（耐张转角塔的单基造价大大高于直线塔单基造价）、档距缩小等，造成工程造价的增加。

11. 交叉跨越和房屋拆迁。

输电线路不可避免地要跨越各种障碍设施，并满足相关规程规范的要求。交叉跨越数量和被跨越障碍物的高度等，直接影响着跨越塔的数量和高度，也影响着工程造价。

按照规程规定"输电线路不应跨越屋顶为可燃材料做成的建筑物。对耐火屋顶的建筑物，如需跨越时应与有关方面协商同意，500kV 及以上输电线路不应跨越长期住人的建筑物。"因此，线路沿线房屋拆迁量的多少将直接影响工程造价。

2.3.19 节能措施

1. 导线材质选择

导线的材质选择必须能够满足工程的电气、机械性能要求，经济合理。输电线路导线的材质多种多样，采用高导电率的钢芯铝绞线，可以达到同等截面铜导线导电率的61%～63%，可使线损较采用常规导线更小。

2. 导线截面、分裂根数和间距的选择合理

导线截面越大，其电流密度越小，线损越小，但其本体造价亦会随之增加，因此应进行技术经济比较后确定。当导线总截面确定后，导线分裂根数和子导线分裂间距的取值，就要以降低了线损、减少导线表面电位梯度和次档距振荡，减少电晕放电并能够提高导线的输送能力等为目的进行研究，综合分析和比较后确定。分析表明，对500kV线路，一般采用4分裂导线，分裂间距应导线型号不同，一般采用45～50cm，不仅载流量与不分裂导线相比提高43%左右，且方便施工运行。

3. 地线采用分段绝缘

输电线路运行中，将在地线上感应一定的电压，如果地线采用直接接地的运行方式，则在地线上就形成了回路，造成线损。而采用分段绝缘、中间一点接地运行方式，则可以避免电流在地线上形成回路，可大大降低线路损耗。

4. 采用节能金具

导线线夹等金具采用铝合金等材质，可以有效避免采用传统铁材质金具所引起的磁滞损耗，此外，导线线夹采用防晕型，绝缘子金具串安装均压环、屏蔽环，有效地控制了金具串的起晕电压，防止电晕发生，减少线路的电晕损耗。

2.4 通信系统设计

2.4.1 通信系统设计内容及流程

1. 设计内容

通信系统设计内容包括：系统通信和站内通信。

系统通信包括：光纤通信系统、数据通信网络系统、微波通信系统、卫星通信系统、视频会议系统（根据全网需要配置）等。其中微波通信系统和卫星通信系统使用较少。

站内通信包括：生产调度交换机、生产管理交换机（部分换流站配置）、电力线载波通信系统、扩音呼叫通信系统（部分换流站配置）、通信电源系统、音频通信电缆网络等。

2. 设计流程

设计流程为规划设计—系统设计（接入系统设计）—可行性研究—初步设计—施工图设计—竣工图设计。

规划设计，一般按省或地区行政区域进行，每五年规划一次，范围包括通信系统各专业，根据需要进行滚动编制，主要内容包括通信网现状及存在的问题、业务需求分析、规划原则及目标、技术政策及建设原则、各专业的规划内容、投资估算、重大研究课题及目标展望等，投资估算由通信专业人员完成。

通信系统设计，一般针对特定情况、范围或要求进行的通信系统设计，包括通信系统各专业，主要内容有业务分类及传输带宽统计、通信系统设计原则、通信系统的网络组织

与规划、各业务系统的设计内容等，投资估算由通信专业人员完成。

接入系统设计，一般针对特定变电站等进行的系统设计，内容与通信系统设计相同，包括通信系统各专业，投资估算由通信专业人员完成。

可行性研究，一般针对特定变电站或通信单项工程进行的可行性研究设计，主要包括站内通信系统的设计或通信单项工程设计，主要内容有工程建设的必要性、通信系统现状、工程概况、工程方案等，由通信专业人员给技经专业人员提供资料，技经专业人员完成投资估算。

初步设计，一般针对特定变电站或通信单项工程进行的初步设计，主要包括站内通信系统的设计或通信单项工程设计，主要内容包括通信现状、生产调度和生产管理关系、信息种类及通道要求、通道组织、通信方案等，由通信专业人员给技经专业人员提供资料，技经专业人员完成工程概算。

施工图设计，一般针对特定变电站或通信单项工程进行的施工图设计，主要包括站内通信系统的设计或通信单项工程设计，主要内容为工程的机房设备布置、安装、缆线布放等，根据合同要求确定是否完成施工图预算。

竣工图设计，一般针对特定变电站或通信单项工程进行的竣工图设计，主要反映施工过程中与原施工图设计有改动的地方或应建设方要求进行修改的部分内容。主要包括站内通信系统的设计或通信单项工程设计。

2.4.2　通信系统基本知识

1. 电力系统通信系统的组成及作用

电力通信网是为了保证电力系统的安全稳定运行应运而生的，它同电力系统的安全稳定控制系统、调度自动化系统被合称为电力系统安全稳定运行的三大支柱，是确保电网安全、稳定、经济运行的重要手段，是电力系统的重要基础设施。

随着通信行业在社会发展中作用的提高，以电力通信网为基础的业务不再仅仅是最初的程控语音联网、调度实时控制信息传输等窄带业务，逐渐发展到同时承载客户服务中心、营销系统、地理信息系统（GIS）、人力资源管理系统、办公自动化系统（OA）、视频会议、IP电话等多种数据业务。电力通信在协调电力系统发、送、变、配、用电等组成部分的联合运转及保证电网安全、经济、稳定、可靠的运行方面发挥了应有的作用，并有利的保障了电力生产、基建、行政、防汛、电力调度、水库调度、燃料调度、继电保护、安全自动装置、远动、计算机通信、电网调度自动化等通信需要。虽然电力通信的自身经济效益目前不能得以直接体现出来，但它所产生并隐含在电力生产及管理中的经济效益是巨大的。同时，电力通信利用其独特的发展优势越来越被社会所重视。

电力系统通信系统由传输系统（光传输、微波传输、卫星传输、电力线载波）、数据通信网络、生产调度交换网、生产管理交换网、视频会议系统及承载的其它业务系统组成，电力系统的各类生产调度、管理、信息化业务承载在数据通信网、光传输系统、微波通信系统之上；数据通信网络则承载在光传输系统之上，有条件则可采用光纤直连；光传输系统则是以光缆为传输介质。通信系统的结构层次如下图所示。

电力系统常用通信方式有光纤通信、数据通信网、微波通信、卫星通信、视频会议、电力线载波通信、生产调度交换机、生产管理交换机（部分换流站配置）、扩音呼叫通信（部分换流站配置）及通信电源系统等。

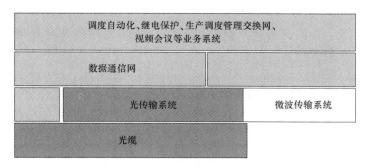

图 2-73 通信系统层次结构图

2. 光通信系统

光纤通信具有抗电磁干扰能力强、传输容量大、频带宽、传输衰耗小等诸多优点，它一问世便首先在电力系统得到应用并迅速发展。光通信系统是电力系统的基础信息传输系统，承担着电力系统各类生产调度信息和生产管理信息的传输。

光通信系统（SDH/MSTP/DWDM/OTN/PTN）由光传输设备和光缆组成，根据通信站点及连接光缆的分布情况，光传输网络呈现线形、环形、网格形等多种不同的网络结构。光传输设备按传输容量不同分为 155M、622M、2.5G、10G、Nx10G 等系统；光缆有 OPGW、ADSS、OPPC、普通光缆等不同类型光缆，芯数有 12 芯、24 芯、36 芯、48 芯等。

各传输设备主要组成部分如下：子框及公共部分、电源板、交叉时钟板、公务板、光接口板、2M 接口板、以太网板、机柜、安装套件、材料及缆线等。根据传输距离不同，光接口板有不同类型，常用的有 L4.2、L16.2、L64.2 等，长距离还需配置光放大器、色散补偿模块。放大器有功放、预放、线路放大器及拉曼放大器等。在光通信系统中还需配置光缆配线架（ODF）和数字配线架（DDF）。设备使用场合不同，配置也不同，因此造价也不同。

在电力系统中，除普通光缆外大量使用的是电力特种光缆，主要有地线复合光缆（OPGW）、无金属自承式光缆（ADSS）、相线复合光缆（OPPC）等。

（1）地线复合光缆（OPGW），光纤含于架空地线内。它使用可靠，不需维护，但一次性投资额较大，适用于新建线路或旧线路更换地线时使用。

（2）全介质自承式光缆（ADSS），这种光缆无金属，为自承式结构，安装费用比OPGW 低，一般不需停电施工，它与电力线路无关，而且重量轻、价格适中，安装维护都比较方便，但易产生电腐蚀。

（3）相线复合光缆（OPPC），光纤含于架空相线内，可靠性较高，不需维护，但一次性投资额较大，适用于无架空地线及电压等级较低的新建电力线路上。

电力特殊光缆受外力破坏的可能性小，可靠性高，虽然其本身造价较高，但施工建设成本较低。电力特种光缆制造及工程设计已经成熟，特别是 OPGW 和 ADSS，在国内已经得到大规模的应用。在本地传输方面，城市内电力系统的杆路、沟道资源也可用于敷设普通光缆。依托于电力系统自身的线路资源敷设光缆，避免了在频率资源、路由协调、电磁兼容等方面与外界的矛盾，有很大的主动灵活性。

3. 数据通信网系统

数据通信网是电力系统的基础传输网络，主要用于传输电力系统的各种生产管理类和信息类 IP 数据业务。数据网主要承载在 SDH/OTN 传输网络上，有条件也可采用光纤直连。

数据通信网由路由器、交换机、安防设备等组成，主要用于传输数据、视频、语音等信息，网络由核心层、汇聚层、接入层三层结构或核心层、接入层二层结构组成，分别位于省、地电力公司、直属单位、电厂、变电站等不同层次的站点，对应的设备分为核心层设备、汇聚层设备、接入层设备。不同层次的设备作用不同，技术参数、性能指标不同，价格也不同。

路由器设备主要组成部分如下：主机机框、主控单元、电源模块、业务板卡、光电模块、机柜、安装套件、材料及缆线等。根据使用情况不同，可选择不同种类、不同数量的业务板卡和光电模块。常用的业务板卡有 10/100M（FE）、1000M（GE）、10GE、E1、STM-1 POS/CPOS、STM-4 POS 等。

交换机设备主要组成部分如下：交换机主机、电源模块、业务板卡、光电模块、机柜、安装套件、材料及缆线等。业务板卡和光电模块也有不同类型可供选择。常用的业务板卡有 100M（FE）、1000M（GE）、10GE 等。

安防设备主要有防火墙、隔离装置、加密认证装置、IDS 等。

常用的安防设备防火墙主要由主机及业务板卡组成。业务板卡的数量及类型根据需要配置。

4. 微波通信系统

微波通信系统曾经作为电力系统的主要通信方式发挥了重要的作用，微波通信系统具有不受地理环境限制进行灵活组网的超强适应性，抗灾害能力强，传输容量较大，传输质量较好，组网方便灵活，但微波通信工程造价较高，微波站间需视距传输，这使微波通信的应用受到一定的限制。随着光纤通信的推广及广泛应用，微波通信与之相比无论是传输容量、质量，还是工程造价，都远远不及光纤通信，现在微波通信系统建设项目已较少。

微波通信系统由若干微波站组成，形成线型、树形、环形等通信网络，用于省、地电力公司之间，以及与重要电厂、变电站之间传输各种数据、话音及视频信息。微波站分为端站、中继站、枢纽站。微波通信系统有 SDH、PDH 制式，工作频率主要为 7/8GHz，容量有 34Mb/s、155Mb/s 等。

微波站由以下各部分组成：微波收发信机、复接设备、天馈线系统、微波铁塔、通信电源系统（可能含整流系统、蓄电池组、太阳能电源、风力发电、柴油发电机系统等）、机房等建筑物、防雷接地系统、供水系统、供电电源及线路、进站公路、对外通信系统等。

5. 卫星通信系统

卫星通信系统由卫星主站、卫星小站、卫星转发器组成，多个卫星站组成卫星通信系统，在电力系统中主要用于应急通信，传输话音、数据及视频等信息。

根据运行需要，卫星小站有固定站和移动站之分，固定站主要设于重要站点，移动站主要用于应急时根据需要布置。卫星小站的设备有天馈线系统、卫星收发信机/路由器、电源系统等。天线尺寸、发信功率根据系统传输要求确定，天线尺寸一般有 1.2m、1.8m、2.0m、3.2m 等。

卫星通信传输容量较小，传输质量也不高，在常规通信系统中使用较少，主要用于重要场合的应急通信，可以传输应急现场的几路话音、数据和视频信息。

6. 视频会议系统

视频会议系统主要用于召开不同地点参加的多方视频会议，以提高效率、节约成本。电力系统的视频会议系统有全国的系统、有全省的系统、也有地区系统，可以分别召开不同的会议，各系统也可以互联，召开大型会议。

视频会议系统由 MCU、主/分会场组成，可召开多点视频会议。主会场设施包括视频会议终端、中控系统、视频矩阵、录播服务器、调音台、摄像头、麦克风、等离子电视等相关设备。分会场设施包括视频会议终端、中控系统、视频矩阵、调音台、摄像头、麦克风、等离子电视等相关设备。

主会场、分会场与 MCU 间可通过 SDH 专线或数据通信网相连，组成视频会议系统。不同的系统也可通过 MCU 互联形成较大的会议系统。会议会场主要设在各省公司、地区电业局、县公司、重要直属单位、重要的换流站及变电站等。

7. 电力线载波通信系统

电力线载波通信将话音及其他信息通过载波机变换成高频弱电流，利用电力线路进行传送。载波机将低频话音信号调制成 40kHz 以上的高频信号，通过专门的结合设备耦会到电力线上，使信号沿电力线传输，到达对方终端后，采用结合滤波器将高频信号和工频信号分开。电力线载波通信具有通道可靠性高、投资少、见效快、与电网建设同步等得天独厚的优点。

电力线载波通信系统是电力系统特有的通信方式，系统由载波机、阻波器、耦合电容器、结合滤波器等组成，通过相地或相相耦合方式，在电力线上开设通信通道，主要用于传输话音、数据等信息。随着光通信的普及，电力线载波通信主要用于继电保护信息的传输，在光网络较发达的地区，电力线载波通信已逐步淘汰。

根据电压等级及传输距离不同，载波机有不同的发信功率可供选择，一般有 20W、40W、80W 等不同的发信功率，相应有不同的结合滤波器。

对于不同的电压等级、工作电流、短路电流，阻波器、耦合电容器有不同的参数规格。阻波器工作电流主要有 1250A、2500A、3150A 等，短路电流主要有 50kA、63kA 等。耦合电容器总容量主要有 5000pf、10000pf 等。

8. 交换机系统

主要指用于话音通信的程控交换机，通过交换机间的互联，形成交换网络，为电力系统生产调度及生产管理提供电话通信。交换机内部用户之间可进行通话，本交换机用户也可与其他交换机用户进行通话。

交换机设备主要由以下部分组成：交换机主机及公共控制部分、信号板、中继板、用户板、信令板、维护终端、调度台、话务台、录音系统等。

根据使用要求交换机有不同的用户容量、不同的中继方向及中继线数量。一般变电站用户容量为 48 至 96 线，中继线为 2 至 4 个 E1 中继。对于调度交换机，需配置调度台、录音系统，对于行政交换机，需配置话务台。

9. 扩音呼叫通信系统

扩音呼叫通信系统主要用于环境噪音较大的场合或在一定范围内广播找人进行通话的

情况。系统分有主机和无主机两种，由主机（有主机系统）和话站及连接电缆组成，系统规模（即话站数量）根据需求确定，一个换流站内一般配置 20 至 40 个话站。

主机与一般交换机基本相同，话站由话机、功放、扬声器组成，通过话站可呼叫其他话站，被叫人听到广播后到最近的任一个话站接听电话，进行通话。

10. 通信电源系统

通信电源系统由高频开关电源、蓄电池组、直流配电屏组成，将 220V 交流电源变换成−48V 直流电源，给通信设备供电，同时给蓄电池组充电，当交流电源中断后，由蓄电池组给通信设备供电。

根据负载供电容量及交流断电后蓄电池供电时间要求，确定高频开关电源容量及蓄电池容量，高频开关电源容量一般有 48V/150A、48V/200A、48V/300A 等，蓄电池组容量一般有 48V/200Ah、48V/300Ah、48V/500Ah 等。直流配电屏的端子数量及容量需根据供电要求确定。

2.4.3　通信系统影响造价的主要因素

1. 通信方案造价影响因素

对工程造价影响的最大因素之一是工程方案，工程方案涉及采用的通信方式，系统的网络结构，系统的规模大小等因素。

通信方式可采用光纤通信、微波通信等多种通信方式，不同的通信方式其通信质量、容量、可靠性、灵活度相差很大，工程造价相差也很大。

通信方式确定后，系统的网络结构、系统的规模大小直接影响工程造价。系统的整体组成、站点数量、站址设置、系统容量、带宽要求、光缆路由及纤芯数量、设备的规格及配置，都会对工程造价产生相应的影响。

2. 通信设备造价影响因素

广义的通信系统由光传输网络、数据通信网络、交换机网络、视频会议系统等通信子系统组成，各通信子系统又由不同的设备组成，各个设备主要由子框、公共部分板卡、业务板卡、接口板卡、机柜等组成。

不同规模、不同容量、不同带宽、不同层次、不同位置的设备，其结构、组成、板卡种类、板卡数量、性能参数、规格指标也各不相同，当然其价格也各不相同。不同通信系统的不同设备，其价格不同，将直接影响工程造价。

通信系统规模、容量、传输带宽、通信方向数、网络拓扑结构等因素决定了通信设备的构成，并由此决定了通信设备的价格、附加板卡的价格、相关附属设备的价格，这些因素是决定工程造价的重要基本因素之一。

各通信子系统设备的价格跟设备的档次关系密切，如光通信设备是 622M 的设备还是 2.5G 的设备，同时还跟设备组成中设备的子框、公共部分、公共板卡、特殊板卡、机柜等有关，特别还跟光口、光放大器、色散补偿等板卡的规格、数量有关。对设备单价影响较大的因素是设备档次（如是 622M 设备还是 2.5G 设备）、对外接口类型（如光口类型 L4.2、L16.2）、放大器数量及类型（不同输出功率的功放、预放、拉曼放大器）等。

3. 传输缆线造价影响因素

通信系统中传输缆线分为光缆和电缆，光缆又分为 OPGW、ADSS、OPPC 等特种光缆和普通光缆，针对不同的需求有不同的芯数，如 12 芯、24 芯、36 芯、48 芯等。电缆分为音频电缆、网络电缆、电源电缆、控制电缆等，根据需要有不同的结构、芯数和线径。

OPGW 为地线复合光缆，ADSS 为全介质自承式光缆，OPPC 为相线复合光缆，这些特种光缆主要敷设于不同电压等级的架空线路上。OPGW 通常敷设于 110kV 及以上电压等级的架空线路上，取代地线即用于通信又用于防雷；ADSS 通常敷设于 10～220kV 架空线路上，位于相线下方独立悬挂；OPPC 通常敷设于 10～110kV 架空线路上，光纤位于相线内部。普通光缆分为管道式光缆和地埋光缆，主要用于变电站内敷设。对于不同的环境条件、使用需求，这些光缆的结构、强度、芯数等各不相同，造价也有所不同。电力系统最常用的是 OPGW 光缆，芯数为 24 芯、48 芯等。

音频电缆主要用于变电站内部话音通信，室内敷设一般使用普通音频电缆，室外敷设一般使用铠装音频电缆。主干电缆有 200 对、100 对、50 对等，分支电缆有 30 对、20 对、10 对等，话机线一般为一对。

网络电缆即网线，有屏蔽和非屏蔽之分，主要用于变电站内局域网布线，用于计算机通信，常用的有超五类线等。

电源电缆分为交流电缆和直流电缆，主要用于通信设备的供电，有不同的种类、不同芯数、不同线径之分。常用的交流电缆有单芯、4 芯，芯线面积有 $6mm^2$、$16mm^2$ 等；常用的直流电缆有单芯和双芯，芯线面积有 $6mm^2$、$10mm^2$、$16mm^2$、$50mm^2$、$75mm^2$ 等。

控制电缆多用于变电站内通信设备控制信号的传输，电缆有不同种类、不同芯数、不同线径之分。

根据通信系统的组成及相关要求，会用到以上各种缆线，根据不同规格的缆线以及敷设方式，确定其工程造价。

4. 独立站体造价影响因素

对于独立站体，根据其在通信网中的性质及地位，工程造价将有多方面因素需要考虑。独立站体的组成部分如下：

（1）通信设备系统，站体内的各种通信设备。

（2）独立站体总平面系统，围墙以内的整个站址区域。

（3）各个建筑物，包括机房、电源室、守卫室等。

（4）电气及防雷、接地系统，包括站内的各种电气设施及防雷接地系统。

（5）通风、空调系统，机房、电源室的通风、空调装置。

（6）通信铁塔系统，对于微波通信系统，需要设置微波铁塔。

（7）给排水系统及供水系统，站内的供水及排水系统。

（8）交流供电线路，从电网引接的 10kV 交流供电线路。

（9）供电电源系统，包括交流供电、太阳能、风力发电、柴油发电机等。

（10）进站公路系统，从已有公路起独立建设的进站部分公路。

（11）对外通信系统，独立站体与外部的通信系统。

以上各系统又有较详细的组成部分，各部分的造价都会影响独立站体的工程造价。对独立站体造价影响较大的有通信设备系统，独立站体总平面系统，各建筑物，交流供电线路，供电电源系统，进站公路系统等。

2.4.4　通信系统发展趋势及新技术

当今时代，信息与通信技术发展速度很快。电信技术的发展趋势是：网络业务应用IP 化，网络交换技术分组化，网络基础设施宽带化，网络功能结构简单化，三网融合的一体化。

传输在向高速大容量长距离发展，交换技术由电路交换向软交换过渡，数据网的速率越来越高。通信网在向综合业务网发展，业务的接入综合化。通信网的智能化水平越来越高。移动通信发展越来越快。

电力系统近期采用的几项新技术如下：

1. 波分复用光传输技术

把工作在不同载波波长上的多路光信号复用进一根光纤中传输，并能够在接收端实现各信道分离的光通信系统称为波分复用系统。

波分复用系统由光转发单元 OTU、光合/分波器、光功率放大器、光前置放大器、光线路放大器、光监控信道等设备组成。目前常用的波分复用系统有 2.5G 或 10G 的 40 波系统或 80 波系统。

波分复用系统将不同种类的多路业务的光信号经过多个 OTU 转换成标准的光信号，这些光信号送入合波器复接成一路工作在不同载波波长上的高速光信号，经过功率放大器放大后送入一根光纤中进行传输，根据传输距离的不同在光缆线路中可设置线路放大器对信号进行放大。在接收端，信号经过前置放大器放大后，由分波器对信号进行分离，输出多路业务的光信号，再经 OUT 转换，还原成与送入波分复用系统相同的不同种类的多业务信号。

波分复用系统结构图如图 2-74 所示。

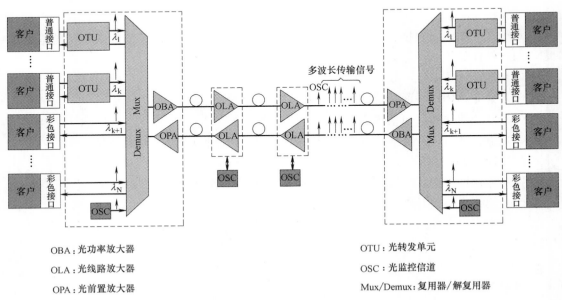

OBA：光功率放大器　　　　　　　　　　　OTU：光转发单元

OLA：光线路放大器　　　　　　　　　　　OSC：光监控信道

OPA：光前置放大器　　　　　　　　　　　Mux/Demux：复用器/解复用器

图 2-74　波分复用系统结构图

2. 超长站距光传输技术

在光纤通信系统中，对于中继段长度超过 200km 的情况，称为超长站距，需要采用放大技术及补偿技术等对系统进行补偿，使得超长站距的光传输满足相关规定的要求。

光传输系统中许多不利因素影响了系统性能及传输距离，主要不利因素包括光信噪比劣化及光纤的衰减特性、色度色散、偏振模色散和非线性效应。

在超长站距光传输系统中，针对光信噪比劣化问题，在发信端可采用光功率放大器提高发信功率，在线路中间可采用线路放大器提升传输功率，在接收端采用前置放大器改善接收机的灵敏度，以此提高光传输系统的信噪比，延长传输距离。常用的放大器有 EDFA 放大器、拉曼放大器，同时还可采用前向纠错（FEC）技术，改善光信噪比。

衰减是光纤的传输特性之一。光纤的衰减系数越大，对光纤无中继传输距离的限制也越大，特别是对于超长距离传输系统而言将是一个主要的限制因素。在超长距离传输系统中，通过各方面综合比较，可采用衰耗很低的超低损耗光纤。

色度色散、偏振模色散等色散效应会使进入光纤的窄脉冲随着传输而展宽，增加了传输系统的误码率，限制了传输距离。在超长距离传输系统中，可采用色散补偿技术对传输系统进行补偿，以增加传输距离。工程中常采用色散补偿模块对系统进行补偿。

非线性效应限制光信号的入纤功率，降低光传输系统信噪比，严重限制传输系统性能的提高。工程中常采用 SBS 抑制技术以抵制非线性效应的影响。

不同线路调制码型的光信号在色散容限、自相位调制、交叉相位调制等非线性的容纳能力、频谱利用率等方面各有特点，选择合适的码型能够在不增加其他设施的条件下延长最大传输距离。编码调制技术已成为又一种超长距离传输的关键技术。

3. 软交换技术

基于下一代电信及互联网技术的软交换系统，提供集语音、视频、数据于一体的多媒体业务应用。基于标准 SIP 协议的软交换系统，是一套融合语音及多媒体应用的多业务通信网络平台。

下一代 NGN 网络的显著特征是分组化、开放的、分层的网络架构体系，采用业务、控制、接入分离的体系结构，支持多媒体业务的软交换系统也基于此理念，遵循开放的四层体系结构。

（1）控制层：软交换系统的控制核心层，完成多媒体呼叫和业务控制等功能，包括软交换核心平台设备。

（2）业务层：提供各种增值服务、多媒体业务和第三方业务，包括媒体控制单元、调度业务单元、录音录像服务器、网管服务器、计费服务器等。

（3）传送层：采用分组技术，提供一个综合传送平台，即 IP 数据网络。

（4）接入层：提供丰富的网络及终端设备接入，包括中继媒体网关、数字中继网关、综合接入设备、会话边缘控制器以及各类软交换终端设备。

软交换是在 IP 网络基础上实现语音/数据/视频业务呼叫、控制、业务提供的核心设备，是电路交换网向分组网演进的主要设备之一。在集中控制、分散接入的构架下提供业务的接入覆盖如图 2-75。

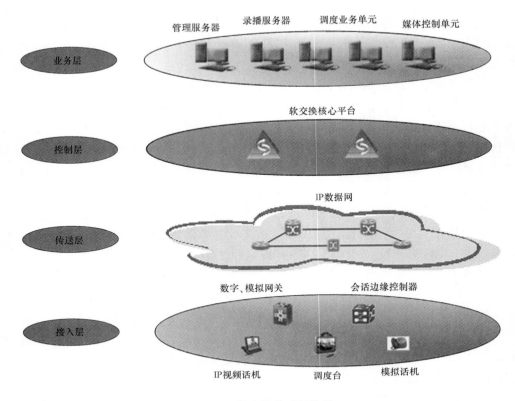

图 2-75 软交换体系结构图

2.5 电 缆 线 路

Ⅰ 电缆线路设计

2.5.1 现场探勘

现场探勘是线路设计工作中非常重要的一道工序,是许多设计工作开展的必要前提。现场踏勘是收集第一手资料、核实书面资料的主要途径之一。电缆线路设计与其他电力工程设计工作类似的地方,也有其特殊性。在现场探勘工作中,主要需要注意以下几个方面。

1. 建设环境

建设环境主要指电缆线路沿线地面、地下建(构)筑物以及周边交通运输、市政设施、城市化程度等基本情况。建设环境是电缆敷设方式、电缆敷设施工方案的主要决定因素,也是影响工程造价的重要因素之一。

在踏勘建设环境时,既要考虑交通便利、市政设施完备、城市化程度高是开展工程建设的有利条件,另一方面更要充分考虑到其负面作用,如交通便利可能对于部分路段的掘路施工带来较大难度，需考虑采用非开挖技术；如市政设施完备可能造成地下管线较多，需注意收集沿线的地下管线资料，并制定合理的交叉穿越方案；如城市化程度高可能会由于市民对电力设施的反感造成工程开展困难，工程方案应考虑尽量减少对市民日常生活的影响。

此外，建设环境探勘还应特别注意对既有通道设施的考察。应结合本工程情况，考察既有通道是否满足电缆敷设的需要，如不满足，应制定合理的通道改造方案。

2. 通道清理

通道清理主要指对电缆线路沿线施工造成影响的地面、地下障碍物进行清理。现场踏勘中应主要查看拆、改地下管线及地上三线（电力线、通信线、广播线）、路灯等市政设施情况。查看影响通道建设，必须拆迁的厂矿企业、民房等建筑物的面积、结构类型、数量等。查看施工过程中需要砍伐树木的数量及园林、绿地的情况。

此外，对于其他涉及补偿费用较高的项目情况也应进行现场踏勘。

3. 主要交叉穿越

电缆线路的主要交叉穿越包括河流、公路、铁路等。对于河流主要的交叉穿越方案包括：大开挖穿越、非开挖穿越、利用市政桥梁穿越以及交叉电缆桥穿越。对于公路主要的交叉穿越方案包括大开挖穿越、非开挖穿越。对于铁路一般均采用非开挖穿越。

现场踏勘应根据交叉穿越的具体情况，结合工程业主单位及交叉穿越物主人的意见，制定经济合理的交叉穿越方案。对于非开挖穿越方案，还应根据现场情况初步确定非开挖起止点。

4. 电缆进出站和电缆登塔（杆）布置

电缆进出站和电缆登塔（杆）布置是电缆线路设计中两个主要的设计接口。在现场探勘中，对于电缆进出站应注意查看站内外通道的标高是否有较大差距，站外接口工井或者电缆沟布置是否有障碍。对已电缆登塔（杆）布置应选择合适的登塔（杆）位置，既要保证有足够的布置空间，还要尽量减少电缆线路长度。

2.5.2 设计主要技术内容

1. 电缆线路路径

电缆线路路径应与城市总体规划相结合，与各种市政管线和其他市政设施统一安排，且应征得城市规划部门认可。避免电缆遭受机械性外力、过热、腐蚀等危害。满足安全要求条件下使电缆长度较短。便于敷设和维护。宜避开将要挖掘施工的地段。

2. 电缆敷设方式与排列

常见的电缆敷设方式包括直埋敷设、排管敷设、电缆沟敷设、隧道敷设等。电缆敷设方式的选择应视工程条件、环境特点、负荷需求、电缆类型等因素，且按满足运行可靠、便于维护的要求和技术经济合理的原则来选择。

此外，还应综合考虑电缆的输送容量、通道容量，确定电缆在新建、已建电缆通道、工作井、电缆夹层、电缆竖井中的排列方式及敷设位置。根据电缆通道空间、工作井分布、电缆分段情况去顶电缆接头的排列布置方案。

3. 电力电缆及附件的选型

（1）电缆选型

根据系统要求的输送容量、系统最大短路电流时热稳定要求、敷设环境和以往工程运行经验并结合本工程特点确定电缆截面和型号。充油电缆选型还要考虑电缆稳态最高、最低工作油压等因素。

（2）附件选型

电缆附件包括终端头（户外终端、GIS 终端）、中间接头、交叉互联箱、接地箱、交叉互联电缆、接地电缆、护层保护器等。

应根据电压等级、电缆绝缘类型、安置环境、污秽等级、作业条件、工程所需可靠性和经济性等要求确定电缆附件的型号规格。

应根据系统短路热稳定条件和接地方式的要求确定交叉互联电缆、接地电缆截面和型号以及护层保护器型号

4. 过电压保护、接地及分段

论述电缆线路过电压保护措施。根据系统短路容量、电缆芯数、电缆长度和电缆正常运行情况下的线芯电流，确定电缆线路接地方式及其分段长度。提出沿电缆通道设置的独立接地装置的布置方案。

5. 电缆支持与固定

根据不同的通道及夹层环境、通道坡度、电缆敷设类型确定电缆的支持与固定方式。

根据电缆的荷重、运行中的电动力要求，确定电缆固定金具的型式和强度。

根据电缆及其附件数量、荷重、安装维护的受力要求，确定电缆支架的结构和强度。

根据通道空间容量、电缆电压等级、通道容量确定电缆支架的层数、支架层间垂直距离、电缆支架间距，电缆支架的层架长度、支架的防腐处理方式等。

说明电缆支架的接地处理方式。

6. 电缆终端站及电缆登杆（塔）

根据电网规划、电缆线路进出线情况确定电缆终端站的规模。提出电缆终端站布置方案及电气设备选型。根据电网规划确定电缆登杆（塔）的规模、布置方案及选型。

7. 充油电缆供油设计

按电缆负荷变化和周围环境温度变化确定电缆需油量。按电缆需油量选定供油设备容量和油箱数量。根据电缆最大、最小容量压力确定供油设备油压、油吞吐量和供油长度。根据电缆线路路径情况和油箱数量确定压力箱房或工作井设置地点和占地面积。还应包括充油电缆油压报警设计。

8. 土建部分

（1）工程概况

说明沿线的地形、地质和水文情况，主要包括：工程地质和水文地质简况、地震动峰值加速度、建筑场地类别、地基液化判别；地基土冻胀性和融陷情况，着重对场地的特殊地质条件分别予以说明。说明建筑结构的设计使用年限、安全等级、建筑抗震设防烈度和设防分类、防水等级等主要原则。说明新建、改建电缆通道的起止点、长度、结构形式、电缆井的结构形式及数量。电缆终端站占地面积，站区地坪设计高程，建（构）筑物的结构形式、数量及材料。说明通道本体、通道与通道的接口处、通道与电缆井接口处的防水设计。

（2）横断面及纵断面设计

根据工程实际情况对选用相应的通用设计模块进行说明。新设计断面应采用通用设计

的原则，论证其技术经济特点和使用意义。论述电缆通道横断面设计，主要包括以下内容：隧道、沟道、沟槽的净宽、净高、结构形式及壁厚等；保护管的直径、数量、排列方式及材质等。根据现场地质勘察情况，结合市政综合管线规划的要求，确定电缆通道的纵断面设计，明确通道的覆土厚度和坡度；重要交叉、高落差等特殊地形处，应提供纵断面设计。

（3）通道施工方式

通道的施工方式应进行多方案比较，提出推荐方案。应结合市政综合管线规划要求及现场地质勘察情况，明确降水方案及需特殊处理地段的技术措施。

（4）重要交叉穿越

论述穿越铁路、地铁、二级以上公路、河流等的处理方案。与其他重要市政管线有交叉穿越时，说明与市政管线的交叉穿越处理方案。

（5）电缆井

根据电缆的电压等级、转弯半径、进出线规划、通道分支情况，综合考虑经济性，确定电缆井的结构尺寸，对特殊井型应明确围护结构方式。

（6）电缆终端站

确定电缆终端站的站址位置及基础平面布置，基础形式及埋深（包括软弱或特殊地基时的处理方案）。明确站外道路应通至现状路。确定电缆终端站接地设计。

（7）电缆登杆（塔）

说明电缆登杆（塔）主要材料形式及用量，主要材料包括混凝土强度等级材型号、保护管材质等。

9.电缆通道附属设施

（1）供电及照明

说明工作/备用电源的引接及用电接线方案。根据负荷情况明确配电变压器选择结果。简要说明配电装置的布置及设备选型。说明隧道的照明及其控制方式。

（2）排水

根据工程实际情况选择自然集水或机械排水方式。应明确集水坑结构尺寸、位置和数量。采用机械排水方式时，明确接入市政排水方案。

（3）通风

提出隧道通风设计布置方案。应明确通风亭的结构尺寸、位置和数量。

此外，还可根据需要描述电缆通道标识设置情况。

10.缆通道防火

根据工程实际情况和重要程度考虑防火设置方案；如采用电缆防火槽盒、防火墙、固定灭火装置等阻燃防护措施。必要时，说明报警装置设置和应急通讯方案。

11.环保与节能

环保部分主要说明电磁环境影响和区域环境影响程度，有影响时明确减小对环境影响所采取的措施。明确通风及排水设施的控制噪音措施，提出施工和运行的注意事项以及防治污染措施。

节能部分可主要从电缆及电缆附件选型、电缆支架、夹具选型以及电缆通道附属设施设置等角度论述工程节能的主要措施。

Ⅱ 电缆线路主要设备介绍

2.5.3 电力电缆简介

电力电缆的使用至今已有百余年历史。电缆绝缘材料有油纸绝缘、不滴流油纸绝缘、充油绝缘、充气绝缘、交联聚乙烯（XLPE）绝缘等，电压等级由早期的几百伏低电压到当今 500kV 及以上超高压。

目前，最常见的电力电缆主要包括自容式充油电缆和交联聚乙烯绝缘电缆。而且，交联聚乙烯绝缘电缆在各个电压等级都呈现逐渐取代自容式充油电缆的趋势。现对两种电缆的各方面特性进行比较。

1. 充油与交联电缆的结构

充油电缆的结构特点是用低黏度的绝缘油充入电缆绝缘内部，并由供油设备供给一定的压力以消除绝缘内部产生气隙的可能性，因而可以取得高电位梯度，可以达到绝缘厚度小、外直径小、电容量大。它主要应用于高电压、大容量的场合。

交联电缆是"固态"绝缘的代表产品。聚乙烯树脂本身是一种常温下电性能极优的绝缘材料。用辐照或化学方法对它进行交联处理，使其分子由原来的线型结构变成网状立体结构，从而改善材料在高温下的电性能和机械性能。用这种材料作高压电缆的绝缘可以不用绝缘油之类的液体，是一种干式绝缘结构。

典型的充油电缆和交联聚乙烯电缆的结构截面如图 2-76 所示。

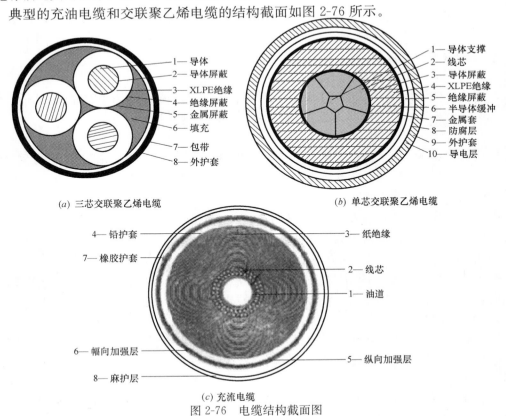

(a) 三芯交联聚乙烯电缆

1—导体
2—导体屏蔽
3—XLPE绝缘
4—绝缘屏蔽
5—金属屏蔽
6—填充
7—包带
8—外护套

(b) 单芯交联聚乙烯电缆

1—导体支撑
2—线芯
3—导体屏蔽
4—XLPE绝缘
5—绝缘屏蔽
6—半导体缓冲
7—金属套
8—防腐层
9—外护套
10—导电层

(c) 充流电缆

4—铅护套
7—橡胶护套
3—纸绝缘
2—线芯
1—油道
6—幅向加强层
5—纵向加强层
8—麻护层

图 2-76 电缆结构截面图

（a）三芯交联聚乙烯电缆；（b）单芯交联聚乙烯电缆；（c）交流电缆

从图 2-76 中可以看出，交联聚乙烯电缆和充油电缆的主要差别在于绝缘层介质的不同，以及充油电缆由于绝缘需要增设的油道。正是这几个结构上的不同之处，导致两者在技术性能，施工，以及防火性能方面的较大差异。

2. 充油电缆和交联电缆的技术性能比较

交联聚乙烯电缆和充油电缆主要电气性能如表 2-29 所示。

从表中可以看出，充油电缆性能比较稳定，但是由于介损较大，运行过程中损耗较大，导致运行成本上升。

聚乙烯树脂经交联工艺处理后，大大提高了耐热性和机械性能，且高于充油电缆的油浸纸绝缘。由于耐热性能好，其正常工作温度达 90℃，比充油电缆高，因而在同等截面情况下，交联电缆载流量要大于充油电缆。

交联聚乙烯电缆和充油电缆特性比较　　表 2-29

项目		充油电缆	交联电缆
绝缘介电常数		3.4～3.7	2.3
介质损失角正切		0.25～0.40	0.03 以下
绝缘性能		稳定	受工艺影响大
允许使用温度（℃）	平时	80～85	90
	短路	150	230
绝缘热阻（℃·cm/W）		550	450
热膨胀系数（℃−1）		16.5×10−4	20.0×10−4
弹性模量		大	小
伸缩节处的抵抗能力		大	小

3. 充油电缆和交联电缆的防火性能比较

充油电缆用的绝缘油是可燃液体，闪点低（一般低黏度的油闪点在 140℃ 左右）。在运行过程中，充油电缆发生漏油后若不及时处理，在外部偶然情况下，可能发生火灾；此外充油电缆着火后容易引起燃油流溢，使火势进一步加大。交联电缆则不存在上述问题。

从上述分析可以看出，交联电缆在电气性能，防火性能等方面普遍优于充油电缆。而充油电缆在运行可靠性方面占一定优势。但是交联电缆作为新兴技术，一直在不断进步和完善，它代表着以后电缆技术的主要发展方面。常见的交联聚乙烯电缆型号如表 2-30 所示。

交联聚乙烯电缆型号　　表 2-30

电缆型号		电 缆 名 称
铜芯	铝芯	
YJV	YJLV	交联聚乙烯绝缘聚氯乙烯护套电力电缆
YJY	YJLY	交联聚乙烯绝缘聚乙烯护套电力电缆
YJLW02	YJLLW02	交联聚乙烯绝缘皱纹铝护套聚氯乙烯外护套电力电缆
YJLW03	YJLLW03	交联聚乙烯绝缘皱纹铝护套聚乙烯外护套电力电缆
YJQ02	YJLQ02	交联聚乙烯绝缘铅护套聚氯乙烯外护套电力电缆
YJQ03	YJLQ03	交联聚乙烯绝缘铅护套聚乙烯外护套电力电缆

随着近年来国内对海岛开发热的兴起，全国多个海岛被辟为造船基地、发电基地、燃气中转站、港口码头等等，海底电缆的使用比例越来越高，电压等级也不断提高。海底电缆工程被世界各国公认为复杂困难的大型工程，电缆的设计、制造和安装，应用技术措施复杂。

海底电力电缆的绝缘结构与陆地电缆很相似，但是绝不能简单地把陆地上使用的电力电缆敷设在水下使用。海底电缆在敷设和检修时，由于水的深度、电缆的自重以及敷设机械的作用，电缆上会受到很大的机械应力（拉伸、扭转或张力）。此外，海底电力电缆运行在复杂的水下环境中还会受到水底腐蚀性物质和水下生物的侵袭、腐蚀，又会受到船只抛锚、捕鱼作业等外机械力的破坏。因此，海底电力电缆的基本特点是体现在它的机械性能上。

为了使海底电缆能承受上述各种机械应力的作用，水下电缆一般采用特殊（加强）的护套结构—加强的金属护套、金属加强带和铠装钢丝。

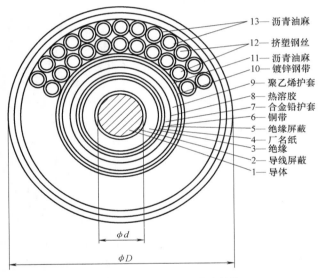

13—沥青油麻
12—挤塑钢丝
11—沥青油麻
10—镀锌钢带
9—聚乙烯护套
8—热溶胶
7—合金铅护套
6—铜带
5—绝缘屏蔽
4—厂名纸
3—绝缘
2—导线屏蔽
1—导体

ϕd

ϕD

图 2-77　典型海底电缆的结构

敷设海底电缆一般采用大型敷设船放缆，都是在船尾通过滑轮（板）悬吊入水底，事故抢修时把电缆从海底打捞、吊起放在船上，为此电缆就要承受很大的张力、压力等机械力，竣工后的电缆可能还要受水流冲击使电缆与岩礁、砂石摩擦以及捕鱼器具和投锚等机械力，因此作为海底敷设用的电缆其外护层要有足够强度才能抗御上述的机械力。除此之外电缆外护层还要抗腐蚀性能，在流速大的水域还要考虑到垂直于水流的地磁场被切割在铠装上形成感应电流而导致的电腐蚀情况。海底电缆外护套形式见表 2-31。

海底电缆外护套分类　　　　　　　　　　　　　　　　表 2-31

外护套分类	结构示意	说　　　　明
单层粗钢丝铠装		1. 使用最多的海底电缆 2. 用镀锌粗钢丝作螺旋捆挠

外护套分类	结构示意	说　　明
双层粗钢丝铠装		1. 用镀锌粗钢丝作螺旋捆挠二层 2. 抗机械力强 3. 耐摩擦损耗 4. 缺点是：重量增大、价格昂贵 通常二层的粗钢丝是采用同向螺旋捆挠，但在深水区域敷设时为防止电缆打绞，需采用二层粗钢丝反向螺旋捆挠，且应采用转盘式的施工方法
钢带粗钢丝铠装		1. 在钢带铠装上捆挠镀锌粗钢丝 2. 对拖网渔具有一定程度的抗御能力。（有的海底电缆是钢带在外、镀锌粗钢丝在内的）
扁形粗钢丝铠装		1. 用扁形粗钢丝以小节距捆挠在缆芯上 2. 抗机械压力好

铠装层：一般都采用粗钢丝，但在某种情况下为减小铠装的交流损耗而改用铜线或耐腐蚀铝合金结，为防止电腐蚀而改用 FRP 线。铠装线的断面形状除圆形外还有扁形以及 Z 形。

外铠装：海底电缆的铠装是采用镀锌钢丝，如果埋设深度较浅的话，一般选用低碳镀锌钢丝，若埋设深度比较深，就要考虑选用中碳镀锌钢丝，以增加强度。但一般都采用 4.5～8mm 和镀锌粗钢丝单层捆挠的电缆，但在特殊条件下应选择外铠装电缆。塑料和外护套过去是采用黄麻，现在是采用抗拉强度和耐腐蚀性能良好的聚丙烯纤维（PP 纤维）。粗钢丝的防腐蚀处理一般是采用挤塑工艺，挤塑工艺可分为：全铠装粗钢丝一起处理和各股粗钢丝单独处理二种，但无论哪一种防腐蚀处理只要防腐蚀层留有微孔腐蚀电流就会集中于该处腐蚀粗钢丝。

2.5.4　电缆附件介绍

电力电缆附件是指电缆线路中各种电缆的中间连接及终端连接，它与电缆一起构成电力输送网络；电缆附件主要是依据电缆结构的特性，既能恢复电缆的性能，又保证电缆长度的延长及终端的连接。按其用途一般分为终端连接及中间连接，终端连接分为户内终端和户外终端，一般情况户外终端是指露天电缆接头，户内终端是指电缆与电气设备的连接；中间连接分为直通式和过渡式两种。两根绝缘结构类型相同的电缆相互连接为直通式，两根绝缘结构类型不同的电缆相互连接为过渡式。

高压电缆附件的种类繁多，具有不同类型的特点及局限性，一般不能相互取代。按结构不同，常见的有如下几种：（1）绕包式：用制成的橡胶带材（自黏性）和成型纸卷绕包现场绕包制作的电缆附件称为绕包式电缆附件，绕包质量受环境影响比较大；（2）浇灌式：用热固性树脂作为主要材料在现场浇灌而成，所选的材料有环氧树脂、聚氨酯、丙烯酸酯等，该类附件的致命缺点是固化时易产生气泡；（3）模塑式：主要用于电缆中间连接，在现场进行加模加温，与电缆融为一体，该附件制作工艺复杂且时间长，亦不适用于终端接头；（4）冷缩式：用硅橡胶、三元乙丙橡胶等弹性体先在工厂预扩张并加入塑料支撑条而成型。在现场施工时，抽出支撑条使管材在橡胶固有的弹性效应下冷收缩在电缆上而制成电缆附件，该附件最适合于不能用明火加热的施工场所，如矿山、石油化工等；（5）热缩式：将橡塑合金制成具有"形状记忆效应"的不同组件制品，在现场加热收缩在电缆上而制成的附件。该附件具有重量轻、施工简单方便、运行可靠、价格低廉等特点；（6）预制式：用硅橡胶注射成不同组件，一次硫化成型，仅保留接触界面，在现场施工时插入电缆而制成的附件。该施工工艺将环境中不可测的不利因素降低到最低程度，因此该附件具有巨大的潜在使用价值，是交联电缆附件的发展方向。

1. 电缆终端

电缆终端是安装在电缆线路末端，具有一定绝缘和密封性能，用以将电缆与其他电气设备相连接的电缆附件。国内、外新建设的高压电缆工程，大多是采用预制型电缆附件。预制型电缆终端的种类很多，传统的预制型终端的内绝缘采用预制应力锥控制电场，外绝缘是瓷套管（或环氧树脂套管）。套管与应力锥之间一般都充硅油或者聚丁烯、聚异丁烯之类的绝缘油。出厂时，制造厂提供的是橡胶预制应力锥、瓷套、绝缘油等零部件，在现场安装时再装配成终端。现今预制型终端有 2 种基本结构：

（1）将橡胶预制应力锥机械扩张后套在电缆的绝缘层上。这种结构的特点是应力锥直接套在电缆的绝缘上，依靠应力锥材料自身的弹性保持应力锥与电缆绝缘层之间的界面上的应力和电气强度。欧美一些国家的电缆制造厂商，如我国用户熟悉的意大利 Pirelli、法国 Nexans 等公司以及我国沈阳电缆厂、上海三原电缆附件公司都有这种结构的产品。它的外绝缘是瓷套（GIS 终端一般用环氧树脂套管），内绝缘是一个合成橡胶（硅橡胶或乙丙橡胶）预模制应力锥，瓷套（或环氧树脂套管）内注入合成绝缘油。显然，这种结构简单。但是存在 2 个令人关心的技术问题：①合成橡胶应力锥与浸渍油的相容性；②在高电场和热场作用下，预模制的橡胶应力锥老化会引起界面压力的变化（松弛），从而降低电气强度。以上 2 个问题实际上就是一个材料问题。合适的材料既可以使合成橡胶与浸渍油相容，又可以确保良好的老化性能。上述产品的长期安全运行经验可以说明这一点。

（2）采用弹簧压紧装置。这种结构的特点是在应力锥上增加一套机械弹簧装置以保持应力锥与电缆之间界面上的应力恒定，辅以对付在高电场和热场作用下，橡胶应力锥老化后可能会引起的界面压力的变化（松弛）。图 2-78 为在户外终端应力锥上加弹簧压紧装置的结构示意图（GIS 终端上采用的弹簧压紧装置结构与户外终端是一样的）。弹簧通过喇叭形的铝合金托架将压力传递到应力锥上。由于环氧套的限制，弹簧压力分解，增加了应力锥与电缆绝缘层的界面压力。这种结构还有一个很重要的特点，就是它的橡胶应力锥与浸渍油基本隔离，从而消除了应力锥材料溶胀的可能性。日本和韩国的电缆制造厂商采用了这种结构，我国湖南省长沙电缆附件公司的产品也是这种结构。这种在应力锥上增加弹簧装置的结构在设计上似乎更周全些，但结构复杂，对制造和现场安装的要求高，现场安装所需的时间也增长。

上述 2 种结构各有所长，均达到了实用化水平，并都已经有比较成熟的使用经验。

除了上述终端结构型式外，一般根据使用场所不同，电缆终端可以分为以下类型：

1）户外瓷套式终端

用于受阳光直射和风吹雨打的室外环境。高压电缆户外瓷套管式终端又称为敞开式终端。图 2-79 户外电缆终端头集防水、应力控制、屏蔽、绝缘于一体，具有良好的电气性能和机械性能，能在各种恶劣的环境条件下长期使用。

主要结构特点：瓷套采用高强瓷、大小伞裙结构。预制应力锥采用进口的三元乙丙橡胶注橡成型，瓷套内填充硅油，所用的绝缘带、半导电带、防水带、性能优良，可靠地保证了终端的各项技术性能要求。

2）户外复合套式终端

随着硅橡胶在电气绝缘领域成功地使用，人们开始把硅橡胶的应用拓展到电缆终端的

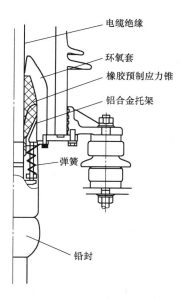

图 2-78　橡胶应力锥上加弹簧压
紧装置结构的示意图

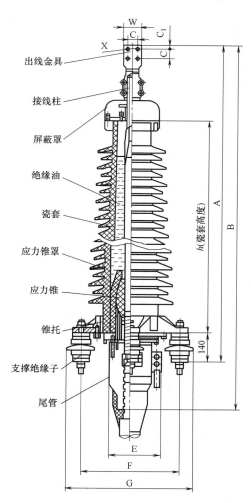

图 2-79　户外瓷套式终端结构示意图

外绝缘领域。首先人们采用硅橡胶复合套管代替瓷套作为户外终端的外绝缘图 2-80。复合套管质量小，有优良的防爆性，保证了周围人员和设备的安全。因此，它的出现受到普遍地关注，特别是使用在沿海及高污秽地区运行，能适用在城市中心、设备密集和须防飞溅物的区域使用，终端绝缘水平、载流量、运行温度等性能完全满足与其配合电缆的要求。

主要结构特点：复合套管由玻璃纤维增强环氧树脂空心套管外覆绝缘硅橡胶雨裙组成。其余结构与瓷套终端类似，由于采用硅橡胶作为外层具有良好的耐漏电痕迹特性和疏水性，复合套终端抗污性极好，尤其是在终端发生意外事故时，能大为降低爆炸的可能性，不会造成人员和设备伤害。复合套终端重量轻，同等额定电压下只有瓷套的 30%，极利于安装施工及装卸运输。

复合套管质量小，方便了运输和现场安装。与瓷套相比，复合套管的最大优点是有优良的防爆性能。终端内绝缘发生击穿时，终端内部压力剧增，甚至使瓷套爆炸。瓷套是脆性材料，爆炸后的碎片会殃及周边其他电气设备和人员安全。柔性的复合绝缘材料正好能克服瓷套的这一弱点，保证了周围人员和设备的安全。这是硅橡胶复合套管突出的优点。然而，硅橡胶复合套管是有机复合材料，它的稳定性比无机材料的瓷套差。由于复合套管投运时间还不长，这一点尚未积累足够的、运行令人信服的资料。我们可以参考材质与之类同的线路绝缘子运行经验。

我国输变电设备约 200 万支复合绝缘子的十几年的运行经验证明，硅橡胶复合绝缘材料的机械特性、电气性能和稳定特性等均能满足运行要求。但是，根据线路绝缘子的运行经验，复合绝缘子在运行一定年限后会出现增水性下降、机械特性下降、电气性能下降、密封劣化等现象。对全国各地区已运行 1~11 年的不同电压等级的复合绝缘子进行调查，发现不少绝缘子的表面增水性减弱，伞套材料脆化、硬化、粉化、开裂、伞裙材料起痕、树枝状通道、损蚀，伞裙变形严重。不同地区劣化程度不一样。这说明大气条件对复合绝缘子的劣化有较大影响。另一方面，在相同运行条件下，不同制造厂的产品的劣化程度也不一样。

正确的选择应根据实际的使用条件确定，比如在大城市人口和设备密集地区，硅橡胶复合套管的防爆性突现了重要性；

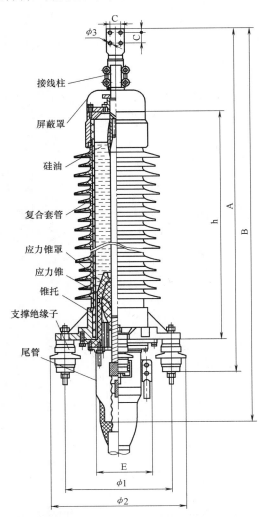

图 2-80 户外复合套式终端结构示意图

接线柱
屏蔽罩
硅油
复合套管
应力锥罩
应力锥
锥托
支撑绝缘子
尾管

相反，在一些气候条件恶劣的地区，选用瓷套也许更合适，因为终端爆炸的概率很小。

3）硅橡胶全预制电缆终端

国际上亦称柔性纯干式终端，是为满足无油、无气化需求的电缆附件产品，采用应力锥加雨裙组合型结构，均以优质进口硅橡胶为原料，电气性能好，安装方便图 2-81。施工时只需将电缆端头进行一般处理，套至电缆上即可通电运行。产品结构紧凑合理、体积小、抗老化、防腐蚀；无须灌注绝缘油，运行后无渗漏，检修简便，无爆炸危险，不会因意外事故形成碎片危及人身设备安全。

主要结构特点：采用优质硅橡胶制造，集应力锥、防雨裙及绝缘层于一体，应用无模缝制造工艺成型，极大地提高了终端表面机械和电气性能；体积小，重量轻，便于携带运输和安装；可以安装在任何一个位置；防污秽性能好；抗爆性能强，抗震性能优以及无泄漏的危险，对环境无任何污染。

4）GIS 终端

GIS 终端的基本结构与户外终端相似图 2-82。由于 GIS 是在全封闭环境下运行，可以免受大气条件和污秽的影响，加上 GIS 气体的良好绝缘特性，所以 GIS 终端的外绝缘

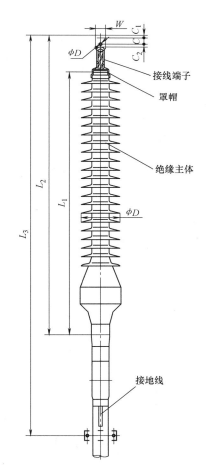

图 2-81　硅橡胶全预制终端结构示意图

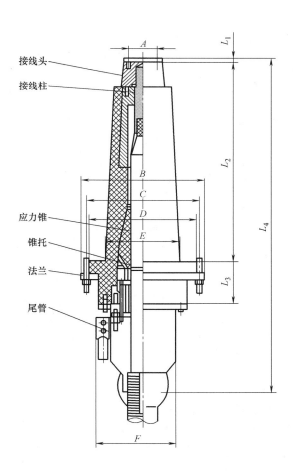

图 2-82　干式 GIS 终端结构示意图

179

采用环氧树脂套管，其尺寸比户外终端瓷套小得多。它的内绝缘用的应力锥和绝缘油与户外终端相似。环氧树脂套管内充有绝缘油，称为湿式（或充油式）GIS 电缆终端。GIS 终端内不灌注绝缘油，称干式 GIS 电缆终端。

主要结构特点：本产品采用预制应力锥加环氧套管的组合型结构，带弹簧的锥形托盘紧顶预制应力锥，使之紧靠环氧套管锥形壁。干式终端，终端内不需添加任何绝缘浇注剂，密封性能可靠，绝缘强度高，性能稳定，本产品的长期工作温度、最高允许温度及载流量性能参数等均满足与其相配电缆的要求。

2. 电缆接头

接头是用电缆自身的连接，按使用功能分有直通接头、绝缘接头，塞止接头等，如表 2-32 所示。按结构形式分有整体预制式接头、组合预制式接头和绕包式接头等。目前，国内外普遍使用的 110kV 及以上交联电缆的预制型中间接头是整体预制型结构，见图 2-83。早期使用过的绕包型接头已很少使用。

电缆接头的装置类型　　　　　　　　　　　　　　　表 2-32

名称	用途	应用举例
直通接头	连接两根电缆形成连续电路	同型号电缆连接
绝缘接头	将电缆的金属护套、接地屏蔽层和绝缘屏蔽在电气上断开	实行单芯电缆金属护套交叉互联接地的线路
塞止接头	将充油电缆线路的油道分隔成两段供油	线路较长或落差较大的充油电缆线路分为隔油段的中间连接
分支接头	将支线电缆连接至干线电缆	将 3～4 根电缆相互连接
过渡接头	连接两种不同类型绝缘材料、不同型式电缆	油纸与交联电缆或分铅型和屏蔽型电缆相互连接
转换接头	连接不同芯数电缆	三芯电缆与 3 根单芯电缆相互连接
软接头	接头制成后允许弯曲呈弧形状	水底电缆的厂制软接头和检修软接头

（1）直通接头

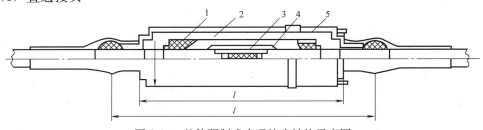

图 2-83　整体预制式直通接头结构示意图
1—接头预制件；2—防潮剂；3—导体连接；4—导体屏蔽；5—铜外壳

（2）绝缘接头

对于单芯大长度电缆线路，为了提高载流量而又不使护层电压过高，通常采用交叉互联换位敷设，这就需要绝缘接头，它的导体连接与绝缘结构与直通接头相同，仅是两电缆的绝缘屏蔽与外壳分成两段，相互之间绝缘，并且两段对地绝缘。长线路中直通接头和绝缘接头的数量占据优势地位。

3. 电缆线路附属设备

根据电缆线路设计规程规范要求，三芯电缆线路的金属屏蔽层和铠装层应在电缆线路两端直接接地。单芯电缆金属屏蔽（金属套）在线路上至少有一点直接接地，任一点非直接接地处的正常感应电压应符合下列规定：

（1）采取能防止人员任意接触金属屏蔽（金属套）的安全措施时，满载情况下不得大于 300V；

（2）未采取能防止人员任意接触金属屏蔽（金属套）的安全措施时，满载情况下不得大于 50V。

因此，单芯电缆线路较短且符合感应电压规定要求时，可采取在线路一端直接接地而在另一端经过电压限制器接地，或中间部位单点直接接地而在两端经过电压限制器接地。上述情况以外的电缆线路，应将电缆线路均匀分割成三段或三的倍数段，采用绝缘接头实施交叉互联接地（图 2-84）。

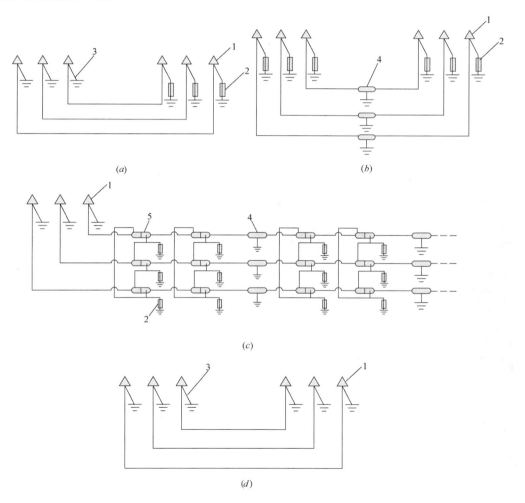

图 2-84　电缆线路常见接地方式

（*a*）一端接地方式；（*b*）线路中间一点接地方式；（*c*）交叉互联接地方式；（*d*）两端直接接地方式

1—电缆终端头；2—金属屏蔽层电压限制器；3—直接接地；4—中间接头；5—绝缘接头

电缆线路实施上述接地方式，需用到一些附属设备，包括同轴电缆，接地线、接地箱，换位箱等。

同轴电缆通常用在绝缘接头两侧接线端子的引出接线中，同轴电缆具有结构紧凑、波阻抗小等优点。在接线时，应尽量减小同轴电缆的长度，以降低故障时电缆护层或者护层保护器承受的过电压。同轴电缆的内外芯导体截面选择应能满足电缆线路短路热稳定的要求。

接地线通常作为接地箱、换位箱、电缆终端、终端支架等处的接地引线。接地线的导体截面选择应能满足电缆线路短路热稳定的要求。

接地箱主要用在电缆终端及中间接头的接地处，换位箱主要用在电缆护层交叉互联处。典型的换位箱安装如图 2-85 所示。

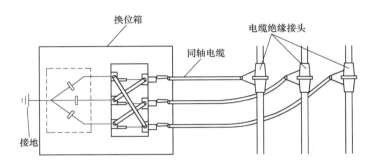

图 2-85　换位箱安装图

图 2-86　直埋电缆敷设图

2.5.5　电缆通道介绍

1. 直埋敷设

将电缆线路直接埋设在地面下的敷设方式称为直埋敷设，直埋敷设适用于电缆线路不太密集的城市地下走廊（图 2-86）。如市区人行道，公共绿地，建筑物边缘地带等。直埋敷设不需要大量的土建工程，施工周期较短，是一种较经济的敷设方式。直埋敷设的缺点是，电缆较容易遭受机械性外力损伤，容易受到周围土壤的化学或电化学腐蚀。电缆故障修理或更换电缆比较困难。

2. 排管敷设

将电缆敷设于预先建好的地下排管中的安装方式称为电缆排管敷设（图 2-87）。排管敷设适用于交通比较繁忙、地下走廊比较拥挤的位置，一般在城市道路的非机动车道，也有建设在人行道或机动车道。在排管和工井的土建一次完成之后，相同路径的电缆线路安装，可以不再重复开挖路面。电缆置于管道中，基本消除了外力机械损坏的可能性，因此其外护层可以不需要铠装，一般应有一层聚氯乙烯外护层。排管敷设的缺点是，土建工程投资较大，工期较长。管道中电缆发生故障时，需更换两座工井之间的一段电缆，修理费用较大。

3. 电缆沟敷设

将电缆敷设于预先建好的电缆沟中的安装方式，称为电缆沟敷设。它适用于并列安装多根电缆的场所，如发电厂及变电站内、工厂厂区或城市人行道等。

根据并列安装的电缆数量，需在沟的单侧或双侧装置电缆支架，敷设的电缆应固定在支架上。

敷设在电缆沟中的电缆应满足防火要求，如具有不延燃的外护套或裸钢带铠装，重要的线路应选用具有阻燃外护套的电缆。电缆沟敷设的缺点是沟内容易积水、积污，而且清除不方便。电缆沟中电缆的散热条件较差，影响其允许载流量。

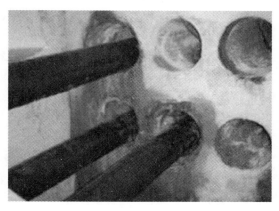

图 2-87 排管通道成品

4. 隧道敷设

将电缆线路敷设于已建成的电缆隧道中的安装方式称为电缆隧道敷设（图 2-88）。电缆隧道是能够容纳较多电缆的地下土建设施。在隧道中有高 1.9～2.0m 的人行通道，有照明、自动排水装置，并采用自然通风和机械通风相结合的通风方式。隧道内还应具有烟雾报替、自动灭火、灭火箱、消防栓等消防设备。隧道中可随时进行电缆安装和维修作业。

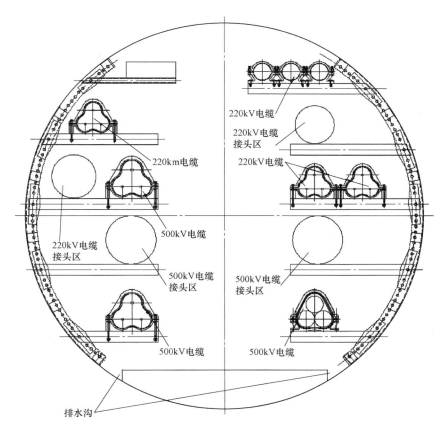

图 2-88（a） 电缆隧道断面图

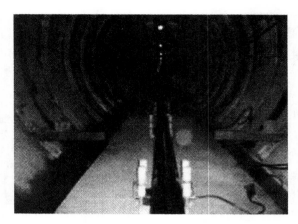

图 2-88（b）　电缆隧道图

电缆隧道敷设适用于大型电厂、变电站的电缆进出线通道、并列敷设电缆 16 条以上或为 3 回路及以上高压电缆通道，以及不适宜敷设水底电缆的内河等场所。隧道敷设消除了外力损坏的可能性，有利于电缆安全运行。缺点是隧道的建设投资较大，土建施工周期较长，是否选用隧道作为电缆通道，要进行综合经济比较。

电缆隧道是电缆线路的重要通道，使用寿命一般应按 100 年设计。电缆隧道的建造方法有明挖法和暗挖法两种。明挖法是工程造价较低的施工方法，适用于隧道走向上方没有或者仅有少量可以拆迁的地下设施（管线）。在开挖深度小于 7m、施工场地比较开阔、地面交通允许的条件下，应优先采用明挖法施工。明挖法施工的隧道一般为矩形或马蹄形（即顶部呈弓形）。图 2-88 所示为圆形隧道断面图。

电缆隧道另一种施工方法是暗挖法，又分为盾构法和顶管法两种方式。

盾构法施工是用环形盾构掘进机来完成地下隧道建设的施工方法。盾构掘进机的外径根据电缆隧道设计断面确定，一般适用于隧道内径大于 2.7m。盾构法施工应先建工作井和接收井。图 2-89 是以盾构法建造的电缆隧道图，该隧道盾构管片厚 500mm，管片内再浇厚度为 200mm 的混凝土内衬。

顶管法施工是采用顶管机头的液压设备将钢管或钢筋混凝土管逐段按设计路径在地下推进。各段钢管用电焊连接，钢筋混凝土管用内壁端部钢圈用电焊连接。顶管法施工主要适用于直线形隧道，顶管法施工成本略低于盾构法。

Ⅲ　电缆线路新技术

2.5.6　超高压大截面电缆技术

随着城市电网的发展，对电缆线路的输送容量要求越来越高，电缆线路逐步向超高压大截面发展。目前国内电缆线路最高电压等级已经发展到 500kV，最大截面已经发展到 2500mm²。2010 年投运的上海 500kV 世博变电站进线电缆为 500kV 2500mm² 的交联电缆，线路长度达到 15km，是目前国内长度最长、电压等级最高、电缆截面最大的电缆线路。

超高压大截面电缆在设计过程中着重需要解决电缆的热伸缩、护套感应电压等关键技术。

2.5.7　长距离过桥电缆线路技术

　　桥梁是连接两侧陆地的通道，然而，由于各种条件限制，我国目前建完的大桥主要完成了桥梁本身的交通作用。然而，桥梁还可以作为一个非常合适的载体供其他市政管线通过，如水、电、通讯等等。对于电力来说，通过在大桥上设置电缆能够起到安全、可靠、经济地输送电能的目的。

　　目前我国正在有计划，有步骤地开展对沿海岛屿的开发利用，随着这些岛屿的开发建设，用电矛盾也成为一个关键问题，如果

图 2-89　大截面电缆隧道敷设断面

能够结合连接这些岛屿的大桥敷设高压电缆，这样既可以避免海上架空线对周边景观的影响，也可以节省敷设海缆带来的巨大的投资压力。

　　对于高压电缆过桥来说，国外在 20 世纪 70 年代起既开始有工程实例，尤其在日本、欧洲、美国、中国香港地区已有较多的工程实例，电压等级 110～500kV，电缆截面最大也至 2500mm²。国内由于受到了技术及其他各方面条件的限制，桥上敷设 10kV 以上电压等级电缆的项目并不多，近年来才逐步完成了一些在桥上敷设高压电缆的项目，表 2-33 为国内外已建高压电缆过大桥工程。

国内外已建电缆过桥工程　　　　　　　　　　　　　　　表 2-33

序号	国家和地区	桥名	桥长	电缆布置方式	电缆形式
1	美国	Viaduct	2000m	电缆用缆绳吊在桥梁下	115kV 3×310mm²
2	日本	四木桥		电缆敷设在管道内	275kV 1400mm² 充油电缆
3	委内瑞拉	波拉马开桥	830m	电缆敷设在铝合金槽内挂在桥下部	230kV 800mm² 充油电缆
4	日本	大鸣门吊桥	1600m	公路桥下方桥梁桁架结构电缆槽盒内	187kV 2000mm² 交联电缆
5	日本	濑户大桥	800×10m	公路桥下方桥梁桁架结构电缆槽盒内	500kV 2500mm² 充油电缆
6	中国香港	青马大桥	2180m	箱梁内	110kV 400mm² 交联电缆
7	长沙	湘江大桥	800m	混凝土箱梁内	110kV 400mm² 交联电缆
8	广东	新会崖门大桥	1400m	穿在 PE 管内用角铁固定在栏杆外侧	110kV 400mm² 交联电缆
9	上海	东海大桥	25000m	箱梁内	110kV 630mm² 交联电缆
10	上海	长江大桥	7000m	箱梁内	220kV 800mm² 交联电缆
11	佛山	东平大桥	560m	箱梁外侧悬挂管线桥架	220kV 2000mm² 交联电缆

　　长距离过桥电缆线路设计中需主要解决大桥振动、电化学腐蚀、热稳定性能、对通信线路的干扰、防火措施、维护管理、OFFSET 装置设计等关键技术。

2.5.8　高温超导电缆技术

　　超导电缆是利用超导材料零电阻特性的新一代电缆，所谓高温超导是一个相对概念，即相对于绝对零度 −273K 而言，在临界温度 77K（−196℃）可以产生的超导体就成为相对来说是高温的超导了，因此即使是高温超导设备也需要相应的冷却系统以确保超导工

图 2-90　上海长江大桥 OFFSET 装置

况，与传统低温超导所采用的液氦相比，液氮具有制备方便和价格便宜的特点，因此作为高温超导的冷却介质。

国际上开展超导电缆技术研究的国家主要是美国、日本、丹麦、德国和中国。美国是世界上最早发展高温超导电缆技术的国家，1999 年 Southwire 公司研制出长度为 30m 的三相 12.5kV/1250A 冷绝缘高温超导电缆投运，投运至今未发生影响运行的技术问题。

由于高温超导电缆具有结构紧凑，传输容量大的特点，特别适用于大城市地下电缆输电系统。例如，传输 1000MW 的电力容量，若采用三相普通电缆（275kV/1kA），需两回线，每根电缆外径约 138mm，双回线布置宽度至少需 800mm。而采用液氮冷却的高温超导三芯电缆（66kV/9000A）（图 2-91），仅需一回线，而且超导电缆外径只有 130mm，极大地减少了占用空间。如果采用超导电缆，城市电网现有的隧道可以充分利用，新建隧道工程量也会大大减少。各国高温超导电缆项目概况如表 2-34 所示。

国际高温超导电缆试验运行项目概况　　　　　　　　　　表 2-34

序号	国别	研究开发组织或企业	电缆形式	额定电流	电压等级	主要研究开发内容和计划
1	日本	东京电力公司	CD	1kA	66kV	66kV，100m 三相电缆，2001～2002 年，试验场运行
2	日本	Super—GM	CD	5～10kA	66～77kV	66～77kV，三相，500m 电缆试运行，2005～2009 年完成
3	美国	橡树岭国家试验室，美国能源部，Southwire 公司等	CD	1.25kA	12.5kV	12.5kV，30m 三根单相电缆，2000 年电网试运行
4	意大利	柏林电力公司（Bewag）Pirelli 公司，BMBF	CD	2kA	110kV	110kV，100m 单相电缆，2002 年起试运行
5	德国	西门子公司（Siemens）	400MVA CD	2.1kA	110kV	高温超导单相交流电缆模型系统，长期综合性能试验
6	丹麦	丹麦北欧电缆公司、丹麦电力公司等	WD	2kA	36kV	30m 三根单相电缆，2001 年并入电网试运行
7	美国	耐克森电缆，美国超导电缆公司等	CD	0.8kA	35kV	350m，三芯电缆，线芯采用二代线材，2006 年底投入纽约阿尔巴尼电网运行
8	中国	云电英纳超导电缆公司	WD	2kA	35kV	中国第一组实用 30m，3 根单相，2001 年 9 月研制成功；2004 年 4 月在昆明普吉变电站投运
9	中国	中国科学院电工研究所	WD	2kA	10kV	10kV，75m，3 根单相，自 2004 年 12 月 14 日起，75m 超导电缆并入甘肃长通电缆科技股份有限公司配电网

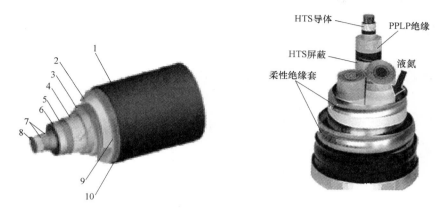

1—外护层；2—低温恒温器；3—液氮；4—钢屏蔽；5—超导屏蔽；6—电绝缘；
7—超导带材；8—电缆骨架；9—超级绝热材料；10—恒温器外壁

图 2-91　CD 高温超导电缆示意图

2.5.9　电缆线路智能化技术

电缆线路智能化是建设坚强智能电网的重要组成部分。目前，国内的电缆线路智能化尚处于起步与摸索阶段，相对较成熟和有较好应用前景的电缆线路智能化技术包括线路动态增容技术与在线监测技术。

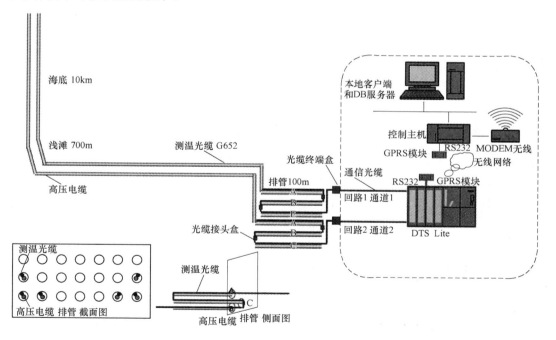

图 2-92　电缆线路动态增容系统图

动态增容技术指实时监控电缆线路的运行参数和环境参数，根据理论计算载流量和实际载流量的对比，实现对电缆线路输送容量的动态控制，最大程度挖掘电缆线路的输送潜力（图 2-92）。

电缆线路在线监测主要监测内容包括井盖等出入口的防入侵监测，接地线、接地箱的防偷盗监测以及电缆、电缆附件的状态量监测（图 2-93）。

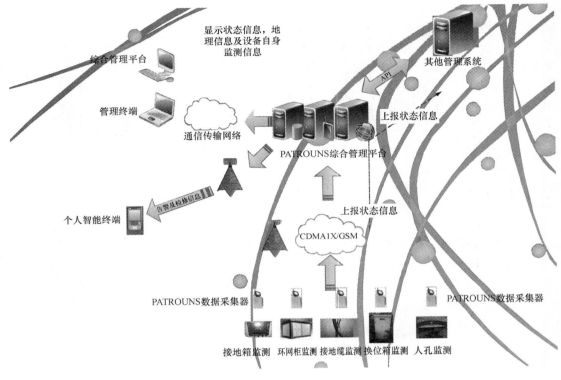

图 2-93 电缆线路在线监控系统图

2.6 环境保护和水土保持

2.6.1 环境保护部分

输变电工程环境影响评价的对象是影响人类生存和发展的各种天然的和经过人工改造的自然因素的总体，包括输变电工程在建设过程中和建成投产后运行阶段，其周围的大气、水、海洋、土地、矿藏、森林、草原、野生生物、自然遗迹、人文遗迹、自然保护区、风景名胜区、城市和乡村等。

输变电工程环境影响评价工作应坚持政策性、针对性、科学性和公正性的原则，并贯彻产业政策、符合规划、清洁生产、达标排放、以新带老的方针。

根据国家产业政策及所涉地区的相关规划，包括国家和省、市的产业政策、电力规划、城市规划、生态功能区规划、社会发展规划、环境保护规划等，从可持续发展战略角度出发，分析评价输变电工程与相关产业政策及相关规划是否相容，是否满足环保、规划、土地等相关部门对工程提出的合理要求，并对工程的线路路径、站址及总图方案布置的环境合理性、需回避的环境敏感区以及可能存在的问题做出定性的分析评价，给出措施建议，必要时规定工程线路或站址选择或调整的避让距离要求。

环境影响报告书是根据工程和环境的特点及评价工作等级、评价范围、评价因子及专题设置情况。并且各部分都有相应的重点内容和评价深度要求。

简要说明工程建设的必要性、前期工作程序及进展情况、建设项目的特点、环境影响评价的工作过程及环境影响报告书的主要结论。

1. 环境影响报告书的主要章节和内容

（1）总则 简要说明工程建设的必要性、前期工作程序及进展情况、建设项目的特点、环境影响评价的工作过程及环境影响报告书的主要结论。

（2）编制依据 在编制依据中主要包括：相关法律法规；相关标准及技术规范；相关政策及规划；有关技术文件；有关工作文件等。

（3）评价因子与评价标准的选取中：需要分列现状评价因子和预测评价因子，给出各评价因子所执行的环境质量标准、排放标准与其他有关标准及具体限值。环境质量评价标准应根据输变电工程所在地区的环境功能区划要求执行相应环境要素的现行国家标准（包括行业标准中的推荐标准）和地方标准。在缺乏对应的环境功能区划要求时，应征求地方环保部门的意见，并应以地方环保部门的批复要求为准。污染物排放标准应执行国家标准和地方标准，当地方标准严于国家标准时，优先执行地方标准。对于暂时没有现行国家标准和地方标准的因子，可通过类比监测现有工程、借鉴国外成果，并通过工程分析确定合理的、适合本工程的评价要求；同时对该因子可仅进行分析评价。

（4）评价范围及环境敏感目标

评价范围和各环境要素的环境功能类别或级别，各环境要素敏感保护目标和功能，及其与建设项目的相对位置关系等附图列表说明。

相关规划及环境功能区划主要包括：区域或流域发展总体规划、环境保护规划、生态保护规划、环境功能区划或保护区规划。

评价工作等级和评价重点说明各专项评价工作等级，明确重点评价内容。

（5）建设项目概况与工程分析中包括，工程一般特性简介；工艺路线与生产方法；物料、资源等消耗及土地占用；主要经济技术指标；输变电工程污染源分析；输变电工程的特点及主要环保问题；输变电工程中拟采取的污染防治及清洁生产措施。

（6）在工程地区自然和社会环境现状调查中主要有，地形、地貌；水文、气象；土壤及土地利用；植被；野生动物资源；自然保护区及风景名胜区等环境敏感区；社会经济；人口分布；区域相关规划等。

（7）环境质量现状评价中，根据输变电电磁环境、噪声、生态等相关要素环境影响评价工作等级划分情况，在缺乏环境背景值资料时，对输变电工程及其涉及的相关要素环境敏感点进行现状监测和调查，以获取其背景值资料，并进行评价或分析说明。

（8）分析评价输变电工程与产业政策及相关规划是否相容，并对输变电工程的线路路径、站址及总图方案布置的合理性及存在的问题和对可能存在的颠覆性因素及其影响等做出分析评价，给出措施建议。

（9）环境影响预测与评价中在输变电电磁环境影响预测与评价中包括：输变电电磁环境类比评价；交流线路工程工频电场、工频磁场及无线电干扰模式预测及评价，给出交流线路工程工频电场、工频磁场及无线电干扰模式预测的模式、预测工况及环境条件的选择、预测结果及评价结论等相关内容；生态环境影响预测或分析与评价，根据评价工作等级的要求和现场调查、收集的资料，对输变电工程的生态环境影响，包括植被破坏与恢复、自然保护区及风景旅游区、土地利用、野生动植物等方面，进行预测或分析评价。如涉及生态敏感区时还应进行生态敏感区的替代方案分析；噪声环境影响预测与评价，根据评价工作等级的要求和现场调查、收集的资料以及噪声现状评价与类比评价结果，对输变电工程的噪声环境影响进行预测或分析评价；直流接地极环境影响分析，对直流接地极的环境影响，应主要从接地极运行的概率、跨步电压对人畜安全的影响、电流入地造成土壤温升对环境生态的影响等方面进行分析。

水环境影响预测或分析评价，根据评价工作等级的要求和现场调查、收集资料以及区域水体功能区划，主要从水量、处理方式、排放去向以及受纳水体情况等方面对变电站、换流站工程的水环境影响进行预测或分析评价。

景观影响，主要从避开需特殊保护的景观以及工程本身的景观改善措施等方面对景观影响进行分析评价。

环境风险简要分析，简要分析输变电工程可能存在的泄油事故、线路倒塌等环境风险及工程采取的应对措施，给出相应的对策建议。

建设期环境影响分析　从拆迁安置、噪声、生态环境及其他因子等方面分析建设期环境影响，给出评价结论。

（10）环境保护措施及其技术、经济论证，在污染控制措施分析中要明确输变电工程拟采取的具体环境保护措施，应充分体现可持续发展战略思想，满足法律法规、产业政策、环保政策、资源政策要求。结合环境影响评价结果，论证项目拟采取环境保护措施实现达标排放、满足环境质量要求的可行性。如需划定规划控制范围，应论述其合理性与必要性。生态环保措施须落实到具体时段和具体点位上，并特别注意施工建设期的环保措施。

输变电工程环境保护措施按照技术先进、可靠、可达和经济合理的原则，进行多方案比选，推荐最佳方案。对于关键性环境保护设施，应调查国内外同类措施实际运行结果，分析、论证该环境保护设施的有效性与可靠性。

（11）公众参与，根据选线选址过程中的有关单位、专家及公众参与意见的统计资料，分析公众意见，给出公众对输变电工程的意见和建议以及对应的处理建议。

（12）环境保护投资估算，按工程实施不同时段，分别列出其环保投资额，并分析其合理性。计算环保投资占工程总投资的比例，给出各项措施及投资估算一览表。

（13）环境影响经济损益简要分析，从输变电工程产生的正负两个方面影响，以定性与定量结合方式，简要分析输变电工程环境影响所造成的经济损失与效益。

（14）环境管理与监测计划，规定输变电工程应采取的环境管理、环境监理与环境监测计划。

（15）评价结论与建议，给出主要输变电工程环境影响评价的结论与建议。

2. 输变电工程环境影响评价中重点要注意：

（1）线路路径和站址选择：在输变电工程的环境影响评价时，如需进行多个选线或选址方案的优选，则应分别对各个选线或选址进行同等深度的环境现状调查、影响预测和评价；如输变电工程已通过工程审查确定了选线或选址方案，则应说明审查情况，并简要分析工程方案比选的环境合理性。

如通过评价对输变电工程原选线或选址给出否定结论时，应按环境影响是评价程序对新的选线或选址方案进行重新评价。

（2）严格按照环境保护要求明确抬高架线高度或采取其他屏蔽措施，确保环境敏感点的工频电场强度、工频磁感应强度及无线电干扰等符合国家相关标准提出的限值要求。

（3）高度重视拆迁安置工作，明确拆迁范围。在输电线路走廊范围内，不得新建医院、学校、居民住宅等对电磁敏感的项目。

（4）对变电站等采取隔声降噪措施，确保所界符合《工业企业厂界噪声标准》GB 12348—2008 相应的标准。厂界一定范围内不宜新建居民住宅、医院等敏感建筑物。

2.6.2 水土保持部分

水土保持工作是在新的历史时期我国可持续发展的基本国策。水土保持方案设计及审批是水利部行政许可项目开发建设项目水土保持方案审批的一个重要环节，按相关法规政策的要求，生产建设项目必须编制水土保持方案设计。

1. 生产建设项目水土保持方案设计主要包括：水土保持方案编制总则、项目概况、项目区概况、主体工程水土保持分析与评价、防治责任范围及防治分区、水土流失预测、防治目标及防治措施布设、水土保持监测、水土保持投资估算及效益分析、结论与建议等内容。

根据水行政主管部门审查同意的水土保持方案，给出输变电工程采取的水土保持措施及其治理效果等相关内容。

（1）措施布局：按照建设项目分区进行布局论述（弃渣场、取料场、施工道路），简要介绍各项生产建设项目水土保持措施总体布局情况，或采用体系框格形式。

（2）生产建设项目水土保持措施设计是方案报告书要重点关注的内容。主要包括：①工程措施设计；②植物措施设计；③工程绿化；④施工期间的临时措施，临时拦挡措施；临时排水措施；临时覆盖措施；临时植物措施等。在措施中要注意做好民房拆迁后房屋地基的清理和植被恢复工作。及时恢复施工道路、牵场、材料场等临时施工用地的原有土地功能。线路塔基施工弃渣应集中堆放，并及时做好场地平整和植被恢复，严格落实水土保持措施。

2. 输变电工程水保特点

《开发建设项目水土保持技术规范》GB 50433—2008 将输变电工程虽归结于线型工程，但实际上，输变电工程是沿着输电线路沿线呈点状分布，兼具线型工程和点型工程的特点，因而其水土流失特征和水土保持特点也兼具线型工程和点型工程的部分特征。总体来看，输变电工程的水土流失和水土保持呈线性斑块状分布。

输变电工程中从水保方案设计重点是工程的选线（址）、渣场（料场）选址、占地、施工及水土保持防治措施设计等方面。从扰动土地（直接和间接）面积、损坏植被面积、土石方量、地形地貌、地质、水文、气象条件和工程投资等角度做出水土保持评价和水土保持方案设计。分析工程建设与生产对水土流失的影响因素。

3. 水土保持初步设计的基本要求

（1）明确每一项措施设计采用的设计标准；

（2）给出每一项措施其外形尺寸按设计标准确定的依据和计算过程；

（3）给出每一项措施按设计标准对其稳定及安全性校核过程，并可确保安全；

（4）每一项措施设计要有完整的平面布置图，图中要交代清楚相关内容；例如：对取土场（弃渣场）的平面布置图中需要明确上游截排水设施的布置、下游挡渣墙的布置、陡坡消力池的布置、消力池下游和原沟道的衔接方式（包括海漫、连接段翼墙、连接渠等）；

（5）每一项措施设计要有可说明各相关尺寸的剖面图；

（6）每一项措施的各相关尺寸要标注完整，可按照尺寸准确、完整地计算其各种工程量；

（7）对每一项措施型设计所有相关工程量要计算齐全，核算准确；

（8）针对每一项措施型进行施工组织设计，并按施工组织设计核实工程概算定额采用的是否合理；

（9）按相关规范和规定完成工程概算的编制。

2.7　大件运输

2.7.1　大件设备（以下简称"大件"）运输研究的主要内容及目的

大件运输研究的主要内容及目的是：

1. 确定大件运输的技术经济可行性；

2. 在技术经济可行的前提下，确定适当的运输方式及运输方案（主要为运输路径方案）；

3. 结合上一条，确定设备制造方案（主要指分拆程度）；

4. 确定大件运输费用（主要为特殊措施费用）。

2.7.2　大件运输研究的基本原则及相关因素

1. 大件设备运输研究的基本原则

大件运输方案直接由大件设备运输参数（即运输重量及尺寸）与大件设备运输外部条件（即由设备制造厂家至设备安放地点之间的水路、铁路、公路等运输条件）决定。

在某一特定时间段，大件运输外部条件是一种客观存在，同时，运输外部条件在一定程度上也是可改变的：例如可通过新建、加固或改造道路、航道、桥梁、隧道、车站、码头等方法来改善运输条件，但这需要付出相应的代价。当设备运输参数足够大，以致相关的运输条件不能简单满足大件运输需要时，则进行相应的大件运输方案研究是必要的。

显然，大件运输参数与大件运输外部条件之间是一对矛盾：在大件运输参数既定的情况下，只能根据大件运输外部条件寻求一个技术经济最优的运输方案，即选择最优的运输方式及最优的路径方案。需要指出的是，即使技术经济最优的运输方案，往往也需要付出一定的对运输条件进行改善的代价（即通常所谓的特殊措施费）；当大件设备运输参数太大，由于受运输条件的制约，以至于无法找到一个技术经济合理的运输方案时，则需要反过来对大件运输参数进行限制，而这往往会付出设备方面的代价：如设备造价的上升，设备性能的下降等。

因此，大件运输研究的根本内容及基本原则也就在于解决大件运输参数与大件运输外部条件之间这一对矛盾，在两者之间寻求妥协，取得平衡，最终实现整个项目在全寿命周期技术经济上的最优化。

通过以上讨论可以看到：大件运输参数与大件运输外部条件是大件运输研究的两大因素。

以下对上述大件运输两大因素作简要介绍：

2. 大件运输参数

电网工程大件设备主要为主变压器、换流变压器、平波电抗器及高压并联电抗器。从运输受限情况看，大件运输参数大致可分为以下两种类型：

1）必须考虑铁路运输，因而受铁路运输控制尺寸限制的，如：安顺换流站、兴仁换流站、西昌换流站、楚雄换流站；

2）不能或不必考虑铁路运输，因而不需要考虑铁路运输控制尺寸限制的，但还需考虑水路、公路运输条件限制的，如复龙换流站等、成都龙泉 500kV 变电站、泸州 500kV 变电站等。

从设备制造的角度看，大件设备运输参数与下列因素相关：

1）设备容量及电压等级

设备容量及电压等级与其运输外型尺寸及重量之间为正相关的关系。

2）设备分拆程度

根据分拆程度的不同，主变压器有三相整体式、单相式、组合式（主要指 220kV 主变）及分体运输现场组装式（ASA）几种，分拆程度越高，设备参数越小，也越容易运输。

3）其他因素

某些其他因素也对大件设备运输参数产生影响，比如：油浸式电抗器与干式电抗器的运输外型尺寸及重量有很大的不同；换流变压器不同的绕组型式及出线方式对应不同的运输外型尺寸及重量。

3. 大件运输外部条件

大件运输外部条件指的是站址所在地地理位置及由此决定的由设备制造厂家至设备安放地点（站址）之间的水路、铁路及公路等交通运输条件，其对设备制造、站址选择、运输方式、运输路径及运输设备选择均产生重大影响。

（1）对设备制造的影响

局促的大件运输外部条件给设备制造形成制约，甚至会为减小运输参数而迫使设备性能下降或造价上升以适应较差的大件运输外部条件；而宽松的大件运输外部条件也可给设备制造营造一个宽松的环境。

（2）与站址选择的关系

不言而喻，站址所在地的地理位置点决定了由设备制造厂家至设备安放地点（站址）之间的水路、铁路及公路等交通运输条件，因此，应尽可能选择交通条件较好的站址。

（3）铁路、水路、公路等运输条件及特点

由设备制造厂家至设备安放地点（站址）之间存在着水路、铁路及公路等运输条件，对应着相应的运输方式。须选择其中一种或者两种及两种以上的运输方式组合以实现大件运输。

1）公路运输的特点

公路运输部分是大件运输必不可少的。大件设备公路运输主要需考虑以下几点：即路基路面宽度、道路纵坡、平曲线半径、路基承载力、桥梁承载力、硬性空障（含隧道）、交通繁忙程度以及公路里程等。其中，公路里程是一个十分重要的因素：如果公路里程足够短，则相关的改造工程量、组织实施难度及费用均不会太大，而如果公路里程过长，则相关的改造工程量、组织实施难度及费用均可能大幅上升，甚至使该运输变得不太可能。

公路运输条件与其等级密切相关，一般而言，公路等级越高，运输条件越好。不过，高等级公路的可改造性较低，而较低等级公路的可改造性较高。

2）铁路运输的特点

目前，国内铁路可分为国家铁路、地方铁路及工矿铁路。对于地方铁路及工矿铁路，若考虑利用，需与相关单位联系。对于国家铁路，由于修建年代的差别及病害等影响，其通行能力不尽相同，需做相关调查了解。

铁路运输的特点：运输干扰少，运距的长短对运输影响不大。但是，受制于桥梁、隧道限界的限制以及铁路沿线设施如站台、信号灯等的限制，铁路运输对大件设备的运输参数（主要对运输外型尺寸）有较为严格的限制。

从运输方式的角度看，大件设备的结构形式分为自承式及非自承式两种型式。目前，电网工程大件设备的结构形式通常为非自承式；而自承式大件设备（如换流变）尚在研究中。

对于非自承式变压器，株洲车辆厂、齐齐哈尔车辆厂以及中铁特种货物运输中心，分别提出了新研制落下孔特种车辆在我国铁路干线运输变压器的最大限界控制参数：

中铁特种货物运输中心（落下孔车）：

运输尺寸：13.0m×3.5m×4.85m（长×宽×高）

重量：420t

齐齐哈尔车辆厂（落下孔车）：

运输尺寸：12.0m×3.4m×5.0m（长×宽×高）

重量：400t

株洲车辆厂（落下孔车）：

运输尺寸：12.5m×3.5m×4.85m（长×宽×高）

重量：400t

对于以上三种控制尺寸，目前我们采用的是中铁特种货物运输中心提供的控制尺寸。

对于自承式变压器，中铁特种货物运输中心初步提出了铁路新研制钳夹车运输变压器的控制参数为：

中铁特种货物运输中心钳夹车（钳夹车）：

运输尺寸：13.0m×3.88m×4.9m（长×宽×高）

重量：440t

3）水路运输的特点

水路运输的特点是：运输干扰少，运输距离的长短对运输影响不大，但受航道通航能力的制约，对设备运输重量和尺寸的限制相对较小，卸货设施可采用有成熟经验的人字桅杆吊、浮吊和大型汽车吊，简便易行，如航道情况允许，有水运条件的站址应优先选择采用此种运输方式。

4. 大件运输设备（含卸车/船设备）

（1）水路运输设备

根据有水运条件的站址的航道情况，选择船舶。

（2）铁路运输设备

如前所述，对于目前通常的非自承式变压器等大件设备，采用的是特种运输车辆，如凹车、抬轿式落下孔车等。

若自承式设备制造成为现实，则采用新研制的钳夹车进行运输，其控制尺寸可比上述抬轿式落下孔车放宽。

（3）公路运输设备

1）所选车辆必须满足的基本条件

① 车辆额定吨位必须大于货物的实际重量，并留有不少于20％的安全余量。

② 车辆牵引力必须满足运输路线爬坡的需要，并留有足够的牵引力储备。

③ 车辆轴荷必须低于码头、桥梁和道路经过加固、改造后所允许的最高值。

④ 车型应尽量选用适当宽的车辆，以保证装货后尽量好的稳定性。

⑤ 为了减少车辆通过桥梁时的轴荷，车辆应尽量的长和宽，但为了保证车辆通过较小的弯道，车辆应尽量的短和窄。综合考虑，车辆的长度应适中。

⑥ 在满足以上条件的前提下，尽量考虑车辆选配的经济性。

2）车辆配置

车辆配置应综合考虑安全性、通过性及经济性。

图 2-94　大件公路运输实况

（4）卸车/船设备

1）人字扒杆吊

该设备使用经验较多，在以往工程实践中，都是成功，安全可靠的。起吊设备选用是运输投标单位编制方案的重要内容之一，可通过招标确定起吊机具图 2-95 及表 2-35。

700tA 字型桅杆吊主要技术参数表　　　　　　　　　　表 2-35

1	桅杆长度（m）	32.5m，另外可根据需要加长桅杆长度，每节 8m
2	自重（t）	100
3	极限起重量（t）	700
4	桅杆底座尺寸（m）	1.50×1.50
5	桅杆下部间距（m）	12.0

2）大型吊车

195

图 2-95　人字扒杆吊

　　大型吊车吊装大件设备不需另外配备施工电源，施工作业场地较小，水运大件码头建设费用较低，但租赁费用相对较高；适合场地较大的货场。扬东和三堡工程就是采用 500t 汽车吊吊装主变，获得成功。目前所知国内最大的吊车可达 1250t 图 2-96 及表 2-36。

德玛克 TC2600 型 500t 吊车主要技术参数表　　　　　　　　　表 2-36

1	主臂长度(m)	30
2	超级提升杆长度(m)	30
3	支腿跨距(m)	14×14
4	支腿板尺寸(长×宽)(m)	5×3
5	主车配重(t)	149
6	超级提升装置配重(t)	225
7	超级提升装置承台尺寸(长×宽)(m)	6×3
8	最大作业半径(m)	14
9	极限起重量(t)	533
10	额定起重量(极限起重量×75％)(t)	400

图 2-96　大型吊车

3) 滑轮组，卷扬机，地锚

操作简单方便，节省费用。适合场地较小的货场。

对于本工程起吊机具，总的要求是：起吊设备应有足够的安全裕度，能保证顺利安全吊装主变设备。

近年来，我国大件设备运输和装卸工器具装备水平，无论品种、设备能力、性能均有很大提高。从设备能力而言，运输和装卸单件重量不到 400t 的设备选择面较宽。

2.7.3　大件运输方案确定

大件运输方案包括：运输（组合）方式、运输路径方案、运输特殊措施及设备制造方案（主要为分拆程度）。大件运输方案是综合考虑大件运输参数及运输外部条件，在项目全寿命周期技术经济最优原则下，进行比选、妥协之后的结果。

通常采用的运输组合方式有铁路＋公路联合运输、水路＋公路联合运输甚至铁路＋水路＋公路三种方式联合运输，少数情况采用全程公路运输，采用何种运输方式，须根据设备运输参数及运输外部条件等确定。

运输路径方案是运输组合的具体化，铁路运输路径及公路运输路径，都存在多方案的比选，应在对可能的运输路径深入了解掌握的条件下，确定最优的运输路径方案。

大件运输参数制约着运输（组合）方式及运输路径方案，反过来，在拟定运输（组合）方式及运输路径方案的过程中，又对大件运输参数提出反馈信息及要求。实际上，运输（组合）方式及运输路径方案与大件运输参数之间，存在着反复试探、妥协、让步的过程。

2.7.4　大件运输特殊措施及费用

大件运输特殊措施是为实现大件运输而须采取的非常规措施，是在一定的大件运输方式及路径方案下制定的，同时，大件运输特殊措施及费用又反过来对大件运输方式及路径方案的确定产生影响。

大件运输特殊措施费应根据国家相关部门的规定、特殊措施方案并结合市场价格计列。主要包括铁路措施费如：装载加固费、专列车辆费、路局技术服务费、线桥隧检测加固费、装后尺寸检算费、车辆探伤检测费、沿途障碍清理恢复费、运行监护费等；公路措施费如：设备捆扎加固费、桥梁检测加固费、运输道路整改费、超限运输补偿费、运输协调费、运输监护费、空障清除及恢复费等；水路措施费如：船舶稳性检验、签证费、码头装卸协调费、港区码头靠驳费、捆扎加固费、海运安全措施费、航道清淤费、领航护航费等。

第3章 电网工程建设预算编制与审查

3.1 电网工程建设预算费用构成

3.1.1 电网工程建设费用构成及计算标准的版本演变

一、1997 年版

为了在基本建设中统一火力发电、送变电工程建设预算内容、费用分类及计算口径，以便为合理确定、有效控制工程造价创造条件，为正确处理有关各方的经济利益提供基础，原电力工业部于 1997 年根据建设部、中国人民建设银行颁发的建标［1993］894 号文件，结合电力行业的具体情况和招、投标需要，制定了《火电、送变电工程建设预算费用构成及计算标准》(1997 年版)，自 1997 年 1 月 1 日起施行。

二、2002 年版

为规范电力建设市场秩序，加强电力工程造价管理，完善电力工程建设定额体系，根据《电力工程建设定额工作管理暂行办法》(国经贸电力［2001］712 号) 的规定，国家经济贸易委员会于 2002 年 4 月 1 日批准发布《火电、送变电工程建设预算费用构成及计算标准》(［2002］第 16 号公告，2002 年版)，自发布之日起施行，1997 年版火电、送变电工程建设预算费用构成及计算标准停止使用。2002 年版《火电、送变电工程建设预算费用构成及计算标准》与国家经贸委以 2002 年第 15 号公告发布的《电力工程建设概算定额－建筑工程》、《电力工程建设概算定额－热力设备安装工程》、《电力工程建设概算定额－电气设备安装工程》三项概算定额的 2001 年修订本，以及与中电联技经［2002］12 号文颁布的《电力建设工程预算定额第二册热力设备安装工程》、《电力建设工程预算定额第三册电气设备安装工程》两项新编预算定额，［2002］13 号文颁发的《电力建设工程预算定额第一册建筑工程》、《电力建设工程预算定额第四册输电线路工程》、《电力建设工程预算定额第五册加工配制品》第三项预算定额的 2001 年修订本，2002 年 48 号文颁发的《电力建设工程预算定额第六册调试》以及投资估算指标 (共两册) 和相应价目本配套使用。

随着我国加入 WTO 和工程建设招投标制度的深入实施，各方面对工程造价管理工作的重视程度也越来越高。建设部于 2001 年 11 月 5 日以第 107 号令公布《建筑工程施工发包与承包计价管理办法》；建设部与财政部于 2003 年 10 月 15 日以建标［2003］206 号文印发《建筑安装工程费用项目组成》，如此一来，2002 年版《火电、送变电工程建设预算费用构成及计算标准》又需根据上述文件的精神进行修订。中国电力企业联合会电力建设定额站结合电力行业实际情况，依据国家有关法律、法规，对 2002 年版《火电、送变电工程建设预算费用构成及计算标准》进行修编，编制新版《火电、送变电工程建设预算费用构成及计算标准》。

2006 年版预规的名称改为《电网工程建设预算编制与计算标准》和《火力发电工程

建设预算编制与计算标准》。

三、2006 年版

中国电力企业联合会电力建设定额站于 2003 年 11 月 20 日以电定造［2003］02 号文下发了"关于转发《建筑安装工程费用项目组成》的通知"，向网省电力公司、各发电集团公司、设计院等有关单位征求意见，各有关单位及时反馈了许多具有建设性的意见，形成了 2006 年版初步的修改框架方案。从 2004 年 5 月起在全国注册造价师继续教育培训班上，又将 2006 年版的初步修改框架方案进行了介绍，再次征求全国专家的意见。在听取大家意见的基础上，对框架方案进行了修改、补充。2006 年版预规由国家发展和改革委员会于 2007 年 7 月以发改办能源［2007］1808 号文核准颁布，自 2007 年 12 月 1 日起实施。

四、2013 年版

《电网工程建设预算编制与计算标准》（2013 年版）是根据《国家发展改革委关于开展电力工程造价与定额管理有关工作的函》（发改办能源［2006］427 号）文件的精神，遵照国家法律、法规、规章、标准及电力行业有关规定，按照"国家宏观调控，市场竞争形成价格"的原则，并结合电网工程建设的特点制定的。

2013 版预规是在 2006 年版《电网工程建设预算编制与计算标准》的基础上修编而成的，其编制规则和主要内容延续了原标准的有关规定，保持了电力工程建设预算管理体系的继承性和延续性。在本标准的修编过程中，编制单位充分考虑了当前电力建设管理体制下参建各方在工程建设过程中所承担的职责、任务，以及各种类型项目管理模式的不同特点，对部分内容进行了修改和更新，保证了标准的实用性。本标准经过广泛征求和综合平衡各方的意见和建议，对各项内容进行了认真调研和反复推敲、测算，并且按照国家规定的行业标准格式，在内容组织编排上进行了进一步改进，体现了电力工程建设预算管理制度编制的适用性、时效性和公平公正性。

《电网工程建设预算编制与计算标准》（2013 年版）于 2013 年 8 月 1 日发布，并于 2014 年 1 月 1 日起实施，原 2006 年版《电网工程建设预算编制与计算标准》和与之配套使用的相关文件停止使用。

3.1.2 《电网工程建设预算编制与计算标准》(2013 年版)

3.1.2.1 适用范围

为了规范电网工程建设预算的编制和计算规则，合理确定工程造价，提高投资效益，维护工程建设各方的合法权益，促进电力建设事业健康发展，制定《电网工程建设预算编制与计算标准》（2013 年版）（简称"预规"）。

(1) 预规作为电网工程可行性研究投资估算、初步设计概算、施工图预算和电力建设工程量清单报价的编制和费用计算依据，应与电力工程投资估算指标、概算定额、预算定额和电网建设工程量清单计价规范配套使用。

(2) 预规是编制电网工程招标标底、投标报价和工程结算的参考计算依据，同时也是调解处理工程建设经济纠纷的依据。

(3) 预规适用于 35～1000kV 交流输变电（串联补偿）工程，±800kV 及以下直流输电工程、换流站工程，以及系统通信工程。其他电压等级及类似工程可参照使用。

(4) 预规适用于各种投资渠道投资建设的上述范围的新建、扩建和改建工程。

（5）国家另有规定的工程应按照国家相关规定执行。

3.1.2.2　预规费用构成及计算规定

一、建设预算

建设预算是指以具体建设工程项目为对象，依据不同阶段设计，根据本预规及相应的估算指标、概算定额、预算定额等计价依据，对工程各项费用的预测和计算。预规中，投资估算、初步设计概算和施工图预算统称为建设预算。

二、建设预算文件

建设预算文件是指以具体的建设工程项目为对象，根据建设预算编制办法规定的格式编制的，经具有相关专业资格人员签发的，展示建设预算各项费用的计算过程和最终结果的成品文件。建设预算文件一般包括可行性研究投资估算书、初步设计概算书和施工图预算书。

三、投资估算

投资估算是指以可行性研究文件、方案设计为依据，按照本预规及估算指标或概算定额等计价依据，对拟建项目所需总投资及其构成进行的测算和计算。经具有相关专业资格人员根据建设预算编制办法进行编制，形成的技术经济文件为投资估算书。

四、初步设计概算

初步设计概算是指以初步设计文件为依据，按照预规及概算定额等计价依据，对建设项目总投资及其构成进行的预测和计算。经具有专业资格人员根据建设预算编制办法进行编制，形成的技术经济文件为初步设计概算书。

五、施工图预算

施工图预算是指以施工图设计文件为依据，按照预规及预算定额等计价依据，对工程项目的工程造价进行的预测和计算。经具有专业资格人员根据建设预算编制办法进行编制，形成的技术经济文件为施工图预算书。

六、工程结算

工程结算是指承、发包双方根据合同约定，对实施中、终止、竣工的工程项目，依据工程资料进行工程量计算和核准，对合同价款进行的计算、调整和确认。工程结算经具有相关专业资格人员根据合同和电力行业工程结算规定进行编制，形成的成品文件为工程结算书。

七、竣工决算

竣工决算是指建设工程项目完工交付之后，由项目法人单位根据相关规定，将项目从筹划到竣工投产全过程的全部实际费用进行的收集、整理和分析。按照规定格式编制竣工决算，反映建设项目实际造价和投资效果的成品文件为竣工决算书。

八、建筑工程

建筑工程一般指建设项目的各类建筑物、构筑物及设备基础等设施工程。

九、建筑工程费

建筑工程费是指对构成建设项目的各类建筑物、构筑物等设施工程进行施工，使之达到设计要求及功能所支出的费用。

建筑工程费除建筑工程的本体费用之外，以下项目也列入建筑工程费中：

1. 建筑物的上下水、采暖、通风、空调、照明设施（含照明配电箱）。

2. 建筑物用电梯的设备及其安装。

3. 建筑物的金属网门、栏栅及防雷设施，独立的避雷针、塔，建筑物的防雷接地。

4. 屋外配电装置的金属结构、金属构架或支架。

5. 换流站直流滤波器的电容器门形构架。

6. 各种直埋设施的土方、垫层、支墩，各种沟道的土方、垫层、支墩、结构、盖板，各种涵洞，各种顶管措施。

7. 消防设施，包括气体消防、水喷雾系统设备、喷头及其探测报警装置。

8. 站区采暖加热站设备及管道，采暖锅炉房设备及管道。

9. 生活污水处理系统的设备、管道及其安装。

10. 混凝土砌筑的箱、罐、池等。

11. 设备基础、地脚螺栓。

12. 建筑专业出图的站区工业管道。

13. 建筑专业出图的电线、电缆埋管工程。

14. 凡建筑工程建设预算定额中已明确规定列入建筑工程的项目，按定额中的规定执行，例如二次灌浆均列入建筑工程等。

15. 电缆线路工程中，沟道、排管、埋管、隧道、工井、顶（拉）管、挡土墙、护坡工程及其土石方工程、接地安装。

16. 电缆线路工程中，凡与市政共用的沟、井、隧道和保护管工程均划归市政工程范畴，不列入电缆线路的建筑工程费。

十、安装工程

安装工程是指构成建设项目生产工艺系统的各类设备、管道、线缆及其辅助装置的组合、装配和调试工程。其中，调试工程是指工程设备（材料）在安装过程中及安装结束移交生产前，按设计和设备（材料）技术文件规定进行调整、整定和一系列试验、试运工作，包括单体调试、分系统调试、整套启动调试、特殊调试工程。

十一、安装工程费

安装工程费是指对建设项目中构成生产工艺系统的各类设备、管道及其辅助装置进行组合、装配和调试，使之达到设计要求的功能指标所需要的费用。

安装工程费除包括各类设备、管道及其辅助装置的组合、装配及其材料费用之外，以下项目也列入安装工程费中：

1. 设备的维护平台及扶梯。

2. 电缆、电缆桥（支）架及其安装，电缆防火。

3. 屋内配电装置的金属结构、金属支架、金属网门。

4. 换流站阀厅冷却系统。

5. 换流站的交、直流滤波电容器塔。

6. 设备本体、道路、屋外区域（如变压器区、配电装置区、管道区等）的照明。

7. 电气专业出图的空调系统集中控制装置安装。

8. 集中控制系统中的消防控制监视装置。

9. 接地工程的接地极、降阻剂、焦炭等。

10. 安装专业出图的电线、电缆埋管、工业管道工程。

11. 安装专业出图的设备支架、地脚螺栓。

12. 凡设备安装工程建设预算定额中已明确规定列入安装工程的项目，按定额中的规定执行。

13. 架空线路工程的基础工程、杆塔工程、架线工程、附件工程、辅助工程。

14. 电缆线路工程中，电缆支架、桥架、托架的制作安装，电缆敷设，避雷及接地，两端设备安装，管道光缆安装，以及调试和试验等。

十二、建筑安装工程

建筑安装工程包括建筑工程和安装工程。

十三、建筑安装工程费

建筑安装工程费包括建筑工程费和安装工程费，由直接费、间接费、利润和税金组成。

计算公式：

建筑安装工程费＝直接费＋间接费＋利润＋编制年基准期价差＋税金

1. 直接费

直接费是指施工过程中直接消耗在建筑、安装工程产品的各项费用的总和。包括直接工程费和措施费。

计算公式：直接费＝直接工程费＋措施费

（1）直接工程费

直接工程费是指按照正常的施工条件，在施工过程中耗费的构成工程实体的各项费用，包括人工费、材料费和施工机械使用费。其中，人工费、材料费中的消耗材料费和施工机械使用费包括在定额基价中，材料费中的装置性材料费单独计列。

计算公式：直接工程费＝人工费＋材料费＋施工机械使用费

1）人工费

人工费是指直接从事建筑安装工程施工的生产人员所开支的各项费用，内容包括：基本工资、工资性补贴、辅助工资、职工福利费、生产人员劳动保护费等。

① 基本工资

基本工资是指根据国家相关规定计取的生产人员的岗位工资、岗位津（补）贴、技能工资、工龄工资和工龄补贴等，基本工资应按照规定的标准核定。

② 工资性补贴

工资性补贴是指按照规定标准发放的物价补贴，煤、燃气补贴，交通补贴，住房补贴，以及流动施工津贴等。

③ 辅助工资

辅助工资是指生产人员年有效施工天数以外非作业天数的工资，包括职工学习、培训期间的工资，调动工作、探亲、休假期间的工资，因气候影响的停工工资，病假在六个月以内的工资，以及产、婚、丧假期间的工资，女工哺乳期间的工资。

④ 职工福利费

职工福利费是指企业按照工资一定比例提取出来的专门用于职工福利性补助、补贴和其他福利事业的经费。如书报费、洗理费、取暖费等。

⑤ 生产人员劳动保护费

生产人员劳动保护费是指按规定标准发放的劳动保护用品的购置费及修理费，服装补贴，防暑降温费及保健费，在有碍身体健康环境中施工的防护费用等。

2）材料费

材料费是指施工过程中耗费的主要材料、辅助材料、构配件、半成品、零星材料，以及施工过程中一次性消耗材料及摊销材料的费用。预规将材料划分为装置性材料和消耗性材料两大类，其价格均为预算价格。

① 材料预算价格

材料预算价格是工程所需材料在施工现场仓库或堆放地点的出库价格，其价格范围包括：材料原价（或供应价格）、材料运输费、保险保价费、运输损耗费、采购及保管费等。

a. 材料原价（或供应价格）

材料原价（或供应价格）是指材料在供货地点的出货价格。

b. 材料运输费

材料运输费是指材料自供（交）货地点运至工地仓库或指定堆放地点所发生的运输、装卸费用。

c. 保险保价费

保险保价费是指按照国家交通运输行政主管部门有关规定，对交付运输的材料进行保价或向保险公司投保所发生的费用。

d. 运输损耗费

运输损耗费是指材料在运输、装卸过程中不可避免的损耗费用。

e. 采购及保管费

采购及保管费是指在组织采购、供应和保管材料过程中所需要的各项费用。包括材料采购费、仓储费、保管费以及仓储损耗等。

② 装置性材料

装置性材料是指建设工程中构成工艺系统实体的工艺性材料，也称主要材料。装置性材料在概算或预算定额中未计价的材料，也称为未计价材料。

装置性材料费＝装置性材料消耗量×装置性材料预算价格

装置性材料预算价格按照电力行业定额（造价）管理部门公布的装置性材料预算价格或综合预算价格计算。各地区、各年度装置性材料的调整按市场价格原则确定。

③ 消耗性材料

消耗性材料是指施工过程中所消耗的、在建设成品中不体现其原有形态的材料，以及因施工工艺及措施要求需要进行摊销的施工工艺材料，也称辅助材料。消耗性材料在建设预算定额中已经计价，也称为计价材料。

消耗性材料费的计算方法执行电力行业定额中的规定。各地区、各年度消耗性材料费的调整按照电力行业定额（造价）管理部门的规定执行。

3）施工机械使用费

施工机械使用费是指施工机械作业所发生的机械使用费以及机械的现场安拆费和场外运费。包括折旧费、大修理费、经常修理费、安装及拆卸费、场外运费、操作人员人工费、燃料动力费、车船及运检费等。

① 折旧费

折旧费是指施工机械在规定的使用年限内，陆续收回其原值及购置资金的时间价值，按照国家有关规定计提的成本费用。

② 大修理费

大修理费是指施工机械按规定的大修理间隔台班进行必要的大修理，以恢复其正常功能所需的费用。

③ 经常修理费

经常修理费是指施工机械除大修理以外的各级保养和临时故障排除所需的费用。包括为保障机械正常运转所需替换设备、零件的费用，随机配备工具、附具的摊销和维护费用，机械运转中日常保养所需润滑与擦拭的材料费用，以及机械停滞期间的维护和保养费用等。

4）安装及拆卸费

安装及拆卸费是指施工机械在现场进行安装与拆卸所需的人工、材料、机械费用，试运转费用，以及辅助设施的折旧、搭设、拆除等费用。

① 场外运费

场外运费是指施工机械整体或分体自停放地点运至施工现场或由本项目原施工地点运至另一施工地点所发生的运输、装卸、辅助材料及架线等费用。

② 操作人员人工费

操作人员人工费是指施工机械的操作人员的基本工资、工资性补贴、辅助工资、职工福利费、生产人员劳动保护费等。

③ 燃料动力费

燃料动力费是指施工机械在运转作业中所消耗的固体燃料、液体燃料、气体燃料以及水、电、气体等所花费的费用。

④ 车船及运检税费

车船及运检税费是指按照国家行政主管部门的规定，施工机械应缴纳的车船税（费）、保险费以及年检（含环保检测）费等。

施工机械使用费的计算方法执行电力行业定额中的规定。各地区、各年度施工机械使用费的调整按照电力行业定额（造价）管理部门的规定执行。

（2）措施费

措施费是指为完成工程项目施工而进行施工准备、克服自然条件的不利影响和辅助施工所发生的不构成工程实体的各项费用。包括：冬雨季施工增加费，夜间施工增加费，施工工具用具使用费，特殊地区施工增加费，临时设施费，施工机构转移费，安全文明施工措施费。

1）冬雨季施工增加费

冬雨季施工增加费是指按照合理工期要求，建筑、安装工程必须在冬季、雨季期间连续施工而需要增加的费用，其内容包括：在冬季施工期间，为确保工程质量而采取的养护、采暖措施所发生的费用；雨季施工期间，采取防雨、防潮措施所增加的费用；因冬季、雨季施工增加施工工序、降低工效而发生的补偿费用。

计算公式：冬雨季施工增加费＝取费基数×费率（见表 3-1，表 3-2）

冬雨季施工增加费费率   表 3-1

工程类别		取费基数	地区及费率%				
			I	II	III	IV	V
变电工程	建筑	直接工程费	0.72	1.01	1.53	2.19	2.73
	安装	人工费	6.05	8.57	13.11	17.17	18.82
架空输电线路工程		人工费	3.93	5.56	8.51	11.12	13.72
电缆线路工程		人工费	3.03	4.29	6.56	8.59	9.45
系统通信工程	通信站建筑	直接工程费	1.13	1.61	2.43	3.48	4.34
	通信站安装	人工费	7.71	10.92	16.71	21.89	23.97
	光缆线路工程	人工费	6.45	9.12	13.94	18.21	20.37

地区分类表   表 3-2

地区分类	省、自治区、直辖市名称
I	上海、江苏、安徽、浙江、福建、江西、湖南、湖北、广东、广西、海南
II	北京、天津、山东、河南、河北(张家口、承德以南地区)、重庆、四川(甘孜、阿坝州除外)、云南(迪庆州除外)、贵州
III	辽宁(盖县及以南地区)、陕西(不含榆林)、山西、河北(张家口、承德及以北地区)
IV	辽宁(盖县以北)、陕西(榆林地区)、内蒙古(锡林郭勒盟锡林浩特市以南各盟、市、旗,不含阿拉善盟)、新疆(伊犁、哈密地区以南)、吉林、甘肃、宁夏、四川(甘孜、阿坝州)、云南(迪庆藏族自治州)
V	黑龙江、青海、新疆(伊犁、哈密及以北地区)、内蒙古除四类地区以外的其他地区

2）夜间施工增加费

夜间施工增加费是指按照规程要求,工程必须在夜间连续施工的单项工程所发生的夜班补助、夜间施工降效、夜间施工照明设备摊销及照明用电等费用。

计算公式：夜间施工增加费＝取费基数×费率（见表 3-3）

夜间施工增加费费率   表 3-3

工程类别	变电		架空线路大跨越	电缆线路
	建筑	安装		
取费基数	直接工程费	人工费	人工费	人工费
费率%	0.11	1.05	1.2	1.35

注：架空线路工程（大跨越工程除外）、系统通信工程不计此项费用。

3）施工工具用具使用费

施工工具用具使用费是指施工企业的生产、检验、试验部门使用的不属于固定资产的工具用具和仪器仪表的购置、摊销和维护费用。

计算公式：

施工工具用具使用费＝取费基数×费率（表 3-4）

4）特殊地区施工增加费

特殊地区施工增加费是指在高海拔、酷热、严寒等地区施工,因特殊自然条件影响而需额外增加的施工费用。

计算公式：特殊地区施工增加费＝取费基数×费率（见表3-5）

施工工具用具使用费费率 表3-4

工程类别	变电		架空线路	电缆线路	系统通信		
	建筑	安装			通信站建筑	通信站安装	光缆线路
取费基数	直接工程费	人工费	人工费	人工费	直接工程费	人工费	人工费
费率%	0.67	6.95	5.38	5.17	0.75	7.65	5.58

特殊地区施工增加费费率 表3-5

工程类别	高海拔地区		高纬度寒冷地区		酷热地区	
	建 筑	安 装	建 筑	安 装	建 筑	安 装
取费基数	直接工程费	人工费	直接工程费	人工费	直接工程费	人工费
费率%	1.17	6.50	0.98	5.50	0.86	4.75

注：1. 高海拔地区指平均海拔高度在3000m以上的地区。
　　2. 高纬度寒冷地区指北纬45度以北地区。
　　3. 酷热地区指面积在1万km²以上的沙漠地区，以及新疆吐鲁番地区。

5）临时设施费

临时设施费是指施工企业为满足现场正常生产、生活需要，在现场必须搭设的生活、生产用临时建筑物、构筑物和其他临时设施所发生的费用，其内容包括：临时设施的搭设、维修、拆除、折旧及摊销费，或临时设施的租赁费等。

临时设施包括：职工宿舍，办公、生活、文化、福利等公用房屋，仓库、加工厂、工棚、围墙等建、构筑物，站区围墙范围内的临时施工道路及水、电（含380V降压变压器）、通信的分支管线，以及建设期间的临时隔墙等。

临时设施不包括下列内容（已列入项目划分的临时工程部分）：

① 施工电源：施工、生活用380V变压器高压侧以外的装置及线路。

② 水源：场外供水管线及装置，水源泵房，施工、生活区供水母管。

③ 施工道路：场外道路，施工、生活区的建筑、安装共用主干道路。

④ 通信：场外接至施工、生活区总计的通信线路。

计算公式：临时设施费＝直接工程费×费率（见表3-6）

临时设施费费率 表3-6

工程类别		Ⅰ	Ⅱ	Ⅲ	Ⅳ	Ⅴ
变电	建筑	2.03	2.56	2.81	2.98	3.17
	安装	2.29	2.62	2.77	3.10	3.38
架空线路		1.78	1.85	1.94	2.07	2.42
电缆线路		6.08	6.70	7.53	8.17	8.91
系统通信	通信站建筑	2.13	2.57	2.94	3.13	3.32
	通信站安装	1.33	1.53	1.67	1.85	2.06
	光缆线路工程	1.98	2.36	2.65	2.92	3.26

注：扩建工程乘以0.9系数。

6）施工机构转移费

施工机构转移费是指施工企业派遣施工队伍到所承建工程现场所发生的搬迁费用，其内容包括：职工调遣差旅费和调遣期间的工资，以及办公设备、工具、家具、材料用品和施工机械的搬运费等。

计算公式：施工机构迁移费＝取费费率×费率（表 3-7）

施工机构迁移费费率   表 3-7

工程类别		取费基数	电压等级及费率 kV %					
			110 及以下	220	330	500	750	1000
变电工程	建筑	直接工程费	0.41	0.39	0.35	0.33	0.32	0.31
	安装	人工费	11.46	11.02	10.00	8.76	8.21	7.80
架空输电线路工程		人工费	3.40	3.20	2.69	2.57	2.31	2.15
电缆线路工程		人工费	2.32					
系统通信	通信站建筑	直接工程费	0.30					
	通信站安装	人工费	6.64					
	光缆线路	人工费	1.99					

7）安全文明施工措施费

① 安全生产费：施工企业专门用于完善和改进企业及项目安全生产条件的资金。

② 文明施工费：施工现场文明施工所需要的各项费用。

③ 环境保护费：施工现场为达到环保部门要求所需要的各项费用。

计算公式：安全文明施工费＝直接工程费×2.9%

2. 间接费

间接费是指建筑安装工程的施工过程中，为全工程项目服务而不直接消耗在特定产品对象上的费用。包括规费、企业管理费和施工企业配合调试费。

计算公式：间接费＝规费＋企业管理费＋施工企业配合调试费

1）规费

规费是指按照国家行政主管部门或省级政府和省级有关权力部门规定必须缴纳并计入建筑安装工程造价的费用。包括社会保险费、住房公积金和危险作业意外伤害保险费。其他应列而未列入的规费，按实际发生计取。

计算公式：规费＝社会保险费＋住房公积金＋危险作业意外伤害保险费

① 社会保险费

社会保险费包括养老保险费、失业保险费、医疗保险费、生育保险费和工伤保险费。

a. 养老保险费：指企业按照规定标准为职工缴纳的基本养老保险费。

b. 失业保险费：指企业按照规定标准为职工缴纳的失业保险费。

c. 医疗保险费：指企业按照当地政府部门规定标准为职工缴纳的基本医疗保险费。

d. 生育保险费：指企业按照规定标准为职工缴纳的生育保险费。

e. 工伤保险费：指企业按照规定标准为职工缴纳的工伤保险费。

计算公式：

建筑工程社会保险费＝直接工程费×0.18×缴费费率

安装工程社会保险费＝人工费×1.6×缴费费率

架空线路工程社会保险费＝人工费×1.12×缴费费率

电缆线路及光缆线路工程社会保险费＝人工费×1.2×缴费费率

注1：缴费费率是指工程所在省（自治区、直辖市）社会保障机构颁布的以工资总额为基数计取的基本养老保险、失业保险和基本医疗保险/生育保险、工伤保险费率之和。

注2：跨省（自治区、直辖市）线路应分段计算或按照线路长度计算加权平均费率。

② 住房公积金

住房公积金是指企业按照规定标准为职工缴纳的住房公积金。

计算公式：

建筑工程住房公积金＝直接工程费×0.18×住房公积金缴费费率

安装工程住房公积金＝人工费×1.6×住房公积金缴费费率

架空线路工程住房公积金＝人工费×1.12×住房公积金缴费费率

电缆线路及光缆线路工程住房公积金＝人工费×1.2×住房公积金缴费费率

注：住房公积金缴费费率按照工程所在地政府部门公布的费率执行。

③ 危险作业意外伤害保险费

危险作业意外伤害保险费是指按照建筑法规定，施工企业为从事危险作业的建筑安装施工人员支付的意外伤害保险费。

计算公式：危险作业意外伤害保险费＝取费基数×费率（表3-8）

危险作业意外伤害保险费

表3-8

工程类别	变电		架空线路	电缆线路	光缆线路
	建筑	安装			
取费基数	直接工程费	人工费	人工费	人工费	人工费
费率%	0.15	2.31	2.53	2.31	2.53

2）企业管理费

企业管理费是指建筑安装施工企业组织施工生产和经营管理所发生的费用，其费用内容包括：

① 管理人员工资：包括管理人员的基本工资、工资性补贴、辅助工资、职工福利费、劳动保护费等。

② 办公经费：企业管理办公用的文具、纸张、账表、印刷、邮电、通信、书报、会议、水电、燃气、集体取暖（包括现场临时宿舍取暖）、卫生保洁等费用。

③ 差旅交通费：职工因公出差、调动工作的差旅费和住勤补助费，市内交通费和误餐补助费，职工探亲路费，劳动力招募费，职工离退休、退职一次性路费，工伤人员就医路费，管理部门使用的交通工具的燃料费、车船税费等。

④ 固定资产使用费：管理和试验部门及附属生产单位使用的属于固定资产的房屋、设备仪器等的折旧、大修、维修或租赁费。

⑤ 工具用具使用费：管理机构和人员使用的不属于固定资产的办公家具、工具、器具、交通工具和检验、试验、测绘、消防用具等的购置、维修和摊销费。

⑥ 劳动补贴费：由企业支付离退休职工的易地安家补助费、职工退职金，六个月以

上的病假人员工资，按规定支付给离休干部的各项经费。

⑦ 工会经费：根据国家行政主管部门有关规定，企业按职工工资总额计提的工会经费。

⑧ 职工教育经费：为保证职工学习先进技术和提高文化水平，根据国家行政主管部门有关规定，施工企业按照职工工资总额计提的职工教育培训费用。

⑨ 财产保险费：施工管理用财产、车辆的保险费用。

⑩ 财务费：企业为施工生产筹集资金或提供预付款担保、履约担保、职工工资支付担保等所发生的各种费用。

⑪ 税金：企业按规定缴纳的房产税、土地使用税、印花税和办公车辆的车船税等。

⑫ 其他：工程排污费，投标费，建筑工程定点复测、施工期间沉降观测、施工期间工程二级测量网维护、工程点交、场地清理费，建筑材料检验试验费，技术转让费，技术开发费，业务招待费，绿化费，广告费，公证费，法律顾问费，咨询费，竣工清理费，未移交的工程看护费等。

计算公式：企业管理费＝取费基数×费率（见表3-9）

企业管理费费率 表3-9

工程类别	变电		架空线路	电缆线路	系统通信		
	建筑	安装			通信站建筑	通信站安装	光缆线路
取费基数	直接工程费	人工费	人工费	人工费	直接工程费	人工费	人工费
费率%	8.66	73.93	45.62	47.91	8.14	67.63	23.70

3）施工企业配合调试费

施工企业配合调试费是指在工程整套启动试运阶段，施工企业安装专业配合调试所发生的费用。

计算公式：施工企业配合调试费＝直接费×费率（见表3-10）

施工企业配合调试费费率 表3-10

工程类别	电压等级及费率 kV ％					
	110及以下	220	330	500	750	1000
变电工程	0.59	0.77	1.02	1.24	1.52	1.73
架空线路工程	0.24				0.19	0.11

注：1. 35kV及以下架空线路工程不列此项费用。

2. 电缆线路工程、通信工程不列此项费用。

3. 利润

利润是指施工企业完成所承包工程获得的盈利。

计算公式：利润＝（直接费＋间接费）×利润率（见表3-11）

利润率 表3-11

工程类别	变电		输电线路	系统通信
	安装	建筑		
利润率%	6	5.5	5	5

4. 税金

税金是指国家税法规定应计入建筑安装工程造价内的营业税、城市维护建设税、教育费附加以及地方教育附加。

计算公式：税金＝（直接费＋间接费＋利润＋编制基准期价差）×税率

税率按照工程所在地税务部门的规定计算。

十四、设备购置费

设备购置费是指为项目建设而购置或自制各种设备，并将设备运至施工现场指定位置所支出的购置及运杂费用。包括设备费和设备运杂费。

计算公式：设备购置费＝设备费＋设备运杂费

1. 设备费

设备费是指按照设备供货价格购买设备所支付的费用（包括包装费）。自制设备按照以供货价格购买此设备计算。

2. 设备运杂费

设备运杂费是指设备自交货地点（生产厂家、交货货栈或供货商的储备仓库）运至施工现场指定位置所发生的费用，包括设备的上站费、下站费，运输费，运输保险费，以及仓储保管费。

计算公式：设备运杂费＝设备费×设备运杂费费率

其中：设备运杂费率＝铁路、水路运杂费率＋公路运杂费率

（1）铁路、水路运杂费率

1）主设备（主变压器、换流变压器、高压电抗器及平波电抗器、组合电器）铁路、水路运杂费的计算：运距100km以内费率为1.5%；超过100km时，每增加50km费率增加0.08%；不足50km按50km计取。

2）其他设备铁路、水路运杂费的计算见表3-12。

其他设备铁路、水路运杂费率　　　　　　　　　　　　　表3-12

序号	适 用 地 区	费率 %
1	上海、天津、北京、辽宁、江苏	3.0
2	浙江、安徽、山东、山西、河南、河北、黑龙江、吉林、湖南、湖北	3.2
3	陕西、江西、福建、四川、重庆	3.5
4	内蒙古、云南、贵州、广东、广西、宁夏、甘肃(武威及以东)、海南	3.8
5	新疆、青海、甘肃(武威以西)	4.5

注：以上费率中均不包括因运输超限设备而发生的路、桥加固、改造，以及障碍物迁移等费用。

（2）公路运杂费费率

公路运输的运距在50km以内费率为1.06%。运距超过50km时，每增加50km费率增加0.35%，不足50km按50km计取。

（3）其他说明

供货商直接供货到现场的，只计取卸车费及保管费，主设备按设备费的0.5%计算，其他设备按设备费的0.7%计算。

十五、其他费用

其他费用是指完成工程项目建设所必需的，但不属于建筑工程费、安装工程费、设备

购置费的其他相关费用。包括建设场地征用及清理费、项目建设管理费、项目建设技术服务费、生产准备费、大件运输措施费。

计算公式：其他费用＝建设场地征用及清理费＋项目建设管理费＋项目建设技术服务费＋生产准备费＋大件运输措施费

1. 建设场地征用及清理费

建设场地征用及清理费是指为获得工程建设所必需的场地并使之达到施工所需的正常环境条件而发生的有关费用。包括土地征用费，施工场地租用费，迁移补偿费，余物清理费，输电线路走廊赔偿费，通信设施防输电线路干扰措施费。

计算公式：建设场地征用及清理费＝土地征用费＋施工场地租用费＋迁移补偿费＋余物清理费＋输电线路走廊赔偿费＋通信设施防输电线路干扰措施费

（1）土地征用费

土地征用费是指按照《土地管理法》的规定，建设项目法人单位为取得工程建设用地使用权而支付的费用，费用内容包括土地补偿费、安置补助费、耕地开垦费、勘测定界费、征地管理费、证书费、手续费以及各种基金和税金等。

根据有关法律、法规、国家行政主管部门以及省（自治区、直辖市）人民政府规定计算。

（2）施工场地租用费

施工场地租用费是指为保证工程建设期间的正常施工，需临时占用或租用场地所发生的费用，包括占用补偿、场地租金、场地清理、复垦费和植被恢复等费用。

根据有关法律、法规、国家行政主管部门和工程所在地人民政府规定，按照项目法人与土地所有者签订的租用合同计算。

（3）迁移补偿费

迁移补偿费是指为满足工程建设需要，对所征用土地范围内的机关、企业、住户及有关建筑物、构筑物、电力线、通信线、铁路、公路、沟渠、管道、坟墓、林木等进行迁移所发生的补偿费用。迁移补偿费按照工程所在地人民政府规定计算。

（4）余物清理费

余物清理费是指为满足工程建设需要，对所征用土地范围内遗留的建筑物、构筑物等有碍工程建设的设施进行清理所发生的各种费用。不包括拆除费用，拆除费用另计。

计算公式：余物清理费＝取费基数×费率（见表3-13）

余物清理费费率   表 3-13

工程类别		取费基数	费率%
一般砖木结构及临时简易建筑		拆除工程直接费	10
混合结构		拆除工程直接费	15
混凝土及钢筋混凝土结构	有条件爆破的	拆除工程直接费	20
	无条件爆破的	拆除工程直接费	30

注：包括运距在5km及以内运输及装卸费。

（5）输电线路走廊赔偿费

输电线路走廊赔偿费是指按照输电线路规程、规范的要求，对线路走廊内非征用和租用土地上的建筑物、构筑物、林木、经济作物等需要进行清理，或因工程施工对其造成破坏而进行赔偿所发生的费用。

按照工程所在地人民政府规定计算。

（6）通信设施防输电线路干扰措施费

通信设施防输电线路干扰措施费是指拟建输电线路与现有通信线路交叉或平行时，为消除干扰影响，对通信线迁移或加装保护设施所发生的费用。

依据设计方案以及项目法人与通信部门签订的合同或达成的补偿协议计算。

2. 项目建设管理费

项目建设管理费是指建设项目经国家行政主管部门核准后，自项目法人筹建至竣工验收合格并移交生产的合理建设期内对工程进行组织、管理、协调、监督等工作所发生的费用。包括项目法人管理费，招标费，工程监理费，设备监造费，工程结算审核费，工程保险费。

项目建设管理费＝项目法人管理费＋招标费＋工程监理费＋设备监造费＋工程结算审核费＋工程保险费

（1）项目法人管理费

项目建设管理费是指项目法人在项目管理工作中发生的机构开办费及日常管理性费用，其内容包括：

1）项目管理机构开办费，包括相关手续的申办费，必要办公家具、生活家具、办公用具和交通工具的购置费用。

2）项目管理工作经费，包括工作人员的基本工资、工资性补贴、辅助工资、职工福利费、劳动保护费、社会保险费、住房公积金，日常办公费用，差旅交通费，固定资产使用费、工具用具使用费，技术图书资料费，工程档案管理费，水电费，教育经费及工会经费，工程审计费、合同订立与公证费、法律顾问费、咨询费，会议费，业务接待费，消防治安费，采暖及防暑降温费，印花税、房产税、车船税费、车辆保险费，施工及进站道路养护费，设备材料的催交、验货费，建设项目劳动安全验收评价费，工程竣工交付使用的清理费及验收费等。

计算公式：项目法人管理费＝取费基数×费率（表 3-14）

项目法人管理费费率　　　　表 3-14

工程类别	取费基数	电压等级 kV　%				
		220 及以下	330	500	750	1000
变电	建筑工程费＋安装工程费	3.73	3.24	2.86	2.56	2.24
架空线路	建筑工程费＋安装工程费	1.17		1.06		0.95
电缆线路	建筑工程费＋安装工程费	3.35				
系统通信	建筑工程费＋安装工程费＋设备购置费	1.43				

（2）招标费

招标费是指按招投标法及有关规定开展招标工作，自行组织或委托具有资格的机构编制审查技术规范书、最高投标限价、标底、工程量清单等招标文件的前置文件，以及委托招标代理机构进行招标所需要的费用。技术规范书、最高投标限价、标底、工程量清单的编制审查费用按照相关计费标准在本费用中支付。招标文件的编制审查费用及招标、评标过程发生的费用包括在招标代理服务费中，招标代理服务费按照相关计费标准在本费用中支付。

计算公式：招标费＝取费基数×费率（表 3-15）

招标费费率　　　　　　　　　　　　　　　　　　　　表 3-15

工程类别	取费基数	电压等级 kV		
		220 及以下	500 及以下	750 及以上
变电	建筑工程费＋安装工程费	3.05	2.33	2.07
架空线路	建筑工程费＋安装工程费	0.37	0.28	0.21
电缆线路	建筑工程费＋安装工程费	1.65		
系统通信	建筑工程费＋安装工程费＋设备购置费	0.45		

注：对于输电线路工程，当线路长度超过 500km 时，超过部分每增加 100km 费率乘以 0.92 系数。

（3）工程监理费

工程监理费是指依据国家有关规定和规程规范要求，项目法人委托工程监理机构对建设项目全过程实施监理所支付的费用。

计算公式：变电站（开关站）、串补站、换流站、电缆线路、系统通信工程监理费＝取费基数×费率（见表 3-16—3-17）

变电站、串补站、换流站、电缆线路、系统通信工程监理费费率　　表 3-16

工程类别	取费基数	电压等级 kV　%								
		35	110	220	330	500	750	1000	±500	±800
变电、串补、换流站	建筑工程费＋安装工程费	6.45	5.34	4.46	4.10	3.86	3.58	3.02	3.62	2.84
电缆线路	建筑工程费＋安装工程费	3.10								
系统通信	建筑工程费＋安装工程费＋设备购置费	1.54								

注：35kV 及以上箱式变电站按 1.5～3.5 万元计列。

架空线路工程监理费　　　　　　　　　　　　　　表 3-17

工程类别	电压等级及费用 kV　万元/km								
	35	110	220	330	500	750	1000	±500	±800
单回路	0.68	0.78	1.32	1.66	1.98	2.58	3.07	1.90	2.45
同杆（塔）双回	0.82	0.99	1.65	2.06	2.62	3.39	4.05		

注：1. 线路长度不足 5km 的按 5km 计算。

2. 费用按平地、丘陵地形考虑，河网泥沼、沙漠、一般山地乘以 1.1 系数，高山按本标准乘 1.2 系数，峻岭按本标准乘 1.3 系数。

3. 大跨越工程，按安装工程费的 2.55% 计算。

4. 穿越城区的电网工程，可根据其施工难度，按本标准乘 1.1～1.2 系数。

5. 高海拔地区、酷热地区乘以 1.1—1.3 系数。

6. 当线路长度超过 500km 时，超过部门每增加 100km，费率乘以 0.92 系数。

（4）设备监造费

设备监造费是为保证工程建设所需设备材料的质量，按照国家行政主管部门颁布的设备监造（监制）管理办法的要求，项目法人或委托具有相关资质的机构在主要设备的制造、生产期间对原材料质量以及生产、检验环节进行必要的见证、监督所发生的费用。

设备监造的范围：变压器、电抗器、断路器、隔离（接地）开关、组合电器、串联补偿装置、换流阀、阀组避雷器等主要设备。如果扩大范围对其他设备进行监造、监制时，本项费用不调整。

计算公式：设备监造费＝取费基数×费率（表 3-18）

表 3-18

设备监造费费率

工程类别	取费基数	电压等级 kV ％		
		220 及以下	500 及以下	750 及以上
变电	设备购置费	0.87	0.70	0.46

注：成套进口设备不计入取费基数

（5）工程结算审核费

工程结算审核费根据工程合同和电力行业工程结算规定，为保证工程价款的及时拨付，项目法人单位组织工程造价专业人员或委托具有相关资质的工程造价咨询机构，依据工程建设资料，进行工程量计算、核定，编制工程结算文件，并组织各方对工程结算文件进行审核、确认所发生的费用。

计算公式：工程结算审核费＝取费基数×费率（表 3-19）

表 3-19

工程结算审核费费率

工程类别	取费基数	电压等级 kV ％		
		220 及以下	500 及以下	750 及以上
输变电	建筑工程费＋安装工程费	0.35	0.30	0.24

注：输电线路工程，当线路长度超过 500km 时，超过部门每增加 100km，费率乘以 0.92 系数。

（6）工程保险费

工程保险费是指项目法人对项目建设过程中可能造成工程财产、安全等直接或间接损失的要素进行保险所支付的费用。

计算规定：根据项目法人要求及工程实际情况，按照实际保险范围和费率计算。

3. 项目建设技术服务费

项目建设技术服务费是指委托具有相关资质的机构或企业为工程建设提供技术服务和技术支持所发生的费用。包括：项目前期工作费，知识产权转让与研究试验费，勘察设计费，设计文件评审费，项目后评价费，工程建设监督检测费，电力工程技术经济标准编制管理费。

计算公式：项目建设技术服务费＝项目前期工作费＋知识产权转让与研究试验费＋勘察设计费＋设计文件评审费＋项目后评价费＋工程建设检测费＋电力工程技术经济标准编制管理费

（1）项目前期工作费

项目前期工作费是指项目法人在项目前期阶段进行分析论证、可行性研究、规划选址或选线、方案设计、评审评价以取得国家行政主管部门核准所发生的费用。包括进行项目可行性研究设计、规划许可、土地预审、环境影响评价、劳动安全卫生预评价、地质灾害评价、地震灾害评价、水土保持大纲编审、矿产压覆评估、林业规划勘测、文物普探、节能评估、社会稳定风险评估等各项工作所发生的费用，分摊在工程中的电力系统规划设计咨询费与文件评审费等，以及开展前期工作所发生的实际管理费用。

初步设计阶段根据项目法人与有关单位签订的各项协议费用计列，可行性研究阶段按以下计算公式计算：

项目前期工作费＝取费基数×费率（表3-20）

项目前期工作费费率

表3-20

工程类别	变电	架空线路长度 km		缆线路工程	系统通信工程
		100 及以下	100 以上		
取费基数	建筑工程费＋安装工程费				建筑工程费＋安装工程费＋设备购置费
费率%	2.52	3.07	2.85	0.94	0.52

注：系统通信工程项目前期工作费的计算公式用于独立立项的系统通信工程，随变电站、输电线路工程同时立项和建设的系统通信工程执行变电站、输电线路工程的计算公式。

（2）知识产权转让与研究试验费

知识产权转让费是指项目法人在本工程中使用专项研究成果、先进技术所支付的一次性转让费用；研究试验费是指为本建设项目提供或验证设计数据进行必要的研究试验所发生的费用，以及设计规定的施工过程中必须进行的研究试验费用。

知识产权转让与研究试验费不包括以下内容：

1）应该由科技三项费用（即新产品试制费、中间试验费和重要科学研究补助费）开支的项目。

2）应该由管理费开支的鉴定、检查和试验费。

3）应该由勘察设计费中开支的项目。

计算标准：根据项目法人提出的项目和费用计列。

（3）勘察设计费

勘察设计费是指对工程建设项目进行勘察设计所发生的费用，包括项目的各项勘探、勘察费，初步设计费、施工图设计费、竣工图文件编制费，施工图预算编制费，以及设计代表的现场技术服务费。按其内容分为勘察费和设计费。

计算公式：勘察设计费＝勘察费＋设计费

1）勘察费

勘察费是指项目法人委托有资质的勘察机构按照勘察设计规范要求，对项目进行工程勘察作业以及编制相关勘察文件和岩土工程设计文件等所支付的费用。

依据国家行政主管部门颁发的工程勘察设计收费标准计算，其中应包括勘察作业基准收费和勘察作业准备费。

注：如果输变电工程采用航拍数字技术时，相关费用按国家或行业相关规定在勘察费项目下单独计列。

2）设计费

设计费是指项目法人委托有资质的设计机构按照工程设计规范要求，编制建设项目初步设计文件、施工图设计文件、施工图预算、非标准设备设计文件、竣工图文件等，以及设计代表进行现场技术服务所支付的费用。

设计费＝基本设计费＋其他设计费

① 基本设计费

　　基本设计费是指根据国家行政主管部门的有关规定，设计单位提供编制初步设计文件、施工图设计文件，并提供设计技术交底、解决施工中的设计技术问题、参加试运考核和竣工验收等服务所收取的费用。

　　按照国家行政主管部门颁发的工程勘察设计收费标准计算。

　　② 其他设计费

　　其他设计费是指根据工程设计实际需要，项目法人单位委托承担工程基本设计的设计单位或具有相关资质的咨询企业，提供基本设计以外的相关服务所发生的费用。包括总体设计、主体设计协调、采用标准设计和复用设计、非标准设备设计文件编制、施工图预算编制、竣工图文件编制等。

　　按照国家行政主管部门颁发的工程勘察设计收费规定计算。具体项目应按照项目法人单位确定的范围计算。

　　a. 施工图预算编制费

　　施工图预算编制费是指项目法人单位依据电力行业相关规定，委托具有工程造价咨询资质的企业编制施工图预算（或工程量计算文件），并进行现场工程造价咨询服务所发生的费用。

　　b. 竣工图文件编制费

　　竣工图文件编制费是指工程竣工验收后，由设计单位或符合国家规定的其他机构在真实反映建设工程项目施工结果的基础上，编制竣工图文件所发生的费用。

　　（4）设计文件评审费

　　设计文件评审费是指项目法人根据国家有关规定，对工程项目的设计文件进行评审所发生的费用。包括可行性研究设计文件评审费、初步设计文件评审费和施工图文件审查费。

　　计算公式：设计文件评审费＝可行性研究设计文件评审费＋初步设计文件评审费＋施工图文件审查费

　　1）可行性研究设计文件评审费

　　可行性研究设计文件评审费是指项目法人委托有资质的评审机构，依据法律、法规和行业标准，从政策、规划、技术和经济等方面对工程项目的必要性和可行性进行全面评审并提出可行性评审报告所发生的费用。

　　① 变电站、换流站、架空线路工程可行性研究设计文件评审费计算规定见表 3-21～3-23，其中已经包括了同期建设的系统通信工程评审。

　　② 电缆线路工程、单独通信工程可行性研究设计文件评审费计算公式：

　　可行性研究设计文件评审费＝（勘察费＋基本设计费）×1.32％

　　2）初步设计文件评审费

　　初步设计文件评审费是指项目法人委托有资质的咨询机构依据法律、法规和行业标准，对初步设计方案的安全性、可靠性、先进性和经济性进行全面评审并提出评审报告所发生的费用。

　　① 变电站、换流站、架空线路工程初步设计文件评审费计算规定见表 3-21～表 3-23，其中已经包括了同期建设的系统通信工程评审。

　　② 电缆线路工程、单独通信工程初步设计文件评审费计算公式：

　　初步设计文件评审费＝（勘察费＋基本设计费）×2.33％

变电站工程评审费费用规定 表 3-21

项目名称		规模	费用标准（万元）	
			可行性研究	初步设计
35kV	新建工程	1组	1.4	2
	扩建主变压器工程	1组	0.7	1
	扩建间隔工程		0.35	0.5
110kV	新建工程	1组	4.5	6
	扩建主变压器工程	1组	1.4	2
	扩建间隔工程		0.6	0.8
220kV	新建工程	1组	5.6	8
	扩建主变压器工程	1组	2	3.5
	扩建间隔工程		0.7	1.2
330kV	新建工程	2组	16	23
	扩建主变压器工程	1组	5	7
	扩建间隔工程		2	3
500kV	新建工程	2组	24	34
	扩建主变压器工程	1组	8	12
	扩建间隔工程		3	4
750kV	新建工程	2组	32	45
	扩建主变压器工程	1组	14	20
	扩建间隔工程		7	10
1000kV	新建工程	2组	60	82
	扩建主变压器工程	1组	22	30
	扩建间隔工程		11	15

注：1. 330/500kV 新建工程按本期建设两组主变压器考虑，220kV 及以下按新建一组主变压器考虑，每增减一组主变压器按照 20% 调整。

2. 扩建主变压器均按一组考虑，每增加一组主变压器费用增加 20%。

3. 扩建主变压器工程综合考虑了扩建出线。

4. 串联补偿站按新建工程的 70% 计算。

直流换流站工程评审费费用规定 表 3-22

规 模		费用标准（万元）	
		可行性研究评审	初步设计评审
双极线	±500kV	36	60
	±800kV	120	195

架空线路工程评审费费用规定 表 3-23

电压等级 kV	规模范围 km	费用标准（万元/km）	
		可行性研究评审	初步设计评审
35	100 以内	0.11	0.15
110	100 以内	0.17	0.24

电压等级 kV	规模范围 km	费用标准(万元/km)	
		可行性研究评审	初步设计评审
220	100 以内	0.22	0.33
330	100 以内	0.24	0.36
	100～300	0.13	0.20
	300 以上	0.10	0.13
500	100 以内	0.36	0.49
	100～300	0.21	0.31
	300 以上	0.15	0.22
750	100 以内	0.60	0.85
	100～300	0.39	0.63
	300 以上	0.29	0.40
1000	100 以内	0.90	1.10
	100～300	0.67	0.98
	300 以上	0.43	0.62
±500kV	100 以内	0.32	0.45
	100～300	0.18	0.28
	300 以上	0.13	0.20
±800kV	100 以内	0.66	0.87
	100～300	0.35	0.52
	300 以上	0.24	0.42

注：1. 同塔双回线路工程（段）乘以 1.8 系数。

2. 覆冰 20mm 及以上线路工程（段），乘以 1.3 系数。

3. 设计风速超过 35m/s 时，乘以 1.1 系数。

4. 500kV 采用 630mm² 及以上大截面导线时乘以 1.2 系数。

5. 线路长度不足 10km 时，评审费用按照以上标准乘以 2.0 系数。

6. 当线路长度超过 500km 时，超过部门每增加 100km，乘以 0.92 系数。

7. 线路规模范围超过 100km，评审费按差额定率累进法计算。

8. 单项工程线路长度按本期相同电压等级总长度计算。

9. 大跨越工程按照基本设计费的 4.8% 计算。

3）施工图文件审查费

施工图文件审查费是指根据国家有关规定，由项目法人单位组织专家，依据国家标准和电力行业规程、规范，对施工图中有关结构安全、公众利益及国家或行业现行强制性规范条款的落实情况进行审查所发生的费用。

计算公式：施工图文件审查费＝基本设计费×2.5%

（5）项目后评价费

项目后评价费是指根据国家行政主管部门的有关规定，项目法人为了对项目决策提供科学、可靠的依据，指导、改进项目管理，提高投资效益，同时为政府决策提供参考依据，完善相关政策，在建设项目竣工交付生产一段时间后，对项目立项决策、实施准备、建设实施和生产运营全过程的技术经济水平和产生的相关效益、效果、影响等进行系统性评价所支出的费用。

本项目费用应根据项目法人提出的要求确定是否计列。

计算公式：项目后评价费＝取费基数×费率（表3-24）

项目后评价费费率 表3-24

工程类别	取费基数	电压等级 kV ％		
		220及以下	500及以下	750及以上
输变电	建筑工程费＋安装工程费	0.5	0.35	0.22

注：输电线路工程，当线路长度超过500km时，超过部分每增加100km，费率乘以0.92系数。

（6）工程建设检测费

工程建设检测费是指根据国家行政主管部门及电力行业的有关规定，对工程质量、环境保护、水土保持设施、特种设备（消防、电梯、压力容器等）安装进行监督、检验、检测所发生的费用。主要费用项目包括：工程质量监督检测费、特种设备安全监测费、环境监测验收费、水土保持项目验收及补偿费、桩基检测费。

计算公式：工程建设检测费＝电力工程质量监督检测费＋特种设备安全监测费＋环境监测验收费＋水土保持项目验收及补偿费＋桩基检测费

1）电力工程质量检测费

电力工程质量检测费是指根据电力行业有关规定，由国家行政主管部门授权的电力工程质量监督机构对工程建设质量进行监督、检查、检测所发生的费用。

电力工程质量监督检测费＝取费基数×费率（见表3-25）

电力工程质量监督检测费费率 表3-25

工程类别	变电工程	架空线路工程	电缆线路工程	系统通信工程
取费基数	建筑工程费＋安装工程费			
费率％	0.30	0.23	0.35	0.18

2）特种设备安全监测费

特种设备安全监测费是指根据国务院《特种设备安全监察条例》规定，委托特种设备检验检测机构对工程所安装的特种设备（包括消防、电梯、压力容器等）进行检验、检测所发生的费用（见表3-26）。

计算规定：

特种设备安全检测费费用规定 表3-26

工程类别	电压等级及费用 kV 万元/站				
	330及以下	750及以下	1000	±500	±800
变电、换流	1	2	5	3	6.5

注：输电线路工程不计。

3）环境监测验收费

环境监测验收费是指根据国家环境保护法律、法规，环境监测机构对工程建设阶段进行监督检测以及对工程环保设施进行验收所发生的费用。

根据工程所在省、自治区、直辖市行政主管部门规定的标准计算。

4）水土保持项目验收及补偿费

水土保持项目验收费是指根据《中华人民共和国水土保持法》及其实施条例对电力工程水土保持设施项目进行检测、验收所发生的费用；水土保持补偿费是指根据《中华人民共和国水土保持法》及其实施条例，对电力工程占用或损坏水土保持设施、破坏地貌植被、降低水土保持功能以及水土流失防治等给予补偿所发生的费用。

根据工程所在省、自治区、直辖市行政主管部门规定的标准计算。

5）桩基检测费

桩基检测费是指项目法人根据工程需要，组织对特殊地质条件下使用的特殊桩基进行检测所发生的费用。

由项目法人根据工程实际情况审核确定。

（7）电力工程技术经济标准编制管理费

电力工程技术经济标准编制管理费是指根据国家行政主管部门授权编制、管理电力工程计价依据、标准和规范等所需要的费用。

计算公式：电力工程技术经济标准编制管理费＝（建筑工程费＋安装工程费）×0.1%。

4. 生产准备费

生产准备费是指为保证工程竣工验收合格后能够正常投产运行提供技术保证和资源配备所发生的费用。包括管理车辆购置费、工器具及办公家具购置费、生产职工培训及提前进场费。

计算公式：生产准备费＝管理车辆购置费＋工器具及办公家具购置费＋生产职工培训及提前进场费。

（1）管理车辆购置费

管理车辆购置费是指生产运行单位进行生产管理必须配备车辆的购置费用，费用内容包括：车辆原价、购置税费、运杂费、车辆附加费。

计算公式：管理车辆购置费＝取费基数×费率（见表3-27）

管理车辆购置费费率 表 3-27

工程类别	取费基数	电压等级及费用 kV%					
		110 及以下	220	330	500	750	1000
变电工程	设备购置费	0.45	0.37	0.3	0.22	0.16	0.11
架空线路工程	安装工程费	0.25			0.20		0.14
电缆线路工程	设备购置费	0.75					
系统通信工程	安装工程费＋设备购置费	0.32					

注：如果管理车辆由项目法人单位统一配置，并且不在工程项目中分摊相关费用时，本项费用不计。

（2）工器具及办公家具购置费

工器具及办公家具购置费是指为满足电力工程投产初期生产、生活和管理需要，购置必要的家具、用具、标志牌、警示牌、标示桩等发生的费用。

计算公式：工器具及办公家具购置费＝取费基数×费率（见表3-28）

工器具及办公家具购置费费率 表 3-28

工程类别		取费基数	电压等级及费用 kV ％					
			110 及以下	220	330	500	750	1000
变电	新建	建筑工程费＋安装工程费	1.35	1.20	1.18	1.05	0.85	0.78
	扩建		1.14	1.02	1.01	0.89	0.72	0.65
架空线路			0.21		0.15		0.11	0.07
电缆线路			1.07					
系统通信		安装工程费＋设备购置费	0.4					

注：无人值守变电站费率乘以 0.8 系数，独立通信站用系统通信费率乘以 0.8 系数。

（3）生产职工培训及提前进场费

生产职工培训及提前进场费是指为保证电力工程正常投产运行，对生产和管理人员进行培训以及提前进场进行生产准备所发生的费用，其内容包括培训人员和提前进场人员的培训费、基本工资、工资性补贴、辅助工资、职工福利费、劳动保护费、社会保险费、住房公积金、差旅费、资料费、书报费、取暖费、教育经费和工会经费等。

计算公式：生产职工培训及提前进场费＝取费基数×费率（见表 3-29）

生产职工培训及提前进场费费率 表 3-29

工程类别	取费基数	电压等级 kV ％					
		110 及以下	220	330	500	750	1000
变电	建筑工程费＋安装工程费	0.70	0.60	0.50	0.43	0.37	0.31
架空线路		0.10		0.08		0.06	0.04

注：无人值守变电站、变电站扩建、系统通信工程用变电费率乘以 0.5 系数，电缆线路用架空线路费率乘以 0.5 系数。

5. 大件运输措施费

大件运输措施费是指超限的大型电力设备在运输过程中发生的路、桥加固、改造，以及障碍物迁移等措施费用。

计算标准：按照实际运输条件及运输方案计算。

基本预备费

基本预备费是指为因设计变更（含施工过程中工程量增减、设备改型、材料代用）而增加费用，一般自然灾害可能造成的损失和预防自然灾害所采取的临时措施费用，以及其他不确定因素可能造成的损失而预留的工程建设资金。

计算公式：基本预备费＝［建筑工程费＋安装工程费＋设备购置费＋其他费用］×费率（见表 3-30）

基本预备费费率 表 3-30

设计阶段	变电站、换流站费率（％）		线路工程费率（％）
	220kV 及以下	330kV 及以上	
可行性研究估算	4.0	3.0	2.0
初步设计概算	2.5	2.0	
施工图预算	1.0	1.0	

十六、动态费用

动态费用是指对构成工程造价的各要素在建设预算编制年至竣工验收期间，因时间和市场价格变化所引起价格增长和资金成本增加所发生的费用，主要包括价差预备费和建设期贷款利息。

计算公式：动态费用＝价差预备费＋建设期贷款利息

1. 价差预备费

价差预备费是指建设工程项目在建设期间内由于价格等变化引起工程造价变化的预测预留费用。

计算公式：

$$C=\sum_{i=1}^{n_2} F_i[(1+e)^{n_1+i-1}-1]$$

C——价差预备费。

e——年度造价上涨指数。

n_1——建设预算编制水平年至工程开工年时间间隔（单位：年）。

N_2——工程建设周期（单位：年）。

i——从开工年开始的第 i 年。

F_i——第 i 年投入的工程建设资金。

注：年度造价上涨指数依据国务院综合管理部门及电力行业主管部门颁布的有关规定执行。

2. 建设期贷款利息

建设期贷款利息是指筹措债务资金时在建设期内发生并按照规定允许在投产后计入固定资产原值的利息。

计算公式：建设期贷款利息＝(年初借款本息累计＋本年贷款/2)×年利率

注：1. 以工程年度资金使用计划扣除资本金为依据确定各年贷款额。

2. 年利率为编制期贷款实际利率。

十七、项目建设总费用

项目建设总费用是指形成整个工程项目的各项费用总和。

十八、建设预算编制基准期

建设预算编制基准期是指建设预算编制时的基准日历时点，在确定建设预算编制基准期时硬将时间至少确认到编制基准月份。

十九、建设预算编制基准期价格水平

建设预算编制基准期价格水平也成为"建设预算价格水平"或"基期价格水平"，是指建设预算编制基准期工程所在地的市场价格水平。为了便于计算，建设预算编制基准期价格水平取定为电力工程定额管理部门确认的建设预算编制基准期工程项目所在地的当月平均价格水平。

二十、编制基准期价差

编制基准期价差是指建设预算编制基准期价格水平与电力行业定额（造价）管理部门规定的取费价格之间的差额。编制基准期价差主要包括人工费价差、消耗性材料价差、施工机械使用费价差和装置性材料价差。

二十一、特殊项目费用

特殊项目费用是指工程项目划分中未包含且无法增列，或定额未包含且无法补充，或取费中未包含而实际工程必须存在的项目及费用。

3.1.2.3 进口设备工程费用计算办法

一、进口设备工程费用编制范围及规定

1. 进口设备工程建设预算投资，统一用人民币表现，对使用外汇支付的资金（含融资），按照建设预算编制时的外汇汇率和折算方法折算成人民币金额，在建设预算的编制说明中，应注明所采用的汇率规定。

2. 凡采用国际招标方式采购的各类产品，国内中标产品的增值税和国外中标产品的关税及增值税均以人民币表现。

3. 进口设备工程建设项目中，进口部分所涉及的工程，无论由国内设计、国内外联合或分工设计，或全部由国外设计，均由该项目国内配合主体设计单位或工程造价咨询机构对整个项目编制建设预算。

二、进口设备工程建设预算费用计算方法

根据进口设备工程的特点，其费用计算方法与规定的内容包括：进口设备材料的价格计算方法；利用外资或国家批准的外汇额度，国内厂商中标及外商中标返包国内制造部分设备材料预算价格计算方法；进口设备材料的安装费计算方法；进口设备材料其他费用（即进口设备工程项目服务费）的计算方法与标准，外资部分基本预备费计算方法。

1. 进口设备材料的价格计算方法

进口设备材料的价格计算方法与费用规定应根据国家相关主管部门及电力行业的有关规定执行，预算编制前应向有关部门收集现行规定作为计算依据。

（1）进口设备材料的供货价

1）我国常用进口设备材料供货价的种类：

① 装运港船上交货价，英文缩写 FOB（Free on Board）。

② 成本加运费在内价，英文缩写 CFR（Cost and Freight）。

③ 到岸价或成本加保险费、运费在内价，英文缩写 CIF（Cost Insurance and Freight）。

2）供货价的计算

供货价＝外币金额（签订的合同价）×外汇牌价

在可行性研究阶段，如果没有具体的意向或协议，可按市场询价或国家批准用于进口设备材料的外资（或外汇）额度视同 CIF 价计算供货价。

初步设计阶段按所签订的合同价计算。

（2）相关费用的计算方法与费用标准

1）国外段运费

供货价（合同价）若为 FOB 等不含国外段运费价时，按照以下方法计算：

国外段运费＝设备材料毛重(t)×运输单价(元/t)

其中：运输单价根据采用的运输方式，按照进出口公司或对外运输部门现行的价格确定。

如编制预算时没有重量资料，则可按下列公式计算：

国外段运费＝进口设备材料供货价×运费率

其中，运费率可参照近期同类工程测算。

2）国际运输保险费

国际运输保险费指进口商品在国外段运输期间向有关保险公司投保所需的费用。

计算公式：国际运输保险费＝保险额×保险费率

一般以 CIF 价为保险额，如果供货价（合同价）为 FOB、CFR 等不含国外段保险费时，可采用以下方法计算保险费；

① 供货价为 FOB 价时：

国际运输保险费＝（供货价＋国际运费＋保险费）×保险费率

或国际运输保险费＝供货价×（1＋国外段运费率＋保险费率）×保险费率

② 供货价为 CFR 价时：

国际运输保险费＝（供货价＋保险费）×保险费率

或国际运输保险费＝供货价×（1＋保险费率）×保险费率

根据投保的险种、商品种类和地区的远近不同，保险费率也不同，应根据进口设备工程的具体情况，向保险公司收集现行保险费率。

3）进口关税

进口关税指根据国家税务总局和海关总署颁发的有关规定对进口货物征收的关税。

计算公式：关税税额＝完税价格×关税税率

其中，完税价格为海关审定的进口货物 CIF 价格。

在编制进口设备材料预算时，可简化以 CIF 价为完税价格计算关税，计算公式：关税税额＝CIF 价×关税税率

4）增值税

计算公式：增值税税额＝（CIF 价＋关税税额）×增值税率

其中 CIF 价也应为完税价格，简化为以 CIF 价计算；增值税税率按现行税率计算。

5）进口商品检验费

进口商品检验费按国家现行规定执行。

6）进口代理手续费

进口代理手续费指外贸企业采取代理方式进口商品时，向国内委托进口企业（单位）所收取的一种费用，它补偿外贸企业经营进口代理业务中有关费用的支出，并含有一定的利润。其计算办法及费用标准应执行国家的现行规定。

计算方法及费用标准：进口代理手续费＝CIF 价（外币）×对外付汇当日外汇牌价×手续费率

注：预算编制时，若不知对外付汇当日外汇牌价，则以预算编制时的外汇牌价计算。

根据国家物价局价综字［1992］463 号《关于印发进口代理手续费收取办法的通知》规定，进口代理手续费率按照对外供货合同金额不同，分档计收：

① 金额在 100 万美元以下（含 100 万美元）费率不超过 2%，最低收费额为 1000 元人民币。

② 金额在 100 万美元以上，1000 万美元以下（含 1000 万美元）费率不超过 1.5%。

③ 金额在 1000 万美元以上，5000 万美元以下（含 5000 万美元）费率不超过 1.0%。

④ 金额在 5000 万美元以上，费率在 0.5%～1.0%之间。

7）银行财务费

银行财务费指项目法人或进口代理公司与卖方在合同内规定的开证银行财务费。

银行财务费＝进口设备材料供货价×外汇牌价×银行财务费率

其中银行财务费率应根据各银行现行的收费标准计算。

8）国内段运杂费

国内段运杂费指由我国港口（或交接车站、机场）运到建设工地指定地点的运杂费。包括进口设备材料的港口费用和压力容器安全性能检验费。

计算方法：国内段运杂费＝CIF 价×编制时汇率×（铁路、水路运杂费率＋公路运杂费率）

其中：铁路、水路运杂费率：100km 及以内费率为 0.9%；超过 100km，每增加 100km 费率增加 0.1 个百分点；不足 100km 按 100km 计取。

公路运杂费率：公路运输的运距在 50km 及以内，费率为 0.64%，运距超过 50km 时，每增加 50km 费率增加 0.25 个百分点，不足 50km 按 50km 计取。

当返包比例超过 50%时，国内段运杂费可以根据各工程的实际情况进行测算。

（3）利用外资或国家批准的外汇额度国内厂商中标及外商中标返包国内制造部分设备材料预算价格计算方法

在可行性研究阶段，按意向性的返包比例计算国内生产部分的相关费用［增值税、进口代理手续费（如进口部分需代理）、银行财务费］及国内段运杂费等。不需要进口代理的不计进口代理手续费。

在初步设计阶段，按以下方法计算：

1）利用外资并采取国际招标时，按合同价以外资方式计列，并计取进口代理手续费（如需代理）、银行财务费、国内段运杂费。

2）采用国家批准的外汇额度，国内厂商中标的设备材料费用，一律采用人民币计算，运杂费按国内标准计算。

2. 进口设备材料的安装费计算方法

（1）编制投资估算时，工程量以国外概念设计资料或近期在建（或建成）的同类工程的工程量为依据，采用现行的定额或指标进行编制。

（2）在编制初步设计概算和施工图预算时，进口安装主材及建筑用钢材按照工程所在地的材料预算价格计算，作为计取费用的基数。

（3）国外进口主材，其加工配制费用按照合同约定计列。

3. 进口设备材料其他费用的计算方法与标准

（1）国外图纸资料翻译复制费

国外图纸资料翻译复制费用，按表 3-31 指标计列，由项目法人控制使用。

（2）技术服务费

技术服务费包括国外设计费、培训费、外技人员现场服务费及技术专利费等。

可行性研究阶段，若无协议或意向性文件，可视同用于进口的外资或外汇额度中已含，不再单列。

在初步设计计段，可按合同的规定计算费用。如果合同价中已含此部分费用，则该费用在表 3-31 中单列。

图纸、资料翻译复制费用指标

表 3-31

序号	设计方式	变电工程（元/kVA）	
		新建	扩建
1	国外设计、国内配合	0.6	0.3
2	国外设备、国内设计	0.4	0.2

注：1. 容量以主变压器的容量（kVA）为计算基础。

2. 扩建工程的主设备与上期相同且布置基本相同时，按上述费率的 60% 计列。

3. 单项设备，可按实际情况计列。

（3）出国人员费

出国人员费指我方为本工程派出的设计联络、设备检验、技术培训等人员出国的旅费、服装费、国外生活费、交通费和国内段的差旅费等可按合同中规定的出国人数、期限和我国有关部门规定的现行费用标准计算，合同有特殊规定的按合同规定计算。

（4）设计联络会（国内部分）费用

设计联络会（国内部分）费用指国内各方参加联络会的费用，在签订各自的服务合同中应包括该项费用，建设单位人员参加会议及会议场所租用的费用在建设单位管理费中开支。

注：国外部分费用含在进口设备费用合同中。

（5）进口设备招标费

进口设备招标费指进口设备招标工作所发生的全部费用，计算办法参照国内工程的标书编制费，费率按国内工程招标费费率乘以 1.1 系数计算，计算基数按招标范围所包含的内容计算，一般情况下为合同价。

（6）融资相关费用

按贷款合同有关条文进行计算。

4. 外资部分基本预备费计算方法

计算公式：外资部分基本预备费＝外资部分投资额×费率

费率标准：估算阶段，2%，概算阶段，0.5%。

3.2 电网工程建设预算项目划分

为了合理确定工程造价，提高投资效益，维护工程建设各方面的合法利益，促进电力建设事业健康发展，电力规划设计总院编制了行业标准《变电站、开关站、换流站工程建设预算项目划分导则》DL/T 5471—2013、《架空输电线路工程建设预算项目划分导则》DL/T 5472—2013、《电缆输电线路工程建设预算项目划分导则》DL/T 5476—2013、《串联补偿站及静止无功补偿工程建设预算项目划分导则》DL/T 5477—2013、《通信工程建设预算项目划分导则》DL/T 5479—2013，并由国家能源局批准，于 2013 年 10 月 1 日起实施。

3.2.1 变电站、开关站、换流站、串联补偿站及静止无功补偿工程建设预算项目划分

变电站、开关站、换流站、串联补偿站及静止无功补偿工程建设预算的项目划分是对其建筑工程、安装工程项目编排次序和编排位置的规定。建设预算项目划分层次，在各专

业系统（工程）下分为三级；第一级为扩大单位工程，第二级为单位工程，第三级为分部工程。

编制变电站、开关站、换流站、串联补偿站及静止无功补偿工程建设预算时，对各级项目的工程名称不得任意简化，均应按照本项目划分标准中规定的全名填写。

如果确有必要增列的工程项目，按照设计专业划分，在扩大单位工程或单位工程项目序列之下，在已有项目之后顺序排列。具体项目划分详见表3-32～表3-41。

变电站建筑工程项目划分　　　　表3-32

编号	项目名称	主要内容及范围说明	技术经济指标单位
一	主要生产工程		
1	主要生产建筑	包括基础及预埋槽钢，室内给排水、消防水管道、卫生洁具，采暖、通风、空调设备及材料、照明箱、导线、配管及灯具等	
1.1	主控通信楼		元/m³
1.1.1	一般土建		
1.1.2	给排水		
1.1.3	采暖、通风及空调		
1.1.4	照明		
1.2	××kV继电器室		元/m³
1.2.1	一般土建		
1.2.2	采暖、通风及空调		
1.2.3	照明		
1.3	××kV继电器室		元/m³
1.3.1	一般土建		
1.3.2	采暖、通风及空调		
1.3.3	照明		
1.4	××kV继电器室		元/m³
1.4.1	一般土建		
1.4.2	采暖、通风及空调		
1.4.3	照明		
1.5	站用配电装置室		元/m³
1.5.1	一般土建		
1.5.2	采暖、通风及空调		
1.5.3	照明		
1.6	××kV配电装置室		元/m³
1.6.1	一般土建		
1.6.2	采暖、通风		
1.6.3	照明		
1.7	××kV配电装置室		元/m³

编号	项目名称	主要内容及范围说明	技术经济指标单位
一	主要生产工程		
1.7.1	一般土建		
1.7.2	采暖、通风		
1.7.3	照明		
1.8	××kV可控高压电抗器晶闸管阀室		元/m³
1.8.1	一般土建		
1.8.2	采暖、通风及空调		
1.8.3	照明		
1.9	××kV固定串联补偿装置控制室		元/m³
1.9.1	一般土建		
1.9.2	采暖、通风及空调		
1.9.3	照明		
1.10	可控串联补偿装置控制室		元/m³
1.10.1	一般土建		
1.10.2	采暖、通风及空调		
1.10.3	照明		
1.11	静止无功补偿装置晶闸管阀室		元/m³
1.11.1	一般土建		
1.11.2	采暖、通风及空调		
1.11.3	照明		
2	配电装置建筑		
2.1	主变压器系统	包括变压器构支架及基础、油坑、防火墙和事故油池等	元/台
2.1.1	构支架及基础		
2.1.2	主变压器设备基础		元/m³
2.1.3	主变压器油坑及卵石		元/m³
2.1.4	防火墙		元/m³
2.1.5	××m³事故油池		元/座
2.2	××kV构架及设备基础	包括构支架及基础	
2.2.1	构架及基础		
2.2.2	设备支架及基础		
2.3	××kV构架及设备基础	包括构支架及基础	
2.3.1	构架及基础		

编号	项目名称	主要内容及范围说明	技术经济指标单位
一	主要生产工程		
2.3.2	设备支架及基础		
2.4	××kV 构架及设备基础	包括构支架及基础	
2.4.1	构架及基础		
2.4.2	设备支架及基础		
2.5	××kV 构架及设备基础	包括构支架及基础	
2.5.1	构架及基础		
2.5.2	设备支架及基础		
2.6	高压电抗器系统	包括高压电抗器构支架及基础、油坑、防火墙和事故油池等	元/组
2.6.1	构支架及基础		
2.6.2	高压电抗器设备基础		元/m³
2.6.3	高抗油坑及卵石		元/m³
2.6.4	防火墙		元/m³
2.6.5	××m³ 事故油池		元/座
2.7	串联补偿系统	包括设备构支架及基础、设备平台等	
2.7.1	串联补偿设备平台基础		
2.7.2	串联补偿设备平台结构	包括钢结构平台、爬梯	
2.7.3	构支架及基础		
2.7.4	设备支架及基础		
2.8	低压电容器	包括设备支架及基础	元/组
2.9	低压电抗器	包括设备支架及基础	元/组
2.10	静止无功补偿装置	包括构支架及基础	
2.10.1	构支架及基础		
2.10.2	静止无功补偿装置设备基础		
2.11	站用变压器系统	包括设备基础、防火墙等	元/台
2.11.1	站用变压器设备基础		元/m³
2.11.2	防火墙		元/m³
2.12	避雷针塔		元/座
2.13	电缆沟道	包括沟道、预埋扁钢铁件及角钢盖板等	元/m
2.14	栏栅及地坪	包括钢围栅、混凝土地坪	元/m²
2.15	配电装置区域地面封闭	包括灰土、碎石、水泥方砖等	元/m²(m³)
3	供水系统建筑		
3.1	站区供水管道		元/m
3.2	供水系统设备		
3.3	综合水泵房		元/m²

续表

编号	项目名称	主要内容及范围说明	技术经济指标单位
一	主要生产工程		
3.3.1	一般土建		
3.3.2	设备及管道	包括给排水	
3.3.3	采暖及通风		
3.3.4	照明		
3.4	深井		元/座
3.5	蓄水池		元/座
4	消防系统		
4.1	消防水泵房	适用于独立消防水泵房。生活、消防共用一个泵时，全部计入综合水泵房	元/m²
4.1.1	一般土建		
4.1.2	设备及管道	包括给排水	
4.1.3	采暖及通风		
4.1.4	照明		
4.2	雨淋阀室		元/m²
4.2.1	一般土建		
4.2.2	设备及管道	包括给排水	
4.2.3	采暖及通风		
4.2.4	照明		
4.3	站区消防管路	包括管道及建筑	元/m
4.4	消防器材	包括灭火器、消防沙箱等	
4.5	特殊消防系统	包括变压器、高压电抗器、控制楼及电缆沟道消防等	元/台
4.6	消防水池		元/座
二	辅助生产工程		
1	辅助生产建筑		
1.1	综合楼		元/m²
1.1.1	一般土建		
1.1.2	给排水		
1.1.3	采暖、通风及空调		
1.1.4	照明		
1.2	警卫室		元/m²
1.2.1	一般土建		
1.2.2	给排水		
1.2.3	采暖、通风及空调		
1.2.4	照明		
1.3	雨水泵房		元/m²

续表

编号	项目名称	主要内容及范围说明	技术经济指标单位
一	主要生产工程		
1.3.1	一般土建		
1.3.2	设备及管道	包括给排水	
1.3.3	采暖及通风		
1.3.4	照明		
2	站区性建筑		元/m²
2.1	场地平整		元/m³
2.2	站区道路及广场		元/m²
2.3	站区排水		
2.3.1	排水管道		元/m
2.3.2	窨井		
2.3.3	污水调节水池	包括污水泵、污水处理装置等	
2.4	围墙及大门		元/m
3	特殊构筑物		
3.1	挡土墙及挡水墙		元/m³
3.2	防洪排水沟		元/m
3.3	护坡		元/m²
4	站区绿化		元/m²
三	与站址有关的单项工程		
1	地基处理	包括大规模挖、填、运方、换土、桩基、强夯等	元/m³
2	站外道路		元/m
2.1	道路路面		元/m²
2.2	土石方		元/m³
2.3	挡土墙		元/m³
2.4	护坡		元/m²
2.5	桥涵		
2.6	排水沟		
3	站外水源	包括管路及建筑物等	
4	站外排水	包括管路及建筑物等	
5	施工降水		
6	临时工程	建筑安装工程取费系数以外的项目	
6.1	临时施工电源	永临结合项目列入正式工程项目内	
6.2	临时施工水源	永临结合项目列入正式工程项目内	
6.3	临时施工道路	永临结合项目列入正式工程项目内	
6.4	临时施工通信线路	永临结合项目列入正式工程项目内	
6.5	临时施工防护工程		

变电站安装工程项目划分　　　　　　　　表 3-33

编号	项目名称	主要内容及范围说明	技术经济指标单位
一	主要生产工程		
1	主变压器系统	包括主变压器及主变系统各电压侧回路内设备、母线、导线、金具及绝缘子等	元/kVA
1.1	主变压器		
2	配电装置	包括断路器、隔离开关、避雷器、电流互感器、电压互感器、低压开关柜、母线、导线、金具及绝缘子等	元/kVA
2.1	屋内配电装置		
2.1.1	××kV 配电装置		
2.1.2	××kV 配电装置		
2.2	屋外配电装置		
2.2.1	××kV 配电装置		
2.2.2	××kV 配电装置		
3	无功补偿		
3.1	高压电抗器	包括固定高压电抗器、可控高压电抗器成套设备及中性点电抗器、隔离开关、避雷器、母线、导线、金具及绝缘子等	
3.1.1	××kV 固定高压电抗器		元/kvar
3.1.2	××kV 可控高压电抗器		元/kvar
3.2	串联补偿装置	包括串联补偿装置成套设备及旁路断路器、旁路隔离开关、串联隔离开关、接地开关、母线、导线、金具及绝缘子等	
3.2.1	××kV 固定串联补偿装置		元/kvar
3.2.2	××kV 可控串联补偿装置		元/kvar
3.3	低压电容器	包括电容器、隔离开关、避雷器、母线、导线、金具及绝缘子等	元/kvar
3.4	低压电抗器	包括电抗器、隔离开关、避雷器、母线、导线、金具及绝缘子等	元/kvar
3.5	静止无功补偿装置	包括晶闸管阀组、电抗器、电容器、电流互感器、电压互感器及避雷器、母线、导线、金具及绝缘子等	元/kvar
4	控制及直流系统		元/kVA
4.1	计算机监控系统		
4.1.1	计算机监控系统	包括计算机监控设备、交换机等	
4.1.2	智能设备	智能终端、合并单元、智能控制柜等	
4.1.3	同步时钟		
4.2	继电保护	包括系统及元件保护	
4.3	直流系统及 UPS	包括充电装置、直流屏、蓄电池、UPS 及交直流一体化电源等	

编号	项目名称	主要内容及范围说明	技术经济指标单位
一	主要生产工程		
4.4	智能辅助控制系统	包括图像监视系统、火灾报警系统、环境监测系统等	
4.5	在线监测系统		
5	站用电系统		元/kVA
5.1	站用变压器		
5.2	站用配电装置	包括站用相关的开关柜、配电屏、专用屏、动力电源箱、动力检修箱等	
5.3	站区照明	包括投光灯、庭院灯、草坪灯、照明箱等	
6	电缆及接地		
6.1	全站电缆	含照明电缆、厂供电缆安装	
6.1.1	电力电缆	电力电缆	元/m
6.1.2	控制电缆	控制电缆、光缆、光缆接续及成端	元/m
6.1.3	电缆辅助设施	包括电缆支架、桥架、槽盒、保护管及防腐材料等	
6.1.4	电缆防火	包括防火包、堵料、涂料、防火隔板、防火膨胀模块等	
6.2	全站接地	包括接地扁钢、接地铜排、铜绞线、接地极、接地深井、降阻剂等	元/m
7	通信及远动系统		元/kVA
7.1	通信系统	包括载波、行政和调度电话等	
7.2	远动及计费系统	RTU、电量计费系统、数据网接入系统及安全防护设备等	
二	辅助生产工程		
1	检修及修配设备		
2	试验设备		
3	油及SF₆处理设备		
三	与站址有关的单项工程		
1	站外电源	电力线及电源变电站出线间隔	
1.1	站外电源线路		元/km
1.2	站外电源间隔		元/间隔
2	站外通信		
2.1	站外通信线路		元/km

开关站建筑工程项目划分   表 3-34

编号	项目名称	主要内容及范围说明	技术经济指标单位
一	主要生产工程		
1	主要生产建筑	包括设备基础及预埋槽钢,室内给排水、消防水管道、卫生洁具,采暖、通风、空调设备及材料,照明箱、导线、配管及灯具等	

编号	项目名称	主要内容及范围说明	技术经济指标单位
1.1	主控通信楼		元/m³
1.1.1	一般土建		
1.1.2	给排水		
1.1.3	采暖、通风及空调		
1.1.4	照明		
1.2	××kV 继电器室		元/m³
1.2.1	一般土建		
1.2.2	采暖、通风及空调		
1.2.3	照明		
1.3	站用配电装置室		元/m³
1.3.1	一般土建		
1.3.2	采暖、通风及空调		
1.3.3	照明		
1.4	××kV 配电装置室		元/m³
1.4.1	一般土建		
1.4.2	采暖、通风		
1.4.3	照明		
1.5	可控高压电抗器晶闸管阀室		
1.5.1	一般土建		
1.5.2	采暖、通风及空调		
1.5.3	照明		
1.6	固定串联补偿装置控制室		
1.6.1	一般土建		
1.6.2	采暖、通风及空调		
1.6.3	照明		
1.7	可控串联补偿装置控制室		
1.7.1	一般土建		
1.7.2	采暖、通风及空调		
1.7.3	照明		
2	配电装置建筑		
2.1	××kV 构架及设备基础		
2.1.1	构架及基础		
2.1.2	设备支架及基础		
2.2	高压电抗器系统	包括高压电抗器构支架及基础、油坑、防火墙和事故油池等	元/组
2.2.1	构支架及基础		

续表

编号	项目名称	主要内容及范围说明	技术经济指标单位
2.2.2	高压电抗器设备基础		元/m³
2.2.3	高抗油坑及卵石		元/m³
2.2.4	防火墙		元/m³
2.2.5	××m³ 事故油池		元/座
2.3	串联补偿系统	包括设备构支架及基础、设备平台等	
2.3.1	串联补偿设备平台基础		
2.3.2	串联补偿设备平台结构	包括钢结构平台、爬梯	
2.3.3	构支架及基础		
2.3.4	设备支架及基础		
2.4	站用变压器系统	包括设备基础、防火墙等	元/台
2.4.1	站用变压器设备基础		元/m³
2.4.2	防火墙		元/m³
2.5	避雷针塔		元/座
2.6	电缆沟道	包括沟道、预埋扁钢铁件及角钢盖板等	元/m
2.7	栏栅及地坪	包括钢围栅、混凝土地坪	元/m²
2.8	配电装置区域地面封闭	包括灰土、碎石、水泥方砖等	元/m²(m³)
3	供水系统建筑		
3.1	站区供水管道		元/m
3.2	供水系统设备		
3.3	综合水泵房		元/m²
3.3.1	一般土建		
3.3.2	设备及管道	包括给排水	
3.3.3	采暖及通风		
3.3.4	照明		
3.4	深井		元/座
3.5	蓄水池		元/座
4	消防系统		
4.1	消防水泵房	适用于独立消防水泵房。生活、消防共用一个泵时，全部计入综合水泵房	元/m²
4.1.1	一般土建		
4.1.2	设备及管道	包括给排水	
4.1.3	采暖及通风		
4.1.4	照明		
4.2	雨淋阀室		元/m²
4.2.1	一般土建		

编号	项目名称	主要内容及范围说明	技术经济指标单位
4.2.2	设备及管道	包括给排水	
4.2.3	采暖及通风		
4.2.4	照明		
4.3	站区消防管路	包括管道及建筑	元/m
4.4	消费器材	包括灭火器、消防沙箱等	
4.5	特殊消防系统	包括高压电抗器、控制楼及电缆沟道消防等	元/台
4.6	消防水池		元/座
二	辅助生产工程		
1	辅助生产建筑		
1.1	综合楼		元/m²
1.1.1	一般土建		
1.1.2	给排水		
1.1.3	采暖、通风及空调		
1.1.4	照明		
1.2	警卫室		元/m²
1.2.1	一般土建		
1.2.2	给排水		
1.2.3	采暖、通风及空调		
1.2.4	照明		
1.3	雨水泵房		元/m²
1.3.1	一般土建		
1.3.2	设备及管道	包括给排水	
1.3.3	采暖及通风		
1.3.4	照明		
2	站区性建筑		元/m²
2.1	场地平整		元/m³
2.2	站区道路及广场		元/m²
2.3	站区排水		
2.3.1	排水管道		元/m
2.3.2	窖井		
2.3.3	污水调节水池	包括污水泵、污水处理装置等	
2.4	围墙及大门		元/m
3	特殊构筑物		
3.1	挡土墙及挡水墙		元/m³
3.2	防洪排水沟		元/m

编号	项目名称	主要内容及范围说明	技术经济指标单位
3.3	护坡		元/m²
4	站区绿化		元/m²
三	与站址有关的单项工程		
1	地基处理	包括大规模挖、填、运方、换土、桩基、强夯等	元/m³
2	站外道路		元/m
2.1	道路路面		元/m²
2.2	土石方		元/m³
2.3	挡土墙		元/m³
2.4	护坡		元/m²
2.5	桥涵		
2.6	排水沟		
3	站外水源	包括管路及建筑物等	
4	站外排水	包括管路及建筑物等	
5	施工降水		
6	临时工程	建筑安装工程取费系数以外的项目	
6.1	临时施工电源	永临结合项目列入正式工程项目内	
6.2	临时施工水源	永临结合项目列入正式工程项目内	
6.3	临时施工道路	永临结合项目列入正式工程项目内	
6.4	临时施工通信线路	永临结合项目列入正式工程项目内	
6.5	临时施工防护工程		

开关站安装工程项目划分　　　　　　　　　　　　表 3-35

编号	项目名称	主要内容及范围说明	技术经济指标单位
一	主要生产工程		
1	配电装置	包括断路器、隔离开关、避雷器、电流互感器、电压互感器、低压开关柜、母线、导线、金具及绝缘子等	元/kVA
1.1	屋内配电装置		
1.1.1	××kV 配电装置		
1.2	屋外配电装置		
1.2.1	××kV 配电装置		
2	无功补偿		
2.1	高压电抗器	包括固定高压电抗器、可控高压电抗器成套设备及中性点电抗器、隔离开关、避雷器、母线、导线、金具及绝缘子等	
2.1.1	××kV 固定高压电抗器		元/kvar

续表

编号	项目名称	主要内容及范围说明	技术经济指标单位
2.1.2	××kV可控高压电抗器		元/kvar
2.2	串联补偿装置	包括串联补偿装置成套设备及旁路断路器、旁路隔离开关、串联隔离开关、接地开关、母线、导线、金具及绝缘子等	
2.2.1	××kV固定串联补偿装置		元/kvar
2.2.2	××kV可控串联补偿装置		元/kvar
3	控制及直流系统		元/kVA
3.1	计算机监控系统		
3.1.1	计算机监控系统	包括计算机监控设备、交换机等	
3.1.2	智能设备	智能终端、合并单元、智能控制柜等	
3.1.3	同步时钟		
3.2	继电保护	包括系统及元件保护	
3.3	直流系统及UPS	包括充电装置、直流屏、蓄电池、UPS及交直流一体化电源等	
3.4	智能辅助控制系统	包括图像监视系统、火灾报警系统、环境监测系统等	
3.5	在线监测系统		
4	站用电系统		元/kVA
4.1	站用变压器		
4.2	站用配电装置	包括站用相关的开关柜、配电屏、专用屏、动力电源箱、动力检修箱等	
4.3	站区照明	包括投光灯、庭院灯、草坪灯、照明箱等	
5	电缆及接地		
5.1	全站电缆	含照明电缆、厂供电缆安装	
5.1.1	电力电缆	电力电缆	元/m
5.1.2	控制电缆	控制电缆、光缆、光缆接续及成端	元/m
5.1.3	电缆辅助设施	包括电缆支架、桥架、槽盒、保护管及防腐材料等	
5.1.4	电缆防火	包括防火包、堵料、涂料、防火隔板、防火膨胀模块等	
5.2	全站接地	包括接地扁钢、接地铜排、铜绞线、接地极、接地深井、降阻剂等	元/m
6	通信及远动系统		元/kVA
6.1	通信系统	包括载波、行政和调度电话等	
6.2	远动及计费系统	RTU、电量计费系统、数据网接入系统及安全防护设备等	
二	辅助生产工程		
1	检修及修配设备		
2	试验设备		

编号	项目名称	主要内容及范围说明	技术经济指标单位
3	油及 SF_6 处理设备		
三	与站址有关的单项工程		
1	站外电源	电力线及电源变电站出线间隔	
1.1	站外电源线路		元/km
1.2	站外电源间隔		元/间隔
2	站外通信		
2.1	站外通信线路		元/km

换流站建筑工程项目划分   表 3-36

编号	项目名称	主要内容及范围说明	技术经济指标单位
一	主要生产工程		
1	主要生产建筑	包括基础及预埋槽钢,室内给排水、消防水管道、卫生洁具,采暖、通风、空调设备及材料,照明箱、导线、配管及灯具等	
1.1	主控通信楼		元/m³
1.1.1	一般土建		
1.1.2	给排水		
1.1.3	采暖、通风及空调		
1.1.4	照明		
1.2	1号阀厅		元/m³
1.2.1	一般土建		
1.2.2	采暖、通风及空调		
1.2.3	照明		
1.3	2号阀厅		元/m³
1.3.1	一般土建		
1.3.2	采暖、通风及空调		
1.3.3	照明		
1.4	辅控楼		元/m³
1.4.1	一般土建		
1.4.2	给排水		
1.4.3	采暖、通风及空调		
1.4.4	照明		
1.5	交流滤波器继电器室		元/m³
1.5.1	一般土建		
1.5.2	采暖、通风及空调		

编号	项目名称	主要内容及范围说明	技术经济指标单位
1.5.3	照明		
1.6	××kV 交流继电器室		元/m³
1.6.1	一般土建		
1.6.2	采暖、通风及空调		
1.6.3	照明		
1.7	××kV 交流继电器室		元/m³
1.7.1	一般土建		
1.7.2	采暖、通风及空调		
1.7.3	照明		
1.8	××kV 交流继电器室		元/ m³
1.8.1	一般土建		
1.8.2	采暖、通风及空调		
1.8.3	照明		
1.9	直流继电器室		元/ m³
1.9.1	一般土建		
1.9.2	采暖、通风及空调		
1.9.3	照明		
1.10	平波电抗器室		元/m³
1.10.1	一般土建		
1.10.2	采暖、通风		
1.10.3	照明		
1.11	站用配电装置室		元/m³
1.11.1	一般土建		
1.11.2	采暖、通风及空调		
1.11.3	照明		
1.12	××kV 交流配电装置室		元/m³
1.12.1	一般土建		
1.12.2	采暖、通风		
1.12.3	照明		
1.13	××kV 交流配电装置室		元/m³
1.13.1	一般土建		
1.13.2	采暖、通风		
1.13.3	照明		
1.14	直流配电装置室		
1.14.1	一般土建		

编号	项目名称	主要内容及范围说明	技术经济指标单位
1.14.2	采暖、通风		
1.14.3	照明		
1.15	××kV 可控高压电抗器晶闸管阀室		元/m³
1.15.1	一般土建		
1.15.2	采暖、通风及空调		
1.15.3	照明		
1.16	××kV 固定串联补偿装置控制室		元/m³
1.16.1	一般土建		
1.16.2	采暖、通风及空调		
1.16.3	照明		
1.17	可控串联补偿装置控制室		元/m³
1.17.1	一般土建		
1.17.2	采暖、通风及空调		
1.17.3	照明		
1.18	静止无功补偿装置晶闸管阀室		元/m³
1.18.1	一般土建		
1.18.2	采暖、通风及空调		
1.18.3	照明		
2	换流变压器建筑	包括换流变压器构支架及基础、油坑、防火墙、事故油池等	
2.1	换流变压器基础		元/个
2.2	换流变压器油坑及卵石		元/个
2.3	防火墙		元/m³
2.4	××m³ 事故油池		元/座
2.5	设备支架及基础		
2.6	换流变压器区域运输轨道	包括基础及轨道等	元/m
3	交流滤波场建筑	包括设备构支架及基础	
3.1	架构及基础		
3.2	设备支架及基础		
4	交流配电装置建筑		
4.1	主(联络)变压器建筑	包括变压器构支架及基础、油坑、防火墙和事故油池等	元/台
4.1.1	构支架及基础		

编号	项目名称	主要内容及范围说明	技术经济指标单位
4.1.2	主(联络)变压器设备基础		元/m³
4.1.3	主(联络)变压器油坑及卵石		元/m³
4.1.4	防火墙		元/m³
4.1.5	××m³ 事故油池		元/座
4.2	××kV 交流配电装置构架及设备基础		
4.2.1	构架及基础		
4.2.2	设备支架及基础		
4.3	××kV 交流配电装置构架及设备基础		
4.3.1	构架及基础		
4.3.2	设备支架及基础		
4.4	××kV 交流配电装置构架及设备基础		
4.4.1	构架及基础		
4.4.2	设备支架及基础		
4.5	高压电抗器建筑	包括高压电抗器构支架及基础、油坑、防火墙和事故油池等	元/组
4.5.1	构支架及基础		
4.5.2	高压电抗器设备基础		元/m³
4.5.3	高抗油坑及卵石		元/m³
4.5.4	防火墙		元/m³
4.5.5	××m³ 事故油池		元/座
4.6	串联补偿装置建筑	包括设备构支架及基础、设备平台等	
4.6.1	串联补偿设备平台基础		
4.6.2	串联补偿设备平台结构	包括钢结构平台、爬梯	
4.6.3	构支架及基础		
4.6.4	设备支架及基础		
4.7	低压电容器建筑	包括设备支架及基础	元/组
4.8	低压电抗器建筑	包括设备支架及基础	元/组
4.9	静止无功补偿装置建筑	包括构支架及基础	
4.9.1	构支架及基础		
4.9.2	静止无功补偿装置设备基础		
4.10	站用变压器建筑	包括设备构支架及基础、油坑、事故油池等	
4.10.1	站用变压器构架		

编号	项目名称	主要内容及范围说明	技术经济指标单位
4.10.2	站用变压器基础及油坑		
4.10.3	站用变压器设备支架及基础		
4.10.4	××m³ 事故油池		元/座
5	直流配电装置建筑		
5.1	直流极线、中性线及接地极线建筑	包括构支架及基础	
5.1.1	构架及基础		
5.1.2	设备支架及基础		
5.2	直流滤波器建筑	包括构支架及基础	
5.2.1	塔架及基础		
5.2.2	设备支架及基础		
5.3	平波电抗器建筑	包括基础及支架等	
6	独立避雷针		元/座
7	站区电缆沟(隧)道	包括沟道、隧道、预埋扁钢铁件及角钢盖板等	
7.1	电缆沟道		元/m
7.2	电缆隧道		元/m
8	栏栅及地坪	包括钢围栅、混凝土地坪	元/m²
9	配电装置区域地面封闭	包括灰土、碎石、水泥方砖等	元/m²(m³)
10	供水系统建筑	包括给水及消防水管道、生活消防、深井泵房、深井、蓄水池等	
10.1	综合水泵房		元/m³
10.1.1	一般土建		
10.1.2	给排水		
10.1.3	采暖及通风		
10.1.4	照明		
10.2	深井泵房		元/m³
10.2.1	一般土建		
10.2.2	采暖		
10.2.3	照明		
10.3	深井		元/座
10.4	中继泵房		元/m³
10.4.1	一般土建		
10.4.2	给排水		
10.4.3	采暖及通风		
10.4.4	照明		

编号	项目名称	主要内容及范围说明	技术经济指标单位
10.5	蓄水池		元/座
10.6	××m³生活水池		元/座
10.7	供水系统管道		
10.8	供水系统设备		
11	水处理系统建筑	包括水处理设备、设备基础及管道	
11.1	水处理设备基础		
11.2	水处理系统设备		
11.3	水处理系统管道		
12	室外冷却设备建筑		
12.1	阀外冷设备室		元/m³
12.1.1	一般土建		
12.1.2	采暖、通风及空调		
12.1.3	照明		
12.2	阀冷却设备基础		
12.3	喷淋水池		
12.4	空调冷却机组基础		
12.5	空调冷却机组保温房		元/m³
12.5.1	一般土建		
12.5.2	采暖及通风		
12.5.3	照明		
13	消防系统		
13.1	消防水泵房	适用于独立消防水泵房。生活、消防共用一个泵时，全部计入综合水泵房	元/m²
13.1.1	一般土建		
13.1.2	设备及管道	包括给排水	
13.1.3	采暖及通风		
13.1.4	照明		
13.2	雨淋阀室		元/m²
13.2.1	一般土建		
13.2.2	设备及管道	包括给排水	
13.2.3	采暖及通风		
13.2.4	照明		
13.3	站区消防管路	包括管道及建筑	元/m
13.4	消费器材	包括灭火器、消防沙箱等	
13.5	特殊消防系统		

编号	项目名称	主要内容及范围说明	技术经济指标单位
13.5.1	换流变压器及平波电抗器消防		元/台
13.5.2	主(联络)变压器及高压电抗器消防		元/台
13.5.3	控制楼与阀厅消防		元/台
13.5.4	电缆沟道消防		元/台
13.6	××m³ 消防水池		元/座
二	辅助生产工程		
1	辅助生产建筑		
1.1	备品库		元/m²
1.1.1	一般土建		
1.1.2	给排水		
1.1.3	采暖及通风		
1.1.4	照明		
1.2	露天备品备件堆场		元/m²
1.3	油处理设备存放间		元/m²
1.3.1	一般土建		
1.3.2	给排水		
1.3.3	采暖及通风		
1.3.4	照明		
1.4	绝缘油罐基础		
1.5	警卫室		元/m²
1.5.1	一般土建		
1.5.2	给排水		
1.5.3	采暖、通风及空调		
1.5.4	照明		
1.6	综合楼		元/m²
1.6.1	一般土建		
1.6.2	给排水		
1.6.3	采暖、通风及空调		
1.6.4	照明		
1.7	车库		元/m²
1.7.1	一般土建		
1.7.2	采暖及通风		
1.7.3	照明		

编号	项目名称	主要内容及范围说明	技术经济指标单位
2	站区性建筑		
2.1	场地平整		
2.2	站区道路及广场		元/m²
2.3	站区污水处理站	包括污水处理设备、基础、事故溢流井、废水池、污水调节水池、风机房等	
2.3.1	生活污水处理装置基础		元/座
2.3.2	生活污水处理装置设备		元/套
2.3.3	事故溢流井		元/座
2.3.4	××m³ 废水池		元/座
2.3.5	××m³ 污水调节水池		元/座
2.3.6	风机房		元/m²
2.4	站区排水		元/m²
2.5	站区环保隔声降噪		
2.6	围墙及大门		元/m
3	特殊构筑物		
3.1	挡土墙及挡水墙		元/m³
3.2	防洪排水沟		元/m
3.3	护坡		元/m²
4	站区绿化		元/m²
三	与站址有关的单项工程		
1	地基处理	包括大规模挖、填、运方、换土、桩基、强夯等	元/m³
2	站外道路		元/m
2.1	道路路面		元/m²
2.2	土石方		元/m³
2.3	挡土墙		元/m³
2.4	护坡		元/m²
2.5	桥涵		
2.6	排水沟		
3	站外水源	包括管路及建筑物等	
4	站外排水	包括管路及建筑物等	
5	施工降水		
6	临时工程	建筑安装工程取费系数以外的项目	
6.1	临时施工电源	永临结合项目列入正式工程项目内	
6.2	临时施工水源	永临结合项目列入正式工程项目内	
6.3	临时施工道路	永临结合项目列入正式工程项目内	

续表

编号	项目名称	主要内容及范围说明	技术经济指标单位
6.4	临时施工通信线路	永临结合项目列入正式工程项目内	
6.5	临时施工防护工程		

换流站安装工程项目划分 表 3-37

编号	项目名称	主要内容及范围说明	技术经济指标单位
一	主要生产工程		
1	阀厅设备及安装	包括阀组成套设备、冷却设备及母线、导线、绝缘子、金具等	
1.1	阀本体设备及安装		元/套
1.2	阀本体冷却设备		
2	换流变压器系统		元/kW
2.1	换流变压器	包括换流变压器、中性点设备、避雷器、电流互感器、电压互感器、滤波器、电容器、母线、导线、绝缘子及金具等	
3	交流滤波场		元/kW
3.1	交流滤波电容器	包括滤波器、电容器、电阻器、电抗器、避雷器、电流互感器及小组断路器、隔离开关、接地开关、母线、导线、绝缘子及金具等	
4	配电装置		元/kW
4.1	主(联络)变压器	主(联络)变压器、中性点设备、避雷器、电流互感器、电压互感器、母线、导线、绝缘子及金具等	
4.2	交流配电装置	包括断路器、隔离开关、避雷器、电流互感器、电压互感器、开关柜、母线、导线、绝缘子及金具等	
4.2.1	××kV 交流配电装置		
4.2.2	××kV 交流配电装置		
4.3	直流配电装置		元/kW
4.3.1	直流配电装置	包括直流场成套设备、母线、导线、绝缘子及金具等	
4.3.2	平波电抗器	平波电抗器、母线、导线、绝缘子及金具等	
5	无功补偿		
5.1	高压电抗器	包括电抗器、隔离开关、避雷器、母线、导线、绝缘子及金具等	
5.1.1	××kV 固定高压电抗器		元/kvar
5.1.2	××kV 可控高压电抗器		元/kvar
5.2	串联补偿装置	包括串联补偿装置成套设备及旁路断路器、旁路隔离开关、串联隔离开关、接地开关、母线、导线、金具及绝缘子等	
5.2.1	××kV 固定串联补偿装置		元/kvar

编号	项目名称	主要内容及范围说明	技术经济指标单位
5.2.2	××kV 可控串联补偿装置		元/kvar
5.3	低压电容器	包括电容器、隔离开关、避雷器、母线、导线及绝缘子等	元/kvar
5.4	低压电抗器	包括电抗器、隔离开关、避雷器、母线、导线及绝缘子等	元/kvar
5.5	静止无功补偿装置	包括晶闸管阀组、电抗器、电容器、电流互感器、电压互感器及避雷器等	
6	控制及直流系统		元/kW
6.1	计算机监控系统		
6.1.1	计算机监控系统	包括计算机监控设备、直流场控制保护设备等	
6.1.2	智能设备	智能控制设备等	
6.1.3	同步时钟		
6.2	继电保护	包括系统及元件保护	
6.3	直流系统及 UPS	包括充电装置、直流屏、蓄电池、UPS 及交直流一体化电源等	
6.4	辅助系统	包括图像监视系统、火灾报警系统、环境监测系统等	
6.5	在线监测系统		
7	站用电系统		元/kW
7.1	站用变压器	包括高压站用变、低压站用变	
7.1.1	××kV 站用变压器		
7.1.2	××kV 站用变压器		
7.2	站用配电装置	包括站用相关的开关柜、配电屏、专用屏、动力电源箱、动力检修箱等	
7.2.1	××kV 站用配电装置		
7.2.2	××kV 站用配电装置		
7.3	站区照明	包括投光灯、庭院灯、草坪灯、照明箱等	
7.4	行车滑线		
8	电缆及接地		
8.1	全站电缆	含照明电缆、厂供电缆安装	
8.1.1	电力电缆	电力电缆	元/m
8.1.2	控制电缆	控制电缆、光缆、光缆接续及成端	元/m
8.1.3	电缆辅助设施	包括电缆支架、桥架、槽盒、保护管及防腐材料等	
8.1.4	电缆防火	包括防火包、堵料、涂料、防火隔板、防火膨胀模块等	
8.2	接地	包括接地扁钢、接地铜排、铜绞线、接地极、接地深井、降阻剂等	元/m
8.2.1	阀厅接地		

续表

编号	项目名称	主要内容及范围说明	技术经济指标单位
8.2.2	站区及其他接地		
9	通信及远动系统		元/kW
9.1	通信系统	包括载波、行政和调度电话	
9.2	远动及计费系统	RTU、电量计费系统、数据网接入系统及安全防护设备等	
二	辅助生产工程		元/kW
1	检修及修配设备		
2	试验设备		
3	油及SF₆处理设备		
三	与站址有关的单项工程		
1	站外电源	电力线及电源变电站出线间隔	
1.1	站外电源线路		元/km
1.2	站外电源间隔		元/间隔
2	站外通信		
2.1	站外通信线路		元/km

串联补偿站工程建筑工程项目划分　　表 3-38

编号	项目名称	主要内容及范围说明	技术经济指标单位
一	主辅生产工程		
(一)	主要生产工程		
1	主要生产建筑		
1.1	综合楼		元/m²
1.1.1	一般土建	土石方、基础、结构、建筑	
1.1.2	上下水道	室内给排水消防水管道、管件、卫生洁具及设备等	
1.1.3	采暖、通风及空调	采暖、通风、空调设备及材料	
1.1.4	照明	照明箱、导线、配管及灯具等	
1.2	保护小室		元/m²
1.2.1	一般土建	土石方、基础、结构、建筑	
1.2.2	上下水道	室内给排水消防水管道、管件、卫生洁具及设备等	
1.2.3	采暖、通风及空调	采暖、通风、空调设备及材料	
1.2.4	照明	照明箱、导线、配管及灯具等	
1.3	就地控制室及冷却泵房	可控串补设置	元/m²
1.3.1	一般土建	土石方、基础、结构、建筑	
1.3.2	上下水道	室内给排水消防水管道、管件、卫生洁具及设备等	

编号	项目名称	主要内容及范围说明	技术经济指标单位
1.3.3	采暖、通风及空调	采暖、通风、空调设备及材料	
1.3.4	照明	照明箱、导线、配管及灯具等	
2	串联补偿装置建筑		元/kvar
2.1	串联补偿装置平台基础	土石方、设备基础	元/m³
2.2	串联补偿装置平台结构	钢结构平台、爬梯,不含支柱绝缘子安装	元/t
2.3	钢栅栏	串联补偿装置区域围栏	元/m²
3	××kV构架及设备基础		
3.1	××kV构架及基础	土石方、基础、构架	
3.2	××kV设备支架及基础	土石方、基础、支架	
4	晶闸管阀冷却系统建筑	冷却系统设备、管道及安装	
5	避雷针塔	土石方、基础、避雷针塔	元/座
6	电缆沟道	土石方、沟道及盖板	元/m
7	操作地坪	路床开挖、铺筑基层、垫层、面层、安砌路缘石等	元/m²
8	供水系统建筑		
8.1	站区供水管道	土石方、垫层、基础、给水及消防水管道、管件等	元/m
8.2	供水设备及安装	给水设备及安装	
8.3	深井及设备	深井、泵及深井泵坑	
8.4	池井	土石方、井池、盖板、爬梯制作安装等	元/座
9	消防系统		
9.1	消防小室	土石方、基础、结构、建筑	基础
9.2	消防器材	干粉、CO_2灭火器及消防沙箱等	
9.3	特殊消防系统	感温感烟探测器、感烟探测电缆、控制模块、声光报警器、喷淋装置、泡沫发生器等设备	
(二)	辅助生产工程		
1	辅助生产建筑		
1.1	备品备件库		元/m²
1.1.1	一般土建	土石方、基础、结构、建筑	
1.1.2	通风	通风、空调设备及材料	
1.1.3	照明	照明箱、导线、配管及灯具等	
1.2	警卫室		元/m²
1.2.1	一般土建	土石方、基础、结构、建筑	
1.2.2	上下水道	室内给排水管道、管件、卫生洁具及设备等	
1.2.3	采暖、通风及空调	采暖、通风、空调设备及材料	
1.2.4	照明	照明箱、导线、配管及灯具等	
2	站区性建筑		

编号	项目名称	主要内容及范围说明	技术经济指标单位
2.1	场地平整	站区挖方、填方、外购土及外弃土石方	元/m³
2.2	站区道路及广场	路床开挖、铺筑基层、垫层、面层、安砌路缘石等	元/m²
2.3	站区排水		
2.3.1	站区排水管道	土石方、垫层、基础、排水管道、管件等	元/m
2.3.2	排水设备及安装	排水设备及安装	
2.4	污水处理系统		
2.4.1	污水处理装置及基础	土石方、设备及设备基础	
2.4.2	××m³污水调节池	土石方、井池、盖板、爬梯制作安装等	元/座
2.5	围墙及大门	土石方、基础、结构、建筑	元/m
3	特殊构筑物		
3.1	挡土墙	土石方、基础、挡土墙及装饰	元/m³
3.2	护坡	垫层、护坡面层	元/m²
3.3	防洪排水沟	土石方、沟道	元/m
4	站区绿化		元/m²
二	与站址有关的单项工程		
1	地基处理	包括换填、桩基	
2	站外道路		元/m
2.1	道路路面	包括铺筑基层、垫层、面层、安砌路缘石等	
2.2	土石方	包括站区挖方、填方、外购土及外弃土石方	
2.3	挡土墙	包括土石方、基础、挡土墙及装饰	
2.4	护坡	包括垫层、护坡面层	元/m²
2.5	桥涵		
3	站外水源	含给水管道及接口费	
4	站外排水	含排水管道及排污费	
5	临时工程	施工水源、施工电源等	

串联补偿站工程安装工程项目划分 表 3-39

编号	项目名称	主要内容及范围说明	技术经济指标单位
一	主辅生产工程		
（一）	主要生产工程		
1	串联补偿装置		元/kvar
1.1	××kV串联补偿装置	可控或固定串补装置,包括:串联电容器组、旁路断路器、旁路隔离开关、串联隔离开关、接地开关、晶闸管阀（可控串补站）等	
1.2	××kV屋外配电装置	配电区隔离开关、电压互感器、电流互感器、避雷器、支柱绝缘子等	

编号	项目名称	主要内容及范围说明	技术经济指标单位
2	晶闸管阀冷却系统	可控串补站设置	
3	控制及直流系统		元/kvar
3.1	串联补偿控制保护系统	控制保护柜	元/kvar
3.2	直流系统	充电装置、直流屏、蓄电池、UPS	
3.3	图像监视及安全防护系统	图像监视控制系统、室内外摄像头、红外探测器、线缆等	
3.4	火灾报警系统	火灾报警控制装置	
4	通信及远动系统		元/kvar
4.1	通信系统	载波、行政和调度电话	
4.2	远动系统	RTU、GPS 时钟系统	
5	站用电系统		元/kvar
5.1	站用变压器	站用变压器、电流互感器等	
5.2	站用配电装置	站用配电屏、动力电源箱、动力检修箱等	
5.3	站区照明	投光灯、路灯、照明配电箱、埋地穿线钢管	
6	全站电缆		元/m
6.1	电力电缆	电力电缆(含照明电缆)	元/m
6.2	控制电缆	控制电缆(含保护电缆)	元/m
6.3	电缆辅助设施	保护电缆支架、桥架、保护管等	
6.4	电缆防火	防火枕、堵料、涂料、防火隔板等	
7	全站接地	接地扁钢、铜棒、铜排、接地井等	元/m
(二)	辅助生产工程		元/kvar
1	修配检修设备		
2	试验设备		
二	与站址有关的单项工程		
1	站外电源	永临结合设置	
1.1	站外电源线路		
1.2	站外电源间隔		
2	站外通信		

静止无功补偿工程建筑工程项目划分　　　　　　　　　　表 3-40

编号	项目名称	主要内容及范围说明	技术经济指标单位
一	主辅生产工程		
(一)	主要生产工程		

编号	项目名称	主要内容及范围说明	技术经济指标单位
1	静止无功补偿配电装置室		元/m³
1.1	一般土建	包括土石方、基础、结构、建筑	
1.2	上下水道	包括室内给排水消防水管道、管件、卫生洁具及设备等	
1.3	采暖、通风及空调	包括采暖、通风、空调设备及材料	
1.4	照明	包括照明箱、导线、配管及灯具等	
2	就地控制室及冷却泵房		元/m³
2.1	一般土建	包括土石方、基础、结构、建筑	
2.2	上下水道	包括室内给排水消防水管道、管件、卫生洁具及设备等	
2.3	采暖、通风及空调	包括采暖、通风、空调设备及材料	
2.4	照明	包括照明箱、导线、配管及灯具等	
3	静止无功补偿装置建筑		元/kvar
3.1	静止无功补偿装置设备基础	包括土石方、设备基础	元/m³
3.2	钢栅栏	包括围栏	元/m²
4	晶闸管阀冷却系统建筑		
5	电缆沟道	包括土石方、沟道及盖板	元/m
6	操作地坪	包括路床开挖、铺筑基层、垫层、面层、安砌路缘石等	元/m²
7	供水系统建筑		
7.1	站区供水管道	包括土石方、垫层、基础、给水及消防水管道、管件等	元/m
7.2	供水设备及安装	包括给水设备及安装	
7.3	池井	包括土石方、井池、盖板、爬梯制作安装等	元/座
8	消防系统		
8.1	消防小室	包括土石方、基础、结构、建筑	元/m²
8.2	消防器材	干粉、CO_2 灭火器及消防沙箱等	
8.3	特殊消防系统	包括感温感烟探测器、感烟探测电缆、控制模块、声光报警器、喷淋装置、泡沫发生器等设备	元/台
（二）	辅助生产工程		
1	站区性建筑		
1.1	场地平整	包括站区挖方、填方、外购土及外弃土石方	元/m³
1.2	站区道路及广场	包括路床开挖、铺筑基层、垫层、面层、安砌路缘石等	元/m²

续表

编号	项目名称	主要内容及范围说明	技术经济指标单位
1.3	站区排水		元/m²
1.3.1	站区排水管道	包括土石方、垫层、基础、排水管道、管件等	元/m
1.3.2	排水设备及安装	包括排水设备及安装	
1.4	围墙及大门	包括土石方、基础、结构、建筑	元/m
2	特殊构筑物		
2.1	挡土墙	包括土石方、基础、挡土墙及装饰	元/m³
2.2	护坡	包括垫层、护坡面层	元/m²
2.3	防洪排水沟	包括土石方、沟道	元/m
3	站区绿化		元/m²
二	与站址有关的单项工程		
1	地基处理	包括换填、桩基	元/m³
2	站外道路		元/m
2.1	混凝土道路	包括铺筑基层、垫层、面层、安砌路缘石等	元/m²
2.2	土石方	包括站区挖方、填方、外购土及外弃土石方	元/m³
2.3	挡土墙	包括土石方、基础、挡土墙及装饰	元/m³
2.4	护坡	包括垫层、护坡面层	元/m²
2.5	桥涵		
3	站外水源	含给水管道及接口费	
4	站外排水	含排水管道及排污费	
5	临时工程	施工水源、施工电源等	

静止无功补偿工程安装工程项目划分 表 3-41

编号	项目名称	主要内容及范围说明	技术经济指标单位
一	主辅生产工程		
（一）	主要生产工程		
1	静止无功补偿装置		元/kvar
1.1	静止无功补偿装置	包括电抗器、电容器组、电流互感器、避雷器、晶闸管阀组等	
1.2	××kV 配电装置	包括馈线柜、PT 柜、进线柜、母排过渡柜等开关柜	
2	控制系统		元/kvar
2.1	控制保护		

编号	项目名称	主要内容及范围说明	技术经济指标单位
2.2	图像监视及安全防护系统	图像监视控制系统、室内外摄像头、红外探测器、线缆等	
2.3	火灾报警系统	火灾报警控制器装置等	
3	晶闸管阀冷却系统		
4	站用电系统		元/kvar
4.1	站用配电装置	站用配电屏、动力电源箱、动力检修箱等	
4.2	站区照明	投光灯、路灯、照明配电箱、埋地穿线钢管	
5	电缆		元/m
5.1	电力电缆	电力电缆(含照明电缆)	元/m
5.2	控制电缆	控制电缆(含保护电缆)	元/m
5.3	电缆辅助设施	包括保护电缆支架、桥架、保护管等	
5.4	电缆防火	包括防火枕、堵料、涂料、防火隔板等	
6	接地	包含接地扁钢、铜棒、铜排、接地井等	元/m
(二)	辅助生产工程		元/kvar
1	修配检修设备		
2	试验设备		
二	与站址有关的单项工程		
1	站外电源	永临结合设置	
1.1	站外电源线路		
1.2	站外电源间隔		
2	站外通信		

3.2.2　输电线路工程建设预算项目划分

输电线路工程包括架空线路工程和电缆输电线路工程两部分。

架空线路工程建设预算项目划分是对架空输电线路本体工程项目编排次序和编排位置的规定。建设预算项目划分层次，分为两级；第一级为单位工程，第二级为分部工程。

电缆输电线路工程建设预算的项目划分是对其建筑工程、安装工程项目编排次序和编排位置的规定。建设预算项目划分层次，在各专业系统（工程）下分为三级；第一级为扩大单位工程，第二级为单位工程，第三级为分部工程。

编制输电线路工程建设预算时，对各级项目的工程名称不得任意简化，均应按照本项目划分本标准中规定的全名填写。

如果确有必要增列的工程项目，按照设计专业划分，在扩大单位工程或单位工程项目序列之下，在已有项目之后顺序排列。具体项目划分详见表3-42～表3-46。

架空输电线路本体工程项目划分表 表 3-42

编号	项目名称	主要内容及范围说明	技术经济指标单位
一	架空输电线路本体工程		元/km
1	基础工程		元/m³
1.1	基础工程材料工地运输	各类基础工程、基础垫层、基础护壁、基础保护帽用水泥、砂、石、基础钢材、地脚螺栓等材料的工地运输	
1.2	基础土石方工程	各类基础坑的土石方开挖和回填,线路分坑复测,基础垫层等的土石方工程及相关材料	
1.3	基础砌筑		
1.3.1	预制基础	各类预制基础的安装及相关材料	
1.3.2	现浇基础	掏挖基础、岩石基础、大板基础、阶梯基础、插入式基础、灌注桩基础承台等现浇基础及基础垫层、基础护壁、基础保护帽的施工安装及相关材料	
1.3.3	灌注桩基础	灌注桩基础的施工安装及材料	
1.3.4	锚杆基础	锚杆基础的施工安装及相关材料	
1.3.5	其他基础	以上未包含的各类其他基础的施工安装及相关材料	
1.4	基础防腐	基础防腐等施工安装及相关材料	
1.5	地基处理	灰土垫层 2:8、大块基础	
2	接地工程		元/基
2.1	接地工程材料工地运输	各类杆塔接地材料的工地运输	
2.2	接地土石方	杆塔接地装置土石方开挖及填埋	
2.3	接地安装	接地钢材敷设,降阻剂、接地模块及其他接地装置安装及相关材料	
3	杆塔工程		元/t
3.1	杆塔工程材料工地运输	各类杆塔材料及其附件的工地运输	
3.2	杆塔组立		
3.2.1	混凝土杆组立	各类混凝土杆组立、拉线制作、安装及相关材料	
3.2.2	铁塔、钢管杆组立	各类铁塔、钢管杆组立,拉线制作、安装及相关材料	
4	架线工程		元/km
4.1	架线工程材料工地运输	导地线及架线工程相关材料的工地运输	
4.2	导地线架设	导线材料及架设、避雷线材料及架设、光缆材料及架设	
4.3	导地线跨越架设	导线、避雷线跨越铁路、公路、河流及电力线等的跨越架设	
4.4	其他架线工程	耦合屏蔽线等安装及相关材料	
5	附件安装工程		元/基
5.1	附件安装工程材料工地运输	金具、绝缘子及其他附件材料的工地运输	
5.2	绝缘子串及金具安装		
5.2.1	耐张绝缘子串及金具安装	耐张绝缘子串材料及安装、耐张绝缘子金具材料及安装、耐张转角塔导线挂线、跳线	

编号	项目名称	主要内容及范围说明	技术经济指标单位
5.2.2	悬垂绝缘子串及金具安装	各类悬垂绝缘子串组装、悬挂,各类金具安装及绝缘子、金具等相关材料	
6	辅助工程		元/m³
6.1	尖峰、施工基面土石方工程	尖峰、施工基面土石方工程及相关材料	
6.2	护坡、挡土墙及排洪沟		
6.2.1	护坡、挡土墙及排洪沟材料工地运输	护坡、挡土墙及排洪沟用水泥、砂、石等材料的工地运输	
6.2.2	护坡、挡土墙及排洪沟土石方工程	护坡、挡土墙及排洪沟的土石方工程及相关材料	
6.2.3	护坡、挡土墙及排洪沟砌筑	护坡、挡土墙及排洪沟等施工安装及相关材料	
6.3	基础永久性围堰		
6.3.1	基础永久性围堰材料工地运输	基础永久性围堰用水泥、砂、石等材料的工地运输	
6.3.2	基础永久性围堰土石方工程	基础永久性围堰的土石方工程及相关材料	
6.3.3	基础永久性围堰砌筑	基础永久性围堰砌筑及相关材料	

陆上电缆输电线路建筑工程建设预算项目划分表　　表 3-43

序号	项目名称	主要内容及范围说明	技术经济指标单位
一	建筑工程		
1	土石方		元/km
1.1	材料运输		
1.2	土石方挖填	沟、槽、井等土石方开挖	
1.3	开挖路面	沥青、水泥、碎石等路面开挖	
1.4	修复路面	沥青、水泥、碎石等路面修复	
1.5	隧道挖填	开挖式和非开挖式	
2	构筑物		元/km
2.1	材料运输		
2.2	直埋电缆垫层及盖板		
2.3	电缆沟、浅槽	砌体、现浇等各种沟体及盖板	
2.4	工作井	除隧道工作井以外的其他类型电缆工作井和盖板等设施	
2.5	电缆埋管	无混凝土包排管、有混凝土包排管、非开挖拉管、顶管等埋管方式	
2.6	隧道	指电缆专用隧道,不包括市政综合管廊或道路隧道	
2.7	隧道工作井	电缆隧道工作井、通风井,不包括市政综合管廊或道路隧道工作井	
2.8	栈桥	混凝土栈桥、钢结构栈桥等桥体	
2.9	基础	栈桥、桥架等基础,不包括建筑物基础	

编号	项目名称	主要内容及范围说明	技术经济指标单位
3	辅助工程		元/km
3.1	材料运输		
3.2	通风	电缆隧道、独立的电缆构筑物和其他公用设施中为运行提供的通风设施	
3.3	照明	各类电缆沟、工作井、隧道、独立的电缆构筑物和其他公用设施中为运行提供的照明设施	
3.4	排水	电缆隧道、独立的电缆构筑物和其他公用设施中为运行提供的排水设施	
3.5	消防	电缆隧道、独立的电缆构筑物和其他公用设施中为运行提供的消防设施	
3.6	围护	为保护电缆构筑物独立设置的挡墙、护坡、围堰、栏杆、栏栅、围栏等	
3.7	地基处理	回填土换填、基础换土等地基处理	

陆上电缆输电线路安装工程建设预算项目划分表　表3-44

编号	项目名称	主要内容及范围说明	技术经济指标单位
一	安装工程		
1	电缆桥、支架制作安装	各种材质的支架、吊架、梯架、槽架、托盘等	元/km
1.1	材料运输		
1.2	电缆桥架		
1.3	电缆支架		
2	电缆敷设		元/km
2.1	材料运输		
2.2	直埋敷设	铺砂、保护板(砖)、警示带、标桩安装	
2.3	电缆沟、浅槽敷设	电缆沟、浅槽、竖井等敷设	
2.4	埋管内敷设	排管、非开挖拉管、顶管等管内敷设	
2.5	电缆隧道敷设	电缆隧道内敷设	
2.6	桥架敷设	电缆在梯架、托盘、桥架、伸缩补偿装置的敷设安装	
2.7	栈桥敷设	电缆栈桥上敷设	
3	电缆附件		元/km
3.1	材料运输		
3.2	终端头制作安装	户内、外终端头及附件	
3.3	中间接头制作安装	中间接头及附件	
3.4	接地安装	接地箱、交叉互联箱、接地电缆、接地装置等	
3.5	设备安装	避雷器、绝缘子等两端设备、材料	

编号	项目名称	主要内容及范围说明	技术经济指标单位
3.6	电缆保护管	电缆敷设过程中的局部保护管	
4	电缆防火		元/km
4.1	材料运输		
4.2	构筑物防火	防火封堵、防火墙、防火隔层等	
4.3	电缆本体防火	防火涂料、防火包带等	
5	调试及试验		
5.1	电缆试验		
5.2	设备试验	避雷器、绝缘子等附件及两端设备	
6	电缆监测（控）系统		元/km
6.1	材料运输		
6.2	在线监测	测温、局放、环流等监测	
6.3	安保监控	防盗、消防等监控	

水下电缆输电线路建筑工程建设预算项目划分表　　　　　表 3-45

编号	项目名称	主要内容及范围说明	技术经济指标单位
一	建筑工程		
1	土石方		元/km
1.1	材料运输	水上、陆上运输	
1.2	土石方挖填	沟、槽、井等土石方开挖，水底找平，水下岩石爆破	
1.3	开挖路面	沥青、水泥、碎石等路面开挖	
1.4	修复路面	沥青、水泥、碎石等路面修复	
2	构筑物		元/km
2.1	材料运输	水上、陆上运输	
2.2	电缆沟、浅槽	砌体、现浇等各种沟体及盖板	
2.3	工作井	除隧道工作井以外的其他类型电缆工作井和盖板等设施	
2.4	电缆埋管	无混凝土包排管、有混凝土包排管，非开挖拉管、顶管等埋管方式	
2.5	栈桥	混凝土栈桥、钢结构栈桥等桥体	
2.6	基础	栈桥、桥架等基础，不包括建筑物基础	
3	辅助工程		元/km
3.1	材料运输	水上、陆上运输	
3.2	消防	电缆隧道、独立的电缆构筑物和其他公用设施中为运行提供的消防设施	
3.3	围护	为保护电缆构筑物独立设置的挡墙、护坡、围堰、栏杆、栏栅、围栏等	
3.4	地基处理	回填土换填、基础换土等地基处理	

水下电缆输电线路安装工程建设预算项目划分表　　　　表 3-46

编号	项目名称	主要内容及范围说明	技术经济指标单位
一	安装工程		
1	电缆桥、支架制作安装	各种材质的支架、吊架、梯架、槽架、托盘等	元/km
1.1	材料运输	水上、陆上运输	
1.2	电缆桥架		
1.3	电缆支架		
2	电缆敷设		元/km
2.1	材料运输	水上、陆上运输	
2.2	路由准备及试航	路由的复测、扫海、试航等工作	
2.3	电缆(光缆)登陆	始、末端登陆,截断封堵,铠装层剥离等	
2.4	电缆敷设	有动力、无动力船舶敷设等,电缆通道标	
3	电缆附件		元/km
3.1	材料运输	水上、陆上运输	
3.2	终端头制作安装	电缆、光电复合缆、光缆	
3.3	中间接头制作安装	电缆、光电复合缆、光缆	
3.4	接地安装	接地箱、交叉互联箱、接地电缆、接地装置等	
3.5	设备安装	避雷器、绝缘子等两端设备、材料	
3.6	电缆(光缆)保护	保护管、固定装置、铺沙包及压块等	
4	电缆防火		元/km
4.1	材料运输	水上、陆上运输	
4.2	构筑物防火	防火封堵、防火墙、防火隔层等	
4.3	电缆本体防火	防火涂料、防火包带等	
5	调试及试验		
5.1	电缆试验	电缆、光电复合缆、光缆的常规试验、交接试验、特殊试验等	
5.2	设备试验	避雷器、绝缘子、水下电缆充油、两端等设备的常规试验、交接试验、特殊试验等	
6	电缆监测(控)系统		元/km
6.1	材料运输	水上、陆上运输	
6.2	在线监测	测温、局放、环流、扰动、应力等监测	
6.3	安保监控	防盗、消防等监控	

3.2.3　通信工程建设预算项目划分

通信工程建设预算的项目划分是对其建筑工程、安装工程、通信线路工程项目编排次序和编排位置的规定。建设预算项目划分层次,在各专业系统(工程)下分为三级;第一级为扩大单位工程,第二级为单位工程,第三级为分部工程。

编制通信工程建设预算时,对各级项目的工程名称不得任意简化,均应按照本项目划分本标准中规定的全名填写。

如果确有必要增列的工程项目，按照设计专业划分，在扩大单位工程或单位工程项目序列之下，在已有项目之后顺序排列。具体项目划分详见表3-47～表3-49。

通信站建筑工程建设预算项目划分仅适用于独立通信站建筑工程。

通信站安装工程中视频监控、电子围栏、门禁系统适用于独立通信站安装工程。

复合光缆随新建架空输电线路工程架设时光缆架设及附件安装工作列入架空输电线路工程。

通信站建筑工程建设预算项目划分表   表 3-47

编号	项目名称	主要内容及范围说明	技术经济指标单位
一	主要生产工程		
1	机房建筑		元/m²
1.1	一般土建	土石方、基础、结构、建筑	
1.2	上下水道	室内给排水消防水管到、管件、卫生洁具及设备等	
1.3	采暖、通风及空调	采暖、通风、空调设备及材料	
1.4	照明	照明箱、导线、配管及灯具等	
2	微波塔（天线支架）及基础	微波塔、基础	元/座
3	卫星天线支架及基础	卫星通信专用	元/座
4	太阳能供电系统支架及基础	支架、基础	
5	供水系统建筑	管道、井、池及建筑物	
二	辅助生产工程		
1	辅助生产建筑		
1.1	警卫室		
2	站区性建筑		
2.1	场地平整	站区挖方、填方、外购土及外弃土石方	元/m²
2.2	站区道路	路床开挖、铺筑基层、垫层、面层、安砌路缘石等	元/m²
2.3	站区排水	土石方、垫层、基础、排水管道、管件、排水设备及安装	
2.4	消防系统	设备、管道及建筑物	
2.5	围墙及大门	土石方、基础、结构、建筑	元/m
3	特殊构筑物		元/m³
3.1	挡土墙	土石方、基础、挡土墙及装饰	元/m
3.2	防洪排水沟		元/m²
3.3	护坡	垫层、护坡面层	元/m²
4	站区绿化		
三	与站址有关的单项工程		
1	地基处理	大规模挖、填、运方、换土、桩基、强夯等	
2	站外道路		
3	站外水源	供水管道及建筑物	

通信站安装工程建设预算项目划分表　　　　表 3-48

编号	项目名称	主要内容及范围说明	技术经济指标单位
一	主要生产工程		
1	光纤通信系统		
1.1	光纤准同步数字(PDH)传输	PDH 设备、网管设备、PCM 设备、连接电缆、配线架	
1.2	光纤同步数字(SDH)传输	SDH 设备、MSTP 设备、PTN 设备、网管设备、PCM 设备、连接电缆、配线架	
1.3	密集波分复用(DWDM)传输	DWDM 设备、网管设备、OTN 设备、连接电缆、配线架	
2	同步网系统		
2.1	通信数字同步网	时钟系统、卫星接收机及天线	
2.2	变电站(电厂)数字同步	主站时钟屏、扩展单元屏、卫星接收机及天线	
3	电力载波系统	电力载波机、结合加工设备、连接电缆	
4	微波传输系统	天馈线系统、分路系统、微波收发信机、PCM、连接电缆、配线架	
5	程控交换系统		
5.1	行政程控交换	交换设备、计费系统、连接电缆、配线架	
5.2	调度程控交换	交换设备、录音系统、调度台、连接电缆、配线架	
6	会议电话、电视系统		
6.1	会议电话	电话汇接机、扩音装置、连接电缆	
6.2	会议电视	采集装置、多点控制器、视频矩阵、扩音装置、录播装置、连接电缆	
6.3	中间接头制作安装		
7	数据网系统		
8	接入网系统		
8.1	无源光网络	光分路器、光网络单元、光线路终端	
8.2	无线接入	无线接入设备	
8.3	中低压载波	中低压载波设备	
9	监控及安全防护系统		
9.1	监控系统	采集装置、视频管理机、监视器、监控设备、连接光(电)缆	
9.2	输电线路在线监测	采集装置、无源光网络、传输设备、电源设备	
9.3	电子围栏	主控设备、围栏装置、探测系统、报警系统	
9.4	门禁系统	控制设备、电磁锁、读卡器、门禁控制器	
10	卫星通信系统	天馈线、主站设备、子站设备	
11	通信电源系统		
11.1	蓄电池	蓄电池柜、蓄电池、监测设备	
11.2	高频开关电源	开关电源	
11.3	配电装置	直流配电屏、交流配电屏	

编号	项目名称	主要内容及范围说明	技术经济指标单位
11.4	其他类型电源	整流设备、变换器、UPS 三相不停电电源、太阳能供电系统	
12	电缆及接地		
12.1	全站光(电)缆		
12.1.1	引入光缆	电缆、接续盒、接续、测试	
12.1.2	电缆	电力电缆、控制电缆	
12.1.3	电缆辅助设施	支架、桥架、保护管	
12.1.4	电缆防火	防火枕、堵料、涂料、防火隔板	
12.2	全站接地	防雷模块、浪涌保护器、接地铜排、环地母线	
二	辅助生产工程		
1	试验仪表及设备	测试仪表、熔接设备、专用工器具	
三	与站址有关的单项工程		
1	站外电源	电力线路、出线间隔、变压器	
2	站外通信	与市话联系的通信	

通信线路工程建设预算项目划分表　　　　表 3-49

编号	项目名称	主要内容及范围说明	技术经济指标单位
一	通信线路安装工程		
1	复合光缆线路		
1.1	材料运输	材料工地运输	
1.2	架线工程	地线复合或相线复合光缆架设、接续、测试、跨越	
2	架空光缆/音频电缆线路		
2.1	材料运输	材料工地运输	
2.2	架线工程	组立电杆、架设吊线、光缆/音频电缆、接续、测试、跨越	
3	直埋光缆/音频电缆线路		
3.1	材料运输	材料工地运输	
3.2	敷线工程	敷设光缆/音频电缆,盖保护板,敷保护管、接续、测试	
4	管道光缆/音频电缆线路		
4.1	材料运输	材料工地运输	
4.2	敷线工程	敷设光缆/音频电缆,子管,光缆/音频电缆、接续、测试、揭盖板	
二	通信线路建筑工程		
1	土石方工程		
1.1	材料运输	材料工地运输	
1.2	土石方开挖	一般沟、槽、井等土石方开挖、回填	
1.3	破路面	沥青、水泥、碎石等路面	

编号	项目名称	主要内容及范围说明	技术经济指标单位
2	构筑物工程		
2.1	材料运输	材料工地运输	
2.2	电缆沟道（槽）、电缆埋管	砌体、现浇等各种沟体及盖板、混凝土排管、非开挖拉管、顶管等	
2.3	构筑物	栈桥、桥架、工作井和盖板等设施	

3.3　电网工程建设估算编制

3.3.1　电网工程建设估算编制的目的和意义

电网工程建设投资估算的准确性直接影响到项目的投资决策、基建规模、工程设计方案、投资经济效果，并直接影响到工程建设能否顺利进行。

投资估算是指在整个投资决策过程中，依据现有的资料和一定的方法，对建设项目的投资总额进行估计的经济性文件。它是项目经济评价的基础。投资估算的正确与否直接影响到可行性研究经济计算的结果与评价。直接影响到可行性研究工作质量。编制投资估算是基本建设前期工作的重要环节之一。

根据我国有关部门决策的要求和规定，不同阶段的投资估算有不同的作用。在工程项目初步可行性研究阶段，投资估算可以作为一个项目是否可以继续进行研究的依据之一。这时的投资估算起到的是参考作用，没有约束力。在项目建议书阶段，投资估算作为政府部门审批项目建议书的依据之一。在工程项目可行性研究阶段的投资估算是决策性质的文件。它是研究、分析建设项目经济效果的重要依据。在可行性研究报告批准后，投资估算就作为该设计任务的投资限额，对初步设计概算起控制作用，并作为筹措资金的依据。因此，投资估算一定要达到规定的深度，并需经过方案的分析与优化。

3.3.2　基础资料的收集

（1）前期工程相关费用；

（2）建设场地征用及清理费，包括土地征用费、施工场地租用费、迁移补偿费、余物清理费、输电线路走廊赔偿费、通信设施线路干扰措施费等；

（3）委托外部门的设计项目投资估算资料（如公路、码头、外接电源等）；

（4）涉外工程项目的独资、合资、合作协议文件（复印件、股本金额度及比例，融资条件等）；

（5）估算编制中提供的其他有关资料；

（6）有关经济评价所需的原始资料。

3.3.3　估算编制原则确定

投资估算的编制原则可以根据以下几个方面来确定：

估算编制的范围及任务来源；

根据现行电力行业标准进行项目划分；

根据设计在各阶段各专业提供的设计资料、图纸、说明及设备材料清册进行工程量计算；

采用现行电力行业定额进行建筑、安装费用测算，对于不能直接计算或者影响投资较大的工程量，可参考类似工程施工图设计及预算工程量，并经分析后确定；

设备及材料费用根据最新的限额设计指标价格及同类工程招标价格确定；

建设场地征用及清理费，包括土地征用费、施工场地租用费、迁移补偿费、余物清理费、输电线路走廊赔偿费、通信设施线路干扰措施费等根据实际收资或者同类地区相关工程标准计列；

估算编制中提供的其他有关费用根据相关的政策文件及相关证明文件计列。

3.3.4 变电工程投资估算编制

3.3.4.1 估算编制工作步骤

编制人员接受任务后，应该了解如下内容：

（1）工程计划（设计）大纲的内容；

（2）工程所在站址地点、建设性质和目的、电压等级、设计范围及设计主要原则；

（3）投资来源及贷款金额和自有金额比例、建设工期；

（4）筹建方式和项目法人（以下简称建设单位）名称；

（5）计划（设计）大纲中对本专业的进度要求；

（6）跟技术设计人员一道踏勘，进行现场调查和地方收资；

（7）整理和分析收集的资料；

（8）草拟和评审估算编制原则；

（9）熟悉设计图纸和资料；

（10）整理必要数据，输入电脑操作计算、编制估算书；

（11）编写编制说明和与同类工程造价、限额控制指标的分析，可研估算与典型造价做对比分析；

（12）逐级校审、修改、签署；

（13）成品打印出版；

（14）工作小结、整理资料、质量记录、归档。

作为技经专业，进行现场调查和地方收资，对保证估、概算编制的质量是至关重要的，并参考同类型和同地区工程资料，编写调查收资提纲，经科长、主任工程师审查同意后，按收资提纲收资。

3.3.4.2 收资提纲内容

（1）根据电力行业颁布的标准、文件查找工程所在地最新的电力工程装置性材料预算价格和地区人工费、已计价材料费、施工机械使用费的调整系数。

（2）向工程所在地电力主管单位收集同类、近期工程材料、设备的招标价格；建筑材料采用工程所在地建设主管部门公布的地方信息价，并了解其使用范围。

（3）通过工程所在地政府主管部门搜集土地征地、房屋拆迁、林木砍伐、青苗赔偿和障碍物迁移等有关规定、赔偿标准及计算办法。

（4）向本单位设计人员索取系统规划图、电气主接线图、总平面布置图等资料，从中了解工程本期、终期规模、线路路径走向、站内建构筑物布置情况、了解站址地形、地质、水文、地貌、交通运输条件、进站道路引接、站用外接电源方案等。

（5）在踏勘过程中，应了解站址所占土地类型，需要砍伐的林木种类、面积（数量），胸径和疏密程度；青苗种类、面积以及需拆迁的房屋类型、结构、面积、坟墓数量；需要改造的通信及电力线路长度及电压等级；原有道路等级、农田灌溉系统的规模等；同时还应了解由于变电站建设引起的站址附近构建筑物等设施的类型和特征。

（6）按《电网工程建设预算编制与计算标准》规定，应由建设单位提供的资料（如前期费合同细目、主要装置性材料的招标价等资料）。

收资过程中设计单位应主动与建设单位搞好协调配合，对现场实际情况，要及时核对记录，并征求对估、概算编制的意见，力求统一意见，避免事后发生分歧。

收资结束后，应及时对所调查收集的资料进行分析整理，提出收资报告，在收资报告的基础上，结合主管领导的事先指导，主编人应提出估、概算编制原则的初稿。经评审后，与建设单位、主管单位等共同协商，统一认识，形成编制原则，以保证估、概算的编制质量。

3.3.4.3　估算的内容组成

可行性研究投资估算由编制说明、工程概况及总估算表（表一）、专业汇总估算表（表二）、其他费用估算表（表四）以及相应的附表、附件等组成，并应有估算造价水平分析。

估算的编制说明要有针对性，要具体、确切、简练、规范。其内容一般应包括：

（1）工程概况：设计依据，本期建设规模、变压器台数及单台容量，规划容量；静态投资、静态单位投资，动态投资、动态单位投资；计划投产日期；资金来源；外委设计项目名称及分工界限；站址特点及交通运输状况；自然地理条件（如地震烈度、地耐力、地形、地质、地下水位等）和对投资有较大影响的情况。

（2）改、扩建工程的建设范围、过渡措施方案及其费用，可利用或需拆除的设备、材料、建（构）筑物等工程情况。

（3）编制原则及依据：包括工程量计算依据，建筑安装工程费编制依据，地区人工工资调整依据，材料、机械计价依据，设备及装置性材料价格的计算依据。

（4）估算造价水平分析：可行性研究估算应和当年发行的电网工程限额设计控制指标作对比分析；如因特殊原因超出限额设计指标，应做具体分析，并重点叙述超出原因的合理性。

（5）其他有关重大问题的说明。

采用单位工程取费格式编制变电工程可行性研究投资估算时所使用的表格及其内容构成如下：

编制说明（包括造价水平分析、工程概况及主要经济指标）

表一甲　变电工程总估算表（单位工程取费格式）

表二甲　安装工程专业汇总估算表

表二乙　建筑工程专业汇总估算表

表四甲　变电工程其他费用估算表

表七　建设场地征用及清理费用估算表

3.3.5 架空输电线路工程及电缆工程投资估算编制

3.3.5.1 估算编制工作步骤

编制人员接受任务后，应该了解如下内容：

（1）工程计划（设计）大纲的内容；

（2）工程的起讫地点、建设性质和目的、电压等级、设计范围及设计主要原则；

（3）投资来源及贷款金额和自有金额比例、建设工期；

（4）筹建方式和项目法人（以下简称建设单位）名称；

（5）计划（设计）大纲中对本专业的进度要求；

（6）跟技术设计人员一道踏勘，进行现场调查和沿线地方收资；

（7）整理和分析收集的资料；

（8）草拟和评审估、概算编制原则；

（9）熟悉设计图纸和资料；

（10）整理必要数据，输入电脑操作计算、编制估、概算书；

（11）编写编制说明和与同类工程造价的分析，如是初步设计概算还应与可研估算做对比分析；

（12）逐级校审、修改、签署；

（13）成品打印出版；

（14）工作小结、整理资料、质量记录、归档。

作为技经专业，进行现场调查和沿线地方收资，对保证估、概算编制的质量是至关重要的，外出踏勘前应参考同类型和同地区工程资料，并编写调查收资提纲，经科长、主任工程师审查同意后，按收资提纲收资。

3.3.5.2 收资提纲内容

（1）向工程沿线电力主管部门定额站收集现行电力工程装置性材料预算价格和地区人工费、已计价材料费、施工机械使用费的调整系数。

（2）工程沿线的砂、石资源以其产地、产量、质量和市场价格。如采用工程所在地建筑预算定额中价格或信息价，则需了解其使用范围。

（3）通过工程沿线政府主管部门搜集土地征地、房屋拆迁、林木砍伐、青苗赔偿和障碍物迁移等有关规定、赔偿标准及计算办法。

（4）向本单位设计人员索取线路路径图，从中了解线路路径走向、沿线地形、地质、水文、地貌、交通运输条件，障碍物情况和重要交叉跨越。收集有关省、市的公路交通和河道航运等图纸，在线路路径图上标注火车站、码头、通行道路、河道，并初步选择工地仓库地点，便于在踏勘时进一步实地了解以便落实地点。

（5）在踏勘过程中，应掌握沿线需要砍伐的林木种类、面积（数量），胸径和疏密程度；青苗种类、面积以及需拆迁的房屋类型、结构、面积等；同时应重点了解路径上的其他障碍物，尤其是采石场、油库、炸药库，被跨越的重要通信、电力线路和高速公路等设施的类型和特征。

（6）按《电网工程建设预算编制与计算标准》规定，应由建设单位提供的资料（如前期费合同细目、主要装置性材料的招标价等资料）。

收资过程中设计单位应主动与建设单位搞好协调配合，对现场实际情况，要及时核对记录，并征求对估、概算编制的意见，力求统一意见，避免事后发生分歧。

收资结束后，应及时对所调查收集的资料进行分析整理，提出收资报告，在收资报告的基础上，结合主管领导的事先指导，主编人应提出估、概算编制原则的初稿。经评审后，与建设单位、主管单位等共同协商，统一认识，形成编制原则，以保证估、概算的编制质量。

3.3.5.3　估算的内容组成

采用单位工程取费格式编制线路工程可行性研究投资估算时所使用的表格及其内容构成如下：

编制说明（包括造价水平分析、工程概况及主要经济指标）

表一丙　架空输电线路工程总估算表（单位工程取费格式）

表二丙　架空输电线路安装工程费用汇总估算表（单位工程取费格式）

表三戊　输电线路辅助设施工程估算表

表四丙　输电线路工程其他费用估算表

表七　建设场地征用及清理费用估算表

3.4　电网工程建设概算编制

3.4.1　电网工程建设概算编制的目的和意义

设计概算是初步设计文件的重要组成部分，其投资经批准后，是建设项目投资的最高限额，是国家编制基本建设计划、实行项目投资包干，以及考核设计经济合理性和工程项目经济效益的依据。为适应《电力建设工程概算定额》和《电网工程建设预算编制与计算规定》，以合理地确定变电工程造价。

3.4.2　编制原则

（1）设计单位在初步设计阶段必须编制、出版设计概算。根据设计图纸、资料、现行的《电力工业基本建设预算编制办法》、《电力建设工程概算定额》、《装置性材料预算价格》、设备价格资料和《建设预算费用构成及计算标准》等有关规定，以及本细则的具体要求，认真做好各项工作，确保概算质量。

（2）概算投资应控制在批准的可行性研究估算总投资范围内（按相同年度价格水平计算）。如超出估算总投资时应做具体分析，并重点述说超出原因的合理性。

（3）为促使概算总投资不突破估算，在编制概算前应根据控制指标和设计规模测算出静态总投资。如果其总投资突破估算，技经专业进行初步分析后及时提请工程项目设计总工程师或总负责人（以下简称设总）组织各设计专业共同分析和研讨，要求在设计中采取措施降低造价，以促使总投资不突破估算。

（4）初步设计如有两个以上方案时，概算可按推荐方案编制，非推荐方案的投资经测算后可在投资分析中反映。

（5）特批项目及费用。应按本细则规定单独编制概算，其静态投资列入本项目，概算书应作为附件随变电工程审批。

（6）如有外委设计工程，其投资项目不得遗漏或留有缺口，应由主体设计单位负责统一概算编制原则、依据、汇编、分析总概算，并须附有经过主体设计单位初审的意见和外委单位提供的概算书，以备审查。

（7）根据设计深度规定，220kV 及以上变电工程、架空输电线路工程、大跨越工程，应由专业设计人员编制施工组织设计大纲（以下简称施工大纲），110kV 及以下工程的大纲可根据工程酌情处理，概算中有关的项目和费用应依据施工大纲资料编制计列。220kV 以下工程可参照执行。

（8）在编制概算时，定额使用顺序为：电力行业定额、行业补充定额、地方或其他行业定额，取费标准与所使用的定额配套使用的原则。

（9）定额（指标）的调整及补充应符合下列要求：

1）定额（指标）中所规定的技术条件与实际工程情况有较大差异时，可根据工程的技术条件及定额规定调整套用相应定额（指标）。

2）定额（指标）中缺项的，应优先参考使用相似建设工艺的定额（指标）；在无相似或可参考子目时，可根据类似工程施工图预算或结算资料编制补充定额（指标）；对无资料可供参考的项目，可按工程的具体技术条件编制补充定额（指标）。

3）补充定额（指标）应符合现行定额编制管理规定，并报电力工程定额管理机构批准后方可使用。

（10）编制初步设计概算时，工程量的计算应根据定额（指标）所规定的工程量计算规则，按照设计图纸所示数据计算。如图纸的设备材料汇总统计表中的数据与所示数据不一致时，应以图示数据为准。不得将材料损耗统计在建筑、安装工程量内，应该按照定额规定的损耗率计算材料损耗费，汇总计入材料费。该规则简称"损耗只计费，不计量"。

（11）输变电工程概算应按建筑工程、安装工程、设备购置费、其他费用、动态费用进行编制。

（12）输变电工程概算的取费计算可采用单位工程逐项取费或单位工程汇总后逐项取费的方式。

（13）变电站建筑工程中的上下水、采暖、通风、空调、照明、消防、采暖加热站等安装项目应按所采用定额规定的方法计算，对其中的风机、空调机（包括风机盘管）和水泵等设备，依据设备购置费的计算方法计列设备运杂费，并在建筑工程汇总表中将设备购置费单独列出，在总概算表中统一列入建筑工程费。

（14）直流输电换流站工程、接地极极址工程按变电工程编制办法及取费标准编制初步设计概算；直流输电工程的接地极线路工程按照输电线路工程编制办法及取费标准编制初步设计概算。

（15）串补站工程按照变电工程编制办法及取费标准编制初步设计概算。

（16）根据工程准备和建设程序的需要，"四通一平"或单项工程提前开工项目初步设计概算可先行编审。

（17）概算经审查后，设计单位应及时编报完整的批准（审定）概算，在编制过程中，应严格执行主审单位的审批意见，不得擅自修改审批原则或突破批准的概算投资额。

3.4.3 变电工程概算编制

3.4.3.1 变电工程编制范围

一、变电工程与架空输电线路工程界限：

1. 架空输电线路以进出线门形架（室内变电站以外墙穿墙套管）外侧为界，门形架及其内侧绝缘子金具串和悬挂在外侧导线上的阻波器、引下线及 T 接金具和室内变电站的穿墙套管属于变电工程。

2. 电缆输电线路以电缆终端头为界，终端头、支架、基础以及终端头至控制屏（盘）间的控制电缆属于送电工程。

二、变电工程与独立的通信工程（以下简称通信工程）界限：

1. 变电站内载波、特高频和行政、调度用的程控交换通信设备，属于变电工程。

2. 变电站与当地邮电部门连接的通信线路，属于变电工程。

3. 光缆通信设备和进入所区内的光缆及地面支架，属于通信工程。

4. 光通信、微波通信设备、微波铁塔、基础、天线、馈线及航空障碍标志灯等，属于通信工程。

5. 卫星通信地球站设备、地球接收天线及基础，属于通信工程。

6. 通信机房和通信用室内外电力电缆及通信电（光）缆的沟道，均属变电工程。

3.4.3.2　编制工作步骤

1. 接受工程任务，了解工程情况。

2. 确定项目工作组，一般由 2～5 人组成。

3. 编写收资提纲。

4. 配合设计初勘，进行现场调查和工程所在地收资。

5. 整理和分析收集的资料。

6. 制订和商定概算编制原则。

7. 熟悉设计图纸和资料。

8. 准备工具手册、文件及以往同类工程资料。

9. 整理必要的数据，输入电脑（或手工）操作计算，编制概算。

10. 配合设计要求对方案进行经济比较后向设总汇报。

11. 编写编制说明和造价分析。

12. 逐级校审、修改、签署。

13. 成品打印成册、交院分发。

14. 工作小结、整理资料、成册、归档。

3.4.3.3　操作方法

1. 编制人员接受任务后，应首先了解如下内容：

（1）可研报告的批复文号、批准单位；

（2）工程的地点、建设性质和目的、电压等级、设计规模及设计主要原则；

（3）可研报告、估算投资、投资来源、贷款金额或比例及计划开竣工日期；

（4）筹建方式和项目法人（以下简称建设单位）名称；

（5）初步设计和勘测的工作计划及对本专业的进度要求；

（6）其他有关问题。

2. 上述总的情况了解后，参考本单位同类型和同地区工程资料，编写调查收资提纲，经科（组）长同意后，按收资提纲要求进行收资。收资是保证概算质量的基础，必须深入细致、认真负责，务求切实可靠。收资一般应包括如下内容：

（1）准备工程所在地区的区域或交通图，概略了解工程的地点和就地火车站、码头及其到达站址的大件运输道路、通航河流以及沿途桥梁和可能租借或修筑的临时码头情况。在现场调查中应会同建设单位代表共同向当地公路和河道管理部门取得允许大件运输通行的书面资料或委请有关单位咨询可行性。

（2）向工程所在地省级电力公司定额站收集现行电力工程装置性材料预算价格（以下简称"装材价"）和安装定额中人工单价及材料、机械费的调整系数。

（3）收集工程所在地基价表和当地建筑工程中使用的钢材、木材、水泥、中砂、碎石、毛石及砖等的预算价格、适用范围或市场价格，以备调整价差费用时应用。

（4）通过当地政府主管部门或建设银行收集有关自建房价、商品房价、房屋拆迁、土地划拨、劳动力安置、青苗赔偿、树木砍伐和其他障碍物迁移等有关规定、赔偿标准及计算办法。

（5）收集进站道路位置的地势、地形和土质以及是否需挖、填土和修建桥梁、涵洞的资料。

（6）了解站址范围内地面种植的农作物、树木、竹园的品种和房屋及其他障碍物的种类、结构、数量的有关资料；当设计选定站址后，确定尚需进一步调查和准确计量可能发生的带征地的面积。

（7）了解站址地势，如处于低凹或高凸地段需要垫土或余土开挖、外运，则需了解弃土或取土地点及运距、运价和购土价格。

（8）站址附近可连接的电源、通信线和可供施工和生活用水的水源及距离。

（9）向当地乡政府了解人均土地亩数，以供劳动力安置费的计算。

（10）对扩建工程尚需了解可供利用的设备、材料，建、构筑物和场地，以及施工中是否需要采取安全隔离措施等。

（11）按《预规》规定应由建设单位提供的资料，当地有关部门颁发的有关文件、规定、定额；材料预算价、信息价、市场价；各投资方合营协议书复印件；建设场地划拨及赔偿费用标准，供电和自来水贴费标准、生活福利建筑工程造价标准和近期类似工程有关设备的到货价发票或订货合同价的复印件等资料。

（12）向设计专业了解工程中准备套用或参考的以往工程内容和项目名称，编制概算前准备好有关资料，以便参照或参考。

3. 在上述收资项目内有关现场调查工作，工程中应以施工组织设计专业为主，概算人员积极配合。概算内大件运输中的沿途道路、桥梁整修、加固或河道疏浚费，施工临时租地数量、时间以及旧房和其他障碍物拆迁等，均以施工大纲为依据。

4. 收资结束后，应及时对所调查收集的资料进行分析整理，提出收资报告。

5. 制订概算编制原则初稿，交科（组）长、主任（专业）工程师审查后，由主管单位或业主召集建设、设计等单位共同协商，统一认识，形成编制原则，以保证概算的编制质量。

6. 在编制过程中应与设计保持紧密联系，若设计图纸、资料在各级校审中发生修改，应及时得到其修改通知。

3.4.3.4 概算书组成

1. 概算书由封面、签名、目录、编制说明、各类表格、附件及封底组成。

（1）封面：封面上部为工程名称和初设概算或批准概算名称，工程代号和检索号；下部为设计单位的全称，设计证号，勘测证号，编制年、月及编制地点。

（2）签名：签署姓名及概预算专业上岗证号，应由编制人、校核人、主（专）工、设总、总工逐级签署，各级编制、校核、审核人员必须在正式的建设预算书上签字并加盖电力工程造价人员专用章。

（3）目录：按编制说明、各类概算表名称、附表、附件顺序编列。

2. 编制说明内容：

编制说明是概算的重要组成，体现着概算质量和编制工作水平，必须按本细则要求认真编写，务求内容完整，简明扼要地叙述本概算各编制要点，供建设单位和主审部门全面了解和审核，并使概算能准确地考核预、决算和具有可追溯性，便于今后工程参考。

（1）设计依据：指批复的可研报告、设计委托书。当编制批准概算时，亦应说明批准文件依据，并增加有关的必要叙述。

（2）工程概况：包括工程性质，电压等级，工程地址，本期及规划建设规模；主机（主变压器、调相机、直流换流变压器）设备的形式；各侧电压的出线回路数量，各级电压配电装置布置形式和地震强度、地耐力、地形、地质、地下水位等自然条件以及分期建设等情况。

（3）大件运输概况：包括主变压器、高压电抗器、换流变压器、调相机的运输方案概况。

（4）扩、改建工程，应说明工程范围，主要工程量，需要拆除或可供利用的设备、材料、建（构）筑物和过渡措施方案、费用等情况。

（5）编制依据

1）设备原价依据和年度价格水平调整系数；

2）定额和价目表的选定；

3）人工费单价和调整系数的依据；

4）计价材料及机械台班费调整系数的依据；

5）主要材料价格的取定依据，包括材料市场价、装材价或价差的依据；

6）生活福利工程费用编制依据；

7）其他费用标准和建设期贷款利息中建设工期、贷款额及利率的依据；

8）其他费用中按工程实际需要计列费用的依据；

9）其他重要原则问题（如规定以外的特殊项目或费用和调整或修正概算的重要原则等）。

（6）外委项目和受委单位的名称及其编制投资的主要依据。

（7）其他说明：编制中尚存在的其他问题。

（8）投资分析：对本工程初设概算应做经济比较与分析。

1）初设概算中如有两个以上工程方案时，首先应对方案进行经济比较。可将各方案的概算投资列投资表比较。逐项分析，切实地求出经济的推荐方案。如果各方案中差异的项目较少，可仅对几项有差异项目的投资进行相对比较，以简化计算和分析的工作。

2）对推荐方案投资与可研估算或按控制指标测算的投资限额进行比较、分析，说明本概算投资的合理性和存在的问题。

3）对批准概算应列有与原初设概算的比较，并着重说明投资变动的主要原因。

4）附投资比较表。

（9）应按要求填写变电工程概况及主要技术经济指标表，列于编制说明之后。

3. 概算表格排列

（1）编制说明

（2）变电工程概况及主要技术经济指标表（表五乙）

（3）总概算表（表一甲）

（4）安装工程部分汇总概算表

（5）建筑工程部分汇总概算表

（6）变电安装工程概算表

（7）变电建筑工程概算表

（8）变电工程其他费用概算表

（9）附表及附件（按工程实际需要）

（10）附件：设计依据和概算编制依据方面的主要文件，如设计委托书、初步设计审批文件或审查纪要的有关内容；工程主管部门、建设单位等单位提供的有关文件和特批项目及外委工程项目的概算书等。

3.4.4 架空输电工程及电缆工程概算编制

3.4.4.1 架空输电工程编制范围

1. 架空送电线路（以下简称架空线路）：自发电厂升压站或送电端变电所引出线构架外侧的绝缘子金具串起，至受电端变电所引入线构架或屋内配电装置外墙的绝缘子金具串止。不包括属于变电工程范围的引入线及其绝缘子和金具串。

2. 架空线路与已有架空线路连接或支接，以连接或支接的耐张绝缘子金具串为起（止）点，包括连接的跳线及跳线绝缘子金具串和间隔棒；支接时还应包括引下线。

3. 电缆送电线路（以下简称电缆线路）：自发电厂升压站或送电端变电所的电缆终端头起，至受电端变电所的电缆终端头止，包括两端的终端头，终端头支、构架及充油电缆中控制电缆自电缆终端头至控制屏之间的电缆。

4. 电缆线路与已有电缆线路连接，以连接的电缆终端头为起止点。包括电缆终端头及其支、构架。

5. 架空线路与电缆线路连接，以电缆终端头为界，电缆终端头及其支、构架应属于电缆工程范围。

6. 特殊大跨越（以下简称大跨越），架空线路跨越江河、湖泊或海湾、海峡等，因跨越档距大（1000m 以上），杆塔高（100m 以上），对导线选型和铁塔、挂线金具等设计需要特殊考虑的耐张段，由两端耐张塔、中间数基跨越塔和导、地线及绝缘子金具等构成与大跨越连接，以大跨越两端耐张塔为界，耐张塔外侧的绝缘子金具属于一般架空线路范围。

7. 架空线路编制工作步骤

（1）接受工程任务。

（2）了解工程情况。

（3）制订编制工作进度。

（4）编写收资提纲。

（5）配合设计初勘，进行现场调查和沿线地方收资。

（6）整理和分析收集的资料。

（7）草拟和商定概算编制原则。

（8）熟悉设计图纸和资料。

（9）准备工具手册、文件资料。

（10）整理必要数据，输入电脑（或手工）操作计算、编制概算。

（11）编写编制说明和造价分析。

（12）逐级校审、修改、签署。

（13）成品打印或成册。

（14）工作小结、整理资料、成册、归档。

3.4.4.2　操作方法

1. 编制人员接受任务后，应首先了解如下内容：

（1）计划（设计）任务书的文号、批准单位；

（2）工程的起讫地点、建设性质和目的、电压等级、设计范围及设计主要原则；

（3）可研报告、投资估算、投资来源、贷款金额或比例、建设工期；

（4）筹建方式和项目法人（以下简称建设单位）名称；

（5）初步设计和勘测的工作计划及对本专业的进度要求；

（6）其他有关问题。

（7）编制方法（指需要说明的具体编制方法）：

1）工程量和主要材料量的计算方法；

2）超出《电力建设工程定额》规定范围的调整、换算方法；

3）特殊杆塔及地基处理费的计算方法；

4）特殊工程量和特殊费用的计算方法和来源。

（8）其他说明：编制中存在的其他问题。

（9）投资分析：对本工程初设概算应做简要的经济比较与分析。初设概算，应与批准的可行性研究的估算投资额或计划（设计）任务书估算或与按控制指标测算的投资额比较分析，说明本工程投资的合理性和存在的问题；对批准概算，还应列有与原初设概算对照分析表，并着重说明投资变动的主要原因。

（10）应按要求填写"架空送电线路概况及主要技术经济指标表"，列于编制说明之后。

2. 上述总的情况了解后，参考本单位同类型和同地区工程资料，编写调查收资提纲，经科（组）长同意后，按收资提纲要求进行收资。收资是保证概算质量的基础，必须深入细致、认真负责，务求切实可靠。收资一般应包括如下内容：

（1）向工程沿线电力主管部门定额站收集现行电力工程装置性材料预算价格和人工单价及有关定额价目本、费率等的调整。

（2）工程沿线的砂、石资源以其产地、产量、质量和市场价格。如采用工程所在地建筑预算定额中价格或信息价，则需了解其使用范围。

（3）通过工程沿线政府主管部门搜集土地划拨、房屋拆迁、林木砍伐、青苗赔偿和障碍物迁移等有关规定、赔偿标准及计算办法。电缆线路工程尚须向市政单位搜集开挖和修复各种路面的造价。

（4）向本单位设计人员索取线路路径图，从中了解线路路径走向、沿线地形和附近的交通情况，做以下准备：①线路中若有山区地段，应提请设计注意山区地貌和可能发生施工基面及尖峰开挖情况，以便为概算提供合理的土石方量；②利用有关省、市的公路交通和河道航运等图纸，在线路路径图上标注火车站、码头、通行道路、河道，并初步选择工地仓库地点，便于在踏勘时进一步实地了解以便落实地点。

（5）通过线路踏勘和初勘了解沿线地形、地质、水文、地貌、交通运输条件、车辆和人力运输道路地形、障碍物情况和重要交叉跨越。电缆线路工程还需了解线路经过路面的结构，供电部门或工地仓库所在地点，以及渣土的堆弃场所。

（6）在踏勘和初勘过程中，应掌握沿线需要砍伐的林木种类、面积（数量）、胸径和疏密程度；青苗种类、面积以及需拆迁的房屋类型、结构、面积等；同时应重点了解路径上的其他障碍物，尤其是采石场、油库、炸药库，被跨越的重要通信、电力线路和高速公路等设施的类型和特征。其中在仪器勘测路径时，要求勘测专业配合，测量线路走廊内可能拆迁房屋和谷麦场等面积。

（7）对上述勘测中的收资应以施工组织设计专业为主，概算人员积极配合。概算内的地形、工地运输方式、平均运距、土地划拨和场地使用的工程量，场外临时设施以及特殊施工措施等项目，应以施工组织设计大纲（以下简称施工大纲）为依据。

（8）按《预规》规定应由建设单位提供的资料。

3. 收资过程中设计单位应主动与建设单位搞好协调配合，对现场实际情况，要及时核对记录。力求统一意见，避免事后发生分歧。

4. 收资结束后，应及时对所调查收集的资料进行分析整理，提出收资报告。有协议书或会谈纪要的，应附入报告中一并向主管领导汇报及提供审阅。

5. 在收资报告的基础上，结合主管领导的事先指导，主编人应提出概算编制原则的初稿。经审查后，由主管局召集建设、设计单位等共同协商，统一认识，形成编制原则，以保证概算的编制质量。

3.4.4.3 概算表格排列

（1）编制说明。

（2）架空输电线路工程（电缆输电线路工程）总概算表

电缆输电线路工程总概算表

（3）架空输电线路安装工程费用汇总概算表

电缆输电线路安装工程费用汇总概算表

（4）电缆输电线路建筑工程概算表

（5）架空输电线路单位工程概算表

电缆输电线路安装工程概算表

（6）电缆输电线路建筑工程概算表

（7）输电线路辅助设施工程概算表

（8）输电线路工程其他费用概算表

（9）综合地形增加系数计算表

（10）输电线路工程装置性材料统计表

（11）输电工程土石方计算表

（12）输电工程工地运输重量计算表

（13）输电工程工地运输工程量计算表

（14）输电工程杆塔分类一览表

（15）附件：设计依据和概算编制依据方面的主要文件，如设计委托书、初步设计审批文件或审查纪要的有关内容；工程主管部门、建设单位等单位提供的有关文件和特批项目及外委工程项目的概算书等。

3.4.5 电力建设工程概算定额使用说明和工程量计算规则

为适应电力工业发展的需要，规范电力工程建设投资，维护工程建设各方利益，中国电力企业联合会电力工程造价与定额管理总站组织编制了《电力建设工程概算定额—建筑工程、电气安装工程、热力设备安装工程、通信工程、调试工程》（2013 年版），共包括五册，自 2014 年 1 月 1 日起执行。

3.4.5.1 电力建设建筑工程概算定额使用说明和工程量计算规则

一、总说明

1. 本定额适用于发电单机容量 50～1000MW 级机组新建或扩建工程和变电电压等级 35～1000kV 新建或扩建工程、换流站新建或扩建工程、通信站新建或扩建工程、串补站新建或扩建工程。上述工程以外的项目可以参照执行。

2. 本定额是初步设计阶段工程概算编制的依据；是初步设计阶段工程招标标底、投标报价编制的参考依据；是施工图阶段通过合同约定，按照概算定额工程量计算规则计算施工图工程量进行工程结算和决算的依据。

3. 本定额编制基础及主要依据

（1）《火力发电工程建设预算编制与计算规定》2013 年版。

（2）《电网工程建设预算编制与计算规定》2013 年版。

（3）《电力建设工程预算定额第一册建筑工程》2013 年版。

（4）2006 年以来电力工程施工图设计图纸（包括发电厂、变电站、换流站、通信站、串补站等工程施工图纸）。

（5）电力工程施工方案（包括施工组织设计、施工技术标准、施工措施等方案）。

4. 定额子目的工作范围及内容在各章节说明中阐述，有关施工工序的范围及内容详见预算定额的有关说明。

5. 定额消耗量是通过计算各地区有代表性的、不同类型工程的施工图设计图纸预算工程量，在综合分析概算定额子目工程量的基础上，应用预算定额工料分析程序计算形成的。

（1）人工消耗量分建筑技术工、建筑普通工，以工日表示。包括基本用工、其他用工、辅助用工及施工幅度差。

（2）材料消耗量是用于完成定额工作内容所需的全部材料、成品、半成品的用量（包括周转性材料、工具性材料）。材料消耗量中包括材料自现场仓库或材料堆放点至完成建筑成品过程中的运输、施工、堆放等工序损耗。对于材料用量小、价值低的零星材料，合并为"其他材料费"，以"元"表示。

（3）施工机械台班消耗量是在正常施工条件下，采用合理的施工方法，完成定额工作内容所需的施工机械消耗。包括施工机械消耗量、机械幅度差。对于台班用量小、价值低的零星机械，合并为"其他机械费"，以"元"表示。

6. 定额价格水平的取定

（1）人工工日单价按照电力行业 2010 年定额基准工日单价取定，建筑普通工 34.00元/工日，建筑技术工 48.00 元/工日。

（2）材料价格按照 2013 年电力行业定额"材机库"中材料预算价格综合取定。

（3）施工机械台班价格按照电力行业 2013 年电力行业定额"材机库"中施工机械台班价格取定。

7. 定额综合性内容说明

（1）定额综合考虑了施工中的水平运输、垂直运输、建筑物超高施工等因素，执行定额时不做调整。

（2）施工用的脚手架（包括综合脚手架和单项脚手架）已经综合在相应的定额子目中，其费用不再单独计算。

（3）混凝土施工费用调整。

1）混凝土施工（除储灰场工程）按照施工现场集中制备（搅拌）、罐车运输、非混凝土泵车浇制考虑。灰场工程混凝土施工按照现场制备（搅拌）、机动车运输、非混凝土泵车浇制考虑。

2）混凝土施工采用混凝土泵车浇制时，每浇制 1m³ 混凝土成品增加 22 元施工费用。其中：材料费用增加 22.7 元，机械费增加 9.7 元，人工费减少 10.4 元。泵送混凝土工程量在初步设计阶段按照全站混凝土量80%计算。混凝土量不包括临建工程中的混凝土量、不包括购置成品混凝土构件的混凝土量。如有施工组织设计，泵送混凝土工程量按照施工组织设计确定。

3）混凝土施工采用现场制备（搅拌）时，每制备 1m³ 混凝土减少 9.8 元施工费用，其中：机械费减少 18.4 元，人工费增加 8.6 元。现场制备混凝土量根据工程混凝土成品工程量加定额施工损耗量计算。在初步设计阶段现场制备混凝土量可以按照全站混凝土量计算。混凝土量不包括临建工程中的混凝土量、不包括购置成品混凝土构件的混凝土量、不包括购置商品混凝土量。

4）工程采用商品混凝土时，其商品混凝土增加费用按照价差处理。

（4）混凝土预制构件、金属构件、土石方等运输，除定额特殊说明外，运输距离均为 1km。

（5）砂浆强度等级、砂浆配合比例、混凝土粗骨料材质、钢结构材质、钢筋强度级别等定额已经综合考虑，执行定额时不做调整。现场浇制的混凝土结构强度等级大于 C40时按照混凝土材料单价表（表 3.3.8—3.3.11）进行调整。

（6）混凝土预制构件和金属构件的制作、运输、安装等损耗综合在定额中，不另行计算。

（7）在混凝土配合比中不包括由于施工工期或施工措施的要求额外增加的混凝土外加剂（如：减水剂、早强剂、缓凝剂、抗渗剂、防水剂等）。水工混凝土和地下混凝土已经综合考虑了混凝土抗渗的要求，执行定额时不得因抗渗标准调整混凝土单价。

（8）除另有说明外，定额中基础工程、楼面与屋面工程、混凝土结构工程、构筑物工程（除变配电构支架）不包括钢筋费用，应按照钢筋定额子目单独计算，定额中以未计价材料的形式列出了不包括钢筋费用子目的钢筋参考量。定额中其他章节子目均包括钢筋费用，工程实际用量与定额含量不同时，不做调整。

（9）除另有说明外，定额中包括预埋铁件费用，工程实际用量与定额含量不同时，不做调整。

（10）本定额未包括顶管、隧洞、水上施工、铁路、桥梁等专业定额子目，应用时参照有关行业定额。

（11）本定额未考虑在高原、高寒、风沙、酷热等特殊自然条件下施工的因素，发生费用时，按照有关规定计算。

（12）定额中凡注明"××以下"、"××以内"者，均包括其本身；注明"××以上"、"××以外"者，不包括其本身。

二、土石方与施工降水工程

1. 说明

（1）本章定额适用于区域平整、建筑物与构筑物的土石方工程、施工降水工程（除坝体工程、冲填工程、堆载预压工程）。包括建筑工程中土体开挖、运送、填筑、压密、弃土、土壁支撑、石方破解等工作内容。

（2）主要建筑物与构筑物土方定额子目适用于烟囱、冷却塔、卸煤沟、翻车机室、输煤地道、地下或半地下转运站、输煤筒仓、圆形煤场、循环水泵房、地下或半地下泵房、灰库、石灰石筒仓、吸收塔、截洪（排洪）沟、换流站阀厅、220kV 及以上电压等级的屋内配电装置室、地下变电站土方工程。

（3）土方工程根据施工方法分为机械施工土方与人工施工土方，机械施工土方定额已经综合考虑了机具配置及人工配合机械施工的因素。石方工程不分机械施工与人工施工，均执行施工石方定额。

（4）土壤类别根据"土壤及岩石（普氏）分类表"进行划分。Ⅰ～Ⅳ类为土，Ⅴ～Ⅹ类为岩石。定额中土方与石方的类别已经综合考虑。

（5）土方施工综合考虑了平整场地、挖湿土、桩间挖土、推土机推土厚度与积土压密、挖掘机垫板作业、场地作业道路、行驶坡道土方开挖与回填等因素。

（6）主厂房及主要建筑物与构筑物的土方工程包括了土方二次开挖、二次回填与倒运、不同深度坑槽出土等工作内容。

（7）施工降水根据降水方式执行定额。定额中包括挖排水沟、挖排水坑、打拔井管、安拆井管系统、安拆水泵、安拆排水管；安拆排水电源；包括抽水、值班、井管堵漏、维修、回填井点坑等工作内容。

（8）施工降水系统外排水管长度大于 100m 时，其超出部分另行计算。

2. 工程量计算规则

（1）土石方体积按照挖掘前天然密实方计算，松散系数与压实系数影响的土石方量已在定额中考虑。

（2）以场地平整设计标高为土石方挖填起点计算标高。土石方挖深为挖方起点计算标高至基础（或底板）垫层底标高。

（3）单位工程不单独计算场地平整工程量。站区场地平整标高在 300mm 以内时，按照站区占地面积减去建筑物与构筑物（不含散水、台阶、坡道）占地面积乘以 0.1m 厚度计算场地平整工程量，执行机械施工土方场地平整定额。

（4）场地平整土石方量按照场地平整挖方量计算工程量；场地平整土方碾压或夯填，按照场地平整亏方量计算工程量，亏方量＝填方量—挖方量，亏方碾压与夯填定额子目中不包括购土费。挖填方区域是指厂（站）区设计范围征地区域，厂（站）外铁路、公路、沟渠、管线、管理小区等平整土石方量单独计算。

（5）建筑物、构筑物基础土石方按照挖方体积计算工程量，不计算行驶坡道土石方开挖量。当土方挖深小于 1.2m 时，不计算放坡挖方量，即取消土方开挖长或宽中的 0.5×挖深。

土方开挖长或宽：

—主厂房土方开挖长或宽＝轴线尺寸＋8.2m＋0.5×挖深。

—主要建筑物与构筑物土方开挖长或宽＝基础外边（或外壁）尺寸＋3.0m＋0.5×挖深。

—机械施工独立基础土方开挖长或宽＝基础底边尺寸＋1.2m＋0.5×挖深。

—机械施工条形基础土方开挖长＝轴线尺寸，土方开挖宽＝基础底宽＋1.2m＋0.5×挖深。

—人工施工独立基础挖深 2m 以内土方开挖长或宽＝基础底边尺寸＋0.7m＋0.5×挖深。

—人工施工独立基础挖深 2m 以外土方开挖长或宽＝基础底边尺寸＋1.2m＋0.5×挖深。

—人工施工条形基础挖深 2m 以内土方开挖长＝轴线尺寸，土方开挖宽＝基础底宽尺寸＋0.7m＋0.5×挖深。

—人工施工条形基础挖深 2m 以外土方开挖长＝轴线尺寸，土方开挖宽＝基础底宽＋1.2m＋0.5×挖深。

石方开挖长或宽：

—建筑物、构筑物基础石方开挖，当沟槽底宽 3m 以上或基坑底面积 $20m^2$ 以上时，按照场地平整石方开挖计算。深度允许超挖量：普通岩石 0.2m；坚硬岩石 0.12m。长度、宽度允许超挖量综合在如下工程量计算尺寸中，不另行计算。

—主厂房石方开挖长或宽＝轴线尺寸＋8.5m。

—主要建筑物与构筑物石方开挖长或宽＝基础外边（外壁）尺寸＋3.3m。

—石方开挖基坑底面积 $20m^2$ 以外石方开挖长或宽＝基础（或外壁）底边尺寸＋1.5m。

—石方开挖基坑底面积 $20m^2$ 以内石方开挖长或宽＝基础（或外壁）底边尺寸＋0.7m。

—石方开挖沟槽底宽 3m 以外石方开挖长＝轴线尺寸，石方开挖宽＝基础（或外壁）底宽＋1.5m。

—石方开挖沟槽底宽 3m 以内石方开挖长＝轴线尺寸，石方开挖宽＝基础（或外壁）底宽＋0.7m。

（6）建筑物、构筑物外墙外 1m 以内沟管道的土石方开挖不计算工程量；突出墙面的柱与墙垛包括附墙风道与竖井道等基础的土石方开挖不计算工程量；坡道、运输道路的土石方开挖不计算工程量。

（7）挖淤泥流砂工程量按照实体积计算。

（8）土石方运输每增加 1km 工程量按照运方（自然方）量计算。

（9）施工降水井管安拆。

—轻型井点降水系统按照连接轻型井管的水平管网长度计算。在初步设计阶段，可参照下列方法计算：井管单排布置时长度按照井的根数乘以 1.2；井管双排布置时长度按照井的根数乘以 1.4；井管环形布置时长度按照井的根数乘以 1.4。

—大口径井点、喷射井点降水系统按照井根数计算。在初步设计阶段，可参照下列方法计算：井单排布置时，井的根数按照降水区间距离除以 15 加 1；井双排布置时，井的根数按照降水区间距离除以 20 乘以 2 再加 2；井环形（首尾相连）布置时，井的根数按照建筑物、构筑物的轴线长度加 80m 除以 20 加 1。

（10）施工降水系统运行按照实际运行套．天计算，使用套天从降水系统运行之日起至降水系统结束之日止。

—坑槽名排水降水系数每套是由排水泵与排水管线构成，计算套数时按照运行的排水泵台数计算，每台运行的排水泵计算一套。

—轻型井点降水系统每套是由水平井管与排水泵及外排水管线构成，计算套数时按照水平井管线长度计算，每 70m 水平井管线长度为一套，余量长度大于 20m 时计算一套，小于 20m 时不计算。

—大口径井点降水系统每套是由一根管井与一台排水泵及排水管线构成，计算套数时按照管井根数计算，每一根管井为一套。

—喷射井点降水系统每套是由水平井管、喷射井管、高压水泵及外排水管线构成，计算套数时按照每 30 根为 1 套，余量根数大于 10 根时计算一套，小于 10 根时不计算。

三、基础与地基处理工程

1. 说明

（1）本章定额适用于建筑物、构筑物的基础（除变电构支架、烟囱、冷却塔、翻车机室、卸煤沟、筒仓、灰库、围墙、厂区支架、管道基础）与全厂（站）地基处理工程。基础梁不含在基础中，按照钢筋混凝土结构工程单独计算。

（2）砌筑基础工程包括清理基层、浇制或铺设垫层、砌筑基础、砌筑基础短柱与基础墙、浇制地圈梁、浇制或安装孔洞过梁、浇制混凝土支墩、浇制构造柱柱根、填伸缩缝、钢筋制作与连接、铁件制作与预埋、安拆脚手架等工作内容。

（3）浇制混凝土基础工程包括清理基层、浇制混凝土垫层、浇制基础、浇制或安装孔洞过梁、浇制混凝土支墩；浇制构造柱柱根、制作并安拆杯芯、杯口凿毛、杯口灌浆、铁件制作与预埋、安拆脚手架等工作内容。

（4）设备基础工程包括清理基层、浇制混凝土垫层、浇制基础、预埋螺栓孔、配合安装螺栓固定架、铁件制作与预埋、二次灌浆、安拆脚手架等工作内容。

—汽机基础包括浇制或砌筑出线小室、浇制基础中间平台、浇制底板与上部框架工作内容。

—锅炉基础包括浇制炉架独立基础、基础连梁、短柱、支墩、基础剪力墙等工作内容。

——变压器基础油池包括砌筑或浇制油池壁与底板、安装油篦子、填放卵石等工作内容。

（5）主要辅机设备基础适用于：磨煤机、球磨机、送风机（包括一次风机、二次风机、冷渣硫化风机）、引风机、氧化风机、增压风机、硫化床炉启动燃烧器、电动给水泵、汽动给水泵、汽动给水泵前置泵、凝结水泵、循环水泵、冷凝器、开关场落地设备（包括低压电抗器、电容器、断路器、干式变压器等）、露天布置的机械设备、室外布置的箱罐、吸收塔基础等基础。

（6）地基处理工程定额编制了常用的地基处理方式的定额子目，当工程实际采用特殊的地基处理方式时，参照相应定额执行。地基处理定额不单独计算土方施工费用，不包括特殊防腐费用。

（7）打桩工程包括桩制作、桩运输及现场堆放、机具准备、打桩、接桩、送桩、截桩头、破桩头、钢筋托盘制作安装、轨道铺设、打桩架调角移位等工作内容。

——钢管桩包括内撑切割、钢桩帽焊接与切割、桩靴（尖）制作与安装等工作内容。

——打拔钢管桩、钢板桩定额按照桩重复利用编制的。定额计算了拔桩、桩修理维护、摊销折旧费用。定额中包括锁口检查工作内容。

（8）灌注桩工程包括机具准备、成孔、护壁、制作安放钢筋笼、灌注混凝土或碎石或水泥浆、破桩头、场地泥浆排放、整平疏干等工作内容。

——人工挖孔灌注桩包括扩孔与入岩开挖、桩孔内照明工作内容。

——碎石灌注桩包括安放桩尖、运送碎石、拔管振实工作内容。

——水泥搅拌桩包括泥浆搅拌工作内容。

（9）换填工程包括基坑土方开挖、土方运输、基底夯实、换填材料铺设、密实等工作内容。

（10）强夯工程包括机具准备、夯点布置、夯击、推土机推土、低锤满拍、夯区内道路平整等工作内容。

（11）地下连续墙工程包括砌筑或浇制导墙、挖槽、吸泥清底、安放接头管、制作安放钢筋笼、插入混凝土导管、浇制混凝土、拔接头管、场地泥浆排放等工作内容。

（12）堆载预压工程包括堆载体的运输、分层填筑、碾压、检验、修整边坡、预压区内埋管、排水、预压期观测、卸载并运输、场地清理等工作内容。

2. 工程量计算规则

（1）砌筑石或砖基础工程按照基础体积计算工程量，基础与墙身、基础与柱均以室内地坪标高分界（不分材料是否相同），基础体积计算基础、基础短柱、基础墙、地圈梁的体积。计算体积时，不扣除含在基础中的过梁、构造柱柱根所占体积，不计算基础垫层、附属在基础上支墩的体积。

（2）浇制混凝土基础工程按照基础体积计算工程量。基础体积计算基础、基础底板、基础柱、基础顶板、基础连梁的体积。计算体积时，不扣除含在基础中的过梁、构造柱柱根、杯芯所占体积，不计算基础垫层、附属在基础上支墩的体积。

——条形基础与墙身以条形基础顶标高分界。

——独立基础与柱以独立基础顶标高分界。

——柱在筏梁上生根时，筏形基础与柱以筏梁顶标高分界；柱在筏板上生根时，筏形基础与柱以筏板顶标高分界。

——箱型基础与柱以箱型基础顶板顶标高分界。

——环形柱基础与柱以基础短柱实心与空心交接处标高分界。

（3）条形基础长度按照建筑轴线长度计算。

（4）设备基础工程按照设备基础体积计算工程量。计算体积时，不扣除螺栓孔所占体积，不计算基础垫层体积。设备基础中不含弹簧支座。

——汽机基础体积计算基础底板、中间平台、上部框架、框架柱牛腿、框架梁挑耳的体积。不计算出线小室工程量。

——锅炉基础体积计算炉架独立基础（含短柱）、底板、基础间连梁、短柱、支墩、基础间剪力墙等体积。

——变压器基础油池工程量按照变压器基础油池容积计算工程量，计算油池容积时，不扣除设备及其基础、油箆子、卵石等所占的体积。容积＝净空高度×净空面积，净空高度为油池底板顶标高至油池壁顶标高，净空面积＝油池净空长×油池净空宽。

（5）钢结构桩按照重量计算工程量，不计算钢管内撑、钢桩尖、钢桩帽等重量。

（6）预制混凝土桩按照混凝土体积计算工程量。桩体积＝桩截面面积×桩长，桩长为预制桩的实际长度，计算桩尖长度。

——钢筋混凝土管桩截面面积为管桩混凝土圆环实体截面面积。

（7）灌注桩按照灌注桩体积计算工程量。桩体积＝灌注桩设计桩截面面积×桩长，桩长为灌注桩的设计长度，计算桩尖长度；灌注桩截面面积不计算护壁面积。充盈量及超高灌注量综合在定额中，不单独计算。

——人工挖孔灌注桩不计算桩底部入岩及扩孔部分混凝土量，该部分费用综合在定额中。

——碎石灌注桩不计算满铺部分碎石体积，该部分工程量单独计算，执行换填定额。

——支盘灌注桩中的支、盘按照设计尺寸计算体积，并入桩体积中。

——冲孔挤密桩、水泥搅拌桩按照设计成桩直径计算工程量，不计算扩孔、挤密、充盈增加的工程量。

（8）换填按照被换填土挖掘前天然密实方计算工程量。换填土基坑的开挖、支护、工作面等增加的工程量综合在定额中，不单独计算。

（9）强夯按照单位工程外边缘夯点的外边线所围成的面积计算，扣除夯点间距大于8m、且面积大于 $64m^2$ 的面积。初步设计时，可以按照建筑物或构筑物外边轴线长、宽加6m 计算面积。

（10）地下连续墙按照连续墙体积计算工程量。开槽、护壁等工程量综合在定额中，不单独计算。

（11）回填砂按照回填后密实体积计算工程量。

（12）堆载预压按照设计荷载堆压成品体积计算工程量，不考虑土石方松实系数。

四、地面及地下设施工程

1. 说明

（1）本章定额适用于主厂房地下设施、阀厅及配电间地下设施、半地下建筑地面、其他建筑物与构筑物的地面工程。

（2）地下设施工程包括地面土层夯实、铺设垫层、抹找平层、做面层与踢脚线（包括柱与设备基础周围），包括浇制室内设备基础（非单独计算的室内设备基础）、支墩、地坑、集水坑、沟道与隧道，包括砌筑室内沟道、预埋铁件、浇制室外散水与台阶及坡道、浇制或砌筑室外明沟、安拆脚手架等工作内容。不包括钢盖板、栏杆、爬梯、平台、轨道等金属结构工程，应按照钢结构工程定额另行计算。

—汽机房、除氧间地下设施定额子目适用于汽机房、除氧间、A 排外披屋、固定端与扩建端披屋的地下设施工程，不包括汽轮发电机基础、凝结水泵坑、循环水泵坑、给水泵基础等单独计算的主要辅机设备基础及泵坑设施。水泵坑按照底板、侧壁、顶板、柱的定额单独计算。

—锅炉房、煤仓间地下设施定额子目适用于锅炉房、炉后风机房、锅炉房披屋、炉前通道、煤仓间、除氧煤仓间的地下设施工程，不包括锅炉基础、磨煤机基础、送风机基础、一次风机基础等单独计算的主要辅机设备基础设施。

—集控楼地面单独计算，执行复杂地面定额。

—阀厅、保护室及配电室地下设施定额子目适用于阀厅、保护室、控制室及配电室的地下设施工程。定额中包括阀厅底板基础，不包括室内变压器基础、排油坑及冷凝器等单独计算的设备基础。

（3）半地下建筑地面工程包括零米标高悬臂板顶面抹找平层、做面层与踢脚线，包括浇制室外散水与台阶及坡道、浇制或砌筑室外明沟、安拆脚手架等工作内容。不包括钢盖板、栏杆、爬梯、平台等金属结构工程，应按照钢结构工程定额另行计算。

—半地下建筑地面定额子目适用于水泵房、半地下输煤建筑、水处理室等半地下建筑的零米地面工程。

（4）复杂地面工程包括地面土层夯实、铺设垫层、抹找平层、做面层与踢脚线（包括柱与设备基础周围），包括浇制室内设备基础（非单独计算的室内设备基础）、支墩、地坑、集水坑、沟道与隧道，包括砌筑室内沟道、预埋铁件、浇制室外散水与台阶及坡道、浇制或砌筑室外明沟、安拆脚手架等工作内容。不包括钢盖板、栏杆、爬梯、平台、轨道等金属结构工程，应按照钢结构工程定额另行计算。

—复杂地面是指含设备基础及生产性沟道的建筑物、构筑物的地面。

（5）普通地面工程包括地面土层夯实、铺设垫层、抹找平层、做面层与踢脚线（包括柱周围），包括浇制或砌筑过门地沟、浇制或砌筑采暖与给排水地沟、浇制室外散水与台阶及坡道、浇制或砌筑室外明沟、安拆脚手架等工作内容。不包括钢盖板、栏杆、爬梯、平台等金属结构工程，应按照钢结构工程定额另行计算。

—普通地面是指无设备基础及生产沟道的建筑物、构筑物的地面。

（6）地面与地下设施定额中包括建筑物、构筑物外墙外 1m 以内沟道与隧道的费用。超过 1m 的沟道与隧道执行厂（站）区性建筑工程相应的定额。

2. 工程量计算规则

地下设施与地面根据地面面层材质，按照建筑轴线尺寸面积计算工程量。不扣除设备基础、洞口、地坑、池井、沟道、墙体、柱、零米梁板、地面伸缩缝等所占的面积。

五、楼面与屋面工程

1. 说明

（1）本章定额适用于建筑物、构筑物的楼面与屋面工程（除输煤栈桥、地下转运站、卸煤沟地下部分、翻车机室地下部分、储煤筒仓、灰库、石灰石筒仓等项目楼板与屋面板工程）。

（2）楼板与平台板定额适用于建筑物、构筑物的楼面板与主厂房平台板及有柱支撑的平台板工程。包括楼板、板下非框架结构的钢筋混凝土梁、平台板、平台梁、楼梯、楼板上支墩、楼板上设备基础、防水沿等的浇制，包括板底抹灰（含混凝土梁）、板底刷涂料、楼板伸缩缝填塞及盖板制作与安装、脚手架安拆等工作内容。不包括楼板与平台板的钢梁、钢盖板、栏杆、爬梯、钢梯、平台、钢格栅板等金属结构工程，应按照钢结构工程定额另行计算。钢筋混凝土结构楼梯的栏杆、栏板、扶手综合在定额中，不单独计算。

——主厂房钢梁浇制板及主厂房浇制板定额子目适用于主厂房建筑及与主厂房建筑连成一体的 A 排外披屋、固定端与扩建端披屋、集控楼、炉后风机房、锅炉披屋等各层楼板工程。

——其他建筑钢梁浇制板与预制板及浇制板定额子目适用于除主厂房以外的其他建筑物、构筑物的楼板工程。泵房、半地下建筑零米标高的混凝土悬臂板或悬臂平台不构成楼板层，应执行钢筋混凝土结构工程定额。

——钢梁浇制板工程包括剪力钉的购置、焊接等工作内容。

——平台定额中不包括平台柱。平台柱根据其结构，执行相应的定额。

（3）室外楼梯定额适用于依附或独立建筑物、构筑物布置的无维护结构的室外钢筋混凝土结构楼梯工程。定额中包括混凝土楼梯平台板、平台梁、踏步板、楼梯基础、楼梯柱、楼梯屋面板等的浇制，包括楼梯抹灰（含楼梯柱、梁）、楼梯板底刷涂料、楼梯铺抹面层，包括楼梯栏杆、栏板、扶手、遮雨板制作与安装、脚手架安拆等工作内容。室外楼梯定额包括钢筋费用，工程实际用量与定额含量不同时，不做调整。

（4）屋面板工程包括屋面板、屋面板下的非框架结构的钢筋混凝土梁、天沟板、挑檐等的浇制，包括安装无组织屋面排水管、屋面板底与挑檐底抹灰、板底刷涂料、屋面板伸缩缝填塞、安拆脚手架等工作内容。不包括屋面板钢梁、钢支柱、屋顶通风器支架、抗风架、栏杆、爬梯、平台等金属结构工程，应按照钢结构工程的有关定额另行计算。屋面挑檐宽度与挑檐高度之和大于 1.05m 时，其挑檐按照钢筋混凝土悬壁板单独计算。

（5）当钢梁浇制板采用压型钢板做底模时，其压型钢板底模单独计算。压型钢板底模工程包括压型钢板底模制作与安装、栓钉购置与安装，包括压型钢板接头、收头、盖顶等工作内容。定额单价已考虑扣除原混凝土模板费用。

（6）压型钢屋面板工程包括压型钢屋面板、钢屋面板骨架、钢天沟板、排水支吊架等的制作与安装及刷油漆，包括压型钢板接头、收头、盖顶等工作内容。不包括独立的钢檩条、钢支柱、钢支架等钢结构制作与安装，应按照钢结构工程相应的定额另行计算。

（7）屋面有组织排水工程包括檐沟、水落管、水斗、漏斗、落水口、虹吸装置、支吊架等制作（购置）、安装、刷油漆等工作内容。

（8）屋面保温隔热工程包括屋面隔气、保温隔热、找平等工作内容。

（9）屋面防水工程包括屋面找坡、防水、找平、防护等工作内容。

（10）瓦屋面工程包括铺设挂瓦层、卧瓦层、屋面瓦、屋脊瓦、包括端头瓦；挂角、收边、封檐等工作内容。

（11）屋面架空隔热层工程包括砌筑砖支墩、隔热板制作与安装、抹灰、勾缝等工作内容。

（12）楼面面层工程包括清理基层、抹找平层、做整体面层、铺砌面层与踢脚线等工作内容。定额子目亦适用于混凝土板上抹灰、块料铺砌工程。

（13）天棚吊顶工程包括安装吊顶骨架、灯池制作与安装、安装面层等工作内容。

2. 工程量计算规则

（1）汽机运转层平台与汽机中间层平台按照汽机房建筑轴线尺寸面积计算工程量，扣除检修孔柱距所占轴线面积，不扣除楼梯、洞口、支墩、设备及设备基础、伸缩缝所占面积。当汽机中间层平台某个柱距为钢格栅板布置时，则该柱距不计算汽机中间层平台面积。

（2）锅炉平台按照锅炉运转层平台轴线面积计算工程量。不扣除楼梯、洞口、支墩、设备、地面伸缩缝等所占的面积。

（3）楼板根据结构形式按照面积计算工程量，面积按照楼板铺设部位的建筑轴线尺寸计算，不扣除楼梯间、洞口、支墩、设备基础、地面伸缩缝等所占的面积。

（4）室外楼梯按照各层楼梯水平投影面积之和计算工程量，不扣除楼梯柱、楼梯井所占面积。楼梯屋面板、遮雨板不计算面积。

（5）平屋面板按照建筑轴线尺寸面积计算工程量。不扣除洞口、支墩、设备基础、屋面伸缩缝等所占的面积。挑檐板、天沟板不计算面积。

（6）压型钢板底模工程量计算规则同楼板、屋面板工程量计算规则。

（7）压型钢板屋面按照屋面水平投影面积计算工程量，应计算挑檐板、天沟板面积。扣除设备、大于 $1m^2$ 的洞口所占的面积，压型钢板接头、收头、盖顶、伸缩缝连接的面积不计算工程量。

（8）屋面有组织排水、保温隔热、防水、屋面架空隔热层按照建筑轴线尺寸面积计算工程量。不扣除洞口、支墩、设备基础、屋面伸缩缝等所占的面积。挑檐板、天沟板不计算面积。

（9）坡屋面按照设计尺寸根据屋面坡度系数表中的延尺系数和隅延尺系数计算工程量。

（10）楼面面层根据楼面面层材质，按照建筑轴线尺寸面积计算工程量。不扣除楼梯间、设备基础、洞口、墙体、柱、楼面伸缩缝等所占的面积。楼板孔洞侧壁、基础顶面与侧壁、楼板轴线外侧梁板面积亦不增加。悬臂结构的梁板平台、楼面按照悬挑面积计算工程量。

（11）天棚吊顶按照天棚吊顶面积计算工程量，不扣除间壁墙、灯池、消防设施、通风孔、检查空所占的面积。

六、墙体工程

1. 说明

（1）本章定额适用于建筑物、构筑物的内墙、外墙、隔断墙、墙体装饰工程。围墙、防火墙、抑尘墙、隔声墙工程执行厂（站）区性建筑工程相应的定额。墙体工程中不包括门窗安装，应按照门窗工程相应的定额另行计算。当墙体中的雨篷悬挑宽度大于 1.2m

时，按照悬臂板定额另行计算。

（2）砌体外墙工程包括外墙墙体、墙垛、扶壁柱、腰线、通风道、窗台虎头砖、压顶线、山墙泛水、门窗套等的砌筑，包括墙体抹防潮层、砌钢筋砖过梁、钢筋混凝土过梁的浇制或预制与安装、埋砌体加固钢筋、浇制圈梁、浇制构造柱、浇制门框、浇制雨篷、浇制压顶、穿墙套板的浇制或预制与安装、预埋铁件、安拆脚手架等工作内容。加气混凝土与空心砖及苯板等砌体外墙工程包括门窗洞口处、拉结钢筋处、女儿墙处等实心砖砌筑及防开裂钢丝网敷设等工作内容。

（3）金属墙板工程包括压型钢板墙板制作与安装、墙板骨架制作与安装及刷油漆、压型钢板接头与收头、砌筑或浇制女儿墙、穿墙套板预制与安装，包括浇制混凝土压顶、雨篷、门框等工作内容。不包括金属墙板与主体工程连接的钢结构制作与安装，应按照钢结构工程墙架定额另行计算。

（4）预制轻骨料混凝土墙板定额适用于建筑物与构筑物的外墙工程。定额包括轻骨料混凝土墙板预制与安装、墙板填缝、填伸缩缝、预埋铁件、砌筑或浇制女儿墙、穿墙套板预制与安装，包括浇制混凝土门框、压顶、雨篷等工作内容。

（5）砌体内墙工程包括内墙墙体、墙垛、扶壁柱、通风道的砌筑，包括墙体抹防潮层、砌钢筋砖过梁、钢筋混凝土过梁的浇制或预制与安装、埋砌体加固钢筋、浇制圈梁、浇制构造柱、预埋铁件、安拆脚手架等工作内容。加气混凝土与空心砖及苯板等砌体内墙工程包括门窗洞口处、拉结钢筋处等的实心砖砌筑及防开裂钢丝网敷设等工作内容。

（6）隔断墙工程包括隔断墙制作与安装、木质结构刷油漆、水泥板隔断墙装饰等工作内容。

（7）钢板（丝）屏蔽网工程包括清理基层、挂钢板（丝）网、抹水泥砂浆等工作内容。当用于屏蔽网、保温墙外挂网时，定额乘以0.5系数。

（8）墙体装饰工程包括墙面清理、墙面基层与底层抹灰、装饰面层、刷油漆面等工作内容。

2. 工程量计算规则

（1）砌体外墙按照砌体体积计算工程量。外墙长度按照建筑轴线尺寸长度计算，外墙墙高：有女儿墙建筑从室内地坪（相当零米）标高（有基础梁的从基础梁顶标高）计算至女儿墙顶标高（不包括抹灰高度）；无女儿墙建筑从室内地坪（相当零米）标高（有基础梁的从基础梁顶标高）计算至檐口板顶标高（不包括抹灰高度）。墙体厚度按照设计墙厚计算，标准实心砖墙厚按照表3-50计算。墙垛计算砌体工程量，通风道、腰线、窗台虎头砖、压顶线、山墙泛水、门窗套等砌体不计算工程量。扣除门窗及大于1m²洞口所占的体积，不扣除钢筋砖过梁、过梁、砌体加固钢筋、圈梁、构造柱、雨篷梁、压顶、穿墙套板、框架或结构梁柱等所占的体积。加气混凝土与空心砖及苯板砌体等砌体外墙不单独计算实心砖砌体工程量。

实心砖标准墙厚计算表　　　　　　　　（单位：mm）表 3-50

墙厚度	1/4 砖	1/2 砖	3/4 砖	1 砖	1+1/2 砖	2 砖	2+1/2 砖
计算厚度	53	115	180	240	365	490	615

（2）金属墙板按照其墙体垂直投影面积计算工程量，扣除门窗及大于1m²洞口所占的面积，不扣除雨篷梁、压顶、穿墙套板等所占的面积，压型钢板接头与收头面积不计算

工程量。女儿墙计算面积，并入金属墙板工程中；挑檐、天沟不计算面积。

（3）预制轻骨料混凝土墙板按照轻骨料混凝土墙板体积计算工程量，扣除门窗及大于 $1m^2$ 洞口所占的体积，不扣除雨篷梁、压顶、穿墙套板等所占的体积。女儿墙按照墙板厚度计算体积，并入预制墙板工程量中；挑檐、天沟不计算体积。

（4）砌体内墙按照砌体体积计算工程量。内墙长度按照建筑轴线尺寸长度计算。内墙墙高：屋架下边的内墙从室内地坪标高（有基础梁的从基础梁顶标高）计算至屋架下弦底标高；多层建筑有楼板分层的内墙从室内地坪标高计算至楼板底标高；梁下边的内墙从室内地坪标高（有基础梁的从基础梁顶标高）计算至梁底标高。墙体厚度按照设计墙厚计算，标准实心砖按照表 3-50 计算。墙垛计算砌体工程量。扣除门窗及大于 $1m^2$ 洞口所占的体积，不扣除钢筋砖过梁、过梁、砌体加固钢筋、圈梁、构造柱、通风道、框架或结构梁柱等所占的体积。加气混凝土与空心砖及苯板砌体等砌体内墙不单独计算实心砖砌体工程量。

（5）隔断墙按照隔断墙面积计算工程量，扣除门窗及大于 $1m^2$ 洞口所占的面积，隔断墙上门窗根据材质另行计算。

（6）墙体装饰按照装饰面积计算工程量。

—内墙装饰长度按照建筑轴线尺寸长度计算。内墙装饰高度：屋架下边的内墙从室内地坪标高计算至屋架下弦底标高；建筑有楼板分层的内墙从室内地坪标高计算至楼板底标高；有天棚吊顶的内墙从室内地坪标高计算至天棚底标高加 100mm。

—外墙装饰长度按照建筑轴线尺寸长度计算。外墙装饰高度：有女儿墙建筑从室外地坪标高计算至女儿墙顶标高（不包括抹灰高度）；无女儿墙建筑从室外地坪标高计算至檐口板顶标高（不包括抹灰高度）。

—挑檐宽度与挑檐高度之和大于 1.2m、雨棚悬挑宽度大于 1.2m 时，计算装饰工程量，分材质并入墙体装饰工程量中。

—门窗洞口的侧壁、窗台、门窗套、窗台虎头砖、外墙腰线、压顶线、山墙泛水、女儿墙内侧等抹灰不计算工程量。

—嵌入墙体混凝土构件抹灰不单独计算；突出墙面梁、柱、壁柱、墙垛不计算工程量。

—独立柱、支架按照展开面积计算装饰工程量。

七、门窗工程

1. 说明

（1）本章定额适用于建筑物、构筑物的门窗工程。厂（站）区围墙大门、电动伸缩门工程执行厂（站）区性建筑工程相应的定额。

（2）木门窗工程包括框与扇的制作与安装、刷油漆、装配玻璃与五金及配件、安装纱扇、钉铁纱，补塞框缝等工作内容。

（3）钢门窗与铝合金门窗及塑钢门窗工程包括门窗购置、拼装组合、安装、安装纱扇、安装密封条、刷油漆、装配玻璃与五金及配件、安装地弹簧、钉铁纱、补塞框缝等工作内容。

（4）钢木大门工程包括钢木大门购置、装配玻璃与五金及配件、安装小门、固定铁脚、安装密封条、补塞框缝、安拆脚手架等工作内容。

（5）保温门、防火门工程包括门购置、装配五金与配件、安装密封条、安拆脚手架等工作内容。

（6）电子感应门、金属卷帘门工程包括门购置与安装、感应装置购置与安装、电动装置购置与安装、安拆脚手架等工作内容。

（7）窗工程包括窗帘盒的制作与安装、成品窗帘盒购置与安装、刷油漆等工作内容。工程实际与定额不同时不做调整。

2．工程量计算规则

门窗按照门窗洞口面积计算工程量。

八、钢筋混凝土结构工程

1．说明

（1）本章定额适用于建筑物、构筑物的钢筋混凝土框架、梁柱、悬臂板、底板、墙工程。钢筋与铁件定额子目适用于全厂（站）各单位工程钢筋与铁件工程。

（2）混凝土构件综合考虑了预制构件与现浇构件及混凝土构件的二次浇制，定额中不包括植筋费用。

（3）钢筋混凝土工程包括浇制或预制构件、运输且安装构件、浇制或安装梁垫、铁件制作与预埋、接头灌浆、外露铁件刷油漆、安装沉降观测装置、安拆脚手架等工作内容。

—基础梁工程不包括防冻需要梁下土方施工、回填防冻材料等工作内容，发生时参照基础换填定额子目另行计算。

—吊车梁工程包括阻进器制作与安装、钢屑砂浆铺设等工作内容。钢轨及钢轨连接件按照钢结构工程的定额子目另行计算。

—煤斗工程综合了矩形煤斗与圆形煤斗。煤斗内衬单独计算。

—悬臂板定额子目适用于混凝土壁上悬挑板、悬挑平台板、大于 1.2m 宽度的雨篷板工程。包括板底抹灰及刷涂料等工作内容。

（4）底板工程包括浇制垫层、浇制伸缩缝垫板、安装止水带、浇制底板、填伸缩缝、板端头填素混凝土、预埋铁件等工作内容。

（5）钢筋混凝土墙定额适用于泵房、循环水泵坑、凝结水泵坑、室内池井、输煤半地下转运站、碎煤机室、采光室、水处理室等建筑物与构筑物中的钢筋混凝土墙或壁工程。包括浇制钢筋混凝土墙、预埋铁件、安拆脚手架等工作内容。

（6）定额中的钢筋含量是指完成定额子目工程量所需钢筋的全部用量。包括结构钢筋、构造钢筋、措施钢筋、钢筋连接用量、钢筋损耗用量。钢筋连接方式综合了对焊、电弧焊（帮条焊、搭接焊、坡口焊）、点焊、电渣压力焊、冷挤压、绑扎。当直径 $\phi20$ 及以上的钢筋采用螺纹连接时，每个接头另行增加 16.5 元。

2．工程量计算规则

（1）钢筋混凝土结构按照钢筋混凝土构件体积计算工程量，包括柱上的牛腿、梁上的挑耳体积。不扣除钢筋、铁件、预埋孔等所占体积，梁垫不计算体积。柱高从基础顶标高计算至柱顶，梁高计算至板顶，与柱连接的梁长度计算至柱内侧。柱间的钢结构支撑按照钢结构定额单独计算，混凝土柱的钢牛腿按照铁件单独计算。

—基础梁体积不计算基础梁支墩工程量。基础梁下土方、防冻设施等费用单独计算。

—吊车梁上的阻进器、钢屑砂浆等费用不单独计算。

—煤斗大梁、框架梁与煤斗以梁底标高分界。

—煤斗体积应计算煤斗上口梁、煤斗壁板、壁板肋梁、下口挡煤板体积，不计算煤斗大梁与框架梁体积。

—圆形柱体积应计算柱帽体积。

—环形柱按照钢筋混凝土环形柱实体积计算工程量。

—悬臂板体积应计算悬臂板上的挑檐、挑梁体积。悬臂板宽度按照板挑出宽度计算。

—框架双连系梁间的板按照体积计算工程量，并入连系梁体积中。

（2）底板按照底板混凝土体积计算工程量，底板上支墩、设备基础计算体积，并入底板工程量内；混凝土垫层体积不计算工程量。底板上填素混凝土的体积单独计算。

（3）钢筋混凝土墙按照混凝土墙体积计算工程量。混凝土墙与底板以底板顶标高分界，混凝土墙与顶板以顶板底标高分界，墙与板交叉的"三角块"混凝土体积并入墙体中，扣除门窗及大于 $1m^2$ 洞口所占的体积。

（4）钢筋按照设计用量与施工措施用量之和计算工程量。设计用量由结构钢筋、构造钢筋、钢筋连接用量组成。施工措施钢筋用量按照设计用量 0.5% 计算（特殊工程单独计算），构筑物施工措施钢筋用量按照设计用量与连接用量之和 2% 计算。

—钢筋连接用量按照设计规定计算。当设计用量不含钢筋连接用量时，钢筋连接用量按照单位工程钢筋设计用量 4% 计算。

—计算钢筋连接用量基数时，不包括设计已含搭接的钢筋用量，对焊、电渣压力焊、螺纹连接、冷挤压、植筋的钢筋用量亦不作为计算钢筋连接用量基数。

—钢筋采用螺纹连接时、接头数量根据实际用量计算。初步设计阶段螺纹接头参考数量：钢筋混凝土结构建筑物或构筑物工程，单位工程钢筋用量每吨计算 7 个螺纹接头；其他结构建筑物或构筑物不考虑螺纹接头。

九、钢结构工程

1. 说明

（1）本章定额适用于建筑物、构筑物（除构筑物工程与厂（站）区性建筑工程单独设置钢结构的构筑物）的钢结构工程。钢结构工程包括钢结构与钢构件工程。定额中其他钢结构是指钢平台、钢栏杆、钢梯、钢盖板、单轨吊钢梁、设备支架（非开关场设备）等。

（2）钢结构构件连接综合考虑了焊接与螺栓连接。

（3）钢结构工程包括钢结构构件制作、购置、连接、组装、拼装、运输、安装、除锈、刷油漆、喷锌、安装后补刷油漆或喷锌、安装沉降观测装置、安拆脚手架等工作内容。

—钢结构构件连接螺栓为成品购置。

—网架系统为成品购置。

—钢格栅板为镀锌结构。

—钢轨及连接件为成品购置。

（4）钢结构防火、加强防腐、喷锌、镀锌工程包括底面处理、刷喷面层等工作内容。

（5）钢结构现场除锈综合考虑了手工除锈、机械除锈、酸洗除锈工艺方法，执行定额时不做调整。

（6）钢结构刷油漆综合考虑了不同的施工方法与喷刷遍数，执行定额时不做调整。沿海及重度污染腐蚀地区，根据设计要求进行加强防腐，其费用单独计算。

（7）钢结构刷防火漆按照满足二级耐火等级建筑物标准考虑的，综合了不同的施工方法与喷刷遍数，执行定额时不做调整。

（8）钢结构镀锌定额包括单程 30km 的双程运输，当运输距离单程超出 30km 时，按照公路货运标准计算运输费用。

2. 工程量计算规则

（1）钢结构按照钢结构构件成品重量计算工程量，应计算连接、组装所用连接件及螺栓的重量，不计算损耗量（包括钢结构下料剪切或切割损耗量、切边与切角及形孔的损耗量）。钢结构安装所用的螺栓不计算重量。

——钢结构屋架重量应计算屋架上下弦支撑、系杆的重量。

——钢结构网架重量应计算网架支撑、系杆、结点重量。

——钢结构柱重量应计算柱头、柱脚、牛腿的重量。

——钢结构吊车梁重量应计算阻进器重量。钢轨及钢轨连接件不计算重量，其费用按照钢轨定额另行计算。

——钢结构煤斗重量应计算煤斗上口梁、煤斗壁板、壁板肋梁、下口挡煤板、煤斗盖板重量，不包括钢结构煤斗大梁与框架梁重量。

——钢轨按照成品重量计算工程量，不计算连接钢轨的部件重量，其费用综合在定额中，不单独计算。

（2）钢结构刷涂料按照钢结构构件成品重量计算。由于钢结构构件表面积的差异，计算其他钢结构刷防火涂料、防腐涂料、喷锌、镀锌重量时，按照其他钢结构的重量乘以1.35 系数。

十、构筑物工程

1. 说明

（1）电网工程适用本章定额包括供水系统中的供水管道，室外水池、变配电工程中的构支架、避雷针塔。

（2）本章定额除管道建筑、循环水沟渠、含土方基础构支架、避雷针塔、灰场工程子目外，均不包括土方工程，土方费用执行第 1 章中相应的定额另行计算。

（3）混凝土主体工程中，不包括防腐、耐磨、隔热的工作内容，工程发生时按照相应的定额另行计算。

（4）水池定额适用于室外容积大于 500m³ 埋入地下或突出地上的水池、油池、沉淀池、沉砂池、过滤池、浓缩池、灰浆池、渣浆池、中和池、排污池、处理池等工程。半球形底板机械加速澄清池执行本定额时人工与机械乘以 1.25 系数。水池定额包括混凝土垫层、水池底板、水池壁板、水池隔墙、水池支柱、集水坑、人孔、支墩、基础等的浇制，包括水池内刷防腐抗渗涂料、水池外壁刷热沥青、止水带埋设、制作与安装人孔盖板、预埋铁件、接口处回填混凝土、安拆脚手架等工作内容。土方施工、爬梯与栏杆制作安装执行相应的定额。

（5）供水管道定额适用于循环水管和补给水管安装及管道建筑工程。管道按照成品购置考虑，管道建筑按照双根管道一并敷设考虑，当工程为一根管道敷设时，相应管道建筑定额乘以 0.7 系数，当工程为四根管道敷设时，相应管道建筑定额乘以 1.6 系数。

—管道安装工程包括场地准备、管道购置、管道安装、水压试验、消毒等工作内容。

—管道建筑工程包括管道土方施工、砂垫层、浇制混凝土管道基础、浇制管道支墩、安拆脚手架等工作内容。

（6）变、配电构支架定额适用于不同电压等级、不同高度、不同组合形式的室内外变、配电构支架工程。定额中包括离心杆、钢管、离心钢管混凝土、型钢构支架、构支架梁、构支架附件、避雷针塔的成品购置费，成品购置包括连接件、螺栓、法兰等。构支架附件是指钢爬梯、避雷针、走道板、操作平台、地线支架（地线柱）、连接设备支架间型钢等。钢结构构件按照现场组装、拼装后安装，定额中包括安装后局部补锌工作内容。

—含土方基础构支架工程包括土方施工、浇制杯型基础、预埋法兰、预埋 U 型螺栓、钢筋制作与安装、制作安装杯芯支撑、基础内钢管灌混凝土、基础二次灌浆、基础抹面、浇制混凝土保护帽、构支架制作安装、柱头与连接铁件安装、安拆脚手架等工作内容。

—不含土方基础构支架工程包括构支架制作安装、柱头与连接铁件安装、基础二次灌浆、浇制混凝土保护帽、基础内钢管灌混凝土等工作内容。

—避雷针塔工程包括土方施工，浇制独立基础、预埋铁件、二次灌浆、基础抹面、浇制混凝土保护帽、避雷针塔组装与安装、安拆脚手架等工作内容。

2. 工程量计算规则

（1）水池工程按照混凝土体积以立方米计算工程量。水池混凝土体积包括水池底板、水池壁板、水池隔墙、水池支柱、集水坑、人孔、支墩、设备基础体积，不计算垫层、找坡、接口回填混凝土体积。

（2）供水管道工程

—供水管道安装按照混凝土管道单根铺设长度计算工程量。不扣除管道连接井、阀门井等各类井所占长度，各类井按照相应定额另行计算。

—管道建筑按照双根管道一并铺设的长度计算工程量，不扣除管道连接井、阀门井等各类井所占长度。

（3）构支架工程按照构支架的体积或重量计算工程量。

—离心杆构支架按照离心杆的外形（包括插入基础部分）体积计算工程量。离心杆构支架中的铁件、连接件、螺栓不单独计算。

—钢管构支架按照重量计算工程量，计算钢管构支架中的铁件、连接件、螺栓、法兰、预埋 U 型螺栓等重量。

—型钢构支架按照重量计算工程量，计算型钢构支架中的铁件、连接件、螺栓、法兰、预埋 U 型螺栓等重量。

—离心钢管混凝土构支架按照离心钢管混凝土构支架中的钢管重量计算工程量，应计算离心钢管混凝土构支架中的铁件、连接件、螺栓、法兰、预埋 U 型螺栓等重量。

—构支架梁根据材质按照重量计算工程量。应计算铁件、连接件、螺栓等重量。

—构支架钢结构附件按照附件的重量计算工程量。应计算铁件、连接件、螺栓等重量。

—避雷针塔按照钢结构的重量计算工程量，避雷针塔中的铁件、连接件、螺栓、预埋 U 型螺栓等计算重量。

十一、厂（站）区性建筑工程

1. 说明

（1）本章定额适用于厂（站）区的道路与地坪、围墙与大门、支架与支墩、沟（管）道与隧道、井池、挡土墙与护坡、护岸工程。

（2）本章定额中均包括土方施工。当工程发生石方施工时，相应的定额人工费增加25%。

（3）道路与地坪工程

——道路与地坪工程包括路床土方开挖、土方外运、碾压试验、铺设基层、铺设垫层、安砌路缘石、铺设面层、浇制护脚、填伸缩缝、浇制或砌筑路面上雨水口、安装雨水篦子等工作内容。不包括弹软土地基处理，发生时按照地基处理定额另行计算。

——设备绝缘地坪工程包括铺设垫层、铺设面层、铺设绝缘材料等工作内容。

——道路定额是按照设置路缘石考虑的，当道路无路缘石时，每 m^3 道路单价中核减 20元；当道路路缘石采用花岗岩条石时，每 m^3 道路单价中增加 30 元。

（4）围墙与大门工程

——围墙工程包括基础土方施工、砌筑基础、浇制或预制钢筋混凝土基础梁、砌筑围墙与围墙柱、围墙抹灰（含压顶抹灰）、刷涂料、安装泄水孔、填伸缩缝、钢围栅与围栅柱制作及安装、金属构件运输及刷油、安拆脚手架等工作内容。砖围墙装饰按照抹砂浆后刷涂料考虑的，当采用其他装饰面层时，可参照墙体装饰定额调整计算。

——砌石墙工程包括块石打荒、勾缝等工作内容。

——安装铁丝网工程包括金属支柱制作与安装及刷油、安装铁丝网等工作内容。

——基础埋深每增减 30cm 定额包括基础土方开挖与夯填及运输、砌筑基础等工作内容。

——大门工程包括门柱基础土方施工、砌筑基础、砌筑门柱、砌筑伸缩门墙、配合预埋电线管、门柱与伸缩墙抹灰装饰、大门轨道制作与安装、大门制作与安装、电动大门购置、安装与调试、金属构件运输及刷油、安拆脚手架等工作内容。

——防火墙工程包括防火墙土方施工、浇制垫层、浇制或砌筑基础、浇制防火墙、砌筑防火墙、浇制防火墙框架、预制与安装防火墙板、预埋铁件、抹灰、刷涂料、安拆脚手架等工作内容。

——挡风抑尘墙与隔声墙包括基础土方施工、浇制基础、砌体砌筑、墙架（含墙柱）制作与安装、金属构件运输与刷油、墙板购置与安装、安拆脚手架等工作内容。

（5）支架与支墩工程包括基础土方施工、浇制垫层、浇制基础、浇制或预制钢筋混凝土支架、预制支架运输与安装及灌缝、刷水泥浆或刷涂料、钢结构构件制作与安装、金属构件运输与刷油、砌筑支墩、抹水泥砂浆、预埋铁件、安拆脚手架等工作内容。

——支架定额子目适用于全厂（站）建筑室外及厂（站）区外管道、电缆等单层或多层支架，不适用于烟道支架、输煤栈桥支架、9m 高以上厂（站）区支架及变配电构支架。

——支墩定额子目适用于全厂（站）建筑室外及厂（站）区外管道支墩，不用于室内管道和设备基础支墩。

（6）沟（管）道与隧道工程

——沟道与隧道工程包括土方施工、铺设垫层，浇制隧道、浇制沟道、浇制支墩、砌筑沟道、砌筑支墩、浇制混凝土压顶、填伸缩缝、浇制排水坑、砌筑排水坑、抹排水坡、沟盖板制作与安装、盖板角钢框制作与安装、电缆槽沟制作与安装、沟壁与底板抹防水砂浆、加浆勾缝、外壁涂热沥青、预埋铁件、安拆脚手架等工作内容。定额综合了沟道与隧道的断面尺寸、埋深、壁厚，执行定额时不做调整。

—室外管道工程包括管沟土方施工、铺设垫层、浇制基础、管道加工、成品购置、管道与管件安装、阀门与补偿器（伸缩节）安装、支架制作与安装、保温油漆、防腐保护、冲洗与水压试验、安拆脚手架等工作内容。定额综合了管道直径、埋深、压力，执行定额时不做调整。

（7）防水、防腐定额适用于室内外基础、沟道、池井、墙、地面、底板等项目的防水、防腐工程。防水、防腐工程包括清理底层、抹找平层、抹（涂）面层、贴砌块料面层、铺设附加层、接缝与收头、安拆脚手架等工作内容。

（8）井、池工程

—井、池工程包括土方施工、浇制混凝土垫层与底板、砌筑井或池、浇制井或池（包括池底、池壁、支柱、顶板、集水坑、人孔）、内壁与底抹防水砂浆、池底找坡、外壁刷热沥青、预制顶板制作与运输及安装、安装铸铁盖板、制作与安装人孔盖板、爬梯制作与安装、预埋铁件、回填砂砾石、搭拆脚手架等工作内容。容积大于 $500m^3$ 池子执行构筑物工程构筑物中水池定额。

—在定额子目容积区间以外的井、池可以采用插入法计算定额单价。

—深井定额子目适用于生活水源深井工程。施工期间的深井费用，原则上可以参照本定额确定。深井工程包括打井、护壁、安装井管、洗井、浇制井台、单井抽水试验、施工场地整平等工作内容。

—深井定额按照井管 $\phi219\times8$ 井深 75m 编制的，当井管直径与井深不同时，按照表3-51 系数调整定额单价。

深井调整系数表   表 3-51

井管直径(mm)	井深≤75m	井深≤120m	井深>120m
159	0.85	1.1	1.35
219	1	1.25	1.5
273	1.3	1.7	2.0
325	1.55	2.0	2.3
450	2.1	2.4	2.6
600	2.55	2.7	2.9

（9）护坡与挡土墙工程

—护坡工程包括边坡修整、基底夯实、铺设垫层、砌筑或浇制护坡面层、铺砌台阶与池埂、铺设植被、安拆脚手架等工作内容。

—挡土墙工程包括挡土墙基础部分土方施工、浇制混凝土垫层、浇制基础、浇制挡土墙、砌筑基础、砌筑挡土墙、安装泄水孔、充填伸缩缝、加浆勾缝，墙顶抹水泥砂浆、安拆脚手架等工作内容。

—锚杆支护、土钉支护工程包括边坡处理、钻孔、灌浆、安拔防护套管、端头锚固、安拆脚手架等工作内容。

　　—喷射混凝土支护工程包括钢筋网制作与安装、混凝土制备与运输、混凝土喷射、冲洗面层等工作内容。定额中混凝土喷射厚度按照 8cm 考虑，工程实际喷射厚度与定额不同时，参照预算定额进行调整。

　　(10) 护岸工程

　　—重力式构件工程包括重力块体制作、堆放、运输、陆地上安放等工作内容。

　　—防浪墙工程包括砌筑防浪墙、浇制防浪墙、安装泄水孔、充填伸缩缝、安脚手架等工作内容。

　　2. 工程量计算规则

　　(1) 道路与地坪工程

　　—道路按照道路、地坪体积计算工程量。体积＝面积×厚度，厚度为基层、底层、面层三层厚度之和；面积按照水平投影面积计算，有路缘石的道路按照路缘石内侧计算面积。计算体积时，不扣除路面上雨水口所占的体积，其费用不单独计算。

　　—地下给水、排水、消防水、雨水管线等布置在道路下面时，路面需要设置的各种井按照净空体积另行计算，计算道路工程量时，不扣除井所占的工程量，路面由此增加的工作量不单独计算。

　　—预制块路面、设备绝缘地坪按照面积计算工程量。计算面积时，不扣除 $0.5m^2$ 以内设备所占的面积。当预制块路面、设备绝缘地坪厚度与定额不同时，不做调整。

　　(2) 围墙与大门工程

　　—围墙按照围墙面积计算工程量。围墙长度按照墙体中心线长度计算，不扣除围墙柱、伸缩缝等所占的长度，扣除大门与边门及大门柱所占的长度；围墙高度从室外地坪标高计算至围墙顶标高（不包括压顶抹灰高度）。

　　—围墙厚度不同时可以调整。砖围墙定额按照 240mm 厚编制，370mm 厚砖围墙定额调整 1.34 系数，180 毫米厚砖围墙定额调整 0.84 系数。石墙定额按照 350mm 厚编制，石墙厚度每增加 50mm 定额调增 1.115 系数，石墙厚度每减少 50mm 定额调减 0.885 系数。

　　—铁丝网按照面积计算工程量，长度按照围墙长度计算，铁丝网高度从墙顶计算至金属柱顶。

　　—围墙基础按照 1.5m 埋深（室外整平标高至基础底标高）考虑的。基础埋深每增减 30cm 定额按照围墙长度计算工程量。基础埋深每增减 30cm 为一个调整深度，基础埋深增减余量不足 30cm 但大于或等于 10cm 的计算一个调整深度。

　　—大门按照大门面积计算工程量，计算边门面积。

　　—防火墙按照防火墙体积计算工程量，防火墙高度从室外地坪标高计算至防火墙顶标高（不含抹灰厚度），基础墙、基础不计算工程量。

　　—挡风抑尘墙、冷却塔隔声墙按照墙面积计算工程量。墙长度按照墙体中心线长度计算，不扣除墙柱所占的长度；墙高度从室外地坪标高计算至墙板顶标高。

　　(3) 支架与支墩工程

　　—混凝土支架按照混凝土支架体积计算工程量，应计算柱、梁、支架头部。柱高从零米标高计算至支架顶标高，预制支架应计算插入基础部分支架柱长度。不计算基础短柱与基础体积。

　　—钢结构支架按照钢结构支架重量计算工程量，应计算柱、梁、支撑、牛腿、柱脚，插入基础部分的钢结构计算重量。基础不单独计算费用。

——支墩按照地上与地下部分体积之和计算工程量。不计算垫层体积工程量。

（4）沟道、隧道与室外管道工程

——沟道、隧道按照其净空体积（容积）计算工程量，净空体积＝沟（隧）道净断面面积×沟（隧）道长度。沟（隧）道长度按照净空长度计算，扣除各种井所占的长度，不扣除沟（隧）道与道路交叉、沟（隧）道交叉长度，厂（站）区沟（隧）道与房屋内的沟（隧）道以房屋轴线外 1m 分界。各种井按照井池定额另行计算。

——电缆槽沟长度按照电缆槽沟铺设长度计算。

——室外采暖管道、生活给水钢管道、室外消防水管道按照管道的重量计算工程量，计算管件、阀门、法兰、补偿器、室外消火栓、支架等重量。厂（所、站）区管道与房屋内的管道以房屋轴线外 1m 分界；直埋管道与沟道内管道以沟道外壁分界。

——室外生活给水 PVC 管道按照单根管道敷设长度计算工程量，不扣除阀门井、检查井等所占的长度，阀门井与检查井按照井池定额另行计算，厂（所、站）区管道与房屋内的管道以房屋轴线外 1m 分界。

——室外排水、雨水管道按照单根管道敷设长度计算工程量，不扣除阀门井、检查井等所占的长度，阀门井与检查井按照井池定额另行计算，厂（所、站）区排水管道与房屋内的排水管道以房屋轴线外 1m 分界。

——防水、防腐按照面积计算工程量，扣除大于 $1m^2$ 的孔洞或设备基础等所占的面积，附加层、接缝、收头等不单独计算。

（5）井、池工程

——井、池按照其净空体积（容积）计算工程量，不扣除井或池内设备、支墩、支柱、管道等所占的体积。

——深井按照深井井管长度计算工程量，井管长度应计算沉砂管和滤管长度。

（6）护坡与挡土墙工程

——计算护坡面积时按照斜面计算，不扣除台阶、池埂等所占面积。台阶、池埂的费用不单独计算。

——砌体护坡按照砌体护坡体积计算工程量，护坡体积＝护坡面积×护坡厚度，护坡厚度应计算垫层厚度。

——挡土墙按照挡土墙体积计算工程量，挡土墙体积＝基础体积＋挡土墙体积。计算体积时，不扣除泄水孔、伸缩缝所占体积，不计算垫层体积。

——锚杆支护按照锚杆入土长度以延长米计算工程量。

——土钉支护按照土钉锚杆钢材重量以吨计算工程量，不计算钢筋网重量。

——喷射混凝土按照喷射的混凝土表面积以平方米计算工程量。

（7）护岸工程

——重力式构件按照构件体积计算工程量，不计算损耗量。

——防浪墙按照体积计算工程量。

十二、室内给水、排水、采暖、通风空调、除尘、照明、特殊消防及接地工程

1. 说明

（1）本章定额适用于建筑物、构筑物室内给排水（含常规水消防）、采暖、通风空调、

除尘、照明工程，包括特殊消防工程，包括烟囱与冷却塔接地工程。

（2）定额中的特殊消防是指常规水消防以外的消防设施，包括消防探测、报警、灭火系统。

（3）室内给排水、采暖、通风空调、除尘、照明工程按照单位工程执行定额。定额中未列举名称的单位工程根据建筑物的作用和层数分别按照生产类多层建筑、生产类单层建筑、生活类多层建筑、生活类单层建筑执行定额。

（4）定额中包括采暖、通风空调、除尘、照明、特殊消防工程设备的安装费与单体调试费及系统调试费，未包括设备费与设备运杂费。定额中安装设备与材料的规格及消耗量是综合考虑的，工程实际与定额不同时，不做调整。建筑工程设备与材料划分：

——给排水（含常规水消防）工程中，水表、流量计、压力表、阀门、卫生器具、室内消火栓、水泵接合器、生活消防水箱等定义为材料；水泵、稳压器、水处理装置、水净化装置定义为设备，其安装费参照有关定额单独计算。

——采暖工程中，散热器、疏水器、蒸汽分汽缸、集器罐、伸缩节、流量计、温度计、压力表、阀门等定义为材料；电暖气、电热水器、暖风机、热风幕、热交换器、热网水泵等定义为设备，其安装费包含在采暖定额中。

——通风空调工程中，通风阀、百叶孔、方圆节定义为材料；制冷机、冷却塔、空调机、风机盘管、轴流风机、消声装置、屋顶通风器等定义为设备，其安装费包含在通风空调定额中。

——照明工程中，联闪控制器、镇流器、电气仪表、接线盒、开关、灯具、航空灯、插座等定义为材料；照明配电箱（含降压照明箱、事故照明箱）定义为设备，其安装费包含在照明定额中。

——特殊消防工程中，感温感烟探测器、感烟探测电缆、控制模块、模拟盘、按钮、声光报警器、喷淋装置、预作用系统、泡沫发生器、呼吸机、喷淋二次升压消防泵、稳压泵定义为设备，其安装费包含在特殊消防定额中。

（5）采暖、通风空调定额是按照Ⅲ地区编制的，地区类别差按照表3-52进行调整。Ⅰ类地区原则上不实施采暖，当工程需要采暖时，可参照执行。

地区分类调整系数表　　　　　　　　　　　　　　　　表3-52

地区分类	采　暖	通风空调
Ⅰ	0.3	1.3
Ⅱ	0.75	1.15
Ⅲ	1	1
Ⅳ	1.2	0.9
Ⅴ	1.3	0.8

注：地区分类见《火电发电工程建设预算编制与计算规定（2013年版）》与《电网工程建设预算编制与计算规定（2013年版）》。

（6）给排水（含常规水消防）工程包括给水管道、排水管道、消防管道、管道支架、阀门、法兰、水表、流量计、压力表、水龙头、淋浴喷头、地漏、清扫孔、检查孔、透气帽、卫生器具、室内消火栓、水泵接合器、生活消防水箱等安装，包括管道支架、生活消防水箱的制作，包括保温油漆、防腐保护、管道冲洗、水压试验、调试、安拆脚手架等工作内容。

（7）采暖工程包括采暖管道、管道支架、阀门、法兰、水表、流量计、温度计、压力表、散热器、疏水器、蒸汽分汽缸、集器罐、伸缩节、采暖设备等安装，包括管道支架、疏水器、蒸汽分汽缸、集器罐、伸缩节的制作，包括保温油漆、防腐保护、管道冲洗、水压试验、调试、安拆脚手架等工作内容。

（8）通风空调工程包括风道、风道支架、风口、风帽、风阀、现场配置设备之家等制作与安装，包括通风空调设备安装，包括保温油漆、防腐保护、调试、安拆脚手架等工作内容。

（9）除尘工程包括管道、管道支架、阀门、疏水器、风帽、柔性软风管等制作与安装，包括除尘设备安装，包括保温油漆、防腐保护、调试、安拆脚手架等工作内容。

（10）照明工程包括照明配电箱（含降压照明箱、事故照明箱）、联闪控制器、镇流器、电气仪表、接线盒、开关、插座、灯具、航空灯等安装，包括敷设电线管、敷设照明电线、调试、安拆脚手架等工作内容。

（11）接地工程包括接地极制作与安装、接地母线敷设、接地跨接线、避雷针制作与安装、引下线敷设、避雷带（网）安装、接地测试、安装接地极或敷设接地母线时土方开挖与回填、安拆脚手架等工作内容。不包括接地降阻剂换填、阴极保护接地。

（12）特殊消防工程包括感温感烟探测器、感烟探测电缆、控制模块、模拟盘、按钮、声光报警器、喷淋装置、预作用系统、泡沫发生器、呼吸机、控制电缆、管道、喷头、喷淋二次升压消防泵与稳压泵等安装，包括保温油漆、防腐保护、调试、安拆脚手架等工作内容。

（13）特殊消防根据工程建设规模执行定额。变电站、换流站变压器消防中包括站用变压器消防。

—变电工程特殊消防是按照 500kV 电压等级安装一台三相一体变压器编制的，其他电压等级变电工程特殊消防按照表 3-53 系数计算，同一电压等级不同变压器容量的特殊消防不做调整。

—换流站工程特殊消防是按照直流额定电压±500kV 编制的，其他直流换流站工程按照表 3-54 系数计算。

变电工程特殊消防设备费及特殊消防定额调整系数表　　　　　　　　　　　表 3-53

序号	电压等级	主控室	一台变压器(三相一体)	一组变压器(三台单相)	两台(组)变压器	全站移动消防设备
1	1000kV	1.65		3.5	2.8	1.65
2	750kV	1.25		2.7	2.2	1.25
3	500kV	1	1	2.2	1.8	1
4	330kV	0.85	0.7		1.3	0.85
5	220kV	0.65	0.35		0.6	0.65
6	110kV	0.5	0.3		0.5	0.5
7	66kV	0.4	0.2		0.35	0.4
8	35kV	0.35	0.15		0.25	0.35

换流站工程特殊消防设备费及特殊消防定额调整系数表　　　表 3-54

序号	额定电压等级	控制楼与阀厅	换流变压器	全站移动消防设备
1	±800kV	1.65	2	1.65
2	±660kV	1.25	1.6	1.25
3	±500kV	1	1	1
4	±400kV	0.8	0.7	0.8

（14）特殊消防工程的设备费可参考表 3-55 计列。

特殊消防设备费参考表　　　单位：元/套　　　表 3-55

变电站	500kV 变电站变压器消防	214000（含火灾报警控制盘）
	变电所主控楼消防	109000
	全站移动消防设备	35000
换流站	±500kV 换流站变压器消防	1285000（含火灾报警控制盘）
	控制楼与阀厅消防	157000
	全站移动消防设备	85000
电缆沟		38.5 元/m

（15）定额中未考虑施工安装与生产运行相互交叉因素，单位工程发生时按照相应的定额人工费增加 10%。定额已经考虑建筑与安装施工交叉的因素。

2. 工程量计算规则

（1）室内给排水、采暖、通风空调、除尘、照明工程按照建筑物、构筑物的建筑体积，或面积，或长度，或高度，或淋水面积计算工程量。建筑体积、建筑面积、建筑长度按照电力建设工程建筑计量规则计算。

（2）管道、照明电线界线划分。

—给水管道、排水管道、消防水管道以建筑物、构筑物轴线外 1m 分界。

—采暖管道以建筑物、构筑物轴线外 1m 分界。

—照明电源线以建筑物、构筑物照明总配电箱分界，无总配电箱者以照明配电箱或照明配电盘分界。

—建筑物、构筑物接地与全厂（站）接地以建筑物、构筑物接地极或接地母线分界。

—特殊消防喷淋管道以建筑物、构筑物常规消防水主管道分界。

（3）特殊消防工程根据项目建设规模按照套计算工程量，同期建设项目为 1 套。

十三、混凝土材料单价表（表 3-56～表 3-59）

现浇混凝土制备表—集中搅拌站搅拌　　　单位：m³　　　表 3-56

材料编号	4000057	4000058	4000059	4000060	4000061
项 目	碎石最大粒径 10mm				
	C20	C25	C30	C35	C40
材料基价（元）	245.58	265.04	274.51	294.7	312.77
人工费（元）	3.24	3.24	3.24	3.24	3.24
材料费（元）	208.21	227.67	237.14	257.33	275.40
机械费（元）	34.13	34.13	34.13	34.13	34.13

续表

材料编号	4000062	4000063	4000064	4000065	4000066
项 目	碎石最大粒径20mm				
	C15	C20	C25	C30	C35
材料基价(元)	227.21	235.57	249.05	283.46	295.31
人工费(元)	3.55	3.55	3.55	3.55	3.55
材料费(元)	189.53	197.89	211.37	245.78	257.63
机械费(元)	34.13	34.13	34.13	34.13	34.13
材料编号	4000067	4000068	4000069	4000070	4000071
项 目	碎石最大粒径20mm				
	C40	C45	C50	C55	C60
材料基价(元)	310.01	322.66	341.6	357.98	369.74
人工费(元)	3.24	3.24	3.24	3.24	3.24
材料费(元)	272.64	285.29	304.23	320.61	332.37
机械费(元)	34.13	34.13	34.13	34.13	34.13
材料编号	4000072	4000073	4000074	4000075	4000076
项 目	碎石最大粒径40mm				
	C10	C15	C20	C25	C30
材料基价(元)	202.89	212.28	225.13	236.47	267.71
人工费(元)	3.24	3.24	3.24	3.24	3.24
材料费(元)	165.52	174.91	187.76	199.10	230.34
机械费(元)	34.13	34.13	34.13	34.13	34.13

材料编号	4000077	4000078	4000079	4000080	4000081	4000082
项 目	碎石最大粒径40mm					
	C35	C40	C45	C50	C55	C60
材料基价(元)	278.48	295.56	304.16	322.99	336.85	350.29
人工费(元)	3.24	3.24	3.24	3.24	3.24	3.24
材料费(元)	241.11	258.19	266.79	285.62	299.48	312.92
机械费(元)	34.13	34.13	34.13	34.13	34.13	34.13

预制混凝土制备表—集中搅拌站搅拌　　　单位：m³　**表3-57**

材料编号	4000083	4000084	4000085	4000086	4000087
项 目	碎石最大粒径20mm				
	C20	C25	C30	C35	C40
材料基价(元)	223.41	233.09	259.31	277.61	296.45
人工费(元)	3.24	3.24	3.24	3.24	3.24
材料费(元)	186.04	195.72	221.94	240.24	259.08
机械费(元)	34.13	34.13	34.13	34.13	34.13

材料编号	4000088	4000089	4000090	4000091	4000092
项 目	碎石最大粒径40mm				
	C20	C25	C30	C35	C40
材料基价(元)	219.69	230.07	253.47	267.31	287.86
人工费(元)	3.24	3.24	3.24	3.24	3.24
材料费(元)	182.32	192.70	216.10	229.94	250.49
机械费(元)	34.13	34.13	34.13	34.13	34.13

水工现浇混凝土制备表—集中搅拌站搅拌　　　单位：m³　**表 3-58**

材料编号	4000093	4000094	4000095	4000096	4000097
项 目	碎石最大粒径20mm				
	C20	C25	C30	C35	C40
材料基价(元)	233.16	260.44	283.32	302.09	315.53
人工费(元)	3.24	3.24	3.24	3.24	3.24
材料费(元)	195.79	223.07	245.95	264.72	278.16
机械费(元)	34.13	34.13	34.13	34.13	34.13
材料编号	4000098	4000099	4000100	4000101	4000102
项 目	碎石最大粒径40mm				
	C20	C25	C30	C35	C40
材料基价(元)	223.43	247.05	271.87	289.33	298.53
人工费(元)	3.24	3.24	3.24	3.24	3.24
材料费(元)	186.06	209.68	234.50	251.96	261.16
机械费(元)	34.13	34.13	34.13	34.13	34.13

水工预制混凝土制备表—集中搅拌站搅拌　　　单位：m³　**表 3-59**

材料编号	4000103	4000104	4000105	4000106	4000107
项 目	碎石最大粒径20mm				
	C20	C25	C30	C35	C40
材料基价(元)	230.67	261.85	285.36	298.26	311.08
人工费(元)	3.55	3.55	3.55	3.55	3.55
材料费(元)	192.99	224.17	247.68	260.58	273.4
机械费(元)	34.13	34.13	34.13	34.13	34.13
材料编号	4000108	4000109	4000110	4000111	4000112
项 目	碎石最大粒径40mm				
	C20	C25	C30	C35	C40
材料基价(元)	223.43	247.05	271.87	289.33	298.53
人工费(元)	3.24	3.24	3.24	3.24	3.24
材料费(元)	186.06	209.68	234.50	251.96	261.16
机械费(元)	34.13	34.13	34.13	34.13	34.13

3.4.5.2　电力建设安装工程概算定额使用说明和工程量计算规则

一、总说明

1. 本定额适用于发电单机容量 50～1000MW 级机组新建或扩建工程和变电电压等级 35～1000kV 新建或扩建工程、换流站新建或扩建工程、通信站新建或扩建工程、串补站新建或扩建工程。上述工程以外的项目可以参照执行。

2. 本定额是初步设计阶段工程概算编制的依据；是初步设计阶段工程招标标底、投标报价编制的参考依据；是施工图阶段通过合同约定，按照概算定额工程量计算规则计算施工图工程量进行工程结算和决算的依据。

3. 本定额编制基础及主要依据。

（1）《火力发电工程建设预算编制与计算规定》2013 年版。

（2）《电网工程建设预算编制与计算规定》2013 年版。

（3）《电力建设工程预算定额 第三册 电气设备安装工程》2013 年版。

（4）2006 年以来电力工程施工图设计图纸（包括发电厂、变电站、换流站、通信站、串补站等工程施工图纸）。

（5）电力工程施工方案（包括施工组织设计、施工技术标准、施工措施等方案）。

4. 定额中已包括单体调试，以及配合分系统试运时施工方面的人工、材料、机械的消耗。

5. 本定额由预算定额综合扩大而成，综合权重采用相关典型工程的施工图工程量。除定额规定可以调整或换算外，不因具体工程实际施工组织、施工方法、劳动力组织与水平、材料消耗种类与数量、施工机械规格与配置等不同而调整或换算。

6. 定额子目的工作范围及内容在各章节说明中阐述，有关施工工序的范围及内容详见预算定额的有关说明。

7. 定额基价计算依据。

（1）人工费

人工用量包括施工基本用工和辅助用工（包括机械台班定额所含人工以外的机械操作用工），分为安装普通工和安装技术工。

工日为八小时工作制，安装普通工单价为 34 元/工日，安装技术工单价为 53 元/工日。

（2）材料费

计价材料用量包括合理的施工用量和施工损耗、场内运搬损耗、施工现场堆放损耗。其中，周期性材料按摊销量计列；零星材料合并为其他材料费。

计价材料为现场出库价格，按照"电力行业 2013 年定额基准材料库"价格取定。

（3）机械费

机械台班用量包括场内搬运、合理施工用量和超运距、超高度、必要间歇消耗量以及机械幅度差等。

不构成固定资产的小型机械或仪表，未计列机械台班用量，包括在《电网工程建设预算编制与计算规定》（2013 年版）、《火力发电工程建设预算编制与计算规定》（2013 年版）的施工工具用具使用费中。

机械台班价格按照"电力行业 2013 年定额基准施工机械台班库"价格取定。

8. 定额配套使用装置性综合预算价格,其数量以设计需要量为准。

装置性材料综合预算价格中未包括的项目,采用装置性材料预算价格时,在计算用量时要计入损耗量,损耗率见表。

未计价材料损耗率 表 3-60

序号	材料名称	损耗率(%)
1	裸软导线(铜线、铝线、钢线、钢芯铝绞线)	1.3
2	绝缘导线	1.8
3	电力电缆	1.0
4	控制电缆、通信电缆	1.5
5	硬母线(铜、铝、槽型母线)	2.3
6	拉线材料(钢绞线、镀锌铁线)	1.5
7	金属板材(钢板、镀锌薄钢板)	4.0
8	金属管材、管件	3.0
9	型钢	5.0
10	金具	1.5
11	螺栓	2.0
12	绝缘子类	2.0
13	一般灯具及附件、刀开关	1.0
14	塑料制品(槽、板、管)	5.0
15	石棉水泥制品、砂、石	8.0
16	油类	1.8
17	灯泡	3.0
18	灯头、灯开关、插座	2.0
19	电缆头套件	5.0
20	桥架	0.5

注:绝缘导线、电缆、硬母线、裸软导线,其损耗率中不包括为连接电气设备、器具而预留的长度,也不包括各种弯曲(包括弧度)而增加的长度,这些长度均应计算在工程量的基本长度中,以基本长度为基数再计入消耗量。

9. 本定额内不包括的工作内容。

(1) 电气设备(如电动机等)带动机械设备的试运转。

(2) 表计修理和面板修改、翻新,设备修复、更换后的重新安装及调试。

(3) 为了保证安全生产和施工所采取的措施费用。

(4) 电气设备的整体油漆。

10. 66kV 没有相应定额子目的可按 110kV 定额子目乘以系数 0.88,154kV 可直接套用 220kV 相应定额子目乘以系数 0.90。

11. 本定额中凡采用"××以内"或"××以下"者,均已包括"××"本身;凡采用"××外"或"××以上"者,均不包括"××"本身。

12. 总说明内未尽事宜,按各章说明执行。

二、变压器

1. 工作内容

（1）变压器：变压器本体安装，端子箱、控制箱、引下线安装，铁构件制作安装，接线，接地，油过滤，单体调试。

（2）箱式变压器安装：箱式变电站、零序电流互感器、柜上母线安装，基础槽钢制作安装，接地，单体调试。

（3）消弧线圈：消弧线圈本体安装，端子箱、控制箱安装、油过滤，接地，单体调试。

（4）电抗器：本体安装，端子箱、控制箱、引下线安装，油过滤，接地，单体调试。

2. 未计价材料

设备连接导线、金具、接地材料，基础槽钢、铁构件和网门制作安装中的钢材和镀锌材料费。

3. 工作其他说明

（1）三相变压器和单相变压器安装适用于油浸式变压器、自耦变压器安装；带负荷调压变压器安装执行同电压、同容量变压器安装定额乘以系数1.1。

（2）定额未考虑变压器干燥，如果发生按实际所需的费用计算。

（3）压器回路内的避雷器、隔离开关、中性点设备，另执行配电装置相应定额。

（4）变压器安装定额子目同样适用于自耦变压器。

（5）变压器高、中、低压侧软母线和耐张绝缘子的安装，低压侧硬母线的安装，另执行母线、绝缘子相应定额。

（6）支柱绝缘子的安装，另执行第4章相应定额。

（7）变压器的散热器外置时人工费乘以系数1.30。

（8）电抗器安装适用于混凝土电抗器、铁心干式电抗器和空心电抗器等干式电抗器安装，油浸式电抗器按同容量干式电抗器定额乘以系数1.20。

（9）110kV及以上设备安装在户内时人工费乘以系数1.30。

三、配电装置

1. 工作内容

（1）断路器：本体安装，本体至相邻一组（或台）设备连线安装，端子箱的安装，油过滤，接地，单体调试。

（2）GIS：本体安装，真空处理，检漏试验，充SF_6气体，接地，单体调试。

（3）HGIS：本体安装，抽真空，检漏试验，注SF_6气体，附件安装，接地，单体调试。

（4）COMPASS：本体安装，本体至相邻一组（或台）设备连线安装，充SF_6气体，检漏试验，接地，单体调试。

（5）SF_6全封闭组合电器（GIS）主母线及进出线套管：主母线及套管吊装，连接，封闭，检漏试验，充SF_6气体，接地，单体调试。

（6）隔离开关：本体安装，本体至相邻一组（或台）设备连线安装，母线引下线的安装，接地，单体调试。

（7）接地开关：本体安装，母线引下线的安装，接地，单体调试。

（8）互感器：本体安装，本体至相邻一组（或台）设备连线安装，端子箱的安装，油过滤，接地，单体调试。

（9）敞开式组合电器：本体安装，本体至相邻一组（或台）设备连线安装，母线引下线、端子箱的安装，接地，单体调试。

（10）避雷器：本体安装，本体至相邻一组（或台）设备连线安装，母线引下线安装，接地，单体调试。

（11）耦合电容器：本体安装，本体至相邻一组（或台）设备连线安装，母线引下线安装，接地，单体调试。

（12）电容器组：本体安装，本体至相邻一组（或台）设备连线安装，接线，接地，单体调试。

（13）放电线圈：本体安装，本体至相邻一组（或台）设备连线安装，接地，单体调试。

（14）熔断器：本体安装，本体至相邻一组（或台）设备连线安装，接地，单体调试。

（15）结合滤波器：本体安装，本体至相邻一组（或台）设备连线安装，接地，单体调试。

（16）阻波器：本体安装，本体至相邻一组（或台）设备连线安装，母线引下线、悬式绝缘子串（用于悬挂阻波器用）的安装，接地，单体调试。

（17）成套高压配电柜：本体安装，屏顶母线安装，基础槽钢制作安装，接地，单体调试。

（18）接地变柜安装：本体安装，接线，基础槽钢制作安装，接地，单体调试。

2. 工程计算规则

（1）断路器每台为三相。

（2）单相接地开关、电压互感器、电流互感器、电容器、耦合电容器、阻波器安装每台为单相。

（3）隔离开关、熔断器、避雷器、电容器组、自动无功装置安装、敞开式组合电器安装每组为三相。

（4）结合滤波器每套包括结合滤波器和接地开关的安装。

（5）SF_6 全封闭组合电器（带断路器）以断路器数量计算工程量；SF_6 全封闭组合电器（不带断路器）以母线电压互感器和避雷器之和计算工程量，每组为一台；为远景扩建方便预留的组合电器，前期先建母线及母线侧隔离开关，套用 SF_6 全封闭组合电器（不带断路器）定额，每间隔为一台。

（6）SF_6 全封闭组合电器（GIS）主母线安装按中心线长的计量。长度按设计规定计算，如设计未明确预留长度则按下表规定计算。

预留长度 表 3-61

序号	电压等级	每间隔主母线长度 ［m(三相)］	每间隔出线套管数量 （个）
1	110kV	3	2
2	220kV	15	2
3	330kV	30	2

序号	电压等级	每间隔主母线长度 ［m(三相)］	每间隔出线套管数量 （个）
4	5000kV	30	2
5	750kV	40	2
6	1000kV	50	2

3. 未计价材料

设备连接导线、金具、悬垂绝缘子、接地材料、基础槽钢、铁构件和网门制作安装中的钢材和镀锌材料费。

4. 其他说明

（1）罐式断路器按同电压等级的六氟化硫断路器定额乘以系数 1.2 计算。

（2）单相避雷器按同电压等级的避雷器定额乘以系数 0.4 计算。

（3）本章定额中未包括设备支架制作安装，设备支架制作安装另执行控制、继电保护屏及低压电器部分相应定额。

（4）本章定额中未包括保护网制作安装，保护网制作安装另执行控制、继电保护屏及低压电器部分相应定额。

（5）本章定额中未包括支柱绝缘子安装，支柱绝缘子安装另执行控制、继电保护屏及低压电器部分相应定额。

（6）GIS 安装高度在 10m 以上时，人工定额乘以系数 1.05，机械定额乘以系数 1.20。

（7）电压等级为 110kV 及以上设备安装在户内时，其人工乘以系数 1.30。

四、绝缘子、母线

1. 工作内容

（1）支持绝缘子安装：本体及附件安装，接地，单体调试。

（2）穿墙套管安装：本体及附件安装，接地。

（3）软母线安装：软母线安装、跳线、引下线安装，绝缘子串安装及单体调试。

（4）带形母线安装：带形母线、伸缩节及附件安装，绝缘热缩安装。

（5）槽型母线安装：槽型母线及附件安装，铁构件制作安装。

（6）管型母线安装：管型母线及附件安装，绝缘子串安装。

（7）封闭母线安装：封闭母线及附件安装，铁构件制作安装。

2. 未计价材料

封闭母线、带形母线、槽形母线、软母线、管型母线、管型母线衬管、阻尼导线、母线伸缩头支柱绝缘子、绝缘子串、穿墙套管、金具、绝缘热缩管、接地材料、基础槽钢和铁构件制作中的钢材和镀锌材料费。

3. 其他说明

（1）带形母线定额已综合考虑单相多片及各种材质，使用时定额不做调整。

（2）带形母线、管型母线定额中未包括支架制作安装，支架制作安装另执行母线、绝缘子部分相应定额。

4．工程量计算规则

（1）分相封闭母线安装工程量按各相母线外壳中心线的延长米之和（不扣除附件所占长度）的 1/3 计算，以"三相米"为计量单位。

（2）共享封闭母线安装工程量按母线外壳中心线的延长米计算，不扣除附件所占长度，以"m"为计量单位。

（3）带形母线、槽形母线安装工程量均按母线中心线的延长米计算，不扣除附件所占长度，以"m"为计量单位。

（4）管型母线（支撑式）安装工程量按单相母线中心线的延长米计算，不扣除附件所占长度（不计算管形母线衬管长度），以"m"为计量单位。

五、控制、继电保护屏及低压电器

1．工作内容

（1）控制盘台柜：控制盘台柜本体安装，柜间小母线安装，设备自带电缆安装，基础槽钢制作安装，接地，单体调试。单体调试中电厂包含 400V 备用电源自投装置单体调试、自动调频装置单体调试、自动准同期装置单体调试、小电流接地选线装单体调试、继电保护试验电源装置单体调试、变压器微机冷却控制装置单体调试、电厂微机监控元件调试、变电站、升压站微机监控元件调试。变电站包含备用电源自投装置（慢切）3～10kV 单体调试、小电流接地选线装单体调试、继电保护试验电源装置单体调试、变压器微机冷却控制装置单体调试、区域安全稳定控制装置单体调试、电能质量检测装置单体调试、变电站、升压站微机监控元件调试。

（2）保护盘台柜：本体安装，柜间小母线安装，基础槽钢制作安装，接地，单体调试。单体调试中变电站包含各电压等级的变压器保护单体调试、送电线路保护单体调试、母线保护单体调试、母联保护单体调试、变电站自动化系统测控装置单体调试；电厂包含各电压等级的变压器保护单体调试、发电机主变压器组保护单体调试、送电线路保护单体调试、母线保护单体调试、母联保护单体调试。

（3）智能保护盘台柜：适用于智能变电站中的保护盘台柜，除与上述内容相同外，还包括合并单位、智能终端、网络报文记录和分析装置单体调试，变压器智能组件中的测量 IED、油中溶解气体监测 IED、油中微水监测设备、铁芯接地电阻监测 IED、绕组光纤测温 IED、电容式套管电容量、介质损耗因数监测 IED，断路器/GIS 智能组件中的断路器机械特性监测 IED、气体密度、水分监测 IED、绝缘监测 IED，网络交换机过程层的单体调试内容。

（4）变频器安装：变频器本体安装、插件安装、基础槽钢制作安装、接地、单体调试。

（5）输煤程控装置：程控系统安装，输煤工业电视系统安装、基础槽钢制作安装，接地。

（6）高压成套配电柜：高压成套配电柜、柜间母线桥及柜上母线安装，电动机检查接线，基础槽钢制作安装，接地，单体调试。

（7）低压成套配电柜：低压成套配电 PC 盘、柜间母线桥及柜上母线安装，电动机检查接线，基础槽钢制作安装，接地，单体调试。

（8）车间配电盘：低压成套配电 MCC 盘、柜间母线桥及柜上母线安装，电动机检查接线，基础槽钢制作安装，接地。

（9）铁构件及保护网：铁构件及保护网制作安装、镀锌。

2. 工程量计算规则

（1）控制、保护盘、台安装按电压与容量不同以"块"为单位计量。定额包括布置在发电厂及变电站主（网络）控制室、单元控制室、电气继电器室等处（含远动系统、计算机监控系统在内）的控制、保护盘台柜。

（2）保护盘台柜以设备数量"块"为计量单位，不计算端子端、就地控制箱等。包括布置在变电站主（网络）控制室、单元控制室、电气继电器等处的保护盘台柜。

（3）输煤程控装置根据机组容量不同以"套"为单位计量。

3. 未计价材料

控制保护盘台柜、高压成套配电柜和低压成套配电柜定额中的接地引下线材料、基础槽钢和铁构件制作中的钢材和镀锌材料费。

4. 其他说明

控制盘台柜定额子目是依据500kV变电站编制的，其他变电站工程定额基价按以下表3-62系数调整。

其他变电站定额基价调整系数 表3-62

变电站工程	系　　数	变电站工程	系　　数
35kV 变电站	0.85	500kV 变电站	1
110kV 变电站	0.9	750kV 变电站	1.05
220kV 变电站	0.95	1000kV 变电站	1.1
330kV 变电站	1		

六、交直流电源

1. 工作内容

（1）蓄电池、免维护蓄电池安装：蓄电池及支架安装，直流充电、馈电屏及充放电装置安装，接地，单体调试。

（2）交直流配电装置屏：本体安装，接线，基础槽钢制作安装，接地，单体调试。

（3）事故保安电源：柴油发电机安装及检查接线，控制柜安装，基础槽钢制作安装，接地，单体调试。

（4）不停电电源安装：UPS装置主机柜、旁路柜、馈线柜安装，基础槽钢制作安装，接地，单体调试。

2. 未计价材料

接地材料，支架、基础槽钢和铁构件制作中的钢材和镀锌材料费。

七、起重设备电气装置

1. 工作内容

（1）抓斗式起重机、轮式堆取料机电气：成套设备安装、基础槽钢制作安装，接地。

（2）滑触线安装：滑触线及附件安装，起重设备（除堆取料机、抓斗式起重机）电气安装，支架安装，接地。

2. 工程量计算规则

滑触线支架按制造厂成套供应考虑，如需现场制作，执行控制、继电保护屏及低压电器部分相应定额。

3．未计价材料

滑触线、基础槽钢和铁构件制作中的钢材和镀锌材料费。

八、电缆

1．工作内容

（1）电力电缆：电缆敷设和电力电缆调试，电缆保护管敷设，电缆头制作安装，电缆沟挖填土，电缆沟铺沙盖砖等。

（2）控制电缆：电缆敷设，电缆保护管敷设，电缆头制作安装，电缆沟挖填土，电缆沟铺沙盖砖等。

（3）电缆支架、桥架：电缆支架、桥架制作安装，接地。

（4）电缆防火：槽盒安装，隔板加工、固定，防火堵料调配、搅拌、堵塞等，防火墙的砌筑，铁构件制作安装，接地。

2．工程量计算规则

（1）电缆敷设按长度以"100m"为单位计量。

（2）钢质支架、桥架、防火堵料、涂料、防火包以"t"为单位计量。复合支架以"付"为单位计量。铝合金桥架以"m"为单位计量，复合桥架执行铝合金架桥安装定额。

（3）阻燃槽盒、防火带以"100m"为单位计量，防火隔板以"100m²"为单位计量，防火墙以"m²"为单位计量。

3．未计价材料

电力电缆、控制电缆、电缆保护管及接头、6kV及以上电缆头、电缆支架、电缆桥架、阻燃槽盒、防火隔板、防火堵料、防火涂料、防火包、防火墙、接地材料、基础槽钢和铁构件制作中的钢材和镀锌材料费。

4．本章中需要说明的其他问题

（1）计算机电缆敷设执行通信定额。

（2）定额中不包括35kV及以上高压电缆敷设，需要时选用送电线路定额。

（3）不锈钢桥架执行钢桥架乘以系数1.1。复合桥架执行铝合金桥架乘以系数1.3。

（4）导线截面在800mm²以上的电缆，执行单芯电缆800mm²的子目乘以系数1.25。

（5）电缆井罩的制作安装另执行控制、继电保护屏及低压电器部分铁构件制作安装定额。钢组合支架执行钢电缆桥架定额。

九、照明及接地

1．工作内容

（1）照明安装：小型电源箱安装，灯具安装、电杆组立、保护管敷设、管内配线、基坑土方挖填、基础安装。

（2）全站接地：接地母线敷设，接地极制作安装，接地跨接线安装，构筑物接地引下线安装，降阻剂安装，接地模块安装，接地井制作安装，单体调试。

（3）深井接地埋设：测量、下料、电极安装，电缆敷设，单体调试。

（4）电子设备防雷接地装置：钻孔、安装、接线，单体调试。

2．工程量计算规则

（1）定额不含照明电缆敷设，照明电缆敷设另执行电缆敷设定额。

（2）深井接地埋设不包括钻井费用。

（3）接地按水平接地母线长度以"100m"为单位计量。水平接地母线安装费中包括了垂直接地体的安装费。

（4）照明安装和全站接地均含土方工程，一般接地深度为800mm以内，概算原则上不做调整，若接地深度超过800mm可考虑其他施工方法如换填土、加降阻剂等，极特殊确实需要开挖深度过深的情况可在概算中增列建筑土方费用。

3．未计价材料

灯具、插座、接线盒、电线管及管件、电缆（线）、支架、电杆、接地母线、降阻剂、接地模块、接地极、石墨电极、电子设备防雷接地装置、基础槽钢和铁构件制作中的钢材和镀锌材料费。

4．其他说明

铜接地（铅包铜）按全厂接地、全站接地子目乘以1.2系数计算。

十、换流站设备

1．工作内容

（1）阀厅设备：

1）晶闸管整流阀塔：综合了阀塔本体安装及相邻的设备连线、阀避雷器本体安装及相邻设备连线、引下线安装、阀间铝管母线安装。

2）阀桥避雷器：本体及至相邻设备连线的安装，单体调试。

3）极线电流测量装置：本体及至相邻设备连线的安装，单体调试。

4）接地开关：本体及至相邻设备连线的安装，单体调试。

5）中性点直流避雷器/中性母线直流分压器：本体及至相邻设备连线的安装，单体调试。

6）穿墙套管：本体及至相邻设备连线的安装。

（2）换流变压器系统

换流变压器：本体安装、油过滤、汇控箱（端子箱）安装、引下线安装及设备连线，单体调试。

（3）交流滤波装置

1）交流噪声滤波电容器塔：电容器塔本体及至相邻设备连线的安装、接地。

2）交流噪声滤波电容器：电容器本体及至相邻设备连线的安装，间隔内支柱绝缘子的安装、接地，单体调试。

3）交流滤波电容器塔：电容器塔本体及至相邻设备连线的安装、引下线安装、围栏内全部设备、支柱绝缘子、管型母线、设备连线的安装，以及铁构件的安装、接地。

（4）直流配电装置

1）直流隔离开关：本体及至相邻设备的连线安装、接地，单体调试。

2）直流光电流测量装置：本体及至相邻设备的连线安装、接地，单体调试。

3）直流避雷器：本体及至相邻设备的连线安装、接地，单体调试。

4）直流分压器：本体及至相邻设备的连线安装、接地，单体调试。

5）直流噪声滤波电抗器：本体及至相邻设备的连线安装、接地，单体调试。

6）直流电容器：本体及至相邻设备的连线安装、接地，单体调试。

7）直流噪声滤波电容器塔：本体及至相邻设备的连线安装、接地。

8）直流噪声滤波电容器：本体及至相邻设备的连线安装、接地，单体调试。

9）直流断路器装置：本体及至相邻设备的连线安装、接地，单体调试。

10）平波电抗器（油浸式）：本体安装，油过滤，汇控箱（端子箱）安装，引下线安装、接地，单体调试。

11）平波电抗器（干式）：本体安装，高压直流穿墙套管安装，支柱绝缘子安装，设备连线安装、接地，单体调试。

12）直流滤波电容器塔：电容器塔本体及至相邻设备连线的安装，引下线安装，围栏内全部设备、支柱绝缘子、管型母线、设备连线的安装，以及铁构件的安装、接地。

（5）直流接地极安装

1）接地监测井：接地监测井施工。

2）渗水井：渗水井施工。

3）接地极极环及电缆安装：接地极极环安装、导流及配电电缆敷设、电缆头制作、焦炭填埋、热熔焊接，单体调试。

（6）阀冷却系统安装

1）闭式蒸发型冷却塔：本体就位安装。

2）喷淋冷却水系统：包括各类泵类、过滤器、加药装置、去离子水装置、水箱、膨胀罐、电气动力及控制柜等的安装。

3）不锈钢管道：包括管道及管件安装、阀门及补偿器（伸缩节）安装、冲洗与水压试验等工作内容。定额综合了管道直径、压力，使用定额时不做调整。

2．工程量计算规则

（1）换流变压器备用相安装按同电压同容量换流变压器定额乘以系数0.9。

（2）330kV交流噪声滤波电容器（塔）按500kV交流噪声滤波电容器（塔）定额乘以系数0.85。330kV交流滤波电容器塔按500kV交流滤波电容器塔定额乘以系数0.9。

（3）直流配电装置

1）设备安装中已包括汇控箱（端子箱）的安装。

2）直流断路器如为四断口，按相应定额乘以系数1.6。

3）干式平波电抗器定额按单台编制。如实际为两台叠放乘以1.25系数。

4）直流场设备安装在户内时，其人工定额乘以系数1.30。

5）直流接地极及电缆安装的总长度按极环的直径计算出的周长进行计取。

3．未计价材料

（1）导线、管型母线、带型母线、金具、绝缘子、光缆、光缆槽盒、光缆配件、设备接地引线等。

（2）阀厅内的接地材料和阀本体的冷却管道。

（3）直流接地极施工所用的电缆、馈电棒、混凝土盖板、焦炭、卵石、焊粉、模具。

（4）基础槽钢和铁构件制作中的钢材和镀锌材料费。

4．本章定额未包括工作内容

（1）阀厅内主母线和中性母线的安装，使用时另套现行定额的相应子目。

（2）阀厅空调的安装，使用时另套现行定额的相应子目。

（3）换流变压器回路内的交流避雷器、中性点设备、主母线、中性母线的安装，使用时另套现行定额的相应子目。

（4）本体电缆的安装敷设，使用时另套现行定额的相应子目。

（5）定额中未包括设备支架制作安装，设备支架制作安装另执行控制、继电保护屏及低压电器部分相应定额。

（6）换流变压器安装、油浸式平波电抗器安装定额中不包括一次运输的卸车工作量。此部分工作量按大件运输考虑。

（7）直流接地极安装中

1）为满足焦炭床铺设、导流电缆敷设沟槽开挖的井点降水措施费。

2）接地极极环施工的余土外运。

3）不包含接地极极址的内容。

（8）二次喷漆。

3.5　电网工程建设施工图预算编制

3.5.1　电网工程建设施工图预算

1. 电网工程施工图预算的主要作用

电网工程建设施工图预算，是由设计（编制单位）单位根据施工图设计图纸、国家现行实施电力建设工程预算定额、电网工程建设预算编制与计算标准、工程所在地建设期材料及人工信息价格和当地政府行政指导文件，按照规定的计算程序计算直接工程费、措施费，并计取间接费、利润、税金等费用，确定单位工程造价的技术经济文件。

目前我国电力行业传统的定额计价模式是采用国家、部门或地区统一规定的预算定额、取费标准、计价程序进行工程造价计价的模式，通常也称为定额计价模式，它是我国长期使用的一种施工图预算的编制方法。

施工图预算的作用主要体现在以下几个方面：

（1）施工图预算对投资方的作用

1）施工图预算是控制造价及资金合理使用的依据。施工图预算确定的预算造价是工程的计划成本，投资方按施工图预算造价筹集建设资金，并控制资金的合理使用。

2）施工图预算是确定工程招标控制价的依据。在设置招标控制价的情况下，建筑安装工程的招标控制价可按照施工图预算来确定。招标控制价通常是在施工图预算的基础上考虑工程的特殊施工措施、工程质量要求、目标工期、招标工程范围以及自然条件等因素进行编制的。

3）施工图预算是拨付工程款及办理工程结算的依据。

（2）施工图预算对施工企业的作用

1）施工图预算是施工企业投标时报价的参考依据。在激烈的市场竞争中，施工企业需要根据施工图预算造价，结合企业的投标策略，确定投标报价。

2）施工图预算是建设工程预算包干的依据和签订施工合同的主要内容。在采用总价合同的情况下，施工单位通过与建设单位的协商，可在施工图预算的基础上，考虑设计或施工变更后可能发生的费用与其他风险因素，增加一定系数作为工程造价一次性包干。同样，施工单位与建设单位签订施工合同时，其中的工程价款的相关条款也必须以施工图预算为依据。

3）施工图预算是施工企业安排调配施工力量，组织材料供应的依据。施工单位各职能部门可根据施工图编制劳动力供应计划和材料供应计划，并由此做好施工前的准备工作。

4）施工图预算是施工企业控制工程成本的依据。根据施工图预算确定的中标价格是施工企业收取工程款的依据，企业只有合理利用各项资源，采取先进技术和管理方法，将成本控制在施工图预算价格以内，企业才会获得良好的经济效益。

5）施工图预算是进行"两算"对比的依据。施工企业可以通过施工图预算和施工预算的对比分析，找出差距，采取必要的措施。

（3）施工图预算对其他方面的作用

1）对于工程咨询单位来说，可以客观、准确地为委托方做出施工图预算，以强化投资方对工程造价的控制，有利于节省投资，提高建设项目的投资效益。

2）对于工程造价管理部门来说，施工图预算是其监督检查执行定额标准、合理确定工程造价、测算造价指数及审定工程招标控制价的重要依据。

2. 电网工程施工图预算费用构成

电网工程施工图预算费用构成按照《电网工程建设预算编制与计算标准》（2013 年版）执行。

3. 电网工程施工图预算的内容组成

变电工程施工图预算按费用性质划分为建筑工程费、设备购置费、安装工程费和其他费用四个部分；送电线路工程施工图预算按费用性质划分为线路本体工程、辅助设施工程和其他费用三部分。

施工图预算由编制说明、工程概况及总预算表（表一）、专业汇总预算表（表二）、单位工程预算表（表三）、其他费用预算表（表四）、主要技术经济指标（表五）、建设场地征用及清理费用预算表（表七）以及相应的附表、附件等组成，并应有预算造价水平分析。

编制说明要有针对性，要具体、确切、简练、规范。

（1）变电工程项目预算成品内容

预算表应包括：编制说明、工程概况及总预算表（表一甲）、专业汇总预算表（表二甲）、单位工程预算表（表三甲、乙）、其他费用预算表（表四）、建设场地征用及清理费预算表（表七）、附件及附表。

（2）线路工程项目预算成品内容

预算表应包括：编制说明、工程概况及总预算表（表一乙）、输电线路安装工程费用汇总预算表（表二乙）、输电线路单位工程预算表（表三丙）、输电线路辅助设施工程预算表（表三戊）、其他费用预算表（表四）、建设场地征用及清理费预算表（表七）。

4. 电网工程施工图预算的编制依据

（1）国家、行业和地方政府现行工程建设和造价管理的法律、法规和规定。

（2）经过批准和会审的施工图设计文件和有关标准图集。

（3）工程地质勘察资料。

（4）现行电力建设工程预算定额、电网工程建设预算编制与计算标准和有关费用规定等文件。

（5）材料与构配件市场价格、价格指数。

（6）施工组织设计或施工方案。

（7）经批准的拟建项目的概算文件。

（8）现行的有关设备原价及运杂费率。

（9）建设场地中的自然条件和施工条件。

（10）工程承包合同、招标文件。

5. 电网工程施工图预算的编制程序和方法

目前我国电力行业施工图预算主要采用的是预算定额单价法，预算定额单价法就是采用电力建设预算定额中的各分项工程预算单价（基价）乘以相应的各分项工程的工程量，求和后得到包括人工费、材料费和施工机械费在内的单位工程直接工程费，措施费、间接费、利润和税金可根据统一规定的费率乘以相应的计费基数得到，将上述费用汇总后得到该单位工程的施工图预算造价。

预算定额单价法编制施工图预算的基本步骤如下：

（1）编制前的准备工作。编制施工图预算的过程是具体确定建筑安装工程预算造价的过程。编制施工图预算，不仅要严格遵守国家计价法规、政策，严格按图纸计量，而且还要考虑施工现场条件因素，是一项复杂而细致的工作，也是一项政策性和技术性都很强的工作，因此，必须事前做好充分准备。准备工作主要包括两大方面：一是组织准备；二是资料的收集和现场情况的调查。

（2）熟悉图纸和预算定额。图纸是编制施工图预算的基本依据。熟悉图纸不但要弄清图纸的内容，而且要对图纸进行审核：图纸间相关尺寸是否有误，设备与材料表上的规格、数量是否与图示相符；详图、说明、尺寸和其他符号是否正确等。若发现错误应及时纠正。另外，还要熟悉标准图以及设计更改通知（或类似文件），这些都是图纸的组成部分，不可遗漏。通过对图纸的熟悉，要了解工程的性质、系统的组成，设备和材料的规格型号和品种，以及有无新材料、新工艺的采用。

预算定额是编制施工图预算的计价标准，对其适用范围、工程量计算规则及定额系数等都要充分了解，做到心中有数，这样才能使预算编制准确、迅速。

（3）了解施工组织设计和施工现场情况。编制施工图预算前，应了解施工组织设计中影响工程造价的有关内容。例如，各分部分项工程的施工方法，土方工程中余土外运使用的工具、运距，施工平面图对建筑材料、构件等堆放点到施工操作地点的距离等，以便能正确计算工程量和正确套用或确定某些分项工程的基价。这对于正确计算工程造价，提高施工图预算质量，具有重要意义。

（4）划分工程项目和计算工程量。

1）划分工程项目。划分的工程项目必须和定额规定的项目一致，这样才能正确地套用定额。不能重复列项计算，也不能漏项少算。

2）计算并整理工程量。必须按定额规定的工程量计算规则进行计算，该扣除部分要扣除，不该扣除的部分不能扣除。当按照工程项目将工程量全部计算完以后，要对工程项目和工程量进行整理，即合并同类项和按序排列，为套用定额、计算直接工程费和进行工料分析打下基础。

（5）套单价（计算定额基价）。即将定额子项中的基价填于预算表单价栏内，并将单价乘以工程量得出合价，将结果填入合价栏。

（6）工料分析。工料分析即按分项工程项目，依据定额计算人工和各种材料的实物耗量，并将主要材料汇总成表。工料分析的方法是：首先从定额项目表中分别将各分项工程消耗的每项材料和人工的定额消耗量查出；再分别乘以该工程项目的工程量，得到分项工程工料消耗量，最后将各分项工程工料消耗量加以汇总，得出单位工程人工、材料的消耗量。

（7）计算主材费（未计价材料费）。因为许多定额项目基价为不完全价格，即未包括主材费用在内。计算所在地定额基价费（基价合计）之后，还应计算出主材费，以便计算工程造价。

（8）按费用定额取费。即按有关规定计取措施费，以及按当地费用定额的取费规定计取间接费、利润、税金等。

（9）计算汇总工程造价。

将直接费、间接费、利润和税金相加即为工程预算造价。

施工图预算编制程序如下图 3-1 所示。

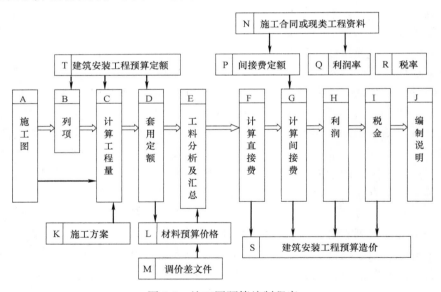

图 3-1　施工图预算编制程序

1）"⟹"双线箭头表示的是施工图预算编制的主要程序。

2）施工图预算编制依据的代号有：A、T、K、L、M、N、P、Q、R。

3）施工图预算编制内容的代号有：B、C、D、E、F、G、H、I、S、J。

6. 工程量的确定与计算

（1）工程量计算是施工图预算编制的主要内容，同时也是进行工程计价的重要依据。工程量计算应以定额规定及定额主管部门颁发的工程量计算规则为准，严格按照审定的施工图计算工程量。在工程实施过程中通常会有一些实际发生工程量与施工图不一致的情况，在设计单位未予以确认前应以施工图上数据为准，如果后续有升版图，可根据相应部分计算工程量进入施工图预算。

（2）确定工程量按专业规定进行计算，其计算内容应与预算定额的项目划分和适用范围一致。工程量的计算要做到"有的放矢"，不能为了计算工程量面盲目计算。如果盲目地计"量"，有时候会出现有些"量"还找不到自己应有的"家"。比如，在计算出了地面垫层的工程量后，又要计算垫层地面的夯实，这个地面的夯实是找不到位置的；又如，在计算出了外墙面砖的工程量后，又再计算水泥砂浆抹灰工程量，这显然是重复计算；再如，在同一工程同时施工期间，明明综合脚手架的工程量中包括了外墙面一般装饰工程的外脚手架，却还要再计算外墙的单项脚手架的"量"。凡此种种，都是不允许的。我们强调工程量的计算和定额子目相对应，这既是编制好工程预算技巧性的体现，且更能提高工作效率。

（3）正确做好施工图范围外工程量的计算。定额的编制原则之一是考虑"正常的施工条件"。建设工程在不同地点，不同环境条件下，会出现各种各样的"非正常的施工条件"。这种"非正常的施工条件"下发生的各种各样问题，往往都没有直接反映在施工图中。诸如：建筑材料因道路不通或其他障碍不能直接送达施工场地；临时施工道路铺筑所发生的各种工程量；将施工现场范围外的水源、电源接引至施工现场的工程量；未含在定额中的基础工程中的抽水、排水工程量的处理；按原设计已完成的工程量因变更而拆除并发生新的工程量……。做好这些工程量的计算，也是搞好工程造价确定与控制不可少的工作。实践证明，正确理解、正确把握、正确处理、正确计算施工图范围外的各种工程量，对于执行定额是工程造价管理工作中不容忽视的一个重要问题。

7. 设备、材料预算价格的确定

（1）已招标的设备、材料预算价格按招标价计入预算，未招标的按概算价格计列，地方材料按建设期地方信息价计入；

（2）设备、材料预算价格是指设备、材料原价加上从生产仓库或交货地点运到工地仓库或施工指定的设备、材料堆放点，所发生的一切费用，即原价加上运杂费。

8. 投资分析

对工程施工图预算与初步设计概算投资进行简要分析比较，阐述投资增减原因。施工图预算总投资应控制在批准的初步设计概算总投资范围内；如因特殊原因超出批准概算投资时，应作具体分析，并叙述超出原因的合理性，报原审批单位认可。

3.5.2 电力建设工程预算定额使用说明和工程量计算规则

3.5.2.1 电力建设工程预算定额

为适应电力工业发展的需要，规范电力工程建设建设投资，维护工程建设各方利益，中国电力企业联合会电力工程造价与定额管理总站组织编制了《电力建设工程预算定额》（2013 年版），现已经国家能源局以《国家能源局关于颁布 2013 版电力建设工程定额和费用计算规定的通知》（国能电力［2013］289 号文）批准，于 2013 年 9 月 23 日以中电联定额［2013］328 号文发布《电力建设工程预算定额》（2013 年版）一套，共包括七册，自 2014 年 1 月 1 日起执行。

3.5.2.2　电力建设建筑工程预算定额使用说明和工程量计算规则

一、建筑工程预算定额总说明

1. 定额编制所依据的规程规范

（1）DL/T 5210.1—2012 电力建设施工质量验收及评定规程第 1 部分：土建工程

（2）DL 5009.1—2002 电力建设安全工程规程（火力发电厂部分）

（3）DL 5009.3—1997 电力建设安全工程规程（变电所部分）

（4）现行有关发电与变电工程建筑、结构、装饰、水工建筑、水工结构等设计规范

（5）现行有关建筑工程的设计、施工、质量、安全、环保等规程与规范

（6）国电电源 [2002] 849 号火力发电厂工程施工组织设计导则

（7）国电电压 [2002] 786 号电力建设工程施工技术管理导则

（8）LD/T 72.1～11—2008 建设工程劳动定额　建筑工程

（9）中电建协 [2009] 44 号中国电力建设工法汇编

（10）电力建设工程工期定额（2012 年版）

（11）GB 20013—2006 室外给水设计规范

（12）GB 50014—2011 室外排水设计规范

（13）GB 50019—2003 采暖通风与空调设计规范

（14）GB 50034—2004 建筑照明设计标准

（15）GB 50084—2001 自动喷水灭火系统设计规范

（16）GB 50151—2010 泡沫灭火系统设计规范

（17）GB 50163—2008 卤代烷 1301 灭火系统设计规范

（18）GB 50193—2008 二氧化碳灭火系统设计规范

（19）GB 50242—2002 建筑给水排水及采暖工程施工质量验收规范

（20）GB 50243—2002 通风与空调工程施工质量验收规范

（21）GB 50254—2008 电气装置工程低压电气施工及验收规范

（22）GB 50261—2005 自动喷水灭火系统施工及验收规范

（23）GB 50263—2007 气体灭火系统施工及验收规范

（24）GB 50281—2006 泡沫灭火系统施工及验收规范

（25）GB 50303—2002 建筑电气工程施工质量验收规范

（26）GBJ 110—1987 卤代烷 1211 灭火系统设计规范

2. 定额所考虑的施工条件和工作内容

（1）本定额是在正常的自然条件、环境条件下，按照电力建设工程合理的施工组织设计、合理的施工机械，选择常用的施工方法与施工工艺，并考虑了建筑与安装在合理交叉作业条件下进行编制的。定额中的人工、材料、施工机械消耗量反映了电力建设行业建筑施工技术与管理水平，代表着电力行业社会平均生产力水平。除定额规定可以调整或者换算外，不得因具体工程实际施工组织、施工方法、劳动力组织与水平、材料消耗种类与数量、施工机械规格与配置等不同而调整定额。

（2）关于人工：

1）本定额人工工日是根据全国统一劳动定额为基础，按照八小时工作制计算。人工等级分普通工和技术工，人工消耗量包括基本用工、超运距用工、人工幅度差、辅助用工，不分工种以工日表示。

2）本定额人工工日消耗量是按照正常合理的劳动力组织、劳动效率确定的，包括定额子目内直接生产用工消耗量、定额子目外直接生产用工消耗量、工序施工准备与收尾用工消耗量、使用工具用具人工消耗量、操作机械人工消耗量。

3）本定额人工工日单价按照 2013 年电力行业定额基准工日单价取定，土建普通工 34.00 元/工日，土建技术工 48.00 元/工日。

（3）关于材料、半成品、成品：

1）本定额中的材料、半成品、成品是按照国家质量标准和相应的设计要求，且具有质量合格证书和试验合格记录的产品考虑的。

2）材料的消耗量包括施工中消耗的主要材料、辅助材料、零星材料，并包括了合理的施工损耗量、现场堆放损耗量、场内运输损耗量。有关施工措施使用的周转性材料在定额中按照摊销量计列。

3）材料用量较少、材料费用低的零星材料，合并为"其他材料费"，以"元"表示。

4）本定额包括施工现场加工、配制、制作、预制的材料、半成品、成品的场内运输费用。场内运输包括被加工、配制、制作、预制的材料、半成品、成品从存放仓库或堆放地点运至施工加工地点的水平与垂直运输。水平运输距离为 1km 以内，运距大于 1m 时另行计算。

5）定额中的材料与设备的划分执行《火力发电工程建设预算编制与计算规定》（2013年版）和《电网工程建设预算编制与计算规定》（2013 年版）中的建设预算费用性质划分规定。凡在定额材料栏内、章节说明、定额注释中明确的设备外，均为材料。

6）本定额的材料价格包括材料、半成品、成品供应价（原价）、运杂费、采购保管费。不包括材料、半成品、成品的检验试验费。

7）材料价格按照 2013 年电力行业定额"材机库"中材料预算价格综合取定。

8）本定额中半成品、成品是指施工单位自行制作，或委托制作，或市场采购符合产品质量要求的建筑配件或构件。

9）本定额中混凝土是按照施工现场集中搅拌站制备考虑的，当工程采用施工现场搅拌机制备混凝土时，按照本定额附录 D 相应的单价进行调整；当工程采用商品混凝土时，按照价差处理。混凝土制备费包括组成混凝土的材料费、混凝土搅拌的人工费和机械费、混凝土场内水平运输费、混凝土制备材料损耗费、混凝土搅拌与运输的损耗费。

10）本定额中砂浆是按照施工现场搅拌机制备考虑的，当工程采用人工制备时不做调整；当采用商品砂浆时，按照价差处理。砂浆制备费包括组成砂浆的材料费、砂浆搅拌的人工费和机械费、砂浆场内水平运输费、砂浆制备材料损耗费、砂浆搅拌与运输的损耗费。

11）半成品、成品钢结构费用包括钢材下料、加工、除锈、焊接、防锈、防腐、面漆费用；包括钢结构制作材料与配件费、人工费与机械费；包括钢结构制作材料与配件的损耗费、场内运输费。

12）成品门窗费用包括门窗框、门窗扇、气窗、小门、玻璃费用；包括材料下料、加工、拼装、除锈、焊接、防锈、防腐、面漆费用；包括门窗制作材料费、五金费、配件费、人工费与机械费；包括门窗制作材料与配件及五金的损耗费、场内运输费。

（4）关于机械：

　　1）本定额施工机械台班消耗量是按照正常合理的机械配备、机械效率确定的，包括基本消耗量、超运距消耗量、超高度消耗量、必要间歇时间消耗量、机械幅度差等。

　　2）不构成固定资产的小型机械或仪表的购置、摊销和维护，未列其施工机械台班消耗量，包括在《火力发电工程建设预算编制与计算规定》（2013 年版）和《电网工程建设预算编制与计算规定》（2013 年版）的施工工具用具施工费中。

　　3）本定额施工机械台班单价包括行走机械、吊装机械的操作司机人工费。加工机械、泵类机械、焊接机械、动力机械等操作人工均含在相应定额子目的人工消耗量中。

　　4）施工机械台班价格按照 2013 年电力行业定额"材机库"中施工机械台班价格取定。

　　5）本定额中包括的施工工作内容，除各章节说明外，均包括从施工准备、场内运输、施工操作到完工清理全部过程所有的施工工序。

　　（5）场内运输及超高降效：

　　1）本定额水平运输费综合在相应定额子目中，不单独计算，当水平运输距离大于 1km 时，应增加运费。垂直运输费按照第 14 章定额规定计算。

　　2）本定额第 12 章构筑物工程中烟囱、冷却塔、混凝土管道安装、沉井、变配电构支架与第 15 章灰场工程不单独计算垂直运输费及超高降效增加费，其费用综合在相应的定额子目中。

　　3）本定额垂直运输费用中不包括混凝土预制构件与钢结构构件吊装费。

　　（6）定额中混凝土施工以机械运输为主、人工浇注，当工程施工采用混凝土输送泵浇注时，施工现场制备（搅拌）的混凝土按照本定额附录 D 相应的单价进行调整；每浇注 1m^3 混凝土成品增加机械费 9.7 元，减少人工费 10.4 元。泵送混凝土工程量按照施工实际数量计算。

　　（7）本定额除各章节已说明的工序外，还包括临时移动水源、移动电源工序。

　　（8）本定额除各章节另有说明外，均包括从施工准备、场内运输、施工操作、完工清理等工作内容。

　　（9）定额包括建筑设备单体调试和配合系统调试所需人工费、材料费、机械费。

　　（10）有关费用的规定：

　　1）材料或设备安装高度距离楼面或地面 5m 以上的工程，计算超高安装增加费。超高安装增加费按照相应定额人工费的 15% 计算，其中人工费 65%，材料费 30%，机械费 5%。

　　2）本册定额脚手架搭拆费按照单位工程人工费 5% 计算，其中人工费 40%，材料费 50%，机械费 10%。

　　3）在建筑高度大于 20m 的建筑物内进行材料或设备安装时，应计算建筑超高安装增加费。建筑超高安装增加费按照表 3-63 计算，其中人工费 65%，材料费 20%，机械费 15%。

建筑超高安装增加费计算表　　　　　　　　　　　　　表 3-63

计算标准（m）	30	40	50	60	70	80	90	100	110	120
按照人工费（%）	2	3	4	6	8	10	13	16	19	22

4）单位工程安装与生产同时进行时，定额人工费增加 10％。

（11）本定额中凡注明"××以内"或"××以下"均包括"××"本身，凡注明"××以上"或者"××以外"均不包括"××"本身。

3. 建筑工程预算定额章节内容总揽

建筑工程预算定额章节内容如表 3-64 所示。

建筑工程预算定额章节内容 表 3-64

章	节
1. 土石方与施工降水工程	1.1 人工施工土方 1.2 人工施工石方 1.3 机械施工土方 1.4 机械施工石方 1.5 施工降水、排水
2. 地基与边坡处理工程	2.1 钢筋混凝土预制桩 2.2 钢结构桩 2.3 灌注混凝土桩 2.4 灌注砂石桩 2.5 灰土挤密桩 2.6 水泥搅拌桩 2.7 凿桩头 2.8 换填 2.9 堆载预压 2.10 强夯 2.11 地下混凝土连续墙 2.12 钢筋网、网制作与安装 2.13 边坡处理
3. 砌筑工程	3.1 砌筑实心砖 3.2 砌筑空心砖、砌块 3.3 砌筑石 3.4 其他勾缝
4. 混凝土与钢筋、铁件工程	4.1 现浇混凝土 4.2 预制混凝土构件制作 4.3 预制预应力混凝土构件制作 4.4 钢筋 4.5 铁件、螺栓 4.6 预制混凝土构件运输 4.7 预制混凝土构件安装 4.8 混凝土蒸汽养护
5. 金属结构工程	5.1 钢结构现场制作 5.2 不锈钢结构制作 5.3 金属结构运输 5.4 金属结构安装 5.5 金属墙板制作与安装 5.6 金属屋面板制作与安装
6. 隔墙与天棚吊顶工程	6.1 隔墙 6.2 天棚吊顶

章	节
7. 门窗与木作工程	7.1　木门、窗 7.2　钢门、窗 7.3　铝合金门、窗 7.4　塑钢门、窗 7.5　卷帘门 7.6　不锈钢门、窗 7.7　玻璃幕墙 7.8　木制作、扶手栏杆
8. 地面与楼地面工程	8.1　地面垫层 8.2　防潮、防水 8.3　伸缩缝 8.4　找平层 8.5　整体面层 8.6　块料面层 8.7　地板
9. 屋面工程	9.1　保温、隔热 9.2　瓦屋面 9.3　卷材屋面 9.4　屋面排水 9.5　刚性屋面
10. 防腐、耐磨、绝热、屏蔽、隔声、抑尘工程	10.1　防腐 10.2　绝热 10.3　耐磨 10.4　屏蔽 10.5　隔声、抑尘
11. 装饰工程	11.1　石灰砂浆 11.2　混合砂浆 11.3　水泥砂浆 11.4　涂料 11.5　镶贴面层 11.6　油漆 11.7　贴壁纸 11.8　木饰面 11.9　界面处理
12. 构筑物工程	12.1　烟囱 12.2　烟道 12.3　冷却塔 12.4　钢筋混凝土管道 12.5　沉井 12.6　输煤构筑物 12.7　室外混凝土沟道、混凝土池井 12.8　变电构支架 12.9　道路与场地地坪 12.10　围墙、围墙大门

续表

章	节
13. 脚手架工程	13.1 综合脚手架 13.2 单项脚手架
14. 垂直运输及超高工程	14.1 混合结构 14.2 排架结构 14.3 框架结构 14.4 钢结构 14.5 混凝土构筑物 14.6 单体建筑
15. 灰场工程	15.1 坝基 15.2 筑坝 15.3 排水、排渗、防水 15.4 观测设施、备料、围堰
16. 给水与排水工程	16.1 室外管道安装 16.2 室内管道安装 16.3 法兰安装 16.4 伸缩器制作安装 16.5 管道消毒、冲洗 16.6 阀门安装 16.7 水表安装 16.8 压力表、温度计安装 16.9 卫生器具安装 16.10 地漏、扫除口安装 16.11 热水器安装
17. 照明与防雷接地工程	17.1 配管 17.2 管内穿线 17.3 照明电缆敷设 17.4 灯具安装 17.5 开关、插座安装 17.6 风扇、门铃安装 17.7 照明配电盘、箱、柜安装 17.8 防雷接地 17.9 照明供电系统调试
18. 消防工程	18.1 水灭火系统安装 18.2 气体灭火系统安装 18.3 泡沫灭火系统安装 18.4 火灾自动报警系统安装 18.5 消防电线、电缆敷设
19. 除尘工程	19.1 除尘装置安装
20. 通风与空调工程	20.1 薄钢板通风管制作与安装 20.2 调节阀制作与安装 20.3 风口制作与安装 20.4 风帽制作与安装 20.5 通风空调设备安装 20.6 不锈钢板通风管道及部件制作与安装 20.7 玻璃钢通风管及部件安装 20.8 复合型风管制作与安装

续表

章	节
21. 采暖工程	21.1　低压器具安装 21.2　供暖器安装 21.3　小型容器制作、安装
22. 防腐与绝热工程	22.1　防腐 22.2　绝热
附录	附录A　电力建设工程建筑面积计算规则 附录B　电力建设工程建筑体积计算规则 附录C　材料取定表 附录D　混凝土制备 D—1　现浇混凝土制备表－现场搅拌机搅拌 D—2　预制混凝土制备表－现场搅拌机搅拌 D—3　现浇水工混凝土制备表－现场搅拌机搅拌 D—4　预制水工混凝土制备表－现场搅拌机搅拌 D—5　现浇混凝土制备表－集中搅拌站搅拌 D—6　预制混凝土制备表－集中搅拌站搅拌 D—7　现浇水工混凝土制备表－集中搅拌站搅拌 D—8　预制水工混凝土制备表－集中搅拌站搅拌 D—9　泵送混凝土制备表 附录E　砂浆制备表 E—1　砌筑砂浆制备表 E—2　抹灰砂浆制备表 E—3　其他砂浆制备表 E—4　耐酸、防腐及特种砂浆制备表 E—5　绝热材料制备表 E—6　灰土、三合土制备表 附录F　土石方松实系数表 附录G　土壤及岩石（普氏）分类表 附录H　打桩土质鉴别表

4. 电力建设工程建筑面积的计算规则

（1）计算建筑面积的规定

1）单层建筑物建筑面积，应按其外墙勒脚以上结构外围水平面积计算，并符合下列规定：单层建筑物高度在2.20m及以上者应计算全面积；高度不足2.20m者应计算1/2面积。

2）利用坡屋面顶内空间时，净高超过2.10m的部位应计算全面积；净高在1.20m至2.10m之间的部位应计算1/2面积；净高不足1.20m的部位不计算面积。

3）单层建筑物内设有局部楼层者，局部楼层的二层及以上楼层，有围护结构的应按照其围护结构外围水平面积计算，无围护结构的应按照其结构底板水平面积计算。层高在2.20m及以上者应计算全面积；层高不足2.20m者应计算1/2面积。

4）多层建筑物首层应按照其外墙勒脚以上结构外围水平面积计算；二层及以上楼层应按照其外墙结构外围水平面积计算。层高在2.20m及以上者应计算全面积；层高不足2.20m者应计算1/2面积。

5）多层建筑坡屋顶内，当设计加以利用或室内净高不足2.10m部位应计算全面积；

净高在 1.20m 至 2.10m 之间的部位应计算 1/2 面积；当设计不利用或室内净高不足 1.20m 时不应计算面积。

6）地下室、半地下室、有永久性顶盖的出入口，应按照其外墙上口（不包括采光井、外墙防潮层及其保护墙）外边线所围水平面积计算。层高在 2.20m 及以上者应计算全面积；层高不足 2.20m 者应计算 1/2 面积。

7）坡地上建筑物吊顶架空层、深基础架空层，设计加以利用并有围护结构的，层高在 2.20m 及以上的部位应按照其结构外围水平面积计算全面积；层高不足 2.20m 的部位应按照其结构外围水平面积计算 1/2 面积；设计不利用的深基础架空层、坡地吊脚架空层的空间不应计算面积。

8）建筑物的门厅、大厅按照一层计算建筑面积。门厅、大厅内设有回廊时，应按照其结构外围水平面积计算。层高在 2.20m 及以上者应计算全面积；层高不足 2.20m 者应计算 1/2 面积。

9）建筑物间有围护结构的架空走廊，应按照其围护结构外围水平面积计算面积。层高在 2.20m 及以上者应计算全面积；层高不足 2.20m 者应计算 1/2 面积。有永久性顶盖、无围护结构的应按照其结构底板水平面积的 1/2 计算面积。

10）建筑物外有围护结构的落地橱窗、门斗、挑廊、走廊、檐廊，应按照其围护结构外围水平面积计算面积。层高在 2.20m 及以上者应计算全面积；层高不足 2.20m 者应计算 1/2 面积。有永久性顶盖、无围护结构的应按照其永久性顶盖水平投影面积的 1/2 计算面积。

11）建筑物顶部有围护结构的楼梯间、水箱间、电梯机房等，层高在 2.20m 及以上者应计算全面积；层高不足 2.20m 者应计算 1/2 面积。

12）设有围护结构不垂直于水平面而超出底板外沿的建筑物，应按照其底板面的外围水平面积计算面积。层高在 2.20m 及以上者应计算全面积；层高不足 2.20m 者应计算 1/2 面积。

13）建筑物内的楼梯间、电梯井、观光电梯井、提物井、管道井、电缆竖井、通风排气竖井、垃圾道、附墙烟囱应按照建筑物的自然层计算面积。

14）雨篷结构的外边线至外墙结构外边线的宽度超过 2.10m 者，应按照雨篷结构板的水平投影面积 1/2 计算面积。

15）有永久性顶盖的室外楼梯，应按照建筑物自然层的水平投影面积 1/2 计算面积。

16）建筑物的阳台按照其水平投影面积的 1/2 计算面积。

17）有永久性顶盖、无围护结构的车棚、货棚、站台等，应按照其顶盖水平投影面积 1/2 计算面积。

18）高低联跨的建筑物，应以高跨结构外边线分界分别计算建筑面积；其高低跨内部连通时，其变形缝应计算在低跨面积内。

19）以幕墙作为围护结构的建筑物，应按照幕墙外边线计算建筑面积。

20）建筑物外墙外侧有保温隔热层的，应按照保温隔热层外边线计算建筑面积。

21）建筑物内的变形缝，应按照其自然层合并在建筑物面积内计算。

22）主厂房根据群体建筑分别计算建筑面积。主厂房零米以下的基础、沟道、独立井池等不计算面积；以主厂房零米结构板作为顶板的坑池（循环水泵坑、凝结水泵坑、空冷排汽井等）按照其结构外围水平面积计算面积；汽轮发电机小间、汽机框架基础中间层不计算面积；汽机房中间平台（加热器平台）计算一层面积；煤仓间煤斗层计算一层面积；炉前通道采用高位封闭时，按照两层计算面积；炉前通道采用低位封闭时，按照一层计算面积；锅炉露天布置时，炉前通道与锅炉房按照一层计算面积；锅炉封闭布置时，锅炉房按照两层计算面积；锅炉层运输层以上的电梯间不计算面积。集中控制楼单独计算面积，不并入主厂房面积中，主厂房与集中控制楼以平面布置的伸缩缝分界，伸缩缝计算建筑面积，并入集中控制楼面积内。

23）输煤栈桥不分高度按照栈桥水平长度计算面积。

24）砌体烟道、混凝土烟道不分高度按照烟道水平长度计算面积。

25）天桥不分高度按照天桥水平长度计算面积。

（2）不计算建筑面积的项目

1）建筑物通道。

2）建筑物内分隔的单层房间。

3）建筑物内操作平台、上料平台、安装箱或罐体平台。

4）勒脚、附墙柱、垛、台阶、墙面抹灰、装饰面、镶贴块料面层、装饰性幕墙、空调机外机搁板（箱）、构件、配件、宽度在 2.10m 及以内的雨篷。

5）无永久性顶盖的架空走廊、室外楼梯；用于检修、消防的室外钢楼梯、爬梯。

6）烟囱、钢烟道支架、无围护结构除尘器支架。

7）室外沟道、油池、水池、井、设备基础、箱罐基础。

8）冷却塔、循环水沟、水渠、截洪沟。

9）A 排外构支架、防火墙、开关场构支架。

10）围墙、地坪、道路、支架、挡土墙、护坡、护岸、绿化等。

11）灰坝、防洪堤。

5. 电力建设工程建筑体积的计算规则

（1）计算建筑体积的规定

1）单层建筑物建筑体积，应按其外墙勒脚以上结构外围水平面积乘以建筑物高度计算，不同高度建筑物应分别计算。高低联跨的建筑物，应以高跨结构外边线分界分别计算建筑体积；其高低跨内部连通时，其变形缝应计算在低跨体积内。

2）结构找坡及或建筑找坡的平屋面、单坡或双坡或四坡的坡屋面单层建筑物高度，应从其室内地面计算至屋面面层平均标高。女儿墙、挑檐、天沟、屋顶架空隔热层不计算建筑物高度。

3）多层建筑物首层建筑体积应按照其外墙勒脚以上结构外围水平面积乘以建筑物高度计算，首层建筑物高度从室内地面计算至二层楼板建筑顶面；二层及以上楼层建筑体积应按照其外墙结构外围水平面积乘以建筑物高度计算，二层及以上楼层建筑物高度从室内地面计算至上层楼板建筑顶面。顶层建筑体积应按照其外墙勒脚以上结构外围水平面积乘以建筑物高度计算，顶层建筑物高度从室内地面计算至屋面面层平均标高；女儿墙、挑檐、天沟、屋顶架空隔热层不计算建筑物高度。

4）突出主体建筑屋顶有围护结构的电梯间、楼梯间、水箱间、提物间、通风间等按照顶层建筑物计算建筑体积。无围护结构的应按照其体积的 1/2 计算。

5）地下室、半地下室、有永久性顶盖的出入口，应按照其外墙上口（不包括采光井、外墙防潮层及其保护墙）外边线所围水平面积乘以建筑物高度计算。地下室、半地下室建筑物高度从其底板结构底标高计算至首层建筑地面；有永久性顶盖的出入口建筑物高度从其底板结构底标高计算至出口顶板建筑顶面。独立的电梯坑、提物间坑不计算建筑体积。

6）坡地上建筑物吊顶架空层、深基础架空层，设计加以利用并有围护结构的部位应按照其结构外围水平面积乘以建筑物高度计算体积。坡地上建筑物吊顶架空层、深基础架空层建筑物高度从其底板结构底标高计算至首层建筑地面；设计加以利用、无围护结构的坡地上建筑物吊顶架空层、深基础架空层，应按照其利用部位体积的1/2计算；设计不利用的深基础架空层、坡地吊脚架空层的空间不应计算体积。

7）建筑物间有围护结构的架空走廊，应按照其围护结构外围水平面积乘以建筑物高度计算体积。架空走廊建筑物高度从走廊底板结构底标高计算至走廊顶板建筑顶标高。有永久性顶盖、无围护结构的应按照其体积的1/2计算。

8）建筑物外有围护结构的落地橱窗、门斗、挑廊、走廊、檐廊，应按照其围护结构外围体积计算体积。有永久性顶盖、无围护结构的应按照其体积的1/2计算。

9）建筑物内的楼梯间、电梯井、观光电梯井、提物井、管道井、电缆竖井、通风排气竖井、垃圾道、附墙烟囱应计算建筑体积，并入建筑物体积内。

10）有永久性顶盖的室外楼梯，应按照建筑物自然层的水平投影面积1/2乘以建筑物高度计算体积。室外楼梯建筑物高度从室外地坪标高计算至永久性顶盖顶面。

11）建筑物的阳台按照其水平投影面积的1/2乘以建筑物高度计算体积。阳台建筑物高度从阳台地面地板结构底标高计算至阳台顶板建筑顶面或上一层阳台地面建筑顶面。

12）有柱雨篷按照其水平投影面积的1/2乘以建筑物高度计算建筑体积。雨篷建筑物高度从雨篷地面标高（台阶上平台标高）计算至雨篷板建筑顶面。

13）有永久性顶盖、无围护结构的车棚、货棚、站台等，应按照其顶盖水平投影面积1/2乘以建筑物高度计算体积。车棚、货棚、站台等建筑物高度从其地坪标高计算至车棚、货棚、站台等顶板建筑顶面平均标高。

14）以幕墙作为围护结构的建筑物，应按照幕墙外边线计算建筑体积。

15）建筑物外墙外侧有保温隔热层的，应按照保温隔热层外边线计算建筑体积。

16）建筑物内的变形缝计算体积，合并在建筑物体积内。

17）主厂房群体建筑根据建筑高度分别计算建筑体积。主厂房零米以下的基础、沟道、独立井池等不计算体积；以主厂房零米结构板作为顶板的坑池（循环水泵坑、凝结水泵坑、空冷排汽井等）按照其结构外围水平面积乘以建筑物高度计算体积，以主厂房零米结构板作为顶板的坑池建筑物高度从其底板结构底标高计算至主厂房零米地面；炉前通道按照低封建筑顶标高计算体积；锅炉露天布置、半露天布置、紧身封闭布置时，锅炉房按照运转层建筑顶面计算体积；蒸发量较小的锅炉采用全封闭布置时，按照建筑物计算体积；锅炉房运转层以上的电梯间不计算体积。与主厂房联合布置形成主厂房群体建筑的周边转运站、风扇磨检修间等计算建筑体积，并入主厂房体积内。集中控制楼单独计算体积，主厂房与集中控制楼以平面布置的伸缩缝分界，伸缩缝计算建筑体积，并入集中控制楼体积内。集中控制楼屋面顶上连接两台机组的输煤廊道按照外轮廓尺寸计算体积，并入主厂房体积内。

18）砌体烟道、混凝土烟道安装结构外轮廓尺寸计算体积，烟道长度按照水平长度计算，烟道建筑物高度从烟道底板结构底标高计算至烟道顶板建筑顶面。

19）输煤地道按照结构外轮廓尺寸计算体积，地道长度按照水平长度计算，地道建筑物高度从地道底板结构底标高计算至地道顶板建筑顶面。

20）输煤栈桥按照结构外轮廓尺寸计算体积，栈桥长度按照水平长度计算，栈桥建筑物高度从地道底板结构底标高计算至栈桥顶板建筑顶面。

21）储煤筒仓、混煤罐、石灰石仓按照结构外轮廓尺寸计算体积，储煤筒仓、混煤罐、石灰石仓地上部分建筑物高度从零米地面标高计算至顶板建筑顶面。储煤筒仓、混煤罐、石灰石仓地下部分建筑物高度从底板结构底标高计算至零米地面。

22）圆形煤场按照结构外围水平投影面积乘以挡煤墙高度计算建筑体积，不扣除圆形煤场内输煤栈桥、输煤地道、给煤机基础中心柱所占体积，圆形煤场内的输煤栈桥、输煤地道单独计算体积。挡煤墙高度从煤场室内地坪计算至挡煤墙顶。

23）穹顶结构干煤棚按照结构外围水平投影面积乘以干煤棚穹顶高度 1/2 计算建筑体积。干煤棚穹顶高度从干煤棚地坪计算至穹顶板顶。

24）灰库按照结构外轮廓尺寸计算建筑体积。灰库建筑物高度从零米地面标高计算至顶板建筑顶面。

25）空冷平台按照结构外围水平投影面积乘以空冷平台高度计算建筑体积。空冷平台高度从室外地坪计算平台顶面。

26）天桥按照结构外轮廓尺寸计算体积，天桥长度按照水平长度计算，天桥建筑物高度从天桥底板结构底标高计算至天桥顶板建筑顶面。

（2）不计算建筑体积的项目

1）建筑物通道。

2）勒脚、附墙柱、垛、台阶、墙面抹灰、装饰面、镶贴块料面层、装饰性幕墙、空调机外机搁板（箱）。

3）无柱雨棚。

4）无永久性顶盖的架空走廊、室外楼梯和用于检修、消防的室外钢楼梯、爬梯。

5）烟囱、钢烟道支架、无围护结构除尘器支架。

6）室外沟道、油池、水池、井、设备基础、箱罐基础。

7）冷却塔、循环水沟、水渠、截洪沟。

8）A 排外构支架、防火墙、开关场构支架、露天布置的引风机吊架。

9）围墙、地坪、道路、支架、挡土墙、护坡、护岸、绿化等。

10）灰坝、防洪堤。

二、土石方与施工降水工程

1. 土石方与施工降水工程定额使用说明

（1）土质分类执行"土壤及岩石（普氏）分类表"。定额中普土为分类表中Ⅰ～Ⅱ类土质，坚土为Ⅲ～Ⅳ类土质。松石为Ⅴ类，次坚石为Ⅵ～Ⅷ类，普坚石为Ⅸ～Ⅹ类，特坚石为Ⅺ～Ⅻ类。

（2）土石方定额中不包括施工降水、排水费用，发生时按照有关规定另行计算。

（3）干土、湿土、淤泥、流砂划分应根据地质资料确定。当土壤含水率≥25％时为湿土；通常以常年地下水位标高为界，地下水位标高以上为干土，以下为湿土。含水率≥40%时为淤泥或流砂。人工开挖土方按照干土编制，如挖湿土时人工工日数量乘以 1.16 系数。干土与湿土工程量应分别计算，采用降水措施开挖的土方量按照干土计算。

（4）人工挖地槽、地坑定额深度为6m，工程挖土深度超过6m时，超过6m部分工程量每增加1m（不足1m按照1m计算）按照6m以内相应定额人工工日数量增加9%工日。

（5）支挡土板定额分密撑和疏撑。密撑是指满支挡土板，疏撑是指间隔支挡土板。定额综合考虑了不同间隔疏撑，应用定额标准时不作调整。

（6）开挖有挡土板支撑条件下的土方时，挡土板支撑区域内的土方开挖工程量按照相应定额子目人工工日数量乘以 1.39 系数。

（7）人工开挖桩间土方时，桩间区域内的土方开挖工程量按照相应定额子目人工工日数量乘以 1.45 系数。计算实挖时，扣除桩所占体积，不计算送桩深度区域土方体积，不计算相邻群桩外围之间空地面积大于 36m² 区域土方体积。

（8）人工挖冻土厚度超过 1m 时，定额乘以 1.05 系数。

（9）地基钎探定额按照插入式编制，工程地基钎探采用锤击式时，人工工日数量乘以 1.3 系数。探孔回填按照就地取土回填编制，工程采用其他材料回填时，按照相应的材料预算价格另行计算回填材料费。

（10）爆破定额按照电雷管导电起爆编制的，工程采用火雷管爆破时，雷管应换算，数量不变。扣除定额中的胶管导线，换为导火索，导火索的长度按照每个雷管 2.12m 计算。

（11）石方爆破按照炮眼法松动爆破编制，不分明炮、闷炮，但闷炮的覆盖材料应另行计算。

（12）定额不包括处理炮孔地下渗水、炮孔积水所发生的费用，应根据处理的方式另行计算。定额不考虑覆盖设施、安全警戒设施等费用；定额中包括封锁爆破区、爆破前后检查费用。

（13）推土机推土、推石碴、铲运机铲运土在重车上坡时，如果坡度大于5%，其运距按照坡度区段斜长乘以表 3-65 中系数。

坡度系数   表 3-65

坡度（%）	5~10	<15	<20	<25
系数	1.75	2	2.25	2.5

（14）人力车、汽车在重车上坡时的降效因素，已综合在相应的运输定额子目中，不另行计算。

（15）机械挖土定额子目中已综合了人工清土、修坡的费用，不再另行计算人工费。

（16）机械挖土土壤含水率在 25%～40% 时，定额人工工日数、机械台班量乘以 1.15 系数。

（17）推土机推土或铲运机铲土，土层厚度平均小于 300mm 时，推土机台班量乘以系数 1.25，铲运机台班量乘以系数 1.17。

（18）挖掘机在垫板上进行作业时，人工工日数、机械台班量乘以系数 1.25。定额中不包括垫板铺设所需费用，按照相应的定额另行计算。

（19）推土机推、铲运机铲未经压实的积土时，按照相应定额乘以 0.73 系数。

（20）机械施工土方定额是按照一、二类土质编制的，如实际土壤类别不同时，定额中机械台班量乘以表 3-66 中系数。

土质类别系数 表 3-66

项 目	三 类 土	四 类 土
推土机推土方	1.19	1.4
铲运机铲土方	1.19	1.5
挖掘机挖土方	1.19	1.35

（21）机械上下行驶坡道的土方量，应合并在土方工程量内计算。

（22）汽车运土坡道如需铺筑材料时，另行计算。

（23）土、石碾压

1）土石方混合回填碾压时，石方比例大于 35% 时，按照石方回填碾压计算；石方比例小于 35% 时，按照土方回填碾压计算。

2）填石碾压定额中包括掺土碾压、石方破解碾压等工作内容。工程实际土方掺合比例、石方破解程度与定额不同时不做调整。

3）填土、石碾压遍数及机械推平是综合考虑的，并考虑了机械碾压不到处的人工平整夯实等各种因素，执行定额时不得因碾压遍数与机械配备等而调整。

4）回填土石方定额中已考虑密实系数的影响。

（24）定额包括泵类明排、轻型井点、喷射井点、大口径井点四类降排水施工方法。大口径井点降水不论采取何种井管类型均不调整，井点范围外的排水沟渠或排水管道应另行计算。

2. 土石方与施工降水工程工作内容和工程量计算规则

土石方与施工降水工程工作内容和工程量计算规则，如表 3-67 所示。

土石方与施工降水工程工作内容和工程量计算规则 表 3-67

工程项目	工 作 内 容	工程量计算规则
1.1 人工施工土方		
1.1.1 挖土方	(1)挖土。 (2)装土。 (3)修理边与底	(1)单位:m³。 (2)挖、填、运土石方工程量均以挖掘前的自然密实体积计算。如工程需要根据其他体积计算土石方工程量时,按照"土石方松实系数表"进行换算。 (3)土石方开挖以场地平整(室外设计)标高为开挖起点
1.1.2 挖沟、槽、基坑	(1)挖沟、槽、基坑。 (2)将土置于沟、槽、坑边自然堆放。 (3)修理边与底。 (4)沟、槽、坑底夯实	(1)沟槽、基坑划分: 1)图纸中沟槽底宽在 3m 以内,且沟槽长大于宽 3 倍以上者为开挖沟槽。 2)图纸中基坑底面积在 20m² 以内者为基坑。 (2)挖沟槽、挖基坑、挖土方放坡工程量计算 1)挖沟槽、挖基坑、挖土方需要放坡时按"放坡系数表"中系数计算。

工程项目	工作内容	工程量计算规则
1.1.2 挖沟、槽、基坑	(1)挖沟、槽、基坑。 (2)将土置于沟、槽、坑边自然堆放。 (3)修理边与底。 (4)沟、槽、坑底夯实	放坡系数表 （见下表） 2)当被挖土层的土壤类别不同时,分别以土壤类别分界点为放坡起点,按照相应的放坡系数 分别计算工程量。 3)计算放坡工程量时,在交接处重复的工程量不予扣除。原槽、坑作基础垫层时放坡自垫层上表面开始计算。 4)挖冻土不计算放坡工程量。爆破开挖冻土沟槽、基坑的深度与宽度允许计算200mm超挖量。超挖部分并入冻土挖方工程量内。 (3)沟槽、基坑开挖需要支挡土板时,其开挖宽度按照图纸中沟槽、基坑底宽加预留挡土板宽度计算。单面支挡土板加预留宽度100mm,双面支挡土板加预留宽度200mm。支挡土板后不得再计算放坡工程量。 (4)地下工程施工工作面计算 1)地下垫层、支墩、基础、沟道、隧道、池井、地坑等工程施工时,按"地下工程施工工作面宽度计算表"中计算施工工作面。搭拆双排脚手架时,搭拆侧按照1500mm计算工作面;搭拆单排脚手架时,搭拆侧按照1200mm计算工作面。 地下工程施工工作面宽度计算表 （见下表） 2)垫层不支模板时不计算施工工作面。 3)施工地下工程时,由于施工工序不同需要的工 作面宽度按照地下工程施工工作面宽度计算表中大值计算,不允许叠加计算。 (5)挖沟槽长度计算 1)外墙按照图示中心线长度计算。 2)基础无垫层内墙按照图示基础底面之间净长计算。 3)基础有垫层内墙按照图示垫层底面之间净长计算。 4)内外墙凸出部分体积并入沟槽工程量内计算。 (6)挖地下管道沟槽工程量计算 1)挖地下管道沟槽长度按照图示管道中心线长度计算,扣除管路上各种井池所占长度。管路与井池以及井池外壁外边线分界。 2)开挖管道沟槽底宽按照设计规定尺寸计算,设计无规定的单根管道开挖底宽按照"管道沟槽底宽度计算表"计算。

放坡系数表

土壤类别	放坡起点（m）	人工挖土	机械坑内挖土	机械坑上挖土
普土	1.20	1：0.5	1：0.33	1：0.53
坚土	1.80	1：0.3	1：0.2	1：0.35

地下工程施工工作面宽度计算表

项目名称	每边各增加工作面宽度（mm）	项目名称	每边各增加工作面宽度（mm）
砌砖基础、沟道	200	混凝土支模板	300
砌石基础、沟道	150	立面做防水层	800
灰土支模板	300		

工程项目	工 作 内 容	工程量计算规则
1.1.2　挖沟、槽、基坑	(1)挖沟、槽、基坑。 (2)将土置于沟、槽、坑边自然堆放。 (3)修理边与底。 (4)沟、槽、坑底夯实	管道沟槽底宽度计算表 （见下表） 3)管道接口处需要加宽、加深而增加的土方量不另行计算。 4)铺设铸铁管道时,其接口等处土方增加量按照铸铁管道沟槽土方总量的2.5%计算。 (7)沟槽、基坑开挖深度,按照图示槽坑底面至场地(设计室外)平整标高深度计算。 (8)单位:m³
1.1.3　挖淤泥、流砂、冻土	(1)挖淤泥、流砂。 (2)装淤泥、流砂。 (3)工作面内排水、修理边坡。 (4)刨挖冻土。 (5)布孔、打孔、装药、填塞药孔、爆破、封锁爆破区、爆破前后检查。 (6)清理、破解大块冻土、冻土弃于沟、槽、坑外边	单位:m³
1.1.4　运土方、淤泥、冻土	(1)500m以内运土方。 (2)200m以内运淤泥、冻土。 (3)包括装、运、卸、平整	(1)单位:m³。 (2)人工运土石方距离按照取土重心点至卸土重心点之间的直线距离计算
1.1.5　平整场地、回填土、地基钎探	(1)回填土在5m以内取土。 (2)原土找平、打夯。 (3)平整场地标高在±30cm以内的挖填平衡。 (4)打拔钎子、标识、取料、搭拆脚手架、探孔回填	(1)平整场地工程量计算: 平整场地是指建设场地挖、填土方厚度在±300mm以内及找平。挖填土方厚度超过300mm时,按照场地土方竖向布置图另行计算。单位工程计算场地平整费用。 1)建筑物、计算建筑体积的构筑物按照外墙外边线每边各加2m以㎡计算。 2)不计算建筑体积的烟囱、水塔、钢烟道支架、室外独立设备基础、室外独立池井按其结构外边线每边各加2m以㎡计算。

管道沟槽底宽度计算表

管径 (mm)	铸铁管、钢管	混凝土管	玻璃钢管、 UPVC管
50~80	0.6	0.8	0.6
100~200	0.7	0.9	0.6
250~350	0.8	1.0	0.7
400~450	1.0	1.3	0.85
500~600	1.3	1.5	1.1
700~900	1.6	1.8	1.35
1000~1200	1.9	2.1	1.65
1300~1500	2.2	2.6	1.95
1600~1800	2.5	2.9	2.25
1900~2000	2.8	3.2	2.5

工程项目	工作内容	工程量计算规则
1.1.5 平整场地、回填土、地基钎探	(1)回填土在5m以内取土。 (2)原土找平、打夯。 (3)平整场地标高在±30cm以内的挖填平衡。 (4)打拔钎子、标识、取料、搭拆脚手架、探孔回填	3)厂(站)区围墙、挡土墙按照其结构宽度加2m以m²计算。计算围墙长度时,扣除大门、边门及大门柱所占长度。墙宽度以场地平整标高处宽度为准。 4)抑尘墙、隔声墙按照其结构占地宽度加2m以m²计算。 5)厂(站)区支架按照其结构宽度加1m以m²计算。单柱支架结构宽度以柱头顶宽或支架梁长为准;双柱支架结构宽度以支架梁长(柱外侧)为准。 6)厂(站)区内隧道、沟道、管沟按其上口开挖宽度加2m以m²计算。 7)厂(站)区内道路按照路面宽度加2m以m²计算;厂(站)区内地坪按照其面积以m²计算。 8)灰坝、防洪堤按照其占地宽度加4m以m²计算。 9)计算相邻建筑物、构筑物平整场地面积时不允许有交叉重复。 (2)竖向布置土方根据场地(设计室外)平整标高与自然标高差以立方米计算。挖填方量按照"方格网法"或"断面法"计算。 (3)回填土石方工程量计算: 原土夯实、碾压按照m²计算工程量;填土夯实、碾压按照m³计算工程量。回填土分夯填、松填,按照图示回填尺寸以m³计算工程量。 1)基坑、沟槽回填体积以挖方体积减去场地平整(设计室外)标高以下埋设施体积计算。 2)管道沟槽回填土以挖方体积减去管道、垫层、基础、支墩、各类井等所占体积计算。不扣除管径在500mm以下的管道所占体积;管径超过500mm时按照"管道扣除土方体积表"扣除管道所占体积计算;管道直径超过1000mm时按照实际填土量计算。直埋式保温管道直径按照保温后外径计算。 管道扣除土方体积表 3)余土外运或取土运回工程量计算式:余土外运体积=挖土总体积-回填总体积/密实后体积系数。计算结果是正值时为余土外运体积,负值时为取土运回体积。密实后体积系数根据"土石方松实系数表"取定。 4)室内(房心)回填按照主墙之间面积乘以回填厚度计算。 5)挖、填、运方量的体积关系详见"土石方松实系数表"

管道扣除土方体积表

管道名称	管道直径(mm)		
	501~600	601~800	801~1000
钢管	0.21	0.44	0.71
铸铁管	0.24	0.49	0.77
混凝土管	0.33	0.6	0.92

工程项目	工作内容	工程量计算规则
1.1.6 支挡土板	挡土板制作、运输、安装、移位、修复、拆除	(1)单位:m²。 (2)挡土板按照沟槽、基坑垂直支撑面积计算工程量
1.2 人工施工石方		

工程项目	工作内容	工程量计算规则
1.2.1　凿岩石	(1)开凿石方、打碎、修边、检底。 (2)将石方运出沟、槽、坑边1m以外	(1)人工凿岩石安装设计图示尺寸以 m³ 为单位计算工程量,不计算超挖工程量。 (2)管沟石方开挖工程量按照设计规定及允许超挖工程量计算;设计无规定时,管沟底宽按照"管道沟槽底宽计算表"加允许超挖工程量计算
1.2.2　打孔爆破石方	(1)布孔、打孔、装药、填塞药孔、爆破、封锁爆破区、爆破前后检查。 (2)清理、破解大块石	爆破岩石按照设计图示尺寸以 m³ 为单位计算工程量。其沟槽、基坑的深度与宽度允许超挖量:松石、次坚石 200mm,普坚石、特坚石 150mm。超挖部分的石方量并入岩石挖方工程量内
1.2.3　运石方、回填石方	(1)装石方、运石方、卸石方、平整石方。 (2)破解石方、土石顺序回填、夯实	单位:m³
1.2.4　清理修边	(1)石方爆破后清底、修边。 (2)开凿石方、打碎、修边、检底。	(1)单位:m²。 (2)修整边坡工程量按照修整的坡面积计算
1.3　机械施工土方		
1.3.1　推土机推土方	(1)推土、集土、平整。 (2)修理边坡。 (3)工作面排水	(1)单位:m³。 (2)推土机推土石方距离按照挖方区重心至填方区重心之间的直线距离计算
1.3.2　铲运机运土方	(1)铲土、运土、卸土、平整。 (2)修理边坡。 (3)工作面排水	(1)单位:m³。 (2)铲运机运土距离按照挖方区重心至卸土区重心直线距离加转向 45m 计算
1.3.3　机械挖(装)土方、自卸汽车运土方	(1)挖土、将土堆放在一边。 (2)挖土装车、运土、卸土、平整土方。 (3)修理边坡。 (4)清理机下余土。 (5)工作面排水、挖方区与卸方区场内汽车行驶道路养护	(1)单位:m³。 (2)自卸汽车运土石方按照挖方区(或取土地点)重心至填土区(或卸土地点)重心最短行驶距离计算
1.3.4　机械挖运淤泥、流砂、冻土	(1)挖淤泥、挖流砂、堆放一边或装车、清理机下泥砂、运卸淤泥或流砂。 (2)布孔、钻孔、装药、填塞药孔、爆破、封锁爆破区、爆破前后检查。 (3)清理、破解大块冻土。 (4)推冻土、平整。 (5)挖冻土装车、运冻土、卸冻土、平整冻土。 (6)修理边坡。 (7)工作面排水、挖方区与卸方区场内汽车行驶道路养护	单位:m³

工程项目	工 作 内 容	工程量计算规则
1.3.5 平整场地、填土碾压	(1)平整场地标高在±30cm以内的挖填平衡。 (2)推平碾压,工作面排水	单位:m²
1.4 机械施工石方		
1.4.1 钻孔爆破石方	(1)布孔、钻孔、装药、填塞药孔、爆破、封锁爆破区、爆破前后检查。 (2)清理、破解大块石	单位:m³
1.4.2 推土机推碴	推碴、集碴、平整	(1)单位:m³。 (2)推碴、挖碴、运碴工程量按照岩石爆破的工程量计算
1.4.3 挖掘机挖碴、自卸汽车运碴	(1)挖碴、装碴、运碴、卸碴、平整 (2)工作面排水、挖方区与卸方区场内汽车行驶道路养护	单位:m³
1.4.4 回填石碴碾压	破解石方、土石顺序回填、推平碾压、工作面排水	单位:m³
1.5 施工降水、排水		
1.5.1 明排水	(1)挖排水沟、挖集水坑。 (2)安拆设备与管道、场内搬运、降排水设施运行维护	(1)施工降水、排水按照实际运行套天计算,实际运行天数按照累计运行24h折算。运行时间从降水系统运行之日起至降水系统结束日止。 (2)基坑明排水降水系统每套由排水泵、基坑排水管、排水辅助设施组成,计算套数时按照运行的排水泵台数计算,每台运行的排水泵计算一套,备用排水泵不计算运行工程量
1.5.2 轻型井点降水	(1)井点系统布置装配、打拔井点管、安拆设备与管道、井点连接抽水试验、场内运输、降排水设施运行维护、填井点坑	(1)井管按拆根据降水管井类型、深度以根为单位计算。 (2)轻型井点降水系统每套由排水泵房、排水泵、水平管网、弯联管、井点管、滤管、排水辅助设施组成。轻型井点50根为一套,井管根数根据施工组织设计确定,施工组织设计无规定时,按照1.2m/根计算
1.5.3 喷射井点降水	(1)井点系统布置装配、打拔井点管、安拆设备与管道、井点连接抽水试验、场内运输、降排水设施运行维护、填井点坑	喷射井点降水系统每套由排水泵房、排水泵、吸水管、井点管、沉砂管、排水辅助设施组成。喷射井点30根为一套,井管根数根据施工组织设计确定,施工组织设计无规定时,按照2.5m/根计算
1.5.4 大口径井点降水	(1)钻机钻孔、按拆井管、井底和井壁填碎石、洗井、安拆设备与管道、抽水试验、导入明沟。 (2)场内运输、降排水设施运行维护、填井点坑	大口径井点(深井降水)降水系统每套由排水泵房、排水泵、井点管、沉砂管、滤网、吸水器、缓冲水箱、排水辅助设施组成。大口径井点(深井降水)1根为一套,井管根数根据施工组织设计确定

3. 实例

一基坑地面为 100m×50m，开挖深度 4m，土质类别为普土，土方堆放地点 1km（反铲挖掘机坑上挖土自卸汽车运土），再取原土回填碾压，厚 2m（装载机装土自卸汽车运土）。计算土方开挖及填土碾压工程量并套用定额。设土方松散系数为 1.1。

（1）工程量计算

本例需计算三个工程量，基坑开挖工程量、填土碾压工程量（压实体）及回填土方装车运输工程量（自然方）。

① 基坑开挖工程量。

基坑开挖计算公式为：

$$V=(a+2C+KH)(b+2C+KH)H+K^2H^3/3$$

式中　H——坑深，基坑底面至设计室外地坪。

　　　a、b——基坑（基坑垫层）底部长度、宽度。

　　　K——放坡系数。

　　　C——工作面宽。当基础施工中无须留设工作面时，$C=0mm$。

本例基坑开挖工程量底部长宽为 100m 和 50m，放坡系数取 1：0.53（见 2013 版建筑预算定额表 1−3），则：

$$(100+2×0+0.53×4)(50+2×0+0.53×4)×4+0.53^2×4^3/3=21296(m^3)$$

② 填土碾压工程量。同理：

$$(100+2×0+0.53×2)(50+2×0+0.53×2)×2+0.532×23/3=10321(m^3)$$

③ 装载机装土自卸汽车运土（填土碾压所需土方量）。此工程量在压实方基础上需换算成自然方，则：

$$10321×1.1=11353(m^3)$$

（2）套定额

① 基坑开挖　　　　　　　　　　定额子目选 YT1−83

$$21296(m^3)×7.71(m^3)=164191.93(元)$$

② 填土碾压　　　　　　　　　　定额子目选 YT1−94

$$10321(m^3)×4.69(m^3)=48405.47(元)$$

③ 装载机装土自卸汽车运土　　　定额子目选 YT1−84

$$11353(m^3)×6.31(m^3)=71638.04(元)$$

三、地基与边坡处理工程

1. 地基与边坡处理工程定额使用说明

（1）本章除水泥搅拌桩、冲击钻孔灌注桩、人工挖孔桩、打拔钢管桩项目外，其余打桩工程按照一级土编制的，如实际为二级土时，其相应的人工日工数与机械台班量乘以 1.35 系数。打桩土质级别划分见 2013 版建筑工程预算定额附录 H "打桩土质鉴别表"。

（2）打钢筋混凝土桩、静力压钢筋混凝土桩定额中包括钢筋混凝土成品桩购置费。当现场预制钢筋混凝土桩时，按照预制钢筋混凝土桩定额计算桩制作费，并根据第 4 章定额计算预制桩中的钢筋费用与桩运输费，同时扣减成品桩购置费。

（3）计算工程打试验桩按照相应定额的人工数量、机械台班数量乘以 2.0 系数。

（4）在打桩、打孔工程中，当桩间净距小于 4 倍桩径或桩边长时，相应定额中的人工数量、机械台班数量乘以 1.13 系数。

(5) 当钢板桩、钢管桩重复利用时，每打入一次按照 20％桩消耗量计算桩材料费。定额综合考虑了桩维修、桩占用时间，执行定额时不做调整。

(6) 定额中灌注材料消耗量均已包括表 3.4.6 规定的充盈系数和材料损耗用量。工程实际用量与定额含量不同时，可以调整超出±10％的部分，±10％以内的部分不做调整。其调整系数为：设计充盈系数/定额充盈系数；或实际用量/定额用量。灌注砂石桩定额，除表 3-68 规定的充盈系数和材料损耗用量外，还包括级配密实 1.334 系数。

充盈系数及材料损耗量表　　　　　　　表 3-68

项目名称	充盈系数	损耗率（％）	项目名称	充盈系数	损耗率（％）
打孔灌注混凝土桩	1.2	1.5	打孔灌注碎石桩	1.3	3
钻孔灌注混凝土桩	1.25	1.5	打孔灰土挤密桩	1.08	2
打孔灌注砂桩	1.3	3	冲孔灰土挤密桩	1.13	2
打孔灌注砂石桩	1.3	3	水泥搅拌桩	1.05	1.5

(7) 冲击钻孔灌注混凝土桩定额孔深为 20m 以内，如孔深超过 20m 时，每超过 10m，按照 20m 以内定额人工数量、机械台班数量增加 28％，超过部分不足 10m 时按照插入法计算。

(8) 冲击钻孔施工遇到风化岩石层时，人工与机械乘以 1.3 系数。定额中冲击钻孔泥浆排放按照就地排放考虑，如工程需要外运时费用另行计算。

(9) 在桩间补桩或强夯后的地基打桩时，按照相应定额中的人工数量、机械台班数量乘以 1.15 系数。

(10) 人工挖孔桩，桩孔内垂直运输方式按照人工考虑。如挖孔深度超过 12m 时，深度在 16m 以内者，以 12m 定额为基础人工数量乘以 1.27 系数，并增加鼓风机 0.346 （8m³/min）台班；深度在 20m 以内者，以 12m 定额为基础人工数量乘以 1.45 系数，并增加鼓风机 0.454 （8m³/min）台班。

(11) 当人工挖桩孔遇到流砂、淤泥、岩石、墓穴以及抽水时，费用另行计算。

(12) 水泥搅拌桩分粉喷桩、浆旋喷桩两种。工程实际水泥用量与定额用量不同时，可以换算，其余不变。

(13) 工程采用三重管法施工水泥浆旋喷桩时，按照双重管法定额乘以 1.2 系数。

(14) 凿桩头

1) 本定额适应于凿桩头高度在设计超灌长度范围内桩头。

2) 预制钢筋混凝土管桩、方桩凿桩头的高度设定在 0.75m 以内，超过 0.75m 时应先截桩后凿桩。被截桩断面面积在 0.2m² 以内者，每个截桩头按照 30 元计算；被截桩断面面积在 0.2m² 以外者，每个截桩头按照 50 元计算。

3) 凿未浇注桩芯部分的混凝土护壁时，按照凿混凝土桩头定额乘以 0.8 系数计算。

4) 凿砂浆护壁、实心砖护壁时，按照凿混凝土桩头定额乘以 0.6 系数计算。

(15) 换填定额子目中不包括被换填土方的开挖、运输费用，其费用按照"土石方与施工降水工程"章节相应的定额另行计算。

（16）堆载预压

1）定额综合考虑了堆载土的分层填筑、碾压、检验、修整边坡等工作内容。

2）堆载土的预压期综合考虑，定额包括预压期间观测费。

3）卸载综合考虑了机械施工与人工清理。

4）堆载土、卸载土的运距综合在 1km 以内，超出 1km 时按照"土石方与施工降水工程"章节自卸汽车运土运距每增加 1km 定额计算。

5）定额中不包括排水设施费用。外排水管、排水沟费用单独计算。

（17）强夯

1）强夯工程不分土壤类别，一律按照本定额执行。

2）定额中强夯机械是综合取定的，工程实际与其不同时，不做调整。

3）本定额未编 400t·m 及 500t·m 强夯定额子目。当工程采用 400t·m 夯能机械施工时，按照 600t·m 定额子目乘以 0.7 系数计算费用；当工程采用 500t·m 夯能机械施工时，按照 600t·m 定额子目乘以 0.85 系数计算费用。

4）强夯定额中考虑了各类布点形式，执行定额时不做调整。布点排列按照不间隔连续依次夯击击数计算，若设计要求夯点分两遍间隔夯击时，相应定额基价增加 25%，若设计要求夯点分三遍间隔夯击时，相应定额基价增加 50%，工程量不变。

5）本定额夯点间距是按照 4m 以内考虑的，如夯点间距大于 4m 小于 8m 时，其定额中五击以内及每增加一击子目乘以 0.75 系数。

6）设计要求在强夯过程中填充材料时，相应强夯定额中人工数量、机械台班数量应乘以 1.2 系数，所填充的材料及填充材料运输需要的人工费与机械费应另行计算。

7）单位工程强夯面积小于 600m² 工程，相应的强夯定额子目基价应以 1.25 系数。

（18）地下混凝土连续墙

1）导墙开挖定额综合考虑了机械挖土、人工挖土、浇筑槽底混凝土垫层等工作内容。

2）挖土成槽定额中包括自卸汽车运土 1km，运距超出 1km 时按照"土石方与施工降水工程"章节自卸汽车运土运距每增加 1km 定额计算。

3）浇制地下连续墙定额中已综合考虑了垂直度、超挖深度、超灌量的损耗。

4）锁口管吊拔、清底置换定额是按照"段"进行编制的，定额综合考虑了每段工程量的大小，工程实际与定额不同时不做调整。

（19）在钢筋笼、网制作定额中，综合考虑了不同的连接方式，工程实际与定额不同时不做调整。

（20）钢筋笼、网安装定额中包括其运输费用。

（21）喷射混凝土支护定额中不包括钢筋网片的制作、安装、吊装费用，工程发生时按照钢筋笼、网定额另行计算。

（22）锚杆支护、土钉支护需要搭拆脚手架时，按照实际搭设长度乘以 2m 宽计算工程量，执行满堂脚手架定额子目。

2. 地基与边坡处理工程工作内容与工程量计算规则

地基与边坡处理工程工作内容和工程量计算规则如表 3-69 所示。

定额说明中调整单价部分的工程量仅为超出定额技术标准部分的工程量，不包括符合定额技术条件部分的工程量。

地基与边坡处理工程工作内容和工程量计算规则表 表 3-69

工程项目	工作内容	工程量计算规则
2.1 钢筋混凝土预制桩		
2.1.1 钢筋混凝土方桩预制	(1)清理地模、模板安拆。 (2)浇混凝土、捣固、养护。 (3)成品起模、堆放。 (4)桩尖校正、固定	(1)预制钢筋混凝土桩体积按照设计桩长(包括桩尖,不扣除桩尖虚体积)乘以截面面积计算。 (2)管桩的空心体积应扣除。管桩空心部分如需要灌注混凝土或其他填充料时,另行计算。 (3)预制桩损耗量按照1.5%计算。 (4)单位:m³
2.1.2 机械打钢筋混凝土桩	(1)打桩机具布置、移动打桩机及其轨道、桩吊装定位、安卸桩帽。 (2)校正、打桩	打或静力压预制钢筋混凝土桩按照预制桩体积计算,不计算桩施工损耗量
2.1.3 静压力钢筋混凝土桩	(1)压桩机具布置、移动压桩机就位、捆桩身、吊桩定位、安卸桩帽。 (2)校正、压桩	
2.1.4 送钢筋混凝土桩	安放送桩器、打拔送桩器、校正、送桩	送钢筋混凝土桩按照桩截面面积乘以送桩长度计算。送桩长度从打桩架底计算至桩顶标高
2.1.5 接混凝土桩	(1)对接上下节桩、桩顶垫平、放置接桩。 (2)角钢、钢板焊制。 (3)安卸夹箍。 (4)校正、灌注胶泥、养护	钢筋混凝土桩电焊接桩根据设计要求按照接头个数计算,硫磺胶泥接桩按照桩断面以 m² 计算
2.2 钢结构桩		
2.2.1 钢结构桩靴(尖)制作	(1)放样、划线、下料、平直、钻孔、拼装、焊接。 (2)除锈、刷防锈漆一遍、成品编号、堆放。 (3)校正、安装	桩尖(靴)按照设计成品重量计算工程量,不计算焊条、油漆重量。工程打桩不设置桩尖(靴)时,不计算工程量
2.2.2 机械打钢管桩	(1)打桩机具布置、移动打桩机、桩吊装就位、安卸桩帽、校正、打桩。 (2)测定标高、桩内排水、内切割钢管、截除钢管、就地安放。 (3)测定标高、划线整圆、桩内排水、精割、设箍、安装桩帽、清泥除锈、焊接桩帽	(1)钢管桩根据桩设计长度、分管径按照设计成品重量计算工程量,不计算焊条、油漆重量,设计长度从桩顶计算至桩底(不包括桩尖或桩靴长度)。 (2)钢管桩内切割分直径按照桩根数计算。 (3)钢管桩割焊盖帽、钢管桩电焊接头分直径按照个数计算工程量
2.2.3 机械打、拔钢板桩	(1)打桩机具布置、移动打桩机、桩吊装就位、安卸桩帽、校正、打桩。 (2)安拆导向夹具、系桩、拔桩。 (3)场内临时堆放	打拔钢板桩、打拔钢管桩按照设计成品重量以 t 为单位计算工程量
2.2.4 机械打、拔钢管桩		
2.2.5 送钢结构桩	安放送桩器、打拔送桩器、校正、送桩	送钢结构桩按照被送桩长重量以 t 为单位计算工程量,被送桩长从打桩架底计算至桩顶标高
2.2.6 接钢管桩	磨焊接头、对接上下节桩、放置接桩	接钢管桩分直径按照个数计算工程量

337

工 程 项 目	工 作 内 容	工程量计算规则
2.2.7 管桩桩心填料	(1)填灌砂、密实。 (2)填灌混凝土、捣固、养护	管桩桩心填料按照管桩内径乘以填料高度以 m³ 为单位计算工程量
2.3 灌注混凝土桩		
2.3.1 轨道式柴油打桩机打孔灌注桩	(1)打桩机具布置、移动打桩机及其轨道、桩位校正、沉管打孔。 (2)浇灌混凝土、捣固、养护。 (3)拔钢管、清理夯实	(1)灌注混凝土桩按照体积计算工程量,不扣除桩尖虚体积。桩长=设计桩长+设计超灌长度+桩尖长度。设计超灌长度按照图纸要求计算,图纸无要求时,按照设计桩长5%计算,超灌长度大于1m时按照1m计算。
2.3.2 履带式打桩机打孔灌注桩	(1)打桩机具布置、移动打桩机、桩位校正、沉管打孔。 (2)浇灌混凝土、捣固、养护。 (3)拔钢管、清理夯实	(2)打孔灌注桩的体积按照桩长度乘以钢管管箍外径截面面积计算工程量。 (3)打孔后先埋入预制钢筋混凝土桩尖再灌注混凝土时,桩尖单独计算,灌注桩长度不计算桩尖长度
2.3.3 螺旋钻孔机钻孔灌注桩	(1)钻孔机具布置、移动钻孔机、桩位校正、钻孔。 (2)浇灌混凝土、捣固、养护。 (3)清理钻孔余土、运至场内指定地点	钻孔、振冲成孔灌注桩按照桩长乘以设计桩截面面积计算工程量
2.3.4 冲击钻孔机钻孔灌注桩	(1)钻孔机具布置、移动钻孔机、桩位校正、冲孔、出渣、清孔。 (2)泥浆护壁。 (3)挖泥浆池沟、回填土。 (4)浇灌混凝土、捣固、养护。 (5)钢护筒埋设、拆除	
2.3.5 机械钻孔支盘灌注桩	(1)成孔机具布置、移动钻孔机、桩位校正、钻孔、成支、成盘。 (2)浇灌混凝土、捣固、养护。 (3)清理钻孔余土、运至场内指定地点	支盘桩分直径按照体积计算工程量,支盘桩中支与盘的工程量按照设计断面与长度计算工程量,并入桩体积内
2.3.6 人工挖孔灌注桩	(1)挖土方、凿岩石、基岩处理。 (2)修整边、底、壁。 (3)土石方孔内垂直运输、土石方孔外水平运输100m以内。 (4)护壁模板安拆。 (5)抹砂浆护壁、砌砖护壁。 (6)浇灌混凝土、捣固、养护。 (7)孔内照明、通风、排水。 (8)施工材料孔内垂直运输。 (9)安全设施搭拆	(1)人工挖孔桩土方: 1)人工挖孔桩土方量按照设计桩长加空桩长度乘以设计桩截面面积以 m³ 为单位计算工程量。有护壁桩设计桩截面直径为桩护壁外直径,无护壁桩设计桩截面直径为桩芯混凝土直径。空桩长度从设计桩顶计算至挖孔地面标高。 2)桩底部扩孔土方按照设计图示尺寸计算工程量,并入挖孔桩土方内。 3)桩底入岩工程量按照设计图示尺寸以 m³ 为单位计算工程量。 (2)护壁体积按照设计护壁高度乘以设计护壁截面面积以 m³ 为单位计算工程量。 (3)人工挖孔桩桩芯: 1)桩芯混凝土体积按照桩长乘以设计桩截面面积计算工程量。 2)桩头扩大部分体积以 m³ 为单位计算工程量,并入桩芯体积内

续表

工程项目	工作内容	工程量计算规则
2.4 灌注砂石桩		
2.4.1 振动打桩机打孔灌注砂石桩	(1)打桩机具布置、移动打桩机、桩位校正、安放桩尖、沉管打孔。 (2)灌注砂石、密实。 (3)拔钢管、清理夯实	(1)灌注砂、石桩按照体积计算工程量,不扣除桩尖虚体积。桩长=设计桩长+0.25m+桩尖长度。 (2)打孔灌注桩、砂石桩、碎石桩的体积按照桩长度乘以钢管管箍外径截面面积计算工程量。 (3)打孔后先埋入预制钢筋混凝土桩尖再灌砂、石时,桩尖单独计算,灌注桩长度不计算桩尖长度。 (4)振冲成孔灌注桩按照桩长乘以设计桩截面积计算工程量
2.4.2 振冲成孔灌注碎石桩		
2.5 灰土挤密桩	机具布置、移动桩机、成孔、填充灰土、清理夯实	灰土挤密桩工程量按照设计桩长增加 0.25m 乘以设计成桩截面面积以 m³ 为单位计算工程量。成桩直径按照设计桩直径计算
2.6 水泥搅拌桩	测量放线、桩机定位、钻进、喷粉、搅拌、提升、清理等	水泥搅拌桩按照设计桩长增加 0.25m 乘以设计桩截面面积以 m³ 为单位计算工程量
2.7 凿桩头	凿桩头、钢筋修整、块体清理、运至坑外 50m 处理回填	凿桩头以凿桩长度(超灌长度)乘以设计桩截面面积以 m³ 为单位计算工程量;凿人工挖孔桩护壁按照实际体积计算。截桩头按照被截桩根数计算
2.8 换填	换填土、砂、石、炉渣场内运输、回填、整平、夯实、碾压;换填混凝土浇灌、捣固、养护	换填土、砂、石、混凝土、炉渣按照实际体积以 m³ 为单位计算工程量
2.9 堆载预压	取土、堆载、预压、检验、观测、卸载、清理;铺设土工布、土工膜;土方运输 1km;移桩架、定位、排水板与桩尖场内装运、打拔钢护管、插排水板、切割排水板	(1)堆载土按照成品堆方体积计算,不扣除排水板、排水管所占体积。 (2)塑料排水板分埋设深度按照延长米计算
2.10 强夯	准备机具、布置锤移位、夯坑平整、施工道路平整、资料记载	(1)强夯应区分夯击能量、夯点间距、夯击遍数以 m² 为单位计算工程量。 (2)强夯面积以边缘夯点外边线计算,包括夯点面积和夯点间的面积。 (3)扣除夯点间面积大于 64m² 空地面积
2.11 地下混凝土连续墙	(1)导墙:放样、挖运土方、清理底壁;浇制混凝土导墙、砌筑导墙;导墙拆除、清理、运至 50m 处理回填。 (2)挖土成槽:机具定位、安放跑板导轨;泥浆制备输送;挖土、护壁、修整、测量、验槽;场内土方运输 1km、堆放。 (3)锁口管吊拔:锁口管对接组装、入槽就位、锁口管移动、拔出拆卸、冲洗堆放。 (4)清底置换:接缝清理、吹气搅拌吸泥、清底置换。 (5)浇制混凝土墙:浇捣架就位、导管安拆、混凝土浇灌、吸泥浆入池、混凝土捣固养护	(1)导墙土方工程量、导墙工程量根据批准的施工组织设计规定,按照体积计算工程量。 (2)地下连续墙成槽土方量按照设计图示连续墙中心线乘以墙厚度再乘以槽深以体积计算工程量。 (3)地下连续墙混凝土量按照设计图示连续墙中心线乘以墙厚度再乘以槽深加 0.25m 以体积计算工程量。 (4)锁口管吊拔、清底置换工程量以"段"为计量单位。按照槽壁单元划分段数加 1 计算工程量

续表

工程项目	工作内容	工程量计算规则
2.12　钢筋笼、网制作与安装	钢筋制作成型、场内运输至指定地点；焊接；吊装、就位	钢筋笼、网制作与安装根据设计规定以 t 为单位计算工程量。钢筋搭接用量、施工措施钢筋用量按照 2013 版建筑工程预算定额第 4 章钢筋工程量计算规定计算
2.13　边坡处理		
2.13.1　锚杆支护	(1)钻孔机具安装、移动、拆除。 (2)定位、钻孔、清孔。 (3)安拔套管。 (4)锚杆制作、穿管锚固。 (5)砂浆制备、灌浆、端头锚固。 (6)作业面清理、修整	(1)锚杆钻孔、灌浆按照锚杆入土长度以延长米为单位计算工程量。 (2)锚杆制作、安装按照设计成品重量以 t 为单位计算工程量
2.13.2　土钉支护	(1)清理基面、布眼、钻孔、清眼。 (2)砂浆场内运输、灌浆。 (3)土钉制作、顶装土钉。 (4)作业面清理、修整	砂浆土钉根据设计图纸布置，按照图示土钉锚钢材重量以 t 为单位计算工程量
2.13.3　喷射混凝土支护	(1)冲洗基面、混凝土运输、混凝土分层喷射、养护。 (2)v作业面清理、修整	喷射混凝土按照图示喷射混凝土表面积以 m² 为单位计算工程量

3. 实例

（1）充盈系数的使用

某工程地基处理采用轨道式柴油打桩机灌注混凝土桩，设计充盈系数为 1.4，则定额调整系数应为 1.4/1.2＝1.17，即套用定额时，定额工、料、机均应乘以系数 1.17。

如设计未给出充盈系数，但实际 $1m^3$ 桩体的混凝土灌注量为 $1.4m^3$（一般通过试桩或经施工统计确定），则定额调整系数为 1.4×1.015（损耗率）/1.218（YT2－76 中混凝土用量）＝1.17。

（2）某工程地基采用强夯处理，夯击能为 200t·m，夯点间距在 4m 以内，每点击数为 13 击，跳打，即第一遍先打 1、3、5...（奇数点），第二遍打 2、4、6...（偶数点），第三遍低锤满夯，假设工程量为 $1000m^2$。其定额编制见下表。

强夯定额编制举例　　　　表 3-70

定额编号	工程项目	规　格	工程量		总价(元)	
			单位	数量	单价	合计
YT2－141×1.25	主夯跳打(二遍夯)	5 击以内	m²	1000	19.81	19810
YT2－142×8×1.25	主夯跳打(二遍夯)	增加 8 击	m²	1000	27.10	27100
YT1－143	低锤满夯		m²	1000	13.48	13480
合　计						60390

四、砌筑工程

1. 砌筑工程定额使用说明

（1）定额中的砌筑砂浆是按照常用强度等级列出，当与设计规定的强度等级不同时，按照 2013 版电力建筑工程预算定额附录 E 进行调整。

（2）砌砖、砌块

① 定额中实心砖规格是按照标准砖考虑。砌块、空心砖是按照常用规格考虑，工程设计规格与定额不同时可以换算。

② 砖砌体包括原浆勾缝用工，加浆勾缝另行计算。

③ 砖墙定额中综合考虑了清水墙、混水墙、弧形墙等施工因素。

④ 砖砌井池不分圆形、矩形，均执行本定额。

⑤ 砖砌挡土墙，墙厚两砖以上执行砖基础定额，两砖以内执行外砖墙定额。

⑥ 零星砌体适用于厕所蹲台、小便池槽、各种砌砖腿、台阶、花台、花池等。

⑦ 砌块墙体定额中包括门窗洞口边砌筑标准砖工程量，工程实际用量与定额不同时，不做调整。

⑧ 雨水井箅、铸铁井盖定额包括其成品购置费、安装费。

⑨ 砖墙加固筋已综合考虑了制作、运输、安装。

（3）砌石

① 定额中粗料石、细料石砌体墙是按照 400mm×220mm×200mm 规格考，工程实际规格与定额不同时，可以换算。

② 毛石护坡高度超过 4m 时，定额中的人工费乘以 1.14 系数。

③ 砌筑弧形基础、弧形墙时，相应砌石定额中的人工费乘以 1.09 系数。

2. 砌筑工程工作内容和工程量计算规则

砌筑工程工作内容和工程量计算规则，如表 3-72 所示。

标准砖规格为 240mm×115mm×53mm，砖墙标准厚度按照"砖墙标准厚度计算表"（表 3-71）计算。

砖墙标准厚度计算表　　　　　（单位：mm）　**表 3-71**

墙厚度	1/4 砖	1/2 砖	3/4 砖	1 砖	1+1/2 砖	2 砖	2+1/2 砖
计算厚度	53	115	180	240	365	490	615

基础与墙（柱）划分：

（1）基础与墙身使用同一材料时，以室内设计地坪分界，以下为基础，以上为墙（柱）。

（2）基础与墙身使用不同材料时，位于设计室内地面±300mm 以内时，以不同材料为界；超过±300mm 时，以设计室内地坪为界。

（3）有地下室者，以地下室室内地坪分界。

（4）砖围墙以场地（室外）地坪分界，以下为基础，以上为墙身（柱）。

（5）石围墙内外地坪标高不同时，以较低的地坪标高为界，以下为基础；石围墙内外标高之差为挡土墙，高标高地坪以上为石围墙。

（6）挡土墙不分基础与墙身。

砌筑工程工作内容和工程量计算规则表　　　　　　　　表 3-72

工程项目	工作内容	工程量计算规则
3.1　砌筑实心砖		
3.1.1　砌筑砖基础、砖墙	(1)调运砂浆。 (2)运砖、浇砖、砌砖。 (3)安放木砖、垫块、铁件。 (4)清理砖面,原浆勾缝	(1)基础工程量计算: 1)基础按照设计图示尺寸以体积计算,附墙垛、扶壁柱基础宽出部分体积并入基础体积内。扣除地圈梁、构造柱所占体积;不扣除基础大放脚 T 形接头处的重复部分;不扣除嵌入基础内的钢筋、铁件、防潮层所占体积;不扣除单个面积 0.3m² 以内的孔洞所占体积;靠墙沟道的挑檐不计算体积。 2)基础长度:外墙墙基按照外墙中心线长度计算,内墙墙基按照内墙基净长计算。 3)扣除单个面积 0.3m² 以上的孔洞所占体积,其洞口上的钢筋混凝土过梁应单独计算。 (2)墙体工程量计算: 1)砖墙、空心砖墙、砌块墙、石墙工程量按照设计图示尺寸以体积计算。扣除门窗洞口、过人洞、空圈所占体积;扣除嵌入墙内的钢筋混凝土柱、梁、圈梁、过梁、挑梁、预埋块所占体积;扣除凹进墙内的壁龛、管槽、消火栓箱、电表箱等所占体积。不扣除梁头、板头、檩头、垫木、木砖、门窗走头、砖墙内加固钢筋、铁件及每个面积在 0.3m² 以内孔洞等所占体积。突出墙面的三皮砖以下腰线和挑檐、窗台线、窗台虎头砖、压顶线、门窗套等体积亦不增加。洞口上砖平璇、钢筋砖过梁不单独计算。 2)砖垛、扶壁柱及三皮砖以上的腰线和挑檐体积,并入墙体工程量内。 3)墙体长度:外墙按照外墙中心线长度计算,内墙按照内墙净长计算。 4)砖墙标准厚度按照"砖墙标准厚度计算表"规定计算;空心砖墙、砌块墙、石墙厚度按照设计尺寸计算。 5)墙高度计算: a)外墙高度:斜(坡)屋面无檐口天棚者,算至屋面板底;有屋架且室内外均有天棚者,算至屋架下弦底另加 200mm;有屋架无天棚者,计算至屋架下弦底加 300mm;平屋面算至钢筋混凝土板底。 b)内墙高度:位于屋架下弦者,算至屋架下弦底;无屋架有天棚者,计算至天棚底加 100mm;有钢筋混凝土楼板隔层者,算至板底。 c)内外山墙高度,按其平均高度计算。 d)女儿墙高度从屋面板顶标高计算至女儿墙顶标高,当女儿墙设有混凝土压顶时计算至混凝土压顶底标高。 6)框架间砌体以框架间净空面积乘以墙厚计算,框架面镶贴砖部分合并计算。 7)空花砖墙按照空花部分外形体积以 m³ 计算,不扣除空洞部分体积。在空花砖墙中,砌筑实体墙部分应单独计算。 8)空心砖墙按照体积以 m³ 计算,不扣除其空心部分体积。 9)附墙通风道、垃圾道、电缆竖井工程量按照设计图示尺寸以体积计算,并入所依附的墙体工程量内,不扣除每一个孔洞横断面在 0.1m² 以内的体积。 (3)砌体围墙按照设计中心线长度乘以墙身高度再乘以围墙厚度以 m³ 为单位计算工程。不扣减围墙上部空花墙中空洞体积,附墙柱计算体积并入围墙体积内。扣除围墙中混凝土柱、混凝土砌块所占体积,混凝土砌块、混凝土围墙柱另行计算

续表

工程项目	工作内容	工程量计算规则
3.1.2　砌筑砖沟道、砖井池	(1)调运砂浆。 (2)运砖、浇砖、砌砖。 (3)安放木砖、垫块、铁件。 (4)清理砖面,原浆勾缝。 (5)井箅购置、安装、固定。 (6)井盖购置、安装、固定	(1)砖、石地沟不分墙基、墙身,合并以 m³ 为单位计算工程量。 (2)砖砌检查井不分圆形、矩形按照实体积以 m³ 为单位计算工程量。 (3)雨水井箅、铸铁井盖以套为单位计算工程量
3.1.3　零星砌砖及其他	(1)调运砂浆。 (2)运砖、浇砖、清理基面、砌砖。 (3)安放木砖、垫块、铁件。 (4)清理砖面,原浆勾缝。 (5)钢筋制作成型、场内运输、安放	零星砌砖按照设计图示尺寸以 m³ 为单位计算工程量
3.2　砌筑空心砖、砌块	(1)调运砂浆。 (2)运砖、运砌块、浇砖、浇砌块、砌砖、砌砌块。 (3)安放垫块、铁件。 (4)清理砖面,原浆勾缝	单位:m³
3.3　砌筑石		
3.3.1　砌筑石基础、石墙	(1)打荒、运石、调运砂浆、清理基面。 (2)砌筑毛石、砌筑块石。 (3)安放垫块、铁件。 (4)洞口处石料加工。 (5)清理石面	单位:m³
3.3.2　砌筑石沟道	(1)打荒、运石,调运砂浆。 (2)砌筑毛石、砌筑块石。 (3)安放垫块、铁件。 (4)壁底交叉处石料加工。 (5)清理沟壁与沟底	单位:m³
3.3.3　砌筑石挡土墙	(1)打荒、运石,调运砂浆、清理基面。 (2)砌筑毛石砌筑块石;石料加工、清理面层	单位:m³
3.4　砌体勾缝	(1)剔缝、洗刷。 (2)调运砂浆、勾缝	墙面勾缝按照垂直投影面积计算,扣除墙裙和墙面抹灰面所占面积,不扣除门窗洞口、门窗套、腰线等零星抹灰所占的面积,附墙柱和门窗洞侧面的勾缝面积也不增加。独立柱勾缝按照图纸尺寸以 m² 计算

343

3. 实例

某单层建筑平面、基础剖面图如图 3-2 所示。已知层高 3.6m，内、外墙墙厚均为 240mm，所有墙身上均设置圈梁，且圈梁与现浇板顶平，板厚 100mm。门窗尺寸及墙体埋件体积分别见下表（表 3-73、表 3-74）。试计算砖基础及砖墙工程量及定额费用。

门窗尺寸表 　　　　　　　　　　　　　　　　　　　　　　　表 3-73

门窗名称	洞口尺寸(mm)	数量
C1	1000×1500	1
C2	1500×1500	3
M1	1000×2500	2

墙体埋件体积表 　　　　　　　　　　　　　　　　　　　　　　表 3-74

构件名称	构件所在部位体积	
	外墙	内墙
构造柱	0.81	
过梁	0.39	0.06
圈梁	1.13	0.22

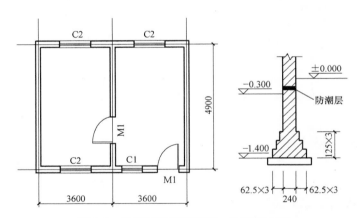

图 3-2　某单层建筑物平面、基础剖面图

解：由前述内容我们已经知道：

(1) 砖基础与墙身的分界线应取为 ±0.000；

(2) 定额项目中砖墙内墙与外墙高度计算不同，故应分别计算工程量。

基数计算：由图可知，（L 中 =(3.6×2+4.9)×2=24.2(m)

　　　　　　　　　　　　　L 内 =4.9−0.24=4.66(m)

砖基础：V=[0.24×1.4+0.09375]×(24.2+4.66)=12.40(m³)

门窗洞口面积：外墙 1×1.5+1.5×1.5×3+1×2.5=10.75(m²)

内墙 1×2.5=2.5(m²)

外墙：[24.2×(3.6−0.1)−10.75]×0.24−0.81−0.39−1.13=15.418(m³)

内墙：[4.66×(3.6−0.1)−2.5]×0.24−0.06−0.22=3.034(m³)

合计：15.418+3.034=18.452(m³)

定额费用：砖基础 YT3—1，226.11 元/m³，12.40×226.11=2803.76（元）

砖外墙 YT3—2，239.42 元/m³，15.418×239.42=3691.38（元）

砖内墙 YT3—4，227.31 元/m³，3.034×227.31=689.66（元）

五、混凝土与钢筋、铁件工程

1. 混凝土与钢筋、铁件工程定额使用说明

（1）定额中模板综合考虑了钢模板、组合模板、复合模板、木模板及砖地模和混凝土地模，实际施工采用不同模板时，不做调整。定额综合考虑了现浇混凝土柱高度超过 6m、现浇混凝土梁板高度超过 3.6m、基础及地下墙（壁）埋深超过 3m 的模板支撑措施，执行定额时不再另行增加模板支撑费用。

（2）设备基础定额适用于转动、非转动机械设备及箱（罐）类设备基础工程。直流场轨道基础执行条形基础定额。

（3）毛石混凝土基础中毛石含量占混凝土体积 15%，设计要求配比含量不同时可以调整。

（4）一般设备基础是指外形方正、带台阶的基础；复杂设备基础是指外形不规则（圆形、多边形或其他复杂形状）并带有风道、孔洞（不包括螺栓孔）的基础；弧型基础用于管道支座。

（5）复杂地坑是指带有顶板、设备基础、支墩、油槽、隔墙、密闭门或人孔等不同结构的地坑，其余为一般地坑。

（6）现浇框架分别执行相应的柱、梁定额。有梁板包括肋型板、密肋型板和井式梁板。

（7）现浇零星构件包括压顶、雨篷板等。预制小型构件是指体积在 0.1m³ 以内未列出定额项目的构件。

（8）预制角钢框混凝土盖板定额中包括钢筋及角钢用量，其含量与设计不同时可以调整。定额中包括角铁框刷油漆费用，如镀锌时其费用另行计算。

（9）外包钢现浇混凝土柱，混凝土部分执行矩形柱相应定额，外包钢骨架制作、安装执行金属结构有关定额。

（10）钢筋混凝土定额中不包括钢筋、铁件费用（特殊说明除外）。钢筋按照机械加工、手工绑扎与焊接综合考虑，工程实际施工与定额不同时做调整。

（11）定额中 φ10 以内钢筋按照不同规格Ⅰ级钢考虑的，φ10 以外钢筋按照不同规格Ⅰ～Ⅲ级钢考虑的，执行定额时，除另有说明外不做调整。

（12）定额综合考虑了钢筋、铁件施工损耗率，工程实际施工与定额不同时做调整。

（13）弧形钢筋（不分曲率大小）执行相应钢筋定额时，人工费与机械费乘以 1.6 系数。

（14）定额中混凝土是按照集中搅拌站制备。混凝土的强度等级、石子粒径、搅拌方式不同时按照相应规则换算。

（15）轻骨料墙板定额中，骨料是按照陶粒考虑，如设计选用骨料与定额不同时可以换算。

（16）定额中预制构件包括砖地模、混凝土地模的铺设及拆除。混凝土构件按照自然养护考虑，如采用蒸汽养护时另行计算养护费用。

（17）混凝土构件安装分现场预制构件安装和购置成品构件安装。现场预制构件安装定额中包括了 1km 场内运输，工程实际运距超出 1km 时，应增加构件运输费用。

（18）定额中构件安装、装卸、水平运输机械是综合考虑的，工程施工中不得因机械配备而调整费用。

（19）构件安装包括清理。混凝土构件表面需要凿毛时，应另行计算。构件接头的二次灌浆已综合在安装定额中，不另行计算。

（20）预制钢筋混凝土板补浇板缝宽度（指下口宽度）大于30mm时，执行现浇平板定额。

（21）预制混凝土构件运输距离在30km以内时，执行本定额运输费用标准；运输距离超过30km时，按照公路货运标准计算运输费用。

2. 混凝土与钢筋、铁件工程工作内容和工程量计算规则

混凝土与钢筋、铁件工程工作内容和工程量计算规则，如表3-75所示。

现浇和预制混凝土定额子目的计量单位，除注明按照水平投影面积计算外，均按照设计图纸尺寸以m³为单位计算工程量，不扣除钢筋、铁件和螺栓所占体积。

混凝土与钢筋、铁件工程工作内容和工程量计算规则表　　　　　　　表3-75

工程项目	工作内容	工程量计算规则
4.1　现浇混凝土		
4.1.1　垫层	（1）木模板制作与安装，模板拆除、运输、整理、堆放； （2）混凝土浇筑、捣固、养护	基础工程量计算： 1）基础、底板、垫层工程量扣除伸入承台基础的桩头所占体积。
4.1.2　基础	（1）木模板制作与安装、复合模板制作、安装、钢模板组合与安装； （2）模板刷隔离剂； （3）模板拆除、运输、整理、堆放； （4）混凝土浇筑、捣固、养护	2）条形基础含有梁式和无梁式。凡有梁式条形基础其梁高（指基础扩大顶面至梁顶面的高度）A超过1.2m时（见右图），B部分按照条型基础计算，A部分按照地下室混凝土墙计算。 3）支架类独立基础短柱高度超过1.2m时，其基础短柱执行现浇柱定额
4.1.3　柱	（1）木模板制作与安装、复合模板制作与安装、钢模板组合与安装； （2）模板刷隔离剂； （3）模板拆除、运输、整理、堆放； （4）混凝土浇筑、捣固、养护	（1）柱高度计算 1）有梁板柱按照柱基上表面至楼板上表面的高度计算。 2）无梁板柱按照柱基上表面至柱帽下表面的高度计算。 3）有楼板隔层的框架柱按照柱基上表面至柱顶的高度计算。 4）构造柱按照全高计算，嵌入墙体部分的体积并入构造柱中。 （2）依附于柱上的混凝土结构牛腿工程量合并到柱工程量内计算。 （3）柱帽工程量合并到柱工程量内计算
4.1.4　梁	（1）木模板制作与安装、复合模板制作与安装、钢模板组合与安装； （2）模板刷隔离剂； （3）模板拆除、运输、整理、堆放； （4）混凝土浇筑、捣固、养护	（1）梁高从梁底面计算至梁顶面。 （2）梁长度计算 1）梁与柱连接时，梁长按照柱与柱之间的净距计算。 2）次梁与柱和主梁连接时，次梁长度按照柱侧面或主梁侧面的净距计算。 3）梁与墙交接时，伸入墙内的梁头应计算梁的长度。 4）圈梁与过梁连接时，过梁长度按照门、窗洞口宽度两端共加500mm计算，其他按照圈梁长度计算。 梁头处如有浇制垫块者，其体积并入梁内计算

续表

工程项目	工作内容	工程量计算规则
4.1.5 板	(1)木模板制作与安装、复合模板制作与安装、钢模板组合与安装； (2)模板刷隔离剂； (3)模板拆除、运输、整理、堆放； (4)混凝土浇筑、捣固、养护	(1)计算混凝土板工程量时，不扣除单个面积 0.3m² 以内孔洞所占体积，预留孔所需工料也不增加。 (2)伸入砌体墙内的板头并入板工程量内计算。 (3)框架结构有梁板按照框架梁间净体积计算，非框架主梁、次梁、板体积一并计算工程量，不扣除板与柱交叉重复部分混凝土体积。 (4)周边有梁的平板，梁与板应分别计算工程量。板的长度或宽度计算至梁内侧面。 (5)压型钢板混凝土厚度，按照压型钢板槽口至混凝土面的净高 H 计算(见上图)，槽内混凝量及压型钢板的含量均已包括在定额中。由设计原因使压型钢板含量或混凝土含量与定额不同时，可以换算压型钢板及混凝土含量，其余不变
4.1.6 墙	(1)木模板制作与安装、复合模板制作与安装、钢模板组合与安装； (2)模板刷隔离剂； (3)模板拆除、运输、整理、堆放； (4)混凝土浇筑、捣固、养护	(1)计算墙、间壁墙、电梯井壁工程量时，应扣除门、窗洞口及单个面积 0.3m² 以上孔洞所占体积。 (2)混凝土墙(壁)中的圈梁、过梁、暗梁、暗柱不单独计算工程量，其体积并入墙(壁)体积内计算。 (3)混凝土墙(壁)与底板、顶板连接处"三角形"工程量并入墙(壁)体积内计算。 (4)混凝土墙(壁)与底板以底板顶标高分界；混凝土墙(壁)与顶板以顶板底标高分界
4.1.7 设备基础	(1)木模板制作与安装、复合模板制作与安装、钢模板组合与安装； (2)模板刷隔离剂； (3)模板拆除、运输、整理、堆放； (4)混凝土浇筑、捣固、养护	(1)设备基础按照不同体积分别计算工程量。框架式设备基础(汽轮发电机基座、给水泵框架式基础除外)应分别按照基础、柱、梁、板和墙的相应定额计算。同一设备基础部分为块体、部分为框架时，应分别计算。 (2)计算设备基础工程量时，不扣除地脚螺栓孔面积在 0.05m² 以内孔洞所占体积。 (3)布置在楼层上的设备基础，其体积并入依附的梁、板工程量内。 (4)布置在坑、池底板上的设备基础，其体积并入依附的底板工程量内
4.1.8 室内沟道、地坑	(1)木模板制作与安装、复合模板制作与安装、钢模板组合与安装； (2)模板刷隔离剂； (3)模板拆除、运输、整理、堆放； (4)混凝土浇筑、捣固、养护	(1)室内地沟、地坑不分墙基、墙身，合并按照实体积以 m³ 为单位计算工程量。 (2)电缆埋管外包混凝土按照施工图外围轮廓尺寸计算工程量，不扣除埋管所占体积

工程项目	工作内容	工程量计算规则
4.1.9 楼梯及其他	(1)木模板制作与安装、复合模板制作与安装、钢模板组合与安装; (2)模板刷隔离剂; (3)模板拆除、运输、整理、堆放; (4)混凝土浇筑、捣固、养护	(1)整体楼梯工程量计算: 1)整体楼梯应分层按照其水平投影面积之和计算。楼梯水平投影面积包括踏步、斜梁、休息平台、平台梁及楼梯与楼板连接的梁。楼梯与楼板的划分界限以楼梯梁的外侧面为界;当整体楼梯与现浇楼板无梁连接时,以楼梯最后一个踏步外沿加 300mm 为界。 2)楼梯井宽度大于 300mm 时,其面积应扣除。 3)伸入墙内部分的混凝土体积包括在定额内,不另计算。 4)楼梯基础、栏杆、栏板、扶手单独计算工程量。 (2)混凝土台阶按照图示尺寸的水平投影面积计算,台阶梯带根据材质按照零星构件单独计算。台阶定额中不包括垫层及面层,应分别执行相应定额。当台阶与平台连接时,其分界线应以最上层踏步外沿加 300mm 计算,平台另行计算。 (3)挑檐与梁连接时,以梁外边线为分界线
4.1.10 杯芯支撑、螺栓孔	(1)杯芯支撑制作、安装、刷隔离剂、拆除; (2)螺栓孔芯支撑制作、安装、刷隔离剂、拆除	单位:个
4.1.11 二次灌浆	(1)木模板制作与安装、刷隔离剂; (2)模板拆除、运输、整理、堆放; (3)细石混凝土浇筑、捣固、养护; (4)高强灌浆料浇筑、密实、养护	二次灌浆按照实际体积计算。计算设备基础台面二次灌浆时,不扣除地脚螺栓孔面积在 0.05m² 以内孔洞所占体积
4.2 预制混凝土构件制作 4.2.1 预制柱、梁 4.2.2 预制板及其他 4.3 预制预应力混凝土构件制作	(1)清理地模、木模板制作与安装、复合模板制作与安装、钢模板组合与安装; (2)模板刷隔离剂; (3)模板拆除、运输、整理、堆放; (4)混凝土浇筑、捣固、养护; (5)成品起模、运输、堆放	(1)空心板按照实体积计算工程量,扣除孔洞所占体积。 (2)定额中未包括预制钢筋混凝土构件的制作损耗
4.4 钢筋	(1)钢筋加工、绑扎、焊接、安装; (2)预应力钢筋加工、对焊、张拉、放张、切断; (3)预应力钢筋加工、穿束、张拉、孔道灌浆、锚固、张放、切割、清理	(1)钢筋工程量由设计用量、连接用量、施工措施用量组成。计算钢筋工程量时,不计算钢筋连接铁件、绑扎钢筋镀锌铁丝、焊接钢筋焊条、螺纹连接套筒、电渣压力焊剂重量。 (2)钢筋设计用量计算: 1)钢筋设计用量按照设计长度乘以单位理论重量计算。 2)钢筋设计含有搭接长度时,搭接用量计算在设计用量中,不再单独计算连接用量。 3)钢筋设计长度与根数应根据构件尺寸和结构设计规范要求计算

工程项目	工作内容	工程量计算规则
4.4 钢筋	（1）钢筋加工、绑扎、焊接、安装； （2）预应力钢筋加工、对焊、张拉、放张、切断； （3）预应力钢筋加工、穿筋、张拉、孔道灌浆、锚固、张放、切割、清理	（3）钢筋搭接用量计算 1）钢筋连接用量按照施工图规定计算。 2）施工图未注明者，按照单位工程施工图设计钢筋总用量4％计算。 3）计算钢筋连接用量基数时，不包括设计已含搭接的钢筋用量，对焊、电渣压力焊、螺纹连接、冷挤压、植筋的钢筋用量亦不作为计算钢筋连接用量基数。 （4）施工措施钢筋用量根据批准的施工组织设计计算。无批准的施工组织设计时，建筑物施工措施钢筋用量按照单位工程施工图设计钢筋用量与连接用量之和0.5％计算，构筑物施工措施钢筋用量按照单位工程施工图设计钢筋用量与连接用量之和2％计算
4.5 铁件、螺栓	（1）下料、制作、除锈、刷防锈漆，安装埋设； （2）螺栓购置、安装埋设、焊接固定	（1）铁件、设备螺栓固定架、穿墙钢套管按照设计图示尺寸，依据钢材单位理论质量计算工程量，不计算焊条重量。 （2）计算预埋螺栓工程量时，应包括螺头、螺杆、螺母重量
4.6 预制混凝土构件运输	（1）设置运输支架、装车、运输、卸车、堆放，支垫稳固	定额中未包括预制钢筋混凝土构件的运输损耗
4.7 预制混凝土构件安装		定额中未包括预制钢筋混凝土构件的安装损耗
4.7.1 现场制作混凝土构件安装	（1）构件翻身、起吊、就位、临时加固、校正、焊接、接头二次浇灌、养护	
4.7.2 成品混凝土构件安装	（1）构件购置、运输、现场堆放； （2）构件翻身、起吊、就位、临时加固、校正、焊接，接头二次浇灌、养护	
4.8 混凝土蒸汽养护	（1）设施安装、运行； （2）锅炉供汽； （3）设备与管道维护	混凝土蒸汽养护工程量按照混凝土构件体积计算

3. 实例

某建筑物层高 3.6m，屋面标高 7.2m，柱混凝土强度等级 C25，断面 400mm×400mm，柱基剖面及尺寸见下图 3-3，试列项计算钢筋混凝土柱工程量。

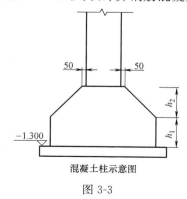

混凝土柱示意图

图 3-3

基础尺寸表 表 3-76

编号	基底标高	基础尺寸			
		A	B	h1	h2
J1(2)	−1.300	2500	1800	500	0
J2(2)	−1.300	1800	1500	400	0
J3(4)	−1.300	2800	2000	300	300

解：J1：$0.4 \times 0.4 \times (0.8 + 7.2) \times 2 = 2.56 (m^3)$

J2：$0.4 \times 0.4 \times (0.9 + 7.2) \times 2 = 2.592 (m^3)$

J3：$0.4 \times 0.4 \times (0.7 + 7.2) \times 4 = 5.056 (m^3)$

六、金属结构工程

1. 金属结构工程定额使用说明

（1）本定额适用于金属构件现场加工制作亦适用于施工企业加工厂的制作加工。钢结构制作定额中包括一般钢结构加工场地、组合平台的摊销费。

（2）定额中金属构件制作是按照焊接和螺栓连接考虑，不考虑铆接。

（3）构件制作定额中包括分段制作和整体预装配的费用。整体预装配用的螺栓及锚固杆件的螺栓，已经包括在定额内，不另行计算。

（4）定额除注明者外，均包括场内材料运输、下料、加工、组装、焊接及成品堆放等工作内容。

（5）金属构件制作定额中，不包括除锈、刷防锈漆、刷油漆费用，应按照第 11 章相应定额另行计算。

（6）钢屋架单榀重量在 0.5t 以下者，执行轻型屋架定额。

（7）外包钢结构为混凝土柱子断面四角所包的角钢构件。定额中不包括混凝土柱子配制的钢筋重量，发生时执行钢筋定额。

（8）钢栏杆、钢格栅定额子目不适用于楼梯木扶手下钢栏杆、窗防护格栅、围墙钢格栅、围墙钢格栅大门、烟囱与冷却塔中钢栏杆工程。

（9）不锈钢结构制作定额适用于所有建筑物、构筑物工程。不锈钢结构安装执行相应的金属结构安装定额。

（10）金属构件制作子目中不包括镀锌费，发生时执行相应定额。

（11）成品金属结构安装定额包括金属结构成品购置费及安装费。

（12）钢屋架（包括拱形屋架）安装定额已综合考虑了支撑、天窗架、屋架的拼装组合工作内容。

（13）工程设计的金属墙板或金属屋面板的板材规格、材质及保温层厚度，当与定额不同时允许换算，但定额中的人工费与机械费不作调整。

（14）金属结构安装定额分现场制作构件安装和成品构件安装。现场制作构件安装定额中包括了 1km 场内运输，工程实际运距超出 1km 时，应增加构建运输费用。

（15）金属结构构件运输距离为 30km 以内时，执行本定额运输费用标准；运输距离超过 30km 时，按照公路货运计价标准计算运输费用。

（16）球节点钢网架安装是按人工和机械施工综合考虑的，执行定额时，不得因拼装及吊装方法不同而调整。

2. 金属结构工程工作内容和工程量计算规则

金属结构工程工作内容和工程量计算规则，如表 3-77 所示。

金属结构工程工作内容和工程量计算规则 表 3-77

工程项目	工作内容	工程量计算规则
5.1 钢结构现场制作		
5.1.1 钢柱、钢支架、门式钢架	(1)材料放样、划线、下料； (2)平直、钻孔、拼装、焊接； (3)成品校正、成品编号、堆放	(1)单位:t。 (2)金属结构制作根据设计图示尺寸按照成品重量以 t 为单位计算工程量,计算组装、拼装连接螺栓的重量。不计算焊条重量,不计算下料、加工等损耗量
5.1.2 钢梁、钢檩条	(1)材料放样、划线、下料； (2)平直、钻孔、拼装、焊接； (3)成品校正、成品编号、堆放	(1)制动梁工程量包括制动梁、制动桁架、制动板重量。 (2)钢吊车梁工程量包括梁及依附于梁上的车挡、连接件的重量。钢吊车梁上钢轨单独计算。 (3)单轨吊车梁工程量包括梁及依附于梁上的车挡、连接件的重量
5.1.3 钢屋架、钢桁架	(1)材料放样、划线、下料； (2)平直、钻孔、拼装、焊接； (3)成品校正、成品编号、堆放	单位:t
5.1.4 钢支撑、钢墙架	(1)材料放样、划线、下料； (2)平直、钻孔、拼装、焊接； (3)成品校正、成品编号、堆放	(1)单位:t。 (2)墙架工程量包括墙架柱、梁及连接系杆重量;钢柱工程量包括依附于柱上的牛腿及悬臂梁的重量
5.1.5 钢煤斗、钢箅子	(1)材料放样、划线、下料； (2)平直、钻孔、拼装、焊接； (3)成品校正、成品编号、堆放	(1)矩形钢煤斗根据设计图示尺寸,按照钢板宽度分段计算工程量;圆形钢煤斗根据设计图示展开尺寸,按照钢板宽度分段计算工程量。煤斗加劲肋、连接件、盖板的重量并入煤斗重量内计算
5.1.6 钢平台、钢梯子、钢栏杆	(1)材料放样、划线、下料； (2)平直、钻孔、拼装、焊接； (3)成品校正、成品编号、堆放	单位:t
5.1.7 其他金属结构	(1)材料放样、划线、下料； (2)平直、钻孔、拼装、焊接； (3)成品校正、成品编号、堆放	(1)外包钢结构工程量包括分段接头钢板与外框角钢重量;与角钢框连接的箍筋、×形抗扭钢筋按照钢筋计算;角钢框与箍筋焊接及主筋与分段钢板焊接的费用以包含在定额中,不另行计算
5.2 不锈钢结构制作	(1)材料放样、划线、下料； (2)平直、钻孔、拼装、焊接； (3)成品校正、成品编号、堆放	单位:t
5.3 金属结构运输	(1)设置运输支架、装车、运输、卸车、堆放,支垫稳固	(1)金属结构安装、运输工程量同制作工程量,定额已综合考虑了焊条、油漆等重量对安装、运输的影响

工程项目	工作内容	工程量计算规则
5.4　金属结构安装		
5.4.1　现场制作金属结构安装	(1)放样、划线、下料； (2)平直、钻孔、拼装、焊接； (3)屋面板固定、包边、收口	(1)单位:t (2)金属结构安装、运输工程量同制作工程量,定额已综合考虑了焊条、油漆等重量对安装、运输的影响
5.4.2　成品金属结构安装	(1)构件购置、运输、现场堆放； (2)构件组装、起吊、就位、临时加固、校正、螺栓连接、焊接； (3)补漆	(1)钢网架按照设计图示尺寸的杆件以t为单位计算工程量,支撑点钢板及屋面找坡顶管等重量并入网架工程量内计算； (2)钢轨按照成品重量计算工程量,不计算连接件、道钉、螺栓重量
5.5　金属墙板制作与安装	(1)放样、划线、下料； (2)平直、钻孔、拼装、焊接； (3)墙板固定、包边、收口	金属墙板工程量计算 1)金属墙板工程量分有保温墙板和无保温墙板分别计算。 2)按照设计图示尺寸以安装面积计算工程量,扣除门窗洞口及单个面积在0.3m² 以上孔洞所占面积。 3)包角、包边、窗台泛水、接缝、附加层等不计算面积。 4)突出墙面柱子侧面、墙垛侧面、女儿墙压顶、女儿墙里侧的墙板面积计算工程量,并入金属墙板工程量中
5.6　金属屋面板制作与安装	(1)放样、划线、下料； (2)平直、钻孔、拼装、焊接； (3)屋面板固定、包边、收口	金属屋面板工程量计算 1)金属屋面板工程量分有保温屋面板和无保温屋面板分别计算。 2)平屋顶按照屋面水平投影面积计算工程量,扣除天窗洞口、屋顶通风器洞口及单个面积在0.3m² 以上孔洞所占面积。 3)坡屋顶按照垂直坡屋面投影面积计算工程量,扣除天窗洞口、屋顶通风器洞口及单个面积在0.3m² 以上孔洞所占面积。 4)包角、包边、女儿墙根部泛水、接缝、盖缝、附加层等不计算面积。 5)当屋面与外墙交叉处设置屋面裙板时,按照裙板高度乘以外墙外边线长度计算面积,根据裙板材质执行相应的墙板定额

七、隔墙与天棚吊顶工程

1.隔墙与天棚吊顶工程定额使用说明

(1)隔墙定额适用于建筑物、构筑物内非砌体、非混凝土浇制的安装类隔墙工程。

(2)定额综合考虑了木龙骨的规格、木材种类、加工制作的方式、木材表面刨光等因素,执行定额时不做调整。

(3)成品隔墙安装定额中包括隔墙购置费与安装费。

(4)天棚吊顶定额中吊筋与龙骨及面板的规格、间距、型号等是按照常用标准考虑的，工程设计与定额不同时，可以调整材料费用，其余不变。

（5）天棚吊顶面层在同一标高者为平面天棚，天棚吊顶面层不在同一标高者为跌级天棚。施工跌级天棚面层时，人工费乘以 1.1 系数。

（6）天棚吊顶不包括灯光槽制作与安装，包括天棚检查孔的制作与安装。

（7）天棚吊顶高度超过 3.6m 时，按照脚手架工程定额规定计算满堂脚手架费用。

（8）隔墙、天棚吊顶定额中包括安装后填缝、收边、压条等工作内容。不包括安装装饰线，需要时按照相应的定额另行计算。

（9）隔墙、天棚吊顶定额中不包括面层抹灰、油漆、饰面，应根据工程设计标准执行装置工程相应的定额另行计算。

（10）本章定额中包括基层、底层防腐处理。

2. 隔墙与天棚吊顶工程工作内容与工程量计算规则

隔墙与天棚吊顶工程工作内容和工程量计算规则如表 3-78 所示。

隔墙与天棚吊顶工程工作内容和工程量计算规则表　　　　表 3-78

工程项目	工作内容	工程量计算规则
6.1　隔墙		
6.1.1　隔墙制作与安装	(1)定位、弹线、安装楞木、刷防腐油； (2)安装立柱、横梁； (3)钉面层、安装面板； (4)挂钢丝网、安装玻璃	(1)隔墙按照主墙净长乘以净高以 m² 计算，扣除门窗洞口及 0.3m² 以上孔洞所占面积； (2)浴厕隔断计算按照上横档顶面至下横档底面之间的高度乘以设计图示长度以 m² 计算。同种材质门扇面积并入隔断面积内计算
6.1.2　成品隔墙安装	(1)定位、弹线、安装楞木、刷防腐油； (2)安装立柱、横梁； (3)钉面层、安装面板； (4)挂钢丝网、安装玻璃	玻璃隔墙按照上横档顶面至下横档底面之间的高度乘以两边立挺外边线之间宽度以平方米计算
6.2　天棚吊顶		
6.2.1　龙骨安装	(1)定位、弹线、钻孔、安装膨胀螺栓、吊件加工及安装； (2)安装龙骨、横撑、预留孔洞； (3)临时加固、校正； (4)设置灯箱与风口龙骨、封边； (5)木龙骨制作、安装、刷防腐油	天棚吊顶龙骨按照主墙间净面积计算工程量，不扣除间壁墙、检查孔、电缆竖井口、通风道、墙垛、独立柱、管道等所占面积，但顶棚中的的折线、跌落线、圆弧线、高低吊灯槽等面积不展开计算
6.2.2　面板安装	面板下料、安装、封口、封边、清理	(1)天棚吊顶面层按照主墙间净面积计算工程量，不扣除间壁墙、检查孔、墙垛、管道等所占面积。扣除 0.3m² 以上孔洞所占面积；扣除独立柱、电缆竖井、通风道、灯槽、与天棚连接的窗帘盒等所占面积。 (2)顶棚中的折线、跌落线、圆弧线、高低吊灯槽、其他艺术形式的顶棚面层等按照展开面积计算工程量，根据其材质并入相应的天棚吊顶面层工程量中。 (3)板式楼梯底面装饰工程量按照水平投影面积乘以 1.15 系数计算工程量；梁式楼梯底面装饰工程量按照展开面积计算工程量

八、门窗与木作工程

1. 门窗与木作工程定额使用说明

（1）本章木材用量以自然干燥条件下的含水率为标准编制，不考虑现场人工干燥。

（2）定额中木材加工是按照机械和手工操作综合考虑，执行定额时不得因操作方法而调整。

（3）现场制作门窗所安装的玻璃种类、厚度，当与定额不同时可以调整玻璃材料费，其余不变。

（4）成品门窗安装定额包括成品门窗的购置、运输、安装、油漆、五金、配件、填缝、嵌固等工作内容。

（5）门窗安装五金与配件的配置见表 3-79 与表 3-80。定额中不包括门镜、门启闭器、门磁吸装置等材料费、安装费，工程需要时其费用单独计算。定额中门窗五金与配件是按照常规标准配置，工程实际与定额不同时，采用单位工程价差处理。即：价差＝单位工程门窗安装实际五金与配件费用－单位工程门窗安装定额五金与配件费用。

门五金、配件表　　　　　　　　　　　　单位：套　表 3-79

材料编号	4300001	4300002	4300003	4300004	4300005
项目	木门五金、配件				
	镶板门	胶合板门	普通纱门	钢木大门	保温隔音门
材料基价（元）	69.85	69.85	32.76	304.4	100.32
人工费（元）					
材料费（元）	69.85	69.85	32.76	304.4	100.32
机械费（元）					

名称	单位	数量				
加工铁件 综合	kg				5.680	2.250
门窗铰链 75	个			2.000		
门窗铰链 100	个	2.000	2.000		3.000	2.000
蝶式弹簧铰链 100	个				3.000	1.000
门锁 单向	把	0.500	0.500		0.750	0.500
门锁 双向	把	0.500	0.500		0.250	0.500
铁插销 100	对	2.000	2.000	2.000		0.500
铁插销 150	对				1.000	1.000
铁插销 300	对				1.000	0.500
风钩	个	1.660	1.660	1.200	4.120	3.600
拉手 30 以内	对	1.000	1.000	1.000		1.000
拉手 30 以外	对				1.000	
门滑轨	m				2.600	
木螺丝 各种规格	个	34.000	34.000	20.000		24.000
不锈钢螺丝 M5×12	个	24.000	24.000	20.000	36.000	36.000

续表

材料编号		4300006	4300007	4300008	4300009	4300010	4300011	4300012
项目		钢门五金、配件						屏蔽门五金、配件
		全钢板门	玻璃钢板门	平开防盗门	半截百叶门	防射线门	防火门	
材料基价(元)		97.11	98.21	90.94	70.24	110.58	106.58	113.42
人工费(元)								
材料费(元)		97.11	98.21	90.94	70.24	110.58	106.58	113.42
机械费(元)								
名称	单位	数量						
材料 加工铁件 综合	kg	2.750	2.250	3.120	3.000	3.520	3.520	4.200
门窗铰链 100	个	2.000	2.000	2.000	2.000	2.000	2.000	2.000
蝶式弹簧铰链 100	个	1.000	1.000			1.000	1.000	1.000
门锁 单向	把	0.500	0.500		0.500		0.500	
门锁 双向	把	0.500	0.500	1.000		1.000	0.500	1.000
铁插销 100	对	2.000	2.000	1.000	1.000	1.000	1.000	
铁插销 150	对			1.000	1.000	1.000	1.000	1.000
拉手 30 以内	对	1.000	0.500	1.000	1.000	0.500	0.500	0.500
拉手 30 以外	对		0.500			0.500	0.500	0.500
不锈钢螺丝 M5×12	个	36.000	36.000	24.000	24.000	36.000	36.000	36.000

材料编号		4300013	4300014	4300015	4300016
项目		铝合金门五金			
		铝合金门	铝合金纱门	单扇全玻地弹门	双扇全玻地弹门
材料基价(元)		67.14	30.70	255.15	464.80
人工费(元)					
材料费(元)		67.14	30.70	255.15	464.80
机械费(元)					
名称	单位	数量			
材料 门窗铰链 75	个		2.000		
门窗铰链 100	个	2.000			
门锁 单向	把	0.500		0.500	0.500
门锁 双向	把	0.500		0.500	0.500
铝插销 100	对	1.000	1.000	0.500	
铝插销 150	对			0.500	1.000
拉手 30 以内	对	1.000	1.000	0.500	
拉手 30 以外	对			0.500	1.000
地弹簧	个			1.000	2.000
不锈钢螺丝 M5×12	个	24.000	20.000		

355

续表

材料编号		4300017	4300018	4300019	4300020	4300021	4300022
项目		塑钢门五金		卷帘门五金		不锈钢门五金	
		塑钢门单层玻璃	塑钢门双层玻璃	镀锌薄钢板卷闸门	铝合金卷闸门	玻璃地弹门	电子感应门
材料基价(元)		81.69	101.91	71.70	71.00	481.22	235.22
人工费(元)							
材料费(元)		81.69	101.91	71.70	71.00	481.22	235.22
机械费(元)							
名称	单位	数量					
加工铁件　综合	kg	2.250	2.750	3.120	3.000	3.520	3.520
门窗铰链 100	个	2.000	2.000				
蝶式弹簧铰链 100	个		1.000				
门锁　单向	把	0.500	0.500			1.000	0.500
门锁　双向	把	0.500	0.500	1.000	1.000		
铝插销　100	对	2.000	2.000				
铝插销　150	对			2.000	2.000	1.000	1.000
拉手　30以内	对	1.000	0.500	1.000	1.000		
拉手　30以外	对		0.500			1.000	1.000
地弹簧	个					2.000	
不锈钢螺丝　M5×12	个	24.000	36.000				
门滑轨	m						3.200

材料 (行首标注)

窗五金、配件表　　　　　　单位：套　**表 3-80**

材料编号		4300023	4300024	4300025	4300026	4300027	4300028
项目		木窗五金、配件			钢窗五金、配件		屏蔽窗五金、配件
		木窗	无框木窗	普通纱窗	单层钢窗	钢纱窗	
材料基价(元)		43.10	30.14	42.86	55.65	52.75	36.94
人工费(元)							
材料费(元)		43.10	30.14	42.86	55.65	52.75	36.94
机械费(元)							
名称	单位	数量					
加工铁件　综合	kg				2.550	2.050	3.420
门窗铰链 75	个	4.000	2.000	4.000	4.000	4.000	
铁插销 100	对	1.000	1.000	1.000	1.000	1.000	1.000
风钩	个	2.100	2.100	2.100			
拉手　30以内	对	1.000	1.000	1.000	1.000	1.000	1.000
木螺丝　各种规格	个	28.000	18.000	16.000			
不锈钢螺丝　M5×12	个	16.000		16.000	16.000	16.000	

材料 (行首标注)

续表

材料编号		4300029	4300030	4300031	4300032	4300033
项目		\multicolumn{5}{c}{铝合金窗五金、配件}				
		铝合金固定窗	铝合金推拉窗	铝合金平开窗	铝合金纱窗	铝合金百叶窗
材料基价（元）		17.32	18.82	46.56	31.86	32.30
人工费（元）						
材料费（元）		17.32	18.82	46.56	31.86	32.30
机械费（元）						
名称	单位	\multicolumn{5}{c}{数量}				
门窗铰链 75	个			4.0000	2.0000	2.0000
铝插销 100	对		1.0000	2.0000	1.0000	1.0000
风钩	个			2.0000	2.0000	2.0000
拉手 30 以内	对	1.0000	1.0000	1.0000	1.0000	1.0000
不锈钢螺丝 M5×12	个	12.0000	12.0000	36.0000	16.0000	20.0000

（材料）

材料编号		4300034	4300035	4300036
项目		\multicolumn{2}{c}{塑钢窗五金、配件}		不锈钢固定窗五金、附件
		塑钢窗单层玻璃	塑钢窗双层玻璃	
材料基价（元）		44.70	44.70	14.97
人工费（元）				
材料费（元）		44.70	44.70	14.97
机械费（元）				
名称	单位	\multicolumn{3}{c}{数量}		
加工铁件 综合	kg			2.4300
门窗铰链 75	个	4.0000	4.0000	
铝插销 100	对	1.0000	1.0000	
风钩	个	1.0000	1.0000	
拉手 30 以内	对	1.0000	1.0000	
不锈钢螺丝 M5×12	个	40.0000	40.0000	8.0000

（材料）

（6）玻璃幕墙适用于外墙装饰工程，玻璃隔断墙执行隔墙与天棚吊顶工程相应的定额。玻璃幕墙定额包括幕墙墙架的制作与安装、镶挂玻璃等工作内容。工程设计采用的材质、规格与定额不同时按照价差处理。

（7）扶手栏杆定额中包括栏杆、扶手的制作、购置、运输、安装等工作内容。

（8）现场制作的门窗、木扶手、木制品定额中不包括木材面刷油漆，应根据设计标准执行装饰工程相应的定额。

2. 门窗与木作工程工作内容与工程量计算规则

门窗与木作工程工作内容和工程量计算规则如表 3-81 所示。

门窗与木作工程工作内容和工程量计算规则表　　表 3-81

工程项目	工作内容	工程量计算规则
7.1　木门、窗		
7.1.1　木门制作与安装	(1)木门框制作、安装； (2)木门扇制作、安装； (3)门亮子制作、安装； (4)装配纱扇； (5)安装五金、配件、玻璃； (6)周边塞口、清理	(1)各类门窗制作、安装按照门窗洞口面积计算工程量。 (2)单位：m²
7.1.2　成品木门安装	(1)门购置、运输、现场堆放； (2)现场搬运、安装框扇； (3)安装五金、配件、玻璃； (4)周边塞口、清理	(1)各类门窗制作、安装按照门窗洞口面积计算工程量。 (2)单位：m²
7.1.3　木窗制作与安装	(1)木窗框制作、安装； (2)木窗扇制作、安装； (3)安装纱网； (4)安装五金、配件、玻璃； (5)周边塞口、清理	(1)各类门窗制作、安装按照门窗洞口面积计算工程量。 (2)单位：m²
7.1.4　成品木窗安装	(1)窗购置、运输、现场堆放； (2)现场搬运、安装框扇； (3)安装五金、配件、玻璃； (4)周边塞口、清理	(1)各类门窗制作、安装按照门窗洞口面积计算工程量。 (2)单位：m²
7.2　钢门、窗		
7.2.1　成品钢门安装	(1)钢门购置、运输、现场堆放； (2)钢门框校正、稳固铁件、安装框扇； (3)安装五金、配件、玻璃； (4)周边塞口、清理	(1)按照门窗洞口面积计算工程量。 (2)单位：m²
7.2.2　成品钢窗安装	(1)钢窗购置、运输、现场堆放； (2)钢窗框校正、稳固铁件、安装框扇； (3)安装五金、配件、玻璃； (4)周边塞口、清理	(1)按照门窗洞口面积计算工程量。 (2)单位：m²
7.3　铝合金门、窗		
7.3.1　成品铝合金门安装	(1)铝合金门购置、运输、现场堆放； (2)门框校正、稳固铁件、安装框扇； (3)安装五金、配件、玻璃； (4)周边塞口、清理	(1)按照门窗洞口面积计算工程量。 (2)单位：m²
7.3.2　成品铝合金窗安装	(1)铝合金窗购置、运输、现场堆放； (2)窗框校正、稳固铁件、安装框扇； (3)安装五金、配件、玻璃； (4)周边塞口、清理	(1)按照门窗洞口面积计算工程量。 (2)单位：m²
7.4　塑钢门、窗		
7.4.1　成品塑钢门安装	(1)塑钢门购置、运输、现场堆放； (2)门框校正、稳固铁件、安装框扇； (3)安装五金、配件、玻璃； (4)周边塞口、清理	(1)按照门窗洞口面积计算工程量。 (2)单位：m²

工程项目	工作内容	工程量计算规则
7.4.2　成品塑钢窗安装	(1)塑钢窗购置、运输、现场堆放; (2)窗框校正、稳固铁件、安装框扇; (3)安装五金、配件、玻璃; (4)周边塞口、清理	(1)按照门窗洞口面积计算工程量。 (2)单位:m²
7.5　卷帘门	(1)卷帘门购置、运输、现场堆放; (2)门框校正、安装铁件、焊接连接件; (3)安装卷闸与电动装置、调试; (4)安装五金、配件; (5)周边塞口、清理	(1)卷闸门按照洞口高度增加600mm计算工程量。 (2)单位:m²/套
7.6　不锈钢门、窗	(1)不锈钢门窗购置、运输、现场堆放; (2)校正框扇、安装门窗; (3)安装五金、配件、玻璃; (4)安装感应装置、调试; (5)周边塞口、清理	(1)按照门窗洞口面积计算工程量。 (2)单位:m²
7.7　玻璃幕墙	(1)放样、划线、下料; (2)钻孔、组装焊接、安装龙骨; (3)装配玻璃、配件; (4)周边嵌胶、清理	玻璃幕墙按照外墙垂直投影面积计算工程量,扣除门窗洞口及单个面积0.3m²以上孔洞所占面积
7.8　木制作、扶手栏杆		
7.8.1　木制作	木构件制作、拼装、组装、安装、固定、面清理	(1)暖气罩按照边框外围尺寸以m²为单位计算工程量,侧面计算工程量。 (2)窗帘盒按照设计图示尺寸以延长米为单位计算工程量。当设计无规定时可按窗洞口宽度加300mm计算。 (3)门窗套、木线条按照图纸尺寸以展开面积计算工程量
7.8.2　扶手栏杆	(1)木扶手购置、加工、安装、面清理; (2)钢栏杆制作、除锈、刷防锈漆、安装	扶手栏杆按照延长米计算工程量(不包括伸入墙内的长度部分),其斜长部分按照水平投影长度乘以1.17系数计算

九、地面和楼地面工程

1. 地面和楼地面工程定额使用说明

(1) 本章定额中的砂浆、混凝土等配合比,当设计与定额不同时,可以根据混凝土制备表、砂浆制备表换算。

(2) 地面填土垫层定额中不包括土的材料费,工程实际发生费用时另行计算。

(3) 混凝土垫层定额是按照无筋编制的,当工程设计配置钢筋时,其钢筋部分按照第4章钢筋定额另行计算。垫层定额中包括原土夯实工作内容。

(4) 油池铺填卵石定额子目仅用于油池算子上安放卵石项目。

(5) 防潮、防水定额子目适用于建筑物、构筑物除屋面防水以外的防潮、防水工程。包括楼地面、墙、基础、沟道等防潮、防水工程。定额中包括转角处或交叉处的附加层以及防潮防水层的接头、接缝、收头等工作内容。地下防潮、防水层的保护层根据材质另行计算。

（6）地面整体面层与块料面层定额中包括地面找平层、结合层、面层。面层根据工程设计的材质与规格可以调整价差，找平层与结合层除定额规定允许调整外，不得调整。

（7）水泥砂浆地面定额中包括了水泥砂浆踢脚板的费用。其他面层地面定额中不包括踢脚板费用，踢脚板根据材质单独计算。

（8）定额中水泥砂浆地面面层厚度是按照20mm编制，工程设计与定额中厚度不同时，可以执行水泥砂浆找平层每增减5mm定额子目进行调整。

（9）定额中块料踢脚板的高度是按照150mm编制的，工程设计超过150mm小于300mm时材料用量可以调整，其余不变。当踢脚板高度大于300mm时执行相应的墙或柱面定额。

2. 地面和楼地面工程工作内容与工程量计算规则

地面和楼地面工作内容和工程量计算规则如表3-82所示。

地面和楼地面工程工作内容和工程量计算规则表　　　　　　　　表3-82

工程项目	工作内容	工程量计算规则
8.1　地面垫层	（1）基底夯实； （2）铺设垫层、灌浆、找平、密实	地面垫层工程量按照室内主墙间净空面积乘以设计厚度以 m³ 计算。扣除凸出地面的构筑物、设备基础、室内地沟等所占体积，不扣除间壁墙及面积在 0.3m² 以内的柱、垛、附墙竖井、通风道、孔洞等所占的体积
8.2　防潮、防水		
8.2.1　防水砂浆	清理基层、抹灰、养护	（1）地面防潮、防水层工程量按照主墙间净空面积计算。扣除凸出地面的构筑物、设备基础等所占的面积，不扣除间壁墙及 0.3m² 以内的柱、垛、附墙竖井、通风道、孔洞等所占面积。 （2）地面与墙面连接处高度在 500mm 以内的防潮、防水层按照展开面积计算，并入地面工程量内；高度超过 500mm 时，按照立面防潮、防水层工程量计算。 （3）基础墙平面防潮层工程量根据基础墙宽度乘以长度按照面积计算，外墙长度按照中心线计算，内墙长度按照净长线计算。 （4）立面防潮、防水层工程量按照设计图示尺寸垂直投影面积以 m² 计算。扣除门窗洞口及面积大于 0.3m² 孔洞所占面积，柱、梁、垛、墙竖井、通风道按照展开面积计算工程量。门窗洞口、孔洞四周不计算面积
8.2.2　卷材防水	（1）涂刷基层处理剂； （2）铺附加层、铺贴卷材、卷材接缝、收头	单位：m²
8.2.3　涂膜防水	涂刷底胶、涂刷附加层、刷涂料、贴布、做保护层	单位：m²
8.3　伸缩缝		
8.3.1　填缝	（1）填缝材料制备； （2）清理缝、填缝； （3）止水带下料、连接、安装	各类伸缩缝工程量不分材质用料按照设计图示尺寸以延长米计算。当墙体伸缩缝需要双侧填缝时工程量乘以 2 系数

工程项目	工作内容	工程量计算规则
8.3.2 盖缝	(1)盖缝材料制备； (2)清理缝、盖缝； (3)连接、固定、面清理	单位:m
8.4 找平层	(1)清理底层； (2)找平、压光； (3)细石混凝土浇筑、密实、养护	找平层工程量按照主墙间净空面积以 m² 计算。扣除凸出地面的构筑物、设备基础、室内管道、地沟等所占面积，不扣除、间壁墙及面积在 0.3m² 以内的柱、垛、附墙竖井、通风道、孔洞所占的面积。门洞、空圈、暖气包槽、壁龛等开口部分面积不增加
8.5 整体面层		
8.5.1 水泥砂浆面层	(1)清理底层； (2)刷素水泥浆； (3)水泥砂浆抹面、压光	(1)整体面层工程量按照主墙间净空面积以 m² 计算。扣除凸出地面的构筑物、设备基础、室内管道、地沟等所占面积，不扣除、间壁墙及面积在 0.3m² 以内的柱、垛、附墙竖井、通风道、孔洞所占的面积。门洞、空圈、暖气包槽、壁龛等开口部分面积不增加。 (2)楼梯面层工程量计算 1)楼梯面层按照设计图示尺寸水平投影面积计算。包括踏步、休息平台、平台梁。 2)扣除宽度大于 300mm 楼梯井所占面积。 3)楼梯与楼面相连，楼梯面积计算至楼梯平台梁外则边沿；无楼梯平台梁时，楼梯面积计算至最上一层踏步边沿加 300mm。 4)楼梯与地面相连，有楼梯平台梁时楼梯面积计算至楼梯平台梁外则边沿；有楼梯基础时楼梯面积计算至楼梯基础外则边沿；与地面混凝土浇成一体时楼梯面积计算至第一个踏步边沿加 300mm。 5)楼梯面层工程量不包括楼梯间踢脚板、楼梯梁板侧面及底面抹灰，应另行计算工程量，执行相应定额。 (3)阳台、眺台、外檐廊地面按照伸出墙外水平投影面积计算工程量，执行地面相应定额。 (4)沟道、池井、地坑底板面层及构筑物底板面层按照净面积计算工程量。凸出底板上的支墩、隔墙高度在 500mm 以内的面层按照展开面积计算，并入地面工程量内；高度超过 500mm 时，按照墙面工程量计算，执行第 11 章相应定额。 (5)卫生间便池侧面计算工程量，并入相应材质面层地面工程量内。 (6)台阶面层工程量按照设计图示尺寸水平投影面积计算。包括踏步及最上一层踏步边沿加 300mm 宽度工程量
8.5.2 水磨石面层	(1)清理底层； (2)刷水泥砂浆，嵌条、抹面找平； (3)磨光、清洗、打蜡、养护	防滑条工程量按照设计图示尺寸以长度计算。设计无规定时按照踏步两端距离减 300mm 计算

361

工程项目	工作内容	工程量计算规则
8.5.3　混凝土面层	(1)清理底层； (2)混凝土浇筑、密实、养护，水泥砂浆抹面、压光	散水、坡道工程量按照设计图示尺寸以 m² 计算。穿过散水的踏步、坡道和花台等面积应予扣除
8.5.4　环氧类面层	(1)基层清理； (2)涂抹面层、养护、清理	单位：m³
8.6　块料面层	(1)清理基层； (2)刷素水泥浆； (3)锯板磨边、贴块料地面； (4)清理净面	块料面层工程量按照图纸尺寸的实铺面积以 m² 计算。门洞、空圈、暖气包槽、壁龛等开口部分的面积并入相应的面层内
8.7　地板	(1)清理底层； (2)涂刷粘结剂、铺贴面层、收边； (3)铺设基层、安装木地板； (4)清理净面	地板工程量按照图纸尺寸的实铺面积以 m² 计算。门洞、空圈、暖气包槽、壁龛等开口部分的面积并入相应的面层内

3. 实例

举例解释说明中第 7 条"水泥砂浆地面定额中包括了水泥砂浆踢脚板的费用"如何使用。

某一房间地作法是水泥砂浆地面，踢脚线与地面作法一样，按工程量计算规则计算出地面的工程量为 100m²，踢脚线工程量为 42m。套定额 YT8—53 子目时工程量按 100m² 计入，踢脚线 42m 的用量已含入 YT8—53 子目定额含量中。

十、屋面工程

1. 屋面工程定额使用说明

(1) 本章保温、隔热定额适用于建筑物、构筑物的屋面、楼面绝热工程，墙、柱、梁及其他项目的绝热工程执行防腐、耐磨、绝热、屏蔽工程有关定额。

(2) 定额中保温与隔热层材料按照常用标准考虑，当工程设计与定额不同时可以换算，其他工料与机械不做调整。

(3) 预制板架空隔热定额中包括预制板制作、运输、安装及砖支墩的砌筑等工作内容。当工程设计的支墩、隔热板与定额不同时，执行其他定额另行计算。

(4) 瓦屋面定额中包括成品瓦的购置、运输、铺设等工作内容，铺设瓦屋面包括铺设屋脊、铺设端头瓦、挂角、收边、封檐等。工程设计瓦屋面材料与定额不同时可以换算，其他工料与机械不做调整。

(5) 屋面砂浆找平层、保护面层、隔气层执行地面及楼地面相应定额。

(6) 卷材屋面定额综合考虑了满铺、条铺、点铺、空铺等铺设形式，执行定额时不得因铺设方式而调整。

(7) 卷材屋面定额中包括刷冷底子油一遍，执行定额时，应根据设计标准按照第 8 章相应的定额进行调整。

(8) 卷材屋面定额中包括接缝、收头、找平层嵌缝等工作内容。

(9) 铺设卷材屋面坡度超过 15° 时，人工乘以 1.23 系数。

(10) 三元乙丙橡胶冷贴、氯丁橡胶冷贴、橡胶卷材、改性沥青卷材定额按照铺设一遍编制，当工程设计每增加铺设一遍时，定额人工费增加 80%，卷材、粘结剂增加 100%。

（11）铁皮排水定额中包括咬口和搭接的工料。工程设计铁皮厚度与定额不同时可以换算，其他工料与机械不做调整。

（12）屋面排水虹吸装置定额按照排水管径编制，工程设计采用的材质、规格与定额不同时可以换算虹吸装置主材费用，其他工料与机械不做调整。

（13）刚性屋面定额中包括钢筋网费用，工程设计钢筋网用量与定额不同时，按照第 4 章钢筋相应定额进行调整。

2. 屋面工程工作内容与工程量计算规则

屋面工作内容和工程量计算规则如表 3-83 所示。

屋面工程工作内容和工程量计算规则表 表 3-83

工程项目	工作内容	工程量计算规则
9.1 保温层及隔热层	(1)清理底层； (2)铺设保温层； (3)混凝土浇筑、养护； (4)砌筑砖腿、安装架空隔热板	屋面保温、隔热层按照设计图示尺寸面积乘以平均厚度以 m³ 为单位计算工程量。扣除水箱间、电梯井、天窗、屋顶通风器、屋顶设备等所占体积，不扣除凸出屋面的排气管及单个面积在 0.3m² 以内的通风道、孔洞所占的体积
9.2 瓦屋面	(1)清理基层； (2)安装挂瓦钉、铺设屋面瓦； (3)安装瓦脊、封檐；清理面层	(1)瓦屋面按照设计图示尺寸面积以 m² 为单位计算工程量。不扣除凸出屋面的排气管及单个面积在 0.3m² 以内的通风道、孔洞、屋面小气窗、斜沟等所占面积，屋面小气窗出檐部分的面积亦不增加。坡屋面按照水平投影面积乘以屋面坡度延尺系数或隅延尺系数计算工程量。 (2)琉璃瓦檐口线按照檐口线轮廓长度乘以檐口线斜宽(高)以 m² 为单位计算工程量
9.3 卷材屋面	(1)清扫基层； (2)刷冷底子油； (3)沥青玛蹄脂制备、铺贴卷材、做保护层	(1)卷材屋面工程量计算 1)按照设计图示尺寸面积以 m² 为单位计算工程量。 2)坡屋面可以按照水平投影面积乘以屋面坡度延尺系数或隅延尺系数计算工程量。 3)扣除水箱间、电梯井、天窗、屋顶通风器、屋顶设备等所占体积。 4)不扣除凸出屋面的排气管及单个面积在 0.3m² 以内的通风道、孔洞、屋面小气窗、斜沟等所占面积，其根部弯起部分面积亦不增加。 5)天窗出檐部分重叠的面积按照设计图示尺寸另行计算工程量。 6)屋面与女儿墙、屋面上墙、伸缩缝、天窗交叉处弯起部分，按照设计图示尺寸以 m² 计算工程量，并入卷材屋面工程量内。如图纸未注明尺寸，伸缩缝、女儿墙、屋面上墙根部弯起部分按照 250mm 计算，天窗根部弯起部分按照 500mm 计算。 7)卷材屋面的附加层、接缝、收头、找平层的嵌缝、冷底子油一遍已计入定额内，不另行计算。

续表

工程项目	工作内容	工程量计算规则
9.3　卷材屋面	(1)清扫基层; (2)刷冷底子油; (3)沥青玛蹄脂制备、铺贴卷材、做保护层	铁皮排水根据设计图示尺寸按照展开面积以 m^2 为单位计算工程量。如图纸未注明尺寸,可按下表计算。咬口和搭接部分不计算工程量 名称 / 铁皮排水 单位 / m^2 水落管 φ100　1m　0.32 檐沟　1m　0.3 水斗　1个　0.4 雨水口　1个　0.16 下水口　1个　0.45 天沟　1m　1.3 斜沟天窗窗台泛水　1m　0.5 天窗侧面泛水　1m　0.7 通风道泛水　1m　0.8 通气管泛水　1m　0.22 滴水檐口　1m　0.24 滴水　1m　0.11 (2)钢制雨水管根据直径按照设计图示尺寸以延长米为单位计算工程量
9.4　屋面排水	(1)排水系统材料制备; (2)安装雨水管、檐沟、泛水、水斗、虹吸装置	(1)玻璃钢、UPVC 材质的雨水管根据直径按照设计图示尺寸以延长米为单位计算工程量。 (2)钢制、玻璃钢、UPVC 材质的雨水口、雨水斗、弯头、虹吸装置根据直径按照设计布置以个数或套为单位计算工程量
9.5　刚性屋面	(1)清理基层; (2)钢筋网制作、铺设; (3)混凝土浇筑、抹平、密实; (4)刷素水泥浆、压光、养护	刚性屋面按照设计图示尺寸面积以 m^2 为单位计算工程量。不扣除凸出屋面的排气管及单个面积在 $0.3m^2$ 以内的通风道、孔洞、屋面小气窗等所占面积,扣除水箱间、电梯井、天窗、屋顶通风器、屋顶设备等所占面积。坡屋面可以按照水平投影面积乘以屋面坡度延尺系数或隅延尺系数计算工程量

屋面坡度系数表　　　　　　　　　　　表 3-84

坡度 $B(A=1)$	坡度 $B/2A$	坡度角度 α	延尺系数 $C(A=1)$	隅延尺系数 $D(A=1)$
1	1/2	45°	1.4142	1.7321
0.75		36°52′	1.25	1.6008
0.7		35°	1.2207	1.5779
0.666	1/3	33°40′	1.2015	1.562
0.65		33°01′	1.1926	1.5564
0.6		30°58′	1.1662	1.5362

续表

坡度 $B(A=1)$	坡度 $B/2A$	坡度角度 α	延尺系数 $C(A=1)$	隅延尺系数 $D(A=1)$
0.577		30°	1.1547	1.527
0.55		28°49′	1.1403	1.517
0.5	1/4	26°34′	1.118	1.5
0.45		24°14′	1.0966	1.4839
0.4	1/5	21°48′	1.077	1.4697
0.35		19°17′	1.0594	1.4569
0.3		16°42′	1.044	1.4457
0.25		14°02′	1.0308	1.4362
0.2	1/10	11°19′	1.0198	1.4283
0.15		8°32′	1.0112	1.4221
0.125		7°8′	1.0078	1.4191
0.1	1/20	5°42′	1.0050	1.4177
0.083		4°45′	1.0035	1.4166
0.066	1/30	3°49′	1.0022	1.4157

注:1. A 为四坡或两坡屋面 1/2 宽边长度。

2. B 为坡屋面脊高。

3. C 为延尺系数。

4. D 为隅延尺系数。

5. α 为坡度夹角。

十一、防腐、耐磨、绝热、屏蔽、隔声、抑尘工程

1. 防腐、耐磨、绝热、屏蔽、隔声、抑尘工程定额使用说明

（1）本章定额适用于建筑物、构筑物因使用要求对其构件或部件进行功能性处理的项目工程，与其他章节定额配套使用。凡是执行其他章节功能性定额子目，不再执行本章定额子目。

（2）防腐

1）防腐整体面层和块料面层定额综合考虑了不同的部位、不同的施工方法、不同的作业环境等因素，执行定额时不做调整。定额适用于地面、楼面、平台、墙面、墙裙、沟道、地坑、池井等各类平面与立面的防腐面层工程。

2）各种胶泥、砂浆、混凝土材料的配比，如工程设计与定额不同时，可以根据定额附录进行换算。各种块料面层的结合层（砂浆或胶泥）厚度，除定额规定允许调整外，其他一律不做调整。

3）花岗岩板面层以板材为准，如板底为毛面（非垛斧面）时，定额中水玻璃砂浆增加 $0.0038m^3$，耐酸沥青砂浆增加 $0.0044m^3$。定额中结合层厚度是按照 15mm、板材厚度按照 20mm 编制，当工程设计与定额规定不同时，可以调整结合层与板材的材料费，其他不做调整。

4）涂布防腐定额中包括接缝、附加层、收头等工作内容。

（3）绝热

1）定额中只包括绝热材料的铺贴费用，不包括隔气、防潮、保护层、衬墙等费用，工程设计需要时，应执行相应定额另行计算。绝热材料不同时，主材可以换算，其他不变。

2）绝热定额综合考虑了不同的部位、不同的施工方法、不同的作业环境等因素，执行定额时不做调整。定额适用于地面、楼面、墙面、沟道、地坑、池井等各类平面与立面绝热工程。

3）绝热定额中包括在基层上先涂热沥青一遍工作内容。

（4）耐磨

1）煤斗内衬定额适用于输煤系统中、石灰石系统中的混凝土壁衬砌项目工程。包括主厂房原煤斗、主厂房粉煤斗、翻车机室煤斗、卸煤沟煤槽、煤场地下煤斗、输煤筒仓煤斗、混煤罐、石灰石仓斗、石灰石料斗等衬砌项目工程。

2）铁屑砂浆、重晶石砂浆定额中不包括铺设钢板网或钢丝网，工程设计需要时，执行相应定额另行计算。

（5）屏蔽定额适用于建筑物、构筑物中不同部位的屏蔽项目工程。定额中包括屏蔽网铺设、附加层铺设、接缝、收头、封关等工作内容，不包括与电气间的连线、屏蔽检测费用。

（6）隔声、抑尘

1）隔声墙安装定额包括隔音板、吸音板的购置、安装、测试等工作内容。不包括隔音板钢结构支架、基础、土方、砌体等工程，应根据工程设计执行相应的定额。隔音板安装所需的脚手架执行脚手架工程相应的定额。

2）挡风抑尘板安装定额包括挡风板、抑尘网的购置、安装、测试等工作内容。不包括抑尘板钢结构支架、基础、土方、砌体等工程，应根据工程设计执行相应的定额。抑尘板安装所需的脚手架执行脚手架工程相应的定额。

2. 防腐、耐磨、绝热、屏蔽、隔声、抑尘工程工作内容与工程量计算规则

防腐、耐磨、绝热、屏蔽、隔声、抑尘工程工作内容和工程量计算规则如表 3-85 所示。

防腐、耐磨、绝热、屏蔽、隔声、抑尘工程工作内容和工程量计算规则表　　表 3-85

工程项目	工作内容	工程量计算规则
10.1　防腐		
10.1.1　整体面层	(1)清理基层； (2)底层刷胶泥； (3)铺设砂浆； (4)刷防腐漆、贴布； (5)混凝土浇筑、抹平、密实、养护； (6)表面压实抹光、酸化处理	(1)防腐根据材料种类及其厚度按照设计图示尺寸实铺面积以平方米为单位计算工程量。扣除单个面积 0.3m² 以上孔洞、凸出防腐面的物体所占的面积。凸出防腐面的建筑部件需要做防腐时，应按照其展开面积计算，并入防腐工程量内。 (2)平面砌双层防腐块料时，按照相应单层面积的 2 倍计算工程量
10.1.2　块料面层	(1)清理基层； (2)锯板磨边、贴块料面层； (3)清理净面	

工程项目	工作内容	工程量计算规则
10.2 绝热	(1)木框架制作、安装; (2)铺贴绝热板; (3)清理面层	(1)绝热根据材料种类按照设计图示尺寸成品体积以 m³ 为单位计算工程量。扣除单个面积 0.3m² 以上孔洞、凸出绝热面的物体所占的体积。凸出绝热面的建筑部件需要做绝热时,应按照其展开面积乘以厚度计算,并入绝热工程量内。 (2)绝热层的厚度按照绝热体材料的设计成品净厚度(不包括胶结材料)尺寸计算
10.3 耐磨	(1)清理基层; (2)放线、划线、截料、钻孔、铺砌耐磨层、灰缝清理	(1)耐磨根据材料种类及其厚度按照设计图示尺寸实铺面积以 m² 为单位计算工程量。扣除单个面积 0.3m² 以上孔洞、凸出耐磨面的物体所占的面积。凸出耐磨面的建筑部件需要做耐磨时,应按照其展开面积计算,并入防腐工程量内。 (2)煤斗(槽)上口、下口、边梁需要做耐磨层时按照其展开面积计算,并入耐磨工程量内
10.4 屏蔽	材料下料、平直、安装、焊接、测试	(1)地面屏蔽按照主墙间净空面积计算工程量。扣除凸出地面的构筑物、设备基础等所占的面积,不扣除间壁墙及单个面积 0.3m² 以内的柱、垛、附墙竖井、通风道、孔洞等所占面积。凸出地面的构筑物、设备基础等需要做屏蔽时按照其展开面积计算,并入屏蔽工程量内。 (2)立面屏蔽按照设计图示尺寸垂直投影面积以 m² 为单位计算工程量。扣除门窗洞口及单个面积大于 0.3m² 孔洞所占面积,柱、梁、垛、附墙竖井、通风道、门窗洞口、孔洞四周按照展开面积计算,并入屏蔽工程量内。 (3)屏蔽网附加层、接缝、收头、封关等不计算工程量
10.5 隔声、抑尘	材料下料、平直、安装、连接、测试	(1)隔声按照设计图示尺寸外围面积以 m² 为单位计算工程量。长度按照结构外边线长计算,高度从隔音板边框结构顶标高计算至隔音板边框结构底标高。 (2)抑尘按照设计图示尺寸外围面积以 m² 为单位计算工程量。长度按照结构外边线长计算,高度从抑尘板边框结构顶标高计算至抑尘板边框结构底标高

十二、装饰工程

1. 装饰工程定额使用说明

(1) 本章定额以面层标准设置子目,定额中包括基层处理、打底抹灰、面层装饰等工作内容,除定额另有说明外,一律不做调整。

(2) 定额不分内墙与外墙,按照装饰材质标准执行相应的定额。内外墙裙装饰按照墙面装饰定额执行,墙裙高度小于 0.3m 时执行踢脚板定额。

(3) 石灰砂浆抹灰定额不分级别,一律执行本定额。天棚面抹灰综合考虑了现浇和预制顶棚的抹灰。

（4）墙面抹灰定额包括阴角、阳角的护角线抹灰；天棚抹灰定额包括小圆角抹灰。

（5）带密肋小梁及井字梁混凝土天棚抹灰时，每平方米增加 0.05 个工日。

（6）柱面抹灰定额综合考虑了矩形、圆形、多边形、格构式柱抹灰，执行定额时不做调整。

（7）块料面层种类与定额不同时可以换算主材费用，其他费用不变。

（8）油漆、镀锌

1）木材面油漆定额按照油漆材质及木作构件类别进行编制，定额综合考虑了不同的施工方法与施工遍数，工程实际与定额不同时不做调整。

2）金属面油漆、抹灰面油漆定额按照油漆材质进行编制，定额综合考虑了不同的施工方法与施工遍数，工程实际与定额不同时不做调整。工程油漆干膜厚度超过定额干膜厚度±15%时，超出部分按照定额比例调整。

3）钢结构镀锌定额中包括除锈、双程运输等工作内容。当运输距离单程超过 30km 时，按照公路货运标准计算运输费用。

（9）钢结构喷砂除锈定额按照 Sa2.5 清洁度标准编制。工程采用 Sa2 清洁度标准时，定额乘以 0.85 系数；工程采用 Sa3 清洁度标准时，定额乘以 1.15 系数。

（10）金属面防火涂料喷涂定额按照耐火极限 1h、防火涂料厚度 4mm 编制，工程设计与定额不同时可以调整。按照每增减耐火极限 0.5h、防火涂料厚度 2mm，定额相应增减 0.5 系数。

（11）壁纸种类与定额不同时可以换算，其他费用不变。

（12）零量项目装饰是指挑檐、天沟、腰线、栏杆、扶手、门窗套、压顶、内窗台、外窗台、水槽、砖支墩等工程项目装饰。零星项目刷涂料根据所在位置分别执行内外墙刷涂料定额。

（13）木饰面定额包括饰面材料的购置、下料、制作、安装、补漆、收口、嵌缝等工作内容。

（14）界面处理定额适用于不同部位、不同工序间接触面的特殊处理工程。各章节定额中已包括正常界面处理费用，不再执行界面处理定额。当设计要求界面间采用界面剂处理或要求混凝土面凿毛时，方可执行界面处理定额。

（15）装饰所需各类脚手架执行脚手架工程相应的定额。

2. 装饰工程工作内容与工程量计算规则

装饰工程工作内容和工程量计算规则如表 3-86 所示。

装饰工程工作内容和工程量计算规则表　　　　　　　　　表 3-86

工程项目	工作内容	工程量计算规则
11.1　石灰砂浆	（1）清理基层、补堵墙眼、湿润基层； （2）找平、抹灰、罩面压光； （3）天棚小圆角抹光； （4）门窗洞口侧壁抹护角线； （5）抹阴阳角、装饰线； （6）清理面层	（1）天棚抹灰工程量计算 1）天棚抹灰面层按照主墙间净面积计算工程量，不扣除间壁墙、检查孔、墙垛、管道等所占面积。扣除单位面积 0.3m² 以上孔洞所占面积；扣除独立柱、电缆竖井、通风道等所占面积。带梁天棚，梁的两侧抹灰面积并入天棚抹灰工程量内。

工程项目	工作内容	工程量计算规则
11.2 混合砂浆	(1)清理基层、补堵墙眼、湿润基层; (2)找平、抹灰、刷浆、罩面压光; (3)天棚小圆角抹光; (4)门窗洞口侧壁抹护角线; (5)抹阴阳角、装饰线; (6)清理面层	2)有坡度及拱顶的天棚、密肋梁和井字梁天棚,按照主墙间水平投影净面积乘以 1.5 系数计算工程量。坡度及拱顶不再计算表面积,密肋梁和井字梁不再计算展开面积。 3)雨篷板、挑檐板、挑檐、阳台、天沟的底面按照水平投影面积计算工程量,有梁者将梁的侧面面积并入其中,执行天棚抹灰相应的定额。
11.3 水泥砂浆	(1)清理基层、补堵墙眼、湿润基层; (2)找平、抹灰、刷浆、罩面压光; (3)护角、外墙分格; (4)清理面层	(2)内墙面抹灰工程量计算 1)内墙按照主墙间净长乘以高度以 m² 为单位计算工程量。其抹灰高度确定如下: ①无墙裙的抹灰高度按照室内地面或楼面计算至天棚底面,不扣除踢脚板高度。 ②有墙裙的抹灰高度按照墙裙顶计算至天棚底面。 ③墙裙的高度按照室内地面或楼面计算至墙裙顶面,不扣除踢脚板高度。 ④吊顶天棚的内墙面抹灰,其高度按照室内地面或楼面计算至天棚底面加 100mm。 2)内墙抹灰应扣除门窗洞口和空圈所占的面积。不扣除踢脚板、挂境线、单个面积 0.3m² 以内孔洞的面积,不计算洞口四周面积,附墙垛、壁柱的侧面抹灰面积并入内墙面抹灰工程量内。凸出墙面的混凝土构件,其侧面抹灰计算工程量,并入墙体工程内。 3)隔墙抹灰根据工程设计要求分别计算内、外两面工程量。单面工程量计算规则同隔墙。 (3)外墙面抹灰工程量计算 1)外墙按照外墙面的垂直投影面积以 m² 为单位计算工程量。扣除门窗洞口、外墙裙和单个面积大于 0.3m²孔洞所占的面积,不计算洞口四周面积,附墙垛、壁柱的侧面抹灰面积并入外墙面抹灰工程量内。凸出墙面的混凝土构件,其侧面抹灰计算工程量,并入墙体工程量内。 2)栏板抹灰根据工程设计要求分别计算内、外两面工程量。根据抹灰面材质分别执行墙体装饰相应定额。 3)女儿墙内侧抹灰按照女儿墙内侧周长乘以抹灰高度以 m² 为单位计算工程量,执行相应的墙体抹灰定额。女儿墙有压顶者抹灰高度计算至压顶底标高,女儿墙压顶按照零星项目抹灰单独计算工程量;女儿墙无压顶者抹灰高度计算至女儿墙顶加女儿墙宽度。 (4)零星项目抹灰工程量计算 1)挑檐、天沟、腰线、雨篷、栏杆、门窗套、窗台线、压顶、扶手、水池、砖支墩等按照展开面积以 m² 为单位计算工程量。 2)计算展开面积时,不计算雨篷板、挑檐板、挑檐、阳台、天沟的底面工程量

工程项目	工作内容	工程量计算规则
11.4　涂料	(1)清理基层、补小孔洞、磨砂纸； (2)遮盖、喷涂料； (3)清理被喷污处	(1)涂料工程量计算规则同抹灰工程量计算规则。 (2)预制混凝土构件刷涂料工程量按照表11-1数据计算。 表 11-1　预制混凝土构件刷涂料工程量折算表 _表内容见下_
11.5　镶嵌面层		
11.5.1　水泥砂浆结合层	(1)清理修补基层、打底抹灰； (2)切割、磨光块料； (3)镶贴面层、镶贴阴阳角； (4)修补缝隙、清理面层、养护	
11.5.2　粘结剂结合层	(1)清理修补基层、打底抹灰； (2)切割、磨光块料； (3)粘贴面层、粘贴阴阳角； (4)修补缝隙、清理面层、养护	(1)块料面层按照设计图纸尺寸的实贴(挂)面积以平方米为单位计算工程量。门窗洞口、孔洞等开口部分的侧面面积并入墙体装饰工程量内。 (2)独立的梁、柱面装饰单独计算工程量,执行相应的梁柱装饰定额；嵌入墙体中的混凝土过梁、圈梁、连梁、框架梁、构造柱、框架柱、门框等混凝土构件不单独计算装饰面积,合并在墙体中,执行相应的墙体装饰定额
11.5.3　干挂	(1)清理基层、钻孔成槽,安装挂件； (2)挂块料、封口磨边、灌胶密封； (3)清理、打蜡	
11.5.4　装饰台面	(1)铁件制作、安装； (2)铺钢板网、抹水泥砂浆； (3)铺块料面板、磨边、嵌缝； (4)清理面层、养护	
11.6　油漆		

表 11-1　预制混凝土构件刷涂料工程量折算表

项目	每立方米构件折算面积(m^2)
F 形板、双 T 形板、梁式板、槽形板 8m 以内	30
F 形板、双 T 形板、梁式板、槽形板 8m 以外	23
薄腹梁	15
吊车梁	11

工程项目	工作内容	工程量计算规则
11.6.1 木材面油漆	(1)清扫、磨砂纸、刮腻子; (2)刷油漆; (3)清理面层	(1)木门窗及木作工程油漆按照其制作或安装工程量乘以表11-2中相应系数计算工程量。 表11-2 木材面油漆工程量计算系数表 （见下表） (2)木踢脚板按照面积计算工程量,执行其他木材面油漆相应定额。 (3)当购置的成品门窗包括油漆费用时,不计算门窗油漆工程量
11.6.2 金属面油漆	(1)清扫、磨砂纸、刷油漆、清理表面。 (2)挂件、喷砂、除尘、回收砂;清理现场、修理工具。 (3)清扫、配料、喷锌、清理面层。 (4)装运、酸洗、镀锌	(1)金属面除锈、油漆按照其制作或安装工程量乘以表11-3中相应系数计算工程量。 表11-3 金属面油漆工程量计算系数表 （见下表）

表11-2 木材面油漆工程量计算系数表

项目	系数
单层木门窗、组合窗、特种门、库房大门	1
胶合板墙、木隔断	1
双层木窗 （包括一玻一纱窗）	1.6
木百叶窗	1.5
单层半玻璃门、全玻璃门、门纱扇	0.85
全百叶门、半截百叶门	1.6
木扶手(不带托板)、木栏杆、木线	1
带托板木扶手	2.6
木地板	1
木踢脚板	0.16
窗帘盒	2.04
细木工板天棚、胶合板天棚、木墙裙	1
暖气罩、门窗套	1.28

表11-3 金属面油漆工程量计算系数表

项目	系数
单层钢窗、玻璃钢板门、钢纱窗	1
双层钢窗、全钢板门	1.48
防射线门、钢百叶门窗	3
屏蔽门窗、钢半截百叶门窗	2.3
钢丝网大门	0.65
钢屋架、天窗架、挡风架、屋架梁、支撑、钢桁架、系杆、钢支架、钢吊车梁、钢墙架	1
钢煤斗、钢煤箅子	0.47
钢梁、钢柱、钢走道板、钢平台、车挡、檩条、单轨吊车梁	0.65
铁栅栏门、栏杆、窗栅、钢油箅子、钢格栅板	1.71
直型钢轨、弧型钢轨	0.25
钢爬梯、踏步式钢扶梯	1.2
轻型屋架、零星铁件	1.42

工程项目	工作内容	工程量计算规则
11.6.2 金属面油漆	(1)清扫、磨砂纸、刷油漆、清理表面。 (2)挂件、喷砂、除尘、回收砂;清理现场、修理工具。 (3)清扫、配料、喷锌、清理面层。 (4)装运、酸洗、镀锌	(2)当购置的成品金属结构包括油漆费用时,不计算金属结构除锈、油漆工程量。 (3)施工现场加工金属结构需要镀锌时,按照其制作工程量计算镀锌费用,不计算金属结构除锈、油漆工程量。 (4)施工现场加工金属结构需要现场冷喷锌时,按照其制作工程量计算除锈、冷喷锌费用,不计算金属结构油漆工程量。 (5)购置的镀锌钢结构成品不计算金属结构除锈、油漆工程量
11.6.3 抹灰面油漆	(1)清理基层、磨砂纸、刮腻子; (2)刷油漆: (3)清理面层	抹灰面油漆工程量计算规则同抹灰工程量计算规则
11.6.4 钢门、钢窗油漆	清扫、磨砂纸、刷油漆、清理表面	单位:m²
11.7 贴壁纸	清扫、撕缝、粘贴壁纸、对花	贴壁纸工程量计算规则同抹灰工程量计算规则,不计算接缝、收口、封边工程量
11.8 木饰面	下料、贴面层、封边、嵌缝、清理面层	木饰面按照设计图示尺寸的实贴(铺)面积以 m² 计算工程量。门窗洞口、孔洞等开口部分的侧面面积并入饰面工程量内
11.9 界面处理	清理基层、调制界面剂;涂抹界面剂	界面处理工程量按照工程设计要求处理的面积以 m² 为单位计算工程量

十三、构筑物工程

1. 构筑物工程定额使用说明

本章定额是按照构筑物项目进行子目划分与设置,与本册定额其他章节子目配套使用。凡是本章定额设置的子目均执行本章定额,本章定额未设置的子目执行其他章节定额子目。

(1)钢筋混凝土管道

1)本定额适用于发电厂、换流站、变电站循环水管和补给水管等工作压力在 2kg/cm² 以内的预应力钢筋混凝土管、钢筋混凝土管道、钢套筒混凝土管道安装工程。

2)定额中钢筋混凝土管道按照购置成品考虑,当工程现场制作管道时,其单价按照成品购置单价执行。

3)管道安装定额中,不包括土方、垫层、底板、支墩、垫块、弧形基础、包角、钢管弯头、钢管连接件等工作内容,发生时按照相应定额另行计算。

4)管道安装定额中,包括成品管道购置、管道连接、安装各阶段水压试验、管道场内运输等工作内容。

5)定额中包括管道场内运输、安装损耗费用。

6)定额中预应力钢筋混凝土管、钢筋混凝土管、钢套筒混凝土管安装是按照双排管敷设考虑,如工程采用单排管安装时,定额不做调整。

（2）沉井

1）本定额适用于全沉法或半沉法施工的钢筋混凝土沉井工程。定额是按照陆地或岸边围堰内预制沉井、明排水下沉法施工编制的。

2）沉井制作中的钢管、闸口槽、爬梯、预埋铁件等金属工程，按照设计要求执行相应定额。

3）沉井施工采用两种下沉方案：一是机械抓土下沉，定额中不包含土方外运；二是水力机械冲泥下沉，定额中不包括排泥水的集水坑及泥水的外排费用。未包括的费用按照有关章节定额另行计算。

4）水下混凝土封底不包括凿除馒头顶费用，工程发生时另行计算。

5）沉井施工脚手架根据批准的施工组织设计执行脚手架工程中相应的定额子目。

（3）室外混凝土沟道、井池

1）本定额适用于室外钢筋混凝土单孔、多孔的地下沟道、隧道工程；适用于室外钢筋混凝土封闭、敞口的地下水池、油池、井等工程。

2）定额是按照土方大开挖、明排水、现浇混凝土施工编制。土方及排水费用按照批准的施工组织设计另行计算。

3）定额中没有考虑伸缩缝费用，止水带、密封胶、垫板等执行相应的定额另行计算。

（4）变、配电构支架

1）本定额适用于35～1000kV变电站、开闭所、换流站的离心杆、型钢、钢管、格构式钢管构支架的安装工程。

2）定额按照构支架材质、安装高度、综合不同电压等级编制的。定额中包括构支架场内运输、安装损耗费用。

3）构架、支架、钢梁、附件、避雷针塔安装均包括成品购置、现场拼装、组装、吊装、补漆、脚手架按拆等工作内容。

4）变、配电构支架附件包括爬梯、地线柱（地线支架）、走道板、避雷针架、连接设备支架间型钢（支架梁）。离心杆构支架中的柱头铁件、组成A型构架的连接件、组成带端撑A型构架的连接件不属于变、配电构支架附件，其费用综合在离心杆构支架安装定额中，不单独计算。

5）变、配电构支架组装、安装定额综合考虑了螺栓连接与焊接，工程实际与定额不同时，不做调整。定额中的螺栓是按照普通螺栓考虑的，当设计采用高强螺栓连接时，允许调整螺栓单价。

6）构件组装、拼装、吊装所需加固、垫用的木材、木楔等已综合考虑在板方材用量内。

7）变、配电构架安装定额中不含二次浇灌内容，需要时执行相应定额。钢管端部灌混凝土执行第4章二次灌浆定额。

8）现场制作避雷针塔定额中包括制作、除锈、刷防锈漆、刷防腐漆、安装等工作内容。

（5）道路与场地地坪

1）本定额适用于厂区、站区围墙内的道路与场地地坪工程。

2）路床土方定额中包括路基土方开挖、基底碾压、路床试验、土方运输等工作内容，土方开挖不分人工与机械施工，均执行本定额。

3）面层定额综合考虑了前台的运输工具及有筋、无筋等不同情况时的工效。

4）路面如设有钢筋、铁件时，应执行第 4 章相应的定额子目单独计算其费用。

（6）围墙、围墙大门

1）本定额适用于厂区、站区内外的围墙与围墙大门工程。

2）钢围栅定额按照现场制作考虑；其他钢结构围栅、围栏按照购置成品安装考虑，定额中包括成品购置费。

3）钢格栅大门的制作、安装参照钢围栅定额执行。

4）电动门电动装置安装定额中包括购置电动装置的设备费、材料费及安装费。

5）土方、基础、墙体、柱、抹灰、油漆等应执行相应的定额。

2. 构筑物工程工作内容与工程量计算规则

构筑物工程工作内容和工程量计算规则如表 3-87 所示。

构筑物工程工作内容和工程量计算规则表

表 3-87

工程项目	工作内容	工程量计算规则
12.1　钢筋混凝土管道		
12.1.1　预应力钢筋混凝土管道安装	（1）场内运输、清理基坑；清扫管材、起吊、就位、找中、安装； （2）水压试验	（1）管道安装长度以管中心线的延长米计算，不扣除管道接头、钢管弯头、阀门井、检查井等所占长度。 （2）管道防腐面积按照管道安装长度乘以管道内壁或外壁周长计算
12.1.2　钢筋混凝土管道安装	（1）场内运输、清理基坑； （2）清扫管材、起吊、就位、找中、安装；水压试验	
12.1.3　钢套筒混凝土管道安装	（1）场内运输、清理基坑； （2）清扫管材、起吊、就位、找中、安装； （3）水压试验	
12.2　沉井	（1）枕木搭拆；铺砂、平整；抽除承垫道木、回填砂堤。 （2）模块制作、安装、拆除；混凝土浇筑、捣固、养护。 （3）铁刃脚安装；机械抓泥、运出井外；校正沉井倾斜；水力机械冲泥、吸泥外排、校正井壁倾斜、沉井下沉。 （4）封底材料场内运输；漏斗和筒管安装、拆除；封底、填塞、养护；井壁结合部凿毛、馒头体凿除、余物外运、壁底清理	（1）预制沉井土方开挖、底木方搭拆、砂垫层、刃脚承垫木铺设与抽除的工程量，按照批准的施工组织设计计算。预制沉井土方开挖执行第 1 章相应的定额。 （2）沉井制作混凝土工程量按照设计中心周长与厚度乘以高度以 m^3 计算，刃脚、隔墙工程量并入沉井体积内。计算工程量时，应扣除 0.3m^2 以上洞孔所占体积。 （3）井壁防水、防腐工程量按照所需施工部位以展开面积计算，执行相应的定额。 （4）沉井下沉、抛石、封底工程量按照施工图纸和批准的施工组织设计计算。钢筋混凝土底板工程量按照图示尺寸以 m^3 计算。 （5）沉井脚手架工程量按照沉井外围展开面积以 m^2 计算，执行第 13 章相应定额
12.3　室外混凝土沟道、混凝土池井		

工程项目	工作内容	工程量计算规则
12.3.1　室外混凝土沟道	(1)木模板制作与安装、钢模板组合与安装； (2)模板刷隔离剂； (3)模板拆除、运输、整理、堆放； (4)混凝土浇筑、捣固、养护	(1)室外混凝土沟道、井池混凝土体积按照图示尺寸以 m³ 计算,不扣除钢筋、铁件和螺栓所占体积,扣除 0.3m² 以上洞孔所占体积。 (2)室外混凝土沟道、井池底板与侧壁以底板顶标高分界,底板与侧壁交叉处"三角形"体积并入侧壁中;顶板与侧壁以顶板底标高分界,顶板与侧壁交叉处"三角形"体积并入侧壁中
12.3.2　室外混凝土池井	(1)木模板制作与安装、钢模板组合与安装； (2)模板刷隔离剂； (3)模板拆除、运输、整理、堆放； (4)混凝土浇筑、捣固、养护	(1)室外混凝土沟道、井池内混凝土隔墙体积并入混凝土壁体内;混凝土柱体积单独计算,柱高从底板顶标高计算至顶板底标高,执行第 4 章相应定额。 (2)室外混凝土沟道、井池内砌体墙或柱体积单独计算,执行第 3 章相应定额
12.4　变、配电构支架		
12.4.1　离心杆构支架安装	(1)拼装、连接、接头补漆； (2)起吊、就位、校正、固定	(1)构架、支架、钢梁、附件应根据安装高度分别计算工程量。 (2)离心杆构支架按照安装后成品外轮廓体积以 m³ 计算工程量。离心杆长度包括插入基础部分长度
12.4.2　型钢构支架安装	(1)型钢构件排杆、组装、拼装、连接； (2)紧固、绑扎、起吊、就位、校正、固定、补漆	
12.4.3　钢管构支架安装	(1)钢管构件排杆、组装、拼装、连接； (2)紧固、绑扎、起吊、就位、校正、固定、补漆	钢结构构支架按照安装后成品重量以 t 计算工程量
12.4.4　格构式钢管构支架安装	(1)钢管构件排杆、组装、拼装、连接； (2)紧固、绑扎、起吊、就位、校正、固定、补漆	
12.4.5　钢梁、附件安装	(1)构件排杆、组装、拼装、连接； (2)紧固、绑扎、起吊、就位、校正、固定、补漆	
12.4.6　避雷针塔制作与安装	(1)材料放样、下料； (2)平直、铅孔、焊接； (3)成品校正、除锈、刷防锈漆、刷防腐漆； (4)成品编号、堆放、运输、安装、校正、固定、补漆	避雷针塔按照安装后成品重量以 t 计算工程量。避雷针根据设计图纸划分单独计算工程量,执行相应的定额
12.5　道路与场地地坪		

工程项目	工作内容	工程量计算规则
12.5.1　基层	（1）路床土方开挖、运输、碾压、检验； （2）放样、清理路床、取料、运料、摊铺、灌缝、找平、碾压	（1）路床土方按照图示尺寸以自然方体积计算工程量，开挖起点为室外设计整平标高。不计算放坡、工作面、超挖的土方体积。 （2）计算道路、地坪工程量时，不扣除路面上的雨水井、给排水井、消火栓井等所占面积，道路由此增加的工料不另计，路面上各种井按照相应定额另行计算费用。 （3）道路基层、底层、面层按照图示尺寸以体积计算工程量。 （4）块料地坪、硬化地坪按照图示尺寸以面积计算工程量
12.5.2　面层	（1）混凝土浇筑、密实、抹光、养护； （2）沥青混凝土摊铺、找平、碾压、养护；配料拌合、分层铺装、找平、洒水、压实、养护； （3）放样、运料、摊平、夯实、铺块料地坪、灌缝、扫缝； （4）清理地坪、撒硬化剂、撒养护液	
12.5.3　路缘石	（1）放样、运料、开槽； （2）整平、安砌、勾缝；清理、养护	（1）路缘石、伸缩缝、切缝按照图示尺寸以延长米计算工程量。 （2）路面锯纹按照设计图示尺寸以 m² 为单位计算工程量
12.5.4　伸缩缝及其他	（1）放样、备料； （2）锯缝、上料灌缝； （3）搓浆、锯纹；清理、养护	
12.6　围墙、围墙大门	（1）钢结构围墙制作、除锈、刷防锈漆、购置，安装、校正、固定； （2）钢结构大门制作、除锈、刷防锈漆、购置，安装、校正、固定； （3）大门轨道安装	（1）钢围栅、铁丝网围栅、铁艺围栅按照设计图示外轮廓尺寸以 m² 为单位计算工程量。 （2）钢管框铁丝网大门、钢格栅大门按照设计图示外轮廓尺寸以 m² 为单位计算工程量。 （3）角铁柱铁刺网按照面积计算工程量。长度按照挂铁刺网围墙中心线长计算，扣除大门、边门及大门柱所占长度；高度从围墙顶计算至角钢柱顶。 （4）围墙电动伸缩门按照面积计算工程量。长度按照大门柱间净长计算

十四、脚手架工程

1. 脚手架工程定额使用说明

（1）本定额综合脚手架、单项脚手架按照钢管材质编制，执行定额时不得因脚手架材质而调整。

（2）脚手架定额中包括上料平台、斜道、上料口、防护栏杆、尼龙编织布等安装与拆除。

（3）综合脚手架定额适用于能够计算建筑体积的建筑物与构筑物工程。凡按照"电力工程建筑体积计算规则"能够计算建筑体积的建筑工程，均执行综合脚手架定额。不适用于执行综合脚手架定额的构筑物工程，执行单项脚手架相应定额。

（4）综合脚手架定额综合了施工过程中各分部分项工程应搭设脚手架的全部要素。除室内高度大于 3.6m 天棚吊顶、天棚抹灰应单独计算满堂脚手架外，执行综合脚手架定额的工程，不再计算其他单项脚手架。

（5）综合脚手架定额综合考虑了结构的层高因素，执行定额时不做调整。

（6）综合脚手架的建筑高度是指建筑物或构筑物的室外地坪至主体建筑屋面顶面高度。突出主体建筑屋顶的电梯间、楼梯间、水箱间、提物间、通风间等的建筑面积大于主体屋顶面积 1/3 时计算建筑高度，小于 1/3 时不计算建筑高度；突出屋顶的隔热架空层、天窗及支架、通风设备及支架、排气管、挡风架、装饰灯架、电气与通信设备的天线架或塔等不计算高度。建筑物、构筑物的建筑高度根据建筑特点分别确定：

——设有檐口板时，建筑高度计算至檐口板顶标高。

——设有挑檐时，建筑高度计算至挑檐反檐板顶标高。

——设有女儿墙时，建筑高度计算至女儿墙顶标高。

——坡屋面建筑，建筑高度计算至屋脊顶标高。

——前后檐高不同时，以高者为准。

——裙房建筑、高低跨联合建筑分别计算高度。

——墙板、幕墙封檐建筑，建筑高度计算至墙板、幕墙封檐顶标高。

——炉前通道的建筑高度计算至锅炉运转层顶标高。

——露天布置的锅炉房、半露天布置的锅炉房、紧身封闭布置的锅炉房，其建筑高度计算至锅炉运转层顶标高。

——炉后脱硝钢架不计算建筑高度。

（7）砌筑高度大于 1.2m 小于 3.6m 的围墙、挡土墙、防火墙、挡煤墙、柱、支架、支墩、突出室外地坪的室外独立设备基础、突出室外地坪的室外沟道、突出室外地坪的室外池井等执行里脚手架；砌筑高度大于 3.6m 的围墙、挡土墙、防火墙、挡煤墙、柱、支架等执行单排外脚手架。围墙、挡土墙、防火墙、挡煤墙等双面抹灰时，增加一面脚手架。

（8）浇制混凝土高度大于 1.2m 小于 3.6m 的围墙、挡土墙、防火墙、挡煤墙、柱、支架、突出室外地坪的室外独立设备基础、突出室外地坪的室外沟道、突出室外地坪的室外池井等执行单排外脚手架；浇制混凝土高度大于 3.6m 的围墙、挡土墙、防火墙、挡煤墙、柱、支架等执行双排外脚手架。围墙、挡土墙、防火墙、挡煤墙等双面抹灰时，增加一面脚手架。

（9）埋置深度大于 1.5m 小于 3m 的现浇混凝土结构室外沟道、室外设备基础、室外池井、变配电构支架基础、室外独立基础、室外条形基础、室外筏形基础等执行满堂脚手架；埋置深度大于 3m 时，执行双排外脚手架。

（10）埋置深度大于 1.5m 小于 3m 的砌体结构室外沟道、室外设备基础、室外池井、变配电构支架基础、室外独立基础、室外条形基础等执行满堂脚手架；埋置深度大于 3m 时，执行单排外脚手架。

（11）室内高度大于 3.6m 小于 5.2m 的天棚吊顶、天棚抹灰应计算满堂脚手架；室内高度大于 5.2m 时，天棚吊顶、天棚抹灰应计算满堂脚手架增加层。

（12）室外混凝土管道埋深大于 2m 时计算里脚手架。

2. 脚手架工程工作内容与工程量计算规则

脚手架工程工作内容和工程量计算规则如表 3-88 所示。

脚手架工程工作内容和工程量计算规则表　　　　　　　　　　　　　　　　表 3-88

工程项目	工作内容	工程量计算规则
13.1　综合脚手架	(1)场内外材料搬运、搭设、拆除； (2)斜道、上料平台搭拆； (3)施工期间加固、维修； (4)脚手杆堆放、绑扎、场内运输	综合脚手架按照建筑物、构筑物的建筑体积以 m³ 为单位计算工程量。建筑体积计算规则执行本定额附录 B"电力工程建筑体积计算规则"
13.2　单项脚手架	(1)场内外材料搬运、搭设、拆除； (2)斜道、上料平台搭拆； (3)施工期间加固、维修； (4)脚手杆堆放、绑扎、场内运输	单项脚手架工程量计算： (1)单项脚手架按照面积以 m² 为单位计算工程量。 (2)外脚手架、里脚手架按照垂直投影面积计算工程量，其高度从室外地坪计算至构筑物顶。 (3)独立柱或支架按照柱断面外围周长加 3.6m 乘以柱高计算工程量。 (4)天棚吊顶、天棚抹灰搭拆满堂脚手架按照室内地面面积计算工程量，不扣除踢脚板、墙垛、柱、隔断墙所占的面积。 (5)基础、沟道、池井等搭拆满堂脚手架按照基础或底板水平投影面积 1/2 计算工程量。 (6)深基础、沟道、池井等搭拆双排外脚手架按照基础或底板周长乘以埋深计算工程量。 (7)天棚吊顶高度大于 3.6m 小于 5.2m 时搭拆满堂脚手架基本层，高度超过 5.2m 时每增加 1.2m 计算一个增加层，增加高度在 0.6m 以内不计算增加层，增加高度大于 0.6m 计算一个增加层。 (8)围墙脚手架的高度按照场地平整标高计算至围墙顶，长度按照围墙中心线长度计算，不扣除大门与边门面积，墙柱和独立门柱的脚手架不单独计算。围墙上安装的铁刺网不计算高度。 (9)室外混凝土管道安装搭拆脚手架按照面积计算工程量。高度从管道底标高计算至场地平整标高；长度按照管道中心线计算，扣除各种井所占长度。 (10)挑脚手架，按照实际搭设长度以延长米为单位计算工程量。 (11)悬空脚手架，按照其水平投影面积以 m² 为单位计算工程量。 (12)沉井搭拆外脚手架按照其外围周长乘以高度以 m² 为单位计算工程量

十五、垂直运输及超高工程

1. 垂直运输及超高工程定额使用说明

（1）垂直运输的工作内容包括单位工程在合理工期内完成垂直运输采取的全部施工措施。垂直运输机械布置及采取的措施在定额中已经综合考虑，工程实际与其不同时，不做调整。

（2）超高费包括由于建筑高度的增加产生的人工与机械降效费、垂直运输影响费、超高增加施工措施费等工作内容。

（3）能够计算建筑体积的单位工程建筑垂直运输费用，根据建筑结构和建筑高度以建筑体积为计量单位计算其费用；不能够计算建筑体积的单位工程建筑垂直运输费用，根据建筑结构和建筑高度以构筑物实体工程量为计量单位计算其费用。

（4）建筑高度的计算规则同脚手架工程中的建筑高度计算规则。

（5）建筑高度在 3.6m 以内的工程不计算垂直运输费用。

（6）同一建筑多种结构，按照不同结构分别计算建筑体积。

（7）同一建筑高度不同，按照不同高度分别计算建筑体积。

（8）建筑高度在 20m 以上的工程计算超高费。

（9）超高费以单位工程定额人工费、机械费为基数采用费率方式计算。人工费、机械费包括零米以下工程、脚手架工程、垂直运输工程、水平运输工程中的人工费与机械费，超高费费率见表 3-89。增加的超高费用构成相应工程的人工工日与机械台班消耗。

超高费费率表　　　　　　　　　　　单位：%　**表 3-89**

项目	建筑高度							
	30m 以内	40m 以内	50m 以内	60m 以内	70m 以内	80m 以内	90m 以内	100m 以内
人工增加费	2.33	4.2	6.3	9.33	12.5	15.75	19.05	24.64
机械增加费	1.67	3	4.5	6.67	8.93	11.25	13.61	17.6

2. 垂直运输及超高工程工作内容与工程量计算规则

垂直运输及超高工程工作内容和工程量计算规则如表 3-90 所示。

垂直运输及超高工程工作内容和工程量计算规则表　　　**表 3-90**

工程项目	工作内容	工程量计算规则
14.1　混合结构	人员、工具、材料垂直运输；通信联络	（1）垂直运输按照建筑物、构筑物的建筑体积以 m³ 为单位计算工程量。建筑体积计算规则执行本定额附录 B "电力工程建筑体积计算规则"。
14.2　排架结构	人员、工具、材料垂直运输；通信联系	（2）不能够计算建筑体积的构筑物按照构筑物实体工程量计算垂直运输工程量。实体工程量计算规则执行相应章节工程量计算规则。
14.3　框架结构	人员、工具、材料垂直运输；通信联系	（3）深度大于 4m 沟道、池井垂直运输工程量按照其结构外围轮廓体积计算。集水坑、人孔计算轮廓体积并入工程量内；垫层、外护壁、覆盖层不计算工程量。
14.4　钢结构	人员、工具、材料垂直运输；通信联系	
14.5　混凝土构筑物	工具、材料垂直运输；通信联系	（4）输煤与除灰栈桥、烟道、天桥根据其结构设计，分别计算支架工程量与建筑体积工程量
14.6　单体建筑	工具、材料垂直运输；通信联系	

十六、给水与排水工程

1. 给水与排水工程定额使用说明

本章定额适用于建筑物室内外管道、管道支架、法兰、套管、伸缩器、阀门、水表及卫生洁具等安装工程。

（1）室内外管道、管道支架、法兰、伸缩器安装

（2）本部分定额适用于室内外生活给水、生活排水、雨水、采暖管道以及配套的法

兰、套管、伸缩器等安装工程。

（3）界线划分。

1）给水管道

—室内外管道以建筑物外墙外 1m 分界，管道进建筑物入口处设有阀门者以阀门分界。

—与外接工业水源管道以水表井分界。无水表井者，以与外接工业水源管道接头点分界。

2）排水管道

—室内外管道以出建筑物第一个排水检查井分界。

—室外管道与外接工业管道以污水流量计分界。无污水流量计者，以与外接工业管道接头点分界。

3）采暖管道

—室内外管道以管道进建筑物入口阀门分界。无入口阀门者，以建筑物外墙外 1m 分界。

—与工业管道以锅炉房或换热泵站外墙外 1m 分界。

—车间内采暖管道以采暖系统与供热管道接头点分界。

① 管道安装定额包括以下工作内容：

·管道及管件制作或购置、安装。

·水压试验。

·室内 DN32 以内钢管管卡及托钩制作与安装。

·铸铁排水管、雨水管及塑料排水管的管卡、检查口、托吊支架、臭气帽、雨水漏斗制作或购置、安装。

·镀锌铁皮套管安装。

② 管道安装定额不包括以下内容：

·室内外管沟土方挖填及铺设管道基础。

·法兰、阀门及伸缩器的制作或购置与安装。

·DN32 以上钢管支架的制作或购置与安装。

·镀锌铁皮套管的制作或购置。

4）阀门安装

a. 螺纹阀门安装定额适用于各种内外螺纹连接的阀门安装工程。

b. 法兰阀门安装定额适用于各种法兰连接的阀门安装工程。工程为一侧法兰连接时，定额中的法兰、带帽螺栓及垫圈用量减半，其余不变。

c. 连接法兰的垫片按照石棉橡胶板考虑。工程采用其他材料时，定额不做调整。

d. 自动排气阀安装定额中包括了其支架制作与安装工作内容。

5）卫生器具

a. 卫生器具安装定额参照《全国通用给水排水标准图集》中有关标准编制，执行定额时，除另有说明外，均不做调整。

b. 成组安装的卫生器具定额中，包括了给水、排水管道连接的人工和材料费用。

c. 洗脸盆、洗手盆、洗涤盆安装定额适用于各种不同型号与规格的盆类安装工程。

（4）其他

1）安装管道间、管廊内的管道、阀门、法兰、支架时，按照相应定额的人工工日数乘以 1.3 系数。

2）执行定额时，主体结构为全框架的工程，人工工日数乘以 1.05 系数；主体结构为内框架的工程，人工工日数乘以 1.03 系数。

3）给水、排水工程不计算调试费。

（5）本章定额中包括被安装的主要材料、阀门、法兰、器具等材料费，不包括电热水器、电开水炉、太阳能热水器、烘手机、饮水机等设备费。

2. 给水与排水工程工作内容与工程量计算规则

给水与排水工程工作内容和工程量计算规则如表 3-91 所示。

给水与排水工程工作内容和工程量计算规则表 表 3-91

工程项目	工作内容	工程量计算规则
15.1 室外管道		
15.1.1 镀锌钢管—螺纹连接	切管、套丝、安装零件、调直、管道安装、水压试验	
15.1.2 焊接钢管—螺纹连接	切管、套丝、安装零件、调直、管道安装、水压试验	
15.1.3 钢管—焊接	切管、坡口、调直、煨弯、对口、焊接、管道及管件安装、水压试验	
15.1.4 UPVC塑料管—粘接连接	切管、调直、对口粘接、管道及管件安装、水压试验	各种管道均按照设计图示尺寸中心线长度以m为单位计算工程量，不扣除阀门、管件、减压器、疏水器、水表、伸缩器等所占长度
15.1.5 UPVC塑料管—热熔连接	切管、调直、热熔管件、管道安装、水压试验	
15.1.6 UPVC塑料管—承插连接	切管、管道及管件安装、调制接口材料、接口养护、水压试验	
15.1.7 承插铸铁管—胶圈连接	切管、安装胶圈、接口、管道安装、水压试验	
15.1.8 承插铸铁管—石棉水泥接口	切管、管道及管件安装、调制接口材料、接口养护、水压试验	
15.2 室内管道		
15.2.1 镀锌钢管—螺纹接口	(1)配合土建预留孔洞、打孔、堵眼； (2)测量划线、切管、套丝、安装零件、调直； (3)安装钩卡、安装管道、安装管件；水压试验	各种管道均按照设计图示尺寸中心线长度以m为单位计算工程量，不扣除阀门、管件、减压器、疏水器、水表、伸缩器等所占长度
15.2.2 焊接钢管—螺纹接口	(1)配合土建预留孔洞、打孔、堵眼； (2)测量划线、切管、套丝、安装零件、调直； (3)安装钩卡、安装管道、安装管件；水压试验	

工程项目	工作内容	工程量计算规则
15.2.3　钢管—焊接	(1)配合土建预留孔洞、打孔、堵眼； (2)测量划线、切管、坡口、调直、煨弯、对口、焊接； (3)安装钩卡、安装管道、安装管件； (4)水压试验	
15.2.4　UPVC塑料管—粘结连接	(1)配合土建预留孔洞、打孔、堵眼； (2)测量划线、切管、管口清理、粘接； (3)安装钩卡、安装管道、安装管件； (4)水压试验	
15.2.5　UPVC塑料管—热熔连接	(1)配合土建预留孔洞、打孔、堵眼； (2)测量划线、切管、管口清理、管件管道热熔连接； (3)安装钩卡、安装管道、安装管件； (4)水压试验	
15.2.6　铝塑复合管—暗装连接	(1)配合土建预留孔洞、打孔、堵眼； (2)测量划线、切管、管口清理、安装钩卡、管件管道安装、水压试验	各种管道均按照设计图示尺寸中心线长度以m为单位计算工程量，不扣除阀门、管件、减压器、疏水器、水表、伸缩器等所占长度
15.2.7　铜给水管—螺纹连接	(1)配合土建预留孔洞、打孔、堵眼； (2)测量划线、切管、套丝、安装零件； (3)安装钩卡、安装管道、安装管件； (4)水压试验	
15.2.8　铜管给水管—氧乙炔焊连接	(1)配合土建预留孔洞、打孔、堵眼； (2)测量划线、切管、坡口磨平、管口组对、焊前预热、焊接； (3)安装钩卡、安装管道、安装管件；水压试验	
15.2.9　不锈钢给水管—螺纹连接	(1)配合土建预留孔洞、打孔、堵眼； (2)测量划线、切管、调直、套丝； (3)管件连接、管道安装； (4)水压试验	
15.2.10　不锈钢给水管—电弧焊连接	(1)配合土建预留孔洞、打孔、堵眼； (2)测量划线、切管、坡口磨平、管口组对、焊前预热、焊接； (3)管件连接、管道安装； (4)水压实验	
15.2.11　镀锌铁皮套管制作	测量划线、下料、卷制、咬口	镀锌铁皮套管制作以个为单位计算工程量
15.2.12　管道支架制作安装	测量划线、切断、调直、煨制、钻孔、组对、焊接；打孔、安装、堵眼	支架制作与安装按照设计成品重量以千克为单位计算工程量，计算支架生根部分、连接件、螺栓重量
15.3　法兰安装	切口、坡口、焊接；加垫、安装组对、紧螺栓；水压试验	法兰按照设计图示个数计算工程量，不计算随设备、卫生器具成套供货安装的法兰数量

工程项目	工作内容	工程量计算规则
15.4 伸缩器制作安装		
15.4.1 螺纹连接套筒伸缩器安装	切管、套丝、检修盘根;加垫、安装;水压试验	伸缩器制作与安装以个为单位计算工程量。方形伸缩器的两臂,按照臂长的两倍计算工程量,合并在管道长度内
15.4.2 焊接法兰式套筒伸缩器安装	切管、检修盘根、对口、焊接法兰;加垫、安装;水压试验	
15.4.3 方形伸缩器制作安装	测量划线、制作堵头、加热、煨制;组装、焊接、张拉、安装;水压试验	
15.5 管道消毒、冲洗	溶解漂白粉、装水、消毒、冲洗	管道消毒、冲洗、水压试验按照管道长度以m为单位计算工程量,不扣除阀门、管件、减压器、疏水器、水表、伸缩器等所占长度
15.6 阀门安装		
15.6.1 螺纹阀	切管、套丝、制垫、加垫、安装阀门、水压试验	
15.6.2 螺纹法兰阀	切管、套丝、安装法兰、制垫、加垫、紧螺栓、水压试验	
15.6.3 焊接法兰阀	切管、套丝、安装法兰、制垫、加垫、紧螺栓、水压试验	阀门按照设计图示个数计算工程量,不计算随设备、卫生器具成套供货安装的阀门数量
15.6.4 手动放风阀、自动排气阀	支架制作安装、套丝、丝堵改丝、安装、水压试验	
15.6.5 液压式法兰水位控制阀	切管、挖眼、焊接、制垫、加垫、固定、安装、水压试验	
15.7 水表安装	切管、套丝、制垫、加垫、水压试验	水表按照设计图示个数计算工程量,不计算随设备、卫生器具成套供货安装的水表数量
15.8 压力表、温度计安装	清理、安装、固定、挂牌	减压器、疏水器按照设计图示个数计算工程量,不计算随设备、卫生器具成套供货安装的减压器、疏水器数量

续表

工程项目	工作内容	工程量计算规则
15.9 卫生洁具安装		
15.9.1 洗脸盆安装	埋木楔、切管、套丝、安装附件、盆及托架安装、上下水管连接、试水	卫生器具安装以组为单位计算工程量
15.9.2 洗涤盆安装	埋螺栓、切管、套丝、安装零件、器具安装、托架安装、上下水管连接、试水	
15.9.3 化验盆安装	切管、套丝、安装零件、托架器具安装、上下水管连接、试水	
15.9.4 淋浴器组合安装	留堵洞眼、埋木楔、切管、套丝、淋浴器组成与安装、试水	
15.9.5 大便器安装	留堵洞眼、埋木楔、切管、套丝、大便器与水箱及附件安装、上下水管连接、试水	单位:套
15.9.6 小便器安装	埋木楔、切管、套丝、小便器安装、上下水管连接、试水	单位:组
15.9.7 普通水龙头安装	安装、试水	单位:个
15.9.8 感应水龙头安装	安装、试水	单位:个
15.10 地漏、扫除口安装		
15.10.1 不锈钢地漏安装	切管、套丝、安装、连接下水管道	单位:个
15.10.2 塑料地漏安装	切管、套丝、安装、连接下水管道	单位:个
15.10.3 不锈钢地面扫除孔安装	安装、连接下水管道、试水	单位:个
15.10.4 塑料地面扫除孔安装	安装、连接下水管道、试水	单位:组
15.11 热水器安装	就位、稳固、附件安装、水压试验	电热水器、电开水炉、太阳能热水器、烘手机、饮水机安装按照台计算工程量

十七、照明与接地工程

1. 照明与接地工程定额使用说明

本章定额适用于建筑物、构筑物 220V 及以下照明、插座、开关、低压用电设备及建筑物与构筑物防雷接地安装工程。

（1）配管、配线

1）配管定额未包括接线箱、盒及支架的制作与安装工作内容。

2）配线定额包括线路分支接头、灯具、开关、插座、按钮等预留线的工作内容。

（2）灯具安装

1）投光灯、碘钨灯、氙气灯、烟囱标志灯、冷却塔标志灯安装定额中，均已考虑了高空作业因素，其他灯具、低压用电设备安装高度超过 5m 时，按照文件说明计算超高安装增加费。

2）定额中包括利用摇表测量绝缘及一般灯具的试亮工作内容。

（3）吊风扇、壁扇、轴流排气扇按照设备考虑。

（4）照明配电箱、配电盘、配电柜按照设备考虑。

（5）照明系统计算调试费，每个照明回路调试的元器件配置与定额不同时不做调整。

（6）本章定额中包括被安装的主要材料、灯具、开关、插座、门铃、接地极、屏蔽网等材料费，不包括照明配电箱（盘、柜）、低压用电设备等设备费。

（7）接地极安装与接地母线敷设定额不包括采用爆破法施工、接地电阻率高的土质换土。

（8）避雷针制作、安装定额不包括避雷针底座及埋件的制作与安装。工程实际发生时，应根据设计划分，分别执行相应定额。

（9）避雷针安装定额综合考虑了高空作业因素，执行定额时不做调整。避雷针安装在木杆和水泥杆上时，包括了其避雷引下线安装。

（10）独立避雷针安装包括避雷针塔架、避雷引下线安装，不包括基础浇筑。塔架制作执行金属构件制作相应定额。

（11）利用建筑结构钢筋作为接地引下线安装定额是按照每根柱子内焊接两根主筋考虑，当焊接主筋超过两根时，可按照比例调整定额安装费。防雷均压环是利用建筑物梁内主筋作为防雷接地连接线考虑的，每根梁内按焊接两根主筋，当焊接主筋数超过两根时，可按比例调整定额安装费。如果采用单独扁钢或圆钢明敷设作为均压环时，可执行接地母线敷设相应定额。

（12）利用铜绞线作为接地引下线时，其配管、穿铜绞线执行同规格的相应定额。

（13）高层建筑物屋顶防雷接地装置安装应执行避雷网安装定额。

（14）利用基础梁内两根主筋焊接连通作为接地母线时，执行均压环敷设定额。

（15）接地母线敷设定额是按照一般土质综合考虑的，包括地沟挖填土和夯实，执行定额时不再计算土方工程量。户外接地沟挖深为 0.75m，每米沟长土方量为 0.34m³。如设计要求埋设深度与定额不同时，应按照实际土方量调整。如遇有石方、矿渣、积水、障碍物等情况时应另行计算。

（16）利用建（构）筑物梁、柱、桩承台等接地时，不计算柱内主筋与梁、柱内主筋与桩承台跨接，其工作量已经综合在相应的项目中。

（17）接地系统调试费按照接地安装工程人工工日数10%计算，其中人工费占40%，材料费20%，机械费40%。

2. 照明与接地工程工作内容与工程量计算规则

照明与接地工程工作内容和工程量计算规则如表3-92所示。

照明与接地工程工作内容和工程量计算规则表　　　　表3-92

工程项目	工作内容	工程量计算规则
16.1　配管		
16.1.1　钢管明敷设—砖、混凝土结构	测位、划线、打眼、埋螺栓、锯管、套丝、煨弯、配管、接地、刷漆	配管根据不同敷设方式、敷设位置、管材材质及规格以延长米为单位计算工程量，不扣除管路定额中含量，不另行计算
16.1.2　钢管暗敷设—砖、混凝土结构	测位、划线、打眼、埋螺栓、锯管、套丝、煨弯、配管、接地、刷漆	
16.1.3　钢管敷设—钢结构、支架	测位、划线、打眼、安装卡子、锯管、套丝、煨弯、配管、接地、刷漆	
16.1.4　UPVC塑料管明敷设—砖、混凝土结构	测位、划线、打眼、埋螺栓、锯管、煨弯、接管、配管	
16.1.5　UPVC塑料管暗敷设—砖、混凝土结构	测位、划线、打眼、埋螺栓、锯管、煨弯、接管、配管	
16.1.6　金属软管敷设	测量、断管、连接接头、钻眼、攻丝、固定	
16.1.7　混凝土地面刨沟	测位、划线、刨沟、清理、填补	
16.1.8　砖墙面刨沟	测位、划线、刨沟、清理、填补	
16.2　管内穿线		（1）管内穿线根据导线材质、截面以单线延长米为单位计算工程量。线路分支接头线的长度综合在定额中，不另行计算。 （2）进入配电箱、柜、盘、板的预留线长度，按照配电预留线计算表规定计算工程量，分别并入相应的工程量内。
16.2.1　铝芯导线	穿引线、扫管、涂滑石粉、穿线、编号、接焊包头	
16.2.2　铜芯导线	穿引线、扫管、涂滑石粉、穿线、编号、接焊包头	
16.2.3　开关盒、接线盒安装	测位、固定、修孔	

配电预留线计算表

序号	项目	预留长度	说明
1	各种开关箱、柜、板	高＋宽	盘面尺寸
2	单独安装（无箱、盘）的铁壳、闸刀开关等	1.3m	以安装对象中心算起
3	电源与配管内导线连接（管内穿线与软、硬母线接头）	1.5m	以管口计算
4	出户线	1.5m	以管口计算

工程项目	工作内容	工程量计算规则
16.3 照明电缆 敷设	开箱检查、架线盒、敷设、锯断、排列整理、固定、配合试验、临时封头、挂牌	
16.4 灯具安装		灯具、明开关、暗开关、插座、按钮、低压用电设备的预留线长度,已分别综合在相应定额内,不另行计算
16.4.1 普通灯具	测位、划线、打眼、埋螺栓、安装木台;灯具安装、接线、接焊包头	普通灯具安装根据灯具的种类、型号、规格以套为单位计算工程量
16.4.2 荧光灯具	测位、划线、打眼、埋螺栓、安装木台;吊链或吊管加工、灯具安装、接线、接焊包头	荧光灯具安装根据灯具的种类、型号、规格以套为单位计算工程量
16.4.3 其他灯具	测位、划线、打眼、埋螺栓、安装木台;吊管加工、灯具安装、接线、接焊包头	工厂灯、防水防尘灯及其他灯具安装根据不同的安装形式以套为单位计算工程量
16.4.4 烟囱、水塔、独立塔架标志灯	测位、划线、打眼、埋螺栓;灯具安装、接线、接焊包头	烟囱、冷却塔、独立式塔架等标志灯安装根据不同的安装形式以套为单位计算工程量
16.4.5 密闭灯具	测位、划线、打眼、埋螺栓、安装底台、支架安装;灯具安装、接线、接焊包头	单位:套
16.4.6 标志、诱导灯具	测位、划线、打眼、埋螺栓、支架安装;灯具安装、接线、接焊包头	单位:套
16.4.7 地道、隧道灯具	测位、划线、打眼、埋螺栓、支架安装;灯具安装、接线、接焊包头	单位:套
16.5 开关、插座安装		
16.5.1 开关安装	测位、划线、打眼、缠埋螺栓、清扫盒子、安装木台;安装开关和按钮、接线、装盖	开关安装根据安装形式、种类、极数以及单控与双控标准以套为单位计算工程量
16.5.2 插座安装	测位、划线、打眼、缠埋螺栓、清扫盒子、安装木台;安装插座、接线、装盖	插座安装根据电源相数、额定电流、插座安装形式、插座孔数以套为单位计算工程量
16.6 风扇、门铃安装		
16.6.1 风扇安装	测位、划线、打眼、固定吊钩;安装调速开关、接焊包头、接地	风扇安装根据风扇种类以套为单位计算工程量
16.6.2 门铃安装	测位、划线、打眼、安装门铃	单位:个
16.7 照明配电盘、箱、柜安装	开箱、检查、安装、校线、接线、接地	照明系统调试费按照单位工程计算,每个单位工程计算一个系统工程量火力发电厂每台机组的主厂房按照汽机房、除氧间、煤仓间、锅炉房四个系统计算照明调试费
16.8 防雷接地		

工程项目	工作内容	工程量计算规则
16.8.1 接地极（板）制作安装	下料、尖端及加固帽加工、油漆、接地极打入地下及埋设	接地极制作安装根据材质与土质,按照设计图示安装数量以根为计量单位计算工程量
16.8.2 接地母线敷设	挖地沟、接地线平直、下料、测位、打眼、埋卡子、煨弯、敷设、焊接、回填土夯实、刷漆	均压环敷设长度按照设计需要作为均压接地梁的中心线长度以延长米为计量单位计算工程量
16.8.3 接地跨接线	下料、钻孔、煨弯、固定、刷漆	接地跨接线安装根据跨接线位置,结合规程规定,按照设计图示跨接数量以处为计量单位计算工程量。户外配电装置构架按照设计要求接地时,每组构架计算一处;钢窗、铝合金窗按照设计要求接地时,每一樘金属窗计算一处
16.8.4 避雷针制作	下料、针尖针体加工、挂钩、校正、组焊、刷漆等（不包括底座加工）	避雷针制作根据材质及针长,按照设计图示安装成品数量以根为单位计算工程量
16.8.5 避雷针安装—装在烟囱、水塔上	预埋铁件、螺栓或支架、安装固定、补漆	避雷针安装根据安装地点及针长,按照设计图示安装成品数量以根为计量单位计算工程量
16.8.6 避雷针安装—装在建筑物、构筑物上	预埋铁件、螺栓或支架、安装固定、补漆	
16.8.7 独立避雷针塔针安装	组装、焊接、吊装、找正、固定、补漆	独立避雷针安装根据安装高度,按照设计图示安装成品数量以基为计量单位计算工程量
16.8.8 装在构支架、独立支柱、独立墙上	预埋铁件、螺栓或支架、安装固定、补漆	单位:根
16.8.9 避雷引下线敷设	平直、下料、测位、打眼、埋卡子、焊接、固定、刷漆	避雷引下线敷设根据引下线采取的方式,按照设计图示敷设数量以m为计量单位计算工程量
16.8.10 避雷带、网安装	平直、下料、测位、打眼、埋卡子、支架制作安装、焊接、固定、刷漆	避雷网、接地母线敷设按照设计图示敷设数量以延长米为计量单位计算工程量。计算长度时,按照设计图示水平和垂直规定长度3.9%计算附加长度(包括转弯、上下波度、避绕障碍物、搭接头等长度),当设计有规定时,按照设计规定计算
16.8.11 屏蔽接地	场内转运、开箱清点检查、接触面处理;接地线制作、安装、铜条安装;镀锌钢丝网固定,工作面清理	屏蔽接地按照设计屏蔽区域,以面积计量单位计算工程量。交叉、接头重复部分不计算工程量,墙、柱、地面、梁、门窗洞口均按照展开面积计算工程量
16.9 照明供电系统调试	自动开关、断路器、隔离开关、常规保护装置、电测量仪表调试;电线回路系统、灯具、插座调试	单位:系统

十八、消防工程

1. 消防工程定额使用说明

本章定额适用于厂（站）区及建筑室内消防安装工程，包括水灭火系统、气体灭火系统、泡沫灭火系统、火灾自动报警系统。

（1）水灭火系统

本部分定额适用于厂（站）区及建筑室内设置的自动喷水灭火系统的管道、各种组件、消火栓、水泵接合器、气压水罐安装及管道支吊架制作、安装工程。

1）界限划分。

① 室内外管道以建筑物外墙外边线外 1m 分界，管道进建筑物入口处设有阀门者以阀门分界。

② 设在高层建筑内的消防泵间管道与水灭火系统界线以泵间外墙分界。

2）管道安装工作内容：

① 一次性水压试验。

② 镀锌钢管法兰连接中管件按照成品考虑。定额包括直管、管件、法兰等安装，但管件、法兰的主材费应按照设计规定另行计算。

③ 管道的材质为镀锌无缝钢管。

喷头、湿式报警装置及水流指示器安装定额均按照管网系统试压、冲洗合格后安装考虑，定额中包括丝堵、临时短管安装、拆除及其摊销等工作内容。

温感式水幕装置安装定额中包括给水三通至碰头、阀门间的管道、管件、阀门、喷头等安装内容。但管道和喷头的主材费用按照设计规定加损耗单独计算。

消火栓安装定额按照成套安装考虑，包括消火栓、消火水龙带、消火栓箱、消火栓水枪等。安装组合卷盘式室内消火栓时，执行室内消火栓安装定额乘以 1.2 系数。

隔膜式气压水罐安装定额按照设备带有地脚螺栓考虑，二次灌浆费用另行计算。

管道支吊架制作与安装定额综合考虑了支架、吊架及防晃支架等不同结构形式的支吊架。

管网冲洗定额按照水冲洗考虑，工程采用水压气动冲洗时，可按照批准的施工方案另行计算。定额只适用于自动喷水灭火系统工程。

3）本部分定额不包括以下内容：

① 阀门、法兰安装；各种套管的制作安装。

② 消火栓管道、室外给水管道安装及水箱制作安装。

③ 各种消防泵、稳压泵安装及设备基础二次灌浆。

④ 各种仪表安装及带电讯号阀门、水流指示器、压力开关的接线、校线。

⑤ 各种设备支架的制作与安装。

⑥ 管道、设备、支架、法兰焊口的除锈与刷油漆。

4）其他

① 安装管道间、管廊内的管道、阀门、法兰、支架时，按照相应定额的人工工日数乘以 1.3 系数。

② 执行定额时，主体结构为全框架的工程，人工工日数乘以 1.05 系数；主体结构为内框架的工程，人工工日数乘以 1.03 系数。

（2）气体灭火系统

本部分定额适用于厂（站）区建筑室内设置的二氧化碳灭火系统、卤代烷 1211 灭火系统和卤代烷 1301 灭火系统中的管道、管件、系统组件等安装工程。

1）无缝钢管、钢制管件、选择阀安装及系统组件试验定额适用于卤代烷 1211 和 1301 灭火系统工程。工程采用二氧化碳灭火系统时，执行卤代烷灭火系统相应定额乘以 1.20 系数。

2）管道及管件的安装。

① 螺纹连接的不锈钢管、铜管及管件安装，按照无缝钢管和钢制管件安装相应定额乘以 1.20 系数。

② 无缝钢管螺纹连接定额中不包括钢制管件安装内容，按照设计标准执行相应的钢制管件安装定额。

③ 无缝钢管法兰连接定额中管件按照成品考虑，弯头两端按照短管焊接法兰考虑。定额中包括直管、管件、法兰等安装工作内容，但管件、法兰的主材费按照设计规定另行计算。

④ 无缝钢管和钢制管件均不含镀锌费，发生时按照相应定额另行计算。

3）喷头安装定额中包括管件安装及配合水压试验安装拆除丝堵的工作内容。

4）贮存装置安装定额中包括灭火剂贮存容器和驱动气瓶的固定支架与框架安装、系统组件（集流管、容器阀、气液单向阀、高压软管）、安全阀等贮存装置和阀驱动装置的安装及氮气增压等工作内容。二氧化碳贮存装置安装不须增压，执行定额时扣除高纯氮气费用，其余不变。

5）二氧化碳称重检漏装置安装定额包括泄露报警开关、配重及支架等安装工作内容。

6）气体灭火系统调试试验时采取的安全措施，应根据批准的施工组织设计规定另行计算费用。

7）本部分定额不包括以下工作内容：

① 管道支吊架的制作与安装。

② 不锈钢管、铜管及管件的焊接或法兰连接。

③ 管道及支吊架的除锈与刷油漆。

④ 电磁驱动器与泄露报警开关的电气接线、校线。

（3）泡沫灭火系统

本部分定额适用于高、中、低倍数固定式或半固定式泡沫灭火系统发生器及泡沫比例混合器安装工程。

1）泡沫发生器及泡沫比例混合器安装定额中包括整体安装、焊法兰、单体调试及配合管道试压时隔离本体等工作内容。但不包括支架制作与安装、设备基础二次灌浆的工作内容。地脚螺栓按照本体自带考虑。

2）本部分定额不包括以下工作内容：

① 泡沫灭火系统的管道、管件、法兰、阀门、管道支架等安装及管道系统水冲洗等。

② 泡沫喷淋系统的管道、组件、气压水罐、管道支架等安装及管道系统水冲洗等。

③ 消防泵等机械设备安装及二次灌浆。

④ 泡沫液贮罐安装、设备支架制作与安装。

⑤ 油罐上安装的泡沫发生器及化学泡沫室。

⑥ 除锈、刷油漆、绝热。

⑦ 泡沫液充装。

（4）火灾自动报警系统

本部分定额适用于探测器、模块（接口）、报警控制器、联动控制器、报警联动一体机、重复显示器、报警装置、远程控制器、火灾事故广播、消防通信、报警备用电源等安装工程。

1）本部分定额包括以下工作内容：设备和元件的搬运、开箱、检查、清点、杂物回收、安装就位、接地、密封箱、机内校线与接线、挂锡、编码、测试、本体调试、清洗、记录整理等。

2）本部分定额不包括以下工作内容：

① 设备支架、底座、基础的制作与安装。

② 构件加工、制作。

③ 电机检查、接地及调试。

④ 事故照明及疏散指示控制装置安装。

⑤ GRT 彩色显示器安装。

3）消防系统调试费按照消防安装工程人工工日数18％计算，其中人工费55％，材料费20％，机械费25％。

4）本章定额中包括被安装的主要材料、水灭火装置（消火栓、水泵接合器、自动喷淋水管网）、气体灭火管道、系统组件（喷头、阀门）、消防线缆、消防线缆桥架等材料费，不包括隔膜式气压水罐、气体贮存装置、二氧化碳称重捡漏装置、泡沫发生器、比例混合器、火灾探测装置、模块（接口）、火灾报警装置、消防广播、消防交换机、消防备用电源等设备费。

2. 消防工程工作内容与工程量计算规则

消防工程工作内容和工程量计算规则如表3-93所示。

消防工程工作内容和工程量计算规则表　　　　表 3-93

工程项目	工作内容	工程量计算规则
17.1　水灭火系统安装	(1)管道安装； (2)系统组件安装； (3)其他组件安装； (4)消火栓安装； (5)消防水泵接合器安装； (6)隔膜式气压水罐安装； (7)管道支吊架制作、安装； (8)自动喷水灭火系统管网水冲洗	(1)钢制管件按照设计用量计算工程量。 (2)水灭火系统管道按照设计管道中心线长度以 m 为单位计算工程量，不扣除阀门、管件及各种组件所占长度
17.2　气体灭火系统安装	(1)管道安装； (2)管件安装； (3)系统组件安装； (4)二氧化碳称重捡漏装置安装； (5)系统组件试验； (6)气体灭火系统装置调试	(1)钢制管件按照设计用量计算工程量。 (2)气体灭火系统管道按照设计管道中心线长度以 m 为单位计算工程量，不扣除阀门、管件及各种组件所占长度

工程项目	工作内容	工程量计算规则
17.3　泡沫灭火系统安装	(1)泡沫发生器安装; (2)比例混合器安装	泡沫发生器按照不同型号以台为单位计算工程量,法兰按照设计规定另行计算工程量
17.4　火灾自动报警系统安装	(1)点型探测器安装; (2)线型探测器安装; (3)模块(接口)安装; (4)报警控制器安装; (5)联动控制器安装; (6)报警联动一体机安装; (7)重复显示器安装; (8)报警装置安装; (9)远程控制器安装; (10)火灾事故广播安装; (11)消防通信、报警备用电源安装	(1)点型探测器按照线制的不同分为多线制与总线制两种,不分规格、型号、安装方式与位置以只为单位计算工程量。定额中包括了探头和底座的安装及本体调试。 (2)红外光束探测器以对为单位计算工程量。红外光束探测器是成对使用,在计算工程量时两只为一对。定额中包括了探头支架安装和探测器的调试、对中。 (3)火焰探测器、可燃气体探测器按照线制的不同分为多线制与总线制两种,不分规格、型号、安装方式与位置以只为单位计算工程量。 (4)线型探测器不分线制及保护形式以 m 为单位计算工程量。 (5)模块(接口)是指仅能起控制作用的模块(接口),亦称为中继器。依据其给出控制信号的数量,分为单输出和多输出两种形式,不分安装方式按照输出数量以只为单位计算工程量。 (6)报警控制器、联动控制器、报警联动一体机按照线制的不同分为多线制与总线制两种,按照点数的不同以台为单位计算工程量。 (7)重复显示器(楼层显示器)不分规格、型号、安装方式,按照线制划分以台为单位计算工程量。 (8)报警装置以只为单位计算工程量。 (9)远程控制器按照其控制回路数以台为单位计算工程量
17.5　消防电线、电缆敷设	(1)钢管敷设; (2)电力线缆敷设; (3)控制线缆敷设; (4)通信线缆敷设; (5)消防线缆桥架、支架制作安装	消防线缆桥架分材质按照设计长度以 m 为单位计算工程量。消防线缆支架、托架、吊架按照设计重量以 kg 为单位计算工程量

十九、除尘工程

1. 除尘工程定额使用说明

(1) 本章定额适用于建筑物、构筑物除尘装置安装工程。

(2) 本定额包括设备附件、底座螺栓孔检查;包括吊装、找平、找正、灌浆、螺栓固定、装爬梯、单体调试等工作内容。

(3) 定额中不包括安装除尘装置时需要配备的地脚螺栓费用,工程需要时另行计算。

(4) 除尘系统不计算系统调试费。

2. 除尘工程工作内容与工程量计算规则

除尘工程工作内容和工程量计算规则如表 3-94 所示。

除尘工程工作内容和工程量计算规则表　　　　　　　　　　表 3-94

工程项目	工作内容	工程量计算规则
18.1 除尘装置安装	开箱检查、吊装、找平、找正、灌浆、螺栓固定	除尘装置按照设备重量以台为单位计算工程量

二十、通风与空调工程

1. 通风与空调工程定额使用说明

本章定额适用于厂（站）区及建筑室内设置的通风空调设备安装、风管与风口等部件的制作安装工程。

（1）薄钢板通风管制作与安装

1）通风系统设计采用渐缩管均匀送风者，圆形风管按照平均直径、矩形风管按照平均周长执行相应定额，其人工工日数乘以 2.5 系数。

2）工程设计风管板材与镀锌薄钢板风管定额中的板材不同时，材料可以换算，其他不变。

3）风管导流叶片不分单叶片和香蕉形双叶片均执行同一定额。

4）工程制作空气幕送风时，按照矩形风管平均周长执行相应风管定额，其人工工日数乘以 3.0 系数，其他不变。

5）薄钢板通风管道制作与安装定额中，包括弯头、三通、变径管、天圆地方等管件及法兰、加固框和吊托支架的制作工作内容。不包括跨越风管落地支架制作与安装，应执行设备支架相应定额。

6）工程设计的薄钢板风管板材厚度与定额不同时，材料可以换算，其他不变。

7）定额中软管接头帆布材质，工程设计与定额不同时，材料可以换算，其他不变。

8）柔性软风管定额适用于由金属、涂塑化纤织物、聚酯、聚乙烯、聚氯乙烯薄膜、铝箔等材料制成的软风管安装工程。

（2）通风空调设备安装

1）通风机安装定额子目包括电动机安装工作内容。

2）设备安装定额中不包括螺栓费用，螺栓按照设备本体自带考虑。

3）风机盘管的配管执行给水与排水工程相应定额。

（3）不锈钢板通风管道及部件制作与安装

1）矩形风管执行本节圆形风管相应定额子目。

2）定额中风管按照电焊施工考虑，工程使用手工氩弧焊时，其相应定额人工工日数乘以 1.238 系数，材料消耗量乘以 1.163 系数，机械台班用量乘以 1.673 系数。

3）风管制作安装定额中包括管件制作与安装，不包括风口、法兰、吊托支架制作与安装，应单独执行相应定额。

4）工程设计的不锈钢板风管材厚度与定额不同时，材料可以换算，其他不变。

（4）玻璃钢通风管道及部件安装

1）玻璃钢通风管道安装定额中，包括弯头、三通、变径管、天圆地方等管件的安装及法兰、加固框和吊托架的制作安装等工作内容，不包括跨越风管落地支架制作与安装，应执行设备支架相应定额。

2）定额未考虑预埋铁件的工作内容，工程设计采用膨胀螺栓安装吊托支架时，膨胀螺栓费用可以调整，其他不变。

（5）复合型风管制作安装

1）定额中风管规格直径为内径，周长为内周长。

2）风管制作安装定额中包括管件、法兰、加固框、吊托支架的制作安装等工作内容。

（6）通风与空调系统的防腐、绝热

1）通风与空调系统的防腐、绝热工程执行相应定额子目。

2）薄钢板风管仅外或内单面刷油漆时，相应定额乘以 1.2 系数；内外双面刷油漆时，相应定额乘以 1.1 系数。风道上的法兰、加固框、吊托支架等不单独计算刷油漆费用。

3）薄钢板部件刷油漆执行金属结构刷油漆定额乘以 1.15 系数。

4）不包括在风管工程量内而单独计算的各种支架执行金属结构刷油漆定额。

5）薄钢板风管、部件及单独计算的支架，其除锈不分锈蚀程度，一律按照其第一遍刷油漆的工程量执行除轻锈相应定额子目。

（7）其他

1）定额中人工、材料、机械凡未按照制作和安装分别列出的，其制作与安装费的比例可按照下表 3-95 划分。

制作与安装费用比例表 表3-95

序号	项 目	制作占(%)			安装占(%)		
		人工	材料	机械	人工	材料	机械
1	薄钢板通风管道制作安装	60	95	95	40	5	5
2	风帽制作安装	75	80	99	25	20	1
3	空调部件及设备支架制作安装	86	98	95	14	2	5
4	不锈钢板通风管道及部件制作安装	72	95	95	28	5	5
5	复合型风管制作安装	60		99	40	100	1

2）通风、空调系统调试费按照通风、空调安装工程人工工日数 13% 计算，其中人工费 55%，材料费 20%，机械费 25%。

（8）本章定额包括被安装的风道、风管、风阀、风口、风帽、支吊架等材料费，不包括通风、空调设备费。

2. 通风与空调工程工作内容与工程量计算规则

通风与空调工程工作内容和工程量计算规则如表 3-96 所示。

二十一、采暖工程

1. 采暖工程定额使用说明

本章定额适用于低压器具安装、供暖器具安装、小型容器制作与安装工程。

（1）减压器、疏水器组成与安装按照 N1、BN15—66、N108《采暖通风国家标准图集》编制。工程设计组成与定额不同时，根据阀门和压力表数量调整定额费用。

（2）供暖器具安装

1）柱型铸铁散热器安装采用圆钢螺杆时，圆钢螺杆费用另行计算。

2）定额中接口密封材料为橡胶石棉板，工程采用其他材料时，不做调整。

3）光排管散热器制作安装定额包括光排管、连管制作与安装工作内容。

4）板式散热器安装定额包括托钩安装内容。

通风与空调工程工作内容和工程量计算规则表

表 3-96

工程项目	工作内容	工程量计算规则
19.1 薄钢板通风管制作与安装		
19.1.1 镀锌薄钢板圆形风管厚 1.2mm 以内咬口式		
19.1.2 镀锌薄钢板矩形风管厚 1.2mm 以内咬口式	（1）风管制作：放样、下料、卷圆、折方、扎口、咬口、制作直管、管件、法兰、吊托支架，钻孔、铆焊、安装法兰、组对； （2）风管安装：找标高、打支架墙洞，配合预留孔洞、埋设吊托支架、组装、风管就位、找平、找正、制垫、加垫、安装螺栓、紧固	（1）风管制作安装根据设计图示规格按照展开面积（图示周长乘以管道中心线长度）以 m³ 为单位计算工程量，不扣除检查孔、测定孔、送风口、吸风口等所占面积。主管与支管以中心线交点划分，弯头、三通变径管、天圆地方等管件计算长度。咬口重叠部分工程量已包括在定额内，不另行增加。 （2）风管导流叶片制作安装按照设计图示叶片的面积计算工程量。 （3）通风系统设计采用渐缩管均匀送风者，圆形风管按照平均直径，矩形风管按照平均周长以 m² 为单位计算工程量。 （4）柔性软风管安装按照设计图示中心线长度以 m 为单位计算工程量。 （5）薄钢板风管单面除锈、刷油漆工程量同薄钢板风管制作安装工程量；薄钢板风管双面除锈、刷油漆工程量按照薄钢板风管制作安装工程量乘以 2.0 系数。 （6）单独钢支架的除锈、刷油漆工程量同独立钢支架制作安装工程量
19.1.3 薄钢板圆形风管厚 2mm 以内焊接式		
19.1.4 薄钢板矩形风管厚 2mm 以内焊接式		
19.1.5 薄钢板圆形风管厚 3mm 以内焊接式		
19.1.6 薄钢板矩形风管厚 3mm 以内焊接式		
19.1.7 柔性软风管安装	组装、风管就位、找平、找正、制垫、加垫、安装、紧固	
19.1.8 柔性软风管阀门安装	对口、找正、制垫、加垫、安装、紧固、试动	
19.1.9 通风管道制作安装	风管制作：放样、下料、卷圆、折方、扎口、咬口、制作直管、管件、法兰、吊托支架，钻孔、铆焊、安装法兰、组对；风管安装：找标高、打支架墙洞，配合预留孔洞、埋设吊托支架、组装、风管就位、找平、找正、制垫、加垫、安装螺栓、紧固	
19.2 调节阀制作与安装		
19.2.1 调节阀制作	放样、下料、制作短管、阀板、法兰、零件，钻孔、铆焊、组合成型	
19.2.2 调节阀安装	号孔、钻孔、对口、校正、制垫、加垫、安装螺栓、紧固、试动	
19.3 风口制作与安装		
19.3.1 风口制作	放样、下料、开孔，制作零件、外框、叶片、网框、调节板、拉杆、导风板、弯管、天圆地方、扩散管、法兰，钻孔、铆焊、组合成型	
19.3.2	对口、安装螺栓、制垫、加垫、找正、固定、试动、调整	
19.4 风帽制作与安装		

工程项目	工作内容	工程量计算规则
19.4.1 风帽制作	放样、下料、咬口,制作法兰、零件,钻孔、铆焊、组装	
19.4.2 风帽安装	安装、找正、找平,制垫、加垫、安装螺栓、固定	
19.5 通风空调设备安装		
19.5.1 设备支架制作安装	放样、下料、调直、钻孔、焊接、成型;测位、安装、螺栓、固定、打洞、埋支架	
19.5.2 空气加垫器(冷却器)安装	开箱检查、底座螺栓、吊装、找平、找正、加垫、灌浆、螺栓固定、装梯子	
19.5.3 离心式通风机安装		
19.5.4 轴流式通风机安装		
19.5.5 屋顶式通风机安装		
19.5.6 空调器安装		
19.5.7 风机盘管、分段组装式空调器安装		
19.6 不锈钢板通风管道及部件制作与安装		风管制作安装根据设计图示规格按照展开面积(图示周长乘以管道中心线长度)以 m² 为单位计算工程量,不扣除检查孔、测定孔、送风口、吸风口等所占面积。主管与支管以中心线交点划分,弯头、三通变径管、天圆地方等管件计算长度。咬口重叠部分工程量已包括在定额内,不另行增加
19.6.1 不锈钢板圆形风管	(1)风管制作:放样、下料、卷圆、折方,制作管件、组对焊接、试漏、清洗焊口; (2)风管安装:找标高、清理墙洞、风管就位、组对焊接、试漏、清洗焊口、固定	
19.6.2 其他部件制作安装	(1)部件制作:下料、平料、开孔、钻孔、组对、铆焊、攻丝、清洗焊口、组装固定、试动、短管、零件、试漏; (2)部件安装:制垫、加垫、找平、找正、组对、固定、试动	
19.7 玻璃钢通风管道及部件安装		
19.7.1 玻璃钢风管安装	找标高、打支架墙洞、配合预留孔洞、吊托支架制作及埋设、风管配合补修、粘接、组装就位、找平、找正、制垫、加垫、安装螺栓、紧固	
19.7.2 玻璃钢风帽安装	组对、组装、就位、找正、制垫、加垫、安装螺栓、紧固	

续表

工程项目	工作内容	工程量计算规则
19.8　复合型风管制作与安装		
19.8.1　复合型矩形风管制作安装	放样、切割、开槽、成型、粘合、制作管件、钻孔、组合	
19.8.2　复合型圆形风管制作安装	就位、制垫、加垫、连接、找正、找平、固定	

（3）小型容器制作与安装

1）本部分定额适用于排水、采暖系统中一般低压碳钢容器的制作与安装工程。

2）水箱制作与安装定额中，不包括连接管道安装，连接管道安装应执行室内管道安装相应定额。

3）水箱制作与安装定额中，不包括支架制作与安装，钢结构支架执行一般管道支架定额，混凝土或砖结构支座执行上册相应定额。

（4）采暖系统调试费按照采暖安装工程人工工日数15%计算，其中人工费50%，材料费30%，机械费20%。

（5）本章定额中包括被安装的主要材料、减压器、疏水器、注水器、散热器等材料费，不包括暖风机、热空气幕等设备费。

2. 采暖工程工作内容与工程量计算规则

采暖工程工作内容和工程量计算规则如表3-97所示。

采暖工程工作内容和工程量计算规则表　　　表 3-97

工程项目	工作内容	工程量计算规则
20.1　低压器具安装		
20.1.1　减压器组合安装—螺纹连接	切管、套丝、安装零件、制垫、加垫、找平、找正、组合、安装、水压试验	（1）减压器、疏水器组成安装以组为单位计算工程量。如设计组成与定额不同时，阀门和压力表数量可按照设计用量进行调整。
20.1.2　减压器组合安装—焊接连接	切管、坡口、制垫、加垫、组合、焊接、安装、水压试验	
20.1.3　疏水器组合安装—螺纹连接	切管、套丝、安装零件、制垫、加垫、找平、找正、组合、安装、水压试验	（2）减压器安装根据高压侧的直径计算工程量
20.1.4　疏水器组合安装—焊接连接	切管、坡口、制垫、加垫、组合、焊接、安装、水压试验	
20.1.5　注水器组成、安装	场内搬运、检查、清洗、切管、套丝、组合安装	
20.2　供暖器安装		
20.2.1　铸铁散热器安装	场内搬运、制垫、加垫、组合安装、安装挂钩、固定、水压试验	铸铁散热器安装分散热器型号按照个数以片为单位计算工程量
20.2.2　光排管散热器制作、安装	场内搬运、切管、坡口、焊接、组合安装、安装卡钩、固定、水压试验	光排管散热器安装分排管直径按照单根管道长度以 m 为单位计算工程量

工程项目	工作内容	工程量计算规则
20.2.3　钢制散热器安装	场内搬运、制垫、加垫、组合安装、安装挂钩、固定、水压试验	(1)钢制闭式散热器安装分规格按照个数以片为单位计算工程量。 (2)钢柱式散热器安装按照个数以组为单位计算工程量,每10片为一组。一组片数大于或小于10片时,按照每增减1片定额执行
20.2.4　板式散热器安装	场内搬运、制垫、加垫、组合安装、冲洗、水压试验	板式散热器安装分散热器型号按照个数以组为单位计算工程量
20.2.5　装饰型、复合散热器安装	场内搬运、制垫、加垫、组合安装、冲洗、水压试验	(1)装饰散热器安装按照个数以组为单位计算工程量。 (2)金属复合散热器安装分半周长按照个数以组为单位计算工程量
20.2.6　暖风机安装	吊装、找正、固定、试运转	
20.2.7　热空气幕安装	吊装、找正、固定、试运转	热空气幕安装以台为单位计算工程量,其支架制作与安装按照相应定额另行计算
20.3　小型容器制作、安装		
20.3.1　水箱制作安装	吊装、固定、装配零件、水压试验	钢板水箱制作按照设计图示尺寸以kg为单位计算工程量,不扣除人孔、手孔所占重量,法兰和短管水位计按照相应定额另行计算
20.3.2　蒸汽分汽缸制作、安装	下料、切割、卷管、坡口、焊接、水压试验	
20.3.3　集气罐制作、安装	下料、切割、坡口、焊接、水压试验	

二十二、防腐与绝热工程

1. 防腐与绝热工程定额使用说明

本章定额适用于金属管道、金属结构、设备等除锈、刷油漆、绝热工程。

(1)除锈、刷油漆

1)除锈、刷油漆定额中包括各种管件、阀件及设备上人孔、管口凸凹部分的除锈、刷油漆工作内容。

2)刷油漆定额按照安装地点就地刷(喷)油漆考虑,如安装前管道集中刷油漆,相应定额人工乘以0.7系数(暖气片除外)。

(2)绝热

1)管道绝热定额包括除法兰、阀门外的管件部分绝热工作内容。设备绝热定额包括除法兰、人孔外的其封头与附件绝热工作内容。

2)聚氨酯泡沫塑料喷涂定额按照现场直喷无模具考虑,工程采用有模具浇筑法施工时,其模具制作安装费用根据批准的施工方案另行计算。

3)管道绝热定额按照现场先安装后绝热施工考虑,工程先绝热后安装时,相应定额人工工日乘以0.9系数。

2. 防腐与绝热工程工作内容与工程量计算规则

防腐与绝热工程工作内容和工程量计算规则如表3-98所示。

防腐与绝热工程工作内容和工程量计算规则表　　　表 3-98

工程项目	工作内容	工程量计算规则
21.1　防腐		（1）设备管道防腐按照表面积以 m² 为单位计算工程量。计算管道长度时，不扣除管件、配件、阀门、法兰等所占长度，管件、配件、设备人孔等增加的工程量亦不计算。 （2）计算设备、管道内壁防腐工程量时，当钢板或管道壁厚大于等于 10mm 时，按照其内壁或内径计算；当钢板式管道壁厚小于 10mm 时，按照其外壁或外径计算
21.1.1　除锈	除锈、除尘	
21.1.2　管道刷油漆	调配、涂刷	
21.1.3　金属结构刷油漆	调配、涂刷	
21.1.4　铸铁管、暖气片刷油漆	调配、涂刷	
21.2　绝热		
21.2.1　硬质瓦块安装	运料、割料、安装、捆扎、修理整平、抹缝（或塞缝）	
21.2.2　泡沫玻璃瓦块安装	运料、割料、粘接、安装、捆扎、抹缝、修理找平	
21.2.3　毡类制品安装	运料、下料、安装、捆扎、修理找平	绝热根据材质按照设计成品厚度以 m³ 为单位计算工程量。绝热罩壳计算工程量，并入相应的工程量内
21.2.4　聚氨酯泡沫塑料喷涂	运料、现场施工准备、配料、喷涂、修理找平、设备修理	
21.2.5　管道防潮层、保护层安装	裁油毡纸、包油毡纸、熬沥青、粘接、绑铁线	

3.5.2.3　电力建设电气设备安装工程预算定额使用说明和工程量计算规则

一、电气设备安装工程预算定额总说明：

1. 电气设备安装工程预算定额适用范围

《电气设备安装工程预算定额》适用于单机 50～1000MW 火力发电工程、燃气——蒸汽联合循环发电工程、35～1000kV 变电（串联补偿）工程、±800kV 及以下换流工程的电气设备安装工程。

本定额是编制施工图预算的依据，是编制概算定额的基础，也是编制标底、最高投标限价和投标报价的参考依据

2. 定额编制依据的国家和有关部门颁发的现行技术规定、规范

① GB/T 14285—2006 继电保护和安全自动装置技术规程。

② GB 50150—2006 电气装置安装工程　电气设备交接试验标准。

③ GB 50147—2010 电气装置安装工程　高压电器施工及验收规范。

④ GB 50148—2010 电气装置安装工程　电力变压器、油浸电抗器、互感器施工及验收规范。

⑤ GB 50149—2010 电气装置安装工程　母线装置施工及验收规范。

⑥ GB 50150—2006 电气装置安装工程　电气设备交接试验标准

⑦ GB 50168—2006 电气装置安装工程　电缆线路施工及验收规范

⑧ GB 50169—2006 电气装置安装工程　接地装置施工及验收规范

⑨ GB 50170—2006 电气装置安装工程 旋转电机施工及验收规范

⑩ GB 50171—2012 电气装置安装工程 盘、柜及二次回路接线施工及验收规范

⑪ GB 50172—2012 电气装置安装工程 蓄电池施工及验收规范

⑫ GB 50173—1992 电气装置安装工程 35kV 及以下架空电力线路施工及验收规范

⑬ GB 50256—1996 电气装置安装工程 起重机电气装置施工及验收规范

⑭ GB 50257—1996 电气装置安装工程 爆炸和火灾危险环境电气装置施工及验收规范

⑮ GBIT 50832—2013 1000kV 系统电气装置安装工程电气设备交接试验标准

⑯ DL/T 448—2000 电能计量装置检验规程

⑰ DL 5009.1—2002 电力建设安全工程规程（火力发电厂部分）

⑱ DLIT 5161.16—2002 电气装置安装工程质量检验及评定规程 第 16 部分：1kV 及以下配线工程施工质量检验

⑲ DL/T 5161.17—2002 电气装置安装工程质量检验及评定规程 第 17 部分：电气照明装置施工质量检验

⑳ DL 5190.4—2012 电力建设施工及验收技术规范 第 4 部分：热工仪表及控制装置

㉑ DLIT 5437—2009 火力发电建设工程启动试运及验收规程

㉒ SD 110—1983 电测量指示仪表检验规程

㉓ 火电施工质量检验及评定标准

㉔ 电力建设工程工期定额（2012 年版）

3. 定额编制考虑的一些因素

（1）本定额是按电力设备、装置性材料等施工主体完整无损，符合质量标准和设计要求，并附有制造厂出厂检验合格证和试验记录的前提下，在正常的气候、地理条件和施工环境条件下，按照施工图阶段合理的施工组织设计，选择常用的施工方法与施工工艺，考虑合理地交叉作业条件下进行编制。

（2）本定额是完成规定计量单位子目工程所需人工、计价材料、施工机械台班的消耗量标准，反映了电力建设行业施工技术与管理水平，代表着社会平均生产力水平。除定额规定可以调整或换算外，不因具体工程实际施工组织、施工方法等不同而调整或换算。

（3）本定额包括的工作内容，除各章另有说明外，均包括施工准备，设备开箱检查，场内运搬，脚手架搭拆、设备及装置性材料安装，施工结尾、清理，整理、编制竣工资料，配合分系统试运、质量检验及竣工验收等。除需单独计列的特殊试验项目外，定额中已经包括了相应的单体调试。场内运搬是指设备、装置性材料及器材从施工组织设计规定的现场仓库或堆放地点运至施工操作地点的水平及垂直运搬。

4. 关于人工、材料和施工机械

（1）关于人工

1）人工用量包括施工基本用工和辅助用工（包括机械台班定额所含人工以外的机械操作用工），分为安装普通工和安装技术工。

2）工日为八小时工作制，安装普通工单价为 34 元/工日，安装技术工单价为 53 元/工日。

（2）关于材料

1）计价材料用量包括合理的施工用量和施工损耗、场内运搬损耗、施工现场堆放损耗。其中，周转性材料按摊销量计列；零星材料合并为其他材料费。

2）计价材料为现场出库价格，按照"电力行业 2013 年定额基准材料库"价格取定。

未计价材料损耗率　　　　　　　　　　　表 3-99

序号	材料名称	损耗率（%）
1	裸软导线（铜线、铝线、钢线、钢芯铝绞线）	1.3
2	绝缘导线	1.8
3	电力电缆	1.0
4	控制电缆、通信电缆	1.5
5	硬母线（铜、铝、槽型母线）	2.3
6	拉线材料（钢绞线、镀锌铁线）	1.5
7	金属板材（钢板、镀锌薄钢板）	4.0
8	金属管材、管件	3.0
9	型钢	5.0
10	金具	1.5
11	螺栓	2.0
12	绝缘子类	2.0
13	一般灯具及附件、刀开关	1.0
14	塑料制品（槽、板、管）	5.0
15	石棉水泥制品、砂、石	8.0
16	油类	1.8
17	灯泡	3.0
18	灯头、灯开关、插座	2.0
19	电缆头套件	5.0
20	桥架	0.5

注：绝缘导线、电缆、硬母线、裸软导线，其损耗率中不包括为连接电气设备、器具而预留的长度，也不包括各种弯曲（包括弧度）而增加的长度，这些长度均应计算在工程量的基本长度中，以基本长度为基数再计入消耗量。

（3）关于施工机械：

1）机械台班用量包括场内运搬、合理施工用量和超运距、超高度、必要间歇消耗量以及机械幅度差等。

2）不构成固定资产的小型机械或仪表，未计列机械台班用量，包括在《电网工程建设预算编制与计算规定》（2013 年版）、《火力发电工程建设预算编制与计算规定》（2013 年版）的施工工具用具使用费中。

3）机械台班价格按照"电力行业 2013 年定额基准施工机械台班库"价格取定。

5. 本定额内不包括的工作内容

（1）电气设备（如电动机等）带动机械设备的试运转。

（2）表计修理和面板修改、翻新，设备修复、更换后的重新安装及调试。

(3) 为了保证安全生产和施工所采取的措施费用。

(4) 电气设备的整体油漆。

6. 工程量计算规则

(1) 工程量计算应以设计的施工图纸及说明规定采用的标准图集和通用图集（图纸的设备、材料表与设计图有矛盾时，应以设计图为准）、经批准的施工组织设计和施工方案、措施和有关施工及验收技术规程为依据。

(2) 工程量计算应以施工图设计规定的界限为准，其计算内容与预算定额所包含的工作内容和定额的适用范围相一致。

(3) 工程量的计算单位应该与预算定额的计算单位相一致。应采用国家法定计量单位，计量单位以下的小数点取舍规定如下：

1) 凡以"t"为计量单位的项目，吨以下的取三位小数。

2) 凡以"m"或"m²"为计量单位的项目，均取以下两位小数。

3) 两位小数或三位小数后的数按四舍五入取舍。

(4) 除有特殊规定者外，工程量均不包括材料损耗率。

(5) 工程量计算凡涉及材料的容积、比重、容重换算时，应以国家现行标准为依据、如未作规定时，应以产品出厂的合格证明书或产品说明书为准。

7. 其他说明

(1) 66kV 没有相应定额子目的可按 110kV 定额子目乘以系数 0.88，154kV 可直接套用 220kV 相应定额子目乘以系数 0.90。

(2) 本定额中凡采用"××以内"或"××以下"者，均已包括"××"本身；凡采用"××外"或"××以上"者，均不包括"××"本身。

(3) 总说明内未尽事宜，按各章说明执行。

8. 电气设备安装工程预算定额章节内容总览（表 3-100）

电气设备安装工程预算定额章节内容表　　　　　　　　　　　表 3-100

章	节
1　发电厂分系统调试	1.1　发电机检查接线 1.1.1　水冷式 1.1.2　氢冷和水氢冷式 1.2　直流电动机检查接线 1.3　交流电动机检查接线 1.4　交流立式电动机检查接线 1.5　发电机励磁电阻器安装 1.6　柴油发电机组安装
2　变压器	2.1　20kV 干式变压器安装 2.2　三相电力变压器 2.2.1　35kV 变压器安装 2.2.2　110kV 双绕组变压器安装 2.2.3　110kV 三绕组变压器安装 2.2.4　220kV 双绕组变压器安装 2.2.5　220kV 三绕组变压器安装 2.2.6　330kV 双绕组变压器安装 2.2.7　330kV 三绕组变压器安装

章	节
2　变压器	2.2.8　500kV 双绕组变压器安装
	2.2.9　500kV 三绕组变压器安装
	2.3　单相变压器
	2.3.1　220kV 单相双绕组变压器安装
	2.3.2　220kV 单相三绕组变压器安装
	2.3.3　330kV 单相双绕组变压器安装
	2.3.4　330kV 单相三绕组变压器安装
	2.3.5　500kV 单相双绕组变压器安装
	2.3.6　500kV 单相三绕组变压器安装
	2.3.7　750kV 单相三绕组油浸式变压器安装
	2.3.8　1000kV 单相三绕组油浸式变压器安装
	2.4　35kV 及以下箱式变压器安装
	2.5　电抗器
	2.5.1　35kV 以下干式电抗器安装
	2.5.2　中性点小电抗器安装
	2.5.3　110kV 高压电抗器安装
	2.5.4　330kV 高压电抗器安装
	2.5.5　500kV 高压电抗器安装
	2.5.6　7SOkV 高压电抗器安装
	2.5.7　1000kV 高压电抗器安装
	2.6　消弧线圈安装
	2.7　绝缘油过滤
3　配电装置	3.1　断路器
	3.1.1　真空断路器安装
	3.1.2　少油断路器安装
	3.1.3　SF$_6$ 断路器安装
	3.1.4　SF$_6$ 全封闭组合电器 CGIS)安装
	3.1.5　SF$_6$ 全封闭组合电器(GIS)主母线安装
	3.1.6　复合式组合电气(HGIS)及空气外绝缘高压组合电器(COMPASS)安装
	3.1.7　SF$_6$ 全封闭组合电器进出线套管安装
	3.2　隔离开关
	3.2.1　户内隔离开关安装
	3.2.2　户外双柱式隔离开关安装
	3.2.3　户外三柱式隔离开关安装
	3.2.4　户外单柱式隔离开关安装
	3.2.5　敞开式组合电器安装
	3.2.6　单相接地开关安装
	3.3　互感器
	3.3.1　电压互感器安装
	3.3.2　户内型电流互感器安装
	3.3.3　户外型电流互感器安装
	3.3.4　电子式互感器安装
	3.4　避雷器安装
	3.5　电力电容器
	3.5.1　电容器安装
	3.5.2　耦合电容器安装
	3.5.3　集合式电容器安装
	3.5.4　自动无功补偿装置安装

续表

章	节
3 配电装置	3.5.5 110kV 并联电容器安装 3.6 熔断器、放电线圈 3.6.1 熔断器安装 3.6.2 放电线圈安装 3.7 阻波器、结合滤波器安装 3.8 成套高压配电柜 3.8.1 20kV 以下成套高压配电柜安装 3.8.2 35kV 以下成套高压配电柜安装 3.8.3 66kV 以下成套高压配电柜安装 3.8.4 接地变压器、消弧线圈柜安装 3.8.5 中性点接地成套设备安装
4 母线、绝缘子	4.1 悬垂绝缘子串 4.1.1 悬垂绝缘子单串安装 4.1.2 悬垂绝缘子双串安装 4.2 户内支持绝缘子安装 4.3 户外支持绝缘子安装 4.4 穿墙套管装设 4.5 软母线安装 4.6 引下线、跳线及设备连引线安装 4.7 组合软母线安装 4.8 带形铝母线 4.8.1 每相一片带形铝母线安装 4.8.2 每相多片带形铝母线安装、 4.9 母线伸缩节安装 4.10 带形硬母线热缩安装 4.11 槽形母线 4.11.1 槽形母线安装 4.11.2 槽形母线与设备连接 4.12 管形母线 4.12.1 支持式管形母线安装 4.12.2 悬吊式管形母线安装 4.13 分相封闭母线安装 4.14 共箱母线安装 4.15 电缆母线安装 4.16 发电机出线箱安装 4.17 低压封闭式插接母线槽 4.17.1 低压封闭式插接母线槽安装 4.17.2 封闭母线槽分线箱安装
5 控制、继电保护屏及低压电器	5.1 控制继电保护屏安装 5.2 励磁、灭磁屏安装 5.3 变频器安装 5.4 端子箱、屏边安装 5.5 表盘附件安装及二次配线 5.6 穿通板制作 5.7 低压电器设备安装 5.8 铁构件制作安装

章	节
6 交直流电源	6.1 蓄电池支架安装 6.2 免维护铅酸蓄电池安装 6.3 碱性蓄电池安装 6.4 密闭式铅酸蓄电池安装 6.5 蓄电池组充放电 6.6 UPS安装 6.7 整流电源安装
7 起重设备电气装置	7.1 桥式起重机电气 7.2 抓斗式起重机电气 7.3 单轨式起重机电气 7.4 电动葫芦电气 7.5 轮斗堆取料机电气 7.6 电站专用电梯电气 7.7 滑触线 7.7.1 角钢滑触线安装 7.7.2 扁钢滑触线安装 7.7.3 槽钢滑触线安装 7.7.4 安全滑触线安装 7.8 移动软电缆安装 7.9 滑触线支架安装
8 电缆	8.1 人工开挖路面 8.2 直埋电缆沟挖填土及电缆沟揭盖盖板 8.3 直埋电缆铺砂、盖砖或保护板 8.4 支架、桥架、托盘、槽盒安装 8.5 电缆保护管敷设 8.5.1 金属软管敷设 8.5.2 钢管敷设 8.5.3 硬塑料管（PVC管）敷设 8.6 电缆敷设 8.6.1 20kV以下电缆敷设 8.7 户内电缆终端头制作安装 8.7.1 户内环氧树脂浇注式电力电缆终端头制作安装 8.7.2 户内干包式电力电缆终端头制作安装 8.7.3 户内辐射交联热(冷)收缩电力电缆终端头制作安装 8.7.4 户内预制式电缆头制作安装 8.8 户外电力电缆终端头制作安装 8.8.1 户外环氧树脂电力电缆终端头制作安装 8.8.2 户外干包式电力电缆终端头制作安装 8.8.3 户外辐射交联热(冷)收缩电力电缆终端头制作安装 8.8.4 户外预制式电缆头制作安装 8.9 电力电缆中间头制作安装 8.9.1 环氧树脂浇注式电力电缆中间接头制作安装 8.9.2 辐射交联热收缩电力电缆中间接头制作安装 8.9.3 预制式电力电缆中间接头制作安装 8.10 控制电缆头制作安装 8.10.1 控制电缆终端头制作安装 8.10.2 屏蔽电缆终端头制作安装 8.11 电缆防火设施安装 8.12 集束导线安装

续表

章	节
9 照明及接地	9.1 设备照明 9.2 户外照明 9.3 接地极制作安装 9.4 户外接地母线敷设 9.5 户内接地母线敷设 9.6 构架接地 9.7 阴极保护井安装 9.8 阴极保护井电极安装 9.9 深井接地埋设
10 自动控制装置及仪表	10.1 热力控制盘(柜) 10.1.1 盘、柜、操作台安装 10.1.2 带组装设备的盘(柜)安装 10.1.3 电磁阀箱和接线盒安装 10.2 常用仪表 10.2.1 温度测量仪表安装 10.2.2 压力测量仪表安装 10.2.3 流量测量仪表安装 10.2.4 节流装置安装 10.2.5 物位测量仪表安装 10.2.6 显示仪表安装 10.3 过程控制仪表 10.3.1 电动单元组合仪表安装 10.3.2 组装式综合控制仪表安装 10.3.3 执行机构安装 10.3.4 调节装置安装 10.3.5 基地式调节器安装 10.4 智能仪表、分析仪表 10.4.1 巡回检测装置安装 10.4.2 信号报警装置安装 10.4.3 安全监测装置安装 10.4.4 分析仪表安装 10.5 机械量仪表 10.5.1 保护装置安装 10.5.2 称量装置、皮带保护装置安装 10.6 管路敷设及伴热电缆敷设 10.6.1 管路敷设 10.6.2 伴热电缆敷设 10.7 阀门、附件 10.7.1 表用阀门安装 10.7.2 取源部件安装 10.7.3 附件安装 10.8 导线敷设
11 换流站设备	11.1 阀厅设备 11.1.1 晶闸管整流阀塔安装 11.1.2 阀避雷器安装 11.1.3 阀桥避雷器安装 11.1.4 极线电流测量装置安装

章	节
11 换流站设备	11.1.5 阀厅内接地开关安装
	11.1.6 高压直流穿墙套管安装
	11.1.7 中性点设备安装
	11.2 换流变压器安装
	11.3 交流滤波装置
	11.3.1 交流噪声滤波电容器塔安装
	11.3.2 高压静电除尘装置电气调试
	11.3.3 交流噪声滤波电容器安装
	11.3.4 交流滤波电容器塔安装
	11.4 直流配电装置
	11.4.1 直流隔离开关安装
	11.4.2 极线与旁路设备安装
	11.4.3 地线和直流中性母线设备安装
	11.4.4 直流滤波装置安装
	11.5 直流全站接地
	11.6 阀冷却系统安装
12 其他单体调试	12.1 励磁灭磁装置调试
	12.2 高压静电装置调试电气调试
	12.3 电力电缆试验
	12.4 保护装置调试
	12.5 自动装置调试
	12.6 电厂微机监控元件调试
	12.7 变电站、升压站微机监控元件调试
	12.8 智能变电站调试
	12.8.1 智能终端设备调试
	12.8.2 智能组件调试
	12.9 电网调度自动化主站系统设备调试
	12.10 二次系统安全防护
	12.10.1 二次系统安全防护设备调试
	12.10.2 计算机安全防护措施检测
	12.10.3 信息安全测评(等级保护测评)
	12.11 I/O现场送点校验

二、变压器

本定额适用于干式变压器、三相变压器、单相变压器、箱式变压器、电抗器、消弧线圈、绝缘油过滤设备的安装。

1. 工作内容

(1) 干式变压器：开箱检查，本体就位，垫铁及止轮器制作、安装，附件安装，接地，补漆，单体调试。

(2) 三相变压器和单相变压器：开箱检查，本体就位，器身检查，附件安装，检查连线、垫铁及止轮器制作、安装，补充注油及安装后整体密封试验，接地，补漆，单体调试。

(3) 箱式变压器安装：开箱检查，本体就位，安装、固定，阻尼器安装，接地，单体调试。

（4）电抗器安装：开箱检查，本体就位，安装、固定，阻尼器安装，接地，单体调试。

（5）消弧线圈安装：开箱检查、本体就位，器身检查，附件安装，垫击止轮器铁制作、安装，接地，补漆，单体调试。

（6）绝缘油过滤：过滤前的准备，油过滤设备安装拆除，油过滤，取油样，过滤后的清理。

2. 本章定额未包括的工作内容

（1）变压器基础、轨道及母线铁构件的制作、安装。

（2）变压器防地震措施的制作、安装。

（3）变压器的中性点设备安装。

（4）端子箱、控制柜的制作、安装。

（5）变压器、消弧线圈、电抗器的干燥，如发生按实计算。

（6）二次喷漆。

（7）铁构件的制作与安装，执行本册第五章相应定额子目。

（8）变压器的局部放电试验、交流耐压试验、变形试验。

（9）SF_6 气体和绝缘油试验。

3. 工程量计算规则

绝缘油过滤不分次数，至油过滤合格为止。

（1）变压器绝缘油过滤，按照制造厂提供的油量计算。

（2）油断路器及其他充油设备绝缘油过滤，按照制造厂规定的充油量计算。

（3）绝缘油按照设备供货考虑，油过滤定额中包括过滤损耗量。

4. 其他说明

（1）三相变压器和单相变压器安装适用于油浸式变压器、自耦变压器安装；带负荷调压变压器安装执行同电压、同容量变压器安装定额，其人工费乘以系数 1.10；电炉变压器安装执行同容量变压器定额乘以系数 1.6；整流变压器安装执行同容量变压器定额乘以系数 1.2。

（2）变压器的器身检查，4000kVA 以下是按吊芯检查考虑，4000kVA 以上是按吊罩检查考虑。4000kVA 以上的变压器需要吊芯检查时，定额机械费乘以系数 2.0。

（3）干式变压器如果带有保护外罩时，其安装定额中的人工和机械都乘以系数 1.20。

（4）变压器的散热器外置时人工费乘以系数 1.30。

（5）电抗器安装适用于混凝土电抗器、铁芯干式电抗器和空心电抗器等干式电抗器安装，油浸式电抗器按同容量干式电抗器定额乘以系数 1.20。

（6）变压器安装过程中放注油、油过滤所使用的临时油罐等设施已摊销入油过滤定额内。

（7）110kV 及以上设备安装在户内时人工费乘以系数 1.30。

5. 未计价材料

设备连接导线、金具，接地引下线、接地材料。

三、配电装置

本章定额适用于各类配电装置的安装。

1. 工作内容

(1) 真空断路器安装：开箱清点检查，安装及调整，动作检查，接地，单体调试。

(2) 少油断路器安装：开箱检查，组合，安装及调整，传动装置安装及调整，动作检查，消弧室干燥，注油，接地，单体调试。

(3) SF$_6$ 断路器安装：开箱检查，底架安装，断路器组合及吊装，相间管路连接，操作箱安装，液压管路连接，设备本体连接电缆安装，检漏试验，充 SF$_6$ 气体，接地，补漆，单体调试。

(4) SF$_6$ 全封闭组合断路器（GIS）安装：开箱检查，基础平整，底架安装校平，组合吊装及封闭筒连接，操作柜安装，液压管路敷设及连接，设备本体连接电缆安装，真空处理，检漏试验，调整，充 SF$_6$ 气体，接地，补漆，单体调试。

(5) SF$_6$ 全封闭组合断路器（GIS）主母线及进出线套管安装：主母线及套管吊装，连接，封闭，检漏试验，充 SF$_6$ 气体，接地，单体调试。

(6) 复合式组合电器（HGIS）安装：开箱检查，基础平整，设备就位，底架安装校平，对接安装，设备常规检查，设备本体连接电缆安装，抽真空，检漏试验，注 SF$_6$ 气体，附件安装，接地，单体调试。

(7) 空气外绝缘高压组合电器（COMPASS）安装：开箱检查，基础平整，底架安装校平。

(8) 模块吊装、固定，机构箱安装，设备调整，接触面处理，隔离开关装配及连锁调整，设备本体连接电缆安装，密度计安装，充 SF$_6$ 气体，检漏试验，补漆，接地，单体调试。

(9) 户内隔离开关安装：开箱检查，本体就位，设备安装，操动机构安装，连杆配制，辅助接点安装，调整，接地，补漆，单体调试。

(10) 户外隔离开关与接地开关安装：开箱检查，本体就位，安装，操动机构安装，连杆配制，辅助开关安装，调整，接地，补漆，单体调试。

(11) 敞开式组合电器安装：开箱检查，基础找平，本体安装、固定，触头安装，拉杆配置、调整、操作机构、连锁开关、信号装置的检查、调整，接地，补漆，单体调试。

(12) 电流、电压互感器安装：开箱检查，本体就位，安装，固定，接地，补漆，单体调试。

(13) 避雷器安装：开箱检查，本体吊装、固定，均压环安装，并联电阻安装，放电记录器安装（不包括支架制作及安装），引线，接地，补漆，单体调试。

(14) 电容器、熔断器、阻波器、结合滤波器安装：开箱检查，本体就位，安装、固定，接地，补漆，单体调试。

(15) 集合式并联电容器安装：开箱检查，基础找平，本体就位，组合安装，调整，接地，补漆，单体调试。

(16) 自动无功补偿装置、放电线圈安装：开箱检查，本体就位，安装，接地，单体调试。

(17) 成套高压配电柜、接地变压器柜、中性点接地成套设备安装：开箱检查、本体就位，找正，固定，柜间连接，断路器解体检查，连锁装置检查，断路器调整，注油，其他设备检查，导体接触面检查，二次元件拆装，校接线，接地，补漆，单体调试。

2. 本章定额未包括的工作内容

（1）SF_6 气体质量检验、金属平台和爬梯的安装、组合电器的整体油漆。

（2）电容式电压互感器抽压装置支架及防雨罩的制作、安装。

（3）成套高压配电柜的基础槽钢或角钢的安装、埋设，主母线与隔离开关之间的母线配制，柜的二次油漆或喷漆。

（4）端子箱安装、设备支架制作与安装，铁构件制作安装，预埋地脚螺栓，设备二次灌浆。

（5）绝缘油过滤。

（6）110kV 及以上的配电装置的交直流耐压试验或高电压测试。

（7）局部放电试验。

（8）SF_6 气体和绝缘油试验。

3. 工程量计算规则

（1）断路器三相为一台。

（2）组合电器三相为一台：SF_6 全封闭组合电器（带断路器）以断路器数量计算工程量，SF_6 全封闭组合电器（不带断路器）以母线电压互感器和避雷器计算工程量，每组为一台。为远景扩建方便预留的组合电器，前期先建母线及母线侧隔离开关，套用 SF_6 全封闭组合电器（不带断路器）定额，每间隔为一台，SF_6 全封闭组合电器（GIS）主母线安装按中心线长度计量。

（3）隔离开关三相为一组。单相接地开关一相为一台。

（4）敞开式组合电器三相为一组。

（5）互感器一相为一台。

（6）避雷器三相为一组。

（7）电容器一只为一台。祸合电容器一相为一台。集合式电容器三相为一组。

（8）熔断器三相为一组。

（9）放电线圈一只为一台。

（10）阻波器一相为一台。结合滤波器定额包括接地开关安装。

（11）成套高压配电柜、接地变压器柜安装、中性点接地成套设备一面柜为一台，已包含其中设备的单体调试。

4. 其他说明

（1）罐式断路器安装按 SF_6 断路器安装定额乘以系数 1.20。

（2）GIS 安装高度在 10m 以上时，人工定额乘以系数 1.05，机械定额乘以系数 1.20。

（3）户内隔离开关传动装置需配延长轴时，人工定额乘以系数 1.1。户外隔离开关按中形布置考虑，如安装高度超过 6m 时，不论三相带接地或带双接地均执行安装高度超过 "6m" 定额；如操动机构为地面操作时另加垂直拉杆主材费；操动机构按手动、电动、液压综合取定，使用时不作调整。

（4）SF_6 电流互感器安装时人工定额乘以系数 1.08，SF_6 电压互感器安装时按油浸式人工定额乘以系数 1.05。油浸式互感器如需吊芯检查，人工费与机械费乘以系数 2.0。

（5）电压等级为 110kV 及以上设备安装在户内时，其人工乘以系数 1.30。

5. 未计价材料

接地引下线、接地材料、设备间连线、金具。

四、母线、绝缘子

本章定额包括适用于绝缘子、软母线、硬母线、引下线等安装。

1. 工作内容及未计价材料

（1）悬垂绝缘子串安装：

1）工作内容：绝缘子清扫，组合，安装，单体调试。

2）未计价材料：绝缘子、金具。

（2）支持绝缘子及穿墙套管安装：

1）工作内容：绝缘子、穿墙套管清扫，安装固定，补漆，接地，单体调试。

2）未计价材料：绝缘子、金具、穿墙套管、接地引下线。

（3）软母线及组合软母线安装：

1）工作内容：导线测量，下料，绝缘子清扫，组装，悬挂，紧固，弛度调整，绝缘子单体。

2）未计价材料：导线、绝缘子、金具。

（4）引下线、跳线及设备连引线安装：

1）工作内容：导线测量，下料，压接，安装连接，弛度调整。过渡板包括打孔，锉面，挂锡，安装。

2）未计价材料：导线、金具。

（5）硬母线安装：

1）工作内容：测量、平直、下料、偎弯、钻孔、锉面、挂锡、管形母线内冲洗、拢头、打眼、配补强管、焊接、穿防振导线、封端头、安装固定，刷分相漆。悬吊式管形母线还包括绝缘子串组装，与母线连接，悬吊安装，调整固定。

2）未计价材料：硬母线、金具、管件、阻尼线、悬吊式管形母线绝缘子。

（6）母线伸缩节头安装：

1）工作内容：钻孔，锉面，挂锡，连接安装固定。

2）未计价材料：母线伸缩节。

（7）硬母线热缩安装：

1）工作内容：测量，下料，安装。

2）未计价材料：热缩材料。

（8）分相封闭母线安装：

1）工作内容：配合预埋铁件，中心线测量定位，清点检查，脚手架搭拆，设备安装调整，焊接，接地，补漆，充气，密封检查。

2）未计价材料：分相封闭母线、连接件。

（9）共箱母线安装：

1）工作内容：配合基础铁件安装，吊装，调整，箱体连接固定，母线连接，箱体接地，

2）未计价材料：共箱母线、连接件。

（10）电缆母线安装：

1）工作内容：清点检查，安装，焊接，找正，电缆敷设，上卡，挂牌，做头，接地。

2）未计价材料：电缆母线。

（11）发电机出线箱安装：

1）工作内容：吊装，清理，做堵头，电流互感器安装，干燥，包绝缘层，配合汽机进行总体气压试验。

2）未计价材料：出线箱。

（12）低压封闭式插接母线槽安装：

1）工作内容：开箱检查，接头清洗处理，吊装就位，线槽连接，固定，接地。

2）未计价材料：低压封闭式插接母线槽。

2. 本章定额未包括的工作内容

支架、铁构件的制作安装。

3. 工程量计算规则

（1）V形绝缘子串按悬垂绝缘子串双串考虑。

（2）引下线、设备连引线是指采用软导线制作安装的，当采用硬母线作引下线、设备连引线时，另套相应定额。

（3）带形铝母线安装与带形铝母线引下线安装合并综合为一套定额，使用时不分母线与引下线。

（4）软母线、引下线、跳线及设备连引线、组合软母线安装，已综合考虑了母线挠度和连接需要增加的工程量，不需单独计算安装损耗量。跨距的长短不同时，定额不做调整。导线、金具、绝缘子等未计价材料按照安装数量加损耗量另进行计算主材费。

（5）硬母线安装包括带形、槽形、管形母线，硬母线安装时应考虑母线挠度和连接需要增加的工程量。硬母线配置安装预留长度按设计规定计算，如设计未明确预留长度则按表 3-101 规定计算。母线和金具等未计价材料按照安装数量加损耗量另行计算主材费。

硬母线安装预留长度表　　　　　单位：m/根　**表 3-101**

序号	项　目	预留长度	说　明
1	带形、槽形、管形母线终端	0.3	从最后一个支持点算起
2	带形母线与分支线连接	0.5	分支线预留
3	槽形、管形母线与分支线连接	0.8	分支线预留
4	带形、槽形、管形母线与设备连接	0.8	从设备端子接口算起

（6）分相封闭母线、共箱母线、电缆母线安装已综合考虑了母线挠度和连接需要增加的工程量，不需单独计算安装损耗量。母线和金具等未计价材料按照安装数量加损耗量另行计算主材费。

4. 其他说明

（1）110kV 及以上支持绝缘子户内安装时，人工乘以系数 1.30。

（2）软母线架设定额是按单串绝缘子悬挂考虑的，如设计为双串时，定额人工乘以系数 1.1。

（3）带形铜母线、钢母线安装，执行同截面铝母线定额乘以 1.40 的系数。支持式管形母线中，支柱绝缘子上的托架安装执行铁构件安装定额。

（4）管形母线伸缩节头安装，可执行带形母线用伸缩节头安装定额乘以系数1.50。

（5）封闭式插接母线槽在10m以上竖井内安装时，人工和机械定额均乘以系数2.0.

（6）带形母线伸缩节、铜过渡板、共厢母线、封闭式插接母线槽均按生产厂供应成品考虑，定额只考虑现场安装。

（7）绝缘子、穿墙套管、母线等安装高度不同时定额不予调整。

五、控制、继电保护屏及低压电器

本章定额适用于各种控制、保护屏柜、低压电器、表盘附件、铁构件等设备安装。

1. 工作内容

（1）屏（柜）、箱安装

1）工作内容：本体就位，找正、找平，固定，屏、柜内元器件安装及校线，接地，补漆。

2）未计价材料：接地材料。

（2）变频器安装

1）工作内容：本体就位、找正、固定，模块插件安装，内部电缆连接，接地。

2）未计价材料：接地材料。

（3）端子箱安装

1）工作内容：设备就位，固定安装，接地。

2）未计价材料：接地材料。

（4）表盘附件及二次回路配线安装

1）工作内容：测量，下料，敷设，压端子，接线；表计、电器元件等的拆装，送交试验，安装，单体调试。

2）未计价材料：接地材料、小母线。

（5）穿通板制作安装

1）工作内容：划线、下料、钻孔、固定，油漆，接地。

2）未计价材料：穿通板、接地材料。

（6）低压电器安装

1）工作内容：设备就位，固定安装，接线，接地，单体调试。

2）未计价材料：接地材料。

（7）铁构件制作安装

1）工作内容：平直、划线、下料、钻孔、组对、焊接，安装。

2）未计价材料：铁构件、阀门、接地材料。

2. 本章定额未包括的工作内容

（1）喷漆及喷字。

（2）设备基础（包括支架、底座、槽钢等）制作及安装。

（3）电气设备及元件的干燥工作。

（4）扩建工程在原有屏上安装电气元件的开孔工作。

3. 工程量计算规则

（1）继电保护屏已综合考虑保护、自动装置、计量等类型屏柜。控制屏（柜）、保护屏（柜）适用于发电机、变压器、线路、母联、旁路及中央信号等的安装。定额中对屏柜中控制装置、保护装置的类型、套数均作了综合考虑，执行时不再换算或增减。模拟屏已按各种材质屏面综合考虑，执行时不再换算或增减。模拟屏已按各种材质屏面综合考虑。智能汇控柜按照就地自动控制屏定额乘以系数2.0。

（2）屏上其他附件安装，适用于标签框、试验盒、光字牌、信号灯、附加电阻、连接片及二次回路熔断器、分流器等。低压电器设备中成套开关柜定额综合考虑了各种进线柜、出线柜、联络柜、计量柜、电容器柜等工作内容，执行时无论柜型只按台数计算即可，不做换算。本章所列变送器专指电气量变送器，热工变送器应另套有关定额。

（3）变频器安装不包括变频器配套的冷却系统（冷却风机、冷却器、冷却风道等）安装。

（4）端子箱安装中端子箱大小不同时定额不做调整。

（5）铁构件制作、安装适用于各类支架、底座、构件的制作、安装；轻型铁构件适用于结构厚度在3mm以内的构件。铁构件制作安装中的防腐处理按镀锌考虑，镀锌材料费另计。若需其他防腐处理应另计费用。

六、交直流电源

本章定额适用于直流系统的蓄电池支架、蓄电池、整流装置等安装。

1. 工作内容

（1）蓄电池支架安装

1）工作内容：支架安装包括基础打眼装膨胀螺栓、支架安装固定、接地、补刷油漆等。

2）未计价材料：支架、接地材料。

（2）免维护蓄电池安装

工作内容：支架安装固定，电瓶就位，整组检查，安装护罩、标字、标号等。

（3）碱性蓄电池安装

工作内容：安装固定，连接线，补充注液，标字、标号等。

（4）密闭式铅酸蓄电池安装

工作内容：清洗组装，连接线，调、注电解液，标字、标号等。

（5）蓄电池组充放电

工作内容：直流回路检查，放电设施准备及接线，初充电或补充（均衡）充电、放电、再充电及充放电过程技术数据的测量，记录、整理等，单体调试。

（6）ups安装

工作内容：划线定位，安装固定，固定连线等，单体调试。

（7）整流电源安装

工作内容：划线定位、安装固定，调整水平，固定连线等，单体调试。

2. 本章定额未包括的工作内容

蓄电池组充放电定额中充电设备的安装。

3. 工程量计算规则

（1）蓄电池支架安装适用于密闭式碱性、酸性蓄电池安装固定用的支架安装，支架按镀塑钢结构成品考虑。

（2）免维护蓄电池的支架由制造厂配套提供，安装按膨胀螺栓固定考虑，其安装工作内容已包括在该蓄电池安装定额中。碱性蓄电池按单体成品蓄电池，电解液已注入，组合安装后即可充电使用，补充用电解液按随设备提供考虑。密闭式铅酸蓄电池的容器、电极板、连接铅条，紧固螺栓，螺母，垫圈等。由制造厂散件装箱供货。

4. 其他说明

免维护蓄电池组补充电按同容量蓄电池组充放电定额乘以系数0.2。

七、起重设备电气装置

本章定额适用于发电厂中各类起重机电气设备、滑触线安装。

1. 工作内容

（1）起重设备电气安装

工作内容：电气设备检查，电动机检查与干燥，电磁抱闸的检查、调整，小车副滑线安装，管线或电缆敷设，校线，接线及操纵室内开关控制设备检查接线，设备本体灯具安装，接地，配合试验，单体调试。

（2）斗轮式堆取料机安装

工作内容：材料设备各清点、搬运，电气设备检查安装，滑线安装，电缆敷设，接线、机上灯具安装，接地，配合试验，单体调试。

（3）电站专用电梯电气安装

工作内容：电气设备检查、安装，管线或电缆敷设，校线，接线，接地，配合试验，单体调试。

（4）滑触线安装

1）工作内容：平直，下料，支持器安装，绝缘子安装，伸缩器安装。

2）未计价材料：滑触线。

（5）滑触线支架安装

1）工作内容：支架整理、固定、补漆和指示灯安装。不包括支架制作（支架按制造厂成套供应考虑），支架基础铁件按土建预埋考虑。

2）未计价材料：滑触线支架。

（6）移动软电缆安装

1）工作内容：拉紧装置安装，配钢索，吊挂，拖架及滑轮安装，电缆敷设，连线。

2）未计价材料：软电缆、滑轮、拖架。

2. 本章定额未包括的工作内容

（1）设备的整体油漆或喷漆。

（2）铁构件制作。

八、电缆

本章定额适用于变电站内的电力和控制电缆的敷设和电缆头制作、安装。

1. 工作内容

（1）人工开挖路面

工作内容：测量、划线、混凝土路面切割、挖掘，路面修复，余土外运。

（2）直埋电缆、保护管挖填土

1）工作内容：测量、划线、挖掘、回铺填夯实，余土外运。

2）未计价材料：保护管。

（3）电缆沟揭盖盖板

1）工作内容：盖板揭起、堆放、盖板覆盖、调整。

2）未计价材料：电缆沟盖板。

（4）直埋电缆铺砂、盖砖或盖保护板

工作内容：调整电缆间距，铺砂、盖砖或盖保护板、埋设标桩。

（5）支架、桥架、托盘、槽盒安装

1）工作内容：定位、支架安装、本体固定、连接、接地、补漆、盒盖安装。

2）未计价材料：支架、桥架、托盘、槽盒。

（6）电缆保护管敷设

1）工作内容：沟底修整夯实、锯管、弯管、接口、敷设、管卡固定、补漆、管口封堵及金属管的接地。

2）未计价材料：电缆保护管。

（7）电缆敷设

1）工作内容：架盘、敷设、切割、临时封头、整理固定、制挂电缆牌，单体调试。

2）未计价材料：电缆。

（8）电力电缆头制作

1）工作内容：测量尺寸、锯电缆、安装切割护层、焊接地线、压端子、加强绝缘层、浇注环氧树脂热（冷）收缩配件、校线、接线（与设备）。

2）未计价材料：电缆头、终端盒、中间盒、保护盒、插接式成品头、支架。

（9）控制电缆头制作、安装

1）工作内容：测量尺寸、切割、固定、剥外护层、芯线校对，压端子、端子标号、接线。屏蔽电缆还包括接地。

2）未计价材料：电缆头、终端盒、保护盒、插接式成品头、支架。

（10）电缆防火设施安装

1）工作内容：防火隔板加工、固定孔洞封堵，防火涂料涂刷电缆外层前的电缆清洁、涂刷，防火墙、防火包安装。

2）未计价材料：防火隔板、堵料、涂料、防火包、防火墙材料。

（11）集束导线安装、整理

1）工作内容：导线安装、固定。

2）未计价材料：集束导线。

2. 本章定额未包括的工作内容

（1）电缆钢支架制作、安装。

（2）隔热层、保护层的制作安装。

（3）35kV 及以上电力电缆交流耐压试验。

（4）交叉互联性能试验。

3. 工程计量规则

（1）电缆沟挖填土方量按下列规定计算：上口宽度为 600mm，下口宽度为 400mm，深度为 900mm，每米（沟长）挖填方量为 0.45m³；每增加一根电缆，沟宽增加 170mm，挖填方量增加 0.153mm³；沟深按自然地坪计算，如设计深度查过 900mm 时，多挖填的方量应另计算：遇有清理障碍物，排水及其他措施时，费用另计。

（2）电缆保护管埋地敷设，其土方量凡有施工图注明的，按施工图计算：无施工图的，一般按沟深 0.9m、沟宽按最外边的保护管两侧边缘外各增加 0.3m 工作面计算。14 芯以下控制电缆敷设执行 10mm² 以下电力电缆敷设定额，15～37 芯控制电缆敷设执行 35mm² 以下，38 芯及以上控制电缆敷设执行 120mm² 以下电力电缆敷设定额。电缆敷设及电缆头制作定额按铜芯铝芯综合考虑，无论铜芯、铝芯电缆均不做调整。

（3）不锈钢桥架执行钢桥架定额乘以系数 1.1。复合桥架、托盘、槽盒按铝合金桥架、托盘、槽盒乘以系数 1.3。电缆桥架、托盘、槽盒的安装定额均按生产厂家供应成套成品，现场直接安装考虑的。

（4）电力电缆和控制电缆均按照一根电缆有两个终端头计算。电力电缆按设计图示计算中间头，控制电缆原则上不计算中间头。

（5）导线截面在 800mm² 以上的电缆，执行单芯电缆 800mm² 的子目乘以系数 1.25。

（6）阻燃槽盒定额按不同截面综合考虑。

九、照明及接地

本章定额适用于变电站（发电厂）内的设备照明和户外照明的安装、接地安装、接地母线敷设等内容。

1. 工作内容

（1）设备照明安装

1）工作内容：支架制作、安装，电线管敷设，安装固定，弯管配制安装，保护管跨接线安装，管内穿线，灯具插座安装，接线，接线盒盖板配制、安装，照明配电箱安装，灯具试亮。

2）未计价材料：灯具、插座、电线管及管件、支架、接线盒、电缆。

（2）户外照明安装

1）工作内容：测量，定位，基坑开挖、基础安装，组立，测量，灯具及附件安装、接线，试亮。

2）管内穿绝缘线工作内容：测量、下料、穿线、压端子，接线。

3）未计价材料：钢管、水泥杆、整套灯具、导线。

（3）接地极制作安装

1）工作内容：下料、制作及打入地下，离子接地极钻孔、放电极、回填土、放热焊接接地点、回填料搅拌、回填，降阻剂安装。

2）未计价材料：钢管、角钢、圆钢、铜棒、管帽、接地模块、降阻剂、离子接地极。

（4）户外接地母线敷设

1）工作内容：平直、下料、煨弯，挖接地沟，母线敷设，焊接，接地母线与接地极焊接，回填土夯实接头刷漆。铜编织带（多股软铜线）下料、压端子、安装。

2）未计价材料：扁钢、圆钢、铜绞线、铜排、铜编织带。

（5）户内接地母线敷设

1）工作内容：划线、打洞，卡子制作及埋设，母线平直、下料，煨弯，焊接、固定，接地端子焊接，母线接头刷漆。

2）未计价材料：扁钢、铜绞线、铜排、铜编织带。

（6）构架接地

1）工作内容：测量、划线、下料，焊接、刷漆，单体调试。

2）未计价材料：钢材、铜材、扁钢。

（7）阴极保护井安装

1）工作内容：井壁钢管配制、焊接，配合钻井，塑料管配制、固定，钻孔，井盖制作、安装，防腐，灌石墨粉，单体调试。

2）未计价材料：钢管、石墨粉、塑料管。

（8）阴极保护井电极安装

1）工作内容：下料，电缆安装，铜螺丝安装，电极安装，单体调试。

2）未计价材料：电缆

（9）深井接地埋设

1）工作内容：测量、下料、电极安装，电缆敷设，单体调试。

2）未计价材料：圆钢、角钢、钢管、铜棒、降阻剂。

2. 未包括工作内容

（1）设备照明安装定额中照明配电箱的电源电缆敷设及接线。

（2）阴极保护井、深井接地安装中钻井费用。

（3）接地网单体调试。

3. 工程量计算规则

（1）铜编织带、多股软铜线安装根据图示数量以"根"为单位计量，每根长度考虑1m，增加长度按定额基价乘以 0.6 考虑。电缆沟道内接地扁钢（铜带）敷设，可执行户内接地母线敷设定额。

（2）铜接地（铜包钢、铅包铜）按户外接地母线扁钢、圆钢子目乘以 1.2 系数计算，材料费单独计算。

十、换流站设备

1. 工作内容及未计价材料

定额适用于±800kV 以下换流站设备安装。

（1）阀厅设备

1）工作内容：

① 晶闸管整流阀塔：阀塔框架的组装，元件组装，PVDF 分支冷却水管组装，导体连接，均压框罩的组装，光纤电缆槽盒安装，光缆敷设及光缆头制作，整体检查，接地，单体调试。

② 阀避雷器/阀桥避雷器：悬吊绝缘子安装，本体吊装，屏蔽均压环安装，放电计数器安装，拉棒安装，导体连接，光纤电缆敷设及光缆头制作，接地，单体调试。

③ 极线电流测量装置：安装底座核实，悬挂构件、悬吊绝缘子安装，测量装置安装，光缆敷设及光缆头制作，接地，单体调试。

④ 接地开关：安装底座钻孔，攻丝，组装，本体和机构安装，调整，接地，单体调试。

⑤ 高压直流穿墙套管：底座核实，穿墙套管吊装，气体监测器安装（含相应管附件），充气补气，接地，单体调试。

⑥ 中性点设备：底座核实，本体组装、吊装，附件安装，接地，单体调试。

⑦ 中性点穿墙套管含套管电流互感器：底座核实，穿缆电流互感器安装，本体吊装，接地，单体调试。

2）未计价材料：光缆槽盒、光缆。

（2）换流变压器系统

工作内容：临时接地，套管、油枕及散热器的清洗，附件安装，随设备自身的动力、控制箱安装，配管，内部检查，真空处理，注油，变压器就位，焊接固定，接地，补漆，单体调试。

（3）交流滤波装置

1）交流噪声滤波电容器塔：支柱绝缘子安装，电容器塔组装、吊装，调谐装置安装，均压环安装，电容器内部连线，接地，补漆。

2）交流噪声滤波电容器：电容器组装、吊装，均压环安装，调谐装置安装及连线，接地，补漆，单体调试。

3）交流滤波电容器塔：电容器塔组装、吊装，均压环、管形母线安装，

4）交流滤波电阻箱：支柱绝缘子安装，吊装，连线，接地，单体调试。

5）交流滤波电抗器：划线钻孔，底座及支持绝缘子安装，化学螺栓固定，吊装，内支撑件拆除，接地，单体调试。

6）光电流互感器：吊装，附件安装，接地，单体调试。

（4）直流配电装置

1）直流隔离开关、接地开关：底座安装，本体吊装，机构安装，开关调整，接地，单体调试。

2）直流断路器：本体吊装，非线型电阻、电抗吊装，充电装置的吊装，直流断路器调整，内部连线，接地，清洁，补漆，单体调试。

3）直流光电流测量装置：

支柱式：本体吊装及组装，接线盒安装，内部光纤电缆及电缆头制作，注油，接地，补漆，单体调试。

管形母线式：支柱绝缘子组装，吊装，光电流互感器组装、吊装，接地，接线盒安装，内部光纤电缆及电缆头制作安装，单体调试。

4）直流避雷器：本体吊装及组装，放电计数器安装，接地，单体调试。

5）直流噪声滤波电容器塔：底座预埋螺栓核实，电容器塔组装、吊装，层间连线，接地，补漆。

6）直流噪声滤波电容器：设备本体吊装，调谐装置安装及连线，接地，补漆，单体调试。

7）直流电容器：本体吊装，调谐装置安装及连线，接地，单体调试。

8）直流噪声滤波电抗器：设备、开箱，绝缘子安装，本体吊装，接地，单体调试。

9）直流分压器：本体吊装，接地，补漆，单体调试。

10）平波电抗器（干式）：支柱绝缘子组装，吊装，找平找正，本体吊装，防雨罩安装，接地，补漆，单体调试。

11）平波电抗器（油浸式）：临时接地，套管、油枕及散热器的清洗，真空处理，注

油，电抗器就位，本体固定，接地，补漆，单体调试。

12）平波电抗器避雷器：本体吊装，接地，补漆，单体调试。

13）直流断路器装置（每套分别包括断路器、电容器组、电抗器、避雷器等）、高速断路器（NBS）及震荡装置：底座安装，本体吊装，附件安装及接线，内部光纤电缆及电缆头制作，断路器充气、调整，接地，补漆，配合电气试验和光缆测试，单体调试。

14）直流避雷器（50kV）：本体吊装，放电计数器安装，接地，补漆，单体调试。

15）直流电抗器（50kV）：支持绝缘子安装，电抗器吊装，接地，补漆，单体调试。

16）直流电容器组（50kV）：本体吊装，调整，内部连线，接地，单体调试。

17）直流电容器（柱式）（50kV）：本体吊装，接地，补漆，单体调试。

18）直流分压器（50kV）：本体吊装，接地，补漆，单体调试。

19）平波电抗器（50kV）：支柱绝缘子组装，吊装，找平找正，本体吊装，防雨罩安装，接地，补漆，单体调试。

20）直流滤波低压设备：支持绝缘子安装，本体吊装，接地，补漆，单体调试。

21）直流滤波电容器塔（悬挂式）：悬吊绝缘子串组装及安装、分层电容器组吊装及安装，均压环安装，光纤电流互感器安装，内部连线，固定拉线制作安装，接地。

22）直流滤波电容器塔（支撑式）：底座预埋螺栓核实，电容器塔组装、吊装，均压环、管形母线安装，内部连线，接地，补漆。

23）电容器（C2、C3）：支持绝缘子安装，本体吊装，接地，单体调试。

24）滤波器电阻器：支持绝缘子安装，本体吊装，接地，补漆，单体调试。

25）滤波电抗器：支持绝缘子安装，本体吊装，接地，补漆，单体调试。

（5）直流接地极

1）接地监测井

工作内容：开挖、井口砌筑，塑料管配置、固定，井盖制作、安装。

2）渗水井

① 工作内容：开挖、井口砌筑，卵石填埋，井盖制作、安装。

② 未计价材料：卵石。

3）接地极焦炭填埋

① 工作内容：焦炭填埋、夯实。

② 未计价材料：焦炭。

4）接地极极环及电缆安装

① 工作内容：测量、划线，电缆及接地馈棒敷设、校正（施工过程包括焦炭床施工），人工回填土，夯填，耕植土恢复。

② 未计价材料：电缆、馈电棒、混凝土盖板。

5）热熔焊接

① 工作内容：导流电缆、配电电缆及接地馈棒、引缆的清洁处理，放置、调整、焊接缘处理。

② 未计价材料：电缆、焊粉、模具。

（6）阀冷却系统

工作内容：阀冷却系统设备的转运、底座核实，本体组装、吊装，附件安装，接地，单体调试。

2. 本章定额未包括的工作内容

(1) 阀厅内管母线及设备连线、支柱绝缘子、环网屏蔽铜排安装。

(2) 换流变压器中：

1) 不随设备到货的铁构件的制作、安装。

2) 变压器油的过滤。执行变压器的绝缘油过滤定额。

3) 换流变压器防地震措施的制作安装。

4) 端子箱、控制柜的制作、安装。

5) 二次喷漆。

6) 换流变压器套管进阀厅孔洞的临时封堵。

(3) 直流配电装置中：

1) 平波电抗器安装准备平台的施工和拆除。

2) 端子箱、控制柜的制作、安装。

3) 二次喷漆。

(4) 直流接地极安装中：

1) 为满足焦炭床铺设、导流电缆敷设沟槽开挖的井点降水措施费。

2) 接地极极环施工的余土外运。

3) 不包含接地极极址的内容。

(5) 特殊调试：

3. 工程量计算规则

(1) 阀厅设备：

1) 极线电流测量装置按悬挂式编制，如实际为支撑式，定额乘以 0.8 的系数。

2) 安装高压直流穿墙套管用的穿通板执行相应定额，如该穿通板为双层结构时乘以系数 2.0。

3) 高压直流穿墙套管非水平安装时乘以系数 1.50。

(2) 阀厅设备：

换流变压器备用相安装按同电压同容量换流变压器定额人工定额乘以 0.8，定额材机乘以 0.95。

(3) 交流滤波装置：

1) 330kV 交流噪声滤波电容器（塔）按 500kV 交流噪声滤波电容器（塔）乘以系数 0.85。

2) 330kV 交流滤波电容器按 500kV 交流滤波电容器乘以系数 0.9。

3) 交流滤波电阻箱定额以台/相为单位，每台/相按单柱双层叠放考虑。如实际为单柱单层，定额乘以 0.6 的系数；如实际为双柱双层，定额乘以系数 2。

(4) 直流配电装置：

1) 50kV 以内的直流避雷器按并列六柱编辑，每减少一柱按 0.1 的系数调减。

2) 直流滤波电容器塔定额按 30 层编辑，仅包括高压电容器塔内设备安装，塔外设备和设备连线另套相应定额子目。

3）直流设备安装在户内时，其人工定额乘以系数 1.3。

4）干式平波电抗器定额按单台编辑。如实际为两台叠放乘以 1.25 系数。

5）直流断路器均按双断口考虑，如为四断口，则按电压等级定额乘以系数 1.60。

（5）直流接地极安装：接地极焦炭填埋按填埋方量根据图示数量以"m³"为单位计量，极环及电缆安装的总长度按极环的直径计算出的周长进行计取。

4.其他说明

（1）本章定额主要考虑以进口设备为主。

（2）本章设备安装定额中未包括接地材料费。

（3）阀厅内设备安装的施工用电如照明等已考虑在定额内。阀厅空调系统在施工期间的用电未包括在定额内。

（4）阀冷却已包含在定额内。阀厅冷却系统安装另执行现行定额有关子目。

（5）主控楼、阀厅的空调安装另执行现行定额的有关子目。

（6）备用干式平波电抗器现场无须安装。

（7）阀冷却系统安装包含内、外冷水系统的所有设备、管道及各类附件的安装，动力控制盘柜安装另套其他相应子目。

十一、其他单体调试

1.工作内容

（1）励磁灭磁装置调试。

1）励磁灭磁屏调试，灭磁开关动作试验，主触头、灭磁触头分合闸时间配合测试。

2）灭磁电阻、磁场变阻器、感应调压器、隔离（励磁整流）变压器、整流柜及转子灭磁过压保护装置等一次设备调试及就地操作试验。

（2）高压除尘装置电气调试。

1）开关、电缆、电压互感器、电流互感器试验。

2）接地电阻测试。

3）仪表、变送器、保护、自动控制调节装置、振打装置、加热装置、通风电机等一、二次设备调试。

（3）电力电缆试验

1）GB 50150 第 18.0.1 条要求的设备检查及试验。

2）充油电力电缆的压力报警系统调试。

（4）保护装置调试

1）保护装置及各附属单元调试（仪表、变送器等）。

2）盘内查线。

3）保护整定。

4）柜内整组试验。

（5）自动装置调试

1）自动装置及各附属单元调试（仪表、变送器等）。

2）盘内查线。

3）保护整定。

4）柜内整组试验。

（6）变电站、升压站微机监控元件调试

1）外观检查。

2）开关量输入检查。

3）控制输出检查。

4）模拟量精度、线性度试验。

5）脉冲量精度试验。

6）通电调试。

7）屏内线检查。

（7）智能变电站调试

1）智能终端设备调试。

a. 合并单元调试。

工作内容：①合并单元及附属单元调试。②盘内查线，参数整定。③装置 CID 配置文件检查。④同步性能测试、IV 并列、切换功能测试，光功率裕度检测。

b. 智能终端调试。

工作内容：①智能终端及附属单元调试。②盘内查线，参数整定。③装置 CID 配置文件检查。④光功率裕度检测。

c. 网络报文记录和分析装置调试。

工作内容：①网络报文记录和分析装置及附属单元调试。②高级分析功能检查。

2）智能组件调试。

a. 变压器智能组件调试。

工作内容：①测量 IED 调试。②冷却装置控制 IED 调试。③有载分接开关控制 IED 调试。④变压器局部放电监测 IED 调试。⑤油中溶解气体监测 IED 调试。⑥铁芯接地电流监测 IED 调试。

b. 断路器/GIS 智能组件调试。

工作内容：①开关设备控制器调试。②局部放电监测 IED 调试。③气体密度、水分监测 IED 调试。

c. 避雷器智能组件调试。

工作内容：①测量误差试验（在现场采用模拟装置进行试验）。②测量重复性检验。③最小检测周期检验。④数据传输检验。⑤安全性检验。

（8）电网调度自动化主站设备调试

外观检查、安装检查、编制信息表、系统数据库内容补充，接口核查，设备管理软件、补丁、病毒核查，身份验证、集群和同步核查，设备及软件的许可核查，设备加电测试、功能和性能试验，技术资料及文档检查。

（9）二次系统安全防护

a. 二次系统安全防护设备调试。

工作内容：外观检查、配置核查，冗余功能、访问控制功能测试，路由表容量、路由收敛速率测试，最大并发连接数、最大新建连接数测试，明文吞吐量、密文吞吐量测试，攻击检测、攻击告警测试，规律库测试，安全等性能测试。

b. 计算机安全防护措施检测。

工作内容：外观检查、配置核查，信息安全措施核查，漏洞检测，设备运行正确性核查，开放端口检测。

c. 信息安全测评（等级保护测评）。

工作内容：信息安全措施核查，配置核查，漏洞核查，设备运行正确性核查，开放端口检查。

（10）变电站视频及环境监控系统元件调试

a. 站端（变电站）元件调试。

工作内容：外观检查、安装是否正确，视频、音频编/码标准测试，通信控制协议标准化测试，摄像机本体性能测试，环境信息实时采集、处理、上传、告警及时钟对时精度等功能和性能测试，存储设备读写、与主机交互测试等。

b. 主站（调度端）元件调试。

外观检查，视频服务器、工作站、贮存、交换机硬件本体系统和应用软件调试等。

（11）I/O 现场送点校验

a. 连接电缆正确性确认。

b. 现场 I/O 送点。

c. 配合控制系统冷态回路试验。

2. 其他说明

（1）保护装置调试

1）保护装置调试均已包括装置及附属设备的所有单元件调试，保护装置内各种非重复保护功能的组合为一套，每增加一套保护增加定额系数 0.6。

2）电抗器、电容器保护装置套用相同电压等级的送配电保护装置。送配电保护中的高频保护包括通道试验，纵差保护包括联调试验，均以单侧为一套考虑。

3）母线保护为比率式，定额乘以系数 1.2。500kV 以下母联保护按 3/2 接线断路器考虑。

4）旁路间隔套用同电压等级送配电保护定额。

5）高压电抗器保护装置套用相同电压等级的变压器保护装置。3～10kV 变压器保护装置带差动哺护时定额的乘以系数 1.20。

6）电动机保护装置调试按套用相应电压等级送配电保护装置（或综合保护装置）定额，系数乘以 1.3。

（2）自动装置调试

1）自动装置调试均已包括装置及附属设备的所有单元件调试。装置的形式已作综合考虑，使用时不因形式差异作调整。

2）事件顺序记录装置调试按故障录波器定额乘以系数 2.0。

3）蓄电池自动充电装置已包括配合蓄电池组首次充放电及直流绝缘电源监察装置调试，公用或备用充电装置应乘以系数 0.4。

4）镍铬电池充电屏按同电压等级蓄电池自动充电装置定额乘以系数 0.5。

5）备用电源自投装置以单向自投为一套，双向自投时乘以系数 1.2。

6）VQC 自动装置定额在独立配置时套用。

7）变电站自动化系统测控装置按各相应电压等级断路器数量计算。

3.5.2.4 电力建设调试工程预算定额使用说明和工程量计算规则

一、调试工程预算定额总说明：

1. 调试工程预算定额适用范围

《调试工程预算定额》适用于单机 50～1000MW 火力发电工程、燃气——蒸汽联合循环发电工程、35～1000kV 变电（串联补偿）工程、±800kV 及以下换流工程的电气设备安装工程、35～1000kV 输电线路工程的调试；但未包括单体调试的项目和内容，发电工程、输变电工程及换流工程的单体调试已包含在相应的安装定额中。

定额是编制施工图预算的依据，是编制概算定额的基础，也是编制标底、最高投标限价和投标报价的参考依据

2. 定额编制依据的国家和有关部门颁发的现行技术规定、规范

（1）GB/T 7261—2008　继电保护和安全自动装置基本试验方法

（2）GB 13223—2011　火电厂大气污染物排放标准

（3）GB 50150—2006　电气装置安装工程　高压电器施工及验收规范

（4）DL/T 414—2012　火电厂环境监测技术规范

（5）DL/T 657—2006　火力发电厂模拟量控制系统验收测试规程

（6）DL/T 671—2010　发电机变压器组保护装置通用技术条件

（7）DL/T 793—2012　发电设备可靠性评价规程

（8）DL/T 794—2012　火力发电厂锅炉化学清洗导则

（9）DL/T 843—2010　大型汽轮发电机励磁系统技术条件

（10）DL/T 852—2004　锅炉启动调试导则

（11）DL/T 863—2004　汽轮机启动调试导则

（12）DL/T 912—2005　超临界火力发电机组水汽质量标准

（13）DL/T 5161.1～5161.7—2002　电气装置安装工程质量检验及评定规程

（14）DL/T 5210.2—2009　电力建设施工质量验收及评价规程　第 2 部分：锅炉机组

（15）DL/T 5210.3—2009　电力建设施工质量验收及评价规程　第 3 部分：汽轮发电机组

（16）DL/T 5210.4—2009　电力建设施工质量验收及评价规程　第 4 部分：热工仪表及控制装置

（17）DL/T 5210.5—2009　电力建设施工质量验收及评价规程　第 5 部分：管道及系统

（18）DL/T 5210.6—2009　电力建设施工质量验收及评价规程　第 6 部分：水处理及制氢设备和系统

（19）DL/T 5437—2009　火力发电建设工程启动试运及验收规程

（20）HJ/T 92—2002　水污染物排放总量监测技术规范

（21）JF 1183—2007　温度变送器校准规范

（22）JJG 882—2004　压力变送器检定规程

（23）电建质监【2005】57 号　关于印发《电力建设工程质量监督检查典型大纲》（火力、送变电部分）的通知

（24）电建质监【2005】52 号 关于印发《电力建设工程质量监督规定（暂行）》的通知

（25）电力部建质【1996】40 号 火电工程启动调试工作规定

（26）电建质监【2005】52 号 火电工程调整试运质量检验及评定标准

3. 定额编制考虑的一些因素

定额是按国内大多数单位普遍采用的调试方法、劳动组织、仪器仪表配合制定的，且按下列条件编制：

（1）设备、材料、化学药品完整无损，符合质量标准和设计要求，并附有产品合格证书和试验记录；

（2）设备和系统安装符合设计图纸要求、施工及验收技术规范的规定，并已办理质量检验合格和评定签证；

（3）调试现场的场地、道路、供水、照明、通信、空调和消防等设施符合调试必须具备的条件；

（4）试运指挥机构、运行人员考试、运行规章制度、系统图表、工器具、设备和系统标志、隔离设施等技术准备工作满足试运要求；

（5）正常的气候、地理条件和施工环境；

（6）合理的调试工期。

4. 定额是完成规定计量单位子目工程所需人工、计价材料、施工机械台班的消耗量标准，反映了电力建设行业施工技术与管理水平，代表着社会平均生产力水平。除定额可以调整或换算外，不因具体工程实际施工组织、施工方法、劳动力组织与水平、材料消耗种类与数量、施工机械规格与配置等不同而调整或换算。

5. 定额基价计算依据。

（1）人工费：

1）本定额的用工类别为调试技术工。

2）人工工日为八小时工作制，调试技术工单价为 75 元/工日。

3）本定额中的人工工日消耗量包括项目前期准备、现场操作和项目总结三个阶段的人工用量。

（2）材料费：

1）计价材料用量包括合理的施工用量和施工损耗、场内运搬损耗、施工现场堆放损耗。其中，周转性材料按摊销量计列；零星材料合并为其他材料费。

2）计价材料为现场出库价格，按照"电力行业 2013 年定额基准材料库"价格取定。

（3）机械费：

1）机械台班用量包括场内运搬、合理施工用量和超运距、超高度、必要间歇消耗量以及机械幅度差等。

2）不构成固定资产的小型机械或仪表，未计列机械台班用量，包括在《电网工程建设预算编制与计算规定》（2013 年版）、《火力发电工程建设预算编制与计算规定》（2013年版）的施工工具用具使用费中。

3）机械台班价格按照"电力行业 2013 年定额基准施工机械台班库"价格取定。

6. 本定额不包括下列工作内容：

（1）非调试方原因延长调试工期、增加或重复的调试工作；

（2）启动验收委员会下设机构负责的指挥、组织和协调等管理工作；

（3）配合机组或整个工程的达标创优工作。

7. 66kV 没有相应定额子目的可按 110kV 定额子目乘以系数 0.88 计列，154kV 可按 220kV 定额子目乘以系数 0.9 计列。

8. 本定额中凡采用"××以内"或"××以下"者，均已包括"××"本身；凡采用"××以外"或"××以上"者，均不包括"××"本身。

9. 总说明内未尽事宜，按各章说明执行。

调试项目列表 表 3-102

章	节
1 发电厂分系统调试	1.1 锅炉分系统调试 1.1.1 烟风系统调试 1.1.2 锅炉冷态通风试验 1.1.3 输煤、制粉系统调试 1.1.4 灰、渣系统调试 1.1.5 燃油系统调试 1.1.6 等离子（微油）点火装置调整 1.1.7 汽水系统调试 1.1.8 锅炉吹管 1.1.9 脱硫工艺系统调试 1.1.10 脱硝工艺系统调试 1.1.11 循环流化床分系统调试 1.2 汽机分系统调试 1.2.1 蒸汽系统调试 1.2.2 给水系统调试 1.2.3 发电机水、氢、油系统调试 1.2.4 真空系统调试 1.2.5 汽机油系统调试 1.2.6 高、低压旁路系统调试 1.2.7 小汽轮机调试 1.2.8 循环水系统调试 1.2.9 冷却水系统调试 1.2.10 直接空冷系统调试 1.3 电气分系统调试 1.3.1 发电机主变压器组调试 1.3.2 发电机励磁系统调试 1.3.3 发电机同期系统调试 1.3.4 发电厂直流电源系统调试 1.3.5 发电厂中央信号系统调试 1.3.6 保安电源系统调试 1.3.7 发电厂事故照明系统调试 1.3.8 电除尘系统调试 1.3.9 发电机故障录波系统调试 1.3.10 厂用电切换系统调试 1.3.11 零功率切机系统调试 1.3.12 发电机 PML 同步相量系统调试 1.3.13 变频系统调试 1.3.14 厂用辅机系统电气调试 1.3.15 发电厂微机监控系统调试 1.3.16 发电厂时间同步系统调试 1.3.17 发电厂保护故障信息子（分）站系统调试 1.3.18 脱硫系统电气调试

章	节
1　发电厂分系统调试	1.3.19　脱硝系统电气调试 1.4　热控分系统调试 1.4.1　机组自控装置复原调试 1.4.2　四功能分散型控制系统调试 1.4.3　电气分散型控制系统调试 1.4.4　事故追忆、协调控制和 AGC 控制系统调试 1.4.5　机组自启停顺序控制系统调试 1.4.6　保护联锁及报警系统调试 1.4.7　电液控制系统和旁路控制系统调试 1.4.8　监视仪表系统调试 1.4.9　显示系统调试 1.4.10　节油点火控制系统调试 1.4.11　直接空冷控制系统调试 1.4.12　机组附属设备及外围程序控制系统调试 1.4.13　脱硫控制系统调试 1.4.14　脱硝控制系统调试 1.5　化学分系统调试 1.5.1　补给水处理系统调试 1.5.2　废水处理系统调试 1.5.3　加药、取样系统调试 1.5.4　化学碱洗 1.5.5　炉本体化学酸洗 1.5.6　凝结水精处理系统调试 1.5.7　EDI 设备系统调试 1.5.8　其他化学系统调试 1.6　附属装置分系统调试 1.6.1　启动锅炉调试 1.6.2　厂用、仪用空压机系统调试 1.6.3　柴油发电机系统调试 1.6.4　海水淡化系统调试
2　发电厂整套启动调试	2.1　锅炉整套启动调试 2.1.1　锅炉分系统投运 2.1.2　热工信号及联锁保护校验 2.1.3　点火及燃油系统试验 2.1.4　安全阀校验及蒸汽严密性试验 2.1.5　机组空负荷运行调试 2.1.6　低负荷调试 2.1.7　主要辅助设备及附属系统带负荷调整 2.1.8　制粉系统热态调试 2.1.9　燃烧调整 2.1.10　机组带负荷试验 2.1.11　机组甩负荷试验 2.1.12　锅炉 168h(或 72h＋24h)满负荷连续试运行 2.1.13　循环流化床整套启动调试 2.2　汽机整套启动调试 2.2.1　汽机分系统投运 2.2.2　主机冲转前检查(冷态启动) 2.2.3　主机冲转、并网及空负荷技术指标控制调整 2.2.4　发电机充氢及冷却系统运行 2.2.5　超速试验 2.2.6　主机带负荷调整试验 2.2.7　汽机辅助设备及附属系统带负荷调整试验 2.2.8　轴承及转子振动测量

章	节
2　发电厂整套启动调试	2.2.9　机组甩负荷试验 2.2.10　带负荷热控自动投用试验 2.2.11　汽机 168h(或 72h＋24h)满负荷连续试运行 2.3　电气整套启动调试 2.3.1　发电机变压器组启动调试 2.3.2　厂用电源系统试运 2.3.3　发电厂监控系统调试 2.3.4　电气 168h(或 72h＋24h)满负荷连续试运行 2.4　热控整套启动调试 2.4.1　四功能分散型控制系统调试 2.4.2　电气分散型控制系统调试 2.4.3　事故追忆、协调控制和 AGC 控制系统调试 2.4.4　保护联锁及报警系统调试 2.4.5　电液控制及旁路控制系统调试 2.4.6　监视仪表系统调试 2.4.7　机组附属设备及外围程序控制系统调试 2.4.8　热控 168h(或 72h＋24h)满负荷连续试运行 2.5　化学整套启动调试 2.5.1　凝结水精处理系统调试 2.5.2　汽水加药系统调试 2.5.3　整组启动化学监督 2.5.4　化学热工信号联锁保护及程控 2.5.5　化学净水、补给水及废液排放系统调试 2.5.6　化学 168h(或 72h＋24h)满负荷连续试运行 2.6　脱硫整套启动调试 2.7　脱硝整套启动调试
3　发电厂特殊调试项目	3.1　锅炉特殊调试项目 3.1.1　给水、减温水调节阀漏流量与特性试验 3.1.2　单侧辅机运行调整 3.1.3　冷炉空气动力场试验 3.2　汽机特殊调试项目 3.2.1　供热系统调试 3.2.2　发电机定子绕组端部固有振动频率测试及模态分析 3.2.3　发电机定子绕组及引出线水测量试验 3.3　电气特殊试验项目 3.3.1　发电机试验 3.3.2　发电厂 AVC 系统调试 3.3.3　接地网参数测试 3.3.4　相关表计校验 3.4　热控特殊调试项目 3.4.1　全厂辅助控制网及设备调试 3.4.2　DCS 性能测试 3.4.3　消防监控系统调试 3.5　性能试验项目 3.5.1　炉热效率 3.5.2　炉最大出力 3.5.3　炉额定出力 3.5.4　炉断油最低出力 3.5.5　制粉系统出力 3.5.6　磨煤机单耗 3.5.7　机组热耗 3.5.8　机组轴系振动试验 3.5.9　汽机最大出力

章	节
3　发电厂特殊调试项目	3.5.10　汽机额定出力 3.5.11　机组供电煤耗测试 3.5.12　机组 RB 试验 3.5.13　污染物排放监测试验 3.5.14　噪声测试 3.5.15　散热测试 3.5.16　粉尘测试 3.5.17　除尘器效率试验 3.5.18　发电机额定负荷温升试验 3.5.19　发电机最大出力试验
4　燃气—蒸汽联合循环电站调试	4.1　燃机调试 4.1.1　燃机分系统调试 4.1.2　燃机整套启动调试 4.2　余热锅炉调试 4.2.1　余热锅炉分系统调试 4.2.2　余热锅炉整套启动调试 4.3　燃机控制系统调试 4.3.1　燃机控制系统分系统调试 4.3.2　燃机控制系统整套启动调试
5　输变电分系统调试	5.1　电力变压器分系统调试 5.2　送配电设备分系统调试 5.3　母线分系统调试 5.4　变电站故障录波分系统调试 5.5　变电站 PMU 同步相量分系统调试 5.6　变电站同期分系统调试 5.7　变电站直流电源分系统调试 5.8　变电站事故照明分系统调试 5.9　不停电电源分系统调试 5.10　站用电切换及备用自投分系统调试 5.11　变电站中央信号分系统调试 5.12　安全稳定分系统调试 5.13　变电站微机监控分系统调试 5.14　变电站五防分系统调试 5.15　变电站时间同步分系统调试 5.16　变电站保护故障信息子(分)站分系统调试 5.17　保护故障信息主站分系统调试 5.18　电网调度自动化分系统调试 5.19　AVQC 无功补偿分系统调试 5.20　二次系统安全防护分系统调试 5.21　信息安全测评分系统(等级保护测评) 5.22　网络报文监视系统调试 5.23　智能辅助系统调试 5.24　状态检测系统调试 5.25　交直流电源一体化系统调试 5.26　信息一体化平台调试
6　输变电整套启动调试	6.1　变电站(升压站)试运 6.2　变电站监控系统调试 6.3　电网调度自动化系统调试 6.4　二次系统安全防护调试 6.5　500kV 变电站(升压站)试运专项测量 6.6　1000kV 变电站(升压站)试运专项测量 6.7　输电线路试运

续表

章	节
7　输变电特殊调试项目	7.1　变压器特殊试验 7.1.1　变压器长时间感应耐压试验带局部放电试验 7.1.2　变压器交流耐压试验 7.1.3　变压器绕组变形试验 7.2　断路器耐压试验 7.3　穿墙套管耐压试验 7.4　金属氧化物避雷器持续运行电压下持续电流测量 7.5　支柱绝缘子探伤试验 7.6　耦合电容器局部放电试验 7.7　互感器局部放电、耐压试验 7.7.1　互感器局部放电试验 7.7.2　互感器耐压试验 7.8　GIS(HGIS)耐压、局部放电试验 7.8.1　GIS(HGIS)交流耐压试验 7.8.2　GIS(HGIS)局部放电带电检测 7.9　接地网参数测试 7.9.1　接地网阻抗测试 7.9.2　接地引下线及接地网导通测试 7.10　远动规约调试 7.11　电容器在额定电压下冲击合闸试验 7.12　绝缘油、气试验 7.13　相关表计校验 7.14　互感器误差测试 7.15　电压互感器二次回路压降测试 7.16　计量二次回路阻抗(负载)测试 7.17　1000kV系统专项试验
8　换流站调试	8.1　分系统调试 8.1.1　阀厅分系统调试 8.1.2　直流场分系统调试 8.1.3　换流变压器分系统调试 8.1.4　平波电抗器分系统调试 8.1.5　直流控制保护分系统调试 8.1.6　交、直流滤波电容器分系统调试 8.1.7　滤波器调谐分系统调试 8.1.8　监控、远动及保护信息子站分系统调试 8.1.9　GPS及故障录波分系统调试 8.1.10　站用变压器及站用电交、直流电源分系统调试 8.1.11　站用电切换及事故照明分系统调试 8.1.12　五防回路分系统调试 8.1.13　接地网分系统调试 8.1.14　阀冷却分系统调试 8.2　站系统调试 8.3　端对端系统调试 8.3.1　单换流器系统调试 8.3.2　单极系统调试 8.3.3　双极系统调试 8.3.4　额定功率和过负荷运行系统调试 8.3.5　融冰方式运行试验 8.3.6　交流侧单相接地故障试验 8.3.7　双极直流线路同时故障接地试验 8.3.8　直流线路电磁环境测试 8.3.9　端对端系统试运行

章	节
8　换流站调试	8.3.10　接地极测试 8.4　特殊试验 8.4.1　换流变压器 8.4.2　换流阀 8.4.3　阀避雷器 8.4.4　阀桥避雷器 8.4.5　直流避雷器 8.4.6　直流断路器 8.4.7　直流断路器装置 8.4.8　直流穿墙套管 8.4.9　直流线路 8.4.10　直流接地极 8.4.11　换流站接地网 8.4.12　水冷系统

二、分系统调试

1. 工作内容

(1) 电力变压器分系统调试

工作内容：①变压器、高低压断路器、隔离开关、接地开关、保护、监控及计量二次回路调试。②测温、冷却、有载调压系统调试。③一次通流、二次升压试验。④控制、保护整组传动试验。

(2) 送配电设备分系统调试

工作内容：①断路器、隔离开关、接地开关、保护、监控等二次回路调试。②一次通流、二次升压试验。③控制、保护整组传动试验。④保护通道联调试验。

(3) 母线分系统调试

工作内容：①母线系统二次回路调试。②保护、信号动作试验。③绝缘监察装置试验。

(4) 变电站故障录波分系统调试

工作内容；①电压、电流、信号二次回路调试。②与故障信息子站联调。

(5) 变电站 PMU 同步相量分系统调试

工作内容：①二次回路调试。②PMU 系统集成及联调。③有关功能和性能测试。④与省调及网调联调。

(6) 变电站同期分系统调试

工作内容：①同期电压二次回路调试。②同期系统与计算机监控系统联调。③有关参数整定。④模拟动作试验。

(7) 变电站直流电源分系统调试

工作内容：①充电屏、馈线屏、直流电源二次回路调试。②充电装置有关参数整定、性能校验。③试运行。

(8) 变电站事故照明分系统调试

工作内容：①照明系统二次回路检查及切换试验。②试运行。

(9) 不停电电源分系统调试

工作内容：①不停电电源二次回路调试。②切换功能试验。③有关功能和性能测试。④试运行。

（10）站用电切换及备用自投分系统调试

工作内容：①二次回路检查。②一次通流、二次升压试验。③切换功能试验。④试运行。

（11）变电站中央信号分系统调试

工作内容：①二次回路调试。②报警功能校验。③自动打印系统的计算机软、硬件调试和打印显示回路调试。④试运行。

（12）安全稳定分系统调试工作内容：①电压、电流、信号二次回路调试。②控制、保护整组传动试验。③安稳策略设置及定值整定。

（13）变电站微机监控分系统调试

工作内容：①设备检查。②二次回路调试。③遥信、遥控、遥测功能试验。④间隔层和站级层网络设备调试及两者联调。⑤全站系统和间隔层闭锁逻辑调试和验证。⑥监控系统与继电保护系统、电量计费系统、直流系统、站用电系统、AVQC系统、UPS系统、GPS系统、后台计算机系统、同期系统的接口调试。⑦监控系统与各级调度中心信息联调。

（14）变电站五防分系统调试

工作内容：①二次回路调试。②电气闭锁、系统闭锁调试。

（15）变电站时间同步分系统调试

工作内容：①二次回路调试。②主钟与从钟通信检查。③时间同步系统对时精度检查。④保护、测控等装置的对时检查。

（16）变电站保护故障信息子（分）站分系统调试

工作内容：①二次回路调试。②保护、录波器接入调试，与网络存储器接入调试，录波管理、管理、告警管理等功能调试。③与保护故障信息主站、分站信息联调。

（17）保护故障信息主站分系统调试

工作内容：①系统平台、系统管理、系统软件等功能检查。②系统实时性、系统标准符合性，网络通信检查。③系统互联接口、安全性措施及系统性能等指标检查。④系统单机单网测试。

（18）电网调度自动化分系统调试

工作内容：①信息表核查，系统管理功能核查，系统数据库核查，SCADA、电网分析、系统WEB、PMU功能核查，系统实时性、系统标准符合性核查，外部网络通信核查。②系统通信规约试验，系统与变电站联调，系统与上下级联调。③系统与外部的数据交换调试。

（19）AVQC无功补偿分系统调试

工作内容：①设备检查。②二次回路调试，无功调节开环、闭环调节功能调试。③无功调节策略设置及定值整定。

（20）二次系统安全防护分系统调试

工作内容：①各二次系统安全防护措施核查、各二次系统安全防护管理核查。②各二次系统网络结构试验，安全防护系统告警接入试验。

（21）信息安全评分系统（等级保护测评）调试

工作内容：①信息安全测评系统物理安全、网络安全测评，操作系统测评，数据库测评，应用软件测评，信息安全管理测评。②信息安全建议，信息安全风险评估。③无功调节策略设置及定值整定。

（22）网络报文监视系统调试

工作内容：①网络报文检查。②相关规约检查。③与后台系统信息联调。

（23）智能辅助

工作内容：①信号、控制等功能调试。②后台应用功能调试。③各系统间联动调试。④与其他系统接口调试。

（24）状态检测系统调试

工作内容：①元件检查。②与后台系统信息联调。③与一体化信息平台联调。④与其他系统接口调试。

（25）交直流电源一体化系统调试

工作内容：①蓄电池系统调试。②直流系统调试。③逆变电源系统调试。④UPS系统调试。⑤交直流一体化信息采集系统调试。⑥与其他系统联调。⑦试运行。

（26）信息一体化平台调试

工作内容：①与智能辅助系统、状态监测系统、监控系统等子系统的联调。②后台高级应用功能调试。③与调度主站联调。

2. 未包括的工作内容

电气系统的特殊试验。

3. 工程量计算规则

（1）电力变压器分系统调试根据图示数量以"系统"为单位计量，已包括了主变系统内各侧间隔设备的系统调试工作，不得重复套用送配电设备系统调试定额。

（2）本节其余项目按定额表格所示单位计量。

4. 其他说明

（1）工作内容中所列"二次回路调试"均包括：带整定值继电器的二次通电检查，回路的绝缘耐压试验，系统的绝缘耐压试验，电流、电压回路通电检查试验，计算机监控（ECS、NCS）的联调和整组联动试验、交接验收等。

（2）电力变压器分系统调试。

1）本定额按双绕组电力变压器考虑，若为三绕组电力变压器时，定额乘以系数1.20。

2）电力变压器高压侧断路器为3/2接线方式时，定额乘以系数1.1。

3）电力变压器带负荷调整装置时，定额乘以系数1.20。

4）电力变压器装有自动灭火保护装置时，定额乘以系数1.05。

（3）送配电设备分系统调试。

1）400V供电系统，只适用于直接从母线段输出的带保护的送配电系统。

2）带有电抗器或并联电容器补偿的送配电设备系统，定额乘以系数1.2。

3）分段间隔或备用进线间隔系统调试，定额乘以系数0.5。

4）母联和旁路系统调试，套用相同电压等级的送配电设备系统调试定额。

（4）母线分系统调试只适用于装有电压互感器的母线段。

（5）站用电切换及备用自投分系统调试中每套独立切换装置为一个系统；可双向自动切换的系统，定额乘以系数 1.2。

（6）变电站故障录波分系统调试为变电站公用的故障录波器系统调试，保护等系统的故障记录仪调试已包括在各系统的调试定额中，不得重复套用。

（7）变电站微机监控分系统调试：

1）升压站调试定额乘以系数 0.8。

2）扩建变压器时，定额乘以系数 0.3。

3）扩建进出线间隔时，每间隔按同电压等级乘以定额系数 0.1。

（8）变电站五防分系统调试在扩建间隔时，每间隔按同电压等级定额乘以系数 0.1。

（9）AVQC 无功补偿分系统调试中，AVQC 无功补偿系统是指独立配置的系统。

三、输变电整套启动调试

1. 工作内容

（1）变电站（升压站）试运

工作内容：①受电前准备工作，启动方案编制。②受电时一、二次回路定相、核相。③电流、电压测量。④保护带负荷测试、合环或同期试验。⑤主设备冲击合闸试验和受电后检查。⑥试运行。

（2）变电站监控系统调试

工作内容：①监控系统性能测试。②各分系统信号、接口校验。③逻辑闭锁功能校验。④安全稳定试验。

（3）电网调度自动化系统调试

工作内容：①系统带负荷功能检验。②系统互联接口、实时性试验。③性能指标试验。④系统单机单网试验。

（4）二次系统安全防护调试

工作内容：①各系统运行稳定性试验。②二次系统边界安全核查。

（5）500kV 变电站（升压站）试运专项测量

1）隔离开关拉、合空母线。

工作内容：①测量母线侧、开关侧暂态电压波形。②检查避雷器的动作情况。③检验一次设备的绝缘是否完好。④检查相关设备保护和自动化系统等二次设备工作是否正常。

2）投、切空载变压器。

工作内容：①测量投、切变压器时的母线侧、主变侧暂态电压及暂态电流波形。②测量变压器合闸涌流，检验变压器耐受冲击合闸的能力，检验合闸涌流对变压器保护的影响。③检查变压器开关灭弧性能。④检查相关避雷器的动作情况。⑤检查相关一、二次设备接线是否正确。⑥检验变压器的绝缘是否完好。⑦有关继电保护和自动化系统二次回路带负荷检验。

3）投、切无功设备。

工作内容：①测量投、切无功补偿装置时的母线侧、无功补偿装置侧暂态电压及暂态电流波形。②测量无功补偿装置合闸涌流，检验无功补偿装置耐受冲击合闸的能力，保护的影响。③检查无功补偿装置开关灭弧性能，检验合闸涌流对无功补偿装置情况。④检查相关一、二次设备接线是否正确。⑤检验一次设备的绝缘是否完好。⑥有关继电保护和自动化系统二次回路带负荷检验。

4）投、切线路。

工作内容：①测量投、切线路时的母线侧、线路侧暂态电压及暂态电流波形。②测量线路投切时的合闸涌流和暂态过电压。③检查线路开关灭弧性能，检查开关分闸时有无重燃。④检查相关避雷器的动作情况。⑤检查相关一、二次设备接线是否正确。⑥检验一次设备的绝缘是否完好。⑦有关继电保护和自动化系统二次回路带负荷检验。

5）谐波测试。

工作内容：①变电站（升压站）各侧谐波测量。②变电站（升压站）试运时，各专项试验的谐波变化测量。

（6）1000kV 变电站（升压站）试运专项测量

1）投、切空载变压器。

工作内容：①测量投、切变压器时的母线侧、主变侧暂态电压及暂态电流波形。②测量变压器合闸涌流，检验变压器耐受冲击合闸的能力，检验合闸涌流对变压器保护的影响。③检查变压器开关灭弧性能。④检查相关避雷器的动作情况。⑤检查相关一、二次设备接线是否正确。⑥检验变压器的绝缘是否完好。⑦有关继电保护和自动化系统二次回路带负荷检验。

2）投、切特高压电抗设备。

工作内容：①过电压测量。②保护、监测、稳控电压、电流二次回路检查。

3）投、切无功设备。

工作内容：①测量投、切无功补偿装置时的母线侧、无功补偿装置侧暂态电压及暂态电流波形。②测量无功补偿装置合闸涌流，检验无功补偿装置耐受冲击合闸的能力，检验合闸涌流对无功补偿装置保护的影响。③检查无功补偿装置开关灭弧性能，检验合闸涌流对无功补偿装置情况。④检查相关一、二次设备接线是否正确。⑤检验一次设备的绝缘是否完好。⑥有关继电保护和自动化系统二次回路带负荷检验。

4）投、切线路（含串补设备）。

工作内容：①测量投、切线路时的母线侧、线路侧暂态电压及暂态电流波形。②测量线路投切时的合闸涌流和暂态过电压。③检查线路开关灭弧性能，检查开关分闸时有无重燃。④检查相关避雷器的动作情况。⑤检查相关一、二次设备接线是否正确。⑥检验一次设备的绝缘是否完好。⑦有关继电保护和自动化系统二次回路带负荷检验。

5）谐波测试。

工作内容：①变电站（升压站）各侧谐波测量。②变电站（升压站）试运时，各专项试验的谐波变化测量。

（7）输电线路试运

工作内容：①受电前检查。②线路参数测量。③受电时一、二次回路定相、核相。④电流、电压、测量、保护合环同期回路检查。⑤冲击合闸试验。⑥试运行。

2. 未包括的工作内容

未包括特殊试验。

3. 工程量计算规则

本节所有项目按定额表格所示单位计量。

4. 其他说明

（1）变电站（升压站）试运、变电站监控系统调试。

1）定额按一期工程配置一台变压器考虑（不分双绕组或三绕组）。凡增加变压器时，增加的变压器每台定额乘以系数 0.2。

2）带线路高抗时，定额乘以系数 1.1。

3）扩建变压器时，定额乘以系数 0.5。

4）扩建其他间隔时，按同电压等级定额乘以系数 0.3。

（2）输电线路试运。

1）不包括线路对通信的干扰测试

2）每条线路长度按 50km 以内考虑。超过 50km 时，每增加 50km 按定额乘以系数 0.2，不足 50km 按 50km 计。

3）同塔架设多回线路时，增加的回路按定额乘以系数 0.7。

四、输变电特殊调试项目

1. 工作内容

（1）变压器特殊试验

1）变压器长时间感应耐压试验带局部放电试验

工作内容：现场试验方案的编写、现场试验的实施、现场试验设备的组装与拆卸及试验所需的安全围闭。

2）变压器交流耐压试验

工作内容：现场试验方案的编写、现场试验的实施、现场试验设备的组装与拆卸及试验所需的安全围闭。

3）变压器绕组变形试验

工作内容：用频谱法和短路阻抗法进行试验，现场试验方案的编写、现场试验的实施及试验所需的安全围闭。

（2）断路器耐压试验

工作内容：现场试验方案的编写、现场试验的实施、现场试验设备的组装与拆卸及试验所需的安全围闭。

（3）穿墙套管耐压试验

工作内容：现场试验方案的编写、现场试验的实施、现场试验设备的组装与拆卸及试验所需的安全围闭。

（4）金属氧化物避雷器持续运行电压下持续电流测量

工作内容：现场试验方案的编写、现场试验的实施及试验所需的安全围闭。

（5）支柱绝缘子探伤试验

工作内容：现场试验的实施及试验所需的安全围闭。

（6）耦合电容器局部放电试验

工作内容：现场试验方案的编写、现场试验的实施、现场试验设备的组装与拆卸及试验所需的安全围闭。

（7）互感器局部放电、耐压试验

1）互感器局部放电试验

工作内容：现场试验方案的编写、现场试验的实施、现场试验设备的组装与拆卸及试验所需的安全围闭。

2）互感器耐压试验

工作内容：现场试验方案的编写、现场试验的实施、现场试验设备的组装与拆卸及试验所需的安全围闭。

（8）GIS（HGIS）耐压、局部放电试验

1）GIS（HGIS）交流耐压试验

工作内容：现场试验方案的编写、现场试验的实施、现场试验设备的组装与拆卸及试验所需的安全围闭。

2）GIS（HGIS）局部放电带电检测

工作内容：现场试验方案的编写、现场试验的实施及试验所需的安全围闭。

（9）接地网参数测试

1）接地网阻抗测试

工作内容：110kV 及以上大型接地网、独立避雷针、铁塔接地阻抗测量，现场试验方案的编写、现场试验的实施及试验所需的安全围闭。

2）接地引下线及接地网导通测试

工作内容：110kV 及以上大型接地网接地引下线及接地网连接情况测试，包括现场试验方案的编写、现场试验的实施及试验所需的安全围闭。

（10）远动规约调试

工作内容：①绝缘检查，上电检查。②固定帧长报文，链路层控制，监视方向上的应用功能，监视方向上的系统信息，控制方向上的系统信息，控制方向上的过程信息，遥信质量码，遥测质量码，一般规则，错误报文处理，错误控制，测试过程，启动/停止机制等试验。

（11）电容器在额定电压下冲击合闸试验

工作内容：①测录投切电容器组时的暂态波形。②测量电容器组的合闸涌流。③测量电容器组分暂态过电压。④检查电容器开关灭弧性能，检查电容器开关分闸时有无重燃。⑤检查电容器组避雷器的动作情况。⑥检查相关一、二次设备接线是否正确。⑦检验一次设备的绝缘是否完好。⑧校验相关设备保护和自动化系统等二次设备。

（12）绝缘油、气试验

工作内容：①绝缘油取样、介损及体积电阻率试验、水溶性酸值（pH 值）试验、击穿耐压试验、酸值试验、闭口闪点试验、界面张力试验、水分（微水）试验、色谱分析试验、油中含气量试验。②六氟化硫气体露点试验及六氟化硫气体定量检漏。

（13）相关表计校验

工作内容：①试验前准备工作。②表计校验。③数据处理，出具报告。

（14）互感器误差测试

工作内容：①外观及标志检查、绝缘试验、绕组极性检查、基本误差测量、稳定性试验、运行变差试验（实验室进行）、磁饱和裕度试验。②现场校验基本误差。③保护用电压互感器 10% 误差试验。

（15）电压互感器二次回路压降测试

工作内容：①试验前准备工作。②电压互感器二次回路压降现场测试。③数据处理，出具报告。

（16）计量二次回路阻抗（负载）测试

工作内容：①试验前准备工作。②电压电流互感器二次负荷现场测试。③数据处理，出具报告。

（17）1000kV 系统专项试验

1000kV 系统专项试验包括线路单相人工瞬间接地，线路分、合、分试验，系统动态扰动，大负荷，避雷器工况检测，变压器零起升流，变压器零起升压，可听噪声测量，电磁环境测量。

1）线路单相人工瞬间接地。

工作内容：①短路电流测量。②潜供电弧熄灭能力考核。③单相重合闸的能力考核。④系统各保护的综合考核。⑤操作过电压测量。⑥潜供电流测量。⑦故障下地表电位分布。

2）线路分、合、分试验。

工作内容：①单相分一合一分操作。②两端过电压测量。

3）系统动态扰动。

工作内容：①电流波动测量。②电压波动测量。③系统抗扰动能力测试。

4）大负荷。

工作内容：①设备承受能力试验。②设备绝缘水平试验。③系统稳定水平试验。④系统各电气量测量。⑤变电站主设备红外线测试。

5）避雷器工况检测。工作内容：①避雷器的动作电流测量。②避雷器的损耗测量。③避雷器的泄漏电流测量。

6）变压器零起升流。

工作内容：①启动电源。② 1000kV 侧短路试验。③ 110kV 侧短路试验。④变压器短路电流测量。⑤变压器短路阻抗测量。⑥保护、稳控、测量二次回路电流校核。

7）变压器零起升压。

工作内容：①变压器零起升压试验。②断路器全压带电。③线路全压带电。④电抗器全压带电。⑤电抗器的阻抗测量。⑥变压器空载特性测量。⑦投、切低压无功设备。

8）可听噪声测量。

工作内容：①主设备可听噪声测量。②变电站可听噪声分布测量。③站外可听噪声水平测量。④输电线路可听噪声水平测量。

9）电磁环境测量。

工作内容：①变电站内工频电场测量。②变电站内工频磁场测量。③变电站无线电干扰水平测量。④输电线路工频电场测量。⑤输电线路工频磁场测量。⑥输电线路无线电干扰水平测量。

2. 工程量计算规则

（1）变压器试验根据图示数量以"台"为单位计量。500kV 以下的变压器是按三相台考虑；500kV 及以上的变压器是按单相台考虑

（2）本节其余项目按定额表格所示单位计量。

3. 其他说明

（1）变压器局部放电试验。

1）单做感应耐压试验定额乘以系数 0.5，单做局部放电试验定额乘以系数 0.8。

2）第一台按定额乘以系数 1，第二台按定额乘以系数 0.8，三台以上按定额乘以系数 0.6。

3）高压电抗器按同电压等级变压器乘以 0.8。

（2）变压器交流耐压试验。

1）已包含主变中性点耐压试验，单做时定额乘以系数 0.1。

2）第一台按定额乘以系数 1，第二台按定额乘以系数 0.8，三台以上按定额乘以系数 0.6。

3）高压电抗器按同电压等级变压器乘以 0.8。

（3）变压器绕组变形试验

1）已包含用频谱法和短路阻抗法进行试验，以及试验所需的变压器直流电阻测量。

2）第一台按定额乘系数 1，第二台按定额乘系数 0.8，三台以上按定额乘系数 0.6。

3）高压电抗器按同电压等级变压器定额乘以 0.8。

（4）断路器耐压试验 5 台以内按定额乘系数 1，6～10 台按定额乘系数 0.9，11～15 台按定额乘系数 0.8，16～20 台按定额乘系数 0.7，21 台以上按定额乘系数 0.6。

（5）穿墙套管耐压试验。

1）35kV 穿墙套管的交流耐压试验套用 110kV 穿墙套管交流耐压试验定额。

2）穿墙套管耐压 5 台以内按定额乘系数 1，6～10 台按定额乘系数 0.9，11～15 台按定额乘系数 0.8，16～20 台按定额乘系数 0.7，21 台以上按定额乘系数 0.6。

（6）互感器局部放电、耐压试验：5 台以内按定额乘系数 1，6～10 台按定额乘系数 0.9，11～15 台按定额乘系数 0.8，16～20 台按定额乘系数 0.7，21 台以上按定额乘系数 0.6。

（7）GIS（HGIS）耐压、局部放电试验：5 个间隔以内按定额乘系数 1，6～10 个间隔按定额乘系数 0.9，11～15 个间隔按定额乘系数 0.8，16～20 个间隔按定额乘系数 0.7，21 个间隔以上按定额乘系数 0.6。

（8）电流互感器、电压互感器、电子式电流互感器、电子式电压互感器误差试验单独做保护时定额乘以系数 0.65，单独做计量时定额乘以系数 0.35；各互感器误差试验：5 台以内按定额乘系数 1，6～10 台按定额乘系数 0.9，11～15 台按定额乘系数 0.8，16～20 台按定额乘系数 0.7，21 台以上按定额乘系数 0.6。

五、换流站调试

1. 分系统调试

（1）工作内容

1）阀厅分系统调试

工作内容：①单个换流阀片的触发试验。②光回路触发、接收试验。③VBE 与阀的接口试验。④直流控制保护与 VBI 的接口试验。

2）直流场分系统调试

工作内容：①直流断路器、直流隔离开关、直流接地开关的操作、控制、信号、报警试验。②直流 TA，TV 注流加压试验。③直流场综合顺序操作试验。

3）换流变压器分系统调试

工作内容：①换流变压器、高低压断路器、隔离开关、接地开关的保护、监控及计量二次回路调试。②测温、冷却、有载调压系统调试。③一次通流、二次升压试验。④控制、保护整组传动试验。

4）平波电抗器分系统调试

工作内容：有关回路的保护、测量、报警试验。

5）直流控制保护分系统调试

工作内容：①二次回路检查。②控制保护传动。

6）交、直流滤波电容器分系统调试

工作内容：①二次回路检查。②一次注流、二次加压试验。③保护传动试验。④信号回路检查。

7）滤波器调谐分系统调试

工作内容：①一次连线检查。②绝缘检查。③二次回路检查。④阻抗特性试验。

8）监控、远动及保护信息子站分系统调试

a. 监控分系统调试。

工作内容：①与交流保护及远动系统的联调试验。②与 GPS 的联调试验。③与直流辅助电源的联调试验。④与不停电电源（UPS）的联调试验。⑤与消防系统的联调试验。⑥与空调系统的联调试验。⑦与火灾探测系统的联调试验。⑧与安全监视系统的联调试验。⑨与安全稳定系统的联调试验。

b. 远动分系统调试。

工作内容：①开关量校验。②模拟量校验。

c. 保护信息子站分系统调试。

工作内容：①信号联调，保护信息子站和运行人员工作站状态校验。②交、直流保护下的定值、复归等操作验证。

9）GPS 及故障录波分系统调试

工作内容：①接入故障录波器有关二次回路模拟量、开关量试验。②整体功能试验。

10）站用变压器及站用电交、直流电源分系统调试

工作内容：①交流屏、交流电源回路及二次回路调试、试运行。②直流屏、直流电源回路及二次回路调试、试运行。③站用变压器充电/断电试验，相关功能性试验。

11）站用电切换及事故照明分系统调试

工作内容：①二次回路检查。②切换试验。③事故照明切换装置试验。④系统回路检查与切换试验。

12）五防回路分系统调试

工作内容：①五防回路闭锁装置调试。②回路查线。③电气闭锁、系统闭锁逻辑调试。

13）接地网分系统调试

工作内容：①接地网电气完整性测试。②接地阻抗测量。③配合相关特殊试验。

14）阀冷却分系统调试

工作内容：阀冷却控制回路试验，冷却水压试验。

（2）未包括的工作内容

未包括交流部分调试（除交流滤波器、电容器调试外），换流站交流部分调试按变电站的相应定额子目执行。

（3）工程量计算规则

本节所有项目按定额表格所示单位计量。

（4）其他说明

1）换流站分系统调试是在完成换流站设备单体调试的基础上进行的，是换流站独立分系统的充电或启动试验。其目的是证明几个部件能作为一个分系统组合在一起正常地运行，满足合同和技术规范书的要求。

2）工作内容中所列"分系统调试"均包括：二次通电检查，回路的绝缘耐压试验，电流、电压回路通电检查试验，计算机监控（ECS，NCS）的联调和整组联动试验，交接验收等。

3）直流分系统调试中不带电顺序操作试验包括直流系统各种运行方式下的所有顺序操作项目。

2. 站系统调试

（1）工作内容

1）交流母线带电调试

工作内容：①受电前准备，调试方案编制。②受电时一、二次回路定相、核相。③电流、电压、保护、测量回路检查。④冲击合闸试验和受电后试验。⑤试运行。

2）最后跳闸试验

工作内容：①直流换流器保护系统跳闸。②直流极保护系统跳闸。③直流双极保护系统跳闸。④交流滤波器/并联电容器组/电抗器的保护跳闸试验。⑤手动紧急跳闸。⑥换流变非电量保护跳闸。⑦交流场开关保护跳闸。

3）站用电变压器充电/断电试验

工作内容：①受电前准备工作，启动方案编制。②受电时一、二次回路定相、核相。③电流、电压测量。④保护带负荷测试、合环或同期试验。⑤主设备冲击合闸试验和受电后检查。⑥试运行。

4）抗干扰调试

工作内容：①在二次盘柜前使用步话机、手机通话时测量二次设备工作情况。②切/合空母线时测量有关回路干扰。

5）不带电顺序操作试验

工作内容：①手动控制模式检验换流站直流滤波器场单步操作及联锁。②自动控制模式检验换流站直流场单步操作及联锁。③检验换流站直流滤波器场顺序自动操作控制及联锁。④检验换流站直流场顺序自动操作控制及联锁。

6）换流变及换流器充电/断电试验

工作内容：①低压换流变压器及换流器充电/断电试验。②高压换流变压器及换流器充电/断电试验。③双换流变压器及换流器充电/断电试验。

7）开路调试（带线路和不带线路）

工作内容：①手动、自动模式开路试验，包括低压换流器开路试验、高压换流器开路试验、双换流器开路试验。②一极运行，另一极开路试验。

8）交流滤波器充电试验

工作内容：①交流滤波器组充电/断电。②开关同期校核。③保护校核。

9）交流场设备以及并联电抗器充电试验

工作内容：①受电前准备工作。②受电时一、二次回路定相、核相。③电流、电压、测量。④保护带负荷测试、合环或同期试验。⑤主设备冲击合闸试验和受电后检查。

（2）工程量计算规则

本节所有项目按定额表格所示单位计量。

（3）其他说明

1）站系统调试目的是按照合同和技术规范书的要求，检查单个换流站所有设备的性能以及换流站总体性能，同时为端对端系统调试做好准备。

2）站调试在两端换流站分别进行，站系统调试包括换流站内 500kV 交流场（含交流母线）的启动带电试验。

3. 端对端系统调试

（1）工作内容

1）单换流器系统调试

·单换流器基本接线方式系统调试

基本接线方式包括极 1 低端换流器、高端换流器和极 2 低端换流器、高端换流器 4 种接线方式。

a. 功率正送/反送、初始运行试验。

工作内容：①大地回线初始运行试验。②金属回线初始运行试验。

b. 功率正送/反送、保护跳闸试验。

工作内容：①保护动作跳闸试验。②最后一个断路器动作跳闸试验（反送可以不安排此项试验）。

c. 稳态运行、基本控制功能验证试验。

工作内容：①控制值班系统电源故障。②模拟控制主机故障。③模拟直流电流传感器（TA）故障。④检测主机 CPU 负载率。⑤数据总线故障。

d. 稳态运行、电流控制试验。

工作内容：①电流控制、换流器启停试验。②电流升降、控制系统切换试验。③主控站转换试验。④换流变压器分接开关控制试验。⑤电流阶跃试验。⑥控制模式转换、电流裕度补偿试验。

e. 稳态运行、功率控制试验。

工作内容：①功率控制、换流器启停试验。②功率升降、控制系统切换试验。③功率指令阶跃。④功率升/降试验时，制造通信故障。⑤控制模式转换，电流裕度补偿试验。⑥模式转换，电流裕度补偿。

f. 功率正送，通信故障，独立电流控制试验。

工作内容：①换流器启停试验。②紧急停运。③电流升/降及控制系统切换。

g. 功率正送/反送，丢失脉冲故障。

工作内容：①逆变侧单次丢失脉冲故障。②逆变侧多次丢失脉冲故障。

h. 扰动试验。

工作内容：①直流线路故障。②直流辅助电源故障。

i. 功率正送，功率控制，大功率试验。

工作内容：①换流器启动。②换流器功率控制试验。

j. 功率正送，电流控制，大功率试验。

工作内容：①电流升/降。②分接开关控制，手动调节分接开关。③大地/金属回线转换。

• 单换流器派生接线方式系统调试

单换流器派生接线方式包括极1换流器交叉接线方式、极2换流器交叉接线方式。

a. 功率正送，初始运行调试。

工作内容：电流控制，初始运行试验。

b. 功率正送，联合电流控制。

工作内容：①电流升降试验。②控制系统切换试验。

c. 功率正送，联合功率控制。

工作内容：①换流器启动停运。②功率升降以及控制系统切换试验。

2）单极系统调试

a. 功率正送/反送，初始运行试验、

工作内容：①大地回线初始运行试验。②金属回线初始运行试验。

b. 功率正送/反送，保护跳闸试验。

工作内容：保护跳闸试验。

c. 功率正送/反送，电流控制。

工作内容：①电流升/降及停止。②电流升/降过程中控制系统切换。③换流变分接开关控制，手动改变分接开关位置。④电流指令阶跃。⑤电压指令阶跃。⑥关断角阶跃。⑦控制模式转换，电流裕度补偿。

d. 功率正送/反送，功率控制。

工作内容：①极启动/停运。②功率升/降过程中控制系统切换。③功率指令阶跃。④功率升/降试验时，制造通信故障。⑤功率反转试验。⑥模式转换，电流裕度补偿。⑦功率控制/联合电流控制转换。

e. 功率正送/反送，丢失脉冲故障。

工作内容：①整流侧单次丢失脉冲故障。②逆变侧单次丢失脉冲故障。③逆变侧多次丢失脉冲故障。④整流侧多次丢失脉冲故障。

f. 功率正送，稳态运行，基本监控功能检查。

工作内容：①基本监控功能检查。②控制/数据总线故障试验。

g. 功率正送，通信故障，独立电流控制试验。

工作内容：①极启动/停运。②紧急停运转换。③电流升降及系统切换。④独立电流控制/联合电流控制/功率控制转换。

h. 功率正送，正常电压/降压运行。

工作内容：①手动启动及保护启动降压。②变压器分接开关控制，手动改变分接开关位置。③功率/电流升降。④功率指令阶跃。⑤通信故障。⑥功率控制/联合电流控制转换。⑦电流控制解锁/闭锁。⑧电流指令阶跃。

i. 功率正送，无功功率控制。

工作内容：①手动投切滤波器。②滤波器需求。③滤波器替换。④无功控制。⑤电压控制。⑥Umax 控制。

j. 功率正送，大地/金属回线转换。

工作内容：①大地/金属回线转换功能检查。②金属回线，逆变站利用站内接地网接地运行试验。

k. 功率正送，大功率试验。

工作内容：①极功率控制。②大地回线/金属回线转换，大功率。③电流/功率升/降。④分接开关控制，手动调节分接开关。

l. 功率正送，无功功率控制试验。

工作内容：①大地回线运行，无功控制。②大地回线运行，电压控制。

m. 扰动试验。

工作内容：①功率正送，直流线路故障。②接地极线路故障。③模拟中性母线故障。④功率反送，直流线路故障。⑤直流滤波器投切试验。⑥交流辅助电源故障。⑦直流辅助电源故障。⑧大地回线，在线投切 12 脉动换流器。⑨金属回线，在线投切 12 脉动换流器。

n. 控制地点变化试验。

工作内容：①本地/远方控制转换试验。②在后备面盘上操作。

3）双极系统调试

双极系统调试项目已包括双极基本接线方式和派生接线方式 1 派生接线方式 2 三大类试验。

· 双极基本接线方式系统调试

a. 功率正送/反送，双极启/停试验。

工作内容：①双极同时启/停，手动闭锁。②一极运行，另一极启/停试验。

b. 极补偿，主控权转移。

工作内容：功率正送，极功率补偿。

c. 自动功率控制。

工作内容：功率正送，自动功率控制。

d. 极跳闸，功率转移。

工作内容：功率正送，极跳闸，功率转移。

e. 电流阶跃试验。

工作内容：功率正送，一极电流阶跃试验。

f. 接地极平衡试验。

工作内容：①接地极平衡试验。②整流和逆变站利用站内接地网接地启停试验。

g. 功率正送，降压运行试验。

工作内容：功率正送，降压运行试验。

h. 潮流反转。

工作内容：功率正送，潮流反转。

i. 扰动试验。

工作内容：①整流侧接地极线路故障。②逆变侧接地极线路故障。③接地极线路开路，极跳闸试验④交流辅助电源切换。⑤在线投切 12 脉动换流器试验。

j. 控制地点变化试验。

工作内容：①本地远方控制转换试验。②在后备面盘上操作。

k. 直流调制功能试验。

工作内容：①功率提升/功率回降。②模拟 AC 系统频率变化控制功能试验。③模拟功率调制功能。

l. 双极功率升/降，大负荷试验。

工作内容：手动控制功率升降。

m. 无功功率控制试验。

工作内容：①无功功率控制 Q—模式。②无功功率控制 U—模式。③功率正送，逆变站手动切除一大组交流滤波器。

n. 双极运行，降压运行试验。

工作内容：①双极运行，极 1 降压运行。②双极运行，极 2 降压运行。

• 双极派生接线方式 1 系统调试

工作内容：①双极运行，启停试验。②双极运行，控制系统切换试验。③极跳闸，功率转移。④功率正送，无功功率控制。

• 双极派生接线方式 2 系统调试

a. 初始化试验。

工作内容：①双极运行，启停试验。②双极运行，控制系统切换试验。③极跳闸，功率转移。

b. 接地接电流平衡试验。

工作内容：双极运行，接地极平衡试验。

c. 无功功率控制试验。

工作内容：功率正送，无功功率控制—Q 模式。

4）额定功率和过负荷运行系统调试

额定功率和过负荷系统试验包括单换流器 4 种基本接线方式的试验项目，极 1 和极 2 额定负荷以及双极基本接线方式系统额定负荷试验项目。

• 单换流器额定负荷和过负荷运行调试

a. 额定负荷试验。

工作内容：①大地回线，备用冷却器不投运，功率为 1.0p.u. 热运行试验。②等效干扰电流检测。③交流谐波初步检测。④可听噪声测量。⑤电磁场强度和无线电干扰测量。⑥站辅助系统功率损耗测量。

b. 过负荷试验。

工作内容：大地回线，备用冷却器投运，功率为 1.1p.u. 热运行试验。

• 单极额定负荷和过负荷运行调试

a. 额定负荷试验。

工作内容：①功率正送，大地回线，额定负荷运行试验。②等效干扰电流检测。③交流谐波初步检测。④可听噪声测量。⑤电磁场强度和无线电干扰测量。⑥站辅助系统功率损耗测量。⑦换流变压器分接开关控制，手动改变分接开关位置。⑧金属回线，备用冷却器不投运，功率为1.0p. u. 额定负荷运行试验。

b. 过负荷试验。

工作内容：大地回线，备用冷却器投运，功率为1.1p. u. 热运行试验。

• 双极额定负荷运行调试

a. 额定负荷试验。

工作内容：①双极额定负荷运行试验。②等效干扰电流检测。③交流谐波初步检测。④可听噪声测量。⑤电磁场强度和无线电干扰测量。⑥站辅助系统功率损耗测量。⑦降压运行试验，额定电流。

b. 过负荷试验。

工作内容：①双极额定负荷运行，极1过负荷试验。②双极额定负荷运行，极2过负荷试验。

5）融冰方式运行试验

工作内容：根据系统接线方式连接成融冰接线方式，进行融冰方式功能验证试验。

6）交流侧单相接地故障试验

工作内容：①整流侧交流单相接地故障试验。②逆变侧交流单相接地故障试验。

7）双极直流线路同时故障接地试验

工作内容：功率正送，双极直流线路同时接地故障试验。

8）直流线路电磁环境测试

工作内容：直流系统双极正常运行，直流线路电磁环境测试。

9）端对端系统试运行

工作内容：根据系统调试的运行方式以及系统条件以及调度部门的安排，

10）接地极测试

工作内容：①直流接地电阻测量。②接地极线路直流测量。③地电位分布测量。④馈电电缆分流测量。⑤跨步电压测量。⑥接触电压测量。⑦极环土壤温度测量。⑧换流变中性线直流电流测量。

（2）工程量计算规则

本节所有项目均以"系统"为单位计量。

（3）其他说明

1）直流输电工程端对端系统调试是在两端换流站完成站系统调试、直流接地极以及直流线路具备送电条件下进行；其目的是全面考核整个直流输电系统开始输送功率时所有设备各项性能指标以及整个系统的运行性能是否满足工程功能规范要求。系统调试试验项目包括单换流器调试、单极调试和双极调试以及试运行期间的系统调试服务项目。

2）本节所列系统调试均指两个换流站、直流线路和接地极的端对端系统调试。

4. 特殊试验

（1）工作内容

a. 换流变压器

工作内容：绕组连同套管的直流泄漏电流测量、外施工频耐压试验、感应耐压试验和局部放电量测量、频率响应特性测量。

b. 换流阀

工作内容：低压加压试验。

c. 阀避雷器

工作内容：参考电压测量、持续电流测量。

d. 阀桥避雷器

工作内容：参考电压测量、持续电流测量。

e. 直流避雷器

工作内容：参考电压测量、持续电流测量。

f. 直流断路器

工作内容：交流耐压试验（对地耐压）。

g. 直流断路器装置

工作内容：交流耐压试验。

h. 直流穿墙套管

工作内容：交流耐压试验。

i. 直流接地极

工作内容：接地电阻测量、跨步电位差和接触电位差测量，导流电缆和接地极元件的电流分布测量，接地极及其土壤温度测量。

j. 换流站接地网

工作内容：接地电阻测量、跨步电位差和接触电位差测量。

k. 水冷系统

工作内容：表计校验、冷水特性、离子交换树脂性能检测。

5. 直流线路

工作内容：线路参数测量。

（2）工程量计算规则

本节所有项目按定额表格所示单位计量。

3.5.2.5 输电线路工程预算定额使用说明和工程量计算规则

一、输电线路预算定额总说明

1. 送电线路工程预算定额适用范围

适用于由送电端变电站（或发电厂）构架的引出线起至受电端变电站（构架或穿墙套管）的引入线止的 35～1000kV 交流电力架空线路、±800kV 及以下直流电力架空线路和 35～500kV 电力电缆线路工程。

本定额共分为八章、依次为工地运输、土石方工程、基础工程、杆塔工程、架线工程、附件工程、电缆工程、辅助工程。

2. 定额编制依据

本定额是根据国家和国家有关部门发布的设计标准、技术规程、规范、质量评定标准和安全技术操作规程，按正常的施工条件及合理的施工组织设计进行编制的。

(1) GB 50150—2006　电气装置安装工程　电气设备交接试验标准

(2) GB 50168—2006　电气装置安装工程电缆线路施工及验收规范

(3) GB 50173—1922　电气装置安装工程 35kV 及以下架空电力线路施工及验收规范

(4) GB 50217—2007　电力工程电缆设计规范

(5) GB 50233—2005　110～500kV 架空送电线路施工及验收规范

(6) GB 50389—2006　750kV 架空送电线路施工及验收规范

(7) GB 50545—2006　110～750kV 架空输电线路设计规范

(8) DL 409—1991　电业安全工作规程（电力线路部分）

(9) DL/T 436—2005　高压直流架空送电线路技术导则

(10) DL 453—1991　高压充油电缆施工工艺规程

(11) DL/T 621—1997　交流电气装置的接地

(12) DL/T 832—2003　光纤复合架空地线

(13) DL 5009.2—2004　电力建设安全工作规程　第 2 部分：架空电力线路

(14) DL/T 5033—2006　输电线路对电信线路危险和干扰影响防护设计规程

(15) DL/T 5049—2006　架空送电线路大跨越工程勘测技术规程

(16) DL/T 5122—2000　500kV 架空送电线路勘测技术规程

(17) DL/T 5130—2001　架空送电线路钢管杆设计技术规定

(18) DL/T 5075—2008　220kV 及以下架空线路勘测技术规程

(19) DL/T 5154—2012　架空送电线路杆塔结构设计技术规定

(20) DL/T 5161.5—2002　电气装置安装工程　质量检验及评定规程　第 5 部分：电缆线路施工质量检验

(21) DL/T 5168—2002　110～500kV 架空电力线路工程施工质量及评定规程

(22) DL/T 5217—2005　220～500kV 紧凑型架空送电线路设计技术规定

(23) DL/T 5219—2005　架空送电线路基础设计技术规定

(24) DL/T 5221—2005　城市电力电缆线路设计技术规定

(25) DL/T 5342—2006　750kV 架空送电线路铁塔组立施工工艺导则

(26) DL/T 5343—2006　750kV 架空送电线路张力架线施工工艺导则

(27) SD JJS 2—1987　超高压架空输电线路张力架线施工工艺导则

(28) SDJ226—1987　架空送电线路导线及避雷线液压施工工艺规程

(29) Q/GDW 121—2005　750kV 架空送电线路施工质量检验及评定规程

(30) Q/GDW 153—2006　1000kV 架空送电线路施工及验收规范

(31) Q/GDW 154—2006　1000kV 架空送电线路张力架线施工工艺导则

(32) Q/GDW 155—2006　1000kV 架空送电线路铁塔组立施工工艺导则

(33) Q/GDW 163—2007　1000kV 架空送电线路施工质量检验及评定规程

(34) Q/GDW 178—2008　1000kV 交流架空输电线路设计暂行技术规定

(35) Q/GDW 225—2008　±800kV 架空输电线路施工及验收规范

　　（36）Q/GDW 226—2008　±800kV 架空输电线路施工质量检验及评定规程

　　（37）Q/GDW 260—2009　±800kV 架空输电线路张力架线施工工艺导则

　　（38）Q/GDW 262—2009　±800kV 架空输电线路铁塔组立施工工艺导则

　　（39）Q/GDW 296—2009　±800kV 架空输电线路设计技术规程

　　（40）Q/GDW 298—2009　1000kV 交流架空输电线路勘测技术规程

　　（41）Q/GDW 371—2009　10（6）～500kV 电缆线路技术标准

　　（42）Q/CSG 10007—2004　电气设备预防性试验规程

　　（43）Q/CSG 10017.1—2007　110～500kV 送变电工程质量检验及评级标准 第 1 部分 送电工程

　　3．定额的作用

　　（1）本定额与"电网预规"配套使用，是编制输电线路工程初步设计概算、施工图预算的依据，也是编制标底（或招标控制价）、投标报价和施工结算的依据。

　　（2）本定额是完成规定计量单位子目工程所需人工、计价材料、施工机械台班的消耗量标准，反映了电力建设行业施工技术与管理水平，代表着社会平均生产力水平。除定额规定可以调整或换算外，不因具体工程实际施工组织、施工方法、劳动力组织与水平、材料消耗种类与配置不同而调整或换算。

　　4．定额编制条件

　　本定额是按新颁布的电力建设工程工期定额、正常的施工条件、正常的气候、地理条件和施工环境以及设备、材料及器械完全符合质量标准和设计要求，并参考国家和国家有关部门发布的设计标准、技术规程、规范，质量评定标准和安全技术操作规程等要求进行编制的。

　　本定额是按下列正常的施工条件进行编制：

　　（1）设备、材料、器械完整无损。复合质量标准和设计要求，并附有制造厂出厂检验合规证书和试验记录。

　　（2）正常的气候、地理条件和施工环境。

　　5．定额计价计算依据

　　定额中基价由人工费，计价材料费和机械费三部分费用组成。

　　（1）人工费：

　　1）人工用量包括施工基本用工和辅助用工（包括机械台班定额所含人工以外的机械操作用工），分为输电普通工和输电技术工。

　　2）人工工日为八小时工作制，输电普通工单价为 34 元/工日，输电技术工单价为 55 元/工日。

　　3）本定额工日内已包括与调试工作之间的配合用工。

　　（2）材料费：

　　1）计价材料用量包括合理的施工用量和施工损耗、场内运搬损耗。施工现场堆放损耗。其中，周转性材料按摊销量计列；零星材料合并为其他材料费。

　　2）计价材料为现场出库价格，按照电力行业 2013 年定额基准材料库价格取定。

3) 定额中未计价材料按设计用量加下表中规定的损耗量计算（表 2-103）。

未计价材料损耗率表   表 3-103

序号	材料名称			损耗率（%）
1	裸软导线	一般架线	其他地区	0.4
			山地、高山、峻岭	0.6
		张力放、紧线		0.8
2	专用跨接线和引线			2.5
3	电力电缆			1.0
4	控制电缆			1.5
5	镀锌钢绞线（避雷线）			0.3
6	镀锌钢绞线（拉线）			2.0
7	电缆终端头瓷套			0.5
8	绝缘子、瓷横担（不包括出库前试验损耗）			2.0
9	合成绝缘子			0.5
10	钢筋、型钢（成品、半成品）			0.5
11	钢管			1.5
12	塑料制品（管材、板材）			5.0
13	金具（包括压接线夹）			1.5
14	螺栓、脚钉、垫片（不包括基础用地脚螺栓）			3.0
15	预绞丝			2.0
16	铝端夹			3.0
17	水泥压力管			2.0
18	混凝土杆（包括底盘、拉盘、卡盘、夹盘）			0.5
19	混凝土交叉梁、盖板（方、矩形）			3.5
20	砖、条石、块石			2.5
21	商品混凝土			1.5
22	钢筋（加工制作）			6.0
23	水泥、石灰、降阻剂		山地、高山、峻岭	7.0
			其他地区	5.0
24	石子		山地、高山、峻岭	15.0
			其他地区	10.0
25	砂		山地、高山、峻岭	18.0
			其他地区	15.0

注：1. 裸软导线、地线按输电线路设计用量计算，包括线路弛度及跳线等长度。
2. 裸软导线损耗率中不包括与电器连接应预留的长度。
3. 电力电缆和控制电缆损耗率中不包括备用预留的长度，以及敷设有弯曲或有弧度而增加的长度。输电用电力电缆不计算施工损耗。
4. 拉线的计算长度应以拉线的展开长度（包括制作所需的预留长度）为准。
5. 钢管杆不计算损耗。

（3）机械费：

1）机械台班用量包含场内运搬、合理施工用量和超运距、超高度、必要间歇消耗量以及机械幅度差等。

2）本定额施工机械台班中均已考虑了施工人员上下班用车。

3）各章中的施工机械台班均是按正常合理的机械配备和大多数施工企业的机械化程度综合取定，如实际与定额不一致时，除章节另有说明外，均不做调整。

地形增加系数（%）　　　　　　　　　　表 3-104

序号	定额名称		项　目	丘陵	山地	高山	峻岭	泥沼	河网	沙漠	备　注
1	工地运输	人力运输	混凝土杆、混凝土制品、钢管杆、线材的运输	40	150	300	400	70	—	65	不包括机械
			金具、绝缘子、零星钢材、塔材、砂、石、石灰、土、水泥、降阻剂、水的运输	20	100	150	200	40	—	35	
		拖拉机、汽车运输	运输（不包括装卸）	20	80	—	—	—	—	40	沙漠地形没有正式公路时使用
2	土石方工程			5	10	20	25	10	5	10	不包括机械
3	基础工程			10	20	40	50	40	10	30	
4	杆塔工程			20	70	110	120	70	20	50	
5	架线工程		一般架线	15	100	150	170	40	10	35	不包括跨越架设、拦河线安装
			张力机械放、紧线	5	40	80	90	5	5	15	
			光缆接续	5	30	60	80	15	5	10	不包括测量
6	附件工程			5	20	50	60	5	5	10	
7	电缆工程		沟槽直埋	10	20	40		10	5	—	
8	附属工程	索道站设施	支架、绳索及附件运输	40	150	300	400	—	—	—	地形选择以架设索道站所处地带地形为准
			索道安装	20	70	110	120	—	—	—	

注：1. 各种地形的定义。

（1）平地：指地形比较平坦广阔，地面比较干燥的地带。

（2）丘陵：指陆地上起伏和缓、连绵不断的短岗、土丘，水平距离 1km 以内的起伏在 50m 以下的地带。

（3）山地：指一般山岭或沟谷等，水平距离 250m 以内，地形起伏在 50～150m 的地带。

（4）高山：指人力、牲畜攀登困难，水平距离 250m 以内，起伏在 150m～250m 的地带。

（5）峻岭：指地势十分险峻，水平距离 250m 以内，起伏在 250m 以上的地带。

（6）泥沼：指经常积水的田地及泥水淤积的地带。

（7）河网：指河流频繁，河道纵横交叉成网，影响正常陆上交通的地带。

（8）沙漠：指地面完全被沙所覆盖，植被非常稀少、雨水稀少、空气干燥，在风的作用下地表会变化和移动，昼夜温差大的荒芜地区。

2. 套用说明。

（1）编制预算时，工程地形按权限的不同地形划分为若干区段，分别以其工程量所占长度的百分比进行计算。

（2）在确定运输地形时，应按运输路径得实际地形来划分，人力运输的路径可以参考工程地形。

（3）在高山、峻岭地带进行人力运输时，其平均运距的确定，应以山坡垂直高差的平均计算斜长为准，不得按实际的运输距离计算。

（4）凡有盘山公里可以利用汽车进行工地运输的地形，作山地论。

（5）凡同一地段内，"河网"与"泥沼"并存时，则仅可套用泥沼地形的增加系数，两者不可同时取用。

（6）西北高原台地沿线路平台长度 2km 以内的工程地形按"山地"论。工地运输地形则按运输路径得实际情况而定，上台运输按"山地"论；台上运输按"平地"论。

（7）人、畜、机械无法通行，必须绕行 5km 以上的冲刷形成的深沟或峡谷，工程地形按"山地"增加系数。

（8）在城市市区架设输电线路除人力运输外参考丘陵地形计算。

4）不构成固定资产的小型机械或仪表，未计列机械台班用量，包括在《电网工程建设预算编制与计量规定》（2013年版）的施工工具用具使用费中。

5）机械台班价格按照"电力行业2013年定额基准施工机械台班库"价格取定。

6. 本定额包括的工作内容，除各章节已说明的工序外，还包括工种间交叉配合的停歇时间，施工地点转移（含上下班用车、材料看护）的时间，临时移动水、电源、配合质量检查和施工，施工地点范围内的材料（成品，半成品，构件等）、工器具和机具的转移运输等。

7. 套用本定额时，同一子目出现两种及以上调整系数，除章节内有具体规定外一律按增加系数累加计算。

8. 本定额不包括线路参数的测定和试运行工作。

9. 本定额均按平地施工考虑，在其他地形条件下施工时，在无其他规定的情况下，其人工和机械可按下表地形增加系数予以调整。

10. 定额中不按电压等级划分的项目均适用于各种电压；按电压等级划分的项目，实际遇到66kV电压等级时，可套用相应上一级电压的定额。

11. 遇不同电压等级的直流输电线路时，可按上一级电压等级的交流线路定额套用。

12. 定额中凡采用"××以内"或"××以下"字样者均包括"××"本身，凡采用"××以外"或"××以上"字样者均不包括"××"本身。

13. 本说明内未尽说明的，以各章节说明和附注为准。

14. 送电线路工程预算定额章节总揽。

二、工地运输

1. 工地运输的定义

工地运输是指装置性材料自工地集散仓库（材料站）运至沿线各杆、塔位的装卸、运输及空载回程等全部工作。工地运输可采用人力运输、拖拉机运输、汽车运输、船舶运输、索道运输等方式。

2. 定额中各类材料的含义

（1）"混凝土杆"是指以离心式机制的整根及分节混凝土杆、混凝土套筒及混凝土横担等。

（2）"混凝土制品"是指以人工浇制、机械振捣的混凝土制成品或半成品，如底盘、拉盘、卡盘、叉梁、盖板等。

（3）"线材"是指导线、避雷线、耦合屏蔽线、拉线、电缆、光缆

（4）"塔材"是指铁塔钢材，分为角钢塔材和钢管塔材。

（5）"钢管杆"是指以钢板压制、焊接形成的整根或分段钢管杆。

（6）"金具、绝缘子；零星钢材"是指金具、绝缘子、电杆用的横担、地线支架、拉棒、拉杆、抱箍、连接金具、防振锤、间隔棒、铸铁重锤、接地管（带）材、螺栓、垫圈、地脚螺栓等。

（7）"超长合成绝缘子"是指用于交流电压等级750kV及以上、直流电压等级±500kV及以上输电线路的合成绝缘子。

3. 其他说明

（1）工地运输的平均运距计算单位为"km"。凡汽车、船舶运输时，其平均运距不足

1km 者，按 1km 计算；用拖拉机、人力运输时，其平均运距保留两位小数。

（2）船舶、拖拉机、汽车运输中均已综合考虑了车、船形式，路面、河流级别和一次装、分次卸等因素，使用定额时不得另行换算。

（3）采用张力架线，线材不计人力运输。

（4）计算塔材装卸、运输重量时，塔材用螺栓、脚钉、垫圈等计入塔材重量。

（5）索道运输按水平运输考虑，索道运输距离为上料点到下料点之间的水平投影距离。弦倾角是指索道承载索上料点、下料点之间连接线与水平面之间的夹角。弦倾角超过 10°时，索道运输人工、机械可按表 3-105 系数调整，装卸不做调整。

弦倾角增加系数

表 3-105

地　形 （弦倾角）	山　地 （10°＜弦倾角≤30°）	高　山 （30°＜弦倾角≤40°）	山　地 （弦倾角≥40°）
增加系数（%）	16	31	56

（6）索道运输中的荷载是指设计索道承载运输物料的单次运输最大重量，本定额包括 1、2、5t。

（7）索道运输中的"处"是指配有一台索道牵引机，并能够独立运转、运输物料的一处索道。

（8）工地运输量的计算方法：

概（预）算量＝设计用量＋损耗量＝设计用量×（1＋损耗率）

运输质量＝概（预）算量×毛重系数（或单位质量）

装置性材料的单位运输重量按表 3-106 计算。

装置性材料的单位运输重量表

表 3-106

材料名称		单　位	运输质量 （kg）	备　注
混凝土制品	人工浇制	m³	2600	包括钢筋
	离心浇制	m³	2800	包括钢筋
线材	导线（有线盘）	kg	W×1.15	W 为理论质量
	地线、拉线（无线盘）	kg	W×1.10	W 为理论质量
	光缆（有线盘）	kg	W×1.20	W 为理论质量
	电缆	kg	W＋G	G 为盘重
土方		m³	1500	实挖量
块石、碎石、卵石		m³	1600	
黄砂（干中砂）		m³	1550	自然砂为 1280kg/m³
水泥、降阻剂		kg	W×1.01	袋装
水		kg	W×1.20	W 为理论质量
金具、绝缘子（瓷、玻璃）		kg	W×1.07	W 为理论质量
合成绝缘子		kg	W×2.00	W 为理论质量
螺栓、垫圈、脚钉		kg	W×1.01	W 为理论质量

注：a. 表中未列入的其他装置性材料按净重计算。

b. 电缆按 W＋G 计算（W 为电线理论质量，G 为盘质量）。

4. 工地运输平均运距的计算

计算工地运输平均运距的首要条件是根据线路长度、沿线地形和运输条件，合理设置工地仓库和线路材料车、船运输沿线的卸料点。选择工地集散仓库（材料站）和卸料点的一般原则是：

（1）工地仓库的选择：靠近线路中心；交通方便，运输费用省；地势较高，不易受淹；有足够的场地和就近可租赁的房屋；通信和生活条件方便；工地仓库的多少，应该按线路长度设置，不分电压等级，一般工程可按每 30～50km 设置一个工地集散仓库（材料站）。

（2）卸料点的选择：依据线路的路径、地形，结合与通行车道、河道之间最短的人力运距为条件，将线路划分若干段和选定各段线路材料的卸料点。

（3）工地运输平均运距的计算分为人力运距和车船运距两类。

人力运距计算方法。在确定运输地形时，应按运输路径的实际地形来划分，人力运输的路径可以参考工程地形。

按线路路径图计算：

$$Y = \frac{\sum k_i L_i R_i}{\sum L_i} \tag{3-1}$$

式中：

Y——平均运距（km）；

L_i——各段线路长度（材料量）；

R_i——各段线路材料的人力运输直线距离；

k_i——弯曲系数。

平均运距，是材料量和运输里程加权平均。通常为简化近似计算，材料量以相应的各段线路长度或所含的杆塔基数为代表；弯曲系数指受地理、地势和地面障碍物等影响，运输路径中发生的弯曲，包括上坡、下坡、盘山道路以及一处卸料向数基杆塔分运等。弯曲系数不等同于地形增加系数，前者是指计算人力运输距离而增加的弯曲系数，后者是指增加了施工难度而调整的系数。

在确定上述各类运输距离时，可适当增加图纸量距误差、转弯曲折系数和各种地形的坡度系数。这个系数受地理、地势和地面物的影响，它的确定可根据不同的设计阶段，不同的地形状况，参考表 3-107 系数计列。

弯曲参考系数表

表 3-107

地形	系数 （k_i）	说　　明
平地	1.05～1.1	
河网、泥沼	1.1～1.2	泥沼地段已计地形增加系数，一般为 1.1，如遇河流阻碍可考虑 1.1 以上
丘陵	1.1～1.3	
山地	1.3～1.5	

地形		系数 (k_i)	说　明
高山、峻岭	修盘山道	1.6～1.8	
	不修盘山道	其平均运距的确定以山坡垂直高差的平均计算斜长和地形增加系数计列	不得按实际的运输距离计算

（4）不修盘山道的按"定额"说明计列。

对不同的设计阶段和不同地形情况，可用控制运距加权平均的方法进行计算。人力运距的控制运距为：平地 0.3km，丘陵 0.6km，河网泥沼 0.7km，山地 0.9km，高山 1.3km，峻岭 1.7km。

由于人力运输路径大多数是从公路或河畔向线路横向运输，路径中常夹杂平地或较易运输的其他地形，幅度中的上下限可视路径情况而定。

车船运距的计算式

$$Y=\sum L_i R_i / \sum L_i + C \tag{3-2}$$

式中：

Y——平均运距（km）；

L_i——各段线路材料量，预算中以各段线路长度为代表；

R_i——各段线路材料的车船运输距离，自工地仓库至各段材料的卸料点（其中道路或河流与线路平行的，则以该段的中心处为计算运距的卸料点）；

C——超过下站运距。

其中：超过下站运距，指火车站或码头至工地仓库的运距超过装材价格中下站运距部分，可按装材价格中规定计入工地运输距离，无规定者不予计列。

工地运输重量统计办法根据 2013 年版预算定额的要求，区别不同的运输方式（人力运输，拖拉机运输，汽车运输，船舶运输，索道运输）和材料种类（混凝土杆，钢管杆，混凝土预制品、线材、金具、绝缘子、零星钢材，塔材，砂、石、石灰、水泥、砖、土、水等）及单件重量，分别汇总。确定工地运输运距案例如下：

设某架空线路工程单回路长度为 14km，沿线工程地形：平地 4.3km，泥沼 2.4km，丘陵 3.7km，山地 2.3km，高山 1.3km。汽车运输道路均为平地。工地集散仓库设置在火车站（码头）至线路工程的中途，运距为 25km。当地装材价格中规定下站运距为 10km，超出 15km 部分可计入工地运输。运输方式为汽车和人力运输两种。线路路径（示意）图如图 3-4 所示。

装材预算价格指到工地计算仓库的价格，下站距离不够时，应调整装材预算价格（按当地装材预算价格规定计算）不应计入工地运输，工地运输是指工地集散仓库到线路杆位的运输，否则两个概念混淆。

车辆（船舶）运输距离计算见表 3-108，人力运输距离计算见表 3-109。

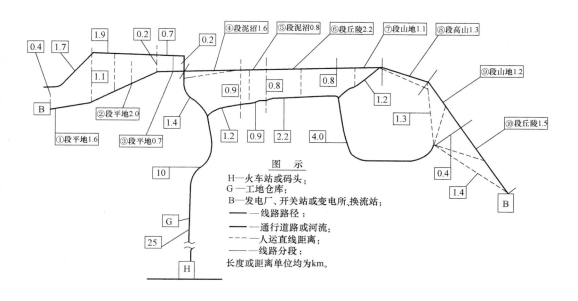

图 3-4 线路路径（示意）图

车辆（船舶）运输距离计算表　　　　　单位：km　　**表 3-108**

线路分段号	分段线路长度（L_i）	运输距离（R_i）	工作量
a	b	c	$d=b\times c$
	一	装置性材料运输	
①	1.6	$10.0+1.4+0.2+0.7+1.9+1.7/2=15.05$	24.08
②	2.0	$10.0+1.4+0.2+0.7+1.9/2=13.25$	26.50
③	0.7	$10.0+1.4+0.2+0.7/2=11.95$	8.37
④	1.6	$10.0+1.4=11.4$	18.26
⑤	0.8	$10.0+1.2+0.9/2=11.65$	9.32
⑥	2.2	$10.0+1.2+0.9+2.2/2=13.20$	29.04
⑦	1.1	$10.0+1.2+0.9+2.2+(0.8+0)/2=14.70$	16.17
⑧	1.3	$10.0+1.2+0.9+2.2+1.2=15.30$	20.15
⑨⑩	2.7	$10.0+1.2+0.9+2.2+4=18.30$	49.41
合　计	14.0		201.30
平均运距	14.0	工作量 201.3/14＋超出下站运距 15	29.4
	二	砂石等运输	

　　由于砂石等材料不是从工地集散仓库（材料站）运出而是从砂石场或建材公司堆场起运，运距可参照装材计算方法计算，或在装置性材料的平均运距基础上增减调整。

457

人力运输距离计算表　　单位：km　　表 3-109

线路分段号	分段线路长度(L_i)	地形	运输距离			工作量
			直线距离(R_i)	弯曲系数(k_i)	小计	
a	b	c	d	e	f=d×e	g=b×f
①	1.6	平地	(0.4+1.1)/2=0.75	1.1	0.825	1.320
②	2.0	平地	(1.1+0.2)/2=0.65	1.05	0.683	1.366
③	0.7	平地	(0.2+0.2)/2=0.2	1.05	0.21	0.147
④	1.6	泥沼	1.6/2=0.8	1.3	1.04	1.664
⑤	0.8	泥沼	(0.9+0.8)/2=0.85	1.2	1.02	0.816
⑥	2.2	丘陵	(0.8+0.8)/2=0.8	1.4	1.12	2.464
⑦	1.1	山地	(0.8+0.0)/2=0.4	1.5	0.60	0.660
⑧	1.3	高山	1.3/2=0.65	1.8	1.17	1.521
⑨	1.2	山地	(1.3+0.4)/2=085	1.4	1.19	1.428
⑩	1.5	丘陵	(0.4+1.4)/2=0.9	1.3	1.17	1.755
合　计	14.0					13.141
平均运距	14.0		13.141/14			0.94

（5）按运输材料划分计算运输费用

1）水运输。定额中已考虑了混凝土及垫层的养护、浇制用水的平均运距 100m 以内的运输，若运距超过时，可按每立方米混凝土 500kg 用水量另套"工地运输"定额。商品混凝土养护用水的平均运距按 100m 计算，若运距超过时，可按每立方米混凝土 500kg 用水量另套"工地运输"定额。

2）砂、石运输

黄砂、石子等材料一般采用地方预算价（或信息价），只计算人力运输、拖拉机运输和索道运输，不计算汽车、船舶等运输机械运输。

3）塔材运输

塔材在计算运输装卸重量时，应包含螺栓、脚钉、垫圈的重量。

4）线材运输

线材包括导线、地线、光缆等。采用张力架线方式进行架线施工时，线材不计人力运输。采用一般架线时，线材计算人力运输费用。线材采用机械装卸、运输，均要计算费用。

（6）按运输方式划分

1）人力运输

工作内容。人力运输包括线路器材外观检查、绑扎及运送、卸至指定地点，运毕返回。定额综合考虑了单人挑、双人或集体抬运、滚运或拖运，以及辅以畜力、板车、马车等运输方式。

工程量计算规则。人力运输分别按运输材料种类，按重量套用定额。计量单位"t·km"，其平均运距保留 2 位小数。

相关使用说明

一般工程的运输方式只考虑两种，其中包括人力运输。

如果采用张力架线，则导地线的运输不计人力运输。

案例：××工程工地运输中，人力运输距离是 0.68km，在套用定额子目时，就要选择各种相应材料运输子目计算。若运的是塔材，工程塔材总重 3500t，人力运输量＝3500t×0.68km＝2380t·km，选择 YX1－42 定额子目进行计算，则塔材运输定额直接费为 283243.8 元，如表 3-110 所示。

××工程工地运输预算表

表 3-110

序号	编制依据	项目名称	单位	数量	单价(元)			合价(元)		
					基价	人工费	机械费	基价	人工费	机械费
一		工地运输								
1		人力运输 0.70km								
	YX1－20	塔材	t·km	2380	119.01	108.23	10.78	283243.8	257587.4	25656.4

2）拖拉机运输

工作内容。拖拉机装卸、运输包括线路材料外观检查，材料在 10m 内的移运，装车支垫稳固，运至指定地点卸车及返回。

装卸定额按木杠、棕绳、铁铲等简易工具人力装卸车综合考虑，运输定额配制 10kW 手扶拖拉机。

工程量计算规则。拖拉机运输按运输物品重量分为"装卸"和"运输"套用定额。装卸定额计量单位为"t"，运输计量单位为"t·km"。其平均运距保留 2 位小数。

相关使用说明。拖拉机运输中均已综合考虑了拖拉机形式，路面级别和一次装、分次卸等因素，使用定额时不得另行换算。

3）汽车运输

工作内容。汽车装卸、运输包括线路材料外观检查，材料在 20m 以内的短距离移运，装车支垫并绑扎稳固，运至指定地点卸车及返回。

装卸定额装卸车的三种方式分别为：使用木杠、跳板及轻便工具，以人力装卸车；用汽车吊装车，借用轻便工具人力卸车；用汽车吊进行装卸车。

工程量计算规则。汽车运输按运输物品重量分为"装卸"和"运输"套用定额。装卸定额计量单位为"t"，运输计量单位为"t·km"。其平均运距不足 1km 者，按 1km 计算。

相关使用说明。汽车运输中均已综合考虑了车辆形式，路面级别和一次装、分次卸等因素，使用定额时不得另行换算。

4）船舶运输

工作内容。船舶装卸、运输包括线路材料外观检查，材料在 20m 内的短距离移运、装船支垫并绑扎稳固，运至指定地点卸船及返回。

工程量计算规则。船舶运输按运输物品重量分为"装卸"和"运输"套用定额。装卸定额计量单位为"t"，运输计量单位为"t·km"。其平均运距不足 1km 者，按 1km

计算。

相关使用说明。船舶运输中均已综合考虑了船舶形式，河流级别和一次装、分次卸等因素，使用定额时不得另行换算。

施工方法为机动船舶进行装卸。

5）索道运输

索道：用钢索在两地之间架设的空中通道，通常用于运输。索道运输方式分为往复式和循环式，具体施工中采用方法根据施工组织设计而定。

工作内容

线路材料外观检查，材料在上料点和下料点的100m范围内移运。上料点运送前装货、绑扎，运输，下料点卸货，运毕料斗返回。

工程量计算规则。索道运输按不同材料根据3个等级荷载重量套用相应装卸和运输定额，装卸定额按"t·处"计，运输按"t·km"计。

（7）地形增加系数调增

《电力工程建设预算定额》第四册 送电线路工程（2013年版）是按定额平地施工条件考虑，当地形条件不同时，应根据全线各种地形比例和《电力工程建设预算定额》第四册 送电线路工程（2013年版）中的相应地形增加系数计算综合地形增加系数，以调增安装费中的人工费和机械费。地形增加系数表如前表所示：

在确定工地运输地形时，应按运输路径的地形来划分，不得与工程地形相混淆。"工程地形"是指工程沿线地形，而"运输地形"则是指现场实际运输道路的地形。在人力运输地形验证确定时，一般可参考采用工程地形。有盘山公路可利用汽车进行工地运输的地形，可作为山地论。凡同一地段内，"河网"与"泥沼"并存时，则仅可套用泥沼地形的增加系数，两者不可同时取用。西北高原台地沿线平台长度2km以内的工程地形按"山地"论。工地运输地形则按运输路径的实际情况而定，上台运输按"山地"论；台上运输按"平地"论。在城市市区架空送电线路除人力运输外参考丘陵地形计算。

综合地形增加系数的计算方法：根据沿线踏勘资料，按《电力工程建设预算定额》第四册 送电线路工程（2013年版）的地形定义，会同设计人员将全线分为若干段，再将各类地形长度汇总，计算出各类地形中线路长度占全线百分比。

计算综合地形增加费率＝Σ每类地形比例×相应地形增加费率

例：已知各类工程地形比例泥沼10%，丘陵20%，山地40%、高山30%（有盘山公路）。

计算混凝土杆、混凝土预制品、钢管杆、线材的人力运输时：

人力调增系数＝70%×10%＋40%×20%＋150%×40%＋300%×30%＝165%

计算金具，绝缘子、零星钢材、塔材、砂、石、石灰、土、水泥、降阻剂、水的人力运输时：

人力调增系数＝40%×10%＋20%×20%＋100%×40%＋150%×30%＝93%

计算拖拉机、汽车运输时：

人力、机械调增系数＝20%×20%＋80%×40%＋80%×30%＝60%（不包括装卸）

土石工程计算综合地形增加费率＝10%×10%＋5%×20%＋10%×40%＋20%×30%＝12%（不包括机械）

基础工程计算综合地形增加费率＝40％×10％＋10％×20％＋20％×40％＋40％×30％＝26％

杆塔工程计算综合地形增加费率＝70％×10％＋20％×20％＋70％×40％＋110％×30％＝72％（不包括高塔及接地工程）

架线工程（一般放、紧线）计算综合地形增加费率＝40％×10％＋15％×20％＋100％×40％＋150％×30％＝92％（不包括跨越架设、拦河线安装）

架线工程（张力机械放、紧线）计算综合地形增加费率＝20％×10％＋5％×20％＋40％×40％＋80％×30％＝43％（不包括测量）

架线工程（光缆接续）计算综合地形增加费率＝15％×10％＋5％×20％＋30％×40％＋60％×30％＝32.5％

附件工程计算综合地形增加费率＝10％×10％＋5％×20％＋20％×40％＋50％×30％＝25％

电缆工程计算综合地形增加费率＝10％×10％＋10％×20％＋20％×40％＋40％×30％＝23％。

三、土（石）方工程

1. 工作内容：土（石）方工程包括线路复测及分坑；电杆坑、塔坑、拉线坑人工挖方（或爆破）及回填；电杆坑、塔坑、拉线坑机械挖方（或爆破）及回填；挖孔基础挖方（或爆破）；接地槽的挖方（或爆破）及回填，排水沟挖方；尖峰及施工基面挖方。

2. 土、石质分类

（1）土、石质类别

1）普通土指种植土，黏砂土、黄土和盐碱土等，主要用锹、铲、锄头挖掘，少许用镐翻松后即能挖掘的土质。

2）坚土：指土质坚硬难挖的红土、板状黏土、重块土、高岭土，必须用铁镐、条锄挖松，部分须用撬棍，再用锹、铲挖出的土质。

3）松砂石：指卵石、碎石与土的混合体，各种不坚实的砾岩、风化岩、叶岩、节理和裂纹较多的岩石等（不需要用爆破方法开采的），需用镐、撬棍、大锤、楔子等工具配合才能挖掘的土质。

4）岩石：指不能用一般挖掘工具进行开挖的各类岩石，必须采用打眼、爆破或部分用风镐打凿才能挖掘的土质。

5）泥水：指坑的周围经常积水，坑的土质松散，如淤泥和沼泽地等，挖掘时因水渗入和浸润而成泥浆，容易坍塌，需用挡土板和适量排水才能挖掘的土质。

6）流砂：指土质为砂质或分层砂质，挖掘过程中砂层有上涌现象并容易坍塌的土质，挖掘时需排水和采用挡土板或采取井点设备降水才能挖掘的土质。

7）干砂：指土质为含水量低的砂质或分层砂质，挖掘时不需排水，但需采用挡土板挖掘的土质。

8）水坑：指土质较密实，开挖中坑壁不易坍塌，但地下水涌出，挖掘过程中需用机械排水才能施工的土质。

（2）土、石质分类说明

各类土、石质按设计地质资料确定，除挖孔基础和灌注桩基础外，不做分层计算。同一坑、槽、沟内出现两种或两种以上不同土、石质时，则一般选用含量较大的一种土、石质确定其类型。出现流砂层时，不论其上层土质占多少，全坑均按流砂坑计算。

土石方开挖均以"立方米（m^3）"为单位。

1）定额已包括挖掘过程中因少量坍塌而多挖的，或石方爆破过程中因人力不易控制而多爆破的土石方工作量。

2）人工开凿岩石坑是指在变电所、发电厂、通信线、电力线、铁路、居民点以及国家级的风景区等附近受现场地形或客观条件限制，设计要求不能采用爆破施工者。

3）挖孔基础是指掏挖基础、岩石嵌固式基础、挖孔桩基础和灌注桩基础，同一孔中不同土质，按地质资料分层计算工程量，套用子目时坑深为分层土质的底部至孔口地面的高度。挖孔基础最底层土石方量为基坑总土石方量减去分层土石方量。

4）挖掘过程中因少量坍塌而多挖的，或石方爆破过程中因人力不易控制而多爆破的土石方工程量已包括在定额中。

5）接地槽土石方计算中，如遇接地装置需加降阻剂时，当设计无规定时，槽宽可按0.6m 计算。

6）回填土均按原挖原填和余土就地平整考虑，不包括 100m 以上的取（换）土回填和余土外运。需要时可按设计规定的换土比例和平均运距，另行套用尖峰挖方和工地运输定额。

7）泥水、流沙坑的挖填方，已分别考虑了必要的排水和挡土板的装拆工作量，套用定额时，不再另计。

8）机械挖土石方适用于电杆、拉线塔、拉线坑、铁塔坑挖方及回填，不适用接地槽开挖。

9）几种特殊情况系数的调整：

① 冻土厚度≥300mm 者，冻土层的挖方量，按坚土挖方定额乘 2.5 系数，其他土层仍按地质规定套用原定额。

冻土：指土的温度等于或低于零摄氏度，含有固态水且这种状态在自然界连续保持三年或三年以上的土。

冻土又分为季节性冻土（冬季冻结，天暖解冻的土层）和永久性冻土。

当自然条件改变时，冻土容易产生冻胀、融陷、热融、滑塌等特殊不良地质现象并发生物理力学性质的改变，以上特性决定了冻土的开挖较普通土困难。

② 岩石坑挖填，如需要排水，可按挖填方（岩石）人工定额乘 1.05 系数。

③ 在线路复测分坑中遇到高低腿杆、塔按相应定额乘 1.5 的系数。

④ 机械挖湿土时，定额乘 1.15 的系数。湿土是指含水量在 25％以上的土方，当含水量超过 50％时，排水费另计。

⑤ 机械挖方中，挖掘机在垫板上作业时，定额乘 1.25 的系数，垫板铺设费用另计。

3. 土（石）方量的计算

土（石）方工程量的计算，要根据基础设计的长、宽和埋深，按塔（杆）位地质明细表标示的地质资料和土质类别的划分规划，分别计算。在计算时，还要考虑不同土质的每边应留的操作裕度（见表 3-111）和放坡系数（见表 3-112），再按计算出的土石方量。分别套用定额。

（1）正方体（不放边坡，图 3-5）

$$V = a^2 \times h (\mathrm{m}^3) \tag{3-3}$$

式中：

V——土、石方体积（m^3）；

h——坑深（m）；

a——坑宽（m），a＝基础底宽（不包括垫层）＋2×每边操作裕度，操作裕度见表 3-111。

（2）长方体（不放边坡，图 3-6）

$$V = a \times b \times h (\mathrm{m}^3) \tag{3-4}$$

式中：

V——土、石方体积（m^3）；

h——坑深（m）；

a——坑宽（m），a＝基础底宽（不包括垫层）＋2×每边操作裕度（m），操作裕度见表 3-111；

b——坑长（m），b＝基础底长（不包括垫层）＋2×每边操作裕度（m），操作裕度见表 3-111。

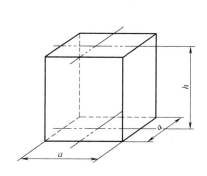

图 3-5　正方体（不放边坡）

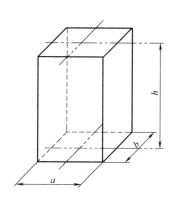

图 3-6　长方体（不放边坡）

（3）平截方尖柱体（放边坡，图 3-7）

$$V = \frac{h}{3} \times (a^2 + aa_1 + a_1{}^2)(\mathrm{m}^3) \tag{3-5}$$

式中：

V——土、石方体积（m^3）；

h——坑深（m）；

a——坑底宽（m），a＝基础底宽（不包括垫层）＋2×每边操作裕度（m），操作裕度见表 3-111；

a_1——坑口宽（m），a_1＝a＋2×h×边坡系数（m）。

各类土（石）质的边坡系数见表 3-112。

（4）平截长方尖柱体（放边坡，图 3-8）

$$V = \frac{h}{6} \times [ab + (a + a_1)(b + b_1) + a_1 b_1](\text{m}^3) \qquad (3\text{-}6)$$

式中：

V——土、石方体积（m^3）；

h——坑深（m）；

a——坑底宽（m），a＝基础底宽（不包括垫层）＋2×每边操作裕度（m），操作裕度见表3-111；

b——坑底长（m），b＝基础底长（不包括垫层）＋2×每边操作裕度（m），操作裕度见表3-111；

a_1——坑口宽（m），$a_1 = a + 2 \times h \times$ 边坡系数（m），边坡系数见表3-112；

b_1——坑口长（m），$b_1 = b + 2 \times h \times$ 边坡系数（m），边坡系数见表3-112。

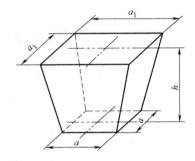

图3-7 平截方尖柱体（放边坡）

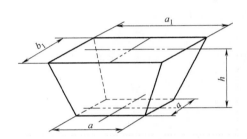

图3-8 平截长方尖柱体（放边坡）

（5）圆柱体（不放边坡，图3-9）

$$V = \pi \times r^2 \times h(\text{m}^3) \qquad (3\text{-}7)$$

式中：

V——土、石方体积（m^3）；

h——坑深（m）；

r——坑半径（m），r＝基础半径（不包括垫层）。

（6）平截圆锥体（不放边坡，图3-10）

$$V = \frac{1}{3}\pi h(r_1^2 + r_2^2 + r_1 r_2)(\text{m}^3) \qquad (3\text{-}8)$$

式中：

V——土、石方体积（m^3）；

h——坑深（m）；

r_1——坑口半径（m）；

r_2——坑底半径（m）。

（7）其他

实际工程中的土石方开挖，有可能是多种方式组合在一起，因此可以将实际分解为几种体积，分别计算，然后求和。计算公式为：

$$V = V_1 + V_2 + V_3 + \cdots \qquad (3\text{-}9)$$

例如：圆柱体连平截圆锥体（不放边坡，图3-11）的体积为：

$$V = V_1 + V_2 = \pi r_1{}^2 h_1 (\mathrm{m}^3) + \frac{1}{3} \pi h^2 (r_1{}^2 + r_2{}^2 + r_1 r_2)(\mathrm{m}^3)$$

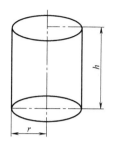

图 3-9　圆柱体（不放边坡）

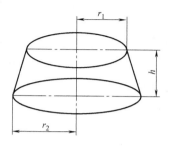

图 3-10　平截圆锥体（不放边坡）

施工操作裕度　　　　　　　　　　　　　　　表 3-111

序号	名　　　称	操作裕度（m）
1	普通土、坚土坑、水坑、松砂石坑	0.2
2	泥水坑、流沙坑、干沙坑	0.3
3	岩石坑有模板	0.2
4	岩石坑无模板	0.1

各类土（石）质的边坡系数　　　　　　　　　表 3-112

边坡系数　　土质　　坑深（m）	坚　　土	普通土、水坑	松砂石	泥水、流沙、岩石
2.0 以下	1：0.10	1：0.17	1：0.22	不放边坡
3.0 以下	1：0.22	1：0.30	1：0.33	不放边坡
3.0 以上	1：0.30	1：0.45	1：0.60	不放边坡

注：掏挖式基础和挖孔桩基础和岩石嵌固基础的基坑开挖土石方量计算不放边坡。

式中：

V——土、石方体积（m³）；

V_1——圆柱体体积（m³）；

V_2——平截圆锥体体积（m³）；

h_1——圆柱体部分坑深（m）；

h_2——平截圆锥体部分坑深（m）；

r_1——坑口半径（m）；

r_2——坑底半径（m）。

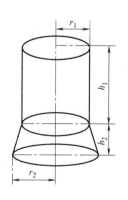

图 3-11　圆柱体连平截
圆锥体（不放边坡）

4. 其他土、石方量的计算

（1）无底盘、卡盘的电杆坑的计算使用以下公式：

$$V = 0.8 \times 0.8 \times h (\mathrm{m}^3) \qquad (3\text{-}10)$$

如果 $h \geqslant 1.5 \mathrm{m}$ 时，按放坡计算。

（2）带卡盘的电杆，如原计算坑的尺寸不能满足安装时，因卡盘超长而增加的土、石方量另计。

（3）电杆坑和拉线坑的土、石方量，未包括马道的土、石方量，需要时按每坑 $0.6m^3$ 另行计算。

（4）接地槽土、石方量的计算办法为：

$$V=槽宽×长度×槽深（m^3）\qquad(3-11)$$

槽宽一般按 0.4m 计算，如遇接地装置需加降阻剂时，槽宽可按 0.6m 计算。

（5）井点施工、开挖及回填

土质松软，容易坍塌的"流沙坑"，在基坑开挖前，采用井点设备降水，预先在基坑四周埋设一定数量的滤水管（井）。

在基坑开挖前和开挖过程中，利用真空原理，不断抽出地下水，使地下水位降低到坑底以下，以人力开挖基坑。井点设备降水开挖基坑施工如图 3-12 所示。

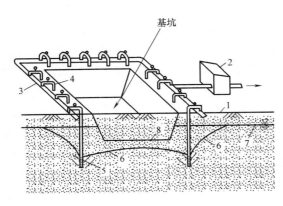

图 3-12　井点设备降水开挖基坑施工

1—地面；2—水泵；3—总管；4—井点管；5—滤管；6—降落后的水位；7—原地下水位；8—基坑底

1）采用井点施工的土方量计算，按普通土计量原则执行。

2）井点设备施工主要是针对流沙土质，在套用流沙坑或井点施工开挖及回填定额时，两者只能套用一个，按技术先进性考虑，一般套用井点施工开挖及回填定额。

（6）挖孔基础土石方量计算，按基础设计混凝土量扣除基础露出地面部分的混凝土量作为基坑开挖土石方总量。

5. 尖峰及施工基面挖方

应按设计提供的基面标高并按地形、地貌以实际情况进行计算。常见的计算方法如下：

（1）塔位立于山坡的施工基面（图 3-13）

1）不放边坡部分的体积（ABCDEF 体积）

$$V_a=L\cdot S\cdot H\qquad(3-12)$$

2）放边坡部分体积由三个部分组成（μ 为放坡系数），即上坡方向体积（CDEFJK 体积）

$$V_2=\mu X\cdot X\cdot S/2=\mu X^2\cdot S/2\qquad(3-13)$$

左右两侧（ADMJA＋BCKNB）体积

$$V_3=2×(\mu X\cdot X\cdot L/6)=\mu X^2\cdot L/3\qquad(3-14)$$

3）基面总体积

$$V=V_a+V_2+V_3\qquad(3-15)$$

（2）塔位立于圆形山顶上的施工基面（图 3-14），可按近似椭圆球体积的一半计算

$$V=\pi L\cdot S\cdot H/6\qquad(3-16)$$

（3）塔位立于山脊上的施工基面（图 3-15）。由于山脊两侧坡度的陡缓不同，可按近似长方体体积计算，但应乘以小于 1 的修正系数 K，一般取 0.6～0.4。因而

$$V=K\cdot L\cdot S\cdot H+\mu H\cdot H\cdot S=KLSH+\mu H^2 S\qquad(3-17)$$

式中：μ——边坡系数。

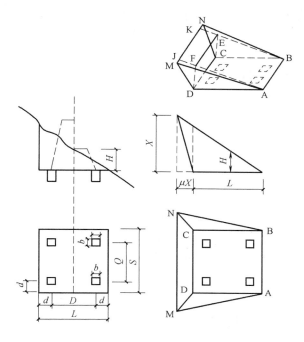

图 3-13 施工基面（山坡）

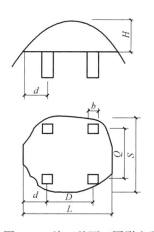

图 3-14 施工基面（圆形山顶）

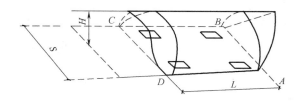

图 3-15 施工基面（山脊）

6. 余土处理办法

一般工程不考虑余土处理，需要时，可考虑余土运至允许堆弃地，其运距超过 100m 以上部分可列入工地运输。余土运输量的计算如下：

（1）灌注桩钻孔渣土

$$余土运输量＝桩设计零米以下部分体积(m^3)×1.7t/m^3 \qquad (3-18)$$

其中，$1.7t/m^3$ 中包括 $0.2t/m^3$ 的含水量。

（2）现浇和预制基础基坑余土

$$余土运输量＝地面以下混凝土体积(m^3)×1.5t/m^3$$

现浇和预制基础基坑余土（基础地质为湿陷性黄土）

$$余土运输量＝地面以下混凝土体积(m^3)×1.5t/m^3×30\% \tag{3-19}$$

（3）掏挖式、挖孔桩基础基坑余土

$$余土运输量＝地面以下混凝土体积(m^3)×1.5t/m^3 \tag{3-20}$$

7. 回填土规定

（1）回填土均按原挖原填考虑，不包括 100m 以外的取（换）土回填。

（2）需要 100m 以外的取（换）土回填时，可按设计规定的换土比例和平均运距，另行套用尖峰挖方和工地运输定额。

四、基础工程

1. 工作内容

基础工程包括预制基础，现浇基础，岩石锚杆基础钻孔浇灌，钻孔灌注桩基础，树根桩基础，预制桩基础，钢管桩基础，人工挖孔桩基础护壁、护坡、挡土墙及排洪沟砌筑，混凝土基础防腐和拉线棒防腐，接地安装及测量。

2. 主要说明

（1）桩基础超灌量

在计算工程量时，应包含超灌量。施工工程量＝设计量×（1＋超灌量），但不包含损耗量。如果设计没有明确超灌量，应按表 3-113 计算超灌量。

混凝土超灌量表　　　　　　　　　　　　　　表 3-113

序号	工程名称	超灌量(%)	序号	工程名称	超灌量(%)
1	灌注桩基础	17	4	岩石灌浆基础	8
2	挖孔基础	7	5	现浇护壁	17
3	树根桩基础	7			

注：挖孔基础采用人工挖孔桩基础护壁时，不计超灌量。

（2）系数调整

混凝土搅拌及浇制（包括商品混凝土浇制）的系数调整见表 3-114。

混凝土搅袢及浇制（包括商品混凝土浇制）系数调整　　　　表 3-114

序号	名 称	调整系数			说明
		人工	材料	机械	
1	无筋基础	0.95	0.95	0.95	
2	无模板(含 5m 以内挖孔)基础	0.9	0.9	0.9	
3	高低腿基础	1.15	1	1.15	
4	基础立柱为斜、锥形	1.25	1	1.25	
5	基础是插入式角钢、斜式地脚螺栓	1.05	1	1.05	
6	基础立柱、承台、联梁高出地面 1.0m 以上，需要搭设平台施工	1.2	1.2	1.2	计算立柱部分

注：如果表中前三项系数同时发生时，根据总说明的相关规定，增加系数相加。如：基础是高低腿、斜柱基础和插入或角钢（或者斜式地脚螺栓）时，调整增加系数＝0.15＋0.25＋0.05＝0.45。

3. 基础工程所含的工作内容及工程量计算规则

（1）预制基础

预制基础包括底盘安装、套筒安装、卡盘安装和拉线盘安装。

1）底盘安装

① 工作内容

包括底盘坑口移动，吊装，操平，找正；四周培土和工器具移运。

② 工程量计算规则

底盘安装定额中，如遇有铰接连接的底盘，每基应增加技工工日：单杆为 0.37 工日，双杆为 0.74 工日。

底盘安装、拉线盘安装中的每块重量，取每组各块重量加权平均的原则计算。三联杆的预制基础安装定额，套相应的单杆定额乘 2.5 的系数。

底盘安装、拉线盘安装定额中，如组合块数（每组或每基）超过子目的规定时可按单块同重量和相应组合块的倍数调整定额。

套筒安装定额中，已包括二次灌浆工作，但未包括基础的底盘安装，如发生时应另外套相应的底盘安装定额。

③ 装置性材料

指混凝土底盘、拉线盘和螺栓等。

④ 相关使用说明

a. 定额中，如遇有绞接连接的底盘，每基应增加工日：单杆为 0.37 工日，双杆为 0.74 工日。

例如：一个工程有水泥杆 4 基，单杆、双杆分别 2 基，底盘都是绞接。送电线路工程定额人工单价为 33.1 元/工日。

定额表　　　　　　　　　　　　　　　　　　　　表 3-115

序号	编制依据	项目名称及规范	单位	数量	单价（元）				台价（元）			
					安装费				安装费			
					基价	人工	材料	机械	基价	人工	材料	机械
1		底盘安装绞接调整（单杆）	基	2	12.25	12.25			24.5	24.5		
2		底盘安装绞接调整（双杆）	基	2	24.50	24.50			49	49		

注：单杆底盘安装绞接增加人工费＝33.1×0.37＝12.25；
　　双杆底盘安装绞接增加人工费＝33.1×0.74＝24.50。

b. 三联杆的预制基础安装定额，套相应的单杆定额乘以 2.5 系数。

c. "底盘安装"定额中，单杆、双杆都按一根杆子一个底盘考虑，如每杆底盘数量超过子目的规定时，可按单块重量相对应定额乘以组合的块数（单杆对应单杆定额、双杆对应双杆定额），即直接用对应的定额×底盘数量。如果是三联杆，每杆 2 个底盘的基础安装，则：

调整定额＝（单杆、一个底盘）对应重量的定额（人、材、机）×2.5×2

2）套筒安装

① 工作内容

包括套筒坑口移动，吊装，操平，找正，稳固，套筒内加装填充物并捣固，加顶盖及灌浆，工器具移运等。定额中已包括二次灌浆工作，但未包括基础的底盘安装，如发生时应另套相应的底盘安装定额。

② 工程量计算规则

分每基一根、每基二根，按套筒每块的重量，以杆塔"基"数为单位套用定额。

③ 装置性材料

指混凝土套筒、垫板、砂浆等。

④ 相关使用说明

定额中已包括二次灌浆工作，但未包括基础的底盘安装，如发生时应另套相应的底盘安装定额。

3）卡盘安装

① 工作内容

包括卡盘坑口移动，吊装，找正，螺栓紧固，清理现场，工器具移运等。

② 工程量计算规则

分每基一块、每基二块、每基四块，按每块重量以卡盘"块"为单位计算。

③ 装置性材料

指混凝土卡盘、抱箍、连接螺栓等。

④ 相关使用说明

定额中，"卡盘安装"是按一根杆子1或2块卡盘考虑，定额中每基一块用于单杆每杆1块，每基二块用于单杆每杆2块或双杆每杆1块，每基四块是指双杆每杆2块。当卡盘数量超过每杆2块时，按下式套用：

单杆工程量＝块数（3块及以上），套用每基一块对应重量的定额×块数（3块及以上）；

双杆工程量＝块数/2（6块及以上），套用每基二块对应重量的定额×块数/2。

4）拉线盘安装

① 工作内容

包括基坑整理，拉盘坑口移动，组装，吊装，拉线棒安装，调整，螺栓紧固，清理现场，工器具移运等。

② 工程量计算规则

分每组一块、每组二块按拉线盘每块重量，以"组"为单位套用定额。"拉线盘安装"中的"每块重量"，取每组各块重量加权平均的原则计算。

③ 装置性材料

指混凝土拉盘、拉线棒及其连接螺栓和连接金具等。

④ 相关使用说明

a. 三联杆的预制基础安装定额，套相应的单杆定额乘以2.5系数。

b. "拉线盘"的组合块数如果超过两块时，调整定额＝（每组一块）对应重量的定额×块数。

（2）现浇基础

1）钢筋加工及制作

① 工作内容

a. 准备，截割，焊接，制弯，整理，捆扎。

b. 加工及制作不包括热镀锌。

c. 包含基础钢筋、地脚螺栓制作，不包含插入角钢等镀锌工作。

② 工程量计算规则

以"t"为单位，应为成品钢筋重量，即设计重量加损耗。

③ 装置性材料

指钢带、钢筋。

④ 相关使用说明

损耗率表中钢筋有两个损耗率，钢筋、型钢（成品、半成品）的损耗率为0.5%和钢筋（加工制作）损耗率为6%。

钢筋、型钢（成品、半成品）在购买、运输、存放过程中的损耗含在材料单价里面，这里的损耗是指施工损耗。

钢筋（加工制作）损耗率是指制作过程中的损耗。

这里钢筋制作一般按照现场制作测算，因此，制作重量＝设计重量×（1＋损耗率）。

例如：某工地基础按照图纸需要钢筋10t，则计算钢筋使用量＝10t×（1＋0.5%）×（1＋6%）＝10.653t。

如发生运输时，另套工地运输定额。

2）基础垫层

① 工作内容

包括砂、石筛洗，坑底铺石或铺石灌浆，铺石加浇混凝土，灰土垫层，操平，清理现场，工器具移运等。

② 工程量计算规则

a. "铺石"、"铺石并灌浆"、"铺石并加浇混凝土"、"灰土垫层"的基础垫层定额，是以垫层的实际量"m³"为计算单位。

b. 素混凝土垫层中，以每基素混凝土量确定子目，有垫层量10m³以上和10m³以下的子目。

c. 对石灰、砂浆或混凝土的用量应按设计规定计算，如设计未作规定时，其石灰、砂浆的用量可以按垫层体积的20%计列。混凝土的用量可以按垫层体积的30%计列。

③ 装置性材料

指砂、石、水泥、石灰、水。

3）混凝土搅拌及浇制

① 工作内容

包括模板安装及拆除，钢筋绑扎及安装，地脚螺栓（插入式角钢）安装，筛洗砂、石，混凝土搅拌及浇制，捣固，养护，基面抹平，现场清理，工器具转移等。

② 工程量计算规则

根据每基混凝土量套用定额，以"m³"为单位。挖孔基础、树根桩基础、灌注桩基础、岩石灌浆基础，在套用定额时，还应该加超灌量。

③ 装置性材料

指钢筋、地脚螺栓（插入式角钢）、砂、石、水泥、水。

④ 相关使用说明

a. "混凝土搅拌及浇制"定额是按照有筋基础计算的,若为无筋基础,定额乘以 0.95 系数。

b. 混凝土现场浇制中,洗石、养护、浇模用水的平均运距按 100m 计算,运距超过部分可按每立方混凝土 500kg 的用水量另套"工地运输"定额。

c. 混凝土浇制系数调整见表 3-114。

4) 商品混凝土浇制

① 工作内容

包括模板安装及拆除,钢筋绑扎及安装,地脚螺栓(插入式角钢)安装,混凝土运输浇制,捣固,养护,基面抹平,清理现场,工器具转移等。

② 工程量计算规则

根据每基混凝土量套用定额以"m³"为单位,挖孔基础、树根桩基础、灌注桩基础、岩石灌浆基础在套用定额时,还应该加超灌量。

③ 装置性材料

指钢筋、地脚螺栓(插入式角钢)、混凝土、水。

④ 相关使用说明

a. "商品混凝土浇制"定额是按照有筋基础计算的,若为无筋基础,定额乘以 0.95 系数。

b. 混凝土现场浇制中,养护等用水的平均运距按 100m 计算,运距超过部分可按每立方混凝土 300kg 的用水量另套"工地运输"定额。

c. 商品混凝土浇制系数调整见表 3-114。

5) 大体积混凝土

大体积混凝土时指因混凝土水化热引起的,在设计文件中已明确要求在混凝土中采取温度控制措施的混凝土基础,才能套用大体积混凝土相应定额。一般为一次浇筑量大于 1000m³ 或混凝土结构实体最小尺寸等于或大于 2m,且混凝土浇筑需温度控制措施的混凝土。

6) 保护帽

铁塔组立后,经检查合格方可浇制塔座保护帽,其作用在于保护地脚螺栓的螺帽不被拆除及避免塔座积水。

① 工作内容

包括模板安装及拆除,筛砂,洗石,搅拌浇制,捣固,基面抹平及养护,工器具转移。

② 工程量计算规则

以"m³"为单位,按每保护帽方量套用定额子目。

③ 装置性材料

指砂、石、水泥、水。

(3) 岩石锚杆基础

1) 工作内容

包括清基定孔,装拆钻机,取水,钻孔,洗孔,安装地脚螺栓及找正,混凝土搅拌,浇灌，凿桩头，捣固，基面抹平，清理现场，工器具移运等。

2）工程量计算规则

按孔径，分孔径 80mm 以内和孔径 80mm 以上，按孔深套用定额，以基础孔深"m"为计算单位。

3）装置性材料

指地脚螺栓、砂、石、水泥。

（4）钻孔灌注桩基础

1）机械推钻成孔

① 工作内容

包括准备，钻台、钻架、水、电源、护筒等装拆，机具就（退）位，泥浆池挖、填，钻孔，供水，造浆，压泥浆，出渣，清孔，清理现场，工器具移运等。

地脚螺栓安装，导管及漏斗装拆，砂石筛洗，混凝土搅拌，浇灌，平台抹面及养护，工器具转移。

灌注桩基础定额中，不包括基础防沉台、承台和框梁的浇制工作，如有就另外套现浇基础定额。

② 工程量计算规则

分土质和孔径、孔深以深度为单位，凡一孔中有不同土质时，应按设计提供的地质资料分层计算。机械推钻成孔砂砾石定额中成孔机械按卷扬机带冲抓锥（冲击锥）冲孔综合考虑，实际使用时，不同机械不做调整。

灌注桩钻孔土质分类：

"砂土、亚黏土"：指亚砂土和中、轻亚黏土；

"黏土"指重亚黏土、黏土和松散的黄土；

"砂砾土"：指重亚黏土、僵石黏土，并伴有含量不超过 20%、粒径不大于 15cm 的砾石或卵石。

灌注桩基础定额中未包括余土的清理，需要时另套相应的施工基面挖方和工地运输定额。

灌注桩基础钻孔定额孔径不足 1m 按 1m 计取，孔径超过 1m 按实际尺寸根据相邻定额步距按插值法进行调整。

插值法公式：

$$(B_2-B)/(B-B_1)=(a_2-a)/(a-a_1)$$

则有：
$$B=[B_2(a-a_1)+B_1(a_2-a)]/(a_2-a_1) \tag{3-21}$$

式中：

a——实际孔径，介于定额步距孔径 a_1、a_2 之间；

a_1——小于 a 的孔径

a_2——大于 a 的孔径；

B——实际应该套用的定额单价（人工、材料、机械和基价）；

B_1——对应 a_1 孔径的定额单价（人工、材料、机械和基价）；

B_2——对应 a_2 孔径的定额单价（人工、材料、机械和基价）。

例如：砂土，机械钻孔，孔深 28m，孔径 1.1m。

实际孔径 1.1m，介于 1m 和 1.2m 之间，也就是介于定额 YX3－94 和 YX3－95 之间，则 $a=1.1$，$a_1=1.0$，$a_2=1.2$，对应定额基价 $B_1=263.00$，$B_2=303.48$，因此有：

基价 $B=[303.48\times(1.2-1)+263.00\times(1.2-1.1)]/(1.2-1)=283.24$

人工费 $B=[159.81\times(1.2-1)+137.80\times(1.2-1.1)]/(1.2-1)=148.81$

材料费 $B=[12.1\times(1.2-1)+10.43\times(1.2-1.1)]/(1.2-1)=11.26$

机械费 $B=[131.57\times(1.2-1)+114.77\times(1.2-1.1)]/(1.2-1)=123.17$

2）桩基础混凝土浇灌

① 工作内容

包括模板安装及拆除，吊装入孔找正，钢筋笼安装，地脚螺栓（插入式角钢）安装，导管及漏斗装拆，筛洗砂石，混凝土搅拌及浇制（或混凝土运输浇制），捣固，养护，基面抹平，清理现场。工器具移运等。

② 工程量计算规则

区分孔深以浇灌混凝土"m³"为单位，工程量包括混凝土超灌量。

③ 相关使用说明

a. 挖孔基础坑深在 5m 以上的，套用桩基础混凝土浇灌定额。

b. 挖孔基础坑深 5m 以内的按无模板基础套用现浇基础混凝土搅拌或商品混凝土浇制定额。

（5）树根桩基础

1）工作内容

包括钻机就位，钻孔，钢筋及注浆管安装，清孔，填骨料，压注浆，拔管，清理现场，工器具移运等。

2）工程量计算规则

树根桩基础浇制以"m³"为单位，按设计长度乘桩截面面积计算工程量。

3）装置性材料

指钢筋、砂、石、水泥、水等。

（6）预制桩基础

1）打、送桩

① 工作内容

a. 测量，放桩位线，准备打桩机械，移动打桩机，100m 以内的运桩，吊装就位，安卸桩帽，校正，打桩。

b. 吊装送桩器、送桩，拔放送桩器，清理现场，工器具移运等。

② 工程量计算规则

a. 打桩分桩长以桩体积"m³"为单位计算，打预制桩的体积，按设计全长乘以桩的截面面积，扣除桩尖的虚体体积。预制桩尺寸示意如图 3-16 所示，则：

$$V=S\times L+S\times b/3(\text{其中 } S=d\times d) \tag{3-22}$$

式中：

V——预制桩体积；

S——桩截面面积。

b. 送桩按桩截面面积乘以设计桩顶面标高至自然地坪另加 0.5m 长度计算。桩顶示

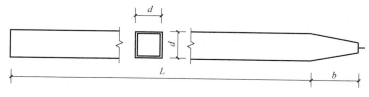

图 3-16 预制桩尺寸示意图

意如图 3-17 所示，则：

$$V=S\times(h+0.5) \tag{3-23}$$

式中：

V——送桩体积；

S——桩截面面积。

2）接桩

① 工作内容

准备焊接工具，对接上、下节桩，桩顶垫平放置接桩角铁，焊接，熔制，运送，灌注胶泥，安放、拆卸夹箍，截桩头，清理现场，工器具移运等。

② 接桩按接头"个"数计算。

3）截桩

① 工作内容

截桩头。

② 工程量计算规则

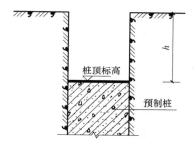

图 3-17 桩顶示意图

截桩分单桩截面直径 500mm 以内、500mm 以上按"根"数计算。

（7）钢管桩基础

1）工作内容

包括测量，放桩位线，准备打桩机械，桩架场地平整、堆放、配合打桩、打桩，清理现场，工器具移运等。

2）工程量计算规则

钢管桩打桩工程量按"根"为单位计算，打桩按桩长分为 10m 以内和 10m 以上套用定额。

（8）人工挖孔桩基础护壁

1）工作内容

包括现浇混凝土护壁：模板安装及拆除的砂石筛洗，混凝土搅拌，浇制，捣固，养护。预制护壁安装，清理现场及工器具移运等。

2）工程量计算规则

① 人工挖孔桩护壁是按照设计给定的施工图纸以护壁的"m³"为单位。

② 预制护壁如为混凝土管护壁，是用设计给定的管长（坑深、桩深）、管型计算其体积，然后套用预制混凝土管护壁定额。

③ 现浇护壁按设计护壁混凝土量的 17% 计算超灌量。

3）装置性材料

指砂、石、水泥或预制混凝土管。

（9）护坡、挡土墙及排洪沟砌筑

1）工作内容

① 材料移运，选料，砂浆配拌，砌筑，找正，上浆，勾缝，混凝土护坡、挡土墙的模板安装及拆除，钢筋绑扎及安装，搅拌浇制，养护，清理现场，工器具移运等。

② 未包括挖土工作，需要时另套用"土、石方工程"中排水沟挖方定额。

2）工程量计算规则

按设计图示实砌体积以"m^3"为单位计算。

装置性材料：指砂、石、水泥、钢筋。

3）相关使用说明

① 锥形护坡和挡土墙内侧如需要填土时，可套用"土石方工程"中 2.0m 以内普通土定额和相应的运输定额。

② 浆砌护坡和挡土墙砌筑中的砂浆用量，应按设计规定计算，如设计未规定时，砂浆用量为护坡和挡土墙体积的 20%。

（10）喷射混凝土护坡

1）工作内容

挂网内容：挂网，绑扎，混凝土块支垫，点焊锚杆。

喷混凝土：坡面清理及湿润，脚手架的搭设，移动，拆除，排水孔的位置，混凝土配运料，拌和，运输，喷射，养护，清理现场，工器具移运等。

2）工程量计算规则

挂网按挂网的重量以"t"计，喷混凝土以混凝土体积按"m^3"计。

3）装置性材料

网件，砂，石，水泥，水。

（11）混凝土基础防护

1）工作内容

混凝土基础防腐：包括对混凝土基础表面除垢、清洗，表面涂刷沥青或涂刷特殊材料，清理现场，工器具移运等。

混凝土基础阴极保护：材料移运，外观检查，埋设镁合金阳极，测试桩，参比电极，接点放热焊接，清理现场，工器具移运等。

2）工程量计算规则

混凝土基础防腐，按需要防腐面积以"m^2"计算。

混凝土基础阴极保护，阴极保护镁合金阳极安装按"套"计算，阴极保护测试桩及参比电极安装按"处"计算。

3）相关使用说明

基础混凝土防腐定额中包含沥青材料费，特殊防腐中，特殊防腐材料不包含在定额中。

混凝土基础阴极保护中镁合金阳极，测试桩，参比电极材料不包含在定额材料中。

（12）拉线棒防腐

1）工作内容

沥青清漆防腐包括涂刷两遍沥青清漆，清理现场，工器具移运等。三油二麻沥青防腐包括溶化沥青，缠绕两遍麻片包，每层依次涂刷沥青，清理现场，工器具移运等。

2）工程量计算规则

区分防腐材料，按拉线棒长度以拉线棒"根"数为计量单位。

（13）接地安装及测量

1）工作内容

包括接地极（钢管或角钢）打入土中，接地体展开敷设，降阻剂拌和，缠包后敷设，接地电阻测定，接地体连接高空引下线的安装，清理现场，工器具移运等。

2）工程量计算规则

接地体加工及制作按接地体材料重量以"t"计。接地极安装根据土质划分以"根"计算。

接地体敷设及加降阻剂接地体敷设根据接地线敷设长度按"m"计算工程量。混凝土杆高空接地引下线安装按"根"计算工程量，接地模块以"块"计算工程量，接地电阻测量按铁塔基数以"基"计算工程量。

3）装置性材料

装置性材料为钢管，角钢，圆钢，钢带降阻剂、拌和材料、接地引下线，固定抱箍、螺栓、接地模块等。

（14）混凝土和砂浆用料按下列配合比计算

1）现浇混凝土配合比表见表 3-116。

现浇混凝土配合比表 单位：m³ 表 3-116

序号	混凝土强度	水泥强度等级	水泥 t	中砂 m³	碎石 m³	水 t	备注
1	C10	32.5	0.25	0.55	0.83	0.18	碎石粒径为 40mm 以内
2	C15	32.5	0.31	0.49	0.84	0.18	
3	C20	32.5	0.344	0.46	0.85	0.18	
4	C25	32.5	0.405	0.41	0.85	0.18	
5	C30	42.5	0.383	0.42	0.86	0.18	
6	C35	42.5	0.411	0.4	0.86	0.18	
7	C40	42.5	0.46	0.37	0.86	0.18	
8	C20	32.5	0.397	0.46	0.79	0.215	灌注桩用,碎石粒径为 15mm 以内
9	C25	32.5	0.47	0.4	0.8	0.215	
10	C30	42.5	0.451	0.41	0.8	0.215	
11	C35	42.5	0.479	0.4	0.8	0.215	
12	C40	42.5	0.536	0.37	0.79	0.215	
13	C45	52.5	0.512	0.39	0.79	0.215	

2）砂浆配合比表见表 3-117

砂浆配合比表

表 3-117

项目	单位	水泥砂浆				
		砂浆标号				
		M15	M10	M7.5	M5	M2.5
		数量				
32.5 水泥	t	0.445	0.331	0.268	0.21	0.15
中砂	m³	1.18	1.18	1.18	1.18	1.18
水	t	0.22	0.22	0.22	0.22	0.22

3）水泥

水泥是一种无机粉状水硬性胶凝材料，水泥加水搅拌后成塑性浆体，能在空气和水中硬化，并把砂、石等材料牢固地胶结在一起，具有一定的强度，基础工程使用的水泥有硅酸盐水泥、普通硅酸盐水泥、矿渣硅酸盐水泥或火山灰硅酸盐水泥。

① 硅酸盐水泥，又称普通水泥，主要成分是硅酸钙和石膏，其特点是快硬、早强、标号高，用于一般性混凝土工程。

② 矿渣硅酸盐水泥，也叫矿渣水泥，是在硅酸盐水泥熟料中加入 15%～85% 经过碎冷处理的炼铁炉的矿渣，并加入适量的石膏磨细制成。此种水泥适用于易被海水侵蚀的水下工程，或深入地下易被硫酸盐侵蚀的工程和大体积工程。

③ 火山灰硅酸盐水泥，是在硅酸盐水泥熟料中加入 20%～50% 火山灰质水硬性混合材料（具有在水中结硬性质）与适量石膏磨细制成，搅拌用水比普通水泥要多，这种水泥适用于受侵蚀的建筑物以及水下、地下及潮湿的环境。

4）砂

混凝土基础工程用砂主要是天然河砂，混凝土用砂按其细度模数分为四种：

① 粗砂：细度模数 3.7～3.1，平均粒径不小于 0.5mm。

② 中砂：细度模数 3.0～2.3，平均粒径不小于 0.35～0.5mm。

③ 细砂：细度模数 2.2～1.6，平均粒径不小于 0.25～0.35mm。

④ 特细砂：细度模数 1.5～0.7，平均粒径小于 0.25mm。

细度模数为砂通过 0.15、0.3、0.6、1.2、2.5mm 等筛孔的全部筛余量之和除以100。细度模数大，表示砂子较粗。混凝土基础工程一般用中砂较好。

5）石

碎石为天然岩石经破碎、筛分而得到的，粒径大于 5mm 的岩石颗粒，卵石为天然岩石经自然条件作用形成的大于 5mm 的颗粒。

按颗粒直径分为：

细石：平均粒径 5～20mm；

中石：平均粒径 20～40mm；

粗石：平均粒径 40～80mm。

线路钢筋混凝土基础，一般采用中石，混凝土中最大石子的粒径不得大于浇灌部分断面最小尺寸 1/4，且不得超过钢筋间最小净距的 3/4。

6）水

拌制混凝土应使用清洁的淡水，不得使用海水。水中不得含油类、糖、酸、碱等有害物质及泥土、杂草之类。

五、杆、塔工程

1. 主要内容及范围

本章包括混凝土杆组立，钢环圈焊接及水泥杆封顶，钢管杆组立，铁塔组立，拉线制作及安装，杆塔刷漆和杆塔标志牌安装。

2. 主要说明

（1）定额工作内容不包括杆、塔上涂刷交通警示漆，此项工作量只是在特殊环境下使用，若设计等有要求，其相应费用在编制送电线路工程初步设计概算、施工图预算或编审标底和投标报价时（根据招标文件要求是否计列）列入其他费用中。

（2）定额中不包括铁塔、钢管杆、掘凝土电杆横担、地线顶架、脚钉（爬梯）、拉线抱箍等组合构件、接地体及接地极的防腐处理。此项工作只是在特殊环境下使用，若设计有防腐要求，一般加工制作时按设计已作防腐处理，不再计列此项费用。接地体及接地极的防腐处理，设计有防腐要求，若在施工现场做防腐处理，其费用另计。

3. 工程量计算规则

1）混凝土杆组立

① 工作内容

电杆排列支垫，构件连接，组装，补刷油漆，立杆准备，立杆和调正，装拆临时拉线，清理现场，工器具移运等。

② 工程量计算规则

a. 整根式混凝土杆组立分为单杆和双杆，定额以"基"为计量单位计算；分段式混凝土杆定额分为单杆、双杆并以"每基重量"划分子目，定额以"基"为计量单位计算，其中每基重量是指杆身自重与横担、叉梁、脚钉（爬梯）、拉线抱箍等全部杆身组合构件的总重量，不包括底、拉、卡盘的重量。

b. 定额以杆型和组合重量的形式表示，已综合考虑了各种电压等级、结构型式、杆高和施工方法。使用时，不能由于施工方法的不同而调整定额。

③ 装置性材料

指杆身、横担、叉梁、铁件、抱箍、螺栓等组合件。

④ 相关使用说明

a. 工程中如有三联杆组立，可按每根单杆重量套用相应单杆定额乘以2.5系数。

例如：单杆分段式重3.5t三联杆组立的定额套用。

分析：套用定额子目YX4－4，定额基价，包括人工费、材料费、机械费，均乘以2.5系数进行调整。

定额编号	项目名称	单位	基价	人工费	材料费	机械费
YX4－5调	三联杆组立3.5T	基	1240.98	770.30	16.13	454.55

b. 2013年版预算定额不适用于组合杆重在17t或单杆高在42m以上的电杆组立。如需要时，应按批准的施工组织设计另计。

2）钢环圈焊接及水泥杆封顶

① 工作内容

支垫检查，杆身与焊缝间隙的轻微调整，挖焊接操作坑，焊接和焊口清理，钢圈防锈处理，杆顶头封堵，现场清理，工器具移运等。

钢环连接定额只包括钢环的连接与防腐处理。

② 工程量计算规则

a. 钢环圈焊接分为气焊和电焊，定额按钢环直径以"个"为单位计算。

b. 水泥杆封顶，定额按杆顶封头直径，以"个"为单位计算。

③ 装置性材料

指砂、石子、水泥等。

④ 相关使用说明

钢环连接定额只包括钢环的连接与防锈处理。

3）钢管杆组立

① 工作内容

地面排列、支垫、组合连接，零星补刷油漆，立杆准备，吊装和调整，清理现场，工器具移运等。

② 工程量计算规则

a. 定额分单杆整根式、单根分段式，定额按每基重量以"基"为单位计算。

b. "每基重量"系指钢管杆杆身自重与横担、螺栓、爬梯等全部秆身组合构件的总重量。

c. 定额已综合考虑了各种电压等级，结构型式（杆高、杆数等）和施工方法。使用时，不能由于施工方法的不同而调整定额。

③ 装置性材料

指钢管杆杆身、横担、螺栓、爬梯等。

④ 相关使用说明

钢管杆因重量较重，一般只考虑汽车运输。

4）铁塔组立

① 角钢塔组立

a. 工作内容

清点配料，地面支垫，组合，按施工技术措施进行现场布置，吊装，塔身调整，螺栓紧固及防松防盗，零星补刷油漆，清场和工器具移运等。

b. 工程量计算规则

铁塔组立以每基铁塔塔全高高度，计算每米塔重套用相应定额。每基重量系指铁塔总重量，计算公式为：

$$铁塔总重量＝\sum（铁塔本身所有的型钢、连板、螺栓、脚钉、爬梯等）$$

定额按不同"塔全高"和"每米塔重"设置子目。塔全高指铁塔最长腿基础顶面至塔头顶的总高度。每米塔重指铁塔平均每米的重量，计算公式为：

$$每米塔重＝铁塔总重量/塔全高。 \tag{3-24}$$

例：$ZM^2-35.7$ 角钢型铁塔图纸计算重量为 6.95t，塔高 20m，则套用铁塔总重量为：

$$总重量＝\sum(6.95)＝6.95t$$
$$每米重量＝6.95\times1000/20＝347.5kg/m$$

套用"铁塔组立"相应定额时，套用定额子目"YX4－44"。

定额中的铁塔组立是按目前经常使用的角钢塔形考虑的，对紧凑型铁塔组立未单独增列子目。因紧凑型铁塔上部安装组立及就位时比目前经常使用的角钢塔困难，施工人员在组立钢管塔时无攀爬支撑点，必须辅以绳梯登塔，使得钢管塔组立及安装就位时比目前经常使用的角钢塔困难，因此紧凑型铁塔组立时按相应的铁塔组立定额以人工、机械乘以1.1系数。

例：500kV线路工程"CZ51－30"紧凑型角钢铁塔，总重量为11.87t，塔高30m。可以"定额子目 YX4－50"为基数乘以1.1系数进行调整，定额调整结果为：

定额编号	项目名称	单位	基价	人工费	材料费	机械费
YX4－50 调	铁塔组立,塔全高 30m 以内每米塔重 400kg 以上	t	400.76	334.87	7.41	58.48

c. 装置性材料

指塔材、螺栓、垫片、脚钉等组合件。

② 钢管塔组立

a. 工作内容

包括清点配料，地面支垫，组合，按施工技术措施进行现场布置，吊装，塔身调整，螺栓紧固及防松防盗，零星补刷油漆，清理现场，工器具移运等。

b. 工程量计算规则

铁塔组立以每基铁塔塔全高高度，计算每米塔重套用相应定额。每基重量系指铁塔总重量，计算公式为：

$$铁塔总重量＝\sum（铁塔本身所有的型钢、连板、螺栓、脚钉、爬梯等）$$

定额按不同"塔全高"和"每米塔重"设置子目。塔全高指铁塔最长腿基础顶面至塔头顶的总高度。每米塔重指铁塔平均每米的重量，计算公式为：每米塔重＝铁塔总重量/塔全高。

(3-25)

例：500kV线路工程"CZ7－35"紧凑型角钢铁塔，总重量为36.33t，塔高35m。可以套"定额子目 YX4－112"：

定额编号	项目名称	单位	基价	人工费	材料费	机械费
YX4－112	铁塔组立,塔全高 50m 以内每米塔重 1200kg 以上	t	407.09	329.71	5.91	71.47

c. 装置性材料

指塔材、螺栓、垫片、脚钉等组合件。

d. 相关使用说明

· 本节定额对直线塔与耐张转角塔、自立塔与拉线塔的施工方法做了综合考虑，不能因施工方法的不同而调整定额。

· 定额中不包括航空标志（航空警示灯、涂刷标志漆等）安装。

5）拉线制作及安装

① 工作内容

拉线长度实测、丈量与截割，拉线上下端头制作，拉线安装及调整，清理现场，工器具移运等。

② 工程量计算规则

a. 拉线制作及安装定额分楔形线夹式和压接式，按拉线截面以"根"为单位计算。

b. 定额对不同材质和规格已做了综合考虑，适用于单根拉线的制作与安装，若安装"V"形、"Y"形或双拼拉线时，应按2根计算。定额内拉线上把高度按40m以内考虑时，按每增高10m乘1.1的系数，不足10m按10m计列。

③ 装置性材料

指拉线本身和连接金具。

6）杆塔刷漆

① 工作内容

金属表面除垢、清洗、涂刷底漆、面漆，清理现场，工器具移运等。

② 工程量计算规则

杆塔刷漆是指杆、塔铁件上刷油漆，工程量按所需刷漆铁件设计重量"t"计算。

③ 装置性材料

定额中油漆按普通调和漆考虑，如采用其他油漆时可相应调整材料费。

7）杆塔标志牌安装

① 工作内容

包括标志牌安装，清理现场，工器具移运等。

② 工程量计算规则

标志牌安装按块计算，杆塔标志牌需拆装时，按相应定额人工、机械乘1.3的系数。

③ 装置性材料

杆号牌、相序牌、警示牌等。

六、架线工程

1. 主要内容及范围

本章包括：导线、避雷线一般架设，导线、避雷线、光纤复合架空地线（简称OPGW）张力架设，导线、避雷线、OPGW跨越架设，耦合屏蔽线安装，OPGW接续与测量，拦河线安装，特殊跨越，带电跨越电力线措施。

2. 主要说明

（1）本章定额中所列电压等级，除有特殊说明外，均指待建线路的电压。

（2）光缆、导线、地线基本数据：

① 钢绞线基本数据见表3-118。

钢绞线基本数据   表3-118

规格型号	单重（kg/km）	制造长度（km）	选定长度（km）
GJ—35　1×7	295.1	3.00	2.50
GJ—50　1×7	447	2.00	2.00
GJ—70　1×7	630.4	1.50	1.5
GJ—100　1×19	803	1.20	1.00
GJ—120　1×19	999	1.20	1.00

② 钢芯铝绞线基本数据见表 3-119。

钢芯铝绞线基本数据 表 3-119

规格型号	单重(kg/km)	制造长度(km)	选定长度(km)
LGJ—95/20	408.9	2.00	1.50
LGJ—150/25	601	2.00	2.00
LGJ—185/25	706.1	2.00	2.00
LGJ—240/30	922.2	2.00	2.00
LGJ—300/40	1133	2.00	1.75
LGJ—400/50	1500	1.50	1.75
LGJ—500/45	1688	1.50	1.50
LGJ—630/55	2209	1.20	1.50

③ OPGW 复合光缆基本数据见表 3-120。

OPGW 复合光缆基本数据 表 3-120

规格型号	单重(kg/km)	制造长度(km)	最大光纤数(芯)
OPGW—65	381	3.0～6.0	8
OPGW—75	470	3.0～6.0	12
OPGW—85	512	3.0～6.0	12
OPGW—100	625	3.0～6.0	24
OPGW—100	568	3.0～6.0	24
OPGW—110	570	3.0～6.0	24
OPGW—126	624	3.0～6.0	48

④ 放线滑车移运的平均档距取值见表 3-121。

放线滑车移运的平均档距取值 表 3-121

电压等级(kV)	35	110	220	330	500	750
平均档距(m)	200	230	330	350	380	400

3. 工程量计算规则

（1）光缆、导线、避雷线架设

光缆、导线、避雷线架设定额分一般架设和张力架设两种方式，导线张力架设中的第一根引绳展放单独计列，分人力展放与飞行器展放两种，使用时应根据施工图设计要求套用。光缆、330kV 及以上线路必须采用张力架线，220、110kV 根据施工图设计要求和相关的施工技术规程规范、批准的施工组织设计选取套用。

定额按导线和避雷线截面设置子目，不包括导线的耐张终端头制作、耐张串组合连接、耐张塔挂线、跳线及跳线串安装。

架线工程量以线路亘长为准，且悬挂点高差角在 10° 范围以内。

定额中导线是按三相的交流单回线路工程考虑。如遇下列情况时，按相应定额乘系数调整：

1）两相的直流线路工程可按同导线截面的定额乘 0.7 的系数；

2）同塔架设双回、多回线路工程和临近有带电线路架设施工，定额按下表 3-122 系数调整，其中：临近有带电线路架线，边线平行接近的控制距离见表 3-123，若不同电压等级线路同塔多回路架设时，不同等级电压线路根据各自的回路数按表 3-122 系数再乘 0.9 的系数进行调整。

同塔架设双回、多回线路工程和临近有带电线路架线系数调整表 　　　表 3-122

序号	同塔回路数	同塔架设			临近带电线路		
		人工	材料	机械	人工	材料	机械
1	一回路	1	1	1	1.1	1	1.1
2	二回路	1.75	2	1.75	1.98	2	1.98
3	三回路	2.5	3	2.5	2.75	3	2.75
4	四回路	3.1	4	3.1	3.41	4	3.41
5	六回路	4.0	6	4.0	4.40	6	4.40
序号	同塔二次架设回路数	非同时架设			临近带电线路		
		人工	材料	机械	人工	材料	机械
1	一回路	1.10	1	1.10	1.21	1	1.21
2	二回路	1.98	2	1.98	2.18	2	2.18
3	三回路	2.75	3	2.75	3.03	3	3.03
4	四回路	3.41	4	3.41	3.75	4	3.75
5	六回路	3.96	5	3.96	4.36	5	4.36

临近带电线路架线边线平行接近控制距离表 　　　表 3-123

已建线路电压(kV)	35	110	220	330	500	750	1000
接近距离≤(m)	20	25	30	40	50	70	90

（2）导线、避雷线一般架设

1）工作内容

包括放、紧线准备，人力或机械牵引放线，机械紧挂线，弧垂观测，信号联络，护线及杆塔监护，直线接头连接，清理现场，工器具移运等。其中避雷线包括耐张终端头制作、耐张串组合连接和挂线、附件安装（不含防振锤）。

避雷线和光缆包括附件安装（不含防振锤）。

挂钩式光缆架设主要考虑在已有线路的杆塔上先架设钢绞线，然后将普通光缆用挂钩吊挂在钢绞线上。包括钢绞线的展放、紧挂，附件安装，光缆敷设。

2）工程量计算规则

① 挂钩式光缆不分型号规格，综合以架设光缆的线路长度"km"为单位。

② 单根避雷线区分钢绞线和良导体，按不同截面套用子目，以单根避雷线的线路亘长"km"为计量单位。

③ 导线架设区分不同导线截面及导线分裂数，以线路亘长"km/三相"为计量单位，"km/三相"为三相导线同时架设。

3）装置性材料

指导线、避雷线、光缆、绝缘子、金具等。

（3）OPGW、导线、避雷线张力架设

1）牵、张场场地建设

① 工作内容

包括牵、张场场地人工平整和场内钢板、道木的铺设，材料及工器具转移。

② 工程量计算规则

区分光缆和导线分裂数，以建设场地"处"为计量单位。其中牵、张场场地数量按施工设计大纲要求计算，如没有规定，一般情况下平均导、地线按 6km 一处，光缆按 4km 一处计算。

2）引绳展放

① 工作内容

引绳展放准备，人工展放引绳，飞行器展放引绳，工器具移运等

② 工程量计算

引绳展放分为人工展放和飞行器展放两种，展放按路径长度以"km"计算。

飞行器展放定额中不包括飞行器的租赁费用。

3）张力放、紧线

① 工作内容

包括导线、避雷线、OPGW 紧线，弧垂观测，信号联络，护线及锚线，杆塔监护，直线接头连接，清理现场，工器具移运等其中避雷线和 OPGW 包括耐张终端头制作、耐张串组合连接和挂线、附件安装（不含防震锤）。

避雷线和光缆包括附件安装（不含防振锤）。包括了牵张设备在施工过程中的装、拆和转移的消耗量。

② 工程量计算规则

a. OPGW 光缆不分型号规格，综合以架设光缆的线路亘长"km"为准计算，不包括接续杆塔上的预留量。

b. 单根避雷线区分钢绞线和良导体，按不同截面套用子目，以单根避雷线的线路亘长"km"为计量单位。

例：两个避雷线架设，套用避雷线数量×2，如果一根避雷线和一根 OPGW，则分别套用单根避雷线加 OPGW 定额。

c. 导线架设区分不同导线截面及导线分裂数，不列电压等级，以线路亘长"km/三相"为计量单位，"km/三相"为三相导线同时架设。

例：某条 220kV 线路亘长 100km，导线为 LGJ－400，双地线为 GJ－70。则：

架线工程量即为：导线 100km/三相；地线 100km×2＝200km。

③ 装置性材料

指导线、避雷线、光缆、绝缘子、金具等。

4）其他相关说明

① 35kV 及以上架空线路上架设的光缆按本册定额执行，10kV 及以下架空线路上架设的光缆按《电气设备安装工程》册定额执行。

② 导地线的连接。由于爆压方式受天气影响质量不很稳定，又会造成环境污染等，

故予以取消，定额全部按压接机考虑。

③ 光纤复合架空地线（OPGW）的材料用量，一般按设计人员提出的长度计算。通常的计算方法如下：

$$L＝\sum I＋2×\lambda＋2×10 \tag{3-26}$$

式中：

L——每盘光缆的制造长度（m）；

$\sum I$——耐张段光缆实际长度（m）；

λ——挂线点到接线盒的长度（m）；

$2×10$——表示每侧预留 10m 裕度。

④ 导线、地线材料用量的计算。按设计采用的导、地线规格套用其单位重量计算。预算用量计算公式为：

导、地线的预算用量＝裸软导线、地线长度（km）×导、地线的单位重量（kg/km）×（1＋施工损耗率）

其中：裸软导线、地线按送电线路设计用量计算，设计用量包括线路弧度及跳线等长度；裸软导线损耗率中不包括与电器连接应预留的长度。

（4）光缆、导线、避雷线跨越架设

1）工作内容

包括跨越铁路、公路、高速公路、电力线及弱电线时，越线架的搭设、拆除，放、紧线时跨越架的监护；跨越河流时，利用船舶将导地线（或导引绳、牵引绳）引渡过河，在放紧线时进行分线和监护；材料和工器具移运，清理现场等。

2）工程量计算规则

① 光缆、导线、避雷线跨越架设定额计量单位"处"，系指在一个档距内，对一种被跨越物所必须搭设的跨越架而言。如同一档距内跨越多种（或多次）跨越物时，应根据跨越物种类分别套用定额。

② 单根线跨越架设只适用于避雷线、OPGW 单独架设或更换时使用，单带电跨越时，带电跨越措施费用按"带电跨越电力线措施"的定额基价的 10％计列。

③ 定额子目中所列电压等级若未作说明，均指待建线路的电压。

④ 定额仅考虑因跨越而多耗的人工、材料和机械台班。在计算架线工程量时，其跨越挡的长度不应扣除。

⑤ 跨越架设定额不包括被跨越物产权部门提出的咨询、监护、路基占用等费用，如需要时可按政府或有关部门的规定另计。

⑥ 跨越铁路定额分一般铁路和电气化铁路两种，如遇高速铁路时，按施工组织设计另计。

⑦ 跨越一般公路与高速公路均值双向 4 车道以内的公路，单超出 4 车道时，定额基价乘超宽系数调整：双向 6 车道的超宽系数为 1.2，双向 8 车道的超宽系数为 1.6。

⑧ 跨越电力线定额是按停电跨越考虑的。如需带电跨越，增加套用带电跨越措施定额。

⑨ 跨越河流定额仅适用于有水的河流、湖泊（水库）的一般跨越。在架线期间，凡属人能涉水而过的河道，或正值干涸时的河流、湖泊（水库）均不作为跨越河流计。对于

必须采取封航手段的通航河道或水流湍急以及施工难度较大的深沟或峡谷，其跨越架线可按审定的施工组织设计，由工程主审部门另行核定。

⑩ 施工中遇到有人车通行的土路、不拆迁的房屋及不砍伐的果园、经济作物等，架线时需采取防护措施，可按下面方法计算：

- 跨越土路，以"处"为计量单位，套用跨越低压弱电线路定额乘 0.8 的系数；
- 果园、经济作物按 60m 为一处，套用跨越低压弱电线路定额乘 0.8 的系数；
- 跨越房屋，以独立房屋为一处，套用跨越低压弱电线路定额，房屋高度 10m 以下乘 0.8 的系数，房屋高度 10m 以上乘 1.5 的系数。

⑪ 跨越架设定额按单回线路建设考虑，当同塔同时架设多回路时，定额按表 3-124 系数调整

跨越系数调整表
同塔同时架设多回线路工程跨越系数调整表　　　　表 3-124

序号	每侧导线横担水平排列最大相数	人　工	材　料	机　械
1	1 相	1.5	1.1	1.5
2	2 相	1.75	1.3	1.75
3	3 相	2	1.5	2

例如：新建 500kV 线路要跨越 110kV 线路 1 处，则套用 500kV 跨越高压电力线定额乘以 0.64 系数。定额调整结果为：

定额编号	项目名称	单位	基价	人工费	材料费	机械费
YX5－80 调	跨越高压电力线 500kV	处	4091.55	3164.89	299.72	626.94

3）特殊跨越

① 工作内容

多柱组合式：跨越架的搭设、拆除、放、紧线时跨越架的监护，材料移运，清理现场，工器具移运等；

带羊角横担柱式：跨越架的搭设、拆除，放、紧线时跨越架的监护，材料移运，清理现场，工器具移运等；

无跨越架索道封网式：跨越架的搭设、拆除，放、紧线时跨越架的监护，材料移运，清理现场，工器具移运等。

② 工程量计算规则：

特殊跨越架设按被跨越线路按单回、双回分开套用定额，以"处"为计算单位。

③ 其他说明

a. 特殊跨越是指采用非脚手架形式跨越被跨越物的形式。

b. 使用时应根据施工图设计要求套用。

c. 多柱组合式、带羊角横担柱式跨越横担上部高度按 30m 以内考虑，如超过 30m 时，按每增高 5m 乘 1.15 的系数，不足 5m 按 5m 计列。

d. 带羊角横担柱式跨越架跨度按 40m 以内考虑，如超过 40m 时，按每增加 5m 乘 1.1 的系数，不足 5m 按 5m 计列。

e. 多柱式、无跨越架索道封网式跨越架跨度按 80m 以内考虑，如超过 80m 时，按每增加 10m 乘 1.1 的系数，不足 10m 按 10m 计列。

（5）带电跨越电力线措施

1）工作内容

包括跨越线架的搭设、拆除，放、紧线时跨越架的监护，材料和工器具移运，清理现场等。

2）工程量计算规则

按被跨越线路电压等级套用定额，以"处"为计算单位。

3）其他说明

如被跨越电力线为多回路时，措施费定额基价乘以如下调整系数：双回路乘 1.5 的系数，三、四回路乘 1.75 的系数，五、六回乘 2.0 的系数。单根线（避雷线、OPGW）跨越架设，当带电跨越时，带电跨越费用按"带电跨越电力线措施"的定额基价的 10% 计列。

（6）耦合屏蔽线安装

1）工作内容

包括放紧线准备，人力或机械牵引放线，机械紧挂线，弧垂观测，信号联络，护线及杆塔监护，直线接头连接及耐张终端头制作，耐张串组合连接，接地连接线安装，清理现场，工器具移运等。

2）工程量计算规则

根据单双根屏蔽线截面以架设耦合屏蔽线的亘长"km"为单位计算。

3）装置性材料

指屏蔽线、绝缘子、金具等。

4）相关使用说明

屏蔽线定额按良导体考虑，如采用钢绞线作屏蔽线时，消耗材料定额乘以 0.2 系数。

（7）OPGW 接续与测量

1）单盘测量

① 工作内容

包括测量准备、开缆盘、剥缆、清洗光纤、切缆、测量、记录数据、封缆头、封缆盘、清理现场，工器具移运等。

② 工程量计算规则

OPGW 光缆都按芯数以"轴"为单位计算，一盘光缆为一轴。在编制初步设计概算时，如果尚未进行光缆招标的工程，可按每轴（盘）4km 计算。

2）接续

① 工作内容

包括接续准备、上塔（杆）放线、临时固定、剥缆、光缆清洗、熔接、测试纤盘盒、复测、封盒、盘缆、上塔（杆）收线及固定、清理现场，工器具移运等。

② 工程量计算规则

OPGW 光缆都区分芯数以"接头"数量统计工程量，但只计算架空线路部分的连接头，前后两段（厂、站内）的光纤进线或出线的架构接线盒及至通信机房部分按《电力建设工程预算定额（2013 年版）第六册 通信工程》执行。

③ 相关使用说明

光缆定额是按双窗口测试条件下考虑的，设计要求单窗口时，"接续"的有关子目乘以 0.85 系数。

3）全程测量

① 工作内容

包括测量准备、测量、记录、封盒、清理现场，工器具移运等。

② 工程量计算规则

全程测量区分芯数以测算"段"为计量单位。

③ 相关使用说明

定额是按 100km 为一基本段考虑的，超过 100km，每增加 50km，其人工、机械乘 1.4，不足 50km 按 50km 计。

（8）拦河线安装

1）工作内容

包括测量定位，杆坑、拉线坑的挖填，底、拉、卡盘的安装，组立杆及安装拉线，拦河线的放线与紧线，警告牌安装，清理现场，工器具移运等。

定额中不包括拦河线所用器材的运输和混凝土杆的焊接。需要时可套本册"工地运输"和"杆塔工程"钢环焊接的相应定额。当拦河线采用钢管杆（含配套基础）承拦时，基础施工与钢管杆组立可套本册"基础工程"和"杆塔工程"的相应定额。

2）工程量计算规则

定额按河流宽度以拦河线设置"处"为单位计算，河两边为一处。

3）装置性材料

指电杆及各部件、拦河线和警示牌。

七、附件工程

1. 主要内容及范围

（1）本章包括内容：耐张转角杆塔导线挂线及绝缘子串安装，直线（直线换位、直线转角）杆塔绝缘子串悬挂安装，导线悬垂线夹安装，均压环、屏蔽环安装，防振锤、间隔棒安装，重锤安装，阻尼线安装，阻冰环安装，跳线制作及安装。

（2）在线检测设备安装，套用《电力建设工程预算定额（2013 年版）第六册 通信工程》相关定额。

（3）定额不包含地线的金具绝缘子串安装，其工作内容包括在架线工程中。

2. 主要说明

（1）耐张转角杆塔导线挂线及绝缘子串安装的计量单位为"组"，每个耐张、转角塔单侧单相为一组。

（2）"绝缘子串悬挂"适用于直线、直线转角及换位杆（塔）的绝缘子串安装。

（3）预绞丝悬垂线夹安装，按"导线缠绕预绞丝线夹安装"的相应定额乘 1.2 的系数。

（4）同塔非同时架设多回路或临近有带电线路时，在架设下一回时相应定额人工、机械乘 1.1 的系数。

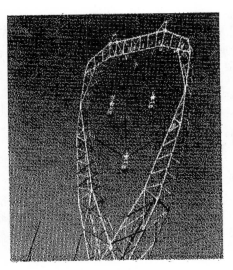

图 3-18　绝缘子串悬挂例

3. 工程量计算规则

（1）耐张转角杆塔导线挂线及绝缘予串安装

1）工作内容

包括绝缘子开箱检查与清洗，绝缘测定，锚线，割线，耐张塔、转角塔导线耐张终端头制作，耐张绝缘子串组合连接和挂线，塔上安装及调整，清理现场，工器具移运等。

2）工程量计算规则

2013 年版预算定额子目计量单位为"组"，按每个耐张、转角塔单侧单相为一组。

定额分电压等级、绝缘子串配置形式，以"单相"为单位计算。

3）装置性材料

指绝缘子、金具等。

（2）直线（直线换位、直线转角）杆塔绝缘子串悬挂安装

1）工作内容

绝缘子开箱检查与清洗，绝缘测定，金具，绝缘子串组合与悬挂（包括放线滑车），针式绝缘子（或瓷横担）固定，清理现场，工器具移运等。

2）工程量计算规则

定额分电压等级，绝缘子串型配置形式，以"单相"为单位计算。

3）装置性材料

指绝缘子、金具等。

（3）导线悬垂线夹安装

1）工作内容

导线缠绕铝包带线夹安装：划印提线，拆除放线滑车，缠绕铝包带或缠绕预绞丝，安装线夹及螺栓紧固（或绑扎固定），清理现场，工器具移运等。

导线缠绕预绞丝线夹安装：划印提线，拆除放线滑车，缠绕预绞丝，安装线夹及螺栓紧固（或绑扎固定），清理现场，工器具移运等。

2）工程量计算规则

定额分电压等级，导线分裂形式，以"单相"为单位计算。

3）装置性材料

线夹、预绞丝。

（4）均压环、屏蔽环安装

1）工作内容

开箱检查，地面组合，高空安装和螺栓紧固，清理现场，工器具移运等。

2）工程量计算规则

定额分电压等级，杆塔形式，以"单相"为单位计算。

3）装置性材料

指均压环、屏蔽环等。

（5）防震锤间隔棒安装

1）工作内容

防振锤安装：进行外观检查，在导线及良导体避雷线缠绕铝包带，防振锤安装调整及螺栓紧固，补刷防锈漆，清理现场，工器具移运等。间隔棒安装：开箱检查，利用飞车和绳尺紧线高空测距及安装，清理现场，工器具移运等。

2）工程量计算规则

导线防振锤安装根据导线分裂数以"个"为单位计算，避雷线及 OPGW 防振锤安装以"个"为单位计算。防振锤安装时需缠绕预绞丝的，按"防振锤安装"的相应定额乘1.2 的系数。

间隔棒安装根据导线分裂数以"个"为单位计算。相间防舞动间隔棒安装，分别套用"直线杆塔绝缘子串悬挂安装"相应电压等级单串定额和"导线悬垂线夹安装"相应电压等级单导线定额，人工乘 3.0 的系数，机械乘 2.0 的系数。

3）装置性材料

防振锤，间隔棒

（6）重锤安装

1）工作内容：

地面组合，利用机动绞磨和滑车组提升，高空安装，清理现场，工器具移运等。

2）工程量计算规则

根据重锤重量，以"单相"为单位计算。

3）装置性材料

重锤。

（7）阻尼线夹安装

1）工作内容

线材丈量与切割，机动绞磨提升，高空安装，花边调整及线夹紧固，清理现场，工器具移运等。

2）工程量计算规则

根据导线截面，以"单相"为单位计算。阻尼线安装是按一般安装情况考虑。遇到大跨越、大档距杆塔，需采用超长阻尼线（每相扎花边 13 个以上）时，其人工、机械按相应的定额乘 3.0 的系数。避雷线、OPGW 的阻尼线安装套用相同导线截面定额。

3）装置性材料

阻尼线

（8）阻冰环安装

1）工作内容

吊装飞车，安装，拆卸飞车，清理现场，工器具移运等。

2）工程量计算规则

按单导线和分裂导线形式，以"10 个"为单位计算

3）装置性材料

阻冰环

（9）跳线制作及安装

1）工作内容

跳线丈量，切割，连接，整理，电气间隙测定，清理现场，工器具移运等

2）工程量计算规则

跳线按跳线材质分为软跳线和刚跳线。软跳线根据电压等级根据导线分裂数，以"单相"为单位计算；

刚性跳线根据导线分裂数，以"单相"为单位计算。

刚性跳线拉杆安装，套用双串绝缘子串悬挂定额。

3）装置性材料

整套软跳线，整套钢跳线。

案例：某 500kV 线路改造工程，地形：平地 100%，铁塔共 26 基。其中：直线、直线转角杆塔 17 基，其绝缘子串配置见表 3-125。

某 500kV 线路改造工程绝缘子串配置　　　　　　　表 3-125

序号	杆塔号	绝缘子串配置			备注
		边相 1	中相	边相 2	
1	3	单串	V 形单串	单串	
2	4	单串	V 形单串	单串	
3	6	单串	倒伞形单串	单串	
4	7	双串	倒伞形双串	双串	
5	8	双串	倒伞形双串	双串	
6	10	单串	倒伞形单串	单串	
7	11	单串	V 形单串	单串	
8	12	单串	V 形单串	单串	
9	13	单串	倒伞形单串	单串	
10	14	V 形双串	倒伞形双串	V 形双串	
11	16	V 形双串	倒伞形双串	V 形双串	
12	17	V 形双串	倒伞形双串	V 形双串	
13	19	V 形单串	V 形单串	V 形单串	
14	20	V 形单串	V 形单串	V 形单串	
15	21	V 形单串	V 形单串	V 形单串	
16	22	V 形单串	倒伞形单串	V 形单串	
17	25	V 形单串	倒伞形单串	V 形单串	

① 工程量计算见表 3-126。

工程量计算　　　　　　　　　　　表 3-126

序号	名　称	数　量
1	单串绝缘子悬挂	14 串
2	双串绝缘子悬挂	4 串
3	V 形单串绝缘子悬挂	17 串

续表

序号	名　称	数　量
4	V形双串绝缘子悬挂	6 串
5	倒伞形单串绝缘子悬挂	5 串
6	倒伞形双串绝缘子悬挂	5 串

② 预算编制套用定额见表 3-127。

预算编制套用定额 表 3-127

编制依据	项目名称	单位	数量	定额单价				合价			
				合计	人工费	材料费	机械费	合计	人工费	材料费	机械费
YX6—13	直线(直线换位直线转角)杆塔 500kV 单串	单相	14	64.09	46.67	1.55	15.87	897.26	653.38	21.7	222.18
YX6—14	直线(直线换位直线转角)杆塔 500kV 双串	单相	4	116.38	84.74	2.68	28.96	465.52	338.96	10.72	115.84
YX6—15	直线(直线换位直线转角)杆塔 500kV V形单串	单相	17	130.6	94.67	3.00	32.93	2220.20	1609.39	51.00	559.84
YX6—16	直线(直线换位直线转角)杆塔 500kV V形双串	单相	6	209.35	168.81	5.33	35.21	1256.10	1012.86	31.98	211.26
YX6—17	直线(直线换位直线转角)杆塔 500kV 倒伞形单串	单相	5	181.00	139.02	4.35	37.63	905.00	695.05	21.75	188.15
YX6—18	直线(直线换位直线转角)杆塔 500kV 倒伞形双串	单相	5	304.47	251.56	7.44	45.47	1522.35	1257.80	37.20	227.35
合　计								7266.43	5567.44	174.35	1524.59

（10）导线悬垂线夹安装

导线悬垂线夹有两种，导线缠绕铝包带线夹和导线缠绕预绞丝线夹，二者只用其一，不得重复套用。

1）工作内容

包括划印提线，拆除放线滑车，缠绕铝包带或缠绕预绞丝，安装线夹及螺栓紧固（或绑扎固定）等。

2）工程量计算规则

导线缠绕铝包带线夹安装、导线缠绕预绞丝悬垂线夹安装分电压等级、导线分裂数以"单相"为单位计算。

3）装置性材料

指线夹、预绞丝。

4）案例

某±500kV 直流线路工程，导线采用 4×LGJ—400/35 型，同塔双回路架设（同时）。地形：平地 100%，铁塔共 135 基。其中：直线、直线转角杆塔 115 基，跨河直线塔 4 基（采用预绞丝）。

① 工程量统计。因是同塔双回路同时架设，所以，每基导线悬垂线夹安装为 4 只。因此：

"导线缠绕铝包带线夹安装"工程量为 115 基×4 只/基＝460 只；

"导线缠绕预绞丝线夹安装"工程量为 4 基×4 只/基＝16 只。

② 预算编制套用定额见表 3-128。

预算编制套用定额　　　　　　　　　　　表 3-128

编　制依　据	项目名称	单位	数量	定额单价				合价			
				合计	人工费	材料费	机械费	合计	人工费	材料费	机械费
YX6—32	直线（直线换位直线转角）杆塔 500kV四分裂	单相	460	84.25	50.64	15.75	17.86	38755.00	23294.40	7245.00	8215.60
YX6—42	直线（直线换位直线转角）杆塔 500kV四分裂	单相	16	112.14	86.06		26.08	1794.24	1376.96		417.28
合　计								40549.24	24671.4	7245.00	8632.88

（11）均压环、屏蔽环安装

1）工作内容

包括开箱检查，地面组合，高空安装和螺栓紧固，工器具转移。

2）工程量计算规则

均压环、屏蔽环安装分电压等级、直线杆塔、耐张杆塔，以"单相"为单位计算。

3）装置性材料

指均压环、屏蔽环。

（12）防振锤、间隔棒安装

1）工作内容

① 防振锤安装。进行外观检查，在导线及其导体避雷线缠绕铝包带，防振锤安装调整及螺栓紧固，补刷防锈漆等，工器具转移。

② 间隔棒安装。开箱检查，利用飞车和绳尺进行高空测距及安装等，工器具转移。

2）工程量计算规则

防振锤、间隔棒安装区分导线分裂数，以"个"为单位计算。

3）装置性材料

指防振锤、间隔棒。

4）相关使用说明

良导体避雷线、地线的防振锤安装套用单导线防振锤安装定额。

（13）重锤安装

1）工作内容

包括地面组合、利用机动绞磨和滑车组提升，高空安装，工器具转移等。

2）工程量计算规则

重锤安装区分重锤重量以"单相"为单位计算。

3）装置性材料

指重锤。

4）相关使用说明

在线路工程设计施工中，由于每基杆塔每一相的重锤安装数量、安装重量不同，因此2013年版预算定额计量单位按重锤的重量以"单相"为单位计算。

5）案例

某一220kV线路工程，其加装重锤的杆塔配置如表3-129所示。

某220kV线路工程加装重锤的杆塔配置表 表3-129

杆塔号	杆塔型号	重锤配置			备注
		内侧边相	中相	外侧边相	
10	ZG6′	8 片		12 片	（1）重锤附件（重锤座采用 ZJ－1 型，单重 2kg）。 （2）重锤（重锤片采用 ZC－1 型，单重 16kg）
11	ZG7′	8 片		12 片	
15	ZM²－23.7		10 片		
22	ZJ－20.7		6 片	8 片	
27	ZM²－29.7	6 片	6 片	6 片	
29	GJ1－21.5			13 片	
30	DJ1－18			15 片	
36	ZG6′	8 片	8 片	8 片	

① 工程量计算：

重锤配置 6 片重量为：6 片×16kg/片＋2kg＝98kg。

重锤配置 8 片重量为：8 片×16kg/片＋2kg＝130kg。

重锤配置 10 片重量为：10 片×16kg/片＋2kg＝162kg。

重锤配置 12 片重量为：12 片×16kg/片＋2kg＝194kg。

重锤配置 13 片重量为：13 片×16kg/片＋2kg＝210kg。

重锤配置 15 片重量为：15 片×16kg/片＋2kg＝242kg。

② 工程量统计见表3-130。

工程量统计表 表3-130

序号	项目名称	单 位	数 量	备 注
1	重量(kg)100 以内	单相	4	
2	重量(kg)150 以内	单相	6	
3	重量(kg)200 以内	单相	3	
4	重量(kg)300 以内	单相	2	

③ 预算编制套用定额见表3-131。

（14）阻尼线安装

1）工作内容

预算编制套用定额　　　　　　　　　　　　　　表 3-131

编制依据	项目名称	单位	数量	定额单价				合价			
				合计	人工费	材料费	机械费	合计	人工费	材料费	机械费
YX6-61	重量(kg)100 以内	单相	4	28.73	18.87	2.14	7.72	114.92	75.48	8.56	30.88
YX6-62	重量(kg)150 以内	单相	6	37.82	24.83	3.47	9.52	226.92	148.98	20.82	57.12
YX6-63	重量(kg)200 以内	单相	3	52.41	33.43	4.81	14.17	157.23	100.29	14.43	42.51
YX6-64	重量(kg)300 以内	单相	2	72.14	44.35	7.47	20.32	144.28	88.70	14.94	40.64
合　计								643.35	413.45	58.75	171.15

包括线材丈量与切割，机动绞磨提升，高空安装，花边调整及线夹紧固，工器具转移等。

2）工程量计算规则

定额按导线截面及导线分裂数区分，以"单相"为单位计算。

3）装置性材料

指阻尼线。

4）相关使用说明

阻尼线安装是按一般安装情况考虑。遇到大跨越、大档距杆塔，需采用超长阻尼线（每相扎花边 13 个以上）时，其人工、机械按相应的定额乘以 3.0 系数。

（15）阻冰环安装

1）工作内容

包括吊装飞车在导地线上，安装阻冰环，拆卸飞车及工器具转移等。

2）工程量计算规则

定额按导线是否分裂区分，以"100 个"为单位计算。

3）装置性材料

指阻冰环。

八、辅助工程

1. 术语定义

（1）往复式索道：设有承载索，一般配有环状牵引索，在牵引索上加往复动力，使货物在承载索上进退。一般有单线往复式、双线往复式和四线往复式等。

（2）循环式索道：指可以用等间距料斗连续运输货物到塔位，而料斗又连续返回到上料点的索道。一般有单线往复式、双线往复式和四线往复式等。

（3）索道支架：用来支撑索道绳索和运送物料荷载的支撑构件，包括地锚、临时拉线等。一般采用木材、钢材、复合材料等制作。

（4）承载索：指承载运送物料重量的绳索。

（5）返空索：指承载运送料斗重量，空载返回的绳索。

（6）牵引索：指牵引行走滑车运送物料的绳索。

（7）索道牵引机：一般由柴油机、变速箱、涡轮减速箱、离合器、滚筒五部分组成，用来牵动牵引索运载物料。

（8）附件：是指索道用的滑车、料斗、托架、锚具等。

2. 工作内容及工作范围

(1) 工作内容包括索道站安装，施工道路和固沙。

(2) 工作范围：

① 本定额运输（指索道设施运输）时指索道设施（木支架、钢支架、绳索及附件）自索道上料点（含 100m 内的移运）运至下料点和沿线各支架塔位，以及完成物料运输后所有设施运回上料点的人力运输等全部工作；

② 索道设施（木支架、钢支架、绳索及附件）在索道上料点处的移运超过 100m 时，超过部分按工地运输中"零星钢材运输"子目另计工地运输（荷载 5t 的索道用设施一般不再另计上料点人力运输）；初步设计阶段索道用设施运输重量可参考表 3-132。

索道用设施（木支架、钢支架、绳索及附件）运输重量参考表（t/套）　　表 3-132

跨度 荷载		300m 以内	600m 以内	900m 以内	900m 以上
往复式	1t	4.4	6.5	7.5	8.5
	2t	5.5	8.5	10	11.5
循环式	1t	4.9	7.4	8.8	10.3
	2t	6.4	10.4	12.7	15.2

③ 索道安装均包括施工完成后相应的拆除工作。

④ 牵引设备包括上料点 100m 内的移运。

⑤ 包括索道支架所需场地平整。

3. 工程量计算规则

1) 索道站安装：

① 索道机具、绳索、支架运输

a. 木支架运输：

工作内容：木支架外观检查，在上料点 100m 以内移运，绑扎及运送、卸至指定地点，运毕返回。

工程量计算规则：根据荷载重量，按索道跨度长度套用相关定额，以"个"为单位计算。

b. 钢支架运输：

工作内容：钢支架外观检查，在上料点 100m 以内移运，绑扎及运送、卸至指定地点，运毕返回。

工程量计算规则：根据荷载重量，按索道跨度长度套用相关定额，以"个"为单位计算。

c. 绳索及附件运输往复式：

工作内容：索道用绳索及附件的外观检查，器具在上料点 100m 以内移运，绑扎及运送、卸至指定地点，运毕返回。

工程量计算规则：根据荷载重量，按索道跨度长度套用相关定额，以"个"为单位计算。

d. 绳索及附件运输循环式：

工作内容：索道用绳索及附件的外观检查，器具在上料点 100m 以内移运，绑扎及运送、卸至指定地点，运毕返回。

工程量计算规则：根据荷载重量，按索道跨度长度套用相关定额，以"个"为单位计算。

② 索道安装：

a. 木支架安装：

工作内容：选点、定位、分坑、木支架排列支垫，绑扎，拔钉连接，支架组立和调正，运行维护，支架的拆除，清理现场，工器具移运等。

工程量计算规则：根据荷载，以"个"为单位计算。

b. 钢支架安装：

工作内容：选点、定位、分坑、钢支架排列支垫，构件连接，组装，地锚埋设，组立准备，支架组立和调正，拉线安装，运行维护，支架的拆除，清理现场，工器具移运等。

工程量计算规则：根据荷载，以"个"为单位计算。

c. 牵引设备、索道及附件安装往复式：

工作内容：牵引设备的装卸、包括在上料点 100m 范围内的移运就位。索道绳索的展放准备，人力或机械牵引展放，机械收紧，弧垂及张力观测，信号联络，索道沿线及支架监护，索道锚固，钢丝绳接头连接制作，索道行走滑车、托架、料斗等附件安装，索道试运行及维护，物料运完后索道拆除，清理现场，工器具移运等。

工程量计算规则：根据荷载重量，按索道跨度长度套用相关定额，以"个"为单位计算。

d. 牵引设备、索道及附件安装循环式：

工作内容：牵引设备的装卸、包括在上料点 100m 范围内的移运就位。索道绳索的展放准备，人力或机械牵引展放，机械收紧，弧垂及张力观测，信号联络，索道沿线及支架监护，绳索锚固，钢丝绳接头连接制作，索道行走滑车、托架、料斗等附件安装，索道试运行及维护，物料运完后索道拆除，清理现场，工器具移运等。

工程量计算规则：根据荷载重量，按索道跨度长度套用相关定额，以"个"为单位计算。

③ 施工道路

a. 路床整形：

工作内容：挖填土，平整，拌和，运料，摊铺，找平，洒水，碾压，清理现场，工器具移运等。

工程量计算规则：按整形路床面积，以"m^2"为单位计算。

b. 道路基层：

工作内容：基层找平，铺石（摊铺），夯实，清理现场，工器具移运等。

工程量计算规则：按基层铺设土质分类，以"m^2"为计算面积，根据基层铺设厚度调整相应定额。

例：道路基层为砂，厚度为 12cm，则套用定额在 YX8－81 基础上调增 2cm，即为 YX8－81＋YX8－82×2、结果为：基价：1.75＋0.17＊2＝2.09；人工：1.49＋0.13＊2＝1.75；机械：0.26＋0.04＊2＝0.34。

装置性材料：块石、碎石、塘渣、粗砂、水。

c. 道路面层：

工作内容：道路面层拌和，浇筑，抹平，夯实，养护，清理现场，工器具移运等。

工程量计算规则：按面层铺设土质分类，以"m²"为计算面积，根据基层铺设厚度调整相应定额。

例：道路面层为石屑，厚度为 4cm，则套用定额 YX8－85 基础上下调 1cm。即为 YX8－85－YX8－86×1、结果为：基价：1.28－0.25＊1＝1.03；人工：0.96－0.17＊1＝0.79；机械：0.32－0.08＊1＝0.24。

d. 装置性材料：为中砂、石屑、黏土、水。

④ 固沙

工作内容：沙堆堆平，切草，植草，清理现场，工器具移运等。

工程量计算规则：按固沙面积以"m²"为单位计算。

装置性材料：芦苇、麦秸、稻草。

4. 其他说明：

(1) 支架运输：支架运输定额中已综合考虑了索道形式（循环式、往复式），实际工程中均不得调整；索道支架按实际支架个数计算，若初步设计阶段不能确定具体支架数量时，按每 300m 一跨计算 2 个支架，每增加 300m 增加一个支架，不足 300m 按 300m 计算。

(2) 绳索及附件运输：绳索及附件运输定额已综合考虑了绳索型号规格，并按表 3-133 配置了承载绳索重量，实际工程中均不得调整。

承载索配置数量   表 3-133

荷 载重 量	1t	2t	5t
往复式	1 线	2 线	4 线
循环式	2 线	3 线	5 线

(3) 支架制作及安装

1) 木支架的制作安装、钢支架安装定额已综合考虑了材质、结构形式、支架高度、施工方法，使用时均不作调整。

2) 复合材料支架安装参考钢支架安装定额。

3) 本定额中索道支架按实际支架个数计算；若初步设计阶段不能确定具体支架数量时，按每 300m 一跨计算 2 个支架，每增加 300m 增加一个支架，不足 300m 按 300m 计算。

(4) 牵引设备、索道及附件安装。

1) 牵引设备主要包括牵引机械及相关附件安装；索道安装主要是指承载索、返空索、牵引索等的展放、牵引、拉紧、锚固等安装；附件主要是指滑车、料车、托架、防雷设施等安装。

2) 牵引设备运输、绳索附件等安装均已综合考虑了各种型号、材质、使用时不得调整。

(5) 其他：

1）定额跨越均为一级索道的跨度，若搭设多级索道时，第二级索道用设施的运输（自第一级索道上料点至第二级索道上料点的运输）按照工地运输定额的金具、零星钢材索道运输子目乘1.5的系数，第三级索道用设施的运输按第二级索道用设施运输乘1.5的系数，以此类推。

2）定额中索道"处"数一般情况下一级索道为一处，初步设计阶段需采用索道运输的线路段可按每基塔一处计算。

3）定额中的跨度是指设计索道上料点、下料点之间的垂直投影距离。

4）定额中的"个"一般只指支架的个数。

（6）施工道路：

1）路床整形指平均厚度30cm以内的人工挖高填低、平整找平。平均厚度30cm以上时，另行套用土石方工程定额。

2）施工道路的拆除清理未予考虑，需要时，按相应定额的人工、机械乘0.7的系数。

3）施工道路的尺寸按施工组织设计确定。

九、辅助设施工程费用的编制

送电线路辅助设施工程建设预算，一般应包括：巡线、检修站工程；巡线、检修道路工程；通信工程；拦河（江）线工程；设备工器具工程等。

辅助设施工程项目一般是为建设和运行单位的生产运行而配置的。一般的编制建设预算的原则如下。

1. 巡线、检修站工程

（1）宿舍和新增定员标准

包括家属宿舍和单身宿舍。面积计算按新增定员数乘以不同地区的宿舍建筑面积控制指标〔m^2/人（户）〕，每平方米的建筑造价按各地具体情况和近期造价水平由编制和审查单位研究确定。这里所说的造价水平不是指商品房的出售价格。

新建职工宿舍的占地可按建筑面积乘以1.2～2.0倍计算征地面积，单价按国家规定和地方情况确定。

新增定员按原劳动部和原电力工业部联合颁发的《供电劳动定员标准》LD/T 70—94查得，一般应包括生产人员、管理人员和服务人员。

1）生产人员

① 工作范围：线路的定期巡视、特殊巡视、夜间巡视、故障巡视，事故处理，杆塔、金具、瓷瓶、导线、间隔棒、地线的检查，导线连接器、接地电阻、绝缘子、绝缘子盐密度和机电性能的测试，红外线测温，雷电测试，设备的预防性试验，导线弛度、交叉和跨越距离的检测调整，拉线调整、更换、防腐涂漆，停电大修，带电检修，护线宣传，砍树、剪枝、防洪、清理巡线道，电缆沟抽水堵漏，压力箱及附属设备维护，大跨越过江塔值班、维护，零星改进及资料、技术管理等。

② 定员标准：见表3-134。

③ 补充规定

• 严寒、污秽、高原重覆冰地区的线路定员按标准分别乘以1.2系数，同时具备以上两个条件时可按标准分别乘以1.2系数。

• 不需要设置值班人员的大跨越过江塔，不计算定员。

- 直流线路按交流线路标准的 0.85 倍计算。
- 线路长度按回长计算；电缆长度按皮长计算。
- 计算送电线路定员时，应按照线路经过地区（沿线）的自然条件类别分段计算，不能笼统的把经过不同地理条件的整条线路按高一档条件计算。特别是在使用特殊地理条件档时，必须按线路实际所处自然条件逐基确定、分段核实、按类计算。

2）管理人员

① 定员范围

- 职能管理人员包括：行政领导、总工程师（副总工程师）以及在各职能管理机构中从事工作的全部人员。其主要范围是行政事务、劳动人事、计划、生产技术、安全及环保监察、财务、物资供应、保卫、教育、总务、供用电管理、基建管理、审计、监察、法律事务、档案管理、科技、企业管理、多种经营、集体企业管理、离退休管理工作等。
- 政治工作人员包括：党务、纪检、工会、青年团、人武以及各级机构专门设置的政治工作人员。
- 二级机构管理人员包括：行政领导、技术、安全、劳资人事、保卫、财务、材料、总务等行使管理职能的全部人员。
- 农电管理人员包括：地区供电局行使农电管理职能的全部人员。

② 定员标准：见表 3-134

管理人员定员标准　　　　表 3-134

生产人员定员合计(x)	定员(人)		
	职能管理人员	政治工作人员	二级单位管理人员
300 及以下	13％x	2.3％x	6.6％x
300～500	39+(x-300)×8％	7+(x-300)×1.5％	20+(x-300)×6.5％
500～1000	55+(x-500)×5％	10+(x-500)×1.2％	33+(x-500)×5.8％
1000～1500	80+(x-1000)×3％	16+(x-1000)×1％	62+(x-1000)×4.8％
1500～2000	95+(x-1500)×2％	21+(x-1500)×0.6％	86+(x-1500)×3.8％
2000～3000	105+(x-2000)×1.5％	24+(x-2000)×0.4％	105+(x-2000)×1.5％
3000～5000	120+(x-3000)×0.75％	28+(x-3000)×0.3％	120+(x-3000)×1％
5000 以上	135+(x-5000)×0.5％	34+(x-5000)×0.2％	140+(x-5000)×0.8％

对表 3-134，有如下补充规定：

- 趸售县局不计算二级单位管理人员定员。
- 地区供电局二级单位有直供县局的，每个县局增加定员 30 人。
- 对农电趸售县实行归口管理体制的地区供电局，其专门设置的农电机构管理人员，按表 3-135 中的标准计算定员，没有实行归口管理体制的不计算定员。

3）服务人员

① 定员范围：限于地区条件仍由企业举办的，且为企业生产和生活服务的职工食堂、浴室、茶炉、锅炉、卫生所（医院）、托儿所（幼儿园）、招待所、俱乐部、传达室（门卫、收发）的人员以及勤杂、绿化、生活区房屋维修、液化气供应等工作的人员。

农电管理人员定员标准 表 3-135

定员依据(逦售县数据)					定员 (人)
送电线路 (100km)	配电线路 (100km)	变电站 (个)	年售电量 (亿 kW·h)	管辖县数 (个)	
15 以上	150 以上	50 以上	10 以上	6 以上	15
10 以上	100 以上	35 以上	6 以上	5 以上	13
7 以上	70 以上	20 以上	4 以上	4 以上	11
7 及以下	70 及以下	20 及以下	3 及以下	3 及以下	9

② 定员标准：由主管部门按不超过生产人员和管理人员定员总数 4.0% 的比例核定。
对表 3.4.71 送电定员标准表中的名词术语应做如下解释，供确定定员使用。

· 水田区：指一年有两熟的稻（农）田或有半年以上时间积水的稻田。

· 河网区：指河道纵横交错，每千米线路跨越的河道平均在 21.5 条以上。

· 高原地区：指海拔在 1.8km 以上，空气稀薄，缺氧在 15% 以上的地区。

· 高山区：指经过山区的线路、杆塔水平高差在 0.3km 以上的地段。

· 大山区：指经过山区的线路、杆塔水平高差在 0.5km 以上的地段。

· 原始森林区：指由国家划定和确认的原始森林。

· 高原重覆冰地区：指每年平均有 3 个月覆冰期的高原地区。

· 污秽区：指线路所处污秽环境达国家规定Ⅲ级标准及以上的地段。

· 严寒地区：指长冬严寒，全年积雪在 5 个月以上，且 2 月份平均气温在 −20℃ 以下的地区。

· 大跨越过江塔：指建立在大江，大河两岸的档距在 1000m 以上，高度在 100m 以上的送电高塔。

· 线路回长：指具备传输电力条件的一回线路的长度。

③ 建筑面积指标

· 在没有新的规定之前，宿舍暂按：Ⅰ、Ⅱ类地区每人 28m²，Ⅲ、Ⅳ、Ⅴ类地区每人 30m² 划分。具体地区类别划分见地区分类表。

· 办公室、仓库、汽车库：其面积计算按新增定员乘以表 3-136 中面积指标来计算。

办公室、仓库、汽车库面积指标 表 3-136

序号	电等级(kV)	面积指标(m²/人)
1	500	14
2	330	12
3	220	10
4	110	8

· 室外工程：包括室外的围墙和围墙内道路，供排水、化粪池、电源等建筑和安装费用的计算。其费用按宿舍造价和辅助建筑工程费之和的工程当地政府规定的室外费率计算。如当地政府无规定时，一般可按 15% 计取。

· 巡线、检修站应考虑需征地带，占地面积可按该站建筑总面积的 2.0 倍计算，费用列入辅助设施工程中。

• 巡线、检修站的单位造价（元/m²），应采用工程所在地中等造价水平为宜。

2. 巡线、检修道路工程

该费用在一般平原、丘陵地段不发生，只在山地和高山大岭地段发生。其费用计算为：按修筑道路的长度乘以"临时道路修筑、拓宽定额"（附在场外临建费项内）中的一般山地定额计费。

3. 通信工程

它是指运行、维护、检修需要的通信手段。包括地线载波通信、光缆通信、架空明线通信和无线电报话机设备及安装。

地线载波通信和架空明线通信，只有在大山区交通不便并缺乏通信手段的地段，才能考虑架设安装，对无线电报话机，可根据沿线及附近的通信条件考虑配备，光缆通信较为普遍应用。

4. 航空障碍标志灯

要求在铁塔上装置航空障碍标志灯的，一般按采用太阳能标志灯计列。

5. 辅助设施工程预算表的编制

按表 3-137 计算，其项目的多少由项目划分办法和工程具体情况确定。

辅助设施工程预算表　　　　　　　　　　　　　　　　　　　　　表 3-137

序号	编制依据	项目名称及规范	单 位	数 量	单 价	合 价
1		巡线,检修站工程				458720
1.1		宿舍 8 人×30m²/人	m²	240	1500	360000
1.2		线路辅助建筑 8 人×14m²/人	m²	112	650	72800
1.3		室外工程		0.15	72800	10920
1.4		巡线,检修站工程征地	亩	0.3	50000	15000
2		巡线、检修道路工程				
3		通信工程				
4		拦江线工程				
5		生产生活管理用车辆购置费				
		合 计				458720

3.5.2.6　电缆线路工程预算编制

1. 电缆线路工程预算编制原则和特点

工程概预算是客观反映电缆工程建设投资状况的重要的技术经济文件，须根据工程设计的文件和资料，严格执行国家电网公司现行的预算编制标准和配套的预算定额，规范编制。

根据电力建设工程预算定额《第四册输电线路工程（2013 年版）》第七章项目划分规定：电缆工程的本体工程由电缆沟，电缆敷设，电缆中间接头制作安装，电缆终端头制作安装，电缆附属工程，电缆常规试验七个扩大单位工程组成。

电缆线路本体工程预算编制所引用定额除了《第四册输电线路工程（2013 年版）》中第一章工地运输、第二章土石方工程、第七章电缆工程外，还应包括电缆构架、金属支架

（包括吊架）、托架的安装，各种信号、控制、示警装置的安装与调试等内容，必要时还需应用电力建设工程预算定额《第三册电气设备安装工程》等其他分册的有关定额子目进行补充。

2. 电缆线路工程建设预算费用构成及计算标准

电缆线路工程费用构成及计算标准按照《电网工程建设预算编制与计算标准》（2013年版）标准执行。

3. 电缆线路工程预算编制

（1）电缆线路安装工程计算内容

根据项目划分规定电缆线路安装工程由电缆沟、井、隧道、小间及保护管工程，电缆支架、桥架及托架工程，电缆敷设工程，避雷器及接地工程，两端工程，电缆常规试验等六个扩大单位工程组成。

（2）定额的主要内容及工程量计算规则

1）工地运输

电缆线路工程的工地运输是电缆工程材料从工地集散仓库到安装施工地点的装卸、运输和空车回程。人力运输定额内已考虑了主材在 100m 范围内的场内移运。

电缆工程中的工地运输部分套用《第四册输电线路工程（2013年版）》第 1 章有关子目。电缆及附件材料分别按单件材料重量，按运输方式及材料种类套用相应子目。

220kV 电缆（交联）每盘长度平均为 300～500m，空盘重量为 3t，截面 1000mm² 电缆单位重量：18.74kg/m，按平均每盘 400m 计算，则每盘电缆重量 G1＝400m×0.01874t/m＋3t＝10.5t，因此选用线材每件重 12t 以内，套用 YX1－93 及 YX1－94 子目。

2）土石方工程

电缆施工过程中土石方工程量的计算分为破路面（路面面层开挖）与电缆沟挖（填）土两部分（现行电网送电预算定额尚未包含电缆隧道建设的相关内容），如属于新建电力电缆隧道的工程，应根据隧道的工艺要求和设计资料计算并套用其他相关定额；电缆排管可参考输电线路工程电缆工程中的电缆沟、排管部分。

① 破路面

破路面分为混凝土，沥青混凝土路面，砂石、碎石路面，人行道（彩色）预制板路面五种。

破路面这一项工作内容综合了定位，划线，路面或路基开挖等。

② 有关定额使用时应注意的事项及工程量计算规则：

a. 破混凝土、沥青、砂石、碎石及人行道预制板路面，可根据各种不同路面的种类分别以路面分厚度以 m² 为单位计算并套用。

b. 路基三渣块石是指车行道沥青混凝土面层下面的结构层，路基三渣块石开挖定额包括挖方、填方，按 m³ 为单位计算。

c. 人行道预制板路面厚度按 60mm 考虑，无论实际厚度是多是少，均不作调整。彩色预制板路面厚度按 120mm 考虑，包括彩色预制块下面的混凝土垫层开挖，无论实际厚度是多是少，均不作调整。以 m² 为单位计算。

当市区人行道预制板路面成"品"字形铺设，在开挖路面计算宽度时，可根据沟槽实际开挖平均宽度计算（包括交叉重叠部分）。

例如：一条人行道混凝土预制板块路面，预制块尺寸为 500mm×500mm，现需要直埋敷设 2 根电力电缆，计算其人行道混凝土预制板块路面开挖宽度。

解：根据直埋电缆沟槽路面宽度计算式：$D=0.6+0.35(n-1)=0.6+0.35(2-1)=0.95$

如果是其他路面种类，路面开挖宽度应该是 0.95m；

由于混凝土预制板块路面是由若干块组成，单块尺寸为 500mm×500mm，当成品字型（交叉）铺设，预制板块路面先开挖 2 块，然后再开挖 3 块，不断重复。因此有：

混凝土预制板块路面开挖的平均宽度＝(500mm×2 块＋500mm×3 块)/2＝1250mm

d. 直埋电缆沟槽路面开挖计算规则

$$面积 S=D×L(m^2)$$

式中：D－开挖沟槽路面宽度，一般宽度 $D=0.6+0.35(n-1)$，n－敷设电缆根数。L－开挖沟槽路面长度。

③ 定额使用时注意事项：钢筋混凝土路面开挖按混凝土路面定额乘以 1.18 的系数。

④ 电缆沟挖土有关定额使用时应注意的事项及工程量计算规则：

电缆直埋沟槽套用电杆、拉线塔、拉线坑、电缆沟的挖方及回填相关子目。

直埋电缆沟槽开挖宽度应按电缆保护板宽度。

土石方挖填可按以下公式计算：

直埋电缆沟挖方工程量（m^3），计算式：$V=a(h-b)L=[0.6+0.35(n-1)]×(h-b)L(m^3)$

式中：

a－电缆沟槽的平均宽度，一般不另计边坡系数；当敷设一根电缆时，$a=0.6m$，当并列敷设 n 根电缆时；$a=0.6+t(n-1)$ 式中 t 的取值应根据敷设专业规程中有关电缆净距的规定；对于 35kV 及以上电缆，$t=0.35m$；

L－电缆沟槽长度；根据设计施工图量出；

h－电缆沟槽深度；按电缆敷设规程规定，35kV 电缆 $h=1.1\sim1.2m$；对于 110kV 及以上电缆 $h=1.2\sim1.3m$；电缆沟槽深度 h，不同电压等级的电缆同沟埋设时，按高一级电缆电压的标准计算其电缆沟的开挖深度；

b－路面厚度；

n－电缆并列敷设根数。

3）电缆敷设

开盘，电缆检查，核对规格，移运，架盘，固定，沟槽清理，管道疏通，泵水，牵引头安装，放、收钢丝绳，敷设、锯断、封头、丈量、整理、固定电缆，挂牌，运盖板，清理现场，工器具场内转移。

充油电缆还包括拆装压力箱。充油电缆敷设及接头所耗用的电缆油均按设计用量考虑，充油电缆敷设所耗电缆油均按电缆厂家供货考虑。

① 有关定额使用时应注意的事项及工程量计算规则：

　　a. 电缆敷设区分沟槽直埋、电缆沟内、隧道内和排管内四种敷设方式，综合考虑了电缆类型，不论充油电缆，还是交联电缆均按电缆截面以"m/三相"为计算单位。

　　b. 电缆敷设的长度应按设计材料清单中的计算长度（即设计长度）为依据，设计长度中已包括：敷设波形系数、接头制作和两端裕度等附加长度及施工损耗等因素。

　　c. 电缆敷设的计量单位均为 m/三相，35kV 电缆是按一根三芯考虑。

　　② 定额使用时应注意以下事项：

　　a. 电缆敷设中，如需沟内排出积水，按每敷设 m/3 相电缆增加普通工 0.02 工日，增加机械费 1.65 元。排管敷设中综合考虑了排出积水，不得另增费用。

　　b. 电缆隧道敷设时，从电缆热机械特性考虑，技术上要求电缆采用蛇形敷设，定额中已考虑了电缆拿弯和固定等因素。

　　c. 电缆敷设定额中，已包含了牵引头制作安装，并且考虑了穿越地下管线交叉作业的施工难度因素。

　　d. 35kV 交联单芯电缆在套用定额时，采用相同截面的定额乘以系数 2。

　　e. 相近类型电力电缆安装可参照使用。700mm² 电缆、845mm² 电缆套用 800mm² 定额。

　　f. 电力电缆的敷设，全部以铜芯电缆敷设为主，如果采用铝芯可以参考同截面电缆，按相应定额人工、机械乘以 0.9 计算。

　　g. 110～220kV 交联电缆与充油电缆敷设的选择。本定额交联电缆部分编制，主要依据交联电缆，并综合考虑了充油电缆情况进行编制。故充油电缆敷设时定额不做调整。

　　4）电缆中间接头制作安装

　　35kV 纸绝缘电缆中间接头制作安装工作内容：

　　接通电源，搭设工作棚，检查绝缘，校正电缆，接头定位，量尺寸，锯钢皮，剖铅，检查线芯绝缘，套接管，压接，剥切梯步，包绕绝缘带，包屏蔽层，搪铅，灌电缆胶，焊接地线，防腐处理，清理现场。

　　35kV 交联聚乙烯绝缘电缆中间接头制作安装工作内容：

　　接通电源，搭设工作棚，检查绝缘，校正电缆，接头定位，量尺寸，锯钢皮，剖塑，插缆芯绝缘及插锥面，套接管，压管，预热去潮，包绕绝缘，套模加热，冷却脱模，屏蔽处理，热缩管加热，定型，清理现场。

　　110kV、220kV 充油电缆中间接头制作安装工作内容：

　　接通电源，搭设工作棚，检查绝缘，装、拆压力箱，校正电缆，定位，剥切护层，导体连接，绝缘材料加热去潮，剥切应力锥，绕包绝缘带，加热定型，屏蔽连接，组装接线盒，封铅，真空设备校验及安装，预抽真空，抽真空及注油，绕灌绝缘剂，接地，防腐处理，（安装压力箱），清理现场。

　　110kV、220kV、500kV 交联聚乙烯绝缘电缆中间接头制作安装工作内容：

　　接通电源，搭设工作棚，检查绝缘，电缆定位，量尺寸，加热，校直电缆，电缆外护层、金属护套剥切及处理，绝缘、屏蔽的处理，绝缘打磨抛光，涂半导电漆，烘干半导电漆，外保护壳体等部件套入电缆，预制橡胶件扩径，导体压接及屏蔽的处理，预制橡胶件定位，橡胶件密封及接地处理，安装壳体，搪铅等密封处理，清理现场。

　　① 有关定额使用时应注意的事项及工程量计算规则：

a. 电缆中间头以"套/三相"为计量单位。

b. 定额未计价的装置性材料包括：电缆保护盒、接头支架；充油电缆接头制作安装；装置性材料包括电缆保护盒、接头支架、电缆油、压力箱及支架、油管路等，所耗电缆油均按电缆厂家供货考虑。

② 有关定额使用时应注意的事项：

a. 110～550kV 交联电缆中间接头制作安装，由于直线接头与绝缘接头制作工艺、消材、人工差别不大，故定额子目设置不分直线接头与绝缘接头制作。

b. 定额中不同绝缘的电缆中间头截面设置表 3-138。

电缆中间头截面设置表　　　　　　　　表 3-138

电压等级 电缆截面 （mm²）	35kV		110kV		220kV		500kV
	纸绝缘	交联聚氯乙烯绝缘	充油	交联聚氯乙烯绝缘	充油	交联聚氯乙烯绝缘	交联聚氯乙烯绝缘
240	有	有					
400		有	有		有		
630		有					
800			有	有	有	有	
1200				有		有	
1600				有		有	
2000				有		有	
2500				有		有	有

5）电缆终端接头制作安装

35kV 纸绝缘电缆终端头制作安装工作内容：

接通电源，搭拆工作棚，检查绝缘，终端盒清理，搭、拆脚手架，支架安装，吊电缆，量尺寸，测相位，锯钢皮，剖铅，剥切线芯绝缘，连接端子，压接，包绕应力锥，装终端盒，封铅，灌电缆油，接地线，包相色带，搭尾线，挂牌，清理现场。

35kV 交联聚乙烯绝缘电缆终端头制作安装工作内容：

接通电源，搭拆工作棚，检查绝缘，搭、拆脚手架，支架安装，吊电缆，量尺寸，测相位，锯钢皮，剖塑，剥切线芯绝缘及反应锥面，连接端子，压接，包绕应力锥，外屏蔽连接，装终端盒，接地线，包相色带，搭尾线，挂牌，清理现场。

110kV、220kV 充油电缆终端头制作安装工作内容：

接通电源，搭拆工作棚，检查绝缘，终端盒清理，搭、拆脚手架，校正电缆，吊电缆及固定，量尺寸，剥外护层，测相位，弯缆芯，剖铅，插衬芯，导体连接，绝缘材料去潮，绕包绝缘，加热定型，屏蔽连接，组装终端盒，密封处理，抽真空，绕灌绝缘剂，接地线，防腐处理，油管路及压力箱安装，清理现场。

110kV、220kV、500kV 交联聚乙烯绝缘电缆终端头制作安装工作内容：

接头电源，搭拆工作棚，检查绝缘，搭、拆脚手架，吊电缆及固定，量尺寸，电缆加热校直，电缆外护层、金属护套剥切及处理，绝缘、屏蔽处理，电缆绝缘打磨抛光，压接，涂半导电漆，烘干半导电漆，安装应力锥，安装瓷套，终端底部密封、接地处理，吊装瓷套，灌注绝缘油及真空处理，安装顶盖及密封圈，搪铅，搭尾线，挂牌，清理现场。

① 定额项目及工程量计算规则：电缆中间头以"套/三相"为计量单位。

② 有关定额使用时应注意的事项及工程量计算规则：

a. 110kV 及以上电缆空气终端头，即为户外终端头。

b. 户内 GIS 终端头与普通终端头相比，由于其接头工艺和施工难度差异不大，普通终端头的制作安装定额仍可套用 GIS 终端头制作安装定额子目。

c. 装置性材料包括电缆终端夹具、电缆接线端子、终端支架。其中充油电缆装置性材料还包括电缆油、压力箱及支架、油管路等。

6）电缆附属工程

① 接地装置安装

接地装置安装包括三相式直接接地箱、六相式直接接地箱、三相式经护层保护器接地箱、六相式经护层保护器接地箱、交叉互联箱、护层保护器安装子目。

主要工作内容包括：接地电缆、同轴电缆、接地箱（三相式直接接地箱、六相式直接接地箱、三相式经护层保护器接地箱、六相式经护层保护器接地箱、交叉互联箱、护层保护器）及接地电缆、同轴电缆敷设安装，以及支架的安装。

电缆接地工程：通常以三段等长的单芯电缆组成一个交叉互联段每一个交叉互联段应有两套（6 相）绝缘头；在交叉互联机构中，一种是直接接地，另一种是交叉换位接地箱。

护层保护器有单相式与三相式的两种。其中：单相式是将一片或数片阀片装在一个密封罐内或密封在一个环氧树脂的铸件内，单相式适用于终端或工井的绝缘接头上。三相式的保护器是将三片或三组阀片接成星形接地，放在一个密封罐内。三相式的保护器与与换位铜排一起装在换位箱内，然后用三根同轴电缆引出与绝缘接头连接。

② 定额项目及工程量计算规则：以"套/三相"为单位。

装置性材料：包括电缆信号箱、放电计数器、接地箱、交叉互联箱、接地箱和交叉互联箱混凝土底座及钢结构支架、接地电缆、同轴电缆、充油电缆油压控制柜等。

③ 揭、盖电缆沟盖板

揭盖板、排水、盖板。

定额项目及工程量计算规则：

揭盖板和盖盖板，按每块盖板的重量以"块"为单位计算。

装置性材料包括盖板。

④ 保护板及保护管敷设

调整电缆间距，铺砂，盖保护板（或砖），埋设标桩。

⑤ 有关定额使用时应注意的事项及工程量计算规则：

a. 保护板是用于直埋电缆，同一沟内埋设一根或两根电缆套用 YX7—131，三根及以上电缆同沟敷设时，除套用 YX7—192 外，另套用 YX7—193 子目，工程量为 $(n-2) \times L/100$，其中 n——电缆根数，L——电缆长度。

b. 电缆保护管，分为水泥压力管、无缝钢管、塑料管，以"m"为计列单位计算。

c. 装置性材料包括电缆保护板、电缆过路保护管、电缆保护标识带、电缆标桩。

7）电缆防火

电缆防火有三种，缠绕防火带、安装防火槽、刷防火漆，防火带和防火槽均以电缆长度"m"为计量单位，防火涂料以电缆表面积 m^2 为计量单位。防火墙是以防火墙的 m^2

为计量单位，不区分厚度。孔洞防火封堵以孔洞需要封堵的 m³ 数为计量单位，其中防火封堵已包括两端防火板的安装，不得另计。

装置性材料包括电缆防火材料等。

8）其他

充油电缆双孔封端指封端，电缆中间头、终端头临时支架搭接，空调机、除湿机安装与拆除，充油电缆供油装置。

主要工作内容包括临时支架搭拆，揭、盖井盖，搭电源，排水，通风，清扫，架、抬、组装及拆除。空调机、去湿机就位、固定、搭电源、密封棚安装，调试、拆除、清理。

·充油电缆双孔封端以封端"只"为单位计算。

·临时支架搭拆是针对充油电缆的两端支架架设和拆除，电缆三相为一端为一处。

·空调机、去湿机安装与拆除也是以一台机器为一处计算。

·充油电缆供油装置，是以一套装置为一处计算安装费，不包括支架的安装。

9）电缆试验

① 电缆常规试验

常规试验包括电缆护层试验，电缆耐压试验，电缆参数测定，波阻抗试验，充油电缆绝缘绝油试验。

主要工作内容包括试验设备移运及布置，接电及布线，摇测绝缘电阻，电缆头、电缆油、护层耐压，介质损失试验，电缆开封头校潮等，试验后复位，拆闷头，放油，堵油还原。

② 定额项目、工程量计算规则及定额使用时应注意的事项：

a. 电缆护层试验的摇测、耐压试验及交叉互联系统调试均以互联段/三相为单位计算。

b. 充油电缆油耐压、介损试验和色谱分析以"瓶"为计量单位，瓶为取样的瓶数。

c. 各种电缆都做摇测试验和耐压试验。

d. 电缆油耐压、介损试验只针对充油电缆。

③ 电缆护层试验

电缆护层试验是以电缆敷设完成后进行的试验，包括电缆主绝缘（直流或交流耐压）试验、电缆参数测定、波阻抗试验、电缆护层试验及充油电缆的油试验。

主要工作内容试验设备移运及布置，接电及布线，核相，摇测绝缘电阻，参数测定，波阻抗测量，电缆头、电缆油、护层耐压及交叉互联系统试验，介质损失试验，耐压试验、含气量及油流检查，油色谱分析等，试验后复位。

④ 定额项目及工程量计算规则

a. 直流耐压试验式对纸绝缘、充油电缆及电缆护层的检验，以电缆"回路"为计量单位，回路是指交流三相为一个回路。

b. 交流耐压试验是对交联电缆线路进行的系统质量检验，以电缆"回路"为计量单位，回路是指交流三相为一个回路。

c. 电缆参数测定是针对电缆架空线混合线路时单独测量电缆参数，以电缆"回路"为计量单位，回路是指交流三相为一个回路。如果只有电缆回路时，不发生参数测定。

d. 波阻试验，以电缆"回路"为计量单位，回路是指交流三相为一个回路。

e. 电缆护层试验，包括摇测、耐压试验和交叉互联系统试验，以互联段/三相为一个计量单位。

f. 互联段：通常在电缆线路中，为了平衡各种参数，将一个线路分为三个或三的倍数的等长线路段，在交接处 ABC 三相按顺序换位，其中一段称为一个交叉互联段。

g. 耐压、介损试验和色谱分析只对充油电缆而言，采样的"瓶"数为计量单位，包括中间头和终端头。

h. 油流、含气试验也是充油电缆需要的检查，以油段/三相为计量单位。

⑤ 定额使用时应注意的事项

a. 油纸绝缘电缆线路的电缆试验，目前仍然以直流耐压试验为主。

b. 对交联聚乙烯电缆，特别高压等级的交联聚乙烯电缆宜做交流耐压试验。因为交联聚乙烯电缆绝缘的缺陷在直流耐压试验下不容易被发现，而且会造成电缆绝缘的损伤。

c. 电缆参数测定包括：正、负序阻抗、电阻、电容测定。

d. 油浸纸绝缘电缆应进行两端校潮试验，交联聚乙烯电缆同样也可以用油浸纸绝缘电缆校潮的方法检查有无水分，如有水分采用抽真空等方法驱除潮气。

e. 电缆敷设、接头安装前后，均要进行电缆护层摇测、电缆护层耐压试验。

（3）电缆线路工程预算表一及表二通用表式

电缆线路工程总概（预）算表中的费用项目：电缆线路本体工程、辅助设施工程、其他费用和动态费用工程组成见表一丁。

电缆线路工程总概（预）算表

表一丁　线路亘长：　　　　　　　　　　　　　　　　　　　　　　　金额单位：万元

序号	工程或费用名称	建筑工程费	安装工程费	设备购置费	其他费用	合计	各项占静态投资（%）	单位投资（元/km）
一	线路本体工程							
二	辅助生产工程							
	合　计							
三	编制基准期价差							
四	其他费用							
五	基本预备费							
六	特殊项目费用							
	工程静态投资							
	各类费用占静态投资的比例（%）							
七	动态费用							
1	价差预备费							
2	建设期贷款利息							
	项目建设总费用（动态投资）							
	其中：生产期可抵扣的增值税							

电缆线路安装工程费用汇总概（预）算表所涉及的费用，除了包括各工程的安装工程之外，还包含设备购置费见表二丁。

电缆送电线路安装工程费用汇总预算表

表二丁（安装工程） 金额单位：元

序号	工程或费用名称	取费基数	费率（%）	电缆桥、支架制作安装	电缆敷设	电缆附件	电缆防火	调试及试验	电缆监测(控)系统	合计	各项占静态投资（%）	单位投资（元/km）
一	直接费											
1	直接工程费											
1.1	定额直接费											
1.1.1	人工费											
1.1.2	材料费											
1.1.3	施工机械使用费											
1.2	装置性材料费											
1.2.1	甲供装置性材料费											
1.2.2	乙供装置性材料费											
2	措施费											
2.1	冬雨季施工增加费											
2.2	夜间施工增加费											
2.3	施工工具用具使用费											
2.4	临时设施费											
2.5	施工机构迁移费											
2.6	安全文明施工费											
二	间接费											
1	规费											
1.1	社会保险费											
1.2	住房公积金											
1.3	危险作业意外伤害保险费											
2	企业管理费											
三	利润											
四	税金											
五	设备购置费											
1	设备费											
2	设备运杂费											
六	总计											
	各项占总计（%）											
	单位投资（元/km）											

电缆及附件参考重量 表 3-139

序号	材料名称	型号及规格	单位	单重(kg)
1	交联电缆 铜芯无钢带	YJV—26/35kV 3×40mm²	m	11.3
2	交联电缆 铜芯无钢带	YJV—26/35kV 3×400mm²	m	18.15
3	交联电缆 铜芯钢带	YJV22—26/35kV 3×240mm²	m	18.6
4	交联电缆 铜芯钢带	YJV22—26/35kV 3×400mm²	m	24.5
5	交联电缆 铜芯钢带	YJV22—26/35kV 1×630mm²	m	9.131
6	220kV 充油电缆	1×845	m	28
7	220kV 充油电缆	1×1000	m	33
8	110kV 充油电缆	1×400	m	18
9	110kV 充油电缆	1×700	m	23
10	220kV 交联电缆(YJLW03)	1×630	m	13.88
11	220kV 交联电缆(YJLW03)	1×800	m	16.13
12	220kV 交联电缆(YJLW03)	1×1000	m	18.74
13	220kV 交联电缆(YJLW03)	1×1200	m	20.8
14	220kV 交联电缆(YJLW03)	1×1400	m	23.02
15	220kV 交联电缆(YJLW03)	1×2000	m	29.66
16	220kV 交联电缆(YJLW03)	1×2500	m	35.19
17	110kV 交联电缆(YJLW03)	1×400	m	8.44
18	110kV 交联电缆(YJLW03)	1×630	m	10.95
19	110kV 交联电缆(YJLW03)	1×800	m	12.73
20	110kV 交联电缆(YJLW03)	1×1200	m	18.76
21	110kV 交联电缆(YJQ 03)	1×400	m	13
22	110kV 交联电缆(YJQ 03)	1×630	m	15
23	玻璃钢中间保护盒	35kV 3×400mm²	套	60
24	电缆终端夹头	110,220kV	只	4
25	电缆标志牌	100×150×900mm	块	33
26	塑料波纹管	φ160×6.3m	根	10
27	无缝钢管套筒	φ150(φ163)	只	12
28	无缝钢管(一般钢管)(20号)	φ219×6	m	31.52
29	无缝钢管(一般钢管)(20号)	φ159×6	m	22.64
30	无缝钢管(一般钢管)(20号)	φ108×4.5	m	11.49
31	压力箱	150升	只	1500
32	压力箱	50升	只	170
33	35kV 电缆登杆支架		套	691
34	35kV 电缆登杆支架(双并)		套	789
35	电缆水泥盖板	920×200×50mm	块	22
36	分支箱		坐	400

续表

序号	材料名称	型号及规格	单位	单重(kg)
37	分支箱底座	$420 \times 700 \times 750$mm	只	216
38	水泥压力管	$\phi 150 \times 3$m	根	120
39	交联户外终端	瑞侃 35kV $3 \times 120 - 185$mm^2	套	12
40	交联户外终端	瑞侃 35kV $3 \times 240 - 400$mm^3	套	14
41	110kV 交联 GIS 终端		套	60
42	110kV 交联户外终端		套	240
43	110kV 交联绝缘接头		套	60
44	110kV 交联直线接头		套	55
45	220kV 交联 GIS 终端		套	150
46	220kV 交联户外终端		套	400
47	220kV 交联绝缘接头		套	200
48	220kV 交联直线接头		套	190
49	110kV 充油户外终端		套	400
50	110kV 充油绝缘接头		套	90
51	110kV 充油直线接头		套	80
52	110kV 充油塞止式接头		套	300
53	220kV 充油户外终端		套	500
54	220kV 充油绝缘接头		套	120
55	220kV 充油直线接头		套	110
56	220kV 充油塞止式接头		套	600
57	35kV 电缆空盘		只	1200
58	110—220 kV 电缆空盘		只	3000
59	110—220 kV 充油电缆空盘		只	5500

3.6 电网工程建设预算评审

3.6.1 评审电网工程建设预算的意义

1. 有利于促进电网工程建设预算编制质量的提高

电网工程建设产品生产的单件性、流动性和生产过程消耗社会劳动量大、周期长、涉及面广、影响因素多的特点，决定了产品价格不能像社会其他产品那样，由物价部门统一制定，而必须通过特定的程序和方法单独计算。单独编制的电网工程建设预算也就相应具有单一性的特点。因而主管部门在审批初步设计的同时必须审批设计概算，通过评审，促进设计单位认真执行国家有关方针、政策和制度规定，对工程建设的条件，包括自然条件和施工条件进行实事求是地深入实地调查研究，准确地选用编制依据和资料，使电网工程建设预算完整反映设计内容。

2. 有利于合理使用建设资金，促进我国社会主义现代化建设在国民经济中，建设项目投资的微观效果是整个电网工程建设投资宏观效果的基础，因而审定建设项目的投资预算是个重要环节。建设项目投资中的问题主要表现为：有的是不顾需要与可能；有的瞻前不顾后；有的只求局部利益不顾全局利益；有的片面追求大、洋、全，甚至小、洋、全，搞重复建设、盲目建设；有的扩大规模，提高设计标准；有的考虑不周，不可预见的工程和费用开支大；有的冒估工程量、高套定额单价、多算费用；也有漏项少算，甚至还有的为争上项目，预留投资缺口。因此通过对电网工程建设预算评审进一步核实项目可行性，落实项目投资，确定造价，可以使建设资金得到合理、有效地使用，充分发挥投资效益。国家每年用于发展国民经济各个部门的电网工程建设投资比重很大，管好用好这部分资金，对加快我国社会主义现代化建设具有重大意义。

3. 有利于国家对电网工程建设进行科学管理和监督

电网工程建设预算是国家有关部门对电网工程建设进行科学管理和监督的一个重要手段。电网工程建设预算不实，必然影响电网工程建设拨款、贷款、计划、统计成本核算及各项技术经济指标的正确性；也影响国民经济综合平衡。

通过电网工程建设预算评审，核实建设造价，不仅可以对电网工程建设所需用的人、财、物提供可靠数据，避免发生缺口，或占用过多造成积压浪费，同时也可为国家有关部门对电网工程建设进行科学管理监督提供可靠的数据。

4. 有利于施工企业加强经济核算，提高经营管理水平

电网工程建设预算是施工企业进行工程投标、投资包干和签订施工合同办理工程价款结算的重要依据。电网工程建设预算偏低，施工企业入不敷出造成亏损；挫伤积极性，从宏观上影响到电网工程建设事业的顺利进行；电网工程建设预算偏高，施工企业获取不应得利润，不利于企业贯彻经济核算和改善经营管理，反而可能掩盖企业落后面。通过电网工程建设预算评审，核实了工程造价，这就有利于促进企业加强经济核算，改善经营管理。

3.6.2　评审电网工程建设预算应注意事项

评审电网工程建设预算，不论采取哪种形式，评审前都必须做好准备工作；评审中注意方法、讲究效果；评审后抓紧定案加强资金管理。

1. 做好评审前的准备工作，保证评审顺利进行

（1）搜集评审依据和资料主要是搜集国家和授权机关颁发的有关电网工程建设预算编制的规章、制度，办法，规定，概、预算定额，材料和构配件预算价格，单位估价表，设备价格，各项费用定额标准以及技术经济指标等；一般还应搜集上述各项依据的基础数据，例如，构成材料预算价格各种运输工具的运费计价标准和计算方法等等；必要时还应与设计部门联系，借用有关预算编制资料，如基础设计资料、工程量计算底稿、电子计算机计算的初始数据等以便评审时使用。

（2）熟悉编制电网工程建设预算基础工作。编制预算基础工作包括各项概、预算定额，预算单价和各项费用标准等三部分的编制与修订。预算评审人员对此必须系统、全面地熟悉编制或修订原则、依据、适用范围、项目划分、项目内容、使用方法等，评审时才能准确运用，提高速度，保证工作顺利进行。

2. 评审中注意方法，讲究效果

（1）重视调查研究工作。预算评审人员对建设项目及其预算必须先从总的方面有个了

解，对各项技术经济指标进行分析，从大的方面发现问题，有计划、有目的地进行调查研究，掌握有关技术经济数据，在评审时能提出切实的、说服力强的意见。

（2）抓常错点。工作要抓重点，尤其在力量和时间上不可能对电网工程建设预算进行全面评审时，更有必要抓住主要部分，有重点地评审。一般评审投资大或性质重要的建设项目、主要工程项目，单位工程项目中工程量大、单价高、容易差错和经常算错以及缺乏编制依据而临时补充的项目，以及换算、估列项目，平时编制质量不高的设计单位编送的项目等等。

（3）与已建成工程实际资料对比。将电网工程建设预算与积累的资料及各种技术经济指标对照，低于指标的属于筛除对象，一般可以粗略评审或不评审；超过指标部分，列为重点，认真评审。

3. 评审后及时定案，巩固评审成果

电网工程建设预算经评审后应抓紧及时定案工作。定案过程中，各有关单位发生分歧时，首先应从全局出发，协商解决。协商不成时，争执双方属于同一个部门的由上级主管部门帮助解决；不属于同一个部门的，由主管电网工程建设的综合部门调解或仲裁。各有关部门和有关单位都应认真执行。设计单位应根据审定意见对原预算做补充、修改，并由建设单位分送有关单位建设单位应据此使用投资，不得任意增加工程内容，提高设计标准。施工单位必须据此结合企业实际情况编制施工预算，统计已完工程量，办理工程价款结算。

3.6.3 投资估算评审

1. 投资估算评审的重点

为了保证项目投资估算的准确性和估算质量，以便确保其应有的作用，必须加强对项目投资估算的评审工作。项目投资估算的评审部门和单位，在评审项目投资估算时，应注意评审以下几点。

（1）评审投资估算编制依据的可信性

1）评审选用的投资估算方法的科学性、适用性

因为投资估算方法很多，而每种投资估算方法都各有各的适用条件和范围，并具有不同的精确度。如果使用的投资估算方法与项目的客观条件和情况不相适应，或者超出了该方法的适用范围，那就不能保证投资估算的质量。

2）评审投资估算采用数据资料的时效性、准确性

估算项目投资所需的数据资料很多，如已运行同类型项目的投资、设备和材料价格、运杂费率、有关的定额、指标、标准，以及有关规定等都与时间有密切关系，都可能随时间而发生不同程度的变化。因此，必须注意其时效性和准确程度。

（2）评审投资估算的编制内容与规定、规划要求的一致性

1）评审项目投资估算包括的工程内容与规定要求是否一致，是否漏掉了某些辅助工程、室外工程等的建设费用。

2）评审项目投资估算的项目产品生产装置的先进水平和自动化程度等是否符合规划要求的先进程度。

3）评审是否对拟建项目与已运行项目在工程成本、工艺水平、规模大小、自然条件、环境因素等方面的差异做了适当的调整。

（3）评审投资估算的费用项目、费用数额的符实性

1）评审费用项目与规定要求、实际情况是否相符，有否漏项或多项现象，估算的费用项目是否符合国家规定，是否针对具体情况做了适当的增减。

2）评审"三废"处理所需投资是否进行了估算，其估算数额是否符合实际。

3）评审是否考虑了物价上涨和汇率变动对投资额的影响，考虑的波动变化幅度是否合适。

4）评审是否考虑了采用新技术、新材料以及现行标准和规范比已运行项目的要求提高者所需增加的投资额，考虑的额度是否合适。

5）评审与站址有关的单项费用估算与站址条件是否一致，水、路投资与站址外部条件是否一致，大宗地方材料从质量、数量上能否满足电网工程建设需要，如需外进、价格是否作了调整。

6）老站扩建或改建工程，特别要弄清拆迁改造和可利用项目投资估算。

2. 评审的方法与步骤

（1）评审方法

可行性研究投资估算，根据《电网工程建设预算编制与计算标准》只出版总估算表（表一）、专业汇总估算表（表二）和其他费用表（表四），不出版单位工程估算表（表三）。评审的方法多采用对比分析法，即与限额设计控制指标比，与同类工程比。通过比较找出差异点，从建筑工程费、设备购置费、安装工程费和其他费用分别进行对比，各项比例是否合理，单位技术经济指标是否过高或过低，分析差异的原因，必要时由设计单位提供表三，从工程量、单价、取费标准等进行评审。

（2）评审步骤

1）评审准备。熟悉站址工程地质、水文气象、地震烈度、地形地貌等自然地理条件，拆迁赔偿、厂区平整工作量，交通运输（包括公路、铁路或水运及航道整治等），水源，工程设想资料，主要工艺系统、主要技术原则与方案，项目建议书及其批复文件，编制依据中相关文件资料。

2）根据工程实际情况，按限额设计控制指标调整模块调整控制指标到同一条件，作对比尺度。

3）进行对比分析。从对比中找出差距，从差距中分析原因，外汇使用额度是否过大，有无不合理的项目开支，属本工程特点所决定的应为合理，工程量过大或过小、单价、取费标准不合理的应予调整，与站址实际条件不一致的要予以更正。

4）提出评审意见由设计单位进行修改。使估算能全面正确反映推荐站址、实现工程设想的合理投资，使总估算能控制在结合工程实际调整后的限额设计控制指标之内，且能达到期望的投资效益。

5）按规定基建程序报批。

3.6.4　设计概算评审

1. 复查建设项目的可行性

建设项目可行性研究、评估和决策，是关系到建设项目成败的一项前期工作。评审初步设计及其概算阶段，一般不必重新审议，但是，必要时仍可根据调查资料进行复核。复核可行性研究报告、评估和决策的资料、数据是否真实、准确；论证是否客观，科学；评

估是否全面、公正。具体内容，以工业项目为例，着重复核以下几个方面。

（1）建设项目的必要性和规模大小的合理性

项目必要性问题是决定建设项目的首要问题。重点复核项目是否为市场所急需和符合地区、行业以至国民经济长远规划的要求。凡是立足本地区的扬长项目，尚需注意与国民经济全面的平衡关系，防止盲目重复建设。建设规模的大小，要立足于需要与可能，预测是否客观与准确，资源和所需原材料供应以及协作条件等是否落实。

（2）技术的先进性和建设条件的可靠性

重点复核生产工艺、技术、设备的采用是否先进、适用、经济合理，是否符合国家技术发展政策，引进技术和设备是否符合国情。现代化建设固然要讲先进，但必须结合实际，注意主次、权衡利弊、择优选用。当前要避免不顾条件、脱离国情的片面追求先进。

建设条件的可靠性要求着重复核工程水文、地质资料的完整性；建设地点选择是否合理，既符合国家长远规划和生产力布局要求，又能满足建设、生产和职工生活的需要；主要设备、材料、施工力量能否落实，"三废"治理是否达到国家规定要求等。

（3）投资经济效益及社会效益

电网工程建设一方面要讲究经济效益。包括项目经济效益和整个国民经济效益，它要求着重复核项目本身盈利能力（含贷款偿还能力），和项目对国民经济产生的效益的调查、预测，分析判断是否客观、全面。我国是社会主义国家，不但要求项目本身的经济效益，更重要的是在国民经济总体上权衡经济效益。两者发生矛盾时局部服从全局。电网工程建设还要讲求社会效益，包括政治、国防、外交、民族、社会进步、环保等方面的效果。复核时要重视经济效益，同时权衡项目的社会效益。

2. 评审设计概算的意义

（1）评审设计概算，有利于合理分配投资资金、加强投资计划管理，有助于合理确定和有效控制工程造价。设计概算编制偏高或偏低，不仅影响工程造价的控制，也会影响投资计划的真实性，影响投资资金的合理分配。

（2）评审设计概算，有利于促进概算编制单位严格执行国家有关概算的编制规定和费用标准，从而提高概算的编制质量。

（3）评审设计概算，有利于促进设计的技术先进性与经济合理性。概算中的技术经济指标，是概算的综合反映，与同类工程对比，便可看出它的先进与合理程度。

（4）评审设计概算，有利于核定建设项目的投资规模，可以使建设项目总投资力求做到准确、完整，防止任意扩大投资规模或出现漏项，从而减少投资缺口，缩小概算与预算之间的差距，避免故意压低概算投资，搞"钓鱼"项目，最后导致实际造价大幅度地突破概算。

（5）经评审的概算，有利于为建设项目投资的落实提供可靠的依据。打足投资，不留缺口，有助于提高建设项目的投资效益。

3. 设计概算的评审内容

（1）评审设计概算的编制依据

1）评审编制依据的合法性。采用的各种编制依据必须经过国家和授权机关的批准，符合国家的编制规定，未经批准的不能采用。不能强调情况特殊，擅自提高概算定额、指标或费用标准。

2）评审编制依据的时效性。各种依据，如定额、指标、价格、取费标准等，都应根据国家有关部门的现行规定进行，注意有无调整和新的规定，如有，应按新的调整办法和规定执行。

3）评审编制依据的适用范围。各种编制依据都有规定的适用范围，如各主管部门规定的各种专业定额及其取费标准，只适用于该部门的专业工程；各地区规定的各种定额及其取费标准，只适用于该地区范围内，特别是地区的材料预算价格区域性更强，如某市有该市区的材料预算价格，又编制了郊区内一个矿区的材料预算价格，在编制该矿区某工程概算时，应采用该矿区的材料预算价格。

（2）评审概算的编制深度

1）评审编制说明。评审编制说明可以检查概算的编制方法、深度和编制依据等重大原则问题，若编制说明有差错，具体概算必有差错。

2）评审概算编制深度。一般大中型项目的设计概算，应有完整的编制说明和"三级概算"（即总概算表、单项工程综合概算表、单位工程概算表），并按有关规定的深度进行编制，评审是否有符合规定的"三级概算"、各级概算的编制、核对、审核是否按规定签署，有无随意简化，有无把"三级概算"简化为"二级概算"，甚至"一级概算"。

3）评审概算的编制范围。评审概算编制范围及具体内容是否与主管部门批准的建设项目范围及具体工程内容一致；评审分期建设项目的建筑范围及具体工程内容有无重复交叉，是否重复计算或漏算；评审其他费用应列的项目是否符合规定，静态投资、动态投资和经营性项目铺底流动资金是否分别列出等。

（3）评审工程概算的具体内容

1）评审概算的编制是否符合党的方针、政策，是否根据工程所在地的自然条件的编制。

2）评审建设规模（投资规模、生产能力等）、建设标准（用地指标、建筑标准等）、配套工程、设计定员等是否符合原批准的可行性研究报告或立项批文的标准。对总概算投资超过批准投资估算10%以上的，应查明原因，重新上报审批。

3）评审编制方法、计价依据和程序是否符合现行规定，包括定额或指标的适用范围和调整方法是否正确。进行定额或指标的补充时，要求补充定额的项目划分、内容组成、要与现行的定额精神相一致等。

4）评审工程量是否正确。工程量的计算是否根据初步设计图纸、概算定额、工程量计算规则和施工组织设计的要求进行，有无多算、重算和漏算，尤其对工程量大，造价高的项目要重点评审。

5）评审材料用量和价格。评审主要材料（钢材、木材、水泥、砖）的用量数据是否正确，材料预算价格是否符合工程所在地的价格水平，材料价差是否符合现行规定及其计算是否正确等。

6）评审设备规格、数量和配置是否符合设计要求，是否与设备清单相一致，设备预算价格是否真实，设备原价和运杂费的计算是否正确，非标准设备原价的计价方法是否符合规定，进口设备的各项费用的组成及其计算程序、方法是否符合国家主管部门的规定。

7）评审建筑安装工程的各项费用的计取是否符合国家或地方有关部门的现行规定，计算程序和取费标准是否正确。

8）评审综合概算、总概算的编制内容、方法是否符合现行规定和设计文件的要求，有无设计文件外项目，有无将非生产性项目以生产性项目列入。

9）评审总概算文件的组成内容，是否完整地包括了建设项目从筹建到竣工投产为止的全部费用组成。

10）评审工程建设其他各项费用。这部分费用内容多、弹性大，约占项目总投资25％以上，要按国家和地区规定逐项评审，不属于总概算范围的费用项目不能列入概算，具体费率或计取标准是否按国家、行业有关部门规定计算，有无随意列项、有无多列、交叉计列和漏项等。

11）评审项目的"三废"治理。拟建项目必须同时安排"三废"（废水、废气、废渣）的治理方案和投资，对于未作安排或漏项或多算、重算的项目，要按国家有关规定核实投资，以满足"三废"排放达到国家标准。

12）评审技术经济指标。技术经济指标计算方法和程序是否正确，综合指标和单项指标与同类型工程指标相比，是偏高还是偏低，其原因是什么并予纠正。

13）评审投资经济效果。设计概算是初步设计经济效果的反映，要按照生产规模、工艺流程、产品品种和质量，从企业的投资效益和投产后的运营效益全面分析，是否达到了先进可靠、经济合理的要求。

4．评审设计概算的方法和步骤

（1）评审设计概算的方法

采用适当方法评审设计概算，是确保评审质量、提高评审效率的关键。常用方法有：

1）对比分析法

对比分析法主要是通过建设规模、标准与立项批文对比；工程数量与设计图纸对比；综合范围、内容与编制方法、规定对比；各项取费与规定标准对比；材料、人工单价与统一信息对比；引进设备、技术投资与报价要求对比；技术经济指标与同类工程对比等等。通过以上对比，容易发现设计概算存在的主要问题和偏差。

2）查询核实法

查询核实法是对一些关键设备和设施、重要装置、引进工程图纸不全、难以核算的较大投资进行多方查询核对，逐项落实的方法。主要设备的市场价向设备供应部门或招标公司查询核实；重要生产装置、设施向同类企业（工程）查询了解；引进设备价格及有关费税向进出口公司调查落实；复杂的建筑安装工程向同类工程的建设、承包、施工单位征求意见；深度不够或不清楚的问题直接同原概算编制人员、设计者询问清楚。

3）联合会审法

联合会审前，可先采取多种形式分头评审，包括设计单位自审，主管、建设、承包单位初审，工程造价咨询公司评审，邀请同行专家预审，审批部门复审等，经层层评审把关后，由有关单位和专家进行联合会审。在会审大会上，由设计单位介绍概算编制情况及有关问题，各有关单位、专家汇报初审、预审意见。然后进行认真分析、讨论，结合对各专业技术方案的评审意见所产生的投资增减，逐一核实原概算出现的问题。经过充分协商，认真听取设计单位意见后，实事求是地处理和调整。

通过以上复审后，对评审中发现的问题和偏差，按照单项、单位工程的顺序，先按设备费、安装费、建筑费和工程建设其他费用分类整理。然后按照静态投资、动态投资和铺底流动资金三大类，汇总核增或核减的项目及其投资额。最后将具体审核数据，按照"原编概算"、"审核结果"、"增减投资"、"增减幅度"四栏列表，并按照原总概算表汇总顺序，将增减项目逐一列出，相应调整所属项目投资合计，再依次汇总审核后的总投资及增减投资额。对于差错较多、问题较大或不能满足要求的，责成按会审意见修改返工后，重新报批；对于无重大原则问题，深度基本满足要求，投资增减不多的，当场核定概算投资额，并提交审批部门复核后，正式下达审批概算。

（2）评审设计概算的步骤

1）熟悉掌握有关情况

主要熟悉掌握概算的编制文件和初步设计图纸，包括概算的组成内容、编制依据和方法、设计图纸与说明的主要内容、设计任务书的内容、概算定额和概算指标等。

2）进行评审和经济对比分析

按照评审的内容逐项评审，并注意按单位工程概算、单项工程综合概算、建设项目总概算的顺序进行。在评审的过程中，可以利用规定的概算定额或指标，以及有关技术经济指标与设计概算进行分析对比，根据设计和概算中的工程性质、结构类型、建设条件、费用构成、投资比例、占地面积、生产规模、建筑面积、设备数量、造价指标等与同类型工程进行对比分类，为评审提供线索，加快评审的速度。

3）处理概算中的问题

在评审概算的过程中，对遇到的问题，应进行调查研究，在此基础上，依据有关定额、指标、标准和有关文件规定，实事求是地进行处理。

4）写出评审报告和调整概算

评审报告的内容主要包括：评审单位、评审依据、评审中发现的问题、概算修改意见等。经有关部门研究、定案后，应及时调整概算，并经原批准单位下达文件。

3.6.5　施工图预算评审

1. 评审施工图预算的意义和依据

（1）评审施工图预算的意义

施工图预算编完之后，需要认真进行评审，加强施工图预算的评审，对于提高预算的准确性，正确贯彻党和国家的有关方针政策，降低工程造价具有重要的现实意义。

1）有利于控制工程造价，克服和防止预算超概算。

2）有利于加强固定资产投资管理，节约建设资金。

3）有利于施工承包合同价的合理确定和控制。因为，施工图预算，对于招标工程，它是编制标底的依据；对于不宜招标工程，它是合同价款结算的基础。

4）可以制止采用各种不正当手段套取建设资金的行为，使建设资金支出使用合理，维护国家和建设单位经济利益。

5）在工程施工任务少，施工企业之间竞争激烈，建设市场为买方市场的情况下，通过评审工程预算，可以制止建设单位不合理的压价现象，维护施工企业的合法经济利益。

6）可以促进工程预算编制水平的提高，使施工企业端正经营思想，从而达到加强工程预算管理的目的。

7）有利于积累和分析各项技术经济指标，不断提高设计水平。通过评审工程预算，核实了预算价值，为积累和分析技术经济指标，提供了准确数据，进而通过有关指标的比较，找出设计中的薄弱环节，以便及时改进，不断提高设计水平。

（2）评审施工图预算的依据

1）施工图设计资料

施工图设计资料主要是工程施工图纸。建筑工程包括设计说明书、建筑施工图、结构施工图、设计所选用的标准图等。安装工程包括设备平面布置图、系统轴测图、设备连接节点和零配件图、设计选用的定型产品标准图等。

2）工程承发包合同或意向协议书

它是指建设单位和施工企业之间签订的具有法律效力的合同文件。文件中双方协商确定的承包方式、承包内容、有关费用的取定、工程价款结算方式、材料价格的调整方法等直接影响预算造价。

3）有关定额

有关定额主要指编制工程预算所选用的相应专业预算定额和与之配套使用的费用定额、地区单位估价表和材料预算价格等。

4）施工组织设计或技术措施方案

施工组织设计所确定的施工方法和施工机械，直接影响分项工程的项目划分、工程量计算和补充定额的编制等。

5）有关文件规定

有关文件规定主要指本年度或上一年度由有关主管部门颁布的工程价款结算、材料价格和费用调整等文件规定。

6）技术规范和规程

它是指工程采用的设计、施工、质量验收等技术规范或规程。

2. 施工图预算的评审内容

在确定编制依据的基础上，评审施工图预算实质上是一种技术性复核。评审重点应放在总体方面、工程量计算、预算单价套用、设备材料价格取定、各项费用标准和技术经济指标等六方面的评审。

（1）总体方面的评审

单项工程项目、建筑面积、建筑标准必须与初步设计一致；安装工程必须与设备清单中需要安装的设备一致。不能搞计划外工程、任意变更项目、增加工程内容、扩大建筑面积、提高建筑标准、混淆需要安装与不需要安装的设备等。

施工图预算不能超过相应工程概算，如果突破又无法用其他工程多余的投资和预备费调剂解决，必须报经原初步设计批准机关批准，否则必须修改施工图设计，重新编制施工图预算。

（2）工程量的评审

工程量计算的正确程度直接关系到工程造价的高低。因此，它是评审施工图预算的重要内容。工程量根据施工图纸和图纸会审纪要，按照规定的计算规则结合施工组织设计和预算定额说明进行计算。

1）一般应注意的几个方面

① 各分部分项工程项目、计量单位必须与预算定额的项目一致。

② 根据设计单位按规定提供经整理的工程量计算底稿，核对所列算式及其数据是否

与施工图纸和工程量计算规则一致。

③ 图纸会审纪要涉及设计内容的增减，应调整施工图预算，防止多算或漏算。

④ 各分部分项工程都必须按工程量计算规则的规定计算，该扣的扣，该加的加．

⑤ 按实际计算部分应结合设计基础资料、施工组织设计和工程实际情况进行核实。

⑥ 分项工程与分项工程连接处分界线的划分应与计算规则一致。

⑦ 定额中已明确综合在内的细目，不得再立项重复计算。例如，砖墙砌体定额中已综合了腰线、虎头砖等，计算砖墙砌体就不应该再列腰线、虎头砖等项目，至于定额内容中不可缺少的零星次要工序，虽未一一注明，但已包括在内，也不得再列项目计算。

⑧ 定额规定可以换算的工程量，应按规定的方法换算。

2）具体工程量评审内容

① 土方工程。

a. 平整场地、挖地槽、挖地坑、挖土方工程量的计算是否符合现行定额计算规定和施工图纸标注尺寸，土壤类别是否与勘察资料一致，地槽与地坑放坡、带挡土板是否符合设计要求，有无重算和漏算。

b. 回填土工程量应注意地槽、地坑回填土的体积是否扣除了基础所占体积，地面和室内填土的厚度是否符合设计要求。

c. 运土方的评审除了注意运土距离外，还要注意运土数量是否扣除了就地回填的土方。

② 打桩工程。

a. 注意评审各种不同桩料，必须分别计算，施工方法必须符合设计要求。

b. 桩料长度必须符合设计要求，桩料长度如果超过一般桩料长度需要接桩时，注意评审接头数是否正确。

③ 砖石工程。

a. 墙基和墙身的划分是否符合规定。

b. 按规定不同厚度的内、外墙是否分别计算的，应扣除的门窗洞口及埋入墙体各种钢筋混凝土梁、柱等是否已扣除。

c. 不同砂浆标号的墙和定额规定按立方米或按平方米计算的墙，有无混淆、错算或漏算。

④ 混凝土及钢筋混凝土工程。

a. 现浇与预制构件是否分别计算，有无混淆。

b. 现浇柱与梁，主梁与次梁及各种构件计算是否符合规定，有无重算或漏算。

c. 有筋与无筋构件是否按设计规定分别计算，有无混淆。

d. 钢筋混凝土的含钢量与预算定额的含钢量发生差异是否按规定予以增减调整。

⑤ 木结构工程。

a. 门窗是否分别不同种类、按门、窗洞口面积计算。

b. 木装修的工程量是否按规定分别以延长米或平方米计算。

⑥ 楼地面工程。

a. 楼梯抹面是否按踏步和休息平台部分的水平投影面积计算。

b. 细石混凝土地面找平层的设计厚度与定额厚度不同时，是否按其厚度进行换算。

⑦ 屋面工程

a. 卷材屋面工程是否与屋面找平层工程量相等。

b. 屋面保温层的工程量是否按屋面层的建筑面积乘以保温层平均厚度计算，不做保温层的挑檐部分是否按规定不做计算。

⑧ 构筑物工程。构支架工程是否按照构支架的体积或重量计算工程量，构支架中的铁件、螺栓、法兰等连接件重量有无漏算。

⑨ 装饰工程。内墙抹灰的工程量是否按墙面的净高和净宽计算，有无重算或漏算。

⑩ 金属构件制作工程。金属构件制作工程量多数以吨为单位。在计算时，型钢按图示尺寸求出长度，再乘以每米的重量；钢板要求算出面积再乘以每平方米的重量。评审是否符合规定。

⑪ 水暖工程。

a. 室内外排水管道、暖气管道的划分是否符合规定。

b. 各种管道的长度、口径是否按设计规定计算。

c. 室内给水管道不应扣除阀门、接头零件所占的长度，但应扣除卫生设备（浴盆、卫生盆、冲洗水箱、淋浴器等）本身所附带的管道长度，评审是否符合要求，有无重算．

d. 室内排水工程采用承插铸铁管，不应扣除异形管及检查口所占长度。评审是否符合要求。有无漏算。

e. 室外排水管道是否已扣除了检查井与连接井所占的长度。

f. 暖气片的数量是否与设计一致。

⑫ 电气照明工程。

a. 灯具的种类、型号、数量是否与设计图一致。

b. 线路的敷设方法、线材品种等，是否达到设计标准，工程量计算是否正确。

⑬ 设备及其安装工程。

a. 设备的种类、规格、数量是否与设计相符，工程量计算是否正确。

b. 需要安装的设备和不需要安装的设备是否分清，有无把不需安装的设备作为安装的设备计算安装工程费用。

（3）预算单价的评审

预算单价是编制施工图预算的基础，它直接关系到工程造价的准确性，是评审的又一重要内容。对采用地区预算单价编制的施工图预算，着重评审套用与换算的正确与否；用项目专用的预算单价编制的施工图预算，还必须评审预算单价的编制是否符合规定及计算的准确性。

1）预算单价套用的评审

① 预算单价的选用，必须与工程性质一致，即什么工程用什么定额。例如，一般工业与民用建筑工程必须采用工程所在地的地区统一定额单价。除个别缺项允许合理选用其他专业定额外，不得以任何理由同时在两个或两个以上的其他专业定额中挑项使用。

② 预算单价的套用必须与设计要求一致．例如，外墙面干粘石装饰设计，不能套用水刷石单价。各分部分项工程套用的单价必须与预算单价表的项目名称、规格、计量单位完全相符，只要其中一项不符即说明套用有错。

③ 施工图未具体注明规格、质量要求的，其预算单价的套用必须根据有关设计资料、

工程性质、使用要求、设计标准和地方习惯确定。

2）预算单价换算的评审

① 对预算单价中预算定额规定闭口部分，其定额不得换算；允许换算部分，要根据规定的资料和计算方法进行换算．

② 设计要求与定额材料的规格、品种不同时，编制预算应根据定额规定换算，定额规定中有的只允许换算材料价格，不改变定额耗用量，如钢门窗玻璃厚度与设计不同的换算；有的只允许换算定额耗用量而不改变材料价格，如木门窗框料断面与设计不同的换算；有的既允许换算定额耗用量，也允许改变材料价格；如瓷砖镶贴面层，瓷砖规格不同的换算。

③ 预算单价缺项可编制补充定额，但必须遵照定额编制原则，资料、数据必须可靠、合理，计算必须准确。

换算、补充定额的材料单价必须以材料预算价格计算，而不得以实际价格计算。

3）预算单价根据现行预算定额、工资标准和材料预算价格编制

工资标准由国家统一制定，因此，预算单价编制的准确性，关键在于材料预算价格的准确性。材料预算价格由材料原价、供销部门手续费、包装费、运杂费和材料采购保管费五部分组成。评审时注意：

① 对材料来源必须符合就地取材的原则，价格必须符合规定或现实水平。

② 运输工具的选择和运输距离的计算要合理。

③ 包装费用已包括在原价中，就不应重复计算，回收比率应符合规定。

④ 供销部门手续费、采购保管费的计算，费率标准和计算基数的取定必须符合现行规定。

（4）评审设备、材料的预算价格

设备、材料预算价格是施工图预算造价所占比重最大、变化最大的内容，要重点评审。

1）评审设备、材料的预算价格是否符合工程所占地的真实价格及价格水平。若是采用市场价，要核实其真实性、可靠性；若是采用有权部门公布的信息价，要注意信息价的时间、地点是否符合要求，是否要按规定调整。

2）设备、材料的原价确定方法是否正确。非标准设备的原价的计价依据、方法是否正确、合理。

3）设备的运杂费率及其运杂费的计算是否正确，材料预算价格的各项费用的计算是否符合规定、正确。

（5）评审有关费用项目及其计取

其他直接费包括的内容，各地不一，具体计算时，应按当地的现行规定执行。评审时要注意是否符合规定和定额要求。评审现场经费和间接费的计取是否按有关规定执行。

有关费用项目计取的评审，要注意以下几个方面：

1）其他直接费和现场经费及间接费的计取基础是否符合现行规定，有无不能作为计费基础的费用，列入计费的基础。

2）预算外调增的材料差价是否计取了间接费。直接费或人工费增减后，有关费用是否相应做了调整。

3）有无巧立名目，乱计费、乱摊费用现象。

4）对采用综合费率计算的，必须与工程实际情况一致；对单项工程中必须单独计算间接费部分的，必须符合规定，防止重复计算。

5）实报实销工程、以决算代替预算的工程、执行预算加施工经济签证工程，均不得计取预算外费用包干费。

（6）技术经济指标的评审

为了加强电网工程建设管理，有效地、合理地使用建设资金，充分发挥投资效果，促进国民经济有计划按比例发展，各部门、各地区在各个时期根据中央的路线、方针、政策制定了便于控制、考核电网工程建设计划和设计的各种技术经济指标，如场地利用系数、建筑密度、建筑面积、建筑平面系数、建筑层高、采光系数、综合造价指标、单项造价指标、平方米造价指标等等，将这些指标与现行规定核对，防止不合国情、脱离实际标准的设计。

3. 评审施工图预算的形式

工程预算评审形式是根据工程规模、专业复杂程度和结算方式，以及评审力量等情况确定的。它一般有联合会审、单独评审和委托评审三种形式。

（1）联合会审

一般是指建设单位、施工企业、投资方、监理单位、设计部门等共同对施工图预算进行评审的方式。它适用于建设规模较大、施工技术复杂、设计变更和现场签证较多。这种方式的特点是涉及部门多，评审效率高，疑难问题易解决，能保证质量，但一般各单位要对施工图预算进行预审。

（2）单独评审

这种形式是指施工图预算编制后，分别由施工企业自审，建设单位复审，主管单位最后审定。各单位的评审均独立进行。这种方式的特点是评审专一，不易受外界干扰。它适用于建设单位和主管单位均具有足够的评审力量、工程规模相对不大、采用常规施工技术、设计变更和现场签证清楚且数量不多的工程。

（3）委托评审

这种形式是指既不具备联合会审条件，建设单位和投资方又不能单独进行评审时，建设单位在征得投资方同意后委托具有编审资格的咨询部门或个人进行评审。

4. 评审施工图预算的方法

评审施工图预算的方法较多，主要有全面评审法、标准预算评审法、分组计算评审法、筛选评审法、重点抽查法、对比评审法、利用手册评审法和分解对比评审法等八种。

（1）全面评审法

全面评审又叫逐项评审法，就是按预算定额顺序或施工的先后顺序，逐一地全部进行评审的方法。其具体计算方法和评审过程与编制施工图预算基本相同。此方法的优点是全面、细致，经评审的工程预算差错比较少，质量比较高。缺点是工作量大。对于一些工程量比较小、工艺比较简单的工程，编制工程预算的技术力量又比较薄弱，可采用全面评审法。

（2）标准预算评审法

对于利用标准图纸或通用图纸施工的工程，先集中力量，编制标准预算，以此为标准评审预算的方法。按标准图纸设计或通用图纸施工的工程一般上部结构和做法相同，可集中力量细审一份预算或编制一份预算，作为这种标准图纸的标准算，或用这种标准图纸的工程量为标准，对照评审，而对局部不同的部分做单独评审即可。这种方法的优点是时间短、效果好、好定案；缺点是只适应按标准图纸设计的工程，适用范围小。

（3）分组计算评审法

分组计算评审法是一种加快评审工程量速度的方法，把预算中的项目划分为若干组，并把相邻且有一定内在联系的项目编为一组，评审或计算同一组中某个分项工程量，利用工程间具有相同或相似计算基础的关系，判断同组中其他几个分工程量计算的准确程度的方法。

一般土建工程可以分为以下几个组：

1）地槽挖土、基础砌体、基础垫层、槽坑回填土、运土。

2）底层建筑面积、地面面层、地面垫层、楼面面层、楼面找平层、楼板体积、天棚抹灰、天棚刷浆、屋面层。

3）内墙外抹灰、外墙内抹灰、外墙内面刷浆、外墙上的门窗和圈过梁、外墙砌体。

在第 1）组中，先将挖地槽土方基础砌体体积（室外地坪以下部分）、基础垫层计算出来，而槽坑回填土、外运的体积按下式确定

回填土量＝挖土量－（基础砌体＋垫层体积）

余土外运量＝基础砌体十垫层体积。

在第 2）组中，先把底层建筑面积、楼（地）面面积计算出来。而楼面找平层、顶棚抹灰、刷白的工程量与楼（地）面面积相同；垫层工程量等于地面面积乘以垫层厚度，空心楼板工程量由楼面工程量乘以楼板的折算厚度（三种空心板折算厚度见表 3-140）；底层建筑面积加挑檐面积，乘以坡度系数（平屋面不乘）就是屋面工程量；底层建筑面积乘以坡度系数（平屋面不乘）再乘以保温层的平均厚度为保温层工程量。

空心板折算厚度

表 3-140

空心板种类	标准图集号	折算厚度(cm)
130mm 厚非预应力空心板	LG304	8
160mm 厚非预应力空心板	LG304	9.6
120mm 厚预应力空心板	LG404	8.15

在第 3）组中，首先把各种厚度的内外墙上的门窗面积和过梁体积分别列表填写，然后再计算工程量。门窗及墙体均件统计表格式见表 3-141 和表 3-142。

在第 3）组中，先求出内墙面积，再减门窗面积，再乘以墙厚减圈过梁体积等于墙体积（如果室内外高差部分与墙体材料不同时，应从墙体中扣除，另行计算）。外墙内面抹灰可用墙体乘以定额系数计算，或用外抹灰乘以 0.9 来估算。

（4）对比评审法

是用已建成工程的预算或虽未建成但已评审修正的工程预算对比评审拟建的类似工程预算的一种方法。对比评审法，一般有以下几种情况，应根据工程的不同条件，区别对待。

1）两个工程采用同一个施工图，但基础部分和现场条件不同。其新建工程基础以上部分可采用对比评审法；不同部分可分别采用相应的评审方法进行评审。

门窗统计表 表 3-141

门窗编号	门窗洞口尺寸(m)(长×宽)	每个面积(m²)	个数	合计面积(m²)	1层					2层以上每层				
					外墙		内墙			外墙		内墙		
					一砖	一砖半	半砖	一砖	一砖半	一砖	一砖半	半砖	一砖	一砖半

注：如果 2 层以上各层的门窗数不同时，应把不同层次单独统计。

墙体构件统计表 表 3-142

门窗编号	门窗洞口尺寸(m)(长×宽)	每个面积(m²)	个数	合计面积(m²)	1层					2层以上每层				
					外墙		内墙			外墙		内墙		
					一砖	一砖半	半砖	一砖	一砖半	一砖	一砖半	半砖	一砖	一砖半

注：2 层以上有不同时，把不同层次单独统计，圈梁也要在此表反映。

2）两个工程设计相同，但建筑面积不同。根据两个工程建筑面积之比与两个工程分部分项工程量之比例基本一致的特点，可评审新建工程各分部分项工程的工程量。或者用两个工程每平方米建筑面积造价以及每平方米建筑面积的各分部分项工程量，进行对比评审，如果基本相同时，说明新建工程预算是正确的，反之，说明新建工程预算有问题，找出差错原因，加以更正。

3）两个工程的面积相同，但设计图纸不完全相同时，可把相同的部分，如厂房中的柱子、房架、屋面、砖墙等，进行工程量的对比评审，不能对比的分部分项工程按图纸计算。

（5）筛选评审法

筛选法是统筹法的一种，也是一种对比方法。建筑工程虽然有建筑面积和高度的不同，但是它们的各个分部分项工程的工程量、造价、用工量在每个单位面积上的数值变化不大，我们把这些数据加以汇集、优选、归纳为工程量、造价（价值）、用工三个单方基本值表，并注明其适用的建筑标准。这些基本值犹如"筛子孔"，用来筛选各分部分项工程，筛下去的就不评审了，没有筛下去的就意味着此分部分项的单位建筑面积数值不在基本值范围之内，应对该分部分项工程详细评审。当所评审的预算的建筑面积标准与"基本值"，所适用的标准不同，就要对其进行调整。

筛选法的优点是简单易懂，便于掌握，评审速度和发现问题快。但解决差错分析其原因需继续评审。因此，此法适用于住宅工程或不具备全面评审条件的工程。

（6）重点抽查法

此法是抓住工程预算中的重点进行评审的方法。

评审的重点一般是：工程量大或造价较高、工程结构复杂的工程，补充单位估价表，计取各项费用（计费基础、取费标准等）。

重点抽查法的优点是重点突出，评审时间短、效果好。

（7）利用手册评审法

此法是把工程中常用的构件、配件事先整理成预算手册，按手册对照评审的方法。如工程常用的预制构配件：洗池、大便台、检查井、化粪池、碗柜等，几乎每个工程都有，把这些按标准图集计算出工程量，套上单价，编制成预算手册使用，可大大简化预算的编审工作。

（8）分解对比评审法

一个单位工程，按直接费与间接费进行分解，然后再把直接费按工程和分部工程进行分解，分别与审定的标准预算进行对比分析的方法，叫分解对比评审法。

分解对比评审法一般有三个步骤：

1）全面评审某种建筑的定型标准施工图或复用施工图的工程预算，经审定后作为评审其他类似工程预算的对比基础。而且将审定预算按直接费与应取费用分解成两部分，再把直接费分解为各工种工程和分部工程预算，分别计算出它们的每平方米预算价格。

2）把拟审的工程预算与同类型预算单方造价进行对比，若出入在 $1\%\sim3\%$ 以内（根据本地区要求），再按分部分项工程进行分解，边分解边对比，对出入较大者，就进一步评审。

3）对比评审。其方法是：

① 经分析对比，如发现应取费用相差较大，应考虑建设项目的投资来源和工程类别及其取费项目和取费标准是否符合现行规定。材料调价相差较大，则应进一步评审材料调价统计表，将各种调价材料的用量、单位差价及其调增数量等进行对比。

② 经过分解对比，如发现土建工程预算价格出入较大，首先评审其土方和基础工程，因为 ±0.00 以下的工程往往相差较大。再对比其余各个分部工程，发现某一分部工程预算价格相差较大时，再进一步对比各分项工程或工程细目。在对比时，先检查所列工程细目是否正确，预算价格是否一致。发现相差较大者，再进一步评审所套预算单价，最后评审该项工程细目的工程量。

5．评审施工图预算的步骤

（1）做好评审前的准备工作

1）熟悉施工图纸。施工图是编审预算分项数量的重要依据，必须全面熟悉了解，核对所有图纸，清点无误后，依次识读。

2）了解预算包括的范围。根据预算编制说明，了解预算包括的工程内容，例如：配套设施、室外管线、道路以及会审图纸后的设计变更等。

3）弄清预算采用的单位估价表。任何单位估价表或预算定额都有一定的适用范围，应根据工程性质，搜集熟悉相应的单价、定额资料。

4）了解施工现场情况，熟悉施工组织设计或技术措施方案，掌握与编制预算有关的设计变更等情况。

（2）评审计算

根据工程规模，工程性质，评审时间和质量要求，评审力量情况等合理确定评审方法，然后按照选定的评审方法进行具体评审。在评审计算过程中，应将评审的问题做出详细记录。

（3）交换评审意见

评审单位将评审记录中的疑点、错误、重复计算和遗漏项目等问题与工程预算编制单位和建设单位交换意见，做进一步核对，以便更正、调整预算项目和费用。

（4）评审定案

根据交换意见确定的结果，将更正后的项目进行计算并汇总。至此，工程预算评审定案。

第4章 电网工程实施阶段造价控制

4.1 工程招投标及合同

4.1.1 工程招投标概述

1. 工程招标投标的概念及种类

招标投标是一种有序的市场竞争交易方式，也是规范选择交易主体、订立交易合同的法律程序。电网工程招标即业主或业主委托的招标代理机构通过招标投标这种竞争交易方式公开择优选择勘察设计单位、监理单位、施工调试单位的采购活动。根据我国《招标投标法》规定，大型基础设施、公用事业等关系社会公共利益、公众安全的项目；或全部或者部分使用国有资金投资或者国家融资的项目；或使用国际组织或者外国政府贷款、援助资金的项目的勘察、设计、施工、监理以及与工程建设有关的重要设备、材料等的采购，必须进行招标。

招标投标应当遵循公开、公平、公正和诚实信用的原则。公开原则是指招标投标的程序要有透明度，招标人应当尽可能从公开渠道发布招标信息。公平原则是指所有投标人在招标投标活动中机会均等，所有投标人享有同等的权利，任何人不得对投标人实施歧视待遇。公正原则主要指评审人员应客观地按照事先公布的条件和标准对待各位投标人。诚实守信原则是指招投标工作的所有关系人在招投标活动中，应忠于事实真相，并信守诺言。

按竞争开放程度，招标方式分为公开招标和邀请招标两种方式，这是我国《招标投标法》规定的一种主要分类。公开招标是指招标人以公告的方式邀请不特定的法人或者其他组织投标，是一种无限制的竞争方式。公开招标的优点是招标人有较大的选择范围，可在众多的投标人中选定实力强、信誉好、报价合理的承包商。邀请招标是指招标人以投标邀请书的方式邀请特定的法人或者其他组织投标，是一种限制了范围的有限竞争性招标。项目技术复杂或有特殊要求，只有少量几家潜在投标人可供选择的；或受自然地域环境限制的；或涉及国家安全、国家秘密或者抢险救灾，适宜招标但不宜公开招标的；或拟公开招标的费用与项目的价值相比，不值得的；或法律、法规规定不宜公开招标的，经批准可以进行邀请招标。

电网工程根据建设过程和提供货物或劳务的对象主要可分为：勘察招标、设计招标、监理招标、施工招标、材料设备招标、造价咨询等其他服务招标。施工招标是电网工程招标中最有代表性的一种，本节主要简述施工招标相关知识。

2. 电网工程项目施工招标投标流程

1) 招标准备

① 招标必须具备的条件：

• 招标人已经依法成立；

• 按照国家有关规定应当履行项目审批、核准或者备案手续的，已经审批、核准或者备案；

- 有相应资金或者资金来源已经落实；
- 能够提出货物的使用与技术要求。

② 标段划分

招标需要划分标段的，招标人应当合理划分标段。标段划分应综合考虑招标项目的专业要求、管理要求、对工程的投资影响、各项工作的衔接等因素。

2）编制和发布资格预审公告或招标公告

- 资格预审公告具体包括以下内容：招标条件、项目概况与招标范围、申请人的资格要求、资格预审的方法、资格预审文件的获取、资格预审文件的递交、发布公告的媒介、联系方式等。

- 招标公告的内容：招标条件、项目概况与招标范围、投标人资格要求、招标文件的获取、投标文件的递交、发布公告的媒介、联系方式等。

3）资格审查

资格审查分为资格预审和资格后审。资格预审，是指在投标前对潜在投标人进行的资格审查。资格后审，是指在开标后对投标人进行的资格审查。

4）编制和发售招标文件

招标人根据施工招标项目的特点和需要编制招标文件。招标文件一般包括下列内容：招标公告或投标邀请书、投标人须知、合同主要条款、投标文件格式。采用工程量清单招标的，应当提供工程量清单、技术条款、设计图纸、评标标准和方法、投标辅助材料等。

招标人应当在招标文件中规定实质性要求和条件，并用醒目的方式标明。招标文件中对潜在投标人的资格要求应严格按国家法律法规和行业规定执行。招标文件中对项目经理的要求应有明确的规定，并将其作为评标的重要因素。招标文件规定的各项技术标准应符合国家强制性标准。

5）现场踏勘及投标预备会

招标人根据招标项目的具体情况，可以组织潜在投标人踏勘项目现场，向其介绍工程场地和相关环境的有关情况。潜在投标人依据招标人介绍情况做出的判断和决策，由投标人自行负责。招标人不得单独或者分别组织任何一个投标人进行现场踏勘。对于潜在投标人在阅读招标文件和现场踏勘中提出的疑问，招标人可以书面形式或召开投标预备会的方式解答，但需同时将解答以书面方式通知所有购买招标文件的潜在投标人。该解答的内容为招标文件的组成部分。

6）投标单位编制投标文件

投标人应当按照招标文件的要求编制投标文件。投标文件应当对招标文件提出的实质性要求和条件作出响应。投标文件一般包括下列内容：投标函、投标报价、施工组织设计、商务和技术偏差表。

7）开标

开标应当在招标文件确定的提交投标文件截止时间的同一时间公开进行；开标地点应当为招标文件中确定的地点。

8）评标

评标委员会由招标人负责组建，由招标人或其委托的招标代理机构熟悉相关业务的代表，以及有关技术、经济等方面的专家组成，成员人数为 5 人以上的单数，其中技术、经济等方面的专家不得少于成员总数的 2/3。评标分为初步评审和详细评审两个阶段，初步评审主要包括形式评审、资格评审、相应性评审、施工组织设计和项目管理机构评审等方面。经初步评审合格的投标文件，进入详细评审阶段。详细评审的方法包括经评审的最低报价法和综合评估法两种。评标委员会按照评标规则推荐前三名为中标候选人。

9）定标

10）合同签订

4.1.2 工程量清单招标

1. 工程量清单概念及一般规定

工程量清单招标是工程招投标中，招标人按照国家制定的工程量清单计价规范、工程量计算规范等编制招标工程量清单，投标人依据招标工程量清单、拟建工程的施工图纸、施工组织设计、施工方案和措施，结合自身实际情况并考虑风险因素后自主报价的工程发包与承包计价模式。根据《建设工程工程量清单计价规范》GB 50500—2013 的规定，全部使用国有资金投资或国有资金投资为主（以下二者简称"国有资金投资"）的工程建设项目，必须采用工程量清单计价。非国有资金投资的工程建设项目，宜采用工程量清单计价。

工程量清单是工程量清单计价的基础，应作为编制招标控制价、投标报价、计算工程量、支付工程款、调整合同价款、办理竣工结算以及工程索赔等的依据之一。凡采用工程量清单招标的工程，必须在招标文件中说明该工程所采用的合同价款形式、投标人承担的风险种类及程度、价款调整的因素及方法。

采用工程量清单方式招标，工程量清单必须作为招标文件的组成部分，其准确性和完整性由招标人负责。工程量清单应由具有编制招标文件能力的招标人，或受其委托具有相应资质的工程造价咨询人进行编制。电网工程量清单、招标控制价、投标报价、工程价款结算等工程造价文件的编制与核对应由具有电力工程造价资格的人员承担。

工程量清单应由分部分项工程量清单、措施项目清单、其他项目清单、规费项目清单、税金项目清单、招标人采购材料表、投标人采购设备（材料）表组成。编制工程量清单的依据有：

1）国家、电力行业建设主管部门颁发的计价依据和办法；

2）建设工程设计文件；

3）与建设工程相关的标准、规范、技术资料；

4）招标文件及其补充通知、答疑纪要；

5）施工现场情况、工程特点及常规施工方案；

6）其他相关资料。

2. 常用术语和定义

（1）工程量清单

载明建设工程分部分项工程项目、措施项目、其他项目的名称和相应数量以及规费、税金项目等内容的明细清单。

（2）招标工程量清单

招标人依据国家标准、招标文件、设计文件以及施工现场实际情况编制的，随招标文件发布供投标报价的工程量清单，包括其说明和表格。

（3）已标价工程量清单

构成合同文件组成部分的投标文件中已标明价格，经算术性错误修正（如有）且承包人已确认的工程量清单，包括其说明和表格。

（4）分部分项工程

分部工程是单项或单位工程的组成部分，是按结构部位、路段长度及施工特点或施工任务将单项或单位工程划分为若干分部的工程；分项工程是分部工程的组成部分，是按不同施工方法、材料、工序及路段长度等将分部工程划分为若干个分项或项目的工程。

（5）措施项目

为完成工程项目施工，发生于该工程施工准备和施工过程中的技术、生活、安全、环境保护等方面的项目。

（6）项目特征

构成分部分项工程项目、措施项目自身价值的本质特征。

（7）综合单价

完成一个规定清单项目所需的人工费、材料和工程设备费、施工机具使用费和企业管理费、利润以及一定范围内的风险费用。

（8）风险费用

隐含于已标价工程量清单综合单价中，用于化解发承包双方在工程合同中约定内容和范围内的市场价格波动风险的费用。

（9）工程造价信息

工程造价管理机构根据调查和测算发布的建设工程人工、材料、工程设备、施工机械台班的价格信息，以及各类工程的造价指数、指标。

（10）工程变更

合同工程实施过程中由发包人提出或由承包人提出经发包人批准的合同工程任何一项工作的增、减、取消或施工工艺、顺序、时间的改变；设计图纸的修改；施工条件的改变；招标工程量清单的错、漏从而引起合同条件的改变或工程量的增减变化。

（11）工程量偏差

承包人按照合同工程的图纸（含经发包人批准由承包人提供的图纸）实施，按照现行国家计量规范规定的工程量计算规则计算得到的完成合同工程项目应予计量的工程量与相应的招标工程量清单项目列出的工程量之间出现的量差。

（12）暂列金额

招标人在工程量清单中暂定并包括在合同价款中的一笔款项。用于工程合同签订时尚未确定或者不可预见的所需材料、工程设备、服务的采购，施工中可能发生的工程变更、合同约定调整因素出现时的合同价款调整以及发生的索赔、现场签证确认等的费用。

（13）暂估价

招标人在工程量清单中提供的用于支付必然发生但暂时不能确定价格的材料、工程设备的单价以及专业工程的金额。

（14）计日工

在施工过程中，承包人完成发包人提出的工程合同范围以外的零星项目或工作，按合同中约定的单价计价的一种方式。

（15）总承包服务费

总承包人为配合协调发包人进行的专业工程发包，对发包人自行采购的材料、工程设备等进行保管以及施工现场管理、竣工资料汇总整理等服务所需的费用。

（16）安全文明施工费

在合同履行过程中，承包人按照国家法律、法规、标准等规定，为保证安全施工、文明施工，保护现场内外环境和搭拆临时设施等所采用的措施而发生的费用。

（17）索赔

在工程合同履行过程中，合同当事人一方因非己方的原因而遭受损失，按合同约定或法律法规规定承担责任，从而向对方提出补偿的要求。

（18）现场签证

发包人现场代表（或其授权的监理人、工程造价咨询人）与承包人现场代表就施工过程中涉及的责任事件所做的签认证明。

（19）不可抗力

发承包双方在工程合同签订时不能预见的，对其发生的后果不能避免，并且不能克服的自然灾害和社会性突发事件。

（20）费用

承包人为履行合同所发生或将要发生的所有合理开支，包括管理费和应分摊的其他费用，但不包括利润。

（21）利润

承包人完成合同工程获得的盈利。

（22）企业定额

施工企业根据本企业的施工技术、机械装备和管理水平而编制的人工、材料和施工机械台班等消耗标准。

（23）规费

根据国家法律、法规规定，由省级政府或省级有关权力部门规定施工企业必须缴纳的，应计入建筑安装工程造价的费用。

（24）税金

国家税法规定的应计入建筑安装工程造价内的营业税、城市维护建设税、教育费附加和地方教育附加。

（25）发包人

具有工程发包主体资格和支付工程价款能力的当事人以及取得该当事人资格的合法继承人，本规范有时又称招标人。

（26）承包人

被发包人接受的具有工程施工承包主体资格的当事人以及取得该当事人资格的合法继承人，本规范有时又称投标人。

（27）工程造价咨询人

取得工程造价咨询资质等级证书，接受委托从事建设工程造价咨询活动的当事人以及取得该当事人资格的合法继承人。

（28）造价工程师

取得造价工程师注册证书，在一个单位注册、从事建设工程造价活动的专业人员。

（29）造价员

取得全国建设工程造价员资格证书，在一个单位注册、从事建设工程造价活动的专业人员。

（30）单价项目

工程量清单中以单价计价的项目，即根据合同工程图纸（含设计变更）和相关工程现行国家计量规范规定的工程量计算规则进行计量，与已标价工程量清单相应综合单价进行价款计算的项目。

（31）总价项目

工程量清单中以总价计价的项目，即此类项目在相关工程现行国家计量规范中无工程量计算规则，以总价（或计算基础乘费率）计算的项目。

（32）工程计量

发承包双方根据合同约定，对承包人完成合同工程的数量进行的计算和确认。

（33）工程结算

发承包双方根据合同约定，对合同工程在实施中、终止时、已完工后进行的合同价款计算、调整和确认。包括期中结算、终止结算、竣工结算。

（34）招标控制价

招标人根据国家或省级、行业建设主管部门颁发的有关计价依据和办法，以及拟定的招标文件和招标工程量清单，结合工程具体情况编制的招标工程的最高投标限价。

（35）投标价

投标人投标时响应招标文件要求所报出的对已标价工程量清单汇总后标明的总价。

（36）签约合同价（合同价款）

发承包双方在工程合同中约定的工程造价，即包括了分部分项工程费、措施项目费、其他项目费、规费和税金的合同总金额。

（37）预付款

在开工前，发包人按照合同约定，预先支付给承包人用于购买合同工程施工所需的材料、工程设备，以及组织施工机械和人员进场等的款项。

（38）进度款

在合同工程施工过程中，发包人按照合同约定对付款周期内承包人完成的合同价款给予支付的款项，也是合同价款期中结算支付。

（39）合同价款调整

在合同价款调整因素出现后，发承包双方根据合同约定，对合同价款进行变动的提出、计算和确认。

（40）竣工结算价

发承包双方依据国家有关法律、法规和标准规定，按照合同约定确定的，包括在履行合同过程中按合同约定进行的合同价款调整，是承包人按合同约定完成了全部承包工作后，发包人应付给承包人的合同总金额。

3. 工程量清单计价主要表格

工程量清单由封面，填表须知，总说明、分部分项工程量清单、措施项目清单（一）、（二），其他项目清单，规费税金项目清单，投标人采购设备（材料）表，招标人采购材料表等组成。

（1）总说明

"总说明"的编制应包括但不限于下列内容：

① 工程概况。变电工程应包括建设性质、本期容量、规划容量、电气主接线、配电装置、补偿装置、设计单位、建设地点等内容。输电工程应包括线路（电缆）亘长、回路数、起止塔（杆号）、设计气象条件、沿线地形比例、沿线地质条件、杆塔类型与数量、导线型号规格（电缆型号规格）、地线型号规格、光缆型号规格、电缆敷设方式等内容。

② 工程招标和分包范围。

③ 工程清单编制依据。

④ 交通运输状况。

⑤ 健康环境保护和安全文明施工。

⑥ 工程质量要求。

⑦ 工程材料要求。

⑧ 工程施工特殊要求。

⑨ 招标人采购材料数量中是否包含施工损耗率。

⑩ 扣除招标人采购材料时是否扣除税金。

⑪ 建设场地占用及清理是否计取税金。

⑫ 其他需要说明的问题。

（2）分部分项工程量清单

分部分项工程工程量清单遵循六统一，即统一项目编码、统一项目名称、统一项目特征、统一计量单位、统一工程量计算规则、统一工作内容。

1）项目编码由工程代码、项目划分代码、清单名称代码、顺序码组成。

2）项目名称。分部分项工程量清单项目名称应按清单规范规定的相应项目名称填写。

3）项目特征。工程量清单的项目特征是确定一个清单项目综合单价不可缺少的重要依据，在编制工程量清单时，必须对项目特征进行准确和全面的描述。为达到规范、简洁、准确、全面描述项目特征的要求，可掌握以下几点：

① 必须描述的内容：

涉及正确计量的内容；

涉及结构要求的内容；

涉及材质要求的内容；

涉及安装方式的内容。

② 可不详细描述的内容：

无法准确描述的内容；

施工图纸、标准图集标准明确的。

③ 可不描述的内容：

对计量计价没有实质影响的内容；

535

应由投标人根据施工方案确定的内容；

应由投标人根据当地材料和施工要求确定的内容；

应由施工措施解决的内容。

4）计量单位。分部分项工程量清单计量单位应按规范相应项目的规定计量单位填写，有两个或两个以上计量单位的，应结合拟建项目的实际选定一个合适的计量单位。

5）工程量。分部分项工程量清单工程量应按规范附录规定的"工程量计算规则"计算确定。工程量的小数有效位数应遵守以下规定。

① 以"t"、"km"为单位，保留小数点后三位，采用其他质量单位时计算结果保留小数点后两位数。

② 以"m³"、"m²"、"m"为单位，保留小数点后两位。

③ 以"个"、"套"、"串"、"台"、"口"、"只"、"块"、"环"、"基"、"组"、"盘"、"台次"、"接头"、"回路"、"系统"等为单位，一般情况取整数。

6）工程内容。分部分项工程量清单应按规范附录相应的工程内容填写。可结合拟建工程项目的实际情况选择工程内容的项目，但不能突破规范的工程内容范围。

（3）措施项目清单

措施项目分为不可计量和可计量的措施项目。

（4）其他项目清单

其他项目清单是指分部分项工程量清单、措施项目清单所包含的内容以外，因招标人的特殊要求而发生的与拟建工程有关的其他费用项目和相应数量的清单。

（5）规费、税金项目清单

规费可按下列内容选择列项：社会保险费（包括养老保险费、失业保险费、医疗保险费、工伤保险费、生育保险费等费用）、住房公积金、工程排污费等，编制人也可根据国务院有关部门、省（自治区、直辖市）人民政府有关法律法规做补充。

税金可按下列内容选择列项：营业税、城市维护建设税、教育费附加等，编制人也可根据国家税法及省级政府或省级有关部门的规定确定。

（6）投标人采购设备（材料）表

投标人采购设备（材料）表应根据拟建工程的具体情况、详细列出采购设备（材料）名称、型号规格、计量单位、数量、单价等内容。投标人采购设备（材料）表的名称、型号规格、数量应与招标文件相关内容一致。

（7）招标人采购材料表

招标人采购材料表应根据拟建工程的具体情况，详细列出材料名称、型号规格、计量单位、数量、单价、交货地点及方式等内容。招标人采购材料的名称、型号规格、数量、单价应与招标文件相关内容一致。

4. 工程量清单计价

工程量清单计价活动包括招标控制价编制、投标报价编制、工程合同价款的约定、竣工结算的办理以及施工过程中工程计量与工程价款支付、索赔与现场签证、工程价款调整和工程计价争议处理等活动。

（1）工程量清单招标控制价表编制

采用工程量清单招标的工程，应编制招标控制价。招标控制价一般不得超过同口径批准的概算。投标人的投标报价高于招标控制价的，其投标应予以拒绝。招标人应在招标文件中如实公布招标控制价，不得对所编制的招标控制价进行上浮或下调。招标控制价应由具有编制能力的招标人，或受其委托具有相应资质的工程造价咨询人编制。

（2）工程量清单投标报价表编制

实行工程量清单招标，要求投标人在投标报价中填写的工程量清单的项目编码、项目名称、项目特征、计量单位、工程量必须与招标人招标文件中提供的一致。

实行工程量清单招标，投标人的投标总价应当与组成工程量清单的分部分项工程费、措施项目费、其他项目费和规费、税金之和扣除招标人采购材料费后的合计金额一致，即投标人在投标报价时，不能进行投标总价优惠（或降价、让利），投标人对招标人的任何优惠（或降价、让利）均应反应在相应清单项目的报价中。

由投标人自主确定的投标价，既不得低于成本，也不得高于控制价。投标人自主报价，这是市场竞争形成价格的体现。

4.1.3 施工合同

1. 施工合同的类型

施工合同是发包人与承包人就完成特定工程项目的建筑施工、设备安装调试、工程保修等工作内容，确定双方权利和义务的协议。施工合同是工程建设质量控制、进度控制、投资控制的主要依据。根据合同计价方式的不同，施工合同可以分为总价合同、单价合同和成本加酬金合同三种类型。

（1）总价合同。总价合同是指在合同中确定一个完成项目的总价，承包单位据此完成项目全部内容的合同。这类合同仅适用于工程量不太大且能精确计算、工期较短、技术不太复杂、风险不大的项目。因而采用这种合同类型要求建设单位必须准备详细而全面的设计图纸（一般要求施工详图）和各项说明，使承包单位能准确计算工程量。

（2）单价合同。单价合同是承包单位在投标时，按招标文件就分部分项工程所列出的工程量表确定各分部分项工程费用的合同类型。这类合同的适用范围比较宽，其风险可以得到合理的分摊，并且能鼓励承包单位通过提高工效等手段从成本节约中提高利润。这类合同能够成立的关键在于双方对单价和工程量计算方法的确认。在合同履行中需要注意的问题则是双方对实际工程量计量的确认。

（3）成本加酬金合同。成本加酬金合同，是由业主向承包单位支付工程项目的实际成本，并按事先约定的某一种方式支付酬金的合同类型。在这类合同中，业主需承担项目实际发生的一切费用，因此也就承担了项目的全部风险。而承包单位由于无风险，其报酬往往也较低。这类合同的缺点是业主对工程总造价不易控制，承包商也往往不注意降低项目成本。

（4）选择合同类型应考虑以下因素：

1）项目规模和工期长短。如果项目的规模较小，工期较短，则合同类型的选择余地较大，总价合同、单价合同及成本加酬金合同均可选择。对于此类项目，由于选择总价合同发包人和承包人承担的风险都小，且结算简化，发承包人均愿选择总价合同。

如果项目规模大、工期长、则项目的风险也大，合同履行中的不可预测因素也多。这类项目不宜采用总价合同。

2）项目的竞争情况。如果在某一时期和某一地点，愿意承包某一项目的承包人较多，则发包人拥有较多的主动权,可以按总价合同、单价合同、成本加酬金合同的顺序进行选择。如果愿意承包项目的承包人较少,则承包人拥有的主动权多,可以尽量选择承包人愿意采用的合同类型。

3)项目的复杂程度。如果项目的复杂程度较高,则意味着对承包人的技术水平要求高,项目的风险较大。因此,承包人对合同的选择有较大的主动权,总价合同选用的可能性较小。如果项目的复杂程度低,则发包人对合同类型的选择握有较大的主动权。

4)项目的单项工程的明确程度。如果项目单项工程的类别和工程量都已十分明确,则可选用的合同类型较多,总价合同、单价合同、成本加酬金合同都可以选择。如果单项工程的分类已详细明确,但实际工程量与预计的工程量可能有较大出入时,则应优先选择单价合同,此时单价合同为最合理的合同类型。如果单项工程的分类和工程量都不甚明确,则无法采用单价合同。

5)项目准备时间的长短。项目的准备包括发包人的准备工作和承包人的准备工作。不同的合同类型需要不同的准备时间和准备费用。总价合同需要的准备时间和准备费用最高,成本加酬金合同需要的准备时间和准备费用最低。对于一些非常紧急的项目如抢险救灾等项目,给予发包人和承包人的准备时间都非常短,因此,只能采用成本加酬金的合同形式。反之,则可采用单价或总价合同形式。

6)项目的外部环境因素。项目的外部环境因素包括:项目所在地区的政治局势是否稳定,经济局势因素(如通货膨胀、经济发展速度等)、劳动力素质(当地)、交通、生活条件等。如果项目的外部环境恶劣则意味着项目的成本高、风险大、不可预测的因素多,承包人很难接受总价合同方式,而较适合采用成本加酬金合同。

总之,在选择合同类型时,一般发包人占有主动权。但发包人不能单纯考虑己方利益,应当综合考虑项目的各种因素、考虑承包人的承受能力,确定双方都能认可的合同类型。

2.施工合同文本类型

施工合同的内容复杂、涉及面宽,为了避免施工合同的编制者遗漏某些方面的重要条款,或约定的责任权利不够公平合理,国际、国内有关机构先后颁布了一些施工合同示范文本,作为规范性、指导性的合同文件。目前,在电网建设中比较典型的施工合同文本主要有:FIDIC 施工合同条件、建设工程施工合同示范文本、电力建设工程施工合同示范文本。

(1)FIDIC 施工合同条件。FIDIC 是国际咨询工程师联合会(法文 Fédération Internationale Des lngénieurs Conseils)的缩写。FIDIC 创建于 1913 年,是国际工程咨询界最具权威的联合组织,中国工程咨询协会代表我国于 1996 年加入该组织。FIDIC 专业委员会编制了一系列规范性合同条件,不仅世界银行、亚洲开发银行、非洲开发银行等国际金融组织的贷款项目采用这些合同条件,一些国家的国际工程项目也常常采用 FIDIC 合同条件。

(2)建设工程施工合同示范文本。根据有关工程建设的法律、法规,结合我国工程建设施工的实际情况,并借鉴国际土木施工合同条件,建设部、国家工商行政管理局于1999 年 12 月 24 日颁布了《建设工程施工合同(示范文本)》GF-1999-0201,并于 2013年进行修订,修订后版本为《建设工程施工合同(示范文本)》GF-2013-0201,适用于房屋建筑工程、土木工程、线路管道和设备安装工程、装修工程等。

（3）电力建设工程施工合同示范文本。为统一、规范电力行业招投标与施工合同管理活动，维护工程建设各方合法利益，中国电力企业联合会针对电力行业工程建设的实际情况和需要，组织编制完成了《电力建设工程施工合同（示范文本）》。

3. 建设工程施工合同示范文本合同条款解析

（1）合同参与方的一般权利和义务

1）发包人

·遵守法律。发包人在履行合同过程中应遵守法律，并保证承包人免于承担因发包人违反法律而引起的任何责任。

·筹集资金。发包人应负责工程项目的资金筹集、组织工程建设过程中和建成后的管理。

·办理项目核准。发包人应负责办理工程的立项和核准手续及允许工程施工的政府许可文件。

·发出开工通知。发包人应委托监理人按约定向承包人发出开工通知。

·提供施工场地。发包人应按合同专用条款约定向承包人提供施工场地。

·提供开工条件。发包人应按合同专用条款约定的时间、地点和要求完成以下工作，使施工场地具备开工条件：水、电、通讯等施工管线进入施工场地现场；开通施工场地与公共道路之间的通道；提供工程地质和地下管网线路资料；办理应由发包人负责的相关证件、批件；提供水准点与坐标控制点位置及交验；进行图纸会审和设计交底；提出施工场地周围建筑物、地下管线和古树林木等的保护要求。

·提供设备材料。发包人应负责提供合同约定应由发包人提供的设备、材料及其他实物。

·协助承包人办理证件和批件。发包人应协助承包人办理法律规定的有关施工证件和批件。

·组织设计交底。发包人应根据合同进度计划，组织设计单位向承包人进行设计交底，按时提供设计图纸。

·支付合同价款。发包人应按合同约定向承包人及时支付合同价款。

·组织竣工验收。发包人应按合同约定及时组织竣工验收。

·其他义务。发包人应履行合同约定的其他义务。

2）监理人

监理人的职责和权力。监理人在行使某项权力前需要经发包人事先批准，而合同通用条款没有指明的，应在合同专用条款中指明。监理人发出的任何指示应视为已得到发包人的批准，但监理人无权免除或变更合同约定的发包人和承包人的权利、义务和责任。合同约定应由承包人承担的义务和责任，不因监理人对承包人提交文件的审查或批准，对工程、材料和设备的检查和检验，以及为实施监理做出的指示等职务行为而减轻或解除。监理人应履行以下各项职责：对本合同及分包合同履行的检查、监督；对工程建设质量检查和验收、安全、工期、合同结算、施工组织等的签字认可或不认可及有关指令的发出；工程量增减的审核；施工图设计质量、工期的审核；设计变更的审核；合同专用条款约定的其他职责。

监理人可以行使合同约定的或附随的权力。但是在行使以下职责之前，需要取得发包人明确的预先批准：做出对工程质量、进度有影响的处理决定；做出有悖于设计原则的决定；事件处理结果对工程建成后的运行有影响时；事件处理结果可能涉及追加投资或延长工期时；发出增减合同价格或增减工期的证明时；处理重大设计变更时；批准工程任何部分的分包合同时；事件处理结果对发包人履行合同有较大影响时。

如果发生紧急情况，监理人认为将造成人员伤亡，或危及工程或邻近的财产或从发包人的权益需立即采取行动时，监理人可直接发布处理这种危急状况所必需的指令或命令，承包人应实施一切工作或按监理人的命令竭尽全力处理危急状况，并减轻影响。尽管监理人的上述命令未事先征得发包人的批准，承包人仍应立即执行这些命令。对于因此引起的费用，由监理人主持研究分清责任，按法律规定或合同约定确定因上述命令而增加的费用的承担人，并通知承包人，抄报发包人，在结算时处理。

总监理工程师。发包人应在发出开工通知前将总监理工程师的任命通知承包人。总监理工程师更换时，应在调离 14 天前通知承包人。总监理工程师短期离开施工场地的，应委派代表代行其职责，并通知承包人。

监理人员。总监理工程师可以授权其他监理人员负责执行其指派的一项或多项监理工作。总监理工程师应将被授权监理人员的姓名及其授权范围通知承包人。被授权的监理人员在授权范围内发出的指示视为已得到总监理工程师的同意，与总监理工程师发出的指示具有同等效力。总监理工程师撤销某项授权时，应将撤销授权的决定及时通知承包人。总监理工程师进行上述授权或收回授权均应为书面形式，并且只有在发包人和承包人收到这一授权或收回授权的通知后方可生效。监理人员对承包人的任何工作、工程或其采用的材料和工程设备未在约定的或合理的期限内提出否定意见的，视为已获批准，但不影响监理人在以后拒绝该项工作、工程、材料或工程设备的权利。总监理工程师具有纠正监理人员发出的任何指令的权力。承包人对总监理工程师授权的监理人员发出的指示有疑问的，应及时或在合同专用条款约定时间内向总监理工程师提出书面异议，总监理工程师应在 48 小时内（含本数）对该指示予以确认、更改或撤销。除合同专用条款另有约定外，总监理工程师不应将合同约定应由总监理工程师做出确定的权力授权或委托给其他监理人员。监理人或总监理工程师可以任命一定数量的助理人员，协助总监理工程师履行合同约定的职责。监理人或总监理工程师应将这些助理人员的姓名、职务及权限通知承包人。助理人员无权向承包人发送指令，除非此指令是其履行职责所必须发出的，因上述目的而发出的指令应视同由总监理工程师发出。

监理人的指示。监理人应按约定向承包人发出指示，监理人的指示应盖有监理人授权的施工场地机构章，并由总监理工程师或总监理工程师按约定授权的监理人员签字。承包人收到监理人按的指示后应遵照执行。指示构成变更的，应按合同约定处理。在紧急情况下，总监理工程师或被授权的监理人员可以当场签发临时书面指示，承包人应遵照执行。承包人应在收到上述临时书面指示后 24 小时内（含本数），向监理人发出书面确认函。监理人在收到书面确认函后 24 小时内（含本数）未予答复的，该书面确认函应被视为监理人的正式指示。由监理人发出的指示应为书面形式。但如果由于某种原因，监理人认为有必要先以口头形式发出指示的，承包人亦应先遵照执行。无论在这一口头指示执行前或执行后，监理人均应发出对这一口头指示的书面确认。除合同另有约定外，承包人只从总监理工程师或被授权的监理人员处取得指示。由于监理人未能按合同约定发出指示、指示延误或指示错误而导致承包人费用增加和（或）工期延误的，由发包人承担赔偿责任。

商定或确定。合同约定总监理工程师应按照本款对任何事项进行商定或确定时，总监理工程师应与合同当事人协商，尽量达成一致。不能达成一致的，总监理工程师应认真研究后审慎确定。总监理工程师应将商定或确定的事项通知合同当事人，并附详细依据。对总监理工程师的确定有异议的，构成争议，按照合同约定处理。在争议解决前，双方应暂按总监理工程师的确定执行，按照合同约定对总监理工程师的确定作出修改的，按修改后的结果执行。

公正行使权力。监理人应按照合同约定，通过以下方式行使权力：作出决定，发表意见；表示同意、满意或批准。监理人应根据合同约定并考虑所有的因素，公正行使其权力，任何一方对监理人的决定、意见、同意、满意或批准或采取的行动有异议时，均可按照本合同约定的争议解决条款处理。

3）承包人

承包人的一般义务：

遵守法律。承包人在履行合同过程中应遵守法律，并保证发包人免于承担因承包人违反法律而引起的任何责任。承包人应妥善处理与工程相关的赔偿事宜，及时支付有关款项，不得使发包人因此受到任何形式的干扰或影响。

依法纳税。承包人应按有关法律规定纳税，应缴纳的税金包括在合同价格内。

完成承包工作。承包人应按照合同约定完成的工作内容详见合同专用条款。承包人应按合同约定以及监理人根据合同做出的指示，实施、完成全部工程，并修补工程中的任何缺陷，使工程达到合同要求的质量标准。除合同专用条款另有约定外，承包人应提供为完成合同工作所需的劳务、材料、施工设备、工程设备和其他物品，并按合同约定负责临时设施的设计、建造、运行、维护、管理和拆除。

对施工作业和施工方法的完备性负责。承包人应按合同约定的工作内容和施工进度要求，编制施工组织设计和施工措施计划，并对所有施工作业和施工方法的完备性和安全可靠性负责。如果合同约定，部分永久工程由承包人设计，承包人应对该部分工程全面负责。

保证工程施工和人员的安全。承包人应按合同约定采取施工安全措施，确保工程及其人员、材料、设备和设施的安全，防止因工程施工造成的人身伤害和财产损失。

负责施工场地及其周边环境与生态的保护工作。承包人应按合同约定负责施工场地及其周边环境与生态的保护工作。

保持施工场地整洁。在施工期间，承包人应保持施工场地不出现不必要的障碍，排除雨水或污水，并应将任何承包人的装备和多余材料储存并做出妥善安排，及时拆除不再需要的临时工程，并从现场运走任何废料、垃圾。

竣工时清理施工场地。工程完工并收到任何接收证书后，承包人应立即从已签发了接收证书的施工场地上将所有有关的承包人设备、多余材料、垃圾、剩余土石方及各种临时工程清除、移走，并使这部分工程及施工场地保持清洁，使监理人满意。在缺陷责任期结束之前，承包人有权为完成缺陷责任期内的义务，将其需要的材料、承包人设备、临时工程保留在施工场地发包人指定的位置。

避免对公众与他人的利益造成损害。承包人在进行合同约定的各项工作时，不得侵害发包人与他人使用公用道路、水源、市政管网等公共设施的权利，避免对邻近的公共设施产生干扰。承包人占用或使用他人的施工场地，影响他人作业或生活的，应承担相应责任。

避免对交通的干扰。在合同允许的范围内，在施工、完成工程及保修过程中，承包人所必需的一切操作均不应对公用道路或私人道路，以及通往属于发包人或他人财产的人行道的进入、使用或占用，产生不必要及不适当的干扰。承包人应保护并保障发包人免于承担应由承包人负责的上述事项所导致的一切索赔。

避免损坏道路。承包人应采取一切合理的手段，防止与施工场地连接或通往施工场地的道路、桥梁、堤防等受到承包人或其任何分包商的损坏。尤其应适当选定运输线路、选择和使用运输工具、限制和分配运载重量，避免因运输原材料、设备和承包人的装备或临时工程而对这类道路和桥梁造成不必要的损坏或损伤。

为他人提供方便。承包人应按监理人的指示为以下人员在施工场地或附近实施与工程有关的其他各项工作提供可能的条件：发包人所雇佣的任何其他承包人及其工作人员；发包人的工作人员；在施工场地上或施工场地附近实施本合同未包括的任何工作的、发包人可能雇佣的任何合法机构的工作人员，或实施发包人可能签订的与本工程或附属工程的有关的任何其他合同项目下工作的工作人员。

提供便利。承包人应按照监理人的书面要求提供以下便利，费用由便利接受人承担：向发包人及其他承包人提供由承包人负责维修保养的任何道路或通道；允许发包人及其他承包人使用在施工场地上的临时工程或承包人的装备；或向发包人及其他承包人提供任何性质的其他服务。除合同另有约定外，承包人提供有关方便和便利的内容和可能发生的费用，由监理人合同约定的权限商定或确定。

工程的维护和照管。工程接收证书颁发前，承包人应负责照管和维护工程，包括已办理领用的工程材料、待安装的设备及工程本身。工程接收证书颁发时尚有部分未竣工工程的，承包人还应负责该未竣工工程的照管和维护工作，直至竣工后移交给发包人为止。承包人应对其将在保修期内完成的剩余工程及所用材料、待安装设备的照管完全负责，直到这些工程完成竣工验收并办理移交为止；若工程竣工验收后暂时不能投产、移交的，承包人应负责工程的照管并承担照管和修复责任，确保工程（包括本体、防护设施和通道等各部分）处于规程规范允许的良好状态；工程通过竣工验收且满足合同约定的建设目标后，由于非承包人原因造成不能如期投产时，由承包人负责免费保管，并承担相应责任。保管期限见合同专用条款的约定，超过合同专用条款约定的保管期限的，发包人应按合同专用条款约定的标准支付保管费；因发包人责任和不可抗力造成了对工程良好状态的影响，且承包人已及时向监理人汇报并履行了照管责任的，承包人不承担责任。

弥补损失或损坏的责任。在承包人负责照管期间，若工程或工程的一部分或其构成材料或设备发生损失或损坏，承包人应弥补此类损失和损坏，使这些工程符合合同的各项要求，达到监理人满意的程度。承包人亦应负责弥补履行试运行及保修期义务过程中工程发生的任何损失或损坏。损失或损害可能系由于下款中约定的任何一种责任或是几种责任综合作用而引起，但无论由几种责任引起，承包人均应按监理人的要求加以弥补。如弥补涉及工期与费用或两者之一，按导致损失或损害的责任种类及所占比例处理。因承包人违约导致工程损失或损害的，称为承包人的责任；因发包人违约导致工程损失或损害的，称为发包人的责任；既非因承包人违约、亦非因发包人违约导致工程损失或损害的，称为第三种责任。第三种责任主要为不可抗力。外界人为对工程的破坏、偷盗及类似性质的外界影响，不属于不可抗力或第三种责任。

发现错误并通知。承包人应将其在审阅合同文件及施工过程中发现的工程设计，或技术规范中的任何错误、遗漏、误差和缺陷及时通知监理人，并将任何有可能造成工程返工、建设投资浪费或影响工程建设顺利实施的因素及时通知监理人和发包人，监理人和发包人应及时处理此种通知。

提出合理化建议。承包人对工程设计、施工提出的合理化建议得到采纳，从而降低工程造价或避免造成损失的，经监理人审查报发包人确认后，发包人可根据情况酌情给予承包人奖励。

支付矿区使用费。除另有约定外，承包人应支付为获得工程所需要的石料、砂子、砾石、黏土或其他材料等所发生的矿区使用费、租金及其他支出或补偿。

履约保证，为适当履行合同，承包人应按合同专用条款约定时间向发包人提供履约保证，该履约保证应为由发包人可接受的银行开具的保函，数额见合同专用条款。承包人向发包人提供银行履约保函时，应通知监理人。银行保函符合招标文件规定的格式。因执行本条款所发生的费用由承包人承担。履约保证的有效期限应截止到承包人完成工程并修补任何缺陷之后。发包人在根据有关条款发出保修证书以后，不应再对履约保证提出索赔，并应在发出上述证书后的 28 天内（含本数）将履约保证退还给承包人。任何情况下，在发包人准备从履约保证中获取索赔之前，皆应书面通知承包人，说明索赔性质和导致索赔的原因。

合同分包。承包人不得将其承包的全部工程转包给第三人，或将其承包的全部工程肢解后以分包的名义转包给第三人。承包人的分包应严格执行合同专用条款的约定。

除劳务分包外，承包人不得将工程主体、关键性工作分包给第三人。

除合同专用条款另有约定外，未经发包人同意，承包人不得将工程的其他部分或工作分包给第三人。对于下列事项承包人无需征得发包人或监理人的同意：提供非技术性劳务；按合同约定的标准购买材料。

承包人应像对待自己及自己的工作人员的行为、违约及疏忽一样，对任何分包人及其工作人员的行为、违约及疏忽负责。任何发包人和监理人对分包的同意，均不免除承包人应承担的任何合同责任或义务。

分包人的资格能力应与其分包工程的标准和规模相适应，具体要求见合同专用条款。

按合同约定分包工程的，承包人应向发包人和监理人提交分包合同副本。分包合同中应加入与本合同相同的有关承包人设备、临时工程的条款。

承包人应与分包人就分包工程向发包人承担连带责任。

分包应严格履行审批手续。工程分包由承包人向监理人书面提出申请，经监理人审核同意后报发包人批准。劳务分包应由承包人向监理人提出申请，经监理人审核、批准。承包人应在签订的分包合同中明确工程款、劳务费的支付办法。分包合同必须遵循本合同的各项原则，满足本合同中的技术、经济条款。分包合同的副本应报监理人、发包人备案。承包人须对分包工程的施工全过程进行有效控制，确保工程建设满足合同要求，安全处于受控状态。承包人不得将本合同下的质量、安全等责任以签订分包合同、安全协议等方式转移给分包商。根据合同约定允许进行劳务分包的但具有危险性大、专业性强的施工作业（如钢结构吊装、脚手架搭设和拆除、土石方爆破等），承包人必须进行监督、指导，不得由劳务分包商独立进行。

分包管理。分包合同中必须明确承包人、分包商双方的安全施工责任，强化分包商的责任意识。承包人应加强对分包商施工过程的监督和管理，抓好施工安全、质量工作。危险性较大的作业，承包人应事先进行安全技术交底，严格审查分包商的施工组织设施、技术措施、安全措施并备案，监督其严格实施。承包人对劳务分包商的施工安全、质量行为等负责。劳务分包商的施工班组负责人、技术员、安全监督员等关键岗位必须由承包人人员担任。施工方案（措施）等技术文件必须由承包人负责编制，并严格执行施工方案（措施）编制、审核、批准和交底的程序，技术交底要求全员参加并履行签字手续。劳务分包商应在承包人的直接指挥和管理下进行施工作业。承包人对劳务分包商的管理措施详见合同专用条款。承包人须加强对分包商自备的施工机械、工器具和安全用具的管理。进场前对其进行安全检查，严禁不合格机械、设备、用具等流入施工现场。劳务分包中劳务人员的安全用具由承包人提供。承包人应建立健全对工程分包、劳务分包的安全教育、培训制度。在工程开工前应对全体人员分工种进行安全教育和考试，凡增补或调换人员、更换工种，在上岗前必须进行安全教育和考试，确保每个从业人员均具有保障作业安全和工程质量的基本素质和技能。承包人应将工程分包、劳务分包队伍按照正规施工班组进行管理，开展日常的安全质量教育和活动，并健全班组各种管理台账。承包人必须依据国家规定，为从事危险作业的所有人员办理意外伤害保险，或以合同形式约定分包商办理；承包人应及时向分包商支付工程款，并监督分包商及时向其员工支付工资。

分包工程监理：监理人依据本合同对分包工程的实施履行监督管理职责。

违约分包的处理：承包人违反合同约定进行分包的，发包人有权采取以下（但不限于）处理措施：责令分包商停工或退出工程现场，由此产生的相关责任由承包人承担；责令承包人改进或停工整顿，由此产生的相关责任由承包人承担；要求承包人承担相应的赔偿责任；在工程后评价考核中扣除一定分值（后评价考核为以后施工招标评标的评价指标之一）；在一定期限内拒绝承包人参加发包人组织的招标活动；合同专用条款约定的其他处理措施。

联合体，承包人为联合体时，应遵守以下规定：联合体各方应共同与发包人签订合同协议书。联合体各方应为履行合同承担连带责任。联合体协议经发包人确认后作为合同附件。在履行合同过程中，未经发包人同意，不得修改联合体协议。联合体牵头人负责与发包人和监理人联系，并接受指示，负责组织联合体各成员全面履行合同。

承包人项目经理，承包人应按合同约定指派项目经理，并在约定的期限内到职。项目经理的任命及更换应事先征得发包人同意。承包人更换项目经理应提前14天通知发包人和监理人。承包人项目经理短期离开施工场地，应事先征得监理人同意，并委派代表代行其职责。

根据《注册建造师管理规定》（建设部令153号）及相关文件规定，承包人项目经理必须是与承包人签订有劳动合同且具有合同专用条款约定资质和施工管理经验的本单位职工。

承包人项目经理应能流利地使用中文（普通话或接近普通话），如果监理人认为承包人项目经理不能流利地使用中文（普通话或接近普通话），承包人应指派一名胜任的口译人员随时在施工场地现场，以确保批示等相关信息的正确传达。

承包人项目经理应按合同约定以及监理人做出的指示，负责组织工程的实施，并对工程实施进行监督。在情况紧急且无法与监理人取得联系时，可采取保证工程和人员生命财产安全的紧急措施，并在采取措施后24小时内（含本数）向监理人提交书面报告。

承包人为履行合同发出的一切函件均应盖有承包人授权的施工场地管理机构章，并由承包人项目经理或其授权代表签字。

承包人项目经理可以授权其下属人员履行其某项职责，但事先应将这些人员的姓名和授权范围通知监理人。

承包人人员的管理，承包人应在接到开工通知后28天内（含本数），向监理人提交承包人在施工场地的管理机构以及人员安排的报告，其内容应包括管理机构的设置、各主要岗位的技术和管理人员名单及其资格，以及各工种技术工人的安排状况。承包人应向监理人提交施工场地人员变动情况的报告。

为完成合同约定的各项工作，承包人应向施工场地派遣或雇佣足够数量的下列人员：具有相应资格的专业技工和合格的普工；具有相应施工经验的技术人员；具有相应岗位资格的各级管理人员。

承包人安排在施工场地的主要管理人员和技术骨干应相对稳定。承包人更换主要管理人员和技术骨干时，应取得监理人的同意。

特殊岗位的工作人员均应持有相应的资格证明，监理人有权随时检查。监理人认为有必要时，可进行现场考核。

承包人应与监理人共同制定施工场地规则，订立在工程实施过程中应遵守的规章制度。施工场地规则应包括但不限于下列内容：安全防卫；工程安全；施工场地出入管理制度；环境卫生；防火措施；周围及近邻环境保护的附加规则。承包人及其人员应遵守施工场地规则。

撤换承包人项目经理和其他人员，承包人应对其项目经理和其他人员进行有效管理。监理人要求撤换不能胜任本职工作、行为不端或玩忽职守的承包人项目经理和其他人员的，承包人应立即予以撤换。此类人员一旦撤换，无监理人的批准不得重新在施工场地上工作。更换项目经理时，如果承包人在5天内（含本数）未提出新的人选或两次提出的人选都不能令发包人满意，则发包人有权终止合同。

保障承包人人员的合法权益。承包人应与其雇佣的人员签订劳动合同，并按时发放工资。

承包人应按《中华人民共和国劳动合同法》的规定安排工作时间，保证其雇佣人员享有休息和休假的权利。因工程施工的特殊需要占用休假日或延长工作时间的，应不超过法律规定的限度，并按法律规定给予补休或支付报酬。

承包人应为其雇佣人员提供必要的食宿条件，以及符合环境保护和卫生要求的生活环境，在远离城镇的施工场地，还应配备必要的伤病防治和急救的医务人员与医疗设施。承包人应与当地卫生部门协作，按其要求，在整个合同期间自始至终在营地住房区和施工场地确保配有医务人员、急救设备、备用品、病房及适用的救护服务，并且采取适当的安排以预防传染病，并提供所有必要的福利及卫生条件。承包人应保持其职员和工人的安全、健康。监理人可随时指示承包人提供关于人员安全、健康的报告。

承包人应自始至终采取必要的预防措施保护在施工场地所雇佣人员免受污染、病虫害、老鼠、野兽和其他生物的侵害，减少对健康的威胁以及由此造成的普遍的危害。承包人应向所雇佣人员提供预防疟疾、血吸虫、"非典型肺炎"、肝炎等疾病的适当的预防药品，并采取措施防止造成水源污染。承包人应遵守当地卫生部门一切有关规定，特别是安排经批准使用的杀虫剂对所有在建现场的房屋进行彻底喷洒，对这一处理应至少每月进行一次或根据监理人的指示进行。承包人还应告诫、教育、培训其职员和工人避免或减少上述各种危及健康的因素的影响和扩散，并进行定期体检，及时发现相关隐患。

承包人应按国家有关劳动保护的规定，采取有效的防止粉尘、降低噪声、控制有害气体和保障高温、高寒、高空作业安全等劳动保护措施。其雇佣人员在施工中受到伤害的，承包人应立即采取有效措施进行抢救和治疗。

承包人应根据当地条件，在合理可行的范围内，在施工场地为其雇佣人员提供足够的饮用水和其他用水。

承包人应按有关法律和合同约定，为其雇佣人员办理保险。

承包人应自费采取适当的预防措施，以保证其雇佣人员的安全，在承包人承担的工程及其负责管理的范围内所发生的设备、人身伤亡事故、交通事故、电网事故，其责任和由此发生的一切费用均由承包人负责。

如监理人提出要求，承包人应向监理人送交详细的书面报表，报表中应列明承包人在施工场地雇佣人员的人数及承包人的有关安全装备。报表格式和提交时间由监理人预先规定。

承包人工程项目部至少应有一名胜任的专职安全员，施工队每20人至少有一名兼职安全员，在每个作业点应有一名以上合格的值日安全员和监控，负责处理全体雇佣人员的安全保护和事故防范等问题，安全员有权发布指令并采取保护性措施以防止事故的发生。

承包人在任何时候均应采取一切合理的预防措施，以防止其雇员或在其雇员之中发生任何违法的、暴乱性的或妨害治安的行为，并维护治安，保护工程附近的人员或财产，使其免遭破坏。

临时用工，临时用工是指承包人在施工现场临时雇佣的从事体力劳动及辅助性施工作业的劳务用工（包括合同期一年以内的短期合同制用工）。

承包人应遵守以下关于临时用工的约定：临时用工必须符合《中华人民共和国劳动法》等有关法律、法规和规章，严禁非法用工；有职业禁忌症者不得从事现场施工作业；临时用工人员进入作业现场前，应经过必要的安全教育、培训；临时用工必须在承包人经验丰富的员工的带领和监护下进行作业。

临时用工的管理：承包人应与临时用工人员签订安全协议；承包人应对临时用工人员统一教育培训，统一配备安全防护用品；承包人必须依据国家规定，为从事危险作业的临时用工人员办理意外伤害保险；承包人应及时发放临时用工人员工资。

监理人应依据合同对临时用工履行监督管理职责。

对于承包人违反合同的约定雇佣和管理临时用工的，发包人有权做出如下处理（包括但不限于）：责令承包人改进或停工整顿，由此造成的合同违约等损失由承包人负责承担；

视情节轻重要求承包人承担相应的违约赔偿责任；在工程后评价考核中扣除一定分值（后评价考核为以后施工招标评标的评价指标之一）；当发包人接到承包人雇佣的临时用工人员投诉承包人有拖欠其工资情况时，经监理人调查属实，发包人通知承包人后有权从承包人工程款中直接支付临时用工人员的工资。

工程价款应专款专用，发包人按合同约定支付给承包人的各项价款应专用于合同工程。

承包人现场查勘，发包人应将其持有的现场地质勘探资料、水文气象资料提供给承包人，并对其准确性负责。但承包人应对其阅读上述有关资料后所做出的解释和推断负责。

承包人应被认为在提交投标文件之前已调查和考察了施工场地及其周围环境，以及与之有关的数据，并认为下列内容已经满足其自身需要（指基于对成本及工期的考虑）：工程类型和自然条件，包括地下情况；水文和气候条件；工程范围和性质，工程量以及为完成工程及维修缺陷所需的材料；进出施工场地的方式及承包人可能需要的食宿条件，且承包人已取得有关诸如可能对其投标产生影响的风险、意外事故及所有其他情况的全部必要资料。

承包人的投标函及附录应被视为是建立在上述由发包人提供的资料及承包人对现场的调查和考察的基础之上的，且充分估计了应承担的责任和风险。

不利物质条件，除合同专用条款另有约定外，是指承包人在施工场地遇到的不可预见的自然物质条件、非自然的物质障碍和污染物，包括地下和水文条件，但不包括气候条件。

承包人遇到不利物质条件时，应采取适应不利物质条件的合理措施继续施工，并及时通知监理人。监理人应当及时发出指示，指示构成变更的，按约定办理。监理人没有发出指示的，承包人因采取合理措施而增加的费用和（或）工期延误，由发包人承担。

（2）施工进度和工期

1）进度计划

承包人应按合同专用条款约定的内容和期限，编制详细的施工进度计划和施工方案说明报送监理人。监理人应在合同专用条款约定的期限内批复或提出修改意见，否则该进度计划视为已得到批准。经监理人批准的施工进度计划称合同进度计划，是控制合同工程进度的依据。承包人还应根据合同进度计划，编制更为详细的分阶段或分项进度计划，报监理人审批。

不论何种原因造成工程的实际进度与批准的合同进度计划不符时，承包人可以在合同专用条款约定的期限内向监理人提交修订合同进度计划的申请报告，并附有关措施和相关资料，报监理人审批；监理人也可以直接向承包人做出修订合同进度计划的指示，承包人应按该指示修订合同进度计划，报监理人审批。监理人应在合同专用条款约定的期限内批复。监理人在批复前应获得发包人同意。

2）开工

监理人应在开工日期 7d 前（含本数）向承包人发出开工通知。监理人在发出开工通知前应获得发包人同意。开工通知应在合同约定的开工的先决条件具备后由监理人批准发出，工期自监理人发出的开工通知中载明的开工日期起计算。承包人应在开工日期后尽快施工。承包人应按批准的合同进度计划，向监理人提交工程开工报审表，经监理人审批后执行。开工报审表应详细说明按合同进度计划正常施工所需的施工道路、临时设施、材料设备、施工人员等施工组织措施的落实情况以及工程的进度安排。

3）竣工

承包人应约定的期限内完成合同工程。实际竣工日期在接收证书中写明。若工程在竣工验收时未达到合同约定的质量、安全目标的，承包人应按照合同专用条款的约定承担违约责任，并继续予以完成。对于因上述问题的存在影响工程启动投运的，发包人可进一步追究承包人的责任。

4）工期延误

在履行合同过程中，由于发包人的下列原因造成工期延误的，承包人有权要求发包人延长工期和（或）增加费用，并支付合理利润。需要修订合同进度计划的，按照约定办理。发包人造成工期延误的情形有：增加合同工作内容；改变合同中任何一项工作的质量要求或其他特性；发包人迟延提供材料、工程设备或变更交货地点的；因发包人原因导致的暂停施工；提供图纸延误；发包人造成工期延误的其他原因。

异常恶劣气候条件造成的工期延误，由于出现合同专用条款约定的异常恶劣气候条件导致工期延误的，承包人有权要求发包人延长工期。

承包人的工期延误，由于承包人原因，未能按合同进度计划完成工作，或监理人认为承包人施工进度不能满足合同工期要求的，则监理人应将此情况通知承包人，承包人应据此采取监理人同意的必要的步骤，以加快施工进度，使工程能在预定的工期内完工。因加快进度所增加的费用由承包人自行承担。如果为了执行监理人按本款约定发出的指示，需于夜间或当地公认休息日内进行作业，承包人应征得监理人的同意。如果承包人为完成本款约定的义务所采取的任何措施导致发包人产生额外的监理费用，监理人可在与承包人和发包人协商后，决定相应的费用，发包人将向承包人索赔这部分费用或从将要支付给承包人的费用中扣回，并相应通知承包人。由于承包人原因造成工期延误时，承包人应向发包人支付逾期竣工违约金。逾期竣工违约金的计算方法在合同专用条款中约定。发包人可从应付给或将要付给承包人的款项中扣除该项违约金。承包人支付或发包人扣除逾期竣工违约金，不免除承包人完成工程及修补缺陷的义务。

5）工期提前

发包人要求工程或其中一部分提前竣工时，承包人应按此要求提前竣工。承包人应在收到发包人要求后与监理人共同协商采取加快工程进度的措施和修订合同进度计划。发包人应承担承包人由此增加的费用。

6）暂停施工

除了发生不可抗力事件或其他客观原因造成必要的暂停施工外，工程施工过程中，当一方违约使另一方受到严重损失时，受损方有权要求暂停施工，其目的是减少工程损失和保护受损方的利益。但暂停施工将会影响工程进度，影响合同的正常履行，为此，合同双方都应尽量避免采取暂停施工的手段，而应通过协商，共同采取紧急措施，消除可能发生的暂停施工因素。

因下列暂停施工增加的费用和（或）工期延误由承包人承担：承包人违约引起的暂停施工；由于承包人原因为工程合理施工和安全保障所必需的暂停施工；承包人擅自暂停施工；承包人其他原因引起的暂停施工；合同专用条款约定由承包人承担责任的其他暂停施

工。由于发包人原因引起的暂停施工造成工期延误的，承包人有权要求发包人延长工期和（或）增加费用，并支付合理利润。

监理人暂停施工指示。监理人认为有必要时，可向承包人做出暂停施工的指示，承包人应按监理人指示暂停施工。不论由于何种原因引起的暂停施工，暂停施工期间承包人均应负责妥善保护工程并提供安全保障。由于发包人的原因发生暂停施工的紧急情况，且监理人未及时下达暂停施工指示的，承包人可先暂停施工，并及时向监理人提出暂停施工的书面请求。监理人应在接到书面请求后的 24 小时内（含本数）予以答复，逾期未答复的，视为同意承包人的暂停施工请求。

暂停施工后的复工。暂停施工后，监理人应与发包人和承包人协商，采取有效措施积极消除暂停施工的影响。当工程具备复工条件时，监理人应立即向承包人发出复工通知。承包人收到复工通知后，应在监理人指定的期限内复工。承包人无故拖延和拒绝复工的，由此增加的费用和工期延误由承包人承担；因发包人原因无法按时复工的，承包人有权要求发包人延长工期和（或）增加费用，并支付合理利润。

暂停施工持续 56d 以上（含本数）。监理人发出暂停施工指示后 56d 内（含本数）未向承包人发出复工通知，除了该项停工属于承包人的责任外，承包人可向监理人提交书面通知，要求监理人在收到书面通知后 28d 内（含本数）准许已暂停施工的工程或其中一部分工程继续施工。如监理人逾期不予批准，则承包人可以通知监理人，将工程受影响的部分视为按有关变更条款视为可取消工作。如暂停施工影响到整个工程，可视为发包人违约。由于承包人责任引起的暂停施工，如承包人在收到监理人暂停施工指示后 56d 内（含本数）不认真采取有效的复工措施，造成工期延误，可视为承包人违约。

（3）工程质量

工程质量验收按合同约定的验收标准执行。承包人应保证工程质量达到合同专用条款约定的目标。承包人应将其准备进行验收的日期提前通知监理人，除非另有协议，监理人应在接到承包人通知后 14d 内（含本数）将其确定的验收日期通知承包人。验收按监理人在通知中确定的日期进行，各环节的验收应在本阶段的缺陷消除完成后进行。不满足验收条件的，不得报验。

因承包人原因造成工程质量达不到合同约定验收标准的，监理人有权要求承包人返工或修改，直至符合合同要求为止。检查合格后又发现质量问题时，仍由承包人承担责任，进行返工、修改。因返工、修改造成的费用增加和（或）工期延误由承包人承担。因发包人原因造成工程质量达不到合同约定验收标准的，发包人应承担由于承包人返工造成的费用增加和（或）工期延误，并支付承包人合理利润。

承包人应在施工场地设置专门的质量检查机构，配备专职质量检查人员，建立完善的质量检查制度。承包人应在合同约定的期限内，提交工程质量保证措施文件，包括质量检查机构的组织和岗位责任、质检人员的组成、质量检查程序和实施细则等，报送监理人审批。

承包人应按合同约定对材料、工程设备以及工程的所有部位及其施工工艺进行全过程的质量检查和检验，并做详细记录，编制工程质量报表，报送监理人审查。

监理人有权对工程的所有部位及其施工工艺、材料和工程设备进行检查和检验。承包人应按相应的施工验收技术规范、约定采用的其他标准和规范、设计的要求和监理人依据合同签发的指令施工，随时接受监理人的检查检验，并为监理人的检查和检验提供方便，包括监理人到施工场地，或制造、加工、施工场地，或合同约定的其他地方进行察看和查阅施工原始记录。承包人还应按监理人指示，进行施工场地取样试验、工程复核测量和设备性能检测，提供试验样品、提交试验报告和测量成果以及监理人要求进行的其他工作。监理人的检查和检验，并不减轻或免除承包人按合同约定应负的责任。

工程隐蔽部位覆盖前的检查。经承包人自检确认的工程隐蔽部位具备覆盖条件后，承包人应提前24h书面通知监理人检查。承包人的通知应附有自检记录和必要的检查资料。监理人应按时到场检查。经监理人检查确认质量符合隐蔽要求，并在检查记录上签字后，承包人才能进行覆盖。监理人检查确认质量不合格的，承包人应在监理人指示的时间内修整返工后，由监理人重新检查。监理人未按约定的时间进行检查的，除监理人另有指示外，承包人可自行完成覆盖工作，并作相应记录报送监理人，监理人应签字确认。监理人事后对检查记录有疑问的，可按约定重新检查。经重新检验证明工程质量符合合同要求的，由发包人承担由此增加的费用和（或）工期延误责任，并支付承包人合理利润；经检验证明工程质量不符合合同要求的，由此增加的费用和（或）工期延误由承包人负责。承包人未通知监理人到场检查，私自将工程隐蔽部位覆盖的，监理人有权指示承包人钻孔探测或揭开检查，由此增加的费用和（或）工期延误由承包人承担。

承包人使用不合格材料、工程设备，或采用不适当的施工工艺，或施工不当，造成工程不合格的，监理人可以随时发出指示，要求承包人立即采取措施进行补救，直至达到合同要求的质量标准，由此增加的费用和（或）工期延误由承包人承担。

（4）安全文明施工、保卫和环境保护

承包人在现场应遵守所有现行的有关安全、文明施工的规章制度。除非本合同另有约定，自在施工场地开始工作直到工程全部移交为止，承包人应：全面负责在施工场地上施工的人员的安全，并使施工场地和工程保持良好的秩序，以避免发生人身事故。为了保护工程或为了公众及其他人员的安全及方便，在监理人或任何有权机关所要求的时间和地点、以其自己的费用提供并维修所有的照明、护栏、围墙、警告标志及守卫设施。按合同约定履行安全职责，执行监理人有关安全工作的指示，并在合同专用条款约定的期限内，按合同约定的安全工作内容，编制施工安全措施计划报送监理人审批。加强施工作业安全管理，特别应加强易燃、易爆材料、火工器材、有毒与腐蚀性材料和其他危险品的管理，以及对爆破作业和地下工程施工等危险作业的管理。承包人应根据国家有关规定布置消防器材，保证消防通道畅通，做好防火防盗工作。严格按照国家安全标准制定施工安全操作规程，配备必要的安全生产和劳动保护设施，加强对承包人人员的安全教育，并发放安全工作手册和劳动保护用具。按监理人的指示制定应对灾害的紧急预案，报送监理人审批。承包人还应按预案做好安全检查，配置必要的救助物资和器材，切实保护好有关人员的人身和财产安全。

建立以项目经理为第一安全责任人的各级安全施工责任制。项目承包范围内所有参建人员（包括劳务分包商人员、临时用工）均应纳入项目安全管理网络；制订各级人员的安全职责，建立和健全安全保证体系和监督体系；应指派一位常驻工地的专职安全员，专职安全员应能胜任此项工作，并有权发布各种指示及采取防止事故发生的预防措施。对项目现场安全健康与环境工作负全面责任，负责经常性的内部安全检查，至少每月进行一次对项目现场的安全监督检查，监督安全隐患的整改。参加发包人、监理人组织的安全大检查工作，对发现的问题应在限期内完成整改。

建立健全符合工程实际情况、具有可操作性的安全管理制度，建立安全管理、监督网络，根据工程的进展配备足够的安全管理资源，并确保实施到位。承包人应按合同专用条款约定的时间将下列文件提交发包人及监理人：安全管理组织机构及安全责任人情况；工程安全管理制度和安全文明环保施工二次策划方案；工程安全文明施工实施细则；经承包人主管领导审批的特殊施工安全技术措施；施工安全及交通安全情况通报及事故报告。

承包人是项目治安保卫工作的责任主体。除合同另有约定外，承包人应与当地公安部门协商，在现场建立治安管理机构或联防组织，统一管理施工场地的治安保卫事项，合理安排保卫人员值班，履行治安保卫职责。承包人除应协助现场治安管理机构或联防组织维护施工场地的治安外，还应做好包括生活区在内的其管辖区的治安保卫工作。除合同另有约定外，承包人应在工程开工后，编制施工场地治安管理计划，并制定应对突发治安事件的紧急预案。工程开工后，发生暴乱、爆炸等恐怖事件，以及群殴、械斗等群体性突发治安事件的，承包人应立即向当地政府和发包人报告。承包人应积极协助当地有关部门采取措施平息事态，防止事态扩大，尽量减少财产损失和避免人员伤亡。

承包人在施工过程中，应遵守有关环境保护的法律，履行合同约定的环境保护义务，避免污染、噪音或由于其施工方法的不当造成的对人员、财产和环境等的危害或干扰，并对违反法律和合同约定义务所造成的环境破坏、人身伤害和财产损失负责。承包人应按合同约定的环保工作内容，编制施工环保措施计划，报送监理人审批。承包人应按照批准的施工环保措施计划有序地堆放和处理施工废弃物，避免对环境造成破坏。因承包人任意堆放或弃置施工废弃物造成妨碍公共交通、影响城镇居民生活、降低河流行洪能力、危及居民安全、破坏周边环境，或者影响其他承包人施工等后果的，由承包人承担责任。承包人应保持施工场地不出现不必要的障碍，负责排除雨水或污水，并应将任何承包人的装备和多余材料储存并做出妥善安排，从现场清除并运走任何废料、垃圾及不再需要的临时工程。承包人应按合同约定采取有效措施，对施工开挖的边坡及时进行支护，维护排水设施，并进行水土保护，避免因施工造成的地质灾害。承包人应按国家饮用水管理标准定期对饮用水源进行监测，防止施工活动污染饮用水源。承包人应按合同约定，加强对噪声、粉尘、废气、废水和废油的控制，努力降低噪声，控制粉尘和废气浓度，做好废水和废油的治理和排放。

承包人应切实做好以下环保施工工作：严格落实设计文件中有关环保、水保的设计和施工，制定具体的行之有效的环保施工方案；项目部设立环保监督管理专职岗位，定期对环保、水保施工进行监督检查；认真配合环评、水保验收工作，确保环保、水保设施与主体工程同时施工、同时竣工验收、同时投产；发生污染事故，应及时采取措施，妥善处理，并在发生事故 1h 内向发包人报告；发生重大污染事故时，应立即采取措施，及时处理，并在发生事故后立即向发包人报告。

若施工现场出现环保异常情况和重大问题，发包人将向承包人发送环保整改通知单，限期整改。

工程施工过程中发生安全文明施工或环保事故的，承包人应立即通知监理人和发包人，组织人员和设备进行紧急抢救和抢修，避免或减少人员伤亡和财产损失，防止事故扩大，并保护事故现场。需要移动现场物品时，应做出标记和书面记录，妥善保管有关证据。承包人应按国家有关规定，及时如实地向有关部门报告事故发生的情况，以及正在采取的紧急措施等。安全文明施工及环保事故发生后，承包人除执行本合同约定外，还应按照国家事故调查处理有关规定接受相应的处理。

（5）合同争议的解决

1）争议的解决方式

发包人和承包人发生争议的，可以友好协商解决或者提请争议评审组评审。友好协商解决不成、不愿提请争议评审或者不接受争议评审组意见的，可在合同专用条款中约定下列一种方式解决：

· 向约定的仲裁委员会申请仲裁；

· 向有管辖权的人民法院提起诉讼。

2）友好协商

在提请争议评审、仲裁或者诉讼前，以及在争议评审、仲裁或诉讼过程中，发包人和承包人均可共同努力友好协商解决争议。

3）争议评审

采用争议评审的，发包人和承包人应在开工日后的28d内（含本数）或在争议发生后，协商成立争议评审组。争议评审组由有合同管理和工程实践经验的专家组成。

合同双方的争议，应首先由争议解决申请人向争议评审组提交一份详细的评审申请报告，并附必要的文件、图纸和证明材料，申请人还应将上述报告的副本同时提交给被申请人和监理人。

被申请人应在收到申请人评审申请报告副本后的28d内（含本数），向争议评审组提交一份答辩报告，并附证明材料。被申请人应将答辩报告的副本同时提交给申请人和监理人。

除合同专用条款另有约定外，争议评审组应在收到合同双方报告后的14d内（含本数），邀请双方代表和有关人员举行调查会，向双方调查争议细节；必要时争议评审组可要求双方进一步提供补充材料。

除合同专用条款另有约定外，在调查会结束后的14d内（含本数），争议评审组应在不受任何干扰的情况下进行独立、公正的评审，做出书面评审意见，并说明理由。在争议评审期间，争议双方暂按总监理工程师的决定执行。

发包人和承包人接受评审意见的，由监理人根据评审意见拟定执行协议，经争议双方签字后作为合同的补充文件，并遵照执行。

发包人或承包人不接受评审意见的，在起诉或仲裁裁决生效前，双方应暂按总监理工程师的决定执行。

4.2　工程变更及索赔

4.2.1　工程变更

1. 工程变更概述

（1）工程变更的概念及分类

由于工程建设的周期长、涉及的经济关系和法律关系复杂，受自然条件和客观因素的影响大，导致项目的实际情况与项目招标投标时的情况相比发生一些变化，工程变更包括工程量变更、工程项目的变更（如发包人提出增加或者删减原项目内容）、进度计划的变更、施工条件的变更等。电网建设中的工程变更通常包括设计变更、合同变更。

1）设计变更。设计变更是指设计单位正式提交施工图成品文件后，因设计原因引起的对设计文件的改变。设计变更包括一般设计变更和重大设计变更。

2）合同变更。指除设计变更外，合同约定可以进行合同价款调整的其他变更。

（2）工程变更的处理要求

如果出现了必须变更的情况，应当尽快变更。变更既不可避免，不论是停止施工等待变更指令，还是继续施工，无疑都会增加损失。工程变更后，应当尽快落实变更，工程变更指令发出后，应当迅速落实指令，全面修改相关的各种文件。承包人也应当抓紧落实，如果承包人不能全面落实变更指令，则扩大的损失应当由承包人承担。

（3）建设工程施工合同示范文本工程变更规定

1）变更的范围和内容

在履行合同中发生以下情形之一，应按照本条约定进行变更。

• 取消合同中任何一项工作，但被取消的工作不得转由发包人或其他人实施；

• 改变合同中任何一项工作的质量或其他特性；

• 改变合同工程的基线、标高、位置或尺寸；

• 改变合同中任何一项工作的施工时间或改变已批准的施工工艺或顺序；

• 为完成工程需要追加的额外工作。

2）变更类型

• 设计变更：指设计单位正式提交施工图至合同工程投运后1年期间内，因设计或非设计原因引起的对设计文件的改变（包括一般设计变更或重大设计变更）；设计原因是指设计单位施工图中存在的问题和错误；非设计原因是指施工场地、外部件发生改变，或发包人的要求发生改变。

• 合同变更：指除设计变更外，合同约定可以进行合同价款调整的其他变更。如：土石方工程重大地质条件变化、重大增（减）项或重大增（减）量等；发包人要求承包人完成合同以外的新增或零星项目。

3）变更权

在履行合同过程中，经发包人同意，监理人可按约定的变更程序向承包人做出变更指示，承包人应遵照执行。没有监理人的变更指示，承包人不得擅自变更。

4）变更程序

• 变更提出

在合同履行过程中，可能发生上述约定情形的，监理人可向承包人发出变更意向书。变更意向书应说明变更的具体内容和发包人对变更的时间要求，并附必要的图纸和相关资料。变更意向书应要求承包人提交包括拟实施变更工作的计划、措施和竣工时间等内容的实施方案。发包人同意承包人根据变更意向书要求提交的变更实施方案的，由监理人发出变更指示。

承包人收到监理人按合同约定发出的图纸和文件，经检查认为其中存在上述约定情形的，可向监理人提出书面变更建议。变更建议应阐明要求变更的依据，并附必要的图纸和说明。监理人收到承包人书面建议后，应与发包人共同研究，确认存在变更的，应在收到承包人书面建议后的 14d 内（含本数）做出变更指示。经研究后不同意作为变更的，应由监理人书面答复承包人。

若承包人收到监理人的变更意向书后认为难以实施此项变更，应立即通知监理人，说明原因并附详细依据。监理人与承包人和发包人协商后确定撤销、改变或不改变原变更意向书。

•变更估价的审查和确认

除合同专用条款对期限另有约定外，承包人应在收到变更指示或变更意向书后的 14d 内（含本数），向监理人提交变更报价书，报价内容应根据合同约定估价原则，详细开列变更工作的价格组成及其依据，并附必要的施工方法说明和有关图纸。

变更工作影响工期的，承包人应提出调整工期的具体细节。监理人认为有必要时，可要求承包人提交要求提前或延长工期的施工进度计划及相应施工措施等详细资料。

除合同专用条款对期限另有约定外，监理人收到承包人变更报价书后的 14d 内（含本数），根据第合同约定的估价原则，商定或确定变更价格。如果监理人发出变更指示或将图纸修改下发给承包人时，承包人尚未进行变更指示或图纸修改所指部位的施工，则发包人对此类变更指示或图纸修改不予进行价格调整。

•变更指示

变更指示只能由监理人发出。变更指示应说明变更的目的、范围、变更内容以及变更的工程量及其进度和技术要求，并附有关图纸和文件。承包人收到变更指示后，应按变更指示进行变更工作。

5）变更的估价原则

除合同另有约定外，因变更引起的价格调整按照下述约定处理。

•工程量清单中有适用于变更工作的子目时，采用该子目的单价。

•工程量清单中无适用于变更工作的子目，但有类似子目的，可在合理范围内参照类似子目的单价，由发承包双方商定或确定变更工作的单价。

•工程量清单中无适用或类似子目的单价，可按照成本加利润的原则，由发承包双方商定或确定变更工作的单价。

•承包人投标时所承诺的让利比例，同样适用于因工程变更新增或调整项目费用的计算。

•因变更新增项目计算费用时如有价差，按承包人投标时采用的价差标准计列，不考虑实际发生的价差水平。

6）单价和费用的变更

如果变更工作的性质或数量实质性影响到整个工作或其任何部分的性质或数量，且监理人认为合同中包含的工作项目的单价和费用由于上述变更已不恰当或不适用时，则监理人可在与发包人和承包人协商后，商定一个合适的单价或费用。但是工程量清单中的其他项目的单价或费用不得做任何变更。

7）承包人的合理化建议

在履行合同过程中，承包人对发包人提供的图纸、技术要求以及其他方面提出的合理化建议，均应以书面形式提交监理人。合理化建议书的内容应包括建议工作的详细说明、进度计划和效益以及与其他工作的协调等，并附必要的设计文件。监理人应与发包人协商是否采纳建议。建议被采纳并构成变更的，应向承包人发出变更指示。承包人提出的合理化建议降低了合同价格、缩短了工期或者提高了工程经济效益的，发包人可按合同专用条款中的约定给予奖励。

8）暂定金额

"暂定金额"是合同中包含的一项款额，在工程量清单中以该名义列出，供工程任何部分的施工或货物、材料、工程设备或服务的供应，或供不可预见费之用，此项金额可按监理人的指示，全部或部分地使用或不使用。承包人只有权得到包括按本项约定由监理人决定的与上述暂定金额有关的工程、供应或不可预见的费用额度。监理人应将据本款做出的任何决定上报发包人，发包人批准后通知承包人。

对于每一项暂定金额，经发包人批准后，监理人应根据发包人的决定发出指令由承包人将暂定金额用于工程施工，提供货物、材料、设备或服务。承包人有权得到相应价值的金额。除了是按投标函及其附录列出单价或价格作价的以外，承包人应向监理人出示有关暂定金额支出的所有报价单、发票、凭证、账单与收据等。

9）计日工

发包人认为有必要时，由监理人通知承包人以计日工方式实施变更的零星工作。其价款按列入工程量清单中的计日工计价子目及其单价进行计算。采用计日工计价的任何一项变更工作，应从暂定金额中支付，承包人应在该项变更的实施过程中，每天提交以下报表和有关凭证报送监理人审批：

· 工作名称、内容和数量；
· 投入该工作所有人员的姓名、工种、级别和耗用工时；
· 投入该工作的材料类别和数量；
· 投入该工作的施工设备型号、台数和耗用台时；
· 监理人要求提交的其他资料和凭证。

计日工由承包人汇总后，按合同的约定列入进度付款申请单，由监理人复核并经发包人同意后列入进度付款。

10）暂估价

发包人在工程量清单中给定暂估价的材料、工程设备和专业工程属于依法必须招标的范围并达到规定的规模标准的，由发包人和承包人以招标的方式选择供应商或分包人。发包人和承包人的权利义务关系在合同专用条款中约定。中标金额与工程量清单中所列的暂估价的金额差以及相应的税金等其他费用列入合同价格。

发包人在工程量清单中给定暂估价的材料和工程设备不属于依法必须招标的范围或未达到规定的规模标准的，应由承包人按合同的约定提供。经监理人确认的材料、工程设备的价格与工程量清单中所列的暂估价的金额差以及相应的税金等其他费用列入合同价格。

发包人在工程量清单中给定暂估价的专业工程不属于依法必须招标的范围或未达到规定的规模标准的，由监理人进行估价，合同专用条款另有约定的除外。经估价的专业工程与工程量清单中所列的暂估价的金额差以及相应的税金等其他费用列入合同价格。

4.2.2　工程索赔

1. 工程索赔概述

（1）工程索赔的概念

工程索赔是在工程承包合同履行中，当事人一方由于另一方未履行合同所规定的义务或者出现了应当由对方承担的风险而遭受损失时，向另一方提出赔偿要求的行为。在实际工作中，"索赔"是双向的，既包括承包人向发包人的索赔，也包括发包人向承包人的索赔。但在工程实践中，发包人索赔数量较小，而且处理方便。可以通过冲账、扣拨工程款、扣保证金等实现对承包人的索赔；而承包人对发包人的索赔则比较困难一些。通常情况下，索赔是指承包人（施工单位）在合同实施过程中，对非自身原因造成的工程延期、费用增加而要求发包人给予补偿损失的一种权利要求。

索赔有较广泛的含义，可以概括为如下三个方面：

1）一方违约使另一方蒙受损失，受损方向对方提出赔偿损失的要求；

2）发生应由发包人承担责任的特殊风险或遇到不利自然条件等情况，使承包人蒙受较大损失而向发包人提出补偿损失要求；

3）承包人本应当获得的正当利益，由于没能及时得到监理工程师的确认和发包人应给予的支付，而以正式函件向发包人索赔。

（2）工程索赔产生的原因

1）当事人违约。当事人违约常常表现为没有按照合同约定履行自己的义务。发包人违约常常表现为没有为承包人提供合同约定的施工条件、未按照合同约定的期限和数额付款等。监理人未能按照合同约定完成工作，如未能及时发出图纸、指令等也视为发包人违约。承包人违约的情况则主要是没有按照合同约定的质量、期限完成施工，或者由于不当行为给发包人造成其他损害。

2）不可抗力事件或不利的物质条件。不可抗力又可以分为自然事件和社会事件。自然事件主要是工程施工过程中不可避免发生并不能克服的自然灾害，包括地震、海啸、瘟疫、水灾等。社会事件则包括国家政策、法律、法令的变更，战争、罢工等。不利的物质条件通常是指承包人在施工现场遇到的不可预见的自然物质条件、非自然的物质障碍和污染物，包括地下和水文条件。

3）合同缺陷。合同缺陷表现为合同文件规定不严谨甚至矛盾，合同中的遗漏或错误，在这种情况下，监理人应当给予解释，如果这种解释将导致成本增加或工期延长，发包人应当给予补偿。

4）合同变更。合同变更表现为设计变更、施工方法变更、追加或者取消某些工作、合同其他规定的变更等。

5）工程师指令。监理人指令有时也会产生索赔，如监理人指令承包人加速施工、进行某项工作、更换某些材料、采取某些措施等。

6）其他第三方原因。其他第三方原因常常表现为与工程有关的第三方的问题而引起的对本工程的不利影响。

（3）工程索赔的分类

工程索赔依据不同的标准可以进行不同的分类。

1）按索赔的合同依据分类

·合同中明示的索赔。明示的索赔是指承包人所提出的索赔要求，在该工程项目的合同文件中有文字依据，承包人可以据此提出索赔要求，并取得经济补偿。这些在合同文件中有文字规定的合同条款，称为明示条款。

·合同中默示的索赔。默示的索赔，即承包人的该项索赔要求，虽然在工程项目的合同条款中没有专门的文字叙述，但可以根据该合同的某些条款的含义，推论出承包人有索赔权。这种索赔要求，同样有法律效力，有权得到相应的经济补偿。这种有经济补偿含义的条款，在合同管理工作中被称为"默示条款"或称为"隐含条款"。

2）按索赔目的分类：

·工期索赔。由于非承包人责任的原因而导致施工进程延误，要求批准顺延合同工期的索赔，称之为工期索赔。工期索赔形式上是对权利的要求，以避免在原定合同竣工日不能完工时，被发包人追究拖期违约责任。一旦获得批准合同工期顺延后，承包人不仅免除了承担拖期违约赔偿费的严重风险，而且可能提前工期得到奖励，最终仍反映在经济收益上。

·费用索赔。费用索赔的目的是要求经济补偿。当施工的客观条件改变导致承包人增加开支，要求对超出计划成本的附加开支给予补偿，以挽回不应由他承担的经济损失。

3）按索赔事件的性质分类

·工程延误索赔。因发包人未按合同要求提供施工条件，如未及时交付设计图纸、施工现场、道路等，或因发包人指令工程暂停或不可抗力事件等原因造成工期拖延的，承包人对此提出索赔。

·工程变更索赔。由于发包人或监理人指令增加或减少工程量或增加附加工程、修改设计、变更工程顺序等，造成工期延长和费用增加，承包人对此提出索赔。

·合同被迫终止的索赔。由于发包人或承包人违约以及不可抗力事件等原因造成合同非正常终止，无责任的受害方因蒙受经济损失而向对方提出索赔。

·工程加速索赔。由于发包人或监理人指令承包人加快施工速度，缩短工期，引起承包人的人、财、物的额外开支而提出的索赔。

·意外风险和不可预见因素索赔。在工程实施过程中，因人力不可抗拒的自然灾害、特殊风险以及一个有经验的承包人通常不能合理预见的不利施工条件或外界障碍，如地下水、地质断层、溶洞、地下障碍物等引起的索赔。

·其他索赔。如因货币贬值、汇率变化、物价上涨、政策法令变化等原因引起的索赔。

2. 工程索赔的处理原则和计算

（1）工程索赔的处理原则

1）索赔必须以合同为依据。不论是风险事件的发生，还是当事人不完成合同工作，都必须在合同中找到相应的依据。监理人依据合同和事实对索赔进行处理是其公平性的重要体现。在不同的合同条件下，这些依据很可能是不同的。如因为不可抗力导致的索赔，在国内《标准施工招标文件》的合同条款中，承包人机械设备损失由承包人自行承担，不能向发包人索赔；但在 FIDIC 合同条件下，不可抗力事件一般都列为业主承担的风险，损失都由业主承担。

2）及时、合理地处理索赔。索赔事件发生后，索赔的提出应当及时，索赔的处理也应当及时。索赔处理不及时，对双方都会产生不利的影响，如承包人的索赔长期得不到合理解决，索赔积累的结果会导致其资金困难，同时会影响工程进度，给双方都带来不利影响。处理索赔还必须坚持合理性原则，既考虑到国家的有关规定，也应当考虑到工程的实际情况。

3）加强主动控制，减少工程索赔。对于工程索赔应当加强主动控制，尽量减少索赔。这就要求在工程管理过程中，应当做好工程策划，减少索赔事件的发生。这样既能使工程顺利进行，又能降低工程投资，减少施工工期。

（2）费用索赔的计算

1）可索赔的费用内容一般可以包括以下几个方面：

·人工费。包括增加工作内容的人工费、停工损失费和工作效率降低的损失费等累计，其中增加工作内容的人工费应按照计日工费计算，而停工损失费和工作效率降低的损失费按窝工费计算，窝工费的标准双方应在合同中约定。

·设备费。可采用机械台班费、机械折旧费、设备租赁费等几种形式。当工作内容增加引起的设备费索赔时，设备费的标准按照机械台班费计算。因窝工引起的设备费索赔，当施工机械属于施工企业自有时，按照机械折旧计算索赔费用；当施工机械是施工企业从外部租赁时，索赔费用的标准按照设备租赁费计算。

·材料费。

·保函手续费。工程延期时，保函手续费相应增加，反之，取消部分工程且发包人与承包人达成提前竣工协议时，承包人的保函金额相应折减，则计入合同价内的保函手续费也应扣减。

·迟延付款利息。发包人未按约定时间进行付款的，应按银行同期贷款利率支付迟延付款利息。

·保险费。

·管理费。此项又可分为现场管理费和公司管理费两部分，由于二者的计算方法不一样，所以在审核过程中应区别对待。

·利润。在不同的索赔事件中可以索赔的费用是不同的。

2）费用索赔的计算方法

·实际费用法。该方法是按照各索赔事件所引起损失的费用项目分别分析计算索赔值，然后将各费用项目的索赔值汇总，即可得到总索赔费用值。这种方法以承包商为某项索赔工作所支付的实际开支为依据，但仅限于由于索赔事项引起的、超过原计划的费用，故也称额外成本法。在这种计算方法中，需要注意的是不要遗漏费用项目。

·修正的总费用法。这种方法是对总费用法的改进，即在总费用计算的原则上，去掉一些不确定的可能因素，对总费用法进行相应的修改和调整，使其更加合理。

（3）工期索赔的计算

1）工期索赔中应当注意的问题：

·划清施工进度拖延的责任。因承包人的原因造成施工进度滞后，属于不可原谅的延期；只有承包人不应承担任何责任的延误，才是可原谅的延期。有时工程延期的原因中可能包含有双方责任，此时监理人应进行详细分析，分清责任比例，只有可原谅延期部分才能批准顺延合同工期。可原谅延期，又可细分为可原谅并给予补偿费用的延期和可原谅但不给予补偿费用的延期；后者是指非承包人责任的影响并未导致施工成本的额外支出，大多属于发包人应承担风险责任事件的影响，如异常恶劣的气候条件影响的停工等。

·被延误的工作应是处于施工进度计划关键线路上的施工内容。只有位于关键线路上的工作内容的滞后，才会影响到竣工日期。但有时也应注意到，既要看被延误的工作是否在批准进度计划关键路线上，又要详细分析这一延误对后续工作的可能影响。因为若对非关键路线工作的影响时间较长，超过了该工作可用于自由支配的时间，也会导致进度计划的中非关键路线转化为关键路线，其滞后将影响总工期的拖延。此时，应充分考虑该工作的自由时间，给予相应的工期顺延，并要求承包人修改施工进度计划。

2）工期索赔计算的方法

·网络分析法。是利用进度计划的网络图，分析其关键线路。如果延误的工作为关键工作，则总延误的时间为批准顺延的工期；如果延误的工作为非关键工作，当该工作由于延误超过时差限制而成为关键工作时，可以批准延误时间与时差的差值；若该工作延误后仍为非关键工作，则不存在工期索赔问题。

·比例计算法。该方法主要应用于工程量有增加时工期索赔的计算，公式为：

工期索赔值＝额外增加的工程量的价格/原合同总额×原合同总工期

3. 建设工程施工合同示范文本工程索赔规定

（1）承包人索赔提出的程序

根据合同约定，承包人认为有权得到追加付款和（或）延长工期的，应按以下程序向发包人提出索赔：

1）承包人应在知道或应当知道索赔事件发生后 28d 内（含本数），向监理人递交索赔意向通知书，并说明发生索赔事件的事由。承包人未在前述 28d 内（含本数）发出索赔意向通知书的，丧失要求追加付款和（或）延长工期的权利；

2）承包人应在发出索赔意向通知书后 28d 内（含本数），向监理人正式递交索赔通知书。索赔通知书应详细说明索赔理由以及要求追加的付款金额和（或）延长的工期，并附必要的记录和证明材料；

3）索赔事件具有连续影响的，承包人应按合理时间间隔继续递交延续索赔通知，说明连续影响的实际情况和记录，列出累计的追加付款金额和（或）工期延长天数；

4）在索赔事件影响结束后的 28d 内（含本数），承包人应向监理人递交最终索赔通知书，说明最终要求索赔的追加付款金额和延长的工期，并附必要的记录和证明材料。

（2）承包人索赔处理程序

1）监理人收到承包人提交的索赔通知书后，应及时审查索赔通知书的内容、查验承包人的记录和证明材料，必要时监理人可要求承包人提交全部原始记录和证明材料副本。

2）监理人应按商定或确定追加的付款和（或）延长的工期，并在收到上述索赔通知书或有关索赔的进一步证明材料后的 42d 内（含本数），将索赔处理结果答复承包人。专用条款另有约定的，按专用条款处理。

3）承包人接受索赔处理结果的，发包人应在做出索赔处理结果答复后 28d 内（含本数）完成赔付。

（3）承包人提出索赔的期限

1）承包人按约定接受了竣工付款证书后，应被认为已无权再提出在合同工程接收证书颁发前所发生的任何索赔。

2）承包人按约定提交的最终结清申请单中，只限于提出工程接收证书颁发后发生的索赔。提出索赔的期限自接受最终结清证书时终止。

（4）发包人的索赔

1）发生索赔事件后，监理人应及时书面通知承包人，详细说明发包人有权得到的索赔金额和（或）延长缺陷责任期的细节和依据。发包人提出索赔的期限和要求与上述承包人提出索赔的期限的约定相同，延长缺陷责任期的通知应在缺陷责任期届满前发出。

2）监理人按商定或确定发包人从承包人处得到赔付的金额和（或）缺陷责任期的延长期。承包人应付给发包人的金额可从拟支付给承包人的合同价款中扣除，或由承包人以其他方式支付给发包人。

（5）赔付原则

索赔的赔付原则是，只赔付索赔事件给索赔人造成的不能预先防止、不能在过程中消除、不能在事后消化的损失。索赔人应根据其经验和能力，努力防止、消除和消化索赔事件造成的损失，将赔付要求减少到最低。当发生工期延误时，应首先通过计划调控，尽量在剩余工期内予以弥补；当可能发生阻工、窝工损失时，应首先通过调度平衡解决而予以避免。不能防止、不能消除、不能消化的损失，由监理人与承包人和发包人商量后确定。监理人为这类事件的防止、消除和消化提供监理服务。

4.3　工　程　结　算

4.3.1　工程结算概述

根据财政部、住建部《建设工程价款结算暂行办法》的规定，工程价款结算是指对建设工程的发承包合同价款进行约定和依据合同约定进行工程预付款、工程进度款、工程竣工价款结算的活动。在实践中，工程结算常常是指建设项目、单项工程、单位工程或专业工程完工、结束、中止，经发包人验收合格并办理移交手续后，按照双方合同的约定，由承包人在原合同价格基础上编制调整价格并提交发包人或其委托的咨询机构审核确认的过程。经发包人或其委托的咨询机构审核并再经承包人确认的价格为合同的最终价。合同结算价是办理工程价款支付的依据，是价款支付的最高额度。

工程价款结算的主要内容为价款支付，即资金支付。工程结算的主要内容在合同价款的调整和确认。为此，本书将工程结算分为工程价款支付结算和合同价款调整结算即竣工结算。

4.3.2　工程价款支付结算

1. 工程预付款支付

包工包料工程的预付款按合同约定拨付，原则上预付比例不低于合同金额的10%，不高于合同金额的30%，对重大工程项目，按年度工程计划逐年预付。计价执行《建设工程工程量清单计价规范》的工程，实体性消耗和非实体性消耗部分应在合同中分别约定预付款比例。

在具备施工条件的前提下，发包人应在双方签订合同后的一个月内或不迟于约定的开工日期前的 7d 内预付工程款，发包人不按约定预付，承包人应在预付时间到期后 10d 内向发包人发出要求预付的通知，发包人收到通知后仍不按要求预付，承包人可在发出通知 14d 后停止施工，发包人应从约定应付之日起向承包人支付应付款的利息（利率按同期银行贷款利率计），并承担违约责任。

预付的工程款必须在合同中约定抵扣方式，并在工程进度款中进行抵扣。

凡是没有签订合同或不具备施工条件的工程，发包人不得预付工程款，不得以预付款为名转移资金。

2. 工程进度款支付

（1）工程进度款结算方式

1）按月结算与支付。即实行按月支付进度款，竣工后清算的办法。合同工期在两个年度以上的工程，在年终进行工程盘点，办理年度结算。

2）分段结算与支付。即当年开工、当年不能竣工的工程按照工程形象进度，划分不同阶段支付工程进度款。具体划分在合同中明确。

（2）工程量计算

承包人应当按照合同约定的方法和时间，向发包人提交已完工程量的报告。发包人接到报告后 14d 内核实已完工程量，并在核实前 1d 通知承包人，承包人应提供条件并派人参加核实，承包人收到通知后不参加核实，以发包人核实的工程量作为工程价款支付的依据。发包人不按约定时间通知承包人，致使承包人未能参加核实，核实结果无效。

发包人收到承包人报告后 14d 内未核实完工程量，从第 15d 起，承包人报告的工程量即视为被确认，作为工程价款支付的依据，双方合同另有约定的，按合同执行。

对承包人超出设计图纸（含设计变更）范围和因承包人原因造成返工的工程量，发包人不予计量。

（3）工程进度款支付

根据确定的工程计量结果，承包人向发包人提出支付工程进度款申请，14d 内，发包人应按不低于工程价款的 60%，不高于工程价款的 90% 向承包人支付工程进度款。按约定时间发包人应扣回的预付款，与工程进度款同期结算抵扣。

发包人超过约定的支付时间不支付工程进度款，承包人应及时向发包人发出要求付款的通知，发包人收到承包人通知后仍不能按要求付款，可与承包人协商签订延期付款协议，经承包人同意后可延期支付，协议应明确延期支付的时间和从工程计量结果确认后第 15d 起计算应付款的利息（利率按同期银行贷款利率计）。

发包人不按合同约定支付工程进度款，双方又未达成延期付款协议，导致施工无法进行，承包人可停止施工，由发包人承担违约责任。

3. 竣工结算价款支付

发包人收到承包人递交的竣工结算书及完整的结算资料后，在合同约定或规定的期限进行核实，给予确认或者提出修改意见。发包人根据确认的合同结算价向承包人支付工程竣工结算价款，保留 5% 的质量保证（保修）金外，应一次性补充支付合同价款的余额部分。

根据确认的竣工结算书，承包人向发包人申请支付工程竣工结算款。发包人应在收到申请后14d内支付结算款，到期没有支付的应承担违约责任。承包人可以催告发包人支付结算价款，如达成延期支付协议，承包人应按同期银行贷款利率支付拖欠工程价款的利息。如未达成延期支付协议，承包人可以与发包人协商将该工程折价，或申请人民法院将该工程依法拍卖，承包人就该工程折价或者拍卖的价款优先受偿。

4. 工程质量保证金支付

工程质量保证金是指发包人与承包人在建设工程承包合同中约定，从应付的工程款中预留，用以保证承包人在缺陷责任期内对建设工程出现的缺陷进行维修的资金。

(1) 保证金的预留和返还

1) 承发包双方的约定。发包人应当在招标文件中明确保证金预留、返还等内容，并与承包人在合同条款中对涉及保证金的下列事项进行约定：

- 保证金预留、返还方式；
- 保证金预留比例、期限；
- 保证金是否计付利息，如计付利息，利息的计算方式；
- 缺陷责任期的期限及计算方式；
- 保证金预留、返还及工程维修质量、费用等的处理程序；
- 缺陷责任期内出现缺陷的索赔方式。

2) 保证金的预留。从第一个付款周期开始，在发包人的进度付款中，按约定比例扣留质量保证金，直至扣留的质量保证金总额达到专用条款约定的金额或比例为止。

3) 保证金的返还。缺陷责任期内，承包人认真履行合同约定的责任。约定的责任期满，承包人向发包人申请返还保证金。发包人在接到承包人返还保证金申请后，应于14d内会同承包人按照合同约定的内容进行核实。如无异议，发包人应当在核实后14d内将保证金返还给承包人，逾期支付的，从逾期之日起，按照同期银行贷款利率计付利息，并承担违约责任。发包人在接到承包人返还保证金申请后14d内不予答复，经催告后14d内仍不予答复，视同认可承包人的返还保证金申请。缺陷责任期满时，承包人没有完成缺陷责任的，发包人有权扣留未履行责任剩余工作所需金额相应的质量保证金余额，并有权根据约定要求延长缺陷责任期，直至完成剩余工作为止。

(2) 缺陷修复

缺陷责任期内，承包人原因造成的缺陷，承包人应负责维修，并承担鉴定及维修费用。如承包人不维修也不承担费用，发包人可按合同约定扣除保证金，并由承包人承担违约责任。承包人维修并承担相应费用后，不免除对工程的一般损失赔偿责任。由他人原因造成的缺陷，发包人负责组织维修，承包人不承担费用，且承包人不得从保证金中扣除费用。

4.3.3　竣工结算

竣工结算包括建设工程的立项、审批、实施、验收投运等工程建设全过程中的工程设计、施工、咨询、技术服务、设备材料供应、工程管理等建设合同的最终价款确认和发包方编制建设工程的建筑工程费、安装工程费、设备购置费以及其他费用在内的工程费用全口径结算报告两个方面。合同的最终价是工程价款结算支付的依据，全口径结算报告是工程建设投资控制的总结报告，反映工程实际总投资和投资控制管理水平，并为财务决算提供基础。

1. 合同价款结算

（1）合同价款确定和调整的原则

招标工程的合同价款应当在规定时间内，依据招标文件、中标人的投标文件，由发包人与承包人（以下简称"发、承包人"）订立书面合同约定。非招标工程的合同价款依据审定的工程预（概）算书由发、承包人在合同中约定。合同价款在合同中约定后，任何一方不得擅自改变。

发、承包人在签订合同时对于工程价款的约定，可选用下列一种约定方式：

1）固定总价。合同工期较短且工程合同总价较低的工程，可以采用固定总价合同方式。

2）固定单价。双方在合同中约定综合单价包含的风险范围和风险费用的计算方法，在约定的风险范围内综合单价不再调整。风险范围以外的综合单价调整方法，应当在合同中约定。

3）可调价格。可调价格包括可调综合单价和措施费等，双方应在合同中约定综合单价和措施费的调整方法，调整因素包括：

- 法律、行政法规和国家有关政策变化影响合同价款；
- 工程造价管理机构的价格调整；
- 经批准的设计变更；
- 发包人更改经审定批准的施工组织设计（修正错误除外）造成费用增加；
- 双方约定的其他因素。

（2）合同价款调整程序

工程完工后，双方应按照约定的合同价款及合同价款调整内容以及工程变更、索赔事项，进行工程竣工结算。

1）工程竣工结算方式

工程竣工结算分为单位工程竣工结算、单项工程竣工结算和建设项目竣工总结算。

2）工程竣工结算编审

- 单位工程竣工结算书由承包人编制，发包人审查；实行总承包的工程，由具体承包人编制，在总包人审查的基础上，发包人审查。

- 单项工程竣工结算或建设项目竣工总结算由总（承）包人编制，发包人可直接进行审查，也可以委托具有相应资质的工程造价咨询机构进行审查。政府投资项目，由同级财政部门审查。单项工程竣工结算或建设项目竣工总结算经发、承包人签字盖章后有效。

承包人应在合同约定期限内完成项目竣工结算编制工作，未在规定期限内完成的并且提不出正当理由延期的，责任自负。

- 工程竣工结算审查期限

单项工程竣工后，承包人应在提交竣工验收报告的同时，向发包人递交竣工结算书及完整的结算资料，发包人应按表格 4-1 规定时限进行核对（审查）并提出审查意见。

建设项目竣工总结算在最后一个单项工程竣工结算审查确认后 15d 内汇总，送发包人后 30d 内审查完成。

	工程竣工结算报告金额	审查时间
1	500 万元以下	从接到竣工结算书和完整的竣工结算资料之日起 20d
2	500～2000 万元	从接到竣工结算书和完整的竣工结算资料之日起 30d
3	2000～5000 万元	从接到竣工结算书和完整的竣工结算资料之日起 45d
4	5000 万元以上	从接到竣工结算书和完整的竣工结算资料之日起 60d

财政部、建设部《建设工程价款结算暂行办法》规定的结算审查时限　　　　表 4-1

发包人收到竣工结算书及完整的结算资料后，在规定的或合同约定期限内，对结算书及资料没有提出意见，则视同认可。承包人如未在规定时间内提供完整的工程竣工结算资料，经发包人催促后 14d 内仍未提供或没有明确答复，发包人有权根据已有资料进行审查，责任由承包人自负。

2. 结算文件的编制

在建设工程的所有合同包括设计合同、监理合同、施工合同、咨询合同等结算价款确定后，即可编制包含建筑工程费、安装工程费、设备购置费以及其他费用在内的工程费用全口径结算报告。

结算文件编制的依据包括：

1）工程竣工验收报告；

2）合同书或协议书（含补充合同书）；

3）相关定额、取费标准、定额解释、工程量计算规则、设备材料价格及工程造价管理的有关文件、规定；

4）批准概算书（含初步设计批复）；

5）审定施工图预算书；

6）招标文件及补充条款；

7）投标文件及其附件、投标澄清文件及承诺书、投标报价书；

8）设备、材料、施工及验收等技术标准和规范；

9）工程竣工图、启动验收会议纪要；

10）经审定的施工图（含说明）、会审纪要、设备材料清册、工程量清单；

11）设计变更单、变更设计单及变更预算书、费用签证单；

12）重大设计变更、重大变更设计、重大签证及超过规定额度动用预备费，初步设计批复单位的审核意见；

13）设备材料招标实际采购价格、设备材料信息价格（当地当时）；

14）工程图像资料；

15）其他与建设工程竣工结算报告相关的文件资料。

4.4　工程竣工决算和审计

4.4.1　竣工验收

1. 建设项目竣工验收的概念

建设项目竣工验收是指由建设单位、施工单位和项目验收委员会，以项目批准的设计任务书和设计文件，以及国家或部门颁发的施工验收规范和质量检验标准为依据，按照一定的程序和手续，在项目建成并试生产合格后（工业生产性项目），对工程项目的总体进行检验和认证、综合评价和鉴定的活动。

2. 建设项目竣工验收的作用

（1）全面考核建设成果，检查设计、工程质量是否符合要求，确保项目按设计要求的各项技术经济指标正常使用。

（2）通过竣工验收办理固定资产使用手续，可以总结工程建设经验，为提高建设项目的经济效益和管理水平提供重要依据。

（3）建设项目竣工验收是项目施工阶段的最后一个程序，是建设成果转入生产使用的标志，审查投资使用是否合理的重要环节。

（4）建设项目建成投产交付使用后，能否取得良好的宏观效益，需要经过国家权威管理部门按照技术规范、技术标准组织验收确认，因此，竣工验收是建设项目转入投产使用的必要环节。

3. 建设项目竣工验收的任务

（1）建设单位、勘察和设计单位、施工单位分别对建设项目的决策和论证、勘察和设计以及施工的全过程进行最后的评价，对各自在建设项目进展过程中的经验和教训进行客观的评价。

（2）办理建设项目的验收和移交手续，并办理建设项目竣工结算和竣工决算，以及建设项目档案资料的移交和保修手续等。

4. 建设项目竣工验收的内容

（1）工程资料验收

工程资料验收包括工程技术资料、工程综合资料和工程财务资料。

1）工程技术资料验收内容

• 工程地质、水文、气象、地形、地貌、建筑物、构筑物及重要设备安装位置、勘察报告、记录；

• 初步设计、技术设计或扩大初步设计、关键的技术试验、总体规划设计；

• 土质试验报告、基础处理；

• 建筑工程施工记录、单位工程质量检验记录、管线强度、密封性试验报告、设备及管线安装施工记录及质量检查、仪表安装施工记录；

• 设备试车、验收运转、维修记录；

• 产品的技术参数、性能、图纸、工艺说明、工艺规程、技术总结、产品检验、包装、工艺图；

• 设备的图纸、说明书；

• 涉外合同、谈判协议、意向书；

• 各单项工程及全部管网竣工图等的资料。

2）工程综合资料验收内容

项目建议书及批件，可行性研究报告及批件，项目评估报告，环境影响评估报告书，设计任务书。土地征用申报及批准的文件，承包合同，招标投标文件，施工执照，项目竣工验收报告，验收鉴定书。

3）工程财务资料验收内容

- 历年建设资金供应（拨、贷）情况和应用情况；
- 历年批准的年度财务决算；
- 历年年度投资计划、财务收支计划；
- 建设成本资料；
- 支付使用的财务资料；
- 设计概算、预算资料；
- 施工结算资料。

（2）工程内容验收

工程内容验收包括建筑工程验收、安装工程验收。

1）建筑工程验收内容

建筑工程工程验收，主要是如何运用有关资料进行审查验收，主要包括：

- 建筑物的位置、标高、轴线是否符合设计要求；
- 对基础工程中的土石方工程、垫层工程、砌筑工程等资料的审查，因为这些工程在"交工验收"时已验收；
- 对结构工程中的砖木结构、砖混结构、内浇外砌结构、钢筋混凝土结构的审查验收；
- 对屋面工程的木基、望板油毡、屋面瓦、保温层、防水层等的审查验收；
- 对门窗工程的审查验收；
- 对装修工程的审查验收（抹灰、油漆等工程）。

2）安装工程验收内容

安装工程验收分为建筑设备安装工程、工艺设备安装工程、动力设备安装工程验收。

- 建筑设备安装工程（指民用建筑物中的上下水管道、暖气、煤气、通风、电气照明等安装工程）应检查这些设备的规格、型号、数量、质量是否符合设计要求，检查安装时的材料、材质、材种，检查试压、闭水试验、照明。
- 工艺设备安装工程包括：生产、起重、传动、实验等设备的安装，以及附属管线敷设和油漆、保温等。

检查设备的规格、型号、数量、质量、设备安装的位置、标高、机座尺寸、质量、单机试车、无负荷联动试车、有负荷联动试车、管道的焊接质量、洗清、吹扫、试压、试漏、油漆、保温等及各种阀门。

- 动力设备安装工程指有自备电厂的项目，或变配电室（所）、动力配电线路的验收。

5. 建设项目竣工验收的条件和依据

（1）竣工验收的条件

国务院 2000 年 1 月发布的第 279 号令《建设工程质量管理条例》规定竣工验收应当具备以下条件：

1）完成建设工程设计和合同约定的各项内容；

2）有完整的技术档案和施工管理资料；

3）有工程使用的主要建筑材料、建筑构配件和设备的进场试验报告；

4）有勘察、设计、施工、工程监理等单位分别签署的质量合格文件；

5）有施工单位签署的工程保修书。

（2）竣工验收的标准

根据国家规定，建设项目竣工验收、交付生产使用，必须满足以下要求：

1）生产性项目和辅助性公用设施，已按设计要求完成，能满足生产使用；

2）主要工艺设备配套经联动负荷试车合格，形成生产能力，能够生产出设计文件所规定的产品；

3）必要的生产设施，已按设计要求建成；

4）生产准备工作能适应投产的需要；

5）环境保护设施、劳动安全卫生设施、消防设施已按设计要求与主体工程同时建成使用；

6）生产性投资项目如工业项目的土建工程、安装工程、人防工程、管道工程、通信工程等工程的施工和竣工验收，必须按照国家和行业施工及验收规范执行。

（3）竣工验收的范围

凡新建、扩建、改建的基本建设项目和技术改造项目（所有列入固定资产投资计划的建设项目或单项工程），已按国家批准的设计文件所规定的内容建成，符合验收标准，即：工业投资项目经负荷试车考核，试生产期间能够正常生产出合格产品，形成生产能力的；非工业投资项目符合设计要求，能够正常使用的，不论是属于哪种建设性质，都应及时组织验收，办理固定资产移交手续。

（4）竣工验收的依据

1）上级主管部门对该项目批准的各种文件；

2）可行性研究报告；

3）施工图设计文件及设计变更洽商记录；

4）国家颁布的各种标准和现行的施工验收规范；

5）工程承包合同文件；

6）技术设备说明书；

7）建筑安装工程统一规定及主管部门关于工程竣工的规定；

8）从国外引进的新技术和成套设备的项目，以及中外合资建设项目，要按照签订的合同和进口国提供的设计文件等进行验收；

9）利用世界银行等国际金融机构贷款的建设项目，应按世界银行规定，按时编制《项目完成报告》。

6. 建设项目竣工验收的质量核定

建设项目竣工验收的质量核定是政府对竣工工程进行质量监督的一种带有法律性的手段，是竣工验收交付使用必须办理的手续。质量核定的范围包括新建、扩建、改建的工业与民用建筑，设备安装工程，市政工程等。

（1）申报竣工质量核定的工程条件

1）必须符合国家或地区规定的竣工条件和合同规定的内容。委托工程监理的工程，必须提供监理单位对工程质量进行监理的有关资料。

2）必须具备各方签认的验收记录。对验收各方提出的质量问题，施工单位进行返修的，应具备建设单位和监理单位的复验记录。

3）提供按照规定齐全有效的施工技术资料。

4）保证竣工质量核定所需的水、电供应及其他必备的条件。

（2）核定的方法和步骤

1）单位工程完成之后，施工单位应按照国家检验评定标准的规定进行自验，符合有关规范、设计文件和合同要求的质量标准后，提交建设单位。

2）建设单位组织设计、监理、施工等单位，对工程质量评出等级，并向有关的监督机构提出申报竣工工程质量核定。

3）监督机构在受理了竣工工程质量核定后，按照国家的《工程质量检验评定标准》进行核定，经核定合格或优良的工程，发给《合格证书》，并说明其质量等级。工程交付使用后，如工程质量出现永久缺陷等严重问题，监督机构将收回《合格证书》，并予以公布。

4）经监督机构核定不合格的单位工程，不发给《合格证书》，不准投入使用，责任单位在规定期限返修后，再重新进行申报、核定。

5）在核定中，如施工单位资料不能说明结构安全或不能保证使用功能的，由施工单位委托法定监测单位进行监测，并由监督机构对隐瞒事故者进行依法处理。

7. 建设项目竣工验收的形式与程序

（1）建设项目竣工验收的形式

1）事后报告验收形式，对一些小型项目或单纯的设备安装项目适用。

2）委托验收形式，对一般工程项目，委托某个有资格的机构为建设单位验收。

3）成立竣工验收委员会验收。

（2）建设项目竣工验收的程序

1）承包商申请交工验收；

2）监督工程师现场初验；

3）正式验收；

4）单项工程验收；

5）全部工程的竣工验收。

8. 建设项目竣工验收的组织和职责

建设项目竣工验收的组织，按国家计委关于《建设项目（工程）竣工验收办法》的规定执行。大中型和限额以上基本建设和技术改造项目（工程），由国家计委或国家计委委托项目主管部门、地方政府部门组织验收。小型和限额以下基本建设和技术改造项目（工程），由项目（工程）主管部门或地方政府部门组织验收。

验收委员会或验收组的主要职责是：

1）审查预验收情况报告和移交生产准备情况报告。

2）审查各种技术资料，如项目可行性研究报告、设计文件、概预算，有关项目建设的重要会议记录，以及各种合同、协议、工程技术经济档案等。

3）对项目主要生产设备和公用设施进行复验和技术鉴定，审查试车规格，检查试车准备工作，监督检查生产系统的全部带负荷运转，评定工程质量。

4）处理交接验收过程中出现的有关问题。

5）核定移交工程清单，签订交工验收证书。

6）提出竣工验收工作的总结报告和国家验收鉴定书。

4.4.2 竣工决算

1. 建设项目竣工决算的概念及作用

（1）建设项目竣工决算的概念

建设项目竣工决算是指所有建设项目竣工后，建设单位按照国家有关规定在新建、改建和扩建工程建设项目竣工验收阶段编制的竣工决算报告。

（2）建设项目竣工决算的作用

1）建设项目竣工决算是综合、全面地反映竣工项目建设成果及财务情况的总结性文件，它采用货币指标、实物数量、建设工期和各种技术经济指标综合、全面地反映建设项目自开始建设到竣工为止的全部建设成果和财物状况。

2）建设项目竣工决算是办理交付使用资产的依据，也是竣工验收报告的重要组成部分。

3）建设项目竣工决算是分析和检查设计概算的执行情况，考核投资效果的依据。

（3）竣工决算的内容

竣工决算由"竣工决算报表"和"竣工情况说明书"两部分组成。

一般大、中型建设项目的竣工决算报表包括：竣工工程概况表、竣工财务决算表、建设项目交付使用财产总表和建设项目交付使用财产明细表等；

小型建设项目的竣工决算报表一般包括：竣工决算总表和交付使用财产明细表两部分。除此以外，还可以根据需要，编制结余设备材料明细表、应收应付款明细表、结余资金明细表等，将其作为竣工决算表的附件。

大、中型和小型建设项目的竣工决算包括建设项目从筹建开始到项目竣工交付生产使用为止的全部建设费用，其内容包括以下四个方面：

1）竣工决算报告情况说明书

竣工决算报告情况说明书主要反映竣工工程建设成果和经验，是对竣工决算报表进行分析和补充说明的文件，是全面考核分析工程投资与造价的书面总结，其内容主要包括：

· 建设项目概况，对工程总的评价。

· 资金来源及运用等财务分析。

· 基本建设收入、投资包干结余、竣工结余资金的上交分配情况。

· 各项经济技术指标的分析。

· 工程建设的经验及项目管理和财务管理工作以及竣工财务决算中有待解决的问题。

· 需要说明的其他事项。

2）竣工财务决算报表

建设项目竣工财务决算报表要根据大、中型建设项目和小型建设项目分别制定。

大、中型建设项目竣工决算报表包括：建设项目竣工财务决算审批表，大、中型建设项目概况表，大、中型建设项目竣工财务决算表，大、中型建设项目交付使用资产总表；

小型建设项目竣工财务决算报表包括：建设项目竣工财务决算审批表，竣工财务决算总表，建设项目交付使用资产明细表。

3）建设工程竣工图

建设工程竣工图是真实地记录各种地上、地下建筑物、构筑物等情况的技术文件，是工程进行交工验收、维护改建和扩建的依据，是国家的重要技术档案。其具体要求有：

·凡按图竣工没有变动的，由施工单位在原施工图上加盖"竣工图"标志后，即作为竣工图。

·凡在施工过程中，虽有一般性设计变更，但能将原施工图加以修改补充作为竣工图的，可不重新绘制，由施工单位负责在原施工图（必须是新蓝图）上注明修改的部分，并附以设计变更通知单和施工说明，加盖"竣工图"标志后，作为竣工图。

·凡结构形式改变、施工工艺改变、平面布置改变、项目改变以及有其他重大改变，不宜再在原施工图上修改、补充时，应重新绘制改变后的竣工图。施工单位负责在新图上加盖"竣工图"标志，并附以有关记录和说明，作为竣工图。

·为了满足竣工验收和竣工决算需要，还应绘制反映竣工工程全部内容的工程设计平面示意图。

4）工程造价比较分析

批准的概算是考核建设工程造价的依据。在分析时，可先对比整个项目的总概算，然后将建筑安装工程费、设备工器具费和其他工程费用逐一与竣工决算表中所提供的实际数据和相关资料及批准的概算、预算指标、实际的工程造价进行对比分析，以确定竣工项目总造价是节约还是超支，并在对比的基础上，总结先进经验，找出节约和超支的内容和原因，提出改进措施。在实际工作中，应主要分析以下内容：

·主要实物工程量。

·主要材料消耗量。

·考核建设单位管理费、建筑及安装工程其他直接费、现场经费和间接费的取费标准。

2. 竣工决算的编制

（1）竣工决算的编制依据

竣工决算的编制依据主要有：

1）可行性研究报告、投资估算书、初步设计或扩大初步设计、修正总概算及其批复文件；

2）设计变更记录、施工记录或施工签证单及其他施工发生的费用记录；

3）经批准的施工图预算或标底造价、承包合同、工程结算等有关资料；

4）历年基建计划、历年财务决算及批复文件；

5）设备、材料调价文件和调价记录；

6）其他有关资料。

（2）竣工决算的编制要求。

1）按照规定组织竣工验收，保证竣工决算的及时性。

2）积累、整理竣工项目资料，保证竣工决算的完整性。

3）清理、核对各项账目，保证竣工决算的正确性。

（3）竣工决算的编制步骤

1）收集、整理和分析有关依据资料。

2）清理各项财务、债务和结余物资。

3）填写竣工决算报表。

4）编制建设工程竣工决算说明。

5）做好工程造价对比分析。

6）清理、装订好竣工图。

7）上报主管部门审查。

4.4.3　电网建设工程投资审计

1. 电网建设工程投资审计的概念

电网建设工程投资审计，是指审计机构和人员对建设项目实施全过程的真实、合法、效益性所进行的独立监督和评价活动。审计的目的是为了更好地贯彻执行国家有关政策和法规，促进项目管理，确保资金的合理合规使用，提高项目投资的经济效益，促进电网建设工程项目实现安全、质量、进度、效益、环境保护等建设目标。

2. 电网建设工程投资审计的内容

电网建设工程投资审计的内容包括对电网建设项目投资立项、设计（勘察）管理、招投标、合同管理、设备和材料采购、工程管理、工程造价、竣工验收、财务管理、后评价等过程的审查和评价。

3. 电网建设工程投资审计应遵循的原则

（1）应遵循重要性原则、成本效益原则，结合工程实际情况，既可以进行项目全过程的审计，也可以进行项目部分环节的专项审计；

（2）应遵循技术经济审查、项目过程管理审查与财务审计相结合的原则；

（3）应遵循事前审计、事中审计和事后审计相结合的原则。

4. 电网建设工程造价审计

（1）电网建设工程造价审计范围包括投资估算、初步设计概算、施工图预算、中标价及合同价、工程结算、竣工决算等方面内容，项目法人及设计、施工、监理等参建各方与工程价款结算有关的经济活动均属审计范围。

（2）工程造价审计主要依据以下几方面的资料：

1）《电力工业基本建设预算管理制度及规定》、住建部发布的《建设工程工程量清单计价规范》、财政部、住建部颁发的《建设工程价款结算暂行办法》等；

2）工程项目的立项文件、设计文件，设计文件包括地质资料、施工图、图纸会审纪要、竣工图等；

3）工程项目设计、施工、监理等招投标文件和合同资料；

4）设计合同、施工合同、监理合同、补充合同和有关协议书；工程施工及监理记录、重大设计变更及隐蔽工程现场签证、工程进度报表、工程完工验收等方面的原始资料；

5）与工程项目有关的会计凭证、账簿、报表等财务会计资料；

6）设备、材料采购资料及供货清单、经建设单位签证的施工单位自行采购材料的原始凭证、工程结算、竣工决算等工程项目其他有关资料。

（3）工程造价审计主要包括以下内容：

1）设计概算的审计

·检查设计单位使用的计价依据的合规性。合规性依据包括《电力工业基本建设预算管理制度及规定》、《电力工程建设概算定额》以及当地定额管理站公布的材料价格信息等。

·检查建设项目管理部门组织的初步设计及概算审查情况，包括概算文件、概算的项目与初步设计方案的一致性、项目总概算与单项工程综合概算费用构成的正确性等方面。检查概算文件、概算的项目与初步设计方案的一致性。初步设计重点审核以下内容：工程建设规模、设计方案是否符合可研核准内容；主要设备、材料及主要工程量计量是否准确；其他费用标准及项目是否符合有关规定；投资概算编制依据、主要设备价格、主要材料价格、土地征用标准、拆迁赔偿费用、设计费等是否合理。

·检查项目总概算与单项工程综合概算的费用构成的正确性。检查构成总概算与单项工程综合概算的费用是否完整、费用计取是否合规。

·检查概算编制依据的合法性等。主要检查资料来源是否合法以及依据是否充分，包括工程主要材料用量、工程量计算、概算定额选用、取费标准等，电力工程概算定额不足部分可参考地方或其他行业定额。具体包括：批准的可行性研究报告以及核准的有关文件等；电网建设执行的概算定额、取费标准、人工、机械和材料价格规定，以及相关文件；初步设计的图纸和说明；工程所在地区的有关文件，人工、材料、机械费用价格和特种费用等；厂址所在地的自然条件：地形地貌、地质条件、地下水位、地震烈度及地耐力等资料；交通运输状况，材料运输及堆放场地，弃土场地等资料。

·检查概算具体内容。包括设计单位向工程造价管理部门提供的总概算表、综合概算表、单位工程概算表和有关初步设计图纸的完整性；组织概算会审的情况，重点检查总概算中各项综合指标和单项指标与同类工程技术经济指标对比是否合理。检查设计单位向工程造价管理部门提供的总概算表、综合概算表、单位工程概算表和有关初步设计图纸的完整性。根据初步设计图纸审查概算项目是否完整，是否存在漏列、错列、多列的现象，工程量有无多算、重算、漏算；初步设计各册图纸资料是否完整。检查概算编制的合规性。审查建筑安装工程采用工程所在地的计价定额、费用定额、价格指数和有关的人工、材料、机械台班单价是否符合现行规定。审查安装工程所采用的专业文件或地区定额是否符合工程所在地区的市场价格水平。审查引进设备安装费率或计价标准、部分行业专业设备安装费率等是否按有关规定计算。审查费用项目是否按国家统一规定计列，具体费率或计取标准是否按有关规定计算，有无随意列项、有无多列、交叉列项或漏项等。其中没有技术评审意见的工程方案不能在工程概算中估列费用；勘测设计费按照合同金额在概算中计列等。审查其他费用所列的项目是否符合规定，动态费用是否分别列出等。

·检查概算的审查情况，重点检查总概算中各项综合指标和单项指标与同类工程技术经济指标对比是否合理。要根据电网工程限额设计指标和以往同类型工程造价指标，分析单位造价和工程总投资是否合理，概算与批准的投资估算进行对比分析，投资变化较大的项目应进行核对找出原因，初步设计概算不能超出批准的可研估算。

2）施工图预算的审计

·直接费用审计，包括工程量计算、单价套用的正确性等方面的审查和评价。

工程量计算审计。工程量是工程造价的基础，一定要按照施工图纸的工程量认真核查。采用工程量清单报价的，要检查其符合性。拟建项目的全部工程量清单应包括分部分项工程量清单、措施项目清单和其他项目清单三部分。设计变更发生新增工程量时，应检查工程管理部门与工程造价管理部门的确认情况。主要包括：检查变更的提出情况：设计变更的要求和建议书的提出是否在合同约定的变更范围和内容之内。检查监理对变更的指示：变更事项的名称；项目变更原因；变更内容；技术质量要求；设计变更图纸；变更处理原则。审查变更建议：变更工程量；报价单价、单价分析表；重大变更项目的施工措施和进度计划；变更对合同的影响。

定额单价套用审计。检查是否套用规定的预算定额、有无高套和重套现象；检查定额换算的合规性和准确性；检查新技术、新材料、新工艺出现后的材料和设备价格的调整情况，检查市场价的采用情况。检查中一是根据情况正确选择定额子目以外，还要熟悉总说明、各章节说明、定额使用说明、相关的调价文件和有关的定额解释等。二是对一些重要的、金额较大的和容易出错的分部分项工程，应对照用料说明、设计说明和构配件统计表等进行仔细核对，确保预算中子目和设计文件相符合。检查定额换算的合规性和准确性。一般有定额换算、系数换算和其他换算三种形式。主要检查换算原因、换算的内容和换算依据的合规性，检查换算公式、换算后的定额基价及换算后的材料用量是否准确。检查新技术、新材料、新工艺出现后的材料和设备价格的调整情况，检查市场价的采用情况。一是严格执行当地建设主管部门颁发的工程预算定额中的材料价格；二是要按照工程建设期间当地材料的市场信息价，依据有关规定对差价进行调整；三是随着建设领域新材料、新技术、新工艺的出现，《清单规范》附录中缺项的项目，编制人可以作补充。

· 其他直接费用审计，包括检查预算定额、取费基数、费率计取是否正确。

· 间接费用审计，包括检查各项取费基数、取费标准的计取套用是否正确。

· 计划利润和税金计取合理性的审计。重点审查施工图预算中计划利润和税金计取的取费基数和取费标准是否合规，对因政府政策调整而引起的取费标准变化，要依据相关文件调整。

3）合同价的审计

合同价审计主要检查合同价的合法性与合理性，包括固定总价合同的审计、可调合同价的审计、成本加酬金合同的审计。检查合同价的调整范围是否合适，对于实际发生调整部分，应检查其真实性和计取的正确性。主要审计内容：

固定总价合同的审计。主要审查合同价款是否依据中标通知书，检查合同中价格调整条款是否明确约定不可调整。

可调合同价的审计。调价条款应包括约定调价原则和调价费用的计算方法，调整因素包括：法律、行政法规和国家有关政策变化影响合同价款；工程造价管理机构的价格调整；经批准的设计变更；建设单位更改经审定批准的施工组织设计（修正错误除外）造成费用增加；双方约定的其他因素。对合同价的调整应检查索赔条款，明确什么情况下调整合同总价，如对合同中的工程内容变化、由于业主原因造成工程成本提高等都可能引起索赔；对实际发生的调整部分和索赔事项，按照法规或合同约定的计价结算方式进行审计。清单报价的单价原则上是不可调整的，若有特殊情况引起单价变化的可依据合同约定办理。

成本加酬金合同的审计。这种合同将使建设单位承担成本提高的全部风险，项目法人一般不采用。

4）工程量清单计价的审计

检查实行清单计价工程的合规性。合规性检查包括：初步设计及概算已履行审批手续；资金或资金来源已经落实；工程所需的设计图纸及技术资料满足编制清单要求，项目法人已完成工程量清单编制。

检查招标人或其委托的中介机构编制的工程实体消耗和措施消耗工程量清单的准确性、完整性。分部分项工程量清单应表明拟建工程的全部分项实体工程名称和相应数量，编制时应避免错项、漏项。措施项目清单是表明完成分项实体工程而必须采取的一些措施性工作，编制时应力求全面。主要检查内容：工程量清单的封面签署、编制说明和工程量清单组成是否完整；编制说明内容应包括编制依据，分部分项工程项目工作内容的补充要求，施工工艺特殊要求，主要材料品牌、质量、产地的要求，新材料及未确定档次材料的价格设定，以及其他需要说明的情况等；工程量清单应按照招标施工项目设计图纸、招标文件要求和现行的工程量计算规则、项目划分、计量单位的规定进行编制；分部分项工程项目名称应使用规范术语定义，对允许合并列项的工程在工程量清单列项中需做准确描述；按现行项目划分规定，在工程量清单中应计列建筑脚手架费、垂直运输费、超高费、机械进出厂及安拆费等有关技术性措施项目；工程量清单应采用统一制式表格。

检查由投标人编制的工程量清单报价文件是否响应招标文件。以招标文件为依据，审查各投标书是否是响应性投标，以确定投标书的有效性。检查内容包括：报送资料的完整性、报价计算的正确性等。若投标书存在计算或统计错误，由投标人澄清后经评标委员会认可并经投标人签字确认。修改报价错误的原则是，阿拉伯数字表示的金额与文字大写金额不一致，以文字表示的金额为准；单价与数量的乘积之和与总价不一致，以单价计算值为准。

检查招标限价的编制是否符合国家清单计价规范。主要检查编制原则和方法，招标限价的编制应按《建设工程工程量清单计价规范》的规定执行，招标限价应根据招标文件中的工程量清单和有关要求、施工现场实际情况、合理的施工方法，以及按照建设行政主管部门制定的有关工程造价计价办法进行编制。

5）工程结算的审计

审查合同价调整部分的工程量、单价、取费标准是否与现场、施工图和合同相符。检查内容包括：核对合同条款，竣工工程内容是否符合合同条件要求，结算价款是否符合合同约定的结算方式；核实工程数量所依据的竣工图、设计变更单、现场签证、隐蔽验收记录等是否经监理工程师的签证确认，变更的工程量是否与竣工图和现场相符；检查单价是否按合同约定的价格条款进行调整；检查工程结算取费是否与投标报价取费原则相符。

审查工程量清单项目中的清单费用与清单外费用是否合理。工程量清单方式下结算合同价包括以下五个部分：签订合同价格相对应的工程量清单中的项目，按合同规定的计量方法，用实际完成的工程量乘单价得出实际结算价总额；变更以及新增项目和新增附加工作的实际结算费用；计日工（无法计量项目的实际投入）所支付的费用；物价波动后调整的补差费用；索赔、违约和风险等的补偿费用。

检查按照工程量招标确定的中标价格，在不提高设计标准情况下与最终结算价是否基本一致。

审查前期、中期、后期结算的方式是否能合理地控制工程造价。主要审查工程量清单实际完成量的计量支付。工程施工过程中，要审查建设单位或监理单位按照合同文件规定的工程量计算规则，按期对承包人已经完成的、经验收或初验合格的工程量进行计量，建设单位按合同约定的相应单价和计量结果支付工程进度款。

工程竣工验收后，要审查承发包人是否按照合同约定办理竣工结算，依据工程量清单约定的计算规则、竣工图纸对实际工程进行计量，调整工程量清单中的工程量，并依此计算工程结算价款。同时，调阅财务付款凭证和工程进度月报，检查工程中间验收和结算是否符合合同的结算条款，有无超付工程款现象，是否存在由于工程进度款支付滞后引起索赔的情况。

检查变更价款的确定是否合理。主要审查：审查材料价差是否按合同规定的方式进行调整；审查原合同清单中有相应项目和单价的，是否按其相应项目的合同单价作为变更工程的计价依据，该部分计价有三种套用方式：直接套用。即用工程量清单报价中的单价计算；间接套用。即依据工程量清单，通过换算后采用；部分套用。即依据工程量清单，取其价格中的某一部分使用。审查原合同清单中无相应计价项目的变更工程定价是否合理：检查以计时工为依据的定价。这种方式适用于一些小型的变更工作，此时可分别估算出变更工程的人工、材料及机械台班消耗量，然后按计时工形式并根据工程量清单中计时工的有关单价计价；检查在合同中无相应计价依据，经协商确定的新单价。以合同单价为基础，按照与合同单价水平相一致的原则确定新的单价或价格。该方法确定的单价只有在原单价是合理的情况下才会相对合理，当原单价不合理（有不平衡报价）时，该方法对增加的工程量部分的定价是不合理的。以概预算方法为基础，重新编制工程项目报价单，采用现行的概预算定额，用综合单价分析表的形式，比照投标报价的编制原则进行编制，这种方法适用于新增工程的定价。

6）竣工决算的审计

竣工决算是以完工结算为基础进行编制，包括从筹建开始到工程全部竣工所有工程成本及费用支出，反映电网建设项目总投资，是项目法人单位考核电网工程投资效果的依据，是正确确定固定资产价值和计算固定资产折旧的依据。主要审查：内容是否真实完整、编制依据是否充分、编制方法是否合规等。

（4）工程造价审计的方法有重点审计法、现场检查法、对比审计法、分析性复核、复算法等方法。

1）重点审计法是指选择建设项目中工程量大、单价高，对造价有较大影响的单位工程、分部工程进行重点审查的方法。该方法主要用于审查材料用量、单价是否正确、工资单价、机械台班是否合理。

2）现场检查法是指对施工现场直接考察的方法，以观察现场工作人员及管理活动，检查工程量、工程进度，所用材料质量是否与设计相符。

3）对比审计法是指把一个单位工程，从横向上分别与所掌握的同类单位工程的综合技术经济指标进行对比审查、从纵向上将投资估算、设计概算和竣工决算进行对比审查的方法。

4）分析性复核是指对工程立项、招投标、合同签订等影响工程造价的诸因素及工程造价文件中的重要比率进行分析，确定是否存在可能影响工程造价准确性的异常情况，以确定重点审计领域。

5）复算法是指对报审的建筑安装工程造价进行重新复核和验算的一种方法，一般与审阅法结合运用。

第5章 电网建设项目经济评价

5.1 概 述

建设项目经济评价，是指在项目初步方案的基础上，采用科学的分析方法，对拟建项目的财务可行性及经济合理性，进行分析论证。

建设项目经济评价包括财务评价和国民经济评价。财务评价是指：依据国家现行财税制度及价格体系，从项目的角度出发，评价项目在财务上的可行性。国民经济评价是指：从国家整体利益的角度出发，考查国家在项目上的投入及项目对国民经济的贡献，评价项目在宏观经济上的可行性。

关于经济评价，国家发改委与住建部联合发布了《建设项目经济评价方法与参数（第三版）》，是经济评价理论与实务最权威的文献；另外，关于电网工程经济评价，中国电力企业联合会发布了《输变电工程经济评价导则》（2009）年版，是行业主管部门发布的电网工程经济评价的规范性文件。

5.2 经济评价的基本原理、方法及相关知识

一个建设项目，总是为满足某种（或多种）需要而存在的，这是项目建设的必要性需要说明的问题。通常，建设项目会经历建设、运营及报废这样一个生命过程，其间，会产生初期投资、运营期经营成本投入及税收、财务费用等支出，这里统称为"投入"；另外，会产生销售收入、其他收入及残值回收等收入，这里统称为"产出"。经济上的常识告诉我们：项目生命周期内的总产出是应该大于总投入的，否则就意味着亏本。不仅如此，总产出还被要求高出总投入一定程度。因此，我们在"策划"一个项目的时候，必须对项目的投入及产出以及总产出是否高出总投入达到满意的程度做出预测，以判断项目的经济性，这样的投入-产出分析，就是经济评价的实质、核心问题。

投入-产出分析，也是经济评价的方法，也就是说，经济评价的所有工作，都是围绕或基于投入-产出分析开展的：关于投入，我们需要弄清项目需要哪些投入、这些投入怎么估算、有哪些相关的因素等等；关于产出，我们同样需要弄清项目有哪些产出、这些产出怎么估算、有哪些相关的因素等等；在基本弄清了投入与产出之后，我们才能衡量产出与投入之间的关系，这就产生了盈利能力分析，在有融资的情况下，还需要进行清偿能力分析；由于投入与产出都是预测值，而实际发生的情况可能与预测有差别，这就产生了不确定性分析。

关于投入与产出的确定，我们应该遵从的一个重要的原则，就是"有无对比原则"，尤其是对于改扩建项目而言。所谓"有无对比原则"，就是说，应该通过"有项目"与"无项目"两种状态下的差别来确定项目的投入与产出。

　　一个项目的投入，大致可分为初期投入（即初投资）与后期投入。与初投资相关的问题有：投资估算、融资方案、投资流（即各年投资多少）等；后期投入一般有原材料费用、燃料等动力费用、工资、企业管理费用、修理费用、税金、财务费用等等。

　　一个项目的产出，大致可分为直接产出与间接产出。直接产出即销售收入及营业外收入，产出直接地与产量及产品价格相关；间接产出即外部效果，也就是不在财务上计入项目的收入，但对项目外部（即社会）产生的影响（可能为正面的也可能为负面的）。财务评价只考虑项目的直接产出，而国民经济评价则既要考虑项目的直接产出，也要考虑项目的间接产出。

　　投入-产出分析的主要方法是"现金流量法"，即：在项目整个寿命期内，分年度分别列出当年的投入（或称为现金流出）与产出（或称为现金流入），每年的总产出与总投入相减，得到净现金量，这样就得到一个从第一年到最后项目报废的净现金量序列（数列），即净现金流量。盈利能力分析的主要内容，就是对净现金流量的分析与考察，与此相关的一个主要指标就是内部收益率（IRR）。

　　内部收益率这一个概念，是建立在"资金具有时间价值"这一理论基础之上的。所谓资金的时间价值是指：资金存入银行，可以产生利息收入，以资金作为资本投资，可以赚取利润，也就是说，现时的一笔资金，在经过一段时间后，会变成更大的一笔资金，反过来说，将来的一笔资金，需要打折，才能等同于现时的价值。资金往前折算一年时间需要打折的幅度，就是折现率。对于一个净现金流量（通常初期为负值，以后为正值），其简单算术和为正值，这是起码的要求，在考虑资金时间价值的情况下，对每年的净现金量都按照一定的折现率折算到第 0 年（越往后的折算幅度越大，因为时间长），这样折算后的净现金量的算数和，就是这个净现金流量的净现值了。总能找到一个折现率，使得净现金流量的净现值刚好为零，这样的折现率，就是该净现金流量的内部收益率了。

　　内部收益率是项目盈利能力分析的主要指标。

　　经济评价存在不同种类的划分。根据评价的角度可分为财务评价与国民经济评价；根据评价的时间可分为前评价、中评价与后评价。

5.3　电网建设项目财务评价的特点

　　电网建设工程在基于国家发改委与住建部联合发布了《建设项目经济评价方法与参数》（第三版）的基本原理上，根据电网建设项目类型的不同，财务评价也有其自身的特点。

　　对于不同类型的电网建设项目，其收入以及计算收入的原则与方法不尽相同。《输变电工程经济评价导则》（2009）年版将电网建设项目划分为以下 5 种类型：

　　Ⅰ向区（省）外输变电工程；

　　Ⅱ联网工程，即跨区（省、境）电网互联工程；

　　Ⅲ 区（省）内输变电工程，即电网区域内的输变电工程；

　　Ⅳ 城市电网建设工程；

　　Ⅴ农村电网建设工程。

　　输变电工程销售电量电价应按照"合理成本、合理盈利、依法计税、公平负担"的原则计算。不同类型输变电工程的售电收入由其销售电量和单位电量承担金额决定，具体分类和计算公式如下：

1. 第 Ⅰ 种类型的项目，售电收入采取在输送电量和过网电量中分摊的办法。其中输送电量包括落地电量和损耗电量两部分。

年售电收入＝输送电量×输电价格×（1－损耗率）＋过网电量×过网电量电价

2. 第 Ⅱ 种类型的项目，售电收入考虑电量效益和容量效益两部分。其中，电量效益主要由互送电量收益和调峰电量收益构成；容量效益计算有两种方法：1）根据项目功能，按容量效益占收益的比例，计算容量效益；2）根据容量电价政策规定，计算容量效益。

年售电收入＝电量收益＋容量收益

电量收益＝互送电量×输送电价＋调峰电量×调峰电价

容量收益＝有效增加容量×容量电价

3. 第 Ⅲ 种类型的项目，售电收入采取在区域内销售电量中分摊的办法。

年售电收入＝网售电量×单位电量分摊金额

4. 第 Ⅳ 种类型的项目，首先考虑增供电量和降低损耗的收益，以上收益不满足还本付息和投资收益的要求时，再考虑在所在城市电网销售电量中增加分摊费用。增供电量收益根据增供电量和单位供电收入计算，降低损耗的收益根据降低损耗电量和单位购电成本计算，可作为成本减少考虑。

年售电收入＝增供电量×单位供电收入＋网售电量×单位电量分摊费用

降损电量降低成本＝降损电量×单位购电成本

其中：单位供电收入＝单位售电价－单位购电价

5. 第 Ⅴ 种类型的项目，与第 Ⅳ 类工程计算原则相同，但要考虑国家有关农网建设政策规定。

第三个特点在于：按照不同电网建设项目类型，财务评价测算办法分为如下 3 类：（1）明确收入来源测算内部收益率方式；（2）基于财务内部收益率测算平均电价方式（即反算电价）；（3）基于准许收入测算输配电价方式，与该方式相关的政策性较强。具体如下：

1）明确收入来源测算内部收益率方式。首先需要有明确的输配电价政策，根据各项目电量和售电价格，计算销售收入；其次，通过编制现金流量表、损益表和资产负债表，以及各辅助财务报表，计算财务内部收益率、投资回收期、资产负债率等财务指标，对工程的盈利能力和偿债能力进行评价。

2）基于内部收益率测算输配电价是电价计算普遍采用的方法。根据正式发布的行业基准收益率确定项目的期望财务内部收益率（反映投资者的期望收益水平）；指定输配电价初始值，输入有关财务参数，计算内部收益率；调整输配电价，以计算收益率达到指定值为收敛判据，进行反复叠代计算，使得计算收敛的电价值即为经营期平均电价。

3）基于准许收入测算输配电价是根据《国家发展改革委关于引发电价改革实施办法的通知（发改价格〔2005〕514 号）》中《输配电价管理暂行办法》的有关规定，计算工程项目各年度的准许收入。

准许收入由准许成本、准许收益和税金构成。

准许收入＝准许成本＋准许收益＋税金

准许成本由折旧费和运行维护费用构成。

准许成本＝折旧费＋运行维护费用

其中，折旧费指折旧及摊销费；运行维护费用包括经营成本和财务费用。

准许收益等于有效资产乘以加权平均资金成本。

准许收益＝有效资产×加权平均资金成本

其中，有效资产包括固定资产净值、流动资产和无形资产，取项目各年度期初资产总额参与计算。随折旧费和摊销费用的计提逐年减少。

加权平均资金成本（WACC），根据项目的资本结构确定。项目资本由权益资本和债务资金两部分构成，二者的比例根据《国务院关于固定资产投资项目试行资本金制度的通知》文件中相关规定确定。其中，权益资金取决于项目所在行业的特点与风险，按无风险报酬率加上风险报酬率核定，初期可按长期国债利率加一定百分点核定；债务资金成本取决于资本市场利率水平、企业违约风险、所得税率等因素，可按国家规定的长期贷款利率确定。条件成熟时，建设项目加权平均资金成本按资本市场正常筹资成本核定。计算公式如下：

加权平均资金成本（％）＝权益资金成本×（1－资产负债率）＋债务资本成本×资产负债率

根据加权平均资金成本，计算准许收入，通过输电量和准许收入，可以逐年测算各类项目单位电量承担金额。

为便于与基于内部收益率测算的经营期单位电量承担金额对比，考虑时间价值的基础上，求取平均单位电量承担金额，具体方法如下：

将准许收入和输电量折现到基准年，并分别求和；

平均电价是准许收入累计现值与输电量累计现值之比。

5.4 财务评价参数与指标

5.4.1 财务评价主要指标

财务评价的结果，体现为一系列评价指标。财务评价指标在财务分析报表的基础上经计算后得出，主要分为盈利能力分析的指标及清偿能力分析的指标。

1. 盈利能力分析的指标主要包括：项目投资、资本金及投资各方的内部收益率、净现值及投资回收期，总投资收益率，项目资本金净利润率等。

各项指标含义及计算公式如下：

（1）财务内部收益率（FIRR）指项目在计算期内各年净现金流量现值累计等于零时的折现率，是考察项目盈利能力的主要动态评价指标，可按下式计算：

$$\sum_{t=1}^{n}(CI-CO)_t(1+FIRR)^{-t}=0$$

式中

$\qquad CI$——现金流入量；

$\qquad CO$——现金流出量；

$(CI-CO)_t$——第 t 期的净现金流量；

$\qquad n$——项目计算期。

求出的 $FIRR$ 应与行业的基准收益率（i_c）比较。当 $FIRR \geqslant i_c$ 时，应认为项目在财务上是可行的。

电网企业还可通过给定期望的财务内部收益率，测算不同类型项目的各种电量分摊费用和容量电价，与政府主管部门发布的现行输配电价收取标准对比，判断项目的财务可行性。项目投产期、还贷期和还贷后为单一电价，即经营期评价电价。

（2）财务净现值（$FNPV$）是指按行业基准收益率（i_c），将项目计算期内各年的净现金流量折现到建设期初的现值之和。是反映项目在计算期内盈利能力的动态评价指标，可按下式计算：

$$FNPV = \sum_{t=1}^{n} (CI - CO)_t (1 + i_c)^{-t}$$

财务净现值大于零或等于零的项目是可行的。

（3）项目投资回收期指以项目的净收益回收项目投资所需要的时间，是考察项目财务上投资回收能力的重要静态评价指标。投资回收期（以年表示）宜从建设期开始算起，可按下式计算：

$$\sum_{t=1}^{P_t} (CI - CO)_t = 0$$

投资回收期可用项目投资现金流量表中累计净现金流量计算求得。可按下式计算：

$$P_t = T - 1 + \frac{\left| \sum_{i=1}^{T-1} (CI - CO)_i \right|}{(CI - CO)_T}$$

式中：

T——各年累计净现金流量首次为正值或零的年数。

投资回收期短，表明项目投资回收快，抗风险能力强。

（4）总投资收益率（ROI）指项目达到设计能力后正常年份的年息税前利润或运营期内平均息税前利润（$EBIT$）与项目总投资（TI）的比率，表示总投资的盈利水平。可按下式计算：

$$ROI = \frac{EBIT}{TI} \times 100\%$$

式中：

$EBIT$——项目正常年份的年息税前利润或运营期内年平均息税前利润；

TI——项目总投资，是动态投资和生产流动资金之和。

总投资收益率高于同行业的收益率参考值，表明用总投资收益率表示的盈利能力满足要求。

（5）项目资本金净利润率（ROE）指项目达到设计能力后正常年份净利润或运营期内平均净利润（NP）与项目资本金的比率，表示项目资本金的盈利水平。可按下式计算：

$$ROE = \frac{NP}{EC} \times 100\%$$

式中：

NP——项目正常年份的年净利润或运营期内年平均净利润;

EC——项目资本金。

项目资本金净利润率高于同行业的净利润率参考值,表明用项目资本金净利润率表示的盈利能力满足要求。

2. 偿债能力分析的主要指标包括利息备付率(ICR)、偿债备付率($DSCR$)、资产负债率($LOAR$)、流动比率和速动比率。

(1) 利息备付率(ICR)指在借款偿还期内的息税前利润($EBIT$)与应付利息(PI)的比值,表示利息偿付的保障程度指标,可按下式计算:

$$ICR = \frac{EBIT}{PI}$$

式中:

$EBIT$——息税前利润;

PI——计入总成本费用的应付利息。

利息备付率应分年计算。利息备付率高,表明利息偿付的保障程度高。

(2) 偿债备付率($DSCR$)指在借款偿还期内,用于计算还本付息的资金($EBITDA-TAX$)与应还本付息金额(PD)的比值,表示可用于还本付息的资金偿还借款本息的保障程度指标,可按下式计算:

$$DSCR = \frac{EBITAD-TAX}{PD}$$

式中:

$EBITAD$——息税前利润加折旧和摊销;

TAX——企业所得税;

PD——应还本付息金额,包括还本金额和计入总成本费用的全部利息。融资租赁费用可视同借款偿还。运营期内的短期借款本息也应纳入计算。

偿债备付率应分年计算。偿债备付率高,表明可用于还本付息的资金保障程度高。

(3) 资产负债率($LOAR$)指各期末负债总额(TL)与资产总额(TA)的比率,是反映项目各年所面临的财务风险程度及综合偿债能力的指标。可按下式计算:

$$LOAR = \frac{TL}{TA} \times 100\%$$

式中:

TL——期末负债总额;

TA——期末资产总额。

3. 项目财务分析中,在长期债务还清后,可不再计算资产负债率。

(1) 流动比率是流动资产与流动负债之比,反映项目法人偿还流动负债的能力,可按下式计算:

$$流动比率 = \frac{流动资产}{流动负债} \times 100\%$$

(2) 速动比率是速动资产与流动负债之比,反映项目法人在短时间内偿还流动负债的能力,可按下式计算:

$$速动比率 = \frac{速动资产}{流动负债} \times 100\%$$

4. 不确定性分析是指分析不确定性因素变化对财务指标的影响，主要包括盈亏平衡分析和敏感性分析。

盈亏平衡分析是通过盈亏平衡点（BEP）分析项目成本与收益的平衡关系的一种方法。电网建设项目的盈亏平衡分析根据年销售收入、固定成本、可变成本、单位电量承担金额和税金等数据，计算盈亏平衡点，分析研究项目成本与收入的平衡关系。当项目收入等于总成本费用时，正好盈亏平衡，盈亏平衡点越低，表示项目适应产品变化的能力越大，抗风险能力越强。电网建设项目主要在第Ⅰ类工程，研究输送电量时应用。盈亏平衡点通常用生产能力利用率或者产量表示，可按下式计算：

$$BEP_{生产能力利用率}=\frac{年固定成本}{年销售收入-年可变成本-年税金及附加}\times100\%$$

$$BEP_{产量}=\frac{年固定成本}{单位产品销售价格-单位产品可变成本-单位产品税金及附加}\times100\%$$

两者之间的换算关系为：

$$BEP_{产量}=BEP_{生产能力利用率}\times设计生产能力$$

5.4.2　电网建设项目财务分析主要参数

1. 计算参数

（1）项目运营期一般按 25～30 年考虑。

（2）资本金（权益资金）根据国家法定的资本金制度计列，输变电工程不得低于工程动态投资的 20%。

（3）流动资金估算的有关参数：按照规模法，流动资金占固定资产原值的 1～5‰；按照详细法，主要参数为应收账款年周转 12 次；原材料年周转 12 次；现金年周转 12 次；应付账款年周转 12 次。

（4）资产折旧及摊销的有关参数：固定资产折旧年限 12～18 年，残值率 5%；无形资产摊销年限 5 年；其他资产摊销年限 5 年。

（5）总成本费用估算的有关参数：折旧年限、贷款利率、生产成本占固定资产原值的比例等。

（6）税率：电力产品增值税率 17%；城市维护建设税市区 7%、县镇 5%、其他地区 1%；教育费附加 3%；所得税率 25%。

（7）利率：按项目法人与银行签订的还款协议中约定的利率。没有签订协议之前，参照中国人民银行发布的贷款利率。

（8）法定盈余公积金：按国家的公积金制度取 10%。

（9）互送电量电价、销售电价及购电成本等：查阅互供电网企业之间的供电协议或政府主管部门发布的执行标准。

（10）权益资金成本（%）按无风险报酬率加上风险报酬率核定；债务资金成本为当期国家规定的长期贷款利率。

2. 判据参数

（1）盈利能力参数：财务基准收益率、总投资收益率、项目资本金净利润率、全投资回收期和全投资财务净现值；

财务基准收益率。

根据不同输变电工程分类，建设项目财务基准收益率参数如（表5-1）：

建设项目财务基准收益率参数参考表

表5-1

单位：%

序 号	工 程 类 型	基准收益率参数
1	送电工程	9
2	联网工程	10
3	区(省)内输变电工程	9
4	城网工程	10
5	农网工程	9

（2）偿债能力参数：利息备付率、偿债备付率和资产负债率。

1）利息备付率：2。

2）偿债备付率：1.2。

3）资产负债率。

根据不同输变电工程分类，建设项目协调结果如（表5-2）：

建设项目资产负债率参数参考表

表5-2

单位：%

序 号	工 程 类 型	资产负债率参数
1	送电工程	20~40
2	联网工程	50~60
3	区(省)内输变电工程	40~70
4	城网工程	40~50
5	农网工程	70~80

5.5 财务评价计算

5.5.1 财务评价的计算流程

项目决策分为投资决策及融资决策两个层次。投资决策重在考察项目在总投资角度的盈利能力，融资决策重在考察资金筹措方案能否满足要求。投资决策在前，融资决策在后。根据不同决策的需要，财务评价可分为融资前分析及融资后分析。

融资前分析是不考虑融资因素，从整个项目投资的角度做出的投入产出分析。融资前分析又分为所得税前分析与所得税后分析。按所得税前的净现金流量计算的相关指标，即所得税前指标，是投资盈利能力的完整体现，用以考察项目方案设计本身所决定的财务盈利能力，它不受融资方案及所得税政策的影响，仅仅体现项目方案本身的合理性。所得税前指标可以作为初步投资决策的主要指标，用以考察项目是否基本可行，并值得去为之融资。所得税后分析是所得税前分析的延伸，可用于判断项目投资对企业的价值贡献，是企业投资决策依据的主要指标。

融资前分析的计算流程如下：首先分别计算出投资及投资流、营业收入（涉及产品销量及价格）、经营成本、流动资金、营业税金及附加、所得税，然后得出现金流量表，再得到内部收益率、净现值、投资回收期等指标。需要说明的是，①投资是不考虑融资，也就不考虑利息的；②经营成本是个经济评价的专门术语，其含义是项目在经营期现实付出的成本，经营成本不包括折旧摊销及财务费用；③关于营业税金及附加，对于其中的增值税，通常，为简便起见，各项投入及产出均扣除所含增值税后参与计算；④评价是可以"反算"的，即在确定内部收益率、净现值、投资回收期等指标的前提下，反推投入及产出的主要因素（一般为产品价格）需要达到的数额。

融资前分析广泛应用于项目各阶段的财务分析。在规划和计划研究阶段，可以只进行融资前分析，此时也可只选取所得税前指标。

只有通过了融资前分析的检验，才有必要进行进一步的融资后分析。

融资后分析是确定融资方案后或假定某种融资方案情况下，在考虑融资成本（即融资费用及利息）后，做出的各类分析（主要为盈利能力分析及清偿能力分析）。融资后分析是比选融资方案，进行融资决策和投资者最终决定出资的依据。

融资后的盈利能力分析包括动态分析（折现现金流量分析）及静态分析（非折现盈利能力分析）。动态分析包括资本金现金流量分析与投资各方现金流量分析。

项目资本金现金流量分析，是从资本金的角度，确定其现金流入与流出。其主要特点在于：项目建设期的现金流出只考虑资本金，不考虑借款（包括流动资金借款），项目运营期的现金流出要考虑还本付息，现金流入还是考虑所有的收入。

投资各方现金流量分析，是在存在多个投资方的情况下，从投资各方实际收入和支出的角度，分别确定其现金流入与流出，考察投资各方可能获得的收益水平。当投资各方不按股本比例进行分配或有其他不对等的收益时，可选择进行投资各方现金流量分析。

融资后分析的计算流程如下：

第一步：计算建设期利息，确定固定资产、无形资产及递延资产投资，并进而计算随后 n 年内的计提折旧及摊销。投资估算、营业收入及其他收入、流动资金及经营成本在融资前分析中已经计算。

第二步：计算还本付息，这主要根据还款期限及还款方案（典型的如本息等额及本金等额）决定。本金偿还主要来源于折旧及摊销，不足部分由所得税后利润偿还，利息偿还来源于财务费用，计入成本。

第三步：计算总成本费用。总成本费用由经营成本、折旧摊销及财务费用（付出利息）组成。

第四步：计算利润及利润分配、税金。

第五步：计算资本金现金流量、投资各方现金流量并做动态分析，做资产负债表，做静态分析及清偿能力分析。

第六步：做不确定性分析及风险分析。不确定性分析的主要内容有盈亏平衡点分析及敏感性分析，风险分析主要为概率分析。限于篇幅，这里不作详细介绍，可查阅相关书籍。

上述计算流程中，后面的步骤，是建立在前面的步骤基础之上的，环环相扣。其中：所得税按利润征收，利润与收入及总成本相关，总成本与折旧摊销及财务费用相关，折旧摊销与固定资产、无形资产、递延资产的原值及折旧摊销年限相关，资产原值与静态总投资、价差预备费及建设期利息相关，财务费用与还本付息及流动资金借款相关。

5.5.2　财务评价主要原始数据

财务评价是基于一系列原始数据的基础上完成的。原始数据大致可划分为项目概况类、投融资类、成本及产出类及损益类，以下分述：

1. 项目概况类原始数据主要有：

（1）开工日期；

投产批数及各批次投产日期。区分投产批次及其投产日期的意义在于合理计算建设期利息及固定资产原值的确定、区分不同批次产生效益的时间；

（2）静态投资价格水平年。这与价差预备费的计算有关。

2. 投融资类原始数据主要有：

（1）项目总静态投资；

（2）投资使用年数、各年投资比例或额度及投资物价指数；

（3）资本金比例；

（4）各种融资比例、利率、计息次数、宽限期、还款期及还款方式；

（5）资本金各年投入比例；

（6）各批次各种融资各年投入比例；

（7）固定资产、无形资产、递延资产分别的形成比例及折旧摊销年限；

（8）残值回收比例。在项目计算期的末年，考虑残值回收，计为当年收入。

3. 成本及产出类原始数据主要有：

（1）各种产品各年产量及价格；

（2）各年的经营成本；

（3）流动资金计算方法、借款比例及利率；

（4）短期借款利率。

4. 损益类原始数据主要有：

（1）各种营业税金及附加费率及测算方式；

（2）所得税率；

（3）法定公积金、任意公积金及公益金等提取比例；

（4）基准收益率。基准收益率是关于盈利能力的一个社会衡量尺度，是计算净现值所采用的折现率；

（5）清算比。是存在多个注资方的情况下，各注资方参与固定资产、折旧摊销、公积金及流动资金清算的比例，只在不平等清算时有意义；

（6）分利比。是存在多个注资方的情况下，各注资方参与分利的比例，只在不平等分利时有意义。

关于上述原始数据所涉及的价格问题，财务分析应该采用以市场价格体系为基础的预测价格：

在建设期内，一般应考虑投入的相对价格变动及价格总水平变动；

在运营期内，若能合理判断未来市场价格变动趋势，投入与产出可采用相对变动价格；若难以确定投入与产出的价格变动，一般可考虑采用项目运营起初的价格；有要求时，也可考虑价格总水平变动。

585

5.5.3　财务评价报表及主要评价指标

财务评价形式主要为表格计算，财务评价（分析）各种报表格式的设置以现行会计制度为依据，同时结合项目评价的特点进行简化和调整。

按照上述财务评价计算流程，考虑如下报表（表5-3～表5-25）：

项目总投资使用计划与资金筹措表（含建设期利息计算）；

流动资金估算表；

固定资产折旧费估算表；

无形资产、递延资产摊销估算表；

营业收入、营业税金及附加和增值税估算表；

借款还本付息计算表；

总成本费用估算表；

利润与利润分配表；

资产负债表；

现金流量表（分为项目投资、资本金及投资各方现金流量表）；

敏感性分析表。

流动资金估算表

表 5-3
人民币单位：万元

序号	项目	合计	计　算　期					
			1	2	3	4	……	n
1	流动资产							
1.1	应收账款							
1.2	存货							
1.2.1	原材料							
1.2.2	其他							
1.3	现金							
2	流动负债							
2.1	应付账款							
3	流动资金							
4	流动资金本年增加额							

投资使用计划与资金筹措总表

表 5-4
人民币单位：万元

序号	项目	合计	计　算　期					
			1	2	3	4	……	n
1	建设投资使用计划							
1.1	逐年建设投资使用额度							
1.2	价差预备费							
2	建设投资资金筹措							
2.1	［资本金］　　%							

序号	项目	合计	计 算 期					
			1	2	3	4	……	n
2.1.1	投资方1							
2.1.2	投资方2							
2.2	［债务资金］ ％							
2.2.1	借款1							
	建设期借款利息							
	其中承诺费							
2.2.2	借款2							
	建设期借款利息							
	其中承诺费							
3	建设期利息合计							
4	流动资金							
4.1	自有流动资金							
4.2	流动资金借款							
5	工程动态总投资							
5.1	其中:固定资产投资							
5.2	无形资产投资							
5.3	其他资产投资							

借款还本付息计划表

表 5-5

人民币单位：万元

序号	项目	合计	计 算 期					
			1	2	3	4	……	n
1	借款1							
1.1	期初借款余额							
1.2	当期还本付息							
	其中:还本							
	付息							
1.3	期末借款余额							
2	借款2							
2.1	期初借款余额							
2.2	当期还本付息							
	其中:还本							
	付息							
2.3	期末借款余额							
3	流动资金借款							
3.1	期初借款余额							

续表

序号	项目	合计	计算期					
			1	2	3	4	......	n
3.2	当期还本付息							
	其中:还本							
	付息							
3.3	期末借款余额							
4	短期借款							
4.1	期初借款余额							
4.2	当期还本付息							
	其中:还本							
	付息							
4.3	期末借款余额							
5	借款合计							
5.1	期初借款余额							
5.2	当期还本付息							
	其中:还本							
	付息							
5.3	期末借款余额							
计算指标	利息备付率							
	偿债备付率							

固定资产折旧、无形资产及其他资产摊销估算表　　　　表 5-6

人民币单位:万元

序号	项目	合计	计算期					
			1	2	3	4	......	n
1	固定资产合计							
1.1	原值							
1.2	折旧费							
1.3	净值							
2	无形资产合计							
2.1	原值							
2.2	摊销费							
2.3	净值							
3	其他资产合计							
3.1	原值							
3.2	摊销费							
3.3	净值							

总成本费用估算表（第Ⅰ种类型输变电工程）

表 5-7

人民币单位：万元

序号	项目	合计	计 算 期					
			1	2	3	4	……	n
1	电量部分							
1.1	输送电量(GWh)							
1.2	过网电量(GWh)							
1.3	损耗（GWh）							
2	生产成本							
2.1	材料费							
2.2	用水费							
2.3	工资及福利费							
2.4	折旧费							
2.5	修理费							
2.6	摊销费							
2.7	保险费							
2.8	其他费用							
2.9	其他							
3	财务费用							
3.1	长期借款利息							
3.2	流动资金利息							
3.3	短期借款利息							
3.4	其他							
4	总成本费用							
4.1	固定成本							
4.2	可变成本							
5	经营成本							

总成本费用估算表（第Ⅱ种类型输变电工程）

表 5-8

人民币单位：万元

序号	项目	合计	计 算 期					
			1	2	3	4	……	n
1	电量部分							
1.1	互送电量 1(GWh)							
1.2	互送电量 2(GWh)							
1.3	调峰电量 1(GWh)							
1.4	调峰电量 2(GWh)							
1.5	损耗（GWh）							
2	生产成本							

续表

序号	项目	合计	计　算　期					
			1	2	3	4	………	n
2.1	材料费							
2.2	用水费							
2.3	工资及福利费							
2.4	折旧费							
2.5	修理费							
2.6	摊销费							
2.7	保险费							
2.8	其他费用							
2.9	其他							
3	财务费用							
3.1	长期借款利息							
3.2	流动资金利息							
3.3	短期借款利息							
3.4	其他							
4	总成本费用							
4.1	固定成本							
4.2	可变成本							
5	经营成本							

总成本费用估算表（第Ⅲ种类型输变电工程）　　　　表 5-9

人民币单位：万元

序号	项目	合计	计　算　期					
			1	2	3	4	………	n
1	电量部分							
1.1	网售电量（GWh）							
2	生产成本							
2.1	材料费							
2.2	用水费							
2.3	工资及福利费							
2.4	折旧费							
2.5	修理费							
2.6	摊销费							
2.7	保险费							
2.8	其他费用							
2.9	其他							
3	财务费用							
3.1	长期借款利息							

序号	项目	合计	计 算 期					
			1	2	3	4	……	n
3.2	流动资金利息							
3.3	短期借款利息							
3.4	其他							
4	总成本费用							
4.1	固定成本							
4.2	可变成本							
5	经营成本							

总成本费用估算表（第Ⅳ、Ⅴ种类型输变电工程）　　　　表 5-10

人民币单位：万元

序号	项目	合计	计 算 期					
			1	2	3	4	……	n
1	电量部分							
1.1	网售电量（GWh）							
1.2	增供电量（GWh）							
1.3	降损电量（GWh）							
2	生产成本							
2.1	材料费							
2.2	用水费							
2.3	工资及福利费							
2.4	折旧费							
2.5	修理费							
2.6	摊销费							
2.7	保险费							
2.8	其他费用							
2.9	其他							
3	财务费用							
3.1	长期借款利息							
3.2	流动资金利息							
3.3	短期借款利息							
3.4	其他							
4	降损形成负成本							
5	总成本费用							
5.1	固定成本							
5.2	可变成本							
6	经营成本							

工程经济效益指标一览表 表 5-11

序号	项 目	单位	指标
1	输变电工程静态投资	万元	
2	价差预备费	万元	
3	建设期利息	万元	
4	输变电工程动态投资	万元	
5	内部收益率(总投资)	%	
6	财务净现值	万元	
7	投资回收期	年	
8	内部收益率(资本金)	%	
9	内部收益率(投资各方)	%	
10	项目资本金净利润率	%	
11	利息备付率		
12	偿债备付率		
13	单位电量分摊金额(不含税)	元/MWH	
14	单位电量分摊金额(含税)	元/MWH	

项目总投资现金流量表 表 5-12

人民币单位：万元

序号	项目	合计	计 算 期					
			1	2	3	4	……	n
1	现金流入							
1.1	产品销售(营业)收入							
1.2	其他收入							
1.3	回收固定资产余值							
1.4	回收流动资金							
2	现金流出							
2.1	建设投资							
2.2	流动资金							
2.3	经营成本							
2.4	城建税及教育附加							
3	所得税前净现金流量(1-2)							
4	所得税前累计净现金流量							
5	调整所得税							
6	所得税后净现金流量(3-5)							

序号	项目	合计	计　算　期					
			1	2	3	4	……	n
7	所得税后累计净现金流量							

计算指标：
项目投资财务内部收益率(%)(所得税前)
项目投资财务内部收益率(%)(所得税后)
项目投资财务净现值(所得税前)($i_c=$%)
项目投资财务净现值(所得税后)($i_c=$%)
项目投资回收期(年)(所得税前)
项目投资回收期(年)(所得税后)

注：1. 调整所得税为以息税前利润为基数计算的所得税，区别于"利润与利润分配表"、"项目资本金现金流量表"和"财务计划现金流量表"中的所得税。
　　2. 对外商投资项目，现金流出中应增加职工奖励及福利基金科目。

项目资本金现金流量表　　　　　　　　　表 5-13

人民币单位：万元

序号	项目	合计	计　算　期					
			1	2	3	4	……	n
1	现金流入							
1.1	产品销售(营业)收入							
1.2	其他收入							
1.3	回收固定资产余值							
1.4	回收流动资金							
1.5	短期借款							
2	现金流出							
2.1	建设投资资本金							
2.2	自有流动资金							
2.3	经营成本							
2.4	长期借款本金偿还							
2.5	流动资金借款本金偿还							
2.6	短期借款本金偿还							
2.7	长期借款利息支付							
2.8	流动资金借款利息支付							
2.9	短期借款利息支付							
2.10	城建税及教育附加							
2.11	所得税							
3	净现金流量(1-2)							

计算指标：
资本金财务内部收益率(%)

注：对外商投资项目，现金流出中应增加职工奖励及福利基金科目。

投资各方现金流量表 **表 5-14**

人民币单位：万元

序号	项目	合计	计 算 期					
			1	2	3	4	……	n
1	现金流入							
1.1	各投资方利润分配							
1.2	资产处置收益分配							
1.2.1	回收固定资产和无形资产余值							
1.2.2	回收还借款后余留折旧和摊销							
1.2.3	回收自有流动资金							
1.2.4	回收法定盈余公积金 和任意盈余公积金							
2	现金流出							
2.1	建设投资资本金							
2.2	自有流动资金							
3	净现金流量							

计算指标：
投资各方财务内部收益率（%）

销售收入和销售税金及附加估算表（第Ⅰ种类型输变电工程） **表 5-15**

人民币单位：万元

序号	项目	合计	计 算 期					
			1	2	3	4	……	n
1	产品销售收入							
1.1	输送电量收入							
1.1.1	输送电量 GWh							
1.1.2	输电价格（不含税）元/MWh							
1.1.3	输电价格（含税）元/MWh							
1.2	过网电量收入							
1.3	其他收入							
2	销售税金及附加							
2.1	销售税金（增值税）							
2.2	城乡维护建设税							
2.3	教育费附加							

注：本表的输送电量收入为不含增值税收入。

594

销售收入和销售税金及附加估算表（第Ⅱ种类型输变电工程）   表 5-16

人民币单位：万元

序号	项目	合计	计 算 期					
			1	2	3	4	……	n
1	产品销售收入							
1.1	互送电量收益							
1.1.1	互送电量 GWh							
1.1.2	输送电价（不含税）							
1.1.3	输送电价（含税）							
1.2	调峰收入							
1.3	容量效益							
1.3.1	全区电量 GWh							
1.3.2	单位电量分摊金额（不含税）							
1.3.3	单位电量分摊金额（含税）							
1.3.4	容量电价（不含税）元/kW 年							
1.3.5	容量电价（含税）元/kW 年							
1.4	其他收入							
2	销售税金及附加							
2.1	销售税金（增值税）							
2.2	城乡维护建设税							
2.3	教育费附加							

注：本表的输送电量收入为不含增值税收入。

销售收入和销售税金及附加估算表（第Ⅲ种类型输变电工程）   表 5-17

人民币单位：万元

序号	项目	合计	计 算 期					
			1	2	3	4	……	n
1	产品销售收入							
1.1	网售电量收入							
1.1.1	网售电量 GWh							
1.1.2	单位电量分摊金额（不含税）元/MWh							
1.1.3	单位电量分摊金额（含税）元/MWh							
1.2	其他收入							
2	销售税金及附加							
2.1	销售税金（增值税）							
2.2	城乡维护建设税							
2.3	教育费附加							

注：本表的输送电量收入为不含增值税收入。

595

销售收入和销售税金及附加估算表（第Ⅳ、Ⅴ种类型输变电工程）　　**表 5-18**

人民币单位：万元

序号	项目	合计	计 算 期					
			1	2	3	4	……	n
1	产品销售收入							
1.1	增售电量收入							
1.1.1	增售电量 GWh							
1.1.2	单位供电收入(不含税) 元/MWh							
1.1.3	单位供电收入(含税) 元/MWh							
1.2	网售电量收入							
1.2.1	网售电量							
1.2.2	网售电量分摊费用(不含税) 元/MWh							
1.2.3	网售电量分摊费用（含税） 元/MWh							
1.3	其他收入							
2	销售税金及附加							
2.1	销售税金(增值税)							
2.2	城乡维护建设税							
2.3	教育费附加							

注：本表的输送电量收入为不含增值税收入。

利润与利润分配表（第Ⅰ、Ⅱ、Ⅲ种类型输变电工程）　　**表 5-19**

人民币单位：万元

序号	项目	合计	计 算 期					
			1	2	3	4	……	n
1	产品销售收入							
2	销售税金及附加							
3	总成本费用							
4	利润总额							
5	弥补以前年度亏损							
6	应纳税所得额(4-5)							
7	所得税							
8	折旧垫付未分配利润							
9	可供分配利润(税后)							
9.1	企业盈余公积金							
9.1.1	法定盈余公积金							
9.1.2	任意盈余公积金							
9.2	应付利润							
9.2.1	投资方 1							
9.3	未分配利润							

续表

序号	项目	合计	计 算 期					
			1	2	3	4	……	n
9.3.1	亏损							
9.3.2	还贷利润							
9.3.2.1	偿还长期贷款利润							
9.3.2.2	偿还累计短贷利润							
9.3.2.3	折旧垫支还贷利润							
	累计未分配利润							
	累计亏损							
	累计还贷利润							

注：本表的输送电量收入为不含增值税收入。

利润与利润分配表（第Ⅳ种类型输变电工程）　　表 5-20

人民币单位：万元

序号	项目	合计	计 算 期					
			1	2	3	4	……	n
1	产品销售收入							
2	销售税金及附加							
3	总成本费用							
4	节能降耗收益							
5	利润总额							
6	弥补以前年度亏损							
7	所得税纳税基数(5-6)							
8	所得税							
9	折旧垫付未分配利润							
10	可供分配利润（税后）							
10.1	企业盈余公积金							
10.1.1	法定盈余公积金							
10.1.2	任意盈余公积金							
10.2	应付利润							
10.2.1	投资方1							
10.2.2	投资方2							
10.3	未分配利润							
10.3.1	亏损							
10.3.2	还贷利润							
10.3.2.1	偿还长期贷款利润							
10.3.2.2	偿还累计短贷利润							
10.3.2.3	折旧垫支还贷利润							

续表

序号	项目	合计	计 算 期					
			1	2	3	4	......	n
	累计未分配利润							
	累计亏损							
	累计还贷利润							

注：本表的输送电量收入为不含增值税收入。

利润与利润分配表（第Ⅴ种类型输变电工程） 表 5-21

人民币单位：万元

序号	项目	合计	计 算 期					
			1	2	3	4	......	n
1	产品销售收入							
2	销售税金及附加							
3	总成本费用							
4	节能降耗收益							
5	利润总额							
6	弥补以前年度亏损							
7	应纳税所得额(5-6)							
8	所得税							
9	折旧垫付未分配利润							
10	可供分配利润（税后）							
10.1	企业盈余公积金							
10.1.1	法定盈余公积金							
10.1.2	任意盈余公积金							
10.2	应付利润							
10.2.1	专项财政债券 1							
10.2.2	专项财政债券 2							
10.3	未分配利润							
10.3.1	亏损							
10.3.2	还贷利润							
10.3.2.1	偿还长期贷款利润							
10.3.2.2	偿还累计短贷利润							
10.3.2.3	折旧垫支还贷利润							
	累计未分配利润							
	累计亏损							
	累计还贷利润							

注：本表的输送电量收入为不含增值税收入。

财务计划现金流量表　　　　　　　　　　　　　　　　　　　表 5-22

人民币单位：万元

序号	项目	合计	计 算 期					
			1	2	3	4	……	n
1	经营活动净现金流量(1.1-1.2)							
1.1	现金流入							
1.1.1	销售收入							
1.1.2	其他收入							
1.1.3	回收流动资金							
1.2	现金流出							
1.2.1	经营成本							
1.2.2	城建税及教育附加							
1.2.3	所得税							
1.2.4	其他流出							
2	投资、筹资活动净现金流量(2.1-2.2)							
2.1	现金流入							
2.1.1	项目资本金投入							
2.1.2	建设投资借款							
2.1.3	流动资金借款							
2.1.4	短期借款							
2.1.5	回收固定资产余值							
2.2	现金流出							
2.2.1	建设投资							
2.2.2	流动资金							
2.2.3	借款本金偿还							
2.2.4	各种利息支出							
2.2.5	各投资方利润分配							
2.2.6	其他流出							
3	净现金流量(1+2)							
4	累计盈余资金							

注：对外商投资项目，经营活动现金流出中应增加职工奖励及福利基金科目。

资产负债表　　　　　　　　　　　　　　　　　　　表 5-23

人民币单位：万元

序号	项目	合计	计 算 期					
			1	2	3	4	……	n
1	资产							
1.1	流动资产总额							
1.1.1	应收账款							

续表

序号	项目	合计	计 算 期					
			1	2	3	4	……	n
1.1.2	预付账款							
1.1.3	存货							
1.1.4	货币资金							
1.1.5	累计盈余资金							
1.2	在建工程							
1.3	固定资产净值							
1.4	无形及其他资产净值							
2	负债及所有者权益(2.4+2.5)							
2.1	流动负债总额							
2.1.1	应付账款							
2.1.2	预收账款							
2.1.3	短期借款							
2.2	建设投资借款							
2.3	流动资金借款							
2.4	负债合计							
2.5	所有者权益							
2.5.1	资本金							
2.5.2	资本公积金							
2.5.3	累计盈余公积金							
2.5.4	累计未分配利润							

计算指标:
资产负债率(%)

敏感性分析表（测算内部收益率）　　　表 5-24

序号	不确定因素	变化率	内部收益率	内部收益率变化率	敏感度系数
1	建设投资				
2	电量				
3	经营成本				

敏感性分析表（测算电价） 表 5-25

序号	不确定因素	变化率	电价	电价变化率	敏感度系数
1	建设投资				
2	电量				
3	经营成本				
4					
5					

5.6 国民经济评价简介

国民经济评价，是从国民经济、资源合理配置的角度，分析项目投资的经济效益和对社会福利所做出的贡献，评价项目的经济合理性。对于财务评价不能全面、真实地反映其经济价值的项目，应将国民经济评价的结论作为项目决策的主要依据之一。

对于财务价格扭曲，不能真实反映项目产出的经济价值，财务成本不能包括项目对资源的全部消耗，财务效益不能包括项目产出的全部经济效果的项目，需要进行国民经济评价。

在国民经济评价中，投入与产出的识别应该符合下列要求：

1）遵循有无对比的原则；

2）对项目所涉及的所有成员及群体的费用和效益做全面分析；

3）正确识别正面和负面外部效果，防止误算、漏算及重复计算；

4）合理确定投入与产出的空间范围与时间跨度；

5）正确识别和调整转移支付，根据不同情况区别对待。

对于投入与产出，均采用"影子价格"来修正并取代财务价格。国民经济评价的计算流程与财务评价基本一致。

财务评价与国民经济评价之间的关系是：①只要国民经济评价结论不可行，项目就不可行；②国民经济评价结论及财务评价结论均可行，当然可行；③国民经济评价结论可行而财务评价结论不可行的，需要做进一步工作，可考虑采取政策倾斜等措施来改善项目的财务可行性。

第6章 电网建设项目后评价

6.1 电网建设项目后评价的目的、作用和特点

6.1.1 电网项目后评价概述

电网项目后评价是指在电网项目建成投产或投入使用后的一定时期，对电网项目的运行目的、执行过程、效益作用和影响进行系统的、客观的分析，进行全面评价，即对电网项目决策初期的预期效果与电网项目实施后的终期实际结果进行全面对比考核，对电网建设项目投资产生的财务、经济、社会和环境等方面的效益与影响进行全面科学的评价。电网项目后评价是建立科学化、程序化和民主化的投资决策管理体系中的重要内容，是电网项目管理中的最后一个环节，是项目决策管理的反馈环节。通过对电网项目的后评价，起到改进投资决策管理，完善相关的政策措施，提高科学管理水平，为今后建设同类项目提供经验的作用。

6.1.2 电网项目后评价的目的

电网项目后评价通过对电网建设项目实施过程、结果及其影响进行调查研究和全面系统回顾，与项目决策时确定的目标以及技术、经济、环境、社会指标进行对比，找出差别和变化，分析原因，总结经验，汲取教训，得到启示，提出对策建议，通过信息反馈，改善新一轮投资管理和决策，达到提高投资效益的目的。

6.1.3 电网项目后评价的服务对象

电网项目后评价的服务对象是：为电网规划和电力政策制订服务；为电网投资项目出资人决策服务；为电力企业和项目法人服务；为电网建设项目服务。

6.1.4 电网项目后评价的作用

1. 建立和完善投资决策机制中的后评价制度。

2. 为提高建设项目决策科学化水平服务。

3. 促使前评价增强责任，提高可研、评估、决策工作的准确性；及时发现和暴露投资决策中存在的问题与失误，以便借鉴，从而提高未来项目决策的科学化水平。

4. 为国家或电网企业投资计划，政策的制定提供依据。为制定和调整有关经济政策提供参考。

5. 调整投资规模与投资流向；协调产业或电网企业内部的比例；修正不合理的宏观或电网企业内部的经济、技术经济政策、指标参数等。

6. 为银行、电网企业财务调整、信贷政策提供依据

7. 发现问题，分析贷款成功与失败的原因，加强风险防范，调整贷款投向与信贷政策和办法。

8. 为提高电网项目监管水平提出建议。

9. 总结项目实施的经验教训，为出资人管理项目提供借鉴，为实现决策投资责任追

究制，提供监管手段。

10. 促使电网项目运营状态正常化。

对项目本身提出评价和建议，可促使企业改善管理，分析和研究项目初期和达产时期的实际情况，比较实际情况与预测情况的偏离程度，探索产生偏离的原因，提出切实可行的措施，从而促使项目运营状态正常化，提高项目的经济效益和社会效益，提高项目决策水平和项目的投资效率。

6.1.5 工程项目后评价的特点

与可行性研究和前评价相比，项目后评价的特点是：

1. 现实性。项目后评价分析研究的是项目实际情况，所依据的数据、资料是现实发生的真实数据或根据实际情况重新预测的数据，而项目可行性研究和项目前评价分析研究的是项目未来的状况，所用的数据都是预测的数据。

2. 全面性。在进行项目后评价时，既要分析其投资过程，又要分析经营过程；不仅要分析项目投资经济效益，而且要分析其经营管理状况，发掘项目的潜力。

3. 探索性。项目后评价要分析企业现状，发现问题并探索未来的发展方面，因而要求项目后评价人员具有较高的素质和创造性，把握影响项目效益的主要因素，并提出切实行的改进措施。

4. 反馈性。项目可行性研究和前评价的目的在于计划部门投资决策提供依据，而项目后评价的目的在于为有关部门反馈信息，为今后项目管理、投资计划的制定和投资决策积累经验，并用来检测项目投资决策正确与否。

5. 合作性。项目可行性研究和项目前评价一般只通过评价单位与投资主体间的合作，由专职的评价人员就可以提出评价报告，而后评价需要更多方面的合作，如专职技术经济人员、项目经理、企业经营管理人员、投资项目主管部门等各方融洽合作，项目后评价工作才能顺利进行。

6.1.6 电网项目后评价与项目前评价的异同

1. 相同点

(1) 性质相同，都是对项目生命期全过程进行技术、经济论证。

(2) 目的相同，都是为了提高项目的效益，实现经济、社会和环境效益的统一。

2. 不同点

(1) 评价的组织主体不同。前评价主要由投资主体或投资计划部门组织实施，后评价则由投资运行的监督管理机关或单独设立的机构进行，以确保项目后评价的公正性和客观性。

(2) 在项目管理过程中所处的阶段不同。前评价属于项目前期工作，它决定项目是否可以上马，项目后评价是项目竣工投产并达到设计生产能力后对项目的再评价，是项目管理的延伸。

(3) 评价的依据不同。项目前评价根据定额、标准及其他经济参数，计算项目的多种经济指标及得出各种分析结论，来论证并衡量建设项目的必要性、合理性和可行性。后评价主要是直接与项目前评价的预测情况或其他同类项目进行对比，检测项目的实际情况与预测情况的差距，并分析原因，提出改进措施。

(4) 评价的内容不同。前评价分析研究的内容是项目建设条件、设计方案、实施计划以及经济社会效果；后评价的主要内容是针对除前评价上述内容进行再评价外，还包括对项目决策、项目实施效率等进行评价以及对项目实际运营状况进行深入分析。

（5）在决策中的作用不同。前评价直接作用于项目决策，前评价的结论是项目取舍的依据；后评价则是间接作用于项目投资决策，是投资决策的信息反馈，通过后评价反映出电网项目建设过程和投产阶段（乃至正常生产时期）出现的一系列问题，将各类信息反馈到投资决策部门，从而提高未来项目决策科学化的水平。

6.2　电网建设项目后评价的适用范围、原则和要求

6.2.1　电网项目后评价的适用范围

按照性质和功能划分，输变电项目可划分为五类：

1. 送电工程，一般指电源点送出工程；

2. 联网工程，即跨区（省、境）电网互联工程；

3. 区（省）内输变电项目，即电网区域内的输变电工程；

4. 城市电网建设工程；

5. 农村电网建设工程。

电网项目后评价适用于上述不同投资主体的各类输变电项目的新建、扩建和改建工程。

6.2.2　电网项目后评价的原则

电网建设项目后评价应坚持"独立、科学、公正"的原则。

1. 独立性，即咨询专家独立于客户而展开工作。独立性是社会分工要求咨询行业必须具备的特性，是其合法性的基础。咨询机构或个人不应隶属或依附于客户，而是独立自主的，在接受客户委托后，应独立进行分析研究，不受外界的干扰或干预，向客户提供独立、公正的咨询意见和建议。

2. 科学性，即以知识和经验为基础为客户提供解决方案。工程咨询所需的是多种专业知识和大量的信息资料，包括自然科学、社会科学和工程技术知识。多种知识的综合应用是咨询科学化的基础。同时，经验是实现工程咨询科学性的重要保障，技术知识的开发和说明不是咨询服务，只有运用技术知识解决工程实际问题才是咨询服务。知识、经验、能力和信誉是工程咨询科学性的基本要素。

3. 公正性，即工程咨询应该维护全局和整体利益，要有宏观意识，坚持可持续发展的原则。在调查研究、分析问题、做出判断和提出建议的时候要客观、公平和公正，遵守职业道德，坚持工程咨询的独立性和科学态度。

6.2.3　电网项目后评价的要求

1. 电网项目后评价应避免出现"自己评价自己"，凡是承担项目可行性研究报告编制、评估、设计、监理、项目管理、工程建设等业务的机构不宜从事该项目的后评价工作。

2. 电网项目后评价承担机构要按照工程咨询行业协会的规定，遵循项目后评价的基本原则，按照后评价委托合同要求，独立自主认真负责地开展后评价工作，并承担国家机密、商业机密相应的保密责任。受评项目业主应如实提供后评价所需要的数据和资料，并

配合组织现场调查。

3. 电网项目后评价要有畅通、快捷的信息流系统和反馈机制。项目后评价的结果和信息应用于指导规划编制和拟建项目策划，调整投资计划和在建项目，完善已建成项目。

6.3 电网建设项目后评价的基本内容及格式要求

6.3.1 项目后评价的基本内容

项目后评价内容的总体框架主要包括项目概况、项目立项决策阶段的总结和评价、项目准备阶段的总结和评价、项目实施阶段的总结和评价、项目效果、效益及影响评价、项目目标实现程度和持续能力评价、经验教训及对策建议。大型和复杂电网项目的后评价应该包括以上主要内容，进行完整、系统的评价。一般电网项目应根据后评价委托的要求和评价时点，突出项目特点等，选做一部分内容。项目中间评价应根据需要有所区别、侧重和简化。

6.3.1.1 项目概况

主要内容包括项目情况简述、项目建设必要性、项目建设主要内容、项目总投资、项目资金来源及到位情况、项目运行及效益现状等。

1. 项目情况的简述。包括简述项目建设的地点、电压等级、建设规模、项目业主、项目投资方、项目立项及主要批复意见、重要专题研究报告、主要参加建议的单位以及项目开工和竣工的时间等。

2. 项目建设的必要性。包括项目建设的理由、必要性，决策目标和目的，项目评估和可研报告批复或核准的主要意见。

3. 项目主要建设内容。包括项目的勘测、设计、开工准备、施工、调试、试运行、资金筹措等主要程序的实施情况，线路长度、变电容量等。

4. 项目实施进度。包括项目周期各个阶段的起止时间、时间进度表、建设工期。

5. 项目总投资。包括项目可行性研究投资估算批复，投资、初步设计概算及批复，预算、结算、决算投资和审计情况。

6. 项目资金来源及到位情况。包括资金来源，计划时投资方的资本金和计划融资的数值，注册资本金的比例，各个投资方的投资比例；实际发生的资本金和融资的数值，资本金和融资的计划资金流和实际资金流；计划贷款利率和实际利率。

7. 项目运行及效益现状。包括项目运行现状、生产能力实现状况、实际生产指标完成情况以及项目财务效益情况等。

6.3.1.2 项目立项决策阶段的总结和评价

项目立项决策阶段的回顾，主要内容包括：项目可行性研究、项目评估或评审、项目决策审批、核准或批准等。项目立项决策阶段评价主要根据电力规划及有关规程和规定，评价可行性研究报告质量、项目评估或评审意见的客观性、项目核准（审批）程序的合理性和项目决策的科学性，包括立项条件与依据评价、决策过程与程序评价、可研评估和报告核准的主要意见评价三个方面。

1. 项目立项条件与依据评价。

（1）对立项的条件和依据进行审核。

（2）评价是否符合现行有关立项政策和要求，是否按照国家政策和总体效益优化的原则，从经济、社会与地区发展规划考虑，结合工程建设条件，对是否做好前期规划、是否重视前期工作深度和质量做出评价。

2. 项目决策过程与程序评价。

（1）评价决策过程和程序是否符合相关规定。如项目可行性研究单位资格及委托方式审查，项目可行性研究的依据、实际经历时间、研究内容及深度等，项目决策程序、决策效率和质量如何等。

（2）评价项目建设目的与目标是否达到，包括规划容量、建设规模、布置方案、接入系统方案、建构筑物方案、建设及投产年限、设备利用小时数、利用率、输送电价；采用先进技术、设备、材料的先进性、合理性等；发现前后变化，并找出原因，给出前期决策是否正确的结论性意见，为今后加强项目前期工作管理积累经验。

（3）评论立项水平，并提出提高宏观决策、优化与调整资源配置的建议。

3. 项目评估和可研报告核准的主要意见

（1）评价项目评估与可研报告的核准情况，如可研报告上报、审批与核准是否达到要求，审核其合理性和客观性，特别是多方案的比较优化。

（2）评价方案评估质量是否满足要求，可行性研究报告核准是否合理等。

6.3.1.3　项目准备阶段的总结和评价

项目准备阶段的回顾，主要内容包括：工程勘察设计、资金来源和融资方案、采购招投标（含工程设计、咨询服务、工程建设、设备采购）、合同条款和协议签订、开工准备等。项目准备阶段的评价主要根据初步设计内容深度规定、招投标制度和开工条件等有关管理规定，对项目勘察、设计、开工准备、采购招标、征地拆迁和资金筹措等情况和程序的评价。

1. 项目勘测设计评价

包括勘察设计质量、技术水平和服务水平的分析评价。后评价还应该进行两个对比，一是该阶段项目内容与前期立项所发生的变化；二是项目实际结果与勘察设计时的变化和差别，分析变化的原因，分析重点是项目建设内容、投资概算、设计变更等。

（1）评价勘察设计单位的选定方式和程序、能力和资信情况以及效果；

（2）评价勘察设计工作的质量，包括项目的工程地质和水文条件等；

（3）评价设计方案的水平，包括设计指导思想、方案比选、设计更改等；

（4）综合评价设计工作能力，包括总体技术水平，主要设计技术指标的先进性、安全性和实用性，新技术装备的采用，设计工作质量与设计服务质量等。

2. 项目资金筹措评价

根据项目准备阶段确定的投融资方案，对照实际实现的融资方案，从投资结构、融资模式、资金选择、项目担保和风险管理等方面进行评价。

（1）评价实际融资方案对项目原定目标和效益指标的作用和影响。如注册资本金占总投资的比例有无变化；各投资方的融资比例、融资方式、借贷利率和条件有无变化等。

（2）评价项目是否可采取更加合理经济的投融资方案。

3. 项目招投标评价

工程项目采购招标的主要内容有：勘察设计、建设施工、设备物资、咨询服务等四项采购。对采购招投标工作的评价应包括招投标公开性、公平性和公正性的评价，涉及资格、程序、法规、规范等事项。

（1）评价技术、装备的引进和采购是否符合国家有关规定和程序，设备的先进性、适用性是否符合国家相关技术政策要求。

（2）评价设计、监理、设备采购、施工等招投标过程及其公平、公正与公开性，从招投标程序、时机、过程及合同的签订等方面评价。

4．项目开工准备工作评价

（1）评价开工手续是否齐全，包括应已办理土地许可证、规划许可证、开工许可证等，应已进行开工审计。

（2）评价开工准备阶段招投标工作是否完成并签订合同。

（3）评价工程是否具备连续施工条件，包括施工组织设计大纲审定、图纸会审和设计交底等应已完成。

（4）涉外项目还应包括对外谈判及结果评价。

6.3.1.4　项目实施阶段的总结和评价

项目实施阶段的回顾，主要内容包括：项目合同执行、重大设计变更、工程"三大控制"（进度、投资、质量）、资金支付和管理、项目管理等。项目实施阶段的评价、包括项目建设实施总结与评价、包括施工图设计评价、合同执行与管理评价、工程施工建设评价、造价控制评价、施工监理评价、启动调试运行评价和竣工验收评价等。项目实施阶段的后评价，一方面要与开工前的工程计划对比；另一方面还应该把该阶段的实施情况、可能产生的结果和影响与项目决策时期所预期的效果进行对比，分析偏离度，在此基础上找出原因，提出对策。

1．施工图设计评价

（1）评价施工图设计是否按审定的初步设计原则进行。

（2）评价施工图质量是否符合相关规程规范标准，施工设计图纸是否按计划交付。

（3）评价设计变更的主要原因及效果。

（4）评价设计会审及设计交底情况。

2．合同执行与管理评价

合同执行与管理评价一方面要评价合同依据的法律规范和程序等，另一方面要分析合同的履行情况和违约责任及其原因分析。有关合同包括勘察设计、设备物资采购、工程施工、工程监理、咨询服务等。

3．建设施工评价

（1）评价工程施工进程及施工单位对工程建设目标的控制情况，主要包括进度目标、质量目标和安全文明施工目标控制等。

（2）对照工程建设进度计划，评价施工进度网络的制定、执行及效果，尤其注重评价关键路径的效果。

（3）评价工程质量控制情况，包括按电网项目施工及验收技术规范和施工质量检验及评定标准的验评结果。

（4）评价安全、文明施工控制情况，包括是否符合电网安全、文明工作规程，施工管理规定，电业生产事故调查规程的要求及安全、文明施工的结果。

4. 造价控制评价

（1）评价项目建设各方造价管理情况，分析项目总造价的变化及其原因。实际竣工决算与初设概算的变化及影响、主要工程量与主要设备价格的变化及原因、总结造价控制的经验教训等。

（2）评价资金投入情况。对比资金实际到位情况与前评价的资金投入计划，分析变化情况及原因，对资金计划落实情况及影响进行评价。

（3）评价造价控制情况。通过列表对比实际竣工决算与初设批准概算，分析主要差距（超支或节余）及原因，评价造价控制情况。造价变化原因着重从工程量和主要设备价格变化来分析。可结合采用按单项工程进行对比分析、按投资构成进行对比分析、按主要技术经济指标进行对比分析等。

1）将各单项工程进行对比。主要生产项目、辅助及附属生产项目、公用设施项目和生活福利设施项目等建设项目的投资重点，应将各单项工程的实际数、概算数及评价数进行对比分析，对超支、节约额较大的，要重点分析原因。

2）按投资构成进行对比。将总投资和各单项工程投资，按建筑工程投资、安装工程投资和设备投资进行对比，进一步明确节约或超支的主要方面，找出节约或超支的主要原因。

3）主要技术经济指标的对比。与国内外同行业、同规模的竣工项目比较，考虑不同条件的因素以后，可据此评价项目建设的管理水平。与不同历史时期的主要技术经济指标比较，在考虑价格因素后，可反映建设造价的升降程度。

（4）总结造价控制的经验教训，如建设过程中如何控制、使用投资，如何进行造价管理等。

5. 施工监理评价

（1）论述监理组织机构、责任制、管理程序、实施导则、质量控制等建立及落实情况。

（2）评价监理准备工作与监理工作执行情况，重点评价监理发生问题可能对项目总体目标产生的影响。

（3）评价监理工作效果，如四控制（安全、进度、质量、投资的控制）两管理（合同、信息管理），协调执行情况。

（4）对监理工作水平做出总体评价，并对类似工程提出改进建议。

6. 设备监造评价

评价设备监造准备工作与具体实施情况，侧重点主要为监造设备、质量计划文件准备、驻厂监造实施及出厂验收等。

7. 启动调试和试生产评价

（1）评价范围包括分部试运和整套启动至试生产，竣工验收并移交生产。

（2）评价是否按电网项目基本建设工程启动及竣工验收规程规定，成立启动验收委员会（简称启委会），并审定启动调试方案。

（3）评价启动调试中发现及消除的问题，追踪到产生问题并提出改进建议。

（4）对启动调试方案水平及启动调试结果做出总体评价。

（5）试生产评价。对比分析试生产中各项指标与设计指标，评价生产准备是否满足试生产要求，包括资金、物资、人员和机构的准备等；分析试生产中出现问题的原因。

（6）竣工验收评价。评价竣工验收是否满足各项条件，如是否成立工程竣工验收委员会、完成财务决算；评价环境保护竣工验收、公安消防竣工验收、环境保护、节能竣工验收、档案竣工验收情况及验收结论和意见等。

交付竣工验收前，建设单位要组织设计、施工、监理单位进行初步验收，向主管部门提出竣工验收报告，并系统地整理技术资料，绘制竣工图，在竣工验收时作为技术档案移交生产单位保存，建设单位要认真清理所有财产和物资编好竣工决算，提交上级主管部门或投资者批准或认同。电网项目按验收标准确定工程全部完工后，施工、设计和建设单位，应在主管部门任命的验收委员会的领导下，根据设计文件，工程质量标准等进行验收，经负荷联合试运转、试生产合格后，即可交付使用。评价竣工阶段的工作成果，并对竣工验收的主要结论，提出评价意见和建议。

8. 建设机构管理水平及效能评价

评价项目建设前期及建设实施过程中，管理者执行的法规、规定与标准的水平，包括执行项目法人负责制、项目资本金制、招投标制、经济合同制、建设监理制的水平，项目是否进行了咨询评估等。

（1）各阶段执行者资格与资信的审查和管理、管理者素质和能力。

（2）各种管理机构的设置及其功能、组织形式和作用、管理信息网。

（3）管理体现的效率和效益。

（4）决策管理的水平和效益等。

6.3.1.5 项目运营情况和评价

项目运营情况评价包括对生产运行、运营机构管理水平及效能、项目生产能力实现状况等做出总结及评价。

1. 项目生产运行评价

简述项目运行规程的建立和执行情况，根据运行观测的资料以及出现的问题，评价项目的安全生产情况和设备运行情况；根据项目后评价时的实际运营情况，预测项目未来的发展前景。

2. 运营机构管理水平及效能评价

评价项目生产运行过程中，各项制度、规定、程序的制定和管理的科学性和有效性；评价职工培训、设备和安全生产等的管理水平。

（1）各阶段执行者资格与资信的审查和管理、管理者素质和能力。

（2）各种管理机构的设置及其功能、组织形式和作用、管理信息网。

（3）管理体现的效率和效益。

（4）决策管理的水平和效益等。

3. 生产能力实现状况评价

评价项目生产能力实现情况，主要通过分析项目生产经营实际完成的生产指标。电网项目生产经营实际完成的生产指标主要有：供电量、输送电量、线损电量、最大输电潮流、最大供电负荷、负载率、线路稳定极限、设备可用率、事故停运次数、电压合格率以及典型负荷曲线等，评价时根据不同项目类型选取相应指标。

6.3.1.6 项目效果、效益及影响评价

项目效果、效益及影响评价包括项目功能实现评价、技术水平评价、财务评价、地区电价影响评价和建设经营管理评价。

1. 项目功能评价

项目功能实现主要评价项目在生产运行中发挥的作用，如优化资源配置、加强网架结构、提高电力输送能力、满足负荷发展需求等方面的作用。其中，电力送出工程应着重评价其电量输送效益；区域联网工程可通过互送最大电力、年交换电量、潮流分布来评价对优化资源配置和加强网架结构方面的作用；受端输变电项目可通过设备负载率等评价项目对增加地区供电能力以及加强网架结构的作用。

功能评价主要针对项目自身特点，从项目最主要的功能着手评价。通过比较项目实现的功能与设计预期的功能（包括线路最大输送容量、线路利用小时数、变电设备负载率等量化指标），分析差距及原因。

2. 项目技术水平评价

主要内容包括：工艺、技术和装备的先进性、经济性、安全性、可靠性、适用性匹配性及新设备、新材料、新工艺的运用、国产化水平，资源、能源合理利用及节能降耗效果。

（1）项目所采用主要设备在电网运行中的技术性能，对比设计参数与实际参数，综合评价项目运行的可靠性水平；

（2）根据电网运行维护经验，评价项目所采用主要设备、材料的经济性能，特别要注重评价新设备的运行情况。

3. 项目财务效益评价

主要内容包括：项目各阶段投资、融资、造价情况及分析；重新测算项目的财务评价指标及敏感度，评价项目的盈利能力、偿债能力及抗风险能力等。经济评价应通过投资增量效益的分析，突出项目对企业效益的作用和影响。财务评价与前评估中的财务分析在内容上基本是相同的，都要进行项目的盈利性分析、清偿能力分析和外汇平衡分析，但在评价中采用数据不能简单地使用实际数，应将实际数中包含的物价指数扣除，并使之与前评估中的各项评价指标在评价时点和计算效益的范围上都可比。

在盈利性分析中要通过全投资和自有资金现金流量表，计算全投资税前内部收益率、净现值，自有资金税后内部收益率等指标，通过编制损益表，计算资金利润率、资金利税率、资本金利润率等指标，以反映项目和投资者的获利能力。清偿能力分析主要通过编制资产负债表，借款还本付息计算表，计算资产负债率、利息和偿债备付率等指标反映项目的清偿能力。

4. 地区电价影响评价

项目投运后对地区电价有两方面的影响：

（1）降低地区销售电价

当项目投产后能够改善电网网架结构和电网运行条件，增加地区供电来源，通过降低网损等使整个电网购电成本和运行成本降低，能够对降低地区输配电价产生贡献。

（2）提高地区销售电价

如果项目投产后，主要功能是提高了供电可靠性，对于销售电量增加不多，为了满足项目还本付息和投资回报的要求，可能需要通过整个地区电网销售电量分摊电价来实现项目建设的收益时，就需要争取提高地区销售电价的政策，以满足企业发展需要。

5. 地区经济效益评价

经济评价的内容主要是通过编制投资经济效益和费用流量表，资源流量表等计算国民经济盈利性指标：全投资和国内投资经济内部收益率和经济净现值，此外还应分析项目的建设对当地经济发展、所在行业和国民经济发展的影响，对收益公平分配的影响、对提高当地人口就业的影响、和推动本地区、本行业技术进步的影响等。

6. 项目环境影响评价

主要内容包括：项目主要环境影响问题及达标情况分析、环保设施及制度的建设和执行情况分析（环境管理能力）、污染控制措施及效果分析、地区环境影响和生态保护效果分析。根据项目运营后的实测数据，对照项目批准的"环境影响报告书"，重新审查项目各类（电磁、噪声、废弃物）污染的严重程度，及对地区保护目标（环境保护的敏感目标）影响的实际效果，评价项目的环境效益。

（1）环境影响及达标情况

按我国现行环保政策、法规、标准的要求，分析项目环境污染的现状，说明环境影响及达标情况。

（2）环境管理能力评价

环境管理能力评价指对项目环境设施及制度的建设、执行情况的评价。评价内容包括：有关环境保护资料文件的管理；环境保护与主体工程"三同时"的执行，对有关环境保护政策、法规、标准的执行；污染控制设备的完好率、投运率、环境保护监测系统及仪表的管理；环境保护监测数据和网络的管理；技术人员、管理人员的培训等。

（3）地区环境影响与生态保护效果评价

1）对敏感目标的环境影响评价。根据项目各类污染实测数据，按现行标准，计算项目对所在区域环境保护敏感目标的影响程度，与前期环评报告书中的相关预测指标进行对比，评价是否达到项目批准的环保要求，并分析项目的环保性能是否得到提高。

2）对各项污染控制措施的效果评价。评价项目各阶段污染物控制措施变化的环保效益和资源优化利用效果，如节水、节能、减少占地、减少占用环境容量、利用可再生能源、为当地提供的可再利用资源等。

3）综合评价项目环境治理与生态保护的总体水平。

7. 项目社会效益评价

项目的社会影响评价是要分析项目对国家（或地方）社会发展目标的贡献和影响，包括项目本身和对周边地区社会的影响，对项目主要利益群体、当地经济社会发展影响的评价，如增加就业机会、征地拆迁补偿和移民安置、带动区域经济社会发展、推动产业技术进步等。

电网项目社会效益评价内容主要包括以下几个方面：

（1）对区域经济社会发展的影响。项目对所在地区、行业经济发展和管理体制方面的作用和影响。

（2）对推动产业技术进步的影响。项目所选用的先进技术对国家、部门和地方和科技进步的作用和影响，如技术的先进和适用程度、对行业技术进步的推动作用等。

（3）对实现国家和地方，各项目社会发展目标所作的贡献与影响，以及项目与社会发展的相互适应性。如对国民经济生产布局、国民经济结构调整、提高宏观效益以及长远发展等。

（4）项目对所在地的社会环境社会条件的影响。分析项目所在社区的内在联系，包括：

1）项目对所在地的社会环境和社会条件影响，重点是对项目所在地的交通、通信设施和能源供应条件的影响。

2）项目和当地社会的相互关系，地方政府对项目的支持情况，当地人民对项目所持的态度，项目占用当地农民的耕地，对当地的影响，这些农民对项目的态度如何，项目的建设对需搬迁居民的影响，被搬迁的人对项目的态度如何，项目的建设和运行引起自然环境的变化会带来什么样的社会后果。

6.3.1.7 项目目标实现程度和持续能力评价

项目目标实现程度和持续能力评价包括目标评价、持续性评价以及项目对企业发展的贡献等。目标评价应对照项目可研评估的各项具体目标，找出变化，分析项目目标的实现程度以及成败的原因，评价项目目标的合理性。持续性评价指对项目延续性和可重复性的评价。项目的持续性是指项目的固定资产、人力资源和组织机构在外部投入结束之后持续发展的可能性；项目的可重复性指是否可在未来以同样的方式建设同类项目。项目对企业发展的贡献，应从技术、经济、管理等方面评价。

1. 项目目标评价

目标评价包括宏观目标评价、建设目标评价、目标变化及原因分析等。目标评价时，对各项具体目的，一般用定量指标表述。

（1）宏观目标评价，指对项目立项时预定的宏观目标实现程度的评价。电网项目建设的宏观目标包括下列内容：

1）满足经济社会发展对电网产品或服务的需要，推动其他产业的发展，从而达到促进全国和当地 GDP 的增长。

2）项目建成后推动地区经济产业结构调整、增加人民收入、增加就业机会、改善居民的生活质量、改善环境质量、稳定社会政治和经济秩序等。

（2）建设目的评价，指对项目建设技术目标、效益目标和影响目标等直接目的的评价，包括下列内容：

1）对照项目建设必要性与其在生产运行中实际发挥的作用，如对电网系统安全稳定、电网技术升级，以及前期预测的财务指标与运营中实际的财务指标等，评价项目建设目标实现程度。

2）根据项目目标实现程度，分析变化及原因。在项目以后的实施或运行中，应采取相应措施和对策，以保证达到预定目标。必要时，还要对有些项目预定的目标和目的进行分析和评价，确定合理性、明确和可操作性，提出调整或修改目标和目的的意见和建议。

2. 项目持续性评价

项目持续能力评价包括延续性评价和可重复性评价。

（1）评价项目的持续能力：主要分析两个方面因素及条件，一是持续能力的内部因素，包括财务状况、技术水平、污染控制、企业管理体制与激励机制等，核心是电力产品的竞争能力。二是持续能力的外部条件，包括资源、环境、生态、政策环境、市场变化及趋势等。持续能力评价一般以评价者的经验、知识和项目执行过程中的实际影响为基础，对项目未来进行客观、科学的预测。项目持续性评价要对这两种因素深入分析，找出影响可持续发展的关键因素，提出相应措施和建议。

持续能力评价，常规的分析方法是"逻辑框架法，"即重新确定的长远目标、效益、产出、工作和投入等几个层次评价项目的相关条件和风险。后评价时，要通过逻辑框架的"反向"顺序来分析项目的影响与原因的关系。

（2）可重复性评价：根据项目本身条件和外部环境，从同类工程可重复建设角度，评价该项目为在建工程创造的条件和对后续工程建设的借鉴性作用。

当评价认为项目持续性存在问题时，应提出针对性的建议。如实际影响难以评价，持续性评价要直接指出危机可能产生的后果。

3. 项目对企业发展的贡献评价

项目对企业发展的贡献包括多个方面，可着重从技术、经济、管理等方面评价。

（1）企业在技术力量上的培养和提升。尤其注重在直流工程、串补工程、特高压工程中，采用的新技术对企业技术力量的提升。

（2）项目对企业经济效益的贡献。根据工程实际情况，客观分析经济效益状况，可能存在负效益的情况，也要如实反映，作为政策建议的依据。

（3）项目建设、运营对企业管理水平的影响。包括建设管理、制度建设等方面的改进情况。

6.3.1.8 项目后评价结论、经验教训和对策建议

1. 评价结论应在综合前面各章评价结论的基础上定性给出，后评价获得的项目结果和问题应该用实际数据与资料明确表述，不能人为修改。项目存在问题局限于特定项目本身范围，具有针对性。

2. 经验教训总结，即根据项目后评价结论总结正反两方面的经验教训，特别是可供项目决策者、投资者、贷款者和执行者在项目决策、程序、管理和实施中借鉴的经验教训，为决策和新项目建设服务。

3. 对策建议，即根据项目评价结论、存在问题和经验教训，以项目问题的诊断和综合分析为基础，得出启示和对策建议。对策建议的提出，应实事求是，并应具有针对性、借鉴性、指导性和可操作性。项目后评价的对策建议可从微观（项目、企业）和宏观（行业、国家）两个层面分别说明。

6.3.2 项目后评价的格式要求

1. 后评价报告应要根据规定的内容和格式编写，报告应观点明确、层次清楚、文字简练、文本规范；评价结论应与未来的规划和政策的制订联系起来。

2. 与项目后评价相关的重要专题研究报告和资料应附在报告正文之后。

3. 电网项目后评价应注重分析项目投资对行业布局、产业结构调整、企业发展、技术进步、投资效益和国有资产保值的作用和影响。

4. 项目后评价承担机构应按照工程咨询行业协会的规定，遵循后评价的基本原则，按照后评价委托合同要求，独立自主认真负责地开展后评价工作，并承担相应的保密责任。受评项目业主应如实提供所需的数据和资料，并配合组织现场调查。

6.4 电网建设项目后评价的方法

项目后评价方法的基础理论是现代系统工程与反馈控制的管理理论。项目后评价亦应遵循工程咨询的方法与原则。原则上要坚持定量分析和定性分析相结合的方法。电网项目后评价通常采用"前后对比"、"有无对比"、"横向对比"、"逻辑框架法"、"综合评价法"。下面重点介绍项目后评价的主要分析评价方法。

6.4.1 逻辑框架法 logic framework method

项目后评价的综合评价方法是逻辑框架法，一种概念化论述项目的评价方法。可采用项目后评价逻辑框架表，将一个复杂项目的几个内容相关、必须同步考虑的动态因素组合起来，按层次分析其内涵，得出项目目标和达到目标所需手段之间的因果逻辑关系，用以确定工作范围和任务，指导、管理和评价一个设计完整、目标明确的投资项目（或计划、方案、活动等）的工作方法，适合于项目的全面分析和找出其中重要的相关关系。通过对项目的投入、产出、直接目的、宏观影响四个层面进行分析总结，了解其间的关系。其核心概念是事物层次的逻辑关系，即"如果"提供了某种条件，"那么"就会产生某种结果；这些条件包括事物内在的因素和事物所需要的外部条件。

6.4.2 对比法 comparison method

项目后评价的主要分析评价方法是对比法，即根据后评价调查得到的项目实际运行结果及在评价时所做的新的预测情况，对照项目立项时所确定的直接目标和宏观目标，以及其他指标，找出偏差和变化，分析原因，得出结论和经验教训。项目后评价的对比法包括前后对比、有无对比和横向对比。

1. 前后对比法 before and after comparison method

是指项目实施前后相关指标的对比，即将建设项目的可研、评估预测结论和决策目标以及工程设计确定的技术经济指标，与项目建成的实际运行结果及在后评价时点所做的预测相比较，用以直接估量项目实施的相对成效。这种对比是进行后评价的基础，特别在对项目财务评价和工程技术等效益分析时是不可缺少的。采用前后对比法要注意前后数据的可比性。

2. 有无对比法 with and without comparison method

是指将项目实际发生的情况与若无项目可能发生的情况进行对比，以度量项目真实的效益、影响及作用。有无对比的关键是要求投入的代价与产出的效果口径一致。

3. 横向对比 horizontal comparison method

是指同一行业内类似项目相关指标的对比，用以评价企业（项目）的绩效或竞争力。

6.4.3 调查法 survey method

项目后评价调查是采集对比信息资料的主要方法，包括现场调查和问卷调查。后评价调查重在事前策划。

1. 现场调查：包括现场踏勘、项目座谈、资料查阅等。

2. 问卷调查：根据项目实际设计问卷进行调查。

6.4.4 综合评价法 comprehensive assessment method

主要包括两类：一类是定性分析总结法；一类是多目标定量分析综合评价法。

1. 定性分析总结法

又称矩阵分析总结法，指将评价的各种定量与定性分析指标列一矩阵表，将各项定量与定性分析的单项评价结果，按评价人员研究决定的各项目标的权重排列顺序，列于矩阵表中，进行分析，将一般可行且影响小的指标逐步排除，着重分析考察影响大和存在风险的问题，最后分析归纳，指出影响项目的关键所在，提出对项目的总结评价。

2. 多目标定量分析综合评价法

组织若干专家，根据国家与地方有关社会发展的政策目标，结合项目的具体情况，对各分项指标进行分析、评分确定其在评价中的重要程度并给出相应的权重，最后计算出项目的综合社会效益，得出评价结论。

6.4.5 成功度法 success degree method

成功度法是根据项目各方面的执行情况并通过系统标准或目标判断表来评价项目的总体成功度。进行项目成功度分析时，把建设项目评价的成功度分为四个等级，即成功（A）、部分成功（B）、不成功（C）、失败（D），然后将项目绩效衡量指标进行专家打分，综合评价。

6.4.6 因果分析法 causal analysis

1. 因果分析主要通过对造成变化原因逐一进行剖析，分清主次及轻重关系，以便于总结经验教训，提出改进或完善的措施和建议。

2. 因果分析的对象如下：

（1）对投资项目管理法规条例及办事程序的执行情况分析。

（2）工程技术及质量指标变化的因果分析。

（3）设施及设备技术标准的变化。

（4）设备采购方式的变化。

（5）技术设备引进及人员培训方式的变化。

（6）工程支付方式、时间及数量的变化。

（7）经营方式、运营管理体制及经济效益指标变化。

（8）项目投产后市场及销售量与预测结果变化分析。

3. 因果分析图：是一种分析和寻找影响项目主要技术经济指标变化原因的简便有效的方法或手段。

6.4.7 重点评价分析法 critical evaluation analysis method

从工程实现的主要亮点以及存在的主要问题出发，有重点的分析评价实现这些亮点的主要背景、所需环境、主要方法、主要构成要素；对于存在的主要问题，应重点分析出现问题的主要背景、主客观因素等。

6.4.8 其他

在技术方案客观因素和主观因素确定中，比较常用的方法有专家打分法、层次分析法、模糊评判法等。

6.5 电网建设项目后评价的组织实施

6.5.1 项目业主后评价的主要工作

项目业主作为项目法人，负责项目竣工验收后进行项目自我总结评价并配合企业具体实施项目后评价。项目业主后评价的主要工作有：完成项目自我总结评价报告；在项目内及时反馈评价信息；向后评价承担机构提供必要的信息资料；配合后评价现场调查以及其他相关事宜。

6.5.2　电网建设项目后评价的组织实施及工作程序

1. 自评报告，即项目业主在项目完工投产后 6～18 个月内向主管中央企业上报《电网项目自我总结评价报告》（简称自评报告）。自评报告要根据规定的内容和格式编写，报告应观点明确、层次清楚、文字简练，文本规范。

2. 选择项目，即中央企业对电网项目的自评报告进行评价，得出评价结论。在此基础上，选择典型电网项目，组织开展企业内电网项目后评价。

3. 合同签订，即电网项目后评价工作委托单位和被委托的独立咨询机构需签订咨询服务合同，明确双方在后评价工作中的权利和义务，合同应对双方后评价工作主管部门（负责人）、后评价工作计划、进度安排、经费预算、报告形式等重要内容做出明确规定。

4. 启动协调，即电网项目后评价工作启动后，委托单位应组织后评价工作协调会，由参与项目决策、建设和运行等有关单位和部门及独立咨询机构的相关人员共同参加，以便统一思想，理顺资料收集渠道，落实配合人员。

5. 调研收资，即后评价独立咨询机构收集整理项目资料、现场考察，并可依据项目后评价工作需要开展一些有针对性的调查活动；项目委托单位应如实提供后评价所需要的数据和资料，并配合组织现场调查。

6. 报告撰写，即后评价独立咨询机构在认真分析项目资料、调研结果，全面了解国家和行业相关政策性、技术性文件和标准的基础上，按相关规定要求撰写《电网项目后评价报告》。

7. 专家评价，即报告撰写过程中，可根据需要召开专业性的专家评议会，对报告中的评价性结论共同评议确认，并对项目的整体成功度进行评价。

8. 报告提交，即后评价独立咨询机构根据专家评价意见对报告进行修改完善后，按照合同规定向委托单位提交《电网项目后评价报告》。《电网项目后评价报告》要根据规定的内容和格式编写，报告应观点明确、层次清楚、文字简练，文本规范。与项目后评价相关的重要专题研究报告和资料可以附在报告之后。

6.5.3　电网建设后评价项目的选择条件如下

1. 项目投资额巨大，建设工期长、建设条件较复杂，或跨省区、跨国（境）。

2. 项目采用新技术、新工艺、新设备，对提升企业核心竞争力有较大影响。

3. 项目在建设实施中，产品市场、原料供应及融资条件发生重大变化。

4. 项目组织管理体系复杂（包括境外投资项目）。

5. 项目对行业或企业发展有重大影响。

6. 项目引发的环境、社会影响较大。

6.5.4　电网建设后评价的费用来源

1. 电网项目后评价所需经费原则上由委托单位支付。

2. 电网建设项目后评价费用按照《电网工程建设预算编制与计算规定》中的有关规定计提，列入工程概（预）算，在工程决算中预留。

第7章 电网工程主要施工方法

7.1 变电建筑工程

7.1.1 变电站建筑工程一般包括

1. 主要生产工程：包括主控通信综合楼；各电压等级继电器室；屋外配电装置（各级电压等级构支架）；高抗、主变系统（构支架、基础、防火墙、油池、施工油池等）；站用变系统；独立避雷针；电缆沟（隧）道；配电装置场地处理；供水系统（水泵房、水池、供水管道）等。

2. 辅助生产工程：

（1）站区性建筑：场地平整；站区道路及广场；站区排水（排水管道、井池、化粪池、污水处理等）；围墙及大门。

（2）消防系统：消防小室及砂池；站区消防器材；特殊消防系统（火灾探测报警系统、控制楼消防）。

（3）特殊构筑物：挡土墙；护坡。

（4）站区绿化

7.1.2 主要施工方法

一、场地平整

根据场地地质情况，土石方采用爆破和非爆破开挖。

土石方爆破施工方法

（1）施工流程

施工准备—方格网复测—临时道路、排水沟—表层覆盖土层清理—爆破（包括大块石二次爆破）、边坡修整—运输、分层回填、碾压、分层密实度试验—验收

（2）施工方法

· 方格网复测：

根据施工图，对设计土石方平衡量进行复测，如有较大出入应及时报工程业主、设计及监理进行再次复核，同时结合地质报告和现场实际情况对石方坚实度、土石比进行复核。

（3）主要人员（不包括项目部管理人员，以下同）

测工、电工、炮工、各种机械操作手、杂工。

（4）主要机械、工器具

挖掘机、破碎机、装载机、推土机、压路机、自卸汽车、空压机、风钻（或电钻）、发电机、打夯机、全站仪、经纬仪、水准仪、塔尺、各种规格钢卷尺等。

二、地基处理

地基处理根据场地地质情况有很多种方法，常用的强夯地基、桩基、复合地基、毛石

混凝土换填等。

1. 钻孔灌注桩施工方法

（1）工艺流程

施工准备—桩位放线—钻机就位—桩位复检—埋设护筒、钻孔（泥浆护壁）—成孔验收—清孔—钢筋笼制作安装—混凝土导管安装—混凝土浇筑—养护—截桩头—桩检测。

（2）施工方法

·护筒埋设、钻孔：

先确定好钻孔顺序，严禁在相邻位置进行桩基施工。

先用比桩孔直径大一级别的钻头施钻，然后埋设护筒，护筒内径略大于桩径，并高出地面 30～40cm，护筒顶端开设 1～2 个溢浆口，护筒埋置深度根据土质和地下水位确定，黏性土不小于 1m，砂土不小于 1.5m，并应确保钻孔内泥浆面高出地下水位 1m 以上。护筒拆除必须在混凝土达到设计强度 25％以后进行。

开孔宜采用低速慢进，待正常后按正常速度钻进，钻进中应均匀加压，遇块石应慢速钻进，以免钻孔偏斜、塌孔，如遇偏斜、塌孔、缩径等应停钻处理后再施钻。

施工中必须做好施工原始记录，当钻至基岩时应通知设计地勘、监理检查，并做好记录，再施钻至设计和规程要求的勘入基岩深度。

·钢筋笼制作安装：

成孔合格后，应立即进行钢筋笼安装和混凝土浇筑，防止放置时间过久塌孔。

钢筋笼采用吊车安放，可分段或整根吊装，安放工程中应防止钢筋笼碰撞孔壁。

导管安装与混凝土浇筑：

采用水下浇注方法，导管放置于孔底，底端密封。

浇筑过程中必须使导管始终埋入混凝土深度 1～3m 为宜，导管上下反复插捣使混凝土密实，水下混凝土浇筑必须连续进行，混凝土浇筑高度应高出设计桩顶至少 500mm，确保凿除泛浆高度后的桩顶混凝土达到设计强度值。

·截桩头：桩检测合格后，即可进行桩头处理，截除浮桩。

·桩检测：桩检测分施工前和施工后检测，检测项目和数量必须符合设计要求和《建筑基桩检测技术规范 JGJ 106—2003》的规定。

（3）主要人员

测工、钢筋工、焊工、起重工、混凝土工、杂工等，未包括打桩人员。

（4）主要机械、工器具

钻机（根据实际选择型号）、弯钢机、断钢机、钢筋调直机、焊机、吊车、泥浆泵、混凝土搅拌机、混凝土运输机械、混凝土导管、混凝土下料斗、手推车、经纬仪、水准仪、塔尺、钢卷尺等。

2. 人工挖孔桩施工方法

（1）工艺流程

施工准备—场地平整—放线定桩位—锁口盘施工—第一节桩孔开挖—支模浇筑第一节护壁、拆模—在护壁上投测标高、轴线—设置垂直运输设备、通风机、照明等—第二节桩孔开挖—支本节护壁模与浇筑混凝土—重复第二节开挖、护壁工作至设计深度—检查桩底持力层、扩底—桩孔验收—清理虚土、积水、混凝土封底—钢筋笼制作安装—桩身混凝土浇筑。

（2）施工方法

·分段高度根据土质和操作方便确定，一般为1m左右。

·护壁可用现浇混凝土（或内加少量钢筋）、喷射混凝土、工具式护壁、沉井等，护壁厚度一般根据最深段护壁所承受土的压力及地下水侧压力确定，第一节护壁高出地面200mm。

·挖孔断面尺寸按设计尺寸加护壁厚度控制，挖孔必须间隔施工。

·一般挖孔桩钢筋笼较重，采用吊车安放，混凝土浇筑连续施工，如遇地下水较多时，应按水下混凝土施工方式浇筑。

（3）主要人员

测工、钢筋工、木工、焊工、起重工、混凝土工、杂工等。

（4）主要机械、工器具

弯钢机、断钢机、钢筋调直机、圆盘锯、刨木机、焊机、吊车、混凝土搅拌机、混凝土运输机械、混凝土导管、混凝土下料斗、手推车、经纬仪、水准仪、塔尺、钢卷尺等。

3.预应力管桩施工方法

（1）工艺流程

施工准备—场地平整—桩位放线、打试桩—打桩机、桩就位—桩起吊，插入土中找正—复核桩位—沉桩—桩检测—截桩头、灌混凝土。

（2）施工方法

·正式打桩前先打试验桩，以了解桩的贯入深度、持力层强度、桩的承载力，以及施工过程中遇到的各种问题和反常情况等。

·接桩，如工程桩长度超过预制管桩长度，则须接桩，接桩一般常采用焊接和法兰连接两种形式。

·打桩顺序：对密集的桩采取自中间向两个方向对称进行，或由中间向四周或由一侧向单一方向进行；对标高不一致的桩，宜先深后浅；对不同规格的桩，宜先大后小，先长后短。

·桩检测：桩检测分施工前和施工后检测，检测项目和数量必须符合设计要求和《建筑基桩检测技术规范（JGJ 106—2003）》的规定。

·截去桩身多余或破碎部分至设计标高，管桩孔内灌注混凝土，混凝土标号、灌注长度满足设计和规范要求。

（3）主要人员

测工、焊工、混凝土工、起重工、杂工等，未包括打桩人员。

（4）主要机械、工器具

打桩机、吊车、焊机、混凝土搅拌机、混凝土运输机械、混凝土振动棒、手推车、经纬仪、水准仪、塔尺、钢卷尺等。

三、砖石工程

1.毛条石（块石）挡土墙施工方法

（1）工艺流程

施工准备——基槽施工——地基验槽——混凝土垫层施工——挡墙基础、墙身砌筑——墙背回填、滤水层施工——表面加工、勾缝。

（2）施工方法

墙身砌筑：

· 施工前规划好变形缝、泄水孔位置。

· 墙身砌筑质量必须符合设计及规程要求，按要求留置砂浆、石材试块。

墙背回填、滤水层：

· 砌体施工完毕后墙背应大致找平，然后再回填土，墙体应达到设计强度的 75% 以上，方可回填墙后填料。

· 铺滤水层前，应将基面整平，对个别低洼部分，采用与基面相同土料或反滤层第一层滤料填平。

· 不同粒径组的反滤料层厚度必须符合设计要求。

· 应由底部向上按设计结构层要求逐层铺设，并保证层次清楚，互不混杂，不得从高处顺坡倾倒。

· 铺筑时，应使接缝层次清楚，不得发生层间错位、缺断、混杂等现象。

· 已铺筑反滤层的工段，应及时铺筑上层砌石，严禁踩踏。

表面加工、勾缝：

· 表面加工有多种形式，常见的为打錾路、凿蜂窝等。

· 勾缝：勾缝应在浆砌石砌筑施工 24h 以后进行，缝宽不小于砌缝宽度，缝深不小于缝宽的 2 倍，勾缝前必须将槽缝冲洗干净，不得残留灰渣和积水，并保持缝面湿润。

（3）主要人员

测工、木工、混凝土工、石工、架子工、杂工等。

（4）主要机械、工器具

挖掘机、装载机、打夯机、自卸汽车、混凝土搅拌机、混凝土运输机械、混凝土振动棒、圆盘锯、刨木机、手推车、手提切割机、经纬仪、水准仪、塔尺、钢卷尺、模板、钢管、扣件等。

2. 一般砖墙施工方法

（1）工艺流程

施工准备—测量放线—基槽开挖、验槽—垫层混凝土—弹线（轴线、柱、变形缝位置等）—基础施工—基槽回填夯实—脚手架搭设、墙身砌筑。

（2）施工方法

墙身砌筑：

· 砌筑前弹出墙身轴线、门窗洞口、砖跺等及边线，并进行摆砖，排出灰缝宽度。

· 砌砖前先要立皮数杆，确定砖、灰缝的厚度，确定门窗、楼板、圈过梁等构件的位置，立皮数杆用水准仪进行找平控制。

· 砌筑过程中拉结筋、圈过梁等的施工严格按设计和抗震构造要求执行。

· 按规范要求留置砂浆试块。

· 砌筑工程中对掉落的砂浆随清随用，对不能使用的集中堆放作其他用。

· 对超过正常操作高度的必须搭设双排脚手架。

（3）主要人员

测工、砖工、木工、混凝土工、架子工、机械操作手、杂工等。

（4）主要机械、工器具

挖掘机、装载机、混凝土搅拌机、砂浆搅拌机、混凝土砂浆运输机械、手推车、打夯机、圆盘锯、刨木机、经纬仪、水准仪、全站仪、塔尺、钢卷尺、定型模板、钢管、扣件、混凝土振动棒等。

四、混凝土工程

1. 加筋挡墙施工方法

（1）工艺流程

施工准备——基础施工——格栅铺设、混凝土预制块安装——回填碾压——墙面封顶、护坡等。

（2）施工方法

混凝土预制块安装：在安装中特别注意第一层模块的施工质量，这是全墙的安装基准线，以后每安装2层全面检查一次施工质量。模块安装时只能用M7·5水泥砂浆调整水平线，不得用小石子或铁片支垫调整。由于每层模块交出搭接，隔一层模块竖缝必须对齐。

格栅铺设：格栅最小炭黑含量为2%，施工中所用材料必须满足设计要求的蠕变强度指标，格栅每批不超过25000m² 取一组试样。

在格栅铺设前应检查回填面的平整度，平整度要求≤30mm，否则容易造成格栅滑移变形。

碾压回填：

·每层虚铺厚度控制在400mm以内，平整度要求≤30mm，并不得有尖角岩石突出，分别碾压5~8遍，两层碾压后的厚度不超过500mm。

·在邻近挡墙的2m范围内，用单宽质量不大于1300kg或总质量不大于1000kg的振动盘压实机或振动碾压机压实填土，在墙面后设置厚度为300mm碎石排水材料层。

（3）主要人员

测工、木工、混凝土工、杂工等。

（4）主要机械、工器具

挖掘机、装载机、推土机、压路机、打夯机、自卸汽车、混凝土搅拌机、混凝土运输机械、混凝土振动棒、圆盘锯、刨木机、手推车、经纬仪、水准仪、塔尺、钢卷尺、定型模具等。

2. 混凝土圆杆构架组合安装施工方法

（1）工艺流程

施工准备—场地平整、夯实—杆段转运就位—排干、对接焊接—组合成型、附件安装—基础杯底找平—构架吊装—二次灌浆—风绳、临时爬梯拆除—基坑回填。

（2）施工方法

排干组合：

·场地必须平整坚实、不积水，并用枕木垫平。

·杆段、钢梁二次转运至施工位置附近，再用吊车吊至施工方案确定的位置。

·构件找平、对接组合，检查无误后进行焊接，再按设计图纸组合成型，最后进行附件安装。

- 对于二级焊缝，必须进行探伤检测，如有预制梁，需提前预制。

基础杯底找平：在构架柱组合完成后，根据实际构架柱长度、基础杯底实际标高和设计柱顶标高，确定基础杯底需找平的厚度。杯底找平可用高标号砂浆、混凝土或铁板，根据实际情况确定。

构架吊装：

- 构架吊装选用汽车吊，型号经吊装施工方案计算确定。
- 柱轴线由预先弹在基础上的位置线控制，垂直度由纵横交叉的经纬仪控制，梁轴线由预先画在柱顶（或牛腿）、梁上的位置线控制。
- 柱校正后及时楔紧柱脚、固定好风绳，方可进行下一构件吊装。
- 梁安装后螺栓不宜紧固太紧或焊缝不宜过长，在全部构件吊装完成后再进行梁纵横轴线校正，最后进行节点加固。

（3）主要人员

测工、焊钳工、高空人员、起重工、混凝土工、木工、杂工等。

（4）主要机械、工器具

挖掘机、装载机、焊机、吊车、混凝土搅拌机、混凝土运输机械、手推车、混凝土振动棒、抱箍、钢丝绳、葫芦、千斤顶、U 型卡、枕木、经纬仪、水准仪、塔尺、钢卷尺等。

3. 大型块体基础清水混凝土施工方法

大型块体基础主要包括：GIS、高抗、电容电抗器、主（换流）变基础等。

（1）工艺流程

施工准备—测量放线—基坑开挖—验槽（坑）—垫层混凝土—弹线分中—钢筋制作安装—模板安装—预埋件安装—混凝土浇筑—混凝土表面处理（平整、压光等）—拆模、养护。

（2）施工方法

- 模板根据结构尺寸确定选用清水混凝土大模板或清水混凝土定型模板。
- 预埋件必须保证平整，高差控制在 2mm 内，预埋件尺寸如过大，则必须在其上开排气孔，确保预埋件下混凝土饱满。
- 混凝土浇筑分层连续完成、振捣密实，确保混凝土表面无裂纹、平整光滑、无蜂窝麻面等缺陷，并对基础边进行倒角处理。
- 拆模时注意不要碰撞基础，拆除的模板及时运走并清整。
- 为确保混凝土表面无裂纹，应选择低水化热水泥，严格控制混凝土塌落度、砂率、浇筑温度和浇筑方法等，混凝土浇筑 12h 应进行覆盖或洒水养护，一般养护时间不少于 7 昼夜。
- 埋件四周应设置变形缝，最后用耐候胶进行表面处理。

（3）主要人员

测工、木工、钢筋工、焊工、混凝土工、砖工、起重工、杂工等。

（4）主要机械、工器具

挖掘机、装载机、打夯机、吊车、自卸汽车、圆盘锯、刨木机、弯钢机、断钢机、钢筋调直机、焊机、台钻、砂轮机、氧气乙炔割刀、混凝土搅拌机、混凝土运输机械、混凝土振动棒、手推车、经纬仪、水平仪、塔尺、钢卷尺、模板、钢管、扣件等。

4. 构支架基础施工方法

(1) 工艺流程

施工准备—测量放线—基坑开挖—验槽（坑）—垫层混凝土—弹线分中—底板钢筋安装—外模板安装—杯口钢筋安装—杯口模板—混凝土浇筑—杯口模板拆除—混凝土表面处理（平整、压光 等）—外模拆除—养护。

根据施工图，没有底板钢筋的基础无"底板钢筋安装"项。

(2) 施工方法、主要人员、主要机械、工器具

基本同"大型块体基础清水混凝土施工方法"，无预埋件项。

5. 混凝土预制梁施工方法

(1) 工艺流程

施工准备—预制场地平整、夯实—预制场地铺设—铺底模—钢筋安装—侧模安装—预埋件、吊环安装—混凝土浇筑—混凝土表面平整、压光—拆模—养护。

(2) 施工方法

• 预制场地必须平整、夯实，不得发生沉降，四周有排水措施，避免积水。

• 模板现场制作，可用木板、镜面竹胶板或其他材料制作，模板必须达到清水混凝土模板质量要求。

• 预埋件必须保证平整，高差控制在 2mm 内，预埋件尺寸如过大，则必须在其上开排气孔，确保预埋件下混凝土饱满。

• 吊环用含碳量低的一级钢，不得选用含碳量高的材料，防止发生脆断。

• 混凝土浇筑分层连续完成、振捣密实，确保混凝土表面无裂纹、平整光滑、无蜂窝麻面等缺陷。

• 拆模时注意不要碰撞到混凝土，拆除的模板及时运走并清整。

• 埋件四周应设置变形缝，最后用耐候胶进行表面处理。

(3) 主要人员

测工、木工、钢筋工、焊工、混凝土工、砖工、杂工等。

(4) 主要机械、工器具

挖掘机、装载机、压路机、打夯机、圆盘锯、刨木机、砂轮机、弯钢机、断钢机、钢筋调直机、焊机、氧气乙炔割刀、混凝土搅拌机、混凝土运输机械、混凝土振动棒、模板、钢管、扣件、手推车、水准仪、塔尺、钢卷尺等。

6. 现浇框架施工方法

(1) 工艺流程

施工准备—柱钢筋—柱模板—柱混凝土—梁板模支柱—安装支撑龙骨—调整标高—铺梁底模、板模—梁板钢筋—梁侧模—搭设浇筑通道—梁板混凝土—混凝土养护—模板拆除。

(2) 施工方法

• 框架梁板模板施工前必须编制专门施工方案，对模板、支撑系统进行受力计算，经批准后方可实施。

• 模板、钢筋、混凝土必须满足设计和相关强制性条文、规范的规定。

（3）主要人员

测工、木工、钢筋工、焊工、架子工、混凝土工、起重工（当用吊车作垂直运输时）砖工、杂工等。

（4）主要机械、工器具

圆盘锯、刨木机、砂轮机、弯钢机、断钢机、钢筋调直机、焊机、氧气乙炔割刀、混凝土搅拌机、混凝土运输机械、塔吊（或吊车）混凝土振动棒、模板、钢管、扣件、手推车、水准仪、塔尺、钢卷尺等。

7. 现浇混凝土防火墙施工方法（不包括钢筋制作安装）

（1）工艺流程

施工准备—弹线—安装一侧模板、埋件—安装端头模板—安装另一侧模板、埋件—模板拉杆安装（如模板刚度足够可不用）—调校固定—混凝土浇筑—拆模与养护—拉杆孔处理（无拉杆则无此项）。

（2）施工方法

·模板安装与拆除用吊车进行。

·混凝土浇筑：混凝土坍落度不宜过大，以减小混凝土对模板的侧压力。混凝土下料用套筒，避免混凝土下料时对拉杆造成冲击变形而影响拉杆的拆除。混凝土振捣时注意振动棒不要碰到模板。

·拆模及混凝土养护：为避免拆模后表面出现麻面或其他损伤，最好在混凝土强度达到设计强度 50% 以上再拆。先拆除拉杆，再松开紧固葫芦等，让模板与墙体自然脱开，拆除侧模，最后拆除端模。模板拆除后应及时养护并进行拉杆孔眼处理。

（3）主要人员

测工、木工、焊工、架子工、混凝土工、起重工、杂工等。

（4）主要机械、工器具

圆盘锯、刨木机、砂轮机、焊机、氧气乙炔割刀、混凝土搅拌机、混凝土运输机械、吊车、混凝土振动棒、模板、钢管、扣件、手推车、水准仪、塔尺、钢卷尺等。

8. 混凝土电缆沟施工方法

（1）工艺流程

施工准备——测量放线——沟道开挖、验槽——混凝土垫层浇筑——弹线分中——沟底、侧壁钢筋安装——扁铁安装（此项也可在混凝土养护后）——两侧模板安装——混凝土浇筑——拆模——养护——盖板安装。

（2）施工方法

·模板现场制作，可用木板、镜面竹胶板或其他材料制作，模板必须达到清水混凝土模板质量要求。

·混凝土浇筑分层连续完成、振捣密实，确保混凝土表面无裂纹、平整光滑、无蜂窝麻面等缺陷。

·拆模时注意不要碰撞到混凝土，拆除的模板及时运走并清整。

·扁铁采用热镀锌，在混凝土浇筑前或后埋设根据现场确定，扁铁埋设必须平直，搭接符合规程要求。

·变形缝的设置应事先规划，变形缝处理符合设计和规程要求。

• 沟盖板可用复合材料或混凝土预制（热镀锌角钢包边）盖板，盖板安装平直、不积水、无异响。

（3）主要人员

测工、木工、焊工、架子工、混凝土工、杂工等。

（4）主要机械、工器具

圆盘锯、刨木机、砂轮机、焊机、混凝土搅拌机、混凝土运输机械、混凝土振动棒、模板、钢管、扣件、手推车、水准仪、塔尺、钢卷尺等。

9. 混凝土路面道路施工方法

（1）工艺流程

施工准备—测量放线—路基开挖—路基碾压、密实度试验—路基施工—模板、（钢筋、传力杆安装）、混凝土浇筑—收面—切缝、养护—预制路缘石安装或现浇路缘石等。

（2）施工方法

• 基底开挖至设计深度后对基底进行粗平，挂线或用水准仪逐个断面进行核测路床中线高程及路拱成型情况，并及时检查处理层厚度、路床平整度，直至每个断面的纵、横坡符合设计要求。

• 按设计要求在压实的基层上铺设路基材料，再用压路机对其进行碾压。

• 模板宜采用钢模板，弯道等非标准部位以及小型工程也可采用木模板。模板应无损伤，有足够的强度，内侧和顶、底面均应光洁、平整、顺直，局部变形不得大于 3mm，振捣时模板横向最大挠曲应小于 4mm，高度应与混凝土路面板厚度一致，误差不超过 ±2mm，纵缝模板平缝的拉杆穿孔眼位应准确，企口缝则其企口舌部或凹槽的长度误差为钢模板 ±1mm，木模板 ±2mm。

• 对浇筑好的混凝土面部进行 4～5 次面层找平、收光。按设计要求设置沉降缝，用切割机在路面切割分隔缝（伸缩缝），分隔缝的深度和宽度严格按照设计要求及规范要求施工。

• 混凝土施工后应及时进行养护，养护宜用湿麻袋或草垫，在养护期间，每天应均匀洒水数次，使其保持潮湿状态。

• 封（填）缝前应先清除干净缝隙内泥砂等杂物，封填料要填充实。

• 路边石要求混凝土平直、表面光洁无残缺，预制路边石还需做到缝隙均匀、勘填密实平整。

（3）主要人员

测工、机械操作手、木工、钢筋工、抹灰工、混凝土工、杂工等。

（4）主要机械、工器具

挖掘机、装载机、自卸汽车、压路机、混凝土搅拌机、混凝土运输机械、定型模板、经纬仪、水准仪、塔尺、钢卷尺、打夯机、断钢机、弯钢机、电焊机、圆盘锯、刨木机、手推车、平板振动器、混凝土振动棒、混凝土收光机械、混凝土切割机等。

10. 装配式围墙施工方法

（1）工艺流程

施工准备—测量放线—基槽开挖、验槽—垫层混凝土—弹线（轴线、柱、变形缝位置等）—基础施工—基槽回填夯实—柱、板、压顶安装与校正—二次灌浆—变形缝处理。

（2）施工方法

·围墙柱、墙板一般购买半成品。

·作业前应编制施工方案，安装前将半成品于就近位置堆放，采用汽车吊安装。

·变形缝采用内嵌沥青麻丝或其他柔性材料，表面用耐候胶封面。

（3）主要人员

测工、木工、起重人员、钢筋工、混凝土工、焊工、杂工等。

（4）主要机械、工器具

挖掘机、装载机、打夯机、自卸汽车、吊车、混凝土搅拌机、混凝土运输机械、弯钢机、断钢机、钢筋调直机、焊机、砂轮机、台钻、圆盘锯、刨木机、手推车、经纬仪、水准仪、全站仪、塔尺、钢卷尺、定型模板、钢管、扣件、混凝土振动棒等。

五、金属结构工程

1. 钢构架柱组合、吊装施工方法。

（1）工艺流程

施工准备—场地平整、夯实—杆段转运就位—排干拼装—组合成型、附件安装—基础杯底找平—构架吊装—二次灌浆—风绳、临时爬梯拆除—柱脚钢管内混凝土—柱靴施工。

（2）施工方法

排干组合：

·场地必须平整坚实、不积水，并用枕木垫平。

·杆段、钢梁二次转运至施工位置附近，再用吊车吊至施工方案确定的位置。

·构件找平、对接组合，检查无误后进行螺栓紧固，再按设计图纸组合成型，最后进行附件安装。

基础杯底找平：在构架柱组合完成后，根据实际构架柱长度、基础杯底实际标高和设计柱顶标高，确定基础杯底需找平的厚度。杯底找平可用高标号砂浆、混凝土或铁板，根据实际情况确定。

构架吊装：

·构架吊装选用汽车吊，型号经吊装施工方案计算确定。

·柱轴线由预先弹在基础上的位置线控制，垂直度由纵横交叉的经纬仪控制，梁轴线由预先画在柱顶（或牛腿）、梁上的位置线控制。

·柱校正后及时楔紧柱脚、固定好风绳，方可进行下一构件吊装。

·梁安装后螺栓不宜紧固太紧或焊缝不宜过长，在全部构件吊装完成后再进行梁纵横轴线校正，最后进行节点加固。

（3）主要人员

测工、焊钳工、高空人员、起重工、混凝土工、木工、杂工等。

（4）主要机械、工器具

挖掘机、装载机、焊机、吊车、混凝土搅拌机、混凝土运输机械、手推车、空压机、气动扳手、扭矩扳手、混凝土振动棒、抱箍、钢丝绳、葫芦、千斤顶、U形卡、枕木、经纬仪、水准仪、塔尺、钢卷尺等。

2. 钢构架梁组合、吊装施工方法

（1）工艺流程

施工准备—场地平整、夯实—材料转运就位—梁拼装—走道板安装—准备吊装。

（2）施工方法

· 场地必须平整坚实、不积水，并用枕木垫平。

· 钢梁二次转运至施工方案确定的位置。

· 先对接好两根下弦杆及其间部分腹材，检查梁加工几何尺寸，无误后再进行上弦杆及腹材安装，再进行螺栓紧固和质量检查，最后进行附件安装。

（3）主要人员

测工、焊钳工、高空人员、起重工、杂工等。

（4）主要机械、工器具

挖掘机、装载机、焊机、吊车、空压机、气动扳手、扭矩扳手、钢丝绳、葫芦、千斤顶、U形卡、枕木、经纬仪、水准仪、塔尺、钢卷尺等。

六、门窗工程

变电站常用窗有铝合金、塑钢窗，门有铝合金、塑钢门、成套木门、钢质防火和屏蔽门等。

1. 铝合金、塑钢窗施工方法

（1）工艺流程

施工准备—窗洞口处理—实测窗制作尺寸—窗制作—窗框安装—窗框四周处理—窗扇、玻璃安装—附件安装—密封处理—三性检测。

（2）施工方法

窗洞口处理：窗洞两侧和上边用水泥砂浆找平，窗台用水泥砂浆或细石混凝土找平（外窗需用防水砂浆、混凝土），并确保内窗台高于外窗台，窗洞上下、水平在一条直线上。

测量窗尺寸与制作：现场实测窗制作尺寸，根据实测尺寸制作窗，可在现场或加工厂制作。

密封处理：全部安装完成后，对窗扇、窗框四周用硅酮系列密封胶进行密封处理。

三性检测：外窗应进行气密性、水密性、抗风压三性检测。

（3）主要人员

门窗制作安装人员、杂工等。

（4）主要机械、工器具

切割机、小型电焊机、电钻、冲击钻、注胶枪、手锤、扳手、螺丝刀、钢卷尺等。

2. 铝合金、塑钢门施工方法

（1）工艺流程

施工准备—门洞口处理—实测门洞尺寸—门制作—门框安装—门框四周处理—门扇、附件安装—密封处理—三性检测。

（2）施工方法

门洞口处理：

门洞两侧和上边用水泥砂浆找平，并确保同一高度的门上洞口在一条直线上。预先确定地面标高，并在墙上弹线，用以控制门框下口线位置。

实测门尺寸、制作：实测门制作尺寸，根据实测尺寸制作门，可在现场或加工厂制作。

密封处理：全部安装完成后，对门框四周用硅酮系列密封胶进行密封处理。

三性检测：外门应进行气密性、水密性、抗风压三性检测。

（3）主要人员

门窗制作安装人员、杂工等。

（4）主要机械、工器具

切割机、小型电焊机、电钻、冲击钻、注胶枪、手锤、扳手、螺丝刀、钢卷尺等。

七、楼地面工程

1．静电地板施工方法

（1）工艺流程

施工准备—找平、弹线—支座安装—水平支撑安装—地板安装。

（2）施工方法

找平、弹线：确定地板安装标高，并对地面找平，在找平的地面上弹出安装脚架位置。

支座等安装：在弹好线的位置安装支座并用膨胀螺栓或射钉固定，再安装水平支撑，最后安装地板，并用调节螺栓调整高度控制地板平整度。

（3）主要人员

测工、地板安装人员、杂工等。

（4）主要机械、工器具

切割机、水准仪、塔尺、钢卷尺、活动扳手、螺丝刀等。

2．地板砖施工方法

（1）工艺流程

施工准备—找平、弹线—基层处理—地板砖浸润—铺贴—勾缝—养护、清洁—打蜡抛光。

（2）施工方法

基层处理：铺贴前对基层进行凿毛处理，并刷素水泥浆一道。

浸润、铺贴：铺贴前应对地板砖充分浸润，用干硬性水泥砂浆铺贴，铺贴时纵横方向拉线控制砖缝平直度，用2m靠尺控制地板砖平整度。

勾缝、养护：勾缝用专用勾缝剂，可边贴边勾也可贴后再勾，地板砖铺贴24h后应对其养护，养护时间不少于7d。

打蜡抛光：为防止脏污浸入地板砖，最后需对地砖进行打蜡三道，然后抛光。

（3）主要人员

测工、砖工、杂工等。

（4）主要机械、工器具

砂浆搅拌机、砂浆运输机械、手推车、切割机、木槌、铝合金靠尺、钢卷尺、水准仪、塔尺等。

3．细石混凝土地面施工方法

（1）工艺流程

施工准备—弹标高控制线—基层处理、设置变形缝—设置灰饼—洒水湿润—细石混凝土浇筑—表面压光—养护—变形缝嵌填处理。

（2）施工方法

基层处理：清除基层杂物等，并对基层找平、凿毛，在混凝土浇筑前对基层洒水湿润或铺刷一层素水泥浆。根据面积或室内设施布置情况设置变形缝。

设置灰饼：根据已弹出的面层水平标高线，横竖拉线，用与豆石混凝土相同配合比的拌合料抹灰饼，横竖间距1.5m，灰饼上标高就是面层标高。

细石混凝土浇筑：将搅拌好的细石混凝土铺抹到地面基层上，同时进行振捣确保密实，然后用滚筒（常用的为直径20cm，长度60cm的混凝土或铁制滚筒）往返、纵横滚压，再用2m靠尺顺着标筋刮平。

表面压光、养护：压光分3次进行，达到面层表面密实光洁。面层抹压完24h后进行养护，养护时间一般不少于7d。

（3）主要人员

测工、砖工、混凝土工、杂工等。

（4）主要机械、工器具

混凝土搅拌机、混凝土运输机械、混凝土振动棒、平板振动器、手推车、水准仪、塔尺、钢卷尺等。

八、屋面工程

1. 柔性卷材防水施工方法

（1）工艺流程

施工准备—基层处理—管口、分隔缝等处理—涂刷隔离剂—柔性卷材铺贴—收头、节点处理—蓄水试验—保护层。

（2）施工方法

基层处理：基层混凝土或砂浆强度必须满足设计要求，平整无起砂、空鼓等缺陷，无油污等杂物。

管口、分隔缝处理：对落水管口、其他伸出屋面的管等周围和分隔缝用专用油膏进行嵌填密实。

涂刷隔离剂：在卷材施工前，在基层上涂刷1～2道隔离剂，隔离剂一般采用冷底子油。

柔性卷材铺贴：卷材与基层的粘贴方法分为满粘法、条粘法、点粘法和空铺法等形式，卷材铺贴层数按设计要求，铺贴时卷材搭接长度必须符合规范和设计。

收头、节点处理：卷材收头一般在女儿墙预留的凹槽内，待整个屋面全部施工完毕后将凹槽用水泥砂浆填平。对管口、基础等周围卷材应加强处理。

蓄水试验：卷材防水施工完后，应进行蓄水试验。

保护层：保护层一般有铺砂浆、绿豆砂、细石混凝土等形式，具体要求按设计，保护层施工在蓄水试验保证无漏的情况下再进行。

（3）主要人员

专业防水施工人员、杂工等。

（4）主要机械、工器具

单头或多头火焰喷枪、煤气罐、平铲、扫帚、钢丝刷、高压吹风机、卷尺、压辊、干粉灭火器等。

2. 刚性防水施工方法

（1）工艺流程

施工准备—基层处理—刷隔离剂、细部处理—弹分隔缝线—安装边模与分隔缝—绑扎钢筋网片—细石混凝土浇筑—养护—分隔缝、细部处理—蓄水试验。

（2）施工方法

基层处理：基层混凝土或砂浆强度必须满足设计要求，平整无起砂、空鼓等缺陷，无油污等杂物。

刷隔离剂、细部处理：在基层上刷 1～2 道隔离剂，对管口、伸出屋面的管等周围做一道防水加强处理，并与刚性防水层间设置变形缝。

弹分隔缝线：在基层上弹出分隔缝木条安装位置线。

细石混凝土浇筑：

1）混凝土浇筑应按照由远而近，先高后低的原则进行。在每个分格内，混凝土应连续浇筑，不得留施工缝，混凝土要铺平铺匀，用高频平板振动器振捣或用滚筒碾压，保证达到密实程度，振捣或碾压泛浆后，用木抹子拍实抹平。

2）待混凝土收水初凝后，用铁抹子进行第一次抹压，混凝土终凝前进行第二次抹压，使混凝土表面平整、光滑、无抹痕。抹压时严禁在表面洒水、加干水泥或水泥浆。

分隔缝、细部处理：对分格缝、变形缝等防水部位的基层进行修补清理，去除灰尘杂物。铲除砂浆等残留物，使基层牢固、表面平整密实、干净干燥，方可进行密封处理。

密封材料采用改性沥青密封材料或合成高分子密封材料等。嵌填密封材料时，应先在分格缝侧壁及缝上口两边 150mm 范围内涂刷与密封材料材性相配套的基层处理剂。

（3）主要人员

钢筋工、混凝土工、专业防水施工人员、木工、杂工等。

（4）主要机械、工器具

混凝土搅拌机、混凝土运输机械、平板振动器、手推车、弯钢机、断钢机、钢筋调直机、圆盘锯、刨木机、压辊等。

九、装饰工程

1. 吊顶施工方法

常用吊顶一般有轻钢龙骨吊顶、"T"形龙骨吊顶、木龙骨吊顶，面板一般有：石膏板、矿棉板、PVC 彩板、铝塑板等。

（1）工艺流程

弹顶棚标高水平线—划龙骨分档线—安装主龙骨吊杆—安装主龙骨—安装次龙骨—安装罩面板—面板涂料。

（2）施工方法

1）弹好顶棚标高水平线及龙骨分档位置线后，确定吊杆下端头的标高，按主龙骨位置及吊挂间距，将吊杆无螺栓丝扣的一端与楼板预埋钢筋连接固定。未预埋钢筋时可用膨胀螺栓。

2）在安装罩面板前必须对顶棚内的各种管线进行检查验收合格后，才允许安装罩面板。顶棚罩面板的品种繁多，一般在设计文件中应明确选用的种类、规格和固定方式。罩面板与轻钢骨架固定的方式分为：罩面板自攻螺钉钉固法、罩面板胶结粘固法，罩面板托卡固定法三种。

（3）主要人员

测工、架子工、装修工、焊工、杂工等。

（4）主要机械、工器具

切割机、焊机、电钻、冲击钻、手锯、水准仪、塔尺、钢卷尺、钢管、扣件等。

2. 内墙抹灰施工方法

（1）工艺流程

施工准备—脚手架搭设—基层处理—弹线、套方、找规矩—阴阳角护角—混凝土、砖交界面铺设钢丝网—混凝土基层面上刷素水泥浆—底层抹灰—中层抹灰—面层抹灰—脚手架拆除。

（2）施工方法

1）抹灰前应检查门窗框位置是否正确，与墙连接是否牢固。

2）抹灰前应先检查基体表面的平整度，并在基层上做灰饼控制抹灰层厚度。

3）抹灰前所有管线、开关、接线盒等附件必须安装完成，避免在施工完成后的墙面再次开孔开槽。

4）施工必须满足设计、相关强制性条文与规范的规定。

（3）主要人员

架子工、砖工、杂工等。

（4）主要机械、工器具

砂浆搅拌机、砂浆运输机械、手推车、2m靠尺、铁抹子、灰盆、线锤等。

3. 墙面砖施工方法

（1）工艺流程

施工准备—脚手架搭设—基层处理—吊垂直、套方、找规矩—贴灰饼—弹线分格—浸砖、排砖—镶贴面砖—面砖勾缝—墙面清洁—脚手架拆除

（2）施工方法

1）施工前所有影响面砖施工的墙面附件必须施工完成。

2）大面积施工前应先做样板墙，确定施工工艺及操作要点，并向施工人员做好交底工作。外墙面砖粘贴时完成后的样板墙必须经抗拔拉试验鉴定合格，还要经过设计、甲方和施工单位共同认定，方可组织班组按照样板墙要求施工。

3）面砖施工前墙面抹灰已完成，有防水要求的房间地面防水、墙面防水按设计要求已完成。

4）施工必须满足设计、相关强制性条文与规范的规定。

（3）主要人员

砖工、架子工、杂工等。

（4）主要机械、工器具

砂浆搅拌机、砂浆运输机械、手提切割机、灰盆、抹子、线锤、靠尺等。

7.2　变电电气工程

变电站电气安装分为一次系统、控制保护系统（二次）安装。一次包括变压器、断路器、隔离开关、电流互感器、电压互感器、避雷器、电容器、电抗器、高压开关柜、软母线、管母线、矩形母线高压电缆敷设及制安、GIS 等；二次包括控制保护计量屏盘、电缆支架、电缆埋管、电缆敷设、二次接线等。

7.2.1　主变安装

1. 工程范围与特征

主变压器本体安装，附件二次转运、开箱检查、送检及安装，油务，本体、附件试验。

2. 主变安装流程及方法

（1）主要施工工艺流程

施工准备→主变油务→主变就位→变压器附件试验→主变器身加热→调压切换装置试验→芯部露空（真空排氮、排油）→主变（吊罩）芯检→附件安装→主变密封性检查→真空注油→热油循环→静置→油试验→主变常规试验→主变特殊性试验

（2）重要的施工流程

调压切换装置试验、芯检、主变密封性检查、主变常规试验、主变特殊性试验

（3）施工方法

施工准备

编制施工方案，了解气象，确定主变安装时间，组织人力财力物力机具资源，布置安装现场，变压器安装过程应做好露空时间、湿度、温度、工器具使用等各方面的记录。

主变油务

采用真空加热循环，不得少于两个循环保证绝缘油注入变压器前规程要求的标准待用。

主变就位

基础检查合格后，根据设计图纸分中放线，就位位置正确。

变压器附件试验

试验包括变压器套管电流互感器二次绕组绝缘电阻、变压器套管电流互感器二次绕组直流电阻试验、变压器套管电流互感器变比、变压器套管电流互感器极性试验、变压器套管电流互感器励磁特性试验、变压器套管电流互感器二次绕组交流耐压试验、变压器套管绝缘电阻试验、变压器套管主绝缘介损值及电容量试验、主变调压切换装置试验。

主变器身加热

采用真空滤油机过滤加热循环，提高器身温度。

芯部露空（真空排氮、排油）

利用真空滤油机排油（气）。

主变（吊罩）芯检

打开进人孔进入器身（需吊罩的采用合适吊车徐徐调离钟罩，吊罩应做记号，并有风绳控制），通过观察、触摸、试验对线圈、铁芯、引线、夹件、支架等进行检查。

铁芯及夹件的绝缘电阻检查

使用兆欧表做铁芯对地、夹件对地、铁芯对夹件检查。

附件安装

（回罩后）使用吊车吊装附件，吊装前清洁各法兰面。

回罩采用合适吊车徐徐调离钟罩，吊罩应做记号，并有风绳控制。

主变密封性检查

变压器安装完毕后，在储油柜向胶囊内注入 0.03MPa 的压力，持续 24h 无渗漏。

真空注油、热油循环及静置

采用真空滤油机过滤加热循环不得少于 48h 并符合厂家规定，热油循环的过程应符合油处理规定，流速不得超过 6000L/h。热油循环后，静置时间符合交接验收规范。

静置时间满足要求后，进行取样作油试验、主变常规试验（变压器绕组连同套管绝缘电阻、吸收比、极化指数试验、三绕组变压器绕组连同套管绝缘电阻、吸收比、极化指数测试示意图、变压器绕组连同套管介损值及电容量试验、变压器绕组连同套管的直流电阻、变压器所有分接头电压比、三相接线组别试验、变压器绕组连同套管直流泄漏试验）、变压器交流耐压试验、主变特殊性试验。

（4）人员组织

起重指挥、定位员、工具管理员、芯检人员、安装工、焊工、油气试验人员、高压试验人员、测工等。

（5）主要施工机具及材料

起重机械、高空作业车、真空滤油机、真空泵、干燥空气发生装置、油罐、测氧仪、麦氏真空计、温湿度计、芯检工作服、电焊机、各类扳手、各类改刀等。

7.2.2 屋外配电装置安装

1. GIS（HGIS）安装

（1）工程范围与特征

（H）GIS 本体和附件二次转运及安装、抽真空，注气及其试验。

（2）GIS（HGIS）安装流程及方法

施工准备→基础划线→GIS 安装（含支架）→接地线安装→地脚螺栓紧固→更换吸附剂→充 SF_6 气体至最终压力→检漏→SF_6 气体含水量测试→高压耐压试验→母线 PT 与避雷器安装。

施工准备

施工准备包括施工技术准备、施工工器具的准备、施工仪表的准备、施工消耗材料准备、施工用气体准备、施工用劳保用品准备、施工场地准备、开箱检查，了解保证符合 GIS 安装的气象。

基础的复核

GIS 安装分为户内和户外两种。基础复核包括基础的水平度、纵向横向误差、GIS 安装后对构筑物的最小安全电气距离，各项指标应满足规程规范和设计要求，并对基础划线以便于就位安装。

GIS 的安装

组合安装顺序：断路器就位→GIS 元件组装→出线套管吊装→母线 PT 与避雷器安装

（待高压耐压试验结束后安装）。

GIS 组装前要用抹布将元件表面抹干净，才松掉运输盖；应按制造厂的编号和规定的程序进行装配，不得混装；使用的清洁剂、润滑剂，密封脂和擦拭材料必须符合产品的技术规定，密封槽面应清洁、无划伤痕迹；用过的密封垫（圈）不得使用；涂密封脂时，不得使其流入密封垫（圈）内侧面与 SF$_6$ 气体接触；盆式绝缘子应清洁、完好；连接插件的触头中心应对准插口，不得卡阻，插入深度应符合产品的技术规定。

更换吸附剂

在抽真空前，必须对现场安装的气室进行吸附剂更换：吸附剂更换不能在雨天和相对湿度大于 80％的情况下进行。吸附剂从包装箱中取出到装入产品的时间不应超过 2h。更换后应尽快进行抽真空。装吸附剂的手孔密封及清洁工艺与法兰连接的工艺相同，密封处理需记录和办隐蔽签证。

气室抽真空充气及检漏

抽真空前应对原气室气体回收，真空度应符合厂家规定。注气前应先对气瓶 SF$_6$ 气体进行检测，确保注入气体纯度和微水满足规定要求，注气前应对密度继电器检验合格。检漏采用检漏仪（定量定性），漏气率符合交接验收规范。

SF$_6$ 气体测试

气体注入静置到规定时间后进行，测试内容包括纯度和微量水分。

高压耐压试验

母线 PT 与避雷器不能连体试验。

（3）人员组织

起重指挥、安装工、焊工、油气试验人员、高压试验人员、测工等。

（4）主要施工机具材料

起重机械、烘箱、吸尘器、清洁工作服、法兰连接导销、SF$_6$ 微水仪、气体处理车、SF$_6$ 检漏仪、各类扳手、各类改刀等。

2. 断路器安装

（1）工程范围与特征

断路器本体安装、注气及其试验。

（2）断路器安装流程及方法

施工准备→预埋螺栓、支架找平→支柱、灭弧室组件吊装→抽真空、充注 SF$_6$ 气体→密度继电器报警、闭锁接点检测→微水检测及检漏→管路及传动部件装配→电气性能试验→设备油漆及接地。

施工准备

施工准备包括人员、机具设备、物资材料、技术（技术资料）、开箱检查等。开箱检查确保元部件无损坏、无缺件、资料齐全。

地脚螺栓、支架找平

各项技术指标满足设计、厂家、规程规范要求。

支柱、灭弧室组件吊装

SF$_6$ 断路器必需严格按照厂家的分组分相编号进行组装和吊装，按先下后上的原则组装。

抽真空充注 SF$_6$ 气体

抽真空管路应清洁干燥，阀门及管接头应密封良好，气体微量水分和纯度符合施工交接验收规范。

密度继电器报警、闭锁接点检测

报警、闭锁压力值符合厂家规定。

微水测试与检漏

注气后其气体微量水分和纯度符合施工交接验收规范。检漏点包括所有密封圈周围和压力表、管接头处、支柱和灭弧室瓷套连接处，漏气符合规程要求。

管路及传动部件装配

按说明书要求安装气管或液压油管。

电气性能试验

对断路器进行慢分慢合操作，应无异常现象，才能进行手动或电动快分快合操作。

检查气动、液压机构阀体及管路密封应完好，能满足说明书规定的气泵、油泵自动启动、补压的时间和压力要求，报警和闭锁压力值应按厂家说明书的方法进行校验。

设备油漆及接地

设备油漆及接地符合规程规范要求，工艺美观。

（3）人员组织

起重工、安装工、油气试验人员、高压试验人员、测工等。

（4）主要施工机具材料

起重机械、各类扳手、烘箱、吸尘器、清洁工作服、法兰连接导销、SF$_6$ 微水仪、气体处理车、SF$_6$ 检漏仪、各类改刀等。

3. 隔离开关安装

（1）工程范围与特征

隔离开关组装、吊装、机构配置及其试验。

（2）隔离开关安装流程及方法

施工准备→基础复查→隔离开关地面转运及组装→隔离开关吊装就位→附件、地刀及操作机构安装→消震环制作及安装→隔离开关调整→电动操作及试验→涂刷相应油漆及转动部分润滑剂→设备接地。

施工准备

施工准备包括人员、机具设备、物资材料、技术（技术资料）、开箱检查等。开箱检查确保元部件无损坏、无缺件、资料齐全。

基础支架复核

根据设计图及厂家说明书进行隔离开关支架的标高、相间、柱顶铁板检查。所有数据应满足设计、施工及验收规范要求。

隔离开关地面组装

根据厂方产品说明书、组装图靠近安装位置进行组装。

隔离开关吊装就位

核实隔离开关的安装方向应与设计图纸一致。

附件、地刀安装及机构配制

确保垂直拉杆与机构输出轴在同一铅垂线上，操作无卡滞。

隔离开关调整

调整确保隔离开关的同期、备用行程、开闸距离满足设计、常见规定和规程规范要求。

电动操作及电气试验：

手动操作结束后，方可进行电动操作，电动操作前应将隔离开关处于半分、半合状态，启动电动机构，检查分合闸按钮指示是否与隔离开关运动方向一致。如相反，则任意调换三相电源中的两相后再进行操作。

（3）人员组织

起重工、高空人员、安装工、测工、焊工、高压试验人员等。

（4）主要施工机具材料

起重机械、各类扳手、各类改刀等。

4．电流电压互感器安装

（1）工程范围与特征

本体吊装及本体、绝缘介质试验。

（2）电流（电压）互感器安装流程及方法

施工准备→基础复核→吊装就位及调整→附件安装、油位调整→接地及油漆。

施工准备

包括人员、机具设备、物资材料、技术（技术资料）、开箱检查等。开箱检查确保元部件无损坏、无缺件、资料齐全。

基础复核

根据设备实际尺寸，复核支架底座的安装孔尺寸符合设计及交接验收规范要求。

吊装就位及调整

保证一次极性正确。隔膜式储油柜的隔膜和金属膨胀器应拆除内部的运输支架，吊装防倾倒。

附件安装、油位调整

配有均压环的互感器，均压环安装应牢固、水平，且方向正确。具有保护间隙的应按厂家说明书要求调整间隙距离。根据周围环境温度，对油位或气体压力进行调整。

接地及油漆

互感器的外壳、分级绝缘的电压互感器一次绕组的接地引出端子，电容型绝缘的电流互感器一次绕组末端引出端子、铁芯引出接地端子都必须可靠接地。备用的电流互感器二次绕组端子应先短接后接地，接地扁钢平直、无晃动，焊接牢固，与主接地网连在一起。接地扁钢涂刷防锈漆及斑马漆，互感器三相须刷明显相序标志漆。

（3）人员组织

起重工、普通安装工、高压试验人员。

（4）主要施工机具材料

吊车、各类扳手等。

5．避雷器安装

（1）工程范围与特征

本体吊装、试验。

（2）避雷器安装流程及方法

施工准备→基础尺寸校核→吊装就位。

施工准备

包括人员、机具设备、物资材料、技术（技术资料）、开箱检查等。开箱检查确保元部件无损坏、无缺件、资料齐全。

基础尺寸校核

安装前应对设备安装孔径、孔距进行校核，确保设备支架尺寸符合安装条件。

吊装就位

并列安装的避雷器三相中心应在同一直线上，铭牌朝向一致。避雷器安装垂直度应符合验收规范。放电计数器安装位置应一致，且便于观察，连接计数器的扁铁（软铜线、铜排等）截面应不小于设计截面。放电计数器指示在试验后应恢复至零位或全站统一数值。

（3）人员组织

起重工、安装工、高压试验员等。

（4）主要施工机具材料

吊车、高压试验仪器、各类扳手等。

6. 干式电抗器安装

（1）工程范围与特征

本体吊装及试验。

（2）干式电抗器安装流程及方法

施工准备→安装基础校核→安装就位。

施工准备

包括人员、机具设备、物资材料、技术（技术资料）、开箱检查等。开箱检查确保元部件无损坏、无缺件、资料齐全。

基础尺寸校核

安装前应对设备安装孔径、孔距进行校核，确保设备支架尺寸符合安装条件。根据实际设备尺寸进行地脚螺栓预埋或制作加工件。若为三相水平布置，应校核三相电抗器本体及各支腿中心线是否在同一轴线上。校核设备安装距离：干式空心电抗器单台使用时，其中心与周围围栏或其他物体的距离应大于1.0D（D为电抗器最大外径），电抗器并列时，其中心距离应大于1.5D。

安装就位

起吊就位时，应参照产品说明书选择专用吊点位置，以防止线圈受力挤压而变形。起吊后，应用方木将电抗器垫平放置于安装位置后，按编号顺序装上合格的支柱绝缘子、胶垫，并进行调整满足水平度及垂直度要求。检查三相的相间距离、水平高度及对建筑物的电气距离应符合设计和规范要求。重叠式电抗器吊装时，应首先按编号将三相转运至基础附近，按从下至上的顺序依次吊装。重叠安装的电抗器，地脚螺栓注混凝土前应校正，三相中心在同一铅垂直线上，对建筑物及顶板吊梁的电气距离应符合设计和规范要求。特别注意：三相垂直排列，中间一相的绕向与上下两相相反；两相重叠一相并列，重叠的两相绕向相反，另一相与上面一相绕向相同；三相水平排列，三相绕向相同。

（3）人员组织

起重指挥、安装工、高压试验员等。

（4）主要施工机具材料

吊车、高压试验仪器、各类扳手等。

7. 电容器组安装

（1）工程范围与特征

支架组装、本体组装及试验。

（2）电容器组安装流程及方法

施工准备→基础尺寸校核→支架组装→电容试验及分组搭配→电容器组装→母线制作及安装→附件安装。

施工准备

包括人员、机具设备、物资材料、技术（技术资料）、开箱检查等。开箱检查确保元部件无损坏、无缺件、资料齐全。

基础尺寸校核

主要保证水平度。

支架组装

根据说明书和标示的序号组装，注意各个支架部件的位置和方向，安装完成后必须进行调整，满足验收规范对水平度和垂直度的要求。对于变形和尺寸误差较大的支架配件，应用适当的方式校正，但不能破坏镀锌防腐层。

电容试验及分组搭配

电容试验及分组搭配（三相电容器组在组装前应对电容器进行试验及搭配）。三相电容量偏差，其最大与最小的差值不应超过三相平均电容值的 5%。三相电容器组的任何两线路端子之间，其电容的最大值和最小值之比应不大于 1.02。电容器组各串联段的最大和最小电容之比应不大于 1.02。

电容器组装

根据搭配试验结果按先上后下、先里后外的原则将单个电容器逐一就位。电容器相对位置应均匀一致且铭牌面向通道并有顺序编号。

母线制作及安装

电容器端子的连接线应符合设计和厂家要求，连接线应对称一致、整齐美观。

附件安装及接地：

电容器组的分支母线应安装牢固，母线的搭接处应涂以电力复合脂，并确保电气距离，符合验收规范上母线搭接及电气距离的要求。保险管、熔丝安装位置统一、正确，熔断指示牌曲度、受力一致（按厂家说明书）。放电线圈、避雷器、接地刀闸等按说明书在规定位置安装。凡不与地绝缘的电容器的外壳及电容器的构架均应按设计要求接地，凡与地绝缘的电容器的外壳均应接到固定的电位上。

（3）人员组织

起重工、安装工、高压试验员等。

（4）主要施工机具材料

型材切割机、台钻、电焊机、各类扳手、高压试验仪器等。

8. 软母线安装

（1）工程范围与特征

档距测量、母线制作及安装。

（2）母线安装流程及方法

施工准备→跨距测量→压接→组装→架设。

施工准备

包括人员、机具设备、物资材料、技术（技术资料）、开箱检查等。开箱检查确保元部件无损坏、无缺件、资料齐全。

物资材料中的导线、绝缘子、线夹、金具等材料到达现场后，检查其包装应良好，规格型号数量符合设计要求，附件、备件、产品的技术文件应齐全。导线应无扭结、松股、断股等缺陷。绝缘子瓷釉表面应光滑、无破碎、掉瓷和裂纹，钢帽、铁脚应无损伤。绝缘子试验合格。线夹、金具的镀锌层应完整、无变形、裂纹、伤痕、砂眼、锈蚀等缺陷。金具表面应光洁、无毛刺和凹凸不平；用 0.02mm 精度的游标卡尺测量线夹连接管的内外径，连接管内径与导线外径的公差应匹配。

跨距测量及下料长度计算

导线跨距测量（L_0），跨距测量使用激光测距仪，测量时应在晴朗、无风的天气下进行，取两侧挂线板或 U 形环内口之间的距离，并作好记录。测量绝缘子、金具串的总长度，将绝缘子、金具串组装好并垂直挂起，测量从 U 形环内侧到耐张线夹钢锚内孔（即导线钢芯所达到的位置）之间的距离。确定导线下料长度。

压接

采用液压，压接后检测三个对边距，压缩值不得大于 $0.866 \times (0.993D) + 0.2$mm（D 为压接管外径）。

软母线的组装

绝缘子组装时，应全部使用耐压试验合格的绝缘子，并将其表面清擦干净，检查其外观应完好，连接组装完成后，检查金具应齐全，金具连接螺栓、防松帽、开口销应使用正确，绝缘子碗口应向上，弹簧卡应齐全，无损坏。

软母线架设：

选择合适位置固定卷扬机，一侧作为死尽头挂好固定后，再挂在另一个挂点。

（3）人员组织

起重工、高空人员、测工、安装工等。

（4）主要施工机具材料

导线液压机、型机切割机、断线钳、放线架、卷扬机、游标卡尺、激光测距仪、各类扳手等。

9. 管母线安装

（1）工程范围与特征

档距测量、母线制作（氩弧焊）及安装。

（2）管母线安装流程及方法

施工准备→配管→搭设焊接平台→管母线焊接→管母线安装。

施工准备

包括人员、机具设备、物资材料、技术（技术资料）、开箱检查等。开箱检查确保元部件无损坏、无缺件、资料齐全。

搭设焊接平台、焊接试件

氩氟焊机电源线截面及就地控制开关应满足氩氟焊机最大一次电流要求。冷却水源应能满足连续供水且有一定压力。保证焊接平台的水平度和直线度，如图 7-1。

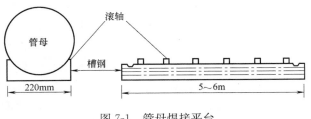

图 7-1　管母焊接平台

管母线焊接

批量焊接前，必须在试件合格后同等条件下进行。

配管，根据设计图纸计算各段管母线实际长度，焊接点应避开金具安装位置，金具固定边缘离焊接点距离应大于 50mm。补强管壁厚长度应符合设计要求。端头光滑无毛刺。坡口制作时，应校准轴线，坡口角度和钝边边缘厚度保持一致，管母线断口坡度应符合规范要求。

焊接，用钢丝刷将管母线坡口内外两侧表面各 50mm 范围内刷干净，不得有氧化膜、水分和油污。断口焊接应一次焊完，不宜中途停焊，焊接过程中管母线转动应均匀缓慢，确保焊接厚度、焊缝均匀一致。管母线封端盖、终端盖焊接前需要穿阻尼导线的，应先安装好阻尼线。管母线焊好后应及时打磨，去除焊渣与毛刺。

搬运，焊后应待焊头冷却后才允许搬动，搬运、摆放时应多点均匀受力，以防人为造成管母线弯曲和变形。

管母线安装

管母线在安装之前，应根据管母线材质、安装形式、跨度进行预拱。支持式管母线应采取多点起吊，吊装过程中应防止管母线弯曲变形，管母线离地后应将表面的泥土杂物清洗干净，在管母线两端固定风绳。悬挂式管母线应通过计算，确定管母线固定金具的位置，保证管母线高度符合设计要求。安装可采用吊车吊装就位或卷扬机两侧牵引就位方式。管母线金具螺栓紧固后，两段管母线间距应一致，否则应予以调整。管母线就位后，三相水平度应一致。安装管母线金具时，应清除管母线外表和金具内表面的氧化层，同时应在金具内侧均匀涂刷电力复合脂。对于支持式管母线固定金具及滑动金具按设计要求安装。

（3）人员组织

起重工、高空人员、测工、安装工、氩弧焊工等。

（4）主要施工机具材料

起重机、型机切割机、氩弧焊机、各类扳手等。

10.矩形母线安装

（1）工程范围与特征

母线弯制及安装。

（2）矩形母线安装流程及方法

施工准备→母线桥架的制作→绝缘子及套管的安装→母线加工→母线的连接→母线相序漆标注。

施工准备

包括人员、机具设备、物资材料、技术（技术资料）、开箱检查等。开箱检查确保元部件无损坏、无缺件、资料齐全。

母线桥架的制作

所用钢材的规格及尺寸应按设计要求，根据现场实际情况确定槽钢安装位置，安全净距必须符合规范要求，接地可靠，焊接及涂漆符合要求；

绝缘子安装

绝缘子安装前确认相关试验合格。母线固定金具及间隔垫应与母线的规格相适宜，安装牢固。根据设计平面图确定支柱瓷瓶的安装位置。

母线的加工

调直时必须用木槌，选用平实的场地进行作业。母线切断使用液压切断机，不得用电弧或乙炔进行切断。母线的弯曲采用母线弯曲器，弯曲处不得有裂纹及显著的皱折。不得进行热弯。母线平弯及立弯的弯曲半径符合规程规定。母线扭弯、扭转部分的长度不得小于母线宽度的 2.5～5 倍。

母线的连接

母线连接有螺栓连接和氩弧焊连接两种，氩弧焊连接应满足氩弧焊的要求。螺栓连接母线钻孔尺寸及螺栓规格符合交接验收规范上的要求，矩形母线采用螺栓固定搭接时，连接处距支柱绝缘子的支持夹板边缘不应小于 50mm；上片母线端头与下片母线平弯开始处的距离不应小于 50mm。如图 7-2 所示。母线与母线，母线与分支线，母线与电器接线端子搭接时，其搭接面必须平整，清洁并涂以电力复合脂，并符合下列规定：

——铜与铜：室外、高温且潮湿或对母线有腐蚀性气体的室内、必须搪锡。干燥室内可直接连接。

——铝与铝：直接连接。

——铜与铝：在干燥室内，铜母线搪锡，室外或空气相对湿度接近 100％的室内，应采用铜铝过渡板，铜端应搪锡。

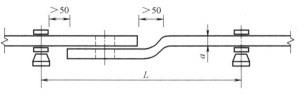

图 7-2　母线连接

——钢与铜或铝：钢搭接面必须搪锡。

母线采用螺栓连接时，平垫圈应选用专用厚垫圈，并必须配齐弹簧垫。螺栓、平垫圈及弹簧垫必须用镀锌件。螺栓长度应考虑在螺栓紧固后丝扣能露出螺母外 2～3 扣。母线的接触面应连接紧密，连接螺栓应用力矩扳手紧固，其紧固力矩值应符合交接验收规范紧固力矩值。

母线的安装

母线安装应平整美观，且母线安装时，要满足下列要求。水平段：两支持点间高度误差不大于 3mm，全长不大于 10mm。垂直段：两支持点间垂直误差不大于 2mm，全长不大于 5mm。间距：平行部分间距应均匀一致，误差不大于 5mm。

（3）人员组织

安装工。

（4）主要施工机具材料

型材切割机、氩弧焊机、平弯机、立弯机、各类扳手等。

11. 接地系统安装

（1）工程范围与特征

接地沟开挖、接地体敷设、回填、试验。

（2）接地系统流程及施工方法

施工准备→测量定位→开挖沟槽→水平/垂直接地体敷设、焊接→隐蔽验收签证→回填素土→测试接地电阻。

施工准备

技术准备：熟悉施工图纸和设计对接地网施工的技术要求，熟悉接地网施工规范。

材料准备：根据设计规格和型号，结合工程用量进行镀锌扁钢、角钢（或铜绞线、铜排、铜棒、铜包钢）等接地材料的准备。对到达现场材料的规格、质量、外观等进行必要的检查，同时必须具有出厂质保资料、镀锌质保资料等。焊接用焊条、焊粉、助焊剂和热溶剂等辅助材料必须有出厂合格证。

机具准备：电焊机（或热剂焊模具）、切割机、气焊、接地沟开挖用机械设备或工具等。

测量定位

当场平条件达到施工要求时，根据设计图纸进行测量定位，用白灰粉标出水平接地体的路径和垂直接地体的安装位置。

开挖沟槽

接地沟开挖深度满足设计要求，不宜小于 0.6m，且留有一定的裕度。接地体应远离使土壤电阻率升高的地方。沟要挖得平直、深浅一致，沟底如有石子应清除干净。挖沟时如附近有建筑物或构筑物，沟的中心线与建筑物或构筑物的基础距离不宜小于 3m。接地沟宜按场地分区域进行开挖，以便于记录。

垂直接地体安装

垂直接地体制作加工

按设计要求下料，圆钢或钢管端部锯成斜口或锻造成锥形，角钢的一端应加工成尖头形状，尖点应保持在角钢的角脊线上并使两斜边对称制成接地体。

安装垂直接地体

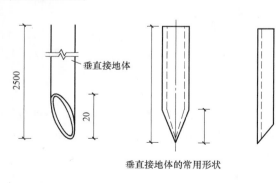

垂直接地体的常用形状

图 7-3　垂直接地体

垂直接地体的安装根据地质可采用人工或机械开挖。按照设计图纸的位置安装垂直接地体。接地体制作好后，在接地沟内，放在沟的中心线上垂直插入地下，顶部距地面不小于设计要求。水平接地体必须预制成 Ω 形或直角形与垂直接地体进行搭接。铜棒、铜包钢垂直接地体与水平接地体焊接可靠，如图 7-3。

主接地网敷设、焊接

主接地网敷设深度应满足设计，设

计无规定时，最小深度应满足规程要求，不低于 0.6m，边缘应作成弧形。

焊接（含电焊和热熔焊）

电焊

主接地网的连接方式应符合设计要求，一般采用焊接，焊接必须牢固，无虚焊。钢接地体的搭接应使用搭接焊，搭接长度应符合交接验收规范。

热熔焊

裸铜绞线和铜排及钢接地体的焊接采用热剂焊方法，热剂焊具体要求为：对应焊接点的模具规格必须正确并完好，焊接点导体和焊接模具必须清洁，尤其是重复使用的模具，其焊渣必须清理干净并保证模具完好。焊接时应预热模具，模具内热熔剂填充密实，点火过程安全防护可靠。接头内导体应熔透，保证有足够的导电截面。铜焊接头表面光滑、无气泡，应用钢丝刷清除焊渣并涂刷防腐漆。

主接地网防腐

焊接结束后，首先应去除焊接部位残留的焊药，表面除锈先涂刷防锈漆，待防锈漆干后再涂刷一层沥青漆。镀锌钢材在锌层破坏处应进行防腐处理。钢材的切断面必须进行防腐处理。

隐蔽工程验收及接地沟土回填

接地网的某一区域施工结束后，应及时进行回填土工作。在接地沟回填土前必须经过监理人员验收签证，合格后方可进行回填土工作，同时做好隐蔽工程的记录。回填土内不得夹有石块和建筑垃圾，外取的土壤不得有较强的腐蚀性，回填土应分层夯实。

接地标识

全站黄绿接地漆的间隔宽度一致（15～100mm），顺序一致。随着接地网规格的增大，接地漆的间隔宽度应作一定的调整。明敷接地在长度很长时不宜全部进行接地标识。

试验

按照《电气装置安装工程电气设备交接试验标准》GB 50150—2006 进行工频接地电阻测试。雨后不应立即进行工频接地电阻的测试，测试的结果必须符合设计要求。如不满足应采取补救措施。

（3）人员组织

安装工、焊工、测工等。

（4）主要施工机具材料

接地沟开挖机械、型机切割机、电焊机、电阻测试仪、管子钳等。

7.2.3 控制及直流系统

1. 屏盘箱安装

（1）工程范围与特征

屏盘箱二次搬运，固定，配线，小母线安装，元部件安装。

（2）屏盘箱安装流程及施工方法

施工准备→基础型钢检查→屏柜就位固定及调整→屏柜内部元件安装→小母线制作安装。

施工准备

施工准备包括人员、机具设备、物资材料、技术（技术资料）、开箱检查等。开箱检查确保元部件无损坏、无缺件、资料齐全。如有缺损，物资、监理及施工方确认形成书面资料记录并及时处理。核对屏柜的型号、规格、回路布置是否符合设计要求，并根据平面布置图在屏上临时标明屏的名称、安装序号、位置。

基础型钢检查

核实基础型钢的水平度、平直度等是否符合设计及交接验收规范要求，基础型钢应与接地网可靠连接。

屏柜固定及调整

先确定每列屏第一面屏的安装位置，确保每列屏头在整个继电器室成一条直线，再在基础型钢上分出其他屏的位置。屏柜采用螺栓将其固定。屏柜的水平度、垂直度、平整度、屏间间隙符合规范要求。

屏柜内部元件安装

屏柜一般不需增加电器元件，但应检查电器元件质量是否良好，型号、规格应符合设计要求。外观应完好且附件齐全，固定牢固，对于运输中拆下的部件应按产品说明书正确安装复位。按设计要求应增加部件时，若要补充开孔，应采取措施，防止损坏其他设备，对屏的精密仪表应先拆下，在已带电控制屏及相邻屏上工作时，应有防止触电的措施。

小母线制作安装

屏柜的小母线安装应按设计和规范要求，固定接触部分应打磨搪锡。小母线安装应平直良好，间隙一致，端子压紧接触可靠，并在非接触部分套上塑料管，小母线裸露部分以及与其他未经绝缘的金属体之间电气间隙，爬电距离符合规范。小母线穿过屏顶其保护圈应完好。小母线安装后，在两侧应有标明小母线代号和名称的绝缘标志牌，字迹应工整、清晰、不易脱色。

（3）人员组织

起重指挥、安装工等。

（4）主要施工机具材料

吊车、平板车、手枪电钻、搪锡锅、号牌、线锤、水平尺、各类扳手、各类改刀等。

2. 电缆支架安装

（1）工程范围与特征

支架形式很多，按材料分角钢支架、水泥支架、复合材料支架。按固定方式分有焊接和螺栓固定。按形式分有忧托盘、槽盒、E 型、F 型、L 型和"丰形"等。从固定方式上一般采用金属支架焊接在预埋件上。

支架二次转运、排列布置、安装、油漆。

（2）安装流程及施工方法

施工准备→电缆沟预埋扁铁安装→支架安装→接地、油漆。

施工准备

施工准备包括人员、机具设备、物资材料、技术（技术资料）、开箱检查等。开箱检查电缆支架规格、型号、外观。

电缆沟预埋扁钢安装

预埋两根扁钢应平整且在一个平面上，间距一致，在跨越电缆沟伸缩缝、沉降缝时，应设置补偿器。

电缆支架安装

支架到场后分类整齐进行堆放，高度应不高于 1.5m。支架间距、固定高度偏差符合设计。焊接时每个焊接点应焊两面，焊接应均匀美观，焊接点在冷却后应除去焊疤，做防腐处理。电缆支架应有良好的接地。

（3）人员组织

焊工、安装等工。

（4）主要施工机具材料

电焊机（放热焊工具）等。

3. 电缆管道敷设安装

（1）工程范围与特征

放线、沟道开挖（打孔），管道弯制、排列、焊接、固定、接地。

（2）电缆管道敷设流程及施工方法

施工准备→电缆管沟道开挖→电缆管制作、管敷设→电缆管沟道回填。

施工准备

施工准备包括人员、机具设备、物资材料、技术（技术资料）、开箱检查等。开箱检查电缆管道规格、型号、外观。

电缆管沟道开挖

依据电缆埋管图放出要埋管的路径，然后开挖沟槽，沟槽深度符合规范要求。

电缆管制作、敷设

首先进行管道弯制，地表尽量无接头，电缆管应尽力伸到设备电缆进孔的正下方。确保电缆无外露。电缆管严禁与接地扁钢同路径敷设。电缆管连接应采用套焊对接，管口无毛刺、飞边。电缆管在沟道内应排列整齐，多根时将其焊成一个整体，两端应可靠接地。焊接处焊接均匀，并做防腐处理。

电缆管沟道回填

电缆管沟道采用黏土回填，要求夯实，表面应弧凸（确保沉降后平整）。

（3）人员组织

测工、安装工等。

（4）主要施工机具材料

沟开挖机械、弯管机、皮尺、各类扳手、各类改刀等。

4. 电缆敷设及二次接线

（1）工程范围与特征

电缆绝缘试验，电缆盘编号，支电缆盘、牵引展放、电缆排列、电缆头制作固定，电缆牌及芯线编号头制作，二次接线。

（2）电缆敷设及二次接线流程及施工方法

施工准备→电缆敷设→电缆头制作→二次接线→电缆挂牌及设备标示→检查接线正、误及屏箱清理→电缆防火封堵。

施工准备

施工准备包括人员、机具设备、物资材料、技术（技术资料）、电缆检查、电缆清册及二次图纸核查等。图纸与屏盘、端子箱核对，对二次图纸进行审查，清理所有电气回路，核查每根电缆两端芯线数目相同，接线号相同，接线位置正确。电缆清册每根电缆在接线图中型号、规格、起始点完全一致。电缆清册中必须与接线图中电缆一致，不得多或差缺。核查每根电缆的长度是否与实际长度相符。核实电缆敷设路径是否通畅，路径是否最优化。规划电缆堆放及敷设场地。电缆收货到场根据清册对电缆进行收货，并记录。电缆堆放应整齐，依据动力、控制分开，大盘、小盘分开的原则，用 1000V 兆欧表对电缆进行绝缘和畅通检查。

电缆敷设

正式敷设前先模拟敷设。模拟敷设以确定每条电缆沟各段应敷设的电缆根数及规格，依据规范分层敷设排列，测量电缆支架放电缆的净空宽度。依据各层电缆先远后近原则模拟排列，设备间电缆单独分出一层进行敷设。模拟排列到电缆无交叉，排列整齐美观流畅的总体要求，方可进行实际敷设。

敷设方法可用人力或机械牵引。电缆沿桥架或托盘敷设时，应单层敷设，排列整齐。不得有交叉，拐弯处应以最大截面电缆允许弯曲半径为准。不同等级电压的电缆应分层敷设，高压电缆应敷设在上层。电缆敷设一般应按区域、先集中后分散、先长后短、先大后小的原则进行。通讯网线敷设时应穿 PVC 塑料管进行敷设。直埋电缆应在电缆转弯处、中间接头处等特殊位置放置明显的方位标志和标桩。

电缆整理与固定

在水平敷设直线段的两端、垂直敷设的每个支持点、电缆转弯处的弯头两侧均应固定，每根电缆在进入设备时应弧度一致，并有适量的裕度。保证电缆排列整齐，牢固可靠。

电缆头制作

屏蔽控制电缆头制作

电缆固定高度应高于电缆防火堵料顶面 120mm。所有电缆都应制作接地，屏蔽电缆用其屏蔽层内的铜芯线与接地线一起缠绕在屏蔽铜皮上，在接头处焊牢。普通电缆应在钢铠上焊 2.5mm² 黄绿的多股铜芯绝缘线，所有接地线应编织成型（不得超过 4 根）后方可接地，接地线应加装铜鼻子并且应搪锡。

二次接线

所有电缆的芯线应进行松股及拉直，每根芯线的绝缘必须完好无损，芯线排列应整齐。

电缆挂牌及二次设备标示

电缆挂牌采用标准的电缆打印挂牌，应同时标上电缆编号、规格、起点、终点。挂牌固定在电缆头上，固定高度方向应一致、整齐美观。

电缆防火封堵

电缆埋管两端应先用硬质防火材料堵实，再用有机堵料将管口堵严密实。防火墙应按设计及消防规定进行设置。屏、箱内电缆周围必须用有机堵料密实，周围用无机堵料填实并抹平。

（3）人员组织

二次安装工、起重工等。

（4）主要施工机具材料

剥线钳、尖嘴钳、改刀、斜口钳、号头机、号牌机、放线架等。

5. 蓄电池安装

（1）工程范围与特征

蓄电池架安装，单体电池就位，电池连接、电池标号，充放电。

（2）蓄电池安装流程及施工方法

施工准备→蓄电池安装→初充电→放电核容→充电。

施工准备包括人员、机具设备、物资材料、技术（技术资料）、开箱检查等。开箱检查蓄电池外包装应良好，蓄电池型号、容量应符合设计要求。附件齐全，技术资料齐全。

蓄电池安装

蓄电池支架安装按厂家组装图及设计图纸进行安装，支架要求固定牢靠，水平误差符合要求。装蓄电池应排列一致、整齐，放置平稳，连接可靠，防止短路。

蓄电池初充电

确认交流电源输入系统、充电装置、放电装置、监控系统、双电源切换装置等直流设备调试完毕，根据厂家说明书的要求对电池进行充电。充电中应随时检查蓄电池的总电压及单个电压，并每一小时记录一次。充至额定容量后停止充电。

蓄电池放电

放电三次，放电的容量不得低于 $100\%C_{10}$（放电时任一只蓄电池至终止电压时，应停止放电检查更换）。当蓄电池放电值达到额定容量时停止放电，并及时补充充电。

蓄电池充电

蓄电池进行核容电试验后，应对蓄电池组进行均衡充电，充电完成后单只蓄电池的电压上下差值不得超过厂家产品规定。充电结束，蓄电池转入浮充后即可投入使用。

（3）人员组织

安装工。

（4）主要施工机具材料

充放电装置、电脑、优盘、号牌、各类扳手、各类改刀等。

7.2.4 高压电缆安装

（1）工程范围与特征

电缆敷设、缆头制作及电缆试验。

（2）高压电缆安装流程及施工方法

施工准备→电缆敷设→电缆终端头制作安装。

施工准备

施工准备包括人员、机具设备、物资材料、技术（技术资料）、电缆及其通道检查、电缆清册及二次图纸核查等。

高压电缆敷设

牵引力、牵引速度、电缆最小弯曲半径、直埋敷设时，电缆表面距地面的距离应符合交接验收规范，电缆终端和接头处应留有一定的备用长度，电缆接头处应相互错开，电缆敷设整齐不宜交叉，单芯的三相电缆宜按"品"字形布置，电缆终端头、接头、拐弯处、竖井口等处，应挂电缆标牌；直埋电缆每隔 50～100m 处、电缆接头、转弯处等部位应设置明显标志。交流单芯电缆应使用 PVC 管作为保护，如果使用钢管将会形成闭合的磁路。敷设完毕后，缆头制作前应进行试验，确保电缆合格。

高压电缆固定

电缆终端与设备搭接应自然、无扭劲。搭接后应对电缆采取固定措施，固定点应设在应力锥下和三芯电缆的电缆头下部等部位。电缆敷设后，电缆头应悬空放置，并应及时制作电缆终端。

电缆终端头制作

终端头制作工作包括剥除电缆外护层、剥除钢铠、剥除内衬层、制作屏蔽层的接地线、填充胶、绝缘三芯指套、剥除屏蔽层和半导层、套入应力管、套入绝缘管、套入三孔伞裙和单孔伞裙并加热固定、接线端子压接、套入相色管等工作。

（3）人员组织

安装工、起重工、高压试验员等。

（4）主要施工机具材料

卷扬机、滑轮、喷灯、搪锡锅、焊锡、焊锡膏、烙铁、高压电缆头套、放线架、各类扳手、各类改刀等。

7.2.5　开关柜组安装

1. 工程范围与特征

开关柜转运及安装试验。

2. 开关柜安装流程及方法

基础型钢检查→开箱检查验收→开关柜转运→柜安装、调整→开关柜母排及附件安装。

施工准备

施工准备包括人员、机具设备、物资材料、技术（技术资料）、开箱检查、基础核查、柜体进入通道检查。基础按施工验收规范检查基础型钢水平度、基础型钢中心距离（不平行度）误差。开箱检查验收柜体、元部件应无损伤，备品备件、图纸、说明书、合格证、专用工具齐全、柜体内部高压电器齐全无损。

高压开关柜二次转运

高压开关柜一般是室内布置，根据开关柜的安装位置，按照先里后外的顺序依次就位开关柜。采用吊车或其他起重设备、钢管滚动工搬运。离安装处较远，还可使用平板车转运。

安装、调整

开关柜采用在基础型钢上钻孔压板螺栓固定。保证水平度、垂直度、柜间缝隙符合交接验收规范要求。

开关柜母排及附件安装

开关柜安装好后安装柜内主母线，开关柜一般属于成套供货设备，厂家组装后拆卸运输，现场只需要按照厂家装配图安装即可。如果开关柜不属于成套供应设备，需要现场制作主母线，母线制作需按照硬母线施工工法进行。

3. 人员组织

起重工、安装工、高压试验员等。

4. 主要施工机具材料

吊车、平板车、手枪电钻、滚筒、各类扳手、各类改刀等。

7.2.6 换流站部分设备安装

换流站分整流站（送端）和逆变站（受端），作用完成将交流、直流转换。整流站将网侧交流转换成直流向逆变站输送电能，逆变站将直流逆变成交流向交流系统（用户）供电。换流站可实现异步联网，较好地实现不同交流电压的电网互联，将两个交流同步电网隔离，能有效地隔断各互联的交流同步网间的相互影响，限制短路电流，且联络线功率控制简单，调度管理方便。

换流站除有常规变电站相应设备外，交流侧增加了滤波场滤波用的电容器、电抗器、电阻箱等，主变压器称之为换流变，再就是增加了直流部分。直流场部分设备包括断路器、隔离开关、平波电抗器、滤波电容器等。此外还有整流或逆变的换流阀、用于冷却换流阀的冷却系统、防止高频噪音的降噪装置以及控制调节系统、保护系统等设备。

1. 换流变安装

换流变的安装大体与常规变电站的变压器安装流程和方法相同，区别在以下几点。

第一　换流变对油质要求更高，油量多。采用大容量精滤机。

第二　换流变是在换流变广场安装好后再牵引至基础上。

2. 干式平波电抗器安装

（1）工程范围与特征

平波电抗器开箱检查、支柱瓷瓶安装、本体吊装、附件安装。其体积、质量大，安装高度较高。

（2）平波电抗器安装流程及施工方法

施工准备→平波电抗器绝缘支架安装→降噪装置地面组装支架安装→电抗器主体安装→安装后的检查试验。

施工准备

施工准备包括人员、机具设备、物资材料、技术、开箱检查、基础核查、电抗器及其附件检查、吊装场地布置等。基础核查主要检查基础的平整度和强度。电抗器及其附件规格型号符合要求、齐全无损。

平波电抗器绝缘支架安装

采用吊车由下往上依次吊装支持绝缘子，其垂直度或倾斜度应保证其顶端与电抗器本体底座的就位接触面在同一平面上。

降噪装置地面组装

组装前先在地面铺设枕木，避免受到硬质物划伤及泥土污染。先将消声器本体吊至枕木上，然后安装支撑杆、隔板等，最后将组装好后的消声器顶盖吊装在支撑架上，如图7-4。

图 7-4　上部消声器结构示意图

电抗器主体安装

卸除所有固定器件

卸除所有固定器件，特别是仔细检查平波电抗器下方和包装箱底部的固定连接。

支持绝缘子安装

按照图纸和安装指导书的要求，逐个安装支持绝缘子，用力矩扳手紧固所有螺栓。检查绝缘子顶端的水平度，有高差时，用1～2mm的不锈钢板制作垫块调整。

平波电抗器安装

检查平波电抗器底座平整后，将同等长的吊绳先固定在电抗器的专用吊具上，再把吊绳的另一端固定在电抗器吊板上。然后预张紧钢丝绳，检查钢丝绳垂直，U形吊具间距合理。缓缓吊起平波电抗器至离地面100mm，悬停5分钟，检查所有钢丝绳、吊具和吊车支撑臂。检查平波电抗器底部水平。缓缓吊起平波电抗器，超过平波电抗器支持绝缘子的高度后水平移动至安装位置上方并固定，如图7-5所示。最后将组装好的降噪器吊装在电抗器主体上部。

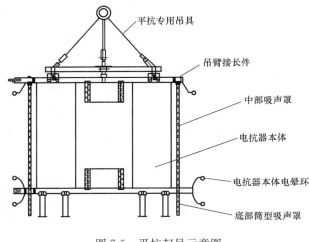

图 7-5 平抗起吊示意图

吊具标注：平抗专用吊具、吊臂接长件、中部吸声罩、电抗器本体、电抗器本体电晕环、底部筒型吸声罩

安装后检查、试验

安装后检查、试验包括支流电阻测量、频阻抗值测试、频谱特性测试、避雷器测试、本体外部检查、支柱绝缘子外观。

（3）人员组织

工具管理员、起重工、高空安装、高压试验人员。

（4）主要施工机具材料

操作车、起重机械、各类扳手、施工平台、高压试验仪器、各类扳手、各类改刀等。

3. 穿墙套管安装

（1）工程范围与特征

开箱检查、吊装、套管较长有一定的倾斜角度、上下端在隔墙的两侧。

（2）换流变装流程及施工方法

施工准备（开箱检查、试验、油处理）→吊装→安装后的检查试验。

施工准备

包括技术准备、机具材料准备、人员组织、套管固定板（基础）复核、施工平面布置、开箱检查、安装前的试验等。开箱检验应确保包装箱内遮盖物完好，箱内无积水，检查外观完好无破损，端子板无变形，检查套管末端屏蔽引出点外观完好，附件，密封紧密，接地连接可靠，技术资料齐全。安装前的试验有查穿墙套管内 SF_6 气体压力符合产品技术规范要求；测量穿墙套管载流部分与末屏之间、末屏与地之间的绝缘电阻；测量穿墙套管载流部分与末屏之间、末屏与地之间的电容、介质损耗因数；测量套管的直流电阻；检查气体密度继电器和压力计。

吊装

卸除所有固定器件，特别是仔细检查穿墙套管下方和包装箱底部的固定连接。按照产品技术文件和安装指导书的要求，安装专用吊具至法兰和顶端。安装配重块，并将配重块固定。将套管吊起，检查套管轴线与水平面的角度与安装完成后应形成的角度一致，吊起套管并利用系在套管顶端的绳索将其旋转到正对阀厅安装孔的位置。在阀厅内的人员的配合下将套管通过安装孔插入阀厅。插入过程中应随时控制套管表面与安装孔的距离，防止损伤套管表面。安装固定的螺栓。螺栓应先安装底部1～2颗，再安装顶部的1～2颗，然后安装所有螺栓，分4～6次对称地逐步上紧。安装套管接地线。接地线应连接紧密，接触良好，特别注意接触面的表面应清理干净。卸除配重块。卸除过程中应注意防止配重块坠下，卸除专用吊装工具。解除专用吊装工具和套管间的连接，用吊车将专用工具吊下。将套管充气至额定压力。并在充气至额定压力过程中检查密度继电器和压力表的接点。安装两端的外部引线。安装时应注意避免套管端部受力。

安装后的检查和试验

绝缘电阻检查　用摇表检查套管的绝缘电阻（主绝缘和末屏至地），绝缘电阻与出厂值比较无明显区别（经温度折算后）。

电容量和介质损耗因数测试　用电桥测试套管的电容量和介质损耗因数，测得的电容值应与出厂值无明显差别。测得的介质损耗因数应不大于出厂值的130%（经温度折算后）。

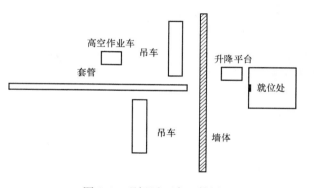

图 7-6　现场平面布置简图

末屏测试端子检查　末屏测试端子应接触良好，密封紧密。

直流电阻试验　测试套管主导流回路的直流电阻，应与出厂和安装前测试值无明显区别。

压力表接点检查　检查压力表接点的动作情况（在套管充气过程中）。

密度继电器信号和接点检查，检查密度继电器信号和接点的动作情况（在套管充气过程中）。

外部检查　套管内、外部分绝缘面无破损、污渍。

测试油气 SF_6 气体含水量符合规程要求。

（3）人员组织

起重工、高空作业人员、安装工、高压试验员等。

（4）主要施工机具材料

操作车、吊车、力矩扳手、套筒扳手、各类扳手、各类改刀。

4. 直流场滤波电容器安装

（1）工程范围与特征

电容器开箱检查、支柱瓷瓶安装、本体吊装、附件安装。数量多，安装高度较高。

（2）平波电抗器安装流程及施工方法

施工准备→绝缘支架（塔式安装）或固定电容器的悬挂件（悬吊式安装）安装→电容

器主体安装。

施工准备

　　施工准备包括人员、机具设备、物资材料、技术、开箱检查、基础核查、电容器及其附件检查、吊装场地布置等。基础核查主要检查基础的平整度和强度。电容器及其附件规格型号符合要求、齐全无损，电容器的电容量的核实。

电容器绝缘支架或悬挂件安装

　　安装采用吊车。塔式安装，由下往上依次吊装支持绝缘子，其垂直度或倾斜度应保证其顶端与电抗器本体底座的就位接触面在同一水平面上。悬吊式安装，将挂件固定在承重梁的吊环上。

电容器主体安装

　　电容器到场时，每层 20 个单体电瓶，已安装在一个框架里，形成了一个吊装单元。安装前应先核实塔式安装的支柱水平度和间距以及悬吊式安装的顶端固定之间的牢固和安装孔的大小及间距。整个安装过程使用吊车。塔式安装由下向上一个小组电容器单元逐层安装，悬吊式安装由上往下一个小组电容器单元逐层安装。电容器本体安装完后，再安装单体电容器间的连线，最后安装均压环。

　　（3）人员组织

　　工具管理员、起重工、高空、安装、高压试验人员。

　　（4）主要施工机具材料

　　操作车、起重机械、各类扳手、施工平台、高压试验仪器、各类扳手、各类改刀等。

7.3　架空线路工程

7.3.1　工地运输

　　1. 运输道路和运输方式选定的原则

　　（1）运输距离和运输半径最小，控制桩号最多；

　　（2）运输道路和通过桥涵最佳，补修量最少；

　　（3）尽量利用原有通道，占用农田或损坏农作物最少；

　　（4）路面较高，不致因雨季积水影响而增加维修费；

　　（5）尽量选用能通行载重汽车的道路；

　　（6）对于山区或特大山区，在畜力驮运和人力抬运较困难时可考虑导向浮升式运输和架空索道运输；

　　（7）在确定运输方式时，还要依据运输量、运输距离、物件尺寸和重量以及道路的情况等。

　　2. 运输方式

　　（1）汽车运输

　　汽车运输包括：施工机器具、砂、石、水泥、基础钢材、铁塔器材及构建、混凝土电杆、导地线线盘、瓷瓶、金具等材料的运输。

　　（2）人力运输

　　1）人力背扛抬运，应先选定运输路线，并进行必要的道路整修工作，铲除绊脚的小树根。

2）人力背抬运输的人员，必须身体健康的壮年人。人力背扛抬运时，一般平地每人不超过 30kg，山地每人不应超过 20kg。如群体运输时，应有一名中级工以上技工指挥。

3）砂、石、水泥、水、金具等零星物件，可单人背扛，但背扛的量也不宜大于上述，并随时注意背运人员的身体状况。严格监督和控制超重背扛情况。

4）抬运混凝土预制构件及塔材等中型物件时，可采用工人 4 人或 8 人编组抬运，但绳索绑扎必须可靠。抬起的物件不宜过高，一般以离地 400～600mm 为宜，抬运人员与被抬物间的距离，视具体情况确定，但一般不应小于 500mm。每次使用工具，都必须仔细检查。

5）抬运混凝土电杆等大型物件时，可采用 16 人、24 人或 32 人抬运法，但各绑扎绳套必须由技工进行，保证结实可靠。抬运时由专人负责指挥，抬运人员步调一致，相互照应。

（3）畜力驮运

砂、石、水、水泥以及金具、小型铁构件，可用畜力驮运，畜力包括骡、马、驴。驮运重量约为 100kg/次，驮运行程约为 35km/d。

（4）架空索道运输

架空索道一般应用在高山大岭、大沟、深渊、悬崖峭壁等运输极端困难或者需要修整大量运输道路及绕道运输过远的地方，还可跨越水流湍急不能通行河流以及泥沼地、水稻田等不便使用车辆运输的地带。输电线路施工一般采用简易索道，其特点是：架设方法简单，索道架设耗时较长，运输量在 1 吨左右，运输效率比人力和畜力高，是一种有效的山区运输方法。随着人工成本的不断提高，在无法采用汽车运输的地方，架空索道运输将逐渐成为主要运输方式。

1）索道的安装与架设

·按平面布置要求，做好现场缆索架设准备，其中承载索的挂线端可通过支架上的特制承重滑车和调节器具直接固定在地锚上，缆索架设的现场布置、弧垂观测与架设操作步骤和方法，基本上与普通架线的紧线方法相同，只是可通过调节器具直接锚固在地锚上。

·展放承载索。尽可能由高处向低处展放，并应防止被磨损。在悬崖峭壁处直接展放有困难时，可用浮升法展放一根锦纶丝绳或用遥控模型直升机先展放一根细芳纶绳再牵放锦纶绳的方法，再牵放承载索。

·索道的架设，应有合理的劳动组织，其指挥人员不应低于中级，且应有架线施工经验者。

·安装牵引索、行走滑车、吊篮，设置牵引机械设备（最好是能正牵引和倒牵引的小型张牵机设备），搭设装卸平台或平整装卸场地。

2）架空索道的装卸与运输

被运器材应先做好准备，零星小型器材应装入吊篮（或筐、箱）内，可采用一点悬挂，对铁塔辅材应进行捆扎，铁塔主材和混凝土电杆应采用两点悬挂。所有被装运的器材，均应在承载索正下方的装卸平台处进行。

3）架空索道的运行管理

一运输前应对被运载的器材的绑扎吊挂状况以及承载索的弧垂、支架、地锚等进行细致的检查。无误后，即可驱动牵引机械，开始运输。

——在运输过程中，各支架及地锚等重要处所应设专人看守。同时应根据具体情况，对承载索的弧垂进行必要的调整。

——运输现场必须设有可靠的通信工具，一般应配备报话机。

——索道运输应设专人指挥，指挥人应不低于中级工，且应是有索道运输经验或经过培训者。

7.3.2　土石方工程

1. 边坡、土壁支撑和排水

(1) 土方边坡

一般土石方挖掘为了防止塌方，保证施工安全，在基坑（槽）开挖深度超过一定限度时，经常将土壁做成有斜率的边坡，即土方边坡。土方边坡以其挖土方深度 H 与其边坡底宽 B 之比来表示，即：

$$土方边坡坡度 = H/B = 1/(B/H) = 1/m$$

式中 $m = B/H$，称为边坡系数。

直壁不加支撑挖方深度

表 7-1

土　的　类　别	挖方深度 （m）
密实、中实的砂土和碎石类土（充填物为砂土）	1.00
硬塑、可塑的轻亚黏土及亚黏土	1.25
硬塑、可塑的黏土和碎石类土（充填物为黏性土）	1.50
坚硬的黏土	2.00

(2) 土壁支撑

基坑开挖施工中，因土质原因出现坑壁垮塌的情况，给施工造成危害，对不能采取边坡防护的基础需采取土壁支撑措施（图 7-7）。

输电线路工程常用挡土板一般为木质挡土板，规格为厚 50mm，宽 200mm，长 2000 ~3000mm；还有铁挡土板由 4mm 铁板加工而成，其规格为 4mm×200mm×（2000~ 3000mm）。横撑如用方木，则应不小于 150mm×150mm。

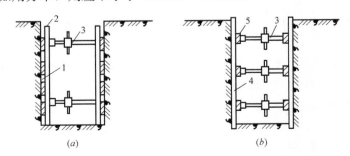

图 7-7　挡土板示意图

(a) 断续式水平挡土板支撑；(b) 垂直挡土板支撑

1—水平挡土板；2—立柱；3—工具式横撑；4—垂直挡土板；5—横楞木

（3）施工排水

在土石方工程施工时，必须做好施工排水工作。施工排水分为排除地面水和降低地下水位两类。排除地面水可采用设置水沟、截水沟或修筑土堤等设施来进行；降低地下水位可采用集水井降水法和井点降水法。

1）地面排水

·地面截水

在基坑附近有河流，水泊和雨水，有可能流入坑内时，开挖之前应做好截水工作。如基坑在河流附近则应采取上截水，下散水，疏通河沟，使地面水畅通；如为死水泊，应尽可能远离基坑开挖放水渠道，降低水位或排净；如为防止雨季降水流入，则应在基坑周围设排洪沟，并应尽量避免在雨期施工。

·坑内排水

在浅基础或水量不大的基坑，通常在基坑底部挖一集水小坑，用人泵直接排水至基坑范围以外。集水坑的设置及排水方式如下。

集水坑的设置：集水坑应设置在基坑底部并在基础范围以外，并在地下水流向的上游。集水坑深要经常低于挖土面 $0.7 \sim 1.0$m，直径一般为 0.6m 左右，坑内和坑壁可用竹木等加固和滤水。当基坑挖至设计标高后，集水坑底应低于设计标高 1m 以下，并铺设碎石滤水层，以免在抽水时间较长时将泥砂抽出，并防止坑底的土层被搅动。

人力排水方式：人力排水常用提水桶，手压泵等简易工具，从集水坑内将集水排至坑外，这种方式仅适用于渗水速度比较缓慢，集水量不大的水坑。

动力水泵排水：动力水泵常用有离心泵、潜水泵和抽水泵等，水泵动力有小型汽油机、柴油机，也有利用汽车发动机，有条件时也用电动泵。这种方式一般在人力排水方式不能达到排水要求时，即渗水速度较大，集水较多的基坑。如动力水泵排水方式仍不能排水保证基坑挖掘时，则应采取其他降低地下水方法。

2）降低地下水位

·集水井降水法。

集水井降水法是在基坑开挖过程中，在基坑底设置集水井，并在基坑底四周或中央开挖排水沟，使水流入集水井内，然后用水泵抽出的方法。集水井应设置在基础范围以下，地下水走向的上流，每隔 $20 \sim 40$m 设置一个。集水井直径或宽度为 $0.6 \sim 0.8$m，深度随挖土加深，应经常保持低于挖土面 $0.7 \sim 1$m，集水井壁可用竹、木简易加固。当挖至设计标高后，集水井应低于基坑底 $1 \sim 2$m，并铺设碎石滤水层，以免将泥砂抽走，坑底土被搅动。水泵可采用离心泵、潜水泵和软抽水泵等。

·井点降水法。

在地下水位以下的含水层施工时，常采用井点排水的方法。井点降水法是在基坑开挖前，在基坑四周埋设一定数量的滤水管（井），利用抽水设备抽水使所挖的土始终保持干燥状态的方法。井点降水法所采用的井点类型有：轻型井点、喷射井点、电渗井点、管井井点、深井井点等。施工时可根据土的渗透性系数，要求降低水位的深度及设备条件等。

2. 一般基坑土方的挖掘

（1）人工挖掘

人工挖掘根据土质的不同所使用的工器具不同，挖掘方式见表 7-2 规定。

土质工程分类表   表 7-2

土的分类	土 的 名 称	坚实系数	挖掘方式
普通土	砂;亚砂土;冲积沙土层;种植土;泥炭(淤泥)	0.5～0.6	能用锹、锄头挖掘
次坚土	亚黏土;潮湿的黄土;夹有碎石、卵石的砂、种植土、填筑土及亚砂土	0.6～0.8	用锹、锄头挖掘,少许翻松
坚土	软及中等密实黏土;重亚黏土;粗砾石;干黄土及含碎石、卵石的、亚黏土;压实的填筑土	0.8～1.0	主要用镐,少许用锹、锄头挖掘,部分用撬棍
砂石土	重黏土及纪黏土;卵石的黏土;粗卵石;密实的黄土;天然级配砂石;软泥灰岩及蛋白石	1.0～1.5	整个用镐、撬棍;然后用锹挖掘,部分用楔子及大锤
松土	硬石灰纪黏土;中等密实的页岩、泥灰岩、白垩土;胶结不紧的砾岩;软的石灰岩	1.5～4.0	用镐或撬棍、大锤挖掘。部分使用风镐

（2）机械挖掘

施工中常采用单斗挖掘机进行土方施工，它可以按照工作需要更换其工作装置。按照工作装置的不同，可分成正铲、反铲、拉铲和抓铲挖土机。

3. 特殊土石方工程的挖掘

（1）流沙坑基坑挖掘

1）开挖准备

·注意布置好开挖场地，如材料堆放，浇制拌合出料堆放，排洪沟的设置，抽水设备的安置等等，避免施工中相互影响。

·工器具准备（参考方案工器具计划）。

·施工前做好一切准备，使施工紧凑、衔接，挖坑、抽水、下钢筋、浇基础等工序连续作业，避免间断。

2）基坑开挖、排水

开挖时采取井点降水措施，四个钢管井必须同时不间断地抽水，确保将地下水位降至施工基面以下，以免坑中泥砂流动，造成地基承载力下降。同时泥砂失水后，更便于开挖和可减少坑壁垮塌。

（2）原状土基础基坑挖掘

原状土基础分为人工掏挖基础和挖孔桩基础。人工掏挖基础仅用于孔深一般不超过3m 的基础，超过 3m 的基础为挖孔桩基础。

原状土基础土质必须坚固可靠不垮塌的硬塑或可塑的黏性土，并无地下水或渗入水的基坑施工。

（3）灰土垫层施工

灰土垫层是将基础底面下要求范围内的软弱土层挖去，用一定比例的石灰与土，在最优含水量情况下，充分拌合，分层回填夯实或压实而成。适用于加固深 1～4m 厚的软弱土、湿陷性黄土、杂填土等，还可用作结构的辅助防渗层。

（4）砂和砂砾石垫层施工

砂垫层和砂砾层系用砂或砂砾石混合物，经分层夯实，适于处理 3.0m 以内的软弱、透水性强的黏性土地基。

7.3.3 基础工程

1. 现浇混凝土基础施工

（1）施工工艺流程

基础分坑及开挖—绑扎钢筋—基础支模—插入角钢或地脚螺栓安装—基础浇制—拆模和养生—基础回填

（2）施工方法

1）基础分坑及开挖

基础使用经纬仪进行分坑，基坑开挖方法有人力挖掘和机械挖掘。基坑开挖的宽度应小于混凝土底板断面的宽度，而应大于主柱断面的宽度。基坑挖至设计规定的深度时，应在坑底钉出坑底中心桩，进行二次分坑放样。以中心桩施工基面为准，用经纬仪检测基坑深度，坑底与中心桩之间的坑深误差应小于验收规范的允许值。同基的四个基础坑在允许偏差范围内按最深一坑操平。

2）绑扎钢筋

钢筋笼为矩形，有底板筋，立柱筋按基础类型有区分，扎筋方式可以根据立柱筋的重量大小来确定，是先扎好再放入基坑，还是在基坑中扎筋。当立柱筋重量大于300kg，就要考虑在基坑中扎筋。

3）基础支模

基础模盒用四根丝杠将四只角分别悬挂在安放于坑口的两根方木上，四周用铁撑微调固定，铁撑应分层布置，其数量应能保证基础浇筑过程中模盒不致变形或位移，以保证基础尺寸。

4）插入角钢或地脚螺栓安装

·插入角钢安装

—三角支撑法

插入角钢重量小于800kg且角钢悬浮高度较低时采取三角支撑法（见图7-8）。安装方法如下：

首先计算出三角形角钢支架的高度并焊接牢固。安装时找出三角形角钢支架的中心位置，将支架的底部浇入坑底的地基中，浇入深度视地质情况定（要求最小浇入深度不小于200mm）。再将插入角钢放在三角形角钢支架上（底端施工孔套在三角形角钢支架的可调节螺杆上），插入角钢顶端用三角形布置的带花篮螺栓调节器的三根拉线将其临时固定。

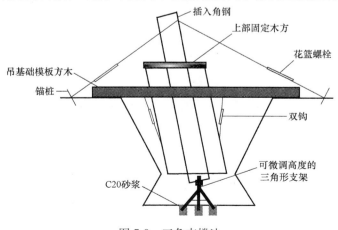

图 7-8　三角支撑法

　—全悬浮法

插入角钢重量大于 800kg 且角钢悬浮高度较高时采取全悬浮法。安装方法如下：

首先在坑口上方搭设钢管三脚架。然后用链条葫芦将角钢悬挂于钢管三脚架上。插入角钢顶端用三角形布置的带花篮螺栓调节器的三根拉线将其临时固定。再用 8 号铁线从模板缝隙处引出，将插入角钢底部固定在立柱钢筋底部。最后当插入角钢各部尺寸调整好后在插入角钢底部和顶部采取固定措施，预防插入角钢扭转、根开、高差、坡比等各部尺寸在混凝土浇制施工中发生位移和变化。

　· 地脚螺栓安装

首先设置两根方木（160×160）夹住立柱模板盒，当基础顶面低于地面时，宜开挖施工小平台，两根方木的上表面略高于基础立柱模板盒顶端。

其次将模盒的四角用四套丝杆（或花兰螺丝）、钢丝绳套、U 形环悬吊于两根方木上，以便于模盒的操平正及支持模盒的重力。

最后进行地脚螺栓的组装。

5）基础浇制

　· 对大截面的混凝土基础，除了采用井字架和垫木板之外，还应采用"内拉法"。即根据基础截面的大小及基础的高度分层使用 8 号铁丝在模盒内部呈"十"字拉线，保证模盒在混凝土浇制过程中不发生鼓肚情况。

　· 在混凝土浇制过程中要注意模板的支撑系统要稳定，特别是下料时要保证不影响支撑系统。

　· 在混凝土浇制过程中应随时监控模板的几何位置的准确性及变形情况并及时采取措施。

6）拆模及养生

在混凝土强度能够保证其表面及棱角不因拆除而受到损害且强度不应低于 2.5MPa 时，方可拆除模板。对斜柱式基础，由于柱截面沿塔身主材坡度倾斜，故施工时应注意当浇制混凝土养生强度达到设计强度的 70% 时方可拆模（要求 3d 后拆模），拆模时须在其内角侧用撑木做好分段支撑，保证立柱不变形倾斜。

拆模后，定时对基础进行浇水养护，冬季施工时需采取特殊的养护措施，当日平均温度低于 5℃ 时，不得浇水养护。

7）基础回填

当基础混凝土强度达到设计强度的 100% 时方可回填，回填时要均匀填土，并分层夯实。

2. 岩石基础施工

岩石基础常用形式有直锚式、承台式和嵌固式三种基本类型（见图 7-9）。直锚式具有简便工艺、灵活性、适用性、造价低等优势；而承台式和嵌固式作为不能采用直锚式的一种补救方式。

直锚式岩石基础施工

1）施工工艺流程

清理施工基面—岩石钻孔—清渣洗孔—锚筋安装—浇筑及捣鼓—抹面养护。

2）主要施工方法

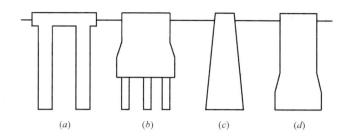

图 7-9　铁塔岩石基础形式

(*a*) 直锚式；(*b*) 承台式；(*c*) 嵌固式；(*d*) 掏挖式

· 清理施工基面

根据复测后的杆塔中心桩，定出各基础的位置，按设计要求开挖和清理基面。清理范围为基础锚孔边缘各出去 1m 范围内。

在降基时，当自然地面距施工基面较高时，对基面进行人工或爆破降基处理，使基面尽量平整。

基面清理后，设计须逐基验槽，检查岩石地基的稳定性，坚固性，风化程度，层理和裂隙情况，如发现与原设计不相符，则应采取措施，因地制宜，做出修改方案。

· 岩石钻孔

岩石钻孔施工方法有人力凿孔和机械钻孔两类。

—人力凿孔。人力凿孔所用工具，主要是大锤和钢钎。一人持钎，一人持锤，边捶打边转动钢钎。开孔时要准要慢，准确定位后，即可适当加快，用力捶打钢纤顶部，扶纤人员要稳要准，不得晃动，保持垂直。打锤人员和扶钎人员要相互配合，精神集中，以防发生事故。孔内碎石渣要经常掏出清理。如遇坚石，钢钎扁平头部刃口易于磨饨，应适时更换修整。开始凿孔时宜用短钎，孔洞较深时即换用长钎，直至达到设计深度。

—机械钻孔。施工现场准备完好即可将钻机运到塔位钻孔处，首先组装钻机，并将钻机钻头中心对准孔中心的标记，用经纬仪或垂球控制调整钻机使钻杆垂直于地面，然后固定钻机。

专职机手检查设备各部位安装是否稳妥，并根据岩石硬度选择并安装钻头，一切妥当后即可开机。一个塔腿的全部锚孔钻好之后，即可将钻机移至另一塔腿处，并按以上要求，继续钻进，直至全部完成。

· 清渣洗孔

在打凿钻孔完成之后，需彻底清除孔内石渣和孔洞周围的泥水、石屑等。孔洞内不得有贯通的裂缝，并应清除活动的碎石。

采用循环淘洗法清洗锚孔时，即用清水沿孔周边缓慢倒入，冲洗孔壁附着的泥砂，再用掏水工具掏出，或用压力水冲击方法，将孔内清洗干净。若孔内有漏水时，应通知设计单位代表检查处理。当循环淘洗后，须再用泡沫塑料将孔底余水吸干，并立即用覆盖物将锚孔覆盖。

· 锚杆（地脚螺栓）安装

安装时，应将锚杆逐根放入孔内，并位于岩孔定位中心。如地脚锚钩阻碍，应提出锚杆，对锚钩或孔底周围进行修整。

一个塔腿的锚杆（一般为4个）安装完好后，应再用样板校正固定，并核对整基锚杆根开、对角线和方位，确保在允许偏差之内。

·锚筋浇筑及捣固

浇筑捣固砂浆或细石混凝土浇筑可用人工浇筑或压力浇筑方法。

—人工浇筑：

为防止岩石暴露在空气中进一步风化，清孔完成后应迅速进行锚杆插入和混凝土的灌注。对于同一基腿的岩石锚杆，可以同时安放锚杆、同时灌注混凝土，以免因裂隙的贯通，可能造成"串浆"，相互影响。

锚孔浇灌前，应再次检查孔内有无残渣或杂物等。并用吸水海绵团将锚孔壁用水湿润，以保证混凝土顺利滑入坑底，且能确保砂浆与坑壁的粘结力。

混凝土的灌注对锚杆基础的承载力有较大影响，施工过程中要严格控制混凝土灌注的质量，要一边灌注一边插捣振密，防止在锚固段存有混凝土断层。

浇筑应分层进行，每层厚度小于300mm，并应沿孔壁周围均匀倒入，边灌边捣固，捣固钎要插入到前一层的1/2以上，要保证均匀彻底。砂浆应先计算定量，浇筑量与孔洞实际体积相同，否则应查明原因。

浇筑和捣固时不得碰撞锚杆，并应始终保持正确位置。

—高压注浆

基坑中心孔为压力注浆孔。压力注浆的纯水泥浆标号为MU20，水灰比宜为1：1。

封口混凝土密封层浇筑：压力注浆前首先要对压力注浆孔地面端作封口处理，处理的方法是浇筑混凝土密封层。在眼孔顶端浇筑混凝土密封层要使用专用工具"封口密封托"，密封托如注射器推杆状，垫片上设排气孔和注浆孔。混凝土密封层浇筑时要在密封托排气孔和注浆孔上方埋设PVC管，以达到混凝土密封层有预留孔的目的。

压力注浆：各锚杆的灌入混凝土达到初凝且基腿中心压力注浆孔密封混凝土达到终凝后方可进行压力注浆（见图7-10）。

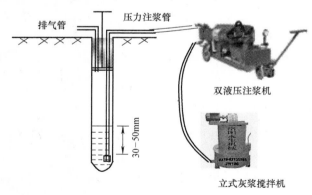

注浆采用注浆泵灌注，采用反向施工工艺，即通过将浆液压至孔底，再由孔底向外返，浆液溢出孔口后停止注浆。保证锚孔砂浆饱满。注浆完毕后，在浆体强度达到设计要求之前，不得受扰动。

压力注浆机压力调至4MP后开始注浆，当压力稳定持续时间大于5min方可视为注浆完成。

注浆过程中要时刻检查压力注浆机的工作状况和注浆压力表等，

图7-10　压力注浆示意图

当注浆压力不能稳定时，本桩纯水泥浆水泥用量达到300kg后通知设计工代处理。

·抹面养护

每个塔腿锚杆浇注砂浆（或细石混凝土）和抹面工作应一次完成，不宜二次抹面。

锚孔内砂浆（或细石混凝土），宜采用自然养护方法。

在养护期内，以基础为中心，半径为5m之内不允许有对基础造成影响的作业，半径为30m之内不允许有爆破作业。

基面砂浆（或细石混凝土）养护，要在浇注抹面完成后12h内浇水养护。当天气炎热、干燥有风时，在3h内应在表面加覆盖物浇水养护，浇水次数应能保持基面湿润。

岩石基础不宜在冬季施工，必须施工时，应制定相应的冬季施工措施。

· 承台浇筑

承台的支模、地脚螺栓就位、浇筑与普通基础施工相同。

3. 原状土基础施工

原状土基础施工包括人工挖孔桩和掏挖基础等基础形式。人工挖孔桩和掏挖基础施工区别是：

人工挖孔桩基础坑深一般大于掏挖基础，特别适合在一般基础的四个腿无位置摆放的斜坡、陡坎等处以及基础外负荷较大的地方。试块制作和验桩按照桩基础要求进行。

掏挖基础适用于地质较好，基坑开挖容易成型的地方。试块制作按照一般基础要求进行，无验桩要求。

（1）施工工艺流程

桩心和坑口定位—制作井圈锁口—开挖及护壁—孔桩检查及孔底处理—钢筋笼制作和安装—模板安装—浇注及捣固—拆模养护

（2）主要施工方法

1）基础开挖

人工挖孔和掏挖基础采用逐孔开挖，每根桩由人工从上向下逐层用镐、锹进行开挖，遇坚硬土层用锤和钎破碎，遇到岩石，人工挖掘太困难时，每节循环进尺0.5~0.8m。遇弱软土层时，每节进尺相应缩短到0.3~0.6m。开挖前用十字交叉法定出孔桩中心。挖土次序为先中间后周边，按设计桩径加2倍护壁厚度控制开挖截面，允许误差3cm。土方采用慢速小型人工卷扬机或人工提升，地面人工运土。

每次开挖前，应将桩孔内的积水抽干，风机通风后，才能下人作业。为了保证人员的安全，改善作业条件，每孔配备专用的抽水和通风设备，孔内照明应采用安全矿灯或12V低压照明，灯泡带防护罩。

扩大头的施工：人工挖孔桩和掏挖基础，有的在下部有扩大头的施工，其上部施工同其他挖孔桩一样，但其下部开挖要特别注意开挖的进度和施工安全，因为下部扩大头部分，孔壁成倒坡，且没有混凝土护壁，容易塌方。

容易垮塌的扩大头施工时，可有意识留下图所示的100左右厚的四个土墙不开挖，起支撑作用（见图7-11 扩大头支撑示意图），防止扩大头上层土垮塌，待扎筋支模完，浇注前才快速开挖。

2）护壁施工

护壁施工采取组合式钢模板，由多块弧形模板拼装而成，拆上节，支下节，循环使用，模板间用螺栓连接，上下设两道6号槽钢圈顶紧，钢

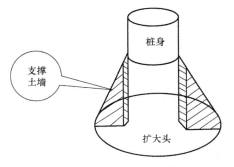

图 7-11 扩大头支撑示意图

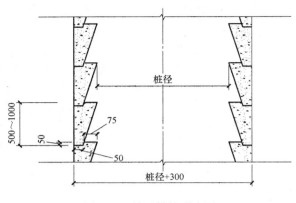

图 7-12　护壁结构形式图

圈由两个半圆组成，用螺栓连接。模板表面不需要光滑平整，以利于与柱体混凝土的联结（见图 7-12 护壁结构形式图）。

3）孔桩检查及孔底处理

挖至设计深度后进行清孔工作，清理好护壁上的淤泥和孔底残渣、积水，要求孔底无浮渣，孔壁无松动。验收合格后，应尽快扎筋支模和浇注桩身混凝土。

4）钢筋笼制作和安装

钢筋笼制作严格按设计加工，主筋位置用钢筋定位支架控制等分距离。主筋若有接头，焊接位置须错开布置。

钢筋笼绑扎时，应防止变形；安放前需再检查孔内的情况，以确定孔内无塌方和沉渣；安放要对准孔位，扶稳、缓慢、顺直，避免碰撞孔壁，严禁墩笼、扭笼。

5）模板安装

模板一般采用圆模板，安装时用仪器控制模板的两边线和接缝线来保证模板的垂直度。

6）混凝土浇筑及捣固

用串筒法浇筑混凝土，以免混凝土离析，影响混凝土整体强度，串筒末端离孔底高度不宜大于 2m。混凝土采用插入式振捣器振实。当孔内有渗水时，则先抽除孔内积水后再施工。

7）拆模养护

拆模后，将桩体全部淋水湿润。用地膜将桩全部包裹，地膜接口用宽胶带粘牢。利用混凝土自身蒸发的水分进行养护。冬季施工采取特殊措施进行养护，日平均温度低于 5℃ 时，不得浇水养护。

4.桩式基础施工

桩式基础按桩的制作方式分为预制桩和灌注桩两类，其中灌注桩在输电线路上的应用越来越广泛。灌注桩按施工方法不同，主要有钻孔灌注桩法和冲击灌注桩法。下面介绍钻孔灌注桩法，冲击灌注桩法采用的成孔机具不同，其余工序基本类似。

（1）施工工艺流程

测定桩位—现场布置（护筒设置）—钻机就位（设置泥浆池）—钻孔—清孔—安装钢筋骨架—灌注水下混凝土—承台施工。

（2）施工方法

1）测定桩位

钻孔的位置，应根据工程设计图纸和设计说明书的要求，进行定位测量。桩位中心点应有明显标记，并在桩位中心的外围顺、横线路方向各 15～20m 处又不至于毁坏的地点，设置辅助桩并作好记录。以备当钻孔桩位标记被挖除仍可利用辅助桩，找出钻孔桩位中心。

2）现场布置

钻孔灌注桩施工的现场布置，应根据灌注桩的设计分布和施工机具设备情况，采取不同的布置方式，在布置时应考虑设置泥浆池、沉淀池、排洪沟、水电管线、水泵设备安放处，还应选择和布置砂、石、水泥堆放场及混凝土搅拌站和运输通道等，并按布置图的要求实施。在钻孔桩位处，应挖去孔位处的表土，设置护筒。

在钻机安放处搭设操作平台，平台一般用道木和木板制成，高度约 0.5m 并用水平尺找平，以卡钉固定牢靠。

搅拌站应考虑进出料距离和方便，一般距塔位中心 15～20m 为宜。

3）埋设护筒

护筒是保证钻机沿着桩位垂直方向顺利工作的辅助工具，它还起着保护孔口和提高桩孔内泥浆水头，防止塌孔的作用。护筒设置应遵守下列规定：

· 地表土层较好，开钻后不塌孔的场地，可不埋设护筒。

· 在杂填土或松软土层中钻孔时，应埋设护筒。护筒用钢板制作，钢板厚度一般为4～8mm，内径应比钻头直径大 100mm，埋入土中深度不宜小于 1.0m（砂土中不宜小于1.5m）护筒顶部应高出地面 0.6m，尚应满足孔内泥浆高度要求，其上部宜开设 1～2 个溢浆孔。

· 应保持护筒的位置正确、稳定，护筒与孔壁之间用无杂质的黏土填实，必要时可在上表面铺设 20mm 的水泥砂浆，以防漏水，护筒中心与桩位中心的偏差不得大于 50mm。

· 受水位涨落影响或水下施工的钻孔灌注桩，护筒应加深加高，必要时应打入不透水层。

4）泥浆的制备和处理

· 除能自然造浆的土层外，均应制备泥浆。泥浆制备应先用高塑性黏土或膨润土。拌制泥浆应根据施工机械、工艺及穿越土层进行配合比设计。

· 泥浆护壁应符合下列规定：

—施工期间护筒内的泥浆面应高出地下水位 1.0m 以上，在受水位涨落影响时，泥浆面应高出最高水位 1.5m 以上。

—清孔过程中，应不断置换泥浆，直至浇注水下混凝土。

—浇注混凝土前，孔底 500mm 以内的泥浆密度应小于 $1.25g/cm^3$；含砂率＜8%；黏度＜$28cm^2/s$。

—在容易产生泥浆渗漏的土层中应采取维持孔壁稳定的措施。

废弃的泥浆、渣应按环境保护的有关规定处理。

5）钻机就位

当现场布置完毕后，即可将钻机运至桩位就位。

· 潜水钻机是由封闭式防水电机和减速机构组成。电机和减速机构装设在具有各种绝缘和密封装置的外壳内，因而能够潜入水中工作。

潜水钻机在地面部分有钻架、钻杆、卷扬机、电缆盘等，在孔下部分为潜水电动机、潜水抽渣泵、压重物的钻头刀架等。

· 回旋钻机是由地质钻探采用的 XJ 型钻机改造而成。一般是将原机上的压力水泵改用外接高压水泵，原钻杆的内接头改为方齿内接头，并配制宝塔形钻头等。

6）设泥浆池

泥浆池一般应设置两个：①沉淀池，是做为钻孔排渣沉淀用。如泥浆水仍能满足护壁泥浆要求时，可抽至泥浆池。②护壁泥浆池，是做制备护壁泥浆和回收贮存从沉淀池抽回的泥浆用。沉淀池、泥浆池的位置应根据平面布置设置，其体积亦应按施工设计确定。

7）钻孔

当钻孔前的一切准备工作完成后，如果采用潜水钻机，即用第一节钻杆（每节长约5m，钻进深度用钢梢相连接）接好钻头，另一端接上钢丝绳，吊起潜水钻对准埋好的护筒，徐徐放下至地面桩位标记处，即可先空转，然后缓慢钻入土中，至整个潜水钻头基本入土内，并检查无误后，才能正常钻进。检查时应特别注意护壁泥浆的密度（一般为 $1.1g/cm^3$ 左右，穿过砂夹卵石层等应适当增大）、循环水是否适宜、钻机有无摇晃跳动。钻孔过程中如果泥浆密度不适宜，循环水不正常，应及时纠正；钻头难进、摇晃、跳动大时，可能遇到硬层，应即略微提起，待摇晃跳动消失后，再尽量慢钻入，穿过硬层后方可正常钻进，如提高至地面仍跳动时，便是机械故障，应立即修复，然后再钻。每钻进一节钻杆前，应准备好下一节并随即与前节钻杆接好，以便迅速钻进，避免停歇过久，直至符合要求为止。

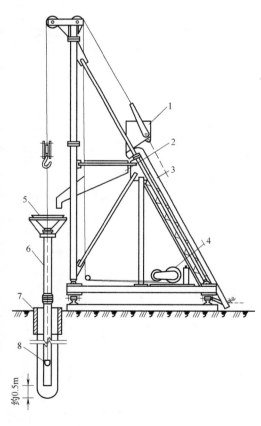

图 7-13　灌注水下混凝土的机具布置示意

1—上料斗；2—贮料斗；3—滑道；4—卷扬机；
5—漏斗；6—导管；7—护筒；8—隔水塞子

8）清孔

目的是将已钻好孔的孔内泥浆用清水冲淡。一般约需 15～30min。清孔可用压缩空气喷翻孔内泥浆，同时注入清水，被稀释的泥浆逐渐流出孔外，护筒内仍保持原有的水位；也有用压力水通过钻头喷出，以逐步稀释泥浆。

9）安装钢筋骨架

当桩孔钻成并清孔后，应尽快连续进行吊放钢筋笼骨架，以便尽早灌注混凝土，使之不过夜。尽可能做到钻孔、清孔、安装骨架和灌筑混凝土，这四个工序应连续进行作业。根据现场具体情况，可考虑三班倒作业方式，尽早完成灌筑混凝土工作，防止孔壁垮塌。

10）水下混凝土灌注

钢筋骨架安装完毕并进行隐蔽工程验收合格后，应立即安装灌注水下混凝土机具。其机具布置示意图如图 7-13 所示。

11）承台施工

承台施工对于铁塔底脚螺栓的设置，必须依据设计尺寸和位置，并应用样板可靠地固定。对于现浇混凝土必须保证设计标号，以试验确定现场施工配合比进行施工。

5. 装配式基础施工

（1）装配式铁塔基础的基本形式

1）直柱单盘类

直柱单盘类系基柱与单一底盘（板或壳）组成的装配式钢筋混凝土基础。

• 直柱固接型。基柱由离心制造的钢筋混凝土环形截面柱（d＝300～400mm）或方形截面柱与底盘用法兰盘刚性连接。在 220kV 及其以下线路工程中广泛地应用于无地下水的较好地基的直线塔塔位上。

• 直柱铰接型。由离心制造的钢筋混凝土环形截面柱（d＝300～400mm）与底盘用 U 形螺栓或扁钢连接形成铰式连接。根据基柱的侧向稳定要求，分设有卡盘和无卡盘的两种构造型式。

直柱铰接型装配式钢筋混凝土基础，在 330kV 线路工程中广泛地应用在较好地基塔位上。

2）塔腿埋入类

此类系塔脚直接伸入基坑底部与底盘连接的混合式基础，塔脚与底盘铰接。底盘基本上处于轴心拉、压的受力状态，其内力和强度计算与普通钢筋混凝土底板相同。该型基础曾用于风化岩石地基的直线塔塔位。对钢材有腐蚀和冻胀土质地基不宜采用，如采用时，必须有可靠的防腐和对塔腿角钢有防冻胀抗变形的可靠措施。

3）角锥支架类

角锥支架类又称板条式基础，此类系由角锥支架基柱和底板组成的基型，支架顶部与塔腿连接，支架底部与底板连接，底板均由多根板条或类似轨枕的构件组成。

• 金属支架型（见图 7-14）。系由铰接的金属支架与钢筋混凝土板条上的横梁形成铰接的空间结构。支架的受力状态系框架体系。底板的受力系板梁体系。该型基础应用在荷载较大的直线塔塔位和转角塔塔位上。

• 钢筋混凝土支架型（见图 7-15）。系由铰接的钢筋混凝土支架与轨枕式底板上的横

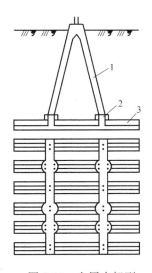

图 7-14 金属支架型

1—金属支架；2—横梁；3—板条

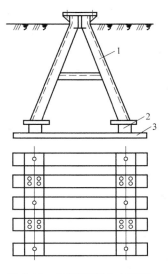

图 7-15 钢筋混凝土支架型

1—支架；2—横梁；3—枕轨板条

梁形成铰接的空间结构。其内力分析均与金属支架型相同。应用在 $220\sim330kV$ 线路工程中的直线和小转角塔位上。也在 $500kV$ 线路工程中进行过研究试验。

4) 金属基础类

这种基础也称花窗式金属基础，是由塔腿主材直接延伸到基坑底部与花窗式金属底板及底板上的斜撑共同连接而成。其内力计算是按经验公式，与一般基础计算不同。

金属基础可全部用角钢组成，运输单件质量轻，最适用于运输条件十分困难的高大山区的塔位，曾广泛地应用在直线塔基上。

5) 薄壳基础类

•薄壳基础是空间结构（见图 7-16），以薄壁、曲面的高强材料，取得较大的刚度和强度。该形式基础已用于一般工业与民用建筑柱基 和烟囱、水塔、料仓、中小型高炉的基础，由于它质量轻、承载能力大、也很适合作为输电线路杆塔的基础，从几个工程的使用经验看，薄壳式基础是一种较经济实用的基础形式。

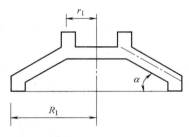

图 7-16 薄壳基础底盘形式示意图

•正、倒圆锥壳体预制基础。这种基础除正锥放置外，亦可倒锥放置以便混凝土杆在底盘里就位和倒锥拉盘正锥受力。壳体直径有 80cm、100cm、115cm、135cm 等规格。

•混合式基础。这种基础以倒圆锥壳为底盘，以金属结构或钢筋混凝土预制结构框架为主柱。

•装配式薄壳基础。该型薄壳基础由底板和锥壳底组成。锥壳与底板采用螺栓连接；杆脚与锥壳基础的连接采用凹球面罩在凸球面上的铰接，基础埋深采用 0.6m。

•大型薄壳基础。基础采用内外双层配筋，杆与基础的连接采用铰接。

6. 冻土基础施工

（1）冻土基础施工特点

1）冻土地质特点

•冻土可分为季节性冻土和永久性冻土，基础施工中对永久性冻土施工难度较大。永久性冻土（也叫多年冻土）存在厚层地下冰、冰锥、冻胀丘、热融湖塘等不良冻土现象发育，热稳定性极差，容易受到扰动，工程地质条件极差。以青藏高原地区为例，多年冻土的上部有一层厚度约 $1\sim3.5m$ 的活动层，活动层在寒/暖季节会呈现冻/融交替变化，一般 10 月开始冻结，次年 4 月开始融化。其下为常年冻结层，厚度一般 $5\sim60m$，最厚达 120m。

•冻土的融化会产生融沉变形，而冻结则产生冻胀变形，会对基底产生法向冻胀力，对基础侧壁产生切向冻胀力，从而引起基础偏移。

•基坑开挖会引起冻土强烈热扰动。

2）冻土基础施工特点

—灌注桩基础

采用旋挖钻机进行旋挖干法成孔，采用钢护筒对坑壁进行保护，采用排水或导管下料方式进行负温混凝土的浇制。钢筋笼采用手工电弧焊接、吊车下笼的方式，采用机拌机振方式进行混凝土的搅拌和捣固，基础露出地面段以及冻土上限范围采用玻璃钢模板进行保护，采用塑料薄膜和棉毡进行保温和养护。具有以下特点：

- 采用旋挖机械施工，减少了对冻土地带的热扰动，符合冻土施工原则。
- 全过程采用机械施工方式，减少了人工劳动强度，适合高原施工要求。
- 采用简易搅拌站方式进行混凝土的浇制，保证了工程质量。
- 采用负温混凝土原材料配比，解决了寒冷气候条件下施工质量难题。
- 可减少对地表冻土环境的破坏，缩短冻土回冻时间，保证地基土的稳定。

—锥柱基础

采用大型挖掘机进行基坑开挖，采用负温混凝土进行现场浇制。钢筋笼采用在坑上绑扎、吊车下笼的方式，采用机拌机振方式进行混凝土的搅拌和捣固，立柱模板采用一次性玻璃钢模板，采用塑料薄膜和棉毡进行保温和养护。具有以下特点：

- 基坑开挖采取大型机械开挖，效率较高（1个基坑只需6小时左右）。
- 钢筋笼在坑上绑扎，成形后采用吊车直接吊放在基坑内，缩短了施工周期，减少了冻土暴露在外的时间。
- 采用了玻璃钢模板，浇筑后不需拆模，回填之前采取覆盖保温措施对基础进行负温养护，回填后只对露出地面部分的立柱采取覆盖保温措施。
- 负温混凝土采用添加复合型防冻剂和加热拌合用水的施工方式。
- 采取机械均匀回填和机械分层夯实的施工方式。

—装配基础

采用大型挖掘机进行基坑开挖，预制装配基础配件采用大型吊车进行组装。立柱采取缠绕玻璃钢的防冻胀保护措施。具有以下特点：

- 基坑开挖采取大型机械开挖，效率较高。
- 预制基础采用吊车安装，缩短了施工周期，减少了冻土暴露在外的时间。
- 预制基础的采用很好地解决了严寒条件下浇筑混凝土的困难。
- 采取机械均匀回填和机械分层夯实的施工方式。

（2）施工工艺流程

1）灌注桩基础施工工艺流程

- 总流程

施工准备（包括钢筋笼绑扎）→旋挖成孔→钢筋笼安装→混凝土浇筑→混凝土养护→检测。

- 成孔工艺流程

旋挖机就位→钻孔、埋设护筒、钻孔→成孔检查→孔底清渣及检查→移机。

- 浇筑混凝土工艺流程

吊放钢筋笼→安装混凝土导管→安装玻璃钢模板→浇筑混凝土→去浮浆→安装地脚螺栓→继续浇制→养护→试块及桩检测。

2）锥柱基础施工工艺流程

施工准备（包括钢筋笼绑扎）→机械开挖→钢筋笼安装→混凝土浇筑→混凝土养护→回填→试块检测。

3）装配基础施工工艺流程

施工准备→防腐防冻胀→机械开挖→机械吊装→防腐防冻胀→回填

（3）施工操作要点

1）钢筋连接（灌注桩基础、锥柱基础）

· 主筋与主筋的连接可采用焊接连接或机械连接方式。

· 主筋与箍筋的连接可采用交流或直流弧焊机现场施焊方式。

· 在焊接过程中，采用短弧施焊，防止断弧，且不要产生烧伤现象和在非焊接部位引弧，以避免钢筋受到损伤。

2）基坑开挖

· 旋挖成孔（灌注桩基础）

—钻机就位

钻机就位时钻机底盘应平稳，松软地质钻机就位应铺设钢板，防止下陷倾斜。钻机发生倾斜应及时调整。按桩径大小选用合格的钻头，使其钻杆中心、钻头中心与桩位中心在同一铅垂线上，且施工过程中应及时校核，以防移位、斜孔。履带式旋挖钻机自行到桩位，钻头与桩位对接，对接误差不大于 2cm。

—埋设护筒

埋设护筒具体做法是：在钻机就位后，先用比护筒直径大一级别的钻头施钻，钻至多年冻土上限以下 0.5m 深度后停钻，提出钻头，安放护筒，安放前，护筒外侧预先满涂渣油。护筒顶端高度应高出地面 0.2m，护筒外侧与孔壁所形成的空隙用粗粒土回填密实，不允许漏水。

护筒的设置应根据分坑尺寸加护筒直径进行放样，确保护筒位置正确。护筒中心垂线应与桩中心线重合，平面允许误差为 20mm，竖直线倾斜不大于 1%。

灌筑混凝土后外钢护筒拔出循环使用。

—钻孔

钻孔前，需调平钻机，保持钻机垂直稳固、位置准确，防止钻杆晃动引起孔径扩大，确保在施工中不发生倾斜、移位。

不同地层采用不同的钻进速度与压力：黏土层、砂层等一些松散地层用低压快速钻进，钻进时应注意进尺深度，以防钻渣挤到钻头上面发生卡钻或埋钻；胶结层、风化岩等硬质地层应采用高压慢速钻进，钻进时应勤检查钻具，以防钻具损坏发生掉钻及其他事故。

当钻孔达到设计桩底标高时，一定要将孔底钻渣清捞干净。

3）机械大开挖（锥柱基础、装配基础）

· 基坑开挖前应准备好基坑防日晒所用的设施（如遮阳棚等）。并应先做好工地防洪和周围排水措施，以保证基坑不受雨水浸泡。

· 统筹安排、合理组织，使各工序施工衔接紧密。基坑开挖完成后尽快基础安装，减少工序间隔，缩短基坑暴露时间。

· 合理安排工期，选择在气温较低的秋、冬季节施工，避开日照强烈的时段开挖。基坑开挖作业要连续，必须突出"快"字。

· 合理选择挖掘机等设备的停放点，尽量较少来回走动的次数，降低对冻土的扰动。

· 基坑开挖成型后，应及时浇筑，不能及时浇筑时，应尽量缩短基坑完成后与浇筑基础之间的间隔时间，并采取措施防止坑壁垮塌，采取遮阳防雨措施减少冻土的热干扰。

· 为避免污染基坑周围的环境，坑内弃土应全部置于塑料编织布上，并置于离基坑边缘的距离不小于常温下规定的距离加上弃土堆的高度的地点。

4）负温混凝土施工

· 负温混凝土施工要求

—从温度对混凝土性能影响的角度可以把混凝土分为正温与负温混凝土。一般地，在冬季施工混凝土，环境温度在 0～4℃时，混凝土凝结时间比 15℃延长 3 倍，温度降到 0.3～0.5℃时，混凝土开始冻结，反应停止，-10℃时，水化反应完全停止，混凝土强度不再增长，混凝土中水冻胀体积增加 9%，硬化的混凝土结构遭到破坏，及发生冻坏。要保证混凝土不发生冻害，就需要采取负温混凝土施工措施：控制混凝土的水灰比，控制入模温度，加入低温早强抗冻复合型速凝剂及加强养护过程保温等施工措施。

—在混凝土中添加复合型外加剂，可保证在相应低温范围内混凝土的强度仍能得到增长，而不需在后期养护中采用火炉、暖棚等常规蓄热措施，使施工成本大为降低。该外加剂具有早强、减水、防冻、引气、细化孔结构，提高混凝土在低温、负温下早强及混凝土的耐久性作用。

—按《建筑工程冬期施工规程》JGJ 104—97 中有关规定进行冬期施工热工计算，控制混凝土入模温度：-15℃以上气温时为 6～8℃，-15℃以下气温时为 10～12℃。同时加强施工期间与混凝土硬化期间的温度监控，为防止混凝土施工期间对底部和周边多年冻土的破坏。

5）保温养护

· 宜采用负温养护法进行养护。为保证混凝土的强度持续发展，混凝土在达到抗冻临界强度后，不得将混凝土直接暴露于环境中，应继续保温养护至抗冻强度。

· 为防止混凝土水化热的散失，浇筑完毕后应及时用防风材料（塑料布）对外露部分进行围护。

· 在-15℃以上气温条件下，可采用一层塑料布加一层保温棉毡进行保温。

· 在-15℃以下气温条件下，应采用一层塑料布加二层保温棉毡进行保温。

· 保温材料不得受潮，否则会失去保温的效果。

7. 护坡、挡土墙及排洪沟砌筑

为了保护杆塔基础的长期稳定，应在基础工程施工完成之前，根据基础所在位置的具体地形地质条件，采取合理的保护设施。基础保护设施应根据设计图进行施工。

（1）护坡、挡土墙砌筑

1）护坡、挡土墙的施工应根据设计要求及现场条件选择施工程序：当基础的坡下方需建护坡、挡土墙时，应在施工基面及基坑开挖前砌筑；当基础的坡上方需建护坡、挡土墙时，一般在基础回填土后再砌筑。

2）护坡、挡土墙应设泄水孔，间距为 2～3m，外斜 5%。泄水孔孔眼尺寸为 φ100mm 或 100mm×100mm，上下交错布置。护坡、挡土墙的泄水孔后端应做直径不小于 50cm 的滤水堆囊，最下一排泄水孔的出水口应高出地面或排水明沟水面 30cm，孔后应夯填大于 20cm 厚的黏土隔水层。

3）当填料为黏性土时，沿护坡、挡土墙背后填筑不小于 30cm 厚的黏土隔水层。护坡、挡土墙顶与地面结合使用时，要求顶面做封闭处理（如三合土地面或砂浆护面等），以防地面水下渗。护坡、挡土墙后侧有山坡时，应在坡下设置截水沟。

4）护坡、挡土墙基础的埋深应符合设计规定，且最小埋深不应小于 50cm，岩石地基可酌减。基底力求粗糙，逆坡应符合设计要求。护坡、挡土墙竖直方向的坡度大于 5％时，基础应做成台阶。陡坡或断岩处的护坡、挡土墙，基础前缘距岩边的距离，一般不小于 2m，坚硬的土坡或岩石可酌减。

5）护坡、挡土墙应设置沉降缝，缝宽 2～3cm，间距 10～15m，结合地质情况布置。缝中以浸透沥青的木板或沥青麻筋、沥青竹绒等沿缝内、外、顶三方填塞，填塞深度为 10～15cm。遇石质填料，可设空缝。护坡、挡土墙墙面用 1：2 水泥砂浆勾缝，墙顶用 1：3 水泥砂浆抹成 5％的外斜横坡。

6）砌石护坡、挡土墙的石料应坚硬，不易风化，其最小厚度不宜小于 15cm。砌筑护坡、挡土墙的砂浆强度等级一般为 M5。毛石混凝土的强度等级不宜低于 C10。混凝土护坡、挡土墙的毛石掺量不应超过 25％。

7）护坡、挡土墙施工前应进行地面排水。护坡、挡土墙基础施工完后，应及时回填、夯实，以免积水，软化地基。填料土类别必须与所选用断面的填料相同。填料中的树皮、草根等杂物应清除。

（2）排洪沟砌筑

1）为了保护杆塔基础免遭山坡的流水冲刷，在山坡地形条件下应设置排洪沟。排洪沟的长度、深度、宽度及类型应由设计确定。

2）基础排洪沟主要有坡顶排洪沟和坡底排洪沟两种。前者用于将山坡上方的流水排至杆塔基础两侧；后者用于将护坡、挡土墙上方的流水拦截，两种沟都达到保护基础的目的。

3）排洪沟的构造一般有三种类型：

·土槽排洪沟：以原山坡地质土直接开挖排洪沟，适用于土质坚硬的黏性土或岩石土，且排水不大的山坡。

·砌石排洪沟：适用于土质松软易冲刷，且排水较大的山坡，附近采石较方便时可采用此类型排洪沟。

·预制混凝土板排洪沟：同砌石排洪沟的适用条件，附近缺少采石场地时可选用此类型排洪沟。

·土槽排洪沟一般按积水面积确定土槽的宽度和深度。设土槽上、下底宽为 a、b，槽深为 h，则：

积水面积在 5000m^2 以下时，$a \times b \times h = 0.5\text{m} \times 0.3\text{m} \times 0.5\text{m}$；

积水面积在 5000～10000m^2 时，$a \times b \times h = 0.8\text{m} \times 0.3\text{m} \times 0.8\text{m}$；

积水面积在 10000m^2 以上时，$a \times b \times h = 1.0\text{m} \times 0.4\text{m} \times 1.0\text{m}$。

4）采用砌石排洪沟或预制混凝土板排洪沟时，应铺筑平整，且用 M7.5 砂浆勾缝。板下填土必须夯实，防止沉陷。

5）排洪沟的开挖沿水沟方向应使中间高两端低，以利于排水。排洪沟的两端应引向天然冲沟或天然的山坡下方，严禁冲向基坑或其他建筑物。排洪沟的挖土应堆于坡下侧，且离开沟边 0.2m 以上，并将土摊平，以防弃土流入沟内。

7.3.4 杆塔工程

目前国内外的立塔方式，可分为两大类，即分解立塔和整体立塔。杆塔组立方法种类见图 7-17 所示。

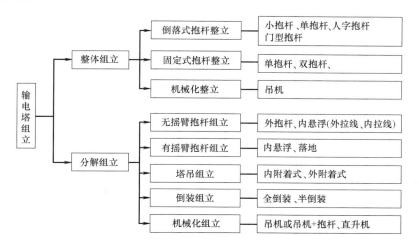

图 7-17　铁塔组立施工方法汇总

上述各种方法在国内外使用较为普遍，但不同的国家和地区使用频率不同，方案的安全、技术、经济适用范围比较见表 7-3 所示：

杆塔组立方法比较

表 7-3

组装方案	安全	技术	经济	适用范围
直升机组立	好	先进、机械化作业	费用高、工效高	大,不受运输条件限制,适用于各种地形
塔机组立	好	先进、机械化作业	机械费高、工效高	不大,受运输条件限制,适用于各种地形
内悬浮外拉线组立	较好	常规	费用低	大,应有设置拉线的地形
内悬浮内拉线组立	差	常规	费用低、工效低	小,适用于各种地形
内悬浮双摇臂组立	较好	常规	费用低	大,适用于各种地形
坐地式双摇臂组立	好	常规	费用较低、运输量大	不大,受运输条件限制,适用于各种地形
流动式起重机组立	好	先进、机械化作业	机械费高、工效高	不大,受运输条件及场地条件限制
倒装组塔	较好	常规	费用较高、工效低	不大,受运输条件及场地条件限制

1. 钢筋混凝土电杆组立施工

钢筋混凝土电杆包括环形钢筋混凝土电杆（简称混凝土杆）和环形预应力混凝土电杆（简称预应力杆），具有强度较高，寿命较长，维修量较小，建设成本较低等优点，在我国 35～220kV 输电线路中被广泛使用。

（1）施工工艺流程

施工准备—排杆及连接—电杆组立—电杆调整—基础回填与卡盘安装—拉线制作与安装。

（2）主要施工方法

1）施工准备

·排除或清理整立电杆现场的一切障碍物，如树木、房屋、通信线等，如有电力线应事先与供电单位联系停电或采取特殊安全措施。

·平整丘陵地带的小坡地、小沟谷、坟丘等，对于整体立杆工作区内和基础内的积水应排除，如果现场地区为湿地（泥泞、沼泽等），应用砂、石、干土垫高或用木板、铁板铺垫。

·如整立电杆场地位于交通要道或居民区附近应设立警示牌，禁止车辆或行人进入。

·对于地处山坡处，应按施工工艺设计搭设组立平台。

·完成整体立杆的施工平面布置，包括临时拉线、滑车组、地锚等工器具的设置。

·工程装置性材料和工器具，应在各工序施工之前运抵现场，并按规划位置放置。

·完成混凝土电杆基坑、拉线坑和施工用锚坑的测量与挖掘，并完成拉线棒的埋设和底盘的安装。底盘安装可采用三脚架法（见图 7-18）、滑杠法（见图 7-19）或吊车法三种方法。

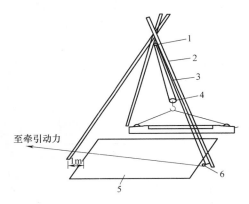

图 7-18　三脚架法安装底盘现场布置示意图
1—滑车；2—如 10mm×3m 木杆；
3—ϕ12mm 钢丝绳或 ϕ16mm 棕绳（50m 长）；
4—滑车；5—底盘；6—地滑车

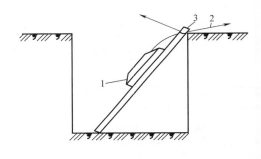

图 7-19　滑杠安装法示意图
1—底盘；2—麻绳；3—滑杠

2）排杆及连接

·电杆排杆

将混凝土电杆按设计要求沿线路方向排列在地面上的工作叫做排杆。

混凝土电杆排杆分单杆和双杆排杆，双杆排杆方式与单杆排杆相似，只是双杆为左右排列放置。排杆时为便于电杆的连接和组装，以及电杆所处地面平坦程度，特别在山区受限制的场地排杆时，会根据具体地形将各杆段垫以垫木，或填土的草袋，使各杆段保持同一水平状态，每段最多只能垫两点。单杆排杆时垫木的安放位置如图 7-20 所示。图中 1 为杆段，2 为装土的草袋，L 为伸出长度。

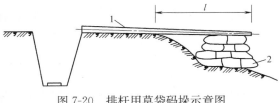

图 7-20　排杆用草袋码垛示意图
1—杆段；2—装土的草袋

排杆时各杆段必须在同一轴线上，且单杆直线杆的杆身应沿线路中心线放置，如图 7-21 所示。双杆直线杆的杆身应与线路中心线平行。转角双杆放置方向，须与转角内侧角的二等分线成垂直。各杆段一般可沿电杆的两端上下左右目测或用拉线校验是否在同一轴线上。移动杆身时不准用铁钎穿入杆身内撬动，可用绳索或木棒移动，如要求杆身下沉时，可捶打杆身下面的垫木使电杆下沉，切不得敲打电杆使之下沉。

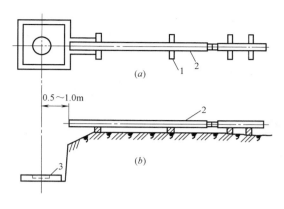

图 7-21　单杆排杆示意图
（a）平面图；（b）侧面图
1—垫木；2—电杆；3—底盘

排杆时应根据电杆起吊方法的要求进行排杆。如用固定式抱杆起吊单杆时，则排杆时应将电杆靠近坑口杆段的重心基本置于杆坑中心处；如采用倒落式人字抱存起吊单杆或双杆时，则电杆根部距杆坑中心应为 0.5～1.0m，以利起吊电杆就位。

· 电杆连接

110kV 及以上输电线路采用的钢筋混凝土电杆，大都为分段连接，连接方式多为手工气焊或手工电弧焊，也有采用法兰盘连接方式。

—气焊或电弧焊

焊接操作，都应认真遵守 GBJ 233—1990 和 DL 5009.2—2004 的有关部分的规定。两种焊接方式各有优缺点，气焊使用设备简单，搬运方便，适于输电线路野外分散流动作业，但火焰温度较电弧焊温度低，热量不集中，加热面积大，变形大，焊接头综合机械性能差，钢板越厚缺点越突出，因此从焊接质量而言，宜采用电弧焊。

3）电杆组立

混凝土电杆组立可分为整体组立和分解组立两种方式。整体组立是将横担在地面与电杆组装连接好后一起起立的方式；分解组立是受施工条件限制，不便采用整体组立，而采用先单独起立电杆后，再将横担进行吊装的方式。

· 整体组立

混凝土电杆人字抱杆整体起吊几种方式的现场平面布置如图 7-22 所示。施工时还应以本工程施工设计的平面布置图为准。

—地面组装

电杆的地面组装顺序，一般是先安装导线横担，再安装避雷线横担、叉梁、拉线抱箍、脚钉或爬梯及绝缘子串等。

组装横担时，可将横担两端稍微翘起，一般翘起 10～20mm，以便悬挂导线后横担保持水平。

组装转角杆时，要注意长短横担的安装位置。

组装叉梁时，先安装好四个叉梁抱箍。并将叉梁交叉点垫高与叉梁抱箍保持水平，而后再安装上叉梁和下叉梁。如安装不上，应检查开档、叉梁及叉梁抱箍的安装尺寸，并适

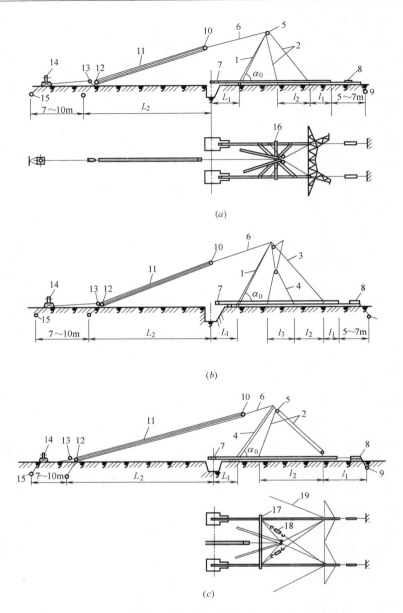

图 7-22 钢筋混凝土电杆整体立杆现场布置图

(a) 两点起吊平面布置；(b) 三点起吊平面布置；(c) 八字形平面布置

1—抱杆；2—固定钢绳；3—固定钢绳（长套）；4—固定钢绳（短套）；5—起吊滑车；

6—总牵引钢绳；7—制动钢绳；8—制动器；9—制动地锚；10—动滑车；11—牵引复滑车组；

12—定滑车；13—导向滑车；14—牵引动力；15—牵引动力地锚；

16—叉梁托木；17—补强木；18—双钩紧线器；19—临时拉线

当调整安妥为止。

地面组装时，不得将构件与抱箍连接螺栓拧得过紧。调节吊杆的 U 型螺栓也应使其处于松弛状态，以防起吊电杆时损坏构件。

一般只将绝缘子串组装好，待电杆起吊，杆顶离开地面时，再将绝缘子串和放线滑车挂在横担上，以防绝缘子碰破。

对于带有拉线的电杆，应做好拉线上把并与拉线抱箍连接好。

组装时不得用铁锤直接敲击构件，以免锌层破损或击裂焊缝，如需捶击时，应衬以木板。

在组装横担、叉梁、抱箍等构件时，如发现组装困难应停止组装，待找出原因妥善处理后再行组装。

—电杆起立

电杆起立可采用吊车、单抱杆或人字抱杆起吊（如图7-23所示）方式，下面介绍人字抱杆整体立杆施工方法。

(a)   (b)

图7-23 人字抱杆起吊电杆示意图
(a) 同时起吊双杆；(b) 起吊单杆

• 一切立杆准备工作完成，当各岗位人员已各就各位，并且无关人员已离开作业区后，指挥人员站在线路方向的牵引侧适当位置，发出起立信号（旗语和口哨），开始起立。

• 在混凝土杆头部起离地面0.5m，应停止牵引，对杆塔再次进行检查。检查内容包括：

混凝土杆是否有弯曲，在杆危险断面（即最大受拉区断面）有否裂纹，杆各构件的受力是否正常；

在杆（塔）头部进行上下颤动（可站1～2人），观察各部是否有异常情况，倾听有无异常音响；

牵引地锚、制动地锚、拉线地锚等是否正常；

固定钢绳、牵引钢绳、制动钢绳及抱杆受力是否正常，受力后有否异状，抱杆帽、脱落环是否良好等。

若发现地锚、起重工器具有异常情况，以及杆（塔）受力后有严重的变形（或裂纹），应将杆（塔）放回地面经妥善处理后再起立。

• 在杆（塔）起立过程中，两侧临时拉线应进行必要的调整，使其松紧合适；并根据需要，适当地放松制动钢绳，使杆塔平稳起立。在杆立至抱杆失效前10°左右（即电杆立至50°～55°左右）时，应使杆根正确进入底盘槽内。如不能进入槽时，应即停止牵引，用撬杠拨动杆根使其人槽（拨杆工作应在杆根刚开始接触底盘时进行，否则不易拨动），但应注意：

立杆过程中，尽量做到一次松动制动绳，使杆根接触底盘。若由于地形或其他原因使两杆受力不匀时，可调节制动钢绳，但调节的次数不宜太多，以减少对杆塔的振动次数。

应控制后侧（反向）临时拉线，放松速度必须与牵引速度密切配合。

· 特别是电杆立至 45° 及以后必须使后测（反向）临时拉线处于良好控制状态。

· 一般在电杆立至 50°～65° 时，抱杆开始失效，应停止杆塔的起立，随后操作抱杆落地控制绳使抱杆徐徐落地，然后再起立杆塔。此过程为人字抱杆脱帽过程，如图 7-24 所示。

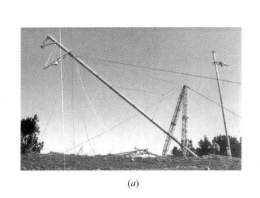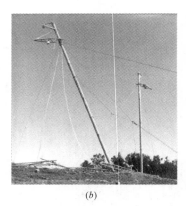

(a)　　　　　　　　　　　　　　　　　(b)

图 7-24　人字抱杆脱帽示意图
(a) 脱帽前；(b) 脱帽后

· 当混凝土杆立至 60°～70° 时，必须将后侧（反向）临时拉线穿入地锚套内控制，以防电杆突然向牵引侧倾倒。

· 在杆立至 70° 以后，应放慢牵引速度，同时放松制动绳，以免拨动底盘。

· 在杆立至 80° 时，应停止牵引，利用牵引索具自重所产生的水平分力使电杆立至垂直位置（这时应缓松反向临时拉线），也可以用 1～2 人轻轻下压牵引钢绳，使杆塔达到垂直位置。

· 在电杆立至 90° 时，牵引索具仍应保持受力状态，后侧（反向）临时拉线也呈受力状态，当前后两侧受力处于平衡，且电杆侧面（左右侧）临时拉线又处于不受力状态时，即可将左右临时拉线移至牵引侧临时拉线地锚上，并调紧固定好。如为元叉梁的耐张杆或转角杆，应保留侧面（左右侧）临时拉线亦调紧固定好，而牵引侧则应将在电杆上已固定的前侧（牵引侧）临时拉线，固定在前后左右临时地锚上。经检查确认所有临时拉线均已调紧固定好，电杆确能在大风条件下，仍可保持稳定，方可拆除起吊工器具等。

· 分解组立

一般对于门型电杆组立时，因地形受限，地面组装不便的情况，采用电杆分解组立。分解组立的顺序如下：

· 组立主杆并调整找正，立即打好临时拉线；

· 吊装导线横担，并按设计图纸组装牢固；

· 吊装避雷线支架或避雷线横担，并组装完好；

· 吊装叉梁等，并组装完好。

—组立主杆

组立主杆一般采用单杆起吊方法，仍常用人字抱杆起吊法（如图7-25所示），其现场布置与施工要点基本与整立双杆方法相同，可参照本章有关各节。

另外还有固定式抱杆分解立杆法和吊车立杆法等，如确实需要，应根据现场实际情况，进行施工工艺设计与施工。

图 7-25 分解组立单杆起吊法示意图

—吊装导线横担

根据杆型和横担结构的不同，可分别按下列方法吊升和组装导线横担。

· 对于一般组合式横担，并为等径主柱电杆的吊装方法：

首先在地面上将横担插入、抱住主杆，组成整体，拧紧螺栓；

距导线横担安装位置上方1.0～1.5m的主杆上，各悬挂一个起重滑车，用钢绳，一端与横担相固定，另一端通过起重滑车和转向滑车，引至牵引机具；

驱动牵引机具，提起导线横担沿主杆升至安装位置；

固定横担，拧紧螺栓。当横担是采用托担抱箍固定时，应先将托担抱箍固定，然后再连好导线横担。

· 对于拔梢型杆的横担安装。

由于电杆根部较粗，横担不能于地面抱住主杆或不能沿主杆上升时（如脚钉、外法兰盘等），应采用分段或分片吊装，在高空进行连接，此时应将两个起吊绳分开牵引，每段（或片）提升至安装位置后，应先临时固定，连接横担，然后再将横担固定在主杆上。

· 导线横担吊杆的安装：

在地面上调整吊杆的花篮螺栓。

将吊杆吊至杆上进行安装，在安装时，应注意：

端板的火曲方向。一般应先安装远离调整装置的一端，后安装靠近调整装置的一端。

紧固螺栓，调紧吊杆并使在绝缘子挂点处向上翘20～30mm。

—吊装避雷线横担（离心混凝土杆横担）

· 在杆头一侧分别固定小抱杆一根，小抱杆顶部1.5m左右，并悬挂一个滑车（如图7-26所示）。

· 穿引吊绳。

· 将避雷线横担移放至小抱杆的对面侧，拴好吊绳。

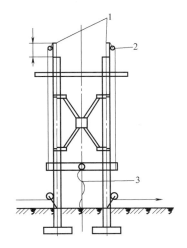

图 7-26 避雷线横担安装示意图
1—小抱杆；2—起重滑轮；3—棕绳

· 在避雷线横担两端各系一根大绳，作为避雷线横担提升时的控制绳；

· 驱动牵引机具，使避雷线横担沿混凝土杆的一侧逐渐上升，过拉线时，应操纵控制大绳使横担向一侧偏离，越过一侧以后，再越过另一侧，然后继续提升横担；

- 将避雷线横担提至杆顶，置于杆顶弧形铁板之间，并调整方位；
- 加置铸铁垫块，穿入螺栓，紧固螺母；
- 解开吊绳及控制大绳；
- 如为避雷线支架，则可分别吊装。

—吊装叉梁（或隔梁）

- 将叉梁抱箍安装在混凝土杆指定的位

置上；紧固上抱箍（下抱箍暂不拧紧）；

- 将叉梁移放至混凝杆的下方，并将叉梁连板连好，使四段叉梁连成一体（不用拧紧螺栓）；
- 用起吊绳将上叉梁上端绑牢，绑紧位置离叉梁端部约 0.5m；下叉梁各绑一根控制大绳；
- 将下叉梁向两侧劈开成一字形，然后驱动绞磨使叉梁逐渐提升；开始提升时，应特别注意防止扭坏叉梁和连板，叉梁将离地时应慢慢放松下段使其自然下垂，不要相互撞击；
- 将上叉梁与抱箍连好。然后操作大绳使下叉梁分别向混凝土杆与下抱箍相连；
- 调整叉梁，拧紧螺栓；
- 解开吊绳和控制大绳；
- 隔梁安装与上述工艺基本相同；
- 调整各部尺寸，并紧固所有螺栓。

当全部构件安装完毕后，即可拆除全部工器具，清理现场。

4）电杆调整

混凝土杆的调整应与回填土和永久性拉线安装相配合。

- 单杆杆位调整。调整单杆杆位时，检查单杆是否位于线路中心线上，如果超过允许偏差，可采用千斤顶、双钩紧线器或绞磨等，将底盘和主杆调至要求位置；调整前应将侧面拉线稍微放松，调整过程进行控制，随调随送。
- 单杆横担的调整。可用短钢丝绳套和木杠，利用杠杆原理在距地面 1.2m 左右处，将杆转至要求角度，使上、下横担恰在线路垂直方向。

在调整杆之前，应将四侧拉线微松，并设专人控制；调整完毕，应再紧好，使四侧拉线受力均匀。

- 双杆的调整。

—迈步：

- 先进行检查，并找出迈步的原因，然后再进行调整；
- 在混凝土杆已经进入底盘槽内，只是由于底盘发生位移而产生迈步时，可用千斤顶调整底盘位置；如果是因为主杆未入槽而产生迈步时，可以用千斤顶顶动杆根入槽，也可用双钩紧线器和支架将杆根吊入槽中；
- 在调整迈步时，临时拉线应设专人看守，并根据需要适当调整拉线。

—高差：

- 如高差超出允许偏差不大时，在不影响埋深的条件下，可以将低杆吊起，在杆底均匀垫以经过防腐处理的钢板垫圈处理；

·如高差超出允许偏差较大时，则应根据具体情况，会同设计人员研究处理。

—杆身倾斜：

·如在侧面发现杆身前后侧倾斜时，可调整顺线路方向的拉线，使杆身呈垂直状态。

·从正面检查发现杆身不正时，一般可调整侧向或者与倾斜方向相反的两根拉线，使杆身垂直；如果不能利用拉线调整主杆时，则可稍松下叉梁抱箍，然后再进行调整。

·转角杆一般都向转角外侧适当倾斜，其倾斜数值如设计具体规定。

5）基坑回填与卡盘安装

·基础回填

—混凝土杆找正合适后，即应进行基坑的回填工作。回填时应与卡盘的安装密切配合。拉线坑可以在拉线安装前先回填 1/2，其余的待拉线安装后回填。

·卡盘安装

—安装卡盘前应将卡盘与底盘间的回填土夯实打平。

—卡盘埋置深度与卡盘方位应按图纸施工，不得任意放置。如设计无规定时，顺线路安装者，双杆大卡盘应安装在外侧，单杆的大卡盘应交错安装；横线路安装的，相邻的两杆应交错安装。

6）永久拉线制作与安装

·当拉线连接金具采用模型线夹时，拉线组装方法如下：

—钢绞线由模型线夹出口端穿入，线夹的凸肚应在尾线侧；

—量出拉线回弯点，利用围弯器将钢绞线弯成心形的弧形，拉线的弯曲部分不应有明显松股；

—进行修整，使弯曲弧形与线夹舌板相吻合；

—塞上舌板，连同钢绞线一同推入线夹槽；

—在线夹出口处垫以木块，捶敲木块使舌板和钢绞线与线夹槽紧密贴合。拉线受力后无滑动现象；

—同组拉线使用两个线夹时，其线夹尾线端的方向应统一，并两线夹鼓肚朝外。

·当拉线连接金具采用压接式时，拉线的组装方法如下：

—将钢绞线连接部位的表面、连接管内壁用汽油清洗干净后，把钢绞线端头穿至压接管的锚固端管底。

—压接方式可采用液压或爆压等方法。当采用液压时，应遵守《架空送电线路导线及避雷线液压施工工艺规程》SDJ 226—1987，液压顺序是由压接管管底处向管口进行，压模的重叠部分应为 5～8mm。

2. 角钢铁塔组立施工

角钢铁塔在输电线路中的运用较广泛，其组立的方式较多，一般使用抱杆采用内悬浮外（内）拉线的方式进行组立。

（1）施工工艺流程

施工准备—塔腿组立—竖立抱杆—提升抱杆—吊装塔身—吊装横担—拆除抱杆。

（2）主要施工方法

1）塔腿组立

塔腿的组立可以分为两种方法：人力组立和人字抱杆组立。

由于角钢铁塔的腿部单根主材重量相对较轻，如果受地形条件限制大多采用人力组立塔腿。

人字抱杆组立是先将塔腿主材下端与底座角钢连上一个螺栓，利用此螺栓作为起立塔腿主材的支点，利用小人字木抱杆作为支撑组立塔腿主材，然后逐一装齐辅材的方法。

2）竖立抱杆

竖立抱杆有两种方法：利用人字小抱杆辅助整立主抱杆和利用塔腿主材整立主抱杆。

·采用人字抱杆竖立主抱杆（如图 7-27 所示）：在基础根开小于 8m 时需将上拉线设在基础外一定的距离，以保证抱杆上拉线对抱杆角度满足要求，否则角度过小在起吊过程中易发生抱杆倒落事故。

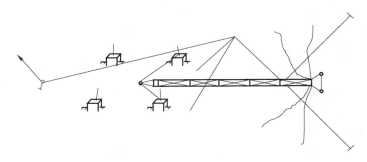

图 7-27　人字抱杆起立抱杆示意图

·塔腿主材整立主抱杆（如图 7-28 所示）：是用已组立好的两根塔腿主材来代替人字小抱杆，在主材受力的反方向设置临时拉线，在塔腿根部设置转向滑车将牵引钢绳转到绞磨所在位置。

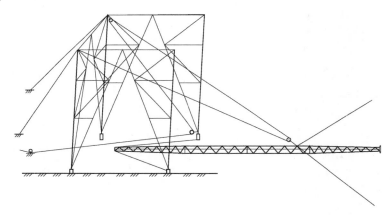

图 7-28　塔腿主材整立抱杆示意图

3）提升抱杆

如图 7-29 所示，抱杆的提升方法如下：

·准备提升抱杆的牵引绳：将提升抱杆的牵引绳由绞磨引出后，经过地滑车、起吊滑车（固定于与起吊钢绳绳头固定处等高的对角主材节点处的滑车）、地滑车直至起吊绳绑扎处。

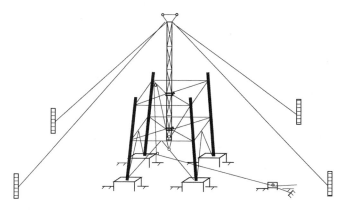

图 7-29 提升抱杆示意图

·设置腰环：提升抱杆前，绑扎好腰环，使抱杆竖立在铁塔结构中心的位置并处于稳定状态。至少设置两道腰环，间距 6m 以上。

·将抱杆上拉线的绑扎点上移：将 4 根上拉线逐根由原绑扎点松开，移到新的绑扎位置上予以临时固定。临时固定点选在已组主材节点下方，各拉线长度应相等，连接方式应相同，拉线呈松弛状态。

·拆除承托绳：启动绞磨，收紧提升钢绳，使抱杆提升约 1m 后，将抱杆的承托绳由塔身上解开。

·提升抱杆：继续收紧提升钢绳，使抱杆逐步升高至所需高度为止。

·收紧并固定好抱杆上拉线。

·固定承托绳：将承托绳固定于塔身主材节点处的上方，调整承托绳使其受力一致。

4）吊装塔身

铁塔塔身吊装，一般先将对侧两面的塔材在地面组装好后，分片吊装就位，然后再在高空进行另外两侧塔材的连接组装（如图 7-30 所示）。

对于鼓形、干字形塔一般先将塔身、塔筒部分全部起吊完毕直至塔顶为止。方法如下：

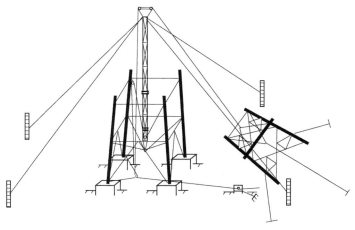

图 7-30 塔片吊装示意图

•吊点绳的绑扎：将两根等长的钢丝绳分别捆绑在塔片的两根主材的对称节点处，合拢后构成倒"V"字形，在 V 形绳套的顶点穿一个卸扣与起吊绳相连接。

•构件离地面后，应暂停起吊，进行一次全面检查。

•起吊过程中，在保证构件不触碰已组立塔段的前提下，尽量松出构件的调整绳。

•构件起吊过程中，指挥人应密切监视构件起吊上升情况，严防构件被挂。

•构件下端到达就位点时，应暂停牵引，调整构件使其对准已组立塔段，再慢慢松出牵引绳，按先低后高的原则进行就位。

5）吊装横担

•猫头塔、酒杯形塔

—吊装曲臂

•下曲臂的吊装多数情况下采用整体吊装方式，但单次起吊重量不超过 1000kg；也可采用与上曲臂组装成片进行吊装。如图 7-31 所示。

•上曲臂的吊装可根据其与边导线横担、中导线横担的连接方式来选择是整体吊装还是分片吊装，单次起吊重量需控制在 1000kg 以内。如图 7-32 所示。

图 7-31　下曲臂吊装示意图

图 7-32　上曲臂吊装示意图

•曲臂安装就位后应在其上部用钢丝绳和葫芦拉紧，调整曲臂间距以便于横担就位。

—吊装横担

根据抱杆承载能力、塔位地形条件、横担重量和连接方式，可采用分段或分片吊装方式。上曲臂与横担的连接方式可分为不交叉连接和交叉连接两种方式。如图 7-33（a）、（b）所示。

•上曲臂与横担没有交叉连接的塔形：横担可分为中段（或前后片）、两侧边线与地线横担（或前后片）两部分进行吊装。

•上曲臂与横担为交叉连接的塔形：可将边导线横担和中横担连接在一起整体吊装，若因重量原因，或可将上曲臂、边导线横担和中横担连接后分片吊装，然后整体吊装地线横担。如图 7-33（c）、（d）所示。

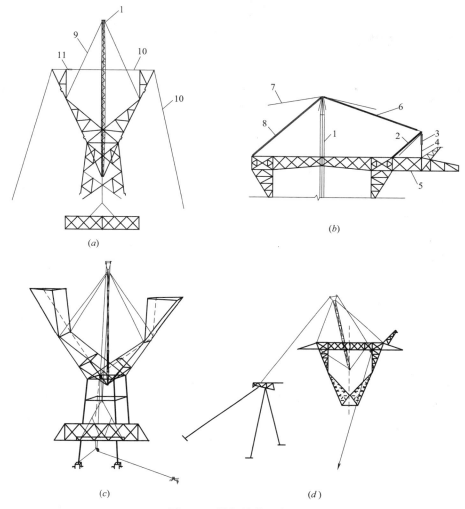

图 7-33　横担吊装示意图

（a）中横担吊装；（b）边横担吊装；（c）导线横担吊装；（d）地线支架吊装

1—抱杆；2—辅助抱杆；3—起吊滑车；4—固定钢绳（套）；5—边横担；6—总牵引钢绳；

7—外拉线；8—反向拉线；9—内拉线；10—临时拉线；11—双钩紧线器

• 鼓形塔、干字形塔

—吊装地线支架

利用抱杆吊装地线支架，由于塔身顶部根开较小，为保证抱杆的稳定性需要在起吊侧的反方向打两根落地拉线。如图 7-34 所示。

—吊装横担

利用抱杆（如图 7-35 所示）或地线支架吊装横担，利用地线支架吊装横担具体方式如下（如图 7-36 所示）：

• 吊装过程中应收紧控制绳，使横担上

图 7-34　地线支架吊装示意图

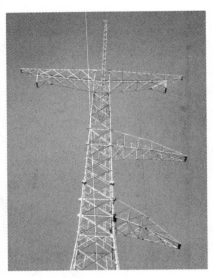

图 7-35　利用抱杆横担吊装示意图

的角铁离开已组塔身 0.2～0.3m。

· 当横担吊至设计位置后应暂停牵引，利用控制绳使横担下主材与塔身联板或主材对准孔位各安装上一颗联结螺栓后，重新牵引，使横担起至水平状态，其上主材与塔身联板或主材对准孔位，安装联结螺栓并拧紧。

· 滑车应安装在地线支架牢固的节点处，必要时需要对地线支架采取补强措施。

· 起吊过程中应严格监护好磨绳，防止磨绳同塔材等发生摩擦。

· 起吊前根据实际情况需要对地线支架采取补强措施。

· 上、中、下横担的吊装方法大体相同。

6）拆除抱杆

如图 7-37 所示，抱杆拆除方法如下：

· 拆除抱杆的支持点（起吊滑车的挂设点）应选在塔头顶端。

· 抱杆根部应绑一根 ϕ16mm 的白棕绳，以便于在适当位置引出抱杆。

· 启动绞磨前应拆除上拉线。

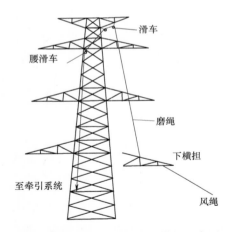

图 7-36　利用地线支架吊装横担示意图

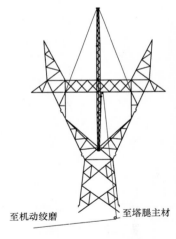

图 7-37　抱杆拆除示意图

· 待抱杆提升约 0.5m 时，停止牵引，拆除承托系统。

· 当抱杆头部降至塔头内前应停止牵引拆除朝天滑车。

· 当抱杆头部降至起吊滑车 30mm 以下时用棕绳套将抱杆上部与牵引绳圈住。

· 若抱杆不能整段取出塔身外，待落地后应分段拆除，拆除联结螺栓前应在接头处套上钢丝套，以防抱杆直接倒落地上。

3. 钢管铁塔组立施工

钢管铁塔在输电线路中的运用越来越多，尤其在特高压和跨江塔运用的较多，其特点是铁塔超重、超高。其组立的方式一般使用落地式塔吊（双摇臂自升式起重机）进行组立。

（1）施工工艺流程

起重机基础浇筑→安装起重机（基本段）→吊装铁塔下段杆件→安装起重机附着→起重机顶升→吊装铁塔中段杆件→吊装衡担顶架→收拢起重机双水平臂→拆除起重机柱身→拆除起重机上部结构→补齐塔材→撤场。

（2）操作要点

1）起重机基础浇筑

起重机基础布置在待组铁塔内部，基础中心一般位于塔位中心桩位置，基础浇筑过程中在适当位置预埋转向滑车锚杆。

2）安装起重机（基本段）

•当起重机基础强度满足规范要求后，即可进行起重机安装。使用吊车组装起重机上部结构，包括起重机头部、双水平臂、回转支承、液压顶升机构、基础节及 3～4 个标准节。

•安装起吊系统。起吊绳一般使用 $\phi16$ 防扭钢丝绳，采用一绳双吊钩的穿线方式，起吊绳的一端固定在起重机一侧水平臂的末端，另一端穿过该侧的吊钩、另一侧水平臂、吊钩和回转支承，经起重机塔身中间，经起重机基础上预埋的转向滑车引至地面动力装置。见图 7-39。

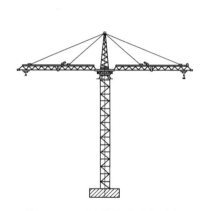

图 7-38　双摇臂自升式起重机

图 7-39　吊臂向上收起示意图

起重机液压自顶升，安装起重机中间节。双摇臂自升式起重机采用片状标准节，操作液压顶升系统将内套架以上部分顶高至能够套入标准节的位置，地面人员将片状标准节组成 U 形，将标准节的另一片和组成 U 形的部分分别吊起，用下回转支撑架环形轨道上的小吊钩钩住，将标准节组装成一体，启动液压系统，油缸下降，使标准节架插入外塔身连接板内，穿上螺栓并拧紧，摘去环形轨道上钩挂标准节的小吊钩，从而完成一个标准节的安装。如此反复，完成起重机基本高度的安装，在顶升过程中须使用经纬仪观测，保证起重机正直。其整个液压顶升步骤同常规塔式起重机基本类似。

•安装起重机各种保护限制器、风速仪、指示灯及监控装置。进行限位整定。安装完毕后，按照标准 GB/T 5031 的有关规定进行试验、检验。

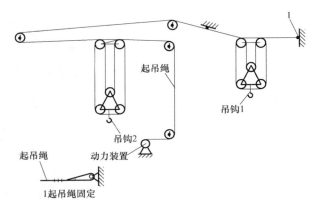

图 7-40　一绳双钩穿绳方式示意图

3）吊装铁塔下段杆件

· 吊装塔材时，应根据塔材重量选择施工作业方式。以最大起重量 80kN、不平衡力矩 500kN · m、水平臂长 20m 的 QTZB2008 起重机为例，当吊重小于或等于 25kN 时，采取单臂作业法；当吊重大于 25kN、小于或等于 45kN 时，采用活平衡重作业法，活配重块重量取 22kN；当吊重大于 45kN 时，采用平衡载荷作业法。

· 铁塔下部杆件包括塔腿和下部塔身。铁塔下部根开大，塔材重，在吊装塔腿主材时采用平衡荷载作业法，其余塔材应根据其重量选择单臂作业法或活平衡重作业法。

· 应用平衡荷载作业法时，将四侧塔材对称布置在与就位安装位置基本垂直的地面上，应先调整好两水平臂及两个吊钩的位置，使两个水平臂吊钩位置处于待吊构件的正上方。两个吊钩分为主吊钩和副吊钩，分别与塔材吊点连接，如图 7-41，吊钩 1 为主吊钩，吊钩 2 为副吊钩。一般两侧塔材应分别吊装就位，先吊装主吊钩侧，则副吊钩侧塔材应采取措施与地面连接固定，保证主吊钩起吊过程中不发生起升。当主吊钩侧就位后，不解除吊点，起吊副吊钩吊装另侧塔材，当两侧塔材均就位妥当后，方可拆除两吊钩吊点。吊装过程中，起重机可做小幅度的旋转和变幅以方便塔材就位。整个吊装过程由专人指挥，两个吊钩的变幅距离应大致相等，尽量减少不平衡力矩，保证施工安全。

· 采用活平衡重作业法时须安装活配重块，活配重应安装在副吊钩侧，用吊钩将活配重块提升，直至吊钩上端顶进工作

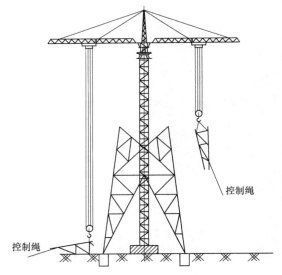

图 7-41　平衡荷载作业法吊装示意图

水平臂（此时钢丝绳在吊钩内部滑轮组运行正常），然后再用轴销穿过配重块两个吊耳，与水平臂相连。水平臂可 ±180° 旋转，方便、灵活，见图 7-42 活平衡重作业法吊装示意图。此时，动力装置的运转只能带动主吊钩升降，该边水平臂作为起重臂；副吊钩则不受动力控制，该边水平臂变作配重臂。当起重机长时间不工作时，将配重跑车靠近起重机机身。

· 采用单臂作业法施工时，一般选择主吊钩进行吊装作业，作业方式与活平衡重作业法类似，同时水平臂也可 ±180° 旋转，见图 7-43 单臂作业法吊装示意图。

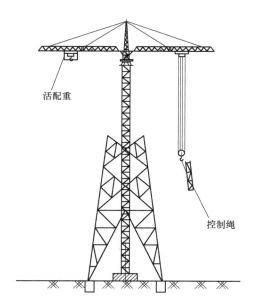

图 7-42　活平衡重作业法吊装示意图

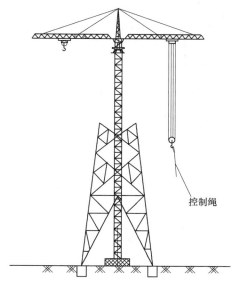

图 7-43　单臂作业法吊装示意图

· 塔片根据现场情况确定塔片地面组装位置，起吊时应根据现场地形确定起吊方向，以便于塔片起吊。塔片吊装时必须有可靠的补强措施。钢丝绳和塔材接触处，必须垫胶带或麻袋等，严禁直接绑扎在塔材上。

4）安装起重机附着

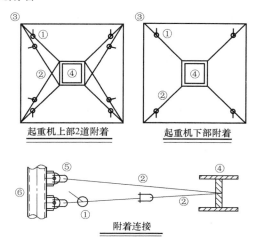

起重机上部2道附着　　　起重机下部附着

附着连接

① 9吨手扳葫芦　② φ24钢丝绳　③ 铁塔主材临时挂点　④ 起重机附着框
⑤ 10吨U形环　　⑥ 塔身临时挂点

图 7-44　附着连接示意图

· 当起重机基本段高度不满足铁塔吊装要求时，应进行起重机的顶升，顶升前须安装起重机附着。起重机附着采用柔性附着，起重机柱体安装有附着框，用 φ24 钢丝绳和 9t 手扳葫芦将附着框与已组铁塔塔身连接，钢丝绳长度应根据附着安装位置的铁塔开口尺寸进行细致计算。具体安装方式见图 7-44 起重机附着安装示意图，附着安装间距根据铁塔的分段情况确定。附着的安装原则为：第一道附着的安装高度不大于 25m，其余每两道附着间的距离不大于 20m，自由段高度不大于 30m。

·起重机再次顶升步骤与基本段安装顶升相同，顶升过程须及时安装附着。

5）吊装铁塔中段杆件

铁塔塔身中段吊装与铁塔下段吊装方式大体相同，起重机与铁塔使用附着连接。

6）吊装铁塔横担、顶架

相对于铁塔塔身杆件的吊装，铁塔横担、顶架的吊装施工难度较大，转角塔横担和地线支架吊装示意图见图 7-45。

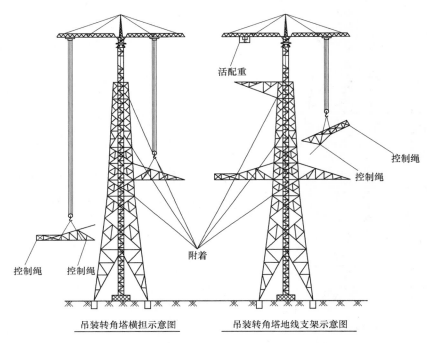

图 7-45　吊装转角塔横担和地线支架示意图

·若单个构件的重量未超过最大起重量 80kN，耐张塔导线横担和地线支架可采取整体吊装，在地面进行塔材组装。

·吊装顺序：先吊装导线横担，后吊装地线支架。

·横担在横线路方向吊装，采用平衡荷载起吊方式。地线支架在顺线路方向吊装，若单个地线支架最大重量未超过 4500kg，可采用活平衡重起吊方式，待起吊高度超过导线横担后，再旋转至横线路方向就位。

·吊装时，吊点均绑在横担或地线支架的下平面主材节点处。吊装地线支架时，应使地线支架头部略高，当地线支架提升到就位高度以上时，先将地线支架上平面主材顺线路方向各穿入一个螺栓，使地线支架能够沿横线路方向转动。然后吊点回松，再就位下平面主材。

7）起重机拆除及塔材补齐

·收起水平臂

——横担及地线支架吊装完成后，将配重松至地面拆除。

——将主吊钩和副吊钩收至水平臂根部，用钢绳套把主、副钩固定在水平臂上，将起吊钢丝绳抽出。

——在起重机头部和水平臂端部各挂一个 5t 滑车，将起吊钢丝绳穿过滑车。启动牵引机收紧起吊钢丝绳，拆除水平臂上的拉杆，将拉杆用钢丝绳套固定在水平臂上。

——拆除拉杆后，启动牵引机，慢速收紧起吊钢丝绳，使水平臂收起并靠近起重机头部，用钢丝绳套将水平臂和起重机头部固定在一起。

图 7-46　施工准备

· 拆除起重机标准节

——起重机水平臂收起以后，利用起重机的液压顶升机构拆除起重机标准节。

——拆除过程与安装过程相反。首先将液压顶升装置将起重机头部顶起，拆除第一个标准节的连接螺栓，利用起重机顶部自带卷扬机将标准节落至地面。

——为提高拆除效率，可以在铁塔顶部悬挂 1 个 5t 滑车，利用地面牵引机和起吊钢丝绳配合起重机自带卷扬机拆除标准节。

——拆除一个标准节后，回收液压顶升装置，使起重机头部落至下一个标准节上。采用同样方法拆除其余标准节。

· 拆除附着及安装铁塔横隔面辅材

——当起重机头部落至铁塔平口以下时，立即安装铁塔顶部辅材。安装时首先用 9t 手扳葫芦调整铁塔对角线，使其误差满足设计要求。

——起重机附着随起重机高度的下降逐段拆除。附着拆除后不能落至地面，要留在原附着安装位置，利用其调整铁塔对角线尺寸，以便于水平辅材的安装。

——当起重机落至有水平材的段落以下时，要立即安装该段水平辅材，以保证铁塔的整体稳定。

· 基本段拆除

当起重机拆除至基本段后，用吊车等辅助系统将基本段拆除。

7.3.5 架线工程

1. 放线施工

（1）施工工艺流程

施工准备—初级绳展放—主牵绳展放—导地线展放—导地线临时锚固。

（2）主要施工方法

1）施工准备

· 施工准备包括：施工技术准备、放线通道清理、张牵场布置、悬垂金具和放线滑车悬挂、耐张塔临时拉线设置、跨越架搭设等工作。

· 张牵场布置：张牵场布置应遵循合理紧凑、安全可靠、操作方便、整齐美观的原则进行布置。导线牵引方式的不同则张牵场布置不同。牵引方式包括："一牵一"方式、"一牵二"方式、"一牵三"方式、"一牵四"方式、"一牵六"方式、"二牵六"方式等。

　　一张力场需布置的机具设备包括主张力机、小牵引机、导地线轴架、起重机及导地线线盘。张力机主要包括一线张力机、两线张力机和四线张力机，张力场的布置根据牵引方式决定采用张力机的数量，张力场布置见以下平面图（图7-47、图7-48）：

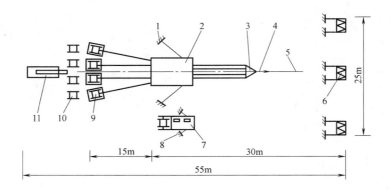

图 7-47　"一牵四"张力场平面布置图

1—主张力机地锚；2—主张力机；3—走板；4—牵引绳；5—线路中心线；6—锚线架；
7—小牵引机；8—小牵引机地锚；9—导线尾车；10—导线轴；11—起重机

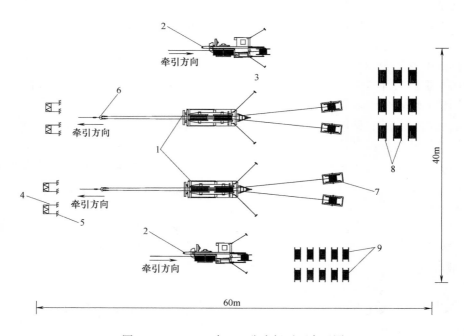

图 7-48　2×（一牵二）张力场平面布置图

1—张力机；2—小牵引机；3—地锚；4—锚线架；5—锚线地锚；6—牵引板
7—张力机尾车；8—导线；9—牵引绳

　　一牵引场需布置的机具设备包括主牵引机、小张力机、牵引绳轴架、起重机及牵引绳线盘。牵引场布置见以下平面图（图7-49、图7-50）：

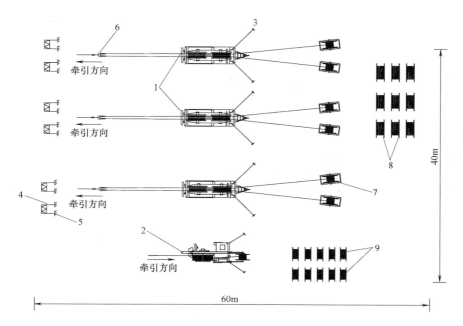

图 7-49 3×（一牵二）张力场平面布置图

1—张力机；2—小牵引机；3—地锚；4—锚线架；5—锚线地锚；6—牵引板；
7—张力机尾车；8—导线；9—牵引绳

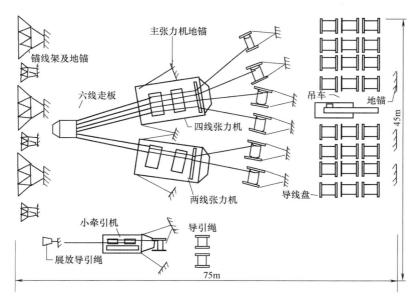

图 7-50 "一牵六"张力场平面布置示意图

2）初级绳展放

初级绳展放可采取人工展放、动力伞展放和遥控飞艇展放，下面对动力伞和遥控飞艇
展放方式进行简单介绍。

·动力伞展放初级绳

图 7-51　六分裂导线展放实例

—动力伞原理图见图 7-57；

—施工工艺流程见图 7-58

· 遥控飞艇展放初级绳

—遥控飞艇结构及原理见图 7-59、图 7-60；

—施工工艺流程

3）主牵引绳展放

牵引绳展放流程

· 单回线路

人工（或动力伞、飞艇）展放初级绳→人工传放二级绳→绞磨（或扶拖）牵引展放三级绳（丙纶绳）→小牵机牵引展放 ϕ11 小牵绳→大牵机牵引展放 ϕ16 牵引绳→小牵机牵引展放 ϕ25 主牵引绳。

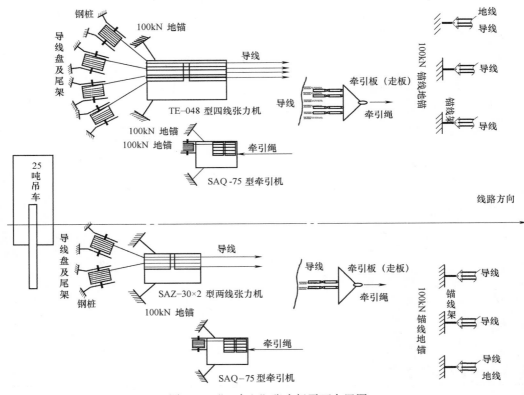

图 7-52　"二牵六"张力场平面布置图

· 双回线路

人工（或动力伞、飞艇）展放初级绳→人工传放二级绳→绞磨（或扶拖）牵引展放三级绳（丙纶绳）→小牵机牵引展放 ϕ11 小牵绳→大牵机牵引展放 ϕ16 牵引绳→小牵机牵引展放 ϕ25 主牵绳→大牵机牵引展放 n 根 ϕ16 牵引绳→将上导线滑车中的 n 根 ϕ16 牵引绳分别放置在上中下导线横担滑车及地线滑车中。

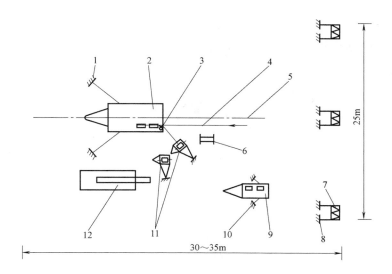

图 7-53 采用一台牵引机的牵引场平面布置图

1—主牵引机地锚；2—主牵引机；3—高速导向滑车；4—牵引绳；5—线路中心线

6—空牵引绳卷筒；7—锚线架；8—锚线地锚；9—小张力机；10—小张力机地锚；

11—钢绳卷车；12—起重机

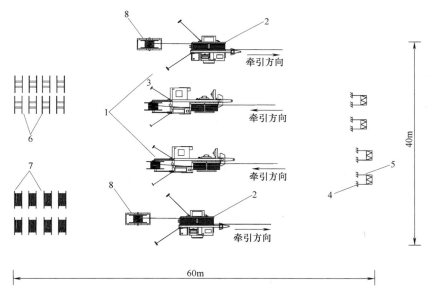

图 7-54 2×（一牵二）牵引场平面布置示意图

1—大牵引机；2—小张力机；3—地锚；4—锚线地锚；5—锚线架；

6—牵引绳轴架；7—牵引绳；8—小张力机尾车

在各级牵引绳展放过程中，大张机与大牵机配合牵引，小张机与小牵机配合牵引。

4）导地线展放

· 导地线展放顺序：左右上导线→左右中导线→左右下导线→地线→OPGW 光缆。

· 操作要点简介

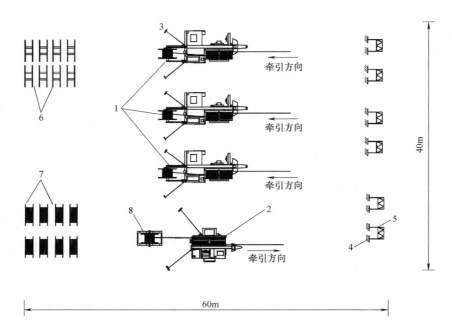

图 7-55　3×（一牵二）牵引场平面布置示意图

1—大牵引机；2—小张力机；3—地锚；4—锚线地锚；5—锚线架；

6—牵引绳轴架；7—牵引绳；8—小张力机尾车

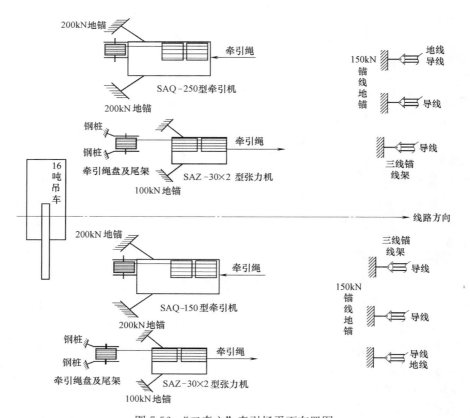

图 7-56　"二牵六"牵引场平面布置图

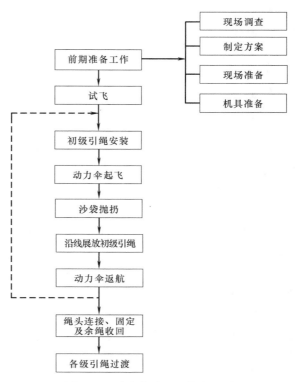

图 7-58 动力伞施工工艺流程图

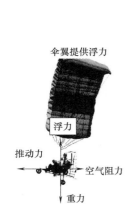

图 7-57 动力伞

—按施工作业图规定的牵、张力整定值，调整张力机的张力值和牵引机的牵引值，启动牵张引擎，空车运转 1~2min。

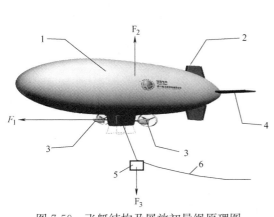

图 7-59 飞艇结构及展放初导绳原理图

1—气囊；2—垂直舵；3—发动机；4—水平舵；

5—吊舱；6—初导绳

F_1—推力；F_2—浮力；F_3—重力（配重砂袋）

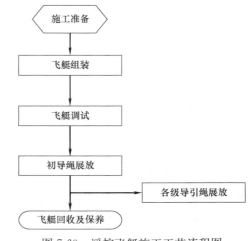

图 7-60 遥控飞艇施工工艺流程图

—牵张机受力后，将张、牵场牵引绳的临锚手扳葫芦拆除。

—开始慢速牵放导线，通过四线张力机调整各子导线的平衡，靠张力轮的控制手柄操作调整走板,增加走板下压重力。

—走板调平后,根据沿线近地档导线对地的距离,逐步将张力调整到整定值。

—牵放速度

大牵、张机:额定运转速度:40m/min。

施工规定:初始速度:30m/min,正常速度:40m/min。

—牵放过程中,导线与地面及被跨越物的距离应不小于:

• 一般区段,导线距离地面 3m。

• 通行行人及少量车辆的道路,施工时只需设监护而不要搭设跨越架或导线距离路面 5m。

• 导线距离跨越架顶 1.5m。

—导线直线管压接,在张力机前集中进行。

5)导地线临时锚固

• 当某相导线牵放完毕,需将该相的各根导线分别两两临时锚固于临锚架上,以保持导线张力并腾空。

• 为了保证导线下的道路通行车辆和对人畜安全。导线距地面净空距离不少于 5m。对超过 3d 或经历大风后的临锚导线要求进行检查,如发现导线有损伤时要进行处理。

• 导线临锚时,临锚卡线器后端导线应盘好并做好导线的保护,卡线器、临锚架与导线间应使用胶套保护,以免卡线器装置磨损导线。

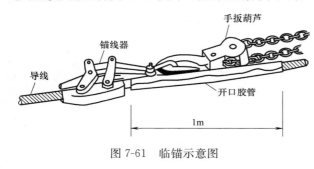

图 7-61 临锚示意图

2. 紧线施工

(1)施工工艺流程

施工准备—导线收紧—弛度观测及调整—画印—耐张串紧挂线(悬垂串临锚)。

(2)施工操作要点

1)施工准备

• 张力放线结束后应尽快紧线。以张力放线施工段作紧线段,以牵张场相邻的直线塔或耐张塔作紧线操作塔。

• 紧线段跨多个耐张段时,应对各耐张段分别紧线,先紧与紧线操作塔最远的耐张段,再紧次远的耐张段,依此类推。

• 紧线前应重点检查直线压接管位置,通盘考虑紧线顺序及方向。

2)接续升空

当相邻两个放线区段之间的耐张段进行紧线作业时,需要将该两区段的导线进行接续升空,再进行耐张段的紧线。

3)导线收紧

• 导线应对称收紧,尽可能先收紧位于放线滑车最外边的两根导线,使滑车保持平衡,避免滑车倾斜导致导线跳槽;

• 宜先收紧张力较大,弧垂较小的子导线;

• 宜先收紧档中间搭在其他子导线上的子导线;

• 收线过程中应避免子导线因受风吹而互相打绞;

· 同相子导线应基本同时收紧，收紧速度不宜过快；

· 收线作业应与直线松锚升空作业相配合保持导线始终有适当的架空高度；

· 子导线收紧时应逐根操作，为预防滑车受力不均衡，应先紧放线滑车外侧两根，后紧中间两根。为防止因初伸长时间不等及气温变化等原因造成子导线弧垂误差，同相四根子导线一般需在同一天内紧完。

4）弧度观测及调整

· 观测档的选择

根据所划分的紧线段并参考断面图，确定各观测档号和施仪杆号，并计算出各观测档的观测弧度值。（所选观测杆号，旨在能控制操作观测点的前两档和后两档）。

一般紧线以放线区段的耐张段为紧线段，以耐张塔作固定塔及紧线操作塔。当放线区段跨多个耐张段时，应对各个耐张段分别紧线。如果张牵场设置在直线塔，则端头的半个耐张段需待下一个放线区段放线完成后，压接升空后才继续紧线。

· 观测方法：平行四边形法与档端角度法结合进行。

—平行四边形法。（同于常规，仪器塔上观测）

—档端角度法

· 弧度调整

紧线中弧垂的调整分四个步骤："粗调"、"细调"、"微调"、"复调"。其中前三个步骤结合导线的耐张塔紧线挂线工艺进行。

5）画印作业

· 应在弧度调整完毕，紧线应力未发生变化时，在紧线段内各直线塔、耐张塔上同时画印，印记应准确、清晰。

· 直线塔、无转角的耐张塔可用下述方法画印：用垂球将横担中心投影到任一子导线上，将直角三角板的一个直角边贴紧导线，另一直角边对准投影点，在其他子导线上画印，使诸印记点连成的直线垂直于导线。

· 直线转角塔取放线滑车顶点为画印点，用直角三角板在各子导线上画印。画印点采用红油漆画印，并用黑胶布将其包裹起来，以便后序附件施工。

· 耐张转角塔的画印方法必须与割线尺寸计算方法相配合，采用直接画印法。

6）耐张串紧挂线（悬垂串临锚）

· 耐张塔紧线以耐张段划分紧线段，紧线段两端为耐张塔。一个紧线段的两端分别称为固定端（俗称"死尽头"，导线压接后软挂）和紧线操作端。

· 首先在每个紧线段计划的固定端将导线开断并压接软挂。

· 在紧线操作端（称紧线耐张塔）对子导线进行逐根高空断线、压接，最后再硬挂于耐张金具串上。

· 作为紧线端的耐张塔，如果导线在紧线前开断，必须将导线临锚于耐张塔前后两侧横担上，以使铁塔两侧张力平衡。在紧线时，两侧同时紧挂线称为平衡挂线；若一侧临锚，另一侧紧挂线，紧线塔则处于半平衡状态，故这种方法称半平衡挂线。

紧线操作塔分中间耐张塔紧线和导线在地面锚线的耐张塔紧线。其紧线方法如下：

—紧线操作塔为中间耐张塔的紧线（平衡挂线方式）。

· 高空临锚

平衡挂线前首先进行高空临锚：紧线前首先将耐张组装串通过手扳葫芦、锚线绳和卡线器与导线在两侧平衡对接（锚接），见图 7-62。

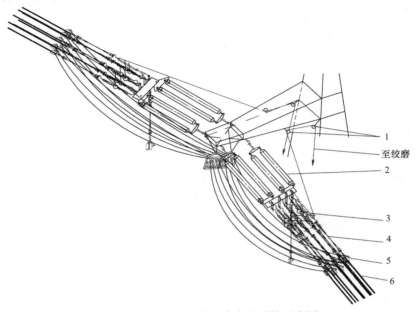

图 7-62　中间耐张塔紧线牵引系统示意图
1—转向滑车；2—耐张绝缘子串；3—起重滑车组；4—锚线绳；5—卡线器；6—导线

• 断线

空中临锚安稳后，对称收紧耐张塔两侧的空中临锚，使耐张塔两侧卡线器向导线松弛，然后在划印的位置对导线进行开断。开断前应在划印两侧用铁线捆绑导线，防止断线后导线散股。开断前应用白棕绳拴住导线，防止开断后导线跌落伤人和损伤导线。

• 导线在地面锚线的耐张塔挂线

对于张牵场设置在耐张塔处时，导线在放完后是临锚于地下的，在紧线时需将导线升空临锚于横担上，再采用半平衡方式紧挂线，该方式需对横担作反向拉线进行平衡。半平衡方式紧挂线方法如下：

——本耐张塔应具备的条件：导线横担的一侧已经打好平衡拉线、另一侧已挂好导线，或一侧已经打好平衡拉线。

——按图 7-63 所示方法逐根将导线耐张管压接后升空，并临锚于横担上，再按图 7-64所示方法将导线与耐张串对接。

（3）间隔棒安装

1）安装间隔棒采用专用飞车或人工走线方法，飞车支撑轮不得对导线造成磨损，人工走线时应穿软底鞋。

2）间隔棒安装位置可用测绳高空测量定位、地面测量定位、计程器定位等方法测定。在跨越电力线路安装间隔棒时，应使用绝缘测绳或其他间接测量方法测量次档距。

3）间隔棒平面应垂直于导线，三相导线间隔棒的安装位置应符合设计要求。

4）飞车或人工走线跨越电力线路时，必须验算对带电体的净空距离，该距离不得小于最小安全距离。验算荷载时取实际荷载的 1.2 倍，并计算相邻一基悬垂绝缘子串在不平

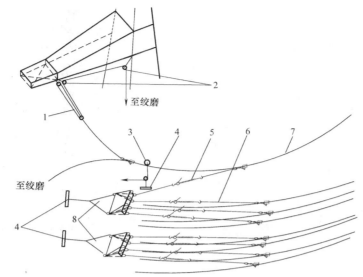

图 7-63　耐张塔前在地面锚线的导线升空方式示意图
1—滑车组；2—滑车；3—压线滑车；4—地锚；5—手扳葫芦；6—锚线钢绳；
7—导线；8—锚线架

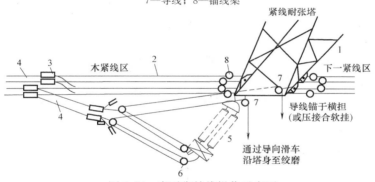

图 7-64　半平衡挂线操作示意图
1—横担；2—锚固钢绳；3—导线卡线器；4—导线；5—瓷瓶串；6—滑车组；7—导向滑车；8—6T

衡张力下产生的偏移。

（4）跳线安装

耐张塔跳线一般分为软跳线和硬跳线两种方式。

1）软跳线安装

耐张塔软跳线安装，一般采用"本线模拟法"工艺，即安装时，先将一端进行压接，然后用棕绳将压好的一端吊至铁塔一侧导线耐张线夹的联板处，并连接固定好；再将另一端牵引吊至横担另一侧耐张线夹的联板处，并反复牵引调整位置，直到使跳线弧垂达到设计规定值，呈自然均匀下垂悬链线状态为止；模拟好后，即可划印，于高空割线、压接、安装就位，如图 7-65 所示。

2）硬跳线安装

硬跳线分为"扁担式"跳线、笼式跳线（图 7-66）和铝管式跳线。

硬跳线其中间主体为刚性结构，两端以软导线与耐张线夹的引流板相连。跳线器材运输和装牌子要防止碰撞变形，运到安装现场安装前方可拆除包装。

图 7-65　软跳线安装

图 7-66　笼式跳线安装

刚性跳线应严格按照设计文件和安装说明书进行安装。

引流线宜使用未经牵引过的原始状态导线制作，应使原变曲方向与安装后的变曲方向相一致，以利外形美观。

在地面将硬跳线与悬垂绝缘子串组装好，一并吊装安装在塔上。施工时应根据确定的软跳线长度，将其与硬跳线引流板、耐张线夹引流板联接，再安装软跳线间隔棒，并进行外观整形。

跳线安装后，跳线对塔体最小距离应符合设计要求。

任何气象条件下，跳线均不得与金具相摩擦、碰撞。若跳线与导线或金具摩擦，应安装防摩擦金具。

7.4　电缆工程

7.4.1　直埋敷设

将电缆线路直接埋设在地面下的敷设方式称为电缆直埋敷设，直埋敷设适用于电缆线路不太密集的城市地下走廊。如市区人行道，公共绿地，建筑物边缘地带等。直埋敷设不需要大量的土建工程，施工周期较短，是一种较经济的敷设方式。直埋敷设的缺点是，电缆较容易遭受机械性外力损伤，容易受到周围土壤的化学或电化学腐蚀。电缆故障修理或更换电缆比较困难。

1. 直埋敷设前期准备工作

电缆线路设计书所标注的电缆线路位置，必须经有关部门确认。敷设施工前应申办电缆线路管线执照、掘路执照和道路施工许可证（俗称"二照一证"）。应开挖足够的样洞，了解线路路径邻近地下管线情况，并最后确定电缆路径。然后召开敷设施工配合会议。明确各公用管线和绿化管理单位的配合、赔偿事项。如果邻近其他地下管线和绿化需迁让，应办理书面协议。

明确施工组织机构，制订安全生产保证措施、施工质量保证措施及文明施工保证措施。熟悉工程施工图，根据开挖样洞情况，对施工图作必要修改。确定电缆分段长度和接头位置。编制敷设施工作业指导书。

确定各段敷设方案和必要的技术措施。进行施工前对各盘电缆验收，检查电缆有无机械损伤，封端是否良好，有无电缆"质保书"，进行绝缘校潮试验、油样试验和护层绝缘试验等。除电缆外，主要材料包括各种电缆附件、电缆保护盖板、过路导管。机具设备包括各种挖掘机械、敷设专用机械、工地临时设施（工棚）、施工围栏、临时路基板。运输方面的准备，应根据每盘电缆的重量、制订运输计划。高压电缆每盘重达 20t 左右，应备有相应的大件运输装卸设备。

2. 直埋敷设相关要求及注意事项

直埋敷设电缆的路径选择，宜符合下列规定：避开含有酸、碱强腐蚀或杂散电流电化学腐蚀严重影响的地段；未有防护措施时，避开白蚁危害地带、热源影响和易遭外力损伤的区段。

直埋敷设电缆方式，应满足下列要求：电缆应敷设在壕沟里，埋设深度为 0.7～1.5m，沿电缆全长的上、下紧邻侧铺以厚度不少于 100mm 的软土或砂层；沿电缆全长应覆盖宽度不小于电缆两侧各 50mm 的保护板，保护板宜用混凝土制作；位于城镇道路等开挖较频繁的地方，可在保护板上层铺以醒目的标志带；位于城郊或空地旷带，沿电缆路径的直线间隔约 100m、转弯处或接头部位，应竖立明显的方位标志或标桩。

同时直埋敷设于非冻土地区时，电缆埋置深度应符合下列规定：电缆外皮至地下构筑物基础，不得小于 0.3m；电缆外皮至地面深度，不得小于 0.7m；当位于车行道或耕地下时，应适当加深，且不宜小于 1m。

直埋敷设于冻土地区时，宜埋入冻土层以下，当无法深埋时可在土壤排水性好的干燥冻土层或回填土中埋设，也可采取其他防止电缆受到损伤的措施。

直埋敷设的电缆，严禁位于地下管道的正上方或下方。直埋敷设的电缆与铁路、公路或街道交叉时，应穿于保护管，且保护范围超出路基、街道路面两边以及排水沟边 0.5m 以上。

电缆与电缆或管道、道路、构筑物等相互间容许最小距离，应符合表 7-4 的要求。

电缆与电缆或管道、道路、构筑物等相互间容许最小距离（m）   表 7-4

电缆直埋敷设时的配置情况		平行	交叉
控制电缆之间		—	0.5*
电力电缆与控制电缆之间	10kV 及以下电力电缆	0.1	0.5*
	10kV 以上电力电缆	0.25**	0.5*
不同部门使用的电缆		0.5**	0.5*
电缆及地下管道（沟）	热力管道（沟）	2***	0.5*
	油管或易燃气管道	1	0.5*
	其他管道	0.5	0.5*
电缆与铁路	非直流电气化铁路路轨	3	1.0
	直流电气化铁路路轨	10	1.0
电缆与建筑物基础		0.6***	—
电缆与公路边		1.0***	—
电缆与排水沟		1.0***	—
电缆与树木的主干		0.7	
电缆与 1KV 以下架空线电杆		1.0***	
电缆与 1KV 以上架空线杆塔		4.0***	

注：*用隔板分隔或电缆穿管时可为 0.25m；**用隔板分隔或电缆穿管时可为 0.1m；***特殊情况可酌减且最多减少一半值。

直埋敷设的电缆引入构筑物，在贯穿墙孔处应设置保护管，且对管口实施阻水、防火堵塞。

同时直埋敷设电缆的接头配置，应符合下列规定：接头与邻近电缆的净距，不得小于 0.25m；并列电缆的接头位置宜相互错开，且不小于 0.5m 的净距；斜坡地形处的接头安置，应呈水平状；对重要回路的电缆接头，宜在其两侧约 1000mm 开始的局部段，按留有备用量方式敷设电缆。

3. 直埋敷设施工工序

电缆直埋敷设应分段施工，一般以一盘电缆的长度为一施工段。施工顺序为：预埋过路导管，挖掘电缆沟，敷设电缆，电缆上覆盖 15cm 厚的细土，盖电缆保护盖板及标志带，回填土。当一个敷设段完工清理之后，再进行第二段敷设施工。

（1）直埋电缆沟槽开挖如图 7-67

通过收资，了解电缆所经地区的管线或障碍物的情况，并在适当位置进行样沟的开挖，开挖深度应大于电缆埋设深度。

按电缆路径开挖沟槽，应满足以下要求：自地面至电缆上面外皮的距离，35kV 及以上为 1m；穿越道路和农地时分别为 1m 和 1.2m；穿越城市交通道路和铁路路轨时，应满足设计规范要求并采取保护措施；在寒冷地区施工，开挖深度还应满足电缆敷设于冻土层之下，或采取穿管埋设等特殊措施。

图 7-67　直埋电缆沟槽开挖图

（2）直埋电缆的敷设如图 7-68

直埋于地下的电缆上下应铺以不小于 100mm 厚的软土或沙层，并加盖保护板，其覆盖宽度应超过电缆两侧各 50mm，然后用预制钢筋混凝土板加以保护。也可把电缆放入预制钢筋混凝土槽盒内后填满砂或细土，然后盖上槽盒盖。为识别电缆走向，宜沿电缆敷设路径设置电缆标识。

电缆穿越城市交通道路和铁路路轨时应采取保护措施；电缆排列整齐，弯度一致，应尽量避免在转弯处出现交叉；电缆在敷设过程中无机械损伤；直埋电缆接头盒外应有防止机械损伤的保护盒。

电缆敷设前，在线盘处、转角处搭建放线架，将电缆盘、牵引机和滚轮等布置在适当的位置。电缆敷设前应制作牵引头并安装防捻器，在电缆牵引头、电缆盘、牵引机、过路管口、转弯处及可能造成电缆损伤处应采取保护措施，有专人监护并保持通信畅通。

直埋敷设应注意及时清理电缆沟，排除积水，沟内每隔 2.0～3.0m 安放滚轮一只。电缆沟槽的两侧应有 0.3m 的通道。电缆盘上必须有可靠的制动刹车装置。一般使用慢速卷扬机牵引，速度为 6～7m/min，最大牵引力 30kN。卷扬机和履带输送机之间必须有联动控制装置。电缆外护层在施工过程中不能受损伤。如果发现外护层有局部刮伤，应及时修补。在敷设完毕后，测试护层电阻。110kV 及以上单芯电缆外护层应能通过直流 10kV、1min 的耐压试验。电缆敷设后覆土前通知测绘人员对已敷设电缆进行测绘。

（3）回填土如图 7-69

盖板上铺设防止外力损坏的警示标志后，在电缆周围回填较好的土层或按市政要求回填。回填土应分层夯实。回填料的夯实系数一般不宜小于 0.94，回填土中不应含有石块或其他硬质物。直埋敷设电缆在采取特殊换土回填时，回填土的土质应对电缆外护层无腐蚀性。

图 7-68　直埋电缆敷设图

图 7-69　直埋电缆回填土图

7.4.2　排管敷设

将电缆敷设于预先建好的地下排管中的安装方式称为电缆排管敷设。排管敷设适用于交通比较繁忙、地下走廊比较拥挤的位置，一般在城市道路的非机动车道，也有建设在人行道或机动车道。在排管和工井的土建一次完成之后，相同路径的电缆线路安装，可以不再重复开挖路面。电缆置于管道中，基本消除了外力机械损坏的可能性，因此其外护层可以不需要铠装，一般应有一层聚氯乙烯外护层。排管敷设的缺点是，土建工程投资较大，工期较长。管道中电缆发生故障时，需更换两座工井之间的一段电缆，修理费用较大。

1. 工井和排管建造

电缆工井按用途不同可分为敷设工作井、普通接头井、绝缘接头井和塞止接头井。平面形状有矩形、"T"形、"L"形和"十"字形。工井内净尺寸的确定，必须同时考虑电缆在工井中立面弯曲和平面弯曲所必需的尺寸。图 7-70 为电缆工井的主要尺寸图（平面和立面简图）。

在设计工井时，应根据排管中心线和接头中心线之间的标高差或平面间距、电缆外径和最小允许弯曲半径倍数，按下式计算电缆弯曲部分的投影长度。

$$L = 2\sqrt{(nd)^2 - (nd - H/2)^2}$$

式中　L——弯曲部分的投影长度，mm；

　　　d——电缆外径，mm；

　　　n——电缆弯曲部分的最小允许弯曲半径倍数；

　　　H——接头中心与排管中心的标高差或平面间距，mm。

按上式分别计算立面弯曲和平面弯曲所需长度，在两个弯曲长度中取其较长的一个，然后加上接头本身的长度和工作面积。根据需要，还要加上安装同轴电缆、自动排水装置、照明设施以及油压报警装置等所必须的面积，从而确定工井的内净尺寸。一般工井的内净尺寸为：高度 1.9～2.0m；宽度 2.0～2.5m；长度按用途不同而异，普通接头井与绝

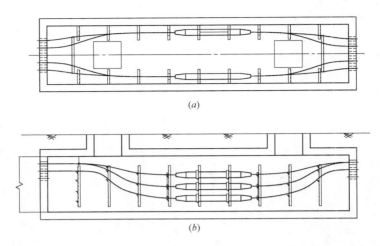

图 7-70　电缆工井的主要尺寸图

(a) 俯视剖面图；(b) 正视剖面图

缘接头井为 7.5～12m，塞止接头井为 15.0m。

工井内的金属支架和预埋铁件要可靠接地，接地电阻应不大于 4Ω。接地方式是：在工井外对角处或 4 只边角处，埋设 2～4 根 φ50mm×2m 钢管为接地极，深度应大于 3.5m。在工井内壁以扁钢组成接地网，与接地极用电焊连接。工井内预埋铁件和金属支架也用电焊与接地扁钢连接。为方便施工，工井中应设置拉环和集水井。两口工井之间的间距一般不宜大于 130m。

2. 排管

电缆排管衬管内径应符合下列要求：

由于 110kV 以上高压电缆基本为单芯电缆，1 孔敷设 1 根电缆，用的衬管宜满足

$$D \geqslant 1.5d$$

式中　D——衬管内径，mm；

d——电缆外径，mm。

电力电缆排管的衬管最小内径为 150mm 敷设高压大截面电缆，可适当减少上述要求，选用 200mm 内径的衬管。一组排管以敷设 6～16 条电缆为宜。孔数选择方案有 2×10 孔、3×4 孔、3×5 孔、4×4 孔、3×6 孔和 3×7 孔等。

排管用的衬管应具有下列特性：物理化学性能稳定，有一定机械强度，对电缆外护层无腐蚀，内壁光滑无毛刺，遇电弧不延燃。单根衬管长度要便于运输和施工，一般为 3～5m。常用衬管有：纤维水泥管、聚氯乙烯波纹塑料管和环氧玻璃纤维管等。

典型的电缆排管结构包括基础、衬管和外包钢筋馄凝土。图 7-71 是 2×6 孔电缆排管结构图。排管的土建施工，原则上应先建工井，再建排管，并从一座工井向另一座工井按顺序施工。排管的基础通常有道砟垫层和素混凝土基础，各为 100mm。在素混凝土基础上面，以特制的"U"形定位垫块将衬管固定，使衬管间距保持一致。垫块与衬管接头间距应不小于 300mm。衬管中心线的相互间距（以直径 150mm 的衬管为例）一般为：水平间距 250mm，上下层间距为 240mm。

衬管的平面位置应保持平直，每节衬管允许有小于 2°左右的转角，但相邻衬管只能

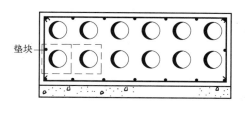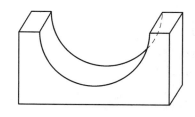

排管断面　　　　　　　　　　垫片

图 7-71　2×6 孔电缆排管结构图

向一个方向转弯，不允许有"S"形的转弯。衬管四周按设计图要求以钢筋混凝土外包，并以小型手提式振荡器将混凝土浇捣密实。外包混凝土分段施工时，应留下阶梯形施工缝，每一施工段的长度一般应不小于 50m。

要处理好排管和工井的接口，一般要在接口处设置变形缝。在工井墙身预留与排管相吻合的方孔，在方孔的上、下口应预留与排管相同规格的钢筋作为"插铁"，其长度应大于 35d（d 为钢筋直径），排管钢筋与工井预留"插铁"绑扎。在浇捣排管外包混凝土前，应将工井留孔的混凝土接触面凿毛，并用水泥浆冲洗。

3. 排管敷设施工工序

敷设施工前，对建成排管先用疏通器对排管进行疏通检查，应双向畅通。如有疑问，应用管道内窥镜检查。电缆排管内不得有因漏浆形成的水泥结块及其他残留物。衬管接头处应光滑，不得有尖突。疏通器的式样如图 7-72 所示，疏通器的外径和长度应符合表 7-5 规定。

在疏通检查中，如发现排管内有可能损伤电缆护套的异物，必须清除之。清除方法可用钢丝刷，铁链和疏通器来回牵拉。必要时，用管道内窥镜探测检查。只有当管道内异物排除、整条管道双向畅通后，才能敷设电缆。

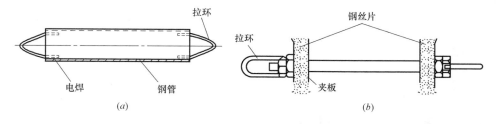

图 7-72　排管疏通器和钢丝刷
（a）疏通器；（b）钢丝刷

疏通器规格表　　　　　　　　　　　　　　　　表 7-5

排管内径(mm)	疏通器外径(mm)	疏通器长度(mm)
150	127	600
175	159	700
200	180	800

在线盘处、工井口及工井内转角处搭建放线架，将电缆盘、牵引机、履带输送机、滚轮等布置在适当的位置，电缆盘应有刹车装置。制作牵引头并安装防捻器，在电缆牵引头、电缆盘、牵引机、转弯处以及可能造成电缆损伤的地方应采取保护措施，有专人监护并保持通信畅通。

在电缆施放过程中，要在电缆外护层上均匀涂抹一层中性润滑剂，以降低电缆在排管中的摩擦系数。如果电缆盘能够搁置到工井入口处，电缆引入工井的方法以图 7-74（a）所示方法为好，因为这种引入法需在工井中搭建的滚轮支架比较简单。如果电缆盘搁置的位置离开工井入口处有一段距离，应采用图 7-74（b）所示的引入方法，这种引入法，在工井口到电缆盘间需每隔 1.5m 搭建滚轮支架一档，在工井内应按电缆弯曲半径的规定搭建一组圆弧形滚轮支架。在工井入口处应用波纹聚乙烯（PE）管保护电缆，排管口要用喇叭口保护。

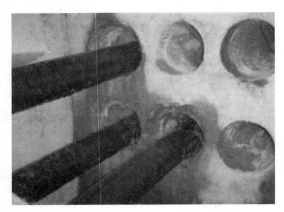

图 7-73　排管通道成品

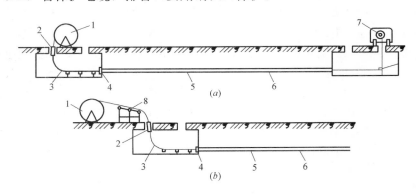

图 7-74　电缆敷设牵引方法
（a）电缆引入工井方法之一；（b）电缆引入工井方法之二
1—电缆盘；2—波纹聚乙烯（PE）管；3—电缆；4—喇叭口；6—钢丝绳；7—卷扬机；8—放线架

图 7-75　排管电缆敷设现场

较长电缆敷设，可在线路中间的工井内安装输送机，并与卷扬机采用同步联动控制。排管敷设前后，应用1000V摇表测试电缆外护套绝缘，并做好记录，以监视电缆外护层是否受到损伤。排管口要用不锈钢封堵件封堵，工井内电缆应包绕防火带。

工井内电缆要用夹具固定在支架上，并以塑料护套作衬垫，从排管口到支架间的电缆，必须安排适当的回弯，以吸收由于温度变化所引起电缆的热胀冷缩，从而保护电缆和接头免受热机械力的影响。设置电缆"回弯"（offset，或称之为"偏置"，"伸缩弧"），一般是将从排管口到接头之间的一段电缆弯成两个相切的圆弧形状，其圆弧弯曲半径应不小于电缆的允许弯曲半径。

排管口要用不锈钢封堵件封堵。在工井内要用可移动式夹具将电缆固定，并以塑料护层作衬垫。工井内电缆应包防火包带。

电缆排管敷设时，需注意的问题如下：交流单芯电缆应采用非导磁材料；电缆外管径宜符合：D（D为管子内径，mm）≥1.5d（d为电缆外径，mm）；电缆敷设时，电缆所受的牵引力、侧压力和弯曲半径应根据不同电缆的要求控制在允许范围内；在电缆牵引头、电缆盘、牵引机、过路管口、转弯处以及可能造成电缆损伤的地方应采取保护措施。

7.4.3 电缆沟敷设

将电缆敷设于预先建好的电缆沟中的安装方式，称为电缆沟敷设。它适用于并列安装多根电缆的场所，如发电厂及变电所内、工厂厂区或城市人行道等。

根据并列安装的电缆数量，需在沟的单侧或双侧装置电缆支架，敷设的电缆应固定在支架上。

敷设在电缆沟中的电缆应满足防火要求，如具有不延燃的外护套或裸钢带铠装，重要的线路应选用具有阻燃外护套的电缆。电缆沟敷设的缺点是沟内容易积水、积污，而且清除不方便。电缆沟中电缆的散热条件较差，影响其允许载流量。

1. 电缆沟建造

电缆沟采用钢筋混凝土或砖砌结构，用预制钢筋混凝土或钢制盖板覆盖，盖板顶面与地面相平。图7-76是具有双侧支架的电缆沟断面图。

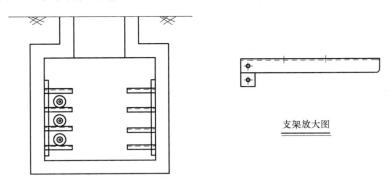

图7-76 电缆沟断面图

在支架之间或支架与沟壁之间，留有一定宽度的通道。电缆构筑物的高、宽尺寸，应符合下列规定：

1）工作井（电缆沟除外）的净高，不宜小于1900mm；与其他沟道交叉的局部段净高，不得小于1400mm；

2）电缆夹层的净高，不得小于 2000mm，但不宜大于 3000mm；

3）电缆沟中通道的净宽，不宜小于表 7-6 所列值。

电缆沟中通道净宽允许最小值（mm）　　　　　　　　　　　表 7-6

电缆支架配置及其通道特征	电缆沟沟深		
	≤600	600～1000	≥1000
两侧支架间净通道	300	500	700
单列支架与壁间通道	300	450	600

注：在 110kV 及以上高压电缆接头中心两侧 3000mm 局部范围，通道净宽不宜小于 1500mm。

电缆支架的层间垂直距离，应满足电缆能方便地敷设和固定，且在多根电缆同置于一层支架上时，有更换或增设任一电缆的可能。电缆支架层间垂直距离宜符合表 7-7 所列数值。

电缆支架层间垂直距离的允许最小值（mm）　　　　　　　　表 7-7

电缆电压级和连续、敷设特征		普通支架、吊架	桥架
控制电缆明敷		120	200
电力电缆明敷	10kV 及以下，但 6～10kV 交联聚乙烯电缆除外	150～200	250
	6～10kV 交联聚乙烯	200～250	300
	35kV 单芯	250	300
	110kV，每层 1 根		
	35kV 三芯	300	350
	110～220kV，每层 1 根以上		
电缆敷设在槽盒中		$h+80$	$h+100$

注：h 表示槽盒外壳高度。

4）电缆沟的纵向排水坡度，不宜小于 0.3%；沿排水方向在标高最低部位宜设集水坑。

电缆沟中应用扁钢组成接地网。电缆沟中预埋铁件应与接地网以电焊连接。

电缆沟中的支架，按结构不同有装配式和工厂分段制造的电缆托架等种类。以材质分，有金属支架和塑料支架。金属支架应采用热浸镀锌，并与接地网连接。以硬质塑料制成的塑料支架，又称绝缘支架，具有一定的机械强度并耐腐蚀。

电缆沟盖板必须满足道路承载要求。钢筋混凝土盖板应有角钢或槽钢包边。电缆沟的齿口也应有角钢保护。盖板的尺寸应与齿口相吻合，不宜有过大间隙。盖板和齿口的角钢或矽钢要除锈后刷红丹漆二道，黑色或灰色漆一道。

2．电缆沟敷设工序

电缆沟中敷设的电缆应满足防火要求，例如具有不延燃的外护层或裸钢带铠装．重要的线路应选用具有阻燃外护套的电缆，或电缆置于沟底再用黄砂将其覆盖。

电缆沟敷设施工前，需揭开部分电缆沟盖板。在不妨碍施工人员下电缆沟工作的情况下，可以间隔方式揭开电缆沟盖板。然后在电缆沟底安放滚轮，采用卷扬机和输送机牵引电缆。电缆牵引完毕后，用人力将电缆放置在电缆支架上，最后将所有电缆沟盖板恢复原状。

　　在电缆引入电缆沟处，应搭建滚轮支架。在电缆沟转弯处，搭建转角滚轮支架，以控制电缆的弯曲半径，防止电缆在牵引时受到沟边或沟内金属支架擦伤。

　　电缆搁在金属支架上应加一层塑料衬垫。在电缆沟转弯处使用加长支架，让电缆在支架上允许适当位移。单芯电缆要有固定措施，如用尼龙绳将电缆绑扎在支架上，每2档支架扎一道，也可将三相单芯电缆呈品字形绑扎在一起。

7.4.4　隧道敷设

　　将电缆线路敷设于已建成的电缆隧道中的安装方式称为电缆隧道敷设。电缆隧道是能够容纳较多电缆的地下土建设施如图7-77。在隧道中有高1.9～2.0m的人行通道，有照明、自动排水装置，并采用自然通风和机械通风相结合的通风方式。隧道内还应具有烟雾报警、自动灭火、灭火箱、消防栓等消防设备。隧道中可随时进行电缆安装和维修作业。

　　电缆隧道敷设适用于大型电厂、变电所的电缆进出线通道、并列敷设电缆16条以上或为3回路及以上高压电缆通道，以及不适宜敷设水底电缆的内河等场所。隧道敷设消除了外力损坏的可能性，有利于电缆安全运行。缺点是隧道的建设投资较大，土建施工周期较长，是否选用隧道作为电缆通道，要进行综合经济比较。

　　1. 电缆隧道建造

　　电缆隧道是电缆线路的重要通道，使用寿命一般应按100年设计。电缆隧道的建造方法有明挖法和暗挖法两种。明挖法是工程造价较低的施工方法，适用于隧道走向上方没有或者仅有少量可以拆迁的地下设施（管线）。在开挖深度小于7m、施工场地比较开阔、地面交通允许的条件下，应优先采用明挖法施工。明挖法施工的隧道一般为矩形或马蹄形（即顶部呈弓形）。

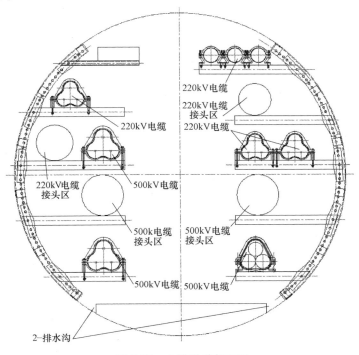

图7-77　电缆隧道断面图

电缆隧道另一种施工方法是暗挖法，又分为盾构法和顶管法两种方式。

盾构法施工是用环形盾构掘进机来完成地下隧道建设的施工方法。盾构掘进机的外径根据电缆隧道设计断面确定，一般适用于隧道内径大于 2.7m。盾构法施工应先建工作井和接收井。下图是以盾构法建造的圆形电缆隧道图，该隧道盾构管片厚 500mm，管片内再浇厚度为 200mm 的混凝土内衬。

顶管法施工是采用顶管机头的液压设备将钢管或钢筋混凝土管逐段按设计路径在地下推进。各段钢管用电焊连接，钢筋混凝土管通过内壁端部钢圈用电焊连接。顶管法施工主要适用于直线形隧道，顶管法施工成本略低于盾构法。

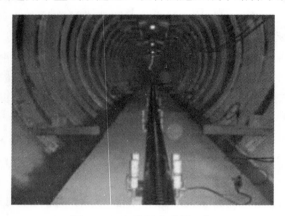

图 7-78　电缆隧道敷设现场

2. 电缆隧道敷设施工工序

电缆敷设前，在电缆牵引头、电缆盘、牵引机、履带输送机、电缆转弯处等应设有专人负责检查并保持通信畅通。电缆敷设后，应根据设计要求将电缆固定在电缆支架上，如采用蛇形敷设应按照设计规定的蛇形节距和幅度进行固定。

隧道电缆敷设，应采用卷扬机钢丝绳牵引和电缆输送机牵引相结合的办法，电缆端部制作牵引端。将电缆盘和卷扬机分别安放在隧道入口处，在入口处搭建适当的滚轮支架，一般应在电缆盘与隧道入口之间和隧道转弯处设置电缆输送机，以减小电缆牵引力和侧压力。隧道中每 2～3m 安放滚轮一只。隧道两入口处相距较远时，例如过江电缆隧道，也可采用如图 7-79 所示的牵引方式。

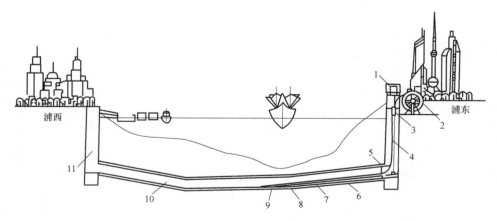

图 7-79　过江隧道电缆牵引方式图

1—卷扬机；2—电缆盘；3—波纹聚乙烯（PE）管；4—电缆；5—角尺滚轮；
6—滚轮；7—钢丝绳；8—防捻器；9—开口葫芦；10—隧道；11—竖井

这种牵引方式的特点是，电缆盘和卷扬机设置在隧道的一个入口处。牵引钢丝绳经隧道底部预埋拉环上的开口葫芦反向。在隧道中设两排滚轮，其中一排滚轮专供牵引钢丝绳通过。

电缆隧道敷设，必须有可靠的通信联络。卷扬机的启动和停车，一定要执行现场指挥人员的统一指令。当竖井或隧道中遇到意外障碍时，要能紧急停车。常用通信联络手段是，架设临时有线电话。如果使用无线对讲机通话，因受在隧道中有效范围限制，需设必要的中间对讲机传话。此外，在隧道中，还可设定灯光信号作为辅助通信联络设施，例如设定灯光闪烁，表示需紧急停车信号等。

在电缆隧道中，多芯电缆安装在金属支架上，一般可以不做机械固定，但单芯电缆则必须固定。因为当发生短路故障时，由于电动力作用，单芯电缆之间所产生的相互斥力，可能导致很长一段电缆从支架上移位，以致引起电缆损伤。同时，从电缆热机械特性考虑，电缆在隧道支架上，应采用蛇形方式，并使用可移动的夹具将电缆固定。

敷设在隧道中的电缆应满足防火要求，例如具有不延燃的外护层或裸钢带铠装，重要的线路应选用具有阻燃外护层的电缆。隧道中应有火灾报警设施和自动灭火系统。在隧道中，电缆防火措施还常以 50％正搭盖方式包绕防火带包两层（高压电缆防火带用量约为 lkg/m），或采用防火槽盒。将电缆置于全密封防火槽盒中，可有效地防止火灾蔓延。此外，还需要有常规消防设施，如在隧道中每隔 50m 设置砂子桶，在竖井中分层设置灭火机等。

在隧道敷设施工中，要特别注意两端竖井部位，防止电缆在这里受到由自重产生过大的拉伸应力、侧压力和扭转应力。敷设充油电缆，要严密监视电缆油压变化。在敷设过程中，必须确保地面的电缆油压不低于最低油压，隧道底部的电缆油压不高于最高油压。

7.4.5 竖井电缆敷设

1. 竖井土建结构

电缆竖井为钢筋混凝土结构，通常它是水电站、隧道或高层大楼整体建筑的一部分。根据敷设电缆的条数和规格，确定竖井的横断面尺寸。在竖井的一侧安装固定电缆的支架和夹具，并且每隔 4~5m 设一工作平台，有上、下工作梯和为牵引电缆、起吊重物的拉环等设施。

在竖井内壁应有贯通上、下的接地扁钢，金属支架的预埋铁件应与接地扁钢用电焊连接。

2. 电缆竖井敷设方法

（1）下降法：即自高端向低端敷设，将电缆盘安放到竖井上口，下面安放卷扬机；用输送机将电缆推进到竖井口，借助电缆本身重量自垂向下伴随牵引钢丝绳引导电缆向下，卷扬机将钢丝绳收紧。采用下降法敷设电缆，在电缆盘处必须要有可靠的制动装置，以做到可随时停车。对于竖井上端入口处的转角滚轮，在敷设过程中成了电缆的悬挂点，因此该处电缆承受较大的侧压力。下降法敷设电缆示意图，如下图 7-80 所示。

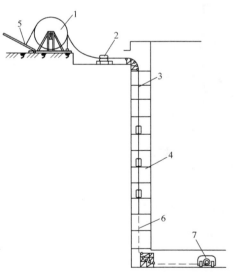

图 7-80 下降法敷设电缆示意图
1—电缆盘；2—输送机；3—电缆；4—竖井；
5—电缆盘制动装置；6—钢丝绳；7—卷扬机

图 7-81　竖井电缆敷设

（2）上引法：即自低端向高端敷设，将电缆段安置在竖井下端，卷扬机在上端，再用牵引钢丝绳将电缆拉到竖井上端。上引法必须选用具有足够牵引力的卷扬机，使之能提升竖井全长的电缆重力。

上述两种敷设方法，应根据施工场地条件和电缆结构而定，无论采用哪一种方法，电缆竖井敷设的关键是正确计算和掌握电缆在敷设过程中所承受的机械力，以避免电缆受到损伤。电缆竖井敷设也可采用将电缆绑扎在钢丝绳上的牵引方法，边敷设边绑扎，使电缆的重力传递到钢丝绳上。电缆与钢丝绳绑扎示意图如图 7-82 所示。

如牵引钢丝绳直径为 13mm，可采用 ϕ5mm 尼龙绳缠绕扎牢，要求牵引时尼龙绳不致滑动。绑扎的间距根据牵引力和电缆单位重力确定，一般为 3～5m。

电缆竖井敷设完毕后，立即自下而上将电缆固定在井壁支架上，应使用可移动式电缆夹具，使电缆呈蛇形固定。

图 7-82　电缆与钢丝绳绑扎示意图

1—电缆；2—钢丝绳；3—尼龙绳

3. 电缆竖井敷设机械力

电缆竖井敷设时，电缆要承受纵向拉力、侧向压力和扭转力三种机械力的作用。

（1）纵向拉力

当竖井中电缆敷设完毕的时候，竖井全长电缆的重力全部由电缆本身承受，这时在竖井上端电缆承受最大纵向拉力可用下式计算

$$F=G \cdot h(\text{kN})$$

式中，G 为单位长度电缆的重力，kN/m；h 为竖井高度，m。

竖井中敷设的电缆应有细钢丝铠装。按上式计算得出的最大纵向拉力必须小于铠装的允许拉力。当采用钢丝绳绑扎牵引时，将电缆纵向拉力分段转移到钢丝绳上，这时电缆实际所承受的纵向拉力要比上式计算值小得多。

（2）侧向压力

在竖井上端安装圆弧形滑板槽时的侧向压力 P_1 或转角滚轮组时的侧向压力 P_2 为

$$P_1=F/R(\text{kN/m}); P_2=Fs/R(\text{kN})$$

式中，F 为电缆最大纵向拉力，kN；R 为圆弧形滑板槽或转角滚轮组圆弧半径，m；s 为滚轮间距，m。

在竖井上端入口处，必须设置较大半径圆弧形滑板槽或转角滚轮组，也可采用钢丝绳

绑扎牵引的方法，减小电缆实际承受的纵向拉力，以确保电缆的侧压力不超过允许值。

（3）扭转力

电缆竖井敷设时，牵引钢丝绳的退扭作用会对电缆产生扭转力，电缆的铠装钢丝和加强带，在制造过程中存在着潜在的扭矩应力，当电缆悬挂在竖井中时，电缆自身的扭矩应力也会对电缆产生一种扭转机械力。电缆竖井敷设过程中，要注意电缆所承受的扭转力可能导致电缆的损伤。因此，在电缆牵引端与牵引钢丝绳之间，必须加装防捻器，使电缆上承受的扭转力及时得到释放。

另外，电缆隧道敷设中的高落差问题，必须予以重视。以上海黄浦江电缆隧道为例，这条隧道浦东竖井深 29m，浦西竖井深 26m，即隧道底到地面有近 30m 的高差。当电缆隧道与城市地铁交叉时还要深得多。当隧道高差大于 30m 时，不宜选用低油压充油电缆。在竖井中，由于电缆的自重可能拖动电缆盘转动，因此，电缆盘必须有可靠的制动装置。在隧道两端的竖井中，还要注意上端 90°转弯处电缆因自重所承受的侧压力。如果侧压力大于电缆所能承受的限度时，可采取绑扎法，即用 5mm 尼龙绳将电缆与钢丝绳绑扎，每隔 2～3m 绑扎一道，使电缆的自重由钢丝绳分担。

7.4.6 桥梁电缆敷设

电缆敷设于市政桥梁和桥架上时，称为电缆的桥梁敷设。在大桥上敷设电缆往往敷设条件比较恶劣，敷设空间、敷设场地均不如陆地上宽裕，同时会存在距离长，高差大等客观因素。

1. 短跨距桥梁

对于短跨距桥梁（全座桥梁中间无桥面板伸缩缝）上敷设的电缆一般都采用排管敷设，在桥梁两端的陆地下设置能够吸收电缆热伸缩量用的工井。此部分敷设方式参见排管、工井敷设章节。

2. 长距离桥梁

在长距离桥梁（中间桥墩上设置有桥面板伸缩缝）上敷设的电缆除全线要采用蛇形敷设外，还要在紧靠桥梁伸缩缝处设置能够吸收桥梁伸缩、振动以及挠角等的装置。

桥梁伸缩量可用 Offset 内各部分的电缆均等变化的装置来吸收。原理如图 7-83。

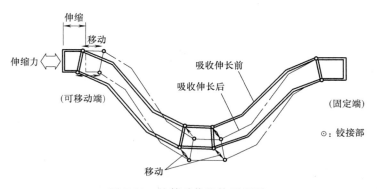

图 7-83 均等动作机构原理图

在桥梁上发生的振动大小和频率因桥梁的构造、形状、荷载的种类等有所不同。大桥电缆通道，一般选用支架敷设。根据我们收集的资料，日本一般采用橡胶方形垫块固定在

图 7-84 大桥电缆伸缩装置

电缆支座上，以减少桥梁振动而引起的电缆金属护套的疲劳。电缆防震除了使用氯丁橡胶作防振措施外，电缆夹头内采用一定厚度的橡胶层也有一定的防振效果。

考虑到高压电缆过桥的特定环境条件，如电缆敷设位置较容易受外界影响，如经常日晒干燥，难以预测的随时可能发生的各种外来热源或火源引燃电缆的可能性，以及电缆自身着火时对桥梁、行人、车辆的安全考虑等等，除电缆本身采用防火阻燃电缆外，采用防火槽也是一个较好的选择。

当 110kV 或 220kV 电力电缆正常运行时，其对通信、监控电缆的影响均在允许范围内。而当 110kV 或 220kV 电缆发生故障时，其对通信、监控电缆的影响有可能超过允许范围。这时需采取相应措施如：信控线优先选用光缆；将易受强电干扰和感应电动势影响的信控线敷设于另一孔隧道；调整电力电缆与信控线路的平行间距；在信控线路上设置隔离变压器。同时，目前光缆技术不断提高，光缆的价格不断下降，相比铜芯通讯电缆，光缆损耗小，输送容量大，性价比很高，如随桥敷设均为非金属光缆，将不存在电力电缆对其的干扰及危险影响。

7.4.7　水底电缆敷设

敷设于江、河、湖、海水底下的电缆安装方式称为水底电缆敷设。水底电缆敷设适应于跨越两个陆地之间水域的输配电电缆线路安装，或者向岛屿和海中石油平台供电。水底电缆敷设的主要施工作业是在工程船上和水下进行的，要有电缆工程专业人员、熟悉水上起重和潜水作业技术的人员共同来承担。

水底电缆的路径，应由规划管理部门核准，并申办管线执照。敷设施工必须征得航道管理部门许可。施工期间，应由航道管理部门或港务监督部门发布航行通告。

水底电缆敷设前应编制施工组织设计和施工技术设计。根据电缆电压等级、水域地质状况、跨度、水深、流速、潮汐、气象资料以及电缆埋设深度等综合情况，确定施工方案、选择敷设工程船吨位和船上主要设备、机动船只的动力及数量等。敷设于水底的电缆，必须能承受较大纵向拉力，应选用粗钢丝铠装和聚乙烯外护层的电缆。

1. 水底电缆施工方法

（1）盘装电缆敷设

电缆长度不大于 2km，可采用盘装敷设。在水底电缆敷设过程中，必须注意控制敷设工程船按设计路径航行。如果航行轨迹远远偏离了设计路径，则电缆长度会不够，同时又必须控制电缆放出的速度，使电缆保持适当的张力，以确保电缆在水下不打"小圈"。在盘装电缆敷设工程船上，应配备的主要机具设备有：发电机、卷扬机、水泵、空压机、潜水作业设备、电缆盘支架及轴、输送机、电缆盘制动装置、GPS 全球定位系统、电缆张力监视装置、尺码计、滚轮和入水槽等。

盘装电缆敷设应选择在风力不大于 5 级、小潮汛、憩流或枯水期进行。盘装电缆敷设通常采用钢丝绳牵引、拖轮逆流顶推法，如图 7-85 所示。先将电缆拉上岸并固定。采用钢丝绳锚定于对岸的地锚，以船上卷扬机为动力牵引，并用拖轮逆流顶推，控制敷设船按设计路径向对岸航行。同时，运用 GPS 定位系统经计算机显示的敷设工程船航行轨迹、船位和航速，随时进行调整。在工程船移位时，电缆盘转动，电缆经入水槽放出，徐徐沉入水底。

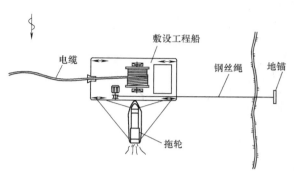

图 7-85　盘装电缆敷设方式图

当电缆敷设工程船抵达对岸滩边时，可先用锚缆将工程船定位，然后将船身缓缓地转动 90°，使工程船由与电缆路径轴线相平行的方向转至与路径轴线相垂直。转向后入水槽应朝水流的下游方向，如图 7-86 所示。在工程船移位的同时，电缆应继续放出，并保持适当的张力，以避免电缆由于张力过小而导致"打小圈"。

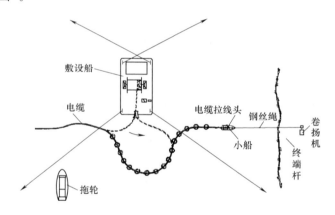

图 7-86　电缆登岸方式图

在工程船转向就位后，电缆以机械和人力从盘上拉下，用充气汽车内胎或小船依次将电缆托浮于水面。待盘上电缆端头拉下后，再用岸上卷扬机将电缆牵引上岸，同时把临时托浮电缆的汽车内胎或小船依次解脱，让电缆沉入水底。敷设完毕后，应由潜水员对电缆全线进行检查，然后进行电缆埋设作业。

（2）筒装电缆敷设

电缆长度大于 2km，用盘装运输比较困难者，可采用筒装敷设方式。筒装电缆敷设的特点是，在敷设过程中必须消除铠装钢丝的退扭力。

大长度水底电缆在装入电缆筒时，从直线状态转变为圈形状态。在敷设施工时，电缆从圈形状态转变为直线状态，为了消除铠装钢丝的退扭力，在敷设工程船上必须设置退扭架，退扭架的高度应不小于筒装电缆内圈周长或者外圈直径。图 7-87 是采用筒装电缆敷设的工程船。

筒装电缆敷设和盘装电缆敷设相似之处是工程船也可用钢丝绳牵引，并以拖轮拖带按

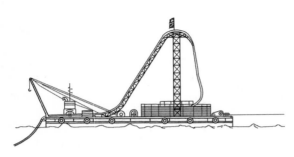

图 7-87　筒装电缆敷设的工程船

设计路径航行。同时，电缆由履带输送机拖动经过退扭架、倾斜滚轮和入水槽放入水中。

2. 水底电缆埋设

根据电缆的重要性、水域通航船舶吨位和河床土质等情况，水底电缆敷设施工有以下三种埋设方式。

（1）浮埋，是将电缆直接敷设在河床上的方式。如河床是泥沙层，电缆将以其自重下沉于泥沙中．浮埋适用于不通航或船只稀少的内河。

（2）浅埋，是应用高压水泵将电缆周围泥沙吹散，使电缆沉入泥砂中，埋设深度可达1.5m 左右。浅埋适用于小型船只出入的水域或接近堤岸浅滩地段。

（3）深埋，是利用挖泥船或埋设机，将电缆埋设于河床下 3～5m。这个深度大于大型船舶的锚齿长度。深埋的工程投资较大，一般适用于高压电缆敷设在有大型船舶通航的水域。

水底电缆的埋设施工有开挖沟槽法、先敷后埋法和边敷边埋法三种方法。

（1）开挖沟槽法是使用挖泥船开挖沟槽，电缆敷设后再回填土。这种方式只适用于电缆线路较短的水域。

（2）先敷后埋法是先按设计路径将电缆敷设于水底，然后埋设。浅滩部分可用人工或机械开挖，水域内用高压水枪或埋设机沿着电缆路径将其埋设。先敷后埋适用于浅水、滩涂和登陆段埋设。在水域内进行埋设作业的过程中，如遇恶劣气象条件，电缆可从埋设机内取出，以利施工船撤离避风。

（3）边敷边埋法是在敷设电缆的同时应用埋设机将电缆埋设。埋设的主要过程为：采用水力机械式埋设犁，靠 10～20MPa 的高压水枪把江床土层切割成槽，随后将电缆敷设于沟槽中。边敷边埋必须有对埋设机械在水下的工作状态进行实时监控的监测系统。这个监测系统应能向船上操作人员显示埋设犁姿态、埋设深度、埋设犁牵引索张力、水泵工作压力、电缆敷设长度、水深、流速、流向等技术参数。图 7-88 是水底电缆边敷边埋施工示意图。

7.4.8　电缆的同步敷设

电力电缆敷设工作是电缆线路施工中极为重要的部分，为了保证电力电缆敷设过程的

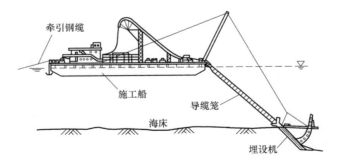

图 7-88　水底电缆边敷边埋施工示意图

安全，防止电缆受损，需要一定工艺要求才能实现。由于电力电缆是输送一定容量电能的输电线，特别是大截面电力电缆，用手拉肩扛地敷设，是很难达到要求的，而且费时费力，工人的劳动强度也很大。因此，在进行电力电缆敷设时，一般要借助机械设备来完成。

电力电缆敷设系统包括输送机、滚轮、卷扬机以及电气控制等，其中输送机是主要的电缆敷设动力之一。对于长距离电力电缆的敷设，其过程需要多台敷设机才能完成。按照电力电缆敷设工艺的要求，电缆在敷设过程中不能承受超过规定的压力和拉力，否则会使电缆受伤。在使用多台输送机进行电缆敷设时，必须要求输送机的运行速度保持一致，这样才能保证电缆在敷设过程中受力均匀。过去我们已经实现了电力电缆敷设机同步协调控制系统，取得了很好的效果，但在使用过程中有些不便。如控制信号传输使用了十一芯电缆，50～100m 的控制电缆非常笨重。在每次敷设之前，都需要先放好控制电缆，因此，劳动强度也较大，敷设电缆的准备工作时间太长。

随着网络化控制技术的发展，选用现场总线控制方案，采用光缆或通讯电缆来实现信号的传输，大大减轻了信号传输线的重量和体积，因此，控制结构变得简单、可靠。

电力电缆敷设系统如图 7-89 所示，共有输送机 13 台，其中一台输送机功率较大一些，配电动机为 7.5kW，其余每台输送机配两台电动机，功率为 2×1.5kW（最大值）。电缆敷设距离为 1km 范围，敷设环境是地下隧道中。隧道中输送机每隔 50～80m 放置一台。在敷设电缆过程中，输送机能够在集中控制器控制下，实现顺动、联动、单动等功能，以满足敷设工艺的要求。每台输送机自身也能够独立进行操作控制。为了能够使用电动滚轮，一起配合敷设电缆，专门设计一台电动滚轮集中控制盘，可以代替原有的集中控制盘。该控制盘可以独立运行，也可以受控于敷设系统的集中控制器。

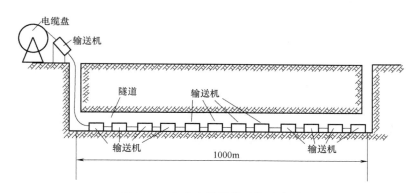

图 7-89　电力电缆敷设系统示意图

根据上述系统的描述，做如下控制方案，如图 7-90 所示。系统包括集中控制器、敷设机控制器以及滚轮集中控制盘等，各组成部分通过光纤连接构成网络控制系统。

1. 整个系统中位于隧道内的输送机集中采用现场总线控制，每台输送机作为一个控制网络的节点，各控制节点采用光纤进行连接。系统集中控制器作为主节点，配备触摸屏作为操作面板，由它实现对整个系统的集中控制。地面上的一台输送机可以由专门人员看护运行，并可以干预其控制，目的是根据敷设过程的当时状况，随时调节电缆的释放速度。该输送机的启动和停止可以根据选择开关决定是由隧道内的集中控制器来控制还是由其控制柜直接控制。集中控制器可以实现对各台输送机的单动、联动、顺动等工艺控制，实现输送机运行速度的控制（除地面上的一台输送机）。

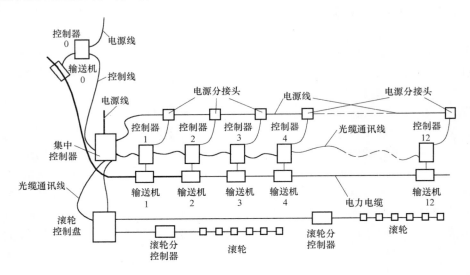

图 7-90　电力电缆敷设系统控制原理示意图

2. 每台输送机配置一台控制器，控制器内安装有：变频器、变频器 DP 卡、光电信号转换模块、光纤转接器以及一些低压电器等。输送机控制器内的变频器实现对输送机的拖动控制，变频器配备的网络总线接口，可以接收发送数据到总线，实现控制信号的传输。每台输送机控制器是通过光纤进行数据传输的，而变频器只能处理电信号，因此控制器内的光电信号转换模块就是完成光信号和电信号之间的转换。每台输送机的控制器能够显示电动机的转速和功率参数。

3. 电动滚轮集中控制盘是为了能够使用现有的电动滚轮设备而专门设置的。该控制盘内装有光纤网络接口、PLC 以及电压电器等，可以独立操作运行，其运行功能和原有系统一致；可以受控于系统集中控制器，通过集中控制实现与敷设机协同运行。

4. 集中控制器配有计算机操作控制，通过软件实现电缆敷设系统的组态控制，完成各种敷设工艺要求的动作。

5. 敷设系统的供电采用总线形式。电源由主控制器输出，并对其控制。由于采用总线供电，电缆的载流量是不均匀的，越靠近主控制器的电缆载流量越大。由于地面上的输送机独立供电，故这里按 12 台输送机计算，则系统总的额定功率为 $12 \times 3kW = 36kW$，其负载电流为 55A，按 $4A/mm^2$ 计算，电缆截面需 $14mm^2$。如果采用这样截面的电缆作为总线，显然电缆有些太粗，安装不便。为此，根据现场情况，考虑分布供电的方式来解决。输送机分成两组，每组 6 台，分别供电，靠近主控制器的 6 台由主控制器输出供电，另外 6 台从隧道的另一头供电。这样，就可以采用 $10mm^2$ 电缆。而地面上的 7.5kW 输送机可以用 $6mm^2$ 电缆供电。此外集中控制器还提供滚轮控制器的电力，也采用 $10mm^2$ 电缆输送。具体供电的示意图如图 7-91 所示。

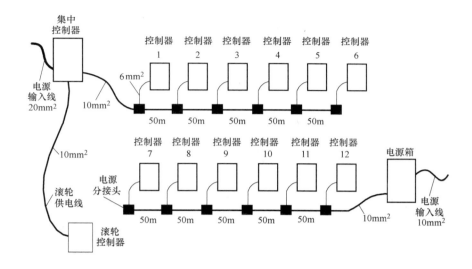

图 7-91　电力电缆敷设系统供电示意图

7.4.9　电缆金属护套交叉互联与回流线

1. 电缆金属护套交叉互联

对于较长的单芯电缆线路，为了降低金属护套中的环流损耗，必须通过绝缘接头将相邻单元段电缆的金属护套交叉互联，使每个金属护套的连续回路依次包围三相导体。这样的连接方法，可使每段护套上的感应电压限制在规程允许范围以内，根据电力工程电缆设计规范（GB 50217—2007），未能采取有效防止人员任意接触金属层的安全措施时，不得大于 50V；当采取能防止人员任意触及的安全措施时，不得大于 300V。

通常将三段长度相等或基本相等的电缆组成一个换位段，其中有两套绝缘接头，每套绝缘接头绝缘隔板两侧的不同相的金属护套用交叉换位法相互连接，如图 7-92 所示。

在金属护套实行单端接地的非接地端，或金属护套交叉互联处，为了限制在系统暂态过程中金属护套（金属屏蔽层）的电压，需装设护层保护器（或称金属屏蔽层电压限制器）。

残工比是电缆护层保护器的一个重要技术参数，残工比越小，保护性越好。高压电缆用护层保护器的残工比一般应是 2～3，装在交叉互联箱内的护层保护器和绝缘接头间的连接采用星形接法，如图 7-93 所示。为了降低护层保护器引线的波阻抗和过电压时的压

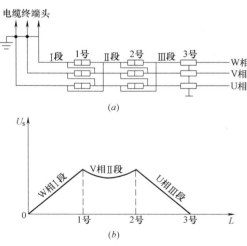

图 7-92　金属护套的交叉互联
（a）金属护套交叉互联接线；（b）交叉
互联沿电缆长度时对地电压分布图

降，护套交叉互联应用同轴电缆作为引线，且长度越短越好（一般不超过 12m），在整条电缆线路上，同轴引线的内、外芯的接法必须一致。当发生系统接地故障时，同轴电缆要通过接地电流，至少采用内、外芯各为 120mm² 绝缘铜线，以满足接地故障时的热稳定要求。

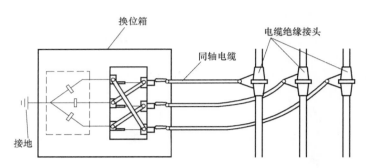

图 7-93　交叉互联箱安装图

1—护层保护器；2—同轴电缆内芯；3—同轴电缆外芯；4—接地线

2. 电缆线路回流线

高压单芯电缆线路的金属护套只在一处互联接地时，在沿线路一段距离内平行敷设一根阻抗较低的绝缘导线并两端接地，该接地的绝缘导线称为回流线。回流线又称屏蔽导体，回流线的磁屏蔽作用可使邻近通信信号电缆的导体上由于电力电缆短路引起的感应电压明显下降，据计算其值为不安装回流线时的 27%。回流线的分流作用是当电缆线路发生短路接地故障时一部分短路电流将通过回流线流回系统的中性点。

回流线可选用 240～400mm² 铜芯塑料绝缘线。回流线应敷设在边相和中相之间，并在线路中点换位，如图 7-94 所示。回流线和边相、中相之间的距离，应符合"三七"开的比例，图中回流线到各相电缆中心的距离分别为：$s_1 = 1.7s$；$s_2 = 0.3s$；$s_3 = 0.7s$；s 为边相和中相的中心距离。这就避免了在正常运行情况下它本身因感应电压而产生以大地为回路的循环电流。

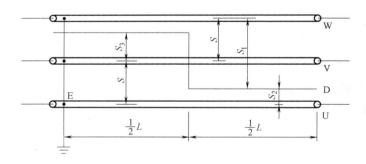

图 7-94　回流线布置示意图

当交叉互联接地的单芯电缆线路发生单相短路接地故障时，由于实行交叉互联接地的电缆线路零序阻抗比较小，短路电流以金属护套作回路，每相分别通过约 1/3，因此在采取了交叉互联接地的一个大段内不必再添设回流线。

7.5 施工组织

7.5.1 变电工程施工组织

7.5.1.1 施工组织要点（主要介绍施工方案、临设（电源、道路及文明施工内容）、进度管理）

1. 施工方案介绍

在变电站施工过程中，重点要编制重要设备（主要包括变压器、（H）GIS等）的施工方案，创优策划、文明施工、环境保护以及安全质量工期目标等措施，强制性条文执行计划表、检查表、总结表等，对于重要方案，应会同业主、监理、运行单位勘察现场，编制标准化作业指导书（三措），经业主、监理、施工共同审核，报运行管理单位审批，办理相关手续、做必要的安全措施后才能施工。特殊方案需论证后方可实施。

2. 临时设施

为保证全站安全文明施工形象，临建应按相关规定标准统一搭建办公、会议的临建设施。施工电源必须应按三级配电、具有漏电保护器、三相五线制原则执行。

临时设施主要包括生活、办公建筑、库房、加工区、电源、水源、施工道路和文明施工围栏、宣传等及其相应管理措施、制度、组织机构图标体系等，各种临时设施应在工程施工前完成、并符合国家法律、法规和招投标文件的要求。

3. 进度管理

工程工期总体规划是协调全部工程活动的纲领，规划中应对工程管理、技术、人力、物力、时间和空间等各种主客观因素进行科学分析、计算，并予以有机综合归纳，使其适应本工程的建设要求。按照"因地制宜、统筹安排、以形成完整生产能力、为业主服务、为业主创造经济效益为目标，从实际出发、依靠自己的工程管理、技术水平、科学调配人力、机械、科学地组织物力，确保工程按期完成"的原则，一般采用P3软件进行项目进度的综合管理，并适时修订。

7.5.1.2 变电站建设的关键工程（含设备安装）

关键工程及其要求如表7-8、表7-9：

关键工序质量控制表（安装）　　　　　　　　　表 7-8

序号	关键过程	内　容	控　制　方　法
1	设备材料管理	外观检查、有无受潮、对照设计图查型号规格、数量、技术参数。本工程为防止设备、材料受潮湿、腐蚀，施工时应采取以下措施：	1）合理计划工期，准确确定设备进场时间，并按安装位置堆放不同的配电装置； 2）到场设备应堆放在干燥通风的地方； 3）对需要进行户内存放的设备，包括换流阀、保护屏、盘等，到场后应立即组织转运至干燥的室内； 4）填写设备开箱检查记录，由施工方、监理、供应方三方签字认可
2	设备就位	设备安装位置准确	核对施工图纸、基础尺寸、放线、技术参数
3	导线压接（隐蔽项目）	压紧度、外观	按导线压接规程施工、填写施工原始记录、对压接试品进行检验

续表

序号	关 键 过 程	内　　　容	控 制 方 法
4	变压器安装	附件安装、芯部检查（隐蔽项目）、真空处理、真空注油、热油循环	1）检查、正确放置法兰连接螺栓； 2）用力矩扳手检查紧固螺栓，确保结合面无渗油； 3）油浸变压器必须两点可靠接地
5	绝缘油处理	油试验各项指标控制	1）先用精滤机滤去杂质，采用进口真空滤油机； 2）所有油罐出口、进口全部通过阀门和管道连通，倒换油罐时只操作阀门把手； 3）所有油罐均安装呼吸器，保证现场储油罐密封真空滤油时，油温控制在 50～52℃之间，热油循环时间不低于规范要求；有必要时，增加滤油时间
6	二次接线	电缆头在箱内排列整齐、芯线排线整齐、接地牢固可靠	1）盘屏箱内电缆穿向合理，排列整齐，固定牢固，橡胶带缠绕处高度一致。 2）电缆芯束顺直，扎带间距均等，同一层扎带绑扎在同一高度线上，二次接线横平竖直无交叉，S弯大小一致、标字头长度相等且上下对齐。 3）备用芯超出最高端子且平齐，包扎绝缘胶布。 4）电缆屏蔽接地焊接牢固，布线横平竖直，工艺美观。 5）二次接线前，以示范盘柜二次接线工艺为标准，对参加二次接线人员进行二次接线工艺培训，并实行挂牌制，谁接线谁负责，当出现与全站接线工艺不一致，工艺欠美观的盘柜时应返工重接。 6）电缆屏蔽接地线在铜排上连接，每个螺丝上不能超过两根
7	二次试验	图纸、资料的审核；回路校验	1）调试人员在调试前已从相关资料熟悉二次回路原理，明白设计意图，了解装置额定值和功能原理。 2）使用的仪器仪表已经过检验合格，且在使用有效期内。 3）对照二次原理图，仔细检查二次接线，应无错线、漏线和寄生线。 4）二次回路和装置绝缘应良好，严格按照调试大纲和反措要求进行调试，调试项目应齐全，无漏项和错项。 5）保护动作行为和动作信号应正确。 二次电流、电压极性应正确
8	高压绝缘试验	绝缘、介损、泄漏试验	使用符合要求的设备，选择适宜的现场试验环境

关键工序质量控制表（土建） 表 7-9

序号	关 键 过 程	内　　　容	控 制 方 法
1	地基处理	主要有钻孔灌注桩（干、湿作业）、旋喷地基、强夯地基、预制桩等	编制专项施工方案，报审交底后实施，施工中按要求做好原材料检验、各项记录，施工完成后做好相关试验

序号	关 键 过 程	内 容	控 制 方 法
2	挡土墙	主要有毛石、条石、混凝土、桩板式、加筋挡土墙	编制专项施工方案,报审交底后实施,施工中按要求做好原材料检验、各项记录,墙背回填与泄水孔处理必须满足设计与规范要求
3	基础工程	主要有 GIS、主变压器、高抗基础等	编制专项施工方案,报审交底后实施,施工中按要求做好原材料检验、各项记录,控制基础观感质量,标高等
4	主体工程	主要有框架、钢筋混凝土防火墙、脚手架、填充墙、构架吊装、结构(钢筋)焊接等	编制专项施工方案,报审交底后实施,施工中按要求做好原材料检验、各项记录,有抗震要求的必须按照设计和相关标准图集执行,结构焊接前必须进行同条件试焊,合格后方可正式施焊,并做相应焊接试验,对二级焊缝必须进行探伤检测,焊工、架子工、高空作业人员、起重工、吊车司机等人员必须持证上岗,对框架必须进行楼板厚度与钢筋保护层检测
5	装饰工程	主要有玻璃幕墙、门窗等	编制专项施工方案,报审交底后实施,施工中按要求做好原材料检验、各项记录,有抗震要求的必须按照设计和相关标准图集执行,对幕墙和外门窗必须进行三性检测,室内进行室内空气检测
6	防水工程	主要有屋面、地下室、厕所、厨房等	编制专项施工方案,报审交底后实施,施工中按要求做好原材料检验、各项记录,防水施工人员必须持证上岗,施工完成后必须做相应灌水试验
7	冬雨季施工		1)在施工中要做好气候记录,确定冬季施工的实际起止时间。 2)进入冬季施工前,对相关人员应专门组织技术培训,学习本工作范围内的有关知识,明确职责,合格后方可上岗。 3)对冬季施工的混凝土、砂浆及掺合剂应提前做好配置工作。 4)对冬季施工的处于养护期的混凝土做好草垫覆盖,并定期浇热水养护或采用其他保暖措施。 5)做好临时、永久道路的施工安排,确保雨季道路通畅。 6)提前做好防雨布等雨季施工材料的配置,做好成品、半成品的雨季保护

7.5.2 线路工程施工组织

1. 对工程概况与工程实施条件分析

主要包括对工程概况、工程设计特点、工程量、施工实施条件、自然环境分析及现场调查情况说明、自身条件分析等。

2. 建立健全项目管理组织机构

主要包括项目经理部组建、建立施工管理组织机构、建立项目管理职责等。

3. 现场管理和施工平面布置

主要包括项目部、材料站及施工队驻地设置、施工现场平面布置图、现场管理方案、现场管理制度等。

4. 施工方案准备

主要包括施工技术和资料准备（含技术、资料管理及要求、施工图纸需求计划、施工方案编制计划、检验、试验计划、教育培训计划等）；施工力量配置计划、主要施工机具选择、施工机具需求计划、主要工序和特殊工序的施工方法、材料、消耗材料需求计划、物资管理、工程成本的控制措施等内容。

5. 工期目标和施工进度计划

主要包括工期目标及分解、施工进度计划及编制说明、进度计划图表、进度计划风险分析及控制措施等内容。

6. 物资管理计划

主要包括物资的交接、开箱检查工作、物资入库管理等。

7. 建立质量管理体系

主要包括质量目标及分解、质量管理组织机构、质量管理主要职责、质量控制措施、质量薄弱环节及预防措施等。

8. 建立安全管理体系

主要包括安全目标及分解、安全管理组织机构、安全管理主要职责、安全控制措施、安全风险识别、评估及预防措施等内容。

9. 建立环境保护与文明施工体系

主要包括施工引起的环保问题及保护措施、文明施工的目标、组织机构和实施方案等内容。

10. 工程分包管理

主要包括工程分包计划、对分包商的选择条件、工程分包管理（含分包人员的管理、劳务分包的安全管理、分包质量管理、分包队伍培训、监督考核与评价、工期管理）等内容。

11. 标准工艺应用

主要包括标准工艺实施目标及要求、标准工艺应用策划、标准工艺应用实施、标准工艺应用验收及总结、标准工艺应用清单、典型施工方法应用等内容。

12. 计划、统计与信息管理

主要包括计划、统计报表的编制与递交、信息管理（含目标、措施、信息网络传递图、公司远程交互信息网络拓扑图及工程资料管理）等内容。

13. 施工科技创新

主要包括采用新机具、新材料及采用新工艺计划。

14. 工程协调

主要包括参建方协调工作、外部协调工作（含与甲方的协调、与设计院的协调、与监理方的协调、与材料供应商的协调、与运行单位之间的协调、与地方政府及其他相关部门的协调、与地方群众的协调等）。

7.5.3　电缆敷设施工组织

7.5.3.1　电缆敷设施工组织设计

1. 编制依据

工程施工图设计、工程协议、工程验收所依据的行业或企业标准名称、制造厂提供的技术文件以及设计交底会议纪要等。

2. 工程概况
- 线路名称和工程账号；
- 工程建设和设计单位；
- 电缆规格型号、线路走向和分段长度；
- 电缆敷设方式和附属土建设施结构（如隧道或排管断面、长度）；
- 电缆护套交叉互联接地方式；
- 竣工试验的项目和试验标准；
- 计划工期、形象进度。

3. 施工组织

施工组织机构包括项目经理、技术负责人、敷设和接头负责人、现场安全员、质量员和资料员。

4. 安全生产保证措施

安全生产保证措施包括一般安全措施和特殊安全措施、防火措施等。

5. 文明施工措施

在城市道路施工应做到全封闭施工，应有确保施工路段车辆和行人通行的方便措施。

6. 质量计划

质量计划包括质量目标、影响工程质量的关键部位必须采取的保证措施以及质量监控要求等。

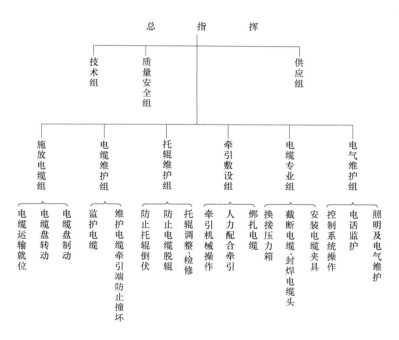

图 7-95　电缆敷设工程组织分工图

7.5.3.2　电缆敷设作业指导书

电缆敷设作业指导书是具体指导电缆敷设施工的书面文件，其主要内容包括以下几项。

1. 敷设准备。敷设施工前的准备工作包括：电缆线路附属土建设施验收检查，电缆支架的安装检查，管道疏通，电缆盘运输，电缆外护层绝缘测试，绝缘校核以及专用工机具检查等。在敷设作业指导书中，应对各项准备工作提出相应技术要求。

2. 敷设方案。在作业指导书中应列出各段敷设的分盘长度和设计长度，确定敷设施工时电缆盘、输送机和卷扬机位置，采用机械或人工敷设方法等。

3. 敷设施工的技术要求。它包括牵引端制作、牵引方式、速度、牵引力和侧压力控制、电缆弯曲半径、直线段和转角处的滚轮与滚轮支架的设置、敷设施工中的通信及各质量控制点的监控要求等。

4. 电缆敷设后的技术措施。它包括电缆固定方式、防火措施、外护层绝缘测试、电缆线路的铭牌与标识等。

5. 敷设施工主要机具设备和材料清单。

附录：电网造价趋势

电网工程具有影响面宽、建设步伐快、建设外部环境复杂等特点，电力工程造价控制一直受到政府、电力企业及相关单位的高度关注。从 1996 年开始，电力规划设计总院开始编制《火电、送电、变电工程限额设计控制指标》，2005 年，分为《火电工程限额设计参考指标》和《电网工程限额设计控制指标》两册。限额设计指标自开始编制以来，每年都根据电力工程技术进步和价格变动情况进行更新，紧密结合我国产业政策、技术创新、原料价格、设备价格、土地价格等多方面因素，采用模组化的方式，按年度进行滚动编制，使得工程造价离散度大大减小，对于我国电力工程的估算、概算、预算编制具有重要的指导意义，其科学性和实用性得到了各方的广泛认可，已成为政府、电力企业、设计、施工以及相关单位进行科学决策、投资动态管理、控制造价的重要依据。

随着我国电力产业结构升级和电力科技创新步伐的加快，电力建设市场化程度的提高，政府、各电力企业对控制工程造价提出了高要求，对此，在指标编制过程中，按照实事求是和严格控制造价的指导思想，遵循"六项原则"即，一要体现电网、发电技术进步的趋势。二是要体现控制造价的倾向性，在高、中、低三个层次的价格水准上，主动选择较低价格。三是要严格控制工程量。四是要严格控制设备材料价格水准。五是要贴近市场，客观反映市场招标中的价格特点。六是突出不同情况下的价格指标，淡化容易引起误解的综合指标。因此限额设计控制指标在深度和广度上都保证了其科学性和客观性，是电网工程建设造价水平平均先进的真实反映。

本章选取 1998 年至 2013 年间的限额造价指标，对输变电工程费用结构、造价趋势以及综合造价指数进行数据分析，以求充分展示 16 年来我国电网行业造价控制的水平及趋势。

附 1.1 1998 年～2013 年电网费用构成变化

将各类因素对造价的影响归类，将变电工程按照建筑工程费、设备购置费、安装工程费、其他费用四部分，线路工程分为本体工程、材料、价差、建场费用、其他五部分进行分解。

附 1.1.1 变电工程

由于限额设计指标中，1998 年、1999 年 500kV 变电站主要采用 1×750MWA 罐式断路器方案，2005 年至 2013 年主要采用 2×1000MWA 罐式断路器方案，罐式断路器方案数据较为零散，因而变电站部分主要选取数据较为完整和连续的 2000 年至 2013 年间 500kV 新建 1×750MWA 柱式断路器方案进行分析。

由附表 1-1 可见，2000 年至 2013 年 500kV 变电站部分费用结构发生较大变化（附图 1-1），其间建筑工程费、安装工程费和其他费用所占静态投资比例均呈上升趋势，设备购置费在 2000 年至 2008 年间呈略微下降及反复趋势，2009 年后降幅较大，主要是由于人工费逐年上涨，设备费用在 2009 年国家电网公司、南方电网公司相继实施强化一级集中采购管控之后，设备规模化价格效益明显。

500kV 变电站新建工程 附表 1-1

序号	时　间	建筑工程费	设备购置费	安装工程费	其他费用	合　计
1	2000	4.05%	73.04%	10.94%	11.97%	100.00%
2	2001	4.21%	70.37%	11.23%	14.19%	100.00%
3	2002	4.23%	69.59%	11.96%	14.22%	100.00%
4	2003	4.52%	67.87%	12.79%	14.81%	100.00%
5	2004	4.72%	66.92%	12.27%	16.09%	100.00%
6	2005	3.76%	69.93%	12.99%	13.32%	100.00%
7	2006	3.82%	68.99%	13.45%	13.74%	100.00%
8	2007	4.01%	66.99%	14.32%	14.68%	100.00%
9	2008	4.09%	66.04%	14.33%	15.54%	100.00%
10	2009	5.88%	63.00%	15.00%	16.12%	100.00%
11	2010	6.99%	58.41%	18.05%	16.55%	100.00%
12	2011	7.56%	57.03%	18.80%	16.61%	100.00%
13	2012	7.57%	56.90%	18.67%	16.86%	100.00%
14	2013	8.00%	57.18%	21.73%	13.09%	100.00%

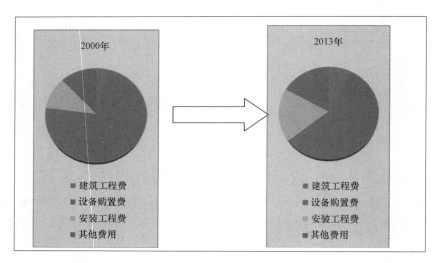

附图 1-1　500kV 变电站新建 2000～2013 年造价构成变化

附 1.1.2　线路工程

选取 1998 年至 2013 年间 500kV4×400 导线截面线路工程造价进行分析，典型地形为平地 20%、山地 60%、高山 20%。

由表 1-2 可见，500kV 线路工程在 1998 年至 2013 年间本体部分占静态比例略有下降，价差及建场费用比例上涨幅度较大，主要是由于线路设计先进技术的推广应用、建设方对施工各环节控制加强等因素，使得送电工程本体比重总体略有下降，而钢材、水泥、砂、石等主要建设材料的逐年上涨导致价差比例由 1998 年的负价差涨至 2013 年的 6%（附图 1-2）。另外受土地资源及规划的约束，电力走廊日趋紧张，征地和赔偿费用大幅增加，导致建场费用由 1998 年的占比 8% 升至 2013 年的 15%。

500kV 线路工程　　　　　　　　　　　　　　　　　　　　附表 1-2

序号	时 间	本体工程	其中:材料	价 差	建场费用	其 他	合 计
1	1998	73.90%	47.82%	−0.84%	7.79%	19.15%	100.00%
2	1999	70.94%	46.68%	0.07%	12.10%	16.89%	100.00%
3	2000	69.49%	45.55%	1.39%	12.83%	16.29%	100.00%
4	2001	68.86%	45.50%	1.42%	12.82%	16.90%	100.00%
5	2002	69.14%	45.69%	1.14%	13.08%	16.63%	100.00%
6	2003	68.02%	44.73%	2.21%	13.19%	16.57%	100.00%
7	2004	67.40%	44.24%	2.17%	13.93%	16.51%	100.00%
8	2005	72.40%	47.55%	2.24%	8.90%	16.46%	100.00%
9	2006	67.63%	44.70%	6.92%	9.66%	15.79%	100.00%
10	2007	67.03%	44.22%	7.10%	11.40%	14.48%	100.00%
11	2008	68.50%	44.95%	5.23%	11.89%	14.39%	100.00%
12	2009	69.11%	45.26%	3.65%	12.90%	14.34%	100.00%
13	2010	67.71%	44.36%	4.27%	13.90%	14.12%	100.00%
14	2011	65.13%	42.63%	7.06%	14.03%	13.79%	100.00%
15	2012	66.09%	43.18%	5.67%	14.31%	13.93%	100.00%
16	2013	65.34%	41.79%	5.64%	15.19%	13.82%	100.00%

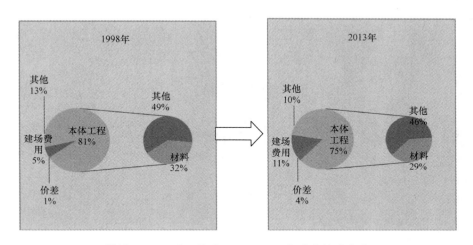

附图 1-2　500kV 线路 2000～2013 年造价构成变化

附 1.2　1998 年～2013 年造价趋势变化

附 1.2.1　变电工程

变电工程选取常规变电站新建、主变扩建、高抗扩建、间隔扩建等，按照 500kV、

330kV、220kV 电压等级进行分类。

附 1.2.1.1　500kV 变电工程

500kV 变电工程柱式断路器方案 2000～2013 年造价（万元）　　　　附表 1-3

序号	时间	500kV 新建 （1×750MWA）	500kV 扩建 主变压器 （1×750MWA）	500kV 扩建母线 高压电抗器 （1×150Mvar）	500kV 扩建间隔 （2 台断路器）	500kV 扩建间隔 （1 台断路器）
1	2000	20082	6969	1414	1685	882
2	2001	19831	6826	1424	1630	856
3	2002	20763	6852	1463	1631	874
4	2003	21204	7009	1511	1564	840
5	2004	21685	7468	1556	1510	812
6	2005	19364	7588	2213	1377	807
7	2006	19775	7993	2365	1361	803
8	2007	20044	8040	2307	1328	773
9	2008	20139	7792	2211	1319	771
10	2009	19865	7508	2158	1327	775
11	2010	17890	5860	1637	1130	669
12	2011	18320	5899	1654	1138	671
13	2012	17764	5755	1646	1109	657
14	2013	17804	5676	1524	1100	644

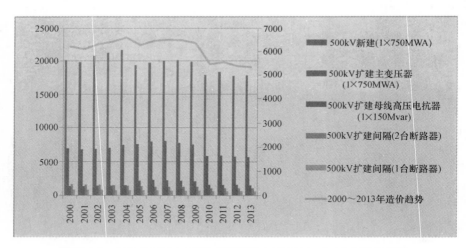

附图 1-3　500kV 变电工程柱式断路器方案 2000～2013 年造价趋势

由附表 1-3、附图 1-3 可见，2000 年至 2013 年 500kV 变电柱式断路器方案造价水平呈总体下降趋势，其中间隔扩建稳步下降，500kV 变电站新建、500kV 变电站扩建以及高抗扩建工程在 2008 年以前呈现反复上升态势，2009 年后开始下降，结合费用构成分析可以看出，其主要影响因素是设备购置费用的变化，变电站新建及扩建等设备费占比较大的工程，在技术水平没有重大突破的条件下，水平趋势与设备费趋势基本一致，其造价水平由设备购置费占主导作用。

500kV 变电工程罐式断路器方案 2005～2013 年造价（万元）　　附表 1-4

序号	时间	500kV 新建 (2×1000MWA)	500kV 扩建主变压器 (1×1000MWA)	500kV 扩建间隔 (2 台断路器)	500kV 扩建间隔 (1 台断路器)
1	2005	35721	8188	1654	915
2	2006	36483	8786	1645	906
3	2007	36924	8899	1567	807
4	2008	36661	8633	1571	810
5	2009	35547	8172	1552	796
6	2010	29915	6127	1343	706
7	2011	30378	6154	1336	700
8	2012	29832	6018	1293	679
9	2013	29485	5798	1286	663

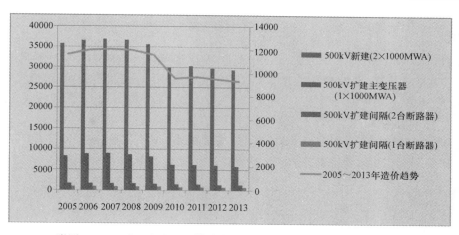

附图 1-4　500kV 变电工程罐式断路器方案 2005～2013 年造价趋势

由附表 1-4、附图 1-4 可见，500kV 变电工程罐式断路器方案在 2005 年至 2013 年总体呈下降趋势，2009 前后下降尤为明显。

500kV 变电工程组合电器方案 2005～2013 年造价（万元）　　附表 1-5

序号	时间	500kV 新建 (1×750MWA) HGIS	500kV 扩建间隔 (2 台断路器) HGIS	500kV 扩建间隔 (1 台断路器) HGIS	500kV 新建 (2×1000MWA) GIS	500kV 扩建主变压器(1×1000MWA) GIS	500kV 扩建间隔(1 台断路器) GIS
1	2005	28618	2418	1335	44284		
2	2006	27815	2066	1157	44883		
3	2007	26380	2038	1146	41409	9654	1427
4	2008	26284	1969	1117	40866	9275	1367
5	2009	25750	1963	1111	39472	8754	1305
6	2010	22972	1695	972	34457	6801	1189
7	2011	23028	1630	940	33722	6586	1083
8	2012	22093	1472	860	32130	6381	1024
9	2013	21615	1344	809	30967	6074	950

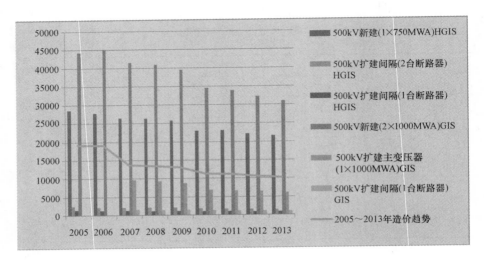

附图 1-5　500kV 变电工程组合电器方案 2005～2013 年造价趋势

500kV 变电工程组合电器方案在 2005 年开始广泛使用，由附表 1-5 及附图 1-5 可见，2005 年至 2013 年间由于技术不断进步，500kV 变电工程组合电器方案的造价水平呈现下降趋势。

附 1.2.1.2　330kV 变电工程

选取数据连续性较好的 2005—2013 年柱式断路器方案、1998—2013 年罐式断路器方案以及 2005～2013 年组合电器方案进行分析。

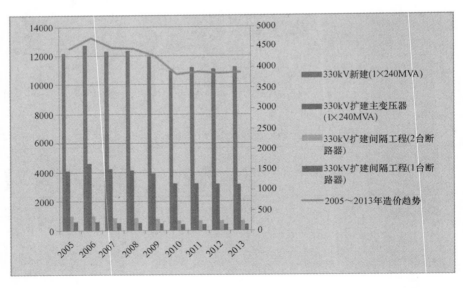

附图 1-6　330kV 变电工程柱式断路器方案 2005～2013 年造价趋势

由附表 1-6～附表 1-8 及附图 1-6～附图 1-8 可见，2005 年至 2013 年间 330kV 间隔扩建造价水平稳步下降，变电站及扩建工程 2006 年至 2010 年之间有较大下降，2010 年之后较为平稳。

330kV 变电工程柱式断路器方案 2005～2013 年造价（万元） 附表 1-6

序号	时间	330kV 新建 （1×240MVA）	330kV 扩建主变压器 （1×240MVA）	330kV 扩建间隔工程 （2 台断路器）	330kV 扩建间隔工程 （1 台断路器）
1	2005	12146	4096	982	592
2	2006	12698	4619	987	596
3	2007	12308	4251	854	497
4	2008	12321	4146	859	498
5	2009	11914	3929	794	463
6	2010	10949	3196	696	417
7	2011	11176	3201	695	417
8	2012	11068	3168	686	415
9	2013	11210	3137	687	411

330kV 变电工程罐式断路器方案 1998～2013 年造价（万元） 附表 1-7

序号	时间	330kV 新建 （1×240MVA）	330kV 扩建主变压器 （1×240MVA）	330kV 扩建间隔工程 （2 台断路器）	330kV 扩建间隔工程 （1 台断路器）
1	1998	11738		1019	
2	1999	11679	2547	974	602
3	2000	11174	2710	923	579
4	2001	11162	2724	929	591
5	2002	11145	2724	946	588
6	2003	11446	2842	956	596
7	2004	11533	2982	967	602
8	2005	11959	4010	915	565
9	2006	12579	4452	912	567
10	2007	12095	4238	828	486
11	2008	12160	4132	846	494
12	2009	11800	3927	791	466
13	2010	11053	3263	760	452
14	2011	11342	3287	769	458
15	2012	11211	3250	755	455
16	2013	11327	3214	757	449

330kV 变电工程组合电器方案 2005～2013 年造价（万元） 附表 1-8

序号	时　　间	330kV 新建（1×360MVA）GIS
1	2005	18088
2	2006	18733
3	2007	15778
4	2008	15941
5	2009	15711
6	2010	14756
7	2011	14810
8	2012	13895
9	2013	13703

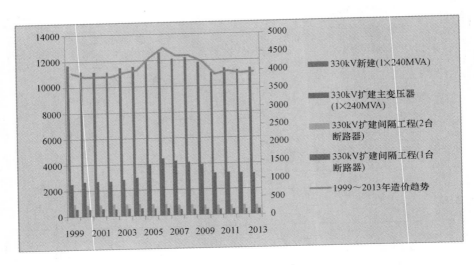

附图 1-7　330kV 变电工程罐式断路器方案 1998～2013 年造价趋势

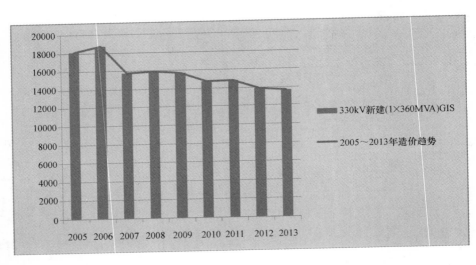

附图 1-8　330kV 变电工程组合电器方案 2005～2013 年造价趋势

附 1.2.1.3　220kV 变电工程

220kV 变电站新建工程（2×180MVA）2009～2013 年造价（万元）　　　　　附表 1-9

序号	时　间	220kV 新建（2×180MVA）GIS	220kV 新建（2×180MVA）柱式断路器
1	2009	11041	9775
2	2010	10142	9012
3	2011	10177	9224
4	2012	9848	9049
5	2013	9705	9061

220kV 变电工程 1998～2013 年造价（万元）　　　附表 1-10

序号	时间	220kV 新建 (1×180MVA) 远期 3×180MVA	220kV 新建 (1×180MVA) 远期 2×180MVA	220kV 新建 (1×120MVA) 远期 2×120MVA	220kV 扩建 主变压器 (1×180MVA)	220kV 扩建 主变压器 (1×120MVA)	220kV 扩建 间隔 (1 台断路器)
1	1998						225
2	1999		5371	4873			221
3	2000			4858	1815	1413	234
4	2001		5257	4863	1822	1416	240
5	2002		5182	4822	1830		242
6	2003	6350	5300	4937	1896	1516	245
7	2004	6412	5379	4994	1973	1568	237
8	2005	6524	5721	5308	2095		219
9	2006	6660	5920	5482	2358	2057	211
10	2007	7010	6380	6021	2335	2033	231
11	2008	7046	6425	6073	2304	2006	232
12	2009				2264		194
13	2010				1850		181
14	2011				1872		185
15	2012				1841		177
16	2013				1831		175

附 1.2.1.4　500kV 直流换流站工程

500kV 换流站工程 2006～2013 年造价（万元）　　　附表 1-11

序号	时　间	500kV 直流换流站新建 (3000MW 户内 GIS)	500kV 直流换流站新建 (3000MW 户外柱式断路器)
1	2006	228769	
2	2007	201807	
3	2008	201877	191563
4	2009	192577	183040
5	2010	183022	173670
6	2011	183262	175706
7	2012	173279	170552
8	2013	157327	155439

附 1.2.2　常规线路工程

选取常规导线截面形式，按照 500kV、330kV、220kV 电压等级分类进行分析。

附 1.2.2.1　500kV 线路工程

500kV 常规线路工程按照限额设计划分典型地形取平地 20％、山地 60％、高山 20％，其中，4×JL/G1A—630 导线单、双回路、4×JL/G1A—400 双回路典型地形为平地 20％、河网泥沼 60％、山地 20％。

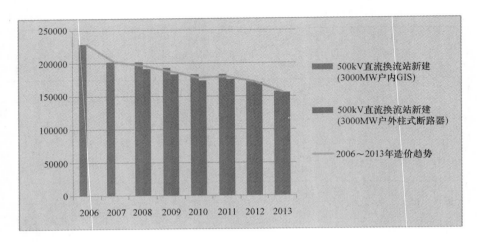

附图 1-9　500kV 换流站工程 2006～2013 年造价趋势

500kV 常规线路工程 1998～2013 年单位造价（万元/km）　　　　　附表 1-12

序号	时间	4×LGJ−300	4×LGJ−400	4×LGJ−400（40m/s，5mm）	4×LGJ−400（同塔双回）	4×LGJ−630（30m/s，10mm）	4×LGJ−630（同塔双回）	ACSR−720（30m/s，10mm）	6×LGJ−240/30	6×LGJ−300/40
1	1998	131.94	144.68	0.00	0.00	0.00	0.00	0.00	0.00	0.00
2	1999	129.75	142.31	152.78	274.30	0.00	0.00	0.00	0.00	0.00
3	2000	128.50	140.97	151.13	269.57	100.31	0.00	0.00	0.00	0.00
4	2001	128.42	140.75	150.90	272.12	101.02	0.00	167.13	0.00	0.00
5	2002	127.28	139.47	149.47	268.57	99.81	0.00	164.01	0.00	0.00
6	2003	127.78	140.12	149.76	268.82	100.15	0.00	164.73	0.00	0.00
7	2004	128.32	140.66	150.28	269.35	146.29	309.33	165.18	0.00	0.00
8	2005	117.11	127.95	138.89	240.44	129.53	253.21	152.82	133.04	0.00
9	2006	125.99	138.15	149.03	258.85	169.66	339.63	163.18	142.48	164.05
10	2007	128.90	140.71	152.44	264.43	174.28	340.75	164.03	146.76	167.69
11	2008	131.29	141.98	156.91	272.57	173.87	343.43	166.82	148.84	165.96
12	2009	130.62	141.40	155.35	268.18	173.02	338.56	165.56	147.03	164.08
13	2010	133.48	144.57	158.28	271.90	175.41	340.91	166.77	149.04	166.09
14	2011	138.79	149.90	163.98	280.91	180.87	350.85	172.34	154.75	172.13
15	2012	136.72	146.88	161.08	275.57	180.54	349.90	169.32	152.18	169.49
16	2013	139.68	150.70	165.08	281.51	183.61	354.50	172.29	154.42	171.55

附 1.2.2.2　330kV 线路工程

330kV 常规线路工程按照限额设计划分典型地形取平地 20%、山地 60%、高山 20%。

330kV 常规线路工程 1998～2013 年单位造价（万元/km）　　　附表 1-13

序号	时间	2×LGJ－300	2×LGJ－400	2×LGJ－300（同塔双回）
1	1998	85.60	95.31	0.00
2	1999	81.88	91.54	0.00
3	2000	80.95	90.47	161.59
4	2001	81.78	91.51	163.50
5	2002	81.54	101.76	163.28
6	2003	81.93	91.83	163.54
7	2004	82.30	92.09	163.94
8	2005	74.61	82.87	147.11
9	2006	77.81	84.97	147.20
10	2007	80.38	87.59	148.34
11	2008	82.96	90.07	156.32
12	2009	82.23	89.31	153.49
13	2010	83.83	90.99	155.45
14	2011	87.04	94.31	161.33
15	2012	85.52	92.79	158.10
16	2013	87.08	94.77	160.37

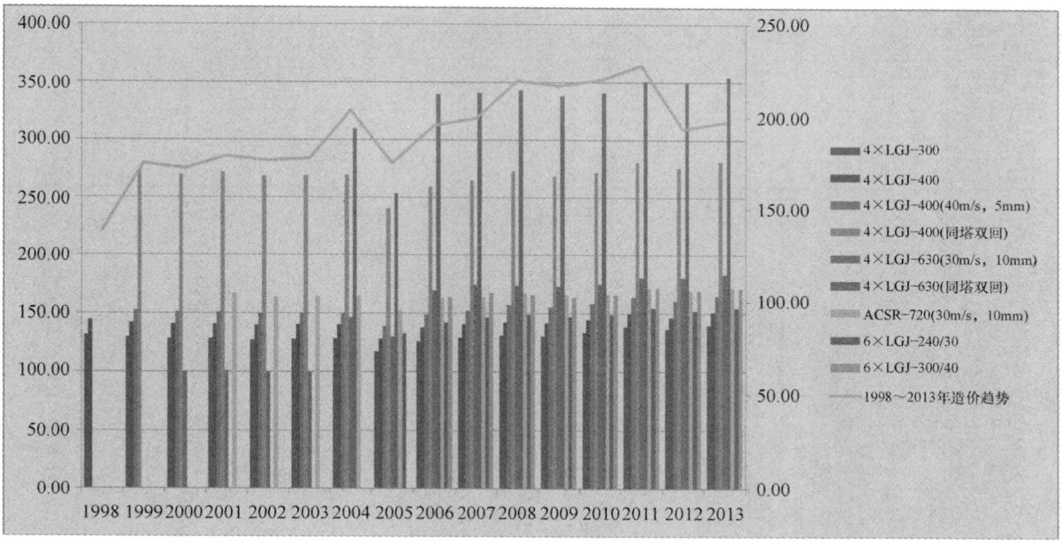

附图 1-10　500kV 常规线路工程 1998～2013 年单位造价趋势

附 1.2.2.3　220kV 线路工程

220kV 常规线路工程按照限额设计划分典型地形取平地 60%、山地 20%、高山 20%。

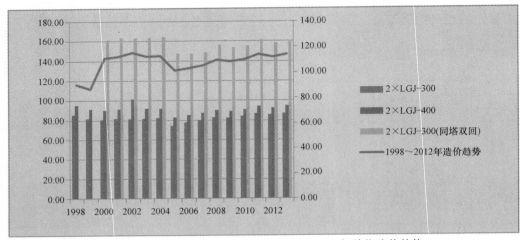

附图 1-11　330kV 常规线路工程 1998～2013 年单位造价趋势

220kV 常规线路工程 1998～2013 年单位造价（万元/km）　　　　附表 1-14

序号	时间	2×LGJ－400	2×LGJ－300	2×LGJ－240	2×LGJ－300 （同塔双回）
1	1998	0.00	61.85	55.10	0.00
2	1999	0.00	60.94	53.81	114.12
3	2000	0.00	60.53	53.53	113.18
4	2001	0.00	61.31	54.18	114.36
5	2002	0.00	61.18	54.16	114.00
6	2003	0.00	61.80	54.75	114.63
7	2004	70.12	64.11	57.25	116.86
8	2005	66.48	60.86	54.41	108.84
9	2006	72.34	66.11	59.15	117.66
10	2007	73.86	67.09	60.36	117.39
11	2008	74.79	67.96	61.50	120.16
12	2009	74.39	67.72	61.41	118.77
13	2010	75.90	69.16	62.79	120.76
14	2011	78.85	72.15	65.57	125.61
15	2012	77.76	71.12	64.62	123.45
16	2013	78.41	71.60	65.11	123.99

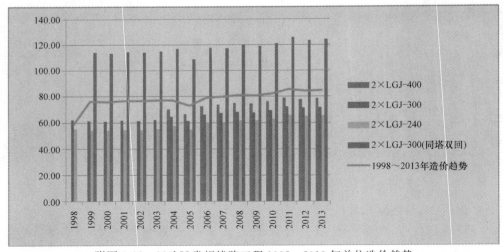

附图 1-12　220kV 常规线路工程 1998～2013 年单位造价趋势

附 1.3 1998 年～2013 年结算性造价指数变化

电网工程综合结算性造价指数是《限额设计控制指标》中为工程概算的静态控制、动态管理使用的，也是用以计算年各项费用及综合造价因物价上涨及政策性调整而引起各项费用变化的动态指数。该项指数的历年变化很好地反映了设备、材料价格的波动以及人工、机械、定额等政策性文件对造价水平的影响。

附 1.3.1 变电工程

500kV 变电站新建（1×750MVA、柱式断路器）造价指数趋势   附表 1-15

序号	时间	建筑工程费	设备购置费	安装工程费	其他费用	合　计
1	1997～1998	−1.72	−4.98	−1.18	2.86	−2.84
2	1998～1999	−0.47	−5.11	−3.42	2.82	−2.85
3	1999～2000	−0.29	−3.22	−1.65	−0.77	−2.18
4	2000～2001	0.21	−4.07	−0.86	−0.82	−2.46
5	2001～2002	3.15	6.86	10.02	7.92	6.72
6	2002～2003	3.31	1.56	2.97	2.31	2.13
7	2003～2004	0.35	3.06	0.00	0.51	1.84
8	2004～2005	−0.62	2.94	1.34	0.86	1.79
9	2005～2006	−1.03	2.39	1.07	4.84	2.12
10	2006～2007	2.06	−0.47	−2.14	8.42	1.36
11	2007～2008	1.61	−4.00	−1.46	2.87	−1.53
12	2008～2009	1.33	−5.56	0.26	2.70	−2.1
13	2009～2010	1.96	−20.35	1.26	0.29	−9.94
14	2010～2011	6.46	−0.50	4.71	3.27	2.4
15	2011～2012	−2.17	−2.00	−1.48	−0.39	−1.59
16	2012～2013	4.70	−2.29	1.45	2.71	0.87

330kV 变电站新建（1×240MVA、柱式断路器）造价指数趋势   附表 1-16

序号	时间	建筑工程费	设备购置费	安装工程费	其他费用	合计
1	1997～1998	−1.54	0.33	−0.64	3.97	0.37
2	1998～1999	−0.70	−2.50	−0.30	3.30	−0.9
3	1999～2000	−0.17	−3.46	−1.15	−0.73	−2.08
4	2000～2001	−0.21	−1.43	0.00	−0.31	−0.83
5	2001～2002	−2.24	0.26	9.14	7.90	2.15
6	2002～2003	3.44	2.57	2.50	2.42	2.7
7	2003～2004	0.69	1.68	0.00	0.31	1.06
8	2004～2005	−0.54	4.35	1.39	0.40	2.17
9	2005～2006	−2.00	7.46	6.22	5.17	4.54
10	2006～2007	2.83	−5.04	−4.85	1.95	−1.76
11	2007～2008	1.33	−3.60	−1.17	2.57	−1.41
12	2008～2009	2.13	−7.39	0.34	1.04	−3.3
13	2009～2010	0.49	−16.34	2.19	−0.54	−8.1
14	2010～2011	6.45	−1.03	4.86	3.07	2.07
15	2011～2012	−1.83	−0.72	−2.12	−0.05	−0.97
16	2012～2013	5.30	−1.02	1.95	5.04	1.96

220kV 变电站新建（1×180MVA、柱式断路器）造价指数趋势 附表 1-17

序号	时间	建筑工程费	设备购置费	安装工程费	其他费用	合计
1	1997～1998	−1.72	−4.98	−1.18	2.86	−2.84
2	1998～1999	−0.35	−0.76	−2.82	3.29	−0.32
3	1999～2000	−0.37	−2.53	−4.90	−1.92	−2.3
4	2000～2001	0.00	0.00	0.00	0.00	0
5	2001～2002	−4.10	0.33	5.09	14.76	2.96
6	2002～2003	3.14	2.24	1.65	2.05	2.28
7	2003～2004	0.50	1.83	0.00	0.28	0.98
8	2004～2005	−0.47	7.52	1.03	1.05	3.63
9	2005～2006	−6.64	8.68	−12.61	6.40	2.08
10	2006～2007	2.78	−0.51	−3.15	7.12	2.37
11	2007～2008	−0.89	−1.21	−1.00	2.80	−0.33
12	2008～2009	1.48	−5.57	0.22	1.22	−2.47
13	2009～2010	5.83	−19.90	1.40	1.32	−7.81
14	2010～2011	6.64	0.00	4.14	2.39	2.35
15	2011～2012	−3.09	−1.97	−1.60	−0.85	−1.9
16	2012～2013	5.39	−4.05	2.27	1.89	−1.03

附 1.3.2 线路工程

500kV 线路综合造价指数趋势 附表 1-18

序号	时间	4×JL/G1A−630（同塔双回）	4×JL/G1A−400（同塔双回）	ACSR−720/50	4×JL/G1A−630	4×JL/G1A−400（40m/s，5mm）	4×JL/G1A−400	4×JL/G1A−300	6×JL/G1A−300	6×JL/G1A−240
1	1997～1998						−0.34	−0.25		
2	1998～1999						1.27	1.17		
3	1999～2000		−0.72			−0.43	−0.24	−0.21		
4	2000～2001		0.05		0.04	0.05	0.04	0.04		
5	2001～2002		−0.92	−1.12	−0.90	−0.47	−0.40	−0.32		
6	2002～2003		1.33	1.44	1.41	1.39	1.41	1.38		
7	2003～2004		−0.03	0.30	0.35	0.30	0.39	0.40		
8	2004～2005	0.19	0.20	0.37	0.27	0.41	0.52	0.50		
9	2005～2006	9.56	7.58	8.43	10.38	7.32	7.81	7.70		
10	2006～2007	0.17	1.64	0.55	0.59	2.10	1.68	2.08	2.44	2.93
11	2007～2008	−3.09	−1.68	−1.66	−3.35	−0.65	−2.04	−1.03	−2.36	−0.89
12	2008～2009	−1.26	−1.51	−0.76	−0.44	−1.03	−0.45	−0.56	−1.15	−1.23
13	2009～2010	1.00	1.60	0.71	1.55	1.77	2.13	2.08	1.13	1.39
14	2010～2011	3.00	3.27	3.68	3.08	3.94	3.99	4.25	3.98	4.11
15	2011～2012	−0.55	−2.08	−1.70	−0.38	−1.72	−1.95	−1.46	−1.48	−1.61
16	2012～2013	1.14	1.92	1.94	1.51	2.63	2.73	2.33	1.40	1.67

330kV 线路综合造价指数趋势　　　　　　　　　　　　**附表 1-19**

序号	时间	4×JL/G1A－300（同塔双回）	4×JL/G1A－400	4×JL/G1A－300
1	1997～1998		−0.29	−0.22
2	1998～1999		1.10	0.98
3	1999～2000	−0.19		−0.16
4	2000～2001	0.05	0.05	0.06
5	2001～2002	0.17	0.32	0.34
6	2002～2003	1.36	1.45	1.45
7	2003～2004	−0.03	0.30	0.34
8	2004～2005	0.25	0.54	0.57
9	2005～2006	5.61	6.20	5.95
10	2006～2007	0.57	2.92	3.60
11	2007～2008	0.16	−0.43	0.10
12	2008～2009	−1.78	−0.82	−0.85
13	2009～2010	1.25	1.86	1.86
14	2010～2011	4.06	3.87	4.22
15	2011～2012	−1.98	−1.59	−1.69
16	2012～2013	1.67	2.34	2.12

220kV 线路综合造价指数趋势　　　　　　　　　　　　**附表 1-20**

序号	时间	2×JL/G1A－300（同塔双回）	2×JL/G1A－400	2×JL/G1A－300	2×JL/G1A－240
1	1997～1998			−0.27	−0.11
2	1998～1999			0.95	0.87
3	1999～2000	−0.62		−0.27	−0.18
4	2000～2001	0.04		0.05	0.04
5	2001～2002	0.03		0.23	0.51
6	2002～2003	1.58		1.81	1.80
7	2003～2004	−0.20	0.02	−0.01	0.01
8	2004～2005	0.25	0.43	0.47	0.53
9	2005～2006	6.99	7.61	7.38	7.48
10	2006～2007	1.16	3.17	2.62	3.92
11	2007～2008	−1.68	−1.54	−1.29	−0.65
12	2008～2009	−1.16	−0.50	−0.32	−0.12
13	2009～2010	1.61	1.99	2.09	2.21
14	2010～2011	4.25	4.17	4.64	4.7
15	2011～2012	−1.69	−1.35	−1.40	−1.42
16	2012～2013	0.62	1	0.86	0.9

　　从限额设计控制指标总体数据来看，1998 年至 2013 年我国变电站、换流站新建工程造价总体呈下降趋势，交、直流输电线路工程总体呈上涨趋势。从以上数据分析可见其影响因素。变电站总体可控性高于线路工程，而线路工程伴随经济发展土地资源及规划等外部建设条件的变化，线路曲折系数日趋增加，线路本体投资增加，拆迁、赔偿费用的大幅上涨造成建设成本的增加，如何通过加强各建设环节控制，进一步强化造价管理，将是下一步电网建设投资控制面临的严峻挑战。

参考文献

[1] 电力工业部电力规划设计总院.《电力系统设计手册》. 北京:中国电力出版社,1998.

[2] 电力工业部.《电力发展规划编制原则》[S]. 北京:电力工业部,1997.

[3] SD 131—84.《电力系统技术导则》[S]. 北京:中华人民共和国水利电力部,1984.

[4] DL 755—2001.《电力系统安全稳定导则》[S]. 北京:中华人民共和国经济贸易委员会,2001.

[5] DL/T 5429—2009.《电力系统设计技术规程》[S]. 北京:中华人民共和国能源局,2009.

[6] 注册电气工程师执业资格考试复习教材指导委员会.《注册电气工程师执业资格考试专业考试复习指导书》(发输变电专业). 北京:中国电力出版社,2007.

[7] 程浩忠.《电力系统规划》. 北京:中国电力出版社,2008.

[8] 柯洪主编. 全国造价工程师职业资格考试培训教材:《工程造价计价与控制》. 北京:中国计划出版社,2009.

[9] 刘慧主编. 全国招标师职业水平考试辅导教材指导委员会:《招标采购专业实务》. 北京:中国计划出版社,2009.

[10] 许子智等主编. 国家电网公司企业标准:《输变电工程清单计价规范》. 北京:中国电力出版社,2011.

[11] 吴知复等主编.《国家电网公司业主项目部标准化手册》. 北京:中国电力出版社,2010.

[12] 国家电网公司施工招标文件.

[13] 《输变电项目后评价导则》,中国电力工程顾问集团公司,2007年3月.

[14] 《电力工程师手册》.

[15] 《中央企业固定资产投资项目后评价工作指南》(国资发规划〔2005〕92号),国务院国有资产监督管理委员会,2005年5月.
    关于造价的有关文件参考书籍.

[16] 《电力工程电气设计手册》1(电气一次部分)(能源部西北电力设计院编).

[17] 《电力工程电气设计手册》2(电气二次部分)(能源部西北电力设计院编).

[18] 《电力系统设计手册》(电力工业部电力规划设计总院).

[19] 《电力工程高压送电线路设计手册》第二版(国家电力公司东北电力设计院编).

[20] 《110~500kV变电站》《110~500kV输电线路》(典型设计)(国家电网公司).

[21] 《35~110kV电缆线路分册》《典型造价》(国家电网公司).

[22] 《现代咨询方法与实务》注册咨询工程师(投资)考试教材编写委员会.

[23] 《投资项目可行性研究指南》(投资项目可行性研究指南编写组).

[24] 《输变电工程经济评价导则》(中华人民共和国国家能源局发布).

[25] 《工程造价管理相关知识》(全国造价工程师考试培训教材编写委员会).

[26] 《统计学》(第三版)贾俊平、何晓群、金勇进编著.

[27] 《电力工程经济评价和电价》(杨旭中编著).

[28] 《电气设备安装工程工程量清单计价应用手册》(胡兵等编).

[29] 《电力技术经济评价理论、方法与应用》(张文泉编著).

[30] 《电力建设造价工程师手册》(韩佑等编著).

［31］ 《工程造价综合知识》（高压送电线路）（电力工程建设技术经济丛书）（电力建设技术经济咨询中心编）.

［32］ 《电力工程技术改造项目经济评价暂行办法》（试行）（国家电力公司发输电运营部）.

［33］ 《电网设计工程师手册》（技术经济篇）（中国电力规划设计协会组编）.

［34］ 《安装工程预算员必读》（第三版）（张清奎 编）.

［35］ 《造价工程师实务手册》（主编 彭红涛）.

［36］ 《国际工程招标与投标》（何伯森 编著）.

［37］ 《送电线路施工》（江苏省电力公司 单中圻、王清葵）.

［38］ 《变电站安装工程》（中国电力企业联合会电力建设技术经济咨询中心编）.

［39］ 《变电站建筑工程》（中国电力企业联合会电力建设技术经济咨询中心编）.

［40］ 《电力建设项目国民经济评价研究研究报告》（中国电力工程顾问集团公司 发布）.

［41］ 住房和城乡建设部主编.国家标准：《建设工程工程量清单计价规范》.北京：中国计划出版社，2013..

［42］ 电力工程造价与定额管理总站主编.《电力建设工程工程量清单计价规范变电工程》.北京：中国电力出版社，2012..

［43］ 电力工程造价与定额管理总站主编.《电力建设工程工程量清单计价规范输电线路工程》.北京.中国电力出版社，2012..

［44］ 住房和城乡建设部、国家工商行政管理总局主编.《建设工程施工合同（示范文本）》.北京：中国建筑工业出版社、中国城市出版社，2013..

［45］ 中国电力企业联合会主编.《电力建设工程施工合同示范文本（试行）》.北京：中国电力出版社，2012..

［46］ 《电力建设工程概预算编制要点》（粟群文等编）.

［47］ 《建设项目全生命周期成本管理》（董士波著）.

［48］ 《应用回归分析》（第二版）（何晓群、刘文卿编著）.

［49］ 《建设项目经济评价方法与参数》（第三版）（国家发展改革委、建设部发布）.

［50］ 《输变电工程项目后评价导则》（中国电力工程顾问集团公司 发布）.

［51］ 《电网工程建设预算编制与计算规定》（2013年版）北京：中国电力出版社.

［52］ 《电力建设工程预算定额》（2013年版）北京：中国电力出版社.

　　　 第一册　建筑工程（上册、下册）

　　　 第三册　电气设备安装工程

　　　 第五册　调试工程

［53］ 《电力建设工程预算定额使用指南》北京：中国电力出版社.

　　　 第一册　建筑工程（2013年版）

　　　 第三册　电气设备安装工程　调试工程（2013年版）.

［54］ 《电力工程造价手册》北京：中国水利水电出版社.